FORSCHUNG UND TECHNIK

IM AUFTRAGE DER

ALLGEMEINEN ELEKTRICITÄTS-GESELLSCHAFT

HERAUSGEGEBEN VON

W. PETERSEN

PROFESSOR DR.-ING. DR. RER. POL. E. H.

MIT 597 ABBILDUNGEN IM TEXT

BERLIN

VERLAG VON JULIUS SPRINGER

1930

ISBN-13:978-3-642-90237-6   e-ISBN-13:978-3-642-92094-3
DOI: 10.1007/978-3-642-92094-3

ALLE RECHTE, INSBESONDERE DAS DER ÜBERSETZUNG
IN FREMDE SPRACHEN, VORBEHALTEN.
COPYRIGHT 1930 BY JULIUS SPRINGER IN BERLIN.
SOFTCOVER REPRINT OF THE HARDCOVER 1ST EDITION 1930

Forschung und Technik.

Es gibt kaum ein Gebiet, für welches der Satz: „Das Leben ist ein Kampf" so wahr ist, wie das Gebiet der Technik. Das Leben des schaffenden und gestaltenden Ingenieurs ist ein Kampf mit widerstrebenden Naturgewalten, ein Ringen um die Erkenntnis der Naturgesetze. Nur dem erschließt sich die Natur, wird sie eine willige Dienerin, der ihre Eigenschaften und Eigenheiten, der das Wechselspiel ihrer Kräfte bis in die letzten Feinheiten kennt.

Fast jede technische Entwicklung früherer Jahre zeigt zunächst ein Überwiegen der Bedeutung der praktischen Erfahrung, der Empirie. Ihre Ausdeutung folgt bald rascher, bald langsamer. Die Forschung klärt die Zusammenhänge, die Gesetzmäßigkeit, aber sie beschränkt sich bald nicht nur auf diese Sammeltätigkeit, sondern sie tastet weiter, sucht nach neuen Wegen.

Heute ist die Forschung Wegweiserin geworden für die technische Entwicklung. Die Erschließung neuer Gebiete ist ohne sie undenkbar. Nie aber wird es der Forschung allein gelingen, etwas technisch Vollendetes aus sich heraus neu zu schaffen Denn selbst die kühnste Phantasie, die genialste Intuition des Menschen ist nicht in der Lage, alles vorauszusehen und zu überblicken. Aber die Forschung kann mit dem Mindestaufwand an Erfahrungstatsachen und Arbeit die Ursache des Versagens der menschlichen Einsicht aufdecken, sie ist dankbar für Versager und Fehler, denn aus ihnen heraus werden so häufig neue Erkenntnisse gewonnen und neue Möglichkeiten gefunden.

So wie die Forschung der Technik neue Wege weist, erschließt die Technik der Forschung Neuland. Forschung und Technik kämpfen heute Seite an Seite um die Vertiefung der menschlichen Erkenntnis — zum Nutzen der Menschheit.

Nur wenige Außenstehende haben eine Vorstellung von der Unsumme von Arbeit, die innerhalb eines Unternehmens wie der AEG auf dem Gebiete der theoretischen und experimentellen Forschung geleistet wird — teils aus ideellem Interesse, teils aus dem eisernen Muß heraus. Nur wenige haben eine Vorstellung, wie diese Arbeit weit über den Rahmen des Unternehmens hinaus befruchtend wirkt.

Das vorliegende Werk bietet einen Ausschnitt aus neueren Arbeiten der AEG dar, einen Ausschnitt nur, weil manche Arbeit noch nicht reif für die Veröffentlichung ist, manche Arbeit im Übermaß der zu lösenden Aufgaben nur so weit getrieben wird, wie es das augenblickliche Bedürfnis unbedingt erfordert.

Ich hoffe, die Aufsätze lassen erkennen, in welchem Geiste gearbeitet wird.

Berlin, im Mai 1930.

W. Petersen.

Inhaltsverzeichnis.

	Seite
C. Ramsauer: Wirkungsquerschnitt und Gasentladung. (Mit 12 Bildern)	1
E. Rupp: Über die Welleneigenschaften des Elektrons. (Mit 9 Bildern)	9
E. Rupp: Über Anwendungen der Elektronenbeugung. (Mit 10 Bildern)	18
E. Brüche: Strahlen langsamer Elektronen und ihre technische Anwendung. (Mit 45 Bildern)	23
L. Fleischmann: Zur Frage der Streuung. (Mit 6 Bildern)	47
C. Fröhlich: Der magnetische Kreis im Lichte eines exakteren Verfahrens der Feldberechnung. (Mit 12 Bildern)	53
E. Stein und E. Uhlmann: Feldverteilung und drehende Magnetisierung in Drehstromtransformatoren. (Mit 35 Bildern)	69
A. Byk: Komplexe und ebene Vektorrechnung in der Wechselstromtechnik. (Mit 9 Bildern)	84
K. Schäff: Graphische Behandlung der Düsengesetze für Wasserdampf. (Mit 13 Bildern)	104
K. Müller-Lübeck: Eine neue Definition des Leistungsfaktors. (Mit 6 Bildern)	134
F. Münzinger: Einfluß der Ausbildung der Kesselanlage auf die Baukosten von Elektrizitätswerken. (Mit 33 Bildern)	148
H. Schult: Wirtschaftlichkeit der Gleichdruckspeicherung bei Dampfkraftanlagen. (Mit 41 Bildern)	168
H. Piloty: Leistungsgrenzen und Stabilität von Großkraftübertragungen. (Mit 13 Bildern)	200
R. Klein: Theorie der Erdschlußkompensation langer Leitungen. (Mit 6 Bildern)	215
H. Piloty: Überwachung des Kompensationszustandes in Netzen mit kompensiertem Erdschlußstrom. (Mit 9 Bildern)	226
J. Biermanns: Blitzschutz von Freileitungen. (Mit 14 Bildern)	234
A. Mandl: Synchrone oder asynchrone Phasenschieber. (Mit 15 Bildern)	251
H. Lund: Asynchronmaschinen im Gleichlauf. (Mit 9 Bildern)	274
R. Willheim: Ersatzschaltbild des Mehrwicklungstransformators. (Mit 9 Bildern)	280
W. Krey: Die zwölfphasige Großgleichrichterschaltung nach Krämer. (Mit 5 Bildern)	291
B. Kalkner: Gewinnung von Meßspannungen bei sehr hohen Betriebsspannungen. (Mit 9 Bildern)	304
J. Goldstein: Meßdrosselspule für Höchstspannungen. (Mit 9 Bildern)	313
O. Mayr: Über die Dynamik des Wechselstrom-Hochspannungslichtbogens. (Mit 19 Bildern)	319
A. Cohn und V. Ulbrich: Vielfach-Funkenkammern für Luftschalter nach Dolivo-Dobrowolski. (Mit 24 Bildern)	333
K. Becker: Temperaturausbiegung von Bimetallstreifen beliebiger Kurvenform. (Mit 8 Bildern)	340
H. Stenzel: Akustische Strahlung von punktförmigen Systemen und von Membranen. (Mit 24 Bildern)	349

Inhaltsverzeichnis.

F. Hehlgans und H. Lichte: Aufnahme und Wiedergabe von Musik und Sprache bei Tonfilmen. (Mit 23 Bildern) 371

H. Simon: Hochleistungs-Gleichrichterröhren mit Glühkathode. (Mit 19 Bildern) . . . 395

F. Lauster: Zur Physik des elektrischen Kochens. (Mit 14 Bildern) 406

H. Stein: Zur Theorie des Spinntopfmotors. (Mit 19 Bildern) 421

W. Ende: Der Film als Forschungsmittel der Technik. (Mit 18 Bildern) 435

R. Pohl: Elektromagnetisches Verfahren zur Prüfung großer Induktorkörper auf verborgene Herstellungsfehler. (Mit 11 Bildern) 455

E. Rosenberg: Über den Windungsschluß in Synchronmaschinen. Seine Einwirkung auf den Erregerkreis und die Möglichkeiten einer Schutzschaltung. (Mit 12 Bildern) . . . 469

G. Kirchberg: Schwingungsversuche an Dampfturbinenschaufeln zur zahlenmäßigen Bestimmung des Gütegrades der Nietverbindung zwischen Schaufeln und Deckbändern. (Mit 10 Bildern) 478

G. Stern: Alterung der Isolieröle. (Mit 5 Bildern) 490

E. Kirch: Das Dielektrikum papierisolierter Höchstspannungskabel. (Mit 17 Bildern) . . 502

S. Sandelowsky: Die Ermittelung der Vorspannungen in der Schweißtechnik. (Mit 21 Bildern) 517

P. Melchior: Die Zugfestigkeit — eine Labilitätserscheinung. (Mit 7 Bildern) 533

F. Sass: Probleme der neuzeitlichen Ölmaschine. (Mit 12 Bildern) 539

H. Schmitt: Die Bedeutung des elektrischen Betriebes für die deutschen Eisenbahnen. (Mit 5 Bildern) 553

Alphabetisches Inhaltsverzeichnis.

	Seite
Becker, K.: Temperaturausbiegung von Bimetallstreifen beliebiger Kurvenform	340
Biermanns, J.: Blitzschutz von Freileitungen	234
Brüche, E.: Strahlen langsamer Elektronen und ihre technische Anwendung	23
Byk, A.: Komplexe und ebene Vektorrechnung in der Wechselstromtechnik	84
Cohn, A., und Ulbrich, V.: Vielfach-Funkenkammern für Luftschalter nach Dolivo-Dobrowolski	333
Ende, W.: Der Film als Forschungsmittel der Technik	435
Fleischmann, L.: Zur Frage der Streuung	47
Fröhlich, C.: Der magnetische Kreis im Lichte eines exakteren Verfahrens der Feldberechnung	53
Goldstein, J.: Meßdrosselspule für Höchstspannungen	313
Hehlgans, F., und Lichte, H.: Aufnahme und Wiedergabe von Musik und Sprache bei Tonfilmen	371
Kalkner, B.: Gewinnung von Meßspannungen bei sehr hohen Betriebsspannungen	304
Kirch, E.: Das Dielektrikum papierisolierter Hochspannungskabel	502
Kirchberg, G.: Schwingungsversuche an Dampfturbinenschaufeln zur zahlenmäßigen Bestimmung des Gütegrades der Nietverbindung zwischen Schaufeln und Deckbändern	478
Klein, R.: Theorie der Erdschlußkompensation langer Leitungen	215
Krey, W.: Die zwölfphasige Großgleichrichterschaltung nach Krämer	291
Lauster, F.: Zur Physik des elektrischen Kochens	406
Lund, H.: Asynchronmaschinen im Gleichlauf	274
Mandl, A.: Synchrone oder asynchrone Phasenschieber	251
Mayr, O.: Über die Dynamik des Wechselstrom-Hochspannungslichtbogens	319
Melchior, P.: Die Zugfestigkeit — eine Labilitätserscheinung	533
Müller-Lübeck, K.: Eine neue Definition des Leistungsfaktors	134
Münzinger, F.: Einfluß der Ausbildung der Kesselanlage auf die Baukosten von Elektrizitätswerken	148
Piloty, H.: Leistungsgrenzen und Stabilität von Großkraftübertragungen	200
Piloty, H.: Überwachung des Kompensationszustandes in Netzen mit kompensiertem Erdschlußstrom	226
Pohl, R.: Elektromagnetische Verfahren zur Prüfung großer Induktorkörper auf verborgene Herstellungsfehler	455
Ramsauer, C.: Wirkungsquerschnitt und Gasentladung	1
Rosenberg, E.: Über den Windungsschluß in Synchronmaschinen. Seine Einwirkung auf den Erregerkreis und die Möglichkeiten einer Schutzschaltung	469

Alphabetisches Inhaltsverzeichnis.

Seite

Rupp, E.: Über Anwendungen der Elektronenbeugung 18

Rupp, E.: Über die Welleneigenschaften des Elektrons 9

Sandelowsky, S.: Die Ermittelung der Vorspannungen in der Schweißtechnik 517

Sass, F.: Probleme der neuzeitlichen Ölmaschine 539

Schäff, K.: Graphische Behandlung der Düsengesetze für Wasserdampf 104

Schmitt, H.: Die Bedeutung des elektrischen Betriebes für die deutschen Eisenbahnen 553

Schult, H.: Wirtschaftlichkeit der Gleichdruckspeicherung bei Dampfkraftanlagen . . . 168

Simon, H.: Hochleistungs-Gleichrichterröhren mit Glühkathode 395

Stein, H.: Zur Theorie des Spinntopfmotors 421

Stein, E., und Uhlmann, E.: Feldverteilung und drehende Magnetisierung in Drehstromtransformatoren 69

Stenzel, H.: Akustische Strahlung von punktförmigen Systemen und von Membranen . 349

Stern, G.: Alterung der Isolieröle. 490

Willheim, R.: Ersatzschaltbild des Mehrwicklungstransformators 280

Wirkungsquerschnitt und Gasentladung.

Von C. Ramsauer.

Um die Entladungserscheinungen in Gasen quantitativ zu beherrschen, muß man zunächst die elementaren Vorgänge, aus denen sich die Erscheinung zusammensetzt, im einzelnen erforschen. Die erste Grundlage hierfür gibt der „Wirkungsquerschnitt", welcher aussagt, wie nahe ein Elektron von gegebener Geschwindigkeit dem Mittelpunkt des betreffenden Gasmoleküls kommen muß, um überhaupt eine Einwirkung durch das Molekül zu erfahren. Die genauere Definition und die Meßmethodik des Wirkungsquerschnitts werden kurz besprochen. Das bis jetzt vorliegende Material an Wirkungsquerschnittskurven wird, nach chemischen Gesichtspunkten gruppiert, vollständig wiedergegeben. Die Bedeutung dieser Kurven für den Entladungsvorgang wird im einzelnen behandelt und an Beispielen erläutert.

Die Entladungsvorgänge in Gasen und Dämpfen spielen in der neuzeitlichen Elektrotechnik eine immer größere Rolle, ohne daß die wissenschaftliche Erkenntnis mit der technischen Bedeutung Schritt gehalten hat. Wir wissen zwar, welche Einflüsse für den Gesamtverlauf im großen und ganzen maßgebend sind, wir werden aber über diese qualitative Erkenntnis nicht hinauskommen, bis wir zunächst einmal die elementaren Vorgänge, aus denen sich die ganze Erscheinung zusammensetzt, quantitativ erforscht haben.

Der wichtigste dieser elementaren Vorgänge ist die Wechselwirkung zwischen Gasmolekül und Elektron beim einzelnen Zusammenstoß. Das Molekül bleibt im wesentlichen unbeeinflußt oder wird in metastabile Zustände versetzt oder zu Schwingungen veranlaßt oder ionisiert, das Elektron wird abgelenkt, gebremst oder festgehalten. Von der Kenntnis dieser Einzelerscheinungen, die in ihrer Abhängigkeit von der Geschwindigkeit und Richtung des Elektrons und von der Natur des Gasmoleküls eine große Mannigfaltigkeit darstellen, sind wir zur Zeit noch weit entfernt. Es liegt aber für viele Gase schon eine quantitative Bestimmung vor, die zwar an sich nicht allzuviel aussagt, die aber als Grundlage aller weiteren Aussagen angesehen werden muß, nämlich die Bestimmung darüber, wie nahe das Elektron am Molekülmittelpunkt vorbeifliegen muß, damit überhaupt eine gegenseitige Beeinflussung eintritt. Diese Grenze, bis zu der die Wirkung des Moleküls auf das Elektron reicht, wird als Wirkungsradius, oder meistens, in unmittelbarer Anlehnung an die Messungen, als Wirkungsquerschnitt angegeben. Die Messungen müssen sich auf verschiedene Elektronengeschwindigkeiten erstrecken, da der Wirkungsquerschnitt des Gasmoleküls keine feste Größe, sondern eine Funktion der Elektronengeschwindigkeit ist.

Diese Fragen erhielten ein erhöhtes Interesse, als es dem Verf. gelang, völlig unerwartete Anomalien in der Wirkungsquerschnittskurve des Argons festzustellen. Die Messungen wurden dann vom Verfasser auf die weiteren Edelgase und von E. Brüche auf die Nichtedelgase ausgedehnt und — namentlich nach Gründung des Forschungsinstituts der AEG — unter Mitarbeit von R. Kollath so weit vervollständigt, daß die Versuche jetzt einen gewissen Abschluß erreicht haben. Die erhaltenen Ergebnisse werden außerdem in glücklicher Weise durch die Arbeiten von R. B. Brode und einigen anderen amerikanischen Forschern über die Metalldämpfe der Alkali- und der Zinkreihe ergänzt. Im folgenden wird das gesamte Material, dessen grundlegende Bedeutung für die Erkenntnis aller Entladungsvorgänge weiter unten nochmals an einigen Beispielen gezeigt werden soll, zum ersten Male vollständig zusammengestellt.

Zum besseren Verständnis dieser Zusammenstellung seien zunächst noch einige Erläuterungen zur Definition und Meßmethodik des Wirkungsquerschnitts gegeben.

Der Wirkungsquerschnitt eines einzelnen Moleküls gegenüber einem Elektron von bestimmter Geschwindigkeit ist diejenige senkrecht zur Flugrichtung des Elektrons liegende Fläche, die getroffen werden muß, damit das Elektron eine Einwirkung erfährt. Welcher

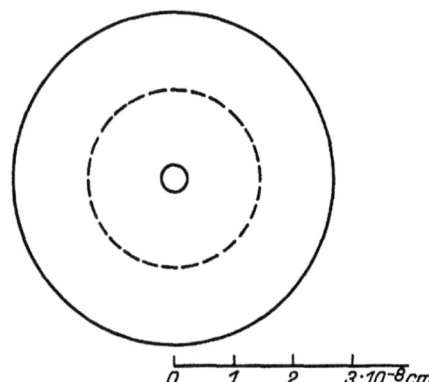

Bild 1. Querschnitte des Argon-Atoms.

Art diese Einwirkung ist, ob es sich um eine Festhaltung, um eine Geschwindigkeitsverminderung oder Richtungsänderung handelt, soll bei der Definition des Wirkungsquerschnitts nicht unterschieden werden, sondern bleibt weiteren Fragestellungen überlassen. In Bild 1 ist als bezeichnendes und bekanntestes Beispiel das Verhalten des Argon-Atoms wiedergegeben. Der Wirkungsquerschnitt für 13 Volt Elektronengeschwindigkeit ist durch den äußeren Kreis, für 0,4 Volt Elektronengeschwindigkeit durch den innersten Kreis wiedergegeben. Außerdem ist als punktierter Kreis der gaskinetische Querschnitt eingetragen, den man als Wirkungsquerschnitt gegenüber einem anderen Argon-Atom von gleicher Geschwindigkeit bezeichnen könnte. Man sieht, welchen großen Fehler man begeht, wenn man für die Wechselwirkung zwischen Molekül und Elektron diese Größe statt der wahren Wirkungsquerschnitte zur Berechnung der freien Weglängen verwendet, oder wenn man gefühlsmäßig die Einwirkung um so größer annimmt, je langsamer das Elektron ist.

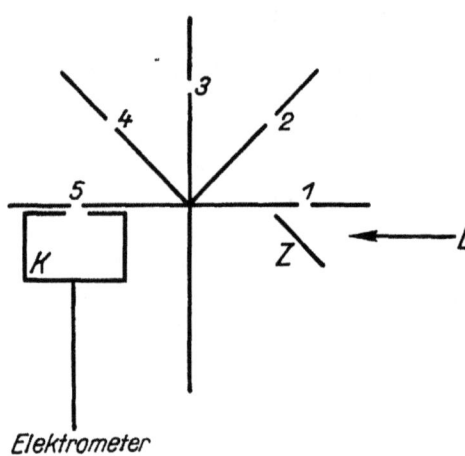

Bild 2. Schema der Versuchsanordnung.

Die Meßmethodik des Wirkungsquerschnitts soll hier nur so weit berührt werden, wie dies zum prinzipiellen Verständnis notwendig ist. Es empfiehlt sich in erster Linie, den Elektronenstrahl durch ein Magnetfeld festzulegen, da in diesem Falle nicht nur die Richtungsänderung, sondern auch die Geschwindigkeitsänderung zur Ausscheidung aus dem Strahl führt (Bild 2). Die Elektronen werden an der Zinkplatte Z durch ultraviolettes Licht L ausgelöst, erhalten durch Anlegung einer beschleunigenden Spannung zwischen Z und der Blende 1 eine bestimmte Geschwindigkeit und werden durch ein senkrecht zur Zeichenebene stehendes magnetisches Feld im Kreise durch die Blenden 1 bis 5 in den Auffangkäfig K geführt. Bezeichnet man die Intensitäten, die bei absolutem Vakuum und bei dem Gasdruck p nach K gelangen, mit J_0 und J_p, den Weg von Z bis 5 mit x, die Anzahl der Gasmoleküle je cm³ bei dem Druck p mit n und den Wirkungsquerschnitt des einzelnen Moleküls mit q, so gilt, wie eine bekannte, ziemlich einfache Rechnung ergibt, die Gleichung

$$J_p = J_0 \cdot e^{-qnx}.$$

Hieraus läßt sich der Wirkungsquerschnitt q des einzelnen Moleküls berechnen.

In dieser Überlegung steckt die Voraussetzung, daß die Elektronenemission nach Einführung des Gases die gleiche geblieben ist wie im Vakuum. Um einer an sich durchaus möglichen Änderung der Elektronenemission Rechnung zu tragen, kann man in erster

Annäherung so verfahren, daß man für die Drücke O und p auch die gesamten Elektronenmengen, die unter den gegebenen Bedingungen von Z ausgehen, bestimmt und als Bezugswerte benutzt.

Aus der Definition und aus der Meßmethodik ergibt sich eine gewisse Unbestimmtheit über die Größe des Wirkungsquerschnitts dadurch, daß man sich bei der Definition entscheiden muß, was man noch als Wirkung betrachten soll, und dadurch, daß bei der Messung die untere Grenze der zu bestimmenden Wirkung durch die Breite der Spalte gegeben ist. Diese Unbestimmtheit ist unvermeidlich, ist aber nicht so wesentlich, wie es auf den ersten Blick scheinen könnte. Relative Messungen an verschiedenen Gasen mit der gleichen Apparatur sind unter allen Umständen möglich, aber auch der absolute Unterschied der Messung mit endlicher Blende gegenüber der Messung mit unendlich schmaler Blende scheint nicht allzu groß zu sein, wie die Messungen unter verschiedenen Versuchsbedingungen ergeben. Der Grund dürfte darin liegen, daß das Molekül zwar keine feste Grenze hat, daß aber doch die Wirkung auf das Elektron mit wachsender Entfernung vom Molekülmittelpunkt schließlich steil abfällt, so daß man bis zu einem gewissen Grade von einer bestimmten Größe des Wirkungsquerschnitts sprechen kann.

Zu der Zusammenstellung der gesamten Beobachtungsergebnisse (Bilder 3 bis 12) ist im einzelnen folgendes zu bemerken:

Die Gruppierung der Gase und Dämpfe entspricht ihrer chemischen Zusammengehörigkeit. Als Ordinate der Kurven ist nicht q, der Wirkungsquerschnitt des einzelnen Moleküls, sondern Q, die Querschnittssumme aller Moleküle in 1 cm^3 des Gases beim Druck 1 mm Hg und 0°, eingetragen. Der Grund liegt darin, daß man so zu anschaulichen Zahlenwerten gelangt, und daß man unmittelbar auf einen gegebenen Gasdruck umrechnen kann. Als Abszisse ist $\sqrt{Volt}$ gewählt, also eine Größe, die sich an die praktisch meist benutzten Angaben der Elektronengeschwindigkeit in Volt anschließt, aber den Vorteil hat, den wichtigeren Teil der Wirkungsquerschnittskurven in verhältnismäßig großem Maßstabe zu geben und der Lineargeschwindigkeit der Elektronen proportional zu sein ($1 \cdot \sqrt{Volt}$ gleich rund $6 \cdot 10^7$ cm/s). Rechts seitlich ist bei jedem Bild die Größe der zugehörigen gaskinetischen Querschnitte zum Vergleich vermerkt. Bei den Alkalidämpfen, über die es zur Zeit noch keine gaskinetischen Daten gibt, tritt an deren Stelle der aus dem Ionisierungspotential berechnete Querschnitt. (Die in den Bildern 3 bis 12 gegebene graphische Zusammenstellung wird durch die obere Tabelle auf S. 7 ergänzt, in der für jedes Gas der Name des Bearbeiters vermerkt ist. Die beigefügten Ziffern beziehen sich auf den Quellennachweis. Die durch Fettdruck hervorgehobenen Ziffern bedeuten, daß die betreffende Arbeit im Forschungsinstitut der AEG ausgeführt worden ist.)

Die Bilder 3 bis 12 zeigen auf den ersten Blick, daß eine Beherrschung der Entladungsvorgänge nur möglich ist, wenn man den Wirkungsquerschnitt der betreffenden Gase als Funktion der Elektronengeschwindigkeit kennt. Gegeben sei z. B. die Gesamtspannung zwischen Anode und Kathode an einem Quecksilbergleichrichter in der Größenordnung von etwa 30 Volt. Wäre das Rohr vollständig evakuiert, so hätte man damit auch die Endgeschwindigkeit der Elektronen. Sobald aber das Rohr mit einem Gas oder Dampf von bestimmter Dichte gefüllt ist, wird die Wechselwirkung zwischen Molekül und Elektron und damit die Größe des Wirkungsquerschnitts für die betreffende Elektronengeschwindigkeit entscheidend. Je größer der Wirkungsquerschnitt ist, um so häufiger erleiden die das Feld durchlaufenden Elektronen eine Ablenkung von ihrer Bahn oder einen stufenartigen Geschwindigkeitsverlust durch Strahlungsanregung oder Ionisierung eines Moleküls. Im ganzen bildet sich ein Vorgang aus, der ein Mittelding zwischen der Elektronenstrahlung im Vakuum und der Diffusion bildet und der durch das Zusammenwirken der beschleunigenden Spannung einerseits und der ablenkenden und verzögernden Molekülwirkungen anderseits bedingt wird. Die Geschwindigkeiten der Elektronen hängen davon ab, wie groß das Potentialgefälle ist, das sie mit Rücksicht auf Molekülwirkung und Raumladung

Bilder 3 bis 12. Der Wirkungsquerschnitt als Funktion der Elektronengeschwindigkeit.

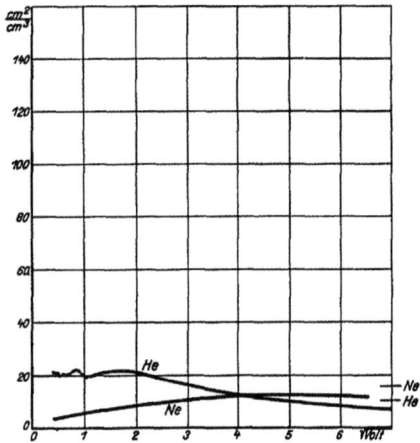

Bild 3. Nullte Gruppe des period. Systems: Edelgase.　　Bild 4. Nullte Gruppe des period. Systems: Edelgase.

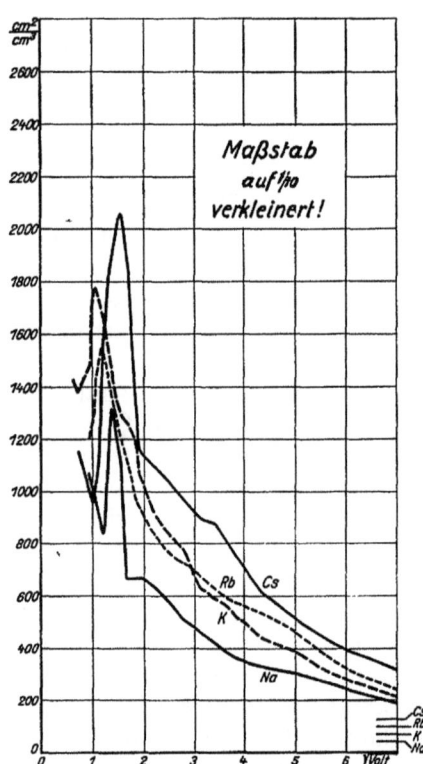
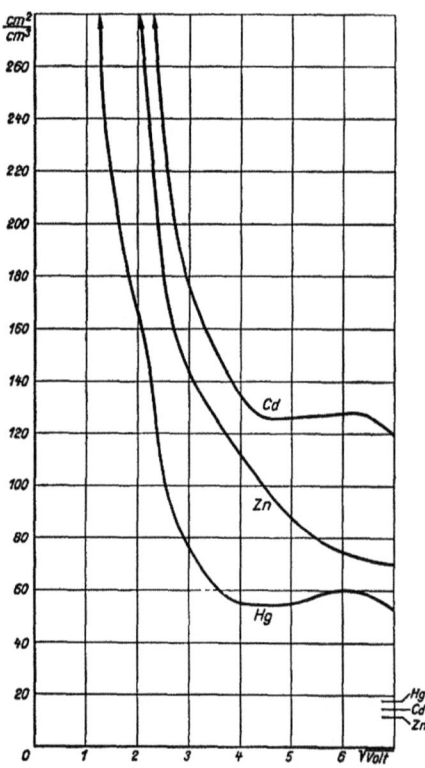

Bild 5. Erste Gruppe des period. Systems: Alkalimetalle.　　Bild 6. Zweite Gruppe des period. Systems.

frei durchlaufen können. Sie liegen unter den technisch gebräuchlichen Verhältnissen im allgemeinen zwischen 0 und 15 Volt.

Ohne Kenntnis der Wirkungsquerschnittskurven würde man als Grundlage dieser verwickelten Vorgänge nur den gaskinetischen Querschnitt benutzen können, wie dies früher auch stets bei der Bearbeitung solcher Probleme geschehen ist, und würde damit

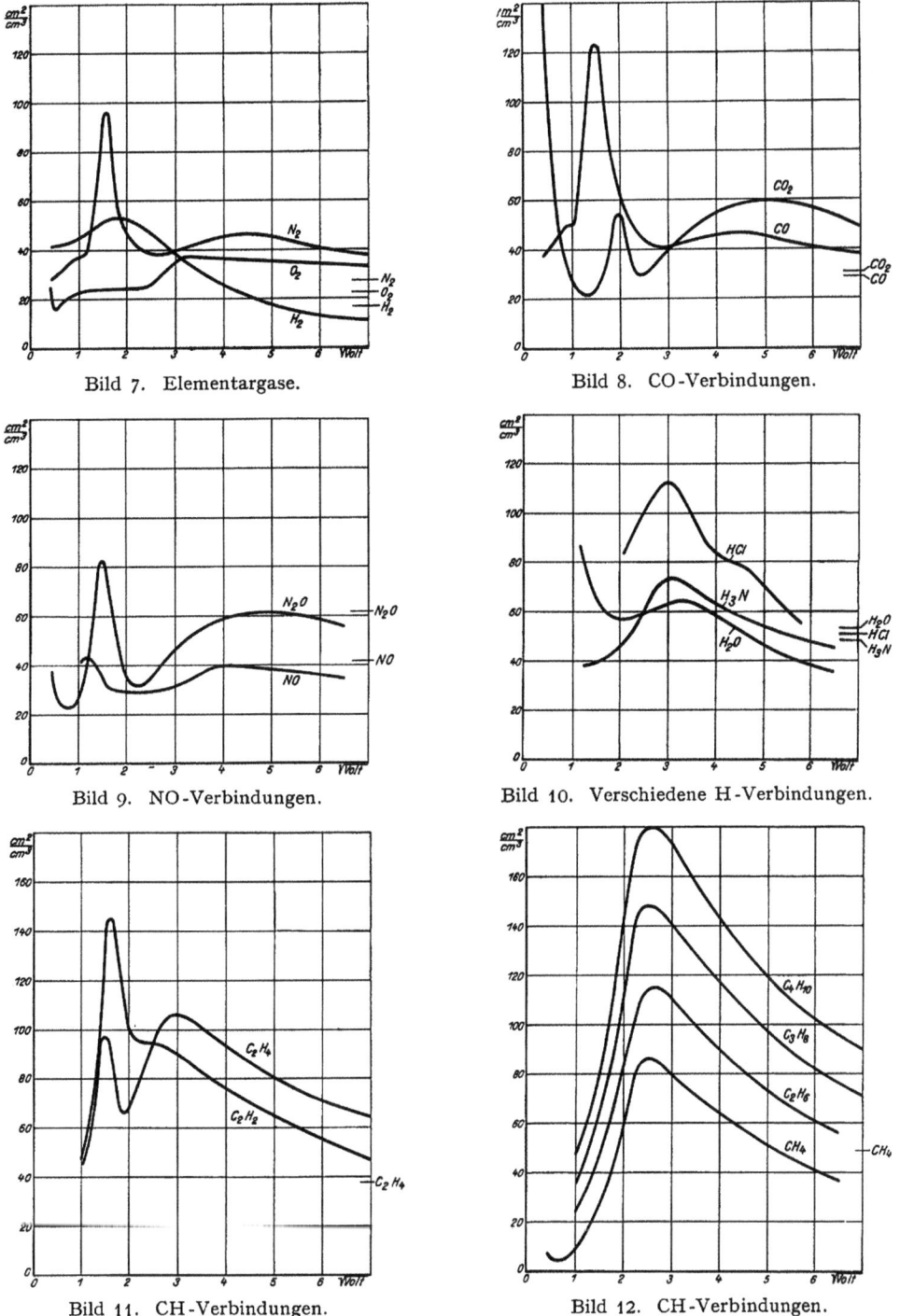

Bild 7. Elementargase.

Bild 8. CO-Verbindungen.

Bild 9. NO-Verbindungen.

Bild 10. Verschiedene H-Verbindungen.

Bild 11. CH-Verbindungen.

Bild 12. CH-Verbindungen.

außerordentlich große Fehler begehen. Wie groß diese Unterschiede sind, möge an einigen Beispielen erläutert werden:

1. Füllung des Rohres mit Quecksilberdampf (Bild 6). Die Quecksilbermoleküle wirken um so stärker auf die Elektronen, je langsamer diese sind. Wir erhalten also anfangs, wenn die Elektronen noch keine wesentliche Geschwindigkeit erlangt haben, einen diffusionsartigen Vorgang, ähnlich wie in einem verhältnismäßig dichten Gase. Je schneller die Elektronen unter dem Einfluß der beschleunigenden Spannung werden, um so durchlässiger wird das Gas, bis die Elektronen von etwa 4,9 Volt an die Quecksilberatome zur Strahlung anzuregen beginnen, ihre Geschwindigkeit ganz oder teilweise verlieren, um dann wieder einen weit höheren Widerstand im Dampf zu finden. Der gleiche Vorgang wiederholt sich nun von neuem usw. Die ganze Erscheinung verläuft hier etwa so, wie man sie sich ohne genauere Kenntnis der Wirkungsquerschnittskurve qualitativ vorstellen würde: Die Beeinflussung durch das Gasmolekül wird um so schwächer, je schneller das Elektron ist.

2. Füllung des Rohres mit Argon (Bild 4). Bei allerkleinsten Geschwindigkeiten haben wir einen Wirkungsquerschnitt von mittlerer Größe, bei Steigerung der Geschwindigkeit sinkt die Kurve und erreicht bei etwa 0,4 Volt $^1/_{50}$ des gaskinetischen Querschnittes, um dann bis 13 Volt Elektronengeschwindigkeit auf das mehr als dreifache des gaskinetischen Querschnitts anzusteigen. Mit anderen Worten: Bei 13 Volt Elektronengeschwindigkeit wirkt das Gas scheinbar 150mal so dicht wie bei 0,4 Volt Elektronengeschwindigkeit auf das Elektron ein, ganz im Gegensatz dazu, wie man es nach den gebräuchlichen Anschauungen erwarten sollte, und auch im Gegensatz zu der Annahme eines konstanten Querschnittes nach der kinetischen Gastheorie.

3. Füllung des Rohres mit dem Dampf eines Alkali-Metalls, z. B. K (Bild 5), oder Zusatz eines solchen Dampfes zur schon vorhandenen Füllung, wie Quecksilber oder Argon. (Ein solcher Zusatz ist praktisch durchaus denkbar, da die leichte Ionisierbarkeit des Alkalidampfes besondere Vorteile bieten kann.) Bei etwa 2 Volt Elektronengeschwindigkeit zeigen die K-Atome den 8fachen bzw. 160fachen Wirkungsquerschnitt wie Quecksilber und Argon bei der gleichen Elektronengeschwindigkeit. Ein kleiner Zusatz von Alkalidampf ist also imstande, die Entladung unverhältnismäßig stark zu beeinflussen. Würde man die Größe des Atomquerschnittes zugrunde legen, wie er aus sonstigen Daten für das Alkaliatom bekannt ist, so würde man den Wirkungsquerschnitt bei 2 Volt Elektronengeschwindigkeit nur gleich $^1/_{50}$ des wahren Wertes setzen und so zu gänzlich falschen Schlüssen über die Wirkung einer gegebenen Menge Alkalidampf gelangen.

Diese Beispiele beweisen, daß die Kenntnis des Wirkungsquerschnitts als Funktion der Elektronengeschwindigkeit eine unerläßliche Grundlage für die Aufklärung der Entladungsvorgänge bildet, sie zeigen aber auch, wie weit wir im übrigen noch von der quantitativen Beherrschung dieser Vorgänge entfernt sind. Der nächste Schritt muß darin bestehen, daß man den gesamten Wirkungsquerschnitt in seine Teilquerschnitte zerlegt, also feststellt, welche verhältnismäßige Wahrscheinlichkeit die verschiedenen Wirkungen des Moleküls auf das Elektron — Festhaltung, Ablenkung, Bremsung — gegeneinander haben, und wie diese Wirkungen nach Zeitdauer, Richtung und Größe im einzelnen verlaufen. Es liegen hier bereits einige Ansätze vor. Das Endziel ist aber noch weit entfernt.

Zum Schluß noch einige Worte über die sonstige Bedeutung der Wirkungsquerschnittsforschung. Ein Blick auf die Kurven zeigt, daß hier ein neuartiges Kennzeichen für jedes Gasmolekül gegeben ist. Bei Molekülen, die nach ihrem sonstigen chemischen oder physikalischen Verhalten Ähnlichkeiten zeigen, haben auch die Wirkungsquerschnittskurven einen gleichartigen Charakter. Die Bilder 3 bis 12 geben einige derartige Gruppen unmittelbar: die schweren Edelgase, die Alkalimetalle, die Zinkreihe und die Kohlen-Wasserstoff-Ketten. Ferner beachte man die typische Ähnlichkeit von CO und N_2, CO_2 und N_2O, CH_4 und Kr. Auf diese Weise hat die Kenntnis des Wirkungsquerschnitts schon zur Auffindung sehr beachtenswerter chemisch-physikalischer Beziehungen geführt[1]. Der Erfolg würde aber ein weit größerer und prinzipieller sein, wenn wir mehr hätten als die bloße äußere Form der Kurven. Damit kommen wir zu einem zweiten Punkt. Welche innere Bedeutung hat die Wirkungsquerschnittskurve? Was sagt sie aus über den Aufbau des Moleküls? Wie tief-

---

[1] Vgl. besonders E. Brüche: „Freie Elektronen als Sonden des Baues der Molekeln". Erg. exakt. Naturwiss. Bd. 8. S. 185—228. Berlin: Julius Springer 1929.

gehend diese Fragen sind und wie sie die Natur von Molekül und Elektron und das Wesen ihrer Zusammenwirkung überhaupt berühren, sieht man am besten an der Kurve des Argon (s. a. Bild 4). Der Wirkungsquerschnitt nimmt von 13 Volt Elektronengeschwindigkeit nach kleineren Elektronengeschwindigkeiten hin nicht zu, sondern ab, d. h. das langsame Elektron wird wesentlich schwächer beeinflußt als das schnellere; dabei ist die Abnahme der Wirkung bis 0,4 Volt so stark, daß das Argon-Atom für Elektronen dieser Geschwindigkeit fast völlig durchlässig wird. Dieses „klassisch" ganz unerwartete Verhalten scheint nur durch die neu entdeckte Wellennatur des Elektrons erklärt werden zu können, die Wirkungsquerschnittsanomalie des Argons ist daher als der früheste experimentelle Hinweis auf diese wichtigste physikalische Entdeckung der letzten Jahre anzusehen.

Bearbeiter der einzelnen Gase.

(Die Ziffern beziehen sich auf den Quellennachweis; die Untersuchungen aus dem Forschungsinstitut der AEG sind durch Fettdruck markiert.)

He, Ne, Ar	Ramsauer 1, 2; (Brüche 12); Ramsauer-Kollath **18**.
Kr, X	Ramsauer 3; Ramsauer-Kollath **18**.
Na, K, Rb, Cs	Brode **16**.
Zn, Cd	Brode 5, **21**.
Hg	Brode 5, **15**, **21**; (Maxwell 6; Jones **13**).
H_2, N_2	(Ramsauer 1); Brüche **7**, **8**; Ramsauer-Kollath **19**.
O_2	Brüche **9**; Ramsauer-Kollath **19**.
CO	Brüche **9**; Ramsauer-Kollath **19**.
CO_2	Brüche **9**; (Ramsauer **10**); Ramsauer-Kollath **19**.
C_2H_2, C_2H_4	Brüche **17**.
CH_4	(Brode 4); Brüche **9**, **20**; Ramsauer-Kollath **19**.
C_2H_6, C_3H_8, C_4H_{10}	Brüche **20**.
N_2O	Brüche **9**; Ramsauer-Kollath **22**.
NO	Brüche **9**.
HCl	Brüche **11**.
H_2O, H_3N	Brüche **14**.

Quellennachweis.

Tabelle der mit Nummern zitierten Arbeiten.

Nr.	Verfasser	Titel	Quelle
1	C. Ramsauer	Über den Wirkungsquerschnitt der Gasmoleküle gegenüber langsamen Elektronen.	Ann. d. Phys. Bd. 64, S. 513. 1921.
2	C. Ramsauer	Über den Wirkungsquerschnitt usw. I. Fortsetzung.	Ann. d. Phys. Bd. 66, S. 546. 1921.
3	C. Ramsauer	Über den Wirkungsquerschnitt usw. II. Fortsetzung und Schluß.	Ann. d. Phys. Bd. 72, S. 345. 1923.
4	R. B. Brode	The absorption coefficient for slow electrons in gases.	Phys. Rev. Bd. 25, S. 636. 1925.
5	R. B. Brode	The absorption coefficient for Slow electrons in the Vapours of mercury, Cadmium and Zinc.	Proc. Roy. Soc. London Bd. 109, S. 397. 1925.
6	L. R. Maxwell	The mean free path of electrons in Mercury vapor.	Proc. Nat. Acad. Bd. 12, S. 509. 1926.
7	E. Brüche	Über den Querschnitt von Wasserstoff- und Stickstoffmolekülen gegenüber langsamen Elektronen.	Ann. d. Phys. Bd. 81, S. 537. 1926.
8	E. Brüche	Über den Querschnitt von Wasserstoff- und Stickstoffmolekülen gegenüber langsamen Elektronen. II.	Ann. d. Phys. Bd. 82, S. 912. 1927.
9	E. Brüche	Über die Querschnittskurve des Chlorwasserstoffs gegenüber langsamen Elektronen und ihren Vergleich mit der Ar-Kurve.	Ann. d. Phys. Bd. 82, S. 25. 1927.
10	E. Brüche	Wirkungsquerschnitt und Molekülbau.	Ann. d. Phys. Bd. 83, S. 1065. 1927.

Quellenverzeichnis (Forts.).

Nr.	Verfasser	Titel	Quelle
11	C. Ramsauer	Über den Wirkungsquerschnitt der Kohlensäuremoleküle gegenüber langsamen Elektronen.	Ann. d. Phys. Bd. 83, S. 1129. 1927.
12	E. Brüche	Über den Wirkungsquerschnitt der Edelgase gegenüber langsamen Elektronen.	Ann. d. Phys. Bd. 84, S. 279. 1927.
13	T. J. Jones	Absorption coefficient of slow electrons in mercury vapour.	Phys. Rev. Bd. 32, S. 459. 1928.
14	E. Brüche	Wirkungsquerschnitt und Molekelbau in der Pseudoedelgasreihe $Ne-HF-H_2O-NH_3-CH_4$.	Ann. d. Phys. Bd. 1, S. 93. 1929.
15	R. B. Brode	The absorption coefficient for slow electrons in mercury vapour.	Proc. Roy. Soc. London (A) Bd. 125, S. 134. 1929.
16	R. B. Brode	Absorption coefficient for slow electrons in alkali vapours.	Phys. Rev. Bd. 34, S. 673. 1929.
17	E. Brüche	Wirkungsquerschnitt und Molekelbau der isosteren Reihen: $N_2-(CH)_2$ und $O_2-(CH_2)_2$.	Ann. d. Phys. Bd. 2, S. 909. 1929.
18	C. Ramsauer u. R. Kollath	Über den Wirkungsquerschnitt der Edelgasmoleküle gegenüber Elektronen unterhalb 1 Volt.	Ann. d. Phys. Bd. 3, S. 536. 1929.
19	C. Ramsauer u. R. Kollath	Über den Wirkungsquerschnitt der Nichtedelgasmoleküle gegenüber Elektronen unterhalb 1 Volt.	Ann. d. Phys. Bd. 4, S. 93. 1930.
20	E. Brüche	Wirkungsquerschnitt und Molekelbau in der Kohlenwasserstoffreihe: $CH_4-C_2H_6-C_3H_8-C_4H_{10}$.	Ann. d. Phys. Bd. 4, S. 387. 1930.
21	R. B. Brode	Absorption Coefficient for Slow Electrons in Cadmium and Zinc Vapors.	Phys. Rev. Bd. 35, S. 504. 1930.
22	C. Ramsauer u. R. Kollath	Über den Wirkungsquerschnitt der Nichtedelgasmoleküle gegenüber Elektronen unterhalb 1 Volt. Nachtrag.	Noch unveröffentlicht.

Über die Welleneigenschaften des Elektrons.
Von E. Rupp.

Es wird ein Überblick über die Entwicklung unserer Kenntnisse über die Natur des Elektrons gegeben. Zu den korpuskularen Eigenschaften des Elektrons sind neue Tatsachen gefunden worden, die als Interferenzerscheinungen einer Elektronenwelle verstanden werden können. In bezug auf Beugung und Brechung bestehen zwischen Lichtwellen und Elektronen analoge Beziehungen. Auch eine polarisationsähnliche Erscheinung hat sich an Elektronen nachweisen lassen, die aber anderen Gesetzen folgt als die Polarisation der Lichtwellen.

Die Naturerkenntnis des 19. Jahrhunderts hat die Atome als unmittelbare Bausteine der gesamten materiellen Welt herausgeschält. So hat die Chemie die Stoffe der anorganischen und organischen Welt auf etwa 90 Atomarten zurückzuführen gelernt; die Physik untersuchte und maß die Eigenschaften dieser Atome. Dabei fand die Physik um die Jahrhundertwende ganz neue Tatsachen, die das Atom in kleinere Bestandteile auflösten. Die Erscheinungen des radioaktiven Zerfalls und der Kathodenstrahlen brachten die neue Erkenntnis, daß alle Atome aufgebaut sind aus zwei einfacheren Bestandteilen, aus Atomkernen und aus Elektronen, von denen die Elektronen gleichzeitig auch die Urbestandteile der Elektrizität sind. Für unser physikalisches Weltbild ist daher die Erforschung der Eigenschaften der Elektronen grundlegend wichtig.

I. Das Elektron als Korpuskel.

Unser Wissen über die Atomkerne ist nun noch recht dürftig. Elektronen hingegen können wir durch einfache Verfahren herstellen und im materiefreien Raum untersuchen. Für das einzelne Elektron haben die Versuche eine ganz bestimmte elektrische Ladung und ein bestimmtes Verhältnis der Ladung zur Masse ergeben, so daß daraus eine bestimmte Masse des Elektrons errechnet werden kann. Mit einer Masse schien aber ein dreidimensionales Gebilde verbunden zu sein, und man kam auf diese Weise dazu, sich das Elektron im einfachsten Fall als sehr kleines Kügelchen vorzustellen, das, ähnlich wie ein Stein durch Schwerkraft und Reibung, durch elektrische und magnetische Kräfte beeinflußt wird. Dieses korpuskulare Verhalten des Elektrons ließ sich quantitativ vorausberechnen, wenn man zu den Gleichungen der Mechanik die Maxwellschen Gleichungen der Elektrodynamik hinzunahm.

Man erkannte weiter, daß das Elektron im Atom Wellenvorgänge auslösen kann, die als Licht oder als Röntgenstrahlen das Atom verlassen, und daß für diesen Fall eine neue Art der Energieumsetzung statthat, die aus der klassischen Mechanik heraus ganz unverständlich ist. Einstein gelang es, das Gesetz dieser Energieumsetzung zu erkennen: Trifft ein Elektron der Energie $\frac{mv^2}{2}$ ein Atom, so kann eine Lichtwelle ausgelöst werden, deren Frequenz ν proportional zur kinetischen Energie des Elektrons ist; also $\frac{mv^2}{2} = h\nu$, wenn der Proportionalitätsfaktor mit h bezeichnet wird. Wir können dieses Gesetz anschaulich nur verstehen, wenn wir dem Licht korpuskulare Eigenschaften zuschreiben.

Dann läßt es sich so formulieren: Die Energie des Elektrons ist im Atom in die eines Lichtquants umgewandelt worden.

So war ein merkwürdiger Dualismus in der Auffassung vom Licht zutage getreten. Auf der einen Seite das weite Gebiet der Wellenlehre des Lichts und diesem gegenüberstehend zunächst nur wenige, aber um so gewichtigere Versuche, die nur durch eine korpuskulare Anschauung des Lichtes zu verstehen waren. Wenn man die Zeit um etwa 1925 ins Auge faßt, so konnte der Stand unserer Kenntnisse etwa so gekennzeichnet werden:

Alle Erscheinungen am Atom ließen sich auf drei Bestandteile zurückführen, auf die korpuskularen Atomkerne, auf die Elektronen und auf das Zwitterding des Lichtquants; das Atom selbst, aus einem zentralen Kern großer Masse und aus den Außenelektronen bestehend, ähnlich wie unser Sonnensystem aus Sonne und Planeten, und dieses Atomgebilde mit der rätselhaften Eigenschaft begabt, Lichtwellen bestimmter Energie aussenden zu können.

II. Das Elektron als Welle.

Eine neue Entwicklung war aber schon seit 1924 vorbereitet, als L. de Broglie den geistreichen Gedanken faßte, den Dualismus des Lichtes ganz allgemein auf die Materie auszudehnen. Jedem Körper der Masse m, der mit der Geschwindigkeit v bewegt wird, dachte sich de Broglie einen Schwingungsvorgang der Art zugeordnet, daß das Energiequant $h\nu$ dieser Schwingung gleich ist der Eigenenergie mc^2 des Materieteilchens, worin c die Lichtgeschwindigkeit bedeutet. Fragen wir nach der Wellenlänge λ dieser Materiewellen, so erhalten wir die de Brogliesche Gleichung

$$\lambda = \frac{h}{mv}.$$

Diesen Überlegungen konnte in der Zeit ihres Entstehens eine physikalische Realität nicht beigemessen werden. Auf der Suche nach einem physikalischen Sinn des de Broglieschen Gedankens kam W. Elsasser auf die Vermutung, bisher unverständlich gebliebene Gesetzmäßigkeiten über die Winkelverteilung von reflektierten Elektronen an Metallen, wie sie C. Davisson mit einigen Mitarbeitern beobachtet hatte, könnten vielleicht als Beugungserscheinungen der Elektronen am Kristallgitter ihre richtige Erklärung finden. Aber noch fehlte genügendes Versuchsmaterial, um diese Vermutung zu prüfen.

III. Elektronenbeugung.

Erst als C. Davisson und H. Germer 1927 ihre Versuche auf Elektronenreflexion an einem Nickeleinkristall ausdehnten, erwies sich die ganze Fruchtbarkeit und Bedeutung des de Broglieschen Gedankens. Die an einer Kristallfläche reflektierten Elektronen ergaben Beugungsmaxima ganz analog zur Beugung der Röntgenstrahlen an Kristallen. Die Lage der Beugungsmaxima war in voller Übereinstimmung mit der aus der de Broglieschen Theorie zu erwartenden Lage, wenn man diese Gleichung mit den von v. Laue entwickelten Interferenzbeziehungen für Wellenstrahlen kombinierte. Damit war das Elektron in gleichem Maße wie das Lichtquant ein Zwitterding geworden, manchmal Welle, manchmal Korpuskel, ohne daß man eine Grenze zwischen beiden Erscheinungsformen angeben konnte.

Das neu entdeckte Land der Welleneigenschaften des Elektrons drängte zu weiterem Vordringen ins unerforschte Innere. Die Forschungsverfahren dazu lagen klar vorgezeichnet: Man mußte die verschiedenen für Wellenstrahlen entwickelten Interferenzmethoden den besonderen Eigentümlichkeiten der Elektronen anpassen. Man mußte einmal die Wellenlänge der Elektronen messen, möglichst unter Verwendung unmittelbar zugänglicher Meßgrößen, und man konnte hoffen, in den Wechselwirkungen zwischen Elektronenwellen und den Atomen neue unerwartete Erscheinungen aufzufinden.

Die ersten Schritte in dieser Richtung unternahmen G. P. Thomson und der Verfasser, fast gleichzeitig und unabhängig voneinander. Sie ließen Elektronen durch äußerst dünne Metallfolien hindurchtreten und photographierten die dabei auftretenden Beugungserscheinungen. Bild 1 zeigt das Ergebnis derartiger Aufnahmen an Silber mit Elektronen von 186 Volt Geschwindigkeit. Die einzelnen Beugungsringe gehören verschiedenen Flächen des Silberkristalles an, so der innere Ring in Bild 1 der Würfelfläche, der zweite der Oktaederfläche. Der Japaner S. Kikuchi hat später gezeigt, daß diese Beugungsbilder besonders schön und eindrucksvoll sich an Glimmerfolien gewinnen lassen. Man erhält an sehr dünnen Folien Flächengitterinterferenzen der Atome in der Spaltebene des Glimmers. Eine derartige Aufnahme mit Elektronen von 65 000 Volt ist in Bild 2 wiedergegeben. Das eingezeichnete Rechteck läßt die Anordnung der Atome in der Spaltebene übersehen. Aus den Abständen der Interferenzpunkte können die Entfernungen benachbarter Atome berechnet werden. Man findet dafür $5{,}17 \cdot 10^{-8}$ cm, wenn man die Elektronenwellenlänge aus der de Broglieschen Gleichung berechnet. Dieser Wert steht in Übereinstimmung mit den Ergebnissen der Röntgenstrahlanalyse.

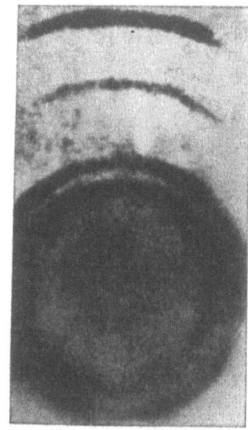

Bild 1. Beugungsringe beim Durchgang der Elektronen durch Silber.

An besonders dünnen Glimmerfolien kann die Beugungserscheinung leicht so weit gesteigert werden, daß man sie auf einem Leuchtschirm darstellen kann. Eine solche Demonstrationsröhre ist seit Mai vorigen Jahres im AEG-Forschungs-Institut aufgestellt.

Bei der Auswertung der Beugungsversuche an Kristallen geht man so vor, daß man die Abstände der Netzebenen im Kristall aus Röntgenstrahluntersuchungen übernimmt und die Elektronenwellenlänge berechnet. Diese Wellenlänge wird mit der theoretisch zu erwartenden verglichen. Dazu rechnet man zweckmäßig die de Brogliesche Gleichung um, indem man die Elektronengeschwindigkeit v durch die Beschleunigungsspannung der Elektronen U ausdrückt. Es ist $\frac{mv^2}{2} = eU$, worin e die Ladung, m die Masse des Elektrons ist. Setzt man für e, m und h die bekannten Zahlenwerte ein, so erhält man für Elektronen als Beziehung zwischen Wellenlänge λ und der Voltgeschwindigkeit U die Gleichung

$$\lambda = \sqrt{\frac{150}{U}} \cdot 10^{-8} \text{ cm}.$$

Man erkennt aus dieser Gleichung, daß einem Elektronenstrahl von 150 Volt die Wellenlänge $\lambda = 1 \cdot 10^{-8}$ cm entspricht, ferner für 15 000 Volt $\lambda = 0{,}1 \cdot 10^{-8}$ cm. Die Wellenlänge ist also 1000mal kleiner als die des Lichtes, sie ist in der Größenordnung der Röntgenstrahlwellenlängen.

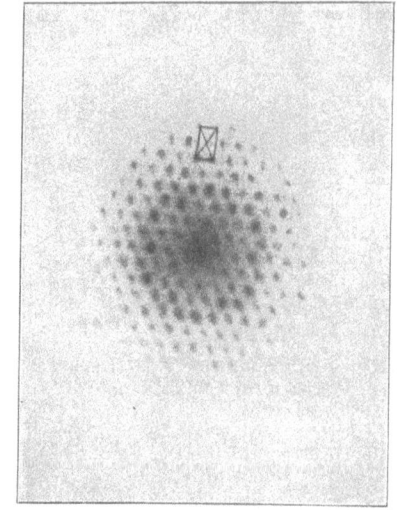

Bild 2. Durchgang schneller Elektronen durch Glimmerfolien.

Bei allen Beugungserscheinungen an Kristallen hat sich die de Brogliesche Gleichung als in Übereinstimmung mit der Erfahrung erwiesen, wenn man von systematischen Abweichungen bei kleinen Geschwindigkeiten absieht. Der Prüfung liegt allerdings die Annahme zugrunde, daß die Netzebenenabstände im Kristall für Elektronen die gleichen sind wie für Röntgenstrahlen.

Für Lichtwellen kennen wir Verfahren, die Wellenlänge nur aus solchen Größen zu ermitteln, die einer unmittelbaren Messung zugänglich sind. Läßt man einen Lichtstrahl an einem geritzten Gitter reflektieren, so kann man die Wellenlänge des Lichtes aus reinen Längenmessungen, aus den Abständen der Gitterstriche und aus dem Winkel zwischen reflektierten und gebeugten Strahlen absolut bestimmen. Es schien sehr wichtig, auch für Elektronen Verfahren auszubilden, die unabhängig von dem von der Natur gelieferten Kristallgitter die Wellenlänge der Elektronen zu messen gestatten. Erhält man mit einem Gitter Interferenzerscheinungen wie mit einem Kristall, so ist die Entscheidung zugunsten einer Wellenvorstellung des Elektrons gefallen. Lichtwellen und Elektronen verhalten sich gleich in bezug auf Interferenzerscheinungen. Der Verfasser hat im AEG-Forschungs-Institut solche Verfahren durchgebildet.

 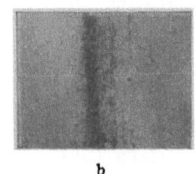

Bild 3a u. b. Elektronenbeugung am geritzten Gitter. a. 70 Volt, b. 150 Volt.

Er ließ einen Elektronenstrahl an einem geritzten Gitter streifend reflektieren und fand auf einem photographischen Film neben dem reflektierten Strahl abgebeugte Strahlen, die den verschiedenen Beugungsordnungen entsprechen. Auf den in Bild 3a u. b wiedergegebenen Aufnahmen sind rechts von den reflektierten Strahlen die gebeugten Strahlen zu erkennen, so in Bild 3a Beugung erster Ordnung bei 70 Volt, in Bild 3b Beugung erster und zweiter Ordnung bei 150 Volt. Durch reine Längenmessungen an diesen Aufnahmen ist eine Prüfung der de Broglieschen Gleichung durchgeführt worden, die zu einer Übereinstimmung zwischen Messung und Voraussage geführt hat. Die Richtigkeit der de Broglieschen Gleichung zur Beschreibung der Beugungserscheinungen mit Elektronen kann daher als empirisch gesichert gelten, unabhängig von den theoretischen Grundlagen der Gleichung.

IV. Brechung der Elektronenwelle.

Ähnlich wie beim Fall eines Steines in der Luft die Fallgesetze nur annähernde Gültigkeit haben infolge der Luftreibung, so genügt für Elektronen unterhalb etwa 500 Volt die de Brogliesche Gleichung allein nicht mehr zur Beschreibung der Beugungsmaxima. Vielmehr treten gesetzmäßige Lageveränderungen dieser Maxima auf. In Analogie zur Optik kann man diese Lageveränderungen auf eine Brechung der Elektronenwelle zurückführen. Läßt man einen Elektronenstrahl an Metallen reflektieren, so wird der Strahl dem Einfallslote zugebrochen, genau wie ein Lichtstrahl, der von Luft in Wasser übergeht. Der Brechungsindex der Elektronen ist also für Metalle, und ebenso für Halbleiter, wie Pyrit und Bleiglanz, größer als 1.

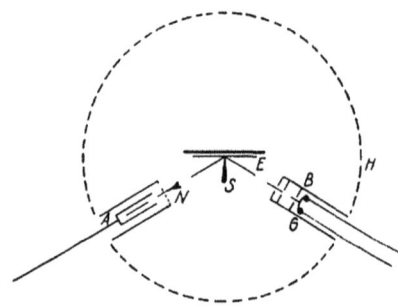

Bild 4. Reflexion der Elektronen unter konstantem Einfallswinkel.

Die Versuche haben ferner gezeigt, daß der Brechungsindex mit abnehmender Strahlgeschwindigkeit zunimmt. Für dieses Verhalten läßt sich leicht ein physikalischer Grund angeben in der Zurückführung des Brechungsindexes μ auf ein dem Metall eigentümliches, inneres Gitterpotential E_0. Es gilt die Beziehung

$$\mu = \sqrt{\frac{E_0 + U}{U}},$$

wenn U die Voltgeschwindigkeit der Elektronen ist. Wird in der Gleichung U sehr viel größer als E_0, so ist $\mu = 1$, ein Fall, wie er bei hohen Strahlgeschwindigkeiten (über 1000 Volt) vorliegt. Mit dem Auffinden eines inneren Gitterpotentials im Kristall verläßt die Forschung den bisher von der de Broglieschen Theorie vorgezeichneten Weg. Hier gilt es zunächst neue Tatsachen zu sammeln und dann diese Tatsachen theoretisch auszuwerten.

Zur Durchführung solcher Versuche hat sich der Verfasser meistens eines Reflexionsverfahrens bedient, das in Bild 4 dargestellt ist. Ein Elektronenstrahl vom Glühdraht G, durch die Blenden B parallel gemacht, wird unter konstantem Einfallwinkel an einer Einkristallfläche E reflektiert und die reflektierte Elektronenmenge im Auffangekäfig A gemessen in Abhängigkeit von der Strahlgeschwindigkeit. Man erhält mit diesem Verfahren

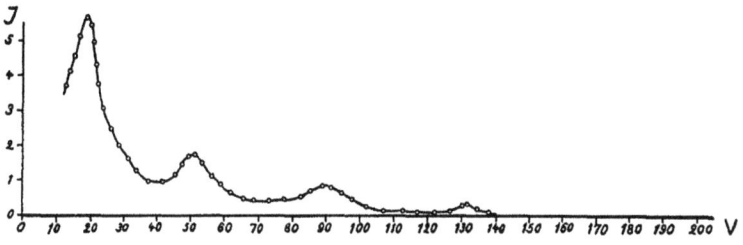

Bild 5. Elektronenbeugung an Kupfer (Würfelfläche).

Beugungsmaxima der Elektronen, wie sie in Bild 5 für einen Kupfereinkristall dargestellt sind. Die Maxima der Kurve entsprechen verschiedenen Ordnungen der Beugung an der Würfelfläche des Kupferkristalles.

Mit diesem Verfahren konnte das innere Gitterpotential für verschiedene Metalle gemessen werden. Die Werte von E_0 liegen zwischen 10 und 20 Volt; so ist für Nickel $E_0 = 17$ Volt, für Kupfer $E_0 = 13$ Volt. Ein Elektronenstrahl von 100 Volt im Vakuum wird also im Kupfer auf 113 Volt beschleunigt. Während ein Lichtstrahl in Wasser sich langsamer fortpflanzt als in Luft, läuft ein Elektronenstrahl im Metall schneller als im Vakuum.

Das innere Gitterpotential wurde ebenso für Halbleiter gemessen und kleiner gefunden als für Metalle. So ist E_0 für Pyrit 7 Volt, für Bleiglanz 3 Volt. Für die isolierenden Ionenkristalle, Natriumchlorid, Kaliumchlorid und Lithiumfluorid, ist das innere Gitterpotential bei hohen Versuchstemperaturen gleich Null. Daß für solche isolierenden Kristalle die Beugungserscheinungen oft besonders ausgeprägt sind, läßt Bild 6a u. b für LiF erkennen. Der Einfallwinkel ist einmal 30°, das andere Mal 60°, entsprechend verschieben sich die Beugungsmaxima.

Diese Versuchsergebnisse lassen einen engen Zusammenhang zwischen dem inneren Gitterpotential und der Elektronenbeweglichkeit im untersuchten Körper erkennen. Für gute Leiter ist E_0 am größten, für Halbleiter kleiner, für Isolatoren nicht merklich von Null verschieden.

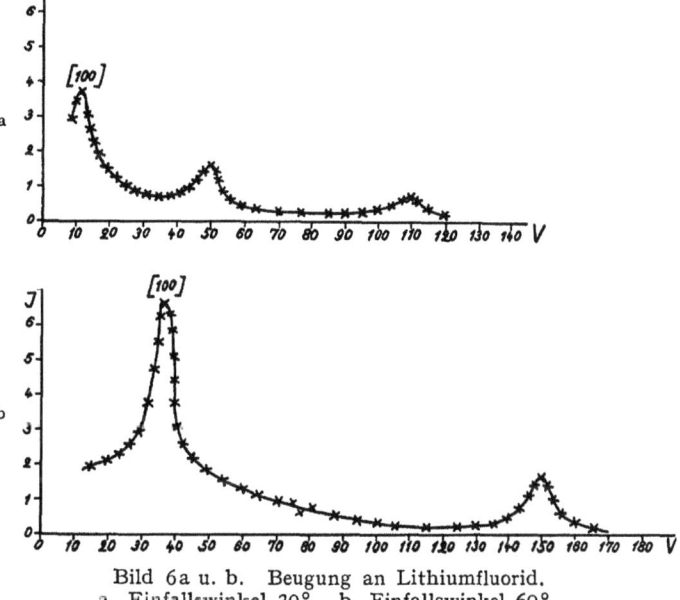

Bild 6a u. b. Beugung an Lithiumfluorid.
a. Einfallswinkel 30°. b. Einfallswinkel 60°.

An diesen Zusammenhang schließt sich auch die theoretische Deutung an. Nach der Sommerfeldschen Theorie der Metalleitung ist E_0 in einfacher Weise mit der aus glühelektrischen Untersuchungen bekannten Austrittarbeit A der Elektronen aus den Metallatomen verbunden. Es gilt $E_0 - W_i = A$, wenn W_i die innere kinetische Energie der Leitungselektronen ist. Diese Gleichung verbindet zwei ganz verschiedene Gebiete der Physik, die Elektronenbeugung mit der Glühelektronen-Emission, Gebiete, die mit ganz verschiedenen Untersuchungsverfahren arbeiten. Ja noch eine weitere Beziehung konnte aufgedeckt werden zu einem scheinbar ganz ferne liegenden Gebiet, zur diamagnetischen Suszeptibilität der Metalle. Man kann das diamagnetische Verhalten von Kupfer und Silber aus Messungen der Elektronenbeugung voraussagen, ein schönes Beispiel der inneren Einheit der verschiedensten physikalischen Gesetzmäßigkeiten.

V. Vergleich zwischen Elektronenwellen und Lichtwellen.

In der Theorie der Materiewellen von de Broglie ist nur von einer Welleneigenschaft die Rede, von der Wellenlänge. Nun kennt die Optik aber noch eine ganze Reihe anderer Welleneigenschaften des Lichtes, so die Amplitude einer Welle, ihren Polarisationszustand, ihre Kohärenzfähigkeit. Die Frage entstand: Finden sich am Elektron Eigenschaften, die mit diesen Eigenschaften des Lichtes in Parallele zu setzen sind?

Experimentell verhältnismäßig einfach zu beantworten ist die Frage nach der Intensität der gebeugten Elektronenwellen. Die Ordinaten der Kurven in Bild 6 geben ein unmittelbares Maß dieser Intensitäten. Aber während man die Lage der Beugungsmaxima, also die Abszissen in Bild 6, genau vorausberechnen kann, hat man über die Höhe dieser Maxima noch keine theoretische Erklärung. Eine Deutung wird noch dadurch erschwert, daß die Elektronen bei der Reflexion Geschwindigkeitsverluste erleiden; optisch gesprochen, ändert sich also ihre Wellenlänge, eine Erscheinung, die an den Lichtwellen keine Analogie hat.

Aus der Messung der Geschwindigkeitsverteilung reflektierter Elektronen konnte der Verfasser feststellen, daß im Beugungsring Elektronen ohne Geschwindigkeitsverlust bevorzugt vorhanden sind gegenüber anderen Winkelbereichen, so daß man die reflektierten Elektronen einteilen kann in gebeugte Elektronen (ohne Geschwindigkeitsverlust reflektierte) und in gestreute Elektronen (mit Geschwindigkeitsverlust). Diese Tatsachen haben kein Wellenanalogon, wohl aber ein korpuskulares in der elastischen und unelastischen

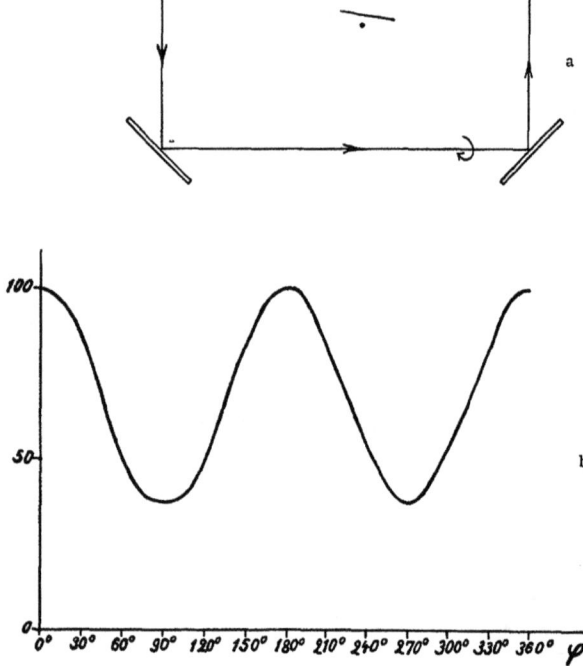

Bild 7 a u. b. Polarisation des Lichtes.
a. Versuchsanordnung.   b. Intensitätsschwankungen des Lichtes bei Drehung der Spiegel.

Reflexion der Mechanik. Hier treten uns also bei ein und demselben Versuch Welleneigenschaften und korpuskulare Eigenschaften gleichzeitig entgegen, ohne daß es gelingt, auf dem Boden der überkommenen Anschauung beide zu einem einheitlichen Bild zusammenzufassen.

VI. Polarisation der Elektronen.

Alle bekannten Wellenvorgänge lassen sich in zwei Gruppen einteilen, in longitudinale und in transversale. Bei den longitudinalen Wellen fällt die Fortpflanzungsrichtung und die Bewegungsrichtung des schwingenden Mediums zusammen, so bei den Schallwellen. Die elektromagnetischen Wellen hingegen schwingen transversal; Fortpflanzungsrichtung und Bewegungsrichtung des elektrischen Kraftvektors stehen senkrecht aufeinander. Auf dieser Transversalität beruht u. a. die Richtwirkung der Rahmenantenne. Die Transversalität der Lichtwelle, oder wie man sagt die Polarisation des Lichtes, kann man leicht durch zweifache Reflexion eines Lichtstrahles an zwei Spiegeln nachweisen (Bild 7a). Dreht man den zweiten Spiegel um die Strahlachse und mißt die Intensität des reflektierten Lichtes in Abhängigkeit vom Drehwinkel φ, so treten periodische Intensitätsänderungen auf. Diese Polarisation des Lichtes ist in Bild 7b wiedergegeben. Sie wird durch eine Funktion $A + B \cos^2 \varphi$ beschrieben.

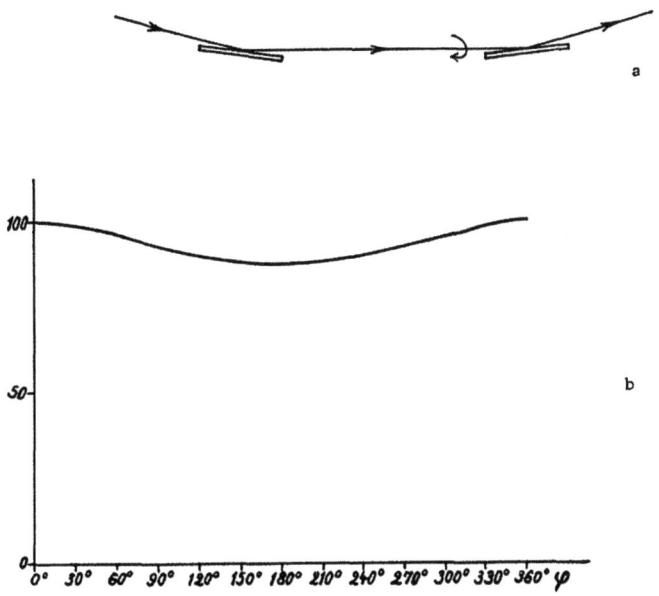

Bild 8 a u. b. Polarisation der Elektronen.
a. Versuchsanordnung. b. Intensitätsänderung des Elektronenstrahls für 80000 Volt an Goldspiegeln.

Im Gegensatz zu den elektromagnetischen Wellen sind longitudinale Wellen nicht polarisierbar.

Für unsere Kenntnis der Elektronenwellen ist die Frage nach ihrer Polarisation grundlegend wichtig. Hierüber sind bereits von verschiedenen Forschern, so auch vom Verfasser, Versuche durchgeführt worden. Aber alle diese Versuche haben zu einem negativen Ergebnis geführt. Erst in letzter Zeit ist es dem Verfasser gelungen, auch an Elektronen eine polarisationsähnliche Erscheinung nachzuweisen. Ein Elektronenstrahl wurde unter streifendem Auftreffwinkel an Goldspiegeln zweifach reflektiert und die reflektierte Elektronenmenge in Abhängigkeit vom Drehwinkel des zweiten Reflektors gemessen.

Dabei wurde für schnelle Elektronen von 40000 Volt aufwärts eine Unsymmetrie in der Winkelverteilung der an Gold reflektierten Elektronen

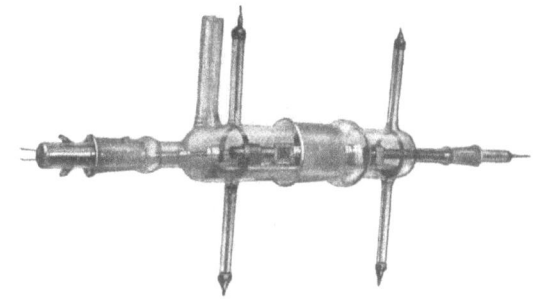

Bild 9. Versuchsröhre zum Nachweis einer Elektronenpolarisation.

gefunden. So war bei einem Versuch mit Elektronen von 80000 Volt die reflektierte Elektronenmenge bei einem Drehwinkel von 180° um 12 vH geringer als bei 0°. Die Werte für 90° und 270° lagen dazwischen. Diese Abhängigkeit der Elektronenmenge vom Drehwinkel ist in Bild 8a u. b wiedergegeben, der obere Teil der Abbildung zeigt das zugehörige Versuchsschema. Die Versuchsröhre ist in Bild 9 dargestellt.

Durch diese Versuche ist wahrscheinlich gemacht, wie die Elektronenwelle polarisierbar ist, aber das Gesetz dieser Polarisation ist ein ganz anderes als für Licht, sie wird durch eine Funktion $A + B \cdot \cos\varphi$ beschrieben, hat also eine Periode von 180° gegenüber der Periode von 90° an Licht. Allerdings sei betont, daß bei der Schwierigkeit der Polarisationsmessungen noch manche Arbeit bis zur überzeugenden Sicherstellung geleistet werden muß. So müssen die Elektronengeschwindigkeiten und die reflektierenden Metalle variiert werden. Der Polarisationseffekt selber muß durch geeignete Versuchsbedingungen zu verstärken gesucht werden.

Das Gesetz der Elektronenpolarisation wird nach unserer bisherigen Erkenntnis verständlich, wenn man dem Elektron ein magnetisches Moment zuschreibt. Auf das Vorhandensein dieses Momentes, auf den sog. Elektronenspin, hatte man bisher aus spektroskopischen Tatsachen geschlossen. Erst in letzter Zeit haben die theoretischen Folgerungen aus dieser Hypothese zu der überraschenden Entdeckung geführt, daß Wasserstoff aus zwei Molekülarten, aus Ortho- und Parawasserstoff, besteht. Die in Bild 8b wiedergegebenen Versuchsergebnisse haben jetzt, falls unsere theoretischen Kenntnisse in Ordnung sind, den ersten unmittelbaren Beweis für das magnetische Moment des Elektrons erbracht.

VII. Kohärenz der Elektronenwelle.

Schließlich sieht die Lehre vom Licht ein weiteres Bestimmungsstück einer Welle in ihrer Kohärenzfähigkeit. Man weiß, daß Lichtwellen bis zu 10^7 Wellenzügen interferenzfähig sind. Das bedeutet, daß Wellenzüge des gelben Na-Lichtes ($\lambda = 5 \cdot 10^{-5}$ cm), die mit 10^{-8} s Zeitunterschied vom gleichen Atom emittiert werden, noch Interferenzen geben.

Der Verfasser hat für Elektronen die Frage nach der Kohärenzfähigkeit geprüft und einen gegenüber Licht außerordentlich kleinen Wert der interferenzfähigen Wellenzüge gefunden, nämlich nur 50 bis 60 für Elektronen von 20000 Volt (entsprechend $0{,}1 \cdot 10^{-8}$ cm). Man kann dieses Ergebnis auch so veranschaulichen: der interferenzfähige Wellenzug hat für Elektronen die Länge $50 \cdot 0{,}1 \cdot 10^{-8}$ cm $= 5 \cdot 10^{-8}$ cm, während der Wellenzug des Na-Lichtes auf $5 \cdot 10^{-5} \cdot 10^7$ cm $= 5$ m noch interferenzfähig ist. Die Elektronenwelle ist also gegenüber der Lichtwelle räumlich außerordentlich eng begrenzt, sie ist in der Größe von Atomabmessungen.

VIII. Theoretische Auffassungen über die Elektronenwelle.

Man könnte versuchen, aus diesem Größenunterschied der Elementarwellenzüge für Elektronen und für Licht eine anschauliche Darstellung der Elektronenwelle abzuleiten. So könnte man etwa folgendes Bild des Elektrons sich ausdenken, das Welleneigenschaften mit korpuskularen Eigenschaften vereinigt. Das Elektron ist ein endlicher Wellenzug einer gedämpften Welle, die an einer Stelle im Raum ihre größte Amplitude hat und nach den Seiten hin abfällt. Der Wellenzug ist, wie die Kohärenzversuche lehren, in der Größenordnung von Atomdimensionen. Eine derartige Welle wird sich gegenüber Gebilden, die größer sind als ihre Längenausdehnung, wie ein Korpuskel verhalten, geradeso wie ein Lichtstrahl in allen makroskopischen Fällen der geometrischen Optik als gerade Linie betrachtet werden kann. Welleneigenschaften treten erst zutage in besonderen Versuchsanordnungen, so beim Durchgang des Lichtes durch einen engen Spalt und beim Durchgang der Elektronen durch Atome und Moleküle.

Diese hypothetische Betrachtungsweise vermag anschaulich überzuleiten zu den mathematischen Formulierungen der Elektronenwelle in der modernen theoretischen Physik. Der Lichtstrahl als gerade Linie bei makroskopischer und als Lichtwelle bei mikroskopischer Betrachtung war der Ausgangspunkt zur theoretischen Fassung des de Broglieschen Gedankens, wie sie E. Schrödinger in seiner Wellenmechanik durchgeführt hat.

In der Mechanik der starren Körper kennen wir Differentialgleichungen, welche die Bewegung der Körper im Raum und in der Zeit vollständig zu beschreiben gestatten. Allbekannt sind die Triumphe der klassischen Mechanik in der Vorausberechnung der Planetenbewegungen. Die Gleichungen der Makromechanik für die mikroskopische Welt der Atome und Moleküle umzuformen, gelang Schrödinger dadurch, daß er den de Broglieschen Gedanken der Materiewellen in die bekannten Gleichungen der Mechanik einführte und nun, statt nach der Bahn der mikroskopischen Körper zu fragen, das Wellenfeld dieser Körper berechnete. Auf diese Weise konnte das umfangreiche Tatsachengebiet der spektroskopischen Erscheinungen an Atomen und Molekülen zum erstenmal von einem einheitlichen Gesichtspunkte aus abgeleitet und darüber hinaus viele chemischen und magnetischen Eigenschaften der Atome erklärt werden. Aber die Schrödingersche Differentialgleichung der Wellenmechanik läßt nun im Gegensatz zu den Gleichungen der makroskopischen Mechanik keine anschauliche Deutung zu. Wir können keine physikalische Größe angeben, wie die Ladung oder die Masse des Elektrons, die den Schwingungsvorgang der Schrödingerschen Gleichung erfüllen würde.

Näher als mit diesen kurzen Andeutungen auf die Entwicklung der modernen theoretischen Physik einzugehen, würde hier zu großen Raum beanspruchen. Das Gebäude ist nicht fertig, es wird dauernd weiter- und umgebaut. Ja, neue und unerwartete Tatsachen, wie sie der Forscher immer wieder im Laufe der geschichtlichen Entwicklung der Physik gefunden hat, können selbst die Fundamente erschüttern.

Über Anwendungen der Elektronenbeugung.
Von E. Rupp.

Aus den Tatsachen der Elektroneninterferenzen lassen sich neue Verfahren zur Strukturanalyse kristalliner Stoffe herleiten. Besonders Oberflächenstrukturen können mit den neuen Mitteln erforscht werden. Bisher sind Gasadsorptionen an Metallen, chemische Reaktionen mit Oberflächenkatalysatoren und glühelektrisch wirksame Oberflächen untersucht worden.

Zur Untersuchung der Struktur eines Werkstoffes und dessen Brauchbarkeit für einen vorgesehenen Zweck sind die verschiedenen mechanischen Verfahren bekannt, die unter „Werkstoffprüfung" zusammengefaßt werden. Tiefer in das Gefüge des Werkstoffes dringt die mikroskopische Analyse, die Art und Lagerung der einzelnen Kristallite verrät. Zur Erforschung des Aufbaues dieser Kristallite wurde in den letzten Jahrzehnten in den Röntgenstrahlen eine außerordentlich wichtige Sonde gefunden und ausgebildet.

Nachdem man mit Elektronen Beugungserscheinungen entdeckt hat, treten zu den Röntgenstrahlen Elektronenstrahlen hinzu, diese ergänzend in Fragen der Raumstruktur der Stoffe, neue Wege bahnend in der Erforschung von Oberflächenstrukturen und des Einbaues leichter Atome in schwerere. So erhält man mit Elektronen Beugungen am Oberflächengitter eines Metalles, und kann den leichten Wasserstoff im Nickelgitter nachweisen, eine Analyse, die mit Röntgenstrahlen undurchführbar ist.

Für eine praktische Anwendung der Elektronen zur Werkstoffanalyse ist nötig zu wissen: In welchen Fällen kann man mit Vorteil Elektronen statt Röntgenstrahlen anwenden? Welche Werkstoffe kann man mit Elektronen untersuchen?, und schließlich: Mit welchen Verfahren gelangt man ohne allzu große experimentelle Schwierigkeiten zum Erfolg?

1. Anwendungsmöglichkeiten.

Wenn es sich darum handelt, das Raumgitter eines Körpers zu ermitteln, so haben Röntgenstrahlen den Vorteil der großen Eindringtiefe gegenüber Elektronen. Ungünstig sind dagegen die langen Aufnahmezeiten; mit Elektronen können an dünnen Folien in Sekunden Aufnahmen erhalten werden, die mit Röntgenstrahlen zehn und mehr Stunden dauern.

Will man die Lage der Atome in den oberen Netzebenen eines Körpers erfahren, etwa bis zu 10 Atomabständen von der Oberfläche weg, so sind die Elektronen den Röntgenstrahlen bereits außerordentlich überlegen. Handelt es sich darum, das Oberflächengitter der Atome aufzufinden, so versagen die Röntgenstrahlen praktisch vollkommen.

Nun gibt es sehr viele Oberflächenerscheinungen von großer technischer Bedeutung. Alle Reaktionen einer Metalloberfläche mit Gasen gehören hierher, z. B. die Gasadsorption, die glühelektrische und lichtelektrische Wirksamkeit, die Oberflächenkatalyse, um nur einige zu nennen. Dank der innigen Wechselwirkung zwischen Elektronen und Atomen, wie sie im Auftreten eines Brechungsindex zum Ausdruck kommt, können mit Elektronen leichte Gasatome zusammen mit schwereren Metallatomen nachgewiesen werden.

Auch über Vorgänge des Kristallwachstums geben die Elektroneninterferenzen Auskunft, indem man auf eine bekannte kristalline Unterlage Metallatome etwa durch Aufdampfen aufbringt, während man gleichzeitig die Ausbildung der Beugungsmaxima verfolgt. In gleicher Weise lassen sich Flüssigkeitsschichten auf einer Unterlage feststellen, so die Ausbildung von Ölfilmen auf Metallen. Man kann Oberflächenschichten dieser Art auch dadurch verfolgen, daß man die Beugungsmaxima der kristallinen Unterlage ausmißt und zusieht, wie diese Maxima durch angelagerte Gasatome zurückgehen.

In einem Fall können Elektronenbeugungsversuche Auskunft geben über das Raumgitter eines Körpers, wo Röntgenstrahlen versagen. Sehr dünne Metallfilme absorbieren zu wenig Röntgenstrahlen, wohl aber noch stark Elektronen. Elektronendurchgang durch solche Folien gibt für schnelle Elektronen Beugungsbilder, die leicht photographisch festgehalten werden können[1]. Die Aufnahmen werden in ähnlicher Weise wie Röntgenstrahldiagramme ausgewertet.

Unterhalb etwa 1000 Volt werden mit Elektronen die Untersuchungen mühsam und nur in dem Fall eindeutig analysierbar, daß eine größere Anzahl von Beugungsmaxima bekannt ist. Die besten Ergebnisse erhält man dann an Einkristallen oder an Kristallen mit Faserstruktur. Bei Untersuchungen an Metallen werden diese Vorteile seltener vorliegen, hingegen kann man an mineralischen Halbleitern und Ionenleitern fast stets eine definierte Fläche zur Reflexion auswählen.

2. Versuchsverfahren.

Die Beugungserscheinungen mit schnellen Elektronen werden vorteilhaft photographiert. Man kann dann

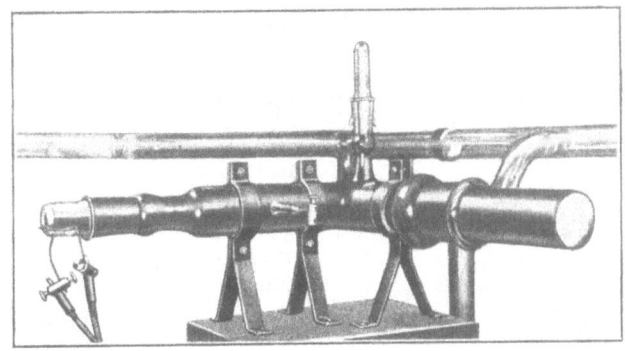

Bild 1. Versuchsröhre für Reflexion schneller Elektronen.

mit einem Blick das ganze Beugungsbild übersehen. Eine Versuchsröhre zur Reflexion schneller Elektronen zeigt Bild 1. Links befindet sich der Glühdraht und das Blendensystem, der Präparatenhalter steht in der Bildmitte von oben nach unten. Der photographische Film wird in den rechten Röhrenansatz eingebracht. Das Verfahren ist brauchbar für Elektronengeschwindigkeiten von etwa 5000 Volt an aufwärts.

Die Untersuchungen bei kleineren Elektronengeschwindigkeiten (unterhalb 500 Volt) versprechen neue Erkenntnisse über die oben angedeuteten Fragen. Hier tritt an Stelle der photographischen Aufnahme die elektrische Messung der Beugungsmaxima. Der Verfasser hat für praktische Fälle ein Verfahren ausgebildet, das Ähnlichkeit mit der Braggschen Methode der Röntgenstrahl-Analyse hat. Der ankommende und der reflektierte Elektronenstrahl verlaufen unter gleichem Winkel zu der zu untersuchenden Oberfläche. Der Einfallwinkel ist also konstant, verändert wird die Strahlgeschwindigkeit der Elektronen. Jedes Präparat wird in drei verschiedenen Versuchsröhren mit jeweils anderem Einfallswinkel untersucht. Bei der Normalausführung sind die Einfallswinkel 30°, 60° und 75°.

Eine ältere Ausführungsform einer solchen Röhre zeigt Bild 2 für einen Einfallswinkel von 10°. Darin bedeuten G = Glühdraht in einem Blendensystem, K = Faradaykäfig mit Blende und P = Präparatenhalter, der im Bild eine auf Wolframblech aufgedampfte Goldfolie trägt. Der Schliff S wird mit Picein in die Versuchsröhre eingekittet. Die Röhre ist innen mit Magnesium verspiegelt. Mit dieser Anordnung können nur Metalle untersucht werden, die gegen Gase weniger empfindlich sind.

---

[1] Siehe S. 11, Bild 1 u. 2.

Eine Versuchsröhre, die durch Hochfrequenzströme entgast werden kann und sich für praktische Fälle gut eignet, zeigt Bild 3[1]. Der linke Ansatz enthält die Elektronenquelle mit Blende. Der Einfallswinkel zum Präparatenhalter beträgt 60°. Der Faradaykäfig befindet sich in dem nach hinten laufenden Ansatz. Die Blende vor dem Käfig ist im Bild zu erkennen. Ein Metallnetz verhindert die Auflädung der Glaswand. Unmittelbar unter der Elektrodenanordnung wird mit flüssiger Luft gekühlt und gepumpt.

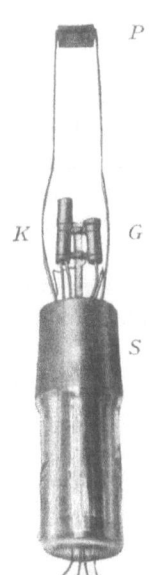

Das oben in die Röhre eingeführte Glühfadengestell wird dazu verwendet, im Hochvakuum das zu untersuchende Metall auf dem Präparatenhalter zu entgasen. Zu diesem Zweck wird zwischen Glühfaden und Apparatur eine Spannung von etwa 10 kV angelegt und das Präparat mit Elektronen beschossen. Auf dem Präparatenhalter kann eine Schneide befestigt werden zur Trennung des einfallenden Strahles vom reflektierten.

3. Bisherige Versuchsergebnisse.

Mit diesem Verfahren hat der Verfasser bisher folgende Fragen eingehender untersucht:

a) Gaseinbau in Metalloberflächen.
b) Chemische Reaktionen an katalytisch wirksamen Oberflächen.
c) Glühelektrisch und lichtelektrisch wirksame Oberflächen.

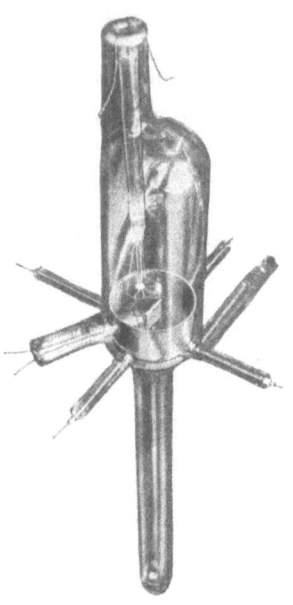

Bild 2. Elektronenreflexion für 10° Einfallswinkel.

Bild 3. Versuchsröhre für 60° Einfallswinkel.

a) Gaseinbau in Metalloberflächen.

Als Beispiel ist in den Bildern 4 bis 6 der Einbau von Wasserstoff in Nickel wiedergegeben. Die reine Nickeloberfläche gibt Interferenzen des Bildes 4, falls die Oktaeder-

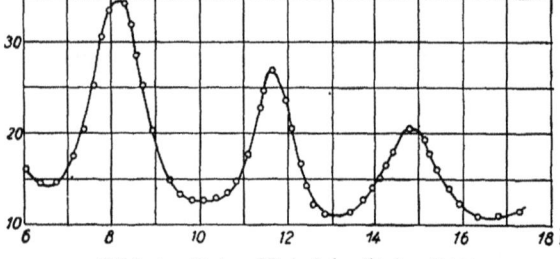

Bild 4. Reine Nickeloberfläche (111).

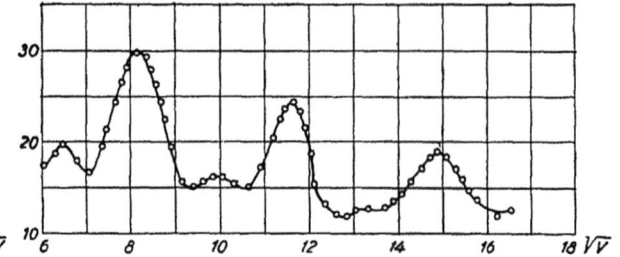

Bild 5. Wasserstoff in Nickeloberflächen.

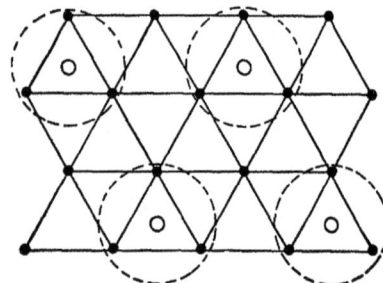

Bild 6. Wasserstoffeinbau auf Nickeloberflächen.
● = Nickelatome. ○ = Wasserstoffatome.

ebenen der Nickelkristalle parallel zur Unterlage orientiert sind. Die Maxima der Kurve entsprechen verschiedenen Ordnungen der gebeugten Elektronen, die bei verschiedenen Voltgeschwindigkeiten liegen (als Abszisse ist $\sqrt{\text{Volt}}$ aufgetragen). Läßt man auf diese Oberfläche Wasserstoff einwirken in ganz geringer Konzentration, so erhält man die Elektronenreflexion des Bildes 5. Zu den Nickelmaxima sind neue, dem Wasserstoff eigentümliche Maxima hinzugetreten, die stets zwischen zwei Nickelmaxima liegen. Analysiert man die

---

[1] Die Elektrodenanordnung zeigt Bild 4, S. 12.

Kurve, so findet man, daß zu den ganzzahligen Beugungsordnungen ($n = 3, 4, 5$) des Nickels gerade solche Maxima hinzugetreten sind, die halben Ordnungszahlen ($n = {}^5/_2$, ${}^7/_2$, ${}^9/_2$) entsprechen. Man kann daraus eine gesetzmäßige Einlagerung der Wasserstoffatome ins Nickelgitter ableiten, ähnlich wie es in Bild 6 veranschaulicht ist. Das gleiche Gesetz des Wasserstoffeinbaues konnte auch an Eisen, Kupfer und Platin gefunden werden. Stickstoff wird in diese Metalle nicht eingebaut. Wohl aber läßt sich Stickstoff in Molybdän mit der gleichen Gesetzmäßigkeit einlagern. In Zirkon wird Wasserstoff und Stickstoff eingebaut.

b) Chemische Reaktionen an katalytisch wirksamen Oberflächen.

Die Gaseinlagerung in Metalle hat wichtige Beziehungen zu den Vorgängen der Katalyse. So verwendet man Nickel als Katalysator zur Fetthärtung, wobei die Wasserstoffanlagerung an die Nickeloberfläche die Reaktion in Gang bringt. Mit dem Verfahren der Elektronenbeugung kann man nun zum ersten Male derartige katalytische Vorgänge in ihren Einzelheiten verfolgen.

So konnte die Reaktion zwischen Wasserstoff und Stickstoff zu Ammoniak genauer untersucht werden, wenn Nickel als Katalysator dient. Läßt man zu einer reinen Nickeloberfläche, wie in Bild 4, Wasserstoff und Stickstoff bei Zimmertemperatur hinzutreten, und mißt man

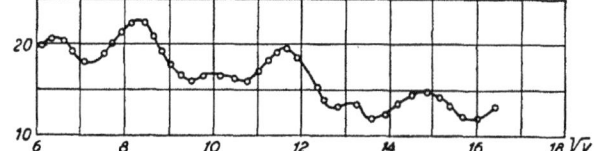

Bild 7. Auflockerung des Nickelgitters durch Wasserstoff.

sofort die Beugungserscheinungen, so findet man nur die oben geschilderte Einlagerung des Wasserstoffes im Gitter. Läßt man Wasserstoff für sich allein einige Zeit auf die Nickeloberfläche einwirken, so ändert sich das Nickelgitter in eigentümlicher Weise, wie Bild 7 zeigt. Die Nickelmaxima werden breiter und niedriger. Das Nickelgitter wird durch die längere Wasserstoffeinwirkung aufgelockert.

Läßt man auf ein derartig vorbereitetes Nickelgitter Stickstoff hinzutreten, so erhält man die neuen Beugungserscheinungen des Bildes 8. Die Wasserstoffmaxima sind verschwunden, die Nickelmaxima sind breit und undeut-

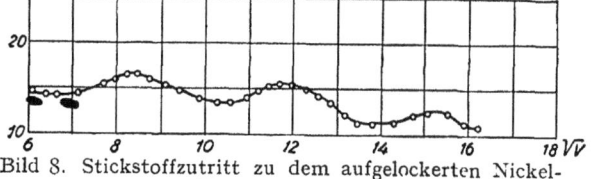

Bild 8. Stickstoffzutritt zu dem aufgelockerten Nickel-Wasserstoffgitter.

lich geworden. Wasserstoff und Stickstoff sind in Reaktion getreten, wobei das aufgelockerte Nickelgitter als Katalysator gedient hat. Eine Ammoniakhaut breitet sich über die Oberfläche aus, den Zutritt der Elektronen zum Metall verhindernd.

Die Auflockerung des Nickelgitters durch Wasserstoff braucht bei Zimmertemperatur einige Stunden Zeit. Werden die Versuche jedoch bei 200°C durchgeführt, so wird das Gitter sofort aufgelockert und die Reaktion des Stickstoffes kann sogleich vonstatten gehen. Genau so wie Nickel bei 200°C verhält sich Eisen bei Zimmertemperatur. Die Reaktion tritt sofort ein.

Damit haben wir die Bedingung zur Ammoniakbildung mit Oberflächenkatalysatoren kennengelernt: Regelmäßiger Einbau der Wasserstoffatome und Auflockerung des Metallgitters. Erst wenn beide Bedingungen erfüllt sind, vermag der Stickstoff mit Wasserstoff zu reagieren.

c) Glühelektrisch und lichtelektrisch wirksame Oberflächen.

Hier seien die Vorgänge an einer BaO-Oberfläche eingehender besprochen. Dampft man auf ein oxydiertes Wolframblech Barium auf, so erhält man eine Oberflächenstruktur der Bariumatome, wie sie Bild 9 darstellt. Die Atomanordnung entspricht einem raumzentrierten Gitter. Nun wird die Oberfläche aktiviert durch Erhitzen des Bleches. Jetzt treten neue Beugungsmaxima auf, die mit zunehmender Aktivierung (zunehmender Elektronenemission) immer stärker werden bis zu einem Grenzwert. Analysiert man die Kurven, so findet man einen Einbau von Gasatomen in ganz gesetzmäßiger Weise, wie Bild 10 zeigt.

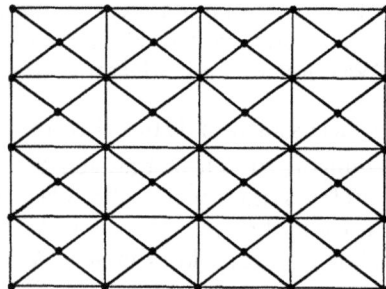 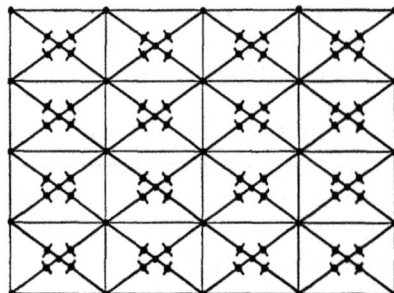

Bild 9. Anordnung der Bariumatome an der Rhombendodekaederfläche.   Bild 10. Aktivierte Bariumoxydfläche.

Sehr wahrscheinlich handelt es sich dabei um Wasserstoffatome, so daß die große Elektronenemission des BaO gar nicht dem Oxyd zukäme, sondern einer besonderen Hydridverbindung des Ba.

Auch an thorierten Wolframdrähten ließen sich Oberflächenuntersuchungen durchführen. Auch hier wird eine gesetzmäßige Umlagerung der thorierten Oberfläche gegenüber dem Wolframgitter gefunden.

Weitere Untersuchungen sind über die Passivität des Eisens durchgeführt worden; ebenso über die Ausbildung der Hydridschicht in lichtelektrischen Kaliumzellen.

Diese Anwendungen der Elektronenbeugung haben bisher nur einige typische Beispiele erfassen können. Aber die Untersuchungen haben die Nützlichkeit der neuen Verfahren erwiesen, so daß Elektronen, ähnlich wie die Röntgenstrahlen, zu einem unentbehrlichen Glied der Werkstoffuntersuchung sich entwickeln werden.

Strahlen langsamer Elektronen und ihre technische Anwendung.

Von E. Brüche.

Nach einer kurzen Darstellung der elektrischen, der magnetischen, der Strom- und der Energieeigenschaften des Elektrons werden die Methoden zur Herstellung definierter, langsamer Elektronenstrahlen diskutiert. Die Erzeugung von „Fadenstrahlen" durch Gaskonzentration, die Eigenschaften und Möglichkeiten dieser Strahlen werden skizziert. Nach Beschreibung einiger technischer Fadenstrahl-Röhren folgt die Besprechung dreier Anwendungsgruppen: Magnetfeldausmessung, Flugzeugkompaß und Strommeßinstrument.

Das freifliegende Elektron ist seit seiner Entdeckung einer der wichtigsten Gegenstände der physikalischen Forschung geworden. Durch Messung seiner Ablenkung im elektrischen bzw. magnetischen Felde und seiner Hemmung beim Durchgang durch Materie hat es uns zu bestimmten Vorstellungen von der Struktur der Materie geführt. Es hat uns durch Verfolgung seines Energieaustausches mit dem gestoßenen Atom die Spektren im Zusammenhang mit dem Atombau verstehen gelehrt und eröffnet durch die Beugungsuntersuchungen Einblicke in die zwischen Welle und Materie bestehenden engen Zusammenhänge.

Doch nicht allein für die Naturerkenntnis ist das Elektron von größter Bedeutung. Es ist in gleicher Weise ein wichtiges Hilfsmittel physikalischer Technik. Seine Ablenkbarkeit im elektrischen und magnetischen Felde gab die Möglichkeit zur Konstruktion der Braunschen Röhre. Die Fähigkeit, große Energiemengen als Bewegungsenergie aufzuspeichern und plötzlich in Form von Strahlung wieder abzugeben, ist die Grundlage der Röntgenröhre. Elektronenaustritt aus glühenden Metallen, Ladungstransport und elektrostatische Beeinflußbarkeit sind die Vorbedingungen für die Sende- und Verstärkerröhre, denen der Rundfunk seine Entwicklung verdankt.

Sowohl bei den rein physikalischen Untersuchungen als auch bei den technischen Instrumenten kann natürlich nicht ein einzelnes Elektron benutzt werden. Vielmehr wendet man Bündel von Elektronen, im besonderen Strahlen von Elektronen an, die entsprechend den Erfordernissen mehr oder minder in Richtung und Gestalt dem optischen Analogon nachgebildet werden. Es ist eine besondere Technik entwickelt worden, um dieses Ideal zu erreichen. Dabei ist es bemerkenswert, daß die enge Zusammengehörigkeit zwischen dem Lichtquant mit seinen korpuskularen Eigenschaften und dem Elektron mit seinen Welleneigenschaften sich auch in diesem Gebiet wiederfindet. Wie dem Lichtstrahl eine geometrische Optik mit Brechung und Reflexion, so kann man dem Elektronenstrahl eine Lehre zur Seite stellen, in der die magnetische Ablenkung der Brechung, die elektrische Ablenkung der Reflexion des Lichtes entspricht.

Von den Gebieten der wissenschaftlichen und technischen Elektronenphysik soll im folgenden ein Anwendungsgebiet behandelt werden[1], dessen Ausbau erst jetzt, nachdem man die Herstellung langsamer, definierter Elektronenstrahlen gelernt hat, möglich ge-

---

[1] Über den hier nicht behandelten Kathodenstrahl-Oszillographen vgl. z. B. A. B. Wood, I. E. E. Bd. 63, S. 1046. 1925 und die Arbeiten der Rogowskischen Schule, z. B. Arch. Elektrot. Bd. 18, S. 513. 1927.

worden ist. Es hat die Eigenschaft langsamer Elektronenstrahlen zur Grundlage, schon durch relativ schwache magnetische Felder — so z. B. das Erdfeld, das Streufeld eines Stromleiters oder einer elektrischen Maschine — merklich von seiner ursprünglichen Richtung abgelenkt zu werden. Der physikalische Inhalt der Anwendungen ist es, aus dieser Beeinflussung entweder Schlüsse auf die Struktur des schwachen, magnetischen Feldes selbst zu ziehen, oder die Elektronenstrahlablenkung und das magnetische Feld nur als Mittel zu benutzen, um auf anderes zu schließen, so z. B. auf die Nordrichtung der Erde oder auf die Stromstärke in einem Leiter. Der Ausbau dieses Anwendungsgebietes setzt die Erzeugung langsamer Elektronenstrahlen von ausreichender Schärfe und die Beherrschung der Herstellung von Untersuchungsröhren voraus.

Daraus ergibt sich die Einteilung des folgenden Berichtes: Nachdem die Grundgesetze über den Elektronenstrahl kurz dargestellt sind (Abschnitt 1), wird auf die Herstellung definierter langsamer Strahlen unter Betonung der interessanten Analogien zwischen geometrischer Optik und dem Entsprechenden bei Elektronen eingegangen werden (Abschnitt 2). Daran schließen sich einige Mitteilungen über gebrauchsfertige Versuchsröhren (Abschnitt 3). Dann folgt die Anwendung: Die Benutzung der Elektronenstrahlablenkung zu Studien des magnetischen Feldes (Abschnitt 4), als Kompaß für Flugzeuge (Abschnitt 5) und zur Strommessung (Abschnitt 6). Der Bericht schließt mit einer kurzen Betrachtung über die Braunsche Röhre und die Gründe ihrer so mannigfaltigen Anwendungsmöglichkeiten.

Betont sei ausdrücklich, daß es sich hier nicht um die Darstellung eines abgeschlossenen Arbeitsgebiets an Hand der Literatur handelt. Vielmehr wird nach der notwendigen allgemeinen Einführung die Übersicht[1] einer Entwicklung aus dem Forschungsinstitut der AEG gegeben werden, deren erstes Ziel es war, definierte langsame Elektronenstrahlen herzustellen, Möglichkeiten für die Anwendung dieser Strahlen aufzufinden und diese Möglichkeiten durch Versuche bzw. durch Schaffung von Instrumentmodellen auf ihren praktischen Wert zu prüfen.

I. Physikalische Eigenschaften des Elektronenstrahls.

Wie man unter einem Lichtstrahl ein enges Bündel parallel neben- und hintereinander laufender Lichtwellenzüge versteht, so versteht man unter einem Elektronenstrahl eine entsprechende Folge bewegter Elektronen.

Im Gegensatz zu den Lichtstrahlen sind Elektronenstrahlen jedoch materielle Träger elektrischer Ladungen. Ablenkbarkeit im elektrischen und magnetischen Felde einerseits, Fluoreszenz beim Auftreffen auf geeignete Stoffe und andere energetische Wirkungen anderseits sind die unmittelbaren Folgen des Ladungs- bzw. Massentransports und machen die Elektronenstrahlen damit zu technischen Anwendungen geeignet, die mit Lichtstrahlen nicht durchführbar sind.

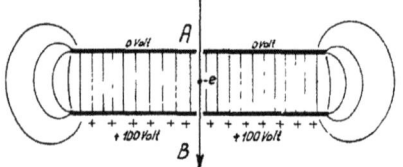

Bild 1. Beschleunigung des Elektrons.

1. Elektrische Eigenschaften.

Läßt man (Bild 1) Elektronen von A her ohne Anfangsgeschwindigkeit in einen Plattenkondensator eintreten, dessen gegenüberliegende Platte z. B. auf $V = 100$ Volt positiv aufgeladen ist, so „fallen" sie ähnlich wie Steine im Schwerfelde in beschleunigter Bewegung auf die positive Platte zu. Sie erreichen die Platte mit einer Geschwindigkeit, deren Zahlenwert in cm/s sich leicht errechnen läßt, wenn man sich im allgemeinen auch damit begnügt, einfach zu sagen: Die Elektronen haben V Volt, in diesem Falle also 100 Volt Geschwindigkeit erlangt. Läßt man die Elektronen durch eine Öffnung B in der unteren Kondensatorplatte in einen feldfreien Raum eintreten, so fliegen sie nun als Elektronen-

---

[1] Diese Übersicht ist gleichzeitig die erste Veröffentlichung über diesen Gegenstand überhaupt, über den im einzelnen in den physikalischen Fachzeitschriften berichtet werden wird.

strahl mit konstanter Endgeschwindigkeit V weiter. In der Anwendung eines derartigen Beschleunigungs- bzw. Verzögerungskondensators liegt demnach die Möglichkeit, Elektronenstrahlen bestimmter Geschwindigkeit ganz nach den Erfordernissen des Versuchs herzustellen. Es ist das der erste große Unterschied zwischen Elektronen- und Lichtstrahl.

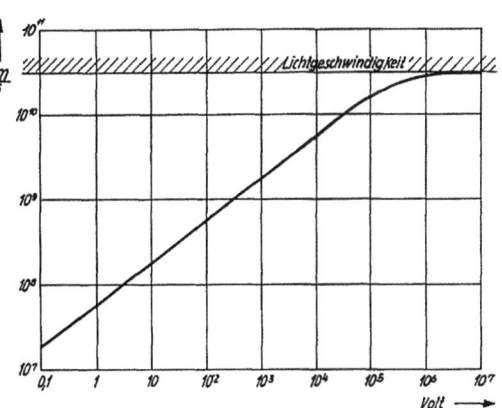

Bild 2. Zusammenhang zwischen Linear- und Voltgeschwindigkeit des Elektrons.

Zur Umrechnung der durch den Fall im Kondensator erlangten „Voltgeschwindigkeit" in die „Lineargeschwindigkeit" benutzt man das Energiegesetz. Die vom Felde am Elektron geleistete Arbeit A ist, wenn e die Ladung des Elektrons, $\mathfrak{E}$ die Feldstärke und l den Weg bedeutet, Kraft $e \cdot \mathfrak{E}$ mal Weg l oder $A = e \cdot V$, da die Feldstärke $\mathfrak{E}$ das Potential je Längeneinheit, also V/l ist. Diese Arbeit oder potentielle Energie A hat sich beim Fall in Bewegungsenergie $B = \frac{mv^2}{2}$ umgesetzt, so daß die Umrechnungsformel zwischen „Voltgeschwindigkeit V" und „Lineargeschwindigkeit v" lautet $\frac{mv^2}{2} = eV$. Bei Einsetzung von Zahlenwerten für e und m und Berücksichtigung der Geschwindigkeitsabhängigkeit der Elektronen erhält man den in Bild 2 dargestellten Zusammenhang, nach dem ein „ganz langsames" Elektron von 1 Volt immerhin noch 600 km in der Sekunde zurücklegt.

Wir haben bisher nur den „freien Fall" des Elektrons betrachtet, bei dem das Elektron gleich einem losgelassenen Steine eine geradlinige beschleunigte Bewegung ausführt. Läßt man das Elektron nun von seitwärts in ein Ablenkungsfeld eintreten, wie es Bild 3 angibt, so beschreibt das Elektron wie der waagerecht fortgeworfene Stein oder die abgeschossene Kugel eine Parabelbahn. Diese wird genau wie beim Steinwurf um so stärker gekrümmt sein, je geringer die „Anfangsgeschwindigkeit" war bzw. je stärker das Feld ist.

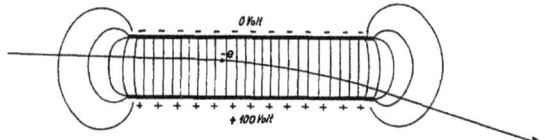

Bild 3. Elektrische Ablenkung des Elektrons.

Der zweite große Unterschied zwischen Licht- und Elektronenstrahl ist die Ablenkbarkeit oder allgemeiner die Beeinflußbarkeit des letztgenannten durch elektrische und ebenso durch magnetische Felder. Diese Eigenschaft und die Wahlmöglichkeit der Geschwindigkeit sind es vorzugsweise, die die große Wichtigkeit des Elektronenstrahls für den wissenschaftlichen Versuch und die technische Konstruktion bedingen.

2. Strom- und Energieeigenschaften.

Da der Elektronenstrahl eine Folge fliegender Elektronen darstellt, befördert er in seiner Flugrichtung negative elektrische Ladung und mechanische Energie. Die Beförderung dieser beiden Energien ist für den Nachweis des an sich unsichtbaren Strahls und für seine quantitative Messung von größter Wichtigkeit.

Es ist nicht möglich, mit Elektronenstrahlen wie mit Lichtstrahlen im Luftraum zu arbeiten, denn es gibt keinen Stoff, der für Elektronen so durchlässig ist wie für sichtbares Licht, die Luft und das Glas. Versuche mit Elektronenstrahlen lassen sich nur in weitgehend evakuierten Räumen ausführen. Es besteht jedoch die Möglichkeit, den Elektronenstrahl, falls er in seiner Geschwindigkeit eine untere Grenze von rund 20 Volt nicht unterschreitet, infolge seiner energetischen Wirksamkeit in verdunkeltem Raume sichtbar zu machen. Wie ein in ein verdunkeltes Zimmer geleiteter Sonnenstrahl dadurch erkennbar wird, daß er die undurchdringlichen Staubteilchen in seiner Bahn zum Leuchten bringt, so bringt auch der Elektronenstrahl die in seine Bahn gebrachten Gasmolekeln zum Leuchten. Man spricht in diesem Falle von „Anregung". Voraussetzung für diese Sichtbarmachung ist, daß man die Zahl der Gasmolekeln in der Raumeinheit gerade so wählt, daß zwar genügend Molekeln zum Leuchten angeregt werden, daß anderseits aber der Elektronenstrahl in seiner Intensität nicht zu sehr geschwächt wird. Dieses Optimum liegt für Strahlen von z. B. 200 Volt, die für die im folgenden behandelten Versuche hauptsächlich in Betracht kommen, in der Größenordnung $1/1000$ mm Quecksilbersäule.

Trifft ein Lichtstrahl auf eine Fläche, so leuchtet sie auf, wenn sie genügend stark reflektiert. Auch der Elektronenstrahl kann eine Fläche zum Aufleuchten bringen. Wie bei der Sichtbarmachung im Gase, handelt es sich jedoch auch hier nicht um eine Beugung oder Reflexion, sondern um eine Umsetzung der Geschwindigkeitsenergie in sichtbare Strahlung. Bekannt sind die auf Crookes zurückgehenden Versuche mit Kathodenstrahlen, bei denen Mineralien oder auch mit phosphoreszierenden Stoffen bestrichene Schmetterlinge zu schönem, verschiedenfarbigem Leuchten gebracht werden. Gehen wir von diesen „schnellen" Strahlen von vielen tausend Volt Geschwindigkeit zu den uns interessierenden „langsamen" Strahlen von z. B. 200 Volt über, so wird das Leuchten naturgemäß viel geringer, da die Strahlen nicht mehr so energiereich sind. Doch auch jetzt markiert sich der Auftreffpunkt eines Strahles als Leuchtpunkt auf einem mit Zinksulfid oder Kalzium-Wolframat bestrichenen Schirme noch so stark, daß er selbst ohne Verdunklung des Zimmers noch deutlich wahrgenommen werden kann.

3. Magnetische Eigenschaften.

Wie jeder elektrischen Strom führende Leiter wird auch der Elektronenstrahl vom magnetischen Felde beeinflußt. Dabei wirkt die mechanische Kraft — man denke an den Schulversuch, bei dem ein Stromleiter, zwischen die Pole eines Elektromagneten gebracht, bei Einschalten des Magneten aus dem Kraftfeld gedrängt wird — senkrecht zum Felde und senkrecht zur Stromrichtung. Beim Elektronenstrahl bedingt diese Beeinflussung eine Krümmung des Strahles, der die Trägheit der fliegenden Elektronen entgegenwirkt, so daß sich eine gleichmäßige Krümmung des Strahles herausbildet, deren Größe durch Gleichheit von magnetischer Ablenkungskraft $K = e \cdot \mathfrak{H} \cdot v$ und Zentrifugalkraft $Z = \frac{mv^2}{r}$ gekennzeichnet

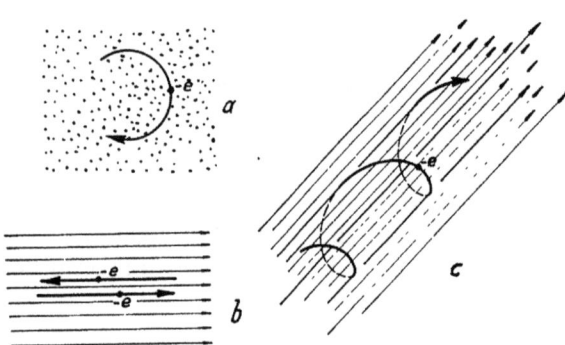

Bild 4. Magnetische Beeinflussung des Elektrons.

ist (Bild 4a). Bei Einsetzen der Zahlenwerte erhält man für den Krümmungsradius $r \text{ cm} = 3{,}36 \frac{\sqrt{\text{Volt}}}{\mathfrak{H} \text{ Gauß}}$. Z. B. ergibt sich für einen 200-Voltstrahl im Erdfeld von 0,46 Gauß gerade ein Kreis von 1 m Radius. Verläuft der Elektronenstrahl in Richtung des Magnetfeldes (Bild 4b), so findet keine Beeinflussung statt, denn es kommt stets nur auf die senkrecht zum Elektronenstrahl liegende Komponente des Magnetfeldes an. Verläuft der Strahl schließlich im allgemeinsten Fall schräg zum Magnetfeld (Bild 4c), so wird man sich zweckmäßigerweise seine Bewegung in die zwei Komponenten senkrecht zur Richtung und in Richtung des Feldes zerlegt denken. Nach dem oben Gesagten wird die senkrechte Komponente zu einer Kreisbahn führen, während die andere Komponente unbeeinflußt bleibt. Das bedeutet aber, daß der Elektronenstrahl sich in einer Schraubenlinie fortbewegt. Diese liegt auf einem Zylindermantel, dessen Achse in die Feldrichtung zeigt.

II. Herstellung des Elektronenstrahls[1].

Die schönsten Versuche aus der Entdeckungszeit des Elektrons stammen von Crookes, der 10 Jahre nach Hittorf seine Versuche mit der „strahlenden Materie" durchführte. Sein bekannter magnetischer Ablenkungsversuch ist in Bild 5 in Anlehnung an das Originalbild[2] wiedergegeben.

In allen derartigen Vorführungsröhren wird zur Herstellung des Elektronenstrahls das gleiche Verfahren benutzt. In einem auf Bruchteile eines Millimeters Quecksilbersäule ausgepumpten Glasgefäß wird eine elektrische Entladung erzeugt. Aus den dann von der Kathode fortgeschleuderten Elektronen wird durch eine Blende ein Kathodenstrahlbündel, der Elektronenstrahl, ausgesondert. Diese Herstellung eines Elektronenstrahls ist naturgemäß an die Entladung gebunden,

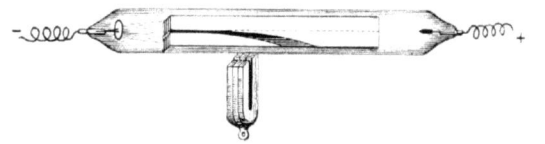

Bild 5. Magnetische Ablenkung eines Elektronenstrahls nach Crookes (1879).

so daß man auf diese Weise nur Strahlen von vielen tausend Volt erhalten kann, die gegenüber elektrischen und magnetischen Ablenkungsfeldern sehr unempfindlich sind. Gerade die Herstellung langsamer definierter Elektronenstrahlen schien indessen, ganz abgesehen von wissenschaftlichem Interesse, besonders auch für Aufgaben technischer Natur wünschenswert zu sein, denn eine Braunsche Röhre z. B., die mit hoher Spannung von einigen tausend Volt betrieben werden muß, ist unempfindlich, dann aber auch gefährlich, kostspielig und mit ihren Hilfsapparaten schlecht zu befördern.

Mit der Entdeckung der glüh- und lichtelektrischen Elektronenauslösung aus Metallen wurde ein großer Fortschritt in der Elektronenstrahltechnik erzielt. Es war jetzt möglich, Elektronen von nur wenigen Volt Geschwindigkeit im Vakuum zu erzeugen und diese Elektronen durch Beschleunigungsfelder auf jede gewünschte Geschwindigkeit zu bringen[3]. Dagegen wollte es nicht gelingen, auch bei kleinen Geschwindigkeiten unter 1000 Volt, aus den glühelektrischen Elektronen definierte Strahlen kleinen Querschnitts herzustellen, wie sie für viele Zwecke wissenschaftlicher und technischer Natur erwünscht sind.

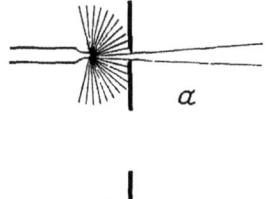
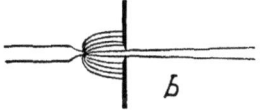

Bild 6. Herstellung eines Elektronenstrahls mittels einer Blende.

Der Grund dieser Schwierigkeiten bei der Herstellung langsamer Strahlen liegt darin, daß die von einem Glühdraht oder einer Glühfolie emittierten Elektronen nicht parallel ausgehen, sondern (Bild 6a) nach allen Richtungen auseinanderstreben. Erst bei sehr starker Beschleunigung (Bild 6b) kann man mit praktischer Parallelität der Strahlen rechnen. Es ist wie mit dem von einer Kerze ausgehenden Licht. Es gelingt nicht und kann auch nicht gelingen, durch Blenden aus dem Kerzenlicht einen definierten, parallelen Lichtstrahl auszusondern, ganz abgesehen davon, daß man die Intensität mit Verringerung des Blendendurchmessers in unerwünschter Weise schwächt. Hier gibt es nur einen Weg,

---

[1] Vgl. auch die ausführliche Darstellung der Entwicklung des Kathodenstrahl-Oszillographen von J. T. McGregor-Morris u. R. Mines, I.E.E. Bd. 63, S. 1056. 1925.

[2] W. Crookes, Strahlende Materie oder der vierte Aggregatzustand. Deutsch: Leipzig 1920.

[3] Erstes technisches Elektronenstrahlrohr mit Glühkathode s. C. Samson, Ann. d. Phys. Bd. 55, S. 608. 1918.

der theoretisch möglich und technisch brauchbar ist, die Anwendung der Sammellinse. Genau so ist es beim Elektronenstrahl, auch hier muß eine „Elektronen-Sammellinse" verwandt werden.

1. Magnetische Konzentration.

Nachdem Riecke[1] die Bahnen des Elektrons im homogenen magnetischen Felde rechnerisch untersucht hatte, und Rogowski und Grösser[2] für die Verwendung der von Wiechert[3] angegebenen Konzentrierungsspule (Bild 7) durch einfache Überlegungen Regeln aufgestellt hatten, verfolgte Busch[4] theoretisch die Wirkungsweise der Konzentrationsspule. Es gelang ihm dabei, eine geometrische Optik für Elektronen zu entwickeln, in der die Konzentrationsspule an die Stelle der optischen Sammellinse tritt. Busch konnte zeigen, daß sogar die bekannte Linsenformel der Optik Gültigkeit hat, wenn man die von

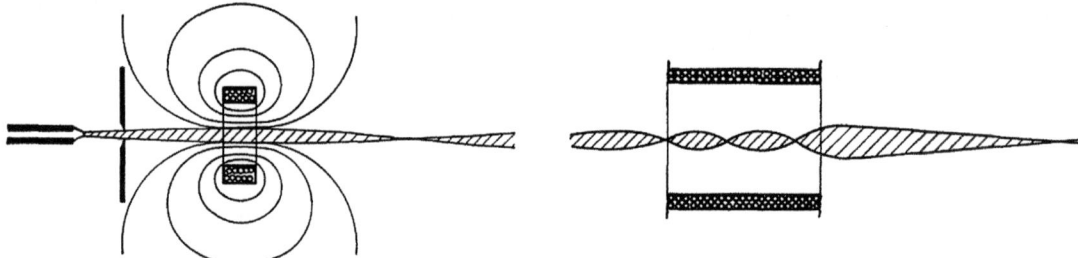

Bild 7. Konzentration eines Elektronenstrahls mittels der Striktionsspule.

Bild 8. Mehrfache Fokussierung eines Elektronenstrahls nach Thibeaud (1929).

einer punktförmigen Elektronenquelle ausgehenden Elektronen durch eine kurze Spule zu einem Brennpunkt wiedervereinigt. Die Analogie geht noch weiter: Ist die Elektronenquelle nicht punktförmig, sondern z. B. ein Draht, so wird genau wie in der Optik durch die Spule ein umgekehrtes Bild entworfen, dessen Größe durch die gleichen Beziehungen wie in der geometrischen Optik berechenbar ist[5]. Auch die Linsenfehler, so z. B. die Aberration, hat ihr Analogon. Es scheint weiter möglich zu sein, die Wirkungsweise eines inhomogenen Magnetfeldes von endlicher Ausdehnung in ähnlicher Weise zu beschreiben, wie in der elementaren geometrischen Optik mit Hilfe der Gaußschen Hauptebenen[6].

Seit die fokussierende Wirkung von Magnetspulen bekannt ist, sind Anordnungen dieser Art oft als Hilfsmittel bei wissenschaftlichen[7] und technischen[8] Arbeiten angewandt worden. In wissenschaftlicher Beziehung ist besonders die experimentelle Arbeit von Thibeaud[9] sehr wertvoll, aus der Bild 8 entnommen ist, das die mehrfach fokussierende Wirkung eines langgestreckten Spulenfeldes auf ein Elektronenbündel verdeutlicht.

[1] E. Riecke, Wied. Ann. Bd. 13, S. 191. 1881; Ann. d. Phys. Bd. 4, S. 378. 1901.

[2] W. Rogowski u. W. Grösser, Arch. Elektrot. Bd. 15, S. 381. 1925.

[3] E. Wiechert, Wied. Ann. Bd. 69, S. 751. 1899.

[4] H. Busch, Ann. d. Phys. Bd. 81, S. 974. 1926; Phys. ZS. Bd. 26, S. 509. 1925; Arch. Elektrot. Bd. 18, S. 583. 1927.

[5] In den schwer zugänglichen und wenig bekannten Nordlichtarbeiten Birkelands (z. B. Kr. Birkeland, Bibl. universelle. Arch. de sciences physiques et naturelles IV. Periode Bd. 1, S. 497. 1896) sind eine Reihe Versuche über geometrische Elektronenoptik enthalten, so daß man Birkeland als den unmittelbaren experimentellen Vorgänger von Busch auffassen kann.

[6] Wenigstens erwähnt sei auch der komplizierte Fall, daß außer dem magnetischen Feld einer kurzen Spule auch ein elektrostatisches Feld wirksam ist. Jetzt verhalten sich die Elektronenstrahlen wie Lichtstrahlen in einem Medium von veränderlichem Brechungsindex. Busch weist bei dieser Feststellung darauf hin, daß diese Analogie ein Sonderfall der von Hamilton entdeckten allgemeinen Analogie zwischen der Bahn eines Massenpunktes und einem Lichtstrahl ist, die den Ausgangspunkt der Schrödingerschen Wellenmechanik bildet.

[7] P. Lenard, Ann. d. Phys. Bd. 12, S. 457. 1903.

[8] Zenneck, Phys. ZS. Bd. 14, S. 226. 1923. — Samson, Ann. d. Phys. Bd. 55, S. 608. 1918. — Lilienfeld, Ber. Verh. d. sächs. Akad. d. Wiss. Bd. 71, S. 126. 1919.

[9] H. J. Thibeaud, Journ. de phys. et le Radium Bd. 10, S. 161. 1929.

2. Elektrische Konzentration.

Gelingt es, einen Elektronenstrahl magnetisch zu fokussieren, so muß es auch elektrisch gelingen. Am nächstliegenden ist der Versuch, diese Fokussierung durch geeignete Gestalt des elektrostatischen Beschleunigungsfeldes zu erreichen, also optisch gesprochen durch einen „Parabolspiegel" eine Parallelrichtung der von einer punktförmigen Quelle ausgehenden Elektronen zu erzielen. Das kann durch die in Bild 9 dargestellten Einrichtungen geschehen, die häufig in der Röntgentechnik (Coolidge-Röhren, Phönix-Röhren) benutzt werden. Die bekannteste und älteste Ausführungsform ist der Wehnelt[1]-Zylinder (Bild 9), der bei entsprechender negativer Aufladung gegenüber dem Glühdraht eine Konzentrierung und Parallelisierung des Bündels bewirkt. Während diese Einrichtungen mit einer geeignet gestalteten Kathode arbeiten, läßt sich auch durch geeignete Gestaltung der Anode dem Ziele nahekommen. Rogowski und Grösser[2] haben u. a. die in Bild 10 dargestellten Formen des Beschleunigungsfeldes untersucht und für die Kathoden-Oszillographen angewandt. Nachträgliche Wiedervereinigung durch elektrische Felder, ähnlich wie mit der Striktionsspule, führten Jones und Tasker[3] durch, indem sie einen aufgeladenen Ring um den divergierenden Elektronenstrahl legten.

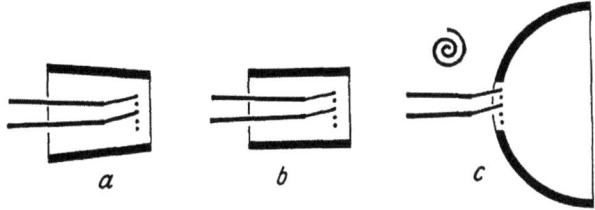

Bild 9. Herstellung eines Elektronenstrahls durch geeignete Formgebung der Kathode.

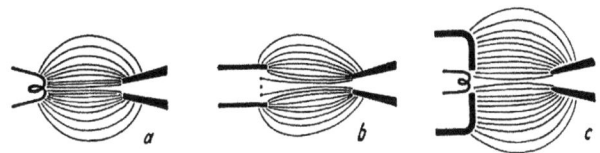

Bild 10. Herstellung eines Elektronenstrahls durch geeignete Formgebung der Anode nach Rogowski und Grösser.

Die Möglichkeiten, einen langsamen, glühelektrischen Elektronenstrahl parallel zu richten oder doch wenigstens die auseinanderstrebenden Elektronen wieder zu vereinigen, scheinen damit erschöpft zu sein. Trotzdem wird man sich für viele technische und wissenschaftliche Zwecke hiermit kaum zufrieden geben. In technischer Beziehung muß man möglichste Einfachheit in Konstruktion und Bedienung der Elektronenstrahlröhre verlangen, d. h. ein besonderes Fokussierungsfeld möglichst zu vermeiden suchen. Bei wissenschaftlichen Versuchen wird man oft eine freie Beweglichkeit des Strahls, wie z. B. bei starken Strahlkrümmungen (Kreis-, Schleifenbildung usw.) verlangen müssen. Das ist aber bei der an sich ausgezeichneten Striktionsspule nur in sehr beschränktem Maße möglich, da der Strahl dann leicht aus dem Wirkungsbereich der „Linse" herauskommt.

Die Aufgabe wäre gelöst, wenn man die wiederkonzentrierenden Vorrichtungen so mit dem Strahl verbinden könnte, daß sie stets zu ihm gleiche Lage behielten, auch wenn der Strahl durch ein ablenkendes elektrisches oder magnetisches Feld starke Krümmungen erfährt. So phantastisch dieser Gedanke auch zu sein scheint, die Natur selbst zeigte seine Verwirklichung[4].

---

[1] A. Wehnelt u. F. Jentsch, Ann. d. Phys. Bd. 28, S. 541. 1909.

[2] W. Rogowski u. W. Grösser, Arch. Elektrot. Bd. 15, S. 381. 1925.

[3] L. B. Jones u. H. G. Tasker, Journ. Opt. Soc. Amer. Bd. 9, S. 471. 1924.

[4] Es erscheint nicht überflüssig, hier nochmals auf das interessante Analogon hinzuweisen, das die geometrische Optik bei den Elektronenstrahlen besitzt. In der Striktionsspule haben wir die Elektronensammellinse gefunden. Mit ihrer Hilfe können wir die Elektronenquelle „abbilden", wobei die Linsenformel sinngemäß Gültigkeit hat. Es läßt sich ein Parabolspiegel für Elektronen angeben und an einer negativ geladenen Fläche Elektronenspiegelung erzielen. Ganz allgemein kann man sagen: Die magnetische Elektronenablenkung hat in der Brechung, die elektrische in der Reflexion des Lichtes ihr Analogon. — Auch für die gleichmäßige Konzentration des „Fadenstrahls", über die anschließend gesprochen werden soll, läßt sich das optische Analogon angeben: Leiten wir an die eine Endfläche eines gekrümmten Glasstabes Licht, so leuchtet bekanntlich auch das andere Ende. Das Licht wird im Innern an der Zylinderoberfläche immer wieder totalreflektiert und gelangt so auch über Krümmungen an das andere Ende des Stabes. Wie das Licht im Glasstab, so werden wir den Elektronenstrahl in seiner Raumladungswolke fangen können.

3. Konzentration durch Gasionisation.

Bisher war, entsprechend der Möglichkeit, Glühelektronen im Vakuum zu erzeugen, stets von Versuchen im Vakuum gesprochen worden, in der Voraussetzung, so den Elektronenstrahl reiner und ungestörter von Gaseinflüssen zu erhalten. Das ist an sich auch richtig, und doch setzt das Auftreten des gewünschten fadenförmigen Strahls eine geringe Gasfüllung des den Elektronenstrahl umgebenden Gefäßes voraus.

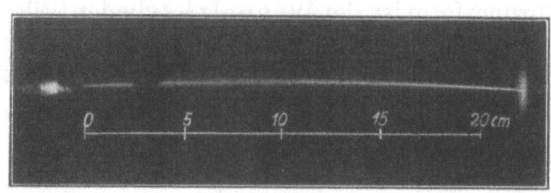

Bild 11. Gaskonzentrierter Elektronenstrahl der Johnson-Röhre.

Johnson hat 1920[1] eine kurze Notiz über eine neuartige Oszillographenröhre veröffentlicht, der 1922[2] die ausführliche Beschreibung der inzwischen weiter entwickelten Röhre folgte. Diese Röhre ist in Bild 11 im eigenen Lichte — der Strahl leuchtet infolge der Anregung der Gasreste — photographiert[3]. Man erkennt, wie der Elektronenstrahl sich zu einem Brennpunkt auf dem Schirm wieder vereinigt, ohne daß irgendwelche fremden magnetischen oder elektrischen Felder zur Erreichung dieser Erscheinung angewandt sind. Die Konzentration ist eine Gaserscheinung, die bei Vorhandensein eines geeigneten Gasdruckes selbständig auftritt. Johnson deutet sie auf Grund besonderer Versuche als eine Wirkung der Ionisation, die durch den Elektronenstrahl selbst im Gase hervorgerufen ist. Die aus den Gasmolekeln abgespaltenen Elektronen und die abgelenkten Strahlelektronen diffundieren sehr schnell aus dem Strahlweg heraus, während die schweren positiven Molekelreste sich lange in der Strahlbahn halten und so elektrostatisch auf den Strahl zusammenziehend wirken. Dieser Erklärung stimmte auch Buchta[4] zu, der 1925 Gaskonzentrationen ausführlicher beschrieben hat. Er fand als Kennzeichen das Auftreten von Bäuchen und Knoten längs des Strahls, ähnlich wie bei einer stehenden Welle. Den Buchtaschen mehr knotigen Strahl kann man auffassen als ein Elektronenbündel, das die einfache Johnsonsche Konzentrierung mehrfach hintereinander zeigt.

4. Fadenstrahlen.

Bei Versuchen über Elektronenabsorption ist der Verfasser zufällig auf ähnliche Erscheinungen gestoßen. Er beobachtete sowohl die Johnsonschen einfachen Konzentrationen als auch die komplizierteren, mehrfach eingeschnürten Strahlen nach Buchta mit allen von Buchta beschriebenen Eigenschaften. So zeigt z. B. Bild 12 einen 50-Volt-Strahl mit Knoten, der im eigenen Lichte photographiert wurde[5]. Der Elektronenstrahl geht vom Glühkopf aus und erreicht vor dem Auftreffen auf die Wand des Gefäßes einen bzw. zwei Knoten.

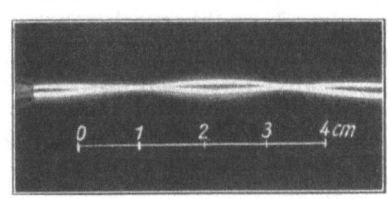

Bild 12. Elektronenstrahl von 50 Volt Geschwindigkeit mit Knoten.

Gemeinsam mit Herrn W. Ende hat der Verfasser die Bedingungen der Konzentration näher untersucht.

---

[1] J. B. Johnson, Phys. Rev. Bd. 17, S. 420. 1920.

[2] J. B. Johnson, Journ. Opt. Soc. Amer. Bd. 6, S. 701. 1922.

[3] Der Strahl ist infolge des (auf die Konzentration einflußlosen) Magnetfeldes der Erde etwas gekrümmt.

[4] J. W. Buchta, Journ. Opt. Soc. Amer. Bd. 10, S. 581. 1925.

[5] Die Photographien solcher Strahlen sind neu. Die einzige dem Verfasser bekannte Photographie eines langsamen konzentrierten Elektronenstrahls findet sich in der zitierten Buchtaschen Arbeit. — Photographien nichtkonzentrierter Strahlen und solcher schneller Strahlen (über 500 V) sind schon öfter hergestellt worden, die ältesten stammen von Wehnelt (Ann. d. Phys. Bd. 14, S. 463. 1904), die schönsten von Westphal (Ann. d. Phys. Bd. 27, S. 586. 1908; Verh. Dt. Phys. Ges. Bd. 14, S. 223. 1912).

Dabei gelang es, fadenförmige Strahlen von 300 bis 50 Volt herunter durch Gaswirkung herzustellen. Diese Strahlen haben die Eigentümlichkeit, in ihrer ganzen Länge gleichmäßig konzentriert zu sein; sie schlingen sich wie „Fäden" bei einem Durchmesser von weniger als 1 mm durch den Versuchsraum. Wir haben 200-Volt-Fadenstrahlen, von denen Bild 13 ein Beispiel gibt, bis über 1,5 m Länge beobachten können. — Als eine brauchbare Arbeitshypothese für die Erklärung der Effekte erwies sich folgende Vorstellung, die von der Johnsonschen Erklärung insofern abweicht, als sie nicht auf die positive Ladung im Strahl, sondern auf die negative um den Strahl das Hauptgewicht legt. Die Strahlelektronen stoßen mit Gasmolekeln zusammen, wobei Anregung und Ionisation erfolgt. Die langsamen Elektronen bzw. negativen Träger wandern nun senkrecht vom Strahl fort und bilden um den Strahl herum eine negative Raumladungswolke. Diese verhindert ein Auseinanderspreizen des Strahles. Es ist gleichsam ein Schlauch, in dem sich der Elektronenstrahl bewegt, ein Schlauch, der sich eng dem Strahle anschmiegt und sich bei Einwirkung magnetischer oder elektrischer Felder mit ihm mitbiegt.

Mit der Auffindung dieser Strahlen ist das phantastische Ziel, „konzentrierende Vorrichtungen so mit dem Strahl zu verbinden, daß sie stets zu ihm gleiche Lage behalten", erreicht.

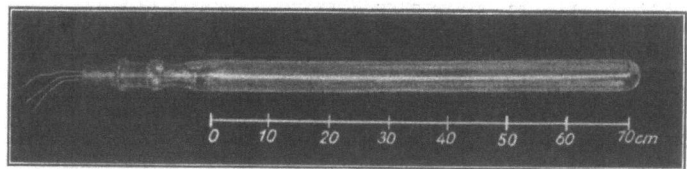

Bild 13. Fadenstrahl von 200 Volt Geschwindigkeit im erdfeldfreien Raum.

Es ist ohne weiteres einleuchtend, daß die Fadenstrahlen zur Durchführung mancher physikalisch interessanten Versuche geeignete Hilfsmittel sind. So bietet es jetzt — abgesehen von der Möglichkeit, elektrische und magnetische Ablenkbarkeit der Elektronen anschaulich zu zeigen — keine Schwierigkeit mehr, das Verhalten der Strahlen in verschieden gearteten Feldern zu untersuchen und so auf die Struktur der Felder zu schließen. Man denke nur an die unmittelbare Nachprüfbarkeit der Störmerschen Nordlichttheorie.

Zum Schluß dieses Abschnittes seien noch einige Photographien[1] von Elektronenstrahlen unter verschiedenen Versuchsbedingungen wiedergegeben (s. die Tafel auf nächster Seite).

Zunächst ist in den ersten 4 Bildern eine Gruppe von Aufnahmen wiedergegeben, welche die räumliche Bewegung von Elektronenstrahlen in einem magnetischen Felde zeigen, das horizontal in Richtung der Zeichenebene fast parallel zu den Strahlen verläuft. Erzeugt wurde das Feld durch Ausgestaltung des horizontalliegenden Versuchsrohrs zu einer Stromspule, indem es mit einer Drahtspirale umwunden wurde, deren einzelne Windungen auf den Aufnahmen als Schattenriß erkennbar sind. Nach den Betrachtungen des Abschnittes I wird sich der Elektronenstrahl, je nach der Größe der Winkel zwischen Anfangsrichtung und Feldrichtung, in einer engeren oder weiteren Schraubenlinie im Felde vorwärtsbewegen. In der Photographie erscheinen die Schraubenlinien als Sinuskurven. Während bei den Bildern 14 und 15 das Magnetfeld homogen war, wurde es bei den Bildern 16 und 17 durch Zusammenschieben der Windungen nach rechts dort verstärkt. Es bewirkt das, daß die Elektronen-Schraubenlinien dort enger werden und mit ihren einzelnen Windungen näher aneinanderrücken.

Die folgenden zwei Bilder 18 und 19 (größerer Maßstab!) zeigen einen 200-Volt-Strahl in einem inhomogenen Magnetfeld, das senkrecht zur Tafelebene steht. Der Elektronenstrahl tritt senkrecht zur Kraftlinienrichtung in das Feld ein, bleibt also stets in

---

[1] Ein Teil der Photographien wurde von Herrn W. Ende aufgenommen.

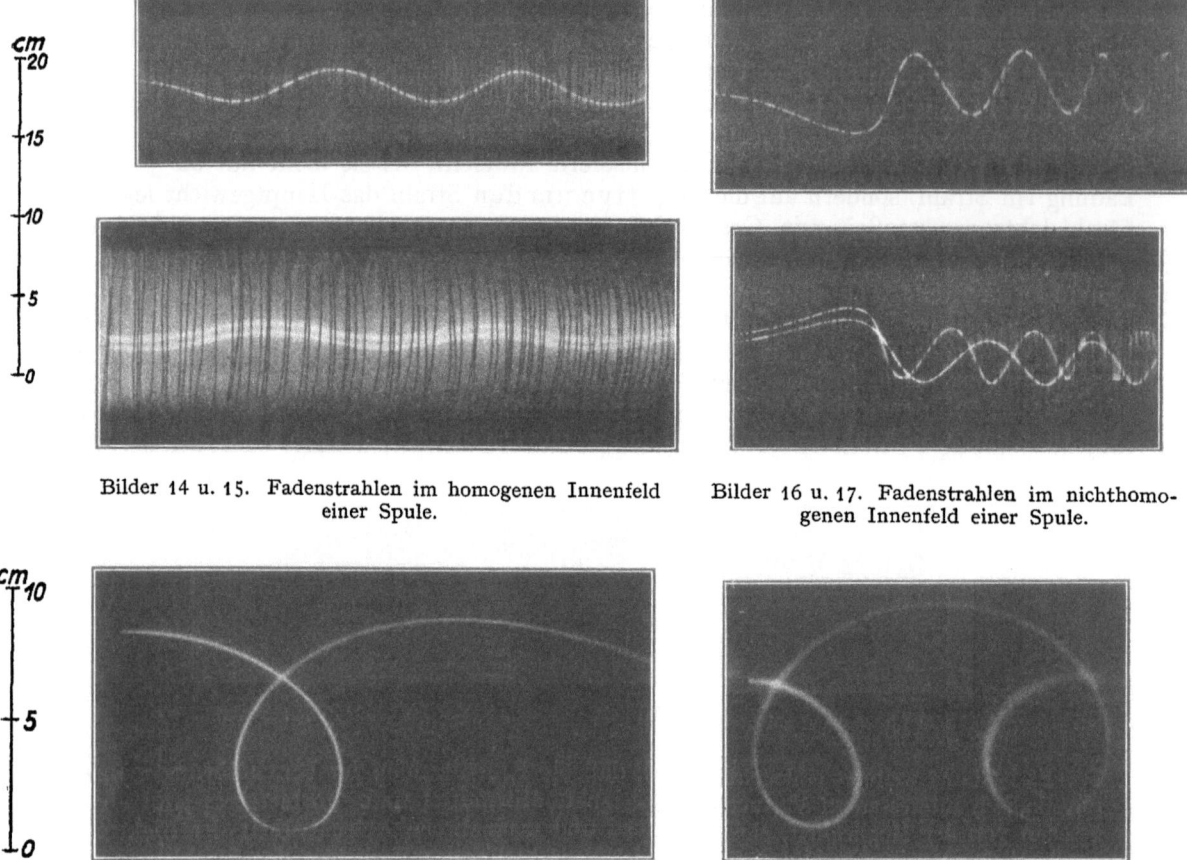

Bilder 14 u. 15. Fadenstrahlen im homogenen Innenfeld einer Spule.

Bilder 16 u. 17. Fadenstrahlen im nichthomogenen Innenfeld einer Spule.

Bilder 18 u. 19. Fadenstrahlen im nichthomogenen, senkrecht zur Tafelebene stehenden Magnetfeld.

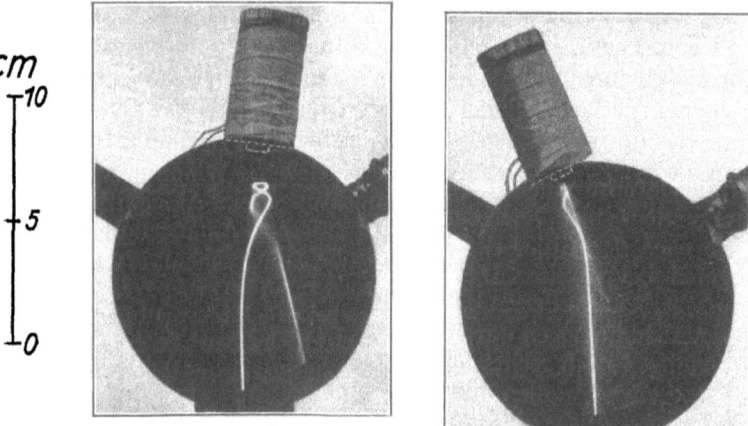

Bilder 20 u. 21. Fadenstrahlen, fast axial in ein Dipolfeld eingeschlossen.

Bild 22. Fadenstrahl im Erdfeld und im Feld eines Hufeisenmagneten.

Fadenstrahlen von 200 Volt Geschwindigkeit in verschiedenartigen magnetischen Feldern.

der der Tafelebene parallelen Eintrittsebene. Er beschreibt eine Art Zykloide und zeigt damit zweierlei: Erstens läßt er darauf schließen, daß das Magnetfeld nach unten zu im Versuchsraum stärker wurde, da die Krümmung des Strahls dort stärker ist. (Es wäre sogar möglich, mittels dieser Strahlbilder das Feld zu analysieren, denn die Feldstärke ist den an verschiedenen Stellen des Strahlweges gemessenen Krümmungsradien umgekehrt proportional.) Zweitens zeigen die beiden Bilder an den Kreuzungspunkten der Strahlbahn, daß zwei Elektronenströme geringer Intensität sich ohne merkbare Beeinflussung durchdringen.

Die ersten beiden Bilder 20 und 21 der letzten Bilderreihe bringen Beobachtungen zur Störmerschen Polarlichttheorie[1]. Diese Theorie führt Polarlichter auf Elektronenstrahlen der Sonne zurück, die infolge des Magnetismus der Erdkugel zu den magnetischen Polen geleitet werden. Nach Störmers Rechnungen soll ein Elektronenstrahl, der sich nicht genau längs einer Kraftlinie in ein Dipolfeld hineinbewegt, eine sich mehr und mehr verengende Schraubenlinie beschreiben, bis er schließlich umkehrt und das Feld wieder verläßt. Die Bilder 21 und 22, die gleichsam die Fortsetzung der durch die Bilder 14 und 16 begonnenen Reihe darstellen, zeigen zwei unter verschiedenen Winkeln in das Feld einer Magnetspule eingeschlossene Elektronenstrahlen. Der erste macht eine weite Schraubenlinie und kehrt dann um, wobei er sich zu einer Art „Draperie" ausgestaltet. Der zweite trifft vor der Umkehrung auf die Wandung des Versuchsgefäßes und wird zerstreut.

Das Schlußbild 22, bei dem, wie bei allen übrigen Bildern der Tafel, der Strahl und sein Hintergrund gänzlich unretuschiert ist, soll zeigen, wie fein und definiert sich Elektronenstrahlen herstellen lassen. Es ist ein 200 Volt-Strahl vor und nach Ablenkung durch einen Hufeisen-Permanent-Magneten.

III. Technische Elektronenstrahl-Röhren.

Will man mit Elektronenstrahlen magnetische Felder studieren, quantitativ erfassen oder aus der Beeinflussung des Strahls Schlüsse ziehen, so genügt es natürlich nicht, in der Versuchsapparatur geeignete Strahlen herzustellen. Wir können mit den Strahlen nicht frei arbeiten, wenn etwa eine Kühlung des Versuchsrohres mit flüssiger

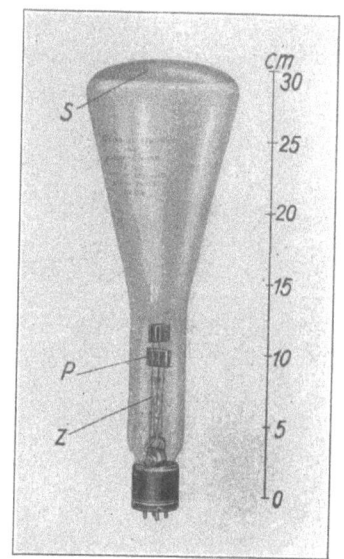

Bild 23. Elektronenstrahl-Oszillographen-Röhre nach Johnson.

Luft oder gar Zusammenhang mit der Diffusionspumpe zur Existenz des Strahles notwendig ist. Der nächste Schritt muß also sein, abgeschmolzene Versuchsröhren zu bauen, in denen die Strahlen reproduzierbar erzeugt, lange Zeit ohne Änderung erhalten und in denen die Beeinflussung des Strahls durch ein Magnetfeld leicht verfolgt werden kann. Solche Röhren müßten in verschiedenen Größen und Formen entsprechend den Anforderungen der jeweiligen Sonderaufgabe gebaut werden. So wird man für Untersuchungen im Erdfelde Röhren von 20 cm und mehr Länge verwenden können, während für die Untersuchung der Streufelder von elektrischen Maschinen, deren Streufeld sich von Raumstelle zu Raumstelle relativ schnell ändert, kleinere Röhren notwendig sind.

Speziell für die Erdfelduntersuchung läßt sich die von Johnson entwickelte Oszillographenröhre, die seither in vorzüglicher Ausführung von der Weston-Electric-Compagnie bzw. der Standard Telephones and Cables Limited[2] geliefert wird, unmittelbar verwenden (Bild 23).

---

[1] Vgl. C. Störmer, Les aurores boréales. Paris 1925; Naturwissensch. Bd. 17, S. 643. 1929.
[2] Auch andere Firmen haben Oszillographenröhren für niedrige Spannungen mit Gaskonzentration entwickelt, ohne indessen die Johnsonsche Konstruktion in ihrer Güte zu erreichen.

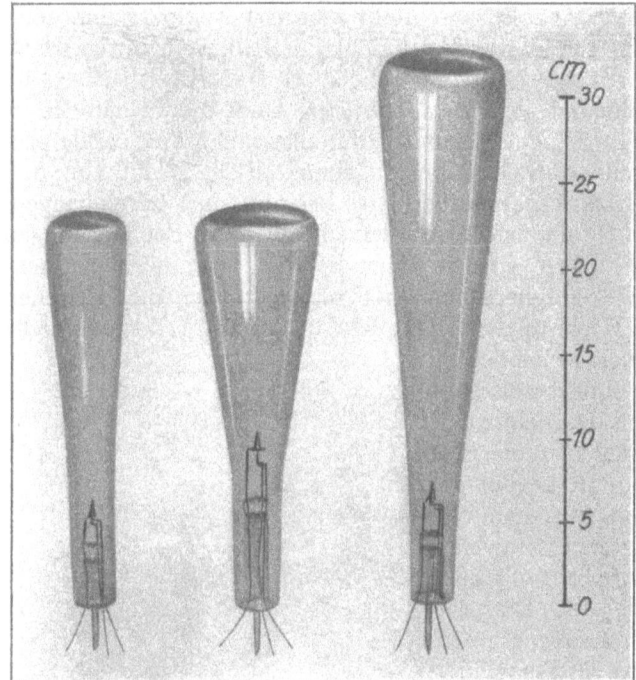

Bild 24. Große Elektronenstrahl-Röhren von Kolbenform.
(Röhrenmodelle im Versuchsstadium.)

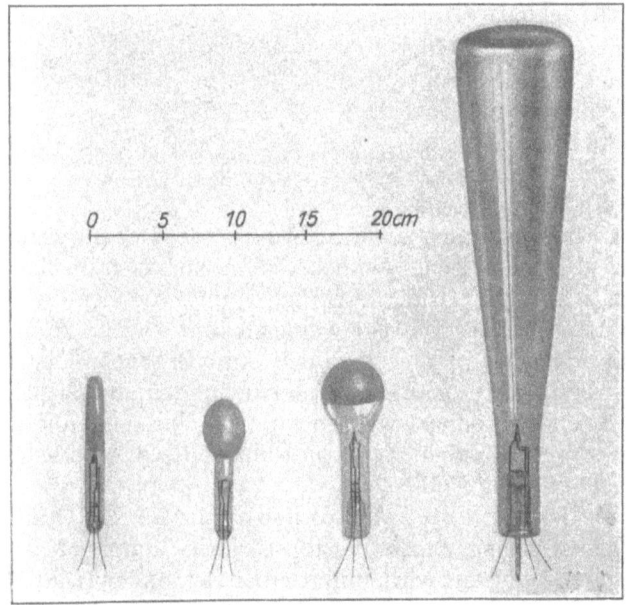

Bild 25. Elektronenstrahl-Röhren verschiedener Form.
(Röhrenmodelle im Versuchsstadium.)

Man erkennt im Bild die Strahlerzeugungseinrichtung Z, die für oszillographische Zwecke notwendigen Ablenkungsplatten P und den Fluoreszenzschirm S, der den Endpunkt des Strahls durch helles, grünes Leuchten markiert[1].

Im AEG-Forschungs-Institut[2] sind im Anschluß an die beschriebenen Versuche mit Fadenstrahlen ebenfalls Elektronenstrahl-Röhren verschiedener Formen entwickelt worden. Soweit sie für Erdfeldmessungen verwandt werden sollen, sind sie der Weston-Röhre in ihrer Gestalt und ihren Ausmaßen sehr ähnlich gestaltet. Sie unterscheiden sich jedoch, abgesehen von der zum Teil andersartigen äußeren Gestaltung, durch eine einfachere Vorrichtung zur Strahlerzeugung und durch Fehlen der Ablenkungsplatten. Bild 24 zeigt drei dieser Versuchsröhren, die für 100 bis 300 Volt Strahlgeschwindigkeit eingerichtet sind.

Die Röhren haben in der augenblicklichen Entwicklungsstufe etwa 100 Stunden Brenndauer.

Die Weston-Röhre, die — wie bereits erwähnt — nur für oszillographische Zwecke entwickelt wurde, wird mit Elektronenstrahlen betrieben, deren Geschwindigkeit bis unter 300 Volt herabgesetzt werden kann. Geht man aber, um die oszillographische Empfindlichkeit zu erhöhen, an die untere Geschwindigkeitsgrenze, so machen sich immer

---

[1] Eine ausführliche Beschreibung der Röhre findet sich — abgesehen von der Gebrauchsanweisung — bei Johnson, Journ. Opt. Soc. Amer. Bd. 6, S. 701. 1922.

[2] An der technischen Entwicklung dieser Röhren, die noch nicht abgeschlossen ist, haben die Herren W. Ende und W. Falkenberg gearbeitet.

stärker und stärker die ungewollten magnetischen Einflüsse der Erde und die Störungen durch Ströme und Eisenteile bemerkbar[1]. Gerade das aber, was für oszillographische Zwecke nachteilig ist, ist für unsere Zwecke von Vorteil. Die Störungen des Oszillographen sind das uns Interessierende. Man könnte daher daran denken, die Empfindlichkeit der Röhren weiter zu steigern, indem man die Strahlgeschwindigkeit von 200 Volt bis zu 50 Volt, nahe an die Existenzgrenze der Fadenstrahlen, verringert. Die damit erzielte Empfindlichkeitssteigerung auf den doppelten Betrag wäre jedoch nur durch einen wesentlich erhöhten experimentellen Aufwand zu erzielen. Aus diesem Grunde und wegen des relativ kleinen Gewinns an Empfindlichkeit sind wir vorläufig bei 200 Volt Strahlgeschwindigkeit stehengeblieben.

Außer den Röhren mit Strahlen von 20 bis 30 cm Länge haben wir auch kurze Röhren gebaut, die zur Ausmessung räumlich stark schwankender magnetischer Felder gedacht sind. Eine Auswahl verschiedener solcher Röhren zeigt im Vergleich mit der längsten unserer Röhren Bild 25. Durch unmittelbares Aufbrennen der Leuchtsubstanz im Gebläse ohne Verwendung irgendeines Bindemittels gelang es auch bei den kleinen, engen Röhren eine sehr gleichmäßige und gut leuchtfähige Innenwand zu erzielen.

IV. Ausmessung magnetischer Kraftfelder mittels Elektronenstrahlen.

Nachdem wir gelernt haben, Elektronenstrahlröhren von ausreichender Empfindlichkeit herzustellen, ist es nicht mehr schwer, die Feldstärke eines homogenen Feldes, wie z. B. des Erdfeldes, zu bestimmen. Daß die Empfindlichkeit der von uns entwickelten 200-Volt-Röhren mit 20 cm langem Strahl dazu auch wirklich ausreicht, ergibt sich leicht aus dem früher errechneten Krümmungskreis und der Strahllänge (S. 26). Wir erhalten eine Verschiebung des Leuchtpunktes auf dem Fluoreszenzschirm von 20 mm, wenn die Röhre aus einem feldfreien Raum ins Erdfeld (senkrecht zu den Kraftlinien) gebracht wird.

Bild 26. Hilfsapparate zur Eichung der Elektronenstrahl-Röhre.

1. Eichung einer Elektronenstrahlröhre zur Erdfeldmessung.

Wir sahen, daß der Strahl nur dann unbeeinflußt ist, wenn er in Richtung der magnetischen Kraftlinien verläuft (S. 26). Zur Richtungsbestimmung des Erdfeldes muß die Elektronenstrahlröhre also so lange im Kraftfeld hin und her gedreht werden, bis der Fluoreszenzpunkt auf dem Fluoreszenzschirm dorthin fällt, wo er im feldfreien Raume liegen würde.

Der für alle unsere Messungen wichtige Bezugspunkt, der „Nullpunkt" des Schirmes, wird bei gut gebauter Röhre in der Mitte des Fluoreszenzschirmes liegen, jedoch nie ganz genau. Zu seiner Festlegung bringt man die Röhre in einen feldfreien Raum, den man sich in verschiedener Weise, wie es Bild 26 zeigt, verwirklichen kann. Entweder benutzt man das Innere zweier ineinander gesteckter Weicheisenrohre, oder man „kompensiert"

---

[1] Selbst bei Strahlen von 25000 Volt finden Rogowski und Größer (Arch. Elektrot. Bd. 15, S. 383. 1925) bei ihrer Braunschen Röhre schon „eine beträchtliche Ablenkung der Strahlen" durch das Erdfeld.

das Erdfeld durch eine möglichst große Stromspule. Die Stromspule ist auch in anderer Beziehung ein nützliches Hilfsinstrument. Denn, wenn man nach der Richtungsbestimmung eines Feldes an die Messung seiner Größe gehen will, so ist die genaue Kenntnis notwendig, welche Feldstärke in Gauß einer bestimmten Entfernung zwischen Nullpunkt und Fluoreszenzfleck entspricht. Zwar ist, wie früher gezeigt wurde, die Berechnung dieser Abhängigkeit möglich, doch wird es einfacher und genauer sein, eine experimentelle Eichung vorzunehmen.

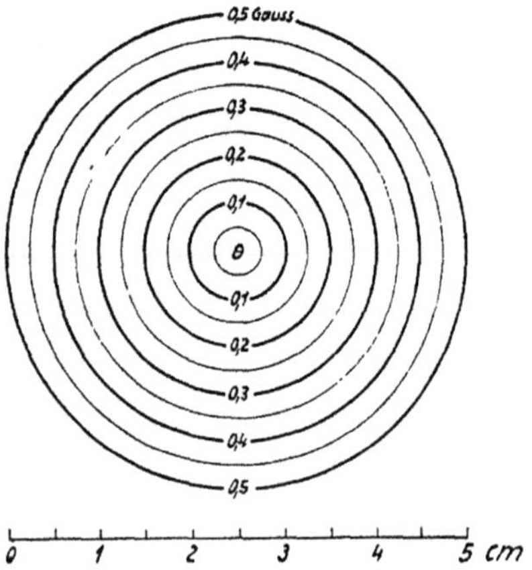

Eine so gewonnene Eichskala einer Elektronenstrahl-Röhre mit 200 Volt-Strahl gibt Bild 27 wieder.

Will man, nachdem man die Richtung des Erdfeldes bestimmt hat, seine Größe messen, so dreht man die Röhre aus der vorher festgestellten Feldrichtung in irgendeiner Weise um 90°, so daß sie jetzt senkrecht zu den Kraftlinien steht. Der Ausschlag des Instrumentes, d. h. bei der Elektronenstrahl-Röhre die Abweichung des Fluoreszenzflecks von dem Nullpunkt, läßt jetzt unmittelbar auf dem geeichten Leuchtschirm die Feldstärke ablesen.

Bild 27. Meßskala einer Elektronenstrahl-Röhre.

2. Apparat zur Erdfeldmessung.

Natürlich kann man die beschriebenen Drehungen und Wendungen der Elektronenstrahlröhre nicht einwandfrei ohne entsprechende apparative Hilfe durchführen. Wir haben deshalb die Röhre in ähnlicher Weise eingebaut wie das Fernrohr beim Teodoliten (Bild 28). Das Rohr ist jetzt um die vertikale und horizontale Achse leicht schwenkbar. Teilkreise ermöglichen die quantitative Erfassung der Winkel. Mittels einer besonderen Vorrichtung läßt sich das Rohr genau um 90° herumklappen, wie es zur Bestimmung der Feldgröße notwendig ist. Ein Koffer mit den notwendigen Stromquellen vervollständigt die Meßeinrichtung.

Das so entstandene Meßgerät hat den Vorteil, die beiden wichtigen Felddaten (Richtung und Größe) in Bruchteilen einer Zeitminute zu erfassen. Es kann aber naturgemäß in der Genauigkeit mit den Präzisionsinstrumenten des Erdmagnetikers nicht in Wettbewerb treten. Man kann sich die Vor- und Nachteile am besten durch einen Vergleich nahebringen: Das neue Instrument verhält sich zu den gebräuchlichen Instrumenten erdmagnetischer Forschung wie ein universelles Zeigerinstrument für Strom- und Spannungsmessung zu einer Anzahl höchst empfindlicher Galvanometer mit schwingender Nadel und Spiegelablesung, deren jedes sich nur zur Messung einer der Stromdaten eignet.

Bild 28. Elektronenstrahl-Meßgerät zur schnellen Festlegung von Größe und Richtung eines ausgedehnten magnetischen Feldes.

3. Messung von Feldkomponenten.

Die beschriebene Benutzungsart des Instrumentes ist die einfachste, vollständigste und genaueste. Ihr ist das Aufsuchen einer bestimmten Stellung der Strahlröhre (Kraftlinienrichtung) und die nachfolgende Umklappung (senkrecht zur Kraftrichtung) eigentümlich. Außer dieser

Benutzungsart, die eine Sonderstellung einnimmt, indem sie mit der gesamten Feldstärke arbeitet, sind noch andere vorhanden, bei denen jeweils nur Komponenten ausgenutzt werden. Der einzige Fall dieser Möglichkeiten, der praktische Bedeutung hat, ist der der vertikal stehenden Röhre.

Bei vertikaler Röhrenstellung wirkt nach der in Bild 29 dargestellten Zerlegung der Feldstärke in eine waagerechte und eine vertikale Komponente nur die senkrecht zur Strahlbahn liegende Horizontalkomponente. Die Ablenkung des Leuchtpunktes gibt also in ihrer Größe die Horizontalintensität, in ihrer Richtung

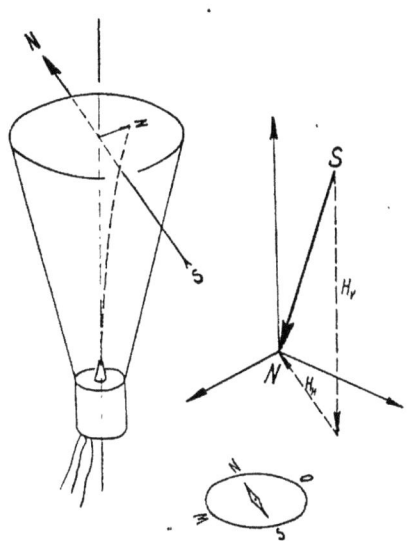

Bild 29. Vertikale Lage der Elektronenstrahl-Röhre zur Messung der Horizontalkomponente des Erdfeldes.

Bild 30. Elektronenstrahl-Meßgerät zur Festlegung der Richtung und Größe eines magnetischen Feldes in der Horizontalen.

die Feldrichtung in der Horizontalen. Dabei zeigt der Leuchtpunkt infolge der Eigentümlichkeit des Elektronenstrahls, senkrecht zu den Kraftlinien abgelenkt zu werden, nicht nach Norden, sondern nach Osten[1]. Die vertikal gestellte Röhre ist insofern recht günstig für den praktischen Gebrauch, als sie gegenüber dem Meßgerät des Bildes 28 stets in gleicher Stellung bleibt. Ihr Nachteil liegt darin, daß sie den Inklinationswinkel nicht mitbestimmt, d. h. daß ihre Angaben über das Erdfeld nicht vollständig sind. Doch wird es für viele Zwecke genügen, die Größe der Horizontalkomponente und die Richtung des Feldes in der Horizontalen zu erhalten. — Bild 30 zeigt eine vollständige Meßanordnung dieser Art, bei der die Batterien mit der Röhre zusammen in einen Kasten eingebaut sind.

4. Anwendungsbeispiele für die Feldausmessung.

Wir kommen nun zu Fragen der praktischen Verwendbarkeit. Wären die beschriebenen Instrumente z. B. geeignet zum Studium der Erdfeldschwankungen innerhalb Deutschlands? Da wir nach Bild 27 für 0,1 Gauß bei der 200-Volt-Röhre $\sim$5 mm Ausschlag haben, werden wir noch etwa 0,01 mm Gauß Änderung ohne besondere Hilfsmittel auf dem Leuchtschirm verfolgen können, wenn wir den Leuchtpunkt selbst unter 1 mm Durchmesser annehmen. Dieser Grenzwert der Meßempfindlichkeit liegt zwar unterhalb der Schwankung innerhalb

---

[1] Vorausgesetzt war, daß der Strahl senkrecht bleibt. Durch die Krümmung, die er durch die Horizontalkomponente erfährt, wird aber auch die Vertikalkomponente auf ihn wirksam werden. Allerdings ist dieser Einfluß so gering, daß er für praktische Zwecke vernachlässigt werden kann.

Deutschlands, die in der Gesamtintensität Gauß 0,03 bzw. in der Horizontalkomponente von 0,04 Gauß beträgt, so daß die Änderung wohl nachweisbar wäre. Dagegen kann von einer genauen Ausmessung innerhalb Deutschlands keine Rede sein.

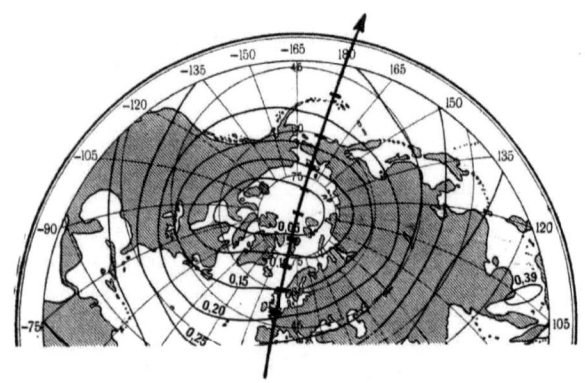

Bild 31. Reiseroute einer Nordpolfahrt mit dem Elektronenstrahl-Kompaß.

Günstiger liegt es, wenn wir über größere Strecken hinweggehen und es uns nur auf grobe Messungen ankommt. Wir wollen z. B. einen Weg annehmen, der von London über den Nordpol längs des 0ten Breitengrades führt, wie es Bild 31 angibt. Wir benutzen das Instrument mit vertikaler feststehender Röhre (Bild 30) und beobachten von 10° zu 10° Breitenzuwachs — d. h. an den in Bild 31 bezeichneten Stellen der Reisestrecke — den Leuchtpunkt. Welche Lage auf dem Leuchtschirmdiagramm der Leuchtpunkt an den einzelnen Beobachtungspunkten im Verlaufe des Weges einnimmt und welche Kurve er im ganzen beschreibt, zeigt Bild 32, wobei zu beachten ist, daß der Pfeil des Diagramms in die Flugrichtung weist.

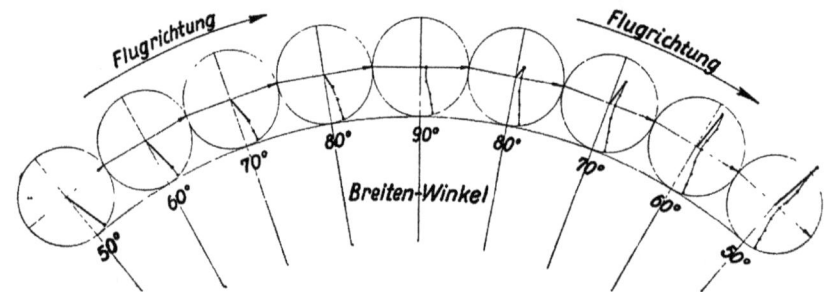

Bild 32. Leuchtpunktbewegung bei einer Nordpolfahrt mit dem Elektronenstrahl-Erdfeldmesser. (Horizontalkomponente.)

Sehen wir selbst von den Messungen des Erdfeldes ganz ab, so bleiben doch noch genug andere Aufgaben. Gerade die örtlichen Störungen des Erdfeldes, in denen es sich unter dem Einfluß von elektrischen Strömen bzw. von magnetischen Körpern auf einem verhältnismäßig kleinen Raume schnell ändert, sind ein interessantes Anwendungsgebiet.

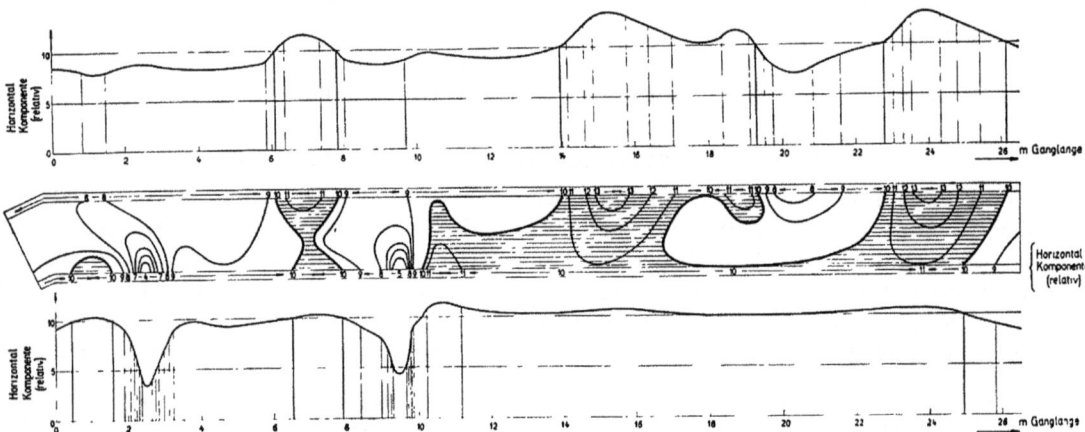

Bild 33. Verlauf des magnetischen Feldes in einem Gang des Forschungsinstituts. (Horizontalkomponente.)

Dabei ist weniger an die durch Erze hervorgerufenen erdmagnetischen Störungen, so z. B. bei Kursk in Rußland, als vielmehr an die Störungen gedacht, die das magnetische Feld der Erde innerhalb und in der Nähe von Gebäuden erfährt. Hierfür seien zwei Beispiele gegeben:

1. Es wurde mit dem Meßgerät des Bildes 30 die Horizontalintensität des Erdfeldes in einem Gang des AEG-Forschungs-Institutes gemessen, der zwischen zwei Reihen von Laboratorien liegt. Trägt man die in relativem Maße festgelegte Intensität über dem betreffenden Punkt des Ganges als entsprechende Höhe auf, so erhält man eine „hügelige Fläche". Diese ist in Bild 33 dargestellt, indem einerseits für die ganze Gangfläche die Linien gleicher Höhe, d. h. gleicher Horizontalintensität gezeichnet, anderseits für die Gangwände der Intensitätsverlauf direkt aufgetragen und zur Darstellung nach oben und unten umgeklappt wurde. Man erkennt, welch starke Verschiedenartigkeit das Erdfeld aufweist. Besonders interessant sind die Störungsstellen bei dem zweiten und zehnten Wandmeter, die durch eine dort hinter der Wand stehende Schalttafel hervorgerufen wurden.

2. Wie das Streufeld eines hufeisenförmigen Elektromagneten mit der Entfernung abklingt, wurde mit einer Röhre von 5 cm Strahllänge in einer der Symmetrieebenen beobachtet. Eine Übersicht über die Ergebnisse der Feldrichtungs- und Feldstärkemessungen gibt Bild 34[1]. Besonders hingewiesen sei auf die Kleinheit der messend verfolgten Felder, die 1 bis 30 Gauß betrugen.

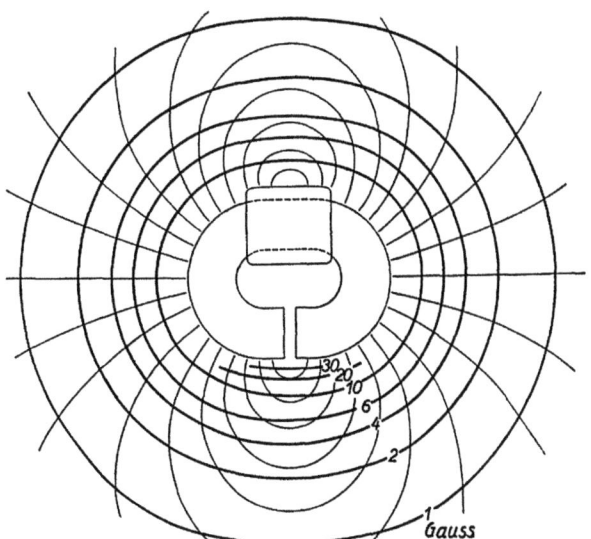

Bild 34. Streufeld eines Elektromagneten, mit der Elektronenstrahl-Röhre ermittelt.

Es gibt noch mannigfache Anwendungsmöglichkeiten. Da ist die Ausmessung von Permanentmagneten mit ihren relativ schwachen Feldern oder die Ausmessung der Verzerrungen des Erdfeldes zu nennen, die durch Weicheisenkörper hervorgerufen werden. Hier könnte besonders das auf S. 33 angedeutete Vorgehen von Vorteil sein, bei dem man durch die Felder Elektronenstrahlen schießt und die photographischen Strahlbilder punktweise auf die Größe des Krümmungskreises hin auswertet. — Das große Gebiet der Meßmöglichkeiten in der Nähe und innerhalb von Motoren sei hier ebenfalls nur erwähnt. Zur Erfassung dieser Felder gehören Spezialröhren, von denen einige in Bild 25 dargestellt sind.

V. Der Elektronenstrahl zur Richtungsanzeige.

Wir wollen uns nun zu einer Sonderaufgabe der Erdfeldmessung wenden, der Feststellung der Nordrichtung des magnetischen Erdfeldes. Dieses Problem, das zunächst zu dem im vorhergehenden Abschnitt Behandelten zu gehören scheint, findet dadurch seine natürliche Abgrenzung, daß es gleichsam die Umkehrung der Feldmessung darstellt: Bisher hatten wir einen festen Standort, die Erdoberfläche. Wir legten Richtung und Größe des von Ort zu Ort veränderlichen Erdfeldes in bezug auf die Erdoberfläche fest. Jetzt wollen wir durch Messungen im bekannten Magnetfelde der Erde die Nordrichtung bzw. im Flugzeug die Flugrichtung finden und uns — man denke an einen Kurvenflug im Nebel — gegenüber der Erde orientieren.

---
[1] Die Darstellung eines Kraftfeldes durch Kraftlinien und Linien gleicher Feldstärke ist ungewohnt. So ist man zunächst geneigt, die Feldstärkelinien mit Äquipotentiallinien zu verwechseln und einen zu den Kraftlinien senkrechten Verlauf zu erwarten.

1. Problem des Flugzeugkompasses.

Die Frage, ob das Problem des Kompasses nicht längst durch die Magnetnadel bzw. den Kreiselkompaß gelöst sei, ist zu bejahen, wenn es sich um die Bestimmung der Nordrichtung auf der Erdoberfläche oder im Schiff handelt, sie ist dagegen für den Fall des Flugzeuges zu verneinen. Während der Kreiselkompaß schon wegen seines großen Gewichtes nur in Sonderfällen in Frage kommt, wird zwar der Magnetkompaß[1] im allgemeinen benutzt, doch versagt er beim Kurvenflug. Er zeigt dann nicht nur fehlerhaft, sondern kann gänzlich irreführen, indem er z. B. bei einer Linkskurve angibt, daß eine Rechtskurve geflogen wird. Steuert der Flieger dann — z. B. beim Nebelflug, wenn er keine Orientierung hat — nach dem Kompaß, so können Pendelungen der Rose auftreten, die sich bis zum vollständigen „Karussellfahren" steigern können[2].

Es sind zwei Gründe für das Versagen des Magnetkompasses vorhanden: die Unmöglichkeit, Wirkungen der Vertikalkomponente des Erdfeldes bei der Neigung des Flugzeugs in der Kurve auszuschalten, und die Nadelträgheit im weitesten Sinne. Daß der Elektronenstrahl trägheitsfrei arbeitet, ist bekannt, doch auch die erste Fehlerursache fällt beim Elektronenstrahl fort. Der Elektronenstrahl erfaßt die Horizontal- und Vertikalkomponente einzeln und bringt sie getrennt zur Anzeige, damit vermeidet er nicht nur den Fehler des Magnetkompasses, sondern benutzt, wie wir sehen werden, darüber hinaus die Ursache, um positive Aussagen über die Neigung des Flugzeugs in der Kurve zu machen.

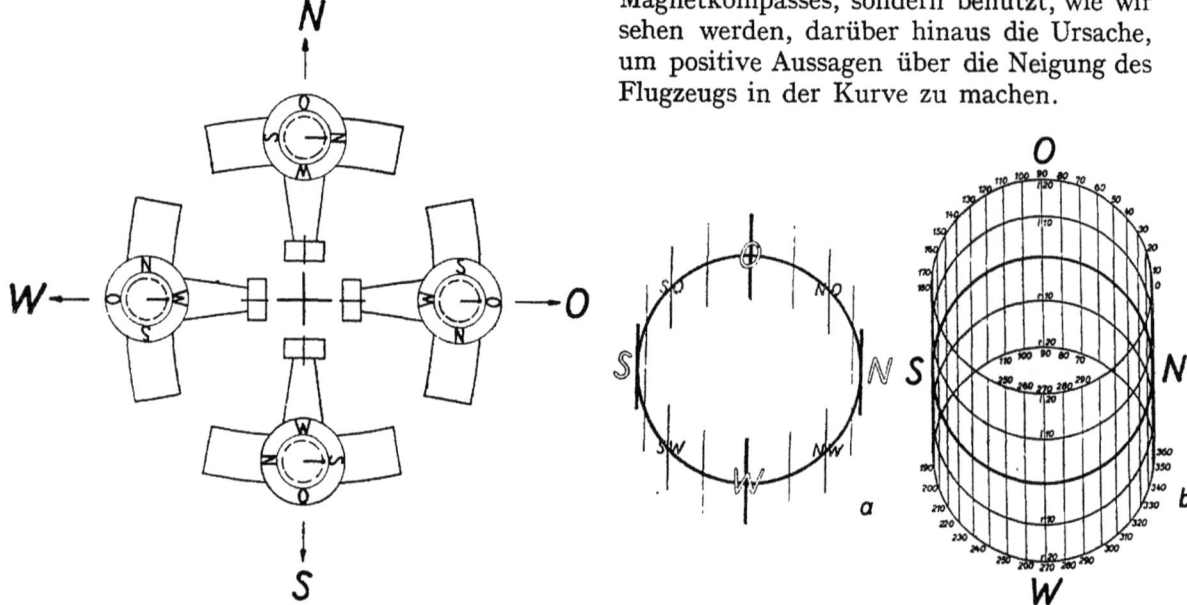

Bild 35. Prinzip des Elektronenstrahl-Flugzeugkompaß.

Bild 36. Diagramm des Elektronenstrahl-Flugzeugkompaß.

2. Elektronenstrahl-Kompaß.

Der einfachste Kompaß ist die schon früher (Bild 30) betrachtete senkrecht stehende Elektronenstrahlröhre. Dreht man die Röhre um ihre senkrechte Achse, so behält der Elektronenstrahl seine Lage zum Kraftfeld der Erde unverändert bei, der Fluoreszenzpunkt ist stets nach Osten abgelenkt. Für einen Beobachter, der sich mit der Röhre mitdreht, bedeutet das ein Wandern des Leuchtpunktes auf dem Schirm. Schreibt man auf den Schirm Richtungen, so ist, wie es Bild 35 verdeutlicht, damit die Orientierungsmöglichkeit gegeben.

---

[1] Eine neuere Konstruktion des Erdinduktors: „The Magneto Compass" scheint gegenüber den einfachen Nadelkompassen einen erheblichen Fortschritt zu bedeuten. Vgl. T. R. Rhea. G. E. R. Bd. 32, S. 190. 1929.

[2] Vgl. H. Boyskow, Z. Flugtechn. Bd. 4, S. 248. 1913; Bd. 13, S. 161. 1922; Z. techn. Phys. Bd. 9, S. 241. 1921.

Wie verhält sich der Elektronenstrahl-Kompaß nun beim Kurvenflug? Daß jede Art von Trägheitserscheinung, wie Pendelungen oder Karussellfahren, bei ihm unmöglich ist, liegt in seiner Natur. Doch auch auf ihn wird in der Kurve die Vertikalkomponente des Erdfeldes Einfluß gewinnen. Betrachten wir in einem Gedankenexperiment folgenden, in Wirklichkeit unmöglichen Fall. Das Flugzeug, das bisher nach Norden geflogen ist, beginne in eine scharfe horizontale Kurve einzubiegen, wobei es sich um 90° auf die Seite lege. Jetzt steht der Elektronenstrahl senkrecht zu den Kraftlinien, d.h. für die Größe seiner Ablenkung ist nicht mehr allein die Horizontalkomponente, sondern das größere Gesamtfeld maßgebend. Der Fluoreszenzfleck muß also vom „Kurskreise" fort, und zwar nach außen gewandert sein. Umgekehrt: Beobachten wir im Flugzeuge Abweichung des Leuchtpunktes vom Kurskreise, so wissen wir, daß das Flugzeug nicht mehr waagerecht fliegt. Überlegt man genauer, an welche Stelle der Punkt gelangt, oder führt man entsprechende Versuche durch, so findet man sehr einfache und eindeutige Zusammenhänge zwischen Ort des Fluoreszenzpunktes und Flugzeugneigung. Neigt sich das Flugzeug auf die Seite, so wandert der Leuchtpunkt auf einer Geraden vom Kurskreis fort, wobei die Richtung der Bewegung stets die Verbindungslinie O—W des Kurskreises ist. Neigt das Flugzeug sich nach rechts, so wandert der Leuchtpunkt nach dem Kursbuchstaben W, neigt es sich nach links, wandert er entgegengesetzt. Wie groß diese Abweichungen für 10° Neigung sind, zeigt Bild 36a, in dem durch die Strichlänge die Größe der Ablenkung für verschiedene Flugrichtungen gezeichnet ist. Behält das Flugzeug die Linksneigung von 10° bei und fährt einen Kreis, so bewegt sich der Leuchtpunkt längs einer Kurve (Ellipse), die durch die oberen Endpunkte der Neigungsstriche von Bild 36a gegeben ist. So erhält man schließlich das für den praktischen Gebrauch geeignete Diagramm des Bildes 36b, das in dieser Form für eine Neigung bis zu 20° nach rechts und links ausreichend ist. Bei Benutzung dieses Diagramms ist es also möglich, Kursrichtung und Flugzeugneigung abzulesen. Allerdings sind die Aussagen beim Nord- und beim Südflug infolge der eigentümlichen Wirkung der Erdfeldkomponenten, die sich in der Struktur des Diagramms für

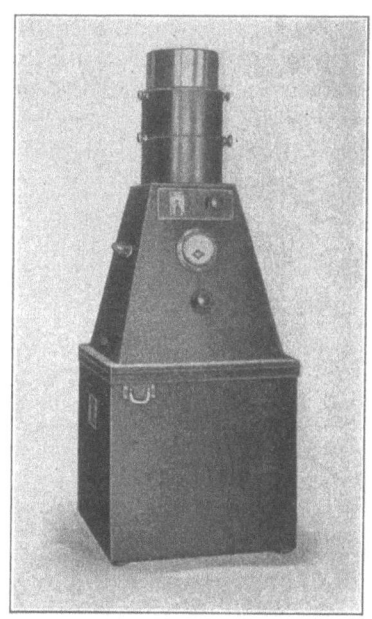

Bild 37. Erstes Modell des Elektronenstrahl-Flugzeugkompaß.

diese Richtungsbereiche widerspiegelt, nicht sehr genau und auch nicht absolut eindeutig, da sich dieselbe Leuchtpunktstellung z.B. für Nordflug bei 20° Ostabweichung und 10° Rechtsneigung, wie für 20° Westabweichung und 10° Linksneigung ergibt. Welches die wirkliche Lage des Flugzeuges ist, läßt sich hingegen bei der Leuchtpunktbewegung während des Weiterflugs leicht entscheiden.

Es wurde bisher waagerechte Flugbahn vorausgesetzt. Diese Voraussetzung muß auch für die praktische Verwendung des Gerätes auf jeden Fall gewahrt bleiben, d.h. die Röhre muß mittels einer horizontalen Achse so pendelnd aufgehängt werden, daß sie in der Fahrtrichtung schwingen kann. Wäre die Röhre ganz festgelegt, so würde man zu ähnlichen Schwierigkeiten wie beim Magnetkompaß kommen. Es ist schon ein großer grundsätzlicher Fortschritt, daß das Elektronenstrahl-Gerät seine Anzeigen durch einen Leuchtpunkt auf einer zweidimensionalen Fläche, nicht durch einen Zeiger auf einer eindimensionalen Skala macht. Hierdurch ist es möglich, mit einem Gerät zwei Erscheinungen, in diesem Falle die Kursrichtung und Seitenneigung des Flugzeugs, zu trennen und getrennt anzugeben. Grundsätzlich unmöglich ist es dagegen, auch für den Elektronenstrahl, die drei möglichen Lageänderungen des Flugzeugs getrennt zur Anzeige zu bringen

Unter den geschilderten Gesichtspunkten sind Flugzeugkompasse gebaut worden. Eins der ersten Modelle, das zur Zeit in gemeinsamer Arbeit mit der Deutschen Versuchsanstalt für Luftfahrt praktisch erprobt wird, zeigt Bild 37.

3. Elektronenstrahl-Neigungsmesser.

Oben wurde gezeigt, daß immer zwei Angaben über die Flugzeuglage gemacht werden können, wenn die dritte Lageänderung Null ist oder einflußlos gemacht wird. Bisher wurde nur der kombinierte Richtungsanzeiger und Querneigungsmesser betrachtet. Es wäre aber ebenso gut möglich, einen Richtungs- und Längsneigungsmesser bzw. einen Quer- und Längsneigungsmesser zu bauen, wenn sich auch der praktischen Durchbildung dieser Geräte bei der Ausschaltung der dritten Lagenkoordinate Schwierigkeiten entgegenstellen würden.

Auch wäre zu überlegen, ob nicht andere Röhrenstellungen vielleicht auf besonders günstige Möglichkeiten führen. Das ist indessen nicht der Fall; allein einige Kuriosa ergeben sich. So erhält man z. B., wenn die Röhre waagerecht und quer zur Längsachse des Flugzeugs starr gelagert ist, einen „Looping-Zeiger". Das Diagramm dieses Instrumentes zeigt Bild 38. Fährt das Flugzeug etwa nach NO, so steht der Leuchtpunkt in dem gezeichneten Ringbezirk R dieser Richtung auf der Skala S gegenüber. Der Flieger dreht nun die Nullmarke des beweglichen Ringes R in diese Richtung, so daß also der Leuchtpunkt auf der Nullmarke liegt. Wenn der Flieger unter Beibehaltung der Richtung jetzt ein Looping nach oben oder unten fliegt, so bewegt sich der Fluoreszenzfleck in dem Ringbezirk entsprechend einmal herum, wobei jedem Punkte eine bestimmte Flugzeugneigung eindeutig zugeordnet ist.

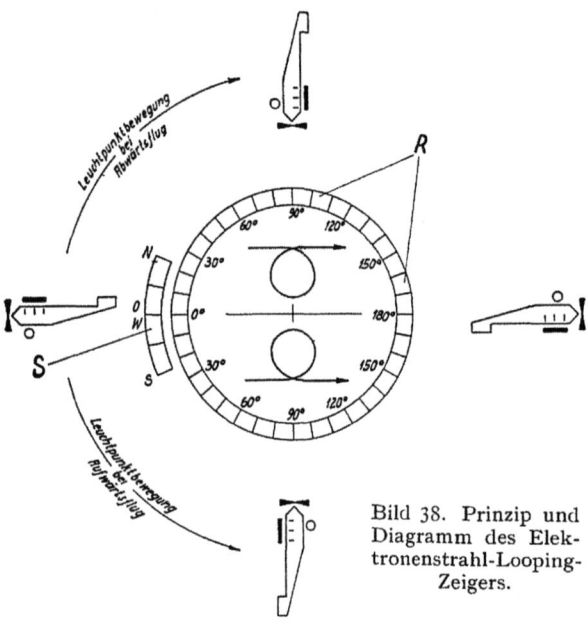

Bild 38. Prinzip und Diagramm des Elektronenstrahl-Looping-Zeigers.

Nicht behandelt wurde bisher eine andere Verwendungsart des Kompaß im Flugzeug, bei der man nicht in jedem Augenblick die genaue Richtung wissen will, sondern sich nur für die Abweichung von einem vorgegebenen Kurse interessiert. Der Kurszeiger der Askania-Werke A.-G. und der erwähnte Erdinduktor der General-Electric Co sind Geräte dieser Art. Auch in dieser Weise ist der Elektronenstrahl-Kompaß mit seinen Vorzügen zu verwenden, wobei die Fernanzeigemöglichkeit über Kontakte, Relais usw. als wichtig zu erwähnen ist.

VI. Der Elektronenstrahl zur Strommessung.

Die letzte Anwendungsmöglichkeit, die hier besprochen werden soll, ist die Strom-, Spannungs- und Leistungsmessung von elektrischen Strömen. Man wird vielleicht einwenden, daß es nichts Neues sei, daß man mit dem Elektronenstrahl diese Messungen ausführen könne, ja daß auf diesen Möglichkeiten die Braunsche Röhre geradezu beruhe. Das ist wohl richtig, denn die Braunsche Röhre arbeitet mit Ablenkungsspulen als Strommesser, mit dem Plattenkondensator als Spannungsmesser und mit gekreuztem magnetischen und elektrischen Felde als Leistungsmesser. Trotzdem ist nach Wissen des Verfassers bisher nicht deutlich darauf hingewiesen worden, daß das einfache Elektronenstrahlgerät als quantitatives Meßinstrument gegenüber den bekannten Geräten auf einigen Gebieten Vorzüge bzw. besondere Möglichkeiten aufweist. Es ist demzufolge bisher auch nicht ernstlich versucht worden, diese Vorzüge und Möglichkeiten, die im besonderen auf dem Gebiet der Strommessung liegen, für die Technik nutzbar zu machen.

1. Stromsuchen mit dem Elektronenstrahl.

Denken wir uns in einem sonst feldfreien Raume einen geraden Stromleiter, durch den ein Wechselstrom von 5 A fließe, senkrecht ausgespannt. Dann wird dieser Leiter von einem nach auswärts abklingenden Kraftfeld umgeben sein, dessen Kraftlinien den Leiter in Kreisen umschlingen. Bringt man den Elektronenstrahl ebenfalls senkrecht in dies Kraftfeld, so arbeitet er als das früher beschriebene Gerät zur Anzeige von Richtung und Größe des Feldes (S. 36, 37). Sein Fluoreszenzfleck ist bei Wechselstrom zu einer leuchtenden Linie auseinandergezogen, die senkrecht zu den Kraftlinien steht, d. h. direkt auf den Leiter zu zeigt, an welchen Ort wir die Elektronenstrahlröhre auch bringen mögen. Sind wir mit dem Strahl in der Nähe des Leiters, so ist, wie es Bild 39 zeigt, der Ausschlag groß, während er nach außen mehr und mehr abnimmt. Ist nun in einiger Entfernung voneinander eine Reihe von Leitern, von denen einige vom Strom durchflossen sind, so werden wir die stromführenden Leiter mit dem Elektronenstrahl leicht herausfinden können. Dabei gelingt dieses „Stromsuchen", wie es entsprechende Versuche zeigten, schon bei verhältnismäßig kleinen Strömen in der Größenordnung von 1 A.

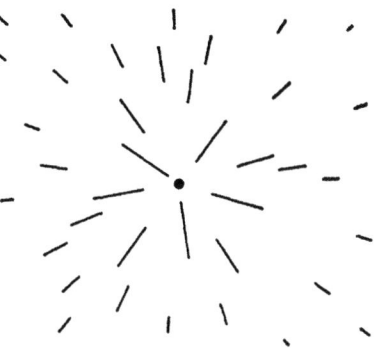

Bild 39. Der Elektronenstrahl als „Stromsucher".

2. Strommessen mit dem Elektronenstrahl.

Es ist klar, daß man nicht nur den Stromleiter finden, sondern (wenn kein störendes Magnetfeld vorhanden ist) auch leicht die Größe des in ihm fließenden Stromes aus der Länge der Leuchtlinie ermitteln kann. Wird der Strahl immer wieder stets in gleichen Abstand zur Leiterachse gebracht, so ist das Instrument nach einmaliger Eichung geeignet, den Strom direkt in A anzugeben. — Geräte dieser Art haben den Vorteil, daß sie die Strommessung gestatten, ohne daß der Stromfluß unterbrochen oder die Isolation des Leiters zerstört zu werden braucht. Das Elektronenstrahlgerät ist zu diesem Zweck für Gleich- und Wechselstrom gleich gut verwendbar und hat dabei eine recht hohe Empfindlichkeit ohne irgendwelche Energieentziehung.

3. Elektronenstrahl-Strommesser für Hochfrequenz.

Folgerichtig führen die vorstehenden Überlegungen auf den Elektronenstrahl-Hochfrequenz-Strommesser. Für Hochfrequenz ist es wünschenswert, daß der Strommesser möglichst geringe Kapazität und Induktivität und natürlich auch geringen Widerstand hat. Ein einzelner Draht, dem der Elektronenstrahl parallel geführt ist, erfüllt an sich diese Forderung in weitgehendem Maße. Doch ist die Empfindlichkeit des Instrumentes, wenn der Leiter außerhalb der Elektronenstrahlröhre in einigen cm Abstand vom Strahl liegt, für viele Zwecke zu gering, während anderseits fremde Streufelder verhältnismäßig kräftig wirken. Es steht jedoch nichts im Wege, den Leiter ins Innere der Röhre, wenige mm an den Elektronenstrahl heranzulegen und so die Empfindlichkeit des Gerätes wesentlich zu erhöhen. Ein Gerät dieser Art bzw. die günstigere Konstruktion nach Bild 40 ergab eine Empfindlichkeit von 15 mm/A bei einem gänzlich vernachlässigbaren Instrumentwiderstand.

4. Elektronenstrahl-Milliamperemeter für technischen Wechselstrom.

Die Meßinstrumente, die der Elektrotechniker für Wechselströme von der Größenordnung 1 mA besitzt, sind wenig zufriedenstellend. Diese Lücke könnte das Elektronenstrahl-Milliamperemeter schließen. In einer Bauart, wie sie in Bild 41 dargestellt ist, erreicht das Gerät ohne Schwierigkeit eine Empfindlichkeit von 0,1 mA für die ganze Ableseskala. Dabei hat es nur 200 Ω Widerstand, d. h. eine Scheinleistungsaufnahme von nur $^2/_{1000000}$ W.

Hingewiesen sei auch darauf, daß für starke Wechselströme beim Elektronenstrahl-Strommesser die für Hitzdrahtinstrumente erforderliche lästige Aufteilung des Stromleiters fortfällt und daß die Veränderung des Meßbereichs besonders leicht möglich ist.

Alle beschriebenen Elektronenstrahl-Strommesser haben vor den üblichen Geräten den Vorteil, daß bewegte mechanische Teile oder sich langsam erhitzende Drähte fehlen. Die Instrumente arbeiten daher trägheitsfrei, so daß es z. B. möglich ist, mit ihnen den

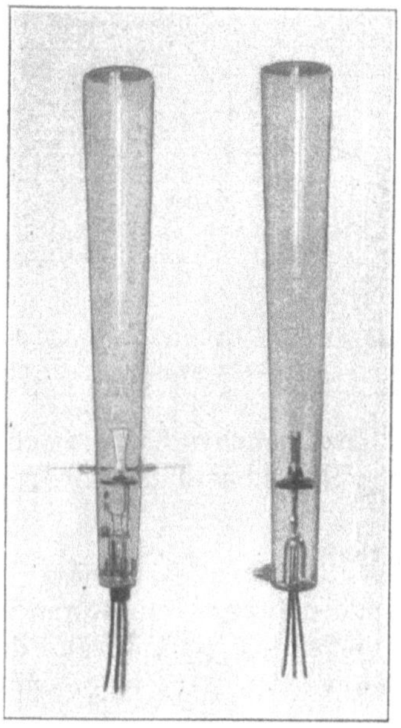

Bild 40. Elektronenstrahl-Strommesser für Hochfrequenz.

Bild 41. Elektronenstrahl-Milliamperemeter.

Stromverlauf beim Einschalten einer Glühlampe oder eines Magneten genau zu verfolgen. Sie sind für Gleich- und Wechselstrom mit der gleichen proportionalen Skala benutzbar.

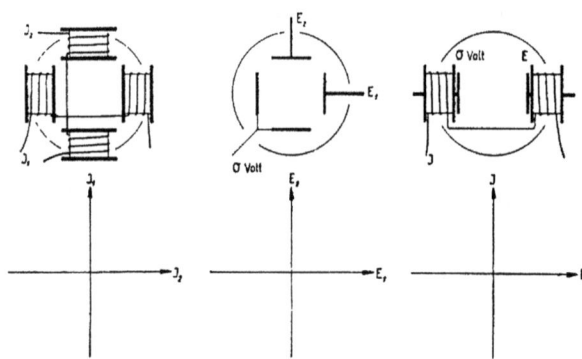

Bild 42. Möglichkeiten der zweifachen Ablenkung eines Elektronenstrahls.

Eine Gefahr, daß sie wie Hitzdrahtinstrumente bei Überlastung geschädigt werden, besteht nicht.

Die Anwendbarkeit des Elektronenstrahls zur Spannungsmessung, deren Vorteil einerseits in der statischen Arbeitsweise bei verhältnismäßig großer Empfindlichkeit (bis 20 mm/V), anderseits in der Meßmöglichkeit hoher Spannungen liegt, soll hier nicht erörtert werden. Wir wenden uns sogleich den Fällen zu, bei denen nicht nur wie bisher ein Ablenkungsfeld, sondern zwei gekreuzte Ablenkungsfelder zur Anwendung kommen. Möglich sind da, wie es Bild 42 zeigt, zwei gekreuzte magnetische Felder, zwei gekreuzte elektrische Felder und ein mit einem magnetischen Felde gekreuztes elektrisches Feld. Für die Anwendung sind — andere Kombinationen erscheinen weniger wichtig — zwei Fälle zu unterscheiden, je nachdem ob auf die Produktenbildung oder die Quotientenbildung der beiden Veränderlichen, welche die Größe der zwei Felder bestimmten, Wert zu legen ist.

5. Elektronenstrahl-Produkten-Instrument.

Ist in der Gleichung $x \cdot y = c$ die Größe c eine Konstante, während x und y die Veränderlichen sind, so stellt die Gleichung eine Hyperbel dar. Das zeigt Bild 43 links für eine Reihe von c-Werten, die von Hyperbel zu Hyperbel um den gleichen Betrag zunehmen. Nach Zeichnung solcher Hyperbeln auf den Fluoreszenzschirm einer geeichten Elektronenstrahlröhre kann demnach sofort das Produkt der beiden Ablenkungsfelder bzw. der beiden für die Felder maßgeblichen Stromdaten festgestellt werden, also $J_1 \cdot J_2$ bzw. $E_1 \cdot E_2$ bzw. $E_1 \cdot J_1$. Besonders das Stromleistungsprodukt $E \cdot J$ ist von praktischer Wichtigkeit. Sind, wie in Bild 43 rechts, die Kurven gleicher Leistung für einen interessierenden Strom- und Spannungsbereich gezeichnet, so ist die Leistung für Gleichstrom unmittelbar aus der festen Lage des Leuchtpunktes im Diagramm zu entnehmen.

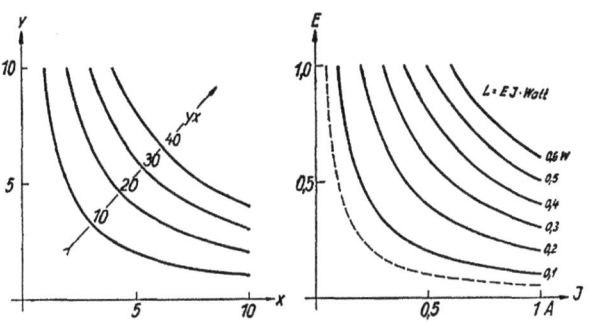

Bild 43. Diagramm des Elektronenstrahl-Produkten-Instruments.

Bei Wechselstrom gibt die jeweilige Lage des Leuchtpunktes ebenfalls die Leistung an. Da die Momentanleistung hier indessen im Laufe der Periode schwankt, steht der Leuchtpunkt nicht an einer Stelle, sondern beschreibt eine geschlossene Figur. Diese Figur gibt übrigens auch die mittlere Leistung während einer Periode, d. h. die Wirkleistung durch ihre Flächengröße[1].

6. Elektronenstrahl-Quotienten-Instrument.

Wie die Leuchtschirmfläche zur Produktenmessung geeicht werden kann, so läßt sie sich auch zur Quotientenmessung eichen. Hierzu legen wir die Gleichung $y : x = c$ zugrunde. Sie stellt — wenn c Parameter ist — eine Geradenschar verschiedener Neigung dar, wie es Bild 44 links zeigt. Von den Möglichkeiten $J_1 : J_2$, $E_1 : E_2$ und $E_1 : J_2$ ist die erste und besonders die letzte von größerem Interesse. Ein Quotienten-Strommesser wird immer dort gebraucht, wo bei schwierig konstant zu haltender Stromintensität eine Stromänderung verfolgt werden soll. Als Beispiel dafür seien Untersuchungen mit den aus glühenden Drähten austretenden Elektronenströmen, die oft nicht vollständig konstant sind, angeführt.

Ein solches Quotientengerät für nicht sehr große Empfindlichkeit ist in Bild 45 dargestellt. Bei ihm läßt sich die Empfindlichkeit durch Verschieben der Spulen in bekanntem Maße ändern. Nach dem Ohmschen Gesetz bedeutet $E : J$ einen Widerstand. Die Messung des Quotienten $E : J$ für einen Strom,

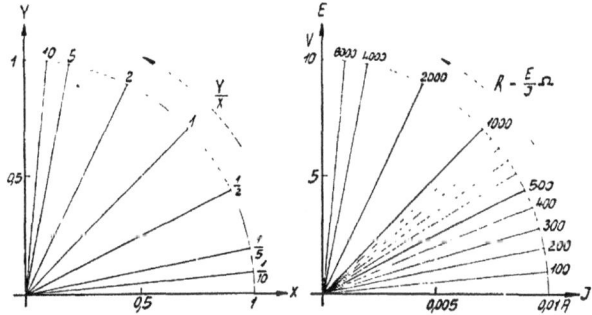

Bild 44. Diagramm des Elektronenstrahl-Quotienten-Instruments.

[1] Vgl. z. B. Hund, Hochfrequenzmeßtechnik. S. 221. 1928.

der durch einen unbekannten Widerstand fließt, ist demnach eine Ohmbestimmung dieses Widerstandes, das Quotienteninstrument in diesem Falle ein Ohmmesser (Bild 44 rechts).

Außer den behandelten Anwendungen des Elektronenstrahls gibt es noch eine große Zahl anderer, die zumeist vom Elektrotechniker ausgenutzt werden. Es seien erwähnt[1]: Untersuchung der Wellenform, Phasenbeziehung und Frequenz von Wechselströmen, Beziehungen von Strom zu Spannung bei elektrischen Apparaten usw., Charakteristik des Lichtbogens, Bestimmung von Resonanzkurven, Studium sehr rascher Wellen (Wanderwellen), dielektrische Verlustbestimmung, Aufnahme der Hysteresisschleife usw. Aber auch auf nichtelektrotechnischen Gebieten sind Anwendungen zu nennen. Zwei besitzen im besonderen praktische Bedeutung: Die Braunsche Röhre als Hilfsmittel des Tonfilms (Amplitudenverfahren) und als hoffnungsreiches Hilfsmittel zum Fernsehen[2]. Vor den sonstigen Verfahren zeichnen sich diese beiden Elektronenstrahlverfahren durch das Fehlen mechanischer und sich drehender Teile aus.

Bild 45. Elektronenstrahl-Quotienten-Instrument.

Wenn man die Fülle der Anwendungen überschaut, die Braun[3] kaum ahnte, als er 1897 die erste Elektronenstrahlröhre zu technischer Verwendung entwickelte, so wird man zu der Frage gedrängt: Worin ist denn eigentlich der innere Grund für die außerordentlich vielseitige Anwendungsmöglichkeit dieser einfachen, aus Elektronenstrahl und Fluoreszenzschirm bestehenden Anordnung zu sehen?

Alle Anwendungen haben die elektrische und magnetische Ablenkbarkeit der Elektronen und ihre Sichtbarmachung durch den Fluoreszenzschirm zur Voraussetzung. Von dieser Grundlage ausgehend, die nur für ganz wenige praktische Anwendungen, wie z. B. das Elektronenstrahl-Voltmeter und -Gleichstrom-Amperemeter ausreichend ist, haben sich zwei Gruppen entwickelt. Bei der ersten interessiert der zeitliche Ablauf eines Vorganges, sie benutzt die Trägheitsfreiheit des Elektronenstrahls. Bei der zweiten Gruppe interessiert der Zusammenhang zwischen zwei Erscheinungen, sie beruht auf der Eigenschaft des Elektronenstrahls, „eindimensional" zu sein. Seine Lage im Raum ist erst durch zwei Felder bestimmt und seine durch die beiden Felder bestimmte Lage einem bestimmten Punkt des Fluoreszenzschirmes eindeutig zugeordnet. Jede Art Stromcharakteristiken von Maschinen und Apparaten, der Elektronenstrahl-Fernseher, die Produkten- und Quotientenstrommesser, die beschriebenen magnetischen Instrumente, im besonderen der Flugzeugkompaß, kurz die meisten Anwendungen gehören zu dieser Gruppe. Sie alle verdanken also letzten Endes ihre Existenz den zwischen Strahl, Raum und Fläche bestehenden Beziehungen.

---

[1] Man vgl. über die elektrotechnischen Anwendungen: Gebrauchsanweisung der Weston-Electric-Röhre; G. Kleinath, Die Technik elektrischer Meßgeräte 1928; A. Hund, Hochfrequenzmeßtechnik 1928 und andere Lehrbücher.

[2] Vgl. z. B. Dr. F. Schröter, Fernsehen 1930, H. 1, S. 4.

[3] F. Braun, Wied. Ann. Bd. 60, S. 552. 1897.

Zur Frage der Streuung.

Von L. Fleischmann.

Die Grundlage bei allen Streuungsberechnungen für elektrische Maschinen bildet die Lehre vom magnetischen Kreis. Die magnetomotorische Kraft hat für alle einen Stromleiter umfassenden Kurven den gleichen Wert und kann daher über den Verlauf der Kraftröhren nichts aussagen. Anderseits ist der magnetische Widerstand erst durch den Verlauf der Kraftröhren bestimmt, der nur durch Annäherung bestimmt werden kann, und daher rühren die verschiedenen Anschauungen über die Streuung. Eine genaue Berechnung des Kraftröhrenverlaufs mittels der elektromagnetischen Grundgleichungen bietet im allgemeinen sehr große mathematische Schwierigkeiten. Infolgedessen müssen zunächst die einfachsten Fälle berechnet werden, und die Ergebnisse durch den Versuch nachgeprüft werden. Es wird die Magnetisierung eines Eisenzylinders durch eine Stromschleife untersucht und mit den Ergebnissen der Berechnung verglichen; die Übereinstimmung ist zufriedenstellend.

Seit Jahrzehnten bemühen sich viele Ingenieure, die mit dem Entwurf von elektromagnetischen Maschinen zu tun haben, den stets steigenden Ansprüchen, die an das Verhalten der Maschinen gestellt werden, durch Verfeinerung der Rechnungsverfahren gerecht zu werden.

Die Grundlage dieser Berechnung bildet die Lehre vom magnetischen Kreis und eng damit verbunden die Aufteilung der in den Maschinen und Apparaten auftretenden Flüsse in gemeinsame und Streuflüsse. Man geht hierbei so vor, daß man versucht, die Verteilung der magnetomotorischen Kräfte zu bestimmen, und daß man dann mit Hilfe des magnetischen Widerstandes hieraus die Flußverteilung berechnet. In Gleichungsform geschrieben lautet dieser Satz:
$$\text{Magnetischer Fluß} = \frac{\text{magnetomotorische Kraft}}{\text{magnetischen Widerstand}}.$$

Die magnetomotorische Kraft ist hierbei durch die Arbeit bestimmt, die man leistet, wenn man den Einheitspol längs einer geschlossenen Kurve bewegt, die einen Stromleiter umfaßt; der numerische Wert wird dem 4π-fachen des umkreisten Stromes gleich gesetzt. — Es leuchtet ein, daß dieser Ausdruck für die magnetomotorische Kraft, der den gleichen Wert für jede geschlossene, den Leiter umfassende Kurve annimmt, nichts über die spezielle Feldverteilung aussagen kann. Anderseits ist der magnetische Widerstand bedingt durch die Verteilung der magnetischen Kraftröhren, die erst bestimmt werden können, wenn das Feld bekannt ist[1]. Man sieht also, daß man sich im Kreis bewegt, und man kann die

---

[1] Der Beweis, der sich in fast allen Lehrbüchern findet, geht von einer sehr dünnen Kraftröhre (richtig müßte es heißen, von einer unendlich dünnen Kraftröhre) aus, für die der Fluß $\Delta \Phi_n = \Delta q_n B_n$ gesetzt wird, wobei Δq_n der sehr kleine, aber immer noch veränderliche Querschnitt der Kraftröhre ist. Bei gleichbleibender Permeabilität μ ist $B_n = \mu H_n$, wenn H_n die Feldstärke bedeutet. Nach Einsetzung in die ersten Gleichung und Multiplikation der beiden Seiten mit dl_n, der unendlich kleinen Länge der Kraftröhre, erhält man $\frac{1}{\mu} \Delta \Phi_n \int \frac{dl_n}{\Delta q_n} = \int_Q H_n dl_n$, und $\int_Q H_n dl_n$ wird gleich $4\pi i$. Hier schließt die Beweisführung. Es müßte aber eigentlich noch einmal ein Grenzübergang vorgenommen werden, da der Fluß Φ die Grenze der Summe $\sum \Delta \Phi_n$ ist, wenn man dq_n gegen Null und n gegen unendlich gehen läßt
$$\Phi = \lim_{n=\infty} \sum \Delta \Phi_n = \frac{4\pi i}{\lim_{n\to\infty} \sum \int \frac{dl_n}{\Delta q_n}}.$$

Probleme unter Zugrundelegung des Gesetzes vom magnetischen Kreis nur lösen, indem man zunächst gewisse Annahmen über die Flußverteilung zugrunde legt, hieraus den magnetischen Widerstand berechnet und nun zusieht, ob die hierfür benötigte magnetomotorische Kraft auf geschlossenem Wege den Wert von 4π mal dem Strom annimmt. Hält man sich dieses Verfahren vor Augen, das in der Praxis sehr gute Ergebnisse gezeigt hat, so wird es verständlich, daß über die Frage der Streuung die verschiedensten Ansichten verbreitet sind.

Man übersah, daß der Ausgangspunkt der ganzen Streitfrage von vornherein auf einer Annäherung beruht, und je nach der Wahl der Grundlagen der Annäherung mußte die Antwort verschieden ausfallen. Um die Fragen streng zu entscheiden, muß man auf die elektromagnetischen Grundgleichungen zurückgehen; aber deren Anwendung auf die verwickelten elektromagnetischen Maschinen stellen sich vorerst noch sehr große mathematische Schwierigkeiten entgegen. Man muß daher schrittweise vorgehen und einfache Fälle mathematisch behandeln und das Ergebnis der Rechnung durch den Versuch nachprüfen.

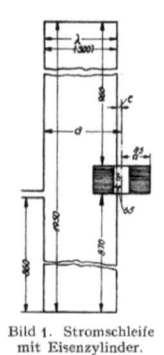

Bild 1. Stromschleife mit Eisenzylinder.

Der Verfasser hat derartige Untersuchungen anstellen lassen, die in der nachfolgenden Arbeit „Der magnetische Kreis im Lichte eines exakteren Verfahrens der Feldberechnung" von Fräulein Dr. C. Froehlich niedergelegt sind. Versuche, welche die Richtigkeit der Rechnung beweisen, sollen hier angeführt werden.

Magnetisiert man einen sehr (unendlich) langen Eisenzylinder durch eine Stromschleife (Bild 1), so erwartet man nach der gewöhnlichen Anschauung, daß der Fluß in jedem Teil des Querschnittes die gleiche Größe hat. Eine Verfeinerung der Betrachtung würde auf Grund des Gesetzes vom magnetischen Kreis höchstens noch Streupfade in Betracht ziehen,

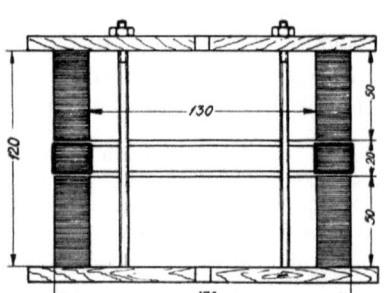

Bild 2. Eisenzylinder und Ring mit Windungen.

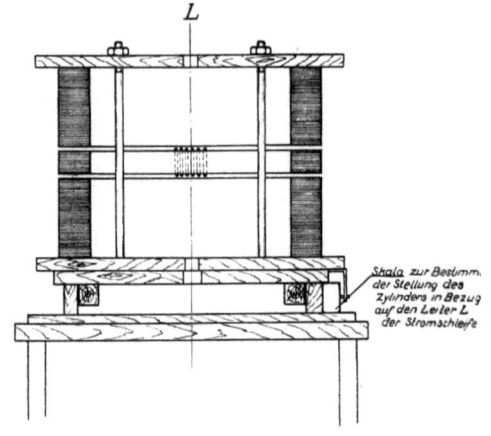

Bild 3. Verschiebevorrichtung für den Eisenzylinder.

derart, daß man annimmt, daß das Eisen in der Ebene und innerhalb der Stromschleife den höchsten Induktionswert aufweist, der längs des Ringes abnimmt. Keinesfalls kann aber die Theorie des magnetischen Kreises darüber Aufschluß geben, wie sich die Induktion im Ringe an den verschiedenen Stellen ändert, wenn man ihn innerhalb der Stromschleife so verschiebt, daß die Achse des Ringes in der Ebene der Stromschleife und parallel zu den Leitern bleibt. — Bringt man also zwei Spulen auf dem Kern an, die gleiche Windungszahl haben und gegeneinander geschaltet sind, so wird man nach der verfeinerten Theorie des magnetischen Kreises wohl einen Ausschlag erhalten bei Kommutierung des Stromes, dieser sollte sich aber nicht ändern, wenn der Ring in der vorhin beschriebenen Weise verschoben wird.

Nach der Rechnung auf Grund der elektromagnetischen Grundgleichungen muß aber eine Veränderung in der Induktion an den verschiedenen Stellen des Ringes stattfinden, wenn eine Verschiebung vorgenommen wird. Die Beobachtungen ergeben nun, daß diese eintritt, und das folgende Meßverfahren gestattet, quantitativ den Unterschied der Induktionen an den verschiedenen Stellen zu bestimmen.

Die Versuchsanordnung war die folgende: Die rechteckige Stromschleife hat die in Bild 1 angegebenen Abmessungen. Durch verdrillte Leiter erfolgte der Anschluß an die Stromquelle. — Ein Eisenzylinder (Bild 2) wurde durch Übereinanderschichten aus einzelnen Ringen von 0,5 mm Blechdicke hergestellt, deren Außendurchmesser 170 mm, Innendurchmesser 130 mm betrug; die Gesamthöhe des Eisenzylinders war 120 mm. In der Mitte war ein Ring von 20 mm Höhe an zwei um 180° voneinander entfernten Sektoren mit je 50 Windungen von 0,5 mm Dmr. blankem, zweifach mit Baumwolle isoliertem Kupferdraht versehen. Die Windungszahl wurde möglichst niedrig gewählt, einmal, um

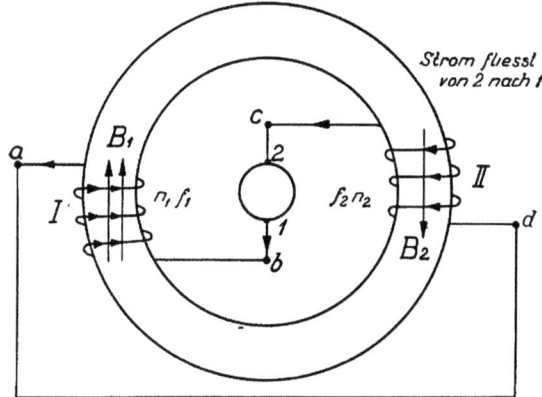

Bild 4. Stromverlauf im Galvanometer bei der ersten Lage des Ringes.

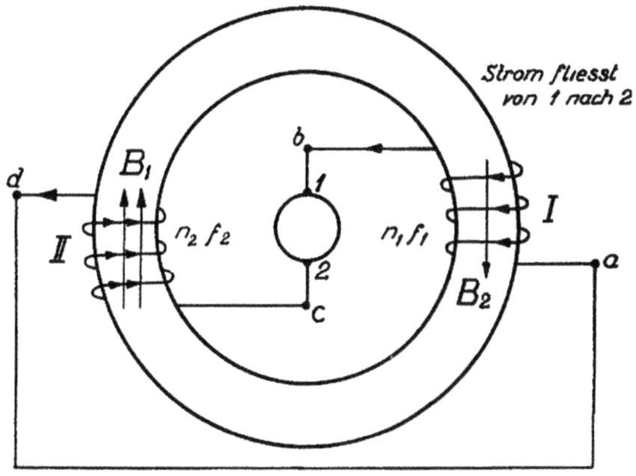

Bild 5. Stromverlauf im Galvanometer bei der gegenüber der ersten um 180° gedrehten Lage des Ringes.

nur einen kleinen Sektor zu bewickeln, über dessen Länge die Induktion als gleichbleibend vorausgesetzt werden konnte, und dann, um möglichst geringen Luftraum zwischen Windungen und Eisen zu haben. Die Eisenringe wurden durch Holzringe oben und unten und mittels vier Messingbolzen zusammengehalten. Der Ring war auf einer in Führung laufenden Holzplatte (Bild 3) aufgesetzt, die mit einem Schlitz versehen war, so daß der Ring innerhalb der Stromschleife verschoben werden konnte. Mittels einer Skala auf einer der Führungsleisten konnte die Stellung des Ringes in bezug auf die Stromleiter gemessen werden. Zwei Führungen auf der beweglichen Platte gestatteten ferner, den Zylinder um seine Achse um 180° zu drehen. Diese Drehung ist nötig, weil man nicht von vornherein annehmen kann, daß die Flächen, die von beiden Spulen umfaßt werden, genau gleich sind. Ist die Fläche an der einen Stelle f_1, die Windungszahl n_1, die magnetische Induktion B_1 — an der um 180° versetzt angebrachten Spule seien die entsprechenden Werte f_2, n_2, B_2 —, dann ist der Galvanometerausschlag δ_1, wenn k eine Proportionalitätskonstante bedeutet,

$$\delta_1 = k(B_1 f_1 n_1 - B_2 f_2 n_2). \tag{1}$$

Dreht man, ohne die Galvanometeranschlüsse zu tauschen, den Zylinder um 180°, so erhält man einen Galvanometerausschlag

$$\delta_2 = k(B_1 f_2 n_2 - B_2 f_1 n_1). \tag{2}$$

Eine kurze Betrachtung ist noch wegen des Vorzeichens von δ in der zweiten Gleichung nötig. Nimmt man in der ersten Lage des Ringes (Bild 4) die EMK in der Spule I als überwiegend an, so verläuft der Strom im Galvanometer von *2* nach *1*; dreht man den Ring um 180° und überwiegt jetzt die EMK in Spule II (Bild 5), so wird der Strom von *1* nach *2* im Galvanometer fließen, oder gleiche Ausschlagrichtung im Galvanometer bedeutet entgegengesetzte resultierende EMK. Es ist nach Voraussetzung

$$B_1 f_1 n_1 > B_2 f_2 n_2 \quad \text{und} \quad \delta_1 > 0, \quad k(B_1 f_1 n_1 - B_2 f_2 n_2) = \delta_1. \tag{3}$$

Ferner ist nach Voraussetzung $B_2 f_1 n_1 > B_1 f_2 n_2$ und daher

$$k(B_1 n_2 f_2 - B_2 n_1 f_1) = -\delta_2. \tag{4}$$

Um den Unterschied der Induktion zu finden, muß man Gleichung (2) von Gleichung (3) abziehen, und man erhält

$$k(B_1 - B_2)(f_1 n_1 + f_2 n_2) = \delta_1 + \delta_2. \tag{5}$$

Da $(f_1 n_1 + f_2 n_2)$ eine Konstante ist, so heißt das: der Unterschied der Induktion ist proportional dem Unterschied der Ausschläge, die bei zwei Messungen erhalten werden, bei denen die Spulen um 180° gedreht werden. Insbesondere werden die Induktionen dann einander gleich, wenn die Unterschiede der Ausschläge Null werden. Die Lage dieser Stelle, die nach der genauen Berechnung bei endlicher Nähe des Rückleiters nicht dort sein darf, wo die Achse des Zylinders mit dem umfaßten Stromleiter zusammenfällt, bietet die auffälligste Abweichung von der allgemein verbreiteten Ansicht.

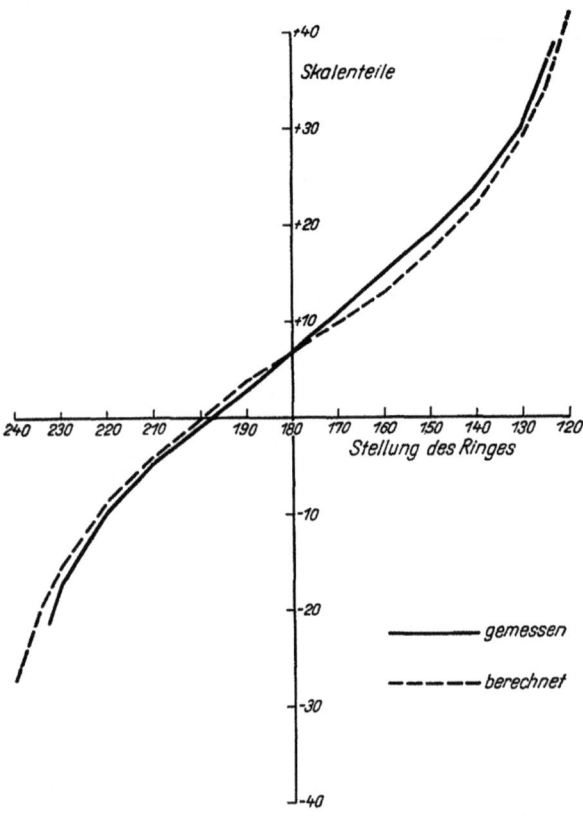

Bild 6. Gerechnete und beobachtete Ausschläge des Galvanometers.

Wie einleitend bemerkt ist, beziehen sich die Berechnungen auf einen unendlich langen Eisenzylinder und eine unendlich lange Stromschleife. Trotz dieser Einschränkung ergeben die vorausberechneten und beobachteten Werte eine zufriedenstellende Übereinstimmung. Für den Unterschied der Flüsse $\Delta \Phi$ in Maxwell ergibt sich für hohe Permeabilität für 1 cm Höhe des Zylinders der Wert

$$0{,}4 J \left\{ \ln \frac{b+c}{b-c} + \ln \frac{d+a}{d-a} \right\} = \Delta \Phi, \tag{6}$$

wobei J in Ampere ausgedrückt ist.

Soll der Unterschied verschwinden, so muß

$$\ln \frac{b+c}{b-c} \cdot \frac{d+a}{d-a} = 0 \quad \text{werden, oder} \quad \frac{b+c}{b-c} \cdot \frac{d+a}{d-a} = 1 \quad \text{oder} \quad c = -\frac{ba}{d}.$$

Hierbei bedeutet (Bild 1)

a = äußeren Radius des Zylinders,
b = inneren Radius des Zylinders,
c = Abstand der Achse des Zylinders von einem Leiter,
d = Abstand der Achse des Zylinders von dem anderen Leiter,
λ = Abstand der beiden Leiter voneinander.

Es ist ferner $d = \lambda + c$, so daß man zur Berechnung von c erhält:

$$c = -\frac{ba}{\lambda + c}, \quad c^2 + \lambda c = -ba, \quad c = -\frac{\lambda}{2} \pm \sqrt{\frac{\lambda^2}{4} - ba}. \tag{7}$$

Aus dieser Formel für c ersieht man, daß für gleiche Induktion in den beiden Ringflächen die Achse des Zylinders im Innern der Stromschleife liegen muß, und daß unter Umständen diese Lage nicht erreichbar ist, wenn nämlich $\frac{\lambda^2}{4} < ba$ ist.

Eine Überschlagsrechnung soll zeigen, warum die Unterschiede der beiden Flüsse nicht durch direkte Messung feststellbar sind, sondern nur durch Gegenschaltung. Bei 100 A in der Stromschleife betragen die AW/cm 2,1, denen eine Induktion von etwa 9000 entspricht, so daß man je cm Höhe des Ringes einen Fluß von 18000 Maxwell erhält. Demgegenüber ergibt sich für $c = 5$ und $d = 35$ bei 100 A der Unterschied der Flüsse zu

$$0{,}4 \cdot 100 \left\{ \ln \frac{6{,}5 + 5}{1{,}5} + \ln \frac{35 + 8{,}5}{26{,}5} \right\} \sim 100 \text{ oder } 0{,}55 \text{ vH.}$$

Bei den Messungen wurden die durch Kommutierung eines Gleichstromes von 100 A erhaltenen Stromstöße mittels eines ballistischen Galvanometers beobachtet. In der voll ausgezogenen Kurve (Bild 6) sind die Unterschiede der Skalenausschläge, die bei zwei Messungen an der gleichen Stelle in zwei um 180° voneinander verschiedenen Lagen der Spule erhalten wurden, aufgezeichnet. Die gestrichelte Kurve zeigt die auf Skalenteile bezogenen, aus der Formel errechneten Unterschiede der Flüsse. Eine Beobachtungsreihe und die nötigen Konstanten sind in der nachstehenden Zahlentafel aufgeführt.

Ausschlag	A	Nullage	Ausschlag	B	Nullage	Stellung des Ringes[1]
			I.			
173,2	76,8	250,0	296,9	46,6	250,3	130
323,9	73,5	250,4	201,9	49,1	251,0	140
179,0	70,5	249,5	301,9	51,9	250,0	150
318,9	68,9	250,0	197,2	53,8	251,0	160
182,8	66,7	249,5	305,9	55,9	250,0	170
314,3	64,3	250,0	193,4	58,6	251,0	180
186,1	63,2	249,3	309,7	59,7	250,0	190
310,0	61,0	249,0	189,6	61,4	251,0	200
190,0	59,5	249,5	314,0	63,9	250,1	210
304,8	56,7	248,1	184,7	66,1	250,8	220
196,1	52,9	249,0	320,3	69,6	250,7	230
			II.			
173,1	76,9	250,0	296,1	46,1	250,0	130
323,2	72,7	250,5	201,3	48,7	250,0	140
179,3	71,7	251,0	302,6	51,6	251,0	150
319,3	68,8	250,5	197,2	53,8	251,0	160
182,9	66,9	249,8	306,3	56,3	250,4	170
315,1	64,8	250,3	193,8	57,4	251,2	180
186,9	62,7	249,6	310,2	59,9	250,3	190
311,8	61,1	250,7	189,2	61,7	250,9	200
191,3	59,0	250,3	315,5	63,5	252,0	210
306,9	56,9	250,0	184,0	66,5	250,1	220
196,7	53,8	250,5	321,6	70,4	251,2	230

---

[1] Die Zahlen in der letzten Reihe bedeuten die Einstellung des Zylinders in bezug auf die Stromschleife innen. Für 180 fällt die Achse des Zylinders mit der Mitte des umfaßten Leiters zusammen, für 130 ist demnach $c = 5$ cm in der Formel (6) zu setzen. A und B bedeuten die beiden Lagen der Spulen (Drehung um 180°). 1 Skalenstrich = $3{,}26 \cdot 10^{-8}$ C. Gesamtwiderstand des Kreises: 516 Ω. Stromstärke: 100 A. Windungszahl: 50. Windungsfläche: 4,8 cm².

(Fortsetzung.)

Ausschlag	A	Nullage	Ausschlag	B	Nullage	Stellung des Ringes[1]
III.						
173,9	76,1	250,0	298,3	46,7	251,6	130
324,9	73,9	251,0	202,0	49,5	251,5	140
179,9	70,9	250,8	302,8	52,5	250,3	150
319,9	68,9	251,0	197,3	53,7	251,0	160
184,2	66,8	251,0	305,9	55,8	250,1	170
315,9	65,3	250,6	193,3	57,4	250,7	180
188,0	63,3	251,3	309,5	59,2	250,3	190
311,3	61,3	250,0	187,6	62,4	250,0	200
192,1	58,9	251,0	313,1	63,1	250,0	210
306,6	56,6	250,0	183,1	66,6	249,7	220
198,0	52,6	250,6	319,9	69,9	250,0	230
IV.						
332,8	80,8	252,0	208,9	42,1	251,0	123
199,8	51,7	251,5	323,8	72,0	251,8	233

Die Versuche werden noch weiter fortgesetzt, insbesondere soll der Einfluß einer weiteren Erhöhung des Eisenzylinders, also die Annäherung an den unendlich langen Zylinder, wie er der Rechnung zugrunde liegt, untersucht werden.

---

[1] Siehe Fußnote S. 51.

Der magnetische Kreis im Lichte eines exakteren Verfahrens der Feldberechnung[1].

Von C. Fröhlich.

Es wird die Feldverteilung bestimmt, die herrührt von einem homogenen Magnetfeld, das von einem langen stromführenden Leiter und einem dazu konzentrischen eisernen Hohlzylinder senkrecht durchsetzt wird. An diesem Beispiel wird gezeigt, daß auch bei von Null verschiedener Durchflutung in einem eisengeschlossenen Kreis nicht immer geschlossene Kraftlinien bestehen müssen, und daß Flüsse entgegengesetzter Richtung im gleichen Eisenquerschnitt möglich sind. Es werden dann die exakten Formeln für die Feldverteilung in einem schematisierten Transformator und einer schematisierten Dynamomaschine mit den nach der üblichen Berechnungsart zu erwartenden verglichen; hierbei werden einige experimenteller Prüfung leicht zugängliche Abweichungen angegeben, doch lassen sich die üblichen Formeln als erste Näherungen aus den exakter berechneten herleiten.

Die magnetische Induktion innerhalb eines kreisringförmigen Toroides (Bild 1) ist tangential gerichtet und hat den Betrag

$$B = \frac{4\pi\mu n J}{2\pi r} = \frac{2\mu n J}{r}, \qquad (1)$$

wo μ die Permeabilität des das Toroid ausfüllenden Stoffes, n die Anzahl der Windungen, J die Stromstärke, r den Abstand des betrachteten Punktes vom Mittelpunkt bedeutet[2]. Diese Formel gilt um so strenger, je vollständiger und gleichmäßiger der geschlossene Ring beliebigen Stoffes mit Drahtwindungen umwickelt ist. Die Induktionslinien verlaufen dann sämtlich als mit dem Ring koaxiale Kreise im Innern des Toroids. Die Beobachtung lehrt, daß, wenn es sich um einen eisernen Ring handelt, die Induktionslinien ihre Gestalt auch dann nicht wesentlich ändern, wenn die Bewicklung des Ringes unvollständig ist, wenn z. B. nur eine kurze Spule an ihre Stelle tritt. Auf dieser Tatsache beruht die Fiktion des „magnetischen Kreises", die als schematische Grundvorstellung für die meisten elektrotechnischen Berechnungen von größter Bedeutung ist und den Elektrotechnikern in der dem Ohmschen Gesetz analogen Form

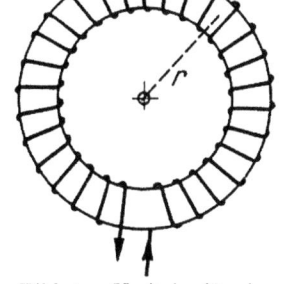

Bild 1. Kreisringförmiges Toroid.

$$\text{Induktionsfluß} = \frac{\text{magnetomotorische Kraft}}{\text{magnetischer Widerstand}}$$

geläufig ist, wo unter magnetischem Widerstand eine dem Eisenring eigentümliche von der Lage und Weite der Spulen unabhängige Größe verstanden wird. Die Elektrotechnik ist genötigt, sich auf ein derartiges Gesetz zu beziehen, von dem die exakte Physik nichts weiß, da diese nicht in der Lage ist, ihr ein exakteres, auch nur angenähert so einfaches Rechenprinzip zu liefern. Es ist aber notwendig, sich durch Vergleich mit auf genauere Weise hergeleiteten Ergebnissen Klarheit darüber zu verschaffen, wann die einfache angegebene Beziehung den Tatsachen

---

[1] Die Arbeit entstand auf Veranlassung und unter Mitwirkung von Herrn Dr. phil. Dr.-Ing. e. h. L. Fleischmann.

[2] Alle Größen in cgs-Einheiten.

mit hinreichender Genauigkeit gerecht wird, und welcher Art und Größe die möglicherweise zu begehenden Fehler sind. Denn schon an seinem Ursprungsmodell, dem eisernen Kreisring, hat das Gesetz vom magnetischen Kreise nur bedingte Gültigkeit und kann, bedenkenlos angewandt, zu qualitativ und quantitativ falschen Schlüssen verführen.

So gilt nach diesem Prinzip beispielsweise der Satz: bei von Null verschiedener Summe der AW im Innengebiet des Ringes ist der Induktionslinienverlauf im Eisen nur abhängig von der umschlungenen Durchflutung; es verlaufen in dem Ring, unabhängig von etwa vorhandenen äußeren Stromverteilungen, in sich geschlossene Induktionslinien (Kreise), deren Richtung durch das Vorzeichen der AW-Summe im Innern festgelegt ist. Flüsse von entgegengesetzter Richtung können im gleichen Eisenquerschnitt nicht bestehen. Man erkennt aber schon in einem ganz einfachen Fall die Unmöglichkeit, diese Behauptungen als allgemein gültig aufrechtzuerhalten.

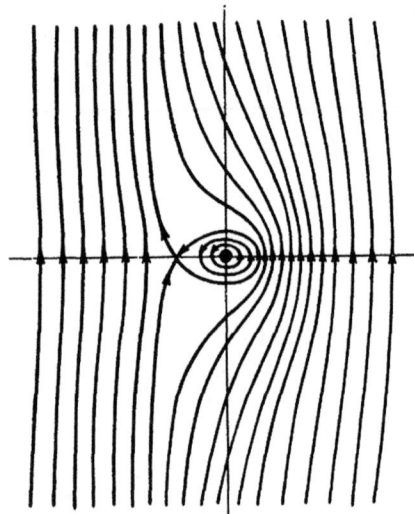

Bild 2. Kraftlinienverlauf, herrührend von einem homogenen Magnetfeld, das von einem Stromfaden senkrecht durchsetzt wird.

Ein homogenes Magnetfeld werde von einem langen, stromführenden Leiter senkrecht durchsetzt. In dem resultierenden parallel-ebenen Magnetfeld gibt es dann bekanntlich eine mit Doppelpunkt versehene Kurve, welche die Schar der Kraftlinien, die sich um den Leiter herum schließen, von denen trennt, die ungeschlossen ins Unendliche verlaufen (Bild 2).

Dieser Satz bleibt richtig, wenn ein den Strom umschließender eiserner Hohlzylinder in das Feld gebracht wird, und keineswegs ist dann die Lage des charakteristischen Doppelpunktes irgendeiner Einschränkung unterworfen. Er kann je nach dem Verhältnis der Stärken der sich überlagernden beiden Magnetfelder jede Lage im Eisen, innerhalb oder außerhalb des Zylinders ein-

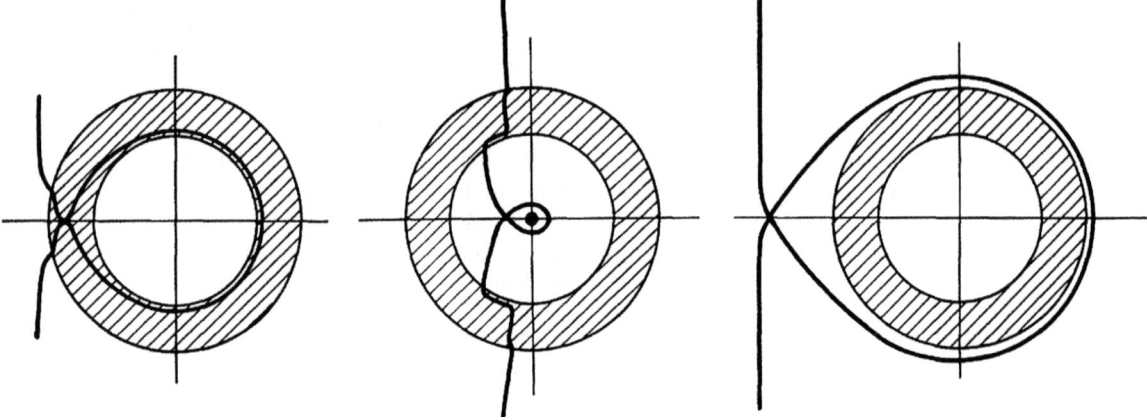

Bild 3. Grenzkraftlinie mit Doppelpunkt im Eisengebiet eines eisernen Hohlzylinders.

Bild 4. Grenzkraftlinie mit Doppelpunkt im inneren Luftgebiet eines eisernen Hohlzylinders.

Bild 5. Grenzkraftlinie mit Doppelpunkt im Außengebiet eines eisernen Hohlzylinders.

nehmen (Bild 3, 4, 5)[1]. Im erstgenannten Fall gibt es im gleichen Eisenquerschnitt Kraftflüsse von verschiedener Richtung, im zweiten (trotz von Null verschiedener Durchflutung) überhaupt keine geschlossenen Induktionslinien im Eisen.

---

[1] Die Kraftlinienbilder sind Skizzen, die das Wesentliche des Kurvenverlaufs veranschaulichen sollen.

Das Gesagte läßt sich ohne Schwierigkeit analytisch präzisieren: Stromfaden und Eisenzylinder seien koaxial und sehr lang im Verhältnis zum Durchmesser des Zylinders. Die Stromstärke sei J, die Permeabilität des Eisens μ, der äußere Radius des Zylinders a, der innere b. Um den Kraftlinienverlauf in einer Ebene senkrecht zur Achse zu betrachten, orientiert man in dieser Ebene ein Polarkoordinatensystem (r, ϑ) so, daß seine Null-Linie senkrecht zur Richtung der Feldstärke $\mathfrak{H}_0$ des homogenen Feldes, sein Nullpunkt in den Durchstoßungspunkt des Stromes fällt (Bild 6), und ermittelt in den durch den Eisenring gebildeten drei Gebieten der Ebene die „Flußfunktionen" $\Phi(r, \vartheta)$ des zu untersuchenden Feldes. Diese Funktionen liefern die Kraftlinienscharen durch die Gleichungen

$$\Phi(r, \vartheta) = \text{konst.} \qquad (2)$$

und die Komponenten der Feldstärke in der Form

$$H_{\text{tang}} = \frac{\partial \Phi}{\partial r}, \qquad H_{\text{norm}} = -\frac{1}{r}\frac{\partial \Phi}{\partial \vartheta}. \qquad (3)$$

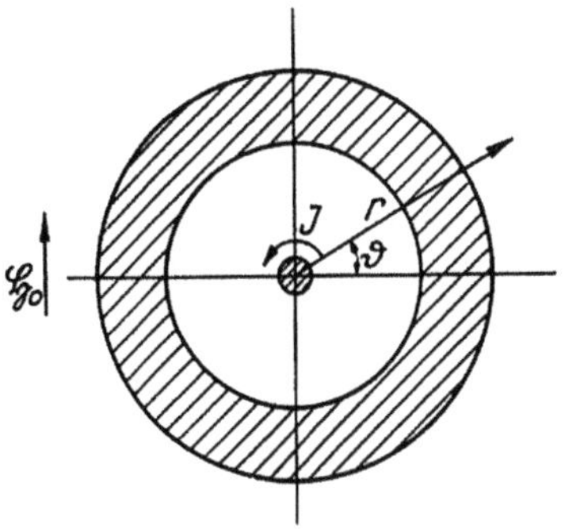

Bild 6. Homogenes Feld, Stromfaden in der Achse eines eisernen Hohlzylinders. (Orientierung des Koordinatensystems.)

Die physikalischen Grundgleichungen des elektromagnetischen Feldes, die in der ganzen Ebene Wirbelfreiheit der Feldstärke $\mathfrak{H}$ und Quellenfreiheit der Induktion $\mathfrak{B} = \mu \mathfrak{H}$ fordern, bedingen auf den beiden Eisenrändern stetigen Übergang der Tangentialkomponente von $\mathfrak{H}$ und der Normalkomponente von $\mathfrak{B}$. Diese Bedingungen werden von dem vom Strom J herrührenden Feld von vornherein erfüllt, da es keine Normalkomponente in bezug auf die Ränder aufweist. Die Flußfunktion dieses Feldes lautet also auch bei Anwesenheit des Eisenzylinders in der ganzen Ebene

$$\Phi_J(r, \vartheta) = 2J \ln r. \qquad (4)$$

Hingegen lautet die Flußfunktion des homogenen Feldes bei Abwesenheit des Eisenzylinders

$$\Phi_{\mathfrak{H}}(r, \vartheta) = H_0 r \cos \vartheta,$$

und die Funktionen der nach Einbringung des Eisenringes in dessen Innen-, Außen- bzw. Eisengebiet entstandenen Felder erhält man durch Superposition je eines in seinem Definitionsbereich quellen- und wirbelfreien Zusatzfeldes[1]:

$$\left.\begin{array}{l} \Phi_{\mathfrak{H}}^a = \Phi_{\mathfrak{H}} + \Phi_1^a, \\ \Phi_{\mathfrak{H}}^e = \Phi_{\mathfrak{H}} + \Phi_1^e, \\ \Phi_{\mathfrak{H}}^i = \Phi_{\mathfrak{H}} + \Phi_1^i. \end{array}\right\} \qquad (5)$$

Man entwickelt die so definierten Zusatzfunktionen in nach Kreisfunktionen fortschreitende Reihen:

$$\left.\begin{array}{l} \Phi_1^a = H_0 \displaystyle\sum_1^\infty \frac{a_n}{r^n} \cos n\vartheta, \\[2mm] \Phi_1^e = H_0 \displaystyle\sum_1^\infty \left[\frac{b_n}{r^n} + c_n r^n\right] \cos n\vartheta, \\[2mm] \Phi_1^i = H_0 \displaystyle\sum_1^\infty d_n r^n \cos n\vartheta \end{array}\right\} \qquad (6)$$

---

[1] S. z. B. Riemann-Weber, Differentialgleichungen d. Physik. Bd. 2, S. 352.

und bestimmt die angesetzten unbestimmten Koeffizienten a_n, b_n, c_n und d_n mit Hilfe der vier Bedingungen, vermöge derer die Felder an den Rändern zusammenhängen:

$$\text{I.} \left[\frac{\partial \Phi_{\mathfrak{H}}^a}{\partial r}\right]_{r=a} = \left[\frac{\partial \Phi_{\mathfrak{H}}^e}{\partial r}\right]_{r=a}, \quad \text{III.} \left[\frac{\partial \Phi_{\mathfrak{H}}^a}{\partial \vartheta}\right]_{r=a} = \mu \left[\frac{\partial \Phi_{\mathfrak{H}}^e}{\partial \vartheta}\right]_{r=a},$$
$$\text{II.} \left[\frac{\partial \Phi_{\mathfrak{H}}^i}{\partial r}\right]_{r=b} = \left[\frac{\partial \Phi_{\mathfrak{H}}^e}{\partial r}\right]_{r=b}, \quad \text{IV.} \left[\frac{\partial \Phi_{\mathfrak{H}}^i}{\partial \vartheta}\right]_{r=b} = \mu \left[\frac{\partial \Phi_{\mathfrak{H}}^e}{\partial \vartheta}\right]_{r=b}. \quad (7)$$

Diese sind für alle $n \neq 1$ nur durch verschwindende Koeffizienten erfüllbar. Für $n = 1$ liefern sie das Gleichungssystem:

$$\text{I.} \quad -a_1 + b_1 + a^2 c_1 \phantom{{}+ b^2 d_1} = 0,$$
$$\text{II.} + b_1 - b^2 c_1 + b^2 d_1 = 0,$$
$$\text{III.} \quad -a_1 + \mu b_1 + \mu a^2 c_1 \phantom{{}+ b^2 d_1} = H_0 a^2 (1 - \mu),$$
$$\text{IV.} + \mu b_1 + \mu b^2 c_1 - b^2 d_1 = H_0 b^2 (1 - \mu).$$

Dessen Lösung lautet:

$$\left.\begin{aligned} a_1 &= \frac{1}{N} H_0 a^2 (\mu^2 - 1)(a^2 - b^2), \\ b_1 &= -\frac{1}{N} 2 H_0 (\mu - 1) a^2 b^2, \\ c_1 &= -\frac{1}{N} H_0 [(\mu^2 - 1) a^2 - (\mu - 1)^2 b^2], \\ d_1 &= -\frac{1}{N} H_0 (\mu - 1)^2 (a^2 - b^2), \end{aligned}\right\} \quad N = a^2 (\mu + 1)^2 - b^2 (\mu - 1)^2. \quad (8)$$

Setzt man die Ausdrücke (8) in die Gleichungen (6) und diese in (5) ein, so erhält man die gesuchten Flußfunktionen des ursprünglich homogenen Feldes:

$$\left.\begin{aligned} \Phi_{\mathfrak{H}}^a(r, \vartheta) &= H_0 r \cos\vartheta + \frac{1}{N} H_0 a^2 (\mu^2 - 1)(a^2 - b^2) \frac{1}{r} \cos\vartheta, \\ \Phi_{\mathfrak{H}}^e(r, \vartheta) &= \frac{1}{N} 2 H_0 a^2 (\mu + 1) r \cos\vartheta - \frac{1}{N} 2 H_0 (\mu - 1) a^2 b^2 \frac{1}{r} \cos\vartheta, \\ \Phi_{\mathfrak{H}}^i(r, \vartheta) &= \frac{1}{N} 4 H_0 \mu a^2 r \cos\vartheta. \end{aligned}\right\} \quad (9)$$

Durch Superposition von Gleichung (9) und Gleichung (4) ergeben sich die Flußfunktionen des zur Diskussion stehenden zusammengesetzten Feldes zu:

$$\left.\begin{aligned} \Phi^a(r, \vartheta) &= \Phi_{\mathfrak{H}}^a(r, \vartheta) + \Phi_J(r, \vartheta), \\ \Phi^e(r, \vartheta) &= \Phi_{\mathfrak{H}}^e(r, \vartheta) + \Phi_J(r, \vartheta), \\ \Phi^i(r, \vartheta) &= \Phi_{\mathfrak{H}}^i(r, \vartheta) + \Phi_J(r, \vartheta). \end{aligned}\right\} \quad (10)$$

Die Gleichungen der Kraftlinien dieses Feldes lauten daher

$$\left.\begin{aligned} \Phi^a(r, \vartheta) &= C^a \quad \text{für} \quad r > a, \\ \Phi^e(r, \vartheta) &= C^e \quad \text{,,} \quad b < r < a, \\ \Phi^i(r, \vartheta) &= C^i \quad \text{,,} \quad r < b. \end{aligned}\right\} \quad (11)$$

Von diesen drei Kurvenscharen enthält jeweils genau eine eine für das gesamte Kraftlinienbild charakteristische Kurve, die einen ihrem Definitionsgebiet angehörenden Doppelpunkt hat. Die Koordinaten dieses Punktes [als des Punktes, in dem die partiellen Ableitungen der betreffenden Funktion (10), d. s. die Komponenten der Feldstärke, verschwinden] lauten bzw.[1]:

---

[1] Es läßt sich leicht zeigen, daß die in Gleichung (12) unterdrückten negativen Wurzeln keine ins Definitionsgebiet fallenden Werte liefern.

$$r_a = \frac{J}{H_0} + \sqrt{\frac{J^2}{H_0^2} + \frac{1}{N} a^2 (\mu^2 - 1)(a^2 - b^2)}, \qquad \vartheta = \pi;$$

$$r_e = 0{,}5 \frac{J}{H_0} \frac{N}{a^2(\mu+1)} + \sqrt{\frac{0{,}25\, J^2 N^2}{H_0^2 a^4 (\mu+1)^2} - \frac{\mu-1}{\mu+1} b^2}, \quad \vartheta = \pi; \qquad (12)$$

$$r_i = 0{,}5 \frac{JN}{H_0 \mu a^2}, \qquad \vartheta = \pi.$$

Nur einer der drei Punkte fällt jeweils in das Definitionsgebiet seiner Schar, und zwar liegt, wenn $\frac{J}{H_0} > 0$, der für die Kraftlinienkonfiguration (11) charakteristische Doppelpunkt

außen, falls $\qquad J > \frac{H_0 a}{N} \{a^2 (1 + \mu) - b^2 (1 - \mu)\}$,

im Eisen, falls $\quad \frac{2 H_0 \mu a^2 b}{N} < J < \frac{H_0 a}{N} \{a^2 (1 + \mu) - b^2 (1 - \mu)\}$

und innen, falls $\qquad J < \frac{2 H_0 \mu a^2 b}{N}$.

Der erste dieser drei Fälle ist der normale, dem auch die AW-Theorie einigermaßen gerecht wird: Insbesondere bei großer Permeabilität sind die im Eisen verlaufenden Kraftlinien nicht allzusehr von mit dem Eisenring konzentrischen Kreisen verschieden. Der zweite Fall ist der interessanteste, weil er die bei verwickelteren Betrachtungen vielfach als Argument ins Feld geführte Behauptung widerlegt, es könnten im gleichen Eisenquerschnitt eines magnetischen Kreises nicht Kraftflüsse von verschiedener Richtung bestehen. In diesem sowohl wie in dem dritten Fall, in dem im Eisen überhaupt keine geschlossenen Induktionslinien verlaufen, ist natürlich das vom Strom J herrührende Zirkulationsfeld äußerst schwach im Verhältnis zu dem homogenen Feld, mit dem es sich überlagert.

Auf eine quantitative Erörterung und Fehlerabschätzung näher einzugehen, hätte geringen Wert; das soll an einem andern, praktische Verhältnisse besser schematisierenden Beispiel geschehen.

Es befinde sich nur ein Stromfaden von der Stärke J_1 parallel zur Achse im Abstand c ($c \neq 0$) von ihr im Innern des eisernen Hohlzylinders. Die Flußfunktion des von diesem Strom bei Abwesenheit von Eisen herrührenden Feldes lautet

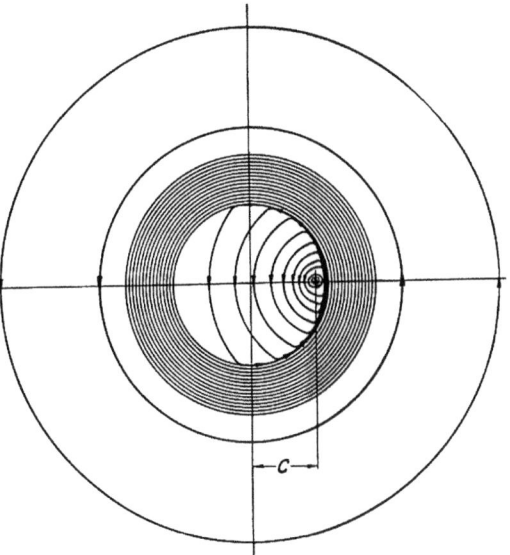

Bild 7. Induktionslinienverlauf herrührend von einem Stromfaden im Innern eines eisernen Hohlzylinders (Rückleitung unendlich weit entfernt).

$$\Phi_0 = 2 J_1 \ln |r - c| * \qquad (13)$$

und läßt sich für $r > c$ auch in der Form schreiben

$$\Phi_0 = 2 J_1 \left[\ln r - \sum_{n=1}^{\infty} \frac{1}{n} \left(\frac{c}{r}\right)^n \cos n\vartheta \right]. \qquad (13\,\mathrm{a})$$

---

* Die Abkürzung $|r - c| = \sqrt{r^2 - 2cr\cos\vartheta + c^2}$ für den Abstand des Aufpunktes vom Stromfaden sei, da keinerlei Mißverständnisse zu befürchten, gestattet.

Bei Abwesenheit des Eisens ergeben sich dann die Flußfunktionen in den drei verschiedenen Gebieten wieder durch Superposition von Zusatzfunktionen zu:

$$\left.\begin{array}{l}\Phi^a = \Phi_0 + \Phi_1^a, \\ \Phi^e = \Phi_0 + \Phi_1^e, \\ \Phi^i = \Phi_0 + \Phi_1^i,\end{array}\right\} \quad (14)$$

wobei die Φ_1 wieder in der Form (6) angesetzt werden (natürlich mit dem Faktor $2J_1$ an Stelle von H_0). Die zu (7) analogen Randbedingungen liefern dann, wenn man Φ_0 (um Koeffizientenvergleichung zu ermöglichen) in der Gestalt (13a) einführt, zur Bestimmung der unbestimmten Koeffizienten a_n, b_n, c_n, d_n diesmal das Gleichungssystem:

$$\begin{array}{rl}\text{I.} & -a_n + b_n - a^2 c_n \phantom{+b^{2n}d_n} = 0, \\ \text{II.} & + b_n - b^{2n} c_n + b^{2n} d_n = 0, \\ \text{III.} & -n a_n + \mu n b_n + \mu n a^{2n} c_n \phantom{+b^{2n}d_n} = (\mu - 1) c^n, \\ \text{IV.} & + \mu n b_n + \mu n b^{2n} c_n - n b^{2n} d_n = (\mu - 1) c^n.\end{array}$$

Seine Lösung ist:

$$\left.\begin{array}{l}a_n = \dfrac{1}{D_n} \dfrac{1}{n} (\mu - 1)^2 c^n (a^{2n} - b^{2n}), \\[4pt] b_n = \dfrac{1}{n D_n} c^n (\mu - 1) [\mu (a^{2n} - b^{2n}) + a^{2n} + b^{2n}], \\[4pt] c_n = \dfrac{1}{n D_n} c^n (\mu - 1), \\[4pt] d_n = -\dfrac{1}{n D_n} \dfrac{1}{b^{2n}} c^n (\mu^2 - 1)(a^{2n} - b^{2n}); \\[4pt] D_n = (\mu + 1)^2 a^{2n} - (\mu - 1)^2 b^{2n}.\end{array}\right\} \quad (15)$$

Sie liefert die gesuchten Flußfunktionen[1]:

$$\left.\begin{array}{l}\Phi^a_{+J_1} = 2 J_1 \left[\ln r - 4\mu \sum\limits_1^\infty \dfrac{a^{2n} c^n}{n D_n r^n} \cos n\vartheta\right] \text{ für } a < r < \infty, \\[6pt] \Phi^e_{+J_1} = 2 J_1 \left[\ln r - 2(\mu + 1) \sum\limits_1^\infty \dfrac{a^{2n} c^n}{n D_n r^n} \cos n\vartheta + 2(\mu - 1) \sum\limits_1^\infty \dfrac{c^n r^n}{n D_n} \cos n\vartheta\right] \text{ für } b < r < a, \\[6pt] \Phi^i_{+J_1} = 2 J_1 \left[\ln r - \sum\limits_1^\infty \dfrac{c^n}{n r^n} \cos n\vartheta - (\mu^2 - 1) \sum\limits_1^\infty \dfrac{c^n (a^{2n} - b^{2n})}{n D_n b^{2n}} r^n \cos n\vartheta\right] \text{ für } c < r < b.\end{array}\right\} \quad (16a)$$

Teilweise Summierung auf Grund von Gleichung (13) und Gleichung (13a) erlaubt, diese Funktionen auch in der Gestalt zu schreiben:

$$\left.\begin{array}{l}\Phi^a_{+J_1} = 2J_1 \left[\ln|r - c| + (\mu - 1)^2 \sum\limits_1^\infty \dfrac{c^n (a^{2n} - b^{2n})}{n D_n r^n} \cos n\vartheta\right] \text{ für } a < r < \infty, \\[6pt] \Phi^e_{+J_1} = 2J_1 \left[\ln|r - c| + (\mu - 1) \sum\limits_1^\infty \dfrac{c^n}{n D_n r^n}[\mu(a^{2n} - b^{2n}) + a^{2n} + b^{2n}] \cos n\vartheta \right.\\[6pt] \left. \qquad\qquad + 2(\mu - 1) \sum\limits_1^\infty \dfrac{c^n r^n}{n D_n} \cos n\vartheta\right] \text{ für } b < r < a, \\[6pt] \Phi^i_{+J_1} = 2J_1 \left[\ln|r - c| - (\mu^2 - 1) \sum \dfrac{c^n (a^{2n} - b^{2n})}{n D_n b^{2n}} r^n \cos n\vartheta\right] \text{ für } c < r < b.\end{array}\right\} \quad (16)$$

---

[1] Siehe auch Stein, Potentialtheoretische Untersuchungen über Magnetfelder. ZS. ang. Math. Mech. Bd. 9. 1929 und B. Hague, Electromagnetic Problems in Electrical Engineering. Oxford 1929.

Es ist zu beachten, daß die Darstellung (16) für Φ^i im ganzen Innengebiet, (16a) dort hingegen nur für $r > c$ sinnvoll ist. Für große Permeabilitäten liefert der Grenzübergang $\mu \to \infty$:

$$\left.\begin{aligned}\lim_{\mu \to \infty} \frac{\mu}{D_n} &= \lim_{\mu \to \infty} \frac{\mu+1}{D_n} = \lim_{\mu \to \infty} \frac{\mu-1}{D_n} = 0,\\ \lim_{\mu \to \infty} \frac{1}{D_n}(\mu^2-1)(a^{2n}-b^{2n}) &= 1,\end{aligned}\right\} \quad (17)$$

und daher

$$\left.\begin{aligned}\Phi^{a\infty}_{+J_1} &= 2J_1 \ln r,\\ \Phi^{e\infty}_{+J_1} &= 2J_1 \ln r,\\ \Phi^{i\infty}_{+J_1} &= 2J_1\left[\ln|r-c| + \ln\left|r - \frac{b^2}{c}\right|\right].\end{aligned}\right\} \quad (16^\infty)$$

Ist dieser Grenzübergang berechtigt, so heißt das: das Feld im Innengebiet des Eisenringes ist so beschaffen, als ob es bei Abwesenheit von Eisen herrührte von dem tatsächlich vorhandenen Strom J_1 im Abstand c von der Achse und seinem „Spiegelbild am Innenrand", d. h. einem gleich großen, gleichgerichteten Zusatzstrom im Abstand b^2/c von der Achse (Bild 7). Das Kraftlinienbild im Außen- und Eisengebiet besteht aus mit dem Ring konzentrischen Kreisen, ist also allein durch die Eisenränder bestimmt und unabhängig vom Abstand des Stromes von der Achse, wie es die Lehre vom magnetischen Kreise verlangt.

Obgleich offenbar schon für gar nicht allzu große μ der Grenzübergang von den Funktionen (16) zu den Funktionen (16^∞) nur eine geringe numerische Vernachlässigung bedeutet und daher auch den meisten theoretischen Felduntersuchungen zugrunde liegt, haftet aber diesem Grenzübergang insofern eine Willkür an, als nicht der durch Gleichung (16^e) gegebene Kraftfluß im Eisen, sondern der Induktionsfluß $\mu \Phi^e$ das in der Praxis Wesentliche ist. Dieser behält aber bei dem Grenzübergang $\mu \to \infty$ keinen endlichen Wert. Um zu einer Abschätzung des bei der gewöhnlichen Rechnungsart begangenen Fehlers zu kommen, sei daher die Differenz betrachtet

$$\mu\Phi^e_{J_1} - \mu\Phi^{e*}_{J_1} = 2J_1\left[-2\mu(\mu+1)\sum_1^\infty \frac{c^n a^{2n}}{nD_n r^n}\cos n\vartheta + 2\mu(\mu-1)\sum_1^\infty \frac{c^n r^n}{nD_n}\cos n\vartheta\right]. \quad (18)$$

Diese nimmt für große μ sehr nahe den Wert an:

$$\lim_{\mu \to \infty}[\mu\Phi^e_{J_1} - \mu\Phi^{e*}_{J_1}] = -4J_1 \sum_1^\infty \frac{a^{2n}c^n - r^{2n}c^n}{nr^n(a^{2n}-b^{2n})}\cos n\vartheta,$$

der nicht immer eine vernachlässigbare Größe darstellt. Berechnet man beispielsweise den Fluß, der bei $\vartheta = 0$ den Eisenring durchsetzt, indem man Gleichung (1) dort zwischen den Grenzen a und b integriert, oder (was das gleiche ist) direkt aus Gleichung ($16^{\infty e}$) zu

$$\left|\mu\Phi^{e*}_{J_1}\right|^{r=a}_{r=b}{}^{\vartheta=0}_{\vartheta=0} = 2J_1\mu[\ln a - \ln b],$$

so ist der begangene Fehler unter Voraussetzung großer Permeabilität

$$\delta_{J_1} = \lim_{\mu \to \infty}\left|\mu\Phi^e_{J_1} - \mu\Phi^{e*}_{J_1}\right|^{r=a}_{r=b}{}^{\vartheta=0}_{\vartheta=0} = +4J_1\sum_1^\infty \frac{1}{n}\frac{c^n}{b^n} = -4J\ln\left(1-\frac{c}{b}\right), \quad (19a)$$

in vH, die dem berechneten Wert zuzuschlagen sind:

$$\delta'_{J_1} = -\frac{200\ln\left(1-\frac{c}{b}\right)}{\mu \ln\frac{a}{b}}\%. \quad (19)$$

Dieser Ausdruck kann beträchtlich werden, wenn der Abstand des Stromes vom Rande und die Dicke des Eisenzylinders gering sind. Den exakten Zuschlag zu dem nach der AW-Theorie berechneten Fluß an jeder beliebigen Stelle des Ringes liefert natürlich die Formel (18); sie gestattet aber keinen raschen Überblick über die Größenordnung.

Obgleich es fast trivial ist, sei noch hervorgehoben, daß nicht, wie man konsequenterweise aus der Lehre vom magnetischen Kreis schließen müßte, jeder Querschnitt des Ringes vom gleichen Induktionsfluß durchsetzt wird; vielmehr ist der Fluß stärker in den dem Strome zunächst liegenden und schwächer in den entfernteren Querschnitten. So ist nach Gleichung (16a) der den Ring bei $\vartheta = 0$ zwischen den Grenzen $r = a$ und $r = b$ durchströmende Fluß

$$\mu \Phi_{J_1}^{I} = 2 J_1 \left[\mu \ln a - \mu \ln b - \sum_{1}^{\infty} \frac{4\mu a^n c^n}{n D_n} + \sum_{1}^{\infty} \frac{2\mu c^n}{n b^n D_n} [(\mu + 1) a^{2n} - (\mu - 1) b^{2n}] \right],$$

der Fluß bei $\vartheta = \pi$ dagegen:

$$\mu \Phi_{J_1}^{II} = 2 J_1 \left[\mu \ln a - \mu \ln b - \sum_{1}^{\infty} (-1)^n \frac{4\mu a^n c^n}{n D_n} + \sum_{1}^{\infty} (-1)^n \frac{2\mu c^n}{n b^n D_n} [(\mu + 1) a^{2n} - (\mu - 1) b^{2n}] \right],$$

daher ihr Unterschied:

$$\mu \Phi_{J_1}^{I} - \mu \Phi_{J_1}^{II} = 8 J_1 \left[-\sum_{1,3,5\ldots}^{\infty} \frac{2\mu a^n c^n}{n D_n} + \sum_{1,3,5\ldots}^{\infty} \frac{\mu c^n}{n b^n D_n} [(\mu + 1) a^{2n} - (\mu - 1) b^{2n}] \right]. \tag{20}$$

Sie hat für großes μ den Wert

$$\lim_{\mu \to \infty} [\mu \Phi_{J_1}^{I} - \mu \Phi_{J_1}^{II}] = 8 J_1 \sum_{1,3,5} \frac{1}{n} \frac{c^n}{b^n} = 4 J_1 \ln \frac{b+c}{b-c} \tag{21}$$

und verschwindet nur für $c = 0$.

Es erscheint zunächst merkwürdig, daß in Gleichung (21) der äußere Radius a gar nicht mehr auftritt. Ein Blick auf das Kraftlinienbild (Bild 7) genügt aber, um diesen Umstand zu erklären. Jeder Kraftlinie, die im Innengebiet auf den Eisenrand einmündet, entspricht eine sie fortsetzende Induktionslinie im Eisen (div $\mathfrak{B} = 0$!), die nahezu auf dem Innenrand verläuft, während nach außen hin mehr und mehr solche Linien verlaufen, die sich im Eisen ungefähr kreisförmig schließen. Der Unterschied zwischen den bei $\vartheta = 0$ und den bei $\vartheta = \pi$ den Eisenring durchsetzenden Flüssen rührt bei sehr großem μ gerade von den Induktionslinien her, die sich fast auf dem Innenrand eine kleinere oder größere Strecke in den Eisenring einschmiegen, ihn aber wieder verlassen, um sich durch die Luft hindurch zu schließen. Dieser Unterschied ist übrigens größer als die Differenz der entsprechenden Flüsse bei Abwesenheit des Eisenringes, die nur

$$[\Phi_{J_1}^{I} - \Phi_{J_1}^{II}]_{\mu=1} = 2 J_1 \left[\ln \frac{b+c}{b-c} - \ln \frac{a+c}{a-c} \right]$$

betragen würde; die Differenz (20) bzw. (21) ist daher auch der experimentellen Messung zugänglich.

Der Innenrand verliert seine Sonderstellung, wenn nicht nur im Innengebiet, sondern auch im Außengebiet des Kreiszylinders eine Stromverteilung vorgegeben ist.

Um auch diesem Fall gerecht zu werden, sei zunächst angenommen, daß nur ein Stromfaden von der Stärke J_2 sich im Außengebiet im Abstand d von der Achse ($d > a$) parallel zu dieser befinde (Bild 8).

Die Flußfunktion des von diesem Strom bei Abwesenheit von Eisen herrührenden Feldes

$$\Phi_0(r, \vartheta) = 2 J_2 \ln |r - d| * \tag{22}$$

---

* $(|r - d| = \sqrt{r^2 - 2rd\cos\vartheta + d^2})$.

läßt sich für alle $r < d$ in die Reihe entwickeln:

$$\Phi_0(r, \vartheta) = -2J_2 \sum_1^\infty \frac{1}{n}\left(\frac{r}{d}\right)^n \cos n\vartheta. \tag{22a}$$

Die Ermittlung des bei Anwesenheit des Eisenzylinders herrschenden Feldes geschieht wie in den vorhergehenden Fällen durch Ansatz von Zusatzfunktionen [Gleichungen (15) und

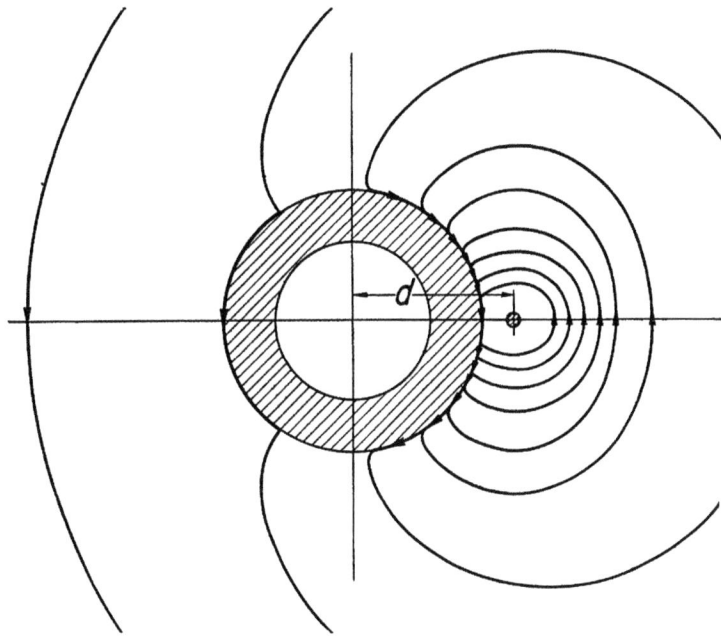

Bild 8. Induktionslinienverlauf herrührend von Strom im Außengebiet eines eisernen Hohlzylinders. (Rückleitung unendlich weit entfernt).

(16)]. Zur Bestimmung ihrer Koeffizienten dient wieder ein aus den Randbedingungen gewonnenes Gleichungssystem. Es hat die Lösung:

$$\left.\begin{aligned}
a_n &= -\frac{1}{nD_n d^n}(\mu^2 - 1) a^{2n}(a^{2n} - b^{2n}), \\
b_n &= \frac{1}{nD_n d^n} 2(\mu - 1) a^{2n} b^{2n}, \\
c_n &= \frac{1}{nD_n d^n}(\mu - 1)[\mu(a^{2n} - b^{2n}) + a^{2n} + b^{2n}], \\
d_n &= \frac{1}{nD_n d^n}(\mu - 1)[\mu(a^{2n} - b^{2n}) + b^{2n} - a^{2n}].
\end{aligned}\right\} \tag{23}$$

Die Flußfunktionen des Feldes lauten daher:

$$\left.\begin{aligned}
\Phi_{J_2}^a &= 2J_2\left[-\sum_1^\infty \frac{1}{n}\left(\frac{r}{d}\right)^n \cos n\vartheta - \sum_1^\infty \frac{a^{2n}}{n d^n r^n D_n}(\mu^2 - 1)(a^{2n} - b^{2n}) \cos n\vartheta\right] \text{ für } r < d, \\
\Phi_{J_2}^e &= 2J_2\left[-2(\mu+1)\sum_1^\infty \frac{1}{n}\frac{a^{2n} r^n}{D_n d^n}\cos n\vartheta + \sum_1^\infty 2(\mu-1)\frac{a^{2n} b^{2n}}{n D_n d^n r^n}\cos n\vartheta\right] \text{ für } b < r < a, \\
\Phi_{J_2}^i &= 2J_2\left[-\sum_1^\infty 4\mu \frac{a^{2n} r^n}{n D_n d^n}\cos n\vartheta\right] \text{ für } r < b.
\end{aligned}\right\} \tag{24a}$$

In teilweise summierter Gestalt:

$$\Phi_{J_2}^a = 2J_2\left[\ln|r-d| - (\mu^2-1)\sum_1^\infty \frac{a^{2n}}{nD_n d^n r^n}(a^{2n}-b^{2n})\cos n\vartheta\right] \text{ für } r>a,$$

$$\Phi_{J_2}^e = 2J_2\left[\ln|r-d| + 2(\mu-1)\sum_1^\infty \frac{a^{2n}b^{2n}}{nD_n d^n r^n}\cos n\vartheta \right.$$
$$\left. + (\mu-1)\sum_1^\infty \frac{r^n[\mu(a^{2n}-b^{2n})+a^{2n}+b^{2n}]}{nD_n d^n}\cos n\vartheta\right], \quad (24)$$

$$\Phi_{J_2}^i = 2J_2\left[\ln|r-d| + (\mu-1)\sum_1^\infty \frac{r^n[\mu(a^{2n}-b^{2n})+b^{2n}-a^{2n}]}{nD_n d^n}\cos n\vartheta\right].$$

Grenzübergang $\mu \to \infty$ liefert:

$$\left.\begin{array}{l}\Phi_{J_2}^{a\infty} = 2J_2\left[\ln|r-d| + \ln\left|r-\frac{a^2}{d}\right| - \ln r\right], \\ \Phi_{J_2}^{e\infty} = 0, \\ \Phi_{J_2}^{i\infty} = 0,\end{array}\right\} \quad (24^\infty)$$

d. h. im Außenraum ein Feld herrührend vom ursprünglichen Strom, seinem Spiegelbild am Außenrand und einem Gegenstrom in der Achse des Zylinders, im Innen- und Eisengebiet völlige Abschirmung des Feldes. Aus diesem Grenzergebnis aber darf man noch nicht die Berechtigung herleiten, ein für allemal bei der Berechnung der Induktion oder des Flusses im Eisenring eine etwa vorhandene äußere Stromanordnung einfach zu vernachlässigen: Richtung, Gestalt und Dichte der Induktionslinien im Eisen werden von außerhalb des Ringes befindlichen Strömen zwar in schwächerem Grade als von innerhalb befindlichen beeinflußt, aber immerhin noch in einem Grade, der ihren Charakter völlig verändern kann.

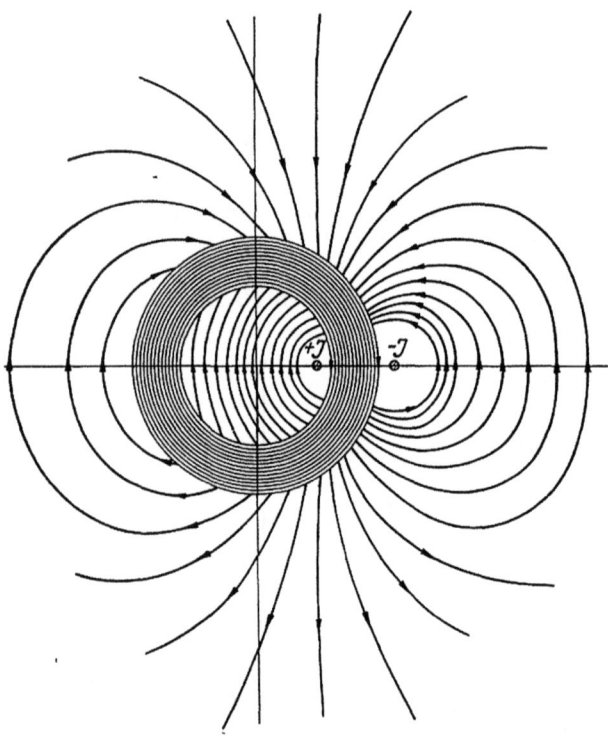

Bild 9. Induktionslinienverlauf herrührend von Stromfaden im Innern und Rückleitung im Äußern eines eisernen Hohlzylinders.

So gibt es beispielsweise in dem von einem Strom im Innengebiet und einem Strome gleicher Richtung im Außengebiet herrührenden Felde, das durch Superposition der Felder (16) und (24) erhalten wird (genau wie wenn kein Eisen da wäre), stets eine Doppelpunktskurve, welche die Schar der Kurven, die nur den einen, von der Schar derer trennt, die nur den andern Strom umschlingen, und der Doppelpunkt kann je nach dem Abstand der Ströme vom Ring jede Lage zwischen ihnen einnehmen, natürlich ebensogut im Eisen- wie im Innen- und Außengebiet. Im ersten Falle bestehen im Eisenring Induktionslinien von verschiedener Richtung nebeneinander. Da diese Möglichkeit schon an dem ersten

Beispiel dieser Arbeit (Superposition von homogenem Feld und Strom im Mittelpunkt) ausführlicher erörtert ist, sei hier auf die präzise analytische Formulierung der Behauptung verzichtet und vielmehr das im Hinblick auf praktisch mögliche Fälle bedeutsamere Feld diskutiert, das herrührt von einem Strom J innerhalb des Zylinders und seiner Rückleitung $-J$ außerhalb des Zylinders (Bild 9).

Die Flußfunktionen dieses Feldes ergeben sich mit $J_1 = -J_2 = J$ durch Superposition der Funktionen (16) und (24). Wünscht man daher zu einer Abschätzung des bei der üblichen Berechnung des Flusses begangenen Fehlers zu kommen, so hat man zu der Differenz (18) noch den Ausdruck

$$\mu \Phi^e_{-J} - \mu \Phi^{e*}_{-J} = 4J \sum_1^\infty \frac{\mu(\mu+1)a^{2n}r^{2n} - \mu(\mu-1)a^{2n}b^{2n}}{n D_n d^n r^n} \cos n\vartheta \qquad (25)$$

hinzuzufügen, der für $\mu \to \infty$ den Wert annimmt:

$$\lim_{\mu \to \infty} [\mu \Phi^e_{-J} - \mu \Phi^{e*}_{-J}] = 4J \sum_1^\infty \frac{1}{n} \frac{a^{2n}(r^{2n} - b^{2n})}{r^n d^n (a^{2n} - b^{2n})} \cos n\vartheta .$$

Für den Fluß bei $\vartheta = 0$ zwischen den Grenzen a und b beträgt also die dem Einfluß der Rückleitung auf die Induktion im Eisen zuzuschreibende Korrektur:

$$\delta_{-J} = 4J \sum_1^\infty \frac{1}{n} \frac{a^n}{d^n} = -4J \ln\left(1 - \frac{a}{d}\right), \qquad (26)$$

die mit $d \to \infty$ auf Null abnimmt und um so größer wird, je näher der Strom dem Eisenrande rückt. Der Gesamtfehler, den man macht, wenn man den Fluß, der eine Stromschleife nach Art des Bildes 9 bei $\vartheta = 0$ im Eisen durchsetzt, auf gebräuchliche Weise ausrechnet, beträgt also bei großem μ in vH:

$$-\delta_{+J} + \delta_{-J} = -\frac{200}{\mu \ln \frac{a}{b}} \left[\ln\left(1 - \frac{c}{b}\right) + \ln\left(1 - \frac{a}{d}\right)\right] \% . \qquad (26a)$$

Auch die Differenz (20) zwischen dem bei $\vartheta = 0$ und dem bei $\vartheta = \pi$ durchtretenden Fluß wird durch Berücksichtigung des von der Rückleitung herrührenden Anteils vergrößert. Es wird nämlich

$$\mu \Phi^I_{-J} - \mu \Phi^{II}_{-J} = 8J \sum_{1,3,5...}^\infty \frac{a^n}{n D_n d^n} [\mu(\mu+1)a^{2n} - \mu(\mu-1)b^{2n}] \qquad (27)$$

und

$$\lim_{\mu \to \infty} [\mu \Phi^I_{-J} - \mu \Phi^{II}_{-J}] = 8J \sum_{1,3,5...}^\infty \frac{a^n}{n d^n} = 4J \ln \frac{d+a}{d-a} . \qquad (28)$$

Hier ist der Einfluß des Innenrandes genau so verschwunden, wie in Gleichung (21) der des Außenrandes; der Grund liegt darin, daß die von einem Strom im Außengebiet herrührenden Induktionslinien (Bild 8) auf der rechten Hälfte des Kreisringes in umgekehrtem Sinne in den Eisenrand einströmen wie auf deren linken Hälfte.

Summation der Gleichungen (21) und (28) ergibt den Betrag des Flusses, der in dem Eisenring unter der Windung (Bild 9) mehr durchströmt als auf der entgegengesetzten Seite des Ringes.

Bringt man auf dieser Seite eine zweite Windung an, so hat man das Schema eines Transformators mit ringförmigem Kern, auf dem Primär- und Sekundärwicklung aus je einer Windung bestehen und um 180° gegeneinander verschoben sind (Bild 10).

In der rechten Wicklung fließe der Strom J_1, in der linken der Strom J_2. Die Felder in den drei verschiedenen Gebieten ergeben sich dann durch Superposition der Felder

(Bild 9) mit den entsprechenden gegen die ersten um 180° gedrehten. Es sei nur die Eisen-Flußfunktion angegeben. Sie lautet:

$$\begin{aligned}\Phi^e = J_1 &\left[\ln r - 2(\mu+1) \sum_1^\infty \frac{a^{2n} c_1^n}{n D_n r^n} \cos n\vartheta + 2(\mu-1) \sum_1^\infty \frac{c_1^n r^n}{n D_n} \cos n\vartheta \right. \\ &\left. - 2(\mu-1) \sum_1^\infty \frac{a^{2n} b^{2n}}{n D_n d_1^n r^n} \cos n\vartheta + 2(\mu+1) \sum_1^\infty \frac{a^{2n} r^n}{n D_n d_1^n} \cos n\vartheta \right] \\ + J_2 &\left[\ln r - 2(\mu+1) \sum_1^\infty \frac{a^{2n} c_2^n}{n D_n r^n} \cos n(\pi-\vartheta) + 2(\mu-1) \sum_1^\infty \frac{c_2^n r^n}{n D_n} \cos n(\pi-\vartheta) \right. \\ &\left. - 2(\mu-1) \sum_1^\infty \frac{a^{2n} b^{2n}}{n D_n d_2^n r^n} \cos n(\pi-\vartheta) + 2(\mu+1) \sum_1^\infty \frac{a^{2n} r^n}{n D_n d_2^n} \cos n(\pi-\vartheta) \right]. \end{aligned} \quad (29)$$

Mit dem wechselnden Verhältnis der primären und sekundären Stromstärke und der Abstände der Windungen vom Eisenring ist das Eisenfeld veränderlich; nicht nur seiner Stärke nach: auch die Gestalt der Linien ist nicht durch den Eisenring allein vorbestimmt. Es ist so, wie auch in den früher besprochenen Fällen: die Verhältnisse sind gegenüber denen, die bei Abwesenheit von Eisen herrschen, nur quantitativ stark verzerrt, aber alle wesentlichen Merkmale sind wiederzufinden.

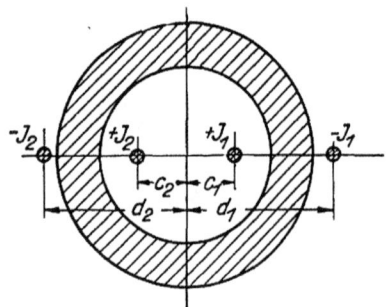

Bild 10. Schema eines Transformators.

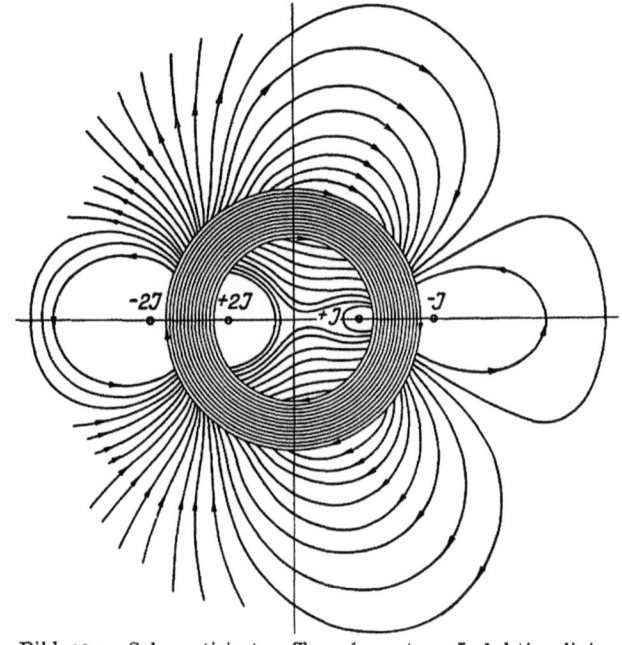

Bild 10a. Schematisierter Transformator. Induktionslinienverlauf bei Stromverhältnis 2:1.

Es sei der Einfachheit halber $c_1 = c_2$ und $d_1 = d_2$. Dann sind bei Gegenschaltung ($J_1 : J_2 = -1$) die Flüsse unter den beiden Spulen entgegengesetzt gleich; ein gemeinsamer Fluß besteht nicht. Ist $J_1 : J_2 < -1$, so gibt es beim Lufttransformator im allgemeinen außer den Kraftlinien, welche die einzelnen Leiter umschlingen, noch solche, die eine Gruppe von zweien oder dreien von ihnen, insbesondere solche, welche die beiden inneren gemeinsam umschlingen. Innerhalb der primären Windung wechselt dann die Feldstärke zweimal ihr Vorzeichen. Der Fluß, der eine bestimmte Strecke $b \leq x \leq a$ unter der Primärspule durchsetzt,

$$\Phi = J_1[\ln(a-c) - \ln(b-c) - \ln(a-d) + \ln(b-d)]$$
$$+ J_2[\ln(a+c) - \ln(b+c) - \ln(a+d) + \ln(b+d)],$$

verschwindet für genau ein Stromverhältnis, nämlich:

$$\frac{J_1}{J_2} = -\frac{\ln\dfrac{a+c}{b+c}\dfrac{b+d}{a+d}}{\ln\dfrac{a-c}{b-c}\dfrac{b-d}{a-d}},$$

das rührt naturgemäß nicht etwa daher, daß zwischen den Grenzen a und b die Feldstärke identisch verschwindet, sondern eben daher, daß dort Kraftflüsse verschiedener Richtung auftreten. Der Kraftfluß, der die beiden inneren Leiter gemeinsam umschlingt, wird nach links und rechts hin durch je eine Doppelpunktskurve von den Kraftflüssen getrennt, die nur die Hin- oder nur die Rückleitung der primären Windung umschlingen. Die Abszissen der auf der x-Achse gelegenen Doppelpunkte ergeben sich aus der Gleichung:

$$J_1\left[\frac{1}{x-c} - \frac{1}{x-d}\right] + J_2\left[\frac{1}{x+c} - \frac{1}{x+d}\right] = 0.$$

Bei Anwesenheit von Eisen müssen die Verhältnisse im wesentlichen ähnlich liegen. In der Tat: auch der Induktionsfluß im Eisenring unter der Primärspule,

$$\left| \mu\,\Phi^e \right|_{\substack{\vartheta=0 \\ r=b}}^{\substack{\vartheta=0 \\ r=a}}$$

[man erhält ihn durch Einsetzen der Grenzen in Gleichung (29)], verschwindet für ein ganz bestimmtes Verhältnis $J_1:J_2$, das bei großem μ näherungsweise den Wert hat:

$$\frac{J_1}{J_2} \cong -\frac{\mu\ln a - \mu\ln b + \ln\left(1+\dfrac{c}{b}\right) + \ln\left(1+\dfrac{a}{d}\right)}{\mu\ln a - \mu\ln b - \ln\left(1-\dfrac{c}{b}\right) - \ln\left(1-\dfrac{a}{d}\right)} \quad (\neq -1). \tag{30}$$

Natürlich rührt auch hier das Verschwinden nicht von punktweisem Verschwinden der Induktion her, sondern davon, daß im Eisen Flüsse entgegengesetzter Richtung auftreten. Die beiden bei der Anordnung in Luft charakteristischen Doppelpunkte sind auch hier vorhanden; sie liegen zwar für die Mehrzahl der möglichen Stromverhältnisse in den beiden Luftgebieten, aber für ein kleines Intervall in der Nähe des Wertes der Gleichung (30) liegt wenigstens einer von ihnen im Eisen. In jedem Fall ist in der Umgebung der Doppelpunkte die Induktion äußerst schwach.

Diese Überlegungen, die alles Befremdende verlieren, wenn man sie mit den qualitativ völlig analogen Verhältnissen bei Abwesenheit von Eisen vergleicht, lassen sich in Einklang bringen mit einem experimentellen Befund, über den McEachron[1] berichtet. Er stellte an einem Versuchstransformator bei einem von -1 wenig verschiedenen Stromverhältnis einen im Vergleich mit dem Fluß unter der Primärspule äußerst schwachen Induktionsfluß unter der Sekundärspule fest, konnte aber im Eisen keine entgegengesetzt gerichteten Flüsse bemerken. Das erklärt sich so: Es liegen in diesem Fall die Doppelpunkte entweder im Luftgebiet; dann findet der Vorzeichenwechsel der Induktion außerhalb des Eisens statt, es gibt im Eisen wirklich nur eine Flußrichtung; oder sie liegen zwar im Eisengebiet, aber so nahe dem Rande, daß schon unter der ersten Meßspule seiner Versuchsanordnung von den beiden entgegengesetzt gerichteten Flüssen der „Haupt"fluß der überwiegende ist. Nach der Mitte zu, d. h. in größerem Abstande von den Doppelpunkten, nimmt die Induktion zu.

Das Gesagte muß mit einer der McEachronschen ähnlichen Versuchsanordnung der experimentellen Prüfung zugänglich sein, insbesondere muß es möglich sein, durch Verändern der Größe c und d und des Stromverhältnisses $J_2:J_1$ das Vorhandensein der Doppelpunkte festzustellen sowie ihre wechselnde Lage zu verfolgen.

---

[1] McEachron, J. Inst. El. Engs. Bd. 41. 1922.

Es seien noch einmal die Formeln (16) bzw. (24) betrachtet; sie bestimmen die Induktionsverteilung, herrührend von einem Stromfaden im Innen- bzw. Außengebiet eines eisernen Hohlzylinders. Ersetzt man in diesen Formeln überall ϑ durch $\vartheta - \varphi$, integriert über φ zwischen den Grenzen $\varphi = -\sigma$ und $\varphi = +\sigma$ und dividiert die Ergebnisse durch 2σ, so liefern sie die Felder, herrührend von mit dem Ring konzentrischen Stromblättern (Bild 11) an Stelle von Stromfäden. Die Formeln (16a) und (24a) ändern sich dabei nur insofern, als alle Glieder, die $\cos n\vartheta$ enthalten, sich mit dem Faktor $\frac{\sin n\sigma}{n\sigma}$ multiplizieren[1]. Das gleiche gilt auch von den Formeln (18) und (25), die den bei der üblichen Berechnung begangenen Fehler angeben. Der für $\vartheta = 0$ eine Spule von der Länge 2σ im Eisen durchsetzende, nach der AW-Theorie ermittelte Fluß weicht um so weniger von dem korrekter berechneten ab, je größer σ ist. Für große μ beträgt infolge der Gleichungen (19a) und (26) die Korrektur

$$\delta = 4J \sum_{1}^{\infty} \frac{1}{n}\left(\frac{c^n}{b^n} + \frac{a^n}{d^n}\right) \frac{\sin n\sigma}{n\sigma},$$

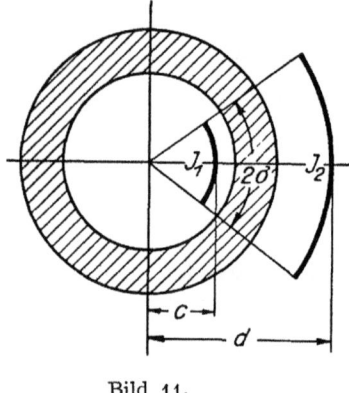

Bild 11.

ein Ausdruck, der für $\sigma = 0$ in den früheren für fadenförmige Ströme übergeht, während er für $\sigma = \pi$ (gleichmäßige und dichte Bewicklung) verschwindet.

Daß auch der Unterschied zwischen den bei $\vartheta = 0$ und $\vartheta = \pi$ den Eisenring durchsetzenden Flüssen durch größere Spulenlänge gemildert wird und für $\sigma = \pi$ ganz verschwindet, bedarf kaum der Erwähnung. Zusammenfassend kann man sagen: Je größer die Länge der Spulen, die Breite des Ringes, der Abstand der Spulen von seinen Rändern im Vergleich zu seinem Durchmesser, um so eher darf man die Berechnung der Induktion in einem hochpermeablen ringförmigen Eisenkern in erster Näherung auf die Fiktion des magnetischen Kreises stützen. Vorsicht ist aber geboten bei allen subtileren Betrachtungen, und zwar um so mehr, je mehr die Anordnung von der eines dicht und gleichmäßig umsponnenen Ringes abweicht, dem einzigen Fall, in dem das Gesetz vom magnetischen Kreise unbedingte Gültigkeit hat.

Exakte Gültigkeit kommt diesem Gesetz sonst nur in trivialem Sinne zu, nämlich dann, wenn man als magnetischen Widerstand einer bekannten Kraftröhre eben den Quotienten aus magnetischem Potential und magnetischem Fluß definiert. Es ist aber streng nicht möglich, diese Größe zu ermitteln, ohne die Randwertaufgabe zu lösen, die ihre Einführung überflüssig macht. Es ist aber erstaunlich, zu welch guten Annäherungen ein so primitives und unwissenschaftliches Rüstzeug wie die AW-Theorie trotzdem in einer Reihe von Fällen verhilft, die ihren engen Voraussetzungen gar nicht ohne weiteres entsprechen und in denen die genaue Berechnung zunächst gänzlich abweichende Ergebnisse zu liefern scheint. Als ein Beispiel dafür sei die Berechnung der Induktion im Luftspalt einer dynamoelektrischen Maschine angeführt.

Man schematisiert die Feldwicklung einer derartigen Maschine üblicherweise so[2], wie es für eine zweipolige Maschine Bild 12a zeigt und stellt sich überdies ihre zylindrischen Begrenzungsflächen noch in Ebenen abgewickelt vor (Bild 12b). Man nimmt dann bei der Berechnung der Induktion im Luftspalt an, daß die Induktionslinien ihn geradlinig und senkrecht durchsetzen und daß der magnetische Widerstand im Eisen vernachlässigbar klein ist. So erhält man, indem man die Feldstärke in jedem Punkte des Luftspaltes gleich setzt der Zahl der AW, die von der durch diesen Punkt gehenden Induktionslinie umschlossen

---
[1] Hague, a. a. O.
[2] S. z. B. A. Fraenkel, Theorie der Wechselströme.

werden, dividiert durch die doppelte Spaltbreite, die bekannte trapezförmige Feldkurve (Bild 12b), die durch die Fourierreihe

$$B = -\frac{8J}{l\sigma} \sum_{1,3,5\ldots}^{\infty} \frac{1}{n^2} \sin n\sigma \sin n\vartheta \tag{31}$$

beschrieben wird; hierbei ist l die Breite des Luftspaltes, bezogen auf den Läuferradius 1, σ die halbe Wicklungslänge.

Legt man bei einer strengeren Berechnung das Modell des Bildes 12a zugrunde, so erhält man die Feldverteilung in den beiden Eisengebieten und im Luftspalt durch Lösung der Randwertaufgaben, die denen analog sind, die oben für den eisernen Hohlzylinder

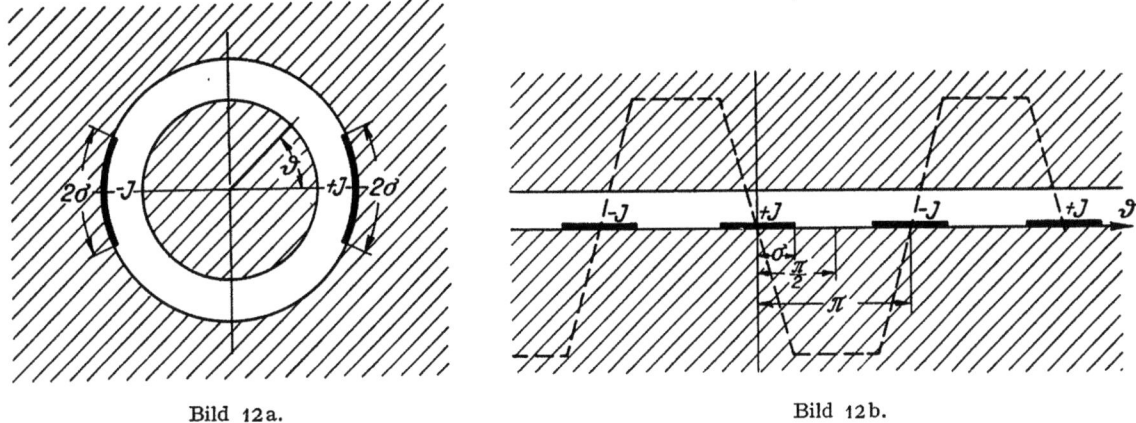

Bild 12a. Bild 12b.

durchgeführt wurden; dem Eisengebiet dort entspricht hier ein Luftgebiet und umgekehrt, so daß also alle für den eisernen Hohlzylinder hergeleiteten Ergebnisse hier Geltung behalten, wenn man in ihnen μ durch $1/\mu$ ersetzt. Die Flußfunktionen der durch Bild 12a schematisierten Maschine lauten dann:

$$\left.\begin{array}{l} \Phi^{\text{Ständer}} = \dfrac{4J}{\sigma}\left[-\displaystyle\sum_{1,3,5\ldots}^{\infty} \dfrac{1}{n^2}\dfrac{a^n}{r^n}\sin n\sigma \cos n\vartheta + \displaystyle\sum_{1,3,5\ldots}^{\infty}(\mu^2-1)\dfrac{a^n(a^{2n}-b^{2n})}{n^2 D_n r^n}\sin n\sigma \cos n\vartheta\right], \\[2mm] \Phi^{\text{Luftspalt}} = -\dfrac{8J}{\sigma}\left[\displaystyle\sum_{1,3,5\ldots}^{\infty}\mu(\mu+1)\dfrac{r^n a^n}{n^2 D_n}\sin n\sigma \cos n\vartheta + \displaystyle\sum_{1,3,5\ldots}^{\infty}\mu(\mu-1)\dfrac{a^n b^{2n}}{n^2 D_n r^n}\sin n\sigma \cos n\vartheta\right], \\[2mm] \Phi^{\text{Läufer}} = -\dfrac{16J}{\sigma}\displaystyle\sum_{1,3,5\ldots}^{\infty}\mu\dfrac{a^n r^n}{n^2 D_n}\sin n\sigma \cos n\vartheta. \end{array}\right\} \quad (32)$$

Grenzübergang $\mu \to \infty$ liefert für großes μ mit geringer Vernachlässigung den Fluß im Luftspalt:

$$\Phi = -\frac{8J}{\sigma} \sum_{1,3,5\ldots}^{\infty} \frac{a^n(r^{2n}+b^{2n})}{n^2(a^{2n}-b^{2n})r^n} \sin n\sigma \cos n\vartheta. \tag{33}$$

Die Komponenten der Induktion in jedem seiner Punkte sind daher auf Grund der Beziehung (3)

$$\left.\begin{array}{l} B_{\text{tang}} = \dfrac{8J}{\sigma} \displaystyle\sum_{1,3,5\ldots}^{\infty} \dfrac{a^n(b^{2n}-r^{2n})}{n(a^{2n}-b^{2n})r^{n+1}} \sin n\sigma \cos n\vartheta, \\[2mm] B_{\text{norm}} = -\dfrac{8J}{\sigma} \displaystyle\sum_{1,3,5\ldots}^{\infty} \dfrac{a^n(r^{2n}+b^{2n})}{n(a^{2n}-b^{2n})r^{n+1}} \sin n\sigma \cos n\vartheta. \end{array}\right\} \quad (34)$$

Auf dem Innenrande ($r = b$) verschwindet die Tangentialkomponente, die Normalkomponente wird dort, wenn man $b = 1$, $a = 1 + l$ setzt:

$$B = -\frac{8J}{\sigma} \sum_{1,3,5\ldots}^{\infty} \frac{2}{n} \frac{(1+l)^n}{(1+l)^{2n} - 1} \sin n\sigma \sin n\vartheta. \tag{35}$$

Ist l, die Breite des Luftspaltes (bezogen auf den Läuferradius $b = 1$), so klein, daß alle in l nicht linearen Glieder vernachlässigt werden können, so wird wegen

$$\frac{(1+l)^n}{(1+l)^{2n}-1} = \frac{1}{(1+l)^n - (1+l)^{-n}} = \frac{1}{1 + nl + \frac{1}{2}n(n-1)l^2 + \cdots - [1 - nl + \frac{1}{2}n(n+1)l^2 - +\cdots]}$$

in erster Näherung

$$B' = -\frac{8J}{\sigma l} \sum_{1,3,5\ldots}^{\infty} \frac{1}{n^2} \sin n\sigma \sin n\vartheta,$$

in völliger Übereinstimmung mit dem nach der AW-Theorie berechneten Wert [Gleichung (31)]. Die zweite Näherung, in der also die Glieder mit l^2 noch berücksichtigt sind, wird

$$B'' = -\frac{8J}{\sigma l} \frac{2}{2-l} \sum_{1,3,5\ldots}^{\infty} \frac{1}{n^2} \sin n\sigma \sin n\vartheta.$$

Sie unterscheidet sich für $l < \frac{1}{100}$ um weniger als 0,5 vH von dem Wert der Gleichung (31).

Feldverteilung und drehende Magnetisierung in Drehstromtransformatoren.

Von G. Stein und E. Uhlmann.

Bekanntlich sind die Eisenverluste ausgeführter Drehstromtransformatoren größer als sie sich aus den Verlustkurven von Epsteinproben errechnen und im allgemeinen auch höher als bei Einphasentransformatoren. Der wesentliche Unterschied in der Eisenform dieser beiden Typen rührt von dem Mittelstück des Joches und dem angrenzenden Gebiet des Mittelschenkels im Drehstromkern her. Dort erfährt das Feldbild innerhalb einer Periode eine dauernde Verwandlung. Hierdurch ist einmal die Möglichkeit einer ungünstigen Sättigungsverteilung gegeben; auf der anderen Seite ändert sich in jedem Punkte dieses Gebietes nicht nur die Größe, sondern auch die Richtung des Induktionsvektors mit der Zeit. Beide Momente — bei der letztgenannten Erscheinung spricht man von drehender Magnetisierung oder drehender Hysterese[1] — können neben baulichen Eigenheiten die Ursache jener höheren Verluste im Drehstromtransformator bilden. Deshalb sollen im folgenden die drehende Magnetisierung in jenen Zwischenstücken aus der Feldverteilung berechnet und etwaige Zusatzverluste durch eine besondere Versuchsanordnung gemessen werden.

I. Feldverlauf.

1. Feldbilder.

Eine schematische Darstellung der Flußverteilung in einem dreischenkligen Transformator zeigen die Bilder 1 bis 4 zu den Zeiten

$$\omega t = 0, \quad \frac{\pi}{6}, \quad \frac{\pi}{3} \quad \text{und} \quad \frac{\pi}{2}.$$

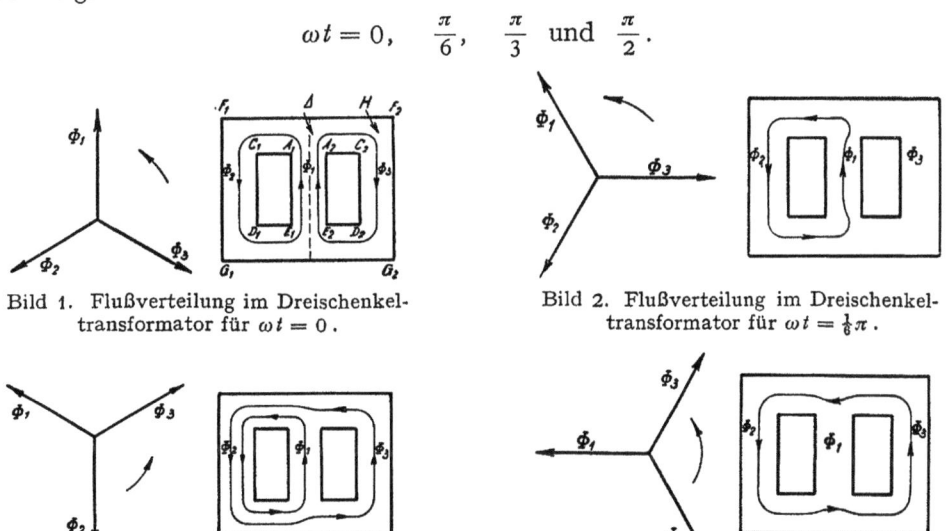

Bild 1. Flußverteilung im Dreischenkeltransformator für $\omega t = 0$.

Bild 2. Flußverteilung im Dreischenkeltransformator für $\omega t = \tfrac{1}{6}\pi$.

Bild 3. Flußverteilung im Dreischenkeltransformator für $\omega t = \tfrac{1}{3}\pi$.

Bild 4. Flußverteilung im Dreischenkeltransformator für $\omega t = \tfrac{1}{2}\pi$.

---

[1] Vgl. Spooner, Properties and testing of magnetic materials, S. 92. 1927. — Bailey, On the Hysteresis of Iron and Steel in a Rotating Magnetic Field. Phil. Trans. Bd. 187, S. 715. 1896. — Gans, Über drehende Hysteresis. Arch. f. Elektrot. 1915, S. 139 ff. — Herrmann, Die Eisenverluste bei drehender Ummagnetisierung. ETZ 1910, S. 363.

Bekanntlich läßt sich nun das Feld eines derartigen, dreifach zusammenhängenden Gebietes allgemein, d. h. hier in jedem Augenblick, linear aus zwei voneinander unabhängigen Einzelfeldern zusammensetzen[1]. Als solche werden für die folgende Untersuchung die um eine Viertelperiode verschiedenen Fälle der Bilder 1 und 4 gewählt; das sind die Zeiten maximalen und verschwindenden Flusses im mittleren Schenkel. Diese Berechnungen lassen sich unter der Voraussetzung gleichbleibender Permeabilität als ebene Aufgabe mit Hilfe der konformen Abbildung nach H. A. Schwartz unter Berücksichtigung der gesamten Rahmenform durchführen[2].

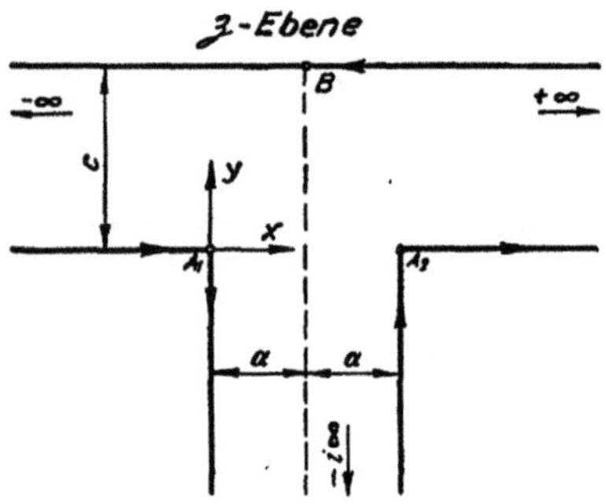

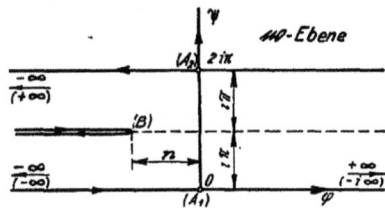

Bild 5. Gebiet $\varDelta$ der drehenden Magnetisierung.

Wie jedoch schon einleitend bemerkt ist, soll hier nur das Mittelgebiet $\varDelta$ Bild 5 (vgl. auch Bild 1) behandelt werden. Deshalb wird die vereinfachende Annahme gemacht, daß der Mittelschenkel und die Joche unendlich lang seien, es wird also der Einfluß der anderen Eckpunkte (C_1, $C_2 \div G_1$, G_2 in Bild 1) vernachlässigt. Alsdann besteht die Aufgabe in der konformen Abbildung von $\varDelta$ in der $\mathfrak{z}$-Ebene (Bild 5) auf einen Streifen der $\mathfrak{w}$-Ebene (Bilder 6 bzw. 7), wo die Flußlinien und Äquipotentiallinien als Parallele zur reellen und imaginären Achse erscheinen. Eine ähnliche Aufgabe ist bereits von Labus zum Zwecke der Berechnung des elektrischen Feldes von Hochspannungstransformatoren behandelt worden[3]. Schließlich wird vorausgesetzt, daß Joche und Schenkel rechteckigen Querschnitt und in Richtung senkrecht zur Bildebene (Bilder 1 bis 4) die Stärke 1 haben. Die Schenkelbreite ist hierbei mit $2a$, die Jochhöhe mit c bezeichnet.

Im Falle $\omega t = 0$ strömt der Fluß in zwei gleichen Teilen aus den Jochen in den Mittelschenkel ein (Bild 1). Diese beiden Flußgebiete werden im Schenkel durch die Symmetrie-

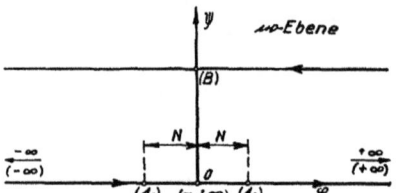

Bild 6. Konforme Abbildung für $\omega t = 0$ und $a/c > 0$.

Bild 7. Konforme Abbildung für $\omega t = \pi/2$ und $a/c > 0$.

linie und in den Jochen auch durch den oberen Jochrand getrennt. Deshalb ist bei der Abbildung im Falle $a/c > 0$, also endlicher Jochhöhe, die $\mathfrak{z}$-Ebene ($\mathfrak{z} = x + iy$; Bild 5) in die $\mathfrak{w}$-Ebene ($\mathfrak{w} = \varphi + i\psi$; Bild 6) so verformt, daß jener obere Jochrand in einen Schlitz und die Linie $B \to -i\infty$ in dessen Fortsetzung parallel zur reellen Achse übergeht und dort in gleicher Weise die beiden symmetrischen Flußgebiete trennt. Das wird dadurch erreicht, daß bei der Abbildung A_1 und A_2 in der $\mathfrak{z}$-Ebene den Punkten $\mathfrak{w} = 0$ und $2i\pi$, sowie B dem Endpunkte des Schlitzes $\mathfrak{w} = n + i\pi$ zugeordnet werden. Die den Punkten

---

[1] Vgl. Bergmann, Über die Bestimmung der Verzweigungspunkte eines hyperelliptischen Integrals aus seinen Periodizitätsmoduln mit Anwendungen auf die Theorie des Transformators. Math. ZS. Bd. 19, S. 8ff. 1923. — G. Stein, Potentialtheoretische Untersuchungen der Magnetfelder in Transformatoren und über ihre Streuinduktivität speziell bei Zylinderwicklung. ZS. f. ang. Math. u. Mech. Bd. 9, S. 23ff. 1929.

[2] Bergmann, Über die Berechnung des magnetischen Feldes in Einphasentransformatoren. ZS. f. ang. Math. u. Mech. Bd. 5, S. 319. 1925.

[3] S. J. Labus, Berechnung des elektrischen Feldes von Hochspannungstransformatoren mit Hilfe der konformen Abbildung, wenn mehrere Wicklungen mit verschiedenen Potentialen vorhanden sind. Arch. f. Elektrot. Bd. 19, S. 82ff. 1927.

der $\mathfrak{z}$-Ebene entsprechenden Stellen erscheinen in der $\mathfrak{w}$-Ebene eingeklammert. Nach H. A. Schwartz[1] wird eine derartige Transformation eindeutig von einer komplexen Funktion geleistet, deren Differentialquotient auf den Rändern der Gebiete den vorgeschriebenen Richtungsunterschied darstellt und so in den Eckpunkten die entsprechenden Veränderungen erfährt. Er erhält deshalb im vorliegenden Falle die Form:

$$\frac{d\mathfrak{w}}{d\mathfrak{z}} = iC\sqrt{\frac{e^{\mathfrak{w}} + e^n}{e^{\mathfrak{w}} - 1}} = \frac{\pi}{\overline{\Phi}}[-\mathfrak{B}_{x_1} + i\mathfrak{B}_{y_1}]. \tag{1}$$

Hierin bezeichnen $\mathfrak{B}_{x_1}$ und $\mathfrak{B}_{y_1}$ die Komponenten der Induktion, $\overline{\Phi}$ den Scheitelwert der magnetischen Flüsse in den Schenkeln und C eine reelle Konstante. Die Integration von Gleichung (1) ergibt

$$\mathfrak{z} = -\frac{2i}{C}\left[\mathfrak{Ar}\mathfrak{Tg}\sqrt{\frac{e^{\mathfrak{w}} - 1}{e^{\mathfrak{w}} + e^n}} - e^{-\frac{n}{2}}\operatorname{arctg}\left(e^{\frac{n}{2}}\sqrt{\frac{e^{\mathfrak{w}} - 1}{e^{\mathfrak{w}} + e^n}}\right)\right]. \tag{2}$$

Für $\mathfrak{z} = a + ic$ muß $\mathfrak{w} = n + i\pi$ werden, so daß durch Einsetzen dieser Werte in Gleichung (2) folgt:

$$C = \frac{\pi}{a}, \qquad n = \ln\left(\frac{a}{c}\right)^2. \tag{3}$$

Setzt man:

$$\left.\begin{aligned}r &= \left[\frac{\left(\frac{e^{\varphi}\cos\psi - 1}{e^{\varphi}\sin\psi}\right)^2 + 1}{\left(\frac{e^{\varphi}\cos\psi + \left(\frac{a}{c}\right)^2}{e^{\varphi}\sin\psi}\right)^2 + 1}\right]^{\frac{1}{4}}, \\ \vartheta &= \frac{1}{2}\left[\operatorname{arctg}\frac{e^{\varphi}\sin\psi}{e^{\varphi}\cos\psi - 1} - \operatorname{arctg}\frac{e^{\varphi}\sin\psi}{e^{\varphi}\cos\psi + \left(\frac{a}{c}\right)^2}\right],\end{aligned}\right\} \tag{4}$$

so ergeben sich die Koordinaten der Feldlinien:

$$\left.\begin{aligned}x &= \frac{a}{\pi}\left[\operatorname{arctg}\frac{2r\sin\vartheta}{1 - r^2} - \frac{c}{a}\mathfrak{Ar}\mathfrak{Tg}\frac{2\frac{a}{c}r\sin\vartheta}{1 + \left(r\frac{a}{c}\right)^2}\right], \\ y &= \frac{a}{\pi}\left[\frac{c}{a}\operatorname{arctg}\frac{2r\frac{a}{c}\cos\vartheta}{1 - \left(r\frac{a}{c}\right)^2} - \mathfrak{Ar}\mathfrak{Tg}\frac{2r\cos\vartheta}{1 + r^2}\right].\end{aligned}\right\} \tag{5}$$

Die Induktionskomponenten erscheinen dabei in der Form:

$$\mathfrak{b}_{x_1} = \frac{\mathfrak{B}_{x_1}}{\overline{\mathfrak{B}}} = \frac{1}{r}\sin\vartheta; \qquad \mathfrak{b}_{y_1} = \frac{\mathfrak{B}_{y_1}}{\overline{\mathfrak{B}}} = \frac{1}{r}\cos\vartheta. \tag{6}$$

Hierin gibt $\overline{\mathfrak{B}} = \overline{\Phi}/2a$ die maximale Schenkelsättigung an.

Im Falle $\omega t = \pi/2$ (Bild 4) strömt der gesamte Fluß aus der einen Jochhälfte in die andere hinein, so daß nur ein einziges, den gesamten Bereich der $\mathfrak{z}$-Ebene ausfüllendes Flußgebiet vorhanden ist. Dieser wird deshalb im Falle $a/c > 0$ auf einen einfach zusammenhängenden Streifen der $\mathfrak{w}$-Ebene (Bild 7) abgebildet, wo diesmal A_1 und A_2 den Punkten $\mathfrak{w} = \pm N$ und B dem Punkte $\mathfrak{w} = i\pi$ zuzuordnen sind. Diesen besonderen Bedingungen genügt der Differentialquotient:

$$\frac{d\mathfrak{w}}{d\mathfrak{z}} = -C\sqrt{\frac{\mathfrak{Coj}\,\mathfrak{w} - 1}{\mathfrak{Coj}\,\mathfrak{w} - \mathfrak{Coj}\,N}} = \frac{\pi}{\frac{1}{2}\sqrt{3}\,\overline{\Phi}}[-\mathfrak{B}_{x_2} + i\mathfrak{B}_{y_2}]. \tag{7}$$

---

[1] Vgl. Hurwitz-Courant, Vorlesungen über allgemeine Funktionentheorie und elliptische Funktionen, S. 392ff. Berlin: Julius Springer 1925.

Hierbei ist berücksichtigt, daß bei $\omega t = \pi/2$ in den Jochen nur der Fluß $\frac{1}{2}\sqrt{3}\,\Phi$ fließt. Die Integration von Gleichung (7) ergibt:

$$\mathfrak{z} = -\frac{2}{C}\left[\mathfrak{Ar\,Tg}\sqrt{\frac{\mathfrak{Cof}\,\mathfrak{w} - \mathfrak{Cof}\,N}{\mathfrak{Cof}\,\mathfrak{w} + 1}} - \mathfrak{Sin}\frac{N}{2}\,\text{arctg}\left(\frac{1}{\mathfrak{Sin}\frac{N}{2}}\sqrt{\frac{\mathfrak{Cof}\,\mathfrak{w} - \mathfrak{Cof}\,N}{\mathfrak{Cof}\,\mathfrak{w} + 1}}\right)\right] \tag{8}$$

Für $\mathfrak{z} = a + ic$ muß $\mathfrak{w} = i\pi$ werden, so daß man durch Einsetzen dieser Werte in Gleichung (8) erhält:

$$C = \frac{\pi}{c}; \quad \mathfrak{Cof}\,N = 2\left(\frac{a}{c}\right)^2 + 1; \quad \mathfrak{Sin}\frac{N}{2} = \frac{a}{c}. \tag{9}$$

Bei Zusammenfassung von:

$$r = \left[\frac{\left(\dfrac{\cos\psi\,\mathfrak{Cof}\,\varphi - \mathfrak{Cof}\,N}{\sin\psi\,\mathfrak{Sin}\,\varphi}\right)^2 + 1}{\left(\dfrac{\cos\psi\,\mathfrak{Cof}\,\varphi + 1}{\sin\psi\,\mathfrak{Sin}\,\varphi}\right)^2 + 1}\right]^{\frac{1}{4}}$$

und

$$\vartheta = \frac{1}{2}\left[\text{arctg}\frac{\sin\psi\,\mathfrak{Sin}\,\varphi}{\cos\psi\,\mathfrak{Cof}\,\varphi - \mathfrak{Cof}\,N} - \text{arctg}\frac{\sin\psi\,\mathfrak{Sin}\,\varphi}{\cos\psi\,\mathfrak{Cof}\,\varphi + 1}\right] \tag{10}$$

folgen die Koordinaten der Feldlinien:

$$x = \frac{c}{\pi}\left[\mathfrak{Ar\,Tg}\frac{2r\cos\vartheta}{1 + r^2} - \frac{a}{c}\,\text{arctg}\frac{2\frac{c}{a}r\cos\vartheta}{1 - \left(r\frac{c}{a}\right)^2}\right],$$

$$y = \frac{c}{\pi}\left[\text{arctg}\frac{2r\sin\vartheta}{1 - r^2} - \frac{a}{c}\,\mathfrak{Ar\,Tg}\frac{2\frac{c}{a}r\sin\vartheta}{1 + \left(r\frac{c}{a}\right)^2}\right]. \tag{11}$$

Setzt man weiter:

$$\varrho = \left[\frac{\left(\dfrac{\cos\psi\,\mathfrak{Cof}\,\varphi - \mathfrak{Cof}\,N}{\sin\psi\,\mathfrak{Sin}\,\varphi}\right)^2 + 1}{\left(\dfrac{\cos\psi\,\mathfrak{Cof}\,\varphi - 1}{\sin\psi\,\mathfrak{Sin}\,\varphi}\right)^2 + 1}\right]^{\frac{1}{4}},$$

$$\delta = \frac{1}{2}\left[\text{arctg}\frac{\sin\psi\,\mathfrak{Sin}\,\varphi}{\cos\psi\,\mathfrak{Cof}\,\varphi - \mathfrak{Cof}\,N} - \text{arctg}\frac{\sin\psi\,\mathfrak{Sin}\,\varphi}{\cos\psi\,\mathfrak{Cof}\,\varphi - 1}\right], \tag{12}$$

so kann man die Komponenten der Induktion auf die Form bringen:

$$\mathfrak{b}_{x_2} = \frac{\mathfrak{B}_{x_2}}{\mathfrak{B}} = \sqrt{3}\,\frac{a}{c}\,\frac{1}{\varrho}\sin\delta,$$

$$\mathfrak{b}_{y_2} = \frac{\mathfrak{B}_{y_2}}{\mathfrak{B}} = \sqrt{3}\,\frac{a}{c}\,\frac{1}{\varrho}\cos\delta. \tag{13}$$

Im Falle $a/c = 0$, also unendlicher Jochhöhe, vereinfachen sich die Formeln (4) und (5) für $\omega t = 0$ zu:

$$r = \left[2\,\frac{(\mathfrak{Cof}\,\varphi - \cos\psi)}{e^\varphi}\right]^{\frac{1}{4}},$$

$$\vartheta = \frac{1}{2}\,\text{arctg}\frac{\sin\psi}{e^\varphi - \cos\psi} \tag{14}$$

und

$$x = \frac{a}{\pi}\left[\text{arctg}\frac{2r\sin\vartheta}{1 - r^2} - 2r\sin\vartheta\right],$$

$$y = -\frac{a}{\pi}\left[\mathfrak{Ar\,Tg}\frac{2r\cos\vartheta}{1 + r^2} - 2r\cos\vartheta\right]. \tag{15}$$

Für $\omega t = \pi/2$ wird der Jochfluß unendlich groß. Deshalb ist die $\mathfrak{z}$-Ebene hier auf die gesamte obere Hälfte der $\mathfrak{w}$-Ebene abzubilden (Bild 8), wobei sich A_1, A_2 und $-i\infty$ den Stellen $\mathfrak{w} = \mp 1$ und 0 zuordnen. Alsdann findet man:

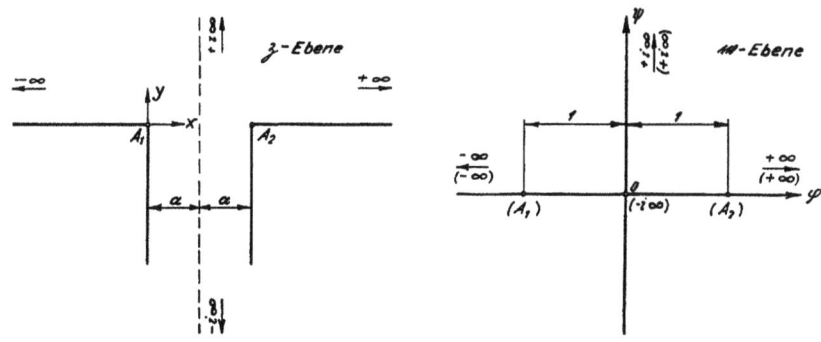

Bild 8. Konforme Abbildung für $\omega t = \pi/2$ und $a/c = 0$.

$$x = \frac{a}{\pi}\left[2r\cos\vartheta - \mathrm{arctg}\frac{2r\cos\vartheta}{1-r^2}\right], \\ y = \frac{a}{\pi}\left[2r\sin\vartheta - \mathfrak{Ar\,Tg}\frac{2r\sin\vartheta}{1+r^2}\right]. \quad (16)$$

Hierin bedeuten:

$$r = [(\varphi^2 - (\psi^2+1))^2 + (2\varphi\psi)^2]^{\frac{1}{4}}, \\ \vartheta = \frac{1}{2}\mathrm{arctg}\frac{2\varphi\psi}{\varphi^2 - (\psi^2+1)}. \quad (17)$$

In den Bildern 9 bzw. 10 ist aus den Gleichungen (4) und (5) der Feldverlauf für $\omega t = 0$ und $a/c = \frac{1}{2}$ (Jochhöhe $= 1/2$ Schenkelbreite) abgeleitet. Die Bilder 11 bzw. 12 zeigen die aus den Gleichungen (10) und (11) gewonnenen Feldkurven für $\omega t = \pi/2$ und $a/c = 1/2$ bzw. 1. Die Flußbilder bei unendlicher Jochhöhe finden für $\omega t = 0$ in Bild 13 nach den Gleichungen (14) und (15), für $\omega t = \pi/2$ in Bild 14 nach den Gleichungen (16) und (17) ihre Darstellung. Durch die in diesen Bildern gezeichneten Netze sind jetzt $\mathfrak{z}$- und $\mathfrak{w}$-Ebene topographisch einander zuge-

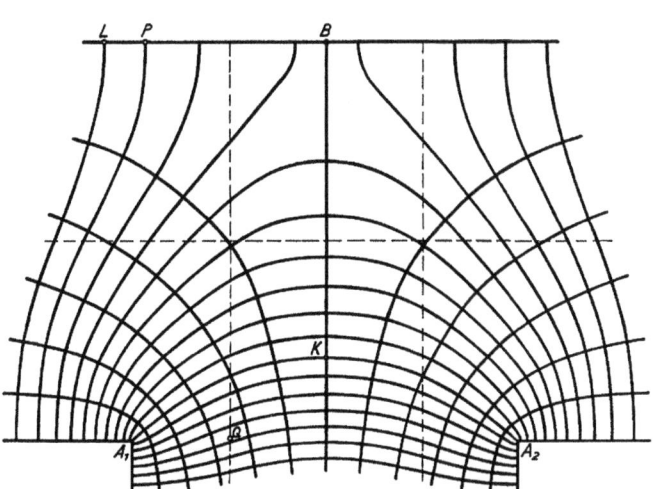

Bild 9. Feldverlauf für $\omega t = 0$ und $a/c = \tfrac{1}{2}$.

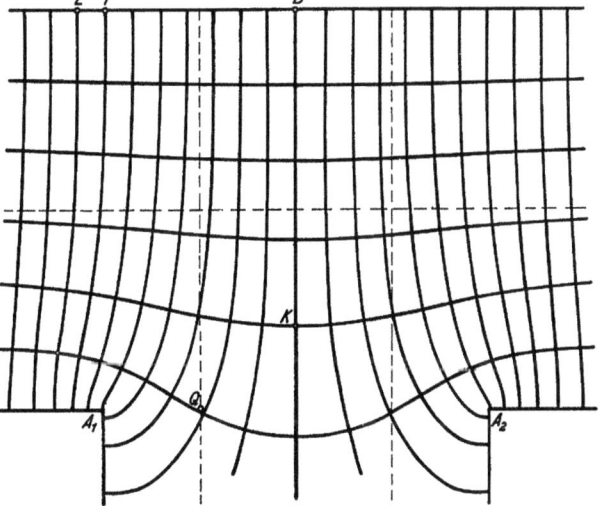

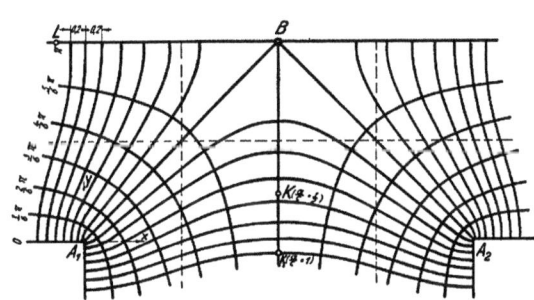

Bild 10. Feldverlauf für $\omega t = 0$ und $a/c = 1$.

Bild 11. Feldverlauf für $\omega t = \pi/2$ und $a/c = \tfrac{1}{2}$

ordnet. Dieses Ergebnis bildet die Grundlage für die im folgenden durchgeführte Ermittlung der Sättigungsverteilung.

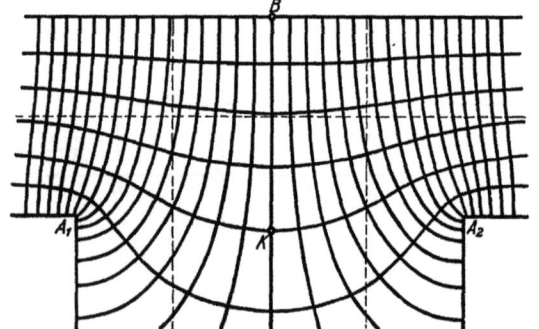

Bild 12. Feldverlauf für $\omega t = \pi/2$ und $a/c = 1$.

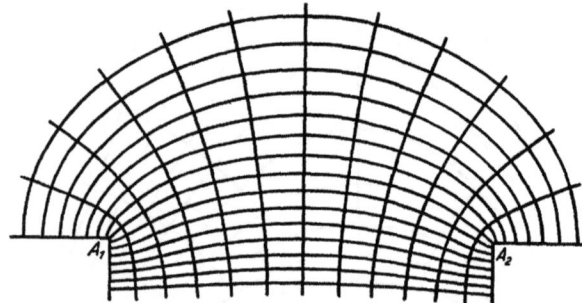

Bild 13. Feldverlauf für $\omega t = 0$ und $a/c = 0$.

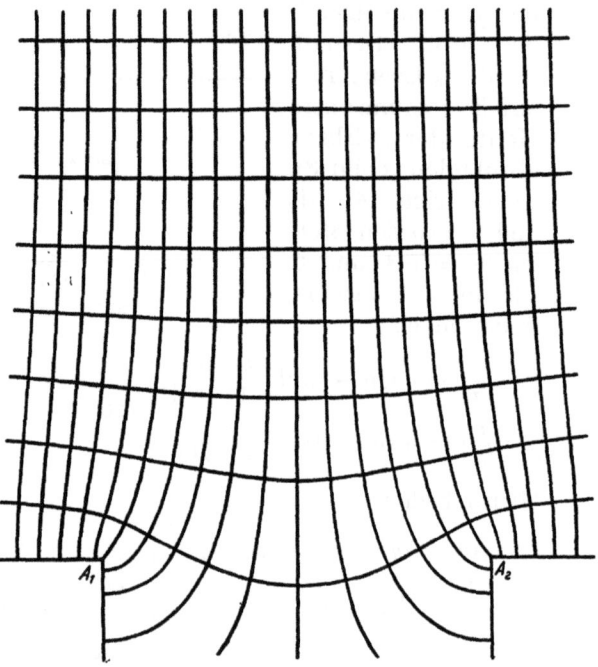

Bild 14. Feldverlauf für $\omega t = \pi/2$ und $a/c = 0$.

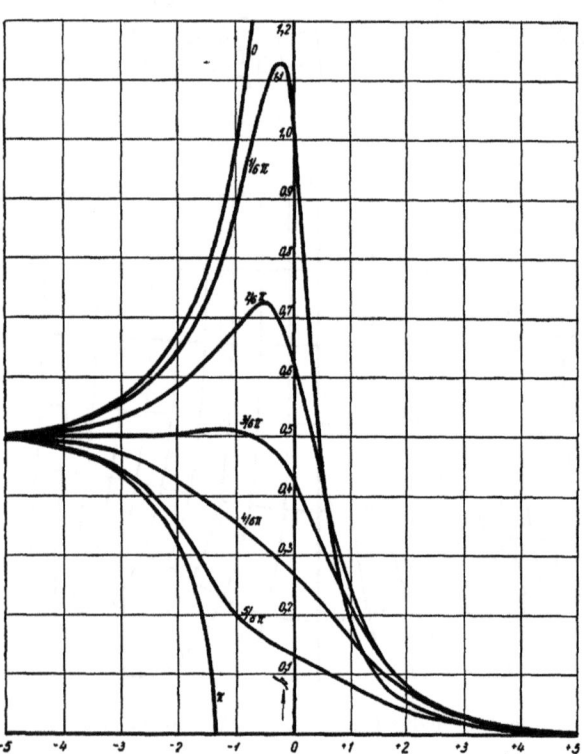

Bild 15. Induktionsverlauf für $a/c = \tfrac{1}{2}$.
b_{x_1} in Abhängigkeit von φ.

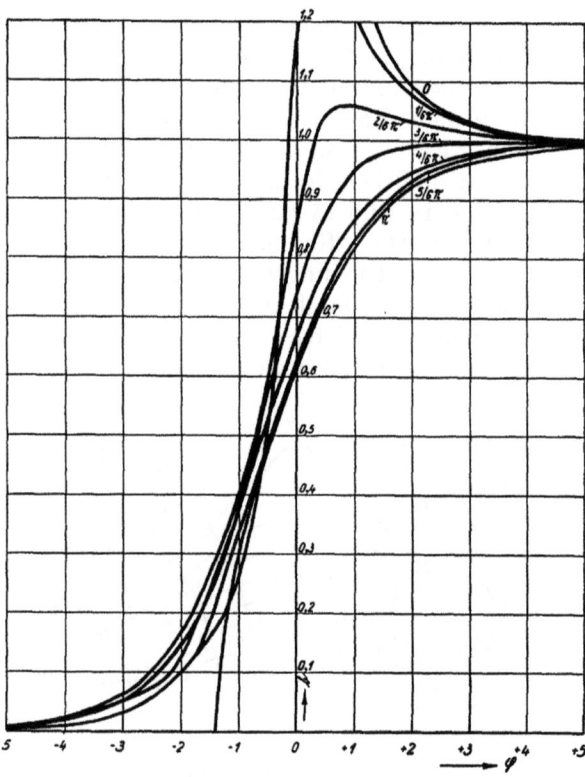

Bild 16. Induktionsverlauf für $a/c = \tfrac{1}{2}$.
b_{y_1} in Abhängigkeit von φ.

Feldverteilung und drehende Magnetisierung in Drehstromtransformatoren.

2. Induktionsverlauf.

Wie schon einleitend erwähnt wurde, kann man aus den Feldern $\omega t = 0$ und $\pi/2$ für alle Zwischenwerte von ωt Feldbilder und Induktionen linear zusammensetzen. In diesem Sinne lassen sich ihre resultierenden Werte $\mathfrak{b}_x$ und $\mathfrak{b}_y$ aus $\mathfrak{b}_{x_1}$, $\mathfrak{b}_{y_1}$ und $\mathfrak{b}_{x_2}$, $\mathfrak{b}_{y_2}$ der Gleichungen (6) und (13) in der Form schreiben:

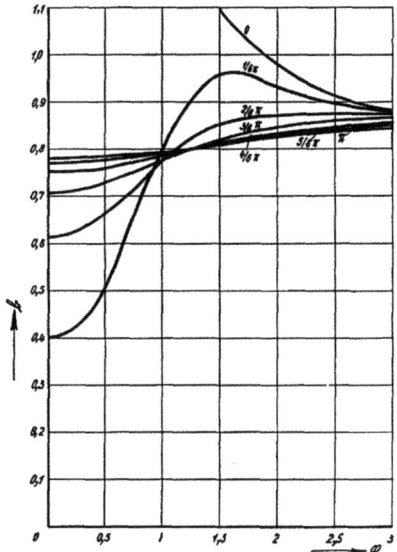

$$\left.\begin{aligned}\mathfrak{b}_x &= \mathfrak{b}_{x_1} \sin \omega t + \mathfrak{b}_{x_2} \cos \omega t, \\ \mathfrak{b}_y &= \mathfrak{b}_{y_1} \sin \omega t + \mathfrak{b}_{y_2} \cos \omega t.\end{aligned}\right\} \quad (18)$$

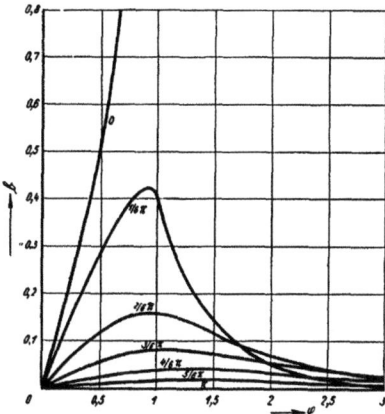

Bild 17. Induktionsverlauf für $a/c = \frac{1}{2}$. $\mathfrak{b}_{x_2}$ in Abhängigkeit von φ.

Bild 18. Induktionsverlauf auf $a/c = \frac{1}{2}$. $\mathfrak{b}_{y_2}$ in Abhängigkeit von φ.

Die Elimination von ωt läßt erkennen, daß $\mathfrak{b}_x$ und $\mathfrak{b}_y$ die Gleichung einer Ellipse erfüllen. Ihre Hauptachsen sind:

$$\left.\begin{aligned}\mathfrak{b}_I &= \sqrt{\tfrac{1}{2}\left[\mathfrak{b}_{x_1}^2 + \mathfrak{b}_{y_1}^2 + \mathfrak{b}_{x_2}^2 + \mathfrak{b}_{y_2}^2 + \sqrt{(\mathfrak{b}_{x_1}^2 + \mathfrak{b}_{y_1}^2 - \mathfrak{b}_{x_2}^2 - \mathfrak{b}_{y_2}^2)^2 + 4(\mathfrak{b}_{x_1}\mathfrak{b}_{x_2} + \mathfrak{b}_{y_1}\mathfrak{b}_{y_2})^2}\right]}, \\ \mathfrak{b}_{II} &= \sqrt{\tfrac{1}{2}\left[\mathfrak{b}_{x_1}^2 + \mathfrak{b}_{y_1}^2 + \mathfrak{b}_{x_2}^2 + \mathfrak{b}_{y_2}^2 - \sqrt{(\mathfrak{b}_{x_1}^2 + \mathfrak{b}_{y_1}^2 - \mathfrak{b}_{x_2}^2 - \mathfrak{b}_{y_2}^2)^2 + 4(\mathfrak{b}_{x_1}\mathfrak{b}_{x_2} + \mathfrak{b}_{y_1}\mathfrak{b}_{y_2})^2}\right]}.\end{aligned}\right\} \quad (19)$$

Sie kennzeichnen vollständig Größe und Art einer drehenden Magnetisierung in Δ. Die große Achse $\mathfrak{b}_I$ nämlich ist die maximale Sättigung $\mathfrak{b}_{\max}$, das Achsenverhältnis $\mathfrak{b}_{II}/\mathfrak{b}_I$ ein Maß für das Drehfeld. Wird

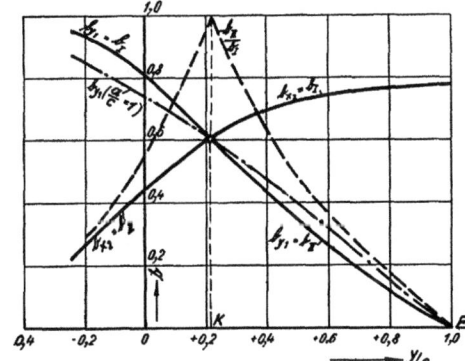
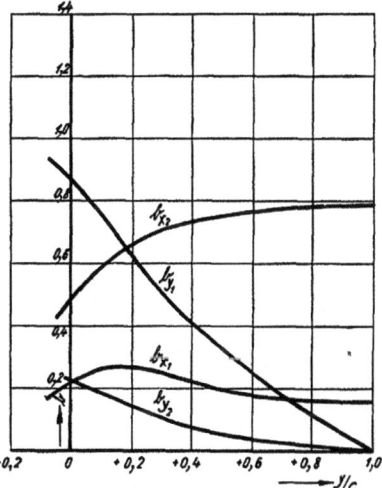

Bild 19. Induktionsverlauf für $a/c = \frac{1}{2}$. Hauptachsen auf der Linie $x = a$.

Bild 20. Induktionsverlauf für $a/c = \frac{1}{2}$. Komponenten auf der Linie $x = a/2$.

dieser Quotient 0, so erhält man den Fall der wechselnden Magnetisierung in nur einer Richtung; wird er 1, so geht das elliptische in ein kreisförmiges Drehfeld über.

Es soll nunmehr die topographische Verteilung von $\mathfrak{b}_I$ und $\mathfrak{b}_{II}$ in der $\mathfrak{z}$-Ebene ermittelt werden. Nach den Gleichungen (4) und (6) bzw. (12) und (13) sind die Induktionskompo-

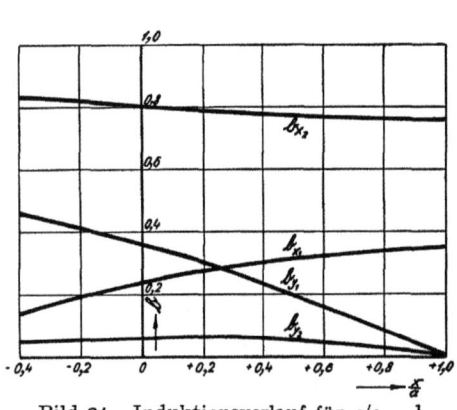

Bild 21. Induktionsverlauf für $a/c = \frac{1}{2}$. Komponenten auf der Linie $y = c/2$.

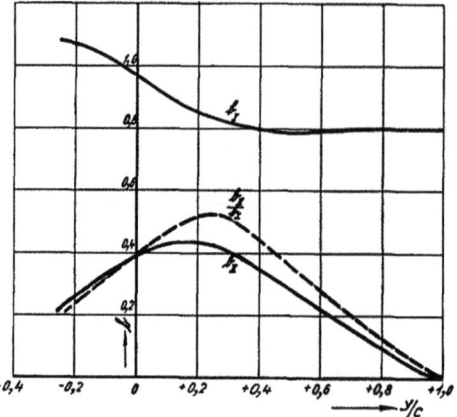

Bild 22. Induktionsverlauf für $a/c = \frac{1}{2}$. Hauptachsen auf der Linie $x = a/2$.

nenten für $\omega t = 0$ bzw. $\pi/2$ in der $\mathfrak{w}$-Ebene bekannt. Den Zusammenhang zwischen der $\mathfrak{w}$- und der $\mathfrak{z}$-Ebene liefern die Feldkurven der Bilder 9 bis 14.

Man trägt also beispielsweise im Falle $a/c = \frac{1}{2}$ die $\mathfrak{b}$, d.h. $\mathfrak{b}_{x_1}$, $\mathfrak{b}_{x_2}$, $\mathfrak{b}_{y_1}$, $\mathfrak{b}_{y_2}$ in Abhängigkeit von φ für verschiedene Werte von ψ auf (Bilder 15 bis 18), legt durch das betrachtete Gebiet der $\mathfrak{z}$-Ebene (Bilder 9 und 11) die drei Geraden $x = a$, $x = a/2$, $y = c/2$ und bestimmt in ihren Schnittpunkten mit den Linien $\psi = $ konst. durch Interpolation die Werte von φ. In analoger Weise wurden die $\mathfrak{b}$ auch an den Schnittpunkten der drei Geraden mit den Linien $\varphi = $ konst. bestimmt und

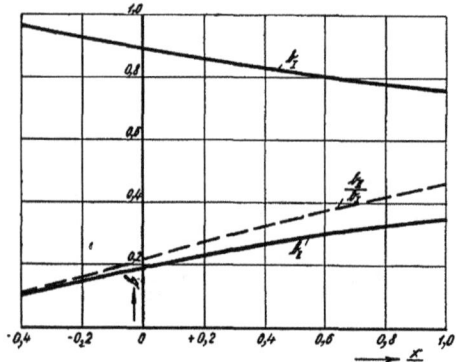

Bild 23. Induktionsverlauf für $a/c = \frac{1}{2}$. Hauptachsen auf der Linie $y = c/2$.

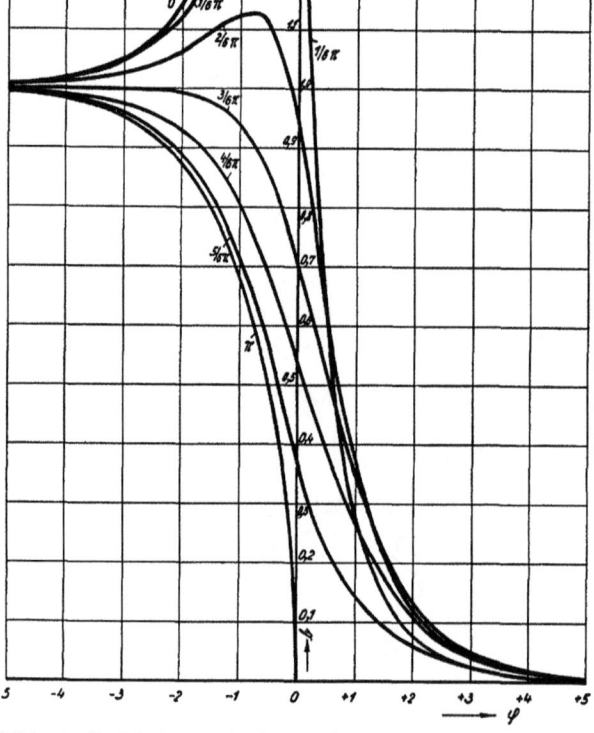

Bild 24. Induktionsverlauf für $a/c = 1$. b_{x_1} bzw. b_{y_1} in Abhängigkeit von $\varphi = +\varphi$; bzw. $\varphi = -\varphi$.

in Bild 19 für $x = a$, in Bild 20 für $x = a/2$ und in Bild 21 für $y = c/2$ in Abhängigkeit von y/c, bzw. x/a dargestellt. Für die Linie $x = a$ stellt Bild 19 gleichzeitig die Ellipsenachsen $\mathfrak{b}_I$ und $\mathfrak{b}_{II}$ dar; für $x = a/2$ und $y = c/2$ werden sie nach Gleichung (19) in den Bildern 22 und 23 angegeben und überall das Achsenverhältnis mit eingezeichnet.

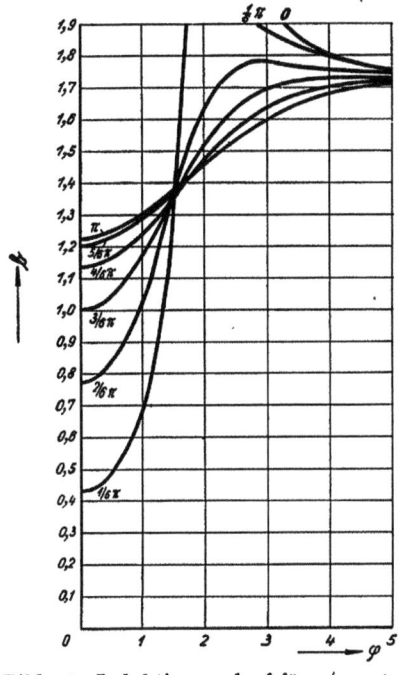 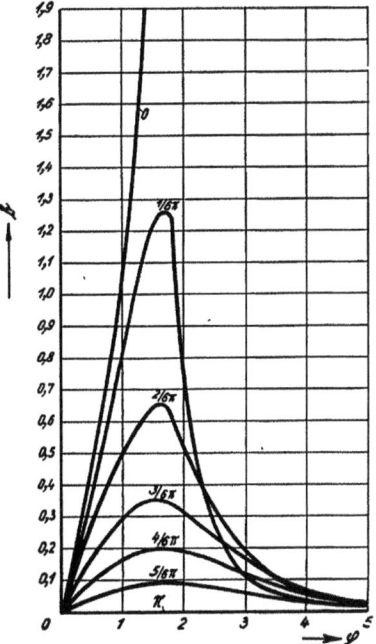

Bild 25. Induktionsverlauf für $a/c = 1$. $\mathfrak{b}_{x_2}$ in Abhängigkeit von φ.

Bild 26. Induktionsverlauf für $a/c = 1$. $\mathfrak{b}_{y_2}$ in Abhängigkeit von φ.

Auf dem gleichen Wege erhält man im Falle $a/c = 1$ die $\mathfrak{b}$ in Abhängigkeit von φ (Bilder 24 bis 26) sowie die Hauptachsen und das Achsenverhältnis auf den drei Geraden (Bilder 27 bis 29).

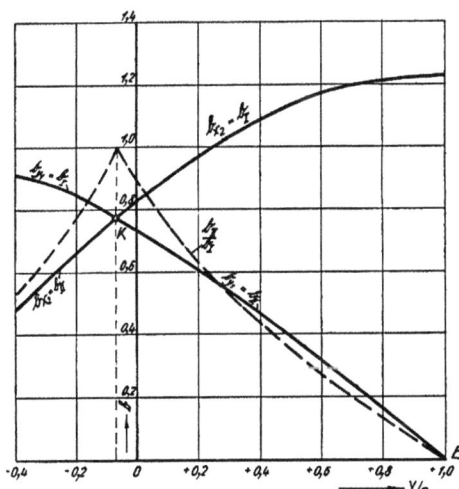 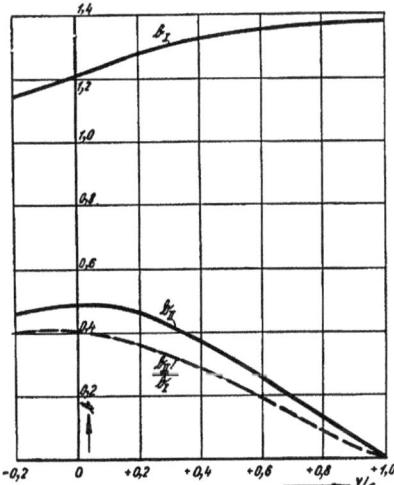

Bild 27. Induktionsverlauf für $a/c = 1$. Hauptachsen auf der Linie $x = a$.

Bild 28. Induktionsverlauf für $a/c = 1$. Hauptachsen auf der Linie $x = a/2$.

Nach diesen Kurvenbildern reicht das Gebiet der drehenden Magnetisierung — es sei durch ein Verhältnis $\mathfrak{b}_{II}/\mathfrak{b}_I > 0{,}2$ definiert — im Falle $a/c = \frac{1}{2}$ (Bilder 19, 22 und 23) bis etwa $y = -0{,}5a$ in den Schenkel und schließt im Joch ungefähr mit der Linie $x = 0$, also mit dem verlängerten Schenkelrande ab. Im Falle $a/c = 1$ erstreckt es sich naturgemäß noch tiefer (etwa $y = -0{,}7a$) in den Schenkel und etwas weniger weit in das Joch hinein (etwa bis $x = +0{,}2a$). Demnach wird das Gebiet drehender Magnetisierung mit zunehmender Jochhöhe im Verhältnis zu ihr kleiner. Nach einem Vergleich der Feldbilder $a/c = 0$ (Bilder 13 und 14) mit jenen für $a/c = \tfrac{1}{2}$ (Bilder 9 und 11) wächst z. B. auf der Mittellinie $B \to -i\infty$ die eine Hauptachse ($\mathfrak{b}_{y_1}$) mit c in Abhängigkeit von y/c; die andere ($\mathfrak{b}_{x_2}$) hingegen nimmt etwa proportional c ab, da die Felder der Bilder 11 und 14 topographisch nahezu gleich sind.

$\mathfrak{b}_{II}/\mathfrak{b}_I$ steigt schließlich vom oberen Jochrand aus auf den Linien $x = a/2$ und a schneller an, als es in den Schenkel hinein fällt; somit wird das Gebiet der drehenden Magnetisierung für $a/c = \tfrac{1}{2}$ bis 1 und darüber stets etwas größer als der über dem Mittelschenkel befindliche Jochbereich. Mit ihm wird $\varDelta$ (Bild 1 und 5) identifiziert und mit Jochhöhe × Schenkelbreite $= 2ac$ abgeschätzt. Damit stellt er normalerweise etwa 10 vH des gesamten Eisenkernes dar. Es würden demnach z. B. 10 vH Änderung der Eisenverluste in $\varDelta$ infolge von drehender Magnetisierung etwas mehr als 1 vH in den Eisenverlusten des ganzen Kernes ausmachen. In diesem Sinne sind die Meßergebnisse des folgenden Abschnittes zu werten.

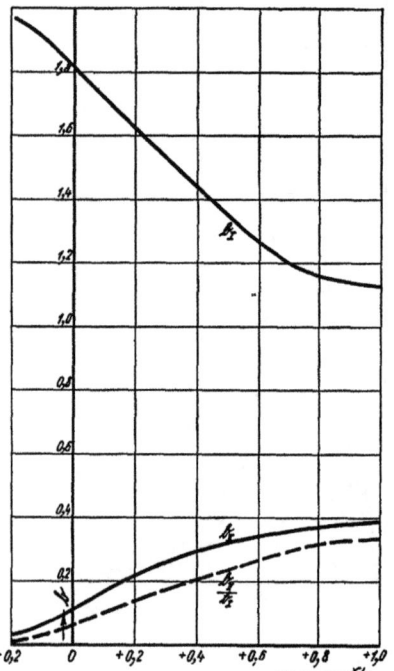

Bild 29. Induktionsverlauf für $a/c = 1$. Hauptachsen auf der Linie $y = c/2$.

II. Verluste.

1. Zusatzverluste des Drehstromtransformators.

Die Untersuchung des Verlustunterschiedes zwischen Ein- und Dreiphasentransformatoren wird hier auf die Fragestellung beschränkt, ob eine verschiedene Induktionsverteilung in den Eckgebieten H und $\varDelta$ (Bild 1) die Ursache ist. Hierbei ist zu bedenken, daß ein Einphasentransformator vier H, ein Drehstromtransformator vier H und zwei $\varDelta$ besitzt und daß sich die Eisengewichte beider Typen bei sonst gleicher Bauart etwa wie 1 : 1,5, d. h. wie die Anzahl ihrer Eckgebiete, verhalten. Es sind demnach die $\varDelta$ des Drehstromkernes mit den gleichen Gewichtsanteilen H des Einphasenkernes zu vergleichen, wobei die Größe der H ebenso wie die $\varDelta$ mit Jochhöhe × Schenkelbreite abgeschätzt wird. Außerdem sei die Untersuchung auf das Verhalten der Hysterese-Verluste beschränkt. Es ist hierbei an hochlegierte Eisenbleche gedacht, die im Transformatorenbau meist Verwendung finden und bei denen die Wirbelstromverluste bei 50 Per/s nur mit einem Anteil von 20 vH oder darunter auftreten. Deren Verhalten bei drehender Magnetisierung ist bekannt[1]. Sie wachsen proportional mit der Summe der Quadrate der Hauptachsen.

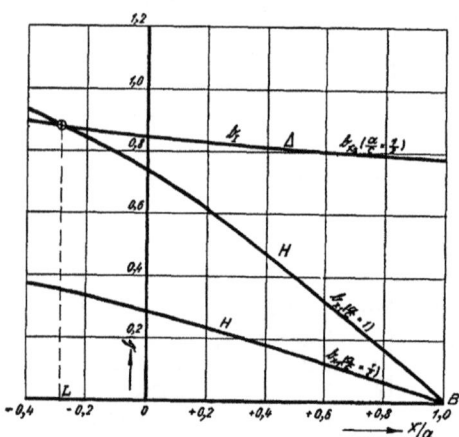

Bild 30. Maximale Sättigung am oberen Jochwand von H und $\varDelta$.

Bei dem Vergleich der H und $\varDelta$ sei zunächst von dem Einfluß der drehenden Magnetisierung abgesehen, angenommen, daß die Hysterese-Verluste nach Steinmetz pro-

[1] Vgl. M. Radt, Die Eisenverluste in elliptischen Drehfeldern. Dissertation. Karlsruhe 1910.

portional der 1,6ten Potenz von $\mathfrak{b}_{max}$ wachsen und mit dem Falle Jochhöhe = Schenkelbreite, also $a/c = 1$ für H (Bild 10) und $a/c = \frac{1}{2}$ für Δ (Bilder 9 und 11) begonnen. Hierfür vergleiche man den Verlauf von $\mathfrak{b}_{max}$ auf dem äußeren Schenkelrande von H und der Mittellinie von Δ. Aus Bild 19 ersieht man, daß hier die beiden $\mathfrak{b}_{max}$ ($\mathfrak{b}_{y_1}$ für $a/c = 1$; $\mathfrak{b}_I$ für $a/c = \frac{1}{2}$) unterhalb des Punktes K [$\mathfrak{b}_I = \mathfrak{b}_{II}$ für $a/c = \frac{1}{2}$ (Bilder 9 bis 11)] ungefähr gleich sind. Von hier an übernimmt in Δ das $\mathfrak{b}_I = \mathfrak{b}_{x_1}$ die Führung, so daß $\mathfrak{b}_{max}$ in B am oberen Jochrand bei Δ den Wert 0,78, bei H den Wert 0 annimmt. Auch auf dieser Linie wurde $\mathfrak{b}_{max}$ aus den Bildern 15 bis 18 und 24 bis 26 ermittelt und so in Bild 30 für Δ die Werte von $\mathfrak{b}_I$ [s. Gleichung (19)], für H die von $\mathfrak{b}_{x_1}$ in Abhängigkeit von x/a aufgetragen. Sie schneiden sich im Punkte L bei $\mathfrak{b}_{max} = 0,9$. Beide streben außerdem mit fallendem x/a dem Werte 1 zu und sind deshalb unterhalb L einander nahezu gleich. Die $\mathfrak{b}_{max}$ der H und Δ unterscheiden sich also in einem Gebiete, das für unsere Abschätzung durch das Dreieck LBK ($a/c = 1/2$) begrenzt sei. Seine mittlere Sättigung $\mathfrak{b}_m$

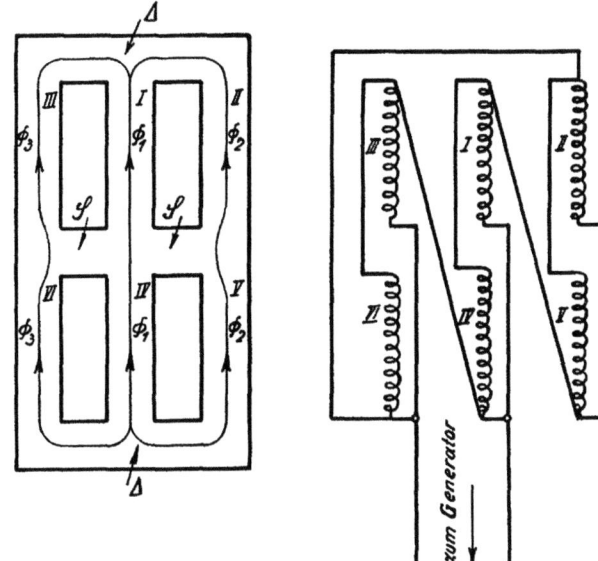

Bild 31. Sechsschenkliger Versuchskern. Flußverteilung bei dreiphasiger Erregung und zwei Δ.

sei gleich dem Mittelwerte der Induktion in den Eckpunkten, d. h.:

$$\begin{aligned}\text{für } H: \mathfrak{b}_{mH} &= 1/3 \cdot (0{,}90 + 0{,}60 + 0{,}00) = 0{,}50,\\ \text{für } \Delta: \mathfrak{b}_{m\Delta} &= 1/3 \cdot (0{,}90 + 0{,}78 + 0{,}60) = 0{,}76.\end{aligned} \quad (20)$$

Bei Δ ist sein Flächeninhalt F doppelt so groß zu werten wie bei H und so in beiden Gebieten der gleiche, d. h. es wird nach den Bildern 19 und 30: $F = 0{,}45\ \Delta$ bzw. H. Seine Verluste verhalten sich nach Gleichung (20) wie

$$\left(\frac{\mathfrak{b}_{mH}}{\mathfrak{b}_{m\Delta}}\right)^{1,6} = \left(\frac{0{,}50}{0{,}76}\right)^{1,6} = 0{,}50$$

und ergeben somit für das ganze Transformatorgebiet einen Zusatz:

$$v_w = 0{,}50 \cdot F \cdot 10 = 2{,}3 \text{ vH.} \quad (21)$$

Abgesehen von LBK ($a/c = \frac{1}{2}$) unterscheiden sich die Felder der H und Δ auch in der Nähe der Ecken A_1 und A_2. $\mathfrak{b}_{max}$ nimmt hier in beiden Fällen so hohe Werte an, daß die Induktion in Wirklichkeit gleichmäßiger als das potential-theoretisch errechnete Feld verteilt ist. Außerdem

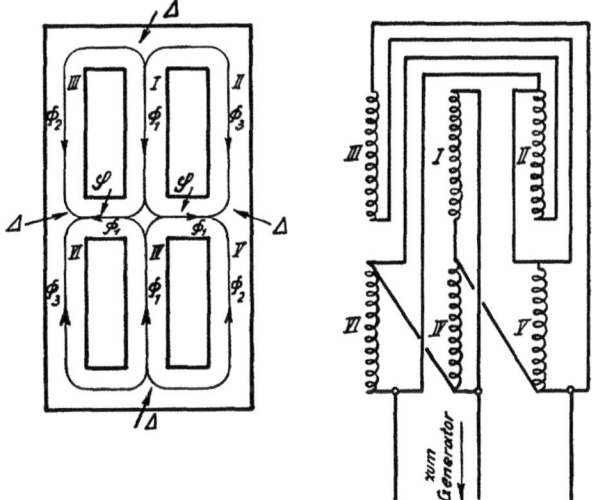

Bild 32. Sechsschenkliger Versuchskern. Flußverteilung bei dreiphasiger Erregung und vier Δ.

können nach einem Vergleich der betreffenden Felder (Bilder 9 bis 11) die Unterschiede nur gering sein, werden also in den Verlusten keinen größeren Unterschied als in

LBK ($a/c = \frac{1}{2}$) ausmachen. Schließlich ist hier in H die Sättigung etwas größer als in $\varDelta$, so daß v_w aus Gleichung (21) zum Teil wieder ausgeglichen wird.

Mit zunehmender Jochhöhe, also vor allem bei verstärktem Joch, rückt nach einem Vergleich der Fälle $a/c = 1$ und $\frac{1}{2}$ (Bilder 9 und 10) der Punkt K gegen den oberen Jochrand. Der dortige Induktionsverlauf (Bild 30) wird seinerseits in der Weise geändert, daß $\mathfrak{b}_{max} = \mathfrak{b}_{x_1}$ in H flacher ansteigt, während $\mathfrak{b}_{max} = \mathfrak{b}_l$ in $\varDelta$ seinen Charakter beibehält. Es stellt nämlich z. B. die mit eingezeichnete Kurve $\mathfrak{b}_{x_1}$ ($a/c = \frac{1}{2}$) das $\mathfrak{b}_{max}$ bei doppelter Jochverstärkung von H dar und nimmt u. a. in $x/a = 0$ den Wert 0,29 gegenüber 0,74 bei unverstärktem Joch an, ist also auf 39 vH gesunken. Aus diesem Grunde wird mit zunehmender Jochverstärkung LB größer, BK verhältnismäßig kleiner, weshalb wir im Mittel mit ähnlichen Zusatzverlusten v_w wie bei unverstärktem Joch [Gleichung (21)] zu rechnen haben.

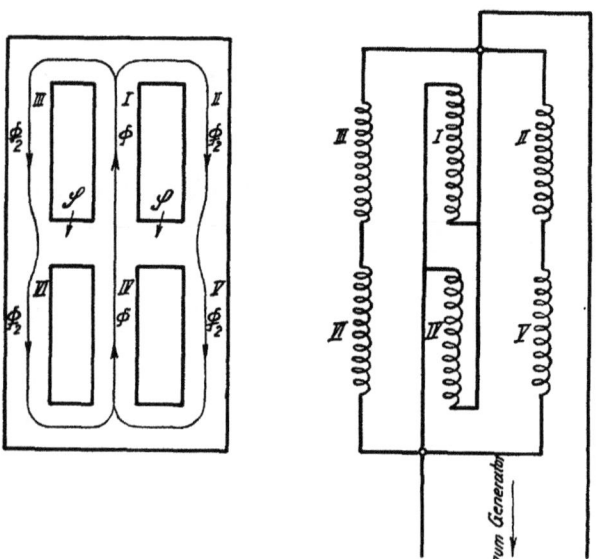

Bild 33. Sechsschenkliger Versuchskern. Flußverteilung bei einphasiger Erregung und ungesättigtem S.

Der physikalische Einfluß des in $\varDelta$ entstehenden Drehfeldes auf die Verlustziffer soll im folgenden durch Messung festgestellt werden. Hierzu dient der auf den Bildern 31 bis 34 schematisch dargestellte Versuchskern. Er besteht aus hochlegiertem Eisenblech (Qualität IV, 0,35 mm) und hat überall gleiche Querschnitte, deren Verhältnis zur Schenkellänge im Mittel dem von ausgeführten Transformatoren entspricht. Sein Gewicht beträgt 89 kg. Alle Schenkel sind mit gleichen Wicklungen versehen. Diese werden in Bild 31 mit 50 Per/s dreiphasig so erregt, daß die Flüsse $\varPhi_1$, $\varPhi_2$, $\varPhi_3$ sich wie in einem normalen Drehstromkern verteilen, die beiden Stege S also nahezu ungesättigt bleiben und zwei Gebiete $\varDelta$ vorhanden sind. Gibt man dagegen der Erregerschaltung die in Bild 32 dargestellte Form, so bilden die Flüsse vier $\varDelta$, und die S sind überall voll gesättigt. Der Unterschied $V_2 - V_1$ der zu diesen beiden Anordnungen gehörenden Verlustkurven V_1 und V_2 enthält demnach

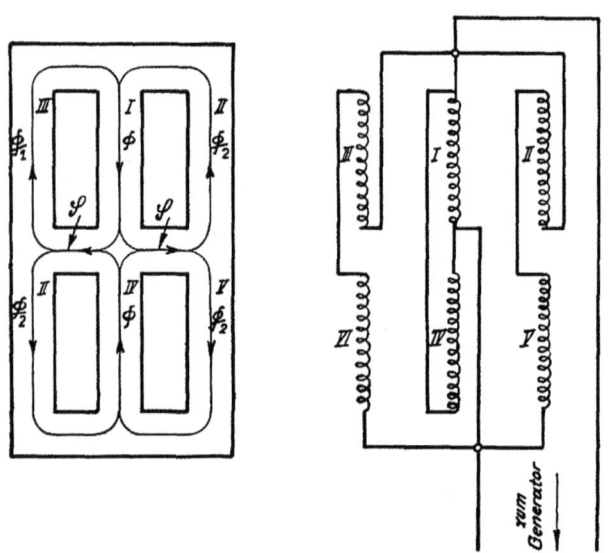

Bild 34. Sechsschenkliger Versuchskern. Flußverteilung bei einphasiger Erregung und gesättigtem S.

im wesentlichen sowohl etwaige, durch Drehmagnetisierung verursachte Zusatzverluste in zwei $\varDelta$, als auch die Verluste in S. Die letztgenannten liefern eine Messung mit den in den Bildern 33 und 34 gezeigten einphasigen Erregungen des Versuchskerns, da S bei der ersten

ungesättigt, bei der zweiten gesättigt bleibt. Die entsprechenden Verluste sind V_3 und V_4.
Die Zusatzverluste $V_\varDelta$ in zwei $\varDelta$ werden dann:

$$V_\varDelta = (V_2 - V_1) - (V_4 - V_3). \tag{22}$$

Die Meßergebnisse $V_2 - V_1$, $V_4 - V_3$ und $V_\varDelta$ sind in der nachfolgenden Zahlentafel in Abhängigkeit von $\overline{\mathfrak{B}}$ in Watt angegeben. Im Einphasenfall stellt hierbei $\overline{\mathfrak{B}}$ den Scheitelwert der Induktion im Mittelschenkel dar, indem die äußeren nur halb gesättigt waren. Die beiden $\varDelta$, um die sich die Flußbilder (Bilder 31 und 32) unterscheiden, enthalten $\varDelta = 7$ vH,

Zahlentafel der Meßergebnisse an dem sechsschenkligen Versuchskern.

Gauß $\overline{\mathfrak{B}}$	W V_1	W V_2	W V_2-V_1	W V_3	W V_4	W V_4-V_3	W $V_\varDelta$	vH v_d
3380	17,5	18,9	1,4	8,0	9,2	1,2	+ 0,2	+ 1,5
4230	25,5	27,4	1,9	11,8	13,5	1,7	+ 0,2	+ 1,1
5070	34,8	37,5	2,7	16,3	18,6	2,3	+ 0,4	+ 1,5
5920	44,5	48,0	3,5	21,1	24,1	3,0	+ 0,5	+ 1,5
6760	55,6	59,7	4,1	26,2	30,1	3,9	+ 0,2	+ 0,5
7610	68,1	73,3	5,2	32,0	36,9	4,9	+ 0,3	+ 0,6
8450	81,7	87,8	6,1	38,2	44,1	5,9	+ 0,2	+ 0,3
9300	96,3	103,5	7,2	45,1	51,9	6,8	+ 0,4	+ 0,5
10130	111,0	118,9	7,9	52,2	59,8	7,6	+ 0,3	+ 0,4
10440	117,1	126,2	8,9	54,8	63,0	8,2	+ 0,7	+ 0,8
10800	124,0	133,4	9,4	57,9	66,8	8,9	+ 0,5	+ 0,5
11140	130,6	140,8	10,2	61,2	70,4	9,2	+ 1,0	+ 1,0
11460	137,6	149,4	11,8	64,5	74,2	9,7	+ 2,1	+ 2,0
11820	146,0	157,9	11,9	67,8	78,0	10,2	+ 1,7	+ 1,5
12160	154,5	166,3	11,8	70,0	83,2	11,2	+ 0,6	+ 0,5
12490	163,1	174,8	11,7	75,8	87,8	12,0	− 0,3	− 0,25
12830	171,7	184,7	13,0	80,0	92,3	12,3	+ 0,7	+ 0,5
13170	181,7	196,2	14,5	84,0	97,2	13,2	+ 1,3	+ 1,0
13500	192,0	205,6	13,6	88,4	102,0	13,6	0,0	0,0
13840	202,1	216,6	14,5	92,2	106,8	14,6	− 0,1	− 0,1
14190	213,4	229,7	16,3	96,5	112,4	15,9	+ 0,4	+ 0,2
14520	223,8	241,3	17,5	101,3	118,4	17,1	+ 0,4	+ 0,2
14860	235,7	252,8	17,1	105,1	123,1	18,0	− 0,9	− 0,5
15200	246,1	262,9	16,8	109,8	127,6	17,8	− 1,0	− 0,5
15540	258,5	276,0	17,5	113,2	132,7	19,5	− 2,0	− 1,0
15870	266,0	282,0	16,0	118,0	138,3	20,3	− 4,3	− 2,2
16210	269,9	285,7	15,8	121,4	142,4	21,0	− 5,2	− 2,6
16550	281,9	302,9	21,0	125,0	147,1	22,1	− 1,1	− 0,5
16890	296,8	317,8	21,0	129,0	151,0	22,0	− 1,0	− 0,5

die Stege S ihrerseits $S = 5,3$ vH des Kerngewichtes. Um also $V_\varDelta$ in Beziehung zu den Verlusten eines normalen Drehstromtransformators ($\varDelta = 10$ vH) zu setzen, ist in der Zahlentafel auch:

$$v_d = \frac{V_\varDelta}{V_2} \cdot \frac{10}{7} \cdot 100 \text{ vH} \tag{23}$$

mit angegeben. Wie man sieht, wird im Mittel:

$$-2 \text{ vH} < v_d < +2 \text{ vH};$$

es liegt also in der Nähe der Meßgenauigkeit und ist nicht größer als v_w aus Gleichung (21).

Bei der Bewertung dieses Meßergebnisses ist nachzuprüfen, ob $V_\varDelta$, abgesehen von den physikalischen Bedingungen der Drehmagnetisierung, auch noch durch Verschiedenheiten der Induktionsverteilung bei den drei- und einphasigen Messungen der Bilder 31 bis 34 beeinflußt werden kann. Die zugehörigen Induktionen seien: $\beta_1, \beta_2, \beta_3, \beta_4$. Zunächst ist zu bedenken, daß die sich zwischen den Mittelschenkeln und den Stegen S ausbildenden Felder β_1

und β_3 auf der einen, sowie β_2 und β_4 auf der anderen Seite einander gleich sind, und die für den Fall $a/c = 1$ in den Bildern 12 und 10 gezeichneten Formen haben. Der Anteil dieses Bereiches an den $V_\varDelta$ wird demnach Null. Die Form von $\varDelta$ selbst ist dem Falle $a/c = \frac{1}{2}$ (Bilder 9 und 11) zu entnehmen, wobei die angrenzenden Außenschenkel an die Stelle der Joche, die Stege S an die des Mittelschenkels treten. Wenn man daher über S nach $\varDelta$ vorrückt, so bleibt bis zum Punkte K das $\beta_2 = \beta_4$, und ebenso verhalten sich die entsprechenden Anteile von V_2 und V_4. β_1 und β_3 hingegen werden etwa in der Mitte M von S Null. Vor diesem Punkte sind sie praktisch gleich; dahinter verhalten sie sich im gesamten Gebiete S und $\varDelta$ wie 2 : 1, da β_1 auf dem vollen, β_3 auf dem halben Fluß in den Außenschenkeln zu beziehen ist. So werden z. B. nach Bild 19 die Höchstwerte $\beta_{\max}$ in K:

$$\beta_{1\max} = \frac{2}{\sqrt{3}}\mathfrak{b}_{x_2} = 0{,}70; \qquad \beta_{2\max} = 0{,}60;$$
$$\beta_{3\max} = \frac{\beta_{1\max}}{2} = 0{,}35; \qquad \beta_{4\max} = 0{,}60. \qquad (24)$$

Der Anteil f an $V_\varDelta$ je Volumeneinheit und im Verhältnis zur Verlustziffer bei voller Sättigung ist nach Gleichung (22):

$$f = [(\beta_{2\max})^{1,6} - (\beta_{1\max})^{1,6}] - [(\beta_{4\max})^{1,6} - (\beta_{3\max})^{1,6}]. \qquad (25)$$

Diese relative Verlustziffer wird deshalb in M und K sowie auf der Grenze von S und $\varDelta$ in Q ($x = 0{,}5a$; $y = 0$) auf Grund von Gleichung (24) (Bilder 20 und 22):

$$f_M = 0, \quad f_K = -0{,}37, \quad f_Q = 0{,}19. \qquad (26)$$

Schätzt man die Gebiete zwischen M, Q und K in beiden S zusammen mit $0{,}5 S$ ab und bestimmt ihren Verlustunterschied durch eine Mittelwertbildung der dortigen f, so wird dieser Anteil u_S an v_d nach den Gleichungen (23) und (26):

$$u_S = \tfrac{1}{3}(f_M + f_Q + f_K)\frac{S}{2}\frac{10}{7} = -0{,}23 \text{ vH}. \qquad (27)$$

Bei der Abschätzung der entsprechenden Zusatzverluste $u_\varDelta$ in den beiden $\varDelta$ ist zu bedenken, daß $\beta_{1\max}$ und $\beta_{2\max}$ von B aus in die Außenschenkel hinein dem Werte $1{,}0$, $\beta_{3\max}$ und $\beta_{4\max}$ dem Werte $0{,}5$ zustreben. Diese Kurven sind in Bild 35 aus den Bildern 15 bis 18 in Abhängigkeit von x/a aufgetragen. Nach ihrem Verlauf muß f [Gleichung (25)] als Funktion von x/a monoton gegen Null fallen und wird so in den Punkten B und P ($x = 0$, $y = c$):

$$f_B = +0{,}11, \qquad f_P = +0{,}05. \qquad (28)$$

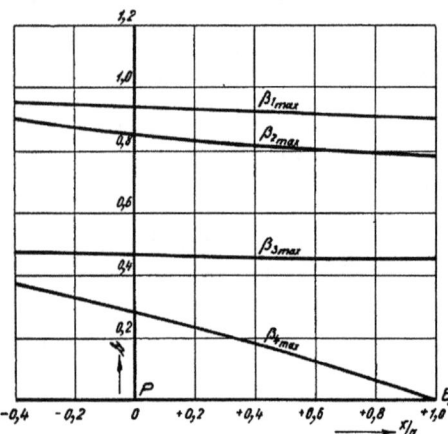

Bild 35. Maximale Sättigungen am äußeren Schenkelrand des sechsschenkligen Versuchskernes.

Eine Mittelwertbildung aus den Gleichungen (26) und (28) ergibt in $\varDelta$ eine mittlere relative Verlustziffer, aus der man in analoger Weise, wie in Gleichung (27), erhält:

$$u_\varDelta = \tfrac{1}{4}(f_K + f_B + f_P + f_Q)\cdot 10 = -0{,}05 \text{ vH}. \qquad (29)$$

Der Einfluß der Verschiedenheiten der Induktionsverteilung der Bilder 31 bis 34 in S und $\varDelta$ auf das in der Zahlentafel angegebene Meßergebnis von v_d wird nunmehr nach den Gleichungen (27) und (29) zu:

$$u_\varDelta + u_S = -0{,}28 \text{ vH} \qquad (30)$$

abgeschätzt, liegt also weit innerhalb der Meßgenauigkeit und über dem gesamten Bereich von $\overline{\mathfrak{B}}$ innerhalb der Schwankung ± 2 vH von v_d.

Aus der berechneten Induktionsverteilung lassen sich natürlich die v_w, u_S und $u_\varDelta$ statt aus der Mittelwertbildung über einige charakteristische Feldpunkte auch durch eine topographische Bestimmung der entsprechenden Verlustunterschiede und nachfolgende graphisch-numerische Integration genau feststellen. Doch reicht die Abschätzung für die vorliegenden Zwecke aus.

Die Werte V_2 der Zahlentafel geben die Verluste des Versuchskernes bei Drehstromerregung und in der Flußverteilung nach Bild 32, also bei im Mittel überall voll gesättigtem Eisen und mit vier Gebieten Δ an. Diese enthalten ihrerseits 14 vH des gesamten Eisengewichtes (89 kg), d. h. rund 40 vH mehr als in einem gewöhnlichen Drehstromkern. Trotzdem gibt V_2 mittlere Werte der Verlustziffern von Epsteinproben (Qual. IV; 0,35), nämlich $v_{10} = 1,27$ W/kg, $v_{15} = 2,89$ W/kg, und bekundet so keinerlei Zusatzverluste des Mehrphasenkernes.

Zusammenfassend sei festgestellt, daß beim Vergleich der Verluste eines Ein- und eines Dreiphasentransformators infolge verschiedener Sättigungsverteilung in den Eckgebieten auf Grund der Feldberechnung keine größeren Zusatzverluste als $v_w =$ rund 2,3 vH auftreten können. Weiterhin zeigt die Messung, daß auch eine etwaige Abweichung der Verlustziffern bei drehender Hysterese von der bei wechselnder die Gesamtverluste jedenfalls nicht mehr als um etwa $v_d = \pm 2$ vH verändern kann. Beide Einflüsse lassen im Mittel nur etwa 3 vH Unterschied der Verluste drei- und einphasiger Typen zu, so daß ein darüber hinausgehender Betrag in anderen Eigenheiten begründet sein muß.

2. Zusatzverluste des Eisens bei drehender Magnetisierung.

Zum Schluß sei das vorhandene Zahlenmaterial dazu verwendet, um ein überschlägiges Bild über die Höhe der Verlustziffer eines Drehfeldes im allgemeinen zu gewinnen. Wie man aus dem Verlauf der Hauptachsen $\mathfrak{b}_I$ und $\mathfrak{b}_{II}$ sowie von $\mathfrak{b}_{II}/\mathfrak{b}_I$ auf den einzelnen Bildern erkennt, ist diese drehende Magnetisierung in Δ sehr ungleichförmig. Im ganzen Feld besteht auf der Mittellinie ein Punkt K (Bilder 9 bis 12) kreisförmiger Magnetisierung $\mathfrak{b}_{II}/\mathfrak{b}_I = 1$), in dem $\mathfrak{b}_{max}$ zu gleicher Zeit sein Minimum annimmt und so im Falle $a/c = 1$ gleich 0,78, im Falle $a/c = \frac{1}{2}$ gleich 0,60 wird. Von K aus fällt $\mathfrak{b}_{II}/\mathfrak{b}_I$ nach allen Richtungen hin steil ab (Bilder 19 und 27), während $\mathfrak{b}_{max} = \mathfrak{b}_I$ in etwas schwächerem Maße ansteigt.

Zahlenmäßig findet man z. B. für den Fall $a/c = \frac{1}{2}$ durch eine Mittelwertschätzung über $\mathfrak{b}_{II}/\mathfrak{b}_I$ und $\mathfrak{b}_{max}$ für den gesamten Bereich von Δ:

$$(\mathfrak{b}_{II}/\mathfrak{b}_I)_{mittel} = 0,4; \quad (\mathfrak{b}_{max})_{mittel} = 0,8.$$

Wenn man deshalb v_d allein auf das Gebiet Δ und auf dessen $(\mathfrak{b}_{max})_{mittel}$ bezieht, so ist nach den Meßergebnissen der Zahlentafel eine Änderung der Eisenverlustziffer infolge Drehmagnetisierung gegenüber der bei wechselnder von höchstens:

$$f_d = \frac{v_d \cdot 10}{(\mathfrak{b}_{max})_{mittel}^{1,6}} = \frac{(\pm 2) \cdot 10}{(0,8)^{1,6}} = \pm 28 \text{ vH}$$

bei $(\mathfrak{b}_{II}/\mathfrak{b}_I)_{mittel} = 0,4$ möglich. Für ein Kreisdrehfeld $(\mathfrak{b}_{II}/\mathfrak{b}_I = 1)$ lassen sich hieraus natürlich keinerlei physikalische Folgerungen herleiten. Ebensowenig kommt in Frage, aus V_Δ in der Zahlentafel einen Schluß über das Verhalten von f_d in Abhängigkeit von $\mathfrak{B}$ zu ziehen, da V_Δ, wie schon gesagt, nahe an den Grenzen der Meßgenauigkeit liegt.

Man könnte jedoch den sechsschenkligen Versuchskern so bemessen, daß die beiden betrachteten Gebiete Δ einen wesentlich größeren Anteil V_Δ an den Gesamtverlusten V_1 bis V_4 haben; damit ließe sich ein etwaiger Unterschied der Verlustziffern wechselnder und drehender Magnetisierung noch wesentlich genauer abgrenzen.

Komplexe und ebene Vektorrechnung in der Wechselstromtechnik.

Von A. Byk.

Zur Klärung der Beziehungen zwischen der Darstellung der Wechselstromgrößen als Vektoren und komplexe Größen werden beide Arten von Ausdrücken auf den übergeordneten Begriff der Quaternionen zurückgeführt. Die Grundlagen der Quaternionenrechnung werden, soweit hierfür erforderlich, dargelegt. Vektoren und komplexe Grössen (Operatoren), insbesondere Spannung, Strom, Widerstand und Leitvermögen, lassen sich unter Abspaltung von dimensionslosen Einheitsvektoren ineinander überführen Die Leistungsoperatoren ergeben je nach ihrem Aufbau aus Strom- und Spannungs-Operatoren oder Vektoren eine verschiedenartige geometrische Deutung. Die Möglichkeit, in der komplexen Ebene alle Wechselstromgrößen unmittelbar gleichzeitig darzustellen, die in der reellen Vektorebene nicht vorhanden ist, beruht darauf, daß die komplexen Größen, nicht aber die Vektoren bezüglich der Multiplikation eine Gruppe bilden. Eine Konstruktion des Leitfähigkeitsvektors einer Reihenschaltung wird als Beispiel durchgeführt.

In der Wechselstromtechnik ist es üblich, mit Spannungs- und Stromgrößen sowie mit Widerständen, Leitfähigkeiten und Leistungen wie mit komplexen Zahlen zu rechnen. Indes hat die damit verbundene Einführung imaginärer Ausdrücke diesem Rechenverfahren den Vorwurf mangelnder Anschaulichkeit eingetragen, der auch durch Deutung der komplexen Größen als Repräsentanten gewisser Arten von Drehstreckungen (Operatoren) nicht völlig beseitigt werden konnte. Bei graphischen Darstellungen, bei denen es auf Anschaulichkeit ankommt, hat man daher dem Verfahren der Vektordiagramme den Vorzug gegeben, bei denen allerdings die gleichzeitige Darstellung aller Wechselstromgrößen Schwierigkeiten bietet. Die Erörterungen über das Verhältnis und die Berechtigung beider Verfahren[1] haben bisher zu keiner klaren Entscheidung geführt. So behauptet etwa Kafka, daß das Verhältnis zweier Vektoren selbst den Charakter eines Vektors habe, während Natalis[2] dies bestreitet. Klarheit über die Beziehungen der komplexen Größen und Vektoren wird sich dadurch gewinnen lassen, daß man einen Begriff einführt, der beide als Sonderfälle enthält. Es ist aber nicht nötig, einen derartigen erst zu bilden; er ist vielmehr seit langem in der reinen Mathematik in Gestalt der Hamiltonschen Quaternionen vorhanden. Da jedoch diese Hamiltonsche Ausgestaltung der Vektorrechnung, wohl mit Unrecht, in dem Ruf besonderer Schwierigkeit und Abstraktheit steht und die vorhandenen Darstellungen der Quaternionen dem hier vorliegenden Bedürfnis der Wechselstromtechnik natürlich nicht angepaßt sind, so mögen zunächst die Grundbegriffe der Quaternionenrechnung in einer für die Anwendung geeigneten Form kurz dargestellt werden.

I. Herleitung von Vektoren und komplexen Größen (Operatoren) aus den Quaternionen.

1. Quaternionen-Komponenten und ihre geometrische Deutung.

Das Quaternion wird in der gewöhnlichen dreidimensionalen Vektorrechnung durch die Forderung eingeführt, eine Operation anzugeben, die einen Vektor beliebiger Größe und Richtung in einen anderen Vektor von ebenfalls beliebiger Größe und Richtung über-

---

[1] Vgl. z. B. Kafka u. Natalis, ETZ Bd. 46, S. 636. 1925. [2] a. a. O. S. 637, 2. Spalte.

führt. Die Überführung des ersten Vektors in den zweiten hängt offenbar von einer Überführung in seine Richtung und einer Vergrößerung bzw. Verkleinerung seines Betrages ab. Die erste Teiloperation braucht zu ihrer Kennzeichnung drei Daten, etwa zwei Winkel zur Festlegung der Drehachse, die senkrecht zur gemeinschaftlichen Ebene der beiden Vektoren steht, und einen Winkel, der die Größe der Drehung angibt. Die zweite Teiloperation wird durch eine einzige Größe, das Verhältnis der beiden Beträge der Vektoren, gekennzeichnet. Der Name Quaternion rührt daher, daß vier Größen zur vollständigen Kennzeichnung der Überführung des einen in den anderen Vektor erforderlich sind.

Es seien δ, ε, ζ die Winkel der Drehachse mit den rechtwinkligen Achsen eines rechtshändigen Koordinatensystems, wobei also

$$\cos^2\delta + \cos^2\varepsilon + \cos^2\zeta = 1 \tag{1}$$

ist. Es sei ϑ der Drehungswinkel und T das Verhältnis des Betrages des resultierenden Vektors zu dem des ursprünglichen. Diese fünf Größen stellen unter Berücksichtigung der Beziehung (1) die vier Bestimmungsgrößen des Quaternions dar. Hierzu kann jedoch auch ein beliebiges anderes Quadrupel von unabhängigen Größen gewählt werden. Eine für die Rechnung besonders geeignete Art von Bestimmungsstücken erhält man durch die Bemerkung, daß eine Drehung, wie man aus der Kinematik weiß, einen Vektor darstellt und daß die Änderung des Betrages jedenfalls skalaren Charakter besitzt. Es liegt daher nahe, die ganze Operation der Überführung des ersten Vektors in den zweiten mit Hilfe eines Vektors und eines Skalars in der Form darzustellen:

$$Q = A \cdot \mathfrak{i} + B \cdot \mathfrak{j} + C \cdot \mathfrak{k} + D. \tag{2}$$

Dabei bedeuten $\mathfrak{i}$, $\mathfrak{j}$, $\mathfrak{k}$ die Einheitsvektoren in der X, Y, Z-Richtung, A, B, C, D die Bestimmungsstücke des Quaternions Q. Hierbei sollen aber nicht etwa A, B, C die Komponenten des Drehungsvektors und D das Verhältnis T darstellen, da dann das Additionszeichen vor D ja gar keinen Sinn haben würde. Vielmehr bleibt die Beziehung der Bestimmungsstücke des Quaternions zur Drehung und Betragsänderung des ursprünglichen Vektors noch zu ermitteln bzw. festzusetzen.

Einen bestimmten Sinn erhält die Addition eines Vektors und eines Skalars erst dadurch, daß man geeignete Regeln für die Anwendung des Operators Q des Quaternions auf den Operanden, den ursprünglichen Vektor, angibt. Als Operation, der dieser Vektor unterworfen wird, wenn man auf ihn die Operation Q zwecks Überführung in den resultierenden Vektor anwendet, werde eine gliedweise, also distributive Multiplikation seiner drei Komponenten mit den vier Komponenten des Quaternions gewählt. Sind dann a_1, b_1, c_1 die Komponenten des ursprünglichen Vektors $\mathfrak{V}_1$, a_2, b_2, c_2 die des resultierenden Vektors $\mathfrak{V}_2$, so muß also gelten

$$a_2 \cdot \mathfrak{i} + b_2 \cdot \mathfrak{j} + c_2 \cdot \mathfrak{k} = (A\mathfrak{i} + B\mathfrak{j} + C\mathfrak{k} + D) \cdot (a_1 \cdot \mathfrak{i} + b_1 \cdot \mathfrak{j} + c_1 \cdot \mathfrak{k}). \tag{3}$$

Zur Ausführung der Multiplikation auf der rechten Seite ist eine Festsetzung über die Produkte der Einheitsvektoren mit sich selbst und mit jedem der anderen beiden Einheitsvektoren nötig. Es wird besonders einfach sein, wenn man als Ergebnis der Multiplikation der beiden Einheitsvektoren $\mathfrak{i}$ und $\mathfrak{j}$ den dritten Einheitsvektor $\mathfrak{k}$ erhält, wenn man also setzt:

$$\mathfrak{i} \cdot \mathfrak{j} = \mathfrak{k}. \tag{4}$$

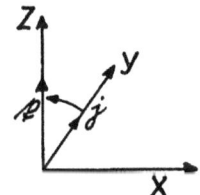

Bild 1. Operator $\mathfrak{i}$ in Anwendung auf Einheitsvektor $\mathfrak{j}$.

Der Operator $\mathfrak{i}$, auf den Einheitsvektor $\mathfrak{j}$ angewandt, bedeutet also eine Drehung des letztgenannten um den Betrag $\pi/2$ um die positive X-Achse herum ohne Änderung des Betrages. Der Sinn der Drehung erfolgt dabei, von der positiven X-Achse her betrachtet, entgegengesetzt dem Uhrzeiger, ist also mathematisch positiv (Bild 1). Der Operator wird dabei, da keine Dehnung auftritt, als reiner Versor und insbesondere wegen der Drehung um $\pi/2$ als Quadrantversor bezeichnet, und ebenso sind natürlich wegen der Gleichberechtigung der drei Achsen (Isotropie des Raumes) auch die Operatoren $\mathfrak{j}$ und $\mathfrak{k}$ zu bezeichnen.

Von dem Produkt $\mathfrak{ij}$ ist das Produkt $\mathfrak{ji}$ zu unterscheiden, da ja der erste Faktor als Operator der Drehung, der zweite als Operand, d. h. als der zu drehende Vektor, eine ganz andersartige Bedeutung haben. Entsprechend der Definition des Operators $\mathfrak{i}$ bedeutet der Operator $\mathfrak{j}$ offenbar eine Drehung ohne Dehnung oder Verkürzung in der Z-X-Ebene um $\pi/2$, und zwar in einem Sinn, der, von der positiven Y-Achse her betrachtet, entgegengesetzt dem Uhrzeiger erscheint. Wendet man diese Operation auf den Einheitsvektor $\mathfrak{i}$ in Richtung der positiven X-Achse an, so wird dieser offenbar (Bild 2) in den Einheitsvektor der Richtung der negativen Z-Achse, also in $-\mathfrak{k}$ übergeführt, so daß

$$\mathfrak{ji} = -\mathfrak{k} \tag{5}$$

wird. Das Produkt zweier verschiedener Einheitsvektoren ändert somit sein Vorzeichen bei Umkehrung der Reihenfolge der Faktoren. Wegen der Gleichberechtigung der drei Koordinatenachsen folgen aus den Gleichungen (4) und (5) ohne weiteres die Beziehungen

$$\mathfrak{j} \cdot \mathfrak{k} = \mathfrak{i}, \tag{6}$$
$$\mathfrak{k} \cdot \mathfrak{j} = -\mathfrak{i}, \tag{7}$$
$$\mathfrak{k} \cdot \mathfrak{i} = \mathfrak{j}, \tag{8}$$
$$\mathfrak{i} \cdot \mathfrak{k} = -\mathfrak{j}. \tag{9}$$

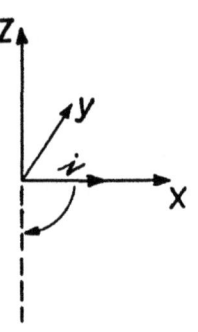

Bild 2. Operator $\mathfrak{j}$ in Anwendung auf Einheitsvektor $\mathfrak{i}$.

Einsetzen von Gleichung (9) in Gleichung (4) liefert, wenn man der Multiplikation der Einheitsvektoren die Eigenschaft der Assoziativität zuschreibt,

$$-\mathfrak{i}(\mathfrak{i} \cdot \mathfrak{k}) = -(\mathfrak{i}^2) \cdot \mathfrak{k} = +\mathfrak{k}, \tag{10}$$

d. h. die zweimal wiederholte positive Drehung des Einheitsvektors der positiven Z-Achse um $\pi/2$ um die positive X-Achse herum führt ihn in den Einheitsvektor der negativen Z-Achse über (Bild 3). Aus Gleichung (10) ergibt sich so

$$\mathfrak{i}^2 = -1 \tag{11}$$

und wegen der Gleichberechtigung der drei Achsen ebenfalls

$$\mathfrak{j}^2 = -1, \tag{12}$$
$$\mathfrak{k}^2 = -1. \tag{13}$$

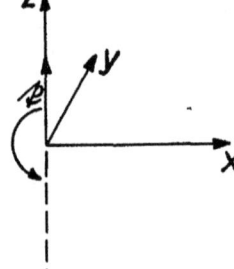

Bild 3. Zweimalige Anwendung des Operators $\mathfrak{i}$ auf den Einheitsvektor $\mathfrak{k}$.

Die Gleichungen (4) bis (9) und (11) bis (13) genügen zur Ausführung der Multiplikation auf der rechten Seite von Gleichung (3). Dabei ergibt sich

$$a_2 \mathfrak{i} + b_2 \mathfrak{j} + c_2 \mathfrak{k} = (c_1 B - b_1 C + a_1 D)\mathfrak{i} + (-c_1 A + a_1 C + b_1 D)\mathfrak{j} \left. \right\} \tag{14}$$
$$+ (b_1 A - a_1 B + c_1 D) \cdot \mathfrak{k} - (a_1 A + b_1 B + c_1 C).$$

Die Forderung der Gleichheit beider Seiten gibt vier lineare Gleichungen für A, B, C, D, durch deren Auflösung man erhält:

$$A = \frac{b_1 c_2 - b_2 c_1}{a_1^2 + b_1^2 + c_1^2} = \frac{[\mathfrak{V}_1 \mathfrak{V}_2]_x}{|\mathfrak{V}_1|^2} = \frac{|\mathfrak{V}_1| \cdot |\mathfrak{V}_2| \cdot \sin(\mathfrak{V}_1, \mathfrak{V}_2) \cdot \cos\{[\mathfrak{V}_1 \mathfrak{V}_2], x\}}{|\mathfrak{V}_1|^2} = T \sin(\vartheta) \cos(\delta). \tag{15}$$

Wegen der Gleichberechtigung der drei Achsen wird

$$B = \frac{c_1 a_2 - c_2 a_1}{a_1^2 + b_1^2 + c_1^2} = T \sin(\vartheta) \cdot \cos(\varepsilon), \tag{16}$$

$$C = \frac{a_1 b_2 - a_2 b_1}{a_1^2 + b_1^2 + c_1^2} = T \sin(\vartheta) \cdot \cos(\zeta), \tag{17}$$

$$D = \frac{a_1 a_2 + b_1 b_2 + c_1 c_2}{a_1^2 + b_1^2 + c_1^2} = \frac{(\mathfrak{V}_1 \mathfrak{V}_2)}{|\mathfrak{V}_1|^2} = \frac{|\mathfrak{V}_1| \cdot |\mathfrak{V}_2| \cdot \cos(\mathfrak{V}_1, \mathfrak{V}_2)}{|\mathfrak{V}_1|^2} = T \cos(\vartheta), \tag{18}$$

wobei $(\mathfrak{V}_1 \mathfrak{V}_2)$ das skalare, $[\mathfrak{V}_1 \mathfrak{V}_2]$ das vektorielle Produkt der beiden Vektoren bedeutet.

Die Gleichungen (15) bis (18) geben den Zusammenhang zwischen den Quaternionen-Komponenten und den die Überführung des ersten Vektors in den zweiten kennzeichnenden Winkel- und Dehnungsgrößen. Nach Gleichung (18) ist ein Quaternion ein reiner, skalarfreier Vektor nicht etwa bei Dehnungsfreiheit des Übergangs ($T = 1$), sondern vielmehr bei Wahl einer speziellen Drehung um $\pi/2$ bzw. $\tfrac{3}{2}\pi$ ($\cos\vartheta = 0$). Nach den Gleichungen (15) bis (17) fällt die Drehachse des Quadrantversors mit der des Vektors mit den Komponenten A, B, C zusammen.

Die Größen, die geometrisch den Übergang des einen Vektors in den anderen kennzeichnen, berechnen sich aus den Komponenten des Quaternions gemäß den Gleichungen (15) bis (18). Durch Addition der vier quadrierten Gleichungen erhält man

$$A^2 + B^2 + C^2 + D^2 = T^2 \sin^2(\vartheta) \cdot (\cos^2\delta + \cos^2\varepsilon + \cos^2\zeta) + T^2 \cos^2(\vartheta) = T^2(\sin^2\vartheta + \cos^2\vartheta) = T^2. \quad (19)$$

Aus Gleichung (18) folgt

$$\cos\vartheta = \frac{D}{T} = \frac{D}{\sqrt{A^2 + B^2 + C^2 + D^2}}. \quad (20)$$

ϑ ist hierdurch zunächst nur bis auf die Doppeldeutigkeit des Vorzeichens von $\sin\vartheta$ bestimmt, der in Gleichung (18) nicht enthalten ist. Aber auch die Gleichungen (15) bis (17) schaffen in dieser Beziehung keine Eindeutigkeit, da die gleichen Werte von A, B, C erhalten werden können, indem man gleichzeitig die Vorzeichen von $\sin\vartheta$, $\cos\delta$, $\cos\varepsilon$, $\cos\zeta$ umkehrt. In der Tat bekommt man bei dieser Umkehrung eine entgegengesetzt gerichtete Drehachse, für die eine bestimmte Drehung ihr Vorzeichen umkehrt. Der Einfachheit halber soll zunächst angenommen werden, daß $\sin\vartheta$ stets positiv sei, wobei dann neben dem Vorzeichen von ϑ auch die von $\cos\delta$, $\cos\varepsilon$, $\cos\zeta$ eindeutig werden. Aus den Gleichungen (15) bis (17) wird dann eindeutig

$$\sin\vartheta = +\sqrt{\frac{A^2 + B^2 + C^2}{A^2 + B^2 + C^2 + D^2}} \quad (21)$$

und

$$\cos\delta = \frac{A}{\sqrt{A^2 + B^2 + C^2}}, \quad (22)$$

$$\cos\varepsilon = \frac{B}{\sqrt{A^2 + B^2 + C^2}}, \quad (23)$$

$$\cos\zeta = \frac{C}{\sqrt{A^2 + B^2 + C^2}}. \quad (24)$$

Nicht jedes beliebige Wertequadrupel A, B, C, D liefert, als Operator auf einen beliebigen Vektor $\mathfrak{B}_1$ angewandt, einen Vektor. Dies wird offenbar nur dann der Fall sein, wenn die Drehachse des Operators auf der Richtung des Vektors senkrecht steht, wenn also

$$\cos\delta \cdot a_1 + \cos\varepsilon \cdot b_1 + \cos\zeta \cdot c_1 = 0,$$

bzw. nach den Gleichungen (15) bis (17), wenn

$$A \cdot a_1 + B \cdot b_1 + C \cdot c_1 = 0 \quad (25)$$

ist. Ist diese Gleichung nicht erfüllt, so hat die rechte Seite von Gleichung (3) zwar keinen Sinn mehr, wenn man den zweiten Faktor als Vektor, wohl aber, wenn man ihn als Operator auffaßt. Es ergibt sich dann nämlich bei der Multiplikation ein Quaternion, das den resultierenden Operator darstellt, wenn beide nacheinander auf einen dazu gemäß Gleichung (25) geeigneten Vektor angewandt werden. Dabei gelten für die Multiplikation die Rechenregeln der Gleichungen (4) bis (9) und (11) bis (13), unabhängig davon, ob der zweite Faktor einen Vektor oder einen speziellen Operator mit dem Drehungswinkel $\pi/2$ bedeutet.

Die in der Wechselstromtechnik auftretenden Vektoren lassen sich stets in einer einzigen Ebene unterbringen, als die die Y-Z-Ebene betrachtet sei. Ein solcher ebener Vektor hat dann die Form

$$\mathfrak{C}^* = B \cdot \mathfrak{j} + C \cdot \mathfrak{k}. \quad (26)$$

Nun ist hier, wegen $\cos\delta = 0$, $\cos^2(\varepsilon) + \cos^2(\zeta) = 1$, und da allgemein $\cos^2(\varepsilon) + \sin^2(\varepsilon) = 1$, auch $\cos^2(\zeta) = \sin^2(\varepsilon)$ bzw.

$$\cos(\zeta) = \pm \sin(\varepsilon). \tag{27}$$

Da bei reinen Quadrantversoren $|\sin\vartheta| = 1$ ist, und da nach S. 87 $\sin\vartheta$ positiv angenommen wird, so wird nach den Gleichungen (16) und (17):

$$B = T\cos(\varepsilon), \tag{28}$$
$$C = \pm T\sin(\varepsilon). \tag{29}$$

Schreibt man ε ein Vorzeichen zu, je nachdem der ebene Vektor von der positiven X-Achse her betrachtet, von der positiven Y-Achse aus auf kürzestem Wege durch eine positive oder negative Drehung erreicht wird, so kann man statt Gleichung (29) schreiben:

$$C = T\sin(\varepsilon). \tag{30}$$

Denn der so definierte $\sin\varepsilon$ hat in allen vier Quadranten das gleiche Vorzeichen wie $\cos\zeta$ (Bild 4).

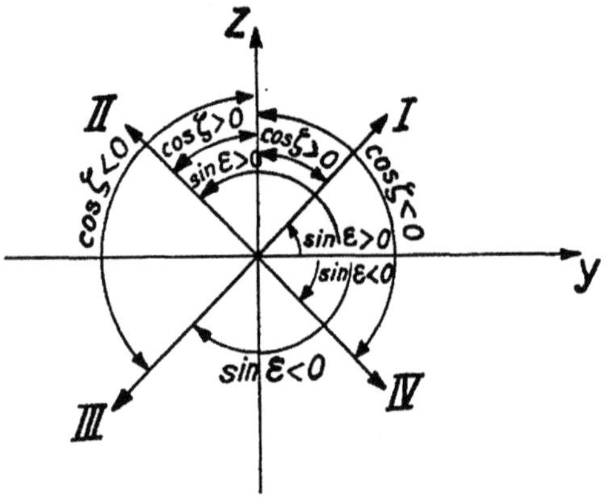

Mit den Gleichungen (28) und (30) wird Gleichung (26):

$$\left.\begin{array}{l}\mathfrak{C}^* = B\cdot\mathfrak{j} + C\cdot\mathfrak{k} = T(\cos(\varepsilon)\cdot\mathfrak{j} + \sin(\varepsilon)\cdot\mathfrak{k}) \\ = |\mathfrak{C}^*|\cdot\{\cos(\varepsilon)\cdot\mathfrak{j} + \sin(\varepsilon)\cdot\mathfrak{k}\},\end{array}\right\} \tag{31}$$

da nach Gleichung (19) hier

$$T = \sqrt{B^2 + C^2} = |\mathfrak{C}^*|. \tag{32}$$

Bild 4. Vorzeichen der sin und cos der Achsenwinkel in den vier Quadranten.

Ein ebener Vektor, der als Drehstrecker nach S. 87 eine Vierteldrehung um sich selbst als Achse bewirkt, wird daher durch seinen Betrag und seinen mit Vorzeichen versehenen Winkel ε mit der positiven Y-Achse dargestellt.

Von Quaternionen, die nicht reine Quadrantversoren sind, treten in der Wechselstromtechnik lediglich solche mit gleicher Drehungsachse auf, für die man die auf der für die ebenen Vektoren selbst reservierten Y-Z-Ebene senkrechte X-Achse anzunehmen hat. Da dann $\cos\varepsilon = \cos\zeta = 0$ und $\cos\delta = \pm 1$ wird, so hat der Operator die Form

$$\mathfrak{G} = A\cdot\mathfrak{i} + D,$$

und zwar ist nach den Gleichungen (15) und (18):

$$\left.\begin{array}{l}A = \pm T\sin\vartheta, \quad D = T\cdot\cos\vartheta, \\ \mathfrak{G} = T\{\cos(\vartheta) + \sin\vartheta(\pm\mathfrak{i})\}.\end{array}\right\} \tag{33}$$

Nimmt man als Drehachse stets die positive X-Achse und schreibt dem Winkel ϑ ein Vorzeichen vor, so tritt an Stelle von Gleichung (32)

$$\mathfrak{G} = T(\cos\vartheta + \mathfrak{i}\sin\vartheta). \tag{34}$$

Die durch Gleichung (34) gekennzeichneten Operatoren mit der X-Achse als gemeinschaftlicher Drehachse werden als kollinear bezeichnet; ein mit $\mathfrak{i}$ kollinearer Operator werde kurz ein kollinearer Operator genannt. Die Form (34), die einen Operator von durchaus reeller geometrischer Bedeutung darstellt, erinnert an die trigonometrische Darstellung einer komplexen Größe, mit der sie auch die Rechenregeln teilt, da nach Gleichung (11) für den Quadrant-Einheitsversor $\mathfrak{i}$ die gleiche Beziehung $\mathfrak{i}^2 = -1$ gilt wie für die imaginäre Einheit i. Entsprechend der Analogie mit den komplexen Größen kann man zwei Operatoren entgegengesetzt gleichen Winkels mit der positiven Y-Achse als konjugierte Operatoren bezeichnen, wobei $\overline{\mathfrak{G}}$ der zu $\mathfrak{G}$ konjugierte Operator sein soll.

2. Quaternionenprodukte.

Von Quaternionenprodukten treten in der Wechselstromtechnik die von ebenen Vektoren, kollinearen Operatoren und aus beiden gemischte Produkte auf. Für das Produkt zweier kollinearer Operatoren gilt nach den Regeln der komplexen Rechnung

$$T_1(\cos\vartheta_1 + i\sin\vartheta_1) \cdot T_2(\cos\vartheta_2 + i\sin\vartheta_2) = T_1 T_2 \{\cos(\vartheta_1 + \vartheta_2) + i\sin(\vartheta_1 + \vartheta_2)\}. \quad (35)$$

Das Produkt eines Vektors und eines kollinearen Operators wird nach den Regeln über die Produkte der Einheitsvektoren

$$T(\cos\vartheta + i\sin\vartheta) \cdot |\mathfrak{C}^*| \cdot \{(\cos\varepsilon)\cdot\mathfrak{j} + (\sin\varepsilon)\cdot\mathfrak{k}\} = T \cdot |\mathfrak{C}^*| \cdot \{\cos(\varepsilon+\vartheta)\cdot\mathfrak{j} + \sin(\varepsilon+\vartheta)\cdot\mathfrak{k}\}. \quad (36)$$

Als Produkt zweier ebener Vektoren $\mathfrak{A}^*$ und $\mathfrak{B}^*$ mit den Winkeln α und β ergibt sich nach den gleichen Regeln

$$\begin{aligned}\mathfrak{A}^* \cdot \mathfrak{B}^* &= |\mathfrak{A}^*| \cdot \{(\cos\alpha)\cdot\mathfrak{j} + (\sin\alpha)\cdot\mathfrak{k}\} \cdot |\mathfrak{B}^*| \cdot \{(\cos\beta)\cdot\mathfrak{j} + (\sin\beta)\cdot\mathfrak{k}\} \\ &= -|\mathfrak{A}^*|\cdot|\mathfrak{B}^*|\cdot\{\cos(\alpha-\beta) + \sin(\alpha-\beta)\,\mathfrak{i}\} \\ &= |\mathfrak{A}^*|\cdot|\mathfrak{B}^*|\cdot\{\cos(\alpha-\beta+\pi) + \sin(\alpha-\beta+\pi)\,\mathfrak{i}\}.\end{aligned} \quad (37)$$

Hierfür kann auch geschrieben werden

$$\mathfrak{A}^* \cdot \mathfrak{B}^* = -(\mathfrak{A}^*\mathfrak{B}^*) + [\mathfrak{A}^*\mathfrak{B}^*]. \quad (38)$$

Das Produkt eines Vektors $\mathfrak{C}^*$ mit dem Winkel ε und des Einheitsvektors $\mathfrak{j}$ wird nach den Gleichungen (12), (7) und (6)

$$\begin{aligned}\mathfrak{C}^* \cdot \mathfrak{j} &= |\mathfrak{C}^*|\{-\cos(\varepsilon) - \sin(\varepsilon)\cdot\mathfrak{i}\} \\ &= \mathfrak{j} \cdot |\mathfrak{C}^*| \cdot \{\cos(-\varepsilon)\cdot\mathfrak{j} + \sin(-\varepsilon)\cdot\mathfrak{k}\}.\end{aligned} \quad (39)$$

Das Produkt des zweiten und dritten Faktors auf der letzten Zeile stellt aber den ursprünglichen Vektor $\mathfrak{C}^*$ mit negativem Winkel gegen die Y-Achse dar oder das Spiegelbild dieses Vektors an der Y-Achse, das mit $\overline{\mathfrak{C}^*}$ bezeichnet werden soll. Also ist nach Gleichung (39):

$$\mathfrak{C}^* \cdot \mathfrak{j} = \mathfrak{j} \cdot \overline{\mathfrak{C}^*}. \quad (40)$$

3. Quaternionen-Quotienten.

Nach S. 86 ist die Reihenfolge der Faktoren eines Produkts zweier Quaternionen im allgemeinen nicht vertauschbar, nämlich nicht in allen den Fällen, in denen im Produkt die Produkte verschiedenartiger Einheitsvektoren auftreten. In den Ausdrücken

$$Q_1 = Q_2 \cdot v_1, \quad (41)$$
$$Q_1 = v_2 \cdot Q_2 \quad (42)$$

sind also im allgemeinen v_1 und v_2 voneinander verschiedene Quaternionen. Unter $1/Q = Q^{-1}$ versteht man eine Operation, die, nach der Operation Q auf einen geeigneten Vektor angewandt, den Vektor wieder in seine ursprüngliche Lage und auf seinen ursprünglichen Betrag zurückführt. Dies ist offenbar ein Quaternion, bei dem die Winkel δ, ε, ζ mit denen für das ursprüngliche Quaternion übereinstimmen und bei dem T in $1/T$, ϑ in $-\vartheta$ übergeht; bzw. wenn man an der Positivität von $\sin\vartheta$ festhält (S. 87), ein Quaternion mit gleichem Drehungswinkel ϑ, aber entgegengesetzter Richtung der Drehungsachse, also Umkehrung der Vorzeichen von $\cos\delta$, $\cos\varepsilon$, $\cos\zeta$. Dann ist $(1/Q)\cdot Q = 1$; denn die Multiplikation eines Vektors mit 1 läßt ihn unverändert.

Ist insbesondere Q ein reiner Vektor der Y-Z-Ebene von der Form

$$\mathfrak{C}^* = |\mathfrak{C}^*|\{\cos(\varepsilon)\cdot\mathfrak{j} + \sin(\varepsilon)\cdot\mathfrak{k}\},$$

ist also $T = |\mathfrak{C}^*|$, $\cos\delta = 0$, $\vartheta = \pi/2$, so tritt nach Gleichung (32) beim reziproken Vektor $1/|\mathfrak{C}^*|$ an Stelle von $|\mathfrak{C}^*|$ und $\vartheta = -\pi/2$ an Stelle von $\vartheta = +\pi/2$. Statt des Vorzeichens von ϑ kann man auch das von $\cos\varepsilon$ und $\cos\zeta = \sin\varepsilon$ umkehren, so daß

$$\frac{1}{\mathfrak{C}^*} = -\frac{1}{|\mathfrak{C}^*|}\{\cos(\varepsilon)\cdot\mathfrak{j} + \sin(\varepsilon)\cdot\mathfrak{k}\} = -\frac{\mathfrak{C}^*}{|\mathfrak{C}^*|^2}. \quad (43)$$

Für einen der Einheitsvektoren, z. B. $\mathfrak{j}$, wird insbesondere

$$\frac{1}{\mathfrak{j}} = -\mathfrak{j}. \tag{44}$$

Für den kollinearen Operator wird der Kehrwert

$$\frac{1}{T(\cos\vartheta + i\sin\vartheta)} = \frac{1}{T} \cdot (\cos\vartheta - i\sin\vartheta), \tag{45}$$

da

ist.
$$\frac{1}{T} \cdot (\cos\vartheta - i\sin\vartheta) \cdot T(\cos\vartheta + i\sin\vartheta) = 1$$

Wird die X-Achse in die Drehachse des Operators gelegt und ist $\mathfrak{c}$ der zugehörige Einheitsvektor, so läßt sich ein beliebiges Quaternion in der Form $T(\cos\vartheta + \mathfrak{c}\sin\vartheta)$ darstellen. Sein Kehrwert ist $\frac{1}{T}(\cos\vartheta - \mathfrak{c}\sin\vartheta)$, also wieder ein Quaternion mit entgegengesetzt gerichteter Drehachse.

Man multipliziere in Gleichung (41) beide Seiten mit $1/Q_2$, und zwar so, daß dieser Faktor auf beiden Seiten an vorderster Stelle steht; d. h. man denkt sich auf beiden Seiten nach den bereits dort stehenden Operationen noch die Operation $1/Q_2$ ausgeführt. Dann erhält man

$$\frac{1}{Q_2} \cdot Q_1 = \frac{1}{Q_2} \cdot Q_2 \cdot v_1 = v_1, \tag{46}$$

da die beiden ersten Faktoren auf der rechten Seite 1 liefern. Anderseits ergibt sich aus Gleichung (42) durch Multiplikation mit $1/Q_2$ als letztem Faktor, d. h. indem man zunächst die Operation $1/Q_2$ vornimmt und dann auf diese die übrigen Operationen folgen läßt,

$$Q_1 \cdot \frac{1}{Q_2} = v_2 \cdot Q_2 \cdot \frac{1}{Q_2} = v_2. \tag{47}$$

Die Doppeldeutigkeit des Quaternionenquotienten, die der des Produkts entspricht, findet also einen angemessenen Ausdruck, wenn man den Quotienten durch Einführung des Kehrwertes des Nenners in ein Produkt umwandelt und die Reihenfolge der Faktoren beachtet.

Unter den Quaternionenquotienten spielen in der Wechselstromtechnik die Hauptrolle der Quotient zweier kollinearer Operatoren $\mathfrak{A}$ und $\mathfrak{B}$ sowie der Quotient zweier ebener Vektoren $\mathfrak{A}^*$ und $\mathfrak{B}^*$; die zugehörigen Winkel seien in beiden Fällen mit α und β bezeichnet. Dann wird nach Gleichung (45):

$$\mathfrak{A} \cdot \frac{1}{\mathfrak{B}} = |\mathfrak{A}|(\cos\alpha + i\sin\alpha) \cdot \frac{1}{|\mathfrak{B}|}(\cos\beta - i\sin\beta) = \frac{|\mathfrak{A}|}{|\mathfrak{B}|}\{\cos(\alpha-\beta) + i\sin(\alpha-\beta)\}. \tag{48}$$

Da in Gleichung (48) keine Produkte verschiedener Einheitsvektoren auftreten, so ist

$$\mathfrak{A} \cdot \frac{1}{\mathfrak{B}} = \frac{1}{\mathfrak{B}} \cdot \mathfrak{A} = \frac{\mathfrak{A}}{\mathfrak{B}}, \tag{49}$$

und es ist nicht erforderlich, die Reihenfolge von Dividendus und Divisor zu unterscheiden. Nach Gleichung (43) wird, wenn wieder α und β die zu $\mathfrak{A}^*$ und $\mathfrak{B}^*$ zugehörigen Winkel sind:

$$\left.\begin{array}{l}\mathfrak{A}^* \cdot \dfrac{1}{\mathfrak{B}^*} = -|\mathfrak{A}^*|\{\cos(\alpha)\cdot\mathfrak{j} + \sin(\alpha)\cdot\mathfrak{k}\} \cdot \dfrac{1}{|\mathfrak{B}^*|}\{\cos(\beta)\cdot\mathfrak{j} + \sin(\beta)\cdot\mathfrak{k}\} \\ = \dfrac{|\mathfrak{A}^*|}{|\mathfrak{B}^*|}\{\cos(\alpha-\beta) + i\sin(\alpha-\beta)\}\end{array}\right\} \tag{50}$$

und

$$\frac{1}{\mathfrak{B}^*} \cdot \mathfrak{A}^* = \frac{|\mathfrak{A}^*|}{|\mathfrak{B}^*|}\{\cos(\alpha-\beta) - i\sin(\alpha-\beta)\}. \tag{51}$$

Kehrt man in Gleichung (50) die Vorzeichen der Winkel um, setzt also $\overline{\mathfrak{A}^*}$ statt $\mathfrak{A}^*$ und $\overline{\mathfrak{B}^*}$ statt $\mathfrak{B}^*$, so geht die rechte Seite in die von Gleichung (51) über, so daß

$$\overline{\mathfrak{A}^*} \cdot \frac{1}{\overline{\mathfrak{B}^*}} = \frac{1}{\mathfrak{B}^*} \cdot \mathfrak{A}^*. \tag{52}$$

Der Kehrwert eines Quotienten zweier ebener Vektoren $\dfrac{1}{\mathfrak{A}^* \cdot \frac{1}{\mathfrak{B}^*}}$ läßt sich nunmehr leicht angeben. Nach den Gleichungen (50) und (45) wird

$$\frac{1}{\mathfrak{A}^* \cdot \frac{1}{\mathfrak{B}^*}} = \frac{|\mathfrak{B}^*|}{|\mathfrak{A}^*|}\{\cos(\alpha-\beta) - i\sin(\alpha-\beta)\} = \frac{|\mathfrak{B}^*|}{|\mathfrak{A}^*|}\{\cos(\beta-\alpha) + i\sin(\beta-\alpha)\} = \mathfrak{B}^* \cdot \frac{1}{\mathfrak{A}^*}. \quad (53)$$

Die abgeleiteten Regeln über Multiplikation und Division von Vektoren gestatten unter Benutzung eines Einheitsvektors z. B. j durch beide Operationen von Vektoren zu Operatoren und umgekehrt überzugehen, d. h. in der Wechselstromtechnik den Standpunkt zwischen der vektoriellen Behandlung und der mit Hilfe komplexer Größen zu wechseln. Es ist nämlich

$$\mathfrak{A}^* = |\mathfrak{A}^*| \cdot \{\cos(\varepsilon) \cdot \mathfrak{j} + \sin(\varepsilon) \cdot \mathfrak{k}\} = |\mathfrak{A}^*|\{\cos\varepsilon + \sin(\varepsilon) \cdot i\} \cdot \mathfrak{j} = \mathfrak{A} \cdot \mathfrak{j}. \quad (54)$$

Ein ebener Vektor läßt sich durch einen kollinearen Operator von dem gleichen Betrage darstellen, dessen Drehungswinkel gleich dem Winkel des Vektors mit der Y-Achse ist und der auf den Einheitsvektor der positiven Y-Achse ausgeübt wird, wobei $\mathfrak{A}$ und $\mathfrak{A}^*$ die in diesem Verhältnis zueinander stehenden Operatoren und Vektoren bezeichnen.

Aus Gleichung (54) erhält man durch nachstehende Multiplikation beider Seiten mit $1/\mathfrak{j}$

$$\mathfrak{A} = \mathfrak{A}^* \cdot \frac{1}{\mathfrak{j}} = -\mathfrak{A}^* \cdot \mathfrak{j}. \quad (55)$$

Ein Operator kann also ersetzt werden durch das Verhältnis des in dem angegebenen Sinne zugehörigen Vektors zum Einheitsvektor der Y-Achse oder durch das Produkt des entgegengesetzt gerichteten zugehörigen Vektors mit dem Einheitsvektor der Y-Achse, wobei der Einheitsvektor in beiden Fällen der nachstehende Faktor ist.

II. Darstellung von Widerstand und Leitvermögen.
1. Scheinwiderstand und Leitvermögen als Vektorverhältnis.

Zur Darstellung von Strom und Spannung durch Vektoren kommt man bekanntlich dadurch, daß man den Wert jeder dieser Größen in ihrem zeitlichen Verlauf als Y-Komponente eines ebenen Vektors betrachtet, der sich mit gleichförmiger Winkelgeschwindigkeit um den Ursprung dreht. Die Vektoren können dann, wenn es sich um einwellige Ströme handelt, nach Betrag und Phase durch die entsprechenden Werte zur Zeit $t = 0$ gekennzeichnet werden. So erscheinen Strom und Spannung in der Form:

$$\mathfrak{J}^* = |\mathfrak{J}^*|\cos(\alpha_1) \cdot \mathfrak{j} + |\mathfrak{J}^*|\sin(\alpha_1) \cdot \mathfrak{k}, \quad (56)$$
$$\mathfrak{E}^* = |\mathfrak{E}^*|\cos(\alpha_2) \cdot \mathfrak{j} + |\mathfrak{E}^*|\sin(\alpha_2) \cdot \mathfrak{k}. \quad (57)$$

Nach dem Ohmschen Gesetz ist dann der Widerstand der Operator, der den Stromvektor in den Spannungsvektor überführt.

Nach den Gleichungen (42) und (47) wird

$$\mathfrak{E}^* = \mathfrak{W} \cdot \mathfrak{J}^* \quad (58)$$

bzw.

$$\mathfrak{E}^* \cdot \frac{1}{\mathfrak{J}^*} = \mathfrak{W}, \quad (59)$$

womit sich der Widerstand als das Verhältnis des Spannungs- und Stromvektors mit der Spannung als vorstehendem Faktor darstellt. Ein derartiger Operator aber ist nach Gleichung (50) im allgemeinen kein reiner Vektor, sondern ein Quaternion, d. h. die Summe eines Vektors und eines Skalars, insbesondere ein kollinearer Operator mit der zu der YZ-Ebene senkrechten X-Achse als Drehachse. Es ist also Natalis gegenüber Kafka in dem Sinne Recht zu geben, daß der Widerstand als Verhältnis zweier Vektoren kein reiner Vektor ist. Wenn aber Natalis und Behrend[1] meinen, daß dieses Verhältnis weder ein Vektor noch

---
[1] Wiss. Veröff. a. d. Siemens-Konzern I, 2, S. 66. 1921.

ein Skalar sei, so ist im Anschluß an die Definitionsgleichung (2) des Quaternions zu bemerken, daß in dem oben auseinandergesetzten Sinn in der Quaternionenrechnung das fragliche Verhältnis die Summe eines Vektors und eines Skalars darstellt. Dabei ist es nicht zulässig, wie Natalis es tut[1], einen Widerstand schlechthin als den Quotienten eines Spannungs- und eines Stromvektors zu bezeichnen, da ein solcher Quotient nach den vorhergehenden Darlegungen von vornherein doppeldeutig ist und erst durch die Formulierung der Gleichung (59) eine bestimmte Bedeutung gewinnt.

Nach Gleichung (50) wird

$$\mathfrak{W} = \frac{|\mathfrak{E}^*|}{|\mathfrak{J}^*|} \cdot \cos(\alpha_2 - \alpha_1) + \frac{|\mathfrak{E}^*|}{|\mathfrak{J}^*|} \cdot \sin(\alpha_2 - \alpha_1) \cdot \mathfrak{i} \,. \tag{60}$$

Wenn auch der Scheinwiderstand als Vektorverhältnis kein reiner Vektor ist, so kann doch mit ihm wie mit einem reinen Vektor graphisch operiert werden. Man braucht nur für Durchführung der betreffenden Konstruktion irgendeinen Vektor als Bezugsvektor festzulegen. Man kann dann alle Scheinwiderstände durch reine Vektoren darstellen, von denen angenommen wird, daß sie ein Vektorverhältnis zu dem betreffenden Bezugsvektor repräsentieren sollen. In dieser Weise verfährt Natalis[2]. Wenn dieser aber als Bezugsvektoren der Widerstände einen Bezugsstrom oder eine Bezugsspannung wählt, so wird dadurch die Dimension des Widerstandes in willkürlicher Weise verändert; er erscheint im ersten Falle als Spannung, im zweiten als Strom. Dazu kommt die Willkürlichkeit des Bezugsvektors selbst nach Größe und Richtung.

Die Quaternionenrechnung liefert einen von diesem Übelstande freien Weg zur Deutung der Scheinwiderstände als Vektoren. Nach Gleichung (55) läßt sich nämlich in Gleichung (60) schreiben:

$$\mathfrak{W} = \mathfrak{W}^* \cdot \frac{1}{\mathfrak{j}} \,, \tag{61}$$

wobei $\mathfrak{W}$ und $\mathfrak{W}^*$ einen zusammengehörigen kollinearen Operator und ebenen Vektor bedeuten. An Stelle des willkürlichen Bezugsstromes oder der Bezugsspannung von Natalis tritt also hier der dimensionslose Einheitsvektor $\mathfrak{j}$, und die Vektoren, mit denen operiert wird, sind von der Dimension eines Widerstandes.

Ganz ähnlich wie der Scheinwiderstand ist das Scheinleitvermögen zu behandeln. Das Leitvermögen $\mathfrak{L}$ ist beim Gebrauch ebener Vektoren der Operator, der den Strom- in den Spannungsvektor überführt, also

$$\mathfrak{J}^* = \mathfrak{L} \cdot \mathfrak{E}^*,$$

bzw.

$$\mathfrak{L} = \mathfrak{J}^* \cdot \frac{1}{\mathfrak{E}^*} \,.$$

Es kann auch als der dem Scheinwiderstand reziproke kollineare Operator aufgefaßt werden. Nach Gleichung (53) ist nämlich

$$\mathfrak{L} = \frac{1}{\mathfrak{W}} = \frac{1}{\mathfrak{E}^* \cdot \frac{1}{\mathfrak{J}^*}} = \mathfrak{J}^* \cdot \frac{1}{\mathfrak{E}^*} \,. \tag{62}$$

Will man das Leitvermögen wie vorher den Scheinwiderstand nicht durch einen Operator, sondern durch einen reinen Vektor darstellen, so wird man es wieder von der willkürlichen Dimensionsänderung und den willkürlichen Bezugsvektoren[3] durch Benutzung von dimensionslosen Einheitsvektoren als Bezugsvektoren freimachen können. Man hat nur nach Gleichung (55) zu setzen

$$\mathfrak{L} = \mathfrak{L}^* \cdot \frac{1}{\mathfrak{j}} \,, \tag{63}$$

---

[1] ETZ Bd. 46, S. 638, Gleichung 3. 1925.
[2] Die Berechnung von Gleich- und Wechselstromsystemen. 2. Aufl. S. 11, Gleichungen 9a) und 9b). Berlin 1924; im folgenden zitiert als: „Natalis, Ber."
[3] Vgl. Natalis, Ber. S. 11, Gleichungen 10a und 10b.

Komplexe und ebene Vektorrechnung in der Wechselstromtechnik. 93

wobei $\mathfrak{L}^*$ den zu dem kollinearen Operator $\mathfrak{L}$ zugehörigen ebenen Vektor bezeichnet. Zwischen den Widerstands- und Leitfähigkeitsvektoren $\mathfrak{W}^*$ und $\mathfrak{L}^*$ besteht nicht mehr die einfache reziproke Beziehung, wie sie nach Gleichung (62) zwischen den zugehörigen Operatoren besteht. Aus dieser folgt vielmehr mit Gleichung (61) und (63):

$$\mathfrak{L}^* \cdot \frac{1}{\mathfrak{j}} = \frac{1}{\mathfrak{W}^* \cdot \frac{1}{\mathfrak{j}}}. \tag{64}$$

Die Anwendung der Gleichungen (40) und (44) auf die linke Seite von Gleichung (64) und von Gleichung (53) auf die rechte Seite gibt

$$\overline{\mathfrak{L}^*} = -\frac{1}{\mathfrak{W}^*}. \tag{65}$$

2. Geometrische Deutung der komplexen Strom- und Spannungsgrößen.

Strom und Spannung können bekanntlich für den Zeitpunkt $t = 0$ auch als die reellen Teile der komplexen Größen

$$\mathfrak{J}' = |\mathfrak{J}'| \cos(\alpha_1) + |\mathfrak{J}'| \sin(\alpha_1) i = |\mathfrak{J}'| \cdot e^{i \alpha_1}, \tag{66}$$

$$\mathfrak{E}' = |\mathfrak{E}'| \cos(\alpha_2) + |\mathfrak{E}'| \sin(\alpha_2) i = |\mathfrak{E}'| \cdot e^{i \alpha_2} \tag{67}$$

aufgefaßt werden.

Ihr Quotient, der Scheinwiderstand des Wechselstromkreises, wird — nach den Regeln der Rechnung mit komplexen Größen —

$$\mathfrak{W}' = \frac{\mathfrak{E}'}{\mathfrak{J}'} = \frac{|\mathfrak{E}'|}{|\mathfrak{J}'|} e^{i(\alpha_2 - \alpha_1)} = \frac{|\mathfrak{E}'|}{|\mathfrak{J}'|} \sin(\alpha_2 - \alpha_1) i + \frac{|\mathfrak{E}'|}{|\mathfrak{J}'|} \cos(\alpha_2 - \alpha_1). \tag{68}$$

Der Ausdruck auf der rechten Seite von Gleichung (68) stimmt, da die Beträge der Vektoren und der zugehörigen komplexen Größen identisch sind, mit dem auf der rechten Seite von Gleichung (60) überein, mit dem Unterschiede, daß i in Gleichung (60) die reelle Bedeutung eines Quadrantversors hat, i in Gleichung (68) hingegen die imaginäre Einheit ist, wobei freilich sowohl i^2 wie $\mathfrak{i}^2$ gleich -1 ist.

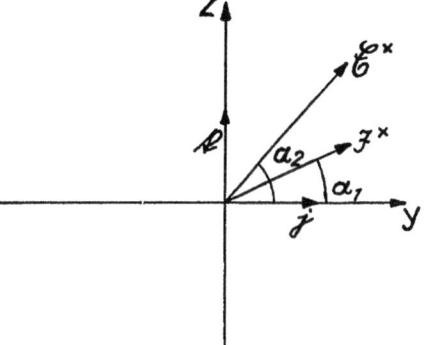

Die Analogie, die in der ebenen Vektorrechnung und in der komplexen Rechnung zwischen den Ausdrücken für die Widerstände besteht, läßt sich auch auf die Ausdrücke für Spannung und Strom ausdehnen, wenn man die Gleichungen (56) und (57) mittels Gleichung (54) umformt. Dann wird

$$\left.\begin{array}{l}\mathfrak{J}^* = |\mathfrak{J}^*| (\cos \alpha_1) \cdot \mathfrak{j} + |\mathfrak{J}^*| \cdot (\sin(\alpha_1) \cdot \mathfrak{k} \\ = \{|\mathfrak{J}| \cos \alpha_1 + |\mathfrak{J}| \sin \alpha_1 \cdot \mathfrak{i}\} \mathfrak{j} = \mathfrak{J} \cdot \mathfrak{j},\end{array}\right\} \tag{69}$$

$$\left.\begin{array}{l}\mathfrak{E}^* = |\mathfrak{E}^*| \cdot (\cos \alpha_2) \cdot \mathfrak{j} + |\mathfrak{E}^*| (\sin(\alpha_2) \cdot \mathfrak{k} \\ = \{|\mathfrak{E}| \cos(\alpha_2) + |\mathfrak{E}| \sin(\alpha_2) \mathfrak{i}\} \cdot \mathfrak{j} = \mathfrak{E} \cdot \mathfrak{j},\end{array}\right\} \tag{70}$$

Bild 5. Spannungs- und Strom-Operatoren als Verhältnisse der Vektoren zum Einheitsvektor.

wobei $\mathfrak{J}^*$, $\mathfrak{J}$ einerseits, $\mathfrak{E}^*$, $\mathfrak{E}$ anderseits je einen zusammengehörigen Vektor und Operator bezeichnen. Der Inhalt der geschweiften Klammern in den Gleichungen (69) und (70) stimmt, da $|\mathfrak{J}| = |\mathfrak{J}^*|$ und $|\mathfrak{E}| = |\mathfrak{E}^*|$ ist, bis auf die verschiedenartige Bedeutung von i und $\mathfrak{i}$, der imaginären Einheit und des Quadrantversors, die aber die gleichen Rechenregeln befolgen, mit den Gleichungen (66) und (67) überein.

Strom und Spannung können also auch als kollineare Operatoren statt als Vektoren angesehen werden, wobei man sich vorbehält, am Schlusse der Rechnung oder Konstruktion wieder zu den Vektoren überzugehen, indem man diese Operatoren auf den Einheitsvektor $\mathfrak{j}$ anwendet, d. h. den Einheitsvektor der Y-Achse entsprechend dreht und dehnt bzw.

verkürzt. Die Angleichung der Strom- und Spannungsvektoren an den Widerstandsoperator ist offenbar das umgekehrte Verfahren wie oben (S. 92) die Angleichung des Widerstandsoperators an die Spannungs- und Stromvektoren. Sind in Bild 5 die Vektoren $\mathfrak{J}^*$ und $\mathfrak{E}^*$ eingetragen, so stellen sich die Operatoren $\mathfrak{J}$ und $\mathfrak{E}$ als die Verhältnisse dieser Vektoren zum Einheitsvektor j dar.

Nach den Gleichungen (48) und (49) wird, da $\mathfrak{J}$ und $\mathfrak{E}$ die zu $\mathfrak{J}^*$ und $\mathfrak{E}^*$ gehörigen Operatoren sind,

$$\mathfrak{E} \cdot \frac{1}{\mathfrak{J}} = \frac{1}{\mathfrak{J}} \cdot \mathfrak{E} = \frac{\mathfrak{E}}{\mathfrak{J}} = \frac{|\mathfrak{E}|}{|\mathfrak{J}|} \{\cos(\alpha_2 - \alpha_1) + i \sin(\alpha_2 - \alpha_1)\}, \tag{71}$$

ein Ausdruck, der mit dem Widerstandsoperator übereinstimmt und sich nach Gleichung (60) als Vektorverhältnis ergibt. Die Darstellung des Widerstandes nach Gleichung (71) liefert ein vollständiges geometrisches Abbild der Berechnung des komplexen Scheinwiderstandes aus den komplexen Strom- und Spannungsgrößen.

III. Darstellung von Leistungen.

1. Leistungen als Quaternionenprodukte von ebenen Vektoren und von kollinearen Operatoren.

Neben Widerstand und Leitvermögen spielt in der Wechselstromtechnik als Funktion von Strom und Spannung die Leistung die Hauptrolle. Die Wirkleistung, der Energieverbrauch im Stromkreis, ist bekanntlich

$$W = \frac{\mathfrak{J}_0 \cdot \mathfrak{E}_0}{2} \cdot \cos(\alpha_2 - \alpha_1). \tag{72}$$

Der absolute Betrag der Blindleistung ist

$$N_b = \frac{\mathfrak{J}_0 \cdot \mathfrak{E}_0}{2} \cdot |\sin(\alpha_2 - \alpha_1)|, \tag{73}$$

endlich die Scheinleistung

$$N = \sqrt{W^2 + N_b^2} = \frac{\mathfrak{J}_0 \cdot \mathfrak{E}_0}{2}. \tag{74}$$

$\mathfrak{J}_0$ und $\mathfrak{E}_0$ sind dabei die Strom- und Spannungsamplituden, wobei

$$\mathfrak{J}_0 = |\mathfrak{J}| = |\mathfrak{J}^*| \tag{75}$$

und

$$\mathfrak{E}_0 = |\mathfrak{E}| = |\mathfrak{E}^*| \tag{76}$$

ist. Man hat diese Leistungsgrößen in Beziehung gesetzt einerseits zu dem Produkt der komplexen, symbolischen Spannungs- und Stromgrößen bzw. der entsprechenden reellen geometrischen Operatoren, anderseits zu dem Produkt der Spannungs- und Stromvektoren. Bei der komplexen bzw. Operatorendarstellung bestehen die Beziehungen[1]

$$\left.\begin{aligned}\frac{\overline{\mathfrak{J}} \cdot \mathfrak{E}}{2} &= \frac{|\mathfrak{J}| \cdot e^{-i\alpha_1} \cdot |\mathfrak{E}| \cdot e^{+i\alpha_2}}{2} = \frac{|\mathfrak{J}| \cdot |\mathfrak{E}|}{2} \cdot e^{i(\alpha_2-\alpha_1)} \\ &= \frac{|\mathfrak{J}| \cdot |\mathfrak{E}|}{2} \cos(\alpha_2 - \alpha_1) + \frac{|\mathfrak{J}| \cdot |\mathfrak{E}|}{2} \sin(\alpha_2 - \alpha_1) \cdot i,\end{aligned}\right\} \tag{77}$$

$$\left.\begin{aligned}\frac{\mathfrak{J} \cdot \overline{\mathfrak{E}}}{2} &= \frac{|\mathfrak{J}| \cdot e^{+i\alpha_1} \cdot |\mathfrak{E}| \cdot e^{-i\alpha_2}}{2} = \frac{|\mathfrak{J}| \cdot |\mathfrak{E}|}{2} e^{i(\alpha_1-\alpha_2)} \\ &= \frac{|\mathfrak{J}| \cdot |\mathfrak{E}|}{2} \cos(\alpha_2 - \alpha_1) - \frac{|\mathfrak{J}| \cdot |\mathfrak{E}|}{2} \sin(\alpha_2 - \alpha_1) \cdot i.\end{aligned}\right\} \tag{78}$$

Die absoluten Beträge der Größen auf den linken Seiten von Gleichung (77) und (78) werden hiernach gleich der Scheinleistung $N = \frac{|\mathfrak{J}| \cdot |\mathfrak{E}|}{2}$. Im übrigen wird man zweckmäßig die Gleichungen (77) oder (78) zur Definition der drei Leistungsgrößen wählen, je nachdem

---

[1] Vgl. Janet, Éclairage électrique Bd. 13, S. 529. 1897.

man die Definition der Scheinleistung auf den Scheinwiderstand oder auf das Scheinleitvermögen stützt. Man kann nämlich in Analogie zum Gleichstrom für einwelligen Wechselstrom die Scheinleistung entweder in der Form $\frac{|\mathfrak{J}|^2}{2}\cdot\mathfrak{W}$ oder in der Form $\frac{|\mathfrak{E}|^2}{2}\cdot\mathfrak{L}$ ansetzen, wobei nach Gleichung (60) $\frac{|\mathfrak{J}|^2}{2}\cdot\mathfrak{W}$ gleich der rechten Seite von Gleichung (77) wird. Dagegen ist nach den Gleichungen (62) und (45) im Verein mit Gleichung (71):

$$\frac{|\mathfrak{E}|^2}{2}\cdot\mathfrak{L} = \frac{|\mathfrak{E}|^2}{2}\cdot\frac{1}{\mathfrak{W}} = \frac{|\mathfrak{E}|\cdot|\mathfrak{J}|}{2}\cos(\alpha_2-\alpha_1) - \frac{|\mathfrak{E}|\cdot|\mathfrak{J}|}{2}\sin(\alpha_2-\alpha_1)\,i \qquad (79)$$

gleich der rechten Seite von Gleichung (78). $\overline{\mathfrak{J}}\cdot\mathfrak{E}/2$ ist also bei komplexer Auffassung eine komplexe Größe, deren absoluter Betrag gleich der Scheinleistung, deren Realteil gleich der Wirkleistung und deren reeller Faktor des Imaginärteils gleich der auf den Blindwiderstand basierten Blindleistung ist. Bei Betrachtung als Operator wird die Scheinleistung das Dehnungsverhältnis des Operators $\overline{\mathfrak{J}}\cdot\mathfrak{E}/2$. Für $\mathfrak{J}\cdot\overline{\mathfrak{E}}/2$ als Leistungsgröße tritt bei komplexer Auffassung an Stelle der auf den Blindwiderstand die auf das Blindleitvermögen basierte Blindleistung.

Zur Zurückführung der Leistungen auf Vektoren ist zu bemerken, daß nach Gleichung (37)
$$\mathfrak{E}^*\cdot\mathfrak{J}^* = -|\mathfrak{E}^*|\cdot|\mathfrak{J}^*|\cdot\cos(\alpha_2-\alpha_1) - |\mathfrak{E}^*|\cdot|\mathfrak{J}^*|\cdot\sin(\alpha_2-\alpha_1)\cdot i.$$

Ein Vergleich mit Gleichung (77), deren rechte Seite gleich $\frac{|\mathfrak{J}|^2}{2}\cdot\mathfrak{W}$ ist, ergibt, wenn man die Gleichungen (75) und (76) berücksichtigt, mit Gleichung (38)

$$\frac{|\mathfrak{J}|^2}{2}\cdot\mathfrak{W} = -\frac{1}{2}\cdot\mathfrak{E}^*\cdot\mathfrak{J}^* = +\frac{1}{2}(\mathfrak{E}^*\mathfrak{J}^*) - \frac{1}{2}[\mathfrak{E}^*\mathfrak{J}^*] = \frac{1}{2}(\mathfrak{J}^*\mathfrak{E}^*) + \frac{1}{2}[\mathfrak{J}^*\mathfrak{E}^*], \qquad (80)$$

die auf den Scheinwiderstand basierte Scheinleistung, wenn man von Spannungs- und Stromvektoren ausgeht. Das ist ein kollinearer Operator, dessen Skalarteil gleich dem halben skalaren Produkt der beiden Vektoren und dessen Vektorteil gleich dem halben Vektorprodukt des Strom- und Spannungsvektors ist.

Geht man vom Scheinleitvermögen aus, so ergibt, entsprechend einem Vergleich von Gleichung (79) mit Gleichung (38), die entsprechende Gleichung

$$\mathfrak{J}^*\cdot\mathfrak{E}^* = -|\mathfrak{J}^*|\cdot|\mathfrak{E}^*|\cdot\cos(\alpha_2-\alpha_1) + |\mathfrak{J}^*|\cdot|\mathfrak{E}^*|\cdot\sin(\alpha_2-\alpha_1)\cdot i$$

die Beziehung

$$\frac{|\mathfrak{E}|^2}{2}\mathfrak{L} = -\frac{1}{2}\cdot\mathfrak{J}^*\cdot\mathfrak{E}^* = \frac{1}{2}(\mathfrak{J}^*\mathfrak{E}^*) - \frac{1}{2}[\mathfrak{J}^*\mathfrak{E}^*] = \frac{1}{2}(\mathfrak{E}^*\mathfrak{J}^*) + \frac{1}{2}[\mathfrak{E}^*\mathfrak{J}^*]. \qquad (81)$$

Hier tritt also als Vektorteil des Operators das Vektorprodukt der beiden Vektoren — mit vertauschter Reihenfolge der Faktoren — auf. Betrag der Scheinleistung und Wirkleistung sind demnach auch hier die gleichen, ob man vom Scheinwiderstand oder vom Scheinleitvermögen ausgeht. Dagegen wechselt die Blindleistung ihr Vorzeichen.

2. Geometrische Deutung der Leistungen.

Die zusammengesetzten Operatoren $\frac{\overline{\mathfrak{J}}\cdot\mathfrak{E}}{2}$ und $-\frac{\mathfrak{E}^*\cdot\mathfrak{J}^*}{2}$ stellen natürlich die gleiche Operation dar und ebenso die zusammengesetzten, untereinander, aber nicht mit den beiden vorhergenannten identischen Operatoren $\frac{\mathfrak{J}\cdot\overline{\mathfrak{E}}}{2}$ und $-\frac{\mathfrak{J}^*\cdot\mathfrak{E}^*}{2}$. Dagegen sind die nacheinander auszuführenden Teiloperationen von $\frac{\overline{\mathfrak{J}}\cdot\mathfrak{E}}{2}$ einerseits und von $-\frac{\mathfrak{E}^*\cdot\mathfrak{J}^*}{2}$ anderseits durchaus voneinander verschieden, schon weil die erstgenannten Drehungen um die verschiedensten Winkel um die X-Achse herum, die letztgenannten dagegen nach S. 88 Quadrantversoren um die verschiedensten Achsen der Y-Z-Ebene darstellen. Während sich die Teiloperationen $\mathfrak{E}$ und $\overline{\mathfrak{J}}/2$, auf einen beliebigen Vektor der Y-Z-Ebene angewandt, durchaus in der Y-Z-Ebene selbst vollziehen, bringt die Teiloperation $\mathfrak{J}^*$ einen Vektor, auf den sie überhaupt anwendbar ist, aus der Y-Z-Ebene heraus, während die Teiloperation $-\frac{\mathfrak{E}^*}{2}$ ihn wieder in diese Ebene hineinbringt. Im einzelnen läßt sich das Zusammenwirken der beiden Teiloperatoren zu der gleichen zusammengesetzten Operation im ersten und zweiten Falle folgendermaßen verdeutlichen.

Man wählt für den Operator $\overline{\mathfrak{J}} \cdot \mathfrak{E}/2$ als Vektor, auf den er angewandt wird, einen Einheitsvektor $\mathfrak{z}^*$ innerhalb der Y-Z-Ebene in Richtung von $\mathfrak{J}^*$ (Bild 6). Bei der Operation $\mathfrak{E}$ ist der Drehungswinkel $\vartheta = \alpha_2$ und das Dehnungsverhältnis $|\mathfrak{E}|$, bei der dann folgenden Operation $\overline{\mathfrak{J}}/2$ der Drehungswinkel $-\alpha_1$, das Dehnungsverhältnis $|\mathfrak{J}|/2$. Es ergibt sich somit ein Vektor $\mathfrak{w}^*$ in Richtung von $\mathfrak{E}^*$ mit dem Betrage $\frac{|\mathfrak{J}| \cdot |\mathfrak{E}|}{2}$. Der Operator $-\frac{\mathfrak{E}^* \cdot \mathfrak{J}^*}{2}$ werde auf einen Einheitsvektor $\mathfrak{t}^*$ der Y-Z-Ebene $\perp \mathfrak{J}^*$ angewandt, wobei man von $\mathfrak{J}^*$ zu $\mathfrak{t}^*$ durch eine positive Drehung, von der negativen X-Achse her betrachtet, gelangen möge (Bild 6). Eine Anwendung zunächst des Operators $\mathfrak{J}^*$ auf $\mathfrak{t}^*$ ist möglich, weil $\mathfrak{t}^*$ senkrecht zu $\mathfrak{J}^*$ steht und weil der reine Vektor $\mathfrak{J}^*$, als Operator betrachtet, eine Vierteldrehung um seine eigene Richtung darstellt (vgl. S. 88). Dabei dreht sich, von der Seite von $\mathfrak{J}^*$ her betrachtet, $\mathfrak{t}^*$ um $\pi/2$ entgegengesetzt dem Sinne des Uhrzeigers, also nach unten in die negative X-Richtung. Die Drehung ist mit einer Dehnung $|\mathfrak{J}^*| = |\mathfrak{J}|$ verbunden. Der

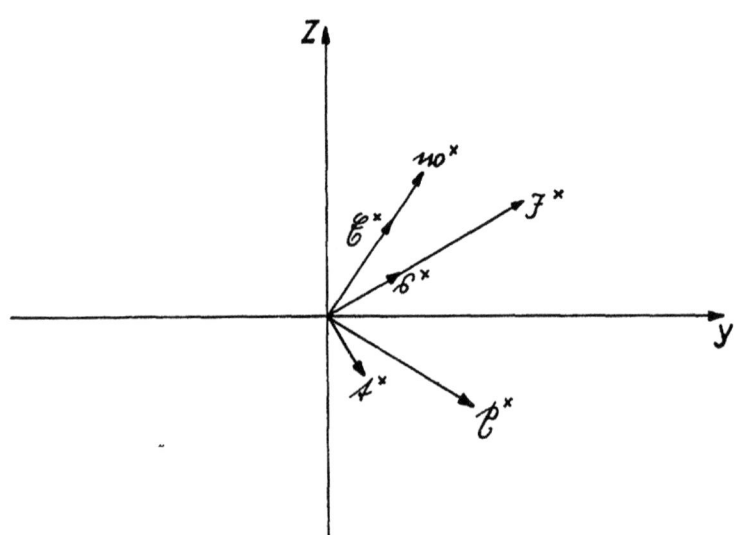

Bild 6. Wirkung der Leistungsoperatoren.

resultierende Vektor vom Betrage $|\mathfrak{J}|$ in Richtung der negativen X-Achse kann der Operation $-\frac{\mathfrak{E}^*}{2}$ unterworfen werden, da $\mathfrak{E}^*$ als Vektor der Y-Z-Ebene jedenfalls zur negativen X-Achse senkrecht steht, wobei $-\mathfrak{E}^*/2$ als reiner Vektor wieder eine Vierteldrehung um seine eigene Richtung darstellt. Diese Drehung um $\pi/2$ führt zu einem Vektor $\mathfrak{r}^*$ innerhalb der Y-Z-Ebene senkrecht zu $\mathfrak{E}^*$, wobei die Drehung, von $\mathfrak{E}^*$ her betrachtet, im Uhrzeigersinne erfolgt. Die Dehnung beträgt hierbei $|\mathfrak{E}^*|/2$, und der Betrag des resultierenden Vektors $\mathfrak{r}^*$ wird $|\mathfrak{J}^*| \cdot |\mathfrak{E}^*|/2$. Da

$$\mathfrak{r}^* \perp \mathfrak{w}^* \quad \text{und} \quad \mathfrak{t}^* \perp \mathfrak{z}^*, \tag{82}$$

$$|\mathfrak{r}^*| = |\mathfrak{w}^*| \quad \text{und} \quad |\mathfrak{t}^*| = |\mathfrak{z}^*|, \tag{83}$$

so sind die Operatoren $\overline{\mathfrak{J}} \cdot \mathfrak{E}/2$ und $-\mathfrak{E}^* \cdot \mathfrak{J}^*/2$, die also den gleichen Drehungswinkel um die X-Achse als gemeinschaftliche Drehachse und die gleiche Dehnung ergeben und beide die Scheinleistung auf Basis des Blindwiderstandes darstellen, miteinander identisch.

Ganz entsprechend gestalten sich die Verhältnisse für die auf das Blindleitvermögen basierten Leistungsoperatoren. Die beiden Operatoren, welche die Scheinleistung auf Grund des Blindwiderstandes und die beiden, die sie auf Grund des Blindleitvermögens darstellen, geben entgegengesetzt gleiche Drehungen um die gleiche Achse und Dehnungen des gleichen Betrages. Hierin findet das entgegengesetzte Vorzeichen der Blindleistungen in beiden Fällen seinen entsprechenden Ausdruck.

Da sich die Scheinleistungen in beiden Fällen durch die rein skalaren Faktoren $|\mathfrak{J}|^2/2$ bzw. $|\mathfrak{E}|^2/2$ aus den Operatoren $\mathfrak{W}$ bzw. $\mathfrak{L}$ herleiten, so muß für diese der gleiche Unterschied in den Winkeln bestehen, was nach Gleichung (62) in der Tat der Fall ist, da $\mathfrak{L} = 1/\mathfrak{W}$ und da nach Gleichung (45) die Winkel reziproker Operatoren einander entgegengesetzt gleich sind.

Bei der hier gegebenen Auffassung der Leistung als Quaternionenprodukt bzw. als Summe eines skalaren und eines Vektorprodukts sind, wie beim Scheinwiderstand und Leitvermögen, der skalare und vektorielle Anteil wesentlich voneinander verschieden. Das schließt natürlich nicht aus, daß man wie beim Widerstand und Leitvermögen auch die Leistungen durch einen eigentlichen Vektor mit zwei gleichwertigen Komponenten darstellen kann, wenn man aus dem Ausdruck für die Leistung einen Einheitsvektor als Bezugsvektor oder als Faktor absondert [vgl. Gleichung (55)]. Solange man aber das Produkt $-\mathfrak{J}^* \cdot \mathfrak{E}^*/2$ selbst als Ausdruck für die Leistung ansieht, darf man nicht, wie es Natalis[1] tut, die beiden Summanden der Gesamtleistung als gleichartig betrachten. Natalis[2] hat Widerstand und Leistung graphisch als Funktionen der Spannungs- und Stromvektoren behandelt. Die Widerstände werden dabei als Vektorverhältnisse angesehen, die einen Vektor durch gleichzeitige Drehung und Dehnung in einen anderen überführen. Jedoch fehlt bei Natalis die hier gegebene eingehende algebraische Behandlung auf Grund der Quaternionentheorie, welche die Stellung dieser Vektorverhältnisse zu den Vektoren einerseits, den komplexen Größen in reeller Deutung anderseits klarstellt. Die Leistungen werden bei Natalis als Vektorprodukte bezeichnet, wobei es sich allerdings nicht um Vektoren der Form $[\mathfrak{A}^*\mathfrak{B}^*]$ handelt[3]. Sie werden graphisch als Parallelogramme gedeutet. So ist die graphische Behandlung von Vektorverhältnissen und der von ihm sogenannten Vektorprodukte bei Natalis völlig verschiedenartig. Die Gleichartigkeit beider Arten von Größen, wie sie durch die Quaternionentheorie aufgedeckt wird und die gestattet, wie oben ausgeführt, die Scheinleistungen ebenfalls wie Scheinwiderstände als Drehstreckungen zu deuten, findet bei Natalis keinen Ausdruck, wenn auch von ihm gelegentlich[4] eine gewisse Übereinstimmung der Winkel von Vektorverhältnissen und Vektorprodukten bemerkt wird.

IV. Zusammenhang der analytischen und graphischen Verfahren der Wechselstromtechnik.

Die vorangehenden Entwicklungen gestatten nunmehr einen Überblick und eine Ergänzung der in der Wechselstromtechnik üblichen analytischen und graphischen Verfahren. Das gegenseitige Verhältnis von Quaternionen, ebenen Vektoren und kollinearen Operatoren bzw. komplexen Größen läßt sich besonders deutlich machen, wenn man sich der Ausdrucksweise der Gruppentheorie bedient. Eine Anzahl von Elementen, wie die hier genannten drei Größenarten, bilden bezüglich einer bestimmten Operation, z. B. Addition oder Multiplikation, eine Gruppe, wenn bei dieser Operation gewisse Bedingungen erfüllt sind[5]. Diese Bedingungen sind die folgenden:

1. Jedem der Reihenfolge nach geordneten Paar von gleichen oder verschiedenartigen Elementen des Systems ist eindeutig ein Element des gleichen Systems zugeordnet, was formelmäßig ausgedrückt wird durch

$$A'B' = C'. \tag{84}$$

Dabei bedeutet die einfache Nebeneinanderstellung der Elemente A' und B', daß A' und B' durch die betreffende Operation zusammengefaßt sind. Die linke Seite von Gleichung (84)

---

[1] Ber. S. 23, Anm. 1.
[2] Vgl. Natalis u. Behrend, Wiss. Veröff. a. d. Siemens-Konzern I, 2, S. 65. 1921. — Natalis, ebenda II, S. 275. 1922.
[3] Vgl. Natalis, Ber. S. 23, Anm. 1.
[4] Vgl. Ber. S. 31.
[5] Vgl. z. B. Speiser, Theorie der Gruppen von endlicher Ordnung. 2. Aufl., S. 10. Berlin 1927.

kann also, je nachdem von Addition oder Multiplikation die Rede ist, $A' + B'$ oder auch $A' \cdot B'$ darstellen.

2. Die Operation muß assoziativ sein entsprechend der Formel:

$$(A'B')C' = A'(B'C'), \tag{85}$$

d. h. es ist für ihr Ergebnis gleichgiltig, welche von den drei Elementen man zunächst durch die betreffende Operation miteinander verbindet, wenn nur die Reihenfolge der Elemente erhalten bleibt.

3. Es muß ein Element E', das Einheitselement oder die Einheit der Gruppe, geben, das für jedes Element A' des Systems dem Gesetze folgt

$$A'E' = E'A' = A'. \tag{86}$$

4. Zu jedem Element soll es ein inverses Element $X' = (A')^{-1}$ geben, das der Gleichung

$$A'X' = E' \tag{87}$$

genügt.

Man sieht nun leicht, daß alle drei Arten der hier betrachteten Elemente bezüglich der Addition je eine Gruppe bilden. Denn die Summe zweier Quaternionen $Q_1 + Q_2$ liefert nach der Definitionsgleichung (2) wieder ein Quaternion. Für die Summe dreier Quaternionen gilt

$$(Q_1 + Q_2) + Q_3 = Q_1 + (Q_2 + Q_3), \tag{88}$$

da sowohl die Addition von skalaren wie von Vektorkomponenten gleicher Richtung assoziativ ist. Das Einheitselement bezüglich der Quaternionenaddition ist nicht etwa 1, sondern 0, und es gilt entsprechend für die Quaternionenaddition

$$Q + 0 = 0 + Q = Q. \tag{89}$$

Endlich besteht bei der Addition der Quaternionen die Gleichung (87) entsprechende Beziehung

$$Q + (-Q) = 0. \tag{90}$$

Da man ebenso aus der Definition der ebenen Vektoren und komplexen Größen sieht, daß man durch Addition nicht aus dem Bereiche der einen oder der anderen Größenart heraustritt und da die Gleichungen (88), (89) und (90) auch für ebene Vektoren und komplexe Größen gelten, so bilden nicht allein die Quaternionen, sondern auch die besonderen Arten von Quaternionen, die ebenen Vektoren und komplexen Größen, bezüglich der Addition je eine Gruppe, und zwar, wie man sagt, eine Untergruppe der Quaternionen. Hat man also eine geometrische Darstellung für ebene Vektoren oder Operatoren, so wie sie für die ebenen Vektoren in der reellen, für die Operatoren in der komplexen Ebene gegeben ist, und kennt man das Additionsgesetz dieser geometrischen Darstellung, nämlich in beiden Fällen das Gesetz des Parallelogramms, so lassen sich in jeder der beiden Ebenen alle Additionen und Subtraktionen, d. h. die zur Addition inversen Operationen, von Größen ausführen, die als ebene Vektoren bzw. Operatoren aufgefaßt werden. Dies gilt in der reellen Vektorebene zunächst für Strom und Spannung, aber im weiteren Sinne auch für Scheinwiderstand, Leitvermögen und Leistung, wenn man diese letztgenannten Größen, die als Quotienten oder Produkte von ebenen Vektoren selbst zunächst keine ebenen Vektoren sind, durch Absonderung des Einheitsvektors j oder in anderer Weise in ebene Vektoren verwandelt [vgl. Gleichung (55)]. Es gilt in der komplexen Ebene zunächst für diese letztgenannten Größen, aber nach Benutzung von Gleichung (54) zur Umwandlung von Spannungen und Strömen in komplexe Größen auch für diese. Solange man sich auf Addition beschränkt, besteht angesichts der Gleichheit des geometrischen Additionsgesetzes kein Unterschied zwischen ebenen Vektoren und kollinearen Operatoren.

Ganz anders gestalten sich die Verhältnisse, wenn man als Operation nicht mehr die Addition, sondern die Multiplikation wählt. Hier bilden zwar noch die Quaternionen eine Gruppe und auch die darin enthaltenen komplexen Größen eine Untergruppe. Aber den ebenen Vektoren kommt für die Multiplikation die Gruppeneigenschaft nicht mehr zu. Daß entsprechend der Forderung Gleichung (84) die Multiplikation eines Quaternions mit einem anderen stets wieder ein Quaternion liefert, geht aus den Multiplikationsregeln der Einheitsvektoren [Gleichungen (4) bis (13)] hervor, da im Produkt als Summanden immer wieder nur Skalare mit der Einheit 1 und Vektorkomponenten mit den Einheitsvektoren i, j, f auftreten können. Das assoziative Gruppengesetz ist bereits in Gleichung (10) vorausgesetzt.

Ein Einheitselement besteht für die Quaternionenmultiplikation, da $1 \cdot Q = Q \cdot 1 = Q$ ist. Ebenso besteht ein inverses Element, da nach S. 90 $1/Q$ stets wieder ein Quaternion liefert. Für die Gruppeneigenschaft der komplexen Größen oder Operatoren bezüglich der Multiplikation kann man sich auf die bekannten Eigenschaften der komplexen Größen berufen. Ein jedes Produkt komplexer Größen ist wieder eine komplexe Zahl. Der assoziative Charakter folgt hier allein schon aus den Beziehungen: $i(i \cdot i) = i(-1) = -i$ und $(i \cdot i)i = (-1)i = -i$. Die Einheit der Gruppe ist die reelle Einheit, und das inverse Element wird durch Gleichung (45) gegeben.

Dagegen bilden die ebenen Vektoren für die Multiplikation keine Gruppe. Zunächst liefert das Produkt zweier ebener Vektoren keinen Vektor der gleichen Ebene, sondern vielmehr einen kollinearen Operator [vgl. Gleichung (37)]. Das assoziative Gesetz gilt freilich noch, da es für beliebige Quaternionen, also auch für Vektoren, angenommen ist. Dagegen haben die Vektoren kein Einheitselement im Sinne der Gruppentheorie, da die skalare Einheit 1, die einen Vektor bei der Multiplikation unverändert läßt, nicht zu den Vektoren gehört. Die Einheitsvektoren i, j, f sind in diesem Sinne keine Einheitselemente, da sie beliebige Vektoren bei der Multiplikation nicht unverändert lassen. Ein Kehrwert eines ebenen Vektors ist zwar nach Gleichung (43) ein Vektor, aber das Produkt beider, die skalare Einheit, ist kein Vektor mehr.

Dieses verschiedenartige Verhalten von ebenen Vektoren und Operatoren gegenüber der Multiplikation und der inversen Operation, der Division, macht es unmöglich, diese beiden Arten von Größen, wie es etwa Kafka[1] tut, bezüglich dieser beiden Operationen gleichartig zu behandeln. Z. B. gilt der Satz, daß das Produkt zweier ebener Vektoren ein ebener Vektor ist, dessen Betrag gleich dem Produkt der Beträge der beiden ebenen Vektoren und dessen Winkel gleich der Summe der Winkel ist[2], nur für kollineare Operatoren, nicht aber für ebene Vektoren im eigentlichen Sinne. Es ist deshalb auch unzulässig, diese beiden Arten von Größen durch ein gemeinschaftliches Symbol $\mathfrak{Z} = z \cdot \widehat{\varphi(\mathfrak{Z})}$ zu bezeichnen, wobei $\widehat{\varphi(\mathfrak{Z})}$ einen Winkel bestimmter Richtung bedeutet. Wenn Kafka[3] von den koordinatenfreien Zeitvektoren (Spannung, Strom) ebene Vektoren wie den Scheinwiderstand unterscheiden will, die zu ihrer Darstellung ein Koordinatensystem benötigen sollen, so handelt es sich bei den erstgenannten um die hier als solche bezeichneten ebenen Vektoren, bei den letztgenannten dagegen um die von diesen wesensverschiedenen Operatoren bzw. komplexen Größen. Bei den letztgenannten ist die Befreiung vom Koordinatensystem nur durch Übergang zu ihrer Deutung als eigentliche Operatoren möglich. Sie sind dann aber in der Ebene nicht mehr als solche darstellbar, sondern nur durch das ebene Vektorpaar, das Anfangs- und Endzustand der dargestellten Operation angibt.

Wenn auch die zeitlich veränderlichen Größen wie Strom und Spannung nach S. 91 eine Vektordarstellung zulassen, so ist doch entgegen der Auffassung von Natalis[4] die zeitliche Veränderlichkeit keine notwendige Bedingung für die Darstellbarkeit durch ebene Vektoren. Zwar fällt bei der Multiplikation oder Division zweier von der Zeit abhängiger Vektoren der Form

$$M_0\{\cos(2\pi f t + \alpha)\mathfrak{j} + \sin(2\pi f t + \alpha)\mathfrak{f}\}$$

---

[1] Die ebene Vektorrechnung. I. Grundlagen. S. 1ff. Leipzig und Berlin 1926.
[2] Kafka a. a. O. S. 23.   [3] a. a. O. S. 1.   [4] Ber. S. 3.

bei gleicher Schwingungszahl f nach den Gleichungen (37), (50) und (51) die Zeit heraus, wobei gleichzeitig Operatoren entstehen, die nicht mehr Vektorcharakter haben. Aber z. B. der von der Zeit unabhängige Widerstand, der sich als Quotient des Spannungs- und Stromvektors ergibt, kann sehr wohl durch einen ebenen Vektor von der Dimension eines Widerstandes dargestellt werden, wenn man nur einen dimensionslosen Einheitsvektor als Bezugsvektor benutzt [vgl. Gleichung (61)].

Daß die komplexen Größen die Gruppeneigenschaft Gleichung (84) bezüglich der Multiplikation haben, die ebenen Vektoren aber nicht, führt zu einer charakteristischen Verschiedenheit in bezug auf die graphische Darstellung von Beziehungen, die Multiplikationen erfordern. Werden die Wechselstromgrößen als komplexe Größen gedeutet, so lassen sich alle multiplikativen Übergänge von Widerstand und Strom zu Spannung, von Leitvermögen und Spannung zu Strom, von Spannung und Strom zu Leistung innerhalb der komplexen Ebene ausführen, weil die Multiplikation infolge der ersten Gruppeneigenschaft wieder komplexe Größen ergibt. So werden z. B. Spannungen, Ströme und Leistungen in einer einzigen komplexen Ebene bei La Cour Bragstad[1] dargestellt. Bei Benutzung der reellen Vektorebene ist eine derartige Darstellung nicht möglich, da die Multiplikation und auch die Division im allgemeinen zu einem in dieser Ebene nicht darstellbaren Operator führt. Man muß sich dann auf die Darstellung von Spannungen und Strömen in der Ebene beschränken und kann etwa die Widerstände aus der Zeichnung nur als Operatoren entnehmen, die einen Stromvektor in einen Spannungsvektor überführen. Will man in diesem Falle ein unmittelbares Bild etwa von Widerständen und Leistungen haben, so muß man zu der reellen Vektorebene der Ströme und Spannungen eine zweite, komplexe Ebene für die letztgenannten hinzufügen, die natürlich als eine symbolische Darstellung der Operatoren von reeller geometrischer Bedeutung angesehen werden kann. Da die imaginäre Achse bei geometrischer Deutung der zur reellen Vektorebene senkrechten Drehachse, der X-Achse, entspricht (S. 88) und die reellen, skalaren Teile der komplexen Größen nicht längs einer der drei bereits beanspruchten Achsen des Raumes dargestellt werden können, so würden sich die beiden Ebenen nur in einem vierdimensionalen Raum vereinigen lassen, wobei den räumlichen Achsen als vierte, nicht räumliche, die Achse der skalaren Größen zuzufügen wäre. Man käme also zu einer ganz ähnlichen Darstellung wie bei der Minkowskischen Form der speziellen Relativitätstheorie, bei der den drei räumlichen Achsen als vierte, nicht räumliche, die Zeitachse zugeordnet wird.

Eine gemeinschaftliche Darstellung aller Wechselstromgrößen in der reellen Vektorebene ist nur möglich, wenn Widerstände, Leitvermögen und Leistungen durch Abspaltung eines Bezugsvektors nachträglich in ebene Vektoren umgewandelt werden. Dann haben natürlich die so erhaltenen Vektoren nicht mehr die Eigenschaft, daß sie Quotienten bzw. Produkte von Strom- und Spannungsgrößen darstellen. Erfolgt die Abspaltung eines Strombzw. Spannungsvektors als Bezugsvektor, so wird man zu der bereits S. 92 erwähnten graphischen Darstellung von Natalis geführt. Macht man sich dagegen von der in diesen Bezugsvektoren liegenden Willkür durch Wahl des dimensionslosen Einheitsvektors j als Bezugsvektor frei, so erhält man etwas andere graphische Darstellungen, von denen hier ein Beispiel durchgeführt werden mag, das zugleich Gelegenheit bietet, die nach der Quaternionentheorie mögliche geometrische Deutung nicht nur der Vektorverhältnisse, sondern auch der Vektorprodukte zu zeigen.

Der fragliche Fall betrifft die Scheinleitfähigkeit zweier in Reihe geschalteter Widerstände, für die nicht die einzelnen Scheinwiderstände, sondern die einzelnen Scheinleitwerte gegeben sind (Bild 7). Natalis[2] der diesen Fall auch behandelt hat, setzt die Scheinleitwerte der beiden Widerstände zu $j_1/\mathfrak{E}^*$ und $j_2/\mathfrak{E}^*$, den Scheinleitwert der Reihenschaltung zu $j'/\mathfrak{E}^*$ an, wobei $\mathfrak{E}^*$ der einheitliche Bezugsspannungsvektor, j_1, j_2, j' die Ersatzstrom-

---

[1] Arnold, Wechselstromtechnik I. 2. Aufl., S. 42. 1910.   [2] Ber. S. 17.

vektoren der betreffenden Leitfähigkeiten sind, in dem Sinne, daß das Verhältnis des Stromvektors zu dem einheitlichen Bezugsvektor jeweils das Leitvermögen darstellt. Dann gewinnt Natalis aus der Additivität der Scheinwiderstände

$$\frac{\mathfrak{E}^*}{\mathfrak{i}'} = \frac{\mathfrak{E}^*}{\mathfrak{i}_1} + \frac{\mathfrak{E}^*}{\mathfrak{i}_2}$$

durch rein formelle Multiplikation die Beziehung

$$\mathfrak{i}' = \frac{\mathfrak{i}_1 \mathfrak{i}_2}{\mathfrak{i}_1 + \mathfrak{i}_2}. \qquad (91)$$

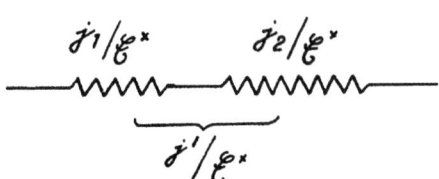

Bild 7. Scheinleitwert einer Reihenschaltung mit Bezugsspannungsvektoren.

Das Produkt $\mathfrak{i}_1 \mathfrak{i}_2$ ist dabei nicht etwa ein Quaternionenprodukt, sondern nach seiner Bezeichnung[1] ein Kreuzprodukt, das als solches eigentlich gar keine Bedeutung hat, sondern nur eine andere Schreibweise für die Vektoren und Vektorverhältnisse sein soll, aus denen es entstanden ist. Demgemäß wird denn auch bei Natalis[2] die rechte Seite von Gleichung (91) auch nur als eine andere Schreibweise für

$$\mathfrak{i}_1 \cdot \frac{\mathfrak{i}_2}{\mathfrak{i}_1 + \mathfrak{i}_2} \quad \text{bzw.} \quad \mathfrak{i}_2 \cdot \frac{\mathfrak{i}_1}{\mathfrak{i}_1 + \mathfrak{i}_2}$$

aufgefaßt. Im Gegensatz dazu haben bei der hier durchgeführten Auffassung der Vektoren auf Grund der Quaternionenrechnung alle Quotienten und Produkte von Vektoren eine bestimmte analytische und geometrische Bedeutung.

Sind L_1 und L_2 die Leitvermögen der beiden Einzelwiderstände, als komplexe Größen bzw. als reelle, geometrische Operatoren aufgefaßt, und ist L das Gesamtleitvermögen (Bild 8), so sind als Vektoren nicht Stromgrößen, sondern Größen von der Dimension einer Leitfähigkeit einzuführen (vgl. S. 92). Dann ist

$$L = L^* \cdot \frac{1}{\mathfrak{j}}, \qquad L_1 = L_1^* \cdot \frac{1}{\mathfrak{j}}, \qquad L_2 = L_2^* \cdot \frac{1}{\mathfrak{j}}.$$

Hieraus wird nach Gleichung (53)

$$\frac{1}{L} = \mathfrak{j} \cdot \frac{1}{L^*}, \qquad \frac{1}{L_1} = \mathfrak{j} \cdot \frac{1}{L_1^*}, \qquad \frac{1}{L_2} = \mathfrak{j} \cdot \frac{1}{L_2^*}.$$

Das Scheinleitvermögen der Reihenschaltung ist, da sich auf die Operatoren L, L_1, L_2 die Regeln der Rechnung mit komplexen Größen anwenden lassen

$$L = L_1 L_2 \left(\frac{1}{L_1 + L_2}\right).$$

Bei Einführung der Leitfähigkeitsvektoren wird

$$L^* \cdot \frac{1}{\mathfrak{j}} = L_1^* \cdot \frac{1}{\mathfrak{j}} \cdot L_2^* \cdot \frac{1}{\mathfrak{j}} \cdot \frac{1}{(L_1^* + L_2^*)\frac{1}{\mathfrak{j}}}$$

und wieder nach Gleichung (53):

$$L^* \cdot \frac{1}{\mathfrak{j}} = L_1^* \cdot \frac{1}{\mathfrak{j}} \cdot L_2^* \cdot \frac{1}{\mathfrak{j}} \cdot \mathfrak{j} \cdot \frac{1}{L_1^* + L_2^*}$$

$$= L_1^* \cdot \frac{1}{\mathfrak{j}} \cdot L_2^* \cdot \frac{1}{L_1^* + L_2^*},$$

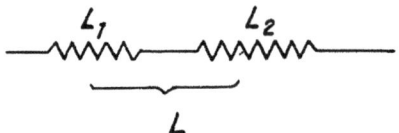

Bild 8. Scheinleitwert einer Reihenschaltung in Operatorendarstellung.

bzw. nach Gleichung (44):

$$L^* \cdot \mathfrak{j} = L_1^* \cdot \mathfrak{j} \cdot L_2^* \cdot \frac{1}{L_1^* + L_2^*}$$

und nach Gleichung (40):

$$L^* = \bar{L}_1^* \cdot L_2^* \cdot \frac{1}{L_1^* + L_2^*}.$$

---

[1] Ber. S. 32. [2] Ber. S. 17, 18.

102 A. Byk: Komplexe und ebene Vektorrechnung in der Wechselstromtechnik.

Diese Beziehung gilt offenbar auch noch, wenn sämtliche Vektoren rechts und links an der Y-Achse gespiegelt werden, und lautet dann

$$L^* = (L_1^* \cdot \overline{L_2^*}) \cdot \frac{1}{\overline{L_1^*} + \overline{L_2^*}}, \qquad (92)$$

da das Spiegelbild der Summe zweier Vektoren $\overline{L_1^* + L_2^*}$ gleich der Summe der Spiegelbilder der Vektoren ist.

Die analytische und geometrische Bedeutung der Operationen auf der rechten Seite von Gleichung (92) ergibt sich aus den Gleichungen (37), (43) und (36). Bild 9 stellt die Konstruktion von L^* gemäß Gleichung (92) für den besonderen Fall dar, daß die Winkel von L_1^* und L_2^* mit der positiven Y-Achse $\lambda_1 = \pi/2$, $\lambda_2 = 0$ sind, daß also L_1 rein kapa-

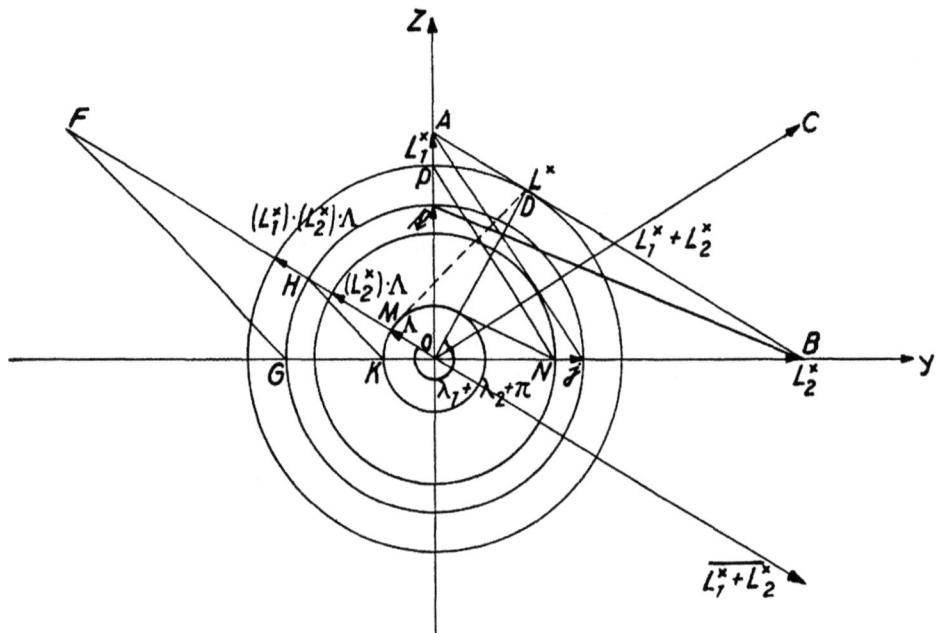

Bild 9. Konstruktion des Leitfähigkeitsvektors einer Reihenschaltung aus kapazitiven und Ohmschen Leitvermögen.

zitiv, L_2 rein ohmisch ist. OF gibt nach der Definition des Spiegelvektors (S. 89) und nach Gleichung (43) die Richtung des Vektors $\dfrac{1}{\overline{L_1^*} + \overline{L_2^*}}$ mit dem Winkel $-\lambda_s + \pi$, wobei λ_s der Winkel von $L_1^* + L_2^*$ mit der positiven Y-Achse ist. Sein Betrag ergibt sich nach Gleichung (43) durch Transformation mittels reziproker Radien an dem Einheitskreis, der auf der Y-Achse den Einheitsvektor $\mathfrak{j}$, auf der Z-Achse den Einheitsvektor $\mathfrak{k}$ abschneidet. Diese Transformation wird ausgeführt, indem man F mit G, dem Durchschnittspunkt der negativen Y-Achse mit dem Einheitskreis, verbindet, wobei $|FO| = |OC| = |L_1^* + L_2^*|$ ist, und zu FG durch H, den Schnittpunkt von OF mit dem Einheitskreis, die Parallele zieht, welche die negative Y-Achse in K schneidet. Der Schnittpunkt M des Kreises OK mit OF ist der Endpunkt des Vektors OM gleich $\dfrac{1}{\overline{L_1^*} + \overline{L_2^*}} = \Lambda$. Der Operator $L_1^* \cdot \overline{L_2^*}$ bewirkt nach Gleichung (37) eine Dehnung vom Betrage $|L_1^*| \cdot |L_2^*|$. Die erste Dehnung $|L_2^*|$ erhält man dadurch, daß man den Endpunkt von L_2^* mit dem Endpunkt des Einheitsvektors $\mathfrak{k}$ verbindet und durch den Schnittpunkt des Kreises OM mit der positiven Z-Achse hierzu die Parallele zieht, die die positive Y-Achse in N schneidet. Der Schnittpunkt des Kreises ON mit OF liefert den Vektor $|L_2^*| \cdot \Lambda$. Dieser wird im Verhältnis

$|L_1^*|:1$ gedehnt, indem man den Endpunkt des Einheitsvektors auf der Y-Achse mit dem von L_1^* verbindet und zur Verbindungslinie durch N die Parallele zieht, welche die positive Z-Achse in P schneidet. Der Schnittpunkt des Kreises OP mit OF stellt den Endpunkt des Vektors $|L_1^*| \cdot |L_2^*| \cdot \Lambda$ vor. Da der Operator $L_1^* \cdot \overline{L_2^*}$ nach Gleichung (37) einem Drehungswinkel $\lambda_1 - (-\lambda_2) + \pi = \lambda_1 + \lambda_2 + \pi = \frac{3}{2}\pi$ entgegengesetzt dem Uhrzeigersinne entspricht, so liegt L^* senkrecht zu OF im rechten Winkel L_1^*, L_2^* mit dem Endpunkt D auf dem Kreise OP. Die Wirkung des Operators $L_1^* \cdot \overline{L_2^*}$ auf den Vektor $\dfrac{1}{\overline{L_1^*} + \overline{L_2^*}}$ ist also die Überführung von OM in OD. D fällt zugleich auf die Verbindungslinie der Endpunkte A und B von L_1^* und L_2^*. Es ist nämlich OF parallel BA und OD senkrecht zu BA; wenn weiter D' der Schnittpunkt von OD mit AB ist, so ist wegen der Ähnlichkeit der Dreiecke OAD' und BAO

$$OD' = OA \cdot \frac{OB}{AB} = |L_1^*| \cdot \frac{|L_2^*|}{|\overline{L_1^*} + \overline{L_2^*}|}.$$

Der Ausdruck rechts ist aber der Betrag von L^*, so daß D' mit D zusammenfällt und D auch als der Fußpunkt der Senkrechten von O aus auf AB angesehen werden kann. Die geometrische Bedeutung des Quaternionenproduktes der Vektoren in Gleichung (92) wird hier also im Gegensatz zu dem rein formalen Kreuzprodukt in Gleichung (91) deutlich.

Graphische Behandlung der Düsengesetze für Wasserdampf.

Von K. Schäff.

Unter Zuhilfenahme der vervollständigten ψ-Kurve wird die Durchflußgleichung graphisch dargestellt. Dann wird die Übereinstimmung mit Versuchen gezeigt. Schließlich führt die Betrachtung über das Verhalten von hintereinander geschalteten Düsen zum Stodolaschen Dampfkegel.

1. Durchflußgleichung.

Für den Durchfluß des Wasserdampfes durch Düsen wurden von de Saint-Venant und Wantzel folgende Gleichungen aufgestellt:

$$G = f \cdot \psi_{ad} \cdot \sqrt{\frac{p_1}{v_1}}, \qquad (1)$$

wobei

$$\psi_{ad} = \sqrt{2g \cdot \frac{\varkappa}{\varkappa-1} \cdot \left[\left(\frac{p}{p_1}\right)^{\frac{2}{\varkappa}} - \left(\frac{p}{p_1}\right)^{\frac{\varkappa+1}{\varkappa}}\right]}. \qquad (2)$$

Der Dampfzustand vor der Düse wird dabei durch p_1 und v_1 gekennzeichnet. Der Index von ψ soll andeuten, daß bei der Ableitung der Gleichungen adiabatische Zustandsänderung vorausgesetzt ist. Die Gleichungen gelten somit sowohl für die Expansion, als auch für die Kompression. Die bei der Ableitung der Gleichungen gemachten Annahmen seien zunächst auf ihre Zulässigkeit untersucht.

Die Massenkräfte spielen bei ruhenden Düsen eine so untergeordnete Rolle, daß sie unbedenklich vernachlässigt werden können.

Über den Wärmeaustausch zwischen Dampf und Mündungswandung hat Loschge[1] Untersuchungen angestellt und dabei gefunden, daß er vernachlässigt werden kann.

Die Annahme, daß Wasserdampf den Gesetzen der idealen Gase folgt, trifft nicht zu, besonders nicht in der Nähe

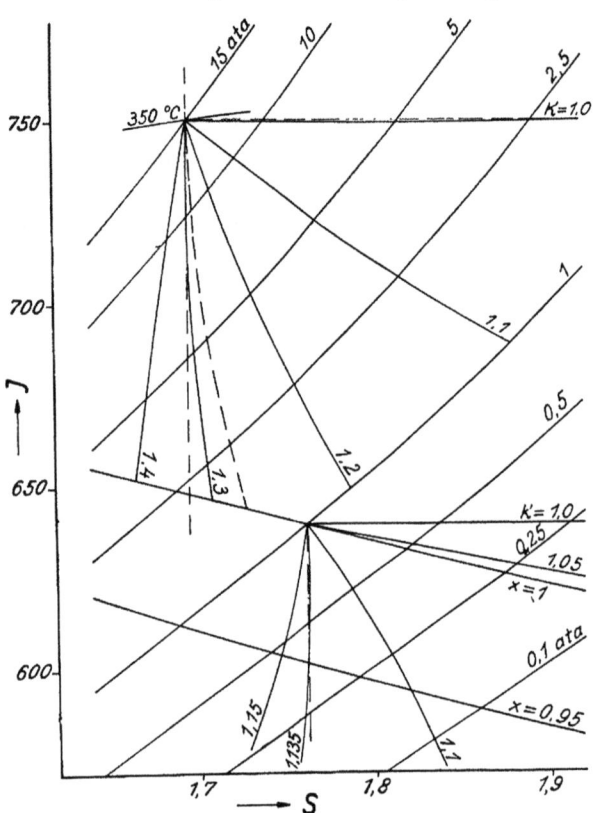

Bild 1. Polytropen im JS-Diagramm.

des Sattdampfgebietes. Eine angenäherte und begrenzte Gültigkeit obiger Gleichungen erhält man jedoch, wenn man bekanntlich im Falle überhitzten Dampfes $\varkappa = 1{,}3$ und im

[1] Loschge, Mitt. über Forsch.-Arb. 1913, H. 144.

Falle gesättigten Dampfes $\varkappa = 1{,}135$ setzt. Zu erkennen ist dies auch aus Bild 1. Es sind in das JS-Diagramm, ausgehend vom Dampfzustand 15 ata und 350° sowie 1 ata Sattdampf, eine Reihe Polytropen $pv^\varkappa =$ konst. eingetragen. Man ersieht, daß im Bereiche mäßiger Druckgefälle die Polytropen mit $\varkappa = 1{,}3$ bzw. $1{,}135$ nur wenig von den strichpunktierten Adiabaten abweichen.

Die Reibung darf nicht ohne weiteres vernachlässigt werden. Sie wirkt immer entropievermehrend, und man muß Expansions- und Kompressionsvorgang voneinander trennen.

a) Expansionsvorgang.

Für die Expansion hat Zeuner[1] bereits entsprechende Gleichungen aufgestellt. Er führte einen Verlustkoeffizienten ein, der die Verluste als einen gleichbleibenden Bruchteil

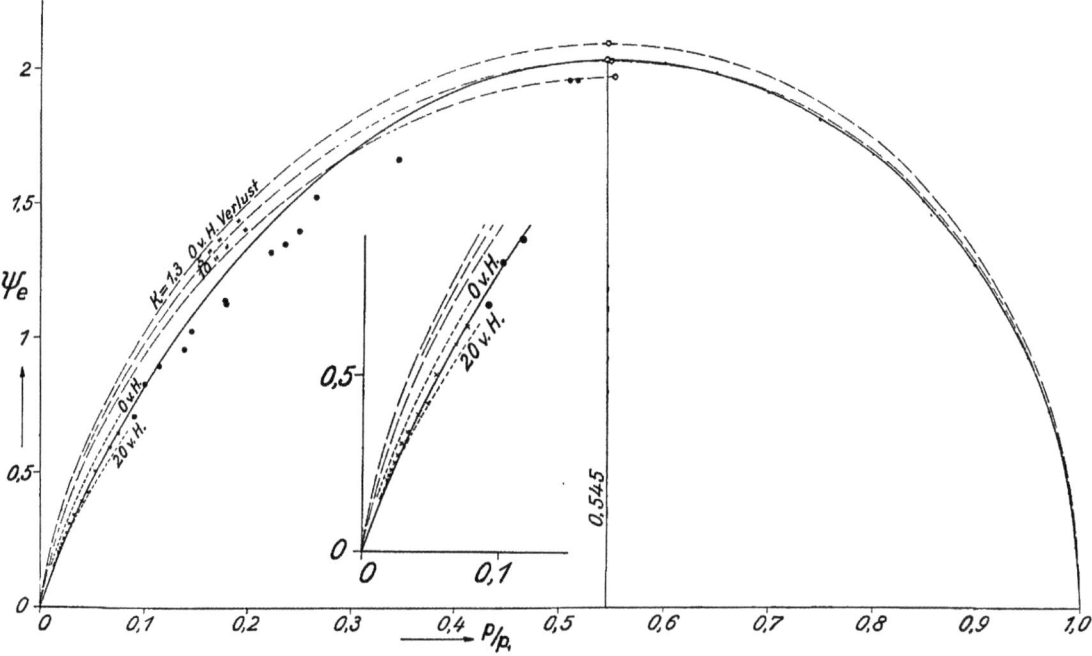

Bild 2. Die vollständige ψ_e-Kurve.

des verarbeiteten Gefälles angibt. In der Praxis ist es jedoch üblich, die Verluste auf das adiabatische Gefälle zu beziehen. Das soll auch hier geschehen, und zur äußeren Unterscheidung von dem Zeunerschen Verlustkoeffizienten der sog. Wirkungsgrad eingeführt werden. Bezeichnet man den Anfangswärmeinhalt mit i_1, den am Ende rein adiabatischer Expansion mit i_2'' und den wirklich erreichten mit i_2, dann ist der Wirkungsgrad der Expansion

$$\eta_e = \frac{i_1 - i_2}{i_1 - i_2''}. \tag{3}$$

Die Berücksichtigung von η_e in den Zeunerschen Gleichungen liefert

$$G = f \cdot \psi_e \cdot \sqrt{\frac{p_1}{v_1}} \tag{4}$$

mit

$$\psi_e = \sqrt{2g \cdot \frac{\varkappa}{\varkappa - 1} \cdot \left[\left(\frac{p}{p_1}\right)^{\frac{2}{n_e}} - \left(\frac{p}{p_1}\right)^{\frac{n_e+1}{n_e}}\right]}. \tag{5}$$

---

[1] Zeuner, Technische Thermodynamik, 3. Aufl., 1905.

In diesen Gleichungen ist n_e der Exponent der Expansionspolytrope, und zwar:

$$n_e = \frac{\varkappa}{\varkappa - \eta_e \cdot (\varkappa - 1)}. \tag{6}$$

Man ersieht daraus, daß n_e mit kleiner werdendem η_e ebenfalls abnimmt.

Mit $\eta_e = 1{,}0$ wird $n_e = \varkappa$, und man erhält die Gleichungen (1) und (2) für die adiabatische Zustandsänderung. Um eine Vorstellung von dem Grad der Annäherung zu bekommen, mit der die Beziehungen (4) bis (6) gelten, ist in Bild 1 im überhitzten Gebiet eine tatsächliche Expansionskurve mit anfänglich 5 vH und später 10 vH Verlust eingezeichnet. Wie man sieht, paßt sie sich in ihrem Verlauf den Polytropen sehr gut an. Auf das Sattdampfgebiet sei hier und auch in der Folge nicht weiter eingegangen, da Unterkühlungserscheinungen auftreten. Der Dampf verhält sich dabei ähnlich wie überhitzter Dampf[1].

Trägt man ψ_e, entsprechend Gleichung (5), abhängig vom Druckverhältnis p/p_1 auf, dann erhält man für 0, 5 und 10 vH Verlust die auf Bild 2 dargestellten gestrichelten Kurven. Sie zeigen den bekannten Verlauf. Die Maxima treten bei

Verlust	0	5	10 vH
Wirkungsgrad η_e	1,0	0,95	0,90
$\varkappa$	1,3	1,3	1,3
n_e	1,3	1,2808	1,2621
$(p/p_1)_{kr}$	0,5457	0,5492	0,5527
$\psi_{e\,max}$	2,09	2,026	1,964

$$\left(\frac{p}{p_1}\right)_{kr} = \left(\frac{2}{n_e+1}\right)^{\frac{n_e}{n_e-1}}$$

auf und nehmen nebenstehende Werte an.

Für die praktische Ermittlung der ψ_e-Kurve kommen zwei Verfahren in Frage. Erhöht man bei einer Mündung mit bestimmtem Querschnitt und bei unveränderlichem Dampfzustand vor der Mündung den Gegendruck, dann erhält man nach den Gleichungen (4) und (5) den Zusammenhang zwischen p/p_1 und ψ_e, und zwar im Bereiche von $p/p_1 = 1$ bis $(p/p_1)_{kr}$. Bendemann und Loschge haben derartige Versuche angestellt. Bendemann[2] fand dabei innerhalb der eben bezeichneten Grenzen als einfachere Beziehung die Gleichung einer Ellipse:

$$\psi_e = 4{,}462 \sqrt{-0{,}09 + 1{,}09 \cdot \frac{p}{p_1} - \left(\frac{p}{p_1}\right)^2}. \tag{7}$$

Diese Gleichung liefert für $p/p_1 = 0{,}545$ den maximalen Wert $\psi_{e\,max} = 2{,}03$. Ihr Verlauf ist als ausgezogene Kurve zwischen den oben bezeichneten Grenzen in Bild 2 eingetragen. Ebenso sind einige Punkte der Bendemannschen Versuchskurve zu finden. Man erhält eine verhältnismäßig gute Übereinstimmung mit der ψ_e-Kurve für 5 vH Verlust. Die Versuche von Loschge[3] bestätigen im wesentlichen die Bendemannschen Ergebnisse. Der von Loschge gefundene höhere Wert für das kritische Druckverhältnis läßt sich auf die Wirkung des zylindrischen Ansatzes der Loschgeschen Düse zurückführen, wie später noch gezeigt werden wird.

Der andere Teil der ψ_e-Kurve, d. h. zwischen $p/p_1 = 0$ und $p/p_1 = 0{,}545$, läßt sich in folgender Weise praktisch ermitteln. Beobachtet man ein Dampfteilchen längs seines Expansionsweges, dann sind in Gleichung (4) die Größen G und $\sqrt{\frac{p_1}{v_1}}$ konstant zu setzen, und man erhält den Zusammenhang zwischen f und ψ_e. Mißt man also zusammengehörige Werte von f und p, dann erhält man unter Zuhilfenahme der Gleichung

$$\psi_e = 2{,}03 \cdot \frac{f_{min}}{f} \tag{8}$$

den Zusammenhang zwischen ψ_e und p/p_1. Entsprechende Versuche wurden von Stodola und Büchner angestellt.

---

[1] Stodola, 5. Aufl., S. 95 u. ff.
[2] Bendemann, Mitt. über Forsch.-Arb. 1907, H. 37.
[3] Loschge, Mitt. über Forsch.-Arb. 1913, H. 144.

Graphische Behandlung der Düsengesetze für Wasserdampf.

Zahlentafel 1[1].

Dampfzustand vor der Düse: $p_1 = 10{,}48$ kg/cm²; $t_1 = 198°$; engster Querschnitt $f_0 = 103{,}09$ mm²; Durchmesser der erweiterten Düse im Abstand L vom Düsenanfang: $d = 12{,}19 + \dfrac{L}{6{,}485}$ mm; gültig zwischen $L = 60$ und 160 mm; durchströmendes Dampfgewicht $G = 0{,}153$ kg/s.

I. Widerstandslose adiabatische Strömung.

Druck p kg/cm² =	0,7	0,5	0,3	0,2	0,1
L mm . . . . . =	58,2	75,9	107,6	140,0	209,0
f mm² . . . . =	332,2	428,8	631,0	876,6	1529,9
p/p_1 . . . . . =	0,0668	0,0477	0,0286	0,0191	0,0095
ψ_e . . . . . . =	0,6300	0,4881	0,3317	0,2388	0,1368

II. Strömung mit 20 vH Energieverlust.

p kg/cm² . . . =	0,7	0,5	0,3	0,2
L mm. . . . . =	68,8	88,3	113,9	159,4
f mm². . . . . =	388,6	503,4	675,7	1042,6
p/p_1. . . . . . =	0,0668	0,0477	0,0286	0,0191
ψ_e . . . . . . =	0,5387	0,4157	0,3090	0,2007

III. Versuche mit normalem Meßröhrchen mit senkrechter Anbohrung.

p kg/cm² . . . =	0,797	0,708	0,558	0,501	0,428	0,348
L mm . . . . =	56,7	63	74	84	94	105,5
f mm² . . . . =	329,3	357,2	417,8	476,9	539,8	616,4
p/p_1. . . . . . =	0,0765	0,0676	0,0532	0,0478	0,0408	0,0332
ψ_e . . . . . . =	0,6355	0,5859	0,5009	0,4191	0,3877	0,3395
p kg/cm² . . . =	0,312	0,278	0,248	0,223	0,202	0,196
L mm. . . . . =	114	125,5	134	144	153	159
f mm² . . . . =	676,4	761,8	828,1	909,5	986,0	1038,9
p/p_1. . . . . . =	0,0298	0,0265	0,0237	0,0213	0,0193	0,0187
ψ_e . . . . . . =	0,3094	0,2747	0,2527	0,2301	0,2122	0,2014

Stodola[1] verwendete eine konisch erweiterte Düse und beobachtete den Druck in bestimmten Abständen L vom Düsenanfang mittels eines Meßröhrchens mit seitlichen Bohrungen. Aus dem in seiner Abhandlung angegebenen Zusammenhang zwischen L und dem Düsendurchmesser d läßt sich zwischen $L = 60$ und 160 mm der jeweilige Querschnitt der Düse ermitteln. Die dabei aus den veröffentlichten Versuchen errechneten Werte sind in Tafel 1 zusammengestellt und in Bild 2 durch Kreuzchen gekennzeichnet. Es wurden nur die Messungen mit der senkrechten Bohrung im Meßrohr verwendet. Außerdem hat Stodola den Druckverlauf berechnet, der vorhanden sein müßte bei einer Expansion mit 0 vH und mit 20 vH Verlust. Auch hieraus lassen sich die dazugehörigen ψ_e-Werte ermitteln. Sie finden sich ebenfalls in Tafel 1. In Bild 2 ergeben sie die beiden kurzgestrichelten Kurven, zwischen denen sich die Kreuzchen befinden.

Die Versuche von Büchner[2] sind nicht alle zur Berechnung der ψ_e-Kurve verwendbar. Betrachtet man die dargestellten Versuchsdüsen, so fällt sofort die durchweg geringe Abrundung des Düsenanfanges auf. Es wird also keine Düse ganz frei von Kontraktionserscheinungen gewesen sein, und gerade die Kontraktionsfreiheit ist eine wesentliche Bedingung zur Anwendung des zweiten Verfahrens. Bestätigt wird diese Vermutung durch die Büchnerschen Versuchswerte selbst. Bei den Düsen *1*, *4* und *5* wurde an der Meßstelle *1* ein Druck gemessen, der bedeutend über dem kritischen lag, d. h. der engste Querschnitt des Dampfstrahls befand sich hinter Meßpunkt *1* bereits im sich erweiternden Düsenteil. Nur bei den Düsen *2* und *3* stellte sich wenigstens angenähert der kritische Druck ein, und man kann annehmen, daß sich gegen das Düsenende zu der Strahl wieder an die Wandungen anlegte.

---
[1] Düsenversuche von Stodola, veröffentlicht in Z. V. d. I. 1903, S. 6.
[2] Büchner, Mitt. über Forsch.-Arb. 1904, H. 18.

Die Auswertung der diesbezüglichen Messungen ist aus Zahlentafel 2 zu erkennen, und man erhält in Bild 2 die eingetragenen schwarzen Punkte. Die Punkte sind dabei so groß gewählt, daß sie die aus den einzelnen Versuchsreihen sich ergebenden Streuungen überdecken. Ihre Lage bestätigt die Kontraktionserscheinungen. Während die Meßpunkte am Düsenende sich ganz gut an die Stodolaschen Werte anschließen, liefern die Meßpunkte am Düsenanfang ψ_e-Werte, die auf einen bedeutend kleineren Wert als 2,03 zustreben.

Die wirkliche ψ_e-Kurve muß nun so verlaufen, daß sie, vom Nullpunkt ausgehend, die Stodolaschen Werte trifft, um dann, die Büchnerschen Punkte unter sich lassend, bei $p/p_1 = 0,545$ ein Maximum mit $\psi_{e\,max} = 2,03$ zu erreichen. Diese Bedingungen werden erfüllt durch die ausgezogene Kurve in Bild 2, welche die Gleichung hat

$$\psi_e = 5{,}697 \left[1{,}09 \cdot \frac{p}{p_1} - \left(\frac{p}{p_1}\right)^2 \right]^{0{,}85}. \tag{9}$$

Diese Gleichung ist der Bendemannschen nachgebildet, und der Exponent sowie der Faktor vor der Klammer wurden entsprechend gewählt.

Durch die beiden Gleichungen (7) und (9) ist die ψ_e-Kurve in ihrem ganzen Verlauf festgelegt, und sie kann als Grundlage für die weiteren Untersuchungen benutzt werden.

Zahlentafel 2[1].

Düse Nr. 2a.

Ermittlung des engsten Dampfquerschnittes f_0 aus den gemessenen Durchflußmengen mittels

$$f_0 = \frac{G}{2{,}03 \sqrt{\dfrac{p_1}{v_1}}}.$$

Versuch	1	3	5	7	9	11
p_1 kg/cm²	12,80	10,36	8,24	6,10	4,08	2,07
G kg/s	22,95	18,72	15,00	11,20	7,59	3,93
f_0 mm²	12,44	12,45	12,22	12,55	12,56	12,48

Mittelwert $f_0 = 12{,}45$ mm².

Ermittlung von $\psi_e = 2{,}03 \cdot f_0/f$.

Querschnitt	II	III	IV	V	II	III	IV	V
f mm²	15,3	18,9	22,7	26,8	15,3	18,9	22,7	26,8
ψ_e	1,652	1,337	1,114	0,943	1,652	1,337	1,114	0,943
Versuch	1	1	1	1	3	3	3	3
p kg/cm²	4,44	3,03	2,31	1,78	3,61	2,46	1,87	1,46
p/p_1	0,3469	0,2367	0,1804	0,1391	0,3485	0,2375	0,1805	0,1409
Versuch	5	5	5	5	7	7	7	7
p kg/cm²	2,89	1,97	1,49	1,17	2,13	1,45	1,11	0,87
p/p_1	0,3507	0,2391	0,1813	0,1422	0,3492	0,2377	0,1820	0,1426

Versuche für erhöhten Gegendruck.

	Querschnitt	I	II	III	IV	V	VI
Versuch	Druck vor der Düse p_1			Druck p kg/cm²			
3	10,36	5,84	3,61	2,46	1,87	1,46	0,97
13	10,33	5,95	3,57	2,43	1,86	3,64	4,22
15	10,35	5,96	4,67	7,04	7,74	8,05	8,18
16	10,34	7,35	8,36	8,90	9,19	9,36	9,44
aus Bild 18a	10,34	6,06	7,45	8,26	8,68	8,88	8,97

---

[1] Auswertung der Versuche von Büchner, veröffentlicht in Mitt. über Forsch.-Arb. 1904, H. 18. Sämtliche Versuche fanden mit Sattdampf statt.

Graphische Behandlung der Düsengesetze für Wasserdampf. 109

Zahlentafel 2 (Forts.).
Düse Nr. 2b.
Ermittlung von f_0.

Versuch	33	34	35
p_1 kg/cm . . .	12,68	10,34	8,29
G kg/s	21,95	18,18	14,88
f_0 mm²	12,067	12,156	12,278

Mittelwert $f_0 = 12,13$ mm².

Ermittlung von ψ_e.

Querschnitt	I	II	III	IV	V
f mm²	12,6	16,3	21,9	27,8	35,3
ψ_e	1,955	1,511	1,125	0,886	0,698

Versuch	33	33	33	33	33
p kg/cm² . . .	6,48	3,37	2,28	1,45	1,16
p/p_1	0,5110	0,2658	0,1798	0,1144	0,0915

Versuch	34	34	34	34	34
p kg/cm² . . .	5,32	2,76	1,85	1,21	0,95
p/p_1	0,5140	0,2669	0,1789	0,1170	0,0919

Versuch	35	35	35	35	
p kg/cm² . . .	4,29	2,23	1,50	0,96	
p/p_1	0,5176	0,2690	0,1809	0,1158	

Düse Nr. 3a.   Düse Nr. 3b.
Ermittlung von f_0.   Ermittlung von f_0.

Versuch	36	37	38	39	40
p_1 kg/cm² . . .	10,18	9,26	8,14	12,92	9,42
G kg/s	17,87	16,44	14,46	22,81	16,33
f_0 mm²	12,16	12,25	12,25	12,29	12,01

Mittelwert $f_0 = 12,22$ mm².   Mittelwert $f_0 = 12,15$ mm².

Ermittlung von ψ_e.

Querschnitt	II	III	II	III
f mm²	17,9	24,5	18,9	30,1
ψ_e	1,385	1,012	1,305	0,819

Versuch	36	36	37	37	38	38	39	39	40	40
p kg/cm² . . .	2,56	1,49	2,33	1,37	2,05	1,22	2,89	1,30	2,12	0,97
p/p_1	0,2512	0,1464	0,2516	0,1480	0,2518	0,1499	0,2237	0,1006	0,2251	0,1030

b) Kompressionsvorgang.

Auch beim Kompressionsvorgang soll zur Berücksichtigung der Reibung der sog. Wirkungsgrad eingeführt werden. Bezeichnet man den Wärmeinhalt am Anfang des Verdichtungsvorganges mit i_2, am Ende mit i_3, dann gilt, wenn man den Wärmeinhalt bei rein adiabatischer Verdichtung mit i_3' einsetzt, für den Kompressionswirkungsgrad

$$\eta_k = \frac{i_3' - i_2}{i_3 - i_2}. \tag{10}$$

Seine Berücksichtigung in den Gleichungen für die Zustandsänderungen liefert für die Kompression ebenfalls eine Polytrope.

$$p \cdot v^{n_k} = \text{konst.} \quad (11)$$

mit

$$n_k = \frac{\eta_k \cdot \varkappa}{1 - (1 - \eta_k) \cdot \varkappa}. \quad (12)$$

Gibt man hierin dem Kompressionswirkungsgrad verschiedene Werte, dann erhält man für $\eta_k = 1$ wieder die reine Adiabate mit $n_k = \varkappa$. Für $\eta_k = 0$ wird $n_k = 0$, und Gleichung (11) geht über in $p = \text{konst.}$ Schließlich gibt es noch einen dritten Grenzwert, der dann auftritt, wenn $\eta_k = \frac{\varkappa - 1}{\varkappa}$ ist, und man erhält $v = \text{konst.}$ Bemerkenswert ist, daß n_k mit abnehmendem η_k zunimmt, also größer als 1,3 wird.

Die Ableitung der Durchflußgleichung für die Kompression vollzieht sich in gleicher Weise wie für die Expansion. Man erhält schließlich unter der Voraussetzung, daß die Kompression beim Druck p beginnt, mit dem Zustand p_3, v_3 und der Endgeschwindigkeit gleich Null, d. h. daß $w_3 = 0$ endigt, folgende Gleichung:

$$G = f \cdot \psi_k \cdot \sqrt{\frac{p_3}{v_3}} \quad (13)$$

mit

$$\psi_k = \sqrt{2g \frac{\varkappa}{\varkappa - 1} \cdot \left[\left(\frac{p}{p_3}\right)^{\frac{2}{n_k}} - \left(\frac{p}{p_3}\right)^{\frac{n_k+1}{n_k}}\right]}. \quad (14)$$

Trägt man die ψ_k-Kurve über p/p_3 als Abszisse für verschiedene η_k auf, dann erhält man Kurven, ähnlich den gestrichelten Kurven des Bildes 2. Die Maxima liegen bei kleineren Druckverhältnissen als $p/p_3 = 0{,}545$, und $\psi_{k\,\text{max}}$ ist größer als 2,09. Es ergeben sich folgende Werte:

$\eta_k =$	1,0	0,95	0,90	0,85	0,80	0,75	0,70
$(p/p_3)_{kr}$	0,5457	0,5420	0,5378	0,5330	0,5274	0,5209	0,5133
$\psi_{k\,\text{max}}$	2,09	2,157	2,230	2,311	2,401	2,503	2,614

Die versuchsmäßige Ermittlung der ψ_k-Kurve ist nicht ohne weiteres möglich, da man einen Kompressionsvorgang nicht für sich, sondern erst im Anschluß an einen Expansionsvorgang durchführen kann.

c) Expansionsvorgang mit anschließendem Kompressionsvorgang.

Zur Unterscheidung der einzelnen Dampfzustände seien bezeichnet: der Zustand bei Beginn der Expansion mit dem Index 1, der am Ende der Expansion, was gleichbedeutend ist mit Beginn der Kompression, mit dem Index 2, der am Ende der Kompression mit dem Index 3 und beliebige Zwischenzustände ohne Index.

Es gelten dann folgende Beziehungen:

$$p_1 v_1^{n_e} = p_2 v_2^{n_e}, \quad (15)$$

$$p_2 v_2^{n_k} = p_3 v_3^{n_k}. \quad (16)$$

Läßt man die Kompression bis zur Geschwindigkeit Null vor sich gehen, dann muß am Ende des ganzen Prozesses wieder der gleiche Wärmeinhalt vorhanden sein wie zu Anfang. Beide Zustände liegen also auf einer Kurve $i = \text{konst.}$, und es gilt somit:

$$p_1 v_1 = p_3 v_3. \quad (17)$$

Aus den Gleichungen (15) und (16) ergibt sich

$$p_1^{\frac{1}{n_e}} \cdot v_1 = p_2^{\frac{1}{n_e}} \cdot \left(\frac{p_3}{p_2}\right)^{\frac{1}{n_k}} \cdot v_3.$$

Die Ausscheidung von v_3 mittels Gleichung (17) und gleichzeitige Erweiterung mit p_2 führt zu:

$$p_1^{\frac{1}{n_e}} = p_2^{\frac{1}{n_e}} \cdot \left(\frac{p_3}{p_2}\right)^{\frac{1}{n_k}} \cdot \frac{p_1}{p_2} \cdot \frac{p_2}{p_3};$$

$$\left(\frac{p_2}{p_1}\right)^{\frac{n_e-1}{n_e}} = \left(\frac{p_2}{p_3}\right)^{\frac{n_k-1}{n_k}}. \tag{18}$$

Zu der gleichen Beziehung gelangt man, wenn man die Geschwindigkeit im Punkt 2 sowohl aus der Expansionsgleichung als aus der Kompressionsgleichung errechnet und beide Ausdrücke gleichsetzt.

Multipliziert man beide Seiten von Gleichung (18) mit

$$\left(\frac{p_1}{p_2}\right)^{\frac{n_k-1}{n_k}},$$

dann erhält man:

$$\left(\frac{p_2}{p_1}\right)^{\frac{n_e-1}{n_e} - \frac{n_k-1}{n_k}} = \left(\frac{p_3}{p_1}\right)^{-\frac{n_k-1}{n_k}};$$

$$\frac{p_3}{p_1} = \left(\frac{p_2}{p_1}\right)^{\frac{n_k - n_e}{n_e(n_k-1)}}, \tag{19}$$

$$\frac{p_3}{p_1} = \left(\frac{p_2}{p_1}\right)^{1-\eta_e \cdot \eta_k}. \tag{19a}$$

Diese Gleichung gibt den Druckverlust an, der bei einer Düse auftritt, wenn auf eine Expansion eine Kompression folgt und wenn Anfangs- und Endgeschwindigkeit gleich Null sind. Ihre Auswertung ergibt folgende Werte für p_3/p_1:

$p_2/p_1 =$		0,9	0.7	0,545	0,4	0,2	0,1
η_e	η_k			p_3/p_1			
0,95	0,95	0,9898	0,9660	0,9425	0,9145	0,8547	0,7988
0,95	0,90	0,9848	0,9495	0,9158	0,8756	0,7919	0,7163
0,90	0,90	0,9802	0,9344	0,8910	0,8402	0,7365	0,6456

Der Druckverlust ist, wie ersichtlich, abhängig von dem Expansions- und Kompressionswirkungsgrad und von dem Druckverhältnis, bei dem der Expansionsvorgang endigt. Dieses Druckverhältnis soll als das Umkehrdruckverhältnis, und die Stelle, an der es auftritt, als die Umkehrstelle bezeichnet werden.

An der Umkehrstelle müssen sowohl die für die Expansion als auch die für die Kompression abgeleiteten Beziehungen Gültigkeit haben. — Wendet man dies auf die Durchflußgleichungen an, dann erhält man durch Gleichsetzen der Gleichungen (4) und (13) und mit Berücksichtigung der Gleichung (17) eine Beziehung für den Zusammenhang der ψ_e- und der ψ_k-Kurve

$$\psi_{e_2} = \psi_{k_2} \cdot \frac{p_3}{p_1}. \tag{20}$$

Will man die Verhältnisse für einen beliebigen Zwischenwert kennenlernen, so ist es zweckmäßig, alle Beziehungen abhängig von p/p_1 darzustellen, da die Anfangsverhältnisse meist bekannt sind. Die Gleichungen für den Expansionsvorgang erfüllen diese Forderung ohne weiteres. Es muß nur noch die Durchflußgleichung für den Kompressionsvorgang oder, was das gleiche ist, ψ_k als Funktion von p/p_1 dargestellt werden.

Führt man die Beziehung

$$\frac{p}{p_3} = \frac{p_1}{p_3} \cdot \frac{p}{p_1} = \left(\frac{p_2}{p_1}\right)^{\frac{n_e - n_k}{n_e(n_k-1)}} \cdot \frac{p}{p_1}$$

in Gleichung (14) ein, dann ergibt sich

$$\psi_k = \sqrt{2g\frac{\varkappa}{\varkappa-1}\cdot\left(\frac{p_2}{p_1}\right)^{\frac{2(n_e-n_k)}{n_k\cdot n_e(n_k-1)}}\left(\frac{p}{p_1}\right)^{\frac{2}{n_k}}\left[1-\left(\frac{p_2}{p_1}\right)^{\frac{n_e-n_k}{n_e n_k}}\left(\frac{p}{p_1}\right)^{\frac{n_k-1}{n_k}}\right]}. \quad (21)$$

Die ψ_k-Kurve ist also ebenfalls von den Wirkungsgraden und dem Umkehrdruckverhältnis abhängig. Man erhält eine Schar von ψ_k-Kurven. ψ_k erreicht den Wert Null bei

$$\frac{p}{p_1} = 0.$$

und bei

$$\frac{p}{p_1} = \left(\frac{p_2}{p_1}\right)^{\frac{n_k-n_e}{n_e(n_k-1)}} = \frac{p_3}{p_1}$$

Das Maximum erhält man durch Differentiation nach $\left(\frac{p}{p_1}\right)$:

$$\left(\frac{p}{p_1}\right)_{kr} = \left(\frac{2}{n_k+1}\right)^{\frac{n_k}{n_k-1}}\cdot\left(\frac{p_2}{p_1}\right)^{\frac{n_k-n_e}{n_e(n_k-1)}}; \quad (22)$$

$$\psi_{k\max} = \left(\frac{2}{n_k+1}\right)^{\frac{1}{n_k-1}}\sqrt{2g\frac{\varkappa}{\varkappa-1}\left[1-\frac{2}{n_k+1}\right]}. \quad (23)$$

Das kritische Druckverhältnis ist von η_e, η_k und p_2/p_1 abhängig, während $\psi_{k\max}$ nur durch η_k beeinflußt wird. Bei der Darstellung der ψ_k-Kurve abhängig von p/p_1 findet eben nur lineare Maßstabsänderung der Abszisse im Verhältnis p_3/p_1 statt, wie sich aus der Ableitung der Gleichung (21) ohne weiteres ergibt.

Das kritische Druckverhältnis der ψ_k-Kurve nimmt mit $\eta_e = \eta_k = 0{,}95$ und $\psi_{k\max} = 2{,}157$ bei den verschiedenen Umkehrverhältnissen p_2/p_1 folgende Werte an:

$\frac{p_2}{p_1} =$	1,0	0,9	0,7	0,545	0,4	0,2	0,1
$\left(\frac{p}{p_1}\right)_{kr} =$	0,5420	0,5364	0,5236	0,5108	0,4956	0,4632	0,4329

2. Graphische Darstellung der Durchflußgleichung.

a) Expansionsvorgang.

Die Durchflußgleichung läßt sich durch die im folgenden beschriebene graphische Darstellung gut veranschaulichen. Setzt man in Gleichung (4) die Größen G und $\sqrt{\frac{p_1}{v_1}}$ als konstant voraus, dann erhält man den Zusammenhang zwischen f und ψ_e oder, was das gleiche ist, zwischen f und p/p_1. Diesen Zusammenhang trägt man im ersten Quadranten des Bildes 3 ein. Auf der Abszissenachse ist das Druckverhältnis p/p_1 zu finden, und zwar derart, daß im Ursprung 0 der Wert $p/p_1 = 1$ vorhanden ist, da die Expansion mit diesem Wert beginnt. Als Ordinate trägt man den Querschnitt f auf und erhält so die eingezeichnete Kurve, die den Querschnittsverlauf angibt, der vorhanden sein muß, wenn Dampf in Richtung der positiven Abszissenachse expandiert. Die Kurve sei als Q-Kurve bezeichnet.

Trägt man nun auf der negativen Ordinatenachse den Druck p auf, dann gibt die Gerade aA den bei der Expansion vorhandenen Druckverlauf an, wenn Oa gleich dem Anfangsdruck p_1 ist. Eine beliebige Ordinate trifft im ersten und vierten Quadranten immer zusammengehörige Werte von f und p. Von Wichtigkeit ist die Ordinate durch B (mit $p/p_1 = 0{,}545$), da sie im ersten Quadranten den engsten Querschnitt und im vierten Quadranten die kritischen Drücke abschneidet. Sie sei als kritische Linie bezeichnet.

Geht man wieder von Gleichung (4) aus und nimmt diesmal G und ψ_e als konstant an, und zwar $\psi_e = 2{,}03$, dann erhält man den Zusammenhang zwischen f_{min} und $\sqrt{\frac{p_1}{v_1}}$. Zu dessen graphischer Darstellung trägt man im zweiten Quadranten auf der negativen Abszissenachse den Wert $\sqrt{\frac{p_1}{v_1}}$ und auf der Ordinatenachse f_{min} auf. Es ergibt sich eine Hyperbel. Da man nun auch im ersten Quadranten f_{min} als Ordinate aufgetragen vorfindet, und zwar auf der kritischen Linie, so hängt der zweite Quadrant mit dem ersten durch die Punkte der kritischen Linie zusammen.

Man braucht jetzt nur noch unter Benutzung der bereits gewählten Maßstäbe auf der negativen Ordinaten- und Abszissenachse in dem dritten Quadranten Linien $t_1 = $ konst. einzutragen, um aus dem gegebenen p_1 und t_1 sofort den Wert $\sqrt{\frac{p_1}{v_1}}$ finden zu können. Die Ermittlung des engsten Querschnittes einer Düse bei bekanntem Anfangszustand p_1 und t_1 und bei gegebener Dampfmenge G ist gekennzeichnet durch den Linienzug $abcde$. Der Endquerschnitt der Düse wird, wenn die Expansion bis i erfolgen soll, dadurch ermittelt, daß man durch i eine Ordinate zieht, die auf der durch e gehenden Q-Kurve den Endquerschnitt in Punkt g abschneidet.

Sind andere Frischdampfzustände und andere Dampfmengen gegeben, so wird man andere engste Querschnitte und andere Q-Kurven erhalten. In Bild 4 sind deshalb im dritten Quadranten mehrere Kurven $t_1 = $ konst., im zweiten Quadranten mehrere Kurven $G = $ konst. und im ersten Quadranten mehrere Q-Kurven eingezeichnet. Man kann mit einem solchen Diagramm alle möglichen Düsen und Mündungen ermitteln. In Bild 4 sind die gleichen Bezeichnungen wie in Bild 3 beibehalten worden.

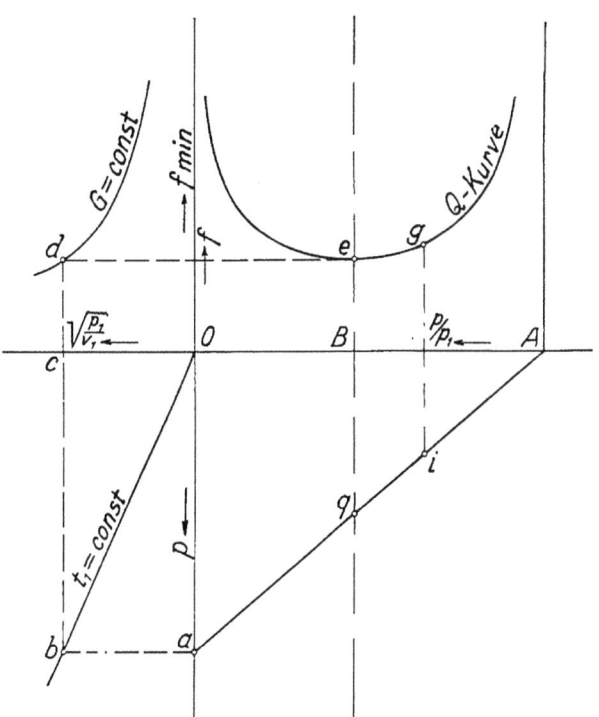

Bild 3. Die graphische Darstellung der Durchflußgleichung.

Im ersten Quadranten ist lediglich — außer den Q-Kurven — auch noch die ψ_e-Kurve ACO zu finden.

Es ist nun auch möglich, mit diesem Diagramm eine ganze Turbine mit ihren Querschnitten zu bestimmen. Angenommen, es sei eine Aktionsturbine verlangt, in der die erste Stufe ein größeres als kritisches Druckgefälle verarbeitet und die folgenden Stufen alle kritisches Druckgefälle besitzen. Die zur ersten Stufe gehörige Düse, wird wie oben beschrieben, ermittelt. Es seien e und g die gefundenen Punkte. Der Enddruck der ersten Stufe ist für die nächste Stufe der Anfangsdruck. Man geht also von i aus parallel zur Abszissenachse bis zur Ordinatenachse (Punkt k), zieht die Drucklinie von k bis A und schneidet damit auf der kritischen Linie den Expansionsenddruck der zweiten Stufe ab. Von hier aus geht man wieder zurück zur Ordinatenachse, fährt genau so weiter und erhält so das Druckgefälle für alle folgenden Stufen. Um nun auch die zugehörigen Querschnitte zu finden, braucht man z. B. für die zweite Stufe noch eine Angabe über den Anfangszustand außer dem bekannten Druck. Zu diesem Zweck muß zunächst in das Diagramm des dritten

Quadranten unter Zuhilfenahme angenommener Wirkungsgrade die Expansionslinie eingezeichnet werden. Man kann diese aus dem JS-Diagramm ohne weiteres übertragen. Die Expansionskurve ist punktiert eingetragen. Vom Punkte k auf der Ordinatenachse geht man dann parallel zur Abszisse bis zu dieser Expansionslinie (l), von hier aus wieder bis zur gleichen G-Linie, auf der d liegt (bis m) und weiter bis zur kritischen Linie (n), womit man f_{min} der zweiten Stufe bestimmt hat. So geht es für alle Stufen weiter, und man kann hier die ganze Turbine in ihrer Gesamtheit überblicken. Leider macht ein infolge hoher Anfangsdrücke anzunehmender kleiner Druckmaßstab das Verfahren für $p < 1$ ata wenig brauchbar.

b) Kompressionsvorgang.

Stellt man die für den Kompressionsvorgang gültigen Gleichungen (13) und (14) graphisch dar, dann erhält man ein Vierquadrantendiagramm, ganz ähnlich wie Bild 3. Lediglich die Q-Kurven nehmen infolge der veränderten ψ-Kurve einen etwas anderen Verlauf an. Hierauf braucht aus diesem Grunde nicht näher eingegangen zu werden.

c) Expansionsvorgang mit anschließendem Kompressionsvorgang.

Für den Expansionsvorgang mit anschließendem Kompressionsvorgang gelten die im Abschnitt 1c (S. 112) aufgestellten Beziehungen. Zunächst sei jedoch der ganze Vorgang unter der vereinfachten Annahme, daß für die Verdichtung des Dampfes die gleiche ψ-Kurve gelte, wie für die Expansion, graphisch dargestellt. Man wird dadurch mit den graphischen Konstruktionen bekannt und kann den Einfluß der Reibung beim Kompressionsvorgang besser erkennen.

Der vollkommene Kompressionsvorgang beginnt mit $p = 0$ oder mit $p/p_1 = 0$, wenn p_1 der am Ende des Vorganges erreichte Druck ist. Er endigt mit $p/p_1 = 1$. Im Diagramm, Bild 4, verläuft er nach der Geraden Aa, und zwar bei A beginnend. Da die gleiche ψ-Kurve wie bei der Expansion in Frage kommt, so gelten die eingezeichneten Q-Kurven auch für den Kompressionsvorgang. Sie werden lediglich rückwärts durchlaufen.

Da nun eine Q-Kurve jeden Querschnitt immer zweimal (links und rechts der kritischen Linie) aufweist und es bei der Darstellung lediglich auf die Querschnittsfolge und nicht auf die Form der Düse ankommt, so kann die einmal eingeführte Strömungsrichtung von O nach A auch beibehalten werden, und man kann den Querschnitten links der kritischen Linie die Drücke der gleichen Querschnitte rechts von ihr zuordnen und umgekehrt. Auf diese Weise entsteht der Druckanstieg Oqa_1 für einen Kompressionsvorgang von O nach A und bei der gegebenen Querschnittsfolge der Q_1-Kurve. Dabei muß lediglich beachtet werden, daß auf diese Druckkurve der Abszissenmaßstab nicht angewendet werden darf. Die beiden Drucklinien aA und Oa_1 müssen sich auf der kritischen Linie schneiden.

Es ist nun auch ein Druckverlauf denkbar derart, daß der erste Teil der Düse expandierend vom Dampf durchflossen wird, während im zweiten Teil Kompression stattfindet, so daß also der Druck von p_1 auf p_{kr} sinkt und dann wieder bis p_1 ansteigt (für die vollständige Düse mit $f_3 = \infty$). Es entspricht dies dem Druckverlauf aqa_1 in Bild 4.

Da nun der Gegendruck auch niedriger sein kann als a_1, so sollen auch die Drucklinien eingezeichnet werden, die einen Enddruck ergeben, der zwischen A und a_1 liegt. Zu diesem Zweck ermittelt man die sog. isentropischen Linien (nach Prandtl)[1]. Durch Abdrosselung des Dampfes von p_1 auf p'_1 gelangt man zur Expansionsgeraden $a'q'A$ und zur Kompressionskurve $q'a'_1$. Behält man die gleiche Dampfmenge wie vorher bei, dann gehört zu dem Druck p'_1 die Querschnittskurve Q'_1. Diese hat infolge der Drosselung des Dampfes auf den Druck p'_1 einen größeren engsten Querschnitt als die Q_1-Kurve. Gegeben sind jedoch die Querschnitte der Q_1-Kurve, und man muß, um den Druckverlauf längs dieser Querschnittsfolge zu finden, die Q'_1-Kurve und die dazugehörigen Drücke auf die Q_1-Kurve projizieren. Auf

---

[1] Prandtl, Z. V. d. I. 1904, S. 348.

diese Weise erhält man aus dem Linienzug $A q' a_1'$ die Kompressionskurve $A q_0' a_1'$. In gleicher Weise kommt man über die Q_1''-Kurve zur Kompressionskurve $A q_0'' a_1''$. Die Dampfströmung

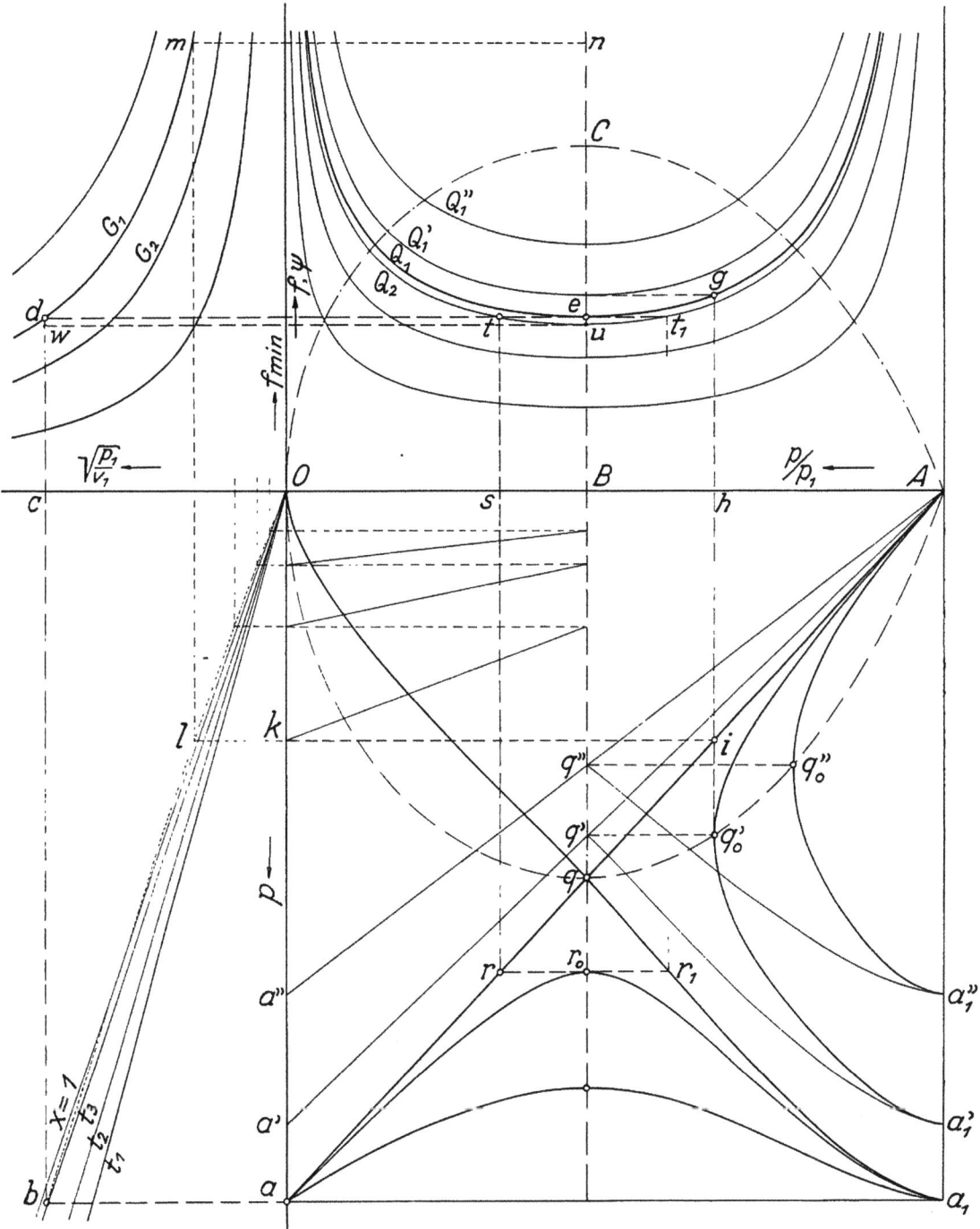

Bild 1. Die graphische Darstellung des Expansions- und Kompressionsvorganges.

kann man sich dabei wie folgt vorstellen: Der Dampf strömt von rechts her von A aus, sich verdichtend und mit Überschallgeschwindigkeit, bis zu einem bestimmten Querschnitt

8*

herein, um dann wieder nach rechts mit Unterschallgeschwindigkeit sich weiter verdichtend auszuströmen, bis a'_1 bzw. a''_1. Umgekehrt wird sich ein bestimmter Gegendruck nach einer solchen Kurve rückwärts in die Düse herein auswirken. Ein Übergang auf die Expansionsgerade aA besteht dabei nicht (ausgenommen bei der Grenzkurve qa_1). Es müßte also ein sprunghafter Übergang von der Expansions- auf die Kompressionskurve stattfinden.

Alle diese so ermittelten Kompressionskurven haben eine vertikale Tangente, und alle Berührungspunkte — das sind die am weitesten innen liegenden Punkte, bis zu denen der Gegendruck wirkt — liegen auf einer ψ-Kurve (AqO). Diese ψ-Kurve ist zu der ψ-Kurve im ersten Quadranten spiegelbildlich, und sie teilt das ganze Gebiet des vierten Quadranten in eins mit Überschallgeschwindigkeit (Gebiet zwischen der ψ-Kurve und Abszissenachse) und in ein weiteres mit Unterschallgeschwindigkeit (Gebiet außerhalb der ψ-Kurve). Auf der ψ-Kurve selbst vereinigen sich die Punkte mit Schallgeschwindigkeit. Der Beweis, daß man es mit einer ψ-Kurve zu tun hat, sei im folgenden erbracht. Aus der Gleichung

$$G = \psi_e \cdot f \cdot \sqrt{\frac{p_1}{v_1}} = \psi_{e\,\mathrm{max}} \cdot f_{\mathrm{min}} \cdot \frac{p_1}{\sqrt{p_1 v_1}}$$

ergibt sich folgendes:

Die vorstehenden Auseinandersetzungen bezogen sich auf die gleiche Dampfmenge, und die niedrigeren Drücke waren durch Drosseln hergestellt. Es gilt also

$$G = \mathrm{konst.}, \; i = \mathrm{konst.} \text{ und damit auch } p_1 v_1 = \mathrm{konst.}$$

Verringert man nun p_1, so muß f_{min} umgekehrt proportional hierzu wachsen. Mit p_1 verringert sich ferner direkt proportional p_{kr}, also verändert sich auch p_{kr} umgekehrt proportional mit f_{min}. Da nun alle f_{min} immer auf die gleiche Q_1-Kurve projiziert werden und alle p_{kr} mit projiziert werden, so müssen diese auf einer ψ-Kurve liegen, da ja die Q_1-Kurve lediglich eine reziproke ψ-Kurve ist.

Nimmt man nun eine tatsächliche Düse an, so hat diese einen endlichen Endquerschnitt, beispielsweise $f_4 = hg$ in Bild 4. Man muß also vom theoretischen Diagramm das Stück hinter f_4 weglassen. Aus dem ganzen Kurvenverlauf ersieht man nun, daß man, den sprunghaften Übergang auf die Kompressionskurve vorausgesetzt, den Gegendruck bei einer Düse weit über den kritischen Druck erhöhen kann, ohne daß am Druck an der engsten Stelle und damit am Dampfdurchgang etwas geändert wird. Erst wenn der Gegendruck über die Kompressionsdrucklinie qa_1 steigt, erhält man höhere Drücke an der engsten Stelle. Der Dampf kann nicht mehr bis p_{kr} expandieren, um den vorhandenen Gegendruck noch zu erreichen, und der Dampfdurchgang wird geringer. Eine geringere Dampfmenge bedeutet bei gleichem Dampfzustand vor der Düse eine Q-Kurve unterhalb der Q_1-Kurve, etwa die Q_2-Kurve. Aus dem Linienzug $abwu$ ist dies ohne weiteres zu erkennen. Die Q_2-Kurve gilt jedoch nur von $f_1 = \infty$ bis t und von t_1 bis zum Endquerschnitt, da ja tatsächlich keine kleineren Querschnitte vorhanden sind. Um den Druckverlauf auch mit den anderen Kurven vergleichen zu können, muß der Druckverlauf ar und $r_1 a_1$, der für die Q_2-Kurve gilt, noch umgezeichnet werden entsprechend der tatsächlichen Querschnittsfolge (Q_1-Kurve). Es wird die Q_2-Kurve auf die Q_1-Kurve projiziert, und ebenso müssen die zugehörigen Drücke mit herübergenommen werden. Auf diese Weise erhält man den stetigen Verlauf der eingezeichneten Druckkurve $ar_0 a_1$.

Setzt man die Überlegungen und Konstruktionen, wie sie bisher ausgeführt wurden, fort, so kann man auch noch die beiden restlichen Felder des durch die Linienzüge aqA und Oqa_1 in vier Felder geteilten vierten Quadranten mit Kurvenscharen überdecken. Keine der Kurven überschneidet dabei einen der eben genannten Linienzüge. In Bild 4 sind diese Kurvenscharen nicht eingezeichnet, da sie nur theoretische Bedeutung haben. Sie wurden jedoch erwähnt, um die Übereinstimmung, die zwischen Bild 4 und den isentropischen Linien von Prandtl[1] besteht, recht klarzumachen. Verzerrt man in dem Stodolaschen

---
[1] Stodola, 5. Aufl., S. 85, Bild 67.

Bild den Abszissenmaßstab derart, daß die stark ausgezogene Expansionskurve eine Gerade wird, dann erhält man Bild 4. Die Kurven konstanter Geschwindigkeit (mit $u =$ konst.

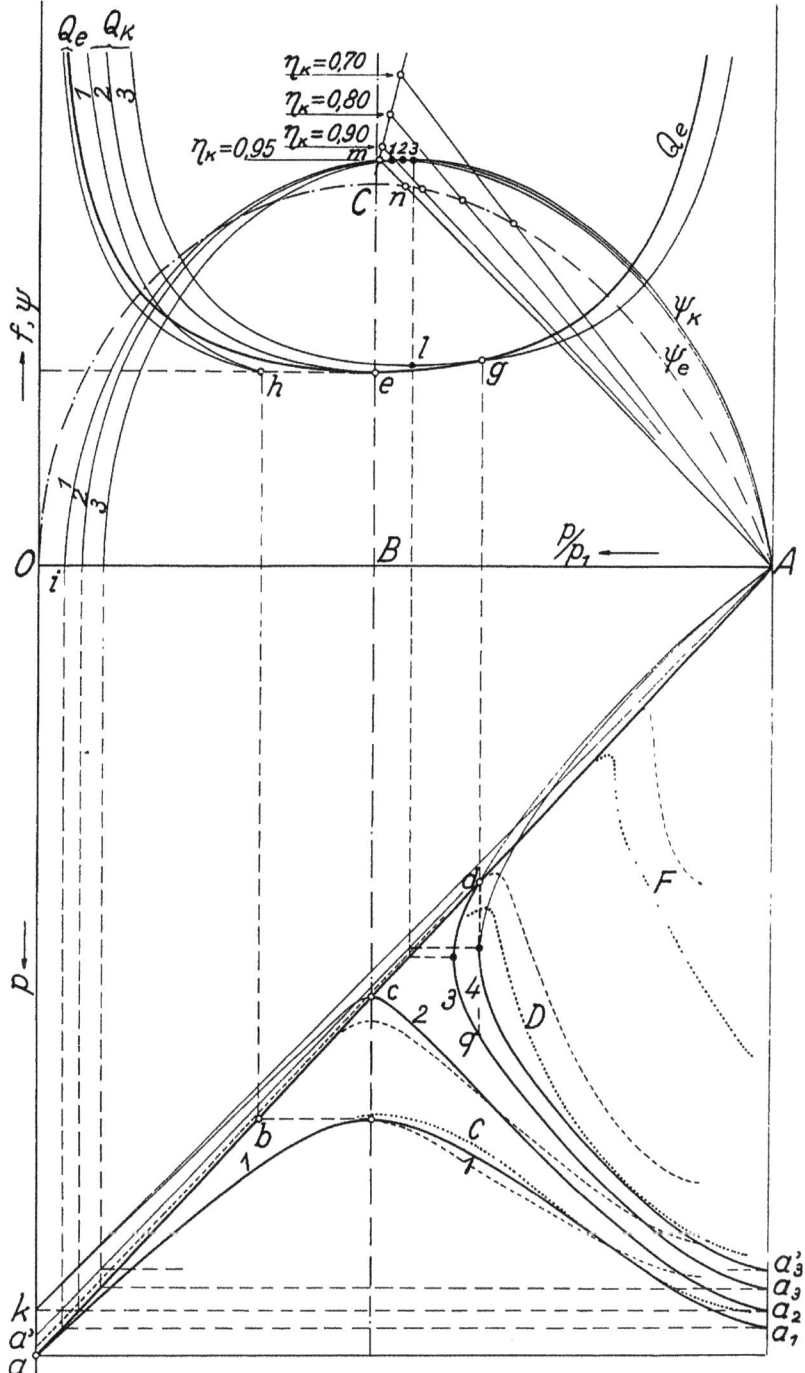

Bild 5. Expansionsvorgang mit anschließendem Kompressionsvorgang.

bezeichnet) gehen über in ψ-Kurven, und die stark gestrichelte Kurve ($u = a_0$) für Schallgeschwindigkeit verwandelt sich in die ψ-Kurve OqA.

Läßt man nun die Annahme der gleichen ψ_e-Kurve für die Expansion und Kompression wieder fallen, dann müssen die unter Abschnitt 1a und 1c aufgestellten Beziehungen graphisch dargestellt werden. Es genügt dabei, lediglich den ersten und vierten Quadranten des Diagramms aufzuzeichnen. Dies ist in Bild 5 durchgeführt. Die Abszissen- und Ordinatenmaßstäbe sind die gleichen wie in Bild 4. Im ersten Quadranten sind die ψ_e-Kurve strichpunktiert sowie drei ψ_k-Kurven für $\eta_k = 0{,}95$ mit den Nummern 1, 2 und 3 eingetragen. Die dazugehörigen Maxima tragen die gleichen Ziffern. Weiterhin findet sich eine Q_e-Kurve, die stark ausgezogen ist und zu der im vierten Quadranten die ebenfalls stark ausgezogene Druckgerade aA gehört.

Es stelle diese stark ausgezogene Querschnittskurve Q_e die Querschnittsfolge einer tatsächlichen Düse dar, und beim Vergleich der einzelnen Druckkurven werden die verschiedenen Q-Kurven alle auf diese Q_e-Kurve projiziert. Läßt man zunächst eine Expansion von a bis b stattfinden, dann gehört hierzu die Q_e-Kurve durch h. Schließt sich in Punkt b nun ein Kompressionsvorgang an, dann müßten, um einen Druckanstieg von b nach a zu erhalten, Querschnitte vorhanden sein, wie sie durch die Q_k-Kurve 1 (durch h) dargestellt werden. Diese Q_k-Kurve erreicht aber, wie aus der ψ_k-Kurve 1 hervorgeht, bei dem Druckverhältnis $\frac{p}{p_1} = Ai$ den Wert ∞. Das eben genannte Druckverhältnis ist also das höchst erreichbare und entspricht dem Verhältnis p_3/p_1 in Gleichung (19). Durch Projektion der Q_e- und Q_k-Kurven durch h auf die stark ausgezogene Q_e-Kurve erhält man dann den Druckverlauf aa_1 (Druckkurve 1).

Folgt die Kompression erst im Punkte c der Expansion, dann gehören die Q_e- und Q_k-Kurven durch e zusammen, und ihre Projektion liefert den Druckverlauf aca_2. Der Übergang von der Expansionsdrucklinie ac auf die Kompressionsdrucklinie ca_2 ist kein allmählicher mehr, denn die letztgenannte hat im Punkt c eine zur Abszissenachse parallele Tangente. Vervollständigt man die Druckkurve 2 theoretisch von c bis k, dann tritt dies deutlich zutage. Die Druckkurve 2 ist bei den zugrunde gelegten Verlusten die Grenzkurve, bis zu welcher der Gegendruck gesteigert werden kann, ohne daß eine Änderung des Dampfdurchganges eintritt.

Noch schärfer wird der Übergang von der Expansionskurve auf die Kompressionskurve, wenn die Umkehrstelle bei d liegt. Hier müssen sogar entsprechend dem Verlauf der Q_k-Kurve 3 auf den Querschnitt bei g wieder kleinere Querschnitte bis l folgen. Tatsächlich sind aber, da es sich schon um den sich erweiternden Düsenteil handelt, nur größere Querschnitte vorhanden. Es muß also entweder eine Strahlablösung oder ein plötzlicher Druckanstieg von d nach q erfolgen. Tritt eine Strahlablösung ein, so kann natürlich der weitere Druckverlauf im Diagramm nicht mehr angegeben werden, und die Druckkurve 3 wird erst dann wieder Gültigkeit haben, wenn sich der Strahl wieder angelegt hat. Derartige Strahlablösungen wurden von Stodola bereits beobachtet. Anderseits stellte er aber auch den plötzlichen Druckanstieg (Dampfstoß) fest. Der Dampfstoß braucht dabei nicht von d nach q vor sich zu gehen, sondern es kann auch ein tangentialer Übergang an die Druckkurve erfolgen, wie es für die Kurve 4 dargestellt ist. Zu der Druckkurve 4 kommt man, wenn man für die Q_k-Kurve 3 einen kleineren Anfangsdruck ($Oa' < Oa$) zugrunde legt und ähnliche Überlegungen anstellt, wie bei der Konstruktion der Kurve $A q_0' a_1'$ auf Bild 4.

Jedenfalls läßt sich aus dem Vorhergehenden sagen, daß, ganz gleichgültig, ob Strahlablösung oder Dampfstoß auftritt, von dem Augenblick ab, in dem die Druckkurven spitzwinklig von den Expansionsgeraden abgehen, Unregelmäßigkeiten an der Umkehrstelle eintreten werden, die sich mit einfachen Mitteln nicht mehr ohne weiteres erklären lassen. Wahrscheinlich wird hier die zweidimensionale Betrachtungsweise nicht mehr ausreichen.

Der grundverschiedene Verlauf, den die Druckkurven 2 und 3 aufweisen, läßt es angebracht erscheinen, den Übergang von der einen Kurvenart auf die andere etwas näher zu untersuchen. Im Bild 6 sind die verschiedenen charakteristischen Übergangskurven dargestellt. Die einzelnen Kurven sind nicht maßstäblich, da lediglich das Grundsätzliche gezeigt werden soll. Die Kurven 5 und 10 sind in ihrem Verlauf die gleichen wie 2 und 3 auf Bild 5. Für die Gestalt der dazwischenliegenden Kurven ist, wie ersichtlich, die Lage der Minima der Q_e- und der Q_k-Kurve zueinander wesentlich. Bei der Kurve 7 liegen beide Minima auf einer Parallelen zur Abszissenachse. Liegt das Minimum der Q_k-Kurve tiefer als das der Q_e-Kurve, dann erhält man Druckkurven ähnlich der Form von 5 und 6, liegt es höher, dann kommt ein Verlauf ähnlich der Kurven 8 bis 10 in Frage.

Für das Vorhandensein eines plötzlichen Druckanstieges (Dampfstoß) ist die Lage des Minimums der Q_k-Kurve zum Schnittpunkt der beiden Q-Kurven maßgebend. Solange das Minumim der Q_k-Kurve rechts vom Schnittpunkt liegt, hat man lediglich einen scharfkantigen Übergang. Erst wenn das Minimum links davon liegt, ist die Möglichkeit eines Dampfstoßes bzw. einer Strahlablösung gegeben. Der Grenzfall ist dann vorhanden, wenn das Minimum der Q_k-Kurve auf die Q_e-Kurve zu liegen kommt (Kurve 9). Das hierbei vorhandene Druckverhältnis soll das Stoß-Grenzdruckverhältnis genannt werden. Man findet es, wenn man die Minima der einzelnen Q_k-Kurven durch eine Kurve verbindet (strichpunktiert gezeichnet) und diese mit der Q_e-Kurve zum Schnitt bringt. Für die Q_e-Kurve gilt

$$f_e = \frac{G}{\psi_e \sqrt{\frac{p_1}{v_1}}}. \qquad (24)$$

Für die Q_k-Kurven gilt mit Berücksichtigung von Gleichung (17)

$$f_k = \frac{G}{\psi_k \sqrt{\frac{p_3}{v_3}}} = \frac{G}{\psi'_k \cdot \frac{p_3}{p_1} \sqrt{\frac{p_1}{v_1}}}.$$

Mit Gleichung (19) ergibt sich

$$f_k = \frac{G}{\psi_k \cdot \left(\frac{p_2}{p_1}\right)^{\frac{n_k - n_e}{n_e(n_k-1)}} \cdot \sqrt{\frac{p_1}{v_1}}}. \qquad (25)$$

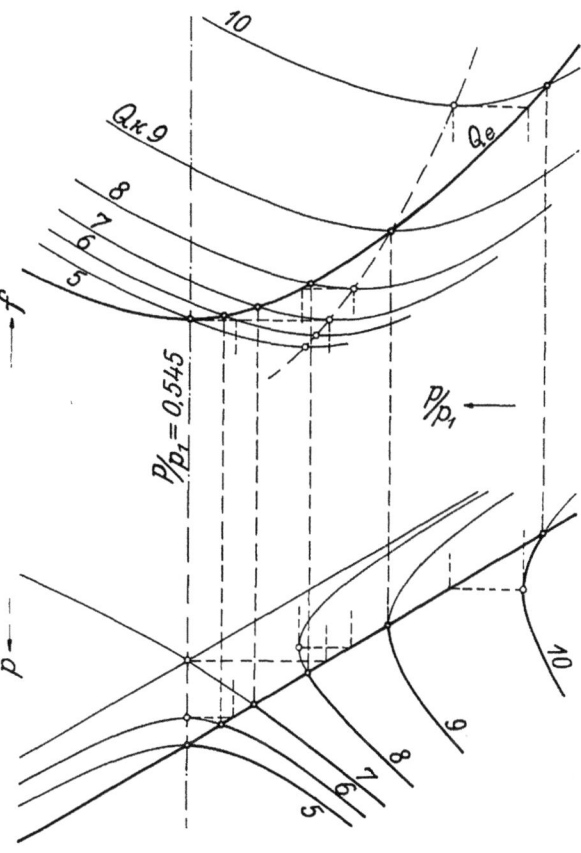

Bild 6. Übergang von der Expansion zur Kompression.

Für das Querschnittsminimum gilt dann

$$f_{k\,\mathrm{min}} = \frac{G}{\psi_{k\,\mathrm{max}} \cdot \left(\frac{p_2}{p_1}\right)^{\frac{n_k - n_e}{n_e(n_k-1)}} \cdot \sqrt{\frac{p_1}{v_1}}}. \qquad (26)$$

Zu diesen minimalen Querschnitten gehören als Abszissen die entsprechenden Werte aus Gleichung (22).

Aus Gleichung (24) ergibt sich die Q_e-Kurve und aus den Gleichungen (26) und (22) die Minimumkurve.

Da nun aber weniger Wert auf den Verlauf der Minimumkurve als auf den Schnittpunkt mit der Q_e-Kurve gelegt wird, so können auch die reziproken Werte der Gleichung (24) und (26) als Ordinaten aufgetragen und der in beiden Fällen vorhandene Faktor $\dfrac{G}{\sqrt{\dfrac{p_1}{v_1}}}$ weggelassen werden. An die Stelle von Gleichung (24) tritt die ψ_e-Kurve und an Stelle von Gleichung (26) wird der Wert

$$Z = \psi_{k\,\mathrm{max}} \cdot \left(\frac{p_2}{p_1}\right)^{\frac{n_k - n_e}{n_e(n_k - 1)}} \tag{27}$$

aufgetragen. Hierzu gehören ebenfalls als Abszissen die Werte von Gleichung (22). Die beiden Gleichungen (27) und (22) enthalten als Parameter p_2/p_1.

Scheidet man diesen aus, dann erhält man

$$Z = \psi_{k\,\mathrm{max}} \cdot \frac{1}{\left(\dfrac{2}{n_k + 1}\right)^{\frac{n_k}{n_k - 1}}} \cdot \left(\frac{p}{p_1}\right)_{kr},$$

$$Z = \frac{n_k + 1}{2} \cdot \sqrt{2g\frac{\varkappa}{\varkappa - 1}\left(1 - \frac{2}{n_k + 1}\right)} \cdot \left(\frac{p}{p_1}\right)_{kr}. \tag{28}$$

Diese Gleichung stellt eine Gerade dar, und ihre Neigung ist nur von dem Kompressionswirkungsgrad η_k abhängig. Der Schnitt dieser Geraden mit der ψ_e-Kurve liefert das gesuchte Grenzverhältnis.

Um die Gerade einzeichnen zu können, ist es notwendig, zwei Punkte von ihr zu kennen. Der eine ist

$$Z = 0; \quad \left(\frac{p}{p_1}\right)_{kr} = 0.$$

Den anderen erhält man, wenn man in den Gleichungen (27) und (22) das Verhältnis $(p_2/p_1) = 1$ einsetzt. Beide Gleichungen ergeben dann die zusammengehörigen Werte der Zusammenstellung Abschnitt 1b (S. 110). In Bild 5 sind mehrere solcher Geraden und ihre Schnittpunkte mit der ψ_e-Kurve eingetragen. Für die in Bild 5 eingezeichneten Druckkurven gilt die Gerade mA, und das Grenzverhältnis liegt bei n. Aus der Lage der Schnittpunkte ersieht man, daß bei großen Kompressionsverlusten die Stoßgrenze erheblich weit in das Gebiet der Überschallgeschwindigkeit rückt. Es kann damit die Frage aufgeworfen werden, ob die an der Umkehrstelle auftretenden Verluste nicht derart groß sind, daß Stoßerscheinungen überhaupt nicht auftreten. Welche Verluste im späteren Verlauf der Kompressionskurve auftreten, hat darauf keinen Einfluß.

Zu dem Grenzverhältnis kommt man auch noch auf folgende Weise: Wenn das Minimum der Q_k-Kurve auf der Q_e-Kurve liegt, dann muß für die Q_k-Kurve gelten:

$$\left(\frac{p}{p_1}\right)_{kr} = \frac{p_2}{p_1}.$$

Dies in Gleichung (22) berücksichtigt, liefert

$$\frac{p_2}{p_1} = \left(\frac{2}{n_k + 1}\right)^{\frac{n_k}{n_k - 1}} \cdot \left(\frac{p_2}{p_1}\right)^{\frac{n_k - n_e}{n_e(n_k - 1)}}$$

$$\left(\frac{p_2}{p_1}\right)_{st} = \left(\frac{2}{n_k + 1}\right)^{\frac{n_e}{n_e - 1}} \tag{29}$$

Auch hieraus ersieht man, daß das Stoßgrenzdruckverhältnis $\left(\dfrac{p_2}{p_1}\right)_{st}$ nur von den Verlustzahlen abhängig ist. Die Gleichung (29) hat jedoch gegenüber dem zeichnerischen Verfahren den Nachteil, daß sie einen konstanten Expansionswirkungsgrad enthält, während in Bild 5 die Geraden mit der tatsächlichen ψ_e-Kurve zum Schnitt gebracht werden. Vergleicht man nun das Diagramm von Bild 5 mit Bild 4, dann erkennt man sofort den Unterschied, der durch die Berücksichtigung der Reibung beim Kompressionsvorgang entsteht. Es überschneiden jetzt sämtliche Kompressionskurven die Expansionsgerade aA, so daß zwischen beiden theoretisch ein Übergang vorhanden ist. Wie Bild 5 weiter zeigt, ist auch praktisch die Möglichkeit eines Überganges von der Expansions- auf die Kompressionskurve ohne Unregelmäßigkeiten möglich, jedoch nur bis zu einem bestimmten Druckverhältnis, dem sog. Stoßgrenzdruckverhältnis.

3. Vergleich mit Versuchen.

Zum Nachweis der Richtigkeit der bisherigen Überlegungen sei eine Reihe von veröffentlichten Versuchen herangezogen. Zunächst haben Stodola und Büchner den Druckverlauf in erweiterten Düsen gemessen. Stodola hat seine Messungen in seinem Buche (Dampf- und Gasturbinen, 5. Auflage, S. 69, Bild 47) dargestellt. Neben der vollkommenen Expansionskurve ist auch der Druckverlauf bei erhöhtem Gegendruck eingetragen. Verzerrt man in diesem Bild 47 den Abszissenmaßstab derart, daß aus der Expansionskurve eine Gerade entsteht, und läßt man diese Gerade mit der Geraden Aa des Bildes 5 zusammenfallen, dann erhält man für die Kompressionskurven bei erhöhtem Gegendruck Kurven, wie sie punktiert in Bild 5 eingezeichnet sind. Von den Stodolaschen Kurven sind lediglich die einen guten stetigen Verlauf zeigenden Kurven C, D und F herausgegriffen. Die Übertragung geschah durch einfaches Abmessen der Drücke in Bild 47. Wie Bild 5 zeigt, gleichen sich besonders die Kurven C und D den theoretischen Kurven ganz gut an. Bemerkenswert ist, daß die Kurve D keinen Dampfstoß aufweist. Es läßt sich daraus schließen, daß an der Umkehrstelle entweder Strahlablösung aufgetreten ist oder daß so starke Verluste vorhanden waren, daß das Stoßgrenzdruckverhältnis noch nicht erreicht war. Erst die Kurve F zeigt einen mehr plötzlichen Druckanstieg.

In der gleichen Weise wurden die Büchnerschen Versuche ausgewertet (Zahlentafel 2, S. 108). Die in eine Gerade verwandelte vollkommene Expansionskurve ist in Bild 5 gestrichelt eingezeichnet, und ebenso sind die Kompressionskurven für erhöhten Gegendruck gestrichelt eingetragen. Die Büchnerschen Kurven verlaufen flacher als die Stodolaschen und auch als die theoretischen Kurven. Es besagt dies, daß bei den Büchnerschen Düsen größere Verluste als 5 vH aufgetreten sind, was ja infolge der vorhanden gewesenen Kontraktionserscheinungen ohne weiteres erklärlich ist.

Die auf Bild 5 dargestellten theoretischen Druckkurven sind für η_e und $\eta_k = 0{,}95$ ermittelt. Tatsächlich können aber, wie bereits die Büchnerschen Versuche zeigen, die verschiedenartigsten Verlustzahlen auftreten, je nach Form und Bearbeitung der Düse. Weiterhin wird der Wirkungsgrad längs des Expansions- und Kompressionsweges nicht konstant sein, so daß es nicht mehr möglich ist, allgemein gültige Kompressionsdruckkurven aufzustellen. Dies gilt insbesondere für die Druckkurve 2 in Bild 5, welche die Grenzkurve für maximalen Dampfdurchgang darstellt. Es ist sogar möglich, daß bei der gleichen Düse verschiedene Druckkurven sich einstellen. Zu dem Enddruck a_1 in Bild 5 gelangt man beispielsweise durch eine Expansion bis b und mit einem $\eta_k = 0{,}95$. Den gleichen Enddruck kann man aber auch erhalten, wenn man die Expansion nicht ganz bis b vor sich gehen läßt und dafür ein schlechteres η_k einsetzt, oder auch umgekehrt. Aus Gleichung (19) ergibt sich dies ebenfalls. Man kann also sagen, daß jeder Punkt rechts der Druckgeraden aA theoretisch durch unendlich viele Druckkurven erreichbar ist. Dazu treten dann noch die Kurven, die sich durch Veränderung des η_e erreichen lassen. Es kann nun leicht sein, daß bei einer praktisch ausgeführten Düse sich mit anderen Strömungsbildern auch andere Verluste einstellen und daß gerade zu großen Umkehrdruckverhältnissen schlechtere Wirkungsgrade gehören und umgekehrt. Es können sich dann bei gleichen Verhältnissen vor und hinter der Düse ganz verschiedene Druckverläufe ausbilden. Derartige labile Zustände des Druckverlaufs wurden z. B. von Büchner beobachtet[1]. Treten nun solche Druck-

---
[1] Vgl. Forsch.-Arb. H. 18, S. 75, und die Versuche Nr. 14 und 15.

schwankungen an der engsten Stelle bei kritischem oder kleinerem als kritischem Druckverhältnis auf, dann hat dies auch Änderungen des Dampfdurchganges zur Folge.

Einen weiteren Beweis für die Richtigkeit der Darstellung liefern die Versuche von Loschge. Wie bemerkt, treten im Falle hohen Gegendrucks innerhalb der Düse erhebliche Unterdrücke auf. Diese hat Loschge in besonderer Weise dargestellt. Ist p_4 der Gegendruck und p_x der Druck an der Meßstelle der Düse, dann trägt man abhängig von p_4/p_1 den Wert

$$\frac{\Delta p}{p_1} = \frac{p_x}{p_1} - \frac{p_4}{p_1}$$

als Ordinate auf. Negative Werte von $\Delta p/p_1$ geben dann Unterdrücke, positive Werte Überdrücke in der Düse an.

In Bild 7 sind derartige Auftragungen gemacht. Zunächst findet man wieder den ersten und vierten Quadranten des Bildes 5, die beide jedoch durch die Ordinate s abgeschnitten sind. Die Querschnittskurve Q habe die Meßstellen a bis e und stelle eine tatsächliche Düse dar. Im vierten Quadranten sind die Druckgerade und einige Druckkurven für erhöhten Gegendruck eingetragen. Hieraus läßt sich nun der Wert $\Delta p/p_1$ in einfacher Weise graphisch ermitteln. Erhöht man den Gegendruck beispielsweise bis g, dann stellt sich an der Meßstelle a ein Druck ein, der dem Punkt h entspricht. Projiziert man g und h auf die Druckgerade und dann auf die Abszissenachse, dann werden auf dieser die entsprechenden Druckverhältnisse abgeschnitten, und der Differenzbetrag ist $\Delta p/p_1$. Dieser wird mittels eines Kreisbogens als Ordinate aufgetragen. Führt man diese Konstruktion für die verschiedenen Meßstellen durch, dann ergeben sich die eingezeichneten Kurven a bis e. Der geradlinige Verlauf hält dabei immer so lange an, als sich trotz Veränderung des Gegendrucks der Druck an der Meßstelle nicht ändert. Bei allen Meßstellen vor dem engsten Querschnitt beginnen die Geraden auf der gleichen Ordinate (durch b).

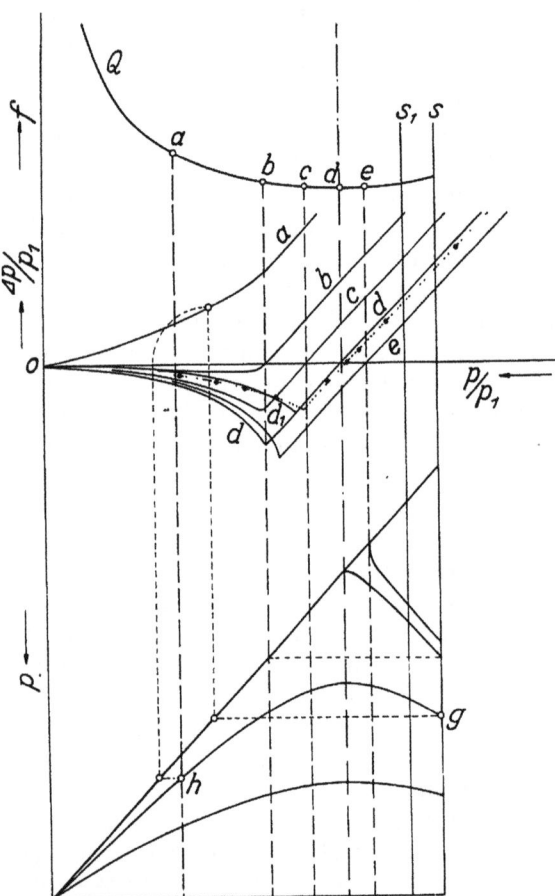

Bild 7. Der Unterdruck in erweiterten Düsen bei zu hohem Gegendruck.

Schneidet man die Düse nicht bei s, sondern bei s_1 ab, dann rücken sämtliche gekrümmten Teile der Kurven a bis e nach oben, während die Geraden bestehen bleiben. Für die Kurve d ist diese eingezeichnet, sie rückt nach d_1.

Vergleicht man diese Kurven mit den von Loschge ermittelten Versuchskurven[1], so findet man praktisch eine vollkommene Übereinstimmung. Zur Bekräftigung ist eine Versuchskurve mit mehreren Versuchspunkten eingetragen. In Zahlentafel 3 sind diese Versuchspunkte zusammengestellt. Auch das Nachobenrücken der Kurven bei verkürzter

---

[1] Z. V. d. I. 1913, S. 63 und 64.

Düse hat Loschge beobachtet, als er für eine zweite Versuchsreihe die Düse verkürzte. Die in Bild 7 eingetragene Versuchskurve gehört zu den Versuchen an einer einfachen Mündung mit zylindrischem Ansatz. Es beweist dies, daß der zylindrische Ansatz die Wirkung einer Düse hatte. Damit erklärt sich auch, warum Loschge einen höheren Wert für das kritische Druckverhältnis, nämlich 0,577, finden mußte, als Bendemann mit 0,545.

Der Verlauf der in Bild 7 gefundenen Kurven gibt auch Aufschluß über den Zusammenhang zwischen dem Gegendruck und dem Druck an der engsten Stelle. Man ersieht aus dem gekrümmten Teil von d, daß sich beide Drücke und damit auch die Druckverhältnisse nicht proportional miteinander verändern.

Bekanntlich nimmt der Dampfdurchgang durch eine Düse abhängig vom Druck an der engsten Stelle entsprechend der ψ_e-Kurve ab. Stellt man nun bei einer erweiterten Düse den Dampfdurchgang abhängig vom Gegendruck oder Gegendruckverhältnis dar, so wird die nunmehr entstehende ψ-Kurve infolge des nicht proportionalen Zusammenhanges

Zahlentafel 3[1].
Einfache Mündung mit zylindrischem Ansatz, kleinster Durchmesser $d_0 = 10{,}66$ mm, Versuche mit Meßloch 1.
$\Delta p = p_x - p_2$

Versuch	Druck vor der Düse p_1 kg/cm²	p_2/p_1	p_x/p_1	$\Delta p/p_1$
1	6,69	0,3705	0,5385	+ 0,1680
2	6,69	0,4760	0,5365	+ 0,0605
3	6,71	0,5172	0,5370	+ 0,0198
4	6,72	0,5385	0,5376	− 0,0009
5	6,71	0,5685	0,5434	− 0,0251
6	6,70	0,6478	0,5991	− 0,0487
7	6,71	0,6945	0,6573	− 0,0372
8	6,70	0,7402	0,7144	− 0,0258
9	6,70	0,7952	0,7774	− 0,0178
10	6,70	0,8336	0,8182	− 0,0154
11	6,68	0,8898	0,8812	− 0,0086
12	6,69	0,9425	0,9372	− 0,0053
13	6,71	0,9475	0,9424	− 0,0051

Die Versuche 1 bis 9 sind in Bild 7 eingetragen.

zwischen Gegendruck und Druck an der engsten Stelle keine Ellipse mehr sein. Bestätigt wird dies, wenn man derartige ψ-Kurven graphisch ermittelt (Bild 8). Der untere Teil des Bildes 8 stellt wieder den vierten Quadranten des Bildes 5 dar mit p/p_1 als Abszissen- und p als negativen Ordinatenmaßstab. Im oberen linken Teil des Bildes 8 ist dann als positive Ordinate ψ aufgetragen. Bei einer einfachen Mündung nimmt ψ bei steigendem Gegendruck zwischen $p/p_1 = 0{,}545$ und $p/p_1 = 1$ entsprechend der Bendemannschen Ellipse CiO ab. Bei einer erweiterten Düse, die normalerweise ein Druckgefälle von $p/p_1 = 1$ bis beispielsweise $p/p_1 = 0{,}3$ verarbeitet (das Druckverhältnis $p/p_1 = 0{,}3$ sei Auslegungsdruckverhältnis genannt), kann man den Gegendruck bis a steigern, ohne daß sich der Dampfdurchgang verändert. Man hat also bis zu dem dem Punkte a entsprechenden Punkt D den maximalen ψ-Wert. Erhöht man den Gegendruck weiter, etwa bis b, dann erhält man im engsten Querschnitt den Druck c. Zu diesem Druck in Punkt c gehört $\psi = gi$, das nun für den Dampfdurchgang maßgebend ist. Will man diesen ψ-Wert abhängig vom Gegendruckverhältnis darstellen, so muß man ihn, da dem Punkt b das Druckverhältnis Af entspricht, bei f auftragen und erhält Punkt h. Auf diese Weise entsteht die Kurve DhO als ψ-Kurve. In gleicher Weise lassen sich die übrigen eingezeichneten ψ-Kurven ermitteln. Die zugehörigen Auslegungsdruckverhältnisse sind jeweils eingetragen. Um zu sehen, welchen Charakter diese Kurven besitzen, ist für die Kurve DhO ein Ellipsenbogen, von D ausgehend, gestrichelt eingezeichnet, und man sieht, daß die tatsächliche ψ-Kurve flacher verläuft als die Ellipse.

Derartige ψ-Kurven sind von Gutermuth[2] und Bendemann[3] versuchsmäßig ermittelt worden. Die Gutermuthschen Versuche sind in Zahlentafel 4 ausgewertet und als Kreise in Bild 8 eingetragen. Die Bendemannschen Versuche sind in Zahlentafel 5 zu

---
[1] Versuche von Loschge, veröffentlicht in der Z. V. d. I. 1913, S. 64.
[2] Gutermuth, Mitt. über Forsch.-Arb. 1904, H. 19.
[3] Bendemann, Mitt. über Forsch.-Arb. 1907, H. 37.

finden, und ihre Einzeichnung in Bild 8 ergab die vollen Punkte. Die beiden Versuchsreihen bestätigen den theoretisch gefundenen Verlauf der ψ-Kurven. Das Zusammenfallen der Bendemannschen Versuchswerte mit der ψ-Kurve für die vollständige Düse (Aus-

Zahlentafel 4[1].
Düse Nr. V mit abgerundetem Einlauf; engster Querschnitt $f_0 = 22{,}9$ mm².
$$\psi = \frac{G}{G_{\max}} 2{,}03;$$

Versuch	Druck vor der Düse p_1 kg/cm²	Druck hinter der Düse p_2 kg/cm²	Dampfmenge G kg/h	Max. Dampfmenge $G_{\max}$ kg/h	p_2/p_1	ψ
165	9,0	8,8	49,7		0,978	0,957
166	9,0	8,5	88,8		0,945	1,691
167	9,0	8,0	104,6		0,889	2,01
168	9,0	7,0	105,4		0,778	
169	9,0	6,0	105,6	105,6	0,667	2,03
170	9,0	1,0	105,8		0,111	
171	7,0	6,8	46,7		0,972	1,14
172	7,0	6,5	77,0		0,929	1,88
173	7,0	6,0	83,4		0,857	
174	7,0	5,0	82,8	83,1	0,714	2,03
175	7,0	1,0	83,1		0,143	
176	5,0	4,8	35,5		0,96	1,183
177	5,0	4,5	59,9		0,90	2,00
178	5,0	4,0	61,0		0,80	
179	5,0	1,0	60,6	60,8	0,20	2,03
180	3,0	2,8	29,9		0,933	1,641
181	3,0	2,5	36,8		0,833	
182	3,0	1,0	37,0	36,9	0,333	2,03
183	2,0	1,8	21,4		0,9	1,798
184	2,0	1,5	24,2		0,75	
185	2,0	1,0	24,1	24,15	0,5	2,03

legungsdruckverhältnis $p/p_1 = 0$) zeigt an, daß die Bendemannsche Düse mit etwas geringeren Verlusten gearbeitet hat, als den der graphischen Darstellung zugrunde gelegten 5 vH.

Überblickt man den bisherigen Vergleich mit den Versuchen, so zeigt sich, daß die den Diagrammen zugrunde gelegten Wirkungsgrade $\eta_e = \eta_k = 0{,}95$ gegenüber den Büchner-

Zahlentafel 5[2].
Engster Querschnitt $f_0 = 1{,}616$ cm².

Versuch	Druck vor der Düse p_1 kg/cm²	Druck hinter der Düse p_2 kg/cm²	G/f_0 kg/h mm²	p_2/p_1	ψ
5	3,51	3,308	50,60	0,9425	2,001
4	3,51	3,409	44,69	0,9712	1,764
3	3,51	3,4585	33,46	0,9854	1,319
2	3,51	3,4835	24,51	0,9924	0,966
1	3,51	3,496	17,66	0,9960	0,693
6	8,01	7,960	51,97	0,9938	0,901
7	8,01	7,980	40,69	0,9962	0,704

schen Versuchen etwas zu günstig, und gegenüber den Bendemannschen Versuchen etwas zu ungünstig sind. Die Versuche von Loschge und Stodola weichen nur sehr wenig ab.

---

[1] Auswertung der Versuche von Gutermuth, veröffentlicht in Mitt. über Forsch.-Arb. 1904, H. 19.
[2] Versuche von Bendemann, veröffentlicht in Mitt. über Forsch.-Arb. 1907, H. 37, S. 30.

Man kann deshalb sagen, daß sowohl für die Expansion als auch für die Kompression ein Wirkungsgrad von 95 vH einen guten Mittelwert darstellt.

Nach dieser Feststellung kann auch die Grenzkurve für maximalen Dampfdurchgang (kam) in Bild 8 als mittlere Grenzkurve betrachtet und verallgemeinert werden. Zu diesem Zweck ist sie nochmals im rechten oberen Teil des Bildes 8 aufgetragen. Als Abszisse ist

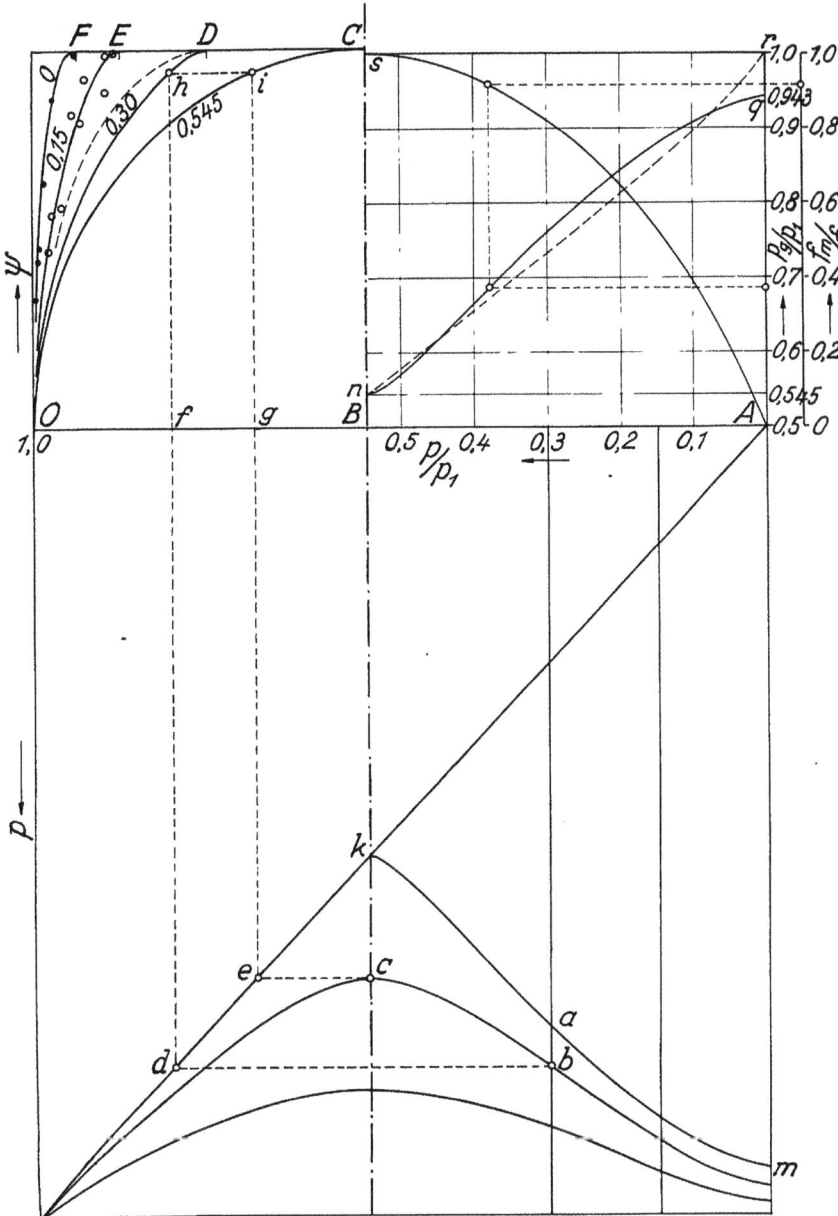

Bild 8. Grenzkurve für maximalen Dampfdurchfluß durch erweiterte Düsen.

zwischen A und B das sogenannte Auslegungsdruckverhältnis aufgetragen und als Ordinate das dazugehörige Grenzdruckverhältnis p_g/p_1, bis zu dem noch maximaler Dampfdurchgang vorhanden ist. Man erhält so die Kurve nq. Gleichzeitig ist in einem zweiten Ordinatenmaßstab das Querschnittsverhältnis f_m/f_4 (mit f_m als engstem und f_4 als Endquerschnitt) aufgetragen, das zum jeweiligen Auslegungsdruckverhältnis gehört. Es ergibt sich die Kurve sA. Zusammengehörige Werte sind durch einen Linienzug miteinander verbunden.

Für das Grenzdruckverhältnis hat Forner[1] folgende Gleichung aufgestellt:

$$\frac{p_g}{p_1} = 0{,}545 + 0{,}455 \sqrt{\frac{q-1}{q}}, \tag{30}$$

wobei $q = f_a/f_m$ ist, um bei unseren Bezeichnungen zu bleiben. Diese Gleichung ist ebenfalls in Bild 8 rechts oben dargestellt; sie liefert die gestrichelte Kurve nr. Ihr Verlauf stimmt dabei mit der theoretischen Kurve nicht ganz überein. Besonders ist das Erreichen des Wertes $p_g/p_1 = 1{,}0$ theoretisch, infolge der vorhandenen Reibung, nicht möglich. Sie stellt aber in bestimmten Bereichen immerhin eine ganz gute Annäherung dar.

4. Dampfdurchgang durch eine Düse unter veränderten Verhältnissen.

Verändert man bei einer Düse oder Mündung die Verhältnisse, unter denen sie zu arbeiten hat, so werden im allgemeinen auch Änderungen im Dampfdurchgang eintreten. Die Ge-

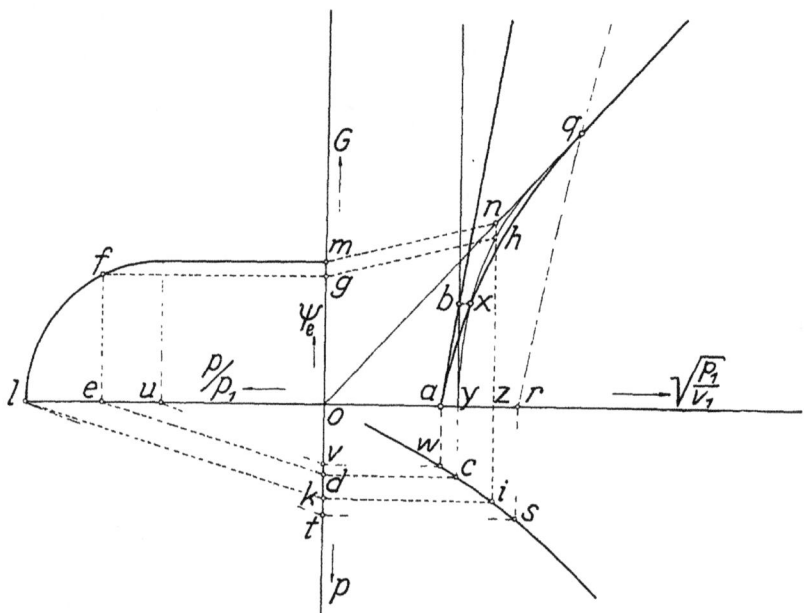

Bild 9. Verhalten einer Düse unter veränderten Verhältnissen.

setze, die hierfür Gültigkeit besitzen, solange sich nur eine der bestimmenden Größen ändert, ergeben sich ohne weiteres aus der Durchflußgleichung und sind bekannt. Im folgenden soll insbesondere auf die gleichzeitige Veränderung des Dampfzustandes vor und hinter der Düse eingegangen werden. Zu diesem Zweck ist in Bild 9 ein dafür geeignetes Diagramm entworfen. Als Abszisse ist der Wurzelwert $\sqrt{\frac{p_1}{v_1}}$ und als Ordinate die Dampfmenge G aufgetragen. Aus Gleichung (4) ergibt sich, daß der Zusammenhang zwischen dem Wurzelwert und der Dampfmenge bei konstantem ψ_e linear ist. Ist $\psi_e = \psi_{e\,max}$, dann erhält man die Gerade für den maximalen Dampfdurchgang. Diese ist in Bild 9 eingezeichnet (Onq). Sie hat so lange Gültigkeit, wie das Druckgefälle, das der Düse zur Verfügung steht, größer als das Grenzdruckverhältnis p_g/p_1 ist. Um dies entscheiden zu können, muß der

---
[1] Forner, Z. V. d. I. 1919, S. 74.

Zusammenhang zwischen dem Wurzelwert und dem Dampfdruck p_1 bekannt sein. Diesen Zusammenhang trägt man in den vierten Quadranten ein. Man beläßt den Abszissenmaßstab des ersten Quadranten und trägt auf der negativen Ordinatenachse den Druck p_1 ab. Die Kurve ws gebe den Zusammenhang an. Kennt man nun das Gesetz, nach dem sich der Gegendruck p ändert, so kann man in jedem Augenblick das Druckverhältnis p/p_1 und damit den ψ_e-Wert bestimmen. In der Praxis ist meist der Zusammenhang zwischen dem Gegendruck und der Dampfmenge bekannt. Nimmt man dies auch hier an, dann kann man, den Maßstab der negativen Ordinatenachse auch für p verwendend, über den vierten Quadranten auch im ersten Quadranten eine der Gegendruckänderung entsprechende Kurve eintragen. Es sei dies die Linie ab. Bewegt man sich nun auf der Geraden Oq, und zwar aus dem Unendlichen kommend, nach dem Nullpunkt hin, dann wird ein Abweichen von der Geraden dann eintreten, wenn man sich dem Gegendruck so weit genähert hat, daß das Grenzdruckverhältnis erreicht ist. Zur Auffindung dieses Punktes zeichnet man die zur sogenannten Gegendrucklinie ab gehörige sogenannte Grenzdrucklinie ein, d. h. den geometrischen Ort aller jener Drücke, die zum jeweiligen Gegendruck im Grenzdruckverhältnis stehen. Nimmt man der Einfachheit halber eine einfache Mündung als gegeben an, dann ist das Grenzdruckverhältnis $p_g/p_1 = 0{,}545$. Trägt man nun auf der negativen Abszissenachse das Druckverhältnis p/p_1 auf, so daß $Ol = 1$ und $Ou = 0{,}545$ ist, dann ergibt sich die Grenzdrucklinie wie folgt: Zu a gehört der Druck Ov; zieht man durch l die Parallele zu uv, so schneidet diese den Druck Ot ab, wobei dann $Ov/Ot = 0{,}545$ ist. Zu t gehört aber im ersten Quadranten r, und dies ist dann ein Punkt der sogenannten Grenzdrucklinie. Auf diese Weise erhält man die strichpunktierte Linie. Sie schneidet die Gerade des maximalen Dampfdurchganges im Punkt q, und hier beginnt die Abweichung von der Dampfgeraden. Der andere Endpunkt, der nun bei q beginnenden Dampfdurchgangskurve ist a.

Für Zwischenpunkte der Kurve ist folgende Konstruktion notwendig. Man trägt im zweiten Quadranten noch die zu den Druckverhältnissen der negativen Abszissenachse gehörigen ψ_e-Werte als Ordinaten auf. Für die Konstruktion nimmt man zunächst einen konstanten Gegendruck an, etwa Od. Hierzu gehört im ersten Quadranten die Ordinate yb. Nimmt man weiter einen beliebigen Anfangszustand Oz an, dann läßt sich hierfür die hindurchgehende Dampfmenge ermitteln. Zu Oz gehört der Druck Ok. Verbindet man k mit l und zieht durch d die Parallele zu kl, dann schneidet diese in e das vorhandene Druckverhältnis ab. Die Ordinate ef gibt den dazugehörigen ψ_e-Wert, und weiter gilt

$$\frac{Og}{Om} = \frac{\psi_e}{\psi_{e\,\mathrm{max}}}.$$

Da nun zn die zum Anfangszustand Oz gehörige maximale Dampfmenge darstellt, so erhält man die tatsächliche Dampfmenge in h abgeschnitten, wenn gh parallel zu mn ist. Auf diese Weise kann man die ganze Kurve yxh für den konstanten Gegendruck Od konstruieren. Der Gegendruck Od ist jedoch nur bei b vorhanden, und so ist x ein Punkt der tatsächlichen Dampfdurchgangskurve. Durch die gleichen Überlegungen und Konstruktionen kann man sich beliebig viel Punkte x ermitteln, und man erhält die Kurve axq.

Für den Fall, daß man es nicht mit einer einfachen Mündung, sondern mit einer Düse zu tun hat, ist lediglich im zweiten Quadranten die entsprechende ψ-Kurve einzuzeichnen (Bild 8, links oben). An der Konstruktion selbst ändert sich nichts.

Sehr einfach gestalten sich die Zusammenhänge, wenn man bei einer einfachen Mündung den Frischdampfzustand durch Drosseln verändert. Die Kurve im vierten Quadranten wird zu einer Geraden, da $p_1 \cdot v_1 = $ konst., und man kann als positive Abszisse an Stelle des Wurzelwerts auch den Druck p_1 auftragen. Der vierte Quadrant kann weggelassen werden. Ebenso sind dann der zweite und dritte Quadrant entbehrlich. Die Dampfdurchgangskurve ist nämlich bei konstantem Gegendruck ein Ellipsenbogen, und dieser ist, wenn Mittelpunkt und beide Halbmesser bekannt sind, ohne Zuhilfenahme der ψ-Kurve zu konstruieren. Die Ellipse ergibt sich ohne weiteres aus der Gleichung (4), wenn man für ψ_e den Bendemannschen Ausdruck einführt:

$$G = 4{,}462 \sqrt{-0{,}09 + 1{,}09 \frac{p_2}{p_1} - \left(\frac{p_2}{p_1}\right)^2} \cdot f \cdot \frac{p_1}{\sqrt{p_1 v_1}}.$$

Darin ist p_2 der Gegendruck bzw. der Druck an der engsten Stelle der Mündung. Läßt man ihn konstant, so hat man in dieser Gleichung den Zusammenhang zwischen G und p_1. Die Umformung ergibt mit

$$a_0 = 4{,}462 \cdot f \cdot \frac{1}{\sqrt{p_1 v_1}}$$

folgende Gleichung

$$\frac{(p_1 - 6{,}056\, p_2)^2}{(5{,}056\, p_2)^2} + \frac{G^2}{(1{,}517\, a_0 \cdot p_2)^2} - 1 = 0. \tag{31}$$

Diese Beziehung stellt eine Ellipse dar, deren Mittelpunkt auf der Abszissenachse im Abstand $\mu = 6{,}056\, p_2$ vom Ursprung entfernt liegen. Die Halbachsen sind:

$$h_1 = 5{,}056\, p_2 \quad \text{und} \quad h_2 = 1{,}517 \cdot a_0 p_2.$$

Damit sind die Konstruktionsunterlagen für die Ellipse gegeben. Die Ellipse gilt nur, soweit $\frac{p_2}{p_1} > 0{,}545$ ist. Bestimmt man im Grenzpunkt $p_1 = \frac{p_2}{0{,}545}$ die Tangente an die Ellipse, so ergibt sich nach mehrfacher Umformung

$$G = 2{,}03 \cdot f \cdot \frac{p_1}{\sqrt{p_1 v_1}}.$$

Die erhaltene Tangente ist die Gerade maximalen Dampfdurchgangs, und somit ist bewiesen, daß an der Stelle $p_1 = \frac{p_2}{0{,}545}$ die Dampfdurchgangsellipse in die Gerade übergeht.

Für den Fall, daß der Gegendruck der Mündung nicht konstant bleibt, sondern sich nach irgendeinem Gesetz ändert, kann man zunächst einen bestimmten Gegendruck als konstant annehmen und hierfür die Ellipse konstruieren. Von dieser Ellipse gilt dann ganz ähnlich wie in Bild 9 nur ein Punkt, und durch mehrere Ellipsenkonstruktionen ergibt sich dann die tatsächliche Dampfkurve punktweise.

Hat man es nicht mit einer Mündung, sondern mit einer Düse zu tun, dann muß man wieder zu dem Vier-Quadranten-Diagramm zurückkehren, da die ψ-Kurve keine Ellipse ist. Diese Konstruktion ist unter allen Umständen anwendbar.

5. Gesetze für parallel und hintereinander geschaltete Düsen.

Schaltet man n gleiche Düsen parallel, so verhalten sich diese in bezug auf den Dampfdurchgang genau so wie eine einzige Düse mit dem n-fachen Querschnitt. Für jede Düse gilt der gleiche Anfangs- und Endzustand, und alle Düsen arbeiten unter den gleichen Bedingungen. Sind die parallel geschalteten Düsen nicht gleich, dann kann man sich für jede Düse wie bisher die Zusammenhänge darstellen, und die durchgehende Gesamtdampfmenge ergibt sich jeweils aus einer einfachen Addition der Einzeldampfmengen.

Bei hintereinander geschalteten Düsen muß man neben der Änderung des Anfangszustandes vor der ersten und des Endzustandes hinter der letzten Düse auch die Zustandsänderung des Dampfes zwischen den Düsen kennen. Da nun durch sämtliche Düsen immer die gleiche Dampfmenge hindurchströmt, so kann man mit Hilfe dieses Zustandsänderungsgesetzes die Zusammenhänge einzeln und im ganzen ermitteln. An einem Beispiel sei dies gezeigt.

Eine Dampfturbine besteht im wesentlichen aus einer Reihe hintereinander geschalteter Düsen, wobei zwischen den einzelnen Düsen Energie vom Dampf auf die Laufräder übertragen wird. Zeichnet man die Zustandsänderungen des Dampfes etwa bei Vollast in das

Graphische Behandlung der Düsengesetze für Wasserdampf. 129

JS-Diagramm ein, dann liegen die Dampfzustände, die jeweils vor dem Eintritt in die einzelnen Düsen vorhanden sind, mit guter Annäherung auf einer Geraden. Es stelle in Bild 10 die Linie ac eine solche Gerade dar. Würde nun bei allen Dampfmengen die Energieübertragung auf die Laufräder derart sein, daß die Dampfeintrittszustände auf der Geraden ac verbleiben, dann wäre hiermit der Zusammenhang zwischen p_1 und $\sqrt{\frac{p_1}{v_1}}$ für sämtliche Düsen gegeben. Zur Geraden ac gehört ein Zusammenhang zwischen p_1 und $\sqrt{\frac{p_1}{v_1}}$, wie er in Bild 11 durch die ausgezogene Linie ghO dargestellt ist. Es könnte nun für jede Düse die in Bild 8 dargestellte Konstruktion verwendet und die gewünschte Abhängigkeit ermittelt werden. Tatsächlich verbleiben aber die Anfangszustände nicht auf der Geraden ac, sondern sie werden je nach Belastung angenähert auf der Geraden ad bzw. ae liegen. Die zu ad bzw. ae

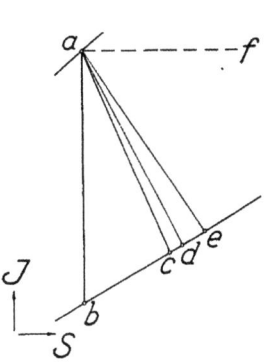

Bild 10. Expansionsverlauf in einer Turbine.

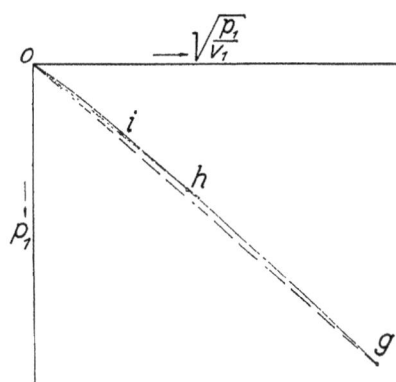

Bild 11. Zusammenhang zwischen $\sqrt{p_1/v_1}$ und p_1 bei einer Turbine.

gehörigen Kurven in Bild 11 wurden nicht eingezeichnet, da sie kaum von der Kurve ghO abweichen. Um einen Begriff von der Größe der Abweichung zu bekommen, wurde die zur Drosselkurve af gehörige Gerade gO strichpunktiert eingetragen.

Zur weiteren Betrachtung sei nun zwischen a und c eine beliebige Düse herausgegriffen. Es entspreche ihr in Bild 11 der Punkt h (bei Vollast). Bei Teillast wird sich dann vor der Düse erstens ein geringerer Druck und zweitens ein Dampfzustand einstellen, der auf einer Geraden oberhalb ac liegt. Der zugehörige Teillastpunkt i in Bild 11 wird dann ebenfalls bei geringerem Druck etwas neben der Kurve ghO zu liegen kommen. Dieser Umstand verhilft nun zu einem sehr einfachen Näherungsverfahren. Die Punkte h und i gehören zu der gleichen Düse, und man kann von O ausgehend eine mittlere Gerade durch beide Punkte legen. Damit ergibt sich zwischen p_1 und $\sqrt{\frac{p_1}{v_1}}$ linearer Zusammenhang.

Entsprechend der Geraden Oh kann man also ansetzen:

$$\sqrt{\frac{p_1}{v_1}} = c \cdot p_1,$$

und die Durchflußgleichung schreibt sich

$$G = \psi_e \cdot f \cdot c \cdot p_1.$$

Der Zusammenhang zwischen Dampfmenge und Druck vor der Düse ist damit bei konstantem ψ_e linear. Bleibt ψ_e nicht konstant, so muß die Dampfdurchgangskurve ähnlich wie in Bild 9 konstruiert werden. Dabei tritt im vierten Quadranten an die Stelle der Kurve eine Gerade. Hat man es mit Mündungen zu tun, dann kann man die bereits in Abschnitt 4 (S. 128) beschriebenen vereinfachten Konstruktionen anwenden.

Damit hat man die Grundlagen zur Ermittlung der Gesetzmäßigkeiten bei den hintereinander geschalteten Düsen einer Dampfturbine gewonnen. Man trägt, wie in Bild 12 geschehen, als Abszisse den Druck und als Ordinate die Dampfmenge auf. Die Stufen der Turbine seien für eine bestimmte Dampfmenge G_0 ausgelegt, und von den vier angenommenen Stufen sei die erste für ein größeres als kritisches Druckgefälle (bc) bemessen. Man hat also eine erweiterte Düse. Die übrigen Stufen seien als einfache Mündungen ausgeführt. Die zweite Stufe verarbeite dabei gerade kritisches Druckverhältnis (cd), und der dritten sei ein kleineres als kritisches Druckverhältnis zugeordnet (de); die letzte Stufe arbeite, obwohl als Mündung ausgeführt, auf einen sehr niedrigen Gegendruck, etwa den Gegendruck Null. Alle diese Annahmen wurden getroffen, um möglichst sämtliche vorkommenden Fälle zu erfassen.

Zur Auffindung der Zusammenhänge, wenn die Dampfmenge kleiner als G_0 ist, geht man zweckmäßigerweise von der letzten Stufe aus. Entsprechend der getroffenen Annahme ist der Gegendruck der vierten Stufe gleich Null. Bei jedem endlichen Druck vor dieser Stufe steht also ein größeres als kritisches Druckgefälle zur Verfügung. Dies hat zur Folge, daß ψ_e dauernd seinen größten Wert hat und konstant bleibt. Der Dampfdurchgang durch die vierte Stufe nimmt also linear mit dem Druck vor dieser Stufe (p_4) zu oder ab. In Bild 12 wird dies durch den Strahl Oe veranschaulicht.

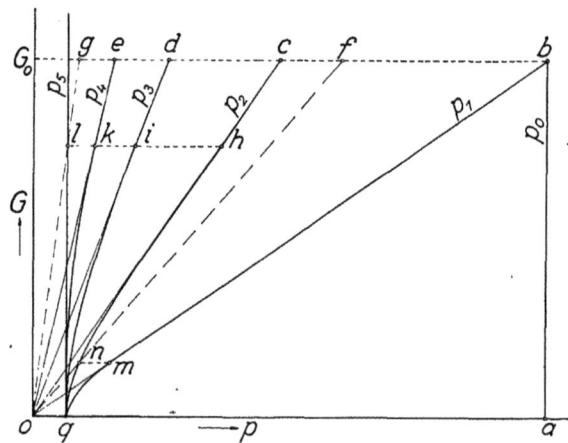

Bild 12. Druckverteilung in einer Turbine.

Für die Stufe 3 ist nun bei jeder Dampfmenge der Gegendruck bekannt, und die Frage lautet, wie muß der Druck vor Stufe 3 (p_3) verändert werden, um die entsprechenden Dampfmengen hindurchzubringen. Hier kommt man am besten mittels Gleichung (31) zum Ziel, da man es mit kleinerem als kritischen Druckgefälle zu tun hat. Diese schreibt sich in etwas anderer Form und mit den entsprechenden Indizes:

$$\frac{G^2}{a_3^2} + 0{,}09\, p_3^2 - 1{,}09\, p_3 p_4 + p_4^2 = 0. \tag{32}$$

Nun ist p_4 der Dampfmenge G direkt proportional.

Man kann also ansetzen

$$p_4 = \beta \cdot G,$$

wobei β ein konstanter Faktor ist. Um aber gleich den allgemeineren Fall des beliebig linearen Zusammenhangs mit zu erfassen, setzt man:

$$p_4 = \alpha + \beta \cdot G, \tag{33}$$

worin α ein konstantes Glied bedeutet. Mit $\alpha = 0$ kommt man dann wieder zu dem gegebenen Fall zurück.

Setzt man nun Gleichung (33) in Gleichung (32) ein, so erhält man:

$$0{,}09\, p_3^2 - 1{,}09 \cdot \beta \cdot p_3 G + \left(\beta^2 + \frac{1}{a_3^2}\right) \cdot G^2 - 1{,}09\, \alpha \cdot p_3 + 2\, \alpha \cdot \beta \cdot G + \alpha^2 = 0. \tag{34}$$

Dies ist eine allgemeine Gleichung zweiten Grades.

Setzt man beispielsweise konstanten Gegendruck voraus, so ist $\beta = 0$, und man erhält eine Ellipse. Diese wurde bereits in Abschnitt 4 (S. 128) direkt abgeleitet, wenn hierbei die entsprechenden Indizes eingesetzt werden.

Setzt man nun $\alpha = 0$, dann zerfällt die Gleichung zweiten Grades (34) in ein Geradenpaar.

Damit ist das wichtige Ergebnis gewonnen, daß der Druck p_3 mit der Dampfmenge G geradlinig zusammenhängt. In Bild 12 braucht man also nur den Strahl Od zu ziehen, um die gewünschte Abhängigkeit zu erhalten.

Die gefundene Gerade für p_3 stellt nun den Gegendruck für die zweite Stufe dar. Das Auslegungsdruckgefälle von c bis d entsprach dem kritischen Druckgefälle, und so kann man auch hier die gleichen Überlegungen anstellen, wie bereits für die dritte Stufe. Man erhält also auch hier eine Gerade, nämlich den Strahl Oc.

Die erste Stufe verarbeitet größeres als kritisches Druckgefälle. Hierbei ist $\psi_e = 2{,}03$ und bleibt konstant. Man erhält also auch für die erste Stufe eine Dampfdruckgerade, und zwar Ob.

Die Stufenzahl läßt sich nun beliebig vermehren, und man erhält immer geradlinigen Zusammenhang.

In Wirklichkeit ist immer ein endlicher Gegendruck vorhanden. Man nimmt deshalb in Bild 12 einen Gegendruck $p_5 = Oq$ an, der bei allen Dampfmengen konstant bleiben möge. Solange p_5 kleiner ist als der kritische Druck von p_4, verändert sich an dem geradlinigen Verlauf von p_4 und damit auch an dem von p_3 bis p_1 nichts. Erst bei größerem als kritischen Druckverhältnis p_5/p_4 ändern sich die Zusammenhänge. Um diesen Übergangspunkt genau festzulegen, zeichnet man den geometrischen Ort aller zu p_4 gehörigen kritischen Drücke ein. Dies ist die Gerade Og. Sie schneidet p_5 im Punkte l, und damit beginnt die Abweichung von der Dampfdruckgeraden bei k. Die sich anschließende Kurve kq ist nach früheren Auseinandersetzungen ein Ellipsenbogen und kann ohne weiteres konstruiert werden.

Das Druckgefälle von p_3 bis p_4 ist kleiner als kritisch. Infolgedessen wird in dem Augenblick, in dem p_4 von der Geraden abweicht, auch p_3 aufhören, linear zu verlaufen. Die anschließende Kurve iq läßt sich, wie früher geschildert, punktweise ermitteln. Die gleichen Überlegungen gelten auch für p_2, und man erhält die Kurve hq.

Anders liegen die Verhältnisse für die erste Stufe. Ihre Düsen sind für größeres als kritisches Druckgefälle ausgelegt, und der Gegendruck kann bis zum entsprechenden Grenzdruckverhältnis ansteigen, ohne daß sich ψ verkleinert. Man trägt die Linie Of ein, auf der alle Drücke liegen, die zu p_1 im Grenzdruckverhältnis stehen. Die Gerade Of schneidet die Kurve hq im Punkte n, und in dem dazugehörigen Punkt m geht für die erste Stufe die Gerade über in die Kurve mq. Diese Kurve läßt sich mit Hilfe der graphischen Konstruktion des Bildes 9 ermitteln.

Wie aus Bild 12 ersichtlich ist, muß der Druck vor der ersten Stufe p_1 entsprechend dem Linienzug qmb verändert werden, um die entsprechenden Dampfmengen hindurchzubringen. Es muß also der Frischdampfdruck vor der Turbine immer auf diesen Betrag abgedrosselt werden.

Behält man den Anfangsdruck p_0 vor der ersten Stufe bei, dann strömt die maximale Dampfmenge G_0 so lange durch die Düsen, wie der Druck vor der zweiten Stufe (p_2) nicht über f liegt. Mit anderen Worten, man kann den Gegendruck p_5 so weit steigern, bis n nach f gerückt ist. Es fällt dann auch m mit b zusammen. Eine weitere Steigerung des Gegendrucks bedingt einen Rückgang des Dampfdurchganges, der sich aus den Dampfdruckkurven ermitteln läßt.

Derartige Konstruktionen sind in Bild 13 durchgeführt. Als Abszisse sind wieder der Druck p und als Ordinate die Dampfmenge G aufgetragen. Für drei hintereinander geschaltete Düsen seien die strichpunktierten Strahlen Ob, Oc und Od die Dampfdruckgeraden für den Gegendruck gleich Null. Die Düsen verarbeiten bei der Auslegungsdampfmenge G_0 der Einfachheit halber kritisches Druckgefälle (bc, cd und de). Der Frischdampfdruck sei wieder Oa und bleibe konstant. Man kann nun den Gegendruck bis $p_g = Os$ erhöhen, ohne daß sich am Dampfdurchgang etwas ändert. Würde man für diesen Gegendruck den Zusammenhang zwischen Dampfmenge und Dampfdruck vor den Düsen einzeichnen, dann erhielte man Kurven, die bei s beginnen, und in die strichpunktierten Strahlen 1, 2 und 3 in den Punkten b, c und d übergehen. Die Kurven sind der Übersichtlichkeit halber weggelassen. Steigert man den Gegendruck weiter, beispielsweise bis r, dann erhält man als Druckkurven für die drei Stufen, die mit 1, 2 und 3 bezeichneten ausgezogenen Kurven. Die Kurve 1 schneidet den gegebenen Frischdampfdruck bei f, und af ist damit die beim Gegendruck Or und beim Frischdampfdruck Oa noch maximal erreichbare Dampfmenge. Diese Dampfmenge trägt man bei dem Gegendruck Or auf und erhält Punkt i. Für die entsprechenden Zwischendrücke erhält man die Punkte h und g. Dem Gegendruck Oq entsprechen in gleicher Weise die Punkte k, l, m und n.

Verbindet man nun die zusammengehörigen Punkte, so stellt die Kurve $cgla$ die Abnahme der maximalen Dampfmenge abhängig vom Druck hinter der ersten Stufe dar, die Kurve $dhma$ abgängig vom Druck hinter der zweiten Stufe, die Kurve $eina$ abhängig vom Druck hinter der dritten Stufe. Wie man sieht, haben sämtliche Kurven einander ähnlichen Charakter. Alle Kurven beginnen bei a und gehen tangential in die Parallele zur Abszissenachse $G = G_0$ über. Daran wird auch nichts geändert, wenn man beliebig viele Stufen hintereinander schaltet. Es liegt dabei lediglich der tangentiale Übergangspunkt für die letzte Stufe um so näher an der Ordinatenachse, je mehr Stufen hintereinander geschaltet sind.

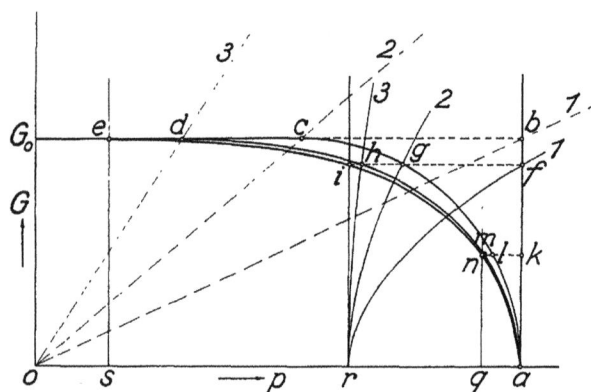

Bild 13. Schluckfähigkeit einer Turbine bei erhöhtem Gegendruck.

Untersucht man den Verlauf der Kurven, so findet man, daß sie sich mit guter Annäherung durch Ellipsenbögen ersetzen lassen. Die vorhandene geringe Abweichung macht sich in der Weise bemerkbar, daß die tatsächliche Kurve etwas stärker gewölbt ist als ein Ellipsenbogen. Dies kommt sehr zustatten, wenn man es nicht nur mit hintereinander geschalteten Mündungen (wie in Bild 13) zu tun hat, sondern wenn auch erweiterte Düsen vorhanden sind. Früher wurde gefunden, daß der Dampfdurchgang durch eine erweiterte Düse bei steigendem Gegendruck nach einer Kurve abnimmt, die nicht so stark gewölbt ist wie eine Ellipse (Bild 8). Demgegenüber verursacht eine Hintereinanderschaltung von Mündungen bzw. Düsen eine stärkere Wölbung, so daß sich bei Dampfturbinen beides entgegenwirkt. Als mittlere Kurve wird man also meistens eine einer Ellipse sehr angenäherte Kurve erhalten.

Betrachtet man nun die Dampfturbine bzw. die hintereinander geschalteten Düsen als eine geschlossene Einheit, dann hat man nur auf die Veränderung des Dampfzustandes vor der ersten und hinter der letzten Düse Rücksicht zu nehmen. Aus Bild 12 ist zu ersehen, daß Dampfmenge und Druck vor der ersten Stufe (p_1) ganz ähnlich zusammenhängen wie bei einer einzelnen Mündung. Bild 13 läßt erkennen, daß auch bei Veränderung des Gegendrucks ein ähnliches Gesetz gilt wie für eine Mündung. Lediglich der Beginn des ellipsenförmigen Abfalles der Dampfmenge liegt bei einem kleineren Druckverhältnis als $p/p_1 = 0{,}545$. Dieses sogenannte kritische Druckverhältnis wird um so kleiner, je mehr Stufen hintereinander geschaltet sind. Das kritische Druckverhältnis kann aber auch größer als $0{,}545$ sein, nämlich dann, wenn wenig und stark erweiterte Düsen hintereinander geschaltet sind. Hierbei geht dann auch der Ellipsencharakter verloren. Dies kommt aber in Wirklichkeit nur selten vor. Man kann deshalb sagen:

Eine Dampfturbine (Hintereinanderschaltung von Düsen und Mündungen) verhält sich im allgemeinen wie eine einzelne Mündung. Das kritische Druckverhältnis ist dabei abhängig sowohl von der Zahl der hintereinander geschalteten Stufen als auch von der Art der Düsen (ob und wie stark erweitert).

Ein Vergleich der gewonnenen Ergebnisse mit Versuchsergebnissen zeigt eine gute Übereinstimmung. Stodola ist auf Grund von Messungen an einer Turbine zu dem sogenannten „Kegel der Dampfgewichte" gekommen. Er sagt dabei, daß bei einem Gegendruck gleich Null, Dampfdruchgang und Druck vor der Turbine linear zusammenhängen, während bei Gegendrucksteigerung zunächst keine Änderung des Dampfdurchgangs eintritt, aber anschließend eine ellipsenförmige Abnahme folgt[1].

Weiterhin hat Gramberg an einer 13stufigen Turbine Messungen angestellt[2]. Er veränderte dabei sowohl den Dampfdruck vor als auch hinter der Turbine in sehr weiten Grenzen und kam zu dem Ergebnis, daß sich eine Turbine, als Ganzes betrachtet, ähnlich wie eine einfache Mündung verhält (vgl. auch Bild 6 und 7 seiner Abhandlung). Als sogenanntes kritisches Druckverhältnis fand er für die untersuchte Turbine $p/p_1 = 0{,}25$.

Alles dies steht in Einklang mit den Ergebnissen der hier behandelten graphischen Konstruktionen.

---

[1] Vgl. Stodola, 5. Aufl., S. 261 ff.
[2] Gramberg, Z. V. d. I. 1909, S. 250.

Eine neue Definition des Leistungsfaktors.
Von K. Müller-Lübeck.

Es wird eine neue Definition des Leistungsfaktors für beliebige Spannungs- und Stromformen angegeben. Diese Definition wurde vom Verfasser schon an anderer Stelle angedeutet[1], jedoch wird diese in der vorliegenden Arbeit erst eingehender begründet. Insbesondere wird gezeigt, daß eine derartige Definition im Gegensatz zu den sonst bisher bekanntgewordenen durchaus keiner künstlichen Hilfsbegriffe benötigt, sondern durchaus zwanglos aus physikalischen Gegebenheiten entwickelt werden kann.

Einleitung.

Man pflegt die Wirtschaftlichkeit und Zweckmäßigkeit einer Energieübertragung von einem Erzeuger elektrischer Energie zu einem Verbraucher durch zwei Verhältniszahlen η und λ ($\eta, \lambda < 1$) zu kennzeichnen.

Die Bedeutung dieser Maßzahlen wird durch Bild 1 veranschaulicht. Der Erzeuger empfange primär eine z. B. mechanische, mittlere Leistung P, wobei als bekannt vorausgesetzt wird, daß unter einer Leistung die Ableitung der Energie nach der Zeit und unter der mittleren Leistung der arithmetische Mittelwert der momentanen Leistung zu verstehen ist. Diese mittlere Leistung bezeichnet man gewöhnlich als Wirkleistung. Da es sich hier um stationäre Verhältnisse handelt, so ist die Leistung eine periodische Funktion der Zeit t mit der Periode $2\pi/\omega$; rechnet man, was später stets getan werden soll, mit dem Zeitparameter $\vartheta = \omega t$, so beträgt die Periode 2π. Ist die Energie gleich $H(\vartheta)$, so sieht man leicht ein, daß die mittlere Leistung gleich $H(\vartheta + 2\pi) - H(\vartheta)$ sein muß.

Dieser Erzeuger beliefere einen Verbraucher, der die mittlere Leistung bzw. Wirkleistung Q empfangen ($Q < P$) möge. Der Unterschied $P-Q$ stellt die im Erzeugerprozeß entstehende Verlustleistung dar, wenn man sich die Übertragungsverluste im Erzeuger konzentriert denkt. Man setzt nun

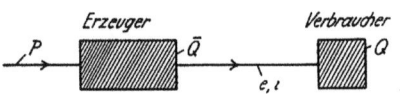

Bild 1. Ein Erzeuger und ein Verbraucher.

$$\eta = \frac{Q}{P} \qquad (1)$$

und nennt η den Wirkungsgrad der Energielieferung, hiermit läßt sich die Verlustleistung offenbar in der Form $\frac{1-\eta}{\eta} Q$ schreiben.

Man denke sich nun den Erzeuger und den Verbraucher als einphasige Systeme; dies bedingt keine Einschränkung der Allgemeinheit der folgenden Überlegungen, da man jedes beliebige Mehrphasensystem auf Einphasensysteme zurückführen kann. Dann ist die Energielieferung zum Verbraucher gekennzeichnet durch den zeitlichen Verlauf der Spannung e zwischen den Zuleitungen des Verbrauchers und dem Verlauf des Stromes i in diesen Zuleitungen. Wäre nun der Verbraucher eine Belastung einfachster Natur, nämlich eine reine Ohmsche Belastung ($e/i = $ konst.), so wäre die thermische Beanspruchung des Erzeugers durch den Verbraucher eindeutig bestimmt durch die Wirkleistung Q des Verbrauchers. Dies ist jedoch nicht mehr der Fall, wenn der Verbraucher eine Belastung allgemeinerer

---

[1] Vgl. ETZ 1928, S. 251, 1168 sowie das Buch „Der Quecksilberdampfgleichrichter" Bd. II, S. 142 (Julius Springer)

Natur ist, und zwar ist dann die thermische Beanspruchung des Erzeugers stets größer als bei einer Ohmschen Belastung gleicher Wirkleistung. Schreibt man die dann auftretende thermische Verlustleistung in der Form $\frac{1-\eta}{\eta}\overline{Q}$, so ist $\overline{Q}(>Q)$ offenbar die Leistung, die als Wirkleistung einer rein Ohmschen Belastung die gleiche thermische Verlustleistung erzeugen würde wie die Wirkleistung Q bei der vorliegenden Belastung. Diese Leistung $\overline{Q}$ nennt man die Scheinleistung des Erzeugers. Das Verhältnis

$$\lambda = \frac{Q}{\overline{Q}} \qquad (2)$$

nennt man den Leistungsfaktor der Energielieferung; dieser ist offenbar ein Maß für die thermische Überbeanspruchung des Erzeugers durch den Verbraucher. Die Kenntnis des Leistungsfaktors ist für die Elektrizitätswerke von Wichtigkeit, da die Überbeanspruchung der Generatoren bzw. Transformatoren usw. in der Registrierung der abgegebenen Wirkleistung allein nicht in Erscheinung tritt, die genannten zusätzlichen Verluste jedoch eine Erhöhung der Stromgestehungskosten bewirken. Man kann sich leicht klarmachen, in welcher Höhe ein Nicht-Ohmscher Verbraucher den Wirkungsgrad des Erzeugers verschlechtert. Schreibt man die Verluste des Erzeugers in der Form $k\overline{Q}$, so ist $\eta = Q/(Q + k\overline{Q})$ der Wirkungsgrad für den vorliegenden Verbraucher, während der Wirkungsgrad η_0 für einen Ohmschen Verbraucher gleich $\eta_0 = Q/(Q + k\lambda\overline{Q})$ wäre. Aus diesen beiden Ausdrücken leitet man ab

$$\eta = \eta_0 \frac{\lambda}{1 - (1-\lambda)\eta_0}.$$

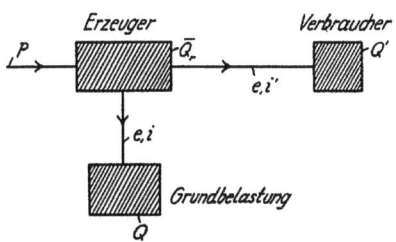

Bild 2. Ein Erzeuger mit Grundbelastung und ein hinzutretender Verbraucher.

Die Aufgabe der vorliegenden Arbeit sei die eingehende Diskussion und Klärung der Frage nach der Definition des Leistungsfaktors λ. Da man über die physikalische Natur des Erzeugers und des Verbrauchers keine einschränkenden Annahmen machen darf, die dann in λ enthalten wären, so kann die Aufgabe nur so lauten, daß man für λ einen Ausdruck in e und i findet. Hinsichtlich des Verbrauchers ist dieses Verlangen offenbar ganz unbedenklich, weil der Verbraucher durch die Angabe von e und i tatsächlich vollständig bestimmt ist. Nicht ganz so klar ist es jedoch, ob auch die Scheinleistung $\overline{Q}$ des Erzeugers unabhängig von dessen physikalischer Natur durch die Angabe von e und i eindeutig gegeben ist. Als weitere Aufgabe kommt noch hinzu, daß es praktisch erwünscht ist, daß der Leistungsfaktor λ ein Ausdruck in Mittelwerten von e und i ist, derart, daß man seine Größe auf einfache Weise messen kann.

Aber selbst wenn alle diese Fragen befriedigend geklärt wären, so ist damit noch nicht das Problem gelöst, wie es sich in der Praxis im allgemeinen darbietet. Denn in Wirklichkeit wird von einem Erzeuger niemals ein einziger Verbraucher beliefert, sondern dort liegen die Verhältnisse so, daß ein neu hinzutretender Verbraucher als eine Zusatzbelastung des Erzeugers erscheint gegenüber einer Grundbelastung durch die Gesamtheit aller vorher vorhandenen Verbraucher. Als Erläuterung dazu diene Bild 2; darin ist die Grundbelastung durch einfache Größen, die hinzutretende Belastung durch überstrichene Größen bezeichnet.

Das Problem lautet dann folgendermaßen: Durch die Grundbelastung erleidet der Erzeuger eine gewisse thermische Beanspruchung. Diese nimmt durch das Hinzutreten des neuen Verbrauchers um einen gewissen Betrag zu, der übrigens stets kleiner ist als die Beanspruchung, welche der neue Verbraucher für sich als einzige Belastung erzeugen würde. Entsprechend, wie nun die Beanspruchung durch die Grundbelastung durch Q/λ gegeben war, ist die jetzige Gesamtbeanspruchung durch

$$\frac{Q + Q'}{\lambda_r}$$

gegeben; man nennt dann λ_r den resultierenden Leistungsfaktor der Grundbelastung und der neuen Belastung. Wäre nun die Spannung rein sinusförmig und hätte man es ebenso mit Belastungen durch rein sinusförmige Ströme zu tun, so wäre der resultierende Leistungsfaktor durch eine angebbare Funktion der beiden Eigen-Leistungsfaktoren λ und λ' der Grundbelastung und der neuen Belastung sowie des Belastungsverhältnisses ξ der neuen zur Grundbelastung in der Form

$$\lambda_r = f(\lambda, \lambda', \xi) \qquad (3)$$

eindeutig bestimmt. Dieses eindeutige Zuordnungsverhältnis besteht nicht mehr, wenn die Spannung und die Ströme einen allgemeineren Verlauf zeigen, also von der Sinusform verschieden sind. Es sind dann verschiedene Belastungen mit den gleichen Werten von λ und λ' denkbar, die trotzdem verschiedene Werte von λ_r liefern. Vom Standpunkte des Erzeugers aus gesprochen, stellt somit der Leistungsfaktor λ' des neuen Verbrauchers keine Maßzahl für dessen Bewertung mehr dar.

Nun gibt es aber sicher andere, anders definierte Maßzahlen, die, in Gleichung (3) eingesetzt, den wirklichen, und zwar auf andere Weise etwa schon berechneten Wert von λ_r ergeben. Diese Maßzahlen, von denen man die zu dem neuen Verbraucher gehörige offenbar als den für den Erzeuger maßgebenden Leistungsfaktor des neuen Verbrauchers zu bezeichnen hat, lassen sich nun im allgemeinen abschätzen, in einigen Fällen sogar genau angeben. Ein solcher, praktisch bedeutsamer Fall, für den diese Berechnung des maßgebenden Leistungsfaktors möglich und sogar bequem durchführbar ist, ist gegeben bei rein sinusförmiger Spannung und rein sinusförmigem Strome der Grundbelastung und sonst beliebiger Stromform der neuen Belastung.

Hinsichtlich der Möglichkeit einer Abschätzung der oben behandelten charakteristischen Maßzahlen soll nun gezeigt werden, daß man für jeden Verbraucher zwei Eigen-Leistungsfaktoren definieren kann, welche die genannten Maßzahlen nach oben und unten hin eingrenzen. Die beiden Eigen-Leistungsfaktoren, die demnach eine obere und untere Grenze für die Bewertung der Verbraucher darstellen, seien künftig zur Unterscheidung als der elektrische Leistungsfaktor λ_E und der magnetische Leistungsfaktor λ_M bezeichnet. Sie haben stets die Eigenschaft

$$\lambda_E \leq \lambda_M \leq 1. \qquad (4)$$

Ihre Namensbezeichnung dient nur der bequemen Verständigung und hat nur insofern eine physikalische Bedeutung, als der Wert von λ_M in den häufigsten Fällen von der Wirkung magnetischer Felder bestimmt wird, während der Wert von λ_E auch ohne diese magnetischen Felder bedingt sein kann.

Abgesehen von der getroffenen Wahl der Bezeichnungen, die von dem Gesichtspunkt der leichteren Einbürgerung der neuen Begriffe geleitet sein muß, soll versucht werden, im übrigen mit der Art der Formulierung des Leistungsfaktorproblems stets mit den physikalischen Inhalten der verschiedenen Aussagen in Fühlung zu bleiben, um so die Fragen beantworten zu können, auf die es wirklich ankommt. Diese Art erscheint im Gegensatz zu stehen zu allen früheren Definitionsbestrebungen, die viel zu sehr formalistischen Spekulationen ergeben waren.

1. Definition des elektrischen Leistungsfaktors.

Es soll ausgegangen werden von dem in Bild 1 gezeigten System aus einem Erzeuger und einem Verbraucher. Die Spannung e und der Strom i am Verbraucher denke man sich in der Form

$$\left.\begin{aligned} e &= \sqrt{2}\sum_\nu E_\nu \sin(\nu\vartheta + \alpha_\nu), \\ i &= \sqrt{2}\sum_\nu J_\nu \sin(\nu\vartheta + \beta_\nu) \end{aligned}\right\} \nu = 1, 2\ldots, \qquad (5)$$

entwickelt; darin sind offenbar E_ν und J_ν die Effektivwerte der Harmonischen von e und i. Die übertragene Wirkleistung Q ergibt sich daraus zu

$$Q = \frac{1}{2\pi}\int_0^{2\pi} e i \, d\vartheta = \sum_\nu E_\nu J_\nu \cos \varphi_\nu, \tag{5a}$$

wobei $\varphi_\nu = \alpha_\nu - \beta_\nu$, während sich die Effektivwerte E und J von e und i zu

$$E = \sqrt{\sum_\nu E_\nu^2}, \quad J = \sqrt{\sum_\nu J_\nu^2} \tag{5b}$$

berechnen.

Um zu dem Ausdruck für den Leistungsfaktor λ_E selbst zu gelangen, soll zunächst versucht werden, einen qualitativen Ausdruck für die thermische Verlustleistung des Erzeugers zu gewinnen, d. h. der elektrische Leistungsfaktor wird als Eigenleistungsfaktor im Sinne der Gleichung (1) definiert. Zu diesem Zweck sollen die Attribute eines solchen Erzeugers durch den in Bild 3 gezeigten einfachen geschlossenen Eisenkern mit einer ebenso einfachen Wicklung repräsentiert werden. Dem Eisenkern sei der periodisch wechselnde magnetische Fluß mit der dazugehörigen Induktion $\mathfrak{B}$ primär aufgeprägt, die die elektrische Energie liefernde Wicklung sei an dem Verbraucher angeschlossen. Die thermischen Verluste dieser Anordnung setzen sich dann bekanntlich aus den Eisenverlusten V_{Fe} und den Kupferverlusten V_{Cu} zusammen, die sich in der Form

$$V_{Fe} = A \cdot \mathfrak{B}^2, \quad V_{Cu} = B \cdot \mathfrak{B}^{-2}$$

ansetzen lassen. Für die Konstanten A und B ergibt eine einfache Überlegung

$$A = k_E k_w \cdot h F \gamma,$$
$$B = \frac{l_m}{sq} \frac{E^2 J^2}{16 \alpha^2 f^2 F^2 10^{-16}}.$$

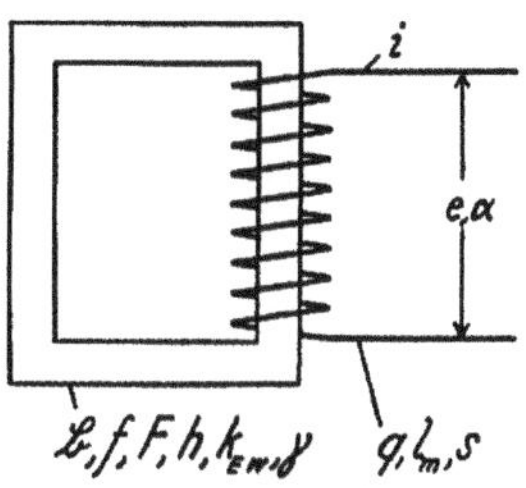

Bild 3. Ersatzmodell eines Generators.

Darin bedeutet k_E die Hysterese-Verlustziffer, k_w den Wirbelstromfaktor, h die Länge, F den Querschnitt des Eisenkernes, γ das spezifische Gewicht des Eisens; ferner ist l_m die mittlere Windungslänge, q der Gesamtquerschnitt der Wicklung, s die Leitfähigkeit des Drahtes, α der Formfaktor der Spannung e und f deren Grundfrequenz. Mit diesen Werten lassen sich nach Einführung der Verlustaufteilungsziffer $v = V_{Cu}/V_{Fe}$ die gesamten thermischen Verluste $V = V_{Fe} + V_{Cu}$ in der Form

$$V = \frac{\sqrt{\frac{k_E k_w h F \gamma l_m}{sq}}}{4 f F 10^{-8}} \cdot \frac{\sqrt{v} + \frac{1}{\sqrt{v}}}{\alpha} \cdot EJ$$

schreiben. Als wichtiges Ergebnis sei die zwar an sich bekannte, aber leicht vergessene Tatsache hervorgehoben, daß die Verluste nicht völlig dem Produkt EJ der Effektivwerte von Spannung und Strom proportional sind, sondern noch von dem Formfaktor α der Spannung und der Verlustaufteilung v abhängen.

Wäre die Belastung durch den Verbraucher eine rein Ohmsche ($e/i = R$), so wäre der Ausdruck $EJ = RJ^2$ identisch mit der Wirkleistung Q, und es wäre mit der in der Einleitung verabredeten Bezeichnung

$$V = \frac{1-\eta}{\eta} Q = \text{konst.} \, Q.$$

Die tatsächlichen Verluste aber sind bei der vorliegenden Belastung

$$\frac{1-\eta}{\eta} \overline{Q} = \text{konst.} \, EJ,$$

wobei daran erinnert sei, daß diese Bezeichnung die Definitionsgleichung für die Scheinleistung $\overline{Q}$ des Erzeugers vorstellt. Aus den beiden letzten Ausdrücken entnimmt man

$$\overline{Q} = EJ, \tag{6}$$

außerdem entnimmt man für den der Definition nach mit (2) übereinstimmenden elektrischen Leistungsfaktor λ_E den bekannten Ausdruck

$$\lambda_E = \frac{Q}{EJ}.$$

Aus der gezeigten Bedeutung von Q, E und J ergibt sich für diesen die Integraldarstellung

$$\lambda_E^2 = \frac{(\int e i\, d\vartheta)^2}{\int e^2 d\vartheta \int i^2 d\vartheta} \tag{7a}$$

oder die Summendarstellung

bzw.
$$\lambda_E = \frac{1}{EJ}\sum_\nu E_\nu J_\nu \cos\varphi_\nu$$
$$\lambda_E^2 = \frac{(\sum E_\nu J_\nu \cos\varphi_\nu)^2}{\sum E_\nu^2 \sum J_\nu^2}. \tag{7b}$$

Zum Beweise, daß stets $\lambda_E \leq 1$ sein muß, also die Wirkleistung kleiner oder höchstens gleich der Scheinleistung ist, eine Ungleichung, die übrigens im nächsten Abschnitt noch verschärft wird, pflegt man von der nach ihrem Entdecker benannten Schwarzschen Ungleichung auszugehen. Diese lautet in der Integralform

$$\left(\int_a^b f(x) g(x)\, dx\right)^2 \leq \int_a^b f(x)^2\, dx \int_a^b g(x)^2\, dx \tag{8a}$$

und in der Summenform

$$\left(\sum_\nu a_\nu b_\nu\right)^2 \leq \sum_\nu a_\nu^2 \sum_\nu b_\nu^2. \tag{8b}$$

Darin sind $f(x)$ und $g(x)$ als in dem Intervall (a, b) stückweise stetige Funktionen vorausgesetzt; in der zweiten Ungleichung sind die Summationen ebenso wie bei der ersten die Integrationen auf das gleiche Intervall ausgedehnt zu denken.

Den Beweis der Ungleichung pflegt man gewöhnlich daraus abzuleiten, daß der Ausdruck

$$\left(\int_a^b f(x) g(x)\, dx\right)^2 - \int_a^b f(x)^2\, dx \int_a^b g(x)^2\, dx$$

als Diskriminante der positiv definitiven quadratischen Form

$$F(u, v) = \int_a^b (u f(x) + v g(x))^2\, dx$$

nicht positiv sein kann. Ein kürzerer und direkter Beweis ergibt sich aus der Tatsache, daß man schreiben kann

$$\int_a^b f(x)^2\, dx \int_a^b g(x)^2\, dx - \left(\int_a^b f(x) g(x)\, dx\right)^2 = \frac{1}{2}\int_a^b\int_a^b (f(x) g(y) - f(y) g(x))^2\, dx\, dy;$$

darin ist der Ausdruck auf der rechten Seite offenbar stets positiv. Ferner läßt sich zeigen, daß in der Ungleichung das Gleichheitszeichen dann und nur dann zutrifft, wenn $f(x)/g(x)$ = konst. ist. Die gleichen Überlegungen für die Fassung (8a) der Ungleichung gelten entsprechend auch für die Fassung (8b).

Für den Leistungsfaktor hat dies zu bedeuten, daß stets $\lambda \leq 1$ ist und daß das Gleichheitszeichen dann und nur dann zutrifft, wenn e/i = konst., d. h. die Belastung eine rein Ohmsche Belastung ist.

Für den praktisch sehr wichtigen Sonderfall einer rein sinusförmigen Spannung e erhält man aus (7a) und (7b)

$$\lambda_E^2 = \frac{2}{\pi} \frac{(\int i \sin \vartheta \, d\vartheta)^2}{\int i^2 \, d\vartheta} \tag{9a}$$

bzw.

$$\lambda_E = \frac{J_1}{J} \cos \varphi_1. \tag{9b}$$

2. Definition des magnetischen Leistungsfaktors.

Zur Definition dieses zweiten Leistungsfaktors sei davon ausgegangen, daß sich die Scheinleistung $\overline{Q} = EJ$ des Erzeugers in der Form

$$\overline{Q}^2 = E^2 J^2 = \Big(\sum_\nu E_\nu J_\nu \cos \varphi_\nu\Big)^2 + \Big(\sum_\nu E_\nu J_\nu \sin \varphi_\nu\Big)^2$$
$$+ \sum_{\nu \neq \mu}\sum (E_\nu^2 J_\mu^2 - E_\nu E_\mu J_\nu J_\mu \cos \varphi_\nu \sin \varphi_\mu)$$

schreiben läßt. Von den drei Termen der rechten Seite dieser Gleichung stellt der erste das Quadrat der Wirkleistung vor. Den zweiten Term interpretiert man als das Quadrat der Blindleistung, wobei man von der Vorstellung ausgeht, daß diese Blindleistung ebenso die Summe der Blindleistungen der einzelnen Harmonischen ist[1], wie die Wirkleistung sich aus der Summe der Wirkleistungen der einzelnen Harmonischen ergibt. Der letzte Term stellt das Quadrat einer Leistungsgröße dar, die Budeanu[1] als Verzerrungsleistung (puissance déformante) bezeichnet; ihre Bezeichnung rührt daher, daß diese Leistung nur dann besteht, wenn Spannung oder Strom oder beide von der reinen Sinusform abweichen. Indem die physikalische Berechtigung dieser Bezeichnungen ganz offengelassen wird und man in den Bezeichnungen nur sprachliche Abkürzungen sieht, sei nur davon ausgegangen, daß die als Blindleistung bezeichnete Größe Eigenschaften besitzt, welche die Berechtigung ergeben, sie zur Definition des zweiten geplanten Leistungsfaktors heranzuziehen. Dieser, der magnetische Leistungsfaktor, wird bestimmt als die quadratische Ergänzung bzw. als die Cofunktion des Verhältnisses der Blindleistung zur Scheinleistung; somit ist

$$\lambda_M = \sqrt{1 - \frac{1}{E^2 J^2}\Big(\sum_\nu E_\nu J_\nu \sin \varphi_\nu\Big)^2}. \tag{10}$$

Von diesem Leistungsfaktor, der bei rein sinusförmiger Spannung und sinusförmigem Strome mit dem gewöhnlichen, d. h. mit dem elektrischen Leistungsfaktor identisch wäre, läßt sich zeigen, daß stets das Größenverhältnis besteht

$$\lambda_E \leq \lambda_M \leq 1.$$

Um dies zu beweisen, soll bewiesen werden, daß $\lambda_E^2 \leq \lambda_M^2$ ist. Dies läuft aber daraus hinaus, daß

$$\Big(\sum_\nu E_\nu J_\nu \cos \varphi_\nu\Big)^2 + \Big(\sum_\nu E_\nu J_\nu \sin \varphi_\nu\Big)^2 \leq \sum_\nu E_\nu^2 \sum_\nu J_\nu^2$$

sein muß. Nun ist aber

$$\sum_\nu E_\nu^2 \sum_\nu J_\nu^2 = \sum_\nu E_\nu^2 \sum_\nu J_\nu^2 \cos^2 \varphi_\nu + \sum_\nu E_\nu^2 \sum_\nu J_\nu^2 \sin^2 \varphi_\nu.$$

Da nach der Schwarzschen Ungleichung jeder Teil der linken Seite der ersten Gleichung $\leq$ dem entsprechenden Teil der rechten Seite der zweiten Gleichung ist, so ist die obige Gleichung erwiesen.

Es wird nun noch angegeben, welchen Wert der magnetische Leistungsfaktor für den wichtigen Spezialfall einer rein sinusförmigen Spannung annimmt. Es sind dann analog

---
[1] Vgl. die Bemerkungen am Schlusse dieses Aufsatzes.

den Ausdrücken (9a) und (9b) für den elektrischen Leistungsfaktor wieder zwei Darstellungen möglich, und zwar ergibt sich

$$\lambda_M^2 = 1 - \frac{2}{\pi} \frac{(\int i \cos\vartheta \, \alpha\vartheta)^2}{\int i^2 \alpha\vartheta} \tag{11a}$$

bzw.

$$\lambda_M = \sqrt{1 - \frac{J_1^2}{J^2} \sin^2\varphi_1}. \tag{11b}$$

Von diesen Ausdrücken erscheinen besonders die Gleichungen (9a) und (11a) sehr geeignet, die Funktionsverwandtschaft der beiden Leistungsfaktoren zu veranschaulichen.

3. Das Additionstheorem des Leistungsfaktors.

Beliefert ein Erzeuger zwei Verbraucher, von denen man sich den ersten als vorhandene Grundbelastung, den zweiten als einen zu der Grundbelastung neu hinzutretenden Verbraucher vorzustellen hat, so wächst die thermische Beanspruchung um ein Maß, von dem gezeigt werden soll, daß es sich durch die Wertepaare des elektrischen und magnetischen Leistungsfaktors jedes Verbrauchers abschätzen läßt, so daß man folgern kann, der neue Verbraucher verhalte sich günstiger, als sein elektrischer, und ungünstiger, als sein magnetischer Leistungsfaktor angibt.

Um diese Fragen beantworten zu können, ist es zuerst nötig, die thermische Beanspruchung des Erzeugers nach dem Hinzutreten des neuen Verbrauchers, also die Scheinleistung der beiden Belastungen durch die Grundlast und die neue Belastung zu berechnen. Es sei die Größe der Grundbelastung durch einfache Buchstaben bezeichnet, die der neuen Belastung durch überstrichene Buchstaben. Dann ist die gesamte resultierende Scheinleistung $\overline{Q}_r$ des Erzeugers gleich dem Produkt der gemeinsamen effektiven Spannung E und dem effektiven resultierenden Gesamtstrom J_r, und zwar findet man

$$Q_r = EJ_r,$$

worin

$$J_r = \sqrt{J^2 + J'^2 + 2\sum_\nu J_\nu J'_\nu \cos(\varphi_\nu - \varphi'_\nu)}$$

ist. Wie schon vorhin gesagt wurde, ist diese Gesamtbeanspruchung stets kleiner als die Summe der einzelnen Beanspruchungen durch die Grundlast und die neue Belastung. Es ist somit

$$\sqrt{J^2 + J'^2 + 2\sum_\nu J_\nu J'_\nu \cos(\varphi_\nu - \varphi'_\nu)} \leq J + J'.$$

Hiervon überzeugt man sich leicht, wenn man auf beiden Seiten quadriert, dann folgert man nämlich

$$\sum_\nu J_\nu J'_\nu \cos(\varphi_\nu - \varphi'_\nu) \leq JJ'$$

oder

$$\left(\sum_\nu J_\nu J'_\nu \cos(\varphi_\nu - \varphi'_\nu)\right)^2 \leq \sum_\nu J_\nu^2 \sum_\nu J'^2_\nu,$$

was nach der Schwarzschen Ungleichung für alle Werte von φ_ν und φ'_ν erfüllt ist.

Die gesamte Wirkleistung, die der Erzeuger abgibt, ist die Summe der einzelnen Wirkleistungen; also ist diese

$$Q = \sum_\nu E_\nu J_\nu \cos\varphi_\nu + \sum_\nu E_\nu J'_\nu \cos\varphi'_\nu.$$

Aus dieser Wirkleistung und der resultierenden Scheinleistung ergibt sich der übrigens eindeutige Wert des resultierenden Leistungsfaktors λ_r mit $\lambda_r = Q_r/\overline{Q}_r$ zu

$$\lambda_r = \frac{\sum_\nu E_\nu J_\nu \cos\varphi_\nu + \sum_\nu E_\nu J'_\nu \cos\varphi'_\nu}{E\sqrt{J^2 + J'^2 + 2\sum_\nu J_\nu J'_\nu \cos(\varphi_\nu - \varphi'_\nu)}},$$

wofür sich schreiben läßt

$$\lambda_r = \frac{\lambda_E + \xi \lambda'_E}{\sqrt{1 + \xi^2 + 2\xi \frac{1}{JJ'} \sum_\nu J_\nu J'_\nu \cos(\varphi_\nu - \varphi'_\nu)}}. \tag{12}$$

Darin ist

$$\xi = \frac{J'}{J} \tag{12a}$$

das Belastungsverhältnis der neuen Belastung zur Grundlast.

An dem so gewonnenen Ausdruck für λ_r ist hervorzuheben, daß es im allgemeinen nicht möglich ist, den Summenausdruck im Nenner durch die Eigenleistungsfaktoren der beiden Belastungen, also durch λ_E, λ_M, λ'_E, λ'_M auszudrücken; dieser Umstand bedingt eine große Erschwerung der weiteren Erörterungen. Allerdings bietet sich diese Möglichkeit für einen sehr wichtigen Sonderfall, nämlich für den Fall einer rein sinusförmigen Spannung und einer ebenso sinusförmigen Grundbelastung. Für diesen Fall kann man mit $\lambda_E = \lambda_M = \lambda$ schreiben

$$\lambda_r = \frac{\lambda + \xi \lambda'_E}{\sqrt{1 + \xi^2 + 2\xi(\lambda \lambda'_E + \sqrt{1-\lambda^2}\sqrt{1-\lambda'^2_M})}}. \tag{12b}$$

Es soll nun noch einen Schritt weiter gegangen und der elementare Fall rein sinusförmiger Spannungen und Ströme für beide Belastungen untersucht werden. Hierfür würde man mit $\lambda_E = \lambda_M = \cos \varphi_1$ und $\lambda'_E = \lambda'_M = \cos \varphi'_1$ finden

$$\lambda_r = f(\lambda, \lambda', \xi) = \frac{\lambda + \xi \lambda'}{\sqrt{1 + \xi^2 + 2\xi(\lambda \lambda' + \sqrt{1-\lambda^2}\sqrt{1-\lambda'^2})}}; \tag{13}$$

man könnte diesen Ausdruck durch Verwendung der Phasenwinkel φ_1 und φ'_1 noch vereinfachen, doch sei davon absichtlich abgesehen.

Die Funktion $f(\lambda, \lambda', \xi)$ stellt den Ausdruck dar, der die Möglichkeit liefern soll, abzuschätzen, welchen elementaren Verbrauchern bei sinusförmiger Spannung die vorliegenden Verbraucher bei der vorliegenden Spannung in Hinblick auf die thermische Beanspruchung des Erzeugers äquivalent sind. Bezeichnet man demgemäß die Eigenleistungsfaktoren der äquivalenten elementaren Verbraucher, die $\tilde{\lambda}$ bzw. $\tilde{\lambda}'$ heißen mögen, als die für den Erzeuger maßgebenden Leistungsfaktoren, so muß sich offenbar ein Wertepaar $\tilde{\lambda}$, $\tilde{\lambda}'$ so wählen lassen, daß der durch (12) gegebene allgemeine resultierende Leistungsfaktor λ_r in der Form $\lambda_r = f(\tilde{\lambda}, \tilde{\lambda}', \xi)$ dargestellt wird. Insbesondere müßte es möglich sein, diese maßgebenden Leistungsfaktoren durch die Wertepaare λ_E, λ_M bzw. λ'_E, λ'_M einzugrenzen, so daß

$$\left. \begin{array}{l} \lambda_E \leq \tilde{\lambda} \leq \lambda_M, \\ \lambda'_E \leq \tilde{\lambda}' \leq \lambda'_M \end{array} \right\} \tag{14a}$$

ist. Denn dann könnte man behaupten, daß der elektrische und magnetische Leistungsfaktor jedes Verbrauchers eine obere und untere Grenze für dessen Beurteilung darstellt. Diese Behauptung ist aber erwiesen, wenn man zeigt, daß

$$f(\lambda_E, \lambda'_E, \xi) \leq f(\tilde{\lambda}, \tilde{\lambda}', \xi) \leq f(\lambda_M, \lambda'_M, \xi) \tag{14b}$$

gilt, sobald man annimmt, daß die Funktion $f(\lambda, \lambda', \xi)$ eine mit λ bzw. λ' monoton wachsende Funktion ist.

Um diese Bedingung zu klären, sind die beiden Ableitungen

$$\frac{\partial f}{\partial \lambda} = \frac{1}{\sqrt{1+\xi^2+2\xi g(\lambda, \lambda')}} \left[1 - \frac{(\lambda + \xi \lambda') \xi \left(\lambda' - \lambda \frac{\sqrt{1-\lambda'^2}}{\sqrt{1-\lambda^2}}\right)}{1 + \xi^2 + 2\xi g(\lambda, \lambda')} \right],$$

$$\frac{\partial f}{\partial \lambda'} = \frac{1}{\sqrt{1+\xi^2+2\xi g(\lambda, \lambda')}} \left[\xi - \frac{(\lambda + \xi \lambda') \xi \left(\lambda - \lambda' \frac{\sqrt{1-\lambda^2}}{\sqrt{1-\lambda'^2}}\right)}{1 + \xi^2 + 2\xi g(\lambda, \lambda')} \right],$$

daraufhin zu untersuchen, unter welchen Bedingungen sie positive Werte behalten. Darin kann die Funktion $g(\lambda, \lambda') = \lambda\lambda' + \sqrt{1-\lambda^2}\sqrt{1-\lambda'^2}$ nur Werte zwischen 0 und 1 annehmen. $\lambda' - \lambda\frac{\sqrt{1-\lambda'^2}}{\sqrt{1-\lambda^2}}$ resp. $\lambda - \lambda'\frac{\sqrt{1-\lambda^2}}{\sqrt{1-\lambda'^2}}$ sind stets kleiner als 1. Daraus ergibt sich, daß der zweite Teil der eckigen Klammer höchstens den Wert $\frac{(\lambda + \xi\lambda')\xi}{1+\xi^2}$ erreichen kann; dieser Wert ist aber kleiner als ξ, sofern $\xi \leq 1$ ist. Somit ist $\xi \leq 1$ eine hinreichende, wenn auch nicht immer notwendige Bedingung dafür, daß die obigen Ableitungen positive Werte haben.

Es ist jetzt nur noch der Beweis der Ungleichung (14b) durchzuführen. Ganz allgemein ist dieser Beweis nun noch nicht gelungen, es ist jedoch möglich, diesen für zwei Fälle durchzuführen, die übrigens nahezu alle praktisch interessierenden Fälle in sich einschließen. Der eine Fall bezieht sich darauf, daß der neue Verbraucher seiner Belastung nach klein ist gegenüber der Grundbelastung, während die Art der Spannung und der Ströme beliebig sein kann. Der zweite Fall bezieht sich auf das Vorliegen einer rein sinusförmigen Spannung und einer Grundbelastung mit rein sinusförmigem Strom bei einem neuen Verbraucher beliebiger Art und beliebiger Belastungshöhe.

Zunächst soll unabhängig von den vorigen Bemerkungen versucht werden, den Beweis der Ungleichung (14b) allgemein zuzusetzen. Es ist nun

$$f(\tilde{\lambda}, \tilde{\lambda}', \xi) = \frac{\lambda_E + \xi\lambda'_E}{\sqrt{1 + \xi^2 + 2\xi\frac{1}{JJ'}\sum_\nu J_\nu J'_\nu \cos(\varphi_\nu - \varphi'_\nu)}},$$

$$f(\lambda_E, \lambda'_E, \xi) = \frac{\lambda_E + \xi\lambda'_E}{\sqrt{1 + \xi^2 + 2\xi(\lambda_E\lambda'_E + \sqrt{1-\lambda_E^2}\sqrt{1-\lambda_E'^2})}},$$

$$f(\lambda_M, \lambda'_M, \xi) = \frac{\lambda_M + \xi\lambda'_E}{\sqrt{1 + \xi^2 + 2\xi(\lambda_M\lambda'_M + \sqrt{1-\lambda_M^2}\sqrt{1-\lambda_M'^2})}}.$$

Damit die erste Ungleichung von (14b) zutrifft, ist offenbar notwendig, daß

$$\frac{1}{JJ'}\sum_\nu J_\nu J'_\nu \cos(\varphi_\nu - \varphi'_\nu) \leq \lambda_E\lambda'_E + \sqrt{1-\lambda_E^2}\sqrt{1-\lambda_E'^2}$$

oder, wenn $\lambda_E = \cos\Phi$, $\lambda'_E = \cos\Phi'$ gesetzt wird,

$$\sum_\nu J_\nu J'_\nu \cos(\varphi_\nu - \varphi'_\nu) \leq JJ'\cos(\Phi - \Phi').$$

Nach Quadrieren läßt sich hierfür schreiben

$$\left(\sum_\nu J_\nu J'_\nu \frac{\cos(\varphi_\nu - \varphi'_\nu)}{\cos(\Phi - \Phi')}\right)^2 \leq \sum_\nu J_\nu^2 \sum_\nu J_\nu'^2.$$

Dies ist nach der Schwarzschen Ungleichung zutreffend, sofern

$$\cos(\varphi_\nu - \varphi'_\nu) \leq \cos(\Phi - \Phi')$$

oder

$$\varphi_\nu - \varphi'_\nu \geq \Phi - \Phi'$$

oder

$$\Phi - \varphi_\nu \leq \Phi' - \varphi'_\nu$$

wenigstens für die ersten maßgebenden Beiwerte ν erfüllt ist. Dies ist wahrscheinlich gleichbedeutend mit der Bedingung

$$\lambda'_M - \lambda'_E \leq \lambda_M - \lambda_E,$$

d. h. mit der Bedingung, daß der neue Verbraucher in Hinblick auf seine Verzerrungsleistung „schlechter" als die Grundbelastung ist.

Die zweite Ungleichung von (14b) lautet, wenn man entsprechend wie vorhin $\lambda_M = \cos\psi$, $\lambda'_M = \cos\psi'$ setzt,

$$\frac{\lambda_E + \xi \lambda'_E}{\sqrt{1 + \xi^2 + 2\xi \frac{1}{JJ'} \sum_\nu J_\nu J'_\nu \cos(\varphi_\nu - \varphi'_\nu)}} \leq \frac{\lambda_M + \xi \lambda'_M}{\sqrt{1 + \xi^2 + 2\xi \cos(\psi - \psi')}}.$$

Quadriert man auf beiden Seiten, bringt die Nenner der einen Seite als Zähler auf die andere Seite und multipliziert auf beiden Seiten aus, so erhält man, nach aequivalenten Gliedern geordnet,

$$\lambda_E^2 + 2\xi \lambda_E \lambda'_E + \xi^2 \lambda_E'^2 + (\lambda_E + \xi \lambda'_E) \xi^2$$
$$+ 2\xi \lambda_E^2 \cos(\psi - \psi') + 4\xi^2 \lambda_E \lambda'_E \cos(\psi - \psi') + 2\xi^3 \lambda_E'^2 \cos(\psi - \psi')$$
$$\leq \lambda_M^2 + 2\xi \lambda_M \lambda'_M + \xi^2 \lambda_M'^2 - (\lambda_M + \xi \lambda'_M) \xi^2$$
$$+ 2\xi \lambda_M^2 \frac{1}{JJ'} \sum_\nu J_\nu J'_\nu \cos(\varphi_\nu - \varphi'_\nu) + 4\xi^2 \lambda_M \lambda'_M \frac{1}{JJ'} \sum_\nu J_\nu J'_\nu \cos(\varphi_\nu - \varphi'_\nu)$$
$$+ 2\xi^3 \lambda_M'^2 \frac{1}{JJ'} \sum_\nu J_\nu J'_\nu \cos(\varphi_\nu - \varphi'_\nu).$$

Diese Ungleichung ist aber erfüllt, wenn man zeigen kann, daß die folgenden Ungleichungen bestehen:

$$\lambda_E \lambda'_E + \lambda_E^2 \cos(\psi - \psi') \leq \lambda_M \lambda'_M + \lambda_M^2 \frac{1}{JJ'} \sum_\nu J_\nu J'_\nu \cos(\varphi_\nu - \varphi'_\nu),$$

$$\lambda_E \lambda'_E \cos(\psi - \psi') \leq \lambda_M \lambda'_M \frac{1}{JJ'} \sum_\nu J_\nu J'_\nu \cos(\varphi_\nu - \varphi'_\nu),$$

$$\lambda_E'^2 \cos(\psi - \psi') \leq \lambda_M'^2 \frac{1}{JJ'} \sum_\nu J_\nu J'_\nu \cos(\varphi_\nu - \varphi'_\nu).$$

Ohne auf die Prüfung dieser Ungleichungen näher einzugehen, soll sofort auf die beiden genannten Sonderfälle eingegangen werden.

Der erste Sonderfall, für den der neue Verbraucher sehr klein im Verhältnis zur Grundbelastung sein sollte, ist gekennzeichnet durch die Annahme von ξ klein gegen 1. Da man die erste Ungleichung von (14b) als gegeben betrachten kann, so kommt es nur noch auf die zweite Ungleichung an. Diese ist aber wegen $\lambda'_E \leq \lambda'_M$ sicher erfüllt, wenn man nur ξ hinreichend klein wählt.

Der zweite Sonderfall bezog sich auf das Vorliegen einer sinusförmigen Spannung und einer Grundbelastung mit sinusförmigem Strom bei beliebigem Belastungsverhältnis. Obgleich sich der Beweis der Ungleichungen (14b) für diesen Fall aus den vorigen Überlegungen leicht entnehmen ließe, soll der besseren Übersichtlichkeit halber der Beweis getrennt geführt werden. Zunächst läßt sich für diesen Fall mit $\lambda_E = \lambda_M = \lambda \cos\varphi$ schreiben:

$$\frac{1}{JJ'} \sum_\nu J_\nu J'_\nu \cos(\varphi_\nu - \varphi'_\nu) = \frac{J'_1}{J'} \cos(\varphi - \varphi'_1) = \lambda'_E \cos\psi + \sqrt{1 - \lambda_M'^2} \sin\varphi;$$

dieser Ausdruck müßte zur Befriedigung der ersten Ungleichung von (14b) kleiner oder höchstens gleich $\lambda'_E \cos\varphi + \sqrt{1 - \lambda_E'^2} \sin\varphi$ sein, es müßte somit $\sqrt{1 - \lambda_M'^2} \leq \sqrt{1 - \lambda_E'^2}$ sein. Dies ist aber tatsächlich der Fall, denn es ist $\lambda'_E \leq \lambda'_M$. Zum Beweise der zweiten Ungleichung von (14b) wäre zu zeigen, daß

$$\frac{\cos\varphi + \xi \lambda'_E}{\sqrt{1 + \xi^2 + 2\xi(\lambda'_E \cos\varphi + \sqrt{1 - \lambda_M'^2} \sin\varphi)}} \leq \frac{\cos\varphi + \xi \lambda'_M}{\sqrt{1 + \xi^2 + 2\xi(\lambda'_M \cos\varphi + \sqrt{1 - \lambda_M'^2} \sin\varphi)}}$$

ist. Quadriert man diese Ungleichung auf beiden Seiten, bringt den Nenner der einen Seite als Zähler auf die andere Seite und multipliziert auf beiden Seiten aus, so erhält man

$$2\xi \sin\varphi \cos\varphi \cdot \lambda'_E + \xi^2 \lambda'^2_E + 2\xi^3 \cos\varphi \cdot \lambda'_E + \xi^4 \lambda'^2_E$$
$$+ 2\xi^3 \cos\varphi \cdot \lambda'^2_E \lambda'_M + 4\xi^2 \sin\varphi \cos\varphi \cdot \lambda'_E \sqrt{1-\lambda'^2_M} + 2\xi^3 \sin\varphi \cdot \lambda'^2_E \sqrt{1-\lambda'^2_M}$$
$$\leq 2\xi \sin\varphi \cos\varphi \cdot \lambda'_M + \xi^2 \lambda'^2_M + 2\xi^3 \cos\varphi \cdot \lambda'_M + \xi^4 \lambda'^2_M$$
$$+ 2\xi^3 \cos\varphi \cdot \lambda'_E \lambda'^2_M + \xi^2 \sin\varphi \cos\varphi \lambda'_M \sqrt{1-\lambda'^2_E} + 2\xi^3 \sin\varphi \cdot \lambda'^2_M \sqrt{1-\lambda'^2_E}.$$

Hierin ist jedes Glied der linken Seite kleiner oder höchstens gleich jedem entsprechenden Glied der rechten Seite, so daß also auch die zweite Ungleichung von (14b) hiermit erwiesen ist.

Hieran seien noch einige Bemerkungen über die Abschätzung der maßgebenden Leistungsfaktoren $\tilde{\lambda}$, $\tilde{\lambda}'$ selbst geknüpft. Bei dem vorliegenden Sonderfall sinusförmiger Spannung und sinusförmiger Grundbelastung ist offenbar $\lambda_E = \lambda_M = \tilde{\lambda}$, und man erhält mit Hilfe von (12b) und (13) eine Bestimmungsgleichung für den maßgebenden Leistungsfaktor $\tilde{\lambda}'$ des neuen Verbrauchers. Schreibt man wieder $\tilde{\lambda} = \cos\varphi$, so wird

$$\frac{\cos\varphi + \xi \tilde{\lambda}'}{\sqrt{1+\xi^2 + 2\xi(\tilde{\lambda}' \cos\varphi + \sqrt{1-\tilde{\lambda}'^2} \sin\varphi)}} = \frac{\cos\varphi + \xi \lambda'_E}{\sqrt{1+\xi^2 + 2\xi(\lambda'_E \cos\varphi + \sqrt{1-\lambda'^2_M} \sin\varphi)}}.$$

Ist die neue Belastung klein gegenüber der Grundbelastung, also ξ klein gegen 1, so lautet diese Gleichung

$$\tilde{\lambda}' \sin\varphi - \sqrt{1-\tilde{\lambda}'^2} \cos\varphi = \lambda'_E \sin\varphi - \sqrt{1-\lambda'^2_M} \cos\varphi. \tag{15a}$$

Diese für die praktische Anwendung sehr wichtige Gleichung läßt sich nach $\tilde{\lambda}'$ auflösen, wenn man vorübergehend $\tilde{\lambda}' = \cos\varphi'$ setzt; dann ist nämlich

$$\sin(\varphi - \varphi') = \lambda'_E \sin\varphi - \sqrt{1-\lambda'^2_M} \cos\varphi. \tag{15b}$$

Im Zusammenhang hiermit ist es noch interessant, zu erfahren, unter welchen Bedingungen der neue Verbraucher den Gesamtfaktor am Erzeuger verbessert oder verschlechtert. Zu diesem Zweck wird, ausgehend von (12b), die Ableitung

$$\frac{\partial \lambda_r}{\partial \xi} = \frac{1}{\sqrt{1+\xi^2+2\xi g}} \left[\lambda'_E - \frac{(\cos\varphi + \xi \lambda'_E)(\xi + g)}{1+\xi^2+2\xi g} \right]$$

gebildet; darin ist $g = \lambda'_E \cos\varphi + \sqrt{1-\lambda'^2_M} \sin\varphi$. Man entnimmt aus diesem Ausdruck, daß

$$\frac{\partial \lambda_r}{\partial \xi}_{(\xi=0)} \lessgtr 0, \quad \text{wenn} \quad \text{tg}\,\varphi \gtrless \frac{\sqrt{1-\lambda'^2_M}}{\lambda'_E}. \tag{16}$$

Wenn die erste dieser beiden Bedingungen erfüllt ist, so wird der resultierende Leistungsfaktor durch den hinzutretenden neuen Verbraucher „verbessert". Es ist bemerkenswert, daß ein Verbraucher einen „schlechteren" elektrischen Leistungsfaktor λ'_E als der Leistungsfaktor $\tilde{\lambda} = \cos\varphi$ der Grundbelastung haben kann und trotzdem imstande ist, den Leistungsfaktor der Grundbelastung zu verbessern. Es ist dies nur ein anderer Ausdruck für den Inhalt der bisherigen Überlegungen, daß es eben nicht auf den bisherigen, gewöhnlichen, d. h. den elektrischen Leistungsfaktor λ'_E allein ankommt, sondern auf den „maßgebenden" Leistungsfaktor $\tilde{\lambda}'$, der zwischen dem elektrischen und magnetischen Leistungsfaktor, d. h. zwischen λ'_E und λ'_M liegt. Wäre übrigens der neue Verbraucher ein solcher gewöhnlicher Art, so wäre $\lambda'_E = \lambda'_M = \cos\varphi'$ und die Bedingung (16a) dafür, daß der neue Verbraucher den Leistungsfaktor der Grundbelastung verbessert, würde $\varphi' < \varphi$ lauten, wie auch nach der elementaren Theorie zu erwarten ist.

Eine neue Definition des Leistungsfaktors.

4. Ein Beispiel.

Um eine anschaulichere Vorstellung der bisherigen Darlegungen zu geben, sollen für ein praktisches Beispiel der elektrische und magnetische Leistungsfaktor berechnet und danach der maßgebende Leistungsfaktor dieses Verbrauchers bewertet werden. Angenommen sei ein Erzeuger mit rein sinusförmiger Spannung mit einer sehr großen Grundbelastung mit sinusförmigem Strom und dem Leistungsfaktor $\lambda_E = \lambda_M = \cos \varphi$. Das Netz sei ein symmetrisches Drehstromnetz; die Überlegungen, die sich auf ein Einphasennetz bezogen, können auf das Dreiphasennetz übertragen werden, indem man als Strom den Strom in einer Phase und als Spannung die Phasenspannung zwischen der betreffenden Phase und dem vorhandenen oder gedachten Nullpunkt zugrunde legt.

An dieses Drehstromnetz sei ein Quecksilberdampfgleichrichter mit drei Anoden und einem in Dreieck/Stern geschalteten Transformator angeschlossen, und zwar sei die Netzbelastung durch diesen Gleichrichter klein im Verhältnis zur Grundbelastung des Netzes. Für den Ansatz der Stromverteilungen in diesem Gleichrichter sei die Annahme eines konstanten Gleichstromes gemacht, also einer unendlich großen Kathodendrossel, außerdem werden die Ohmschen Widerstände der Transformatorwicklungen und deren Zuleitungen vernachlässigt. Dagegen sollen die Streureaktanzen des Transformators und sein Magnetisierungsstrom berücksichtigt werden. Unter diesen Umständen verlaufen die Spannungen und Ströme des Gleichrichters so, wie in Bild 4 gezeigt wird.

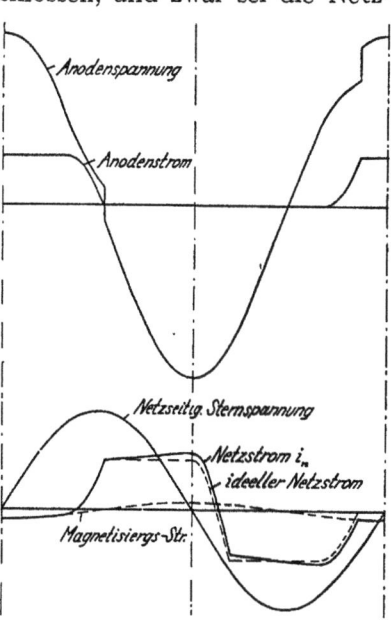

Bild 4. Verlauf der Spannungen und Ströme in einem Dreiphasengleichrichter mit in △/⅄ geschaltetem Transformator.

Die Überlappung der Anodenströme sei gleich u bei dem Gleichstrome J und insbesondere gleich u_0 bei dem als Vollaststrom angenommenen Gleichstrom J_0. Dann ist

$$\frac{1 - \cos u}{1 - \cos u_0} = \frac{J}{J_0} \qquad (17a)$$

die Bestimmungsgleichung für u bei dem Belastungsverhältnis J/J_0.

Für die Berechnung der Leistungsfaktoren interessieren in Bild 4 nur die netzseitigen Spannungen und Ströme. Ist die Phasenspannung durch den Verlauf von $\sin \vartheta$ gegeben, so wird der Magnetisierungsstrom in der Form $\sqrt{2} k J \cos \vartheta$ angesetzt. Es wird somit die Wirkkomponente dieses Stromes vernachlässigt; außerdem ist der Faktor k offenbar das Verhältnis des effektiven Magnetisierungsstromes zum Gleichstrome. Der ideelle Teil des Netzstromes i_n ist in seinem aufsteigenden Ast durch $\dfrac{1 - \cos(\vartheta + 60°)}{1 - \cos u} \dfrac{J}{\mu}$ gegeben, wenn μ das Übersetzungsverhältnis des Transformators bedeutet; analog verlaufen die übrigen Übergangskurven dieses Netzstromes. Unter Anwendung dieser Überlegungen berechnen sich die Integrale in den Gleichungen (9a) und (11a) wie folgt:

$$\int_0^{2\pi} i_n^2 \, d\vartheta = \frac{J^2}{\mu^2} \frac{4\pi}{3} \left(1 - \frac{9}{2} \psi(u) + \frac{3\sqrt{6}}{8\pi} \cdot \frac{2u - \sin 2u}{1 - \cos u} k + \frac{3}{2} k^2 \right),$$

$$\int_0^{2\pi} i_n \sin \vartheta \, d\vartheta = \frac{J}{\mu} \cdot 3 \cos^2 \frac{u}{2},$$

$$\int_0^{2\pi} i_n \cos \vartheta \, d\vartheta = -\frac{J}{\mu} \left(\frac{3}{4} \frac{2u - \sin 2u}{1 - \cos u} - \sqrt{2} \pi k \right).$$

Darin hat die Funktion $\psi(u)$ die Bedeutung

$$\psi(u) = \frac{(2+\cos u)\sin u - (1+2\cos u)u}{2\pi(1-\cos u)^2} \approx \frac{2u}{15\pi}\left(1 + \frac{u^2}{84}\right). \qquad (17\text{b})$$

Mit Hilfe dieser Ausdrücke errechnen sich der elektrische und der magnetische Leistungsfaktor des Gleichrichters in der folgenden Form

$$\lambda'_E = \frac{\dfrac{3\sqrt{3}}{2\pi}\cos^3\dfrac{u}{2}}{\sqrt{1 - \dfrac{9}{2}\psi(u) + \dfrac{3\sqrt{6}}{8\pi}\dfrac{2u-\sin 2u}{1-\cos u}k + \dfrac{3}{2}k^2}}, \qquad (17\text{c})$$

$$\sqrt{1-\lambda'^2_M} = \frac{\dfrac{3\sqrt{3}}{8\pi}\dfrac{2u-\sin 2u}{1-\cos u} + \sqrt{\dfrac{3}{2}}\cdot k}{\sqrt{1 - \dfrac{9}{2}\psi(u) + \dfrac{3\sqrt{6}}{8\pi}\dfrac{2u-\sin 2u}{1-\cos u}k + \dfrac{3}{2}k^2}}. \qquad (17\text{d})$$

Diese beiden Leistungsfaktoren sind in Bild 5 als Funktion der Belastung J/J_0 aufgetragen. Für die Berechnung von u als Funktion von J/J_0 wurde Gleichung (17a) mit $u_0 = 35°$ zugrunde gelegt; für die Berechnung von k als Funktion von J/J_0 braucht man nur daran zu erinnern, daß die

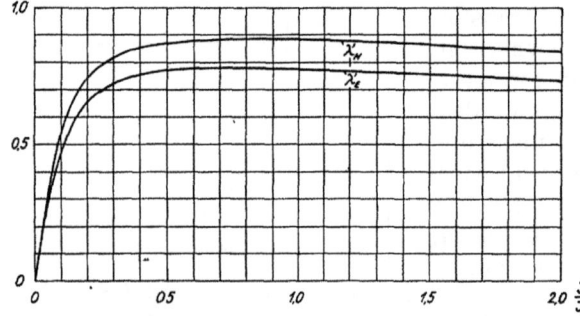

Bild 5. Elektrischer und magnetischer Leistungsfaktor eines Dreiphasengleichrichters (Transf. △/λ).

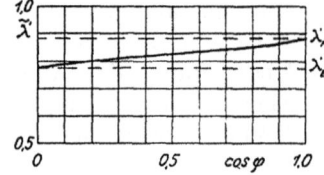

Bild 6. Maßgebender Leistungsfaktor eines Dreiphasenrichters (Transf. △/λ).

Amplitude des Magnetisierungsstromes, die vorher in der Form $\sqrt{2}kJ$ angesetzt war, nur von der Netzspannung abhängt, also unabhängig von der Belastung J/J_0 sein muß. Es muß also sein $\sqrt{2}kJ = \sqrt{2}k_0 J_0$ oder

$$k = k_0 \cdot \frac{J_0}{J}. \qquad (17\text{e})$$

Zur Berechnung von k_0 sei angenommen, daß der effektive Magnetisierungsstrom $k_0 J_0$ etwa 10 vH des effektiven primären Netzstromes bei Vollast, den man zu $1{,}1\sqrt{\dfrac{2}{3}}\cdot J_0$ abschätzen kann, betragen muß. Demgemäß ist also $k_0 = 0{,}1 \cdot 1{,}1\sqrt{\dfrac{2}{3}} = 0{,}09$.

Die berechneten Werte der Leistungsfaktoren bei Vollast sind $\lambda'_E = 0{,}780$ und $\tilde{\lambda}'_M = 0{,}895$. Im Anschluß an diese Werte sei noch der für den Erzeuger maßgebende Leistungsfaktor $\tilde{\lambda}'$ berechnet, und zwar mit Hilfe der Gleichung (15a) bzw. (15b). Er ist eine Funktion des Leistungsfaktors der Grundbelastung und ergibt sich in der in Bild 6 aufgetragenen Weise. Für einen Netzleistungsfaktor von 0,8 bzw. 0,9 beträgt der maßgebende Leistungsfaktor des Gleichrichters danach 0,861 bzw. 0,872; wäre der Netzleistungsfaktor gleich 1, so hätte der maßgebende Leistungsfaktor des Gleichrichters den Wert des magnetischen Leistungsfaktors, also den Wert 0,895.

Die Auftragung in Bild 6 läßt erkennen, daß der Verlauf von $\tilde{\lambda}'$ in Abhängigkeit von dem Netzleistungsfaktor praktisch geradlinig ist. Dementsprechend läßt sich also schreiben

$$\tilde{\lambda}' \approx \lambda'_E + (\lambda'_M - \lambda'_E)\cos\varphi. \qquad (18)$$

Hieraus ersieht man, daß der maßgebende Leistungsfaktor des Gleichrichters gleich dem Netzleistungsfaktor wird, wenn

$$\cos\varphi \approx \frac{\lambda_E}{1 - (\lambda_M - \lambda_E)} \tag{18a}$$

ist. Ist der Netzleistungsfaktor kleiner als dieser Wert, so wird sein Wert durch den Gleichrichter „verbessert" und umgekehrt „verschlechtert", wenn der Netzleistungsfaktor größer ist. In dem vorliegenden Falle beträgt dieser Grenzwert 0,88, nach der genaueren Formel (16) würde man übrigens den Wert 0,87 errechnen. Der vorliegende Gleichrichter ist also imstande, einen Netzleistungsfaktor bis 0,87 zu „verbessern", obgleich sein „Leistungsfaktor schlechthin", d. h. der elektrische Leistungsfaktor λ'_E nur 0,78 beträgt.

5. Bemerkungen zur Literatur des Leistungsfaktors.

Zum Schluß seien noch einige kurze Bemerkungen zur Behandlung des Leistungsfaktors in der Literatur gestattet.

Ursprünglich beschränkte man sich darauf, den Leistungsfaktor als Quotient aus Wirkleistung und Scheinleistung zu definieren und diesen auch bei nichtsinusförmiger Spannung und nichtsinusförmigem Strome formal $= \cos\Phi$ zu setzen[1], wobei man sich darüber klar war, daß der Winkel Φ keine physikalische Bedeutung mehr hat und auch die normalen Vorstellungen von Blindleistung und Scheinleistung nicht mehr aufrechtzuerhalten sind.

Da man sehr bald, insbesondere nach dem Aufkommen der Gleichrichter, feststellte, daß man mit dem obigen Leistungsfaktor „nichts anfangen kann", so begann man die Natur des Leistungsfaktors und der Blindleistung näher zu studieren. Unter den hierauf abzielenden Arbeiten sind die von F. Emde[2], L. P. Krijger[3], von M. Schenkel[4] und von Budeanu[5] bemerkenswert. Insbesondere ist es das Verdienst von Krijger, zuerst darauf hingewiesen zu haben, daß der obengenannte normale Leistungsfaktor keine Schlußfolgerungen für die „Güte" des Verbrauchers zuläßt. Seine Überlegungen führten zu der Einführung einer Faktorenzerlegung des Leistungsfaktors in einen „Verzerrungsfaktor" und einen Verschiebungsfaktor, die in verschiedenen Varianten in der Praxis Eingang gefunden haben. Einen anderen Weg hat neuerdings F. Emde[6] durch Einführung eines meßtechnisch sehr interessanten neuen Begriffes „Entohmung" einzuschlagen versucht. Schließlich ist noch eine kritische Untersuchung von E. Weber zu nennen, welche jedoch dadurch enttäuscht, daß sie nur Einwendungen vorbringt, aber keine befriedigenden Vorschläge bringt.

Es ist die Meinung des Verfassers, daß alle diese Bestrebungen der physikalischen Berechtigung entbehren und allzusehr künstlichen Definitionen entspringen, so daß sie nicht imstande sein können, die energiewirtschaftlichen Fragen, auf die es in der Praxis ankommt, quantitativ zu beantworten. Diese letztgenannten Fragen zu klären, war der Zweck der vorliegenden Arbeit, wenngleich zugegeben werden muß, daß in Hinblick auf die meßtechnischen Fragen noch nicht das letzte Wort gesprochen ist[7].

---

[1] Ch. P. Steinmetz, Theory and calculation of alternating current phenomena (deutsche Ausgabe 1900), S. 491; E. Orlich, Die Theorie der Wechselströme (Teubner) 1912, S. 54; A. Fraenkel, Theorie der Wechselströme (Springer) 1921, S. 89.

[2] E.v.M. 1921, S. 545; ETZ 1924, S. 1053; ETZ 1925, S. 927.

[3] De Ingenieur (Haag) 1921, S. 144; ETZ 1921, S. 827; ETZ 1922, S. 402; ETZ 1923, S. 286; ETZ 1925, S. 48.

[4] ETZ 1925, S. 1369, 1399.

[5] Inst. Nat. Roumain pour l'étude de l'aménagement et de l'utilisation des sources d'énergie. Nr. 2, 4 (1928) und Nr. 6 (1929); Bull. de Mathématiques et de Physique (Bucarest) Jahrg. 1, Nr. 1 (1929).

[6] ETZ 1930, S. 533.

[7] Eine Reihe wertvoller Ratschläge steuerte C. Braband bei, unter diesen auch den direkten Beweis der Schwarzschen Ungleichung. S. Jacobowski besorgte die Berechnung der Kurven Bild 5 und 6.

Einfluß der Ausbildung der Kesselanlage auf die Baukosten von Elektrizitätswerken.

Von F. Münzinger.

Das Verhalten und die Kosten von Kesseln mit normalen und mit Hochleistungsrosten werden untersucht. Die Abhängigkeit des bei natürlichem Zug erreichbaren günstigsten Kesselwirkungsgrades von den Abmessungen des Schornsteines und die Grenzen des natürlichen Zuges werden gezeigt. Die bedeutenden, durch große Kessel mit Hochleistungsrosten in Spitzenkraftwerken möglichen Ersparnisse werden festgestellt. Für die Ausbildung der Kessel und des Kesselhauses und seine Verbindung mit dem übrigen Kraftwerk werden Richtlinien entwickelt.

I. Einleitung.

Seit etwa zwei Jahren hat in Deutschland eine starke Propaganda für Hochleistungswanderroste mit einer spezifischen Belastung bis zu 300 kg/m²h eingesetzt, während man früher bei hochwertiger Steinkohle nicht gern über 130 bis 150 kg/m²h ging. Diese Wandlung wurde mit durch das Eindringen von Unterschubrosten (Stoker) und den immer stärkeren Wettbewerb der Staubfeuerungen verursacht und durch Unterwind, Zoneneinteilung, andere Formgebung des Feuerraumes und seine weitgehende Auskleidung mit Kühlfläche ermöglicht. Die Heizfläche des Kessels bzw. die von Ekonomiser und Luftvorwärmer kann hierbei entweder entsprechend vergrößert oder aber unverändert belassen werden, je nachdem ob der Rost dauernd oder nur kurzzeitig mit so hoher Belastung arbeiten soll. Die letztgenannte Betriebsweise liegt vor allem in Elektrizitätswerken mit Spitzenbelastung vor und interessiert hier in erster Linie. In beiden Fällen aber mußte eine fühlbare Verbilligung der Anlagekosten von Rost und Kessel die Folge sein, weil die Rostfläche besser ausgenützt wird und der Kessel schmaler, d. h. billiger gebaut werden kann. Tatsächlich reicht aber, wie hier näher gezeigt werden soll, der Einfluß der Hochleistungsroste erheblich weiter, besonders wenn er Hand in Hand geht mit der Steigerung der Kessel- und Nachheizflächen zu einem solchen Betrage, wie er in Verbindung mit der größten ausführbaren Rostfläche untergebracht werden kann. Wenngleich ganz ähnliche Erwägungen auch für eine Erhöhung der spezifischen Belastung von Staubfeuerungen gelten, so beschränkt sich diese Arbeit auf Unterwindwanderroste, weil sich bei ihnen die Verhältnisse besonders mit Bezug auf die Kosten besser überblicken lassen.

Obgleich in amerikanischen Elektrizitätswerken Rostbelastungen von 300 kg/m²h seit 8 bis 10 Jahren nichts Ungewöhnliches sind, hat sich die Erkenntnis ihrer Vorteile bei uns nur zögernd durchzusetzen vermocht. Noch als der Verfasser im Jahre 1923 die Einführung von Großdampfkesseln mit Hochleistungsrosten und der gedrängten amerikanischen Bauweise mit über den Kesseln angeordneten Schornsteinen befürwortete[1], fand er nur wenig Widerhall. Eine Änderung brachte der Bau des Großkraftwerkes Klingenberg, der ersten großen deutschen Anlage mit Kesseln hoher Leistung und hohen über ihnen aufgestellten Schornsteinen. In der Folge entstand eine Reihe ähnlicher Werke, deren Vorzüge heute wohl allgemein anerkannt werden. Der Zwang, billig zu bauen, erfordert aber in der Anordnung und Bemessung von Kessel, Ekonomiser, Luftvorwärmer und Zugerzeugung wie auch rein bautechnisch, z. B. in der Ausführung und Aufstellung der

---

[1] Amerikanische und deutsche Großdampfkessel. Berlin: Julius Springer 1923.

Schornsteine, der gegenseitigen Lage von Kessel- und Maschinenhaus heute überaus sorgfältige Überlegungen. Wenn das wirtschaftliche Optimum erreicht werden soll, sind daher in vielen Fällen vor Anfertigung der endgültigen Zeichnungen so umfangreiche Vorarbeiten nötig, daß hierfür oft nicht genügend Zeit zur Verfügung steht. Die AEG ist daher immer mehr dazu übergegangen, grundsätzlich wichtige, die Planung von Kraftwerken betreffende Fragen unabhängig vom besonderen Bedarfsfall zu klären, um, sobald ein solcher auftaucht, möglichst schnell die vorteilhafteste Lösung angeben zu können und um zu verhindern, daß in der Gewohnheit geläufig gewordene Anordnungen beibehalten werden, wenn die Voraussetzungen, unter denen sie entstanden sind, sich bereits geändert haben.

Während die Amerikaner im allgemeinen oberhalb des Kessels angeordnete Ekonomiser und Luftvorwärmer bevorzugen (im folgenden „hohe Bauweise" genannt), sind sie im Großkraftwerk Klingenberg unmittelbar hinter dem Kessel („flache Bauweise") angeordnet. Welche Anordnung ist nun für deutsche Verhältnisse überlegen? Soll man ferner bei der großen Schornsteinhöhe, wie sie zur Vermeidung von Belästigungen der Umlieger vielfach nötig ist (100 m und mehr), nicht auch bei Elektrizitätswerken natürlichen Zug anwenden und wie werden so hohe Schornsteine zweckmäßigerweise gebaut?

Die vorliegende Arbeit soll unter tunlichster Ausscheidung von Zufälligkeiten den oft erörterten Einfluß der Leistung und Anordnung der Dampfkessel auf die Baukosten großer Elektrizitätswerke untersuchen und im Zusammenhang damit folgende Fragen beantworten:

1. Welche Grenzen sind der Anwendung des natürlichen Zuges gesetzt?
2. Welche Ausführung der Schornsteine (gemauert, Eisenbeton, Blech) ist am billigsten?
3. Werden die Schornsteine vorteilhafter auf das Kesselhaus oder auf besondere Fundamente daneben gestellt?
4. Wie beeinflußt die spezifische Rostbelastung und die Leistung der Kessel die Anlage- und Betriebskosten des ganzen Kraftwerkes?
5. Wie beeinflußt das Rostsystem (Unterwindwanderroste oder Stoker) die Anlagekosten?
6. Welche Anordnung von Kessel, Ekonomiser und Luftvorwärmer ist am vorteilhaftesten?
7. Welche Mindestbaukosten je kW Spitzenleistung sind heute bei Großkraftwerken (mit Spitzenbelastung) erreichbar?

II. Durchführung der Untersuchung.

Schon Natur und Zahl der vorgenannten Punkte zwingen zur Beschränkung; anderseits müssen Zufall und Willkür ferngehalten werden, wenn die Untersuchung allgemeinere Gültigkeit haben soll. So gibt z. B. der öfter versuchte Vergleich der Baukosten verschiedener Anlagen miteinander deshalb so leicht ein falsches Bild, weil die einen reichlichen Raum für Bedienung, gute Belichtung, große Reserven und hohen Wirkungsgrad haben, während bei den anderen alles auf das Äußerste zusammengedrängt werden mußte und auf Reserven und tiefe Abgastemperaturen wenig Rücksicht genommen wurde.

Es wurden daher in allen Fällen Sektionalkessel gleicher Bauart mit der gleichen spezifischen Rostbelastung und der gleichen Abgastemperatur zugrunde gelegt und lediglich die Kesselgröße bzw. Leistung verändert. Die knapp berechneten Preise wurden sorgfältig bearbeiteten Angeboten mehrerer Firmen auf Kessel mit rd. 200 kg/m²h Rostbelastung entnommen. Sie wurden sowohl für „hohe" und „flache" Bauweise eingefordert (linke und rechte Seite in Bild 1). Bei Ermittlung der Mehrpreise der Kessel der gleichen Heizfläche (Kessel + Ekonomiser + Luftvorwärmer), aber mit Rosten von rd. 300 kg/m²h Belastung wurden die Kosten des schwereren Rostes, stärkeren Unterwind- und Saugzuggebläses, des höheren Feuerraumes, der größeren Kühlfläche und Obertrommel sowie des höheren Kesselhauses berücksichtigt. Außerdem wurde noch ein Betrag für reichlicher bemessene Heißdampftemperaturregler und für besondere Flugaschenfänger zugeschlagen, damit der Schornsteinauswurf nicht größer als bei 200 kg/m²h Rostbelastung wird.

Die Kosten von Kesseln der gleichen Dampfleistung, aber für andere Abgastemperaturen (anderen Wirkungsgrad) wurden gefunden, indem die erforderlichen Heizflächen von Ekonomiser und Luftvorwärmer und daraus die zugehörigen Mehr- bzw. Minderpreise ermittelt wurden. Hierbei wurde stets darauf geachtet, daß die errechneten Heizflächen sich auch unterbringen lassen.

Für die Ermittlung der rein baulichen Kosten[1] wurde durchweg ein aus Steifrahmen gleicher Konstruktion bestehendes Fachwerkgebäude unter Verzicht auf teuere Architektur vorausgesetzt (Bilder 1 und 2). Die Entfernung zwischen den Vorderkanten der Roste zweier einander gegenüberstehender Kessel und damit die Kesselhausbreite, sowie die Länge des Kesselhauses ändern sich mit Kesselleistung und Durchmesser, Höhe und Ausführung der Schornsteine etwas.

Das Kesselhaus hat in allen Fällen acht in zwei Reihen mit gemeinsamem Heizerstand einander gegenübergestellte, an zwei Schornsteine angeschlossene Kessel. Die Rauchgasgeschwindigkeit im Schornstein ist bei allen Kesselgrößen bzw. Schornsteindurchmessern bei der jeweiligen Höchstleistung der Kessel die gleiche. Um auch für die Entaschung gleiche Verhältnisse zu erhalten, muß der Aschenkeller bei Stokern um etwa 1500 mm höher sein als bei Wanderrosten. Die miteinander verglichenen Kesselanlagen sind also auch in bezug auf Zugänglichkeit und auf die verwendeten bautechnischen Elemente gleichwertig.

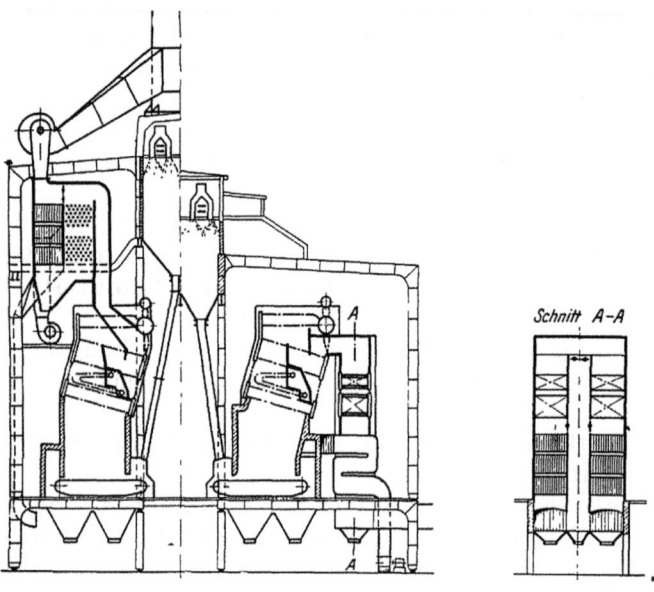

Bilder 1 u. 2. Kesselhausquerschnitt bei hoher und bei flacher Bauweise.

Die Bedienungsgänge sind reichlich und könnten im Notfall verkleinert werden.

Für verschiedene Schornsteindurchmesser und -höhen und für die „hohe" und die „flache" Bauweise wurde errechnet, wie teuer 1 m³ umbauter Raum wird. Die Kosten der Schornsteine wurden für fünf verschiedene Ausführungen und vier Durchmesser ermittelt.

Sämtliche Kosten schließen die Fundamente für Kessel, Gebäude und Schornsteine bei gutem Baugrund ein. Sind Wasserhaltung, Pfahl- oder andere Sondergründungen nötig, so können unter Umständen erhebliche Mehrpreise entstehen.

III. Kesselkosten.

Als Ausgangspunkt wurde ein Kessel mit folgenden Festwerten gewählt:

Kesseldruck	40 atü
Höchste Dampferzeugung	67 t/h
Temperaturen:	
Dampf	450°
Speisewasser: Eintritt Eko	150°
Speisewasser: Austritt Eko	rund 205°
Heißluft	150°
Rauchgase: Eintritt Fuchs	rund 160°
Höchste spezifische Rostbelastung	rund 200 kg/m²h
Heizwert der Kohle	6000 kcal/kg

---

[1] Die bautechnischen Untersuchungen wurden von R. Laube durchgeführt.

Kurve A in Bild 3 zeigt, wie teuer ein Kessel bei gleicher Kesselheizfläche, Rostfläche, Warmlufttemperatur und Dampferzeugung wird, wenn man durch Ändern der Heizflächen von Ekonomiser und Luftvorwärmer die Abgastemperatur (d. h. den Wirkungsgrad) beeinflußt. Ein Kessel von 67 t/h maximaler Leistung und 160° Abgastemperatur kostet somit rd. 73000 RM. mehr als einer mit 245° Abgastemperatur, d. h. eine Wirkungsgradverbesserung von rund 5 vH erhöht den Preis eines Kessels dieser Leistung um rund 10 vH (da eine konstante Rostfläche vorausgesetzt ist, steigt die spezifische Rostbelastung mit zunehmender Abgastemperatur). 300 kg/m²h spezifische Rostbelastung können bei hochwertiger Steinkohle heute im Mittel als höchst zulässiger Wert angesehen werden. Hat die Abgastemperatur bei etwa 210 kg/m²h Rostbelastung 160° betragen, so steigt sie bei 300 kg/m²h Belastung auf rund 205°. Die Dampfleistung nimmt dann von 67 t/h auf etwa 88 t/h zu und der Kesselpreis erhöht sich von 830000 RM. auf 918000 RM. Eine Erhöhung der Dampfleistung um 30 vH verteuert den Kessel bei Beibehaltung der gleichen Rost- und Heizfläche somit um etwa 10,5 vH, die Wirkungsgradeinbuße ist aber infolge der schnell zunehmenden Verluste an Unverbranntem oft größer als der Temperaturerhöhung um 45° (rund 2,5 vH) entspricht (Bild 21, S. 160).

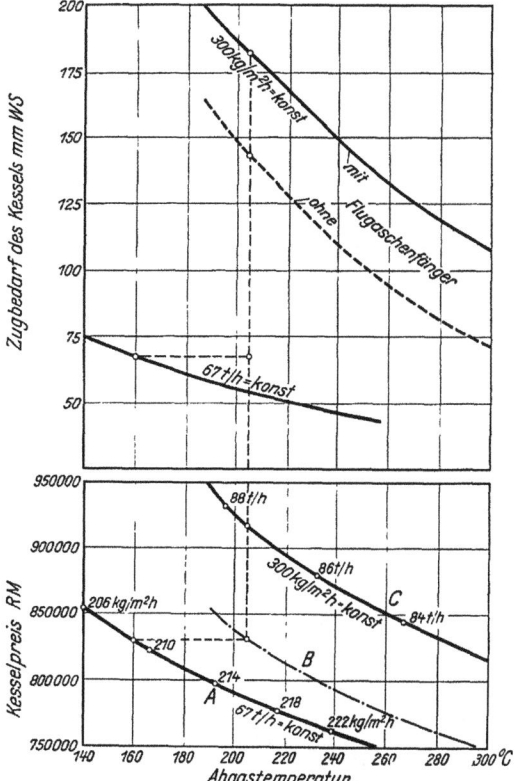

Bilder 3 u. 4. Preis und Zugbedarf eines 40-at-Kessels der gleichen Kesselheizfläche und der gleichen Rostfläche bei rund 200 und rund 300 kg/m²h Rostbelastung in Abhängigkeit von der Abgastemperatur.[1]

Der Zugbedarf wächst um so mehr, je tiefer die Abgastemperatur bei gleicher Rostbelastung oder je größer die Dampferzeugung bei gleicher Heiz- und Rostfläche ist (Bild 4). Während er z. B. bei rund 200 kg/m²h Rostbelastung und 160° Abgastemperatur rund 70 mm WS beträgt, steigt er, wenn der gleiche Kessel mit 300 kg/m²h Rostbelastung betrieben wird, auf etwa 140 mm WS oder bei Einbau eines bestimmten Flugaschenfängers auf 180 mm WS an. Der Zugbedarf wächst also mit der Rostbelastung außerordentlich stark. Der Zug eines Schornsteins hängt aber außer von seiner Höhe und der mittleren Gasgeschwindigkeit von der Außentemperatur und der mittleren in ihm herrschenden Rauchgastemperatur ab. Selbst bei 140 m Höhe der Schornsteinmündung über Gelände ist daher nach Bild 5 im Sommer bei rund 200 kg/m²h Rostbelastung (rund 67 t/h Dampferzeugung) mit natürlichem Zug nur eine Abgastemperatur von mindestens 190 bzw. 230° zulässig, je nachdem ob die Rauchgasgeschwindigkeit im Schornstein 5 bzw. 15 m/s beträgt. Sollen daher mehrere Kessel hoher Leistung an einen gemeinsamen Schornstein angeschlossen werden, so müßte dieser bereits bei 200 kg/m² spezifischer Rostbelastung sehr groß werden, wenn auch im Sommer

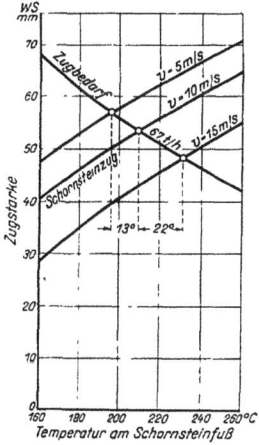

Bild 5. Zugbedarf eines 40-at-Kessels für 67 t/h Dampferzeugung und Zugstärke eines 140 m hohen Schornsteines im Sommer in Abhängigkeit von der Abgastemperatur.

---

[1] Die eingeschriebenen Zahlen geben die Rostbelastung (kg/m²h) bzw. stündliche Dampferzeugung (t/h) an.

ein hoher Wirkungsgrad erzielt werden soll. 300 kg/m²h Rostbelastung (rund 90 t/h Dampferzeugung) sind aber bei Kesseln mit Ekonomisern und Luftvorwärmern durch natürlichen Zug selbst bei sehr hohen Schornsteinen im Sommer nicht mehr sicher erzielbar, wenn gleichzeitig guter Kesselwirkungsgrad erreicht werden soll.

IV. Kosten der Schornsteine.

Bild 6 zeigt die Kosten fünf verschiedenartig ausgeführter Schornsteine von 7 m lichter Weite bei Aufstellung auf eigenem Fundament und auf dem Kesselhaus für Höhen der Schornsteinmündung über Gelände von 70 bis 140 m einschließlich der Kosten der Fundamente, der Rauchgasfüchse und bei auf dem Dach aufgestellten Schornsteinen einschließlich der erforderlichen Verstärkung der Fundamente und Eisenkonstruktion des Kesselhauses und der Mehraufwendungen für die schwierigere Schornsteinmontage. Die Kosten eines auf eigenem Fundament stehenden Eisenbetonschornsteines von 140 m Gesamthöhe wurden gleich 100 vH gesetzt. Nach Bild 6 sind bei Mündungshöhen von mehr als etwa 100 m Eisenbetonschornsteine mit Isolierfutter auf besonderem Fundament durchweg am billigsten und auf dem Dach aufgestellte, ausgefütterte Blechschornsteine durchweg am teuersten.

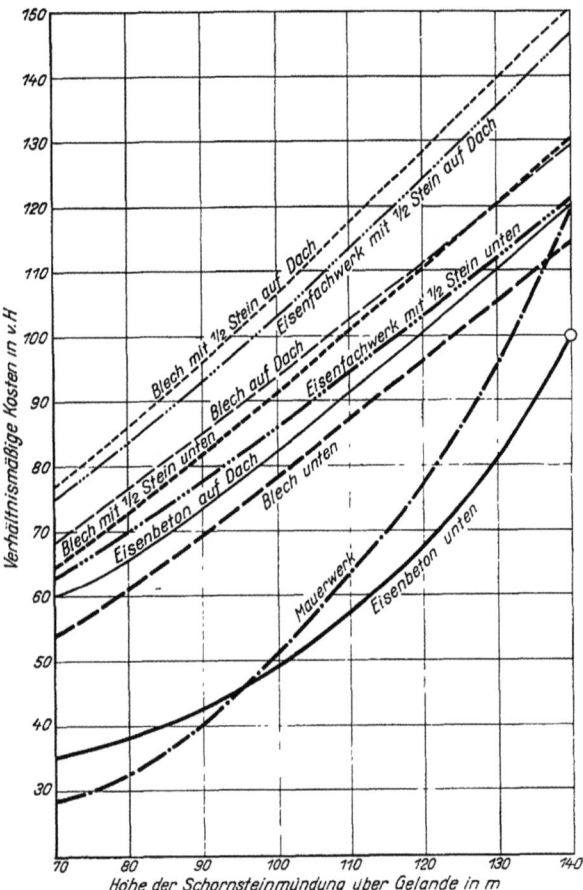

Bild 6. Kosten von Schornsteinen von 7 m l. W. einschließlich Rauchgasfüchsen und Fundament bzw. verstärkter Gebäudekonstruktion bei verschiedenartiger Ausführung und Anordnung für eine Mündungshöhe von 70 bis 140 m.

Überraschenderweise liegen (infolge des weit teureren Baustoffes) auch die Kosten nackter Blechschornsteine überall höher als die von Eisenbetonschornsteinen. Sehr beträchtlich ist der Preisunterschied zwischen Eisenbetonschornsteinen mit Isolierfutter und solchen aus Blech mit $1/2$ Stein starkem Futter, die bei feuchten oder säurehaltigen Gasen etwa gleichwertig sind. Die Kosten der billigsten (Eisenbetonschornstein auf eignem Fundament) und der teuersten Ausführung (Blechschornstein mit $1/2$ Stein starkem Futter auf Dach) bei 140 bzw. 100 m Gesamthöhe verhalten sich bei 7 m l. W. wie 100 : 150 bzw. 100 : 215.

Der Unterschied ist bei Schornsteinen von engerem Durchmesser etwas größer. Daß bei Höhen unter 90 m ein Schornstein aus Eisenbeton teurer als ein gemauerter wird, hängt vor allem davon ab, daß er erhebliche Montagevorbereitungen verlangt, deren Kosten sich bei kleinerer Höhe stärker auswirken. Der Mehrpreis von Blechschornsteinen gegenüber Eisenbetonschornsteinen ist deshalb bemerkenswert, weil die letztgenannten fast keine Unterhaltung verlangen, während das in angemessenen Zwischenräumen erforderliche Streichen von Blechschornsteinen besonders bei großen Höhen teuer und umständlich ist. Die Schornsteinkosten steigen vor allem bei Eisenbeton- und Mauerwerksschornsteinen auf besonderem Fundament stark mit der Höhe. Je nach dem Durchmesser (4 bis 7 m) bewirkt

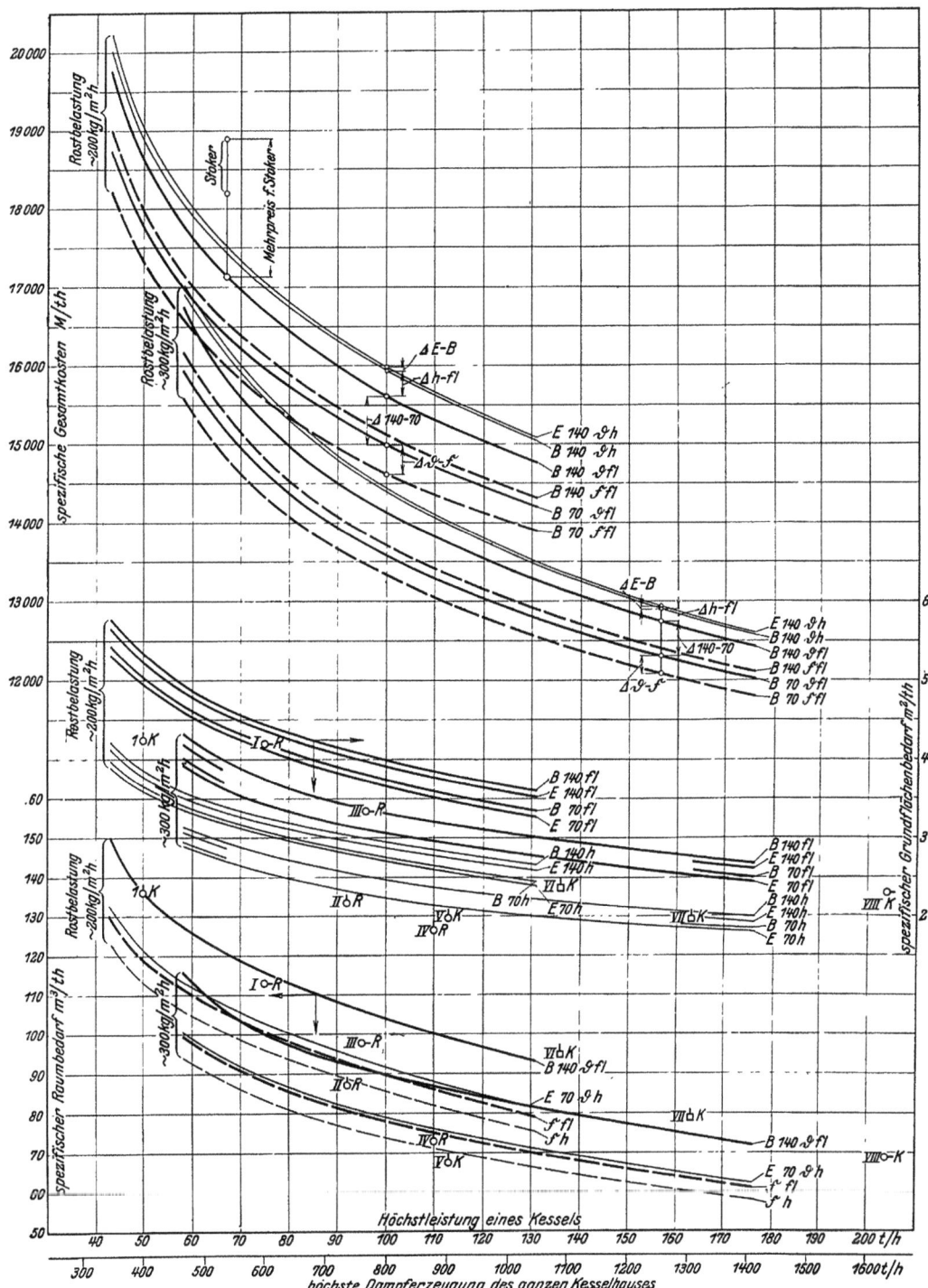

Bild 7. Gesamtkosten, Grundflächen- und Raumbedarf der betriebsfertigen Anlage, bestehend aus 8 Kesseln mit Kesselhaus, Schornsteinen, Fundamenten, aber ohne Rohrleitungen, Speisepumpen, Bekohlung und Entaschung je t/h Höchstdampferzeugung bei einer Kesselhöchstleistung von 40 bis 175 t/h.

○ Einender, hohe Bauweise,   ○- Einender, flache Bauweise.   □ Doppelender, hohe Bauweise,   □- Doppelender, flache Bauweise.
R = Rostfeuerung,   K = Kohlenstaubfeuerung.   I = Crawford Ave. 1924;   II = Hudson Ave. 1923;   III = Richmond 1926;
IV = Hudson Ave. 1928;   V = East River 1927;   VI = Trenton Channel 1929;   VII = Trenton Channel 1929;   VIII = State Line 1928;
1 = Cuno-Werk 1928.

eine Steigerung der Gesamthöhe von 70 auf 140 m, also auf das Doppelte, eine Verteuerung der billigsten Ausführung (Eisenbetonschornstein auf Gelände) auf das 3- bis 4fache, von Eisenbetonschornsteinen auf dem Dach auf das 2,1- bis 2,4fache.

V. Gesamtkosten der Kesselanlage.

Die beiden obersten Kurvenscharen in Bild 7 zeigen die Gesamtkosten der betriebsfertigen Anlage bestehend aus acht Kesseln mit Kesselhaus, Kaminen, Fundamenten, aber ohne Rohrleitungen, Speisepumpen, Bekohlung und Entaschung für Mündungshöhen der Schornsteine von 70 und 140 m, mit Blech- und Eisenbetonschornsteinen (B und E), mit auf besonderem Fundament und auf dem Dach aufgestellten Schornsteinen ($\mathfrak{F}$ und $\mathfrak{D}$), in hoher und flacher Bauweise (h und fl) für 40 bis 175 t/h Höchstleistung eines Kessels bzw. 320 bis 1400 t/h Höchstleistung der ganzen Anlage.

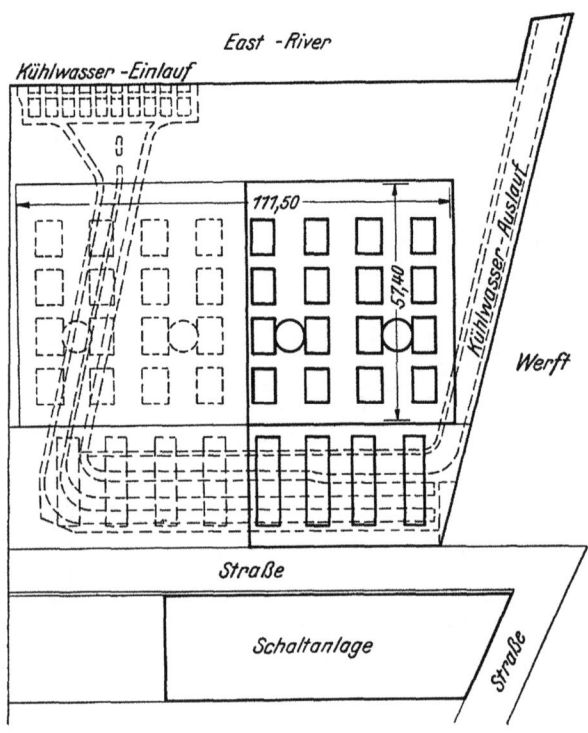

Bild 8. Grundriß von Hudson Avenue Kraftwerk in Brooklyn (1 : 1900).

Bild 7 zeigt folgendes:

1. Bei rund 200 kg/m²h Rostbelastung betragen die Anlagekosten je 1 t/h maximaler Dampferzeugung für 44 t/h Kessel etwa 18 100 bis 20 100 RM., für 130 t/h Kessel rund 13 900 bis 15 100 RM.

2. Bei Kesseln der gleichen (Gesamt-)Heizfläche und der gleichen Rostfläche aber 300 kg/m²h Rostbelastung betragen die Anlagekosten je 1 t/h maximaler Dampferzeugung für 58 t/h Kessel rund 15 600 bis 17 000 RM., für 175 t/h Kessel 11 800 bis 12 600 RM.

3. Durch Verwendung von Kesseln etwa der dreifachen Dampferzeugung (bei 44 bzw. 58 t/h als Ausgangswert) lassen sich die Baukosten der Kesselanlage je 1 t/h Dampferzeugung um rund 25 vH verbilligen.

4. Durch Erhöhung der Rostbelastung von etwa 200 auf rund 300 kg/m²h bei gleichzeitiger entsprechender Verkleinerung von Heiz- und Rostfläche fallen vorsichtig gerechnet die Anlagekosten je 1 t/h maximaler Dampferzeugung bei 58 t/h Kesseln von 18 200 bzw. 16 600 RM. auf rund 17 000 bzw. 15 600 RM., bei 130 t/h Kesseln von rund 15 100 bzw. 13 900 RM. auf rund 13 500 bzw. 12 500 RM., d. h. um rund 6 bzw. 10 vH.

5. Bei 300 statt 200 kg/m²h Rostbelastung und Erhöhung der Kesselleistung von rund 40 t/h auf die heute mit Einender-Sektionalkesseln erzielbare Grenzleistung von rund 175 t/h erniedrigen sich die Anlagekosten je 1 t/h maximaler Dampferzeugung von 20 200 bzw. 18 100 RM. auf 12 600 bzw. 11 800 RM.

6. Eine Anlage der gleichen maximalen Dampferzeugung mit 8 rostgefeuerten Einender-Sektionalkesseln von 175 t/h und 300 kg/m²h Rostbelastung wird um rund 35 vH billiger als eine gleich leistungsfähige, mit 32 Kesseln von 44 t/h Dampferzeugung und rund 200 kg/m²h Rostbelastung.

7. Stoker an Stelle von Wanderrosten erhöhen je nach dem Stokerpreis unter sonst gleichen Voraussetzungen die Anlagekosten je 1 t/h maximaler Dampferzeugung bei 67 t/h

Einfluß der Ausbildung der Kesselanlage auf die Baukosten von Elektrizitätswerken. 155

Kesseln und rund 200 kg/m²h Rostbelastung von 17100 auf 18150 bzw. 18850 RM., d. h. um rund 6 bis 9 vH.

8. Eine Kesselanlage mit hinter den Kesseln übereinander aufgestellten Ekonomisern und Luftvorwärmern (Bild 1 rechts und Bild 2) wird unter mittleren Verhältnissen etwas

Zahlentafel 1. Grundflächen- und Raumbedarf je t/h Höchstdampferzeugung in einigen großen Elektrizitätswerken.

Bezeichnung in Bild 7	Anlage und Baujahr	Kesselart und Anordnung	Feuerung	Kesseldaten					Raum- und Grundflächenbedarf je t/h max. Dampferzeugung		
				Kesselheizfläche m²	Rost- bzw. Feuerraumbelastung kcal/m²h und kg/m²h * bzw. kcal/m³h	Anzahl der Kessel	Max. Dampferzeugung				
							eines Kessels t/h	des ganzen Kesselhauses t/h	m³/th	m²/th	bezogen auf eine Kesselanzahl von
I O—R	Crawford Avenue 1924	Sektional, Eko hinter Kessel	Kettenrost	1545	1430000 220	10	75	750	113	4,2	8
II ỏR	Hudson Avenue 1923	Sektional	Stoker	1827	1960000 300	4×8	92	2940	87	2,17	8
III O—R	Richmond 1926	Steilrohr, Eko und Luvo hinter Kessel	Stoker	1460	1920000 295	12	95	1140	97,5	3,34	6
IV ỏR	Hudson Avenue 1927	Sektional, Eko oder Luvo über Kessel	Stoker	2200	2070000 320	4×8	110	3520	73	1,82	8
V ỏK	East River 1927	Sektional, Luvo über Kessel	Kohlenstaub	1440	180000	6	113	678	67,5	1,96	6
VI ḋK	Trenton Channel 1924	Steilrohr, Eko über Kessel	Kohlenstaub	2700	145000	9	136	1225	94,5	2,36	6 und 9
VII ḋK	Trenton Channel 1929	Steilrohr, Eko über Kessel	Kohlenstaub	2700	175000	9	163	1470	78,5	1,96	6 und 9
VIII O—K	State Line 1928	Sektional, Eko und Luvo hinter Kessel	Kohlenstaub Einheitsmühlen	955	212000	2×6	204	2450	68,5[1]	2,3[1]	8
IX ḋK	Ford-River Rouge 1929	Steilrohr, Eko und Luvo über Kessel	Kohlenstaub	2980	253000	1	318	318	34,6[1]	0,92[1]	8
X ḋK	East River 1929	Sektional, Luvo über Kessel	Kohlenstaub	5680	230000	2	363	726	44,5	1,11	8
1 ỏK	Cuno-Werk 1928	Sektional, Luvo über Kessel	Kohlenstaub Einheitsmühlen	1200	135000	4	50	200	136[1]	4,23[1]	8

* Die Rostbelastung ist aus der Wärmebelastung für $H_u = 6500$ kcal/kg errechnet.
[1] Einschließlich des Grundflächen- und Raumbedarfes der Einheitsmühlen.

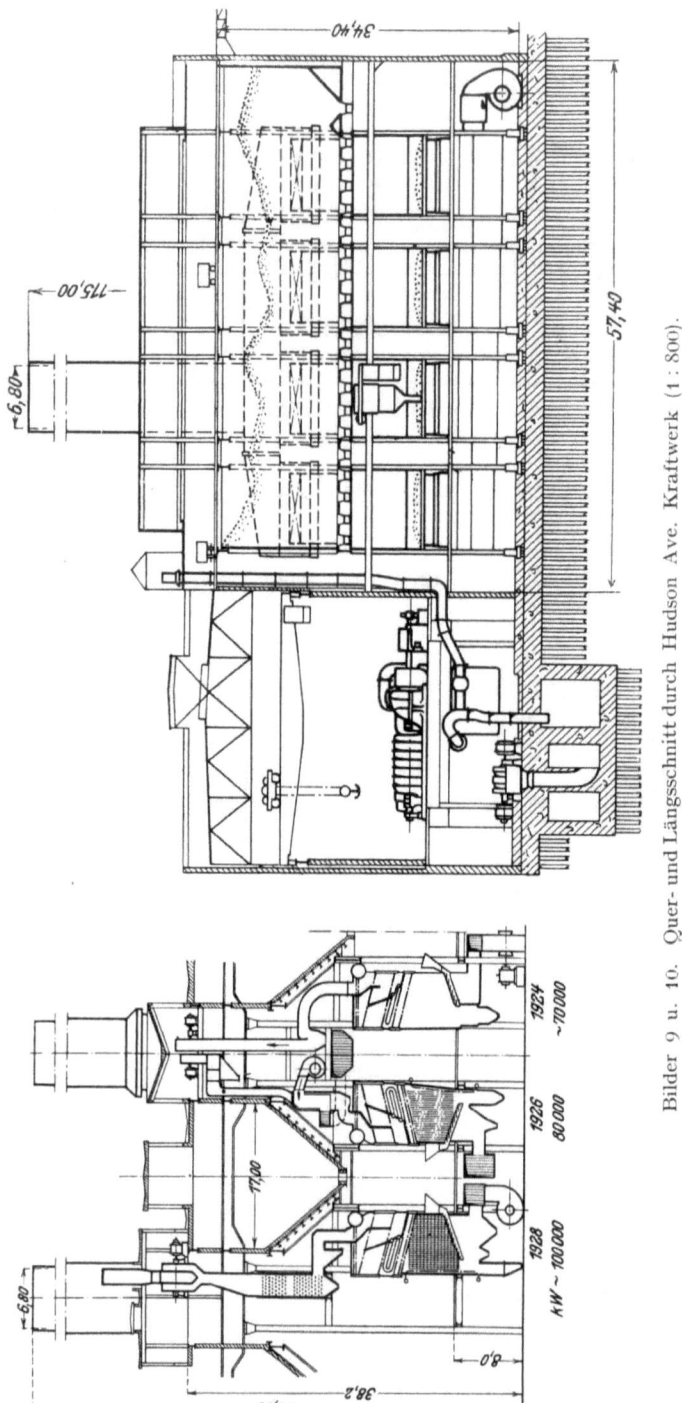

Bilder 9 u. 10. Quer- und Längsschnitt durch Hudson Ave. Kraftwerk (1 : 800).

billiger (mindestens 1,5 bis 2,0 vH) als eine mit hochgestellten Ekonomisern und Luftvorwärmern (Bild 1 links).

9. Bei auf dem Dach aufgestellten Schornsteinen wird eine Kesselanlage unter mittleren Verhältnissen um 3 bis 4,3 vH teurer, wenn die Schornsteinmündung von 70 m auf 140 m über Gelände erhöht wird.

10. Bei 140 bzw. 70 m Mündungshöhe von Eisenbetonschornsteinen werden unter mittleren Verhältnissen die Anlagekosten um 3 bis 2 vH billiger, wenn die Schornsteine auf eigenem Fundament anstatt auf dem Dach stehen.

Außerdem wurde festgestellt:

Der Anteil der Gebäudekosten (ohne Schornsteine) an den Kosten der ganzen Kesselanlage (ohne Rohrleitungen, Entaschung und Bekohlung) beträgt bei Kesseln von rund 40 t/h und 200 kg/m²h Rostbelastung 22,5 vH, bei Kesseln von 175 t/h und 300 kg/m²h Rostbelastung etwa 18 vH.

Die beiden unteren Kurvenscharen in Bild 7 zeigen den Bedarf an m² Grundfläche bzw. m³ Raum je 1 t/h Höchstdampferzeugung (ohne Abzug des Verbrauches für die Unterwind- und Saugzugventilatoren) bei Kesseln von 40 bis 175 t/h Spitzenleistung. Bei Anlagen, deren Schornsteine auf besonderem Fundament stehen, bezieht sich der spezifische Grundflächenbedarf gleichfalls nur auf das eigentliche Kesselhaus, nicht auf den zusätzlichen Platzbedarf für die Schornsteine. Trotz des kleineren Platz- und Raumbedarfes bei hoher Bauweise sind — bezogen auf gleiche Dampfleistung — die gesamten Anlagekosten vor allem deshalb höher, weil die rein baulichen Kosten größer werden. In den beiden Kurvenscharen sind die Werte deutscher (arabische Ziffern) und

Einfluß der Ausbildung der Kesselanlage auf die Baukosten von Elektrizitätswerken. 157

amerikanischer (römische Ziffern) Anlagen eingetragen (s. Zahlentafel 1). Soweit die Kesselzahl je Kesselhaus von acht abwich, wurde ermittelt, wie groß die spezifischen Werte bei acht Kesseln geworden wären. Für den Vergleich wurden sowohl Anlagen mit Rosten als auch Kohlenstaubfeuerungen herangezogen.

Die spezifischen Grundflächen der untersuchten elf Anlagen liegen überwiegend im unteren Bereich der zugehörigen Kurvenschar, die spezifischen Räume ziemlich gleichmäßig zwischen den beiden Grenzkurven. In Übereinstimmung mit den errechneten Werten tritt der kleine spezifische Grundflächenbedarf fast ausschließlich bei über den Kesseln aufgestellten Ekonomisern und Luftvorwärmern und bei hohen Rostbelastungen auf. Daß auch Werke mit Staubfeuerungen und Einheitsmühlen trotz flacher Bauweise recht günstig abschneiden können, zeigt Anlage *VIII*.

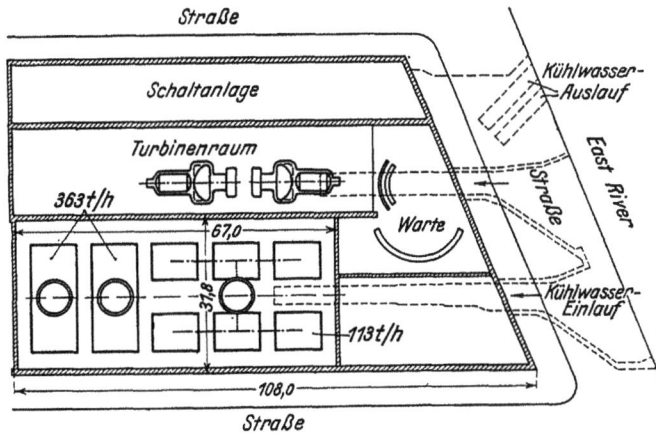

Bild 11. Grundriß von East River Kraftwerk in New York (1:1600).

Die tiefsten für eine Ausführung nach Bild 1 links errechneten Werte der bebauten Grundfläche bzw. des umbauten Raumes bei 175 t/h Einender-Sektionalkesseln betragen 1,8 m²/th bzw. 58 m³/th. Die in ausgeführten Werken tatsächlich erreichten Mindestwerte

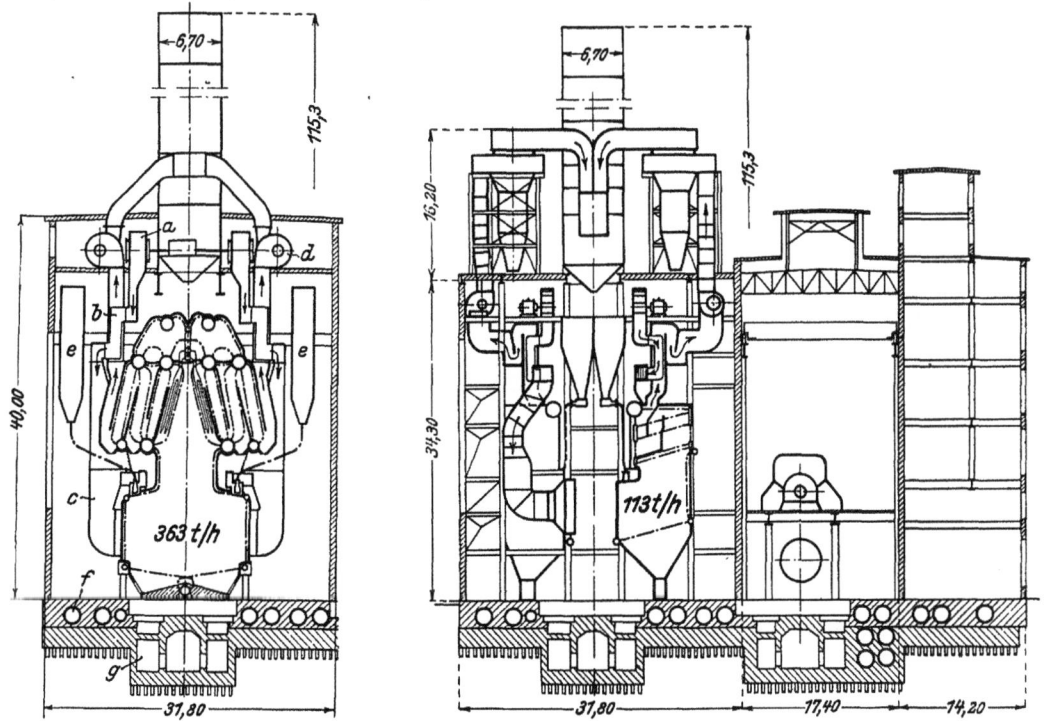

Bilder 12 u. 13. Querschnitt durch East River Kraftwerk (Baujahr 1929 u. 1927) (1 : 800).

liegen aber bei der Erweiterung des East River Kraftwerkes mit 363 t/h Kesseln mit 1,11 m²/th bzw. 44,5 m³/th und beim neuen Ford-Kraftwerk mit 318 t/h Kesseln mit 0,92 m²/th bzw. 34,6 m³/th noch weit tiefer.

Zu den betrachteten Anlagen ist folgendes zu sagen:

Das Hudson Ave. Kraftwerk (Punkte *II* und *IV* in Bild 7) mußte auf sehr beschränktem Raum zwischen einem Fluß und einer Straße gebaut werden (Bild 8). Wegen des nahe dem Flusse schlechteren Baugrundes rückte man das Turbinenhaus möglichst weit von ihm ab und nahm sehr lange Zu- und Abflußkanäle für das Kühlwasser in Kauf. Da kein Platz für ein Kohlenlager vorhanden war, wurden die Bunker im Kesselhaus etwa für den Bedarf einer Woche bemessen (Bilder 9 u. 10). Die vier Doppel-Kesselreihen sind nicht durch Wände voneinander getrennt, was dazu beitrug, daß trotz der großen Bunker nur eine verhältnismäßig kleine Grundfläche benötigt wurde. Durch Ummantelung des Feuerraumes mit Kühlfläche, durch größere und bessere Roste, durch Einbau von Ekonomisern bzw. Luftvorwärmern und Übergang von zentralen Unterwindanlagen zu Einzelgebläsen konnte die Leistung einer Kesselreihe innerhalb von vier Jahren von rund 70000 kW auf rund 100000 kW gesteigert werden (Bild 9). Bebaute Grundfläche und umbauter Raum des Bauabschnittes 1928 liegen nahe bei bzw. unter der tiefsten errechneten Kurve (Bild 7). Zugänglichkeit und Zutritt von Luft und Licht sind aber nicht so, wie wir dies von deutschen Anlagen gewöhnt sind.

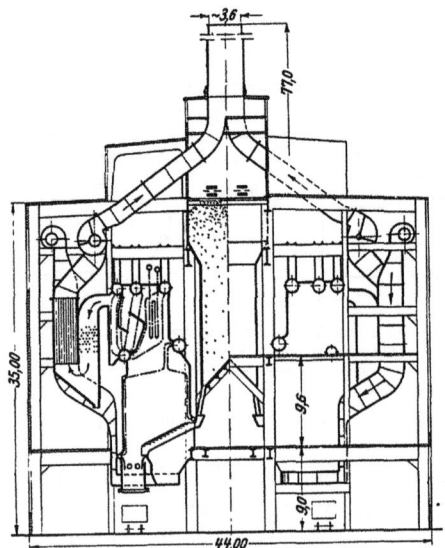

Bild 14. Querschnitt durch Delray Kraftwerk in Detroit (1 : 800).

Die durch den gedrängten Zusammenbau bedingte schwierige Montage, die sehr schweren Bunker und die großen, dicht zusammengedrängten Lasten, vor allem aber die unter den schweren Kesseln und Turbinen angeordneten Kühlwasserkanäle haben die spezifischen Anlagekosten zweifellos wesentlich über den bei einer Ausführung nach Bild 1 erforderlichen Betrag erhöht.

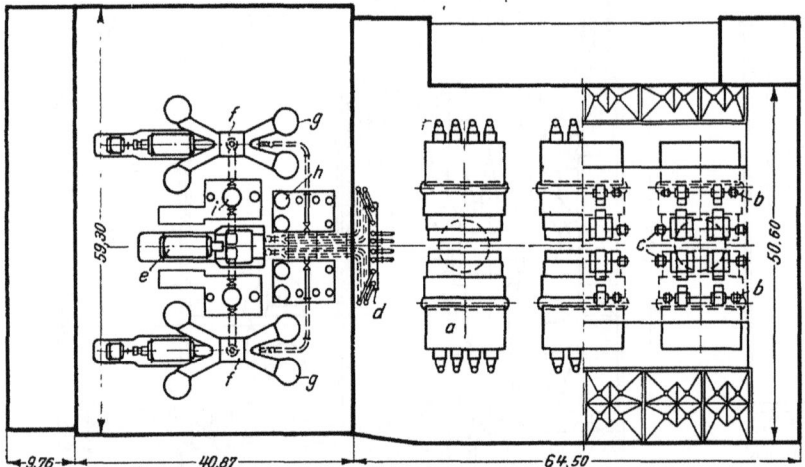

Bild 15. Grundriß von State Line Kraftwerk in Chicago (1 : 1000).

Das Trenton Channel Kraftwerk (Punkte *VI* und *VII* in Bild 7) hat über den Kesseln aufgestellte Ekonomiser. Der trotz des niederen Grundflächenbedarfes etwas hohe Raumbedarf rührt vor allem von der Aufstellung der Saugzuganlagen unter Dach und der Anordnung der Ekonomiser und Kohlenstaubbunker her.

Das East River Kraftwerk (Punkt *V* in Bild 7) mußte, ähnlich wie das Hudson Ave. Kraftwerk, auf einem von zwei Straßen eingeschlossenen Gelände errichtet werden (Bild 11). Die Kohlenmahlanlage wurde daher jenseits der Straße aufgestellt und die Kühlwasser-Zuleitungen und -Ableitungen zum Teil unter dem Kesselhaus hindurchgeführt (Bilder 11 bis 13). Der Zwang, möglichst viel

Leistung auf einem schmalen, kleinen Grundstück unterzubringen, kommt deutlich im Querschnitt durch das Werk zum Ausdruck (Bild 13). Die spezifischen Werte von Grundfläche und Raum des ersten Ausbaues liegen unter der tiefsten errechneten Kurve (Bild 7).

Was durch Vergrößerung der Kesselleistung erreicht werden kann, zeigt die Erweiterung mit 363 t/h-Kesseln[1] statt der älteren 113 t/h-Kessel (Bild 12). Die bebaute Grundfläche beträgt nur noch 1,11 m²/th, der umbaute Raum nur noch 44,5 m³/th. Aber auch hier sind die spezifischen baulichen Kosten wegen der großen Gebäudehöhe und der Anordnung der Kühlwasserkanäle sicher erheblich höher als bei Bild 1 links, und Belichtung, Belüftung und Zugänglichkeit befriedigen nach deutschen Begriffen nicht recht. Die Anwendung ungewöhnlicher, teurer Mittel (Verlegung der Kühlwasser-Zu- und -Abflußkanäle in Form von eisernen, unzugänglichen, in mehreren Lagen übereinander angeordneten Rohrleitungen) und die verhältnismäßig hohen spezifischen Baukosten dieser Anlagen sind aber zweifellos durch die gegebenen Verhältnisse berechtigt. Auch müssen hier, ähnlich wie in Hudson Ave. Kraftwerk, die sehr hohen Bodenpreise mit berücksichtigt werden[2].

Das Delray Kraftwerk ist u. a. wegen seiner eigenartigen Kessel und der tief zwischen sie heruntergezogenen Kohlenbunker bemerkenswert, die auf kleiner Grundfläche großen Inhalt haben (Bild 14). Auch die in Amerika nicht sehr häufige Aufstellung der Ekonomiser und Luftvorwärmer hinter Kessel verdient Beachtung.

Bei dem State Line Kraftwerk (Punkt *VIII* in Bild 7) rührt die Lage der spezifischen Werte in der Mitte der

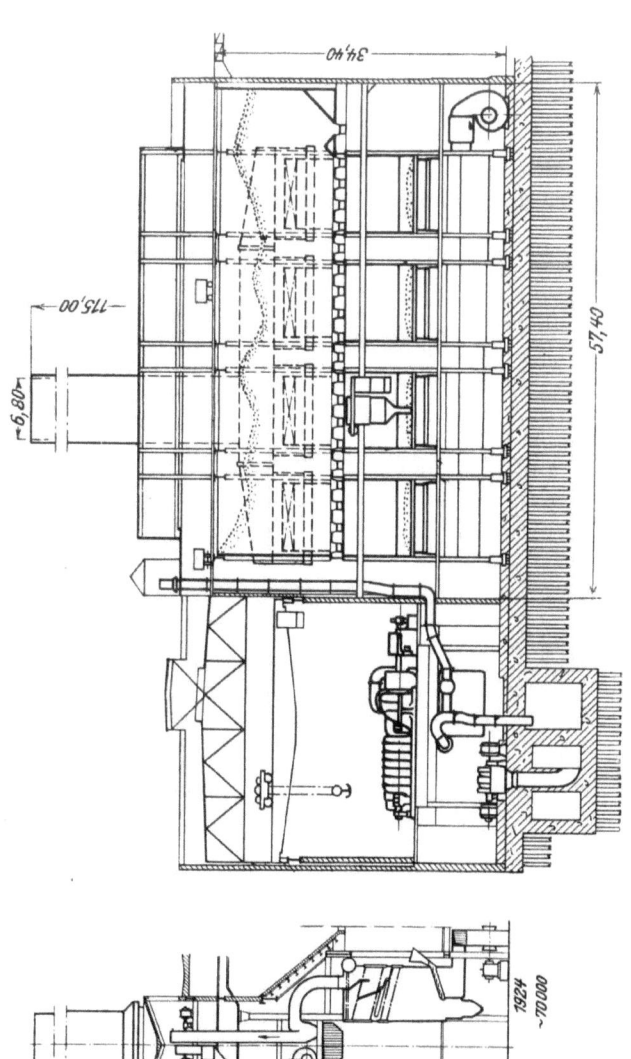

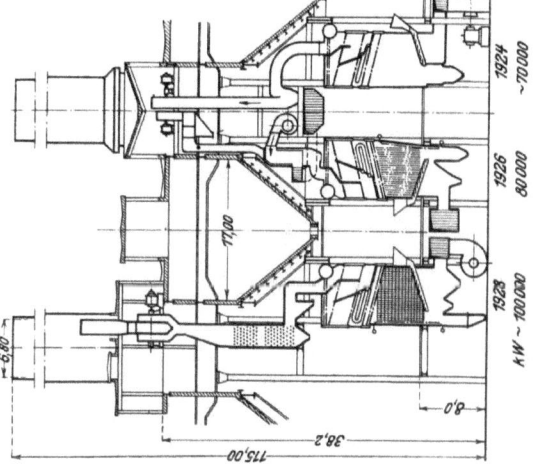

Bilder 9 u. 10. Quer- und Längsschnitt durch Hudson Ave. Kraftwerk (1 : 800).

[1] Nach den neuesten Berichten wurden 560 t/h Leistung erzielt.

[2] Die Grundstückspreise deutscher Großkraftwerke betragen etwa 1 bis 5 RM./m², in der Nähe der Großstadt 10 bis 15 RM./m², die einiger amerikanischer in unmittelbarer Nähe der Großstadt gelegenen Anlagen 60 bis 300 RM./m².

errechneten Kurvenschar in Bild 7 davon her, daß Ekonomiser und Luftvorwärmer hinter den Kesseln aufgestellt sind und überall reichlich Platz ist (Bild 15 bis 17). Zugänglichkeit, Belichtung und Belüftung sind weit günstiger als im Hudson Ave.- oder East River Kraftwerk, die spezifischen reinen Gebäudekosten dürften sich etwa mit denen einer Ausführung nach den Bildern 1 und 2 decken. Die flache, geräumige Bauweise verdiente hier den Vorzug, weil im Gegensatz zu den beiden New Yorker Werken genügend und preiswertes Gelände zur Verfügung stand.

VI. Wirtschaftlichkeit hoch überlastbarer Kessel.

Im Abschnitt V wurde gezeigt, welche bedeutenden Ersparnisse an Anlagekosten durch die Aufstellung großer, hoch überlastbarer Kessel gemacht werden können. Es könnte aber eingeworfen werden, daß der kleinere Kapitaldienst durch die größeren Kohlenkosten übertroffen werde. Der Kohlenverbrauch und die Gesamtwirtschaftlichkeit solcher Kessel wurden daher für die beiden Jahresbelastungskennlinien in Bild 19 untersucht. Kurve A entspricht etwa der Berliner Belastung im Jahre 1926 (Bild 18), Kurve B der eines Überlandwerkes mit ziemlich hoher Grundlast[1] (Bild 20). Die größte vorkommende Spitze wurde in beiden Fällen zu 528 t/h nutzbarer Dampfabgabe (d. h. nach Abzug des Eigenverbrauches für Unterwind- und Saugzugventilatoren) gesetzt und soll entweder durch sechs oder durch acht Kessel der gleichen Heizfläche von je 88 bzw. 66 t/h nutzbarer maximaler Dampfleistung und 300 bzw. 200 kg/m²h Rostbelastung gedeckt werden.

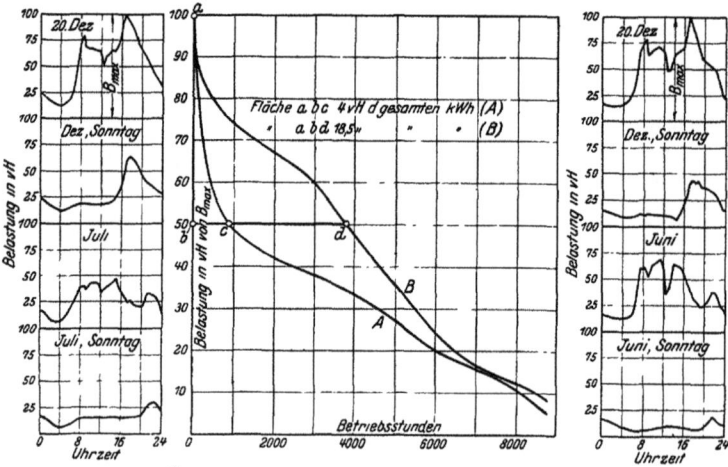

Bilder 18 bis 20. Tages- und Jahresbelastungskurven zweier Elektrizitätswerke.

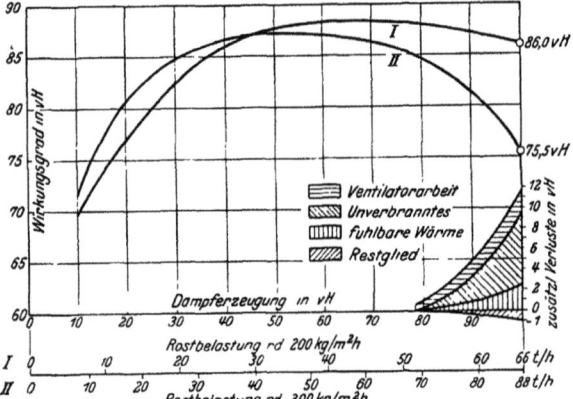

Bild 21. Wirkungsgradkurven des gleichen Kessels bei ∾ 200 und ∾ 300 kg/m²h spezifischer Rostbelastung, bezogen auf gleiche nutzbare Dampfleistung (nach Abzug des Eigenverbrauches der Ventilatoren).

Durch Erhöhung der Rostbelastung von rund 200 auf 300 kg/m²h steigt bei gleicher Heizfläche der Verlust durch fühlbare Wärme in den Abgasen um 2,5 vH (Temperaturzunahme etwa 45°). Die Zunahme des Verlustes an Unverbranntem in den Rauchgasen, dem Flugkoks und den Rückständen muß auf Grund von Erfahrungen bei mechanischen Rosten unter mittleren Verhältnissen auf rund 7 vH veranschlagt werden. Schließlich geht die nutzbar wiedergewonnene Wärme noch durch den höheren Kraftbedarf der Ventilatoren zurück. Damit ergeben sich die zusätzlichen Verluste des 88 t/h-Kessels und die beiden „Wirkungsgrad"-Kurven in Bild 21. Als Abszisse wurde in beiden Fällen die Höchstleistung eines Kessels gleich 100 vH gesetzt. Bei 100 vH Belastung beträgt

---

[1] Es ist auffallend, wie ähnlich die Belastung der beiden Werke am 20. Dezember ist.

somit der Unterschied der Wirkungsgrade rund 11 vH. Hilfsmaßstäbe geben an, wie groß für eine bestimmte, in vH ausgedrückte Belastung die nutzbare Dampfleistung jedes Kessels ist. Die Berechnung wurde für zwei Grenzfälle durchgeführt. Einmal wurde angenommen, daß sämtliche sechs bis acht Kessel alle Belastungsschwankungen mitmachen, das andere Mal, daß ihre Zu- und Abschaltung so erfolgt, daß sie möglichst zwischen 40 und 80 vH ihrer Höchstleistung arbeiten. Es zeigt sich nun, daß bei Belastungskurve A der Kohlenverbrauch beider Kessel etwa gleich ist, während die schwach belasteten Kessel bei Kurve B und einem Kohlenpreis von 20 RM./t eine jährliche Kohlenersparnis von etwa 90000 RM. (rund 1,8 vH) bringen.

Die Anlagekosten sind in Fall I um rund 9 vH größer als in Fall II. Da bei 12 bzw. 16 vH Kapitaldienst (Verzinsung und Abschreibung) die jährlichen festen Mehrkosten bei Fall I

Zahlentafel 2. Kosten von zwei Kesselanlagen gleicher nutzbarer Dampferzeugung mit sechs und acht Kesseln.

Fall	Kesselzahl	Nutzbare max. Dampfleistung eines Kessels t/h	Spez. Rostbelastung kg/m²h	Gesamte Anlagekosten	
				RM.	vH
I	8	66	200	9200000	108,9
II	6	88	300	8450000	100,0

85000 bzw. 113000 RM. betragen, sind bei Kurve A unter allen Umständen die stark überlastbaren Kessel trotz ihres bei 100 vH Belastung um 10,5 vH kleineren Wirkungsgrades wirtschaftlicher. Aber auch bei Kurve B dürfte man sich sehr überlegen, ob sich die Aufstellung der schwächer beanspruchten Kessel mit der günstigeren Wirkungsgradkurve wirklich lohnt.

Wenn auch hoch überlastbare Kessel bei den Verhältnissen in den deutschen Spitzenelektrizitätswerken recht günstig abschneiden, so muß man naturgemäß danach streben, die jetzigen großen zusätzlichen Verluste bei hoher spezifischer Rostbelastung zu vermeiden, damit die heute nur mit schlechtem Wirkungsgrad erzielbare Spitze Normalleistung und die dann mögliche Spitze entsprechend höher wird. Ein Erfolg dieser Bestrebungen würde die Anlagekosten von Elektrizitätswerken weiter verbilligen.

VII. Folgerungen für den Bau großer Kesselanlagen.

Es wäre verfehlt, die Güte einer Anlage lediglich nach ihrem spezifischen Platz- bzw. Raumbedarf zu beurteilen. Eine Anordnung, wie z. B. im East River Kraftwerk (Bild 13), ist unter ganz bestimmten Voraussetzungen entstanden und nur für sie richtig. Sieht man aber von den Fällen ab, bei denen auf gegebenem Raum unter allen Umständen eine möglichst hohe Leistung untergebracht werden muß, so wird im allgemeinen die Anlage die beste sein, die bei gleicher Gesamtwirtschaftlichkeit und Betriebssicherheit am wenigsten kostet, selbst wenn ihr Aufbau vielleicht etwas weitläufig und weniger elegant wirkt. Damit ergeben sich folgende Richtlinien für den Bau von Kesselanlagen für große Elektrizitätswerke:

1. Man wähle die Leistung eines Kessels so groß, wie es mit Rücksicht auf eine genügende Zahl von Reservekesseln möglich ist.

2. Überall, wo die Jahresbelastung ähnlich ist wie Kurve A in Bild 19, sind bei mittleren Kohlenkosten und mittlerer Kohlenbeschaffenheit Hochleistungsroste zu empfehlen, selbst wenn sie bei Vollast keinen guten Wirkungsgrad haben.

3. Kesselanlagen mit Schornsteinen auf besonderem Fundament und hinter den Kesseln aufgestellten Ekonomisern und Luftvorwärmern bedingen die niedrigsten Anlagekosten, erfordern aber am meisten Platz. Da sie auch die beste Zugänglichkeit, Belichtung und Belüftung haben, sind sie dort zu empfehlen, wo billiges Gelände zur Verfügung steht, wo die Anlagekosten möglichst niedrig sein sollen oder wo der Baugrund keine hohe Belastung verträgt.

4. Wo auf beschränktem Raum möglichst viel Strom erzeugt werden muß, sind möglichst große Kessel mit hochgestellten Ekonomisern und Luftvorwärmern und auf dem Dach angeordneten Schornsteinen am Platze.

5. Eisenbeton-Schornsteine geben bei Mündungshöhen von mehr als 100 m über Gelände die kleinsten Gesamtanlagekosten, gleichgültig ob sie auf dem Dach oder auf besonderen Fundamenten neben dem Kesselhaus stehen.

6. Eine Erhöhung der Schornsteinmündung von 70 m auf etwa die doppelte Höhe kann billiger und einfacher als der Einbau von Flugaschenfängern sein.

Zu 1. Ein völlig auf sich gestelltes Elektrizitätswerk muß bei unerwartetem Ausfall eines Kessels die volle Leistung auch dann noch hergeben können, wenn der Reservekessel gerade ausgebessert wird, muß also zur Not, wenn auch kurzzeitig, zwei Kessel entbehren können. Schon deshalb können Werke, deren Einzelleistung sehr groß ist oder die auf ein gemeinsames Netz mit sehr großer Gesamtleistung arbeiten, erheblich billiger gebaut werden als ein auf sich gestelltes Werk mit verhältnismäßig geringem Stromabsatz.

Es darf freilich nicht außer acht gelassen werden, daß sehr große Kessel in Deutschland nicht die Absatzmöglichkeit wie in Amerika haben. Wenn sich nun noch zahlreiche Firmen in die Aufträge teilen, können leicht größere Entwicklungs- und Konstruktionskosten entstehen, als es der Fall wäre, wenn alle diese Arbeiten von wenigen Stellen verrichtet würden. Da zudem mit der Erstausführung derartiger Kessel ein erhebliches Risiko verbunden ist, ist ihr Bau für die Kesselfirmen schon wegen der gedrückten Preise nicht so verlockend wie der mehr marktgängiger Größen. Auch sind bei dem scharfen Wettbewerb manchmal gerade die erfahrensten und solidesten Firmen insofern im Nachteil, als sie nicht immer Gewähr haben, ob sie nicht etwa nur für andere teuere Pionierarbeit leisten müssen. Hierunter leidet ganz allgemein die Neigung, grundlegende Neuerungen im Dampfkesselbau herauszubringen. Eine beiden Teilen gerecht werdende Verständigung zwischen Kesselfabrik und Kesselbesteller ist daher unerläßlich, wenn nicht die Unternehmungslust der Kesselindustrie und damit letzten Endes auch die Interessen der Käufer von Kesseln auf die Dauer leiden sollen.

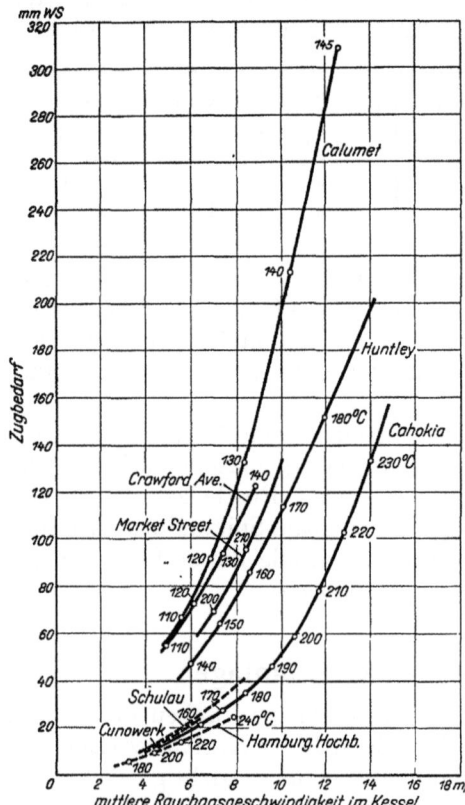

Bild 22. Zugbedarf verschiedener Kesselanlagen in Abhängigkeit von der mittleren Rauchgasgeschwindigkeit im eigentlichen Kessel[1].

Zu 2. Stark überlastbare Roste sind besonders bei Neuanlagen zu empfehlen, in denen schnell wachsender Stromabsatz zu erwarten ist, weil man dann schon im ersten Ausbau Kessel wirtschaftlicher Leistung aufstellen und die hohen Kosten des ersten Ausbaues herabsetzen kann. Später läßt sich dem steigenden Ausnutzungsfaktor dadurch Rechnung tragen, daß man mit der Rostbelastung bzw. der Kesselleistung zurückgeht.

Rostbelastungen von 300 kg/m²h ohne Rücksicht auf den Charakter der Kohle und der Belastungskennlinie anzuwenden, ist aber falsch, weil die beim heutigen Stand der Rosttechnik häufig unvermeidlichen Verluste durch Flugkoks, unverbrannte Gase und schlecht ausgebrannte Rückstände

---
[1] Die Zahlen geben die Abgastemperaturen am Eintritt in den Fuchs bei der betreffenden Kesselbelastung an.

wirtschaftlich nur tragbar sind, wenn sie selten auftreten. Hochleistungsroste sind daher für viele Industriekraftwerke noch verfehlt.

Freilich muß man sich auch in passenden Fällen bei hoch überlastbaren Spitzenkesseln an den starken Wirkungsgradabfall bei hoher Leistung und den für überkommene Vorstellungen sehr hohen Zugbedarf gewöhnen (Bild 21 und 22). Während nämlich deutsche Kessel bisher mit höchstens 8 m/s Rauchgasgeschwindigkeit arbeiten, sind Werte bis zu 15 m/s und Zugverluste des ganzen Kessels bis 140 mm WS in amerikanischen Werken nicht selten, ohne daß dadurch ihre Gesamtwirtschaftlichkeit für Werke mit Spitzenbelastung zu leiden braucht.

Bei vielen Mager- und nicht backenden Feinkohlen sind aber schon Rostbelastungen von 150 bis 200 kg/m²h Grenzwerte, zumal es einfache, für große Werke geeignete Vorrichtungen zum Rückführen des Flugkokses auf den Rost noch nicht gibt. Der wiederholt gemachte Vorschlag, während der Spitze backende, körnige Kohle zu verfeuern, würde für größere Anlagen außerordentlich unbequem sein.

Je größer die Leistung eines Kessels ist, um so mehr fällt sein Ausfall ins Gewicht. Deshalb sollten Störungen ausgesetzte bewegliche Teile auch während des Betriebes zu-

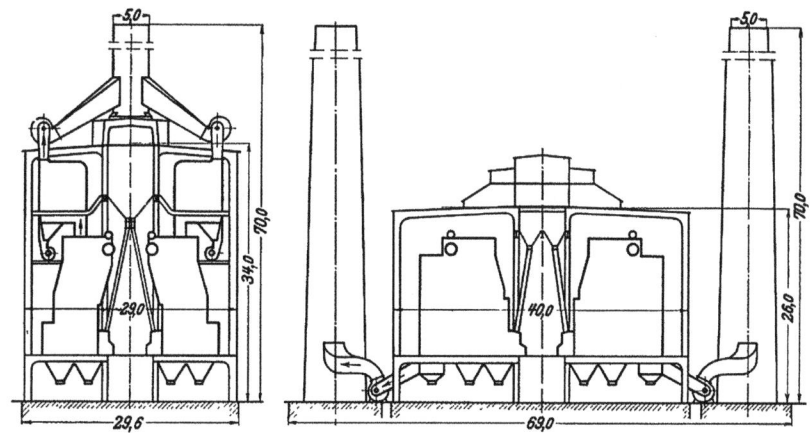

Bilder 23 u. 24. Breite zweier Kesselanlagen der gleichen Leistung unter extremen Verhältnissen.

gänglich sein, was bei Staubfeuerungen im Gegensatz zu mechanischen Rosten weitgehend zutrifft. Auch aus diesem Grunde, und weil sie mit Mager- und Feinkohle ebensogut arbeiten wie mit körniger, backender Kohle, sowie wegen der sehr kleinen Stillstandsverluste und der fast unbeschränkten Höhe der Luftvorwärmung, werden nach Ansicht des Verfassers Staubkessel (mit Einheitsmühlen) auch in Deutschland wieder die ihnen gebührende Bedeutung erlangen. Durch Unterteilung der Mühlen, der Einblase- und Unterwindventilatoren usw. in mindestens zwei Einheiten je Kessel können sie auch bei Störungen an einem dieser Teile noch mindestens die halbe Leistung hergeben, bis der Schaden beseitigt ist.

Zu 3 und 4. Die Bilder 23 und 24 zeigen, wieviel Platz senkrecht zur Kesselhausachse bei gleicher Dampfleistung unter extremen Verhältnissen gebraucht wird, d. h. in einem Falle bei Aufstellung der Schornsteine auf Gelände und der Ekonomiser und Luftvorwärmer hinter Kessel (flache Bauweise) und im anderen Falle bei auf dem Dach aufgestellten Schornsteinen und oberhalb der Kessel untergebrachten Ekonomisern und Luftvorwärmern. Die Bilder erklären, weshalb in vielen Fällen die Schornsteine schon deshalb auf dem Dach aufgestellt werden müssen, weil die andere Anordnung zu breit werden würde, obgleich der Flächenstreifen, auf dem die Schornsteine stehen, meistens für Nebenräume usw. gut verwendbar, also nicht verloren ist.

Aber auch wegen des besseren Zusammenbaues mit dem Turbinenhaus ist besonders bei großen Anlagen die Aufstellung der Schornsteine über Dach oft vorzuziehen und gibt manchmal das billigste Kraftwerk, selbst wenn die Kesselanlage allein teuerer ist. Die weniger gute Belichtung und Belüftung solcher Kesselhäuser tritt nach Ansicht des Verfassers hinter die erzielten Vorteile oft zurück. Die durch hohe oder flache Bauweise und Aufstellungsort, Höhe und Auskleidung der Schornsteine verursachten Unterschiede der Kosten der Kesselanlage im Betrage von 3 bis 9 vH, entsprechend einem Unterschied der Kosten des ganzen Elektrizitätswerkes von etwa 1 bis 3 vH, könnten als völlig unerheblich erscheinen. Sie sind es aber nicht, wenn man bedenkt, daß die beträchtliche Kohlenersparnis von rund 8 vH eines 100-atü- gegenüber einem 40-atü-Werk durch den größeren Kapitaldienst infolge der nur 6 bis 7 vH größeren Anlagekosten des 100-atü-Werkes bei den meisten deutschen Elektrizitätswerken mehr als wettgemacht wird.

Für sehr große Elektrizitätswerke dürften aber auch bei uns Schornsteine auf dem Dach oft am vorteilhaftesten sein, sobald die Reinigung der Rauchgase von Flugasche einwandfrei gelöst ist. Zur Zeit scheint die Naßreinigung, für die sich auf dem Gelände stehende Schornsteine am besten eignen, wohl die günstigsten Aussichten zu haben. Je geräumiger und

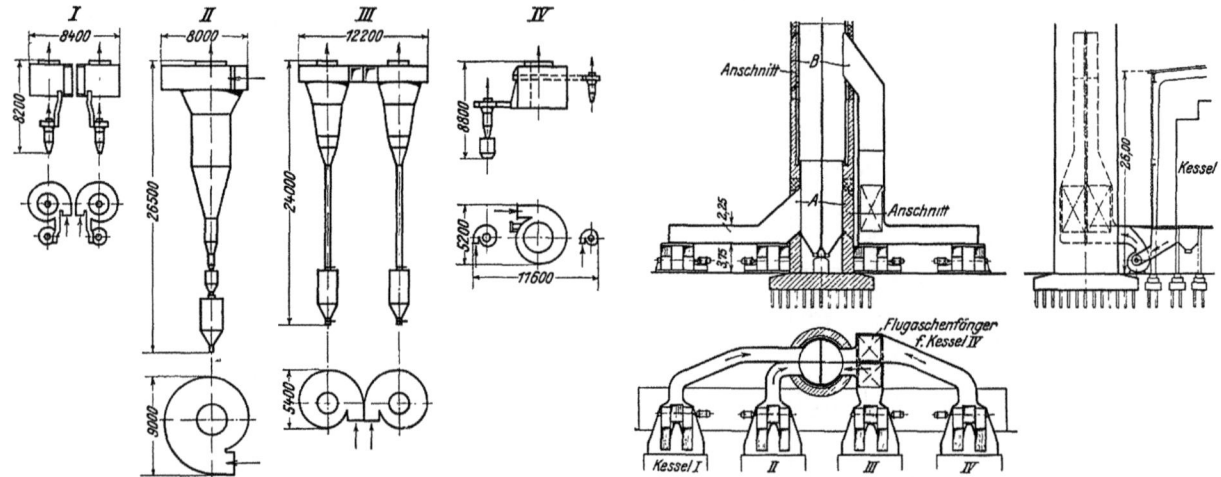

Bilder 25 bis 28. Abmessungen von vier für die gleiche Rauchgasmenge angebotenen Flugaschenfängern.

Bilder 29 bis 31. Anordnung der Saugzuganlagen und des Schornsteines auf Gelände zwecks Ermöglichung des bequemen späteren Einbaues von Flugaschenfängern.

schwerer die Reiniger sind, um so teurer wird infolge der großen Lasten und des beträchtlichen Winddruckes ihre Aufstellung auf dem Dach (Bild 13). Man wird sich daher nicht gern zu größerem Kapitalaufwand lediglich im Interesse der späteren Einbaumöglichkeit solcher Reiniger entschließen, solange sie nicht wirksamer sind als jetzt.

Die wenigen bisher vorliegenden Erfahrungen machen es erklärlich, daß noch große Unsicherheit in der zweckmäßigsten Bemessung und Ausführung fast aller Arten von Staubabscheidern herrscht. Die Bilder 25 bis 28 zeigen z. B. die Abmessungen der für das gleiche geplante Werk im Verlauf von 10 Monaten angebotenen Reiniger. Ihre Abmessungen sind so verschieden, daß bei einer Anfertigung der Entwürfe für Apparat I und Aufstellung der Schornsteine auf Dach der nachträgliche Einbau von Apparat II außerordentlich teuer geworden wäre, wenn der zuerst angewendete sich als nicht genügend wirksam erwiesen hätte.

Die Rücksicht auf die ungeklärte Reinigungsfrage war auch einer der Gründe, weshalb die AEG in einem Entwurf aus jüngster Zeit die Schornsteine und Saugzugventilatoren unmittelbar auf dem Gelände anordnete (Bilder 29 bis 31), da sich dann Flugaschenfänger bis zur Höhe des Gebäudes ohne Änderungen am Schornstein und unter Verwendung der vorhandenen Füchse und Saugzuganlagen sehr bequem nachträglich aufstellen lassen,

Einfluß der Ausbildung der Kesselanlage auf die Baukosten von Elektrizitätswerken. 165

zumal die Kessel mit Rücksicht hierauf so ausgeführt wurden, daß die Rauchgase ebensogut 5 m als 22 m über Gelände abgeführt werden können.

Schon die vorhergehenden Ausführungen zeigen, daß es keine grundsätzlich vorteilhafteste Anordnung von Kesselhaus und Maschinenhaus gibt. Sie hängt vielmehr in hohem Maße von der absoluten Größe und dem gegenseitigen Verhältnis von Kesselleistung und Turbinenleistung, Preis, Gestalt und Größe des Baugeländes, Belastungskurve und Kohlen-

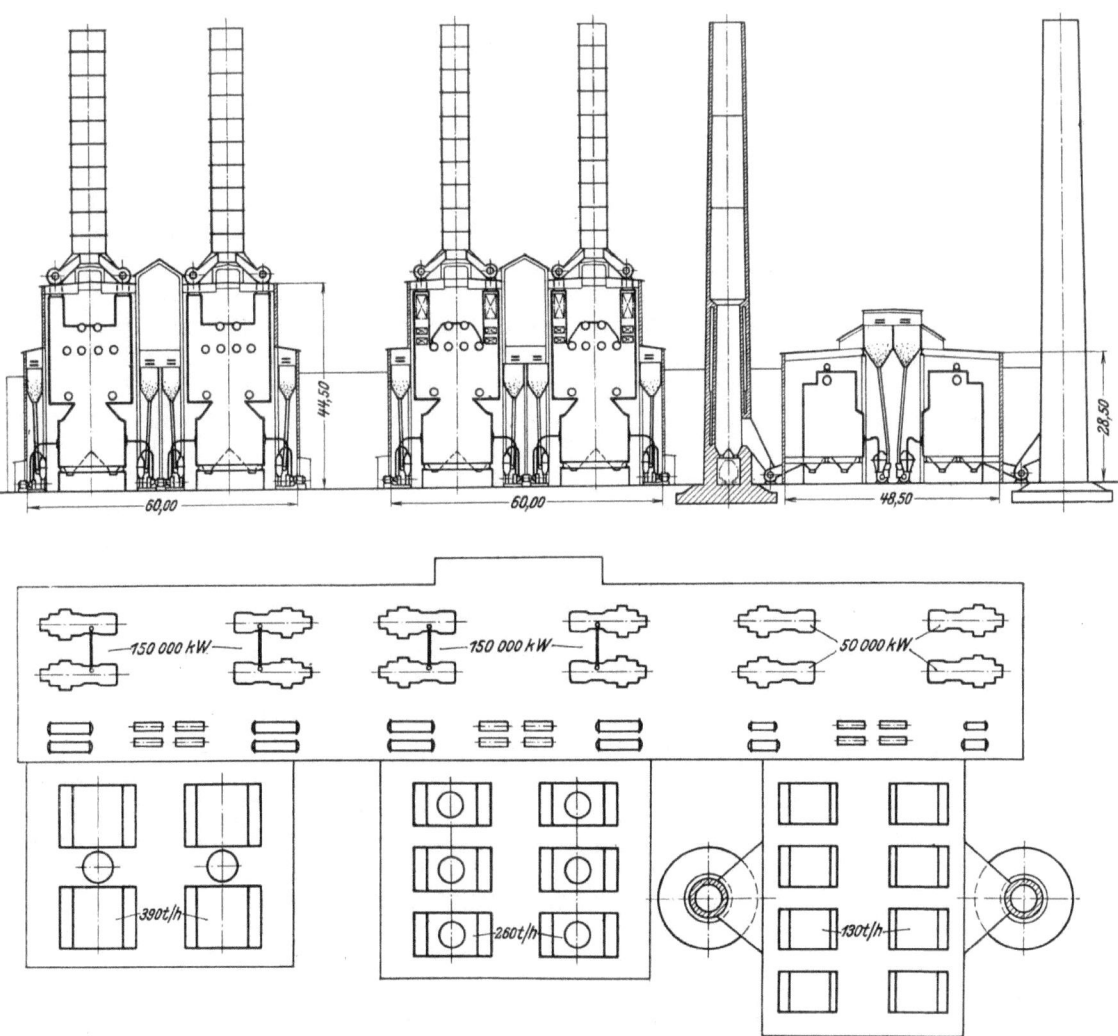

Bilder 32 u. 33. Entwurfsskizze für ein in drei Ausbaustufen zu errichtendes Großkraftwerk.

sorte, in gewissem Maße auch davon ab, wie die Transportmittel zur Anfuhr der Kohle liegen, und ob ein Werk sofort ganz oder erst im Teilausbau erstellt werden soll.

Im allgemeinen wird man bei Aufstellung der Schornsteine auf dem Dach in der gegenseitigen Lage von Kesselhaus zu Maschinenhaus am meisten freie Hand haben. Insbesondere in Verbindung mit Doppelenderkesseln und Kohlenstaubfeuerungen wird dann häufig ein einreihiges, zum Turbinenhaus paralleles Kesselhaus bei Werken sehr großer Leistung und verhältnismäßig schmalem, langem Gelände die vorteilhafteste Gesamtanordnung geben. Auf der anderen Seite muß man sich aber darüber klar sein, daß von einem gewissen Punkt an die Aufstellung weiterer Kessel in dem gleichen Haus die Anlage- und Bedienungskosten kaum mehr herabsetzt und auch den Betrieb kaum mehr erleichtert, wohl aber die Gefahr einer schweren Störung des ganzen Werkes im Falle eines größeren Schadens an einem Kessel oder einer Hauptdampfleitung oder einem anderen wichtigen Teil der Kesselanlage in sich birgt. Zudem ist man bei einer solchen Anordnung durch das einmal gewählte Profil des Kesselhauses bei allen späteren Erweiterungen festgelegt. Mit Rücksicht auf die schnelle Entwicklung im Kraftmaschinenbau wird man aber gerade dann, wenn die Erweiterungen erst in mehreren Jahren erfolgen, sich gern alle Möglichkeiten offenhalten wollen. Die Bilder 32 und 33 zeigen einen aus der letzten Zeit stammenden, diese Gesichtspunkte würdigenden Entwurf der AEG für ein Kraftwerk, in dem im ersten Ausbau vier Turbinen von je 50000 kW aufgestellt werden sollen, während für Erweiterungen mindestens doppelt so große Turbinen in Aussicht genommen sind. Die AEG schlug daher vor, zunächst sechs Einenderkessel von je 170 t/h oder acht von je 130 t/h Leistung in einem zum Turbinenhaus senkrechten Kesselhaus *I* aufzustellen und die weiteren Vergrößerungen je nach der in der Zwischenzeit erfolgten Entwicklung mit 260 t/h Doppelenderkesseln (Kesselhaus *II*) oder 390 t/h Doppelenderkesseln (Kesselhaus *III*) vorzunehmen. Auf diese Weise bildet der erste Ausbau ein organisches, in sich geschlossenes Ganze mit zweckmäßiger Kesselleistung, und man kann später ohne Schwierigkeit und ohne den Betrieb zu stören, die Erweiterung vornehmen und zu Kesselgrößen übergehen, die der zugehörigen Werkleistung angemessen sind. Hierbei macht es nichts aus, wenn ihr Aufbau von dem der in Kesselhaus *I* aufgestellten grundverschieden sein sollte. Auch der Übergang zu einer anderen Feuerungsart oder einem anderen Dampfdruck ist dann ohne weiteres möglich. Für Kesselhaus *I* wurden wegen der noch nicht gelösten Flugaschenreinigung der Abgase auf Gelände stehende, für die Erweiterung auf dem Dach aufgestellte Schornsteine in Aussicht genommen, weil angenommen werden kann, daß bis dahin auch diese Frage gelöst sein wird.

VIII. Mindestkosten großer Kesselanlagen.

Welche Mindestanlagekosten für 1 kW ausgebauter Leistung sind nun heute in großen Elektrizitätswerken mit Spitzenbelastung durch Ausnutzung aller Möglichkeiten etwa erreichbar? Bei Werken mit der üblichen Kesselleistung von 40 t/h und mit Rostbelastungen von 150 bis 200 kg/m²h kostet 1 kW ausgebauter Leistung bei günstigen Kühlwasserverhältnissen und gutem Baugrund ohne die Hochspannungsschaltanlage 240 bis 260 RM., hiervon machen die Kosten der Kesselanlage (einschließlich Kesselhaus) ohne Kohlenzu- und Aschenabfuhr und ohne Rohrleitungen und Speisepumpen etwa 30 bis 35 vH aus. Sie lassen sich nach Abschnitt V, S. 154, durch Aufstellung hoch überlastbarer Kessel von 175 t/h Spitzenleistung um etwa $1/3$ verbilligen, wodurch sich die Kosten des ganzen Werkes auf etwa 215 bis 235 RM./kW erniedrigen.

Die Leistung eines Doppelenderkessels vom East River Kraftwerk beträgt 363 t/h, es werden aber in Amerika bereits 450 t/h Kessel gebaut[1]. Die spezifischen Kosten so großer Kessel werden wahrscheinlich nicht mehr sehr erheblich niedriger sein als die von 175 t/h-Einenderkesseln, weil beim heutigen Stand der Entwicklung die Eigenart ihres Aufbaues einige teurere Bauteile bedingt, welche die durch die große Kesselleistung ermöglichten Ersparnisse zum Teil wieder aufzehren. Die spezifischen, rein baulichen Kosten für 1 m³ umbauten Raum werden voraussichtlich etwas größer sein als bei einer Bauweise nach Bild 1, weil schwere Lasten zum Teil hoch über Gelände liegen. Dagegen wird der spezifische Raumbedarf unter Umständen erheblich kleiner. Eine überschlägige Rechnung ergibt, daß sich bei 300- bis 400-t/h-Kesseln mit hochliegenden Ekonomisern und Luftvorwärmern und auf dem Dach aufgestellten Eisenbeton-Schornsteinen von 70 m Mündungshöhe über Gelände die spezifischen Kosten für 1 t/h-Dampfleistung beim heutigen Stand der Entwicklung auf etwa 11 000 und 11 800 RM. herabsetzen lassen.

---

[1] S. auch Fußnote auf S. 159.

Durch Unterbringen der Kohlenbunker zwischen den Kesseln, ähnlich wie im Delray-Kraftwerk, und durch Beschränkung des Bunkerinhaltes auf die unbedingt erforderliche Größe, Anordnung der Ekonomiser und Schornsteine wie auf der rechten Seite von Bild 1, und einige andere Maßnahmen lassen sich vielleicht weitere 200 bis 400 RM./th gewinnen. Dazu kommen noch Ersparnisse in der Maschinenanlage durch Aufstellung großer Einheiten und ihre geschickte Anordnung, so daß die heute in sehr großen 40 atü-Spitzenwerken unter günstigen Voraussetzungen erreichbaren Anlagekosten bei Rostfeuerungen nicht mehr weit von 200 RM./kW entfernt sind.

Kessel von 300 bis 400 t/h Leistung sind allerdings bisher wohl nur als Doppelenderkessel mit Kohlenstaubfeuerungen in Betrieb. Die Doppelender-Bauart ist zum Unterbringen der erforderlichen Brenner nötig und hat noch den Zweck, die entstehenden großen Abgasmengen mit erträglichem Zugverlust abführen und innerhalb der Kesselheizfläche auf die erforderliche Temperatur abkühlen zu können. Bei Kohlenstaubfeuerungen sind übrigens die betrieblichen Nachteile von Doppelenderkesseln wesentlich kleiner als bei Rosten, da sich sämtliche Brenner bequem von einer Kesselseite aus beobachten und verstellen lassen. Kessel solcher Größe verlangen, wenn ihre Vorteile sich voll auswirken sollen, eine sehr sorgsame Bearbeitung des Zusammenbaues von Kessel und Haus und sehr sorgfältige Herstellung und Wartung. In Amerika hält man heute Kessel für ebenso betriebssicher wie Dampfturbinen. Bei uns gehen die Ansichten über diese Frage auseinander. Nach Ansicht des Verfassers muß und kann aber die Aufgabe gelöst werden, Kessel größter Leistung so zu bauen, daß ein unerwarteter Ausfall nicht mehr zu befürchten ist als bei Dampfturbinen. (Dies besagt nicht, daß sie auch die gleiche ununterbrochene Betriebsdauer zwischen 2 Überholungen zulassen.) Dann wird kein Grund mehr vorliegen, sich ihre Vorteile auch bei uns in geeigneten Fällen in vollem Maße nutzbar zu machen.

Wirtschaftlichkeit der Gleichdruckspeicherung bei Dampfkraftanlagen.

Von H. Schult.

Die Arbeit stellt eine Untersuchung über die Wirtschaftlichkeit der Gleichdruckspeicherung und die Grenzen ihrer Anwendung dar, wobei die Betriebs- und Belastungsverhältnisse öffentlicher Elektrizitätswerke zugrunde gelegt wurden. Zunächst sind die Gleichungen und Formeln aufgestellt, welche die Ermittlung der Einzeleinflüsse gestatten. Die Zusammenfassung ergibt die günstigste Temperatur der Speicherung, die gleichzeitig als Endtemperatur der Vorwärmung anzusehen ist. Der Einfluß der Vorwärmung auf Anlage- und Kohlekosten wurde in die Untersuchung einbezogen. Das Ergebnis berücksichtigt ferner die Möglichkeiten, die sich durch die Art der Betriebsführung im Hinblick auf den Belastungsausgleich ergeben.

1. Einleitung.

Das Belastungsdiagramm öffentlicher Elektrizitätswerke zeigt in seinem Tagesverlauf eine mehr oder weniger stark ausgeprägte Spitze, die durch die Eigenart des Versorgungsgebietes bestimmt wird. Bei gemischter Belastung ist diese Spitze durch den Lichtbedarf in den Abendstunden gegeben und infolgedessen in ihrer Höhe für den Verlauf des Jahres wesentlich verschieden. In den meisten Fällen wird die Jahreshöchstlast in der zweiten Dezemberhälfte erreicht. Die verfügbare installierte Leistung des Kraftwerkes muß dieser Jahreshöchstlast angepaßt sein, obwohl sie für nur wenige Stunden des ganzen Jahres angefordert wird. Adolph[1] hat diese Verhältnisse mit Hilfe des sog. Belastungsgebirges in anschaulicher Weise dargestellt. Die Kosten für die Erzeugung der abgegebenen elektrischen Arbeit setzen sich aus dem Aufwand für den verfeuerten Brennstoff und dem durch die Anlage bedingten Kapitaldienst zusammen. Beide werden um so höher, je schlechter die Ausnutzung des Werkes ist. Dabei ändern sich die Kapitalkosten umgekehrt proportional mit der abgegebenen Jahresarbeit, die auf eine bestimmte installierte Leistung entfällt. Daraus ergibt sich, daß die Kapitalkosten für diejenigen kWh, die in der Spitze der Jahreshöchstlast erzeugt werden, ein Vielfaches betragen gegenüber den Kosten für die Arbeitseinheit der Grundbelastung. Es ist daher erklärlich, daß der Beeinflussung dieser Spitze erhöhte Aufmerksamkeit geschenkt wird, und daß man versucht, die Kosten der Spitzenarbeit herabzudrücken.

Man kann dabei zwei grundsätzliche Wege unterscheiden, nämlich die Beseitigung der angeforderten Spitze überhaupt und die Spitzendeckung durch Speicher oder andere Hilfseinrichtungen. Es ist ohne weiteres einleuchtend, daß die durchgreifendste Abhilfe in der Beseitigung oder Verringerung der angeforderten Spitzenarbeit liegt, während sich die Speicherung oder die Spitzendeckung durch Hilfsmaschinen nur auf Teilanlagen des Kraftwerkes erstreckt und nur für diese eine Absenkung der Anlagekosten bringen kann.

Klingenberg[2] erstrebte durch den Zusammenschluß der Erzeugungsanlagen und Versorgungsgebiete eine Erhöhung des Belastungsfaktors und bessere Ausnutzung der installierten Leistung. Diese Vereinigung einzelner kleiner Kraftwerke und Verteilungsnetze wurde auch weitgehend durchgeführt und brachte, entgegen der von Werner[3] geäußerten Ansicht, einen nennenswerten Erfolg. Die in öffentlichen Werken installierte

---

[1] ETZ 1927, S. 5 u. 1682.   [2] ETZ 1916, S. 297.   [3] ETZ 1927, S. 717.

Leistung betrug im Jahre 1913 nach der Statistik der Vereinigung der Elektrizitätswerke etwa 1,4 Millionen kW mit einer nutzbaren Stromabgabe von 2,2 Milliarden kWh. 1922 waren insgesamt 2,9 Millionen kW aufgestellt, die 7,2 Milliarden kWh nutzbar verteilten. Man ersieht hieraus, daß einer Verdoppelung der installierten Leistung eine Verdreifachung der abgesetzten Arbeit entspricht, wobei der Ausnutzungsfaktor von 0,18 auf 0,28 stieg. Diese außerordentliche Verbesserung der Nutzbarmachung der vorhandenen Leistung ist zu einem großen Teil auf den von Klingenberg empfohlenen Zusammenschluß zurückzuführen. Man kann die Frage aufwerfen, ob auf diesem Wege heute ein gewisser Grenzwert erreicht oder ob eine weitere Verbesserung möglich ist. Zur Feststellung wurden die Lastdiagramme von 17 der größten deutschen Versorgungsgebiete für den Tag der Jahreshöchstlast aus dem Jahre 1926 (21. Dezember) untersucht. Der mittlere Tagesbelastungsfaktor dieser Werke beträgt bei getrennter Arbeit, d. h. bei arithmetischer Addition der einzelnen Höchstwerte, 0,558. Faßt man dagegen alle Diagramme zu einem gemeinsamen Arbeitsverlauf zusammen, so ergibt sich ein Belastungsfaktor von 0,635. Dies bedeutet, daß der Zusammenschluß der Netze auch heute noch eine weitere Steigerung der Ausnutzung bringen kann. Der Erfolg dieser Verbesserung ist um so wirksamer, als die Absenkung der installierten Leistung neben der gesamten Erzeugungsanlage auch noch einen Teil der Verteilungsanlagen erfaßt.

Eine grundsätzlich andere Möglichkeit, die Erzeugungskosten der Spitzenarbeit in Dampfkraftwerken abzusenken, liegt in der Aufstellung von Energiespeichern. Es kann hier zwischen Wärmespeichern und elektrischen Speichern unterschieden werden. Bei der Aufstellung von Wärmespeichern wirkt sich die Ersparnis lediglich auf den Kesselteil aus, da die aufzustellende Maschinenleistung und Verteilungsanlage unbeeinflußt bleiben. Der elektrische Speicher ersetzt die gesamte Erzeugungsanlage in Form einer Batterie, ist aber in seiner Anwendungsmöglichkeit infolge der hohen Kosten und der erforderlichen Umformung auf Gleichstrom beschränkt. Für deutsche Verhältnisse wird der Wärmespeicher zunächst die größere Bedeutung haben. Er kommt entweder als Gefällespeicher oder als Gleichdruckspeicher zur Anwendung. Gefällespeicher (Ruthsspeicher) wurden in den letzten Jahren bei einer größeren Anzahl von Elektrizitätswerken aufgestellt, während trotz ihrer geringeren Anlagekosten nur wenige Gleichdruckspeicher-Anlagen in Betrieb genommen sind, obwohl diese mit der heute allgemein üblichen Vorwärmung des Kesselspeisewassers verbunden werden können und für die Betriebsführung kaum eine Belastung bedeuten. Der Grund hierfür ist darin zu suchen, daß neuen Werken meist die Übernahme der Grundlast zugedacht ist, während vorhandene Werke die Spitzen übernehmen und hierzu häufig mit Speichern ausgerüstet werden. Wie später gezeigt, stößt aber bei vorhandenen Kesselanlagen die nachträgliche Erstellung von Gleichdruckspeichern auf beträchtliche Schwierigkeiten, während Gefällespeicher in Anordnung, Schaltung und Betrieb der vorhandenen Kesselanlage überhaupt nicht eingreifen.

Im folgenden sollen die Bedingungen aufgestellt werden, die ein wirtschaftliches Arbeiten des Gleichdruckspeichers ermöglichen, und Anhaltspunkte über die Grenzen der Anwendung und die erzielbaren Gewinne gegeben werden.

2. Arbeitsweise und Schaltung der Gleichdruckspeicherung.

Das Wesen der Gleichdruckspeicherung beruht darin, zu Zeiten schwacher Belastung Wärme in Form von heißem Wasser aufzuspeichern und zur Zeit der Spitze zu entnehmen. Dadurch wird bei gleichbleibender Kesselleistung eine entsprechende Energiemenge für die Steigerung der Maschinenleistung frei. Grundsätzlich wären hierbei zwei Verfahren denkbar. Einmal könnte die Speisung der Kesselanlage normalerweise mit kaltem Wasser erfolgen und dann für die Spitzendeckung die Speisung mit heißem Wasser einsetzen, zum anderen ließe sich bei Speisung mit Wasser gleichbleibender Temperatur durch Abstellung der Vorwärmung eine zusätzliche Dampfmenge für die Maschinen gewinnen.

Bei Prüfung des ersten Verfahrens findet sich aber eine Reihe von Nachteilen, die zur Ablehnung dieser Anwendungsmöglichkeit zwingen. Der Wechsel in der Speisung mit kaltem und heißem Wasser bedeutet für die Baustoffe der Pumpen, Rohrleitungen, Ekonomiser und Kesseltrommeln eine hohe Beanspruchung, die bald zu Störungen führen müßte. Die volle Ausnutzung der gespeicherten Wärme setzt auch voraus, daß der Kessel in der Lage ist, bei Speisung mit warmem und kaltem Wasser die gleiche Wärmemenge zu erzeugen, so daß bei Zufuhr heißen Wassers die Dampflieferung eine entsprechende Steigerung erfährt. Dies bedingt gleichbleibenden Wirkungsgrad des Kessels, unabhängig von der wechselnden Speisetemperatur, eine Forderung, die nicht zu erreichen ist. Auch eine Angleichung an diese Bedingung erfordert bauliche Maßnahmen, die auf den Preis der Kesselanlage von erheblichem Einfluß sind. Damit würde zum mindesten ein großer Teil des angestrebten Zweckes entfallen. Hierzu kommt, daß bei abwechselnder Kalt- und Warmspeisung die Heißdampftemperatur beim Einsetzen der Speicherwirkung zurückgeht und somit die erzielbare Leistungssteigerung geringer ist, als bei gleichmäßiger Speisung des Kessels mit heißem Wasser.

Es verbleibt somit für praktische Anwendung die zweite Lösung, das ist durchgehende Speisung des Kessels mit gleichbleibender Temperatur und Speicherung einer genügenden

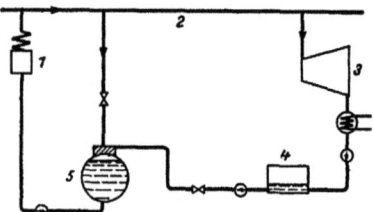 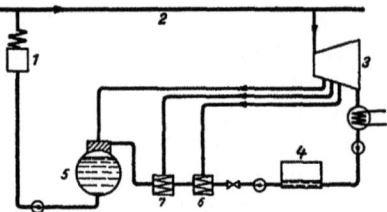

Bilder 1 u. 2. Schaltungsarten der Gleichdruckspeicherung.

1 = Kessel, *2* = Frischdampfleitung, *3* = Turbine, *4* = Kaltspeicher, *5* = Mischvorwärmer und Warmspeicher, *6* = Oberflächenvorwärmer, *7* = Oberflächenvorwärmer.

Wassermenge, die zur Zeit der Spitze eine Abstellung des Kondensatzuflusses gestattet. Der im normalen Betrieb für die Vorwärmung benötigte Dampf wird dann zur Arbeitsleistung in den Turbinen frei, so daß bei gleichbleibender Kesselleistung eine Steigerung der Maschinenleistung erreicht wird. Der Betrieb der Kessel ist also hinsichtlich der Dampferzeugung unverändert.

Damit ist nicht gesagt, daß die Speisung mit heißem Wasser ohne Einfluß auf die Kesselanlage bleibt. Es ergeben sich vielmehr folgende Möglichkeiten: Entweder es gelingt, die Abwärme der Rauchgase durch Vergrößerung des Ekonomisers, Einbau eines Luftvorwärmers oder dergleichen, wie bei Speisung mit kaltem Wasser, auszunutzen, wobei mit einer Verteuerung des Kessels zu rechnen ist, oder aber man verzichtet auf Ausnutzung eines Teiles der Abwärme und nimmt eine Verschlechterung des Wirkungsgrades in Kauf. Selbstverständlich läßt sich auch eine Zwischenlösung finden.

Für die Anwendung der Speicherung bestehen mehrere Schaltungsmöglichkeiten, die, im Grunde genommen, nur unwesentlich voneinander abweichen. Bild 1 zeigt eine Ausführung für Frischdampfvorwärmung, bei der die Regelung im Betriebe sehr einfach ist. Es handelt sich hier um einen Kalt- und einen Warmspeicher von gleichem Fassungsvermögen. Im geladenen Zustande ist der Kaltspeicher nahezu leer, der Warmspeicher gefüllt. Das Maschinenkondensat wird durch die Kondensatpumpe in den Kaltspeicher gefördert und von dort durch eine Zwischenpumpe, die Vorwärmpumpe, in den Warmspeicher gedrückt. Dieser ist in seinem oberen Aufbau als Mischvorwärmer gedacht. Von dort läuft das Warmwasser der Kesselspeisepumpe zu. Der Dampf für die Vorwärmung wird der Frischdampfleitung (über eine Reduzierstation) entnommen. Wird zur Zeit der Spitze die Förderung vom Kaltspeicher zum Warmspeicher abgestellt oder gedrosselt, so hört im gleichen Maße die Dampfentnahme für die Vorwärmung auf. Der Vorwärmdampf wird dann zur Arbeitsleistung in der Turbine frei.

Geht man von der Vorwärmung mit Frischdampf zur Anzapfvorwärmung über, so ergibt sich das Schema des Bildes 2, das keine grundsätzlichen Unterschiede gegenüber Bild 1 zeigt. Die Stufenzahl der Vorwärmung ist eine Frage der Wirtschaftlichkeit, von der noch später die Rede sein soll. Die Speicherung braucht nicht unbedingt bei der obersten Stufe zu erfolgen, sondern kann bei einer Zwischentemperatur liegen. Auch ist eine mehrstufige Speicherung denkbar. Die Einflüsse dieser verschiedenen Möglichkeiten auf die Leistungssteigerung und die Wirtschaftlichkeit werden später untersucht.

3. Grundlagen für die Betrachtung.

Der Zweck der Speicherung wie jeder Spitzendeckung allgemein kann zweierlei Art sein. Entweder sie dient dem Belastungsausgleich zur Verbesserung des Wärmewirkungsgrades oder man sucht eine Absenkung der Anlagekosten zu erreichen. Für Gleichdruckspeicherung kommt der Einfluß des Belastungsausgleiches auf die Wärmewirtschaft erst in zweiter Linie in Betracht. Hiervon wird später die Rede sein, zunächst aber soll diese Frage aus der Untersuchung ausscheiden. Es verbleibt die Absenkung der Anlagekosten, und zwar durch Verringerung der zu installierenden Kesselleistung. Die aufzustellende Maschinenleistung bleibt unverändert, denn diese muß nach wie vor für die volle Spitze zuzüglich der für erforderlich gehaltenen Reserve bemessen sein. Die Ersparnis an Kosten ergibt sich demnach aus der Verringerung der Kesselleistung abzüglich des Aufwandes für die Speicheranlage. Die Speicheranlage besteht aus zwei Gliedern, die zwar baulich vereinigt sein können, deren Leistung und damit Kostenaufwand indessen von verschiedenen Betriebsgrößen abhängig sind. Es ist die Einrichtung der Vorwärmung, die für die Durchflußmenge entsprechend der Maschinenleistung der Anlage gebaut sein muß, und die Kalt- und Warmspeicher, die sich nach der Speicherarbeit bestimmen. Entsprechend lassen sich auch die Anlagekosten für die Vorwärmung auf installierte kW, für die Speicherung auf gespeicherte kWh zurückführen. Bezieht man die gesamte Vorwärmeanlage auch bei Anzapfvorwärmung in die Betrachtung ein, so muß man auch die Verbesserung des Wärmewirkungsgrades der Maschinenanlage berücksichtigen. Dazu kommt dann der Einfluß der Speisung mit vorgewärmtem Wasser auf die Kesselanlage, der bereits im vorhergehenden Abschnitt kurz gestreift wurde. Als Folge ergibt sich entweder eine Verteuerung der Leistungseinheit oder aber eine Verschlechterung des Wirkungsgrades. Zusammenfassend sind für die Beurteilung der Gleichdruckspeicherung und Vorwärmung folgende Gesichtspunkte zu beachten:

1. Verschiebung der Anlagekosten durch:
Verringerung der zu installierenden Kesselleistung,
Verteuerung der Leistungseinheit der Kessel,
Kostenaufwand für die Speicheranlage,
Kostenaufwand für die Vorwärmeanlage.

2. Verschiebung der Kohlenkosten durch:
Verschlechterung des Kesselwirkungsgrades,
Verbesserung des Wirkungsgrades der Maschinenanlage bei Anzapfvorwärmung.

Hierzu treten strenggenommen noch weitere Änderungen, z. B. der Maschinenkondensatoren, Kesselspeisepumpen, Rohrleitungen u. a. m. Man kann aber annehmen, daß sich diese Einflüsse ausgleichen und sie daher aus der Betrachtung ausscheiden.

Es sollen nun zunächst die Auswirkungen auf die Kesselanlage und die Kosten für Vorwärmung und Speicherung in Abhängigkeit von der Speisetemperatur festgelegt werden, um eine Bewertung zu ermöglichen. Dabei wird unter Speisetemperatur immer die Temperatur vor einem etwa eingebauten Ekonomiser verstanden und dieser als Bestandteil des Kessels aufgefaßt.

Für die Verteuerung der Leistungseinheit der Kessel bei gleichbleibendem Vollastwirkungsgrad sind allgemein gültige Angaben nicht zu machen. Die Preisänderung hängt von den Einzelheiten der Anordnung und Konstruktion und des zu verfeuernden Brennstoffes ab, so daß das Ergebnis von Fall zu Fall sehr verschieden sein kann. Es wurde aber versucht, für ein Beispiel die Verhältnisse zu ermitteln und hierfür ein Kessel mit folgenden Werten gewählt:

Heizfläche 920 m²,
Frischdampf 25 atü, 400°,
Steinkohlenrostfeuerung,
Ekonomiser und Luftvorwärmer,
Luftvorwärmung konstant auf 100°,
Kohlenmenge konstant,
Wirkungsgrad bei Vollast konstant.

Die Gleichhaltung des Vollastwirkungsgrades wird durch Änderung der Heizflächen des Ekonomisers und Luftvorwärmers erreicht, ist aber praktisch nur in gewissen Grenzen durchführbar. Für die Preisverschiebung wurde dann die in Bild 3 dargestellte Abhängig-

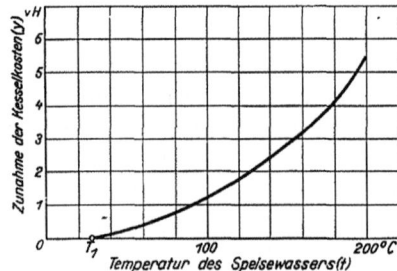
Bild 3. Änderung der Kesselkosten in Abhängigkeit von der Temperatur des Speisewassers bei unverändertem Vollastwirkungsgrad.

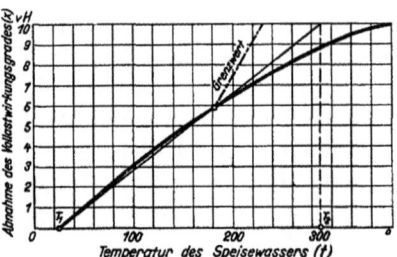
Bild 4. Abnahme des Vollastwirkungsgrades des Kessels in Abhängigkeit von der Temperatur bei unveränderten Anlagekosten.

keit von der Speisetemperatur gefunden. Die Kurve erhebt keinen Anspruch auf vollkommene Genauigkeit. Ihre Werte sind namentlich bei Temperaturen über 150° unsicher.

Auch die rechnungsmäßige Bestimmung der Verschlechterung des Vollastwirkungsgrades, die mit steigender Speisetemperatur bei gleichbleibender Kesselausführung zu erwarten ist, muß auf Annahmen gestützt werden. Betrachtet man hier lediglich den Einfluß auf den Ekonomiser, so ergibt sich folgendes Bild. Bei Speisung mit kaltem Wasser kommt der volle Anteil des Ekonomisers an dem Gesamtwirkungsgrad des Kessels zur Geltung. Dieser ist abhängig von der Größe der Heizfläche, der Temperatur der Rauchgase, dem Wärmeübergang usw. und soll für einen bestimmten Fall bei Speisung mit Wasser von 25° z. B. 10 vH betragen. Mit Steigerung der Speisetemperatur nimmt dieser Anteil ab und wird rechnerisch Null, wenn die Temperatur des Speisewassers die Temperatur der Rauchgase vor Eintritt in den Ekonomiser erreicht. Der Verlauf der Wirkungsgradabnahme in Abhängigkeit von der Temperatur wäre geradlinig, wenn der Wärmeübergang für alle Temperaturstufen unveränderlich bliebe. In Wirklichkeit weicht sie in geringem Maße hiervon ab. Die gefundenen Werte sind in Bild 4 kurvenmäßig dargestellt. Sie haben nur so weit Geltung, als die Temperatur des Speisewassers beim Austritt aus dem Ekonomiser die Sattdampftemperatur nicht erreicht. Diese Grenze hängt von dem Betriebsdruck des Kessels ab. Sie wurde in Bild 4 z. B. für 25 atü eingetragen. Für die Beurteilung des

Ergebnisses ist ferner zu berücksichtigen, daß die Temperatur der Rauchgase beim Eintritt in den Ekonomiser unabhängig von der Speisetemperatur unveränderlich angenommen wurde. Dies trifft in Wirklichkeit nicht zu. Der Einfluß wird aber erst bei höheren Speisetemperaturen praktisch fühlbar, so daß die Kurve als kennzeichnender Verlauf der Wirkungsgradabsenkung bis zu einer bestimmten Speisetemperatur (etwa 180°, bei höheren Betriebsdrücken bis etwa 200°) Anerkennung finden kann.

Bezieht man die Kosten für die Speicheranlage auf die gespeicherte Wassermenge, so bleibt für eine bestimmte Anordnung die Abhängigkeit vom Speicherdruck bzw. der Vorwärmetemperatur bestehen. Die verschiedenen Schaltungsarten unterscheiden sich im wesentlichen nur durch die Aufstellungshöhe der Warm- und Kaltspeicher, die auf die Baukosten von einigem Einfluß sein kann. Eine Ersparnis ließe sich erzielen, wenn man die Speicher ins Freie stellt, wogegen an sich keine Bedenken bestehen. Von Einfluß auf die Kosten ist ferner die Einzelgröße der Speicher, da eine größere Anzahl kleiner Speicher teurer wird als wenige große. Man kommt hier aber für die Warmspeicher an eine Grenze, die durch die Herstellungsweise gegeben ist. Diese liegt um so tiefer, je höher der Betriebsdruck des Speichers ist. Unabhängig hiervon ist eine Preisabsenkung je m³ Inhalt von einer bestimmten Speichergröße ab kaum mehr zu erzielen. Beschränkt man die Betrachtung auf Anlagen, bei denen diese Grenzgröße etwa erreicht ist, so lassen sich für die Kosten mittlere Einheitspreise angeben, die naturgemäß den allgemeinen Preisschwankungen unterworfen sind. Es wurde versucht, diese Zahlen zu ermitteln, und dabei eine Anlage nach Bild 1 mit Behältern von je 100 m³ Inhalt für Warm- und Kaltspeicherung zugrunde gelegt. Die hierfür aufzubringenden Kosten zerfallen auf folgende Einzelteile:

Warmspeicher,
Kaltspeicher,
Zusatzpumpe, Rohrleitungen und Armaturen, soweit sie für die reine Speicherung erforderlich sind,
Fundamente und Unterstützungen.

Das Ergebnis der Untersuchung zeigt Bild 5, worin die Kosten je kg gespeicherte Wassermenge angegeben sind. Der Aufwand für die Montage wurde bei den einzelnen Anlageteilen berücksichtigt. Die Aufstellung der Speicher ist im Freien gedacht, jedoch verschiebt sich das

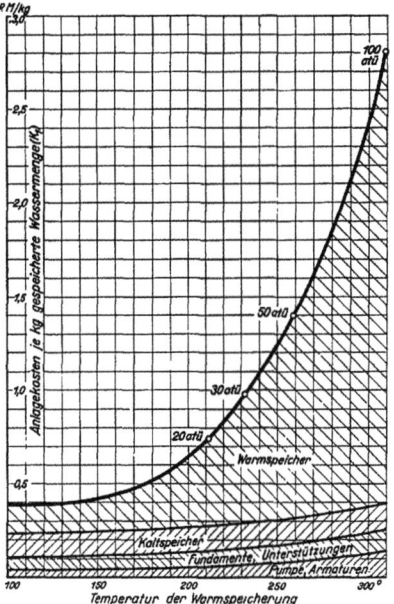

Bild 5. Kosten der Gleichdruckspeicherung je kg gespeicherte Wassermenge in Abhängigkeit von der Speichertemperatur.

Bild auch bei Unterbringung in einem geschlossenen Raum nur wenig, da die Speicher sich in den meisten Fällen derart in die Gesamtanordnung des Kraftwerkes bzw. der Vorwärmeanlage einfügen, daß die entstehenden Mehrkosten gering sind. Man sieht aus der Darstellung, wie die Gesamtkosten im unteren Temperaturbereich nur wenig ansteigen, um dann mit zunehmender Speichertemperatur immer stärker anzuwachsen. Den Hauptausschlag hierbei geben die Preise für den Warmspeicher, während sich die übrigen Kosten nur wenig ändern. Zu einem Urteil über die Wahl der Speichertemperatur darf diese Feststellung nicht führen. Hierfür ist nicht die gespeicherte Wassermenge, sondern das Arbeitsvermögen maßgebend.

Für die später aufzustellenden Gleichungen ist es von Vorteil, die Kurve des Bildes 5 in Abhängigkeit von der Speise- bzw. Speichertemperatur t auszudrücken. Als gute Annäherung wurde gefunden:

$$K_1 = a + b\left(\frac{t}{100}\right)^5 \text{RM/kg}, \tag{1}$$

wobei K_1 die Kosten je kg Speicherinhalt, a und b Konstanten bedeuten, für welche die Werte gefunden wurden:
$$a = 0{,}37,$$
$$b = 0{,}0085.$$

Die Kosten für die Vorwärmung sind unabhängig von der gespeicherten Wassermenge, wenn den vorstehenden Voraussetzungen entsprechend eine durchgehende Speisung mit vorgewärmtem Wasser angenommen wird. Sie werden bestimmt von der durchfließenden Kondensatmenge zur Zeit der Vollast, d. h. also für neuere Anlagen mit annähernd gleichem Vollastdampfverbrauch von der Leistung der zugehörigen Maschinen. Man kann demnach die Anlagekosten für die Vorwärmung, unabhängig davon, ob es sich um Anzapfvorwärmung oder um Vorwärmung mit Frischdampf handelt, mit großer Annäherung auf das installierte Maschinen-kW beziehen.

Über ausgeführte Anlagen liegt eine Reihe von Erfahrungswerten vor, die auch hier gestatten, den ungefähren Kostenaufwand in Abhängigkeit von der Vorwärmetemperatur anzugeben. In Bild 6 sind diese Zahlen für ein- und zweistufige Vorwärmung kurvenmäßig dargestellt. Sie gelten, wie die Angaben der Speicherkosten, für Apparate von einer gewissen Größe ab, bei denen der Preis je Leistungseinheit sich nicht mehr nennenswert verschiebt. Die heute bei neueren Kraftwerken fast allgemein mit der Vorwärmung verbundenen Verdampfer für die Aufbereitung des Kesselspeisewassers sind in der Kostenermittlung nicht berücksichtigt, da sie nicht als Bestandteil der Vorwärmeanlage aufzufassen sind. Wohl können die Brüdenkondensatoren als Stufe der Vorwärmung gelten. Im übrigen enthalten die Angaben die Kosten für die Vorwärmer, zusätzlichen Pumpen, Rohrleitungen und Armaturen, Unterstützungskonstruktionen, Fundamente und zugehörigen Bauten sowie für die Aufstellung. Dabei ist die Vorwärmung in der oberen Stufe durch Mischvorwärmer, in der unteren Stufe durch Oberflächenvorwärmer gedacht.

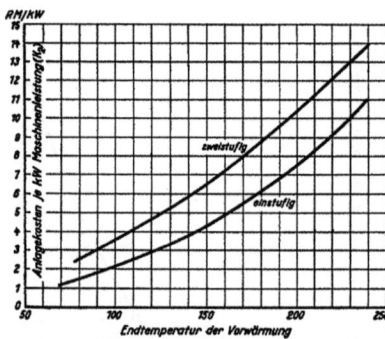

Bild 6. Kosten der Vorwärmung je kW zugehöriger Maschinenleistung in Abhängigkeit von der Endtemperatur der Vorwärmung.

Die Gesamtkosten lassen sich mit großer Annäherung ebenfalls durch eine Gleichung ausdrücken, und zwar von der Form:

$$K_2 = c + d\left(\frac{t}{100}\right)^2 \text{ RM/kW}; \qquad (2)$$

dabei bedeuten:

K_2 = Kosten der Vorwärmeanlage in RM/kW,
t = Endtemperatur der Vorwärmung,
c und d = Konstanten, für die

bei einstufiger Anordnung $\quad c = 0{,}4 \quad$ und $\quad d = 1{,}8$,

bei zweistufiger Anordnung $\quad c = 1{,}4 \quad$ und $\quad d = 2{,}3$
gefunden wurde.

4. Aufstellung der Grundgleichungen.

Es sollen nun die Grundgleichungen aufgestellt werden, die bei der Untersuchung der wärmewirtschaftlichen Verhältnisse benötigt werden. Dabei handelt es sich zunächst um Feststellung folgender Größen:

N = die mögliche Leistungssteigerung der Stromerzeugung bei Abstellung der Vorwärmung in vH der Ausgangsleistung und bei gleichbleibender Kesselleistung,

S = Steigerung des thermischen Wirkungsgrades durch Anzapfvorwärmung in vH gegenüber reinem Kondensationsbetrieb,

G = die je kWh Spitzendeckung zu speichernde Wassermenge.

Zunächst sei der allgemeine Fall mit mehrstufiger Anzapfvorwärmung betrachtet; es bezeichnen gemäß Bild 7

W_k, W_1, W_2, W_n, W = Wärmeinhalt des Dampfes je kg an den einzelnen Stufen,
t_k, t_1, t_2, t_n = zugehörige Sattdampftemperaturen in °.

Strenggenommen ist dann die mögliche Leistungssteigerung durch Speicherung bei Abstellung der Vorwärmung und gleichbleibender Kesselleistung, und sofern mit der Temperatur t_n gespeichert wird:

$$N = 100 \cdot \frac{(W_1 - W_k)\frac{t_1 - t_k}{W_1 - t_1} + (W_2 - W_k)\frac{t_2 - t_1}{W_2 - t_2}\left(1 + \frac{t_1 - t_k}{W_1 - t_1}\right) + (W_n - W_k)\frac{t_n - t_2}{W_n - t_n}\left(1 + \frac{t_1 - t_k}{W_1 - t_1}\right)\left(1 + \frac{t_2 - t_1}{W_2 - t_2}\right)}{(W - W_k) + (W - W_1)\frac{t_1 - t_k}{W_1 - t_1} + (W - W_2)\frac{t_2 - t_1}{W_2 - t_2}\cdot\left(1 + \frac{t_1 - t_k}{W_1 - t_1}\right) + (W - W_n)\frac{t_n - t_2}{W_n - t_n}\left(1 + \frac{t_1 - t_k}{W_1 - t_1}\right)\left(1 + \frac{t_2 - t_1}{W_2 - t_2}\right)} \quad (3)$$

Man macht einen unbedeutenden Fehler, wenn man vereinfacht schreibt:

$$N = 100 \cdot \frac{(W_1 - W_k)\frac{t_1 - t_k}{W_1 - t_1} + (W_2 - W_k)\frac{t_2 - t_1}{W_2 - t_2} + (W_n - W_k)\frac{t_n - t_2}{W_n - t_n}}{(W - W_k) + (W - W_1)\frac{t_1 - t_k}{W_1 - t_1} + (W - W_2)\frac{t_2 - t_1}{W_2 - t_2} + (W - W_n)\frac{t_n - t_2}{W_n - t_n}}. \quad (4)$$

Der Fehler der Gleichung (4) gegenüber der Gleichung (3) beruht darin, daß das Destillat des Heizdampfes bei der Feststellung der an den höheren Stufen der Vorwärmung zu entnehmenden Heizdampfmenge unberücksichtigt bleibt. Der Fehler ist also um so kleiner, je geringer die Stufenzahl ist. Für einstufige Vorwärmung wird die Gleichung unbeschränkt richtig.

Für überschlägige Rechnungen kann man eine weitere Vereinfachung treffen, wenn man annimmt, daß bei mehrstufiger Vorwärmung die Stufen so liegen, daß eine gleichmäßige Aufteilung des Wärmegefälles stattfindet. Dies entspricht nahezu der günstigsten Lage der Anzapfungen. Es wird dann:

$$W_1 - W_k = W_2 - W_1 = W_n - W_2;$$

setzt man ferner

$$W_1 - t_1 = W_2 - t_2 = W_n - t_n$$

und

$$t_1 - t_k = t_2 - t_1 = t_n - t_2,$$

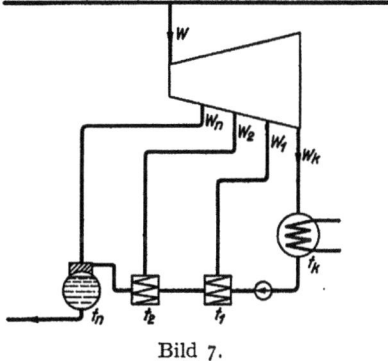

Bild 7.

so geht Gleichung (4) über in:

$$N = 100 \cdot \frac{(W_n - W_k)(t_n - t_k)\frac{n+1}{2n}}{(W - W_k)(W_n - t_k) - (W_n - W_k)(t_n - t_k)\frac{n+1}{2n}}, \quad (5)$$

wobei n die Stufenzahl der Vorwärmung angibt.

Für einstufige Vorwärmung stimmt auch diese Gleichung mit der Ausgangsgleichung (3) überein. Bei reiner Gleichdruckspeicherung und Vorwärmung mit Frischdampf wird

$$W_n = W,$$

womit man die einfache Beziehung erhält:

$$N = 100 \cdot \frac{t_n - t_k}{W - t_n}. \quad (6)$$

Die Wirkungsgradsteigerung durch Anzapfvorwärmung gegenüber reinem Kondensationsbetrieb ohne Vorwärmung ergibt sich unter Beibehaltung der Bezeichnungen nach Bild 7 aus der Gleichung:

$$S = 100 \cdot \frac{(W-W_k) + (W-W_1)\frac{t_1-t_k}{W_1-t_1} + (W-W_2)\frac{t_2-t_1}{W_2-t_2} + (W-W_n)\frac{t_n-t_2}{W_n-t_n}}{(W-W_k)\left(1 + \frac{t_1-t_k}{W_1-t_1} + \frac{t_2-t_1}{W_2-t_2} + \frac{t_n-t_2}{W_n-t_n}\right)} \cdot \frac{W-t_k}{W-t_n} - 100. \quad (7)$$

Durch Umstellung erhält man:

$$S = 100 \cdot \frac{1}{1 + \frac{(W_1-W_k)\frac{t_1-t_k}{W_1-t_1} + (W_2-W_k)\frac{t_2-t_1}{W_2-t_2} + (W_n-W_k)\frac{t_n-t_2}{W_n-t_n}}{(W-W_k) + (W-W_1)\frac{t_1-t_k}{W_1-t_1} + (W-W_2)\frac{t_2-t_1}{W_2-t_2} + (W-W_n)\frac{t_n-t_2}{W_n-t_n}}} \cdot \frac{W-t_k}{W-t_n} - 100. \quad (8)$$

Der Teil unter dem Bruchstrich enthält die Gleichung (4). Entspricht t_n der Endtemperatur der Vorwärmung und gleichzeitig der Temperatur der Speicherung, so geht Gleichung (8) über in:

$$S = 100 \frac{100}{100+N} \cdot \frac{W-t_k}{W-t_n} - 100. \quad (9)$$

Es besteht also ein enger Zusammenhang zwischen der Wirkungsgradsteigerung durch Anzapfvorwärmung und der möglichen Leistungssteigerung durch Speicherung mit der Endtemperatur der Vorwärmung. Gleichung (9) hat auch für den Grenzfall bei Vorwärmung mit Frischdampf Gültigkeit. Setzt man für N Gleichung (6) ein, so erhält man:

$$S = 100 \frac{1}{1 + \frac{t_n-t_k}{W-t_n}} \cdot \frac{W-t_k}{W-t_n} - 100; \quad (10)$$

daraus folgt: $S = 0$, wie auch aus der Überlegung als selbstverständlich hervorgeht.

Mögliche Leistungssteigerung und Verbesserung des Wärmewirkungsgrades durch Anzapfvorwärmung wirken sich nun gemeinsam auf die **Verringerung der zu installierenden Kesselleistung** aus. Zur Zeit der Spitzendeckung wird die Vorwärmung zwar außer Betrieb genommen; die Gleichungen für N gehen aber von dem normalen Betriebszustand aus, so daß für die Absenkung der erforderlichen Dampferzeugung **gegenüber einfachem Kondensationsbetrieb Leistungssteigerung durch Speicherung und Minderung des Wärmeverbrauches durch Anzapfvorwärmung zusammenzufassen sind**. Auch hierfür sei die Gleichung aufgestellt als Beantwortung der Frage: Um wieviel kann die Wärmeerzeugung bzw. die aufzustellende Kesselleistung durch Vorwärmung und Speicherung gegenüber reinem Kondensationsbetrieb bei einer bestimmten geforderten Höchstleistung der Maschinen verringert werden?

Die Gleichungen für N geben die mögliche Leistungssteigerung an; bei einer bestimmten Maschinenleistung beträgt dann die Absenkung der notwendigen Wärmeerzeugung durch Speicherung gegenüber dem Betrieb mit Vorwärmung $\frac{N \cdot 100}{N+100}$. Entsprechend ergibt sich für den Wärmeverbrauch durch Anzapfvorwärmung eine weitere Verringerung gegenüber einfachem Kondensationsbetrieb um $\frac{S \cdot 100}{S+100}$. Insgesamt kann also die zu installierende Kesselleistung bei einer bestimmten verlangten Maschinenleistung gegenüber reinem Kondensationsbetrieb ohne Speicherung um folgenden Anteil verringert werden:

$$L = \frac{N \cdot 100}{N+100} + \left(1 - \frac{N}{N+100}\right) \cdot \frac{S \cdot 100}{S+100}. \quad (11)$$

Wird S durch die in Gleichung (9) angegebene Beziehung ersetzt, so erhält man:

$$L = \frac{N \cdot 100}{N + 100} + \left[1 - \frac{N}{N + 100}\right] \cdot \left[100 - (N + 100) \frac{W - t_n}{W - t_k}\right] \tag{12}$$

und weiterhin:

$$L = 100 \cdot \frac{t_n - t_k}{W - t_k}. \tag{13}$$

Man kommt hier also zu folgendem einfachen und beachtlichen Ergebnis: **Der Einfluß der Gleichdruckspeicherung plus Vorwärmung auf die aufzustellende Kesselleistung ist völlig unabhängig von der Art und Stufenzahl der Vorwärmung. Da für gegebene Betriebsverhältnisse der Wärmeinhalt des Frischdampfes W und die Kondensattemperatur t_k als Konstanten aufzufassen sind, ist die Absenkung der Wärmeerzeugung lediglich bestimmt durch die Temperatur der Speicherung t_n.**

Es ist noch die zur Deckung einer bestimmten Spitzenarbeit zu speichernde Wassermenge zu ermitteln. Der Vollastdampfverbrauch einer Maschine betrage bei Betrieb mit Vorwärmung D_1 in kg/kWh, bei Abstellung der Vorwärmung D in kg/kWh und die damit verbundene Leistungssteigerung N. Nun werden je D_1 kg gespeicherter Warmwassermenge $N/100$ kWh Spitzenarbeit frei. Die je kWh Spitzenarbeit zu speichernde Wassermenge beträgt also:

$$G = \frac{D_1 \cdot 100}{N} \text{ kg/kWh}. \tag{14}$$

Der Dampfverbrauch D_1 hängt von der Höhe der Vorwärmung und Anzahl der Stufen ab. Um eine breitere Vergleichsgrundlage für die späteren Untersuchungen zu erhalten, sei der Dampfverbrauch bei reinem Kondensationsbetrieb zugrunde gelegt. Man erhält dann:

$$G = D \cdot \frac{100 + N}{N} \text{ kg/kWh}. \tag{15}$$

Man kann dann D in Gleichung (15) für gegebene Betriebsverhältnisse als Konstante ansehen und erhält für die je kWh zu speichernde Wassermenge lediglich die Abhängigkeit von N. Auch dann, wenn N nicht voll ausgenutzt, die Vorwärmung z. B. nur zum Teil abgestellt wird, bleibt Gleichung (15) bestehen. Sie hat also auch Gültigkeit, wenn eine Reglung der Vorwärmung in Abhängigkeit von der Leistungsanforderung stattfindet.

5. Auswertung der Grundgleichungen.

Für die Auswertung der Grundgleichungen wurden verschiedene Fälle durchgerechnet und dabei die Druckstufen 20, 30, 50 und 100 atü gewählt. Diese sind als Konzessionsdrücke der Kesselanlage aufzufassen, denen unter Berücksichtigung des Druckabfalles im Überhitzer und in der Frischdampfleitung und der notwendigen Spanne zwischen Konzessionsdruck und Betriebsdruck als Druckstufen vor der Turbine 16, 26, 44 und 90 atü entsprechen mögen. Die zugehörigen Temperaturen wurden mit 390, 435, 465, 465° hinter dem Überhitzer angenommen.

Als Dampfverbrauch wurden folgende Werte eingesetzt:

für	16	26	44	90 atü
	4,45	3,95	3,80	3,55 kg/kWh.

Diese Angaben gelten für reinen Kondensationsbetrieb und stellen den Verbrauch der Turbinen bei Vollast für die an den Klemmen der Generatoren abgegebenen kWh dar.

Auf Grund vorstehender Ausgangswerte wurde mit Hilfe der im vorhergehenden Abschnitt angegebenen Gleichungen die durch Abstellung der Vorwärmung mögliche Leistungssteigerung errechnet. Das Ergebnis zeigt Bild 8, und zwar in Abhängigkeit von der Temperatur der Speicherung, die gleichzeitig als Endtemperatur der Vorwärmung gedacht ist. Wird bei Anzapfvorwärmung nicht mit der Endtemperatur, sondern in einer Zwischenstufe gespeichert, so behalten Gleichungen und Kurven ihre Gültigkeit, sofern nur die Anzapfungen bis zur Speicherstufe berücksichtigt werden. Die Kurven sind errechnet für Vorwärmung durch Frischdampf, ein-, zwei- und ∞ stufige Anzapfung. Bei Vorwärmung durch Frischdampf ist der Einfluß des Betriebsdruckes so gering, daß er in der gewählten Darstellung nicht zum Ausdruck gebracht werden konnte. Im übrigen zeigen die Kurven, daß die mögliche Leistungssteigerung bei Vorwärmung mit Frischdampf die höchsten Werte annimmt. Die einstufige Anzapfung geht bei Sattdampftemperatur in diese Linie über. Bei ∞ stufiger Anzapfung wird die Leistungssteigerung am kleinsten. Diese Werte zeigen den theoretisch denkbaren Grenzfall, der auf der anderen Seite in der Vorwärmung durch Frischdampf liegt. Man sieht aus Bild 8 den Einfluß der Anzapfvorwärmung, die mit steigender Stufenzahl zu einer Verringerung der möglichen Leistungssteigerung um mehr als die Hälfte des bei Frischdampfvorwärmung Erreichbaren führt. Auch bei den praktisch am häufigsten vorkommenden Fällen ein- und zweistufiger Anzapfung ist die Abnahme der Leistungssteigerung erheblich. Eine Bewertung des Einflusses der Anzapfvorwärmung darf hieraus nicht erfolgen. Hierzu ist die Berücksichtigung der Wirkungsgradsteigerung erforderlich, die sie mit sich bringt.

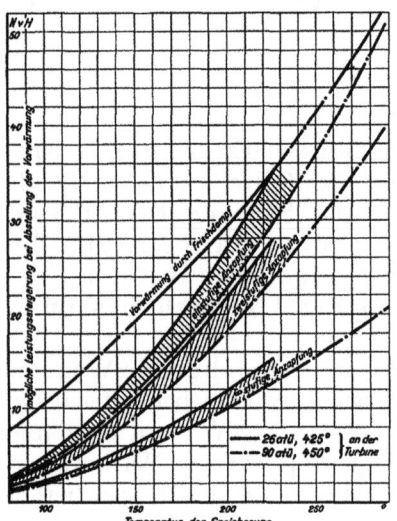

Bild 8. Mögliche Leistungssteigerung bei Abstellung der Vorwärmung in Abhängigkeit von der Temperatur der Speicherung.

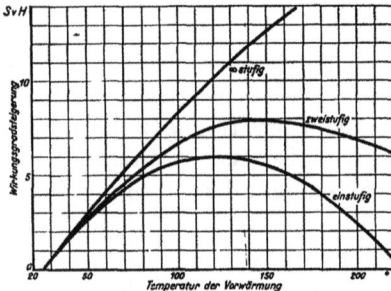

Bild 9. 26 atü, 425° an der Turbine.

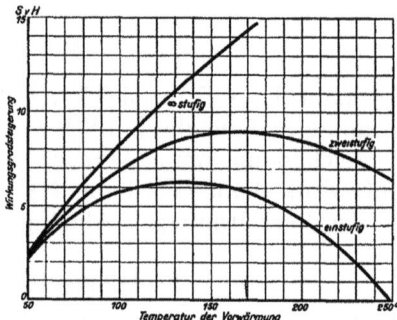

Bild 10. 44 atü, 450° an der Turbine.

Bilder 9 bis 11. Steigerung des Wirkungsgrades durch Anzapfvorwärmung.

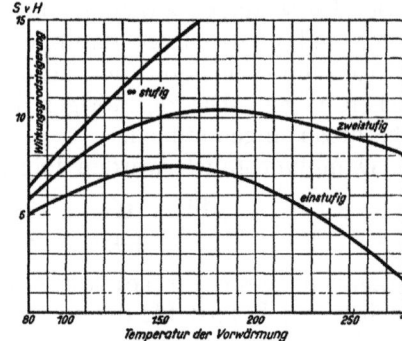

Bild 11. 90 atü, 450° an der Turbine.

Die Bilder 9 bis 11 geben für verschiedene Druckstufen die Höhe der Wirkungsgradsteigerung durch Anzapfvorwärmung, in Abhängigkeit von der Vorwärmtemperatur, an. Dabei wurde wieder ein-, zwei- und ∞stufige Anzapfung gewählt. Die Kurven zeigen den bekannten Verlauf, wonach für die einzelnen Drücke und Stufenzahlen bei einer bestimmten Temperatur ein Höchstwert der Verbesserung des Wirkungsgrades

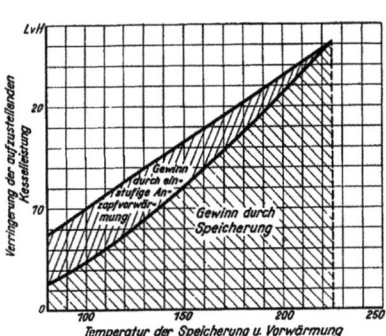

Bild 12. Verringerung der aufzustellenden Kesselleistung durch Anzapfvorwärmung und Speicherung. 26 atü, 425° an der Turbine. Einstufige Vorwärmung.

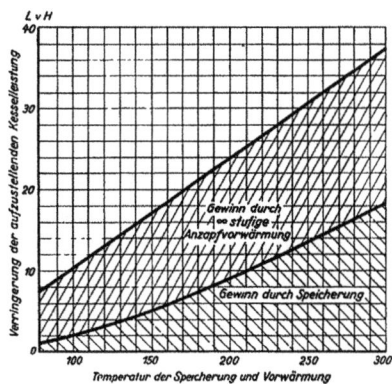

Bild 13. Verringerung der aufzustellenden Kesselleistung durch Anzapfvorwärmung und Speicherung. 90 atü, 450° an der Turbine. ∞stufige Vorwärmung.

auftritt. Dieser Höchstwert steigt mit dem Betriebsdruck und der Stufenzahl, womit sich gleichzeitig die zugehörige Vorwärmtemperatur nach oben verschiebt.

Die Steigerung des Wirkungsgrades durch Anzapfvorwärmung ist bei der Betrachtung der Gleichdruckspeicherung von großer Bedeutung. Es wäre falsch, aus der Darstellung des Bildes 8 zu schließen, daß sich bei reiner Gleichdruckspeicherung durch Frischdampfvorwärmung eine größere Ersparnis der Kesselkosten erzielen ließe als bei Speicherung plus Vorwärmung durch ein- oder mehrstufige Anzapfung. Abgesehen davon, daß im letztgenannten Falle die Verringerung des Brennstoffbedarfes hinzukommt, muß man bei Betrachtung der aufzustellenden Kesselleistung die Steigerung durch Speicherung plus Wirkungsgradänderung durch Vorwärmung gemeinsam berücksichtigen. Nur so ergibt sich eine gültige Vergleichsgrundlage gegenüber reinem Kondensationsbetrieb.

In den Bildern 12 und 13 wird die mögliche Verringerung der Kesselleistung durch Speicherung plus Vorwärmung in Abhängigkeit von der Speichertemperatur gezeigt. Der Wert für L ergibt nach Gleichung (13) eine Gerade, die sich nur wenig mit dem Betriebsdruck verschiebt. In der Darstellung sind zwei Grenzfälle angegeben, wie sich L auf Anzapfvorwärmung und Gleichdruckspeicherung aufteilt, und zwar für einstufige Vorwärmung bei einem Betriebsdruck von 26 atü und für ∞stufige Vorwärmung bei 90 atü. Je weiter die Anzapfvorwärmung ausgenutzt wird, um so mehr sinkt der Einfluß zusätzlicher Speicherung.

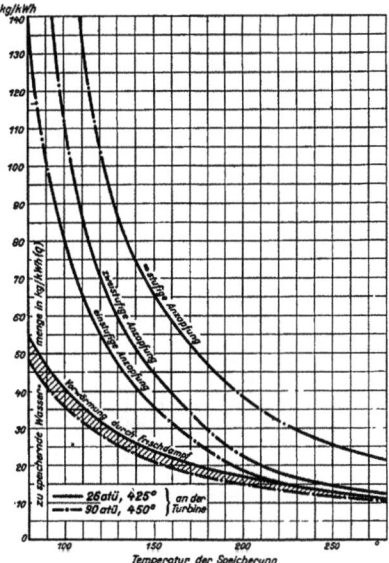

Bild 14. Zu speichernde Wassermenge in kg/kWh Spitzenarbeit in Abhängigkeit von der Temperatur der Speicherung.

Bild 14 zeigt die je kWh Spitzenarbeit zu speichernde Wassermenge in kg, abhängig von der Speichertemperatur. Für Vorwärmung mit Frischdampf wurden die Grenzfälle — Betriebsdruck 26 atü und 90 atü angegeben. — Bei Anzapfvorwärmung ist die Abhängigkeit vom Betriebsdruck so gering, daß sie in dem gewählten Maßstabe nicht zum Ausdruck kommt. Bild 14 läßt erkennen, wie die zu speichernde Wassermenge mit steigender

180 H. Schult: Wirtschaftlichkeit der Gleichdruckspeicherung bei Dampfkraftanlagen.

Speichertemperatur stark abnimmt. Betrachtet man hierzu den in Bild 5 angegebenen Verlauf der Kosten für je 1 kg Speicherraum, so läßt sich schon hier sagen, daß bei einer bestimmten Temperatur die Kosten für die Einheit der Spitzenarbeit einen kleinsten Wert annehmen. Die Untersuchung dieser Frage ist im folgenden Abschnitt durchgeführt. Bild 14 zeigt auch die Änderung der Speichermenge bei ein- oder mehrstufiger Anzapfvorwärmung gegenüber Frischdampfvorwärmung für die gleiche Arbeitsleistung. Auch hieraus ergeben sich Schlüsse, die später behandelt werden.

6. Kosten der gespeicherten Spitzenarbeit.

Für die Untersuchung der Gleichdruckspeicherung als Ersatz für vollen Ausbau der Kesselanlage sind nunmehr die Anlagekosten festzustellen für eine Einheit, die eine einfache Vergleichsgrundlage bietet. Diese ergibt sich aus den Gleichungen (1) und (15), in denen einmal der Preis je kg gespeicherter Wassermenge, sodann die je kWh Spitzenarbeit zu speichernde Menge vorgewärmten Wassers in kg angegeben ist. Aus der Zusammensetzung der Gleichungen ergeben sich die Kosten je kWh Spitzenarbeit zu:

$$B = K_1 \cdot G \quad \text{RM/kWh} . \tag{16}$$

Fügt man hierin die vollständigen Ausdrücke für Gleichungen (1) und (15) ein, so erhält man:

$$B = \left[a + b\left(\frac{t_n}{100}\right)^5\right] \cdot D \cdot \frac{(W - W_k)(W_n - t_k)}{(W_n - W_k)(t_n - t_k) \cdot \frac{n+1}{2n}} \quad \text{RM/kWh} . \tag{17}$$

Diese Formel stellt den allgemeinen Fall dar und gilt für Vorwärmung mit Frischdampf und Anzapfdampf. Um die Speichertemperatur zu ermitteln, die den kleinsten Wert der Anlagekosten ergibt, muß nach t_n differenziert werden. Nun ist aber der Wärmeinhalt des Heizdampfes W_n eine nicht auszudrückende Funktion von t_n, so daß ein Differenzieren nicht ohne weiteres möglich ist. Bei Vorwärmung mit Frischdampf geht W_n in W über, und aus Gleichung (17) wird:

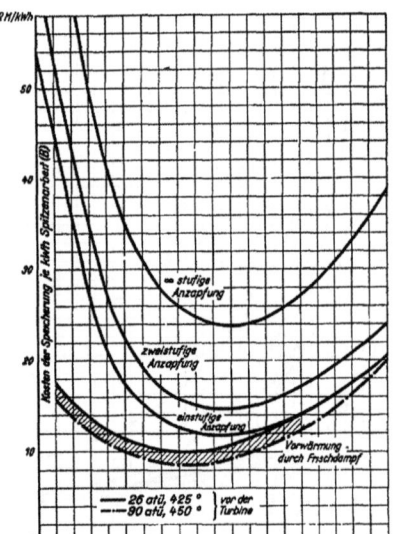

Bild 15. Kosten der Speicherung je kWh Spitzenarbeit in Abhängigkeit von der Speichertemperatur.

$$B = \left[a + b\left(\frac{t_n}{100}\right)^5\right] \cdot D \cdot \frac{W - t_k}{t_n - t_k} \quad \text{RM/kWh} . \tag{18}$$

Hierfür erhält man den kleinsten Wert der Kosten bei Erfüllung der Bedingung:

$$O = (t_n - t_k)\left[5b\left(\frac{t_n}{100}\right)^4\right] \cdot \frac{1}{100} - \left[a + b\left(\frac{t_n}{100}\right)^5\right] . \tag{19}$$

Die Lösung zeigt, daß die zugehörige Speichertemperatur bei Frischdampfvorwärmung unabhängig ist vom Dampfzustand vor der Turbine. Das gleiche gilt nach Gleichung (17) bei Anzapfvorwärmung, sofern man annimmt, daß zu einem bestimmten t_n bei allen Druckstufen ein fester Wert von W_n gehört. Dies trifft bei gleichem Verlauf der Gefällslinie in der Turbine zu, wird also für praktische Fälle mit großer Annäherung erreicht. Nach Gleichung (17) ist ferner die das Minimum der Anlagekosten ergebende Speichertemperatur unabhängig von der Stufenzahl der Anzapfvorwärmung, so daß es lediglich zwei kleinste Werte gibt, einen für Frischdampfvorwärmung und einen für Vorwärmung mit Anzapfdampf. Ihre Lage ist aus Bild 15 ersichtlich. Nach diesen Kurven treten die geringsten Kosten auf für Frischdampfvorwärmung bei einer Speichertemperatur von etwa 165°, für

Anzapfung bei etwa 185°. Zu diesen Temperaturen gehört nach Bild 8 eine mögliche Leistungssteigerung von etwa

23 vH bei Frischdampfvorwärmung,
19 bis 23 vH bei einstufiger Anzapfvorwärmung,
15 bis 18,5 vH bei zweistufiger Anzapfvorwärmung,
8,5 bis 10 vH bei ∞ stufiger Anzapfvorrichtung.

Hierbei gelten die kleineren Werte für einen Betriebsdruck von 90 atü, die größeren für einen Betriebsdruck von 26 atü vor der Maschine.

7. Mehrstufige Gleichdruckspeicherung.

Es ergibt sich nun die weitere Frage, wie die Speicherkosten auf dem kleinsten Wert gehalten werden können, wenn die geforderte Leistungssteigerung die mit den vorstehenden Temperaturen erreichbare übersteigt. Der Kurvenverlauf des Bildes 15 deutet die Lösung an, und zwar eine Speicherung in mehreren Temperaturstufen[1].

Bevor die Änderung der Anlagekosten durch mehrstufige Speicherung festgestellt wird, soll untersucht werden, wie die Schaltung und Arbeitsweise aussieht und inwieweit

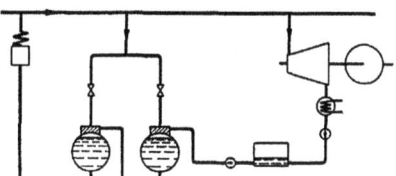
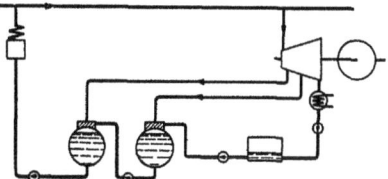

Bilder 16 u. 17. Schaltungsarten für zweistufige Speicherung.

die aufgestellten Grundgleichungen Gültigkeit behalten. Die Bilder 16 und 17 zeigen Schaltungsarten für Frischdampf- und Anzapfvorwärmung bei zweistufiger Speicherung. Hochdruck- und Niederdruckspeicher sind in ihrem oberen Teil als Mischvorwärmer gedacht. Der Niederdruckspeicher arbeitet mit einer Temperatur t_1, der Hochdruckspeicher mit einer Temperatur t_n, wobei infolge der Reihenschaltung die Vorwärmung zum Hochdruckspeicher lediglich den Temperaturunterschied $t_n - t_1$ aufzubringen hat. Die Deckung der Spitzenarbeit erfolgt in zwei Abschnitten, wonach zunächst der Zufluß zum Niederdruckspeicher gedrosselt wird, bis die mit der Speichertemperatur t_1 mögliche Leistungssteigerung erreicht ist. Bei weiterer Steigerung der angeforderten Leistung wird dann auch die Förderung vom Niederdruckspeicher zum Hochdruckspeicher eingestellt. Schaltung und Arbeitsweise bei Frischdampf- und Anzapfvorwärmung sind grundsätzlich gleich. Bei Frischdampfvorwärmung ist der Heizdampf, entsprechend den Temperaturen der Speicherstufen, auf zwei verschiedene Drücke herabzusetzen, während bei Anzapfung die beiden Speicher an verschiedenen Entnahmestellen angeschlossen sind.

Für die Ermittlung der Leistungssteigerung bleiben Gleichung (3) und folgende erhalten. Bei Anzapfvorwärmung gilt natürlich für die mögliche Steigerung mit dem Niederdruckspeicher nur die diesem vorgeschaltete Stufenzahl. Bei Frischdampfvorwärmung ist die Gesamtleistungssteigerung nach wie vor bestimmt durch die Endtemperatur t_n und gegeben durch Gleichung (6). Dies zeigt sich aus Gleichung (3), indem man für Frischdampfvorwärmung einsetzt $W_n = W$ und $W_1 = W$. Man erhält dann:

$$N = 100\left[\frac{t_1 - t_k}{W - t_1} + \frac{t_n - t_1}{W - t_n} + \frac{(t_n - t_1)(t_1 - t_k)}{(W - t_n)(W - t_1)}\right] = 100\frac{(W - t_1)(t_n - t_k)}{(W - t_1)(W - t_n)} = 100\frac{t_n - t_k}{W - t_n}. \quad (20)$$

Gleichung (20) stimmt also mit Gleichung (6) überein.

---
[1] DRP. angemeldet.

Unter Berücksichtigung der für die beiden Temperaturstufen der Speicherung geltenden verschiedenen Werte für N lassen sich nun aus Gleichung (17) die Kosten der in beiden Stufen gespeicherten Arbeitseinheit errechnen. Für die Ermittlung der Gesamtkosten bzw. der mittleren Kosten je Einheit ist aber festzustellen, wie sich bei einer gegebenen Spitzenfläche die geleistete Spitzenarbeit auf Hoch- und Niederdruckspeicher verteilt. Um diese Frage zu klären, seien beliebige Spitzenformen (Bilder 18 und 19) zugrunde gelegt, deren Höchstleistung eine bestimmte Temperatur der Speicherung erfordern soll. Dadurch ist die Temperatur der Hochdruckstufe t_n mit ihrer möglichen Leistungssteigerung N_n gegeben. Als Zwischenstufe kann nun eine Speicherung mit der Temperatur t_1 und dem zugehörigen Wert der Leistungssteigerung N_1 erfolgen. Für die Aufteilung der Spitzenarbeit ergibt sich dann folgende Lösung: Von der Zeit z_1 bis z_2 erfolgt die Deckung der Mehrleistung lediglich aus dem Niederdruckspeicher. Zur Zeit z_2 ist die mögliche Leistungssteigerung N_1 erreicht. Mit weiterem Zunehmen der angeforderten Leistung wird auch der Zufluß vom Niederdruck- zum Hochdruckbehälter gedrosselt, bis er zur Zeit z_3 bei der Höchstleistung N_n gänzlich abgestellt ist. Die Spitzenarbeit liefert dann ausschließlich der Hochdruckspeicher. Für den Verlauf der Arbeitsaufteilung von z_2 bis z_3 ergibt sich eine Linie, die zur Zeit z bei einer zu deckenden Höhe h gegeben ist durch die Beziehung

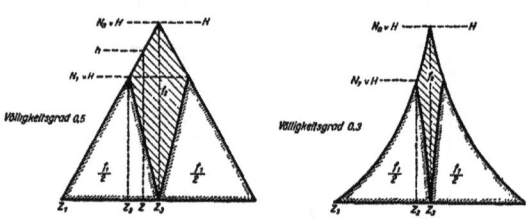

Bilder 18 u. 19. Verteilung der Spitzenarbeit bei zweistufiger Gleichdruckspeicherung.

$$N_1 - N_1 \frac{h - N_1}{N_n - N_1},$$

wobei der Maßstab so gewählt wurde, daß die Gesamthöhe H und die Höchstleistung N_n zusammenfallen. Die Richtigkeit geht aus folgender Überlegung hervor: Die Abstellung der Vorwärmung zum Niederdruckspeicher ergibt eine Leistungssteigerung N_1, die Abstellung der weiteren Vorwärmung zum Hochdruckbehälter eine zusätzliche Steigerung $N_n - N_1$. Für einen Teilwert $\delta (N_n - N_1)$, wobei $\delta \leq 1$ ist, bleibt für die Vorwärmung zum Hochdruckbehälter $(1 - \delta)$ der vollen Vorwärmdampfmenge zur Verfügung. Von der insgesamt zu speisenden Wassermenge kann mithin $(1 - \delta)$ vom Niederdruckspeicher dem Hochdruckspeicher zugeführt werden. Die Arbeitsleistung des Niederdruckspeichers ist entsprechend $(1 - \delta) N_1$. Ersetzt man δ durch die Beziehung

$$\frac{h - N_1}{N_n - N_1},$$

so erhält man den oben angegebenen Wert. Die Konstruktion der Arbeitsaufteilung läßt sich einfacher durchführen, indem man den Teil der Spitze oberhalb N_1 nach unten herumklappt und im Verhältnis

$$\frac{N_1}{N_n - N_1}$$

bis auf die Abszisse auseinanderzieht. Es ergeben sich dann zwei Flächen f_1 und f_2, von denen die eine vom Niederdruckspeicher, die zweite vom Hochdruckbehälter gedeckt wird. Sie stellen eine Arbeitsleistung in kWh dar, woraus sich nach Gleichung (15) die in beiden Stufen zu speichernde Warmwassermenge errechnen läßt.

Die Bilder 18 und 19 zeigen die Aufteilung der Arbeit zweier verschiedener Spitzenflächen unter Annahme einer beliebigen Zwischentemperatur. Bei der dreieckigen Spitzenfläche verläuft die Aufteilung gradlinig von N_1 zur Zeit z_2 nach Null zur Zeit z_3 (Spitzenhöchstleistung), während sie bei der Fläche mit konvexen Seitenlinien konkav verläuft. Man erkennt hieraus, daß die Form der Spitze auf den auf Hoch- und Niederdruckspeicher entfallenden Arbeitsanteil nicht ohne Einfluß ist. Je geringer der Inhalt der Spitzenfläche im Verhältnis zur Spitzengrundbreite, um so größer wird der Arbeitsanteil, der vom Niederdruckspeicher gedeckt werden kann. Entsprechend sind auch die mittleren Kosten für die gespeicherte Arbeitseinheit bei gleicher Höchstleistung und gleicher Spitzengrundbreite abhängig von dem Inhalt der Spitzenfläche. Diese Tatsache ist im folgenden zu berücksichtigen. Um hierfür eine einfache Vergleichsgrundlage zu erhalten, sei der Inhalt der Spitzenfläche gekennzeichnet durch den Völligkeitsgrad, der sich aus der Beziehung ergibt:

$$v = \frac{\text{Inhalt der Spitzenfläche}}{\text{Spitzenbreite} \times \text{Spitzenhöhe}}.$$

Der Völligkeitsgrad entspricht dem Belastungsfaktor für einen allgemeinen Belastungsverlauf und beträgt für die rechteckige Arbeitsfläche 1,0, für das Dreieck 0,5 und für die in Bild 19 dargestellte Spitze 0,3.

Kennt man die Aufteilung der Spitzenarbeit auf Hoch- und Niederdruckspeicher, so lassen sich die Gesamtkosten für zweistufige Speicherung unter Zuhilfenahme der Gleichung (16) und der folgenden berechnen. Sie betragen:

$$A = f_1 \cdot B_1 + f_2 \cdot B_2 \quad \text{RM}. \tag{21}$$

Hierin bedeuten:

f_1, f_2 die Arbeitsflächen der Niederdruck- und Hochdruckspeicherung in kWh,

B_1, B_2 die Kosten der Niederdruck- und Hochdruckspeicherung in RM/kWh.

Bei einer vorliegenden, geforderten Spitzenhöchstleistung ist B_2 als gegeben zu betrachten. Es gilt dann, den Wert für die Zwischenspeicherung zu ermitteln, für den Gleichung (21) ein Minimum wird. Nun sind f_1 und f_2 Funktionen von t_1 und für jede Spitzenform verschieden. Die allgemeine Form der Gleichung (21) läßt mithin eine Bestimmung des Optimums durch Differenzieren nicht zu. Auch wenn im einzelnen Falle f_1 als Funktion von t_1 auszudrücken ist, bleibt bei Anzapfvorwärmung als zweite Abhängige von der Speichertemperatur der Wärmeinhalt des Heizdampfes bestehen. Die die kleinsten Anlagekosten ergebende Temperatur für die Zwischenstufe ist demnach im allgemeinen nur durch Berechnung mehrerer Werte festzustellen.

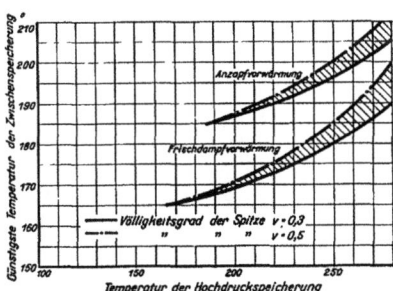

Bild 20. Günstigste Temperatur der Zwischenspeicherung in Abhängigkeit von der Temperatur der Hochdruckspeicherung.

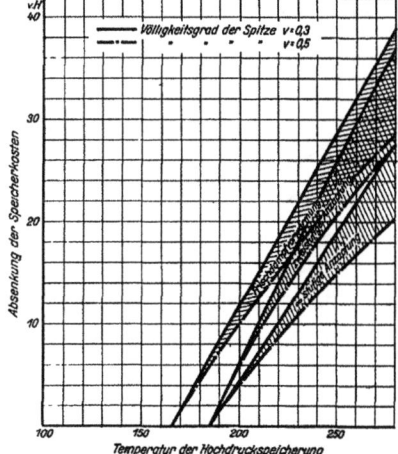

Bild 21. Absenkung der Speicherkosten durch zweistufige Speicherung gegenüber einstufiger Speicherung bei günstiger Wahl der Zwischenstufe in Abhängigkeit von der Temperatur der Hochdruckspeicherung.

Das Ergebnis ist in Bild 20 für die Völligkeitsgrade $v = 0,3$ und $v = 0,5$ dargestellt. Auch hier sind die Werte unabhängig vom Betriebsdruck und der Stufenzahl der Anzapfung. Man erkennt, daß mit Anwachsen der Temperatur der Hochdruckspeicherung, die durch die geforderte Leistungssteigerung bestimmt ist, auch die günstigste Temperatur der Zwischenstufe ansteigt, und zwar um so stärker, je größer der Völligkeitsgrad der Spitze ist. Beim Völligkeitsgrad 0 verlaufen die Kurven parallel zur Abszisse, d. h. die Temperatur der Zwischenstufe bleibt auf dem Wert für einstufige Speicherung (165° bzw. 185°) liegen.

Es soll nun weiter festgestellt werden, um wieviel die Anlagekosten der Gleichdruckspeicherung durch Einschaltung einer Zwischenstufe gesenkt werden können. Die Durchrechnung nach Gleichung (21) ergibt Werte, die in Bild 21 in vH der Kosten bei einstufiger Speicherung der gesamten Spitzenarbeit (Bild 15) angegeben sind. Es ist auch hier angenommen, daß die Temperatur der Hochdruckstufe im einzelnen Falle durch die angeforderte Höchstleistung gegeben ist. Die mögliche Verringerung der Speicherkosten wird dann um so größer, je weiter diese Temperatur von den günstigsten Werten bei einstufiger Speicherung (165° bzw. 185°) abrückt. Sie ändert sich auch mit dem Völligkeitsgrad der Spitze. Je geringer die Spitzenarbeit im Verhältnis zur Spitzenbreite, um so größer ist die Absenkung der Kosten. Die Grenzen für praktische Fälle sind in Bild 21 dargestellt. Daneben ist die Abhängigkeit von der Spitzenform in Bild 22 in ihrem ganzen Verlauf gezeigt, und zwar für Hochdruckspeicherung mit 250°, und zeigt die Werte für Vorwärmung mit Frischdampf, zweistufiger und ∞stufiger Anzapfung. Einstufige Anzapfvorwärmung kommt hier natürlich in Fortfall. Die Werte für zweistufige Anzapfung sind mit Vorsicht zu betrachten, da die Temperaturen der Zwischenstufe lediglich nach den kleinsten Anlagekosten der Speicherung gewählt sind und mit den wärmewirtschaftlich günstigsten nicht übereinstimmen. Diese liegen für praktische Fälle wesentlich tiefer. Erst bei sehr hohen Temperaturen der Hochdruckspeicherung (etwa 300°) fallen die günstigsten Temperaturen der Niederdruckspeicherstufe und der Vorwärmung zusammen. Aus diesem Grunde ist auch der Verlauf der Kostenabsenkung bei Abweichung von der günstigsten Zwischentemperatur von Interesse. Für eine konstant angenommene Temperatur der Hochdruckspeicherung von 250° sind diese Zusammenhänge in Bild 23 gezeigt. Bei zweistufiger Anzapfvorwärmung liegt die wärmewirtschaftlich günstigste Zwischentemperatur bei etwa 130°, während das Maximum der Kostenabsenkung eine Temperatur von etwa 195° verlangt. Bei einer Zwischenspeicherung mit 130° geht die Kostenabsenkung von etwa 24 vH auf etwa 4 vH zurück.

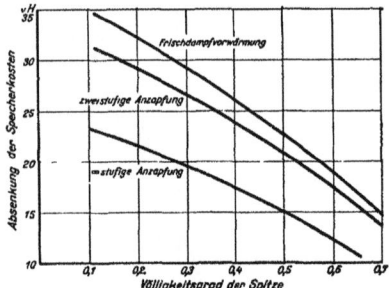
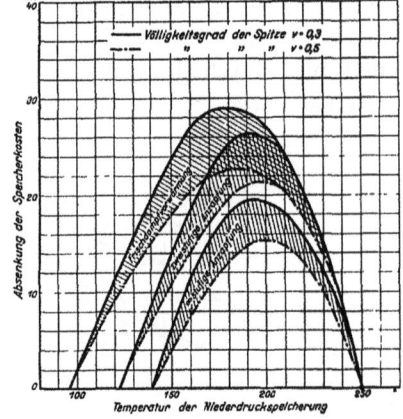

Bild 22. Absenkung der Speicherkosten durch zweistufige Speicherung gegenüber einstufiger Speicherung mit 250° bei günstigster Wahl der Zwischenstufe in Abhängigkeit vom Völligkeitsgrad der Spitze.

Bild 23. Absenkung der Speicherkosten durch zweistufige Speicherung gegenüber einstufiger Speicherung mit 250° in Abhängigkeit von der Temperatur der Niederdruckspeicherung.

Auch die Frage mehrstufiger Speicherung kann deshalb nur im Zusammenhang mit der Gesamtwirtschaftlichkeit, d. h. den Energiegestehungskosten der Anlage, betrachtet werden. Bevor hierauf im folgenden Abschnitt eingegangen wird, soll das Ergebnis der Untersuchungen über die Kosten der Gleichdruckspeicherung noch einmal kurz zusammengefaßt werden:

Bei einstufiger Gleichdruckspeicherung liegen die günstigsten Temperaturen in bezug auf die Kosten der Speicheranlage für Frischdampfvorwärmung bei etwa 165°, für Anzapfvorwärmung bei etwa 185°. Werden mit Rücksicht auf die geforderte Leistungssteigerung höhere Speichertemperaturen verlangt, so bringt eine zweistufige Speicherung mit verschiedenen Temperaturen eine um so größere Preisabsenkung, je höher die Temperatur der Hochdruckstufe und je kleiner der Völligkeitsgrad der Spitze ist.

8. Geldlicher Wirkungsgrad der Vorwärmung und Speicherung.

In den vorstehenden Abschnitten wurden die Einflüsse der Vorwärmung und Speicherung auf Wirkungsgrad, Anlagekosten und Leistungssteigerung getrennt untersucht. Um ein vollständiges Bild über die wirtschaftliche Auswirkung zu erhalten, müssen die einzelnen Faktoren zusammengefaßt und festgestellt werden, welche Kostenersparnis insgesamt zu erzielen ist. Hieraus ergibt sich von selbst die Frage nach der wirtschaftlichsten Temperatur der Vorwärmung und Speicherung. Das Ergebnis des vorhergehenden Abschnittes ist hierfür nicht maßgebend, da die zugrunde gelegten Untersuchungen lediglich die Anlagekosten der Speicherung berücksichtigen, nicht aber die Einflüsse auf Wirkungsgrad und Kesselkosten. Die Betrachtung der wirtschaftlichen Auswirkung muß einmal die Verschiebung der Anlagekosten umfassen, sodann die Änderung des Wirkungsgrades, d. h. der Kohlekosten des Werkes. Geht man von normalem Kondensationsbetrieb, ohne Vorwärmung des Speisewassers aus, so läßt sich sagen:

Vorwärmung und Speicherung beeinflussen

die Anlagekosten durch:
1. Absenkung der zu installierenden Kesselleistung nach Gleichung (13),
2. Verteuerung der Leistungseinheit der Kessel infolge Einbaues von Lufterhitzern od. dgl. nach Bild 3,
3. Kosten der Speicheranlage nach Gleichung (16),
4. Kosten der Vorwärmeanlage nach Gleichung (2);

die Kohlekosten durch
5. Verbesserung des Wirkungsgrades infolge Anzapfvorwärmung nach Gleichung (7)[1].

An Stelle des zweiten Gliedes kann auch eine Verschlechterung des Kesselwirkungsgrades nach Bild 4 treten bzw. ein Zwischenwert, wonach, sowohl mit einer Verteuerung der Leistungseinheit, als auch mit einer Minderung des Kesselwirkungsgrades zu rechnen ist. Um die Betrachtung zunächst einfach zu halten, wird hierauf erst später eingegangen.

Für die Ermittlung des geldlichen Wirkungsgrades, d. h. der jährlichen Kostenersparnis durch Vorwärmung und Gleichdruckspeicherung, läßt sich nun folgende Gleichung aufstellen, deren Einzelglieder der vorstehend angegebenen Reihenfolge 1 bis 5 entsprechen:

$$V = + \frac{L}{100} \cdot P \cdot KK \cdot \frac{Z_i}{100} \cdot R \\ - \left(1 - \frac{L}{100}\right) \cdot \frac{y}{100} \cdot P \cdot K_e \cdot \frac{Z_i}{100} \cdot R \\ - A \cdot \frac{Z_i}{100} \cdot R \\ - K_2 \cdot \left(1 - \frac{L}{100}\right) \cdot P \cdot \frac{Z_i}{100} \cdot R \\ + \frac{S}{100 + S} \cdot J \cdot P \cdot 8760 \cdot m \cdot q \quad \text{RM/Jahr.} \qquad (22)$$

---

[1] Der Einfluß des Belastungsausgleichs der Speicherung auf den Jahreswirkungsgrad bleibt hierbei zunächst unberücksichtigt und wird im folgenden Abschnitt behandelt.

Hierin bedeuten:

L = Absenkung der zu installierenden Kesselleistung in vH [Gleichung (13), Bilder 12 und 13],

P = geforderte Spitzenleistung des Werkes in kW,

R = Reservefaktor, der für Kesselanlage, Vorwärme- und Speicheranlage gleich hoch angenommen wurde,

KK = Anlagekosten in RM/kW installierter Kesselleistung bei Kondensationsbetrieb einschließlich der Bauten und Hilfseinrichtungen,

K_e = Anlagekosten in RM/kW installierter Kesselleistung bei Kondensationsbetrieb ausschließlich der Bauten und Hilfseinrichtungen,

Z_i = Kapitaldienst je Jahr in vH (Verzinsung, Abschreibung, Erneuerung),

y = Verteuerung der Leistungseinheit der Kessel in vH (Bild 3),

A = Anlagekosten der Gleichdruckspeicherung in RM, wobei $A = B \cdot F$,

F = zu deckende Spitzenarbeit in kWh,

B = Kosten in RM/kWh gespeicherter Spitzenarbeit [Gleichung (16), Bild 15],

K_2 = Kosten der Vorwärmeanlage in RM/kW [Gleichung (2), Bild 6],

S = Wirkungsgradsteigerung in vH durch Anzapfvorwärmung [Gleichung (7), Bilder 9 bis 11],

J = Wärmeverbrauch der Kessel und Maschinen bei reinem Kondensationsbetrieb und Vollast je kWh,

m = Jahresbelastungsfaktor,

q = Preis der WE frei Kraftwerk in RM.

Bei Anwendung der Gleichung (22) ist nun folgendes zu beachten: Der nach Gleichung (13) errechnete Wert für L gilt nur dann, wenn die Endtemperatur der Vorwärmung und die der Speicherung zusammenfallen, und wenn die zu dieser Temperatur gehörige mögliche Leistungssteigerung voll ausgenutzt wird. An sich wäre es durchaus denkbar, daß die wirtschaftlichste Speichertemperatur höher liegt, als für die Deckung der wirtschaftlichen Spitze erforderlich wäre. Der Grenzwert der wirtschaftlichen Spitzendeckung ist durch die Spitzengrundbreite gegeben, und zwar derart, daß das Produkt aus den Kosten für die Einheit der gespeicherten Arbeit und der Spitzengrundbreite nicht größer sein darf, als die Kosten der gleichwertigen installierten Kesselleistung.

Es ergibt sich also für Gleichung (22) folgende Anwendung: Für einen bestimmten zu untersuchenden Fall sind Kesselkosten, Kapitaldienst, Wärmeverbrauch, Kohlekosten und Belastungsfaktor bekannt und demnach als Konstanten zu werten, so daß lediglich die von der Temperatur der Vorwärmung und Speicherung abhängigen Glieder als Veränderliche bestehen bleiben. Man ermittelt nun nach Gleichung (22) die Temperatur, die einen Höchstwert der jährlichen Kostenersparnis ergibt. Die zu dieser Temperatur gehörige mögliche Leistungssteigerung liefert für den zugrunde gelegten Belastungsverlauf einen bestimmten Wert der Spitzenbreite. Es ist zu prüfen, ob hierfür die vorstehende Bedingung erfüllt ist. Die anschließend durchgerechneten Beispiele zeigen aber, daß für normale Lastdiagramme öffentlicher Elektrizitätswerke der günstigste Temperaturwert nach Gleichung (22) so tief liegt, daß das zulässige Maß der Spitzengrundbreite bei weitem eingehalten wird. Auch hinsichtlich der Beurteilung der Frage ein- oder zweistufiger Speicherung kann als Ergebnis der folgenden Beispiele vorweggenommen werden, daß die günstigsten Speichertemperaturen praktisch kaum so hoch liegen — über 165° bei Frischdampfvorwärmung, über 185° bei Anzapfvorwärmung —, daß mehrstufige Speicherung mit verschiedenen Temperaturen eine weitere Absenkung der Anlagekosten bringt.

Um nun zu einer Beurteilung des praktischen Wertes der Vorwärmung und Speicherung zu kommen, wurde Gleichung (22) für die verschiedensten Fälle durchgerechnet und das Ergebnis in Abhängigkeit von der Speichertemperatur kurvenmäßig dargestellt. Dabei wurde versucht, die Veränderlichen der Gleichung so zu wählen, daß sie wirklichen Verhältnissen möglichst nahekommen und die Lösung allgemeingültige Schlüsse zuläßt. Es wurden folgende Ausgangswerte für die Durchrechnung zugrunde gelegt:

Betriebsdruck 16 26 44 90 atü,
$KK =$ 75 80 90 100 RM/kW,
$K_e =$ 45 50 60 70 RM/kW,
$J =$ 4130 3750 3600 3330 WE/kWh,
$P = 100000$ kW,
$Z_i = 15$ vH,
$R = 1,25$,
$m = 0,5$,
$q = 0,25 \cdot 10^{-5}$ RM/WE.

Die übrigen Faktoren der Gleichung (22) sind durch die Formeln bzw. Kurven der vorstehenden Abschnitte bekannt. Für die Festlegung der Anlagekosten der Speicherung ist noch die Form der Spitze maßgebend. Es wurde in allen Fällen eine dreieckige Spitze angenommen. Denkt man sich die Schenkel dieses Dreiecks bis zur Grundlinie des Belastungsdiagrammes verlängert, so erhält man unabhängig von der Höhe der abgeschnittenen Spitze ein Kennzeichen für die Breite. Als Normalwert wurde diese Breite b_r des bis zur Grundlinie verlängerten Dreieckes mit 16 Stunden eingesetzt.

Gleichung (22) enthält in ihren vier ersten Gliedern den Einfluß der Anlagekosten, während das fünfte Glied den Kohlenverbrauch berücksichtigt. Um nun den Einfluß des Kohlenverbrauches bzw. der Anlagekosten bei Abweichung von den angegebenen Normalwerten zu erfassen, wurde der Begriff des Kohlenfaktors f_q und des Kostenfaktors f_a eingeführt. Stimmt das Produkt $J \cdot m \cdot q$ mit dem der Normalwerte überein, so bezeichnet man den Kohlenfaktor mit „1". Die Abweichung hiervon wird durch die entsprechende Verhältniszahl gekennzeichnet. Ebenso wird der Kostenfaktor durch das Verhältnis der Abweichung von den zugrunde gelegten Preiszahlen bestimmt, wobei angenommen sei, daß die Ver-

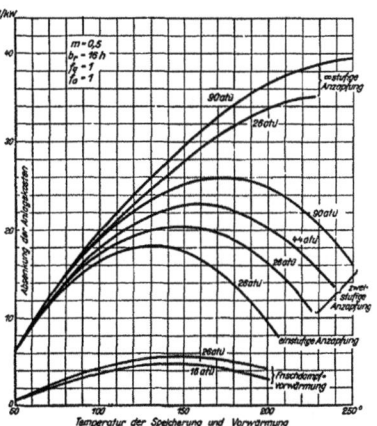

Bild 24. Geldlicher Wirkungsgrad der Vorwärmung und Speicherung bezogen auf die Absenkung der Anlagekosten je installiertes kW.

schiebung für alle Anlageteile etwa gleichmäßig ist. Man erreicht hierdurch zunächst einmal eine möglichst breite Grundlage für die Betrachtung, wobei es dem Einzelfalle mit bestimmten vorliegenden Betriebsverhältnissen vorbehalten sein muß, das Ergebnis zu prüfen.

Bild 24 zeigt zunächst die Auswertung der Gleichung (22) für verschiedene Betriebsdrücke und Arten der Vorwärmung. Dabei wurde das Ergebnis zur Gewinnung einer fühlbaren Vergleichsgrundlage umgerechnet auf „Absenkung der Anlagekosten" in RM je installiertes kW. Der kleinste Gewinn wird bei Frischdampfvorwärmung erzielt, wobei das Optimum der Speichertemperatur bei etwa 150° liegt. Die Speicherung mit Anzapfvorwärmung bringt ein Mehrfaches der Kostenabsenkung. Hier ist die günstigste Temperatur abhängig vom Druck und der Anzahl der Vorwärmstufen und liegt zwischen 130° bei 26 atü und einstufiger Anzapfung und 175° bei 90 atü und zweistufiger Anzapfung. Die Kurven verlaufen aber im oberen Teil sehr flach, so daß man vom günstigsten Wert nur unbedeutend abweicht, wenn in allen Fällen eine Temperatur von 150° gewählt wird. Bei ∞stufiger Anzapfung liegt die wirtschaftliche Vorwärmtemperatur immer bei Sattdampf. Dieser Fall hat nur theoretischen Wert und soll zeigen, wo überhaupt die denkbare Grenze des erzielbaren Gewinnes liegt.

188 H. Schult: Wirtschaftlichkeit der Gleichdruckspeicherung bei Dampfkraftanlagen.

Bevor aus dem Verlauf der Linien allgemeine Schlüsse gezogen werden, ist zu untersuchen, wie sich das Ergebnis mit Änderung der Ausgangsgröße verschiebt. Die Bilder 25 und 26 zeigen den Einfluß des Belastungsfaktors, dem eine bestimmte Spitzenbreite zugeordnet wurde. Bei Anzapfvorwärmung steigt mit dem Belastungsfaktor der Gewinn, weil hier das Kohleglied — das fünfte Glied der Gleichung (22) — als positiver Faktor stärker in Erscheinung tritt. Bei Frischdampfvorwärmung ist der Einfluß des Belastungsfaktors umgekehrt, das Kohleglied kommt in Fortfall und die Verbreiterung der Spitze wirkt

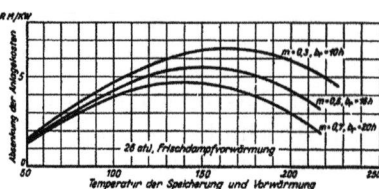

Bilder 25 u. 26. Geldlicher Wirkungsgrad nach Bild 24 bei Änderung des Belastungsfaktors und der Spitzenbreite. $f_q = 1$, $f_a = 1$.

sich lediglich in der Verteuerung der Speicheranlage aus. Auch die Verschiebung der günstigsten Temperatur für die Speicherung ist in beiden Fällen entgegengesetzt, ist aber an sich gering. Man kann auch hier bei der Temperatur von 150° bleiben, ohne nennenswert vom erreichbaren Höchstwert abzuweichen.

Bild 27 zeigt den Einfluß der Spitzenbreite bei gleichbleibendem Belastungsfaktor. Je geringer die Spitzenarbeit, um so flacher verläuft die Kurve bei gleichzeitiger Verschie-

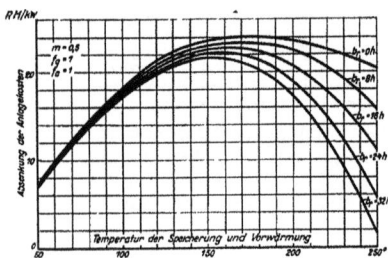
Bild 27. Einfluß der Spitzenbreite auf den geldlichen Wirkungsgrad. 44 atü, zweistufige Anzapfung.

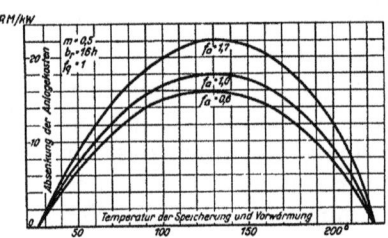
Bild 28. Einfluß des Kostenfaktors (f_a) auf den geldlichen Wirkungsgrad. 26 atü, einstufige Anzapfung.

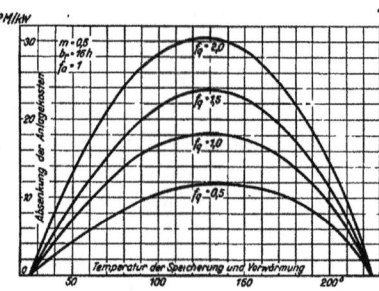
Bild 29. Einfluß des Kohlenfaktors (f_q) auf den geldlichen Wirkungsgrad. 26 atü, einstufige Anzapfung.

bung der günstigsten Speichertemperatur nach oben. Eine Nichtberücksichtigung des Einflusses der Spitzenbreite bei der Wahl der Temperatur bleibt aber von untergeordneter Bedeutung.

Es ist nun noch zu untersuchen, wie sich die Änderung des Kosten- und Kohlenfaktors auf den Verlauf der Kostenabsenkung auswirkt. Das Ergebnis ist in den Bildern 28 und 29 für 26 atü Betriebsdruck bei einstufiger Anzapfvorwärmung gezeigt. Der Kostenfaktor wurde in den Grenzen 1,7 bis 0,6 geändert, der Kohlenfaktor von 0,5 bis 2,0. Man erkennt aus der Darstellung, daß die Verschiebung der günstigsten Vorwärmtemperatur nach wie vor gering ist. Der erzielbare Gewinn schwankt mit dem Kostenfaktor um etwa 30 vH, während der Einfluß des Kohlenfaktors etwa 200 vH beträgt. Um den Grenzbereich für die zu wählende Vorwärmtemperatur und die dabei erzielbare Absenkung der Anlagekosten übersehen zu können, wurden in Bild 30 die günstigsten Werte für verschiedene Faktoren kurvenmäßig dargestellt. Es ergibt sich eine Linienschar, aus der sich auch die

Zwischenpunkte für einen beliebigen Kohlen- und Kostenfaktor mit hinreichender Genauigkeit bestimmen lassen. Bild 30 erfaßt zwischen $f_a = 0{,}6$ bis $1{,}7$ und $f_q = 0{,}5$ bis $2{,}0$ die Grenzbereiche, die für deutsche Verhältnisse praktisch vorkommen dürften. Die Darstellung zeigt, daß der Vorteil der Vorwärmung bei gleichzeitiger Gleichdruckspeicherung um so größer wird, je höher die Anlagekosten und je höher die Kohlenkosten sind. Hierbei geben die Kohlenkosten den Ausschlag. Die günstigste Temperatur für die Vorwärmung wird von Kosten- und Kohlenfaktor nur wenig beeinflußt. Sie liegt in den Grenzen von 125 bis 138°. Wie schon gesagt und aus den Bildern 28 und 29 zu ersehen ist, unterschreitet man bei Wahl einer mittleren Temperatur den Höchstwert der Kostenabsenkung nur um unbedeutende Beträge.

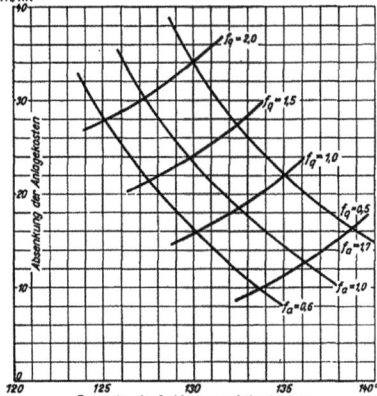

Bild 30. Einfluß des Kostenfaktors (f_a) und des Kohlenfaktors (f_q) auf den geldlichen Wirkungsgrad. Günstigste Werte für 26 atü, einstufige Anzapfung.

Auf Grund der vorstehenden Feststellungen und Überlegungen ergibt sich folgende Beurteilung der Vorwärmung und Gleichdruckspeicherung: Die Kurven des Bildes 24 können als Mittelwerte für den erzielbaren Gewinn und als Anhaltspunkte für die zu wählende Vorwärmtemperatur aufgefaßt werden. Danach liegt die zu wählende Vorwärmtemperatur:

für	26 atü	26 atü	44 atü	90 atü	90 atü Betriebsdruck an der Maschine
und	einstufiger	zweistufiger	zweistufiger	zweistufiger	dreistufiger Anzapfung
bei	130°	150°	160°	175°	190°

Der erzielbare Gewinn, bezogen auf Absenkung der Anlagekosten, beträgt je nach Kohlenpreis, Belastungsfaktor und Anlagekosten 10 bis 40 RM/kW.

Bei der Auswertung der Gleichung (22) wurde zunächst angenommen, daß die volle mögliche Leistungssteigerung, die sich bei den errechneten Vorwärmtemperaturen ergibt, ausgenutzt wird. Es ist noch zu untersuchen, ob hierbei die höchstzulässige Spitzenbreite eingehalten wird. Die oben angegebenen günstigsten Vorwärmtemperaturen lassen nach Bild 8 etwa folgende Leistungssteigerung zu:

26 atü	26 atü	44 atü	90 atü	90 atü
einstufig	zweistufig	zweistufig	zweistufig	dreistufig
10 vH	11 vH	12 vH	13 vH	14 vH

Bei einem normalen Belastungsverlauf öffentlicher Elektrizitätswerke für den Tag der Jahreshöchstlast wird bei den vorstehend angegebenen vH-Zahlen die höchstzulässige Spitzenbreite bei weitem nicht erreicht (Bild 38), so daß die volle mögliche Leistungssteigerung ausgenutzt werden kann und eine Errechnung der günstigsten Vorwärmtemperatur mit einer kleineren wirtschaftlichen Leistungssteigerung nicht in Frage kommt. Leistungssteigerungen, die eine über die wirtschaftliche Grenze hinausgehende Spitzenbreite ergeben, sind erst bei sehr hohen Vorwärmtemperaturen mit geringer Stufenzahl der Vorwärmung bzw. mit Frischdampfvorwärmung denkbar. Diese Betriebsart scheidet aber für praktische Verhältnisse aus, da eine hohe Temperatur nur bei mehrstufiger Vorwärmung in Frage kommt. Bei hohem Druck und großer Stufenzahl verschiebt sich die günstigste Vorwärmtemperatur zwar nach oben, da aber nach Bild 8 die bei einer bestimmten Temperatur mögliche Leistungssteigerung mit steigendem Druck und erhöhter Stufenzahl abnimmt, bleibt die tatsächliche Änderung der Leistungssteigerung in engen Grenzen.

Es ist nun auch zu erkennen, inwieweit zweistufige Gleichdruckspeicherung praktische Beachtung verdient. Für Anzapfvorwärmung wurde bezüglich der Anlagekosten als günstigste Temperatur einstufiger Gleichdruckspeicherung 185° gefunden (Bild 15). Erst bei Überschreitung dieser Temperatur bringt eine zweistufige Speicherung Vorteile. Bei den vorstehend behandelten praktischen Fällen wird selbst bei 90 atü und dreistufiger Anzapfung die günstigste Vorwärmtemperatur nur um ein geringes höher. Man kann ohne weiteres sagen, daß sich hierbei zweistufige Speicherung noch nicht lohnt. Erst bei großer Stufenzahl der Anzapfung und hohem Betriebsdruck kann durch mehrstufige Speicherung eine weitere Absenkung der Anlagekosten erzielt werden. Für 90 atü Betriebsdruck, ∞stufige Anzapfung liegt die günstigste Vorwärmtemperatur bei etwa 300°. Die dabei mögliche zusätzliche Absenkung der Anlagekosten, umgerechnet auf das installierte kW, beträgt bei einem Belastungsfaktor von 0,5 und einer Breite der zur Grundlinie verlängerten Spitze von 16 Stunden etwa 5 RM/kW. Bei 26 atü, ∞stufiger Anzapfung sind bei Vorwärmung auf Sattdampftemperatur (etwa 225°) 0,3 RM/kW zu erreichen. Man sieht hieraus, daß mehrstufige Gleich-

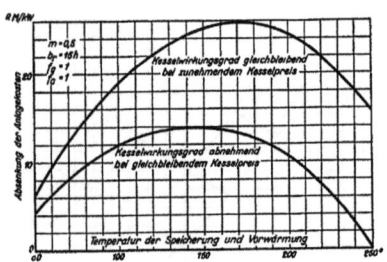

Bild 31. Einfluß des Kesselwirkungsgrades und des Kesselpreises auf den geldlichen Wirkungsgrad.
90 atü, zweistufige Anzapfung.

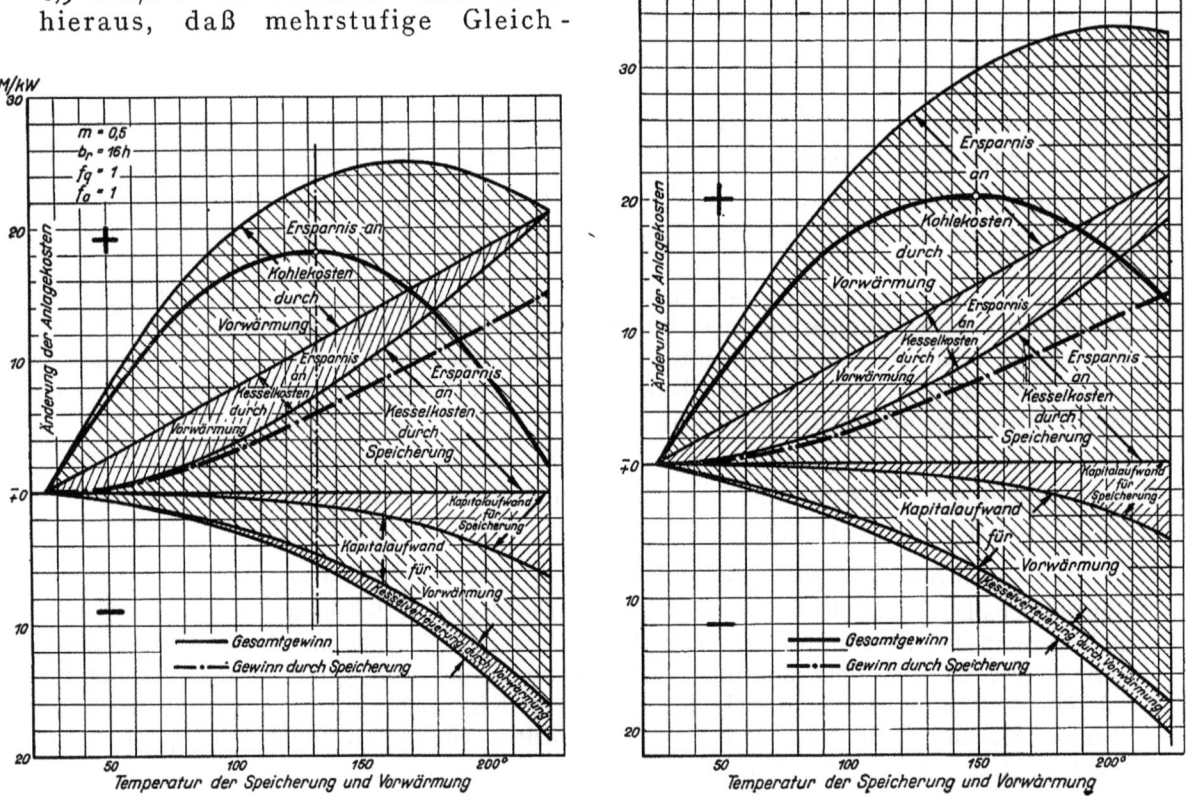

Aufteilung des geldlichen Wirkungsgrades der Vorwärmung und Speicherung auf die einzelnen Anlageteile.
Bild 32. 26 atü, einstufige Anzapfung.   Bild 33. 26 atü, zweistufige Anzapfung.

druckspeicherung erst Interesse verdient, wenn hohe Betriebsdrücke und vielstufige Vorwärmung zur Anwendung kommen.

Bei Aufstellung der Gleichung (22) wurde vorausgesetzt, daß der Wirkungsgrad der Kesselanlage durch die Speisung mit vorgewärmtem Wasser nicht beeinträchtigt wird, dafür aber die Kosten für die Erstellung der Kessel nach Bild 3 zunehmen. Das festgestellte Ergebnis gilt somit nur für Anlagen, bei denen die Möglichkeit besteht, die Bedingung nach gleichbleibendem Kesselwirkungsgrad zu erfüllen. Nimmt man unveränderte Kosten und eine damit verbundene Verschlechterung des Kesselwirkungsgrades nach Bild 4 an, so wird der durch Vorwärmung und Speicherung erzielbare Gewinn geringer. Für 90 atü, zweistufige Anzapfung ist der Unterschied in der Absenkung der Anlagekosten in Bild 31 dargestellt. Da die Kurve des Bildes 4 nur für bestimmte Betriebsverhältnisse errechnet wurde und allgemeine Gültigkeit nicht haben kann, ist — namentlich bei alten Anlagen — von Fall zu Fall zu untersuchen, welcher Nutzen bei nachträglichem Einbau einer Vorwärmung und Speicherung verbleibt.

Gleichung (22) und die auf Grund dieser Gleichung ermittelten Kurven der Bilder 24 bis 30 geben den Gewinn der Gleichdruckspeicherung einschließlich des Nutzens der Wirkungsgradsteigerung durch Anzapfvorwärmung an. Diese Zusammenfassung ist auch für die Bestimmung der wirtschaftlichsten Vorwärmtemperatur erforderlich. Es ist aber von Interesse, festzustellen, in welchem Verhältnis sich der Gesamtgewinn auf Anzapfvorwärmung und Gleichdruckspeicherung verteilt, wie auch allgemein die Abhängigkeit der Einzelglieder der Gleichung (22) von der Temperatur der Speicherung Beachtung verdient. Für den Betriebs-

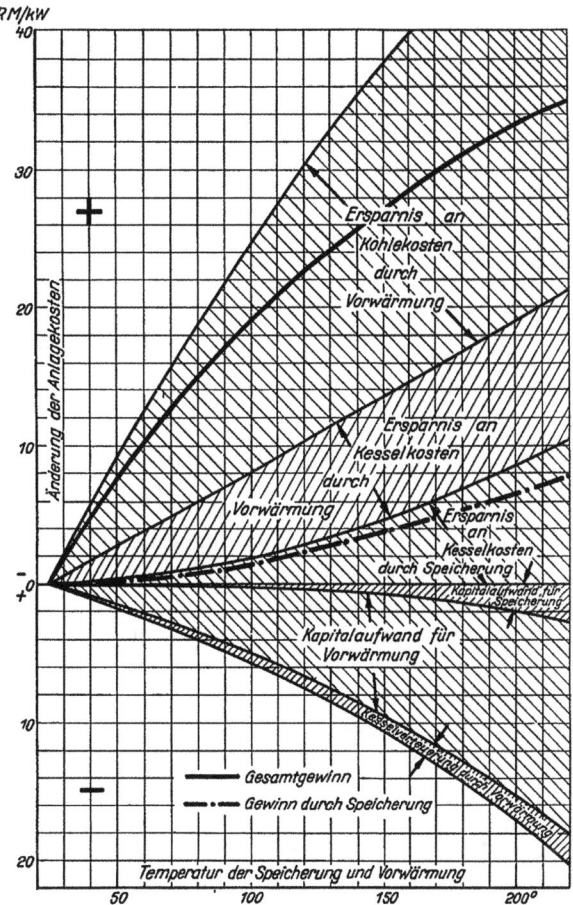

Bild 34. Aufteilung des geldlichen Wirkungsgrades der Vorwärmung und Speicherung auf die einzelnen Anlageteile. 26 atü, ∞stufige Anzapfung.

druck von 26 atü bei einstufiger, zweistufiger und ∞stufiger Anzapfung wurde diese Aufteilung vorgenommen und in den Bildern 32 bis 34 dargestellt. Man erkennt, daß an dem Gesamtgewinn bei günstigster Vorwärmtemperatur die Gleichdruckspeicherung mit etwa einem Drittel beteiligt ist, während die restlichen zwei Drittel auf die Vorwärmung entfallen. Mit steigender Stufenzahl verschiebt sich dieses Verhältnis zuungunsten der Gleichdruckspeicherung. Dies gilt für den zugrunde gelegten Kohlen- und Kostenfaktor 1. Bei Änderung dieser Faktoren ist auch die Verteilung des auf Vorwärmung und Speicherung entfallenden Nutzens anders. Die Abhängigkeit ist für 26 atü, einstufige Anzapfung bei Wahl der günstigsten Vorwärmtemperaturen in Bild 35 angegeben. Man ersieht daraus, daß der Gewinn durch Speicherung mit zunehmendem Kostenfaktor stark anwächst, während der Vorteil der Vorwärmung nur unwesentlich absinkt. Umgekehrt bleibt der Kohlenfaktor auf die Speicherung ohne Einfluß, während sich der Nutzen der Vorwärmung fast proportional ändert. Je nach der Höhe des Kohlen- und

Kostenfaktors ist es demnach möglich, daß der Gewinn sich auf Speicherung und Vorwärmung gleichmäßig verteilt oder sogar der Nutzen der Speicherung den Vorteil der Vorwärmung überwiegt. Wenn im vorhergehenden der Gesamtgewinn, bezogen auf die Absenkung der Anlagekosten, mit 10 bis 40 RM/kW angegeben wurde, so läßt sich annehmen, daß hiervon auf die Speicherung etwa 3 bis 15 RM/kW entfallen.

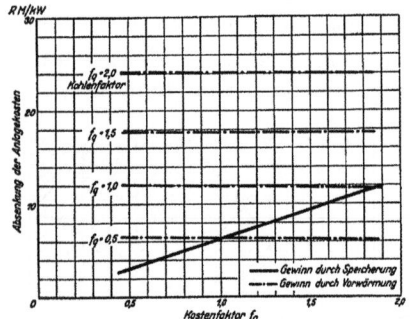

Bild 35. Aufteilung des geldlichen Wirkungsgrades auf Vorwärmung und Speicherung bei günstigster Temperatur. 26 atü, einstufige Anzapfung.

Zu erwähnen ist noch, daß bei dieser Aufteilung der Kapitalaufwand für die Erstellung der Vorwärmeanlage vollständig auf die Ersparnis durch Wirkungsgradsteigerung angerechnet wurde. Die Speicherung ist also mit der Vorwärmeeinrichtung nicht belastet, sondern wurde als Zusatzbetrieb aufgefaßt. Bei Frischdampfvorwärmung muß auch die Vorwärmeeinrichtung zu Lasten der Gleichdruckspeicherung angesehen werden. Der durch Speicherung erzielbare Gewinn sinkt dann entsprechend ab. Die vorstehend angegebene Größenordnung bleibt aber, wie die Kurven für Frischdampfvorwärmung in Bild 24 zeigen, bestehen.

9. Einfluß des Belastungsausgleiches durch Speicherung auf den Jahreswirkungsgrad.

Bei der Untersuchung des geldlichen Wirkungsgrades der Speicherung im vorstehenden Abschnitt blieb der Einfluß der veränderten Betriebsführung auf den Jahreswirkungsgrad der Anlage unberücksichtigt. Als Zweck der Speicherung wurde die Deckung der Jahresspitze und eine entsprechende Verringerung der zu installierenden Kesselleistung angesehen. Hierzu ist eine Speicherung vorgewärmten Wassers und ein damit verbundener Belastungsausgleich der Dampferzeugung nur an denjenigen Tagen des Jahres erforderlich, an denen die angeforderte Tageshöchstleistung die verfügbare Kesselleistung übersteigt. Aber auch wenn genügend Kesselleistung für das Ausfahren eines gegebenen Belastungsdiagrammes vorhanden ist, ergibt sich die Möglichkeit, die verfügbare Speicherleistung zum Belastungsausgleich der Kesselanlage heranzuziehen und dadurch die Betriebskessel mit einem günstigeren Tagesbelastungsfaktor zu betreiben. Der höhere Belastungsfaktor bringt eine Verbesserung des mittleren Wirkungsgrades, da ein Teil der Verluste in Fortfall kommt, die durch Bereitstellung der Kessel für das Ausfahren der Spitze entstehen. Zahlenmäßig ist dieser Einfluß schwer zu erfassen. Es soll aber versucht werden, im folgenden zu einer Beurteilung dieser Frage zu kommen.

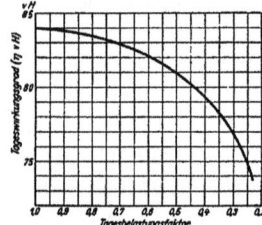

Bild 36. Tageswirkungsgrad einer Kesselanlage in Abhängigkeit vom Tagesbelastungsfaktor.

Es sei davon ausgegangen, daß für eine gegebene Kesselanlage der Tageswirkungsgrad in einer bestimmten Abhängigkeit vom Tagesbelastungsfaktor steht, wobei der Tagesbelastungsfaktor auf die Tageshöchstleistung der Dampferzeugung zu beziehen ist. Für diese Abhängigkeit lassen sich allgemeingültige Angaben nicht machen. Die Untersuchung einiger neuerer Kesselanlagen mit hohem Vollastwirkungsgrad, bei denen mindestens vier Betriebskessel vorhanden, ergab als Mittelwert einen Verlauf, der in Bild 36 dargestellt ist. Hiernach sinkt der Tageswirkungsgrad von etwa 84 vH bei einem Tagesbelastungsfaktor 1,0 auf 81 vH bei 0,5 und auf 77 vH bei 0,3.

Die Kurve ist nicht identisch mit der Abhängigkeit des Wirkungsgrades eines Kessels von seinem augenblicklichen Belastungszustand. Die Änderung des Wirkungsgrades mit der Last ist geringer, da Anheiz- und Abstellverluste bzw. Stillstandsverluste in der üblichen Darstellung nicht berücksichtigt sind.

Wie schon gesagt, erhebt die Kurve des Bildes 36 keinen Anspruch auf unbedingte Genauigkeit, wie überhaupt im folgenden nur der Weg gezeigt werden soll, der zu einer überschlägigen Erfassung der Einflüsse des Tagesbelastungsfaktors der Kesselanlage führen kann. Sodann muß nochmals hervorgehoben werden, daß das Ergebnis sich lediglich auf öffentliche Elektrizitätswerke mit gemischter Belastung bezieht, deren kennzeichnende Kurven für den Belastungsverlauf nur wenig voneinander verschieden sind. Für diese Werke ändert sich der Tagesbelastungsfaktor im Verlauf des Jahres, da im Sommer die ausgesprochene Lichtspitze in Fortfall kommt und der Tagesverlauf der Belastung entsprechend flacher wird. Sieht man von Sonn- und Feiertagen ab und betrachtet lediglich die Diagramme normaler Werktage, so kann man annehmen, daß zu einem gegebenen Jahresbelastungsfaktor eine bestimmte Änderung des Tagesbelastungsfaktors während des Jahres gehört, wie z. B. auf Bild 37, beginnend mit dem Tage der Jahreshöchstlast (Winterspitze), wiedergegeben ist. Hierbei wurde für den Tag der Jahreshöchstlast ein Tagesbelastungsfaktor von 0,5 zugrunde gelegt, der sich für den Tag kleinster Belastungsspitze auf 0,7 erhöht. Zu diesem Jahresverlauf des Tagesbelastungsfaktors läßt sich nun aus Bild 36 der jeweils zugehörige Tageswirkungsgrad der Kesselanlage bestimmen, und man erhält die ebenfalls in Bild 37 wiedergegebene Jahreslinie des Tageswirkungsgrades. Kennt man den Verlauf der Tagesarbeit während des ganzen Jahres, wie er in einer weiteren Kurve des Bildes 37 gezeigt ist, so kann man den Jahreswirkungsgrad der Kesselanlage ermitteln aus der Beziehung:

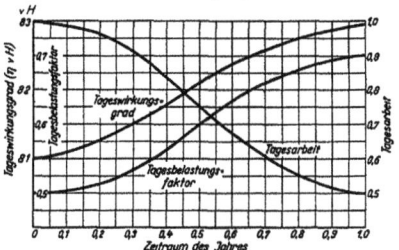

Bild 37. Verlauf der Tagesarbeit, des Tagesbelastungsfaktors und des Tageswirkungsgrades der Kesselanlage über den Zeitraum des Jahres.

$$\eta_m = \frac{\text{Jahresarbeit}}{\int \frac{\text{Tagesarbeit}}{\text{Tageswirkungsgrad}}}. \quad (23)$$

Für die Ermittlung des Einflusses der Speicherung auf den Jahreswirkungsgrad wäre nun für jedes Tagesdiagramm festzustellen, welche Änderung des Tagesbelastungsfaktors durch Abschneiden eines Teiles der Spitze entsteht. Hieraus ergäbe sich weiter nach Bild 36 der zugehörige verbesserte Tageswirkungsgrad. Setzt man die so ermittelten Werte in Gleichung (23) ein, so erhält man die Änderung des Jahreswirkungsgrades gegenüber dem Betrieb ohne Belastungsausgleich.

Die Durchführung dieser umfangreichen Rechnung kommt für praktische Verhältnisse kaum in Frage, da in den seltensten Fällen die Diagramme des ganzen Jahres vorliegen oder sich vorausbestimmen lassen. Aus diesem Grunde wird eine Vereinfachung der Berechnung vorgeschlagen, die mit hinreichender Genauigkeit erkennen läßt, welche Verschiebung der Jahreskosten der Betrieb der Speicherung zum Ausgleich der Kesselbelastung mit sich bringt. Der Verlauf der Kurven nach Bild 37 wird als Gerade aufgefaßt und der Untersuchung lediglich das Tagesbelastungsdiagramm des Tages der Jahreshöchstlast und des Tages der kleinsten Belastungsspitze zugrunde gelegt, wobei für beide der Belastungsverlauf eines normalen Werktages zu wählen ist. Gleichung (23) geht dann über in:

$$\eta_m = \frac{E_1 + E_2}{\frac{E_1}{\eta_1} + \frac{E_2}{\eta_2}}. \quad (24)$$

Hierin bedeuten:

η_m = Jahreswirkungsgrad der Kesselanlage,
η_1 = Tageswirkungsgrad am Tage der Jahreshöchstlast,
η_2 = Tageswirkungsgrad am Tage der kleinsten Belastungsspitze.
E_1 = Tagesarbeit am Tage der Jahreshöchstlast,
E_2 = Tagesarbeit am Tage der kleinsten Belastungsspitze.

Bedeutet ferner η_{m1} den Jahreswirkungsgrad ohne Belastungsausgleich, η_{m2} den verbesserten Jahreswirkungsgrad, der durch Speicherung der Spitzenarbeit erreicht wird, so ergibt sich der erzielbare Jahresgewinn zu

$$U = J \frac{\eta_{m2} - \eta_{m1}}{\eta_{m2}} 8760 \cdot mPq \quad \text{RM/Jahr}. \tag{25}$$

Hiervon ist der ständige Wärmeverlust der Speicherbehälter in Abzug zu bringen. Man kann annehmen, daß dieser Verlust im Mittel etwa 1 WE je m² Oberfläche und je 1° Temperaturunterschied des gespeicherten Wassers gegenüber der umgebenden Luft beträgt. Dabei ist lediglich die Oberfläche der Speicherbehälter selbst zugrunde zu legen, da der Wert von 1 WE bereits einen Zuschlag für Rohrleitungen und Armaturen enthält.

Es soll nun die vorstehend angegebene vereinfachte Auswertung an Hand eines Beispieles durchgeführt werden, um, wenn möglich, Anhaltspunkte über die Größenordnung des durch Speicherbetrieb erreichbaren Gewinnes zu erhalten. Zugrunde gelegt wurde der Belastungsverlauf für Jahreshöchstleistung und kleinste Tagesspitzenleistung nach Bild 38.

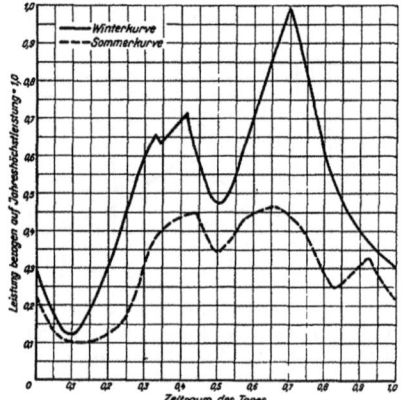

Bild 38. Belastungsverlauf am Tage der Jahreshöchstleistung und der kleinsten Tageshöchstleistung.

Diese Diagramme entsprechen etwa der Stromaufnahme von Berlin im Jahre 1926. Sie finden sich in ihrer kennzeichnenden Eigenart bei vielen größeren öffentlichen Stromversorgungsanlagen wieder.

Für die Kurven des Bildes 38 beträgt der Belastungsfaktor
am Tage der Jahreshöchstlast 0,50,
am Tage kleinster Spitzenleistung 0,65.

Zu diesen Werten ergibt sich nach Bild 36 ein Tageswirkungsgrad der Kesselanlage von 81 vH bzw. 82,5 vH. Der Jahreswirkungsgrad läßt sich auf Grund dieser Unterlagen nach Gleichung (24) errechnen zu 81,5 vH, und zwar ohne Anwendung des Speicherbetriebes. Für die Untersuchung der Änderung dieses Jahreswirkungsgrades werden folgende Größen in Abhängigkeit von der Temperatur der Vorwärmung und Speicherung festgestellt:

1. Die mögliche Leistungssteigerung N nach Gleichung (5) bzw. Bild 8.
2. Die für Sommer und Winter zu dieser Leistungssteigerung zugehörige zu deckende Spitzenarbeit F in kWh nach Bild 38.
3. Der jeweils zugehörige neue Tagesbelastungsfaktor der Kesselanlage, der sich bei Deckung der Spitzenarbeit durch die Speicheranlage ergibt. Er errechnet sich aus der Gleichung:

$$m_n = \frac{m}{1 - \dfrac{N}{N + 100}}, \tag{26}$$

wobei m_n den Belastungsfaktor der Kesselanlage mit Speicherung und m denjenigen ohne Speicherung bedeutet.

4. Der jeweils zugehörige Wirkungsgrad der Kesselanlagen in vH nach Bild 36.

Das Ergebnis ist in Bild 39 für die Winter- und Sommerkurve dargestellt, und zwar unter Zugrundelegung eines Betriebsdruckes an den Maschinen von 44 atü bei zweistufiger Anzapfvorwärmung und unter der Annahme einer Höchstleistung von 100000 kW.

Die Frage lautet nun: Welcher Gewinn läßt sich durch den Belastungsausgleich der Kesselanlage bei Speicherung der sich aus der Winterkurve ergebenden Spitzenarbeit erzielen und welche Verschiebung des nach dem vorhergehenden Abschnitt ermittelten geldlichen Wirkungsgrades hinsichtlich der Höhe und der günstigsten Vorwärmetemperatur ergibt sich hieraus?

In Bild 40 ist zunächst der Einfluß des Belastungsausgleiches durch Speicherbetrieb auf den Jahreswirkungsgrad der Kesselanlage in Abhängigkeit von der Temperatur der Speicherung dargestellt, wobei die Speicherleistung nach der Winterkurve bestimmt wurde. Die Werte sind aus den Bildern 36, 38 und 39 für Speichertemperaturen von 100° bis Sattdampftemperatur ermittelt. Die Höchsttemperatur hat nur dann Bedeutung, wenn bei der zugehörigen Spitzenarbeit der Belastungsfaktor 1,0 nicht überschritten wird. Wie aus Bild 39 hervorgeht, wird diese Grenze bei weitem nicht erreicht. Bild 40 zeigt, daß der Jahreswirkungsgrad von 81,5 vH ohne Anwendung der Speicherung bis auf 82,9 vH bei Speicherung mit Sattdampf steigt. Der Verlauf in Abhängigkeit von der Temperatur ist fast eine gerade Linie, so daß auch die Zunahme des erzielbaren Jahresgewinnes geradlinig wird. Die jährliche Minderung der Brennstoffkosten beträgt bei 150° etwa 29000,— RM bei einer Verbesserung des Jahreswirkungsgrades um etwa 0,6 vH. Hiervon ist der Wärmeverlust der Speicherbehälter in Abzug zu bringen, der für den vorliegenden Fall etwa 7 vH der Kohlenersparnis ausmacht.

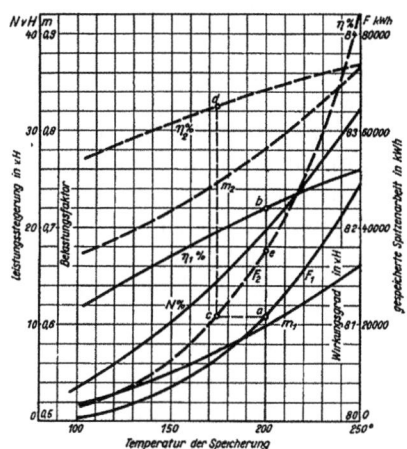
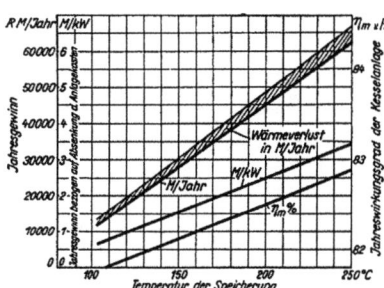

Bild 39. Tageswirkungsgrad, Speicherarbeit und Tagesbelastungsfaktor in Abhängigkeit von der Speichertemperatur.
44 atü, zweistufige Anzapfung.
Für ——— Jahreshöchstleistung.
Für - - - kleinste Tageshöchstleistung. } Nach Bild 38.

Bild 40. Einfluß der Speicherung auf den Jahreswirkungsgrad der Kesselanlage.
44 atü, zweistufige Anzapfung.

Der verbleibende Jahresgewinn wurde nun in Anlehnung an den vorhergehenden Abschnitt umgeformt auf Absenkung der Anlagekosten je installiertes kW, wobei wiederum mit einem Reservefaktor $R = 1,25$ und einem Kapitaldienst von $Z_i = 15$ vH gerechnet wurde. Es ergab sich die ebenfalls in Bild 40 dargestellte Absenkung der Anlagekosten um etwa 1,50 RM/kW bei 150° Speichertemperatur.

Dieses Ergebnis gilt zunächst nur für die zugrunde gelegten Ausgangswerte. Es wird aber in der Größenordnung auch für einen anderen Belastungsverlauf, sofern er der kennzeichnenden Kurve öffentlicher Elektrizitätswerke entspricht, bestehenbleiben. Im allgemeinen kann man annehmen, daß der Gewinn um so höher wird, je kleiner der Ausgangswert des Belastungsfaktors ist. Einige Rechnungen haben gezeigt, daß eine Abweichung von dem angenommenen Mittelwert ($m = 0,5$) innerhalb der praktisch vorkommenden Belastungsverhältnisse eine Verschiebung der vorstehend angegebenen Kohlenersparnis um etwa ±30 vH bringen kann. Diese Fehlergröße erscheint zunächst hoch. Sie wird aber unbedeutend im Vergleich zu den Werten, die für den geldlichen Wirkungsgrad nach dem vorhergehenden Abschnitt ermittelt wurden und zu denen der Jahresgewinn, der durch Ausnutzung der Speicherung als Belastungsausgleich der Kessel erzielt wird, hinzutritt. In Bild 41 ist diese Zusammenfassung durchgeführt. Die untere Kurve zeigt die durch Speicherung und Vorwärmung nach Gleichung (22) ermittelte Absenkung der Anlagekosten in Abhängigkeit von der Speichertemperatur, wie sie bereits in Bild 24 für 44 atü und zweistufige Anzapfung angegeben wurde. Fügt man hierzu den nach Bild 40 durch den Belastungsausgleich erzielbaren Gewinn, so ergibt sich als Gesamtwert die obere Kurve. Man ersieht, daß die günstigste Vorwärmetemperatur, die aus Gleichung (22) gewonnen wurde, sich nur unbedeutend verschiebt, so daß die im vorhergehenden Abschnitt ermittelten Werte für die Beurteilung ihre Gültigkeit behalten. Auch die Höhe der erzielbaren Gewinne wird durch den Belastungsausgleich nicht stark beeinflußt, immerhin aber in einer Größenordnung, die Beachtung verdient.

Es sei nun noch kurz die Frage gestreift, ob durch den Speicherbetrieb auch der Jahreswirkungsgrad der Maschinen beeinflußt werden kann. Hierbei ist zu unterscheiden zwischen einer Anlage, bei der die Vorwärmung durch Anzapfung der Hauptmaschinen erfolgt und einem Betrieb mit besonderen Gegendruckturbinen, sog. Vorwärmemaschinen. Bei Vorwärmung durch Anzapfung der Hauptmaschinen ist eine Verbesserung des Maschinenwirkungsgrades praktisch nicht zu erwarten. Die Lastabgabe der Generatoren ist unabhängig von der Art des Vorwärmebetriebes. Der Speicherbetrieb verschiebt die Vorwärmung auf Zeiten schwacher Belastung, so daß die Turbinen während der Aufladung der Gleichdruckspeicher eine höhere Belastung des Hochdruckteiles aufweisen als bei durchgehender Vorwärmung des jeweils anfallenden Kondensates. Umgekehrt wird zur Zeit der Spitze die Vorwärmung ganz oder teilweise abgestellt, der Hochdruckteil also entlastet. Diese Verschiebung der Lastverhältnisse zwischen Hoch- und Niederdruckteil beeinflußt den Jahreswirkungsgrad der Maschinen nur in einem unbedeutenden Maße, dessen Größenordnung kaum von Interesse ist.

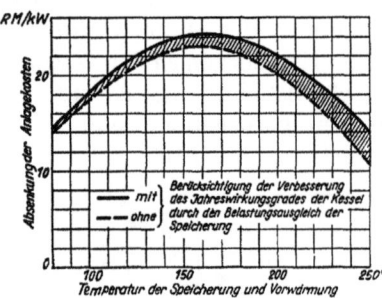

Bild 41. Geldlicher Wirkungsgrad der Vorwärmung und Speicherung unter Berücksichtigung der Verbesserung des Kesselwirkungsgrades. 44 atü, zweistufige Anzapfung.

Anders können die Verhältnisse bei Aufstellung besonderer Vorwärmemaschinen liegen. Es ist dann der Fall denkbar, daß die installierte Leistung einer Vorwärmemaschine ausreicht, um die angeforderte elektrische Arbeit zu Zeiten schwacher Belastung zu decken. Läßt sich diese Zeit zum Aufladen der Gleichdruckspeicher benutzen, so können die Hauptmaschinen abgestellt werden. Nimmt man an, daß der thermodynamische Wirkungsgrad der Haupt- und Vorwärmemaschinen gleich ist, so ergibt sich bei diesem Betrieb als Gewinn die Vermeidung der Leerlaufverluste der Hauptmaschine während der Ladezeit der Speicher. Die Durchführbarkeit hängt von der Form des auszufahrenden Belastungsdiagrammes und von der Größe der Vorwärmeturbinen ab. Bei einer Vorwärmung auf 150° liegt die erforderliche Leistung der Vorwärmeturbinen in der Größenordnung von etwa 10 vH der Gesamtmaschinenleistung. Die erwähnte Betriebsführung ist demnach nur dann denkbar, wenn die Nachtlast auf mindestens 10 vH der Jahreshöchstleistung sinkt. Dies gilt für den praktisch selten vorkommenden Fall, daß für den Betrieb nur eine Vorwärmemaschine aufgestellt ist. Bei einer Unterteilung auf zwei Vorwärmemaschinen müßte die Nachtbelastung entsprechend auf mindestens 5 vH der Spitze absinken, um mit einer Vorwärmeturbine fahren zu können. Ein Belastungsverlauf, wie in Bild 38 angegeben, zeigt ein so weitgehendes Abfallen der Nachtlast nicht. Man kann daraus den Schluß ziehen, daß eine Beeinflussung des Maschinenwirkungsgrades durch Speicherbetrieb nur in sehr wenigen Fällen durchführbar sein wird.

10. Zusammenfassung der Ergebnisse.

Wenn man das Ergebnis der vorstehenden Untersuchungen kurz zusammenfaßt, so ist zwischen dem Einfluß der Vorwärmung und Speicherung auf die Anlage („Anlagegewinn") und dem Nutzen durch die Art der Betriebsführung („Betriebsgewinn") zu unterscheiden.

Unter „Anlagegewinn" sei die Änderung der Gestehungskosten eines Werkes durch Vorwärmung und Speicherung und die Verschiebung des Wirkungsgrades durch Anzapfvorwärmung und Speisung mit vorgewärmtem Wasser verstanden, d. h. alle die Vorteile, welche die Anlage unabhängig von der Betriebsführung in sich birgt. „Betriebsgewinn" hingegen ist die Ersparnis an Kohle, die sich durch geeignete Betriebsführung erzielen läßt, z. B. durch Ausnutzung der Speicheranlage zum Belastungsausgleich der Kessel während des ganzen Jahres. Er kann also nicht ohne weiteres als fester Bestandteil des Werkes aufgefaßt werden. Der Anlagegewinn entfällt seinerseits zum Teil auf Anzapfvorwärmung, zum Teil auf Speicherung, während der Betriebsgewinn ausschließlich durch Speicherung entsteht. Anlagegewinn und Betriebsgewinn sind von einer größeren Anzahl von Ausgangswerten abhängig, die für die einzelnen Kraftwerke sehr verschieden sein können. Für eine genauere Erfassung sind die Rechnungsunterlagen in den vorstehenden Abschnitten gegeben, für eine überschlägige Betrachtung des Erreichbaren können die folgenden Anhaltspunkte dienen:

Es wird von einem Normalfall ausgegangen, für den folgende Größen gewählt wurden:
Betriebsdruck an der Maschine 26 atü,
zweistufige Anzapfvorwärmung,
Belastungsfaktor $m = 0,5$,
Wärmeverbrauch des Kraftwerkes bei Vollast $J = 3750$ WE/kWh,
Kohlenpreis $q = 0,25 \cdot 10^{-5}$ M/WE,
Kapitaldienst $Z_i = 15$ vH,
Reservefaktor $R = 1,25$,
Kesselkosten
    einschließlich Bauten $KK = 80$ RM/kW,
    ausschließlich Bauten $K_e = 50$ RM/kW,
Kosten der Vorwärmeanlage nach Bild 6,
Kosten der Speicheranlage nach Bild 15.

Bezogen auf „Absenkung der Anlagekosten je installiertes kW" beträgt für diese Ausgangswerte
    der Anlagegewinn
        durch Anzapfvorwärmung etwa 14 RM/kW,
        durch Speicherung etwa 6 RM/kW,
    der Betriebsgewinn
        durch Speicherung etwa 1,5 RM/kW.

Dieses Ergebnis verschiebt sich mit Änderung der Ausgangswerte. Den größten Einfluß haben Kohlenfaktor und Kostenfaktor. Dabei bedeutet der Kohlenfaktor f_q eine Verhältniszahl, die durch das Produkt $J \cdot m \cdot q$ bestimmt wird, und für die vorstehend angegebenen Normalwerte gleich 1 zu setzen ist. Entsprechend ist für die Kennzeichnung des Kostenfaktors das Verhältnis der tatsächlichen Anlagekosten für Kesselanlage, Vorwärmung und Speicherung zu den angenommenen Preisen maßgebend. Die Abhängigkeit ist derartig, daß der Anlagegewinn durch Anzapfvorwärmung und der Betriebsgewinn durch Speicherung nahezu proportional mit dem Kohlenfaktor, der Anlagegewinn durch Speicherung nahezu proportional mit dem Kostenfaktor sich ändern. Für überschlägige Ermittlungen ist daher allgemeiner zu sagen:

Bei 26 atü und zweistufiger Anzapfung beträgt:
der Anlagegewinn
    durch Anzapfvorwärmung etwa $14 \cdot f_q$ RM/kW,
    durch Speicherung etwa $6 \cdot f_a$ RM/kW,
der Betriebsgewinn
    durch Speicherung etwa $1,5 \cdot f_q$ RM/kW.

Es bleibt nun noch die Abhängigkeit von der Spitzenbreite, vom Betriebsdruck und von der Stufenzahl der Vorwärmung bestehen. Die Rechnungsergebnisse der vorstehenden Abschnitte zeigen, daß der Einfluß der Spitzenform unwesentlich ist, sofern die höchstzulässige Breite von etwa 4 bis 5 Stunden überhaupt eingehalten wird. Die Änderung von Betriebsdruck und Stufenzahl wirkt sich dahin aus, daß mit steigendem Druck von 16 auf 90 atü und zunehmender Stufenzahl der Anlagegewinn durch Vorwärmung für den Kohlenfaktor 1 von etwa 12 auf 21 RM/kW anwächst. Der Anlagegewinn durch Speicherung sinkt in geringem Maße mit steigender Stufenzahl, während er mit höherem Betriebsdruck etwas zunimmt. Die Grenzen liegen für den Kostenfaktor 1 zwischen 5 und 6 RM/kW. Der Betriebsgewinn wird durch Druck und Stufenzahl kaum beeinflußt.

Die jeweils günstigste Temperatur der Vorwärmung und Speicherung liegt zwischen 130 und 190°, wobei dem tieferen Druck und der kleineren Stufenzahl auch die tiefere Temperatur zuzuordnen ist. Läßt sich im Einzelfalle eine genaue Rechnung nicht durchführen, so kann als brauchbarer Mittelwert eine Temperatur von 150° für die Vorwärmung angenommen werden. Die Abweichung von dem Maximum des erzielbaren Gewinnes ist hierbei gering. Die Speichertemperatur von 150° gestattet das Ausfahren einer Spitze von 10 bis 14 vH der Höchstleistung. Für normale Belastungskurven öffentlicher Werke liegt die Grundbreite der hierbei abgeschnittenen Spitze in der Größenordnung von etwa 2 Stunden, bleibt also weit unter dem zulässigen Grenzwert.

Die Anlagekosten einer Gleichdruckspeicheranlage betragen bei Wahl der günstigsten Temperatur etwa 15,— RM je gespeicherte kWh Spitzenarbeit. Dies bedeutet bei dreieckiger Spitzenform mit einer Grundbreite von zwei Stunden einen Preis von ebenfalls 15,— RM je kW installierter Leistung.

Alle vorstehenden Angaben gelten für Vorwärmung mit Anzapfdampf. Bei Vorwärmung mit Frischdampf entfällt der Anlagegewinn durch Anzapfvorwärmung, so daß lediglich der Vorteil der Speicherung bestehenbleibt. Dieser kann in der gleichen Höhe wie vorstehend angenommen werden, unter der Voraussetzung, daß sich der Wirkungsgrad des Kessels durch die Speisung mit vorgewärmtem Wasser nicht verschlechtert. Wird eine Kesselanlage, die für Speisung mit kaltem Wasser ausgelegt ist, ohne Abänderung mit vorgewärmtem Wasser von etwa 150° betrieben, so ist mit einer so weitgehenden Absenkung des Kesselwirkungsgrades zu rechnen, daß ein Gewinn der Speicherung nicht mehr verbleibt. Eine Gleichdruckspeicherung mit Frischdampfvorwärmung hat demnach kaum praktische Bedeutung, da man bei neuen Anlagen stets Anzapfvorwärmung wählen wird.

Für die Normalwerte bedeutet der vorstehend angegebene erzielbare Gewinn eine Absenkung der Energiegestehungskosten durch Vorwärmung um etwa 3 vH, durch Speicherung um weitere 1,5 vH. Während der Nutzen durch Anzapfvorwärmung in neueren Anlagen allgemein zur Geltung kommt, wurde von der Gleichdruckspeicherung bisher wenig Gebrauch gemacht. Der geldliche Wirkungsgrad erscheint zunächst auch verhältnismäßig gering. Bedenkt man aber, welche Anstrengungen gemacht werden, um durch Einführung eines höheren Betriebsdruckes eine Verbesserung zu erzielen, die in der gleichen Größenordnung liegt, so ist es verwunderlich, daß von der einfacheren Möglichkeit der Kostenabsenkung durch Speicherung so wenig Gebrauch gemacht wurde. Dabei ist zu bedenken, daß sich die errechnete Minderung der Erzeugungskosten bei Anwendung hoher Dampfdrücke als Unterschied einer Reihe von Werten ergibt, die ihrer Größenordnung nach den verbleibenden Gewinn um ein Vielfaches überschreiten. Es ist daher nicht ausgeschlossen, daß bei praktischer Ausführung der vorausbestimmte Nutzen sich in das Gegenteil verwandelt. Bei der Gleichdruckspeicherung besteht diese Gefahr nicht, wie insbesondere die Bilder 32 bis 34 erkennen lassen. Die erzielbare Ersparnis überwiegt den Mehraufwand an Kapital und die sonstigen Verluste so eindeutig und weitgehend, daß selbst eine stärkere Abweichung von den angenommenen Werten das Ergebnis in seiner Richtung bestehen läßt. Aus diesem Grunde ist zu empfehlen, bei neu zu errichtenden Anlagen die Anwendungsmöglichkeit der Gleichdruckspeicherung zu prüfen.

Leistungsgrenzen und Stabilität von Großkraftübertragungen.

Von H. Piloty.

Es werden die Grundlagen der Theorie der Leistungsübertragung, insbesondere der Leistungsgrenze von Großkraftübertragungen in Analogie zu der Übertragung durch eine verlustbehaftete Drossel entwickelt. Der Unterschied zwischen den verschiedenen Stabilitätsgrenzen wird erläutert und die Stabilität des Normalbetriebes untersucht. Schließlich werden die praktischen, sich aus der Theorie der Leistungsgrenzen und dem Stabilitätsproblem ergebenden Folgerungen für die Projektierung und den Betrieb von Großkraftübertragungen behandelt.

1. Einleitung.

Das Verhalten von Großkraftübertragungen, d. h. von Hochspannungsleitungen mindestens einiger Hundert Kilometer Länge muß von anderen Gesichtspunkten aus beurteilt werden, wie das der üblichen Verteilungsleitungen. Bei Großkraftübertragungen treten alle anderen Gesichtspunkte außer dem der möglichst hohen Ausnutzung des Anlagekapitals mehr und mehr in den Hintergrund. Ein Zahlenbeispiel möge dies verdeutlichen. Die Anlagekosten einer 400 km langen Doppelleitung von 220 kV seien auf 75 000 RM je km angenommen. Die Nennleistung der Leitung möge mit einer Benutzungsdauer von 6000 Stunden im Jahr übertragen werden. Rechnet man mit einem Unterhaltungsdienst von 15 vH, so ergeben sich bei verschiedenen Nennleistungen die nebenstehend aufgeführten auf 1 kWh umgerechneten festen Fernleitungskosten. Die durch die Verluste hervorgerufenen zusätzlichen Fernleitungskosten betragen $\frac{1-\eta}{\eta} \cdot k_e$, wobei η den mittleren Jahreswirkungsgrad, k_e die Erzeugungskosten der kWh am Anfang der Fernleitung bedeutet; rechnet man mit Erzeugungskosten von 1,5 Pf/kWh, so ergeben sich abhängig vom mittleren Jahreswirkungsgrad die untenstehenden (2. Tabelle) zusätzlichen verlustabhängigen Fernleitungskosten für eine 400 km lange 220 kV-Doppelleitung.

MW	Pf/kWh
50	1,5
100	0,75
150	0,50
200	0,35

η	Pf/kWh
0,95	0,07
0,90	0,17
0,85	0,27
0,80	0,37

Rechnet man damit, daß die Nennleistung (Vollast) für eine solche Leitung zwischen 100 und 150 MW liegt, und nimmt man den mittleren Jahreswirkungsgrad mit etwa 90 vH an, so ersieht man, daß die Kosten des Kapitaldienstes die Verlustkosten erheblich überwiegen, so daß vor allem eine Verringerung der erstgenannten Kosten angestrebt werden muß. Das heißt aber, daß man eine Leitung einer solchen Länge so hoch zu belasten versuchen wird, wie es die Betriebssicherheit zuläßt. In dieser kleinen wirtschaftlichen Betrachtung, die nur die Verhältnisse roh beleuchten soll, sind dabei noch die zusätzlichen, ebenfalls zu Lasten der Fernleitung gehenden Kosten für Transformatorenstationen, Phasenschieber usw. gar nicht in Ansatz gebracht.

Die geschilderte wirtschaftliche Sachlage zwingt dazu, eine derartige lange Leitung anders zu betreiben, als man es in den üblichen Verteilungsnetzen gewohnt war. Während man bei einer Verteilungsleitung die Belastung des Abnehmers nach Größe und Leistungsfaktor als gegeben ansehen und die Leitung so betreiben muß, daß sich hierbei ein zulässiger Betriebszustand einstellt, muß man bei der Großkraftübertragung bei der Belastung der Leitung auf die Verhältnisse der Übertragung Rücksicht nehmen, da bei den großen, von wirtschaftlichen Erwägungen geforderten Übertragungsleistungen bei beliebiger Blindbelastung der Leitung viel zu starke Spannungsschwankungen auftreten würden. Daher kommt es, daß im Gegensatz zu der Verteilungsleitung, bei der der sich einstellende Spannungsabfall bei der angenommenen Nennleistung gewöhnlich als gegeben hingenommen wird, bei der Großkraftübertragung umgekehrt die Beträge der Spannungen am Anfang und am Ende als gegebene Werte anzusehen sind und daß der Leitung am Anfang und am Ende durch die dort vorhandenen Maschinen oder durch besondere Phasenschieber oder durch beides derartige Blindleistungen zugeführt werden, die zu den gewünschten Spannungen führen. Aus dem genannten Grund muß auch die Theorie der Leistungsübertragung von diesem Gesichtspunkt aus aufgebaut werden. Die folgende Untersuchung geht von einer derartigen Theorie der Energieübertragung über eine lange Leitung aus, erörtert einige Fragen der Stabilität der als möglich ermittelten Betriebszustände und gibt schließlich einen kurzen Abriß der aus den gewonnenen Erkenntnissen zu ziehenden praktischen Schlußfolgerungen.

2. Grundzüge einer Theorie der Leistungsübertragung durch eine Drossel und eine lange Fernleitung.

Der Mechanismus der Energieübertragung durch eine lange Fernleitung ist ziemlich verwickelt. Anderseits besteht eine ziemlich weitgehende Analogie zwischen der Übertragung durch eine solche Leitung und einer Übertragung durch eine gewöhnliche Drosselspule. Hiervon kann im Interesse einer klaren Erkenntnis Gebrauch gemacht werden, indem man zuerst das Verhalten einer Drossel untersucht.

Die Eigenschaften der Drosselspule seien bestimmt durch ihre Nennspannung U_n, ihre Nenndurchgangsleistung N und ihre bezogene Impedanz (als echter Bruch) x. Statt der beiden letzten Angaben genügt auch die Kenntnis der Nennkurzschlußleistung $N_k = N/x$. Bezieht man alle Spannungen auf die Nennspannung, alle Leistungen auf die Nennkurzschlußleistung, so gelten für die so bestimmten numerischen Werte

$u_1 =$ Spannung vor der Drossel,
$u_2 =$ Spannung hinter der Drossel,
$p_1, p_2 =$ Wirkleistung vor bzw. hinter der Drossel,
$q_1, q_2 =$ Blindleistung vor bzw. hinter der Drossel,

die beiden Gleichungspaare

$$p_1 = u_1^2 \sin\delta + u_1 u_2 \sin(\vartheta - \delta),$$
$$q_1 = u_1^2 \cos\delta - u_1 u_2 \cos(\vartheta - \delta), \quad (1)$$

$$p_2 = -u_2^2 \sin\delta + u_1 u_2 \sin(\vartheta + \delta),$$
$$q_2 = -u_2^2 \cos\delta + u_1 u_2 \cos(\vartheta + \delta). \quad (2)$$

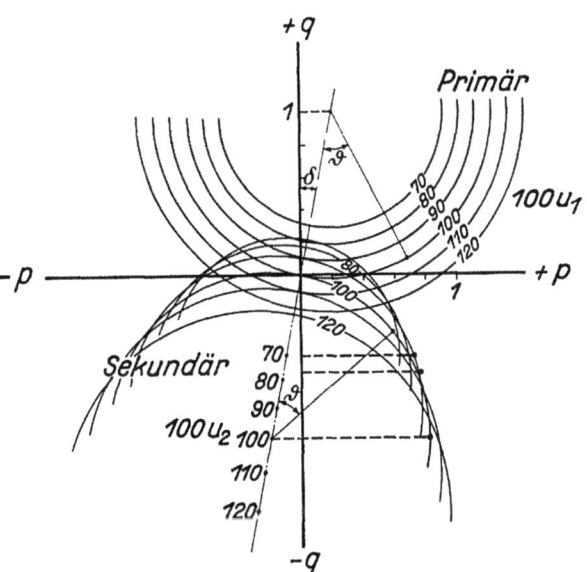

Bild 1. Leistungsdiagramm für Energieübertragung durch eine verlustbehaftete Drossel.

$p =$ bezogene Wirkleistung und $q =$ bezogene Blindleistung auf Nennkurzschlußleistung U_n^2/g, $u_1 =$ bezogene Primärspannung und u_2 bezogene Sekundärspannung auf Nennspannung U_n, $\vartheta =$ Phasenwinkel zwischen u_1 und u_2, $g =$ Impedanz der Drossel, $\delta =$ Fehlwinkel der Drossel. – – – (unten) Leistungsgrenze für gegebene Primärspannung (100 vH) und gegebene Sekundärspannung (100 vH), – – – (mitten) Leistungsgrenze für gegebene Primärspannung (100 vH) und gegebenen Leistungsfaktor (0,8 vH), – – – (oben) Leistungsgrenze für gegebene Primärspannung (100 vH) und gegebene Blindleistung (50 vH).

Darin bedeutet δ den Fehlwinkel der Drossel und ϑ die Phasenverschiebung zwischen Anfangs- und Endspannung. Die graphische Darstellung der Gleichungspaare gibt Bild 1[1]. Jede der beiden Gleichungen definiert bei gegebenem $u_1 = 1$ als Zusammenhang zwischen

---

[1] Ein Stromerzeuger und ein Stromverbraucher treten in Energie-Austausch über eine Drossel. Die Größen am Anfang der Drossel sollen „primäre", die am Ende der Drossel „sekundäre" heißen. Es soll die primäre und die sekundäre Wirk- bzw. Blindleistung in Abhängigkeit von den gegebenen Beträgen der Primär- bzw. Sekundärspannung, der Phasenverschiebung zwischen ihnen und den Konstanten der Drossel dargestellt werden.

Die Impedanz der Drossel sei, wenn j die Voreilung um 90° bedeutet,

$$\mathfrak{g} = r + jk, \tag{1}$$

ihre Admittanz somit

$$\gamma = \varrho - j\varkappa, \tag{2}$$

wobei

$$\varrho = \frac{r}{r^2 + k^2}, \qquad \varkappa = \frac{k}{r^2 + k^2}. \tag{3}$$

Legt man an Anfang (Index 1) und Ende der Drossel (Index 2) die nach Größe und Phase gegebenen Spannungen $\dot{U}_1$ und $\dot{U}_2$, so wird sie von dem Strom

$$\dot{J} = (\dot{U}_1 - \dot{U}_2)(\varrho - j\varkappa) \tag{4}$$

durchflossen. Den richtigen komplexen Ausdruck für Leistung P und Blindleistung Q erhält man bekanntlich, wenn man den konjugierten Wert dieses Stromes mit der zugehörigen Spannung nach den Regeln der Multiplikation mit komplexen Zahlen multipliziert. Bezeichnet man die konjugierten Größen durch aufgesetzte Haken und berücksichtigt die Identitäten

$$\left.\begin{aligned}\dot{U}_1 \hat{U}_1 &= U_1^2, \\ \dot{U}_2 &= \frac{U_2}{U_1}\dot{U}_1 \varepsilon^{-j\vartheta}, \\ \hat{U}_2 &= \frac{U_2}{U_1}\hat{U}_1 \varepsilon^{+j\vartheta},\end{aligned}\right\} \vartheta \text{ Nacheilwinkel von } \dot{U}_2 \text{ gegen } \dot{U}_1) \tag{5}$$

so erhält man für die vor der Drossel fließende Primärleistung (Index 1) sowie die hinter ihr fließende Sekundärleistung (Index 2) die Ausdrücke

$$\left.\begin{aligned}P_1 + jQ_1 &= (\dot{U}_1 \hat{J}) = U_1^2(\varrho + j\varkappa) - U_1 U_2(\varrho + j\varkappa)\varepsilon^{+j\vartheta}, \\ P_2 + jQ_2 &= (\dot{U}_2 \hat{J}) = -U_2^2(\varrho + j\varkappa) + U_1 U_2(\varrho + j\varkappa)\varepsilon^{-j\vartheta}.\end{aligned}\right\} \tag{6}$$

Sie stellen Primär- bzw. Sekundär-Wirk- und Blindleistung, abhängig von den Beträgen der Spannungen, vor und hinter der Drossel und abhängig von dem Phasenwinkel ϑ zwischen beiden dar und geben gelieferte Primär- bzw. bezogene Sekundärblindleistung positiv, wenn der Strom der Spannung im gekennzeichneten Sinne nacheilt. Bezieht man sie auf ein Drehstromsystem — je eine Seriendrossel zwischen Lieferer und Abnehmer —, so kann man nach Belieben entweder Phasenspannungen und Phasenleistungen oder verkettete Spannungen und Gesamtleistungen einsetzen. Die Gleichung (6) kann man auch durch Übergang zu den konjugierten Werten so schreiben:

$$\left.\begin{aligned}P_1 - jQ_1 &= U_1^2(\varrho - j\varkappa) - U_1 U_2(\varrho - j\varkappa)\varepsilon^{-j\vartheta}, \\ P_2 - jQ_2 &= -U_2^2(\varrho - j\varkappa) + U_1 U_2(\varrho - j\varkappa)\varepsilon^{+j\vartheta}.\end{aligned}\right\} \tag{6a}$$

In diesen Gleichungen erscheint $\gamma = \varrho - j\varkappa$ in der richtigen, anstatt in der konjugierten Form. Die Gleichungen (6) enthalten alles, was für die Betrachtung der stationären Energieübertragung wesentlich ist. Man erhält jedoch ein klareres Bild, wenn man noch einige Umformungen vornimmt. Zu diesem Zweck führt man reduzierte Größen ein, indem man eine Nennspannung U_n festsetzt und alle Spannungen auf diese und die Leistung auf die Nennkurzschlußleistung

$$N_k = \frac{U_n^2}{\mathfrak{g}} \tag{7}$$

bezieht. Macht man auch noch von dem Fehlwinkel δ der Drossel mittels

$$\operatorname{tg}\delta = \frac{\varrho}{\varkappa} = \frac{r}{k}. \tag{8}$$

$$(\sin\delta = \varrho \cdot \mathfrak{g}, \quad \cos\delta = \varkappa \cdot \mathfrak{g})$$

Gebrauch, setzt diese Werte in die Gleichung (6) ein und trennt schließlich in bekannter Weise reellen und imaginären Teil, so erhält man für die Primärgrößen

$$\left.\begin{aligned}p_1 &= u_1^2 \sin\delta + u_1 u_2 \sin(\vartheta - \delta), \\ q_1 &= u_1^2 \cos\delta - u_1 u_2 \cos(\vartheta - \delta),\end{aligned}\right\} \tag{9}$$

für die Sekundärgrößen

$$\left.\begin{aligned}p_2 &= -u_2^2 \sin\delta + u_1 u_2 \sin(\vartheta + \delta), \\ q_2 &= -u_2^2 \cos\delta + u_1 u_2 \cos(\vartheta + \delta).\end{aligned}\right\} \tag{10}$$

numerischer Wirk- und Blindleistung für verschiedene Werte von u_2 eine Kreisschar. Die obere bezieht sich auf die Primär-, die untere auf die Sekundärgrößen. Mittels des Winkels ϑ können zugehörige Werte beider Kreisscharen einander zugeordnet werden.

Zu jedem Wert von u_2 gehört ein Kreispaar. Schreibt man außer der Primärspannung auch noch die Sekundärspannung vor, so ist ein derartiges Kreispaar ausgewählt. Die Maximalleistung unter den vorgeschriebenen Bedingungen wird durch die senkrechte Tangente an den Primär- bzw. Sekundärkreis bestimmt. Der erste Kreispunkt liefert die maximale Primär-, der zweite die maximale Sekundärleistung. Beide Grenzfälle gehören verschiedenen Betriebszuständen an. Die maximale Sekundärleistung wird für $\vartheta = 90° - \delta$, die maximale Primärleistung erst bei $\vartheta = 90° + \delta$, also größerer Phasenverschiebung erreicht. Der Grund hierfür liegt in dem Verhalten der Verluste. Zwischen beiden Grenzen nimmt zwar die Sekundärleistung wieder ab, die Primärleistung aber noch zu, da die Verluste stärker zunehmen, als die Sekundärleistung abnimmt.

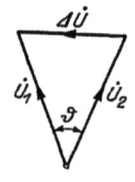

Bild 2. Spannungsdiagramm für Energie-Übertragung durch Drossel.

Schreibt man das Verhältnis der Spannungen nicht vor, so kann man, wie Bild 1 zeigt, auch andere Leistungsgrenzen bestimmen, so etwa für konstante sekundäre Blindleistung oder konstanten sekundären Leistungsfaktor. Spricht man daher von einer Leistungsgrenze, so muß man dazu sagen, unter welcher Nebenbedingung sie gelten soll.

Besonders wertvolle, später bei der Kritik der Leistungsfähigkeit von Fernleitungen nützliche Beziehungen erhält man, wenn man annimmt, daß beide Spannungen gleich groß sein sollen. Es steht dann auch nichts im Wege, diese Spannungen gleich der Nennspannung zu setzen, und es ergeben sich statt der Gleichungen (1) und (2) die einfacheren Beziehungen

$$\left.\begin{aligned} p_1 &= \sin\delta + \sin(\vartheta - \delta), \\ q_1 &= \cos\delta - \cos(\vartheta - \delta), \end{aligned}\right\} \quad (3)$$

$$\left.\begin{aligned} p_2 &= -\sin\delta + \sin(\vartheta + \delta), \\ q_2 &= -\cos\delta + \cos(\vartheta + \delta). \end{aligned}\right\} \quad (4)$$

Bildet man nun den Mittelwert aus Primär- und Sekundärwirkleistung bzw. -blindleistung, so ergibt sich

$$p = \frac{p_1 + p_2}{2}$$
$$= \frac{1}{2}[\sin(\vartheta + \delta) + \sin(\vartheta - \delta)]$$

oder

und ähnlich
$$\left.\begin{aligned} p &= \cos\delta \sin\vartheta, \\ q &= -\sin\delta \sin\vartheta. \end{aligned}\right\} \quad (5)$$

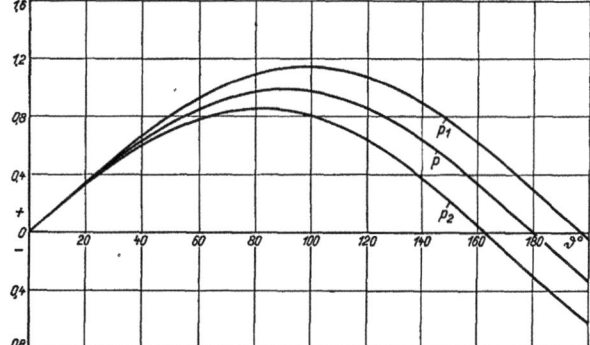

Bild 3. Durch verlustbehaftete Drossel (tg $\delta = 0{,}15$) bei gleich großer Anfangs- und Endspannung übertragene Wirkleistung abhängig vom Phasenwinkel ϑ zwischen Anfangs- und Endspannung.

p_1, p_2 = Wirkleistung vor bzw. hinter der Drossel für gleiche Anfangs- und Endspannung bezogen auf die Nennkurzschlußleistung der Drossel, p = mittlere bezogene Wirkleistung.

Mittlere Wirk- und Blindleistung sind also proportional zur Fläche des Spannungsdreiecks (Bild 2). Anderseits erhält man für die Verluste an Wirk- und Blindleistung:

$$\Delta p = p_1 - p_2 = 2\sin\delta[1 - \cos\vartheta], \tag{7}$$
$$\Delta q = q_1 - q_2 = 2\cos\delta[1 - \cos\vartheta]. \tag{8}$$

Für wirkverlustfreie Drossel — $\Delta p = 0$ — erhält man die — leicht beweisbaren — Formeln

$$\left.\begin{aligned} p_1 &= p_2 = p = \sin\vartheta, \\ q_1 &= -q_2 = \frac{\Delta q}{2} = 1 - \cos\vartheta. \end{aligned}\right\} \quad (9)$$

Die Gleichungen (5) bis (8) sind in den Bildern 3 und 4 graphisch dargestellt. Man sieht, daß sich die mittlere Wirk- und Blindleistung, die sich aus Symmetriegründen in der Mitte der Drossel einstellt, bei Änderung von ϑ gleich verhalten. Für Wirk- und Blindverluste gilt das gleiche. Bei gegebener Phasenverschiebung zwischen Primär- und Sekundärspannung verhalten sich Wirk- zu Blindleistung in der Drosselmitte indirekt, Wirk- zu Blindverlusten direkt wie tg δ : 1, d. h. wie Widerstand zu Reaktanz; nur ist die mittlere Blindleistung kapazitiv (Spannungsabfall vermindernd), die Blindverluste sind dagegen induktiv (Drosselwirkung).

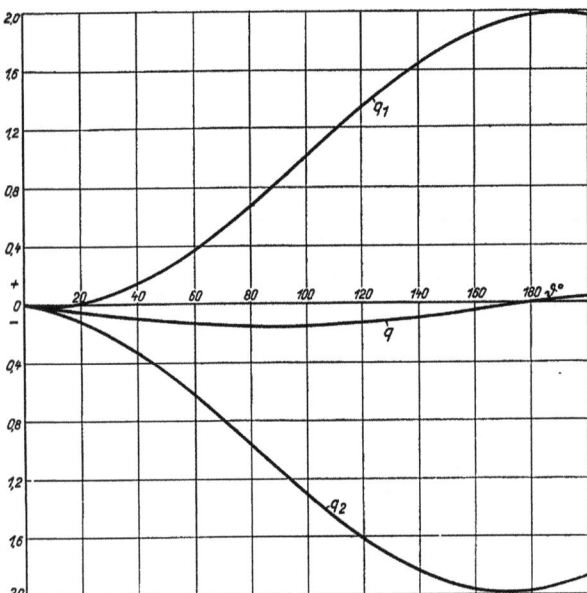

Bild 4. Wie Bild 3, jedoch Blindleistungs-Winkeldiagramm.
q_1, q_2 = bezogene Blindleistung vor bzw. hinter der Drossel. q = mittlere bezogene Blindleistung.

Aus mittlerer Wirkleistung bzw. Blindleistung und dem zugehörigen Verlust läßt sich Primär- und Sekundärwirkleistung bzw. -blindleistung wieder zusammensetzen. Dies geschieht nach:

$$\left. \begin{array}{l} p_1 = p + \tfrac{1}{2}\varDelta p, \\ q_1 = q + \tfrac{1}{2}\varDelta q, \\ p_2 = p - \tfrac{1}{2}\varDelta p, \\ q_2 = q - \tfrac{1}{2}\varDelta q. \end{array} \right\} \quad (10)$$

3. Übertragung durch Fernleitung.

Es sei nun die Fernleitung betrachtet. Jede noch so lange Leitung ist in ihrem Verhalten äquivalent einer der beiden in Bild 5 gezeichneten Ersatzschaltungen, die ihrer Form wegen gewöhnlich $\varPi$- bzw. T-Schaltung genannt werden. Im folgenden soll nur von der $\varPi$-Schaltung Gebrauch gemacht werden. Ihre beiden Konstanten lassen sich bei gegebener Leitungslänge leicht aus den auf die Längeneinheit bezogenen Grundkonstanten berechnen[1].

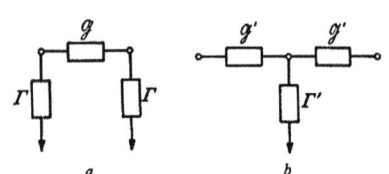

Bild 5. Ersatzschaltung für Leitung mit Ableitung.
a = $\varPi$-Schaltung, b = T-Schaltung.

[1] Bedeutet $\mathfrak{R} = r + j\omega L$ kilometrische komplexe Impedanz der Leitung, $\mathfrak{C} = a + j\omega C$ kilometrische komplexe Admittanz der Leitung, $\xi = +\sqrt{\mathfrak{RC}}$ das komplexe Übertragungsmaß, $\mathfrak{Z} = +\sqrt{\mathfrak{R}/\mathfrak{C}}$ den komplexen Wellenwiderstand, l die Leitungslänge, wobei r = Widerstand, L = Selbstinduktion, a = Ableitung, C = Kapazität, so bestehen zwischen Primärspannung $\dot{U}_1$ und Primärstrom $\dot{J}_1$ einerseits, Sekundärspannung $\dot{U}_2$ und Sekundärstrom $\dot{J}_2$ anderseits die bekannten Beziehungen

$$\left. \begin{array}{l} \dot{U}_1 = \dot{U}_2 \operatorname{\mathfrak{Cof}}(\xi l) + \dot{J}_2 \mathfrak{Z} \operatorname{\mathfrak{Sin}}(\xi l), \\ \dot{J}_1 = \dot{J}_2 \operatorname{\mathfrak{Cof}}(\xi l) + \dot{U}_2 \dfrac{1}{\mathfrak{Z}} \operatorname{\mathfrak{Sin}}(\xi l). \end{array} \right\} \quad (1)$$

Die entsprechenden Gleichungen der $\varPi$-Ersatzschaltung mit der Impedanz $\mathfrak{G}$ und den beiden gleichgroßen Admittanzen $\varGamma$ lauten

$$\left. \begin{array}{l} \dot{U}_1 = \dot{U}_2 (1 + \varGamma \mathfrak{G}) + \dot{J}_2 \cdot \mathfrak{G}, \\ \dot{J}_1 = \dot{J}_2 (1 + \varGamma \mathfrak{G}) + \dot{U}_2 (2\varGamma + \varGamma \cdot \varGamma \mathfrak{G}). \end{array} \right\} \quad (2)$$

Beide stimmen überein, wenn

$$\mathfrak{G} = \mathfrak{Z} \operatorname{\mathfrak{Sin}}(\xi l), \quad (3)$$

$$\varGamma = \frac{1}{\mathfrak{Z}} \cdot \frac{\operatorname{\mathfrak{Cof}}(\xi l) - 1}{\operatorname{\mathfrak{Sin}}(\xi l)}. \quad (4)$$

(Fortsetzung der Note nächste Seite.)

Mit ihrer Hilfe ergeben sich ähnliche Gesetzmäßigkeiten, wie sie für die Drosselübertragung gefunden wurden. Der Unterschied ihr gegenüber besteht in dem Auftreten der beiden Admittanzen Γ, die im wesentlichen von der Kapazität der Leitung herrühren. Um zu ähnlichen Beziehungen, wie sie die Gleichungen (5) bis (8) darstellen, zu gelangen, sei zunächst der Fall gleicher Spannungen am Anfang und Ende der Leitung angenommen. Mittels des Betrages g der Ersatzimpedanz der Π-Schaltung (Fehlwinkel δ) und der Spannung U_n ergibt sich wieder die Nennkurzschlußleistung:

$$N_k = \frac{U_n^2}{g}, \tag{11}$$

auf die alle Leistungen bezogen werden sollen. Sie ist eine Rechnungsgröße und stimmt insbesondere nicht mit der Scheinleistungsaufnahme der kurzgeschlossenen Leistung überein. Als „übertragene" Leistung sei das arithmetische Mittel aus Anfang- und Endleistung benutzt, das — gleiche Spannungen vorausgesetzt — in der Mitte der Ersatzschaltung zur Übertragung gelangt. Dann ergibt sich für die bezogene übertragene Wirk- und Blindleistung das Gleichungspaar[1]

$$p = \cos\delta \sin\vartheta, \tag{12}$$
$$q = -\sin\delta \sin\vartheta, \tag{13}$$

Diese Gleichungen lassen sich umformen in

$$\mathfrak{G} = \mathfrak{R} \cdot l \cdot \frac{\mathfrak{Sin}(\xi l)}{\xi l}, \tag{3a}$$

$$\Gamma = \frac{1}{2}\mathfrak{C} \cdot l \cdot \frac{\mathfrak{Tg}\left(\frac{\xi l}{2}\right)}{\frac{\xi l}{2}}. \tag{4a}$$

Beim Übergang von Gleichung (4) auf Gleichung (4a) ist dabei von der Beziehung

$$\frac{\mathfrak{Cof}(\xi l) - 1}{\mathfrak{Sin}\,\xi l} = \mathfrak{Tg}\left(\frac{\xi l}{2}\right)$$

Gebrauch gemacht.

Die Gleichungen (3a) und (4a) spalten die Ausdrücke für $\mathfrak{G}$ und Γ in je zwei Faktoren. Der erste stellt jeweils den bekannten, bei kurzen Leitungen gebräuchlichen Ersatzwert dar ($\mathfrak{R}\,l$ und $1/_2\,\mathfrak{C}\,l$). Der zweite ist je ein komplexer Korrekturfaktor, der für kleine Werte von ξl den Wert 1 annimmt. Zur zahlenmäßigen Auswertung der Korrekturfaktoren kann man entweder von den Reihenentwicklungen der hyperbolischen Funktionen Gebrauch machen oder sie in reellen und imaginären Bestandteil trennen. Nach dem letztgenannten Verfahren schreibt man für das Übertragungsmaß

$$\xi = \frac{1}{D} + j\frac{2\pi}{L}, \tag{5}$$

wobei D die Dämpfungsstrecke, L die Wellenlänge bedeutet, und erhält für den hyperbolischen Sinus in Gleichung (3a)

$$\mathfrak{Sin}(\xi l) = \cos 2\pi \frac{l}{L} \mathfrak{Sin}\frac{l}{D} + j \sin 2\pi \frac{l}{L} \mathfrak{Cof}\frac{l}{D}, \tag{6}$$

für den hyperbolischen Tangens in Gleichung (4a):

$$\mathfrak{Tg}\left(\frac{\xi l}{2}\right) = \frac{\mathfrak{Tg}\frac{l}{2D} + j\,\mathrm{tg}\,\pi\frac{l}{L}}{1 + j\,\mathfrak{Tg}\frac{l}{2D}\,\mathrm{tg}\,\pi\frac{l}{L}}. \tag{7}$$

---

[1] Für die mittlere übertragene Wirkleistung und Blindleistung bei gleicher Anfangs- und Endspannung ist das Vorhandensein der Admittanzen der Π-Schaltung ohne Bedeutung. Die Primär-Wirkleistung bzw. Primär-Blindleistung ist um die Wirk- bzw. Blindverluste in einer Admittanz größer, die Sekundär-Wirkleistung bzw. Sekundär-Blindleistung kleiner als die entsprechenden Größen der reinen Impedanz. In beiden Admittanzen sind aber die Verluste wegen der Spannungsgleichheit gleich groß, so daß die mittlere Leistung mit der in der Mitte der Impedanz übertragenen übereinstimmt.

Die halben Wirk- und Blindverluste ergeben sich aus den für die reine Impedanz geltenden und schon abgeleiteten Werten durch Hinzufügen der Verluste in einer Admittanz. Ist der Betrag einer Admittanz γ (positiv, wenn kapazitiv), der Fehlwinkel ε, so sind diese Verluste

$$\Delta P_\Gamma = U^2 \gamma \sin\varepsilon \quad \text{und} \quad \Delta Q_\Gamma = -U^2 \gamma \cos\varepsilon.$$

ΔQ ist negativ, weil die Blindleistungsaufnahme einer Drossel positiv, die einer Kapazität negativ zählt.

(Fortsetzung der Note nächste Seite.)

das mit den Gleichungen (5) und (6) übereinstimmt. Die Paralleladmittanzen Γ machen sich also hier nicht bemerkbar. Sie treten jedoch in den Wirk- und Blindverlusten auf. Sie sind im wesentlichen kapazitive Blindleitwerte γ mit dem Fehlwinkel ε. Dann liefern die in der Fußnote gegebenen Entwicklungen die auf $N_k = U_n^2/g$ bezogenen Werte:

$$\tfrac{1}{2}\Delta p = \sin\delta\,[1-\cos\vartheta] + g\gamma\sin\varepsilon, \tag{14}$$

$$\tfrac{1}{2}\Delta q = \cos\delta\,[1-\cos\vartheta] - g\gamma\cos\varepsilon. \tag{15}$$

Aus mittlerer Leistung und Verlust setzen sich wieder Primär- und Sekundärleistungen nach Gleichung (10) zusammen. Die mittlere übertragene Wirk- und Blindleistung bestimmt sich demnach genau wie bei einer Drossel der entsprechenden Kurzschlußleistung und des gleichen Fehlwinkels. Schreibt man die Gleichungen (12) und (13) in der Form:

$$P = (N_k \cos\delta)\sin\vartheta, \tag{12a}$$

$$Q = -(N_k \sin\delta)\sin\vartheta, \tag{13a}$$

so erkennt man, daß beide Größen, abhängig von ϑ durch eine Sinuskurve dargestellt werden, deren Amplitude $N_k\cos\delta$ bzw. $N_k\sin\delta$ ist. Diese Amplituden sind nebst N_k

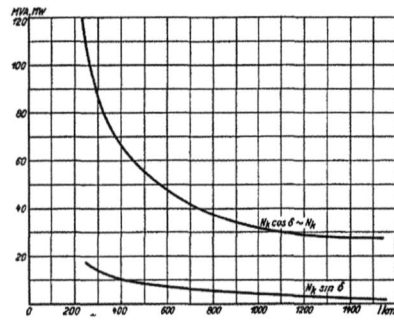

Bild 6. Wirkkomponente ($N_k\cos\delta$) und Blindkomponente ($N_k\sin\delta$) sowie Absolutbetrag (N_k) der Nennkurzschlußleistung einer 220 kV-Leitung bei 50 Per/s für eine Bezugsspannung von 100 kV, abhängig von der Leitungslänge (l km).

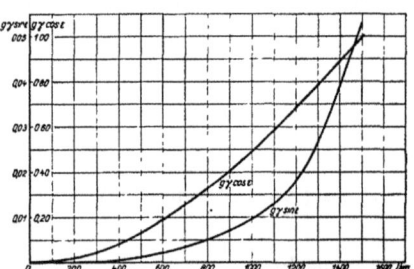

Bild 7. Wirkverluste ($g\gamma\sin\varepsilon$) und Blindverluste ($g\gamma\cos\varepsilon$) der Ersatzadmittanz einer Leitung mit Ableitung, bezogen auf die Nennkurzschlußleistung der Leitung, abhängig von der Leitungslänge (l km).

selbst (gerechnet für eine 220 kV-Leitung mit 42 mm Dmr. Kupferhohlseil für 50 Per/s) für eine Bezugsspannung von 100 kV in Bild 6 abhängig von der Leitungslänge eingetragen. Sie stellen ihrem Wesen nach Leitwerte dar, die der Anschaulichkeit halber gemäß den Gleichungen (12a) und (13a) multipliziert mit dem Quadrat der Nennspannung als Leistung, bei angenommener Nennspannung von 100 kV, beziffert sind.

Da die Größe $\cos\delta/g$ [Gleichung (11)] fast nur von dem Verhältnis Leiterabstand zu Leiterdurchmesser, und zwar nur logarithmisch abhängt, und da dieses Verhältnis bei den

---

Da alle Wirkleistungen und Blindleistungen auf die Nennkurzschlußleistung U_n^2/g bezogen werden sollen, sind die entsprechenden bezogenen Werte

$$g\gamma\sin\varepsilon \quad \text{und} \quad g\gamma\cos\varepsilon.$$

Die gesamten bezogenen halben Wirk- und Blindverluste sind demnach

$$\tfrac{1}{2}\Delta p = \sin\delta\,[1-\cos\vartheta] + g\gamma\sin\varepsilon, \tag{1}$$

$$\tfrac{1}{2}\Delta q = \cos\delta\,[1-\cos\vartheta] - g\gamma\cos\varepsilon. \tag{2}$$

Da die Admittanzverluste bei den praktisch vorkommenden Leitungslängen nur Korrekturgrößen darstellen, wird man sich häufig mit einer Annäherung begnügen. Diese ergibt sich, wenn man $g\gamma$ zunächst aus der verlustfreien Leitung berechnet und $\cos\varepsilon$ bzw. $\sin\varepsilon$ nachträglich hinzufügt. Für die verlustfreie Leitung liefern die Betrachtungen der Fußnote S. 204

$$g\gamma = 1 - \cos 2\pi \frac{l}{L}, \tag{3}$$

wobei man für $L = 6000$ km (bei 50 Per/s) setzen kann.

Hochspannungsleitungen praktischer Ausführung nur verhältnismäßig wenig verschieden ausfällt, kann man sie praktisch als Konstante betrachten. $N_k \cos \delta$ ändert sich daher genügend genau mit dem Quadrat der Nennspannung.

Die Größe $\sin \delta / g$ hängt dagegen stark von dem gewählten Querschnitt ab. Im allgemeinen ist δ bei niedrigen Spannungen größer als bei hohen, so daß $N_k \sin \delta$ schwächer als quadratisch mit der Spannung zunimmt. Für Überschlagsrechnungen genügt jedoch auch hier das quadratische Gesetz.

Die in den Gleichungen (14) und (15) rechts auftretenden neuen Konstanten ε und $g\gamma$ können oberflächlich behandelt werden, da sie nur eine Art von Korrekturgrößen darstellen. Der Fehlwinkel ε der Admittanz Γ der Π-Schaltung hängt etwas von der Leitungslänge ab. Es läßt sich ferner zeigen, daß bei einer verlustlosen Leitung[1]

$$(g\gamma) = 1 - \cos 2\pi \frac{l}{L} \quad (16)$$

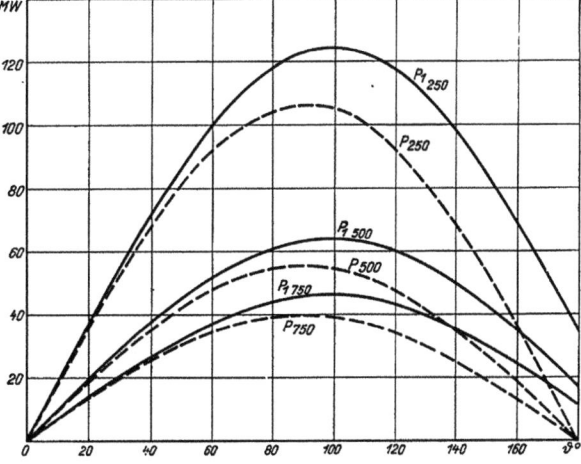

Bild 8a. Durch Leitung mit Ableitung bei gleicher Anfangs- und Endspannung = 100 kV bei 50 Per/s übertragene primäre (P_1) und mittlere (P) Wirkleistung, abhängig vom Phasenwinkel ϑ zwischen Anfangs- und Endspannung für a) 250 km, b) 500 km, c) 750 km Leitungslänge

ist, wo L die Wellenlänge der Leitung (etwa 6000 km bei Freileitungen für 50 Per/s) und l die wahre Länge ist. Zusammengenommen ergeben sich die in Bild 7 abhängig von der Leitungslänge eingetragenen Werte für $g\gamma \sin\varepsilon$ und $g\gamma \cos\varepsilon$ (Wirk- und Blindverluste der Ersatzadmittanz Γ).

Untersucht man die Leistungsfähigkeit einer Leitung, so kann dies an Hand der Gleichung (12) allein geschehen, indem man zunächst auf die Verluste keine Rücksicht nimmt. Die Verluste sind nach Gleichung (14) heranzuziehen, wenn man wirtschaftliche Betrachtungen anstellt. Mittlere Blindleistung [Gleichung (13)] und Blindverluste [Gleichung (15)] spielen eine Rolle, wenn man die für die „Erregung" der Leitung erforderliche Blindleistung bestimmen will.

Benutzt man nun die in den Bildern 6 und 7 eingetragenen Kurven sowie die Gleichung (10) und (12) bis (15), so erhält man die in den Bildern 8a, b und 9a, b zusammengestellten Kurven für Primär-, mittlere und Sekundärwirkleistung bzw. Blindleistung abhängig von ϑ für eine 250, 500 und 750 km lange

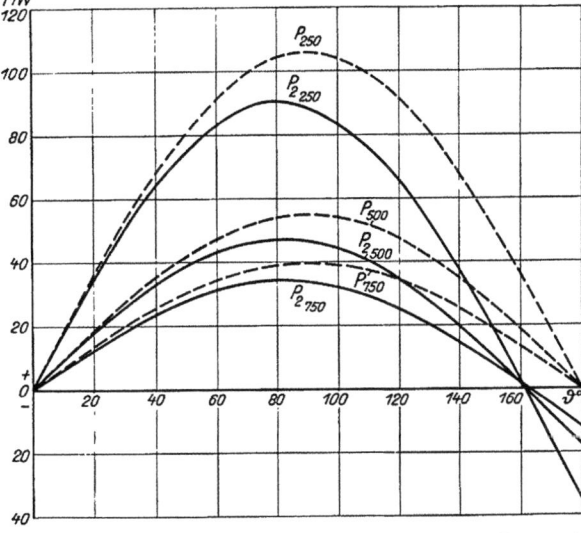

Bild 8b. Wie Bild 8a, jedoch sekundäre (P_2) und mittlere (P) Wirkleistung.

Fernleitung auf 100 kV-Grundlage für 50 Per/s. Bei anderen Spannungen sind die Werte direkt quadratisch umzurechnen.

---
[1] S. Fußnote S. 206.

4. Stabilitätsbetrachtungen.

Nicht alle Arbeitspunkte der bisher abgeleiteten Diagramme führen zu stabilen Zuständen. Auch im Normalbetrieb einer Energieübertragung, also ohne Vorliegen einer Störung, können nicht alle diese Zustände verwirklicht werden. Dies wäre nur der Fall, wenn die Übertragung zwischen zwei Synchronmaschinen vor sich ginge, deren Wellen starr mechanisch gekuppelt sind (erzwungener Parallelbetrieb). In Wirklichkeit ist der Parallelbetrieb frei, und es bleibt zu untersuchen, welche Zustände stabil sind. Die Untersuchung erstreckt sich zweckmäßig auf das Verhalten kleiner Pendelungen. Hierbei können zwei Ursachen unstabiler Vorgänge auftreten: Mangelnde Dämpfung oder gar Anfachung und mangelndes oder gar negatives synchronisierendes Moment. Die erste Ursache ist von geringerer Bedeutung, da ihr stets durch hinreichende Dämpferwicklungen auf den Maschinen entgegengewirkt werden kann. Sie soll daher nicht weiter behandelt werden.

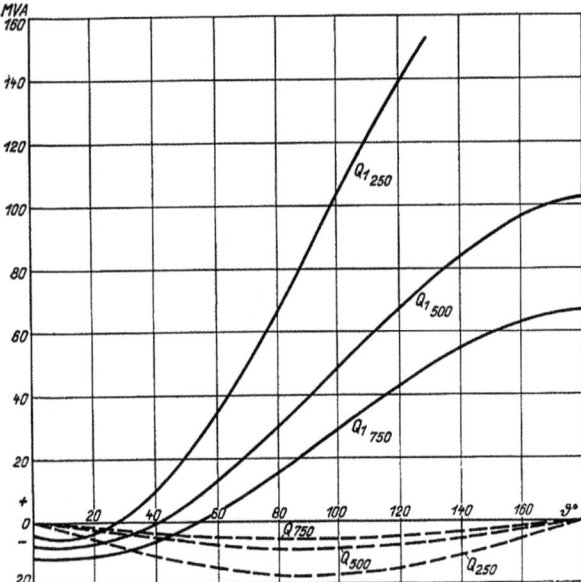

Bild 9a. Wie Bild 8a, jedoch primäre (Q_1) und mittlere (Q) Blindleistung.

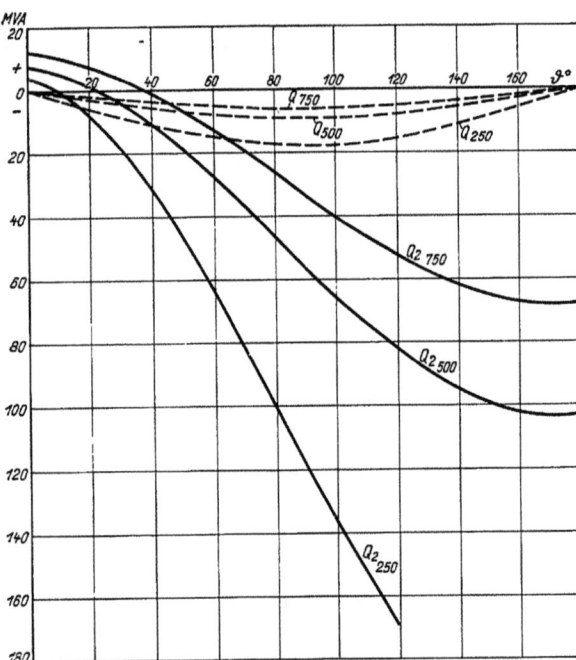

Bild 9b. Wie Bild 8a, jedoch sekundäre (Q_2) und mittlere (Q) Blindleistung.

Zunächst sei der Fall betrachtet, daß zwei unendlich große Maschinen über eine Drossel oder eine lange Leitung aufeinander arbeiten. Irgendein Gleichgewichtszustand sei gekennzeichnet durch den Winkel ϑ_0 zwischen Primär- und Sekundärspannung, deren Beträge gleich groß sind. Ändern sich die Polradstellungen bei einer kleinen Pendelung um die elektrischen Winkel α_1 und α_2, positiv gerechnet bei Voreilung gegenüber der Gleichgewichtslage, so ändern sich auch die Phasen der Klemmenspannungen um die gleichen Winkel und damit auch der Winkel ϑ um den Betrag

$$\Delta\vartheta = \alpha_1 - \alpha_2. \qquad (17)$$

Ist $\Delta\vartheta$ positiv, so tritt an der Primär- bzw. Sekundärmaschine das bremsende bzw. beschleunigende Moment

$$\left.\begin{array}{l} m_1 \Delta\vartheta = k \cdot \dfrac{\partial p_1}{\partial \vartheta} \cdot \Delta\vartheta \\ \text{bzw.} \\ m_2 \Delta\vartheta = k \cdot \dfrac{\partial p_2}{\partial \vartheta} \cdot \Delta\vartheta \end{array}\right\} \qquad (18)$$

auf. Unter Vernachlässigung der Dämpfung lauten dann die Bewegungsgleichungen (Θ_1 und Θ_2-Trägheitsmomente)

$$\Theta_1 \frac{d^2 \alpha_1}{dt^2} = -m_1 \Delta\vartheta,$$
$$\Theta_2 \frac{d^2 \alpha_2}{dt^2} = +m_2 \Delta\vartheta. \tag{19}$$

Unter Berücksichtigung von Gleichung (17) ergibt sich hieraus

$$\Theta \frac{d^2 \Delta\vartheta}{dt^2} = -m \Delta\vartheta, \tag{20}$$

wo
$$\frac{1}{\Theta} = \frac{1}{\Theta_1} + \frac{1}{\Theta_2}, \tag{20a}$$

$$m = \frac{m_1 \frac{1}{\Theta_1} + m_2 \frac{1}{\Theta_2}}{\frac{1}{\Theta_1} + \frac{1}{\Theta_2}}. \tag{20b}$$

Gleichung (20) ist die gewöhnliche Schwingungsgleichung. Eine — in Wirklichkeit gedämpfte — Pendelung kommt nur zustande, wenn m positiv ist. Gleichung (20b) kann man auch schreiben:

$$m = k \frac{\partial}{\partial \vartheta} \left(\frac{p_1 \frac{1}{\Theta_1} + p_2 \frac{1}{\Theta_2}}{\frac{1}{\Theta_1} + \frac{1}{\Theta_2}} \right). \tag{21}$$

D. h. aus den Kurven für p_1 und p_2 abhängig von ϑ (Bild 3) ist eine mittlere Kurve zu bilden durch arithmetische Mittelung der Ordinaten mit den reziproken Trägheitsmomenten als Gewichten. Stabil sind die Betriebszustände für die Werte von ϑ, bei denen diese mittlere Kurve ansteigt.

Sind die Trägheitsmomente auf Primär- und Sekundärseite gleich groß, so ergibt sich das gewöhnliche arithmetische Mittel $p = \frac{1}{2}(p_1 + p_2) = \cos\delta \sin\vartheta$, das für $\vartheta = 90°$ ein Maximum hat. Die Stabilitätsgrenze fällt also hier mit dem Maximum der mittleren Leistung zusammen.

Überwiegt die primäre Trägheit, so ist die maßgebende Kurve die für p_2 und der kritische Winkel ist $90° - \delta$; überwiegt die sekundäre Trägheit, so ist umgekehrt p_1 maßgebend und der kritische Winkel ist $90° + \delta$ [Gleichungen (3) und (4)]. Zwischen beiden Grenzen bewegt er sich also je nach der Verteilung der gesamten Trägheit. Will man vorsichtig sein, so wird man den kritischen Winkel stets zu $90° - \delta$ annehmen, obgleich die sekundäre Trägheit (kinetische Energie) wohl meist überwiegen wird.

Es sei nun auch die endliche Größe der Maschinen in Betracht gezogen. In genügender Annäherung kann dies dadurch geschehen, daß man jede wirkliche Maschine ersetzt durch eine äquivalente, d. h. eine unendlich große Maschine, welche die zur wirklichen Erregung gehörige Leerlaufspannung erzeugt, mit einer vorgeschalteten Drossel gleich der synchronen Reaktanz. Es ergibt sich jetzt das Vektordiagramm gemäß Bild 10, in das die elektromotorischen Kräfte und Klemmenspannungen eingetragen sind. Man erhält nun zwei Stabilitätsgrenzen, je nachdem, ob man annimmt, daß während der vorhin betrachteten kleinen Pendelung die Beträge der Klemmenspannungen oder die der elektromotorischen Kräfte konstant bleiben. Offenbar setzt die erste Annahme voraus, daß ein Spannungsregler vorhanden ist, der genügend schnell arbeitet, um das Auftreten von Schwankungen der Klemmenspannung während der Pendelung zu verhindern.

Den Zusammenhang zwischen beiden Grenzen, die den Bereich der sog. „dynamischen Stabilität" einschließen, kann man folgendermaßen erkennen: Man geht wieder von einem beliebigen Gleichgewichtszustand aus, wobei die Klemmenspannungen als gleich groß und fest gegeben anzusehen sind, und der Winkel ϑ_u den speziellen, betrachteten Zustand festlegt. Die danach möglichen Gleichgewichtszustände sind durch die Vektordiagramme von Bild 10 dargestellt. Es sei hier der Einfachheit halber auch angenommen, daß die Wirkverluste vernachlässigt werden können.

Die auf die Nennkurzschlußleistung der Leitung bezogene Leistung läßt sich einmal ausdrücken durch die bezogene Klemmenspannung und den Winkel ϑ_u zwischen diesen:

$$p = u^2 \sin \vartheta_u, \qquad (22)$$

anderseits aber auch durch die bezogenen elektromotorischen Kräfte und durch den Winkel ϑ_e zwischen ihnen, also

$$p = \alpha \cdot e^2 \sin \vartheta_e. \qquad (23)$$

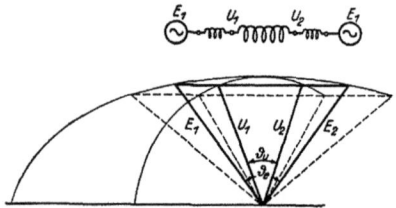

Bild 10. Spannungsdiagramm für Energieübertragung durch Drossel bei endlichen Maschinen

Der echte Bruch α bedeutet das Verhältnis: Reaktanz der Leitung allein zur Gesamtreaktanz (Leitung plus Maschinen). Er muß eingesetzt werden, da in Gleichung (23) die Leistung auf die Nennkurzschlußleistung der Leitung allein, genau wie in Gleichung (22), bezogen ist. Im Fall konstanter Erregung wird die Übertragung bei $\vartheta_e > 90°$ unstabil, beim Fall konstanter Klemmenspannung dagegen erst bei $\vartheta_u > 90°$. Die auf Stabilität zu untersuchenden Gleichgewichtszustände haben gegebene Klemmenspannungen. Da in Bild 11, das in einer Kurve (Kurvenbezeichnung $\alpha = 1$) Gleichung (22) darstellt und die Konstantspannungsgrenze (Punkt 2) bereits enthält, auch die Konstanterregungsgrenze eingetragen werden soll, muß noch p durch u^2 und ϑ_e ausgedrückt werden. Denn u^2 ist sowieso gegeben, und $\vartheta_e = 90°$ bedeutet die Konstanterregungsgrenze. Aus einer einfachen geometrischen Betrachtung von Bild 10 und Berücksichtigung einiger bekannter trigonometrischer Formeln erhält man:

$$\left(\frac{u}{e}\right)^2 = \frac{1}{2}\left[(1 + \alpha^2) + (1 - \alpha^2)\cos\vartheta_e\right]. \qquad (24)$$

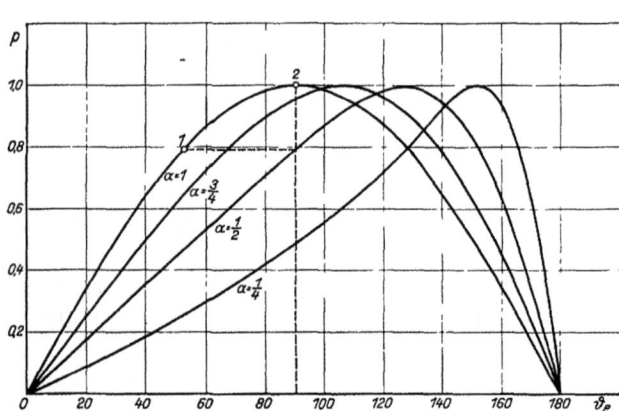

Bild 11. Durch verlustfreie Leitung bei gleich großer Anfangs- und Endspannung übertragene, bezogene Wirkleistung (p), abhängig vom Phasenwinkel ϑ_e zwischen den Maschinen-EMKK am Anfang und Ende der Leitung für verschiedenes Verhältnis α: Leitungsreaktanz zu Gesamtreaktanz (d. h. Leitung + Maschinen) — Kurve für ($\alpha = 1$) zugleich: Wirkleistung abhängig vom Phasenwinkel ϑ_u zwischen Anfangs- und Endspannung der Leitung.

Dies eingesetzt in Gleichung (23) liefert

$$p = u^2 \frac{2\alpha}{(1+\alpha^2)+(1-\alpha^2)\cos\vartheta_e} \cdot \sin\vartheta_e. \quad (25)$$

Für verschiedene Werte von α ist diese Beziehung in Bild 11 eingetragen. Für einen gegebenen Wert von α kann man mittels dieser Kurven die für $\vartheta_e = 90°$ sich ergebende Konstanterregungsgrenze in die Kurve für $\alpha = 1$, welche gleichzeitig die Leistung abhängig von ϑ_u darstellt, etwa in der Weise, wie es für $\alpha = \tfrac{1}{2}$ angedeutet ist, eintragen (Punkt 1 dieser Kurve). Setzt man $\vartheta_e = 90°$ in Gleichung (25) ein, so erhält man für das Verhältnis beider Grenzleistungen:

$$\frac{p_e}{p_u} = \frac{2\alpha}{1+\alpha^2}. \qquad (26)$$

Diese Beziehung zeigt Bild 12. Aus ihr geht hervor, daß der Unterschied zwischen beiden Grenzen um so erheblicher ist, ein je kleinerer Teil der Gesamtreaktanz auf die Leitung, ein je größerer auf die Maschinen entfällt. Ein Ergebnis, das ohne weiteres verständlich ist.

Es bleibt nun noch zu erörtern, in welcher Weise die Kapazität der Leitung, oder genauer, das Vorhandensein der Paralleladmittanzen des Ersatzschemas die beiden Stabilitätsgrenzen modifiziert. Offenbar ist ein derartiger Einfluß auf die Konstantspannungsgrenze nicht vorhanden, wohl aber auf die Konstanterregungsgrenze. Die kapazitive Belastung zwingt die Maschinen zur Untererregung und damit zur Herabsetzung des synchronisierenden Moments. Um diesen Einfluß quantitativ abschätzen zu können, wird das Spannungs- und Stromdiagramm von Bild 13 benutzt. Ohne Vorhandensein der Kapazität sind die Klemmenspannungen e_1' und e_2'. Das Verhältnis α der Leitungsreaktanz g zur Gesamtreaktanz $g + 2g_1$ — Verluste wieder vernachlässigt — (Maschinenreaktanz g_1) ist:

$$\alpha = \frac{g}{g + 2g_1}. \quad (27)$$

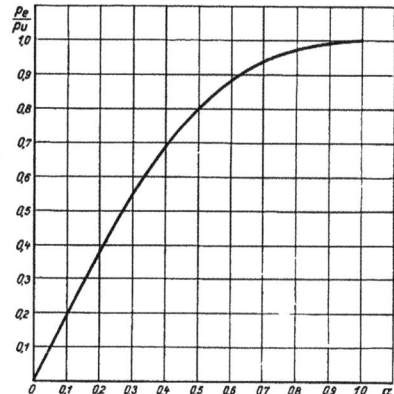

Infolge des Kapazitätsstroms $u\gamma$, der in der Maschinenreaktanz eine Spannungsänderung $u\gamma g_1$ im Sinne einer Erniedrigung der EMK hervorruft, ist die wirkliche EMK e_1 bzw. e_2. Wie sich an Hand von Bild 13 leicht zeigen läßt, verhält sich die Leitung genau so, als ob die Kapazität nicht vorhanden wäre und als ob an Stelle der wirklichen Maschinen höher erregte (entsprechend e_1'' und e_2'') Maschinen mit größerer Reaktanz g_1' vorhanden seien. Dabei ist

$$\frac{e_1''}{e_1} = \frac{e_2''}{e_2} = \frac{1}{1 - \gamma g_1} \quad (28)$$

und

$$g_1' = \frac{g_1}{1 - \gamma g_1}. \quad (29)$$

Bild 12. Verhältnis der Grenzleistung (p_e) bei konstanter Erregung zu der (p_u) bei konstanter Spannung, abhängig vom Verhältnis α: Leitungsreaktanz zu Gesamtreaktanz.

Im übrigen bleibt alles unverändert, insbesondere fallen auch die wirklichen Maschinen, genau so wie es mit den fingierten der Fall wäre, bei $\vartheta_e \geqq 90°$ außer Tritt, da ihre Leistungen übereinstimmen. Infolgedessen ist jetzt in Gleichung (26) nicht mehr $\alpha = \frac{g}{g + 2g_1}$, sondern

$$\alpha = \frac{g}{g + 2\frac{g_1}{1 - \gamma g_1}} \quad (30)$$

einzusetzen. Den zahlenmäßigen Einfluß kann man leicht übersehen, wenn man bedenkt, daß

$$\gamma g_1 = \gamma g \frac{g_1}{g} = \left(1 - \cos 2\pi \frac{l}{L}\right) \frac{N_k\text{-Leitung}}{N_k\text{-Maschine}}$$

ist. Nimmt man z. B. an, daß die Nennkurzschlußleistungen von Leitung und Maschinen übereinstimmen, was bei reichlich bemessenen Maschinen zutreffen kann, und rechnet man die Wellenlänge L bei 50 Per/s zu 6000 km, so liefert Gleichung (29) Werte der Ersatzimpedanz g_1, die gegenüber der wahren Impedanz um 2 vH bei 250 km, 15 vH

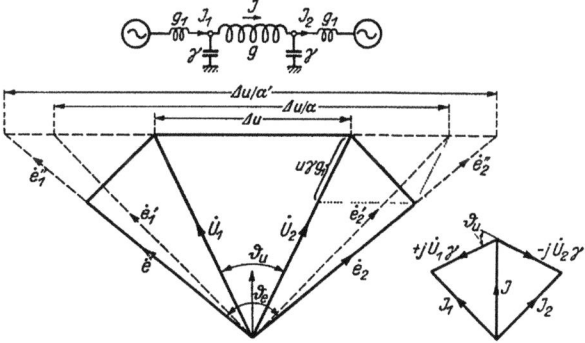

Bild 13. Berücksichtigung der Leitungskapazität bei Ermittlung der Konstant-Erregungs-Stabilitätsgrenze.

$u_1 =$ bezogene Primärklemmenspannung, $u_2 =$ bezogene Sekundärklemmenspannung, $e_1, e_2 =$ bezogene EMKK unter Vernachlässigung der Kapazität, $e_1'', e_2'' =$ reduzierte EMKK, g_1 Maschinenreaktanz, $\gamma =$ Leitwert der Ersatzkapazität.

bei 500 km, 41 vH bei 750 km vergrößert sind. Bei knapperen Maschinen wird der Effekt noch größer. Man sieht, daß es sich bei längeren Leitungen um recht beträchtliche Änderungen handelt, die sich in einer entsprechenden Verringerung von α [Gleichung (30)] und damit auch der Konstanterregungsgrenze bemerkbar machen.

Ebenso wichtig wie die bisher betrachtete (statische oder dynamische) Stabilität des Normalbetriebes ist die Stabilität der Übertragung gegen Störungen (Störungsstabilität).

Störungen in diesem Sinne, d. h. plötzliche Mehrbelastung der Leitung etwa durch Ausfallen lokaler Stromerzeuger oder einer von mehreren parallelen Leitungen, Erdkurzschlüsse in geerdeten Netzen und mehrphasige Kurzschlüsse bewirken, daß man von den Grenzen des Normalbetriebes noch einen beträchtlichen Respektabstand einhalten muß. Eine allgemeine quantitative Theorie dieser Erscheinungen ist wegen der großen Anzahl der zu beachtenden Umstände nicht möglich. Zahlenrechnungen etwa für den zeitlichen Verlauf der durch die Störung angeregten Pendelung sind, abgesehen von wenigen ganz einfachen Fällen, nur mittels mühsamer schrittweiser Integration verwickelter Differentialgleichungen durchführbar. Besser kommt man diesen Vorgängen durch mechanische oder elektrische Modelle bei.

5. Einfluß der Leistungsgrenzen und des Stabilitätsproblems auf Projektierung und Betrieb von Großkraftübertragungen.

Ist die Länge einer Großkraftübertragung gegeben und legt man sich die Frage nach der Größe der praktisch übertragbaren Leistung vor, so findet man einen Teil der Antwort in der Gleichung (12a) und in den Diagrammen der Bilder 8a, b. Danach ist die übertragene Leistung proportional zum Quadrat der Spannung (Nennkurzschlußleistung der Leitung) und zu $\sin \vartheta$. Der Winkel ϑ zwischen Anfangs- und Endspannung kann dabei jedoch nicht beliebig angenommen werden. Der größtmögliche Wert ergibt sich vielmehr mit Rücksicht auf die Stabilität, und zwar sowohl auf die des Normalbetriebes als auf die Störungsstabilität. Dabei wird man zweckmäßig zu vermeiden suchen, den dynamischen Bereich der Stabilität des Normalbetriebes zu betreten und von dieser Möglichkeit nur ausnahmsweise, etwa während des Ausfalls von Verbindungsleitungen, Gebrauch machen. Die Rücksicht auf die Stabilität gegenüber Stößen (Belastungsstöße, plötzliches Ausfallen einer Leitung oder wichtiger Maschineneinheiten) verlangt eine weitere Herabsetzung des Winkels ϑ. Als praktischen Anhalt kann man etwa annehmen, daß nur die Hälfte bis Zweidrittel der Leistung, die im Normalbetrieb stabil übertragen werden kann, in Wirklichkeit übertragen werden soll. Indessen ist zu bedenken, daß derartige Sicherheitszahlen einwandfrei nur aus praktischen Erfahrungen beim Betrieb von Leitungen gewonnen werden können und daß Erfahrungen darüber bisher nur in unzureichendem Maße vorliegen. Inwieweit das Verhalten bei Kurzschlüssen berücksichtigt werden muß, soll noch weiter unten besprochen werden.

Große Entfernungen können durch nichtunterteilte Leitungen auch mit den höchsten Betriebsspannungen und unter Verwendung vieler parallel geschalteter Leitungen nicht wirtschaftlich überbrückt werden. Der Grund hierfür liegt einmal darin, daß für die „Erregung der Leitung" bei sehr großen Entfernungen unwirtschaftlich hohe Blindleistungen erforderlich werden. Aus den Bildern 9a, b geht beispielsweise hervor, daß schon für eine 220 kV-Doppelleitung von 750 km Länge bei 50 Per/s im Leerlauf an beiden Enden eine Blindleistung von je rund 100 MVA (induktiv) nötig ist, während man die Leitung mit etwa 150 MW ($\vartheta_u = 30°$) belasten kann. Bei Erhöhung der Spannung oder bei Anordnung einer Anzahl paralleler Leitungen vermehren sich alle genannten Leistungen im gleichen Verhältnis. Anderseits darf auch die Spannungserhöhung (Ferrantieffekt) der einseitig unter Spannung gesetzten Leitung nicht allzu groß werden, da Anfang und Ende synchronisiert werden müssen und man immer damit rechnen muß, daß auf der einen Seite ein Schalter fällt. Beträgt die Spannung am gespeisten Ende 1, so stellt sich bekanntlich am anderen Ende die Spannung $\dfrac{1}{\cos 2\pi \dfrac{l}{L}}$, d. h. bei 750 km Leitungslänge rund 1,4 ein.

Zur Überbrückung sehr großer Entfernungen muß man die Gesamtleitung aus mehreren Einzelabschnitten zusammensetzen, an deren Grenzen die Spannung durch besondere Blindleistungserzeuger gehalten wird (Baumsystem). Die Grenze, von der ab die Unterteilung der Leitung in dieser Art zweckmäßig ist, hängt von wirtschaftlichen Erwägungen ab, die von Fall zu Fall angestellt werden müssen. Auch sind sehr häufig derartige Stützpunkte schon durch die besondere Lage gegeben. Es scheint daher keinen Zweck zu haben, für diese Grenze genauere Angaben zu machen. In jedem einzelnen Abschnitt einer unterteilten Leitung kann wieder der Winkel ϑ zwischen der Anfangs- und Endspannung ebenso gewählt werden, als ob der Abschnitt für sich allein bestünde. Hierzu ist aber, wenigstens wenn man hohe Werte dieses Winkels zuläßt, erforderlich, daß die Blindleistungserzeuger an den Stützpunkten in der Lage sind, unter den Bedingungen, die für die Auswahl des Winkels maßgebend waren, die Spannung konstant zu halten. Jede Abweichung von diesem idealen Verhalten der Blindleistungserzeuger muß durch eine entsprechende Verringerung des Winkels berücksichtigt werden. Daraus aber geht hervor, daß die Blindleistungserzeuger den Charakter einer fremderregten Maschine haben müssen, und daß auch bei Maschinen dieser Art, die in der üblichen Weise ausgelegt sind, ihrem inneren Spannungsabfall durch entsprechend schnell arbeitende Regelorgane entgegengewirkt werden muß. Für diesen Zweck scheint nach dem heutigen Stande der Erkenntnis die Synchronmaschine, die ihrer Natur nach eine fremderregte Maschine ist, und für die schnell wirkende bewährte Spannungsregler vorhanden sind, am besten geeignet zu sein. Im Bereich kleiner Belastungen ist die von den Stützpunkten zu liefernde Blindleistung induktiv (untererregte Synchronmaschine). Es ist daher denkbar, die Erzeugung dieser Blindleistung durch billige Drosselspulen bewirken zu lassen. Auf jeden Fall müssen aber auch bei der Verwendung von Drosseln als Blindleistungserzeugern Maschinen fremderregten Charakters und genügender Leistung parallel arbeiten, um die Stabilität herbeizuführen. In diesem Sinne haben die Drosseln nur die Aufgabe, die erforderliche Leistung an umlaufenden Maschinen zu vermindern.

Der Querschnitt der Leitung beeinflußt praktisch nur die Verluste, nicht dagegen die Übertragungsgrenzen. Man wird ihn daher mit Rücksicht auf wirtschaftliche Erwägungen bemessen. Nimmt man auch noch die Erfordernisse bezüglich des Leiterdurchmessers dazu, welche der Wunsch nach Vermeidung von Koronaverlusten veranlaßt, so ergibt sich auch die Beantwortung der Frage, ob Hohlseile oder Vollseile Verwendung finden sollen.

Der große Einfluß des Stabilitätsproblems auf die Ausnutzbarkeit und damit auf die Wirtschaftlichkeit von Fernleitungen rückt die Frage nach Verbesserungsmöglichkeiten näher. Hierbei muß man unterscheiden zwischen den Maßnahmen, die sich auf die Erhöhung der Leistungsgrenze im Normalbetrieb und denen, die sich auf die Verbesserung der Stoßstabilität beziehen. Die oberste Grenze für die übertragbare Leistung erscheint zunächst gegeben durch die Konstantklemmenspannungsgrenze der Leitung allein. Um sie zu erhöhen, kennt man nur zwei Mittel: Die Wahl einer niedrigen Frequenz oder die Kompensierung der Leitungsinduktivität durch in Serie geschaltete Kapazitäten oder andere Blindstromerzeuger. Beide Maßnahmen haben keine große praktische Bedeutung, die erste wegen der Notwendigkeit, die übertragene Leistung wieder umzuformen — vielleicht gelingt es einmal dem hochgespannten Gleichstrom, hier Wandel zu schaffen —, die zweite deshalb, weil es schwer ist, den Serienblindstromerzeuger für die Kurzschlußbeanspruchungen auszulegen oder ihn vor den Wirkungen des Kurzschlusses zu schützen. Man muß daher wohl vorläufig die genannte Grenze für technische Wechselstromfrequenz als obersten Grenzwert anerkennen.

Eine weitere Gruppe von Maßnahmen richtet sich auf die Verringerung des Bereichs der dynamischen Stabilität des Normalbetriebs. Hierzu gehört insbesondere die Herabsetzung der Reaktanz von Transformatoren, Generatoren und Phasenschiebern, Maßnahmen, deren Durchführung mit erheblichen Mehrkosten besonders bei den Maschinen verknüpft ist. Sieht man den Bereich der dynamischen Stabilität als gegeben an, so kann man noch versuchen, das Verhalten in ihm möglichst betriebssicher zu machen. Dies geschieht durch besondere Maßnahmen in der Auslegung der Erregeranlage der beteiligten Synchronmaschinen. Insbesondere ist die Anwendung von zusätzlichen serienerregten Maschinen oder von compoundierten Maschinen vorgeschlagen worden. Hierher gehört auch eine besondere Ausbildung des Spannungsreglers, die eine möglichst weitgehende Herabsetzung der Dämpfung zum Ziel hat, ohne daß aber deshalb Spannungspendelungen auftreten dürfen. Ob derartige Einrichtungen zweckmäßig sind, läßt sich bei dem heutigen Stande noch nicht klar übersehen. Es scheint vielmehr, als ob auch nach anderen Rücksichten gebaute Spannungsregler dieser Forderung ohnehin entsprechen. Man wird wohl auch für europäische Verhältnisse das Betreten des Bereichs der dynamischen Stabilität, abgesehen von Ausnahmefällen, vermeiden können.

Die letzte Gruppe von Maßnahmen bezweckt die Erhöhung der Stoßstabilität. In dieser Richtung ist bisher praktisch, besonders in Amerika, am meisten geschehen. Hierbei muß jedoch auf den überaus großen Unterschied hingewiesen werden, der sich bei der Beurteilung dieser Maßnahmen in geerdeten Netzen und in Netzen mit kompensiertem Erdschlußstrom ergibt. Die gefürchtetste und dabei häufigste Störung im Sinne der Stabilitätsverminderung in geerdeten Netzen ist der Erdkurzschluß, der schwere Belastungsstöße auf die beteiligten Maschinen zur Folge hat. Daher ist auch in der amerikanischen Literatur immer wieder betont worden, daß die Maßnahmen zur Erhöhung der Stoßstabilität darauf abzielen sollen, den Betriebszusammenbruch bei Erdkurzschlüssen zu verhindern, während dies bei mehrphasigen Kurzschlüssen in Kauf genommen werden könne. In Netzen mit Erdschlußkompensation ist dagegen der Erdschluß vom Standpunkt der Stabilität eine durchaus harmlose Erscheinung. Es erhebt sich daher von vornherein die Frage, ob in derartigen Netzen überhaupt Schritte zur Erhöhung der Stoßstabilität lohnen, insbesondere da die Wirksamkeit der bekannten Hilfsmittel bei mehrphasigen Kurzschlüssen zweifelhaft ist.

Das wichtigste dieser Mittel ist die Stoßerregung, die bezweckt, auch bei plötzlichen Betriebsvorgängen, insbesondere Kurzschlüssen, die beteiligten Maschinen zu veranlassen, im Rahmen ihrer Leistungsfähigkeit ihre Blindleistungsabgabe so rasch wie möglich im Sinne der Aufrechterhaltung der Spannung zu verändern. Bedenkt man, daß bei einem dreiphasigen Kurzschluß auf einer einen Erzeuger und einen Verbraucher verbindenden Leitung das synchronisierende Moment vollkommen verschwindet, so darf man daran zweifeln, ob solche Einrichtungen bei mehrphasigen Kurzschlüssen überhaupt etwas nützen. Bedenkt man noch, daß mehrphasige Kurzschlüsse auf neuzeitlichen Höchstspannungsleitungen sehr selten vorkommen und daß durch die Stoßerregungseinrichtung die Kurzschlußbeanspruchungen aller Anlageteile stark heraufgesetzt werden, so erscheint die Berechtigung der Verwendung derartiger Einrichtungen bei erdschlußkompensierten Leitungen mehr als zweifelhaft, so daß in jedem Fall ernsthaft geprüft werden muß, ob die hierfür erforderlichen Kosten aufgewendet werden dürfen.

Bei der erdschlußkompensierten Leitung scheint es vielmehr wichtiger zu sein, die Abschaltzeiten des Selektivschutzes herabzusetzen, obwohl auch diese Frage hier, in Anbetracht der Seltenheit der mehrphasigen Störungen, geringere Bedeutung hat als in geerdeten Netzen.

Theorie der Erdschlußkompensation langer Leitungen.

Von R. Klein.

Unter Zugrundelegung der „Telegraphengleichung" werden die exakten Bedingungen für die Kompensation des Erdschlußstromes langer Leitungen aufgestellt, und zwar wird sowohl die Kompensation durch eine einzige Erdungsdrossel behandelt als auch die Kompensation durch zwei und mehrere verteilt angeordnete Drosseln. Dabei wird festgestellt, daß durch Anwendung genügend fein verteilter Kompensation der Erdschlußstrom selbst bei sehr langen Leitungen trotz des störenden Einflusses der Leitungsverluste auf praktisch genügend kleine Beträge herabgedrückt werden kann.

1. Einleitung.

Die Erdschlußkompensation, d. h. die Erdung des Systemnullpunktes von Hochspannungsleitungen über passend bemessene Drosseln nach Petersen[1], bezweckt die Unterdrückung des Erdschluß-Lichtbogens mit dem Ziele, seine schädlichen Folgen als Überspannungserscheinungen, Kurzschlußabschaltungen und Stabilitätsstörungen zu verhindern. Die Wirkungsweise der Erdschlußkompensation läßt sich bei verhältnismäßig kurzen Leitungen in anschaulicher Weise darstellen, indem man die wirkliche mit Kapazität behaftete Leitung durch eine konzentrierte Kapazität ersetzt. Auch die bewährte praktische Berechnung der Spulen gründet sich auf diese Vereinfachung. Bei den langen Höchstspannungsleitungen der modernen Großkraftübertragungen kann unter Umständen der Wunsch auftreten, die Erdschlußspulen in verhältnismäßig beträchtlicher Entfernung voneinander aufzustellen, und es ergeben sich dabei Zweifel, ob man für diese Zwecke mit dem geschilderten Berechnungsverfahren für die Erdschlußspule auskommt, ja ob bei solchen Leitungen überhaupt eine Kompensation möglich ist. Bei langen Leitungen stimmen die Spannungen an der Erdschlußstelle und an den mit Erdschlußspulen ausgerüsteten Stationen schon im normalen Betriebe nach Größe und Phase im allgemeinen keineswegs überein. Außerdem bewirken auch die zusätzlichen durch den Erdschluß hervorgerufenen Ströme Spannungsabfälle, die möglicherweise von maßgebendem Einfluß auf die Wirkungsweise der Kompensation sind. Es erschien daher notwendig, diesen Bedenken nachzugehen, um neben einer klareren Einsicht gegebenenfalls genauere Bemessungsregeln zu gewinnen. In diesem Sinne wurde der Verfasser zu der vorliegenden Arbeit von Herrn Dr. Piloty angeregt[2].

Bei kürzeren Leitungen, bei denen der Spannungsabfall in der Leitung gegenüber demjenigen in der Erdungsdrossel vernachlässigt und somit die gesamte verteilte Erdkapazität Σk_{11} des Systems an einem beliebigen Punkt konzentriert gedacht werden kann, führt die Bedingung, daß der Erdschlußstrom zum Verschwinden gebracht werden soll, zu folgender einfachen Beziehung für die erforderliche Selbstinduktion L_{o_k} der Erdungsdrosselspule:

---

[1] W. Petersen, ETZ 1919, S. 5, 17.

[2] Wie dem Verfasser erst nachträglich bekannt geworden ist, hat T. Ohtsuki in Select. Pap., J. Inst. El. Engs. Japan Nr. 14 (Auszug in ETZ 1930, S. 89 f.) sich mit dem gleichen Problem befaßt.

$$L_{0k} = \frac{1}{\omega^2 \cdot \Sigma k_{11}}, \qquad (1)$$

wenn $\omega = 2\pi f$ die Kreisfrequenz des Wechselstromes ist.

Für ein symmetrisches Drehstromsystem insbesondere geht diese Beziehung über in

$$L_{0k} = \frac{1}{\omega^2 \cdot 3\, k_{11} \cdot s}\, \text{H}, \qquad (2)$$

wenn k_{11} in F/km die kilometrische Erdkapazität eines Leitungsstranges, s in km dessen Länge bezeichnet.

Entsprechend den eben erwähnten Bedenken hinsichtlich der Erdschlußkompensation langer Leitungen werden im folgenden unter Zugrundelegung der genauen für die Verteilung der Spannungen und Ströme längs langer Leitungen gültigen Gesetze die exakten Abstimmungsbedingungen für Erdungsdrosselspulen entwickelt, und zwar wird sowohl die Kompensation durch eine einzige Erdungsdrossel, die sogenannte einseitige Kompensation, behandelt als auch die Kompensation durch mehrere verteilt angeordnete Drosseln, die den Fall der zweiseitig kompensierten Leitung als Grenzfall mit einschließt.

2. Ersatzschema der Mehrphasenleitung bei einphasigem Erdschluß.

Zur Bestimmung des in einem Mehrphasensystem bei Erdschluß einer Phase entstehenden Erdschlußstromes und der Nullpunktsspannungen kann man, wie O. Mayr gezeigt hat[1], ohne auf die Ströme und Spannungen der Phasen selbst einzugehen, sich lediglich auf die Verfolgung der Vorgänge in einem einphasigen Ersatzsystem beschränken, dessen Hinleitung aus den sämtlichen parallel geschalteten Phasenleitern besteht und dessen Rückleitung die Erde ist, und das von einer an der Erdschlußstelle wirkenden Spannungsquelle mit einer EMK gleich der negativen, vor Eintritt des Erdschlusses dort wirksamen Phasenspannung gespeist wird[2].

Es mögen bei einem Drehstromsystem mit untereinander und gegen Erde symmetrischen Phasen bezeichnen:

r den Ohmschen Widerstand eines Stranges in Ω/km,

r_e den Ohmschen Widerstand der zugehörigen Erdstrombahn in Ω/km [3],

l die Selbstinduktion einer Schleife Strang—Erde in H/km Schleifenlänge[3],

somit

$\mathfrak{r} = r + r_e + j\omega l$ den Widerstandsoperator einer solchen Schleife in Ω/km Schleife;

ferner

m die gegenseitige Induktion zweier Schleifen Strang—Erde in H/km Schleifenlänge[3],

somit

$\mathfrak{m} = r_e + j\omega m$ die gegenseitige Impedanz zweier Schleifen Strang—Erde in Ω/km Schleife;

schließlich

k_{11} die Erdkapazität eines Stranges in F/km,

g_{11} die Erdableitung eines Stranges in $1/\Omega$ km,

somit

$\mathfrak{g}_{11} = g_{11} + j\omega k_{11}$ die Erdadmittanz eines Stranges in $1/\Omega$ km.

Alsdann ist bei dem einphasigen Ersatzsystem zur Bestimmung der Erdschlußströme und Nullpunktsspannungen die Impedanz mit

---

[1] Mayr, Arch. Elektrot. Bd. 17, H. 2, S. 163. 1926.
[2] Superpositionsprinzip. Vgl. z. B. Fraenkel, Theorie der Wechselströme. S. 69. 1921.
[3] Berechnungsformeln hierfür vgl. Mayr, ETZ 1925, S. 1352 u. 1436, sowie Lit. Fußnote 1.

Theorie der Erdschlußkompensation langer Leitungen. 217

$$\Re = \frac{r + 2m}{3} = \frac{r + 3r_e}{3} + j\frac{\omega(l + 2m)}{3} = R + j\omega L \tag{3}$$

und die Admittanz mit

$$\mathfrak{G} = 3\,\mathfrak{g}_{11} = 3\,g_{11} + j\,3\,\omega k_{11} = G + j\omega C \tag{4}$$

anzusetzen.

Die Bestimmung der zur Kompensation des Erdschlußstromes von Mehrphasenleitungen erforderlichen Impedanzen ist damit weitgehend vereinfacht.

3. Einseitige Kompensation.

Für eine Drehstromleitung, die gemäß Bild 1a im Sternpunkt des Speisetransformators T_G mit einer Kompensationsimpedanz $\Re_0$ versehen werden soll, während der Verbrauchertransformator T_V, wie meist üblich, mit seinem Nullpunkt von Erde isoliert sein möge, gilt im Falle des Erdschlusses im beliebigen Punkt X das einphasige Ersatzschema Bild 1b. (Die Sternpunktsimpedanzen der Transformatoren sind hierin zunächst vernachlässigt, können jedoch nachträglich noch von der theoretisch errechneten Kompensationsimpedanz in Abzug gebracht werden.)

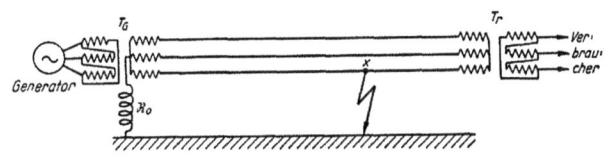

Bild 1a. Erdschluß bei einseitig kompensierter Drehstromleitung.

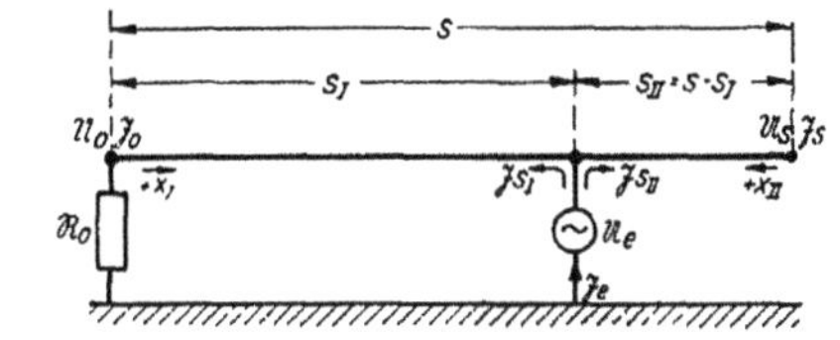

Bild 1b. Einphasiges Ersatzschema der einseitig kompensierten Drehstromleitung im Erdschlußfall.

Die an der Erdschlußstelle wirkende „Erdschluß-EMK" $\mathfrak{U}_e$ speist die beiden Teilstrecken s_I und $(s - s_I)$ der einphasigen Ersatzleitung in Parallelschaltung. Die Anwendung der bekannten „Telegraphengleichung"[1] auf jeden Zweig ergibt unter Beachtung der in Bild 1b eingetragenen Bezeichnungen und Zählrichtungen die folgenden Beziehungen zwischen den Strömen und Spannungen an der Kompensationsimpedanz $\Re_0$ einerseits und denen an der Erdschlußstelle und am Leitungsende anderseits:

$$\left.\begin{array}{ll} \mathfrak{U}_0 = \mathfrak{U}_e \mathfrak{Cof}\,\gamma s_I - \mathfrak{J}_{sI}\mathfrak{Z}\mathfrak{Sin}\,\gamma s_I, & \mathfrak{U}_s = \mathfrak{U}_e \mathfrak{Cof}\,\gamma(s - s_I) - \mathfrak{J}_{sII}\mathfrak{Z}\mathfrak{Sin}\,\gamma(s - s_I), \\ \mathfrak{J}_0 = \mathfrak{J}_{sI}\mathfrak{Cof}\,\gamma s_I - \dfrac{\mathfrak{U}_e}{\mathfrak{Z}}\mathfrak{Sin}\,\gamma s_I, & \mathfrak{J}_s = \mathfrak{J}_{sII}\mathfrak{Cof}\,\gamma(s - s_I) - \dfrac{\mathfrak{U}_e}{\mathfrak{Z}}\mathfrak{Sin}\,\gamma(s - s_I), \end{array}\right\} \tag{5}$$

wobei:

$$\gamma = \sqrt{\Re\mathfrak{G}} = \beta + j\alpha \tag{6}$$

mit

$$\beta = \sqrt{\tfrac{1}{2}\sqrt{(R^2 + \omega^2 L^2)(G^2 + \omega^2 C^2)} - \tfrac{1}{2}(\omega^2 LC - GR)} \tag{7}$$

als Dämpfungskonstante der Leitung und

$$\alpha = \sqrt{\tfrac{1}{2}\sqrt{(R^2 + \omega^2 L^2)(G^2 + \omega^2 C^2)} + \tfrac{1}{2}(\omega^2 LC - GR)} \tag{8}$$

als Wellenlängenkonstante der Leitung und

$$\mathfrak{Z} = \sqrt{\frac{\Re}{\mathfrak{G}}} = \frac{\gamma}{\mathfrak{G}} = \frac{\Re}{\gamma} \tag{9}$$

als Wellenwiderstand der Leitung.

Berücksichtigt man, daß der Strom am Leitungsende wegen des von Erde isolierten Nullpunktes des Verbrauchertransformators $\mathfrak{J}_s = 0$ sein muß, so errechnet sich auf Grund der Kompensationsbedingung für den Erdschlußstrom

---

[1] Breisig, ETZ 1899, S. 383, und Theoretische Telegraphie 1924, S. 306, 328 ff.

$$\mathfrak{J}_e = \mathfrak{J}_{sI} + \mathfrak{J}_{sII} = 0 \tag{10}$$

der zur Kompensation erforderliche Strom in der Kompensationsimpedanz zu:

$$\mathfrak{J}_o = -\mathfrak{U}_e \cdot \mathfrak{G}s \frac{\mathfrak{Sin}\gamma s}{\gamma s} \cdot \frac{1}{\mathfrak{Cof}\gamma(s-s_I)}, \tag{11}$$

während die Spannung daselbst

$$\mathfrak{U}_o = \mathfrak{U}_e \frac{\mathfrak{Cof}\gamma s}{\mathfrak{Cof}\gamma(s-s_I)} \tag{12}$$

ist, so daß sich für die Kompensationsimpedanz der Wert

$$\mathfrak{R}_o = \frac{\mathfrak{U}_o}{\mathfrak{J}_o} = -\frac{1}{\mathfrak{G}s} \cdot \left(\frac{\gamma s}{\mathfrak{Tg}\gamma s}\right) \tag{13}$$

ergibt. $\mathfrak{R}_o$ erweist sich hiernach als völlig unabhängig von der jeweiligen Lage des Erdschlusses. Die grundsätzliche Möglichkeit der Erdschlußkompensation ist damit auch für lange Leitungen erwiesen.

Wie im einzelnen die Kompensationsimpedanz nach Wirk- und Blindkomponente bei verschieden großen Verlusten in der Leitung beschaffen sein muß, ist in den Diagrammen der Bilder 2a und 2b dargestellt.

Betrachtet man zunächst den Fall der verlustlosen Leitung, so wird $R=0$ und $G=0$, somit $\beta=0$, $\gamma=j\alpha=j\omega\sqrt{LC}$. Die Gleichungen (11) bis (13) gehen dann über in

$$\mathfrak{J}_o = -\mathfrak{U}_e \cdot j\omega Cs \cdot \frac{\sin\alpha s}{\alpha s} \frac{1}{\cos\alpha(s-s_I)}, \tag{14}$$

$$\mathfrak{U}_o = \mathfrak{U}_e \frac{\cos\alpha s}{\cos\alpha(s-s_I)}, \tag{15}$$

$$\mathfrak{R}_o = -\frac{1}{j\omega Cs}\left(\frac{\alpha s}{\mathrm{tg}\,\alpha s}\right). \tag{16}$$

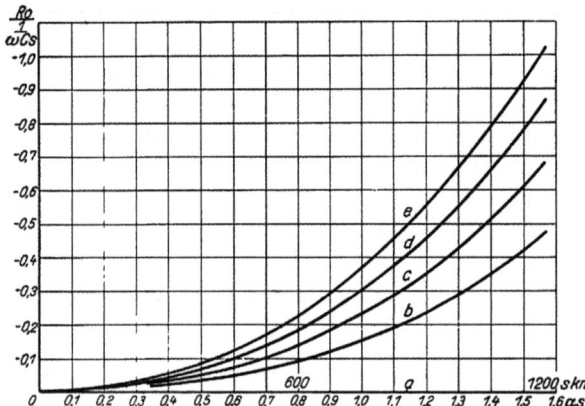

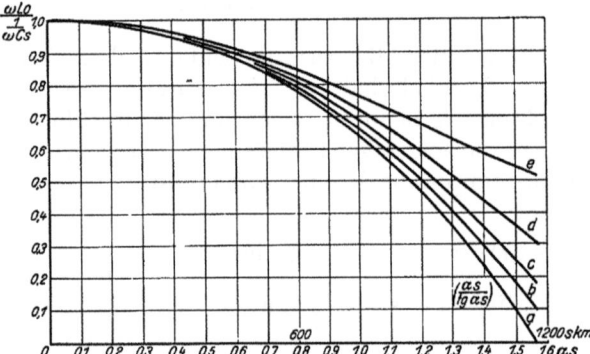

Bild 2a und b. Wirk- und Blindkomponente der Kompensations-Impedanz $\mathfrak{R}_o = R_o + j\omega L_o$ in Anteilen der Leitungs-Gesamtkapazität für Leitungen mit verschiedenem Verlustverhältnis (ohne Ableitungsverluste) abhängig von der Leitungslänge.

Kurve a $\beta/\alpha = 0$ verlustlose Leitung,
,, b $\beta/\alpha = 0{,}2$ entspricht $\omega L/R = 2{,}4$,
,, c $\beta/\alpha = 0{,}3$,, $\omega L/R = 1{,}51$,
,, d $\beta/\alpha = 0{,}4$,, $\omega L/R = 1{,}05$,
,, e $\beta/\alpha = 0{,}5$,, $\omega L/R = 0{,}75$.

Die Abgleichimpedanz $\mathfrak{R}_0$ kann hiernach, solange tg αs positiv, also $\alpha s < \pi/2$, bleibt (bei einer mit Wechselstrom von 50 Per/s betriebenen normalen Drehstromfreileitung entspricht dies, bezogen auf eine Schleife Strang—Erde einer Leitungslänge $s < 1200$ km), eine reine Induktivität sein. Setzt man demgemäß:

$$\mathfrak{R}_o = j\omega L_o \tag{17}$$

und berücksichtigt man, daß $C = 3\,k_{11}$ [Gleichung (4)], so wird

$$L_o = \frac{1}{\omega^2 \cdot 3\,k_{11} \cdot s} \cdot \left(\frac{\alpha s}{\mathrm{tg}\,\alpha s}\right). \tag{18}$$

Für kurze Leitungslängen wird $(\alpha s/\mathrm{tg}\,\alpha s) \infty 1$, die Kompensationsinduktivität L_o somit, wie ein Vergleich mit Gleichung (2) lehrt, genau so groß wie der aus der konzentrierten Rechnung sich ergebende Wert L_{ok}. Man kann daher Gleichung (18) auch in der Form schreiben

$$L_o = L_{ok} \cdot \left(\frac{\alpha s}{\mathrm{tg}\,\alpha s}\right). \tag{18a}$$

Entsprechende Deutungen ergeben sich für die Gleichungen (14) und (15) des Spulenstromes und der Spulenspannung.

Der Verlauf des die Spannungsänderungen längs der Leitung berücksichtigenden „Reduktionsfaktors" ($\alpha s/\mathrm{tg}\,\alpha s$) mit wachsender Leitungslänge ist in Bild 2b durch die Kurve a dargestellt. Bemerkenswert ist, daß für $\alpha s = \pi/2$ $\mathfrak{R}_o = 0$ wird, also durch starre Nullpunktserdung an einem Leitungsende Erdschlußkompensation der verlustlosen Leitung erzielt werden kann. Eine wesentliche praktische Bedeutung kommt diesem Ergebnis allerdings nicht zu, da die, wenn auch geringen Sternpunktsimpedanzen der zur Erdung zu benutzenden Transformatoren sich in diesem Falle störend bemerkbar machen, anderseits durchlaufend ohne Zwischenstationen durchgeführte Leitungen von der Länge einer Viertelwelle sich schon aus Gründen der stabilen Leistungsübertragung verbieten. Vor allem aber steht dem der störende Einfluß der Verluste in den Leitungen entgegen. Diese bedingen nämlich, wie die Kurven b, c, d, e des Reduktionsfaktors für verschiedene Größe der Verluste (bei Vernachlässigung der im allgemeinen verschwindenden Wirkableitungsverluste) in den Bildern 2a und 2b erkennen lassen, neben einer Erhöhung der erforderlichen Blindkomponente der Kompensationsimpedanz die Einführung einer negativen Wirkkomponente; es müßte also entweder der Erdungsdrossel auf transformatorischem Wege eine entsprechende Hilfsspannung zugeführt werden oder überhaupt statt der Drosselspule eine geeignet erregte Synchronmaschine eingebaut werden. Andernfalls kann man mit der zu kompensierenden Leitungslänge nur so weit heraufgehen, wie der dann noch verbleibende Reststrom an der Erdschlußstelle unter dem für die Lichtbogenunterbrechung erforderlichen kritischen Wert bleibt. Der Reststrom $\mathfrak{J}_e$ ist allgemein gegeben durch:

$$\mathfrak{J}_e = \mathfrak{U}_e \cdot \mathfrak{C}\mathfrak{s} \cdot \frac{1}{\gamma s} \frac{\mathfrak{Z}\operatorname{\mathfrak{Cof}}\gamma s + \mathfrak{R}_o' \operatorname{\mathfrak{Sin}}\gamma s}{(\mathfrak{R}_o'\operatorname{\mathfrak{Cof}}\gamma s_I + \mathfrak{Z}\operatorname{\mathfrak{Sin}}\gamma s_I)\operatorname{\mathfrak{Cof}}\gamma(s-s_I)}. \tag{19}$$

Für $\mathfrak{R}_o' = \mathfrak{R}_o$ gemäß Gleichung (13) wird $\mathfrak{J}_e = 0$. Wie Wirk- und Blindkomponente des Reststromes anwachsen, wenn eine mit Verlusten behaftete (jedoch von Wirkableitungsverlusten freie) Leitung durch die für die entsprechende verlustfreie Leitung bemessene Kompensationsspule geerdet wird, ist aus Bild 3 (Kurven a) für den Fall: Erdschluß am Ende der Leitung ($s_I = s$) zu ersehen. Die Ströme sind dabei in Anteilen des bei nicht kompensierter verlustloser Leitung unter Annahme konzentrierter Leitungserdkapazität sich errechnenden Erdschlußstromes $\mathfrak{J}_{ek} = \mathfrak{U}_e \cdot \omega\, Cs$ angegeben. Man erkennt, daß die Blindkomponente des Erdschlußstromes selbst für größere Leitungsstrecken bis etwa $\alpha s = 0{,}8$ entsprechend $s = 600$ km trotz der Leitungsverluste noch gut kompensiert bleibt, während die Wirkkomponente rasch, anfangs etwa quadratisch mit der Leitungslänge anwächst. Nimmt man z. B. eine Drehstromleitung mit einer Phasenspannung $\mathfrak{U}_e = 220$ kV und einer Erdkapazität

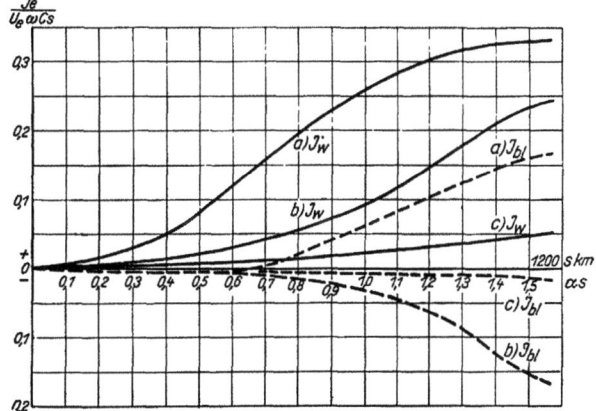

Bild 3. Wirk- und Blindkomponente des Erdschluß-Reststromes einer verlustbehafteten Leitung (ohne Ableitungsverluste: $\omega L/R = 0{,}75$) bei Erdschluß am Ende.

$a =$ für einseitige Kompensation durch reine Induktivität. $b =$ für zweiseitige Kompensation durch zwei reine Induktivitäten am Anfang und Ende der Leitung. $c =$ für Kompensation durch drei reine Induktivitäten. (Stromwerte auf den Gesamt-Erdschlußstrom bei nicht kompensierter verlustfreier Leitung und konzentrierter Erdkapazität bezogen.)

$k_{11} = 4 \cdot 10^{-9}$ F/km Strang an, so wird bei einer Leitungslänge $s = 500$ km $\mathfrak{J}_{ek} = 418$ A, somit der Reststrom nach Bild 3 für $\omega L/R = 0{,}75$ $\mathfrak{J}_e \approx J_{ew} = 0{,}14 \cdot 418 = 58{,}5$ A, was schon kaum mehr eine sichere Unterbrechung des Erdschlußlichtbogens gewährleisten würde.

In einem solchen Falle kann man aber trotzdem noch die besondere Einführung einer Hilfsspannung ersparen, wenn man zu dem Ausweg greift, an mehreren Stellen der Leitung

Kompensationsdrosselspulen vorzusehen. Hierdurch ergeben sich für die einzelnen Spulen kürzere zu kompensierende Leitungsstrecken, damit eine Verminderung der einzelnen Restströme gemäß Bild 3 etwa im quadratischen Verhältnis dazu, so daß der Gesamtreststrom an der Erdschlußstelle tatsächlich herabgesetzt wird, wie im folgenden näher gezeigt werden soll.

4. Zweiseitige Kompensation.

Ist eine Mehrphasenleitung durch je eine am Anfang und am Ende im Sternpunkt des Systems angeschlossene Impedanz $\Re_o$ bzw. $\Re_s$ für den Erdschlußfall zu kompensieren, so gilt für die Ermittlung der Erdschlußströme das einphasige Ersatzschema nach Bild 4. Es ergeben sich hiernach genau die gleichen Grundgleichungssysteme [Gleichung (5)] wie für die einseitig kompensierte Leitung. Lediglich die Randbedingung am Leitungsende ist abzuändern in:

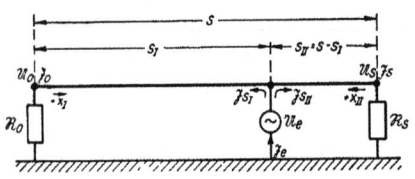

Bild 4. Einphasiges Ersatzschema der zweiseitig kompensierten Drehstromleitung im Erdschlußfall.

$$\frac{\mathfrak{U}_s}{\mathfrak{J}_s} = \Re_s. \qquad (20)$$

Als Kompensationsbedingung erhält man damit — gleichgültig wo der Erdschluß eintritt — stets:

$$\Re_o = -\frac{\Re_s \mathfrak{Cof}\,\gamma\,s + \mathfrak{Z}\,\mathfrak{Sin}\,\gamma\,s}{\mathfrak{Cof}\,\gamma\,s + \frac{\Re_s}{\mathfrak{Z}}\mathfrak{Sin}\,\gamma\,s}. \qquad (21)$$

Für $\Re_s = \infty$, entsprechend einseitig kompensierter Leitung, geht Gleichung (21) in die bereits gefundene Beziehung Gleichung (13) über.

Nimmt man $\Re_o = \Re_s = \Re_q$ an, so wird:

$$\Re_{q\,1,2} = \begin{cases} -\dfrac{1}{\mathfrak{S}\,\dfrac{s}{2}} \cdot \left(\dfrac{\gamma\,\dfrac{s}{2}}{\mathfrak{Tg}\,\gamma\,\dfrac{s}{2}}\right), \\[2ex] -\dfrac{1}{\mathfrak{S}\,\dfrac{s}{2}} \cdot \left(\dfrac{\gamma\,\dfrac{s}{2}}{\mathfrak{Cot}\,\gamma\,\dfrac{s}{2}}\right). \end{cases} \qquad (22)$$

Ein Vergleich der ersten Beziehung Gleichung (22) mit der für einseitige Kompensation geltenden Gleichung (13) läßt sofort erkennen, daß bei zweiseitiger Kompensation durch je eine gleiche Impedanz am Anfang und Ende der Leitung jede dieser Impedanzen genau so bemessen werden kann, als habe sie je nur eine Hälfte der Leitung einseitig zu kompensieren. Die bei der einseitigen Kompensation angestellten Betrachtungen sind daher sinngemäß auch auf die zweiseitige Kompensation zu übertragen; insbesondere können die in den Bildern 2a und 2b wiedergegebenen Kurven für die Wirk- und Blindkomponenten der Kompensationsimpedanz unter entsprechender Einsetzung der halben Leitungslänge benutzt werden. Bezüglich des Reststromes bei nicht exakter Kompensation gilt jedoch mit Rücksicht auf die andersartige Verteilung dieses Stromes auf der Leitung die Beziehung:

$$\mathfrak{J}_e = \mathfrak{U}_e \cdot \mathfrak{S}\,s \cdot \frac{1}{\gamma\,s} \frac{2\,\Re'_q\,\mathfrak{Z}\,\mathfrak{Cof}\,\gamma\,s + (\mathfrak{Z}^2 + \Re'^2_q)\,\mathfrak{Sin}\,\gamma\,s}{\Re'^2_q\,\mathfrak{Cof}\,\gamma\,s_I\,\mathfrak{Cof}\,\gamma\,(s - s_I) + \mathfrak{Z}\,\Re'_q\,\mathfrak{Sin}\,\gamma\,s + \mathfrak{Z}^2\,\mathfrak{Sin}\,\gamma\,s_I\,\mathfrak{Sin}\,\gamma\,(s - s_I)}. \qquad (23)$$

Die sich hiernach für den Fall des Erdschlusses am Ende einer verlustbehafteten Leitung bei Zugrundelegung einer rein induktiven Kompensation (entsprechend verlustfreier Leitung) errechnenden Wirk- und Blindkomponenten des Reststromes sind mit in Bild 3 eingetragen (Kurven b). Ein Vergleich mit den für einseitige Kompensation dort erhaltenen Reststromkomponenten läßt deutlich die Überlegenheit der zweiseitigen Kompensation in bezug auf die Herabsetzung der Restströme erkennen. Die zu kompensierenden Leitungsstrecken können bei Zulassung des gleichen Erdschlußreststroms im Mittel um 50 vH größer als bei einseitiger Kompensation gewählt werden.

Die zweite der in Gleichung (22) angegebenen Beziehungen führt auf kapazitive Kompensationswiderstände, hat aber praktisch keine Bedeutung, da die Kompensationsteilströme in diesem Falle außerordentlich groß werden.

5. Verteilte Kompensation.

Zur mathematischen Behandlung der durch mehrere in gleichen Abständen verteilte Impedanzen kompensierten Leitung können zwei Wege beschritten werden. Einmal kann man statt der aus einzelnen Feldern (*1, 2* usw. in Bild 5) zusammengesetzten Leitung eine äquivalente Ersatzleitung einführen, bei der die Kompensationsimpedanzen mit in die verteilten Ableitungswiderstände einbezogen sind. Zum anderen kann man die Leitung in einen Kettenleiter umformen, indem man die Kompensationsimpedanzen mit

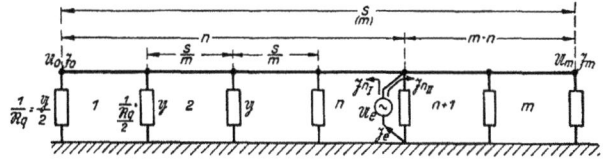

Bild 5. Einphasiges Ersatzschema der mehrfach kompensierten Drehstromleitung im Erdschlußfall.

den den einzelnen Leitungsfeldern entsprechenden Ersatzwiderständen vereinigt. Im folgenden soll der letztgenannte Weg beschritten werden, wobei betont sei, daß das Endergebnis formal genau das gleiche ist wie nach dem ersten Weg. Dabei soll, um den Umfang der Rechnungen möglichst zu beschränken, von der vereinfachenden Annahme ausgegangen werden, daß Erdschlüsse nur je an den Anschlußpunkten der Kompensationsimpedanzen auftreten können. Bezüglich der in den dazwischenliegenden Leitungsabschnitten eintretenden Erdschlüsse möge der Hinweis genügen, daß eine unter Berücksichtigung dieser Möglichkeit durchgeführte Nachrechnung zu den gleichen, von der Lage des Erdschlusses völlig unabhängigen Kompensationsbedingungen führt.

Zur Umformung der Leitung mit verteilter Kompensation in einen äquivalenten Kettenleiter muß zunächst der Ersatzwiderstand jedes Leitungsabschnittes ermittelt werden. Man denkt sich zu diesem Zweck einen der *m*-Abschnitte aus der Leitung herausgeschnitten. Dann gelten

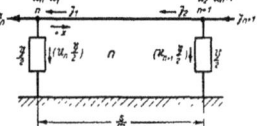 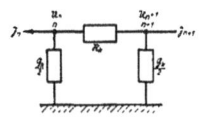

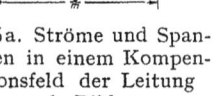

Bild 6a. Ströme und Spannungen in einem Kompensationsfeld der Leitung nach Bild 5.

Bild 6b. Kettenleiter-Ersatzglied für ein Kompensationsfeld der Leitung nach Bild 5.

bei Beachtung der in Bild 6a eingetragenen Bezeichnungen und Richtungspfeile für die Leitungsstrecke s/m allein, d. h. ohne die Impedanzen, wieder die bekannten Lösungen der „Telegraphengleichung":

$$\left.\begin{array}{l} \mathfrak{U}_1 = \mathfrak{U}_2 \mathfrak{Cof}\,\gamma\,\dfrac{s}{m} - \mathfrak{J}_2 \cdot \mathfrak{Z} \cdot \mathfrak{Sin}\,\gamma\,\dfrac{s}{m} = \mathfrak{U}_2 \mathfrak{A} - \mathfrak{J}_2 \mathfrak{B}\,, \\[4pt] \mathfrak{J}_1 = \mathfrak{J}_2 \mathfrak{Cof}\,\gamma\,\dfrac{s}{m} - \dfrac{\mathfrak{U}_2}{\mathfrak{Z}} \mathfrak{Sin}\,\gamma\,\dfrac{s}{m} = \mathfrak{J}_2 \mathfrak{A} - \mathfrak{U}_2 \mathfrak{C}\,. \end{array}\right\} \qquad (24)$$

Für die durch die Admittanzen $\dfrac{\mathfrak{Y}}{2} = \dfrac{1}{\mathfrak{R}_q}$ am Anfang und am Ende belastete Leitungsteilstrecke gilt

$$\left.\begin{array}{ll} \mathfrak{U}_n = \mathfrak{U}_1\,, & \mathfrak{U}_{n+1} = \mathfrak{U}_2\,, \\[4pt] \mathfrak{J}_1 = \mathfrak{J}_n + \mathfrak{U}_n \cdot \dfrac{\mathfrak{Y}}{2}\,, & \mathfrak{J}_{n+1} = \mathfrak{J}_2 + \mathfrak{U}_{n+1} \cdot \dfrac{\mathfrak{Y}}{2}\,, \end{array}\right\} \qquad (25)$$

woraus durch Vereinigung der Gleichungen (24) und (25) die Beziehungen zwischen Anfangs- und Endspannungen bzw. Strömen eines jeden Leitungsabschnittes zu gewinnen sind:

$$\left.\begin{aligned}\mathfrak{U}_n &= \mathfrak{U}_{n+1}\left(\mathfrak{A} + \frac{\mathfrak{Y}}{2}\mathfrak{B}\right) - \mathfrak{J}_{n+1}\mathfrak{B}\,,\\ \mathfrak{J}_n &= \mathfrak{J}_{n+1}\left(\mathfrak{A} + \frac{\mathfrak{Y}}{2}\mathfrak{B}\right) - \mathfrak{U}_{n+1}\left(\mathfrak{C} + \mathfrak{A}\mathfrak{Y} + \mathfrak{B}\frac{\mathfrak{Y}^2}{4}\right).\end{aligned}\right\} \quad (26)$$

Vergleicht man dies mit den bekannten Grundgleichungen für ein Kettenleiterglied erster Art[1] gemäß Bild 6b.

$$\left.\begin{aligned}\mathfrak{U}_n &= \mathfrak{U}_{n+1}\left(1 + \frac{\mathfrak{R}_k \mathfrak{G}_k}{2}\right) - \mathfrak{J}_{n+1}\mathfrak{R}_k = \mathfrak{U}_{n+1}\mathfrak{Cof}\,g - \mathfrak{J}_{n+1}\mathfrak{W}\,\mathfrak{Sin}\,g\,,\\ \mathfrak{J}_n &= \mathfrak{J}_{n+1}\left(1 + \frac{\mathfrak{R}_k \mathfrak{G}_k}{2}\right) - \mathfrak{U}_{n+1}\left(1 + \frac{\mathfrak{R}_k \mathfrak{G}_k}{4}\right)\mathfrak{G}_k = \mathfrak{J}_{n+1}\mathfrak{Cof}\,g - \mathfrak{U}_{n+1}\frac{\mathfrak{Sin}\,g}{\mathfrak{W}}\,,\end{aligned}\right\} \quad (27)$$

so gewinnt man die folgenden Zusammenhänge zwischen den charakteristischen Konstanten der Leitung und den Daten des äquivalenten Kettenleitergliedes:

$$\left.\begin{aligned}\mathfrak{R}_k &= \mathfrak{B} = \mathfrak{Z}\cdot\mathfrak{Sin}\,\gamma\,\frac{s}{m}\,,\\ \mathfrak{G}_k &= 2\,\frac{\mathfrak{A}-1}{\mathfrak{B}} + \mathfrak{Y} = 2\,\frac{\mathfrak{Cof}\,\gamma\,\frac{s}{m} - 1}{\mathfrak{Z}\,\mathfrak{Sin}\,\gamma\,\frac{s}{m}} + \mathfrak{Y}\,,\end{aligned}\right\} \quad (28)$$

bzw.

$$\left.\begin{aligned}\mathfrak{Cof}\,g &= 1 + \frac{\mathfrak{R}_k\mathfrak{G}_k}{2} = \mathfrak{A} + \frac{\mathfrak{Y}}{2}\mathfrak{B} = \mathfrak{Cof}\,\gamma\,\frac{s}{m} + \frac{\mathfrak{Y}\mathfrak{Z}}{2}\mathfrak{Sin}\,\gamma\,\frac{s}{m}\,,\\ \mathfrak{Sin}\,g &= \sqrt{\mathfrak{B}\left(\mathfrak{C} + \mathfrak{A}\mathfrak{Y} + \mathfrak{B}\frac{\mathfrak{Y}^2}{4}\right)} = \sqrt{\left(1 + \frac{\mathfrak{Y}^2\mathfrak{Z}^2}{4}\right)\mathfrak{Sin}^2\gamma\,\frac{s}{m} + \mathfrak{Y}\mathfrak{Z}\,\mathfrak{Sin}\,\gamma\,\frac{s}{m}\,\mathfrak{Cof}\,\gamma\,\frac{s}{m}}\,,\\ \mathfrak{W} &= \frac{\sqrt{\frac{\mathfrak{R}_k}{\mathfrak{G}_k}}}{\sqrt{1 + \frac{\mathfrak{R}_k\mathfrak{G}_k}{4}}} = \frac{\mathfrak{R}_k}{\mathfrak{Sin}\,g} = \frac{\mathfrak{Z}\,\mathfrak{Sin}\,\gamma\,\frac{s}{m}}{\mathfrak{Sin}\,g}\,.\end{aligned}\right\} \quad (29)$$

Nachdem die Grundbeziehungen für einen einzelnen Leitungsabschnitt bzw. ein einzelnes Kettenleiterglied festgelegt sind, können nach bekannten Kettenleitergesetzen auch die Beziehungen zwischen Anfangs- und Endspannungen bzw. Strömen des gesamten m-gliedrigen Kettenleiters angeschrieben werden (Bild 5)

$$\left.\begin{aligned}\mathfrak{U}_o &= \mathfrak{U}_m\,\mathfrak{Cof}\,mg - \mathfrak{J}_m\,\mathfrak{W}\,\mathfrak{Sin}\,mg\,,\\ \mathfrak{J}_o &= \mathfrak{J}_m\,\mathfrak{Cof}\,mg - \frac{\mathfrak{U}_m}{\mathfrak{W}}\,\mathfrak{Sin}\,mg\,.\end{aligned}\right\} \quad (30)$$

Tritt ein Erdschluß z. B. zwischen dem $n$ten und $(n+1)$ten Glied ein, so hat die an dieser Stelle dann einzusetzende Ersatz-EMK $\mathfrak{U}_e$ zwei parallel geschaltete Leitungen bzw. Kettenleiter I, II zu speisen, deren einer n Glieder, deren anderer $(m-n)$ Glieder hat. Die Anwendung der Grundgleichung (30) auf diese beiden Teilstrecken liefert die Gleichungssysteme:

$$\left.\begin{aligned}\mathfrak{U}_o &= \mathfrak{U}_e\,\mathfrak{Cof}\,ng - \mathfrak{J}_{nI}\,\mathfrak{W}\,\mathfrak{Sin}\,ng\,, & \mathfrak{U}_m &= \mathfrak{U}_e\,\mathfrak{Cof}\,(m-n)g - \mathfrak{J}_{nII}\,\mathfrak{W}\,\mathfrak{Sin}\,(m-n)g\,,\\ \mathfrak{J}_o &= \mathfrak{J}_{nI}\,\mathfrak{Cof}\,ng - \frac{\mathfrak{U}_e}{\mathfrak{W}}\,\mathfrak{Sin}\,ng\,, & \mathfrak{J}_m &= \mathfrak{J}_{nII}\,\mathfrak{Cof}\,(m-n)g - \frac{\mathfrak{U}_e}{\mathfrak{W}}\,\mathfrak{Sin}\,(m-n)g\,.\end{aligned}\right\} \quad (31)$$

Beachtet man, daß $\mathfrak{J}_o = 0$ und $\mathfrak{J}_m = 0$ sein müssen, so führt die Kompensationsvorschrift:

$$\mathfrak{J}_e = \mathfrak{J}_{nI} + \mathfrak{J}_{nII} = 0 \quad (32)$$

---

[1] K. W. Wagner, Arch. Elektrot. Bd. 3, S. 315. 1915; Bd. 8, S. 61. 1919.

nach Einsetzung in die Hauptgleichungen nach einigen trigonometrischen Umformungen auf die Endbedingung

$$\mathfrak{Sin}\, mg = 0, \tag{33}$$

die wiederum völlig unabhängig von der Lage des Erdschlusses ist.

Um von dieser formalen Kompensationsbedingung auf die erforderliche Kompensationsadmittanz $\mathfrak{Y}$ schließen zu können, werde $\mathfrak{Sin}\, mg$ nach steigenden Potenzen von $\mathfrak{Cos}\, g$ entwickelt. Man erhält dann bei jeder beliebigen Anzahl m der Kompensationsfelder Produkte, aus denen sich je der Faktor $\sqrt{\mathfrak{Cos}^2 g - 1} = 0$ abspalten läßt. (Die übrigen Faktoren mögen, da sie im allgemeinen kapazitive Kompensationswiderstände als Lösung ergeben, hier außer Betracht bleiben.) Auf Grund von Gleichung (29) gelangt man damit zu folgender Bestimmungsgleichung für die Kompensationsadmittanz:

$$\mathfrak{Cos}\, \gamma \frac{s}{m} + \frac{\mathfrak{Y}\mathfrak{Z}}{2} \mathfrak{Sin}\, \gamma \frac{s}{m} = \pm 1, \tag{34}$$

woraus folgt:

$$\frac{1}{\frac{\mathfrak{Y}_{1,2}}{2}} = \mathfrak{R}_{q1,2} = \begin{cases} -\dfrac{1}{\mathfrak{S}\dfrac{s}{2m}} \left(\dfrac{\gamma \dfrac{s}{2m}}{\mathfrak{Tg}\, \gamma \dfrac{s}{2m}} \right) \\ -\dfrac{1}{\mathfrak{S}\dfrac{s}{2m}} \left(\dfrac{\gamma \dfrac{s}{2m}}{\mathfrak{Cot}\, \gamma \dfrac{s}{2m}} \right) \end{cases}. \tag{35}$$

Ein Vergleich dieses Ergebnisses mit den früher für die zweiseitig bzw. einseitig kompensierte Leitung erhaltenen führt zu der wichtigen Erkenntnis: Die Abstimmung der verteilten Kompensationsimpedanzen hat in der Weise zu erfolgen, daß jeder einzelne Leitungsabschnitt durch die beiden begrenzenden Impedanzen für sich nach den für zweiseitige Kompensation geltenden Regeln, die Hälfte jedes Leitungsabschnittes also entsprechend nach den Regeln für einseitige Kompensation kompensiert wird. Zur Ermittelung der Wirk- und Blindkompenenten der Kompensationsimpedanzen können daher die für einseitige Kompensation berechneten Diagramme der Bilder 2a und 2b ohne weiteres — unter entsprechender Einführung der halben Kompensationsfelderlängen — benutzt werden. Die resultierende Kompensationsimpedanz in jedem Knotenpunkt setzt sich, wie Bild 5 zeigt, aus den so für die benachbarten Leitungsabschnitte ermittelten Einzelimpedanzen durch Parallelschaltung zusammen. Die erste und die letzte Kompensationsimpedanz der Leitung muß daher, da beide nur je ein halbes Feld zu kompensieren haben, je doppelt so groß sein wie jede im Zuge der Leitung angeschlossene.

Für die Berechnung des bei nicht exakter Kompensation einer verlustbehafteten Leitung an der Erdschlußstelle (im $n$ten Kompensationsabschnitt) bestehen bleibenden Reststromes gilt

$$\mathfrak{J}_e = \frac{\mathfrak{U}_e}{\mathfrak{W}'} \frac{\mathfrak{Sin}\, mg'}{\mathfrak{Cos}\, ng'\, \mathfrak{Cos}\, (m-n)g'}, \tag{36}$$

wobei die mit Index versehenen Größen nach den Beziehungen der Gleichung (29) unter Einsetzung der nicht exakt abgestimmten Admittanz $\mathfrak{Y}' = 1/\mathfrak{R}'_q$ zu bestimmen sind.

Für $m = 1$ geht Gleichung (36) in die für den Reststrom der zweiseitig kompensierten Leitung erhaltene Beziehung (23) über.

Die für größere Werte von m aus Gleichung (36) zu entwickelnden Beziehungen erbringen keine wesentlichen neuen Gesichtspunkte, so daß von einer Wiedergabe hier abgesehen werden kann. Es sollen lediglich die bei Kompensation einer verlustbehafteten Leitung durch drei reine Induktivitäten (entsprechend einer Kompensationsfelderzahl $m = 2$) im Falle eines Erdschlusses am Ende der Leitung sich ergebenden Zahlenwerte der Erdschlußrestströme nach Wirk- und Blindkomponenten in Bild 3 dargestellt werden (Kurven c). Man ersieht im Vergleich mit der einseitigen und zweiseitigen Kompensation deutlich, wie durch die weitere Aufteilung der Gesamtleitungsstrecke in einzelne Kompensationsfelder der Erdschlußreststrom weiter herabgesetzt wird, also bei Zulassung des gleichen Erdschlußreststromes die zu kompensierende Leitungslänge durch Anwendung verteilter Kompensationen immer weiter gesteigert werden kann.

6. Zusammenfassung.

1. Als wichtigstes Ergebnis der vorliegenden Arbeit ist festzustellen, daß die in der Einleitung erwähnten Bedenken zum größten Teil gegenstandslos sind. Auch bei langen Leistungen unter strenger Berücksichtigung der Verluste ergibt sich sowohl für den Fall der einseitigen, zweiseitigen und der verteilten Kompensation, daß die zur Kompensation des Erdschlußstromes führende Impedanz nach Größe und Phasenwinkel unabhängig von der Lage des Erdschlusses wird, ein Ergebnis, das für die praktische Anwendung großer Abstände zwischen den Erdschlußspulen unerläßliche Voraussetzung ist. Nur die bei richtiger Kompensation an der Kompensationsimpedanz herrschende Spannung und der sie durchfließende Strom ändern sich mit der Erdschlußlage, nicht aber ihr Quotient.

2. Vernachlässigt man die Verluste in der Leitung, so ergibt sich bei einseitiger Kompensation, d. h. bei Anordnung der Kompensationsimpedanz an einem Leitungsende bei Streckenlängen unterhalb einer Viertelwellenlänge (bei 50 Hz ungefähr 1200 km), eine reine Induktivität, deren Wert bei einer Drehstromleitung durch die Formel

$$L_o = \frac{1}{\omega^2 \cdot 3 k_{11} \cdot s} \cdot \left(\frac{\alpha s}{\operatorname{tg} \alpha s}\right) \mathrm{H}$$

gegeben ist.

In ihr bedeutet k_{11} in F/km die Erdkapazität eines Stranges, s in km die Länge eines Stranges, $\alpha = \omega \sqrt{\frac{l + 2m}{3} \cdot 3 k_{11}}$ die Wellenlängenkonstante einer Schleife Strang—Erde, l H/km Schleifenlänge die Selbstinduktion dieser Schleife, m H/km Schleifenlänge die gegenseitige Induktion zweier derartiger Schleifen.

3. Nach dieser Formel ist die Kompensationsinduktivität durch zwei Faktoren dargestellt, deren erster dem aus der konzentrierten Rechnung folgenden Wert entspricht. Der zweite in der Klammer stehende Faktor ist ein Korrekturfaktor, der bei erheblicher Leitungslänge kleiner als 1, insbesondere bei einer Viertelwellenlänge gleich Null ist. Zieht man nur solche Leitungslängen in Betracht, wie sie mit Rücksicht auf die Verluste zugelassen werden dürften, so fällt der genaue Wert der Induktivität nur einige vH kleiner, die Spulenleistung somit um einige vH größer aus, als es die konzentrierte Rechnung ergibt. Praktisch hat dieser Faktor daher nur geringe Bedeutung, da die Spulenleistung aus Sicherheits- und Reservegründen ohnehin meist größer gewählt werden muß, als es die Rechnung fordert.

4. Betrachtet man immer noch den Fall der einseitigen Kompensation, zieht jedoch den Einfluß der Verluste in Rechnung, so ergibt sich in ähnlicher Weise wie bei der konzentrierten Rechnung, daß eine mathematisch exakte Kompensation durch eine reine Induktivität nicht mehr möglich ist. Man muß vielmehr in diesem Falle einen Reststrom in Kauf nehmen. Dieser Reststrom läßt sich aber auch im allgemeinen Falle dadurch genügend klein halten, daß man die Streckenlänge der einseitig zu kompensierenden Leitung nicht allzu stark anwachsen läßt. Als zulässige Grenze können in diesem Sinne bei 50 Hz etwa 300 bis 400 km gelten.

5. Bei zweiseitiger Erdschlußkompensation durch je eine gleiche Impedanz am Anfang und am Ende der Leitung ist jede Kompensationsimpedanz so zu bemessen, als ob sie nur je eine Hälfte der Leitung einseitig zu kompensieren habe. Die bei rein induktiver, also nicht mathematisch exakter Kompensation verlustbehafteter Leitungen noch bestehen bleibenden Restströme fallen kleiner aus als bei einseitiger Kompensation. Die Leitungslängen können daher bei gleicher zulässiger Höhe des Reststromes um 50 vH größer sein.

6. Bei Kompensation durch mehrere, verteilt angeordnete Impedanzen ist jeder einzelne Leitungsabschnitt wie eine zweiseitig zu kompensierende Leitung zu behandeln. Durch Parallelschaltung der so einzeln ermittelten Kompensationsimpedanzen benachbarter Abschnitte ergeben sich die resultierenden Impedanzen an den Übergangsstellen von einem Abschnitt zum anderen. Steigerung der Anzahl der Kompensationsimpedanzen bewirkt bei gleicher Gesamtleitungslänge eine immer wirksamere Herabdrückung der Restströme bei rein induktiver, also nicht mathematisch exakter Kompensation, umgekehrt also eine Steigerung der kompensierbaren Leitungslänge.

7. Wenn auch die mathematischen Schwierigkeiten der erschöpfenden Behandlung des allgemeinsten Falles eines vermaschten Netzes mit zahlreichen im Netz verteilten Kompensationsimpedanzen entgegenstehen, so läßt sich aus den behandelten Fällen der einseitigen, zweiseitigen und verteilten Kompensation einer einfachen Leitung doch wohl der Schluß ziehen, daß auch im allgemeinen Falle mit ähnlichen Verhältnissen gerechnet werden kann.

Überwachung des Kompensationszustandes in Netzen mit kompensiertem Erdschlußstrom.

Von H. Piloty.

Es werden die bei ausgedehnten Hochspannungsnetzen zur Einhaltung und Überwachung der Kompensation geeigneten Hilfsmittel beschrieben. Über ein Verfahren zur direkten Messung des Erdschlußkompensationsgrades wird berichtet; ferner wird eine Einrichtung zur indirekten Messung sowohl des Erdschluß- wie des Querkompensationsgrades mittels Gleichstromnachbildung mitgeteilt.

Die zur Genüge bekannten großen Vorteile des erdschluß-kompensierten Betriebes von Hochspannungsnetzen (mit Petersen-Spule) machen sich selbstverständlich nur dann bemerkbar, wenn die Kompensationsmittel (Erdschlußspule oder Löschtransformator) in der Tat abgestimmt sind und wenn die Abstimmung auch bei beliebigen Änderungen im Schaltzustand des Netzes erhalten bleibt bzw. wieder hergestellt wird. Glücklicherweise hat sich gezeigt, daß in Mittelspannungsfreileitungsnetzen (bis zu etwa 60 kV Betriebsspannung) die durch die Anwendung der Erdschlußspule angestrebte Löschwirkung auf den Erdschlußlichtbogen ziemlich unempfindlich gegenüber Fehlabstimmungen ist. Fehler von 20 vH und darüber sind zulässig, ohne daß der Erdschlußlichtbogen stehen bleibt. Ähnlich verhält es sich auch in Kabelnetzen mäßiger Ausdehnung, in denen die Erdschlußspule den Übergang in den mehrphasigen Kurzschluß verhindern soll und kann. In derartigen Fällen — der überwiegenden Mehrzahl in Anbetracht der zahlreichen und ausgedehnten Mittelspannungsnetze — kann man mit außerordentlich einfachen Mitteln zur Herstellung und dauernden Aufrechterhaltung der richtigen Abstimmung auskommen. Als sehr wirksames Mittel in diesem Sinne kann man die schon aus anderen Gründen meist angewendete Dezentralisation der Erdschlußspulen ansehen. Sind nämlich die Erdschlußspulen im Netz nach Größe und Lage einigermaßen so verteilt, daß bei den am häufigsten vorkommenden Netztrennungen in jedem abgetrennten Netzteil eine Spule ungefähr passender Größe liegt, so können grobe Fehlabstimmungen nur unter besonders ungünstigen Umständen vorkommen, selbst wenn an der einmal vorgenommenen Abstimmung im Betriebe gar nichts geändert wird. Leitung und ungefähr zugehörige Erdschlußspule werden gewissermaßen gleichzeitig zu- und abgeschaltet.

Die erstmalige Abstimmung erfolgt auf Grund eines Erdschlußversuches, der bei Inbetriebnahme der Kompensationseinrichtung vorgenommen wird. Die Messungen dieses Versuches erstrecken sich auf den Erdschlußstrom selbst, sowie auf die Wirk- und Blindkomponente seiner Grundwelle, bezogen auf die Spannung der erdgeschlossenen Phase. Zweckmäßig prüft man auf diese Weise bei der Inbetriebnahme nicht nur das Netz als Ganzes, sondern auch in seinen Teilen, damit bei sich änderndem Schaltzustand des Netzes jeweils die erforderlichen Unterlagen für die Bestimmung des Kompensationszustandes zur Verfügung stehen, falls die Dezentralisation dies nicht überflüssig machen sollte.

Im Betrieb ergänzt man dies Verfahren in der Regel durch organisatorische Hilfsmittel, die bezwecken, die gesamte im Betrieb befindliche Netzlänge ständig festzustellen und den zugehörigen, zu kompensierenden Erdschlußreststrom rechnerisch, jedoch gestützt auf die Messungen der Inbetriebnahme, zu kontrollieren. Ein solches Hilfsmittel stellt z. B.

der „Erdschlußpegel" dar. Er ist eine Vorrichtung, welche die Länge einer aus einzelnen Stäbchen od. dgl. gebildeten Säule abzulesen gestattet. Die Länge jedes Stäbchens entspricht dem Erdschlußstrom (Kapazitanz gegen Erde mal Phasenspannung) eines unter Spannung befindlichen Netzteiles, die Länge der ganzen Säule demnach dem Erdschlußstrom des ganzen jeweils in Betrieb befindlichen Netzes, das durch entsprechenden Spuleneinsatz kompensiert werden muß. Ein anderes Hilfsmittel ist die „Erdschlußwaage", auf welcher das Gesamtgewicht einer Anzahl von die Kapazitanz der Netzteile abbildenden Gewichtsstücken gemessen wird.

Bei großen Hochspannungsfreileitungsnetzen von 100 kV und darüber sind naturgemäß die Ansprüche an die Abstimmgenauigkeit höher. Der Grund dafür ist leicht einzusehen. Mit der Höhe der Betriebsspannung wächst der spezifische, d. h. auf die Leitungslänge bezogene Erdschlußstrom, so daß der Erdschlußstrom und erst recht die Erdschlußleistung mit wachsender Betriebsspannung stark zunehmen. Ähnliches gilt in den großen Hochspannungskabelnetzen der Großstädte, in denen der Erdschlußstrom viele Hunderte, ja unter Umständen Tausende von Ampere betragen kann. In diesem Grenzfall ist es nicht immer möglich, den Übergang Erdschluß—Kurzschluß durch die Erdschlußspule allein zu verhindern. Man erstrebt dann, durch die Erdschlußspule die Zeit für diesen Vorgang möglichst zu erhöhen, damit der Selektivschutz die kranke Stelle vor Eintritt des Kurzschlusses abschalten kann, so daß dann der erstrebte Zweck durch die Gesamteinrichtung erfüllt wird. Jedenfalls muß auch für diesen Zweck die Abstimmgenauigkeit möglichst weit getrieben werden.

Für die Überwachung des Kompensationszustandes derartiger Netze hat man zu verschiedenen Hilfsmitteln gegriffen. Bei der einen Art zielt man darauf hin, den Eintritt der Kompensation direkt meßtechnisch zu erfassen, bei der anderen Art arbeitet man mit Ersatzgrößen, wie etwa den Stäbchen des Erdschlußpegels (indirekt). Bei den direkten Verfahren gibt es wieder einige, die lediglich gestatten, den Eintritt der Kompensation festzustellen (direkte Feststellung), und andere, bei denen außerdem bei Abweichung von der richtigen Kompensation ein quantitativer Rückschluß auf die fehlende oder überschüssige Spulenleistung möglich ist (direkte Messung). Als zu messende Größe muß dabei der resultierende Leitwert — oder anschaulicher der entsprechende, sich durch Multiplikation mit der Nenn-Phasenspannung ergebende Strom, die Erdschlußreststrom- (Blind-) Komponente — angesehen werden.

Um die so geordneten Verfahren allgemein gegeneinander abzuwägen, kann man etwa folgende Überlegungen anstellen: Die vollkommenste Lösung ist an sich zweifellos die direkte Messung des Erdschlußreststromes. Ihr gegenüber hat die direkte Feststellung (der Kompensation) den Nachteil, daß man bei Abweichung von der richtigen Spuleneinstellung mit den Spulen probieren muß, um den gewünschten Zustand zu erreichen, die indirekte Messung dagegen den Nachteil, daß ihr Ergebnis auf als fest angenommenen, richtig zu ermittelnden Werten für die Erdkapazität der Netzteile fußen muß, während diese Werte erfahrungsgemäß (u. a. infolge wechselnden Durchhangs bei Freileitungen) etwas schwanken. Freilich muß man sich davor hüten, die wirklich verwendeten Verfahren allein auf Grund dieser grundsätzlichen Unterschiede zu bewerten. Es ergibt sich vielmehr, wie aus der Einzelbesprechung hervorgehen wird, eine ganze Reihe weiterer, den einzelnen Lösungen eigentümlicher Unterschiede, die das Bild wesentlich verschieben. Bei der nunmehr folgenden Besprechung des einzelnen Verfahrens sollen bisher nicht verwendete Vorschläge unberücksichtigt bleiben.

Ein besonders einfaches und zweckmäßiges Verfahren beruht auf der Beobachtung der Nullpunktspannung. Es gehört in die Klasse: „Direkte Feststellung der Kompensation", hat mithin auch den erwähnten grundsätzlichen Nachteil. Die Nullpunktspannung ist im erdschlußfreien Betrieb bei streng symmetrisch verdrillter Leitung gleich Null, da aber — selbst bei Kabeln — stets kleine Unterschiede in den Teilkapazitäten der Leiter gegen Erde auftreten, ist in Wirklichkeit stets eine kleine Nullpunktspannung vorhanden, die stark von der Abstimmung abhängt und bei genauer Abstimmung einen Höchstwert erreicht.

In Bild 1a ist die zur Betrachtung der Erdschlußvorgänge übliche einphasige Ersatzschaltung dargestellt. Darin bedeutet L die Induktivität der Erdschlußspule (bei mehreren die resultierende der parallel geschalteten Einheiten) und C die Kapazität des Netzes gegen Erde. Im Normalbetrieb ist keine Spannungsquelle und daher auch keine Spannung vorhanden. Bei Erdschluß wird die Stromquelle mit der Phasenspannung V eingeschaltet. Ihr Strom ist der Erdschlußreststrom, der bei Resonanz zwischen ωL und $\frac{1}{\omega C}$ keine Blindkomponente gegen V enthält.

Die Wirkung der Unsymmetrie ist in Bild 1b dargestellt. In Serie mit der Kapazität liegt noch eine Spannungsquelle, welche die Unsymmetriespannung $\varDelta$ liefert. Diese ist z. B. in einem Drehstromnetz

$$\dot\varDelta = \frac{\dot U_1 C_1 + \dot U_2 C_2 + \dot U_3 C_3}{C_1 + C_2 + C_3},$$

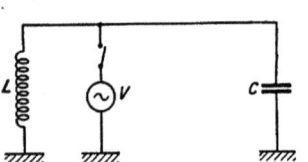

Bild 1a. Ersatzbild der Erdschlußkompensation.

wobei

C_1, C_2, C_3 = Teilkapazitäten gegen Erde,
$C_1 + C_2 + C_3 = C$,
$\dot U_1, \dot U_2, \dot U_3$ = Phasenspannungen (vektoriell) sind;

sie verschwindet bei Symmetrie der Leitung ($C_1 = C_2 = C_3$).

Im normalen erdschlußfreien Betrieb ist die Nullpunktspannung

$$U = \varDelta \frac{\omega L}{\omega L - \frac{1}{\omega C}}.$$

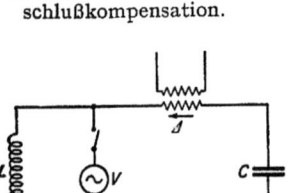

Bild 1b. Einfluß der Unsymmetrie.
C = Kapazität des Netzes, L = Induktivität der Erdschlußspule, V = Ersatzstromquelle für den Erdschlußfall, $\varDelta$ = Unsymmetriespannung.

Es liegt Spannungsresonanz des Kreises L, C unter dem Einfluß der Spannung $\varDelta$ vor, und U würde (unter Vernachlässigung der Verluste) bei richtiger Kompensation ($\omega L = 1/\omega C$) unendlich groß werden. Die Verluste bewirken allerdings, daß in Wirklichkeit keine übermäßige Spannungssteigerung eintritt, so daß, wie die Erfahrung gelehrt hat, die auftretende Nullpunktspannung zwar meßtechnisch verwendet werden kann, aber sonst praktisch keine Rolle spielt. Man braucht also nur die Abstimmung der Spulen durch Probieren so lange zu verändern, bis dies eintritt. Das beschriebene Verfahren eignet sich besonders für Hochspannungsfreileitungsnetze, in denen stets eine Unsymmetriespannung genügender Höhe vorhanden ist. Auch dann, wenn aus noch zu besprechenden Gründen zu einem indirekten Verfahren gegriffen wird, kann es mit Vorteil zu dessen Kontrolle benutzt werden. Es hat sich in großen 100 kV-Netzen bereits praktisch bewährt.

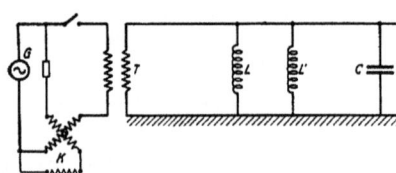

Bild 2. Direkte Messung des Erdschlußkompensationsgrades.
G = Hilfstromquelle, T = Hilfstransformator, K = Kreuzspulgerät.

Auch ein von Prof. Hueter, Darmstadt, und dem Verfasser angegebenes Verfahren zur direkten Messung des Erdschlußreststromes ist bereits praktisch angewendet worden. Es beruht auf der Messung der Blindkomponente des resultierenden Leitwertes gegen Erde mit Hilfe eines Kreuzspuleninstrumentes. Das Schema einer derartigen Meßeinrichtung ist in Bild 2 dargestellt. Eine Hilfstromquelle ist über einen Transformator zwischen den Nullpunkt des Netzes (Nullpunkt eines passenden Transformators) und Erde geschaltet. Spannung und Strom der Hilfstromquelle werden einem Kreuzspulinstrument zugeführt. Seine feste Wicklung wird von der Spannung, die beiden beweglichen Spulen werden von der Spannung bzw. vom Strom erregt, so daß der Ausschlag des Instrumentes in bekannter Weise dem Ausdruck $\frac{J}{U}\sin\varphi_{U,J}$ proportional ist. Dieser Ausdruck ist aber, abgesehen vom Übersetzungsverhältnis der Meßwandler und des Transformators, die Blindkomponente des Leitwertes des Netzes gegen Erde oder die Blindkomponente des Erdschlußreststromes. Das vollständige Schaltbild ist in Bild 3 wiedergegeben. Es enthält noch Einrichtungen zur In- und Außerbetriebnahme der Meßeinrichtung. Sie wird nur während der Ablesung eingeschaltet, da sie während eines Erdschlusses nicht eingeschaltet sein darf. Tritt während der Messung zufällig ein Erdschluß ein, so sorgt ein Relais für die Abschaltung.

Die Messung wird gefälscht durch eine etwa vorhandene Unsymmetrie des Netzes, die sich in dem Auftreten der Unsymmetriespannung $\varDelta$ äußert. Dies erkennt man leicht durch einen Blick auf Bild 1b, in dem für den Augenblick die eingezeichnete Stromquelle V (bei geschlossenem Schalter) die Hilfstromquelle darstellen soll. Der vom Kreuzspuleninstrument erfaßte Strom ist der Unterschied zwischen dem in die Induktivität L und dem in die Kapazität C fließenden Strom. Dieser ist bei vorhandener Unsymmetrie um den Betrag $\varDelta\omega C$ kleiner (unter Berücksichtigung der Phase), als er sein sollte. Von der Größe und Phasenlage von $\varDelta$ einerseits, der Größe der Hilfspannung anderseits hängt der Meßfehler ab. Man macht ihn dadurch unschädlich, daß man die Hilfspannung etwas gegen die Netzspannung schlüpfen läßt. Man sieht aber gleichzeitig, daß die Hilfspannung nicht beliebig klein gemacht werden kann. Sie muß im Verhältnis zur Netzspannung um so größer sein, je größer die Unsymmetriespannung ist.

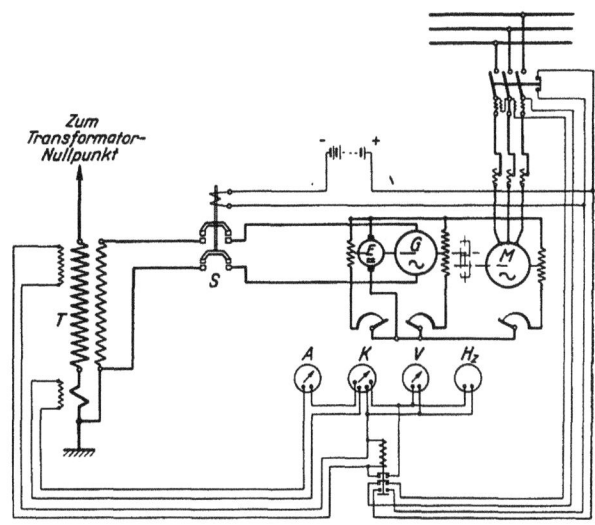

Bild 3. Schaltbild zur direkten Messung des Erdschlußkompensationsgrades.
G = Hilfstromquelle, M = Synchronmotor, E = Erregermaschine, T = Hilfstransformator, S = Ölschalter, K = Kompensometer.

Bedenkt man, daß auch die Leistung, welche die Hilfspannungsquelle liefern muß, quadratisch mit der Hilfspannung wächst und zur Erdschlußleistung proportional ist, so erkennt man, daß in Netzen großer Erdschlußleistung die Erzeugung der Hilfspannung einen immerhin in Betracht zu ziehenden Aufwand erfordert. In einem sehr großen 30-kV-Kabelnetz würde beispielsweise eine Hilfspannung von 5 vH demnach eine Hilfsleistung von 2,5 vT der Erdschlußleistung von rund 40 MVA, d. h. 100 kVA, verwendet.

Neben diesem, ausgezeichnete Ergebnisse liefernden Verfahren zur Messung des Erdschlußreststromes gewinnen die indirekten Verfahren, insbesondere bei ausgedehnten Höchstspannungsfreileitungen (über 100 kV) an Bedeutung. Hierfür sind vor allem zwei Gesichtspunkte maßgebend, der erste von ihnen bezieht sich auf das Verhalten der Höchstspannungsleitungen beim Auftreten eines Doppelerdschlusses. Es kommt vor, daß Doppelerdschlüsse durch den Selektivschutz auf einen einfachen Erdschluß zurückgeführt werden, wobei man den verbleibenden Erdschluß erst nach erfolgter Energie-Umdisposition abschalten will. Hierbei ist es an sich wünschenswert, den Kompensationszustand dem neuen Schaltzustand des Netzes durch Nachregelung der Erdschlußspulen während des Erdschlusses anzupassen. Dies setzt voraus, daß man während des Erdschlusses messen und daraufhin nachregeln kann. Der zweite Gesichtspunkt schließlich ist durch die neuzeitliche Organisation der Betriebsführung großer Netze bedingt. Man ist hier zu dem Wunsch gelangt, den Kompensationszustand des ganzen Netzes an einer Zentralstelle zu überwachen, auch dann, wenn es normal oder vorübergehend in mehrere erdschlußunabhängige Teile zerfällt oder zerfallen kann.

Alle diese Gründe zusammen führen zu dem indirekten Verfahren, deren einfachste Vertreter, der Erdschlußpegel und die Erdschlußwaage, bereits erwähnt wurden. Besonders gut eignet sich die elektrische Nachbildung. Sie bildet den Leitwert der Erdkapazität eines jeden Leitungsstückes und den einer jeden Erdschlußspule mittels je eines Ersatzwiderstandes ab und schaltet je nach dem Schaltzustand des Netzes und der Spulen die richtigen Kapazitätswiderstände einerseits, Spulenwiderstände anderseits, beide unter sich, parallel und an eine Hilfstromquelle (Gleichstrom), so daß zwei Ströme entstehen. Der eine stellt den Spulenleitwert, der andere den Kapazitätsleitwert dar. Der Unterschied wird gemessen und liefert unmittelbar das gewünschte Ergebnis. Ausgangspunkt ist ein Blindschema des wirklichen Netzes mit Anzeigevorrichtungen für die Stellung der Schalter und Erdschlußspulenanzapfungen. Die Anzeigevorrichtungen schalten gleichzeitig die Abbildungswiderstände in richtiger Weise. Die elektrische Nachbildung wird hierfür vorteilhaft derart ausgeführt, daß die Hilfstromkreise mit den zur Kennzeichnung des Kompensationsgrades dienenden Widerständen mit der Gleichstromquelle über eine Leiterkombination verbunden sind, die der Schaltung nach ein Abbild des Hochspannungsnetzes darstellt. Bild 4 zeigt diese Anordnung für ein Netzbeispiel mit drei Stationen. Die obere Figur ist das Netzbild, beispielsweise ein Leuchtschema, die untere ist die Netznachbildung mit den entsprechenden Widerständen an Stelle der Kapazitäten und Spuleninduktivitäten des wirklichen Netzes. Die Hilfspannungsquelle kann mittels des Umschalters an die „Sammelschienen" jeder Station gelegt werden, so daß bei getrenntem Netz die Messung des Kompensationsgrades für alle Teilnetze ausgeführt werden kann. Der bedienende Beamte braucht lediglich — etwa auf Grund telefonischer Meldungen — die Anzeigevorrichtungen in seinem Blindschema richtig zu stellen und erhält dann zwangläufig den richtigen Meßwert. Ganz unabhängig von Bedienungsfehlern wird die Einrichtung, wenn das Blindschema an eine Schalterstellungsfernmeldeeinrichtung angeschlossen wird. In diesem Fall vereinigt man die ferngesteuerten Anzeigevorrichtungen zweckmäßig noch mit handbedienten. Mittels dieser kann man die günstigsten Spulenschaltungen im Abbild ausprobieren und dann ihre Ausführung anordnen. Nach Ausführung der Anordnung stellen sich auch die fern-

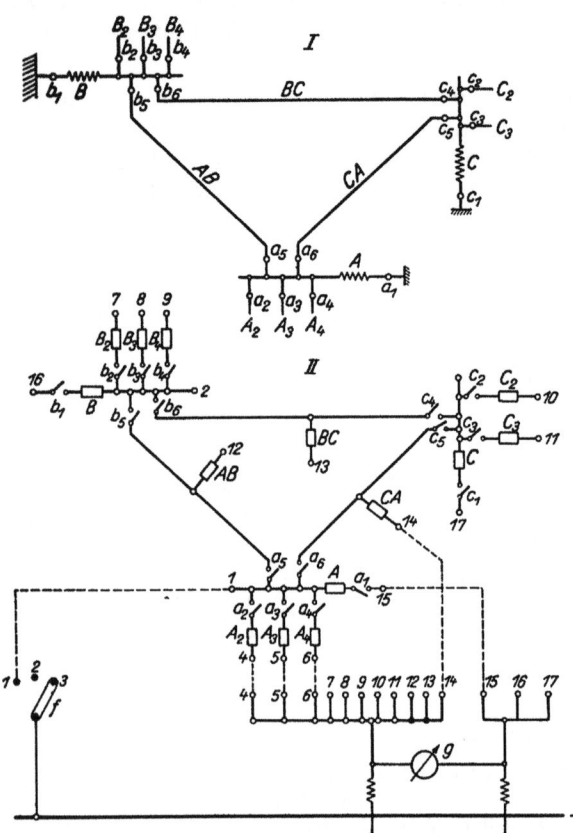

Bild 4. Indirekte Messung des Erdschlußkompensationsgrades.

I = Netzbild, II = Widerstandsnachbildung des Netzes, —☐— = Nachbildungswiderstände, g = Gleichstromgerät in Differentialschaltung, f = Umschalter.

gesteuerten Anzeigevorrichtungen in die Stellung der handbedienten, und beide Meßwerke zeigen das gleiche.

Eine besondere Betrachtung erfordert die Überwachung der Querkompensation, die bekanntlich die Aufhebung der schädlichen Wirkung der gegenseitigen Kapazität parallel geführter, erdschlußkompensierter Hochspannungsleitungen bezweckt.

Tritt nämlich in einem der beiden kapazitiv gekoppelten Netze ein Erdschluß ein, so erhält auch das andere eine Nullpunktspannung. In ihm wird sozusagen ein Erdschluß vorgetäuscht. Diese gegenseitige Beeinflussung ist in kompensierten Netzen bekanntlich besonders stark. Es ist für das Verständnis der nachher zu besprechenden Meßeinrichtung notwendig, den Grund hierfür einzusehen. Daher möge er an Hand von Bild 5 kurz erläutert werden. Tritt in System I ein Erdschluß auf (Erdschlußersatzgenerator eingeschaltet), so liegt seine Phasenspannung an der Reihenschaltung gegenseitige Kapazität — Verbindung System II gegen Erde. Ist das letztgenannte gut kompensiert, so ist sein Leitwert gegen Erde klein, unter Umständen viel kleiner als der Leitwert der gegenseitigen Kapazität. Dies bedeutet aber, daß die Spannung des Erdschlußgenerators fast in voller Höhe am Nullpunkt des zweiten Systems erscheint.

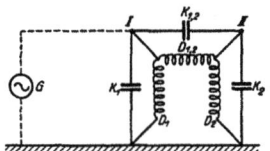

Bild 5. Erdschluß- und Querkompensation.

K_1, K_2 = Erdkapazitäten,
K_{12} = Gegenseitige Kapazität der Systeme I und II,
D_1, D_2, D_{12} = Kompensationsspulen in Dreieckschaltung.

Will man diese Wirkung, die kapazitive Übertragung des Erdschlusses auf das ungestörte System, verhindern, so muß man zu einer besonderen Einrichtung für die Entkopplung der beiden Systeme greifen. Das Prinzip einer solchen Einrichtung geht aus dem einpoligen Ersatzschema (Bild 5) hervor, aus dem alle den Erdschluß betreffenden elektrischen Größen entnommen werden können. Darin bedeutet K_1 die Teilkapazität des Netzes gegen Erde, K_2 die entsprechende Teilkapazität des Netzes II, und K_{12} die gegenseitige Kapazität der beiden Systeme. Die gestellte Aufgabe kann beispielsweise durch Anordnung der drei Drosseln D_1, D_2 und D_{12} gelöst werden, die so bemessen sind, daß sie sich bei Betriebsfrequenz in Resonanz mit der entsprechenden Teilkapazität befinden. Der gestrichelt gezeichnete, die Phasenspannung erzeugende Generator G versinnbildlicht in dieser Darstellungsweise einen Erdschluß im System I, und sein Strom entspricht dem tatsächlich auftretenden Erdschlußstrom.

Bei der angenommenen Bemessung verschwindet offensichtlich die Blindkomponente des Erdschlußstromes. Das Potential des ungestörten Systems II ist zunächst unbestimmt, da es dem Mittelpunkt einer Reihenschaltung aus zwei Sperrkreisen entspricht. Berücksichtigt man aber die möglichen Zahlenwerte und außerdem die Verlustwinkel der Kapazitäten und Drosseln, so ergibt sich, daß bei richtiger Abstimmung der Ohmsche Widerstand des Sperrkreises 12 ein Vielfaches des vom Sperrkreis 20 beträgt, so daß die auf das System II übertragene Spannung geringfügig ist. Es ergibt sich gleichzeitig aber auch die Tatsache, daß der Entkopplungskreis 12 mit besonderer Sorgfalt abgestimmt werden muß.

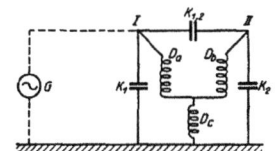

Bild 6. Erdschluß- und Querkompensation.

D_a, D_b, D_c = Äquivalente Drosseln der Sternschaltung.

In Wirklichkeit wird die Schaltung des Bildes 5 selten ausgeführt. An ihre Stelle tritt meist aus wirtschaftlichen Gründen die Schaltung des Bildes 6, die sich dadurch von der Schaltung des Bildes 5 unterscheidet, daß das Dreieck der drei Drosseln D_1, D_2 und D_{12} durch den aus den drei Drosseln D_a, D_b und D_c gebildeten äquivalenten Stern ersetzt ist.

Es soll nun der Kompensationszustand in einem Orte des Netzes kenntlich gemacht und außerdem dafür gesorgt werden, daß in einfacher Weise die Angaben gebildet werden, die für das Betriebspersonal erforderlich sind, um den gewünschten Zustand herzustellen.

Als zweckmäßigstes Kriterium für den Kompensationszustand des Netzes müssen die Zustände der drei in Bild 5 gezeichneten Einzelkreise angesehen werden, deren Inbegriff der wirklichen Schaltung äquivalent ist. Die „Querkompensation", d. h. der Zustand des Sperrkreises 12 muß einzeln ersichtlich gemacht werden, damit dieser Kompensationszustand mit besonderer Genauigkeit dem richtigen angepaßt werden kann. Als zahlenmäßiges Maß kann der induktive oder kapazitive Leitwert eines jeden der drei Sperrkreise dienen, der entweder direkt in S oder in A, bezogen auf Phasenspannung, ausgedrückt werden kann.

Die Aufgabe lautet daher so, daß unabhängig von der speziellen Schaltung der Spulen jedenfalls die Leitwerte der drei in Bild 5 gezeichneten äquivalenten Einzelkreise gemessen und angezeigt werden sollen. Diese Aufgabe ist durch direkte Messung wohl kaum zu lösen. Insbesondere liefert die direkte Messung der Leitwerte zwischen Nullpunkt des Systems I und Erde, Nullpunkt des Systems II und Erde und zwischen beiden Nullpunkten keineswegs die gewünschten Werte. Nur bei richtiger Abstimmung sind die gewünschten drei Leitwerte gleich Null. Das indirekte Verfahren dagegen führt, wenn alle Spulen nach Bild 5 geschaltet sind, leicht zum Ziel. Die elektrische Nachbildung braucht nur für alle drei Kreise gesondert aufgebaut zu werden.

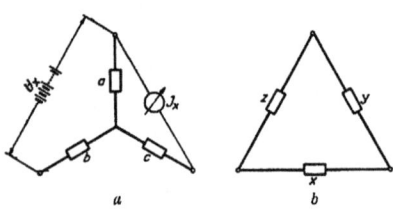

Bild 7. Umrechnungsschaltung für äquivalente Widerstände in Stern- und Dreieckschaltung.

Sind dagegen Spulensätze vorhanden, die nach Bild 6 geschaltet sind, so muß man einen von dem Verfasser angegebenen Kunstgriff, die Umrechnungsschaltung, verwenden. Hier besteht die Aufgabe darin, für jeden Spulensatz drei Ströme zu bilden, die den Leitwerten der äquivalenten Dreieckschaltung proportional sind. Bild 7 zeigt die in Stern geschalteten drei Widerstände a, b, c, die den Reaktanzen der drei Drosselspulen D_a, D_b und D_c des Bildes 6 entsprechen, während in Bild 7b die aus den drei Widerständen x, y, z bestehende äquivalente Dreieckschaltung dargestellt ist. Der Widerstand x der Dreieckschaltung läßt sich aus den Widerständen der Sternschaltung gemäß der Beziehung

$$x = b + c + \frac{bc}{a}$$

berechnen. Legt man anderseits zwischen die Punkte a und b der Sternschaltung eine Spannung U_x, wie dies in Bild 7a gezeichnet ist, und schließt die äußeren Klemmen der Widerstände a und c über einen Strommesser kurz, so besteht zwischen der angelegten Spannung U_x und dem das Instrument durchfließenden Strom J_x die Beziehung

$$U_x = J_x \left(b + c + \frac{bc}{a} \right).$$

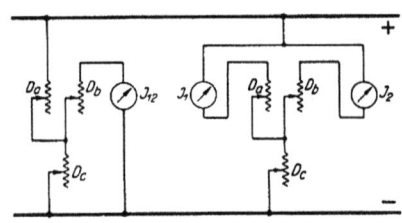

Bild 8. Messung der Drosselinduktivität in der Widerstandnachbildung.

J_1, J_2 sind proportional dem Leitwert der Erdschlußspulen D_1, D_2, J_{12} proportional dem Leitwert der Querkompensationsspule D_{12} (nach Bild 5).

Vergleicht man aber die beiden Gleichungen, so sieht man ohne weiteres, daß bei gegebener Spannung U_x der Strom J_x dem Leitwert des Widerstandes x proportional ist. Das gleiche Ergebnis erhält man, wie sich leicht zeigen läßt, wenn man Spannungs- und Stromanschluß vertauscht, also die Spannung zwischen die Klemmen a und c legt. Ströme, die den Leitwerten der Widerstände y und z der Dreieckschaltung entsprechen, erhält man durch zyklische Vertauschung der Anschlüsse.

Wendet man die gefundene Regel auf den Fall der Kompensationsmessung an, so erhält man eine Schaltung, die im Prinzip durch Bild 8 dargestellt ist. Diese Schaltung enthält Abbildungswiderstände für jede der Drosseln sowie die drei Instrumente J_1, J_2 und J_{12}, welche die gewünschten Leitwerte darstellen. Sie können mit den entsprechenden

Strömen anderer Spulengruppen, gleich welcher Schaltung, ohne weiteres parallel geschaltet werden.

Von dieser Umrechnungsschaltung kann man für die nach Bild 6 geschalteten Spulensätze auch dann Gebrauch machen, wenn man im übrigen mit anderen Mitteln, wie z. B. dem Erdschlußpegel, arbeitet. Der Fall der Querkompensation unterscheidet sich somit nicht wesentlich von dem der einfachen Erdschlußkompensation. Die elektrische Nachbildung bei dem indirekten Verfahren kann insbesondere in ganz analoger Weise aufgebaut werden. Statt eines Meßkreises sind nur drei, teilweise vereinigte, vorhanden. Das Anzeigeschema einer solchen, für eine 220-kV-Doppelleitung geplanten Einrichtung, zeigt Bild 9. Bei Steuerung durch eine Fernschalteinrichtung arbeitet die Anordnung folgendermaßen: Wird beispielsweise ein Netzteil abgeschaltet, so leuchtet mit dem Eintreffen der Rückmeldung die betreffende Signallampe auf und gleichzeitig wird selbsttätig die Widerstandsnachbildung umgesteuert, so daß die Kompensationsinstrumente zwangläufig den Erdschluß- und Querkompensationsgrad des wirklichen Netzes anzeigen. Bei Über- oder Unterkompensation hat der Bedienungsbeamte mittels der Kontaktschieber die Nachbildung zu verändern, bis die Nullage der Instrumente — ein Satz von drei Instrumenten für das ganze Schema — wieder erreicht ist. Hierbei

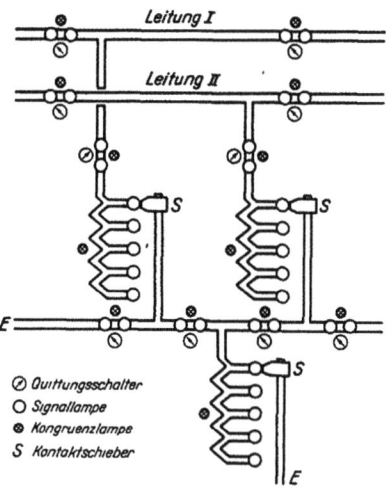

Bild 9. Teil eines Blindschemas mit indirekter Messung des Erdschluß- und Querkompensationsgrades.

leuchten Kongruenzlampen auf, die anzeigen, daß z. B. die Einstellung der betreffenden Spulen in Nachbildung und Netz nicht übereinstimmt. Aus der Stellung des zugeordneten Kontaktschiebers erkennt der Wärter gleichzeitig, welcher Spulenwert einzuschalten ist. Ist die hieraus abzulesende Schalthandlung auch im Netz ausgeführt, so trifft die Rückmeldung ein und sämtliche Kongruenzlampen des Schaltbildes sind wieder dunkel.

Blitzschutz von Freileitungen.

Von J. Biermanns.

Es wird die Möglichkeit untersucht, Freileitungen dadurch gegen direkte Blitzschläge zu schützen, daß man entweder jeden Aufhängepunkt der Leitungsdrähte mit Überspannungsableitern ausrüstet oder daß man die Maste mit Auffangstangen versieht, vorzüglich erdet und durch ein Erdseil untereinander verbindet. Zu dem Zweck werden zunächst Annahmen über die Blitzbildung gemacht, die zu einer maximalen Blitzstromstärke von 175 000 A und zu einer minimalen Frontlänge von 3 km führen. Die weiteren Untersuchungen ergeben, daß ein absoluter Blitzschutz bei Durchführung des einen oder anderen der beiden erwähnten Vorschläge möglich erscheint.

Der einzige ernstliche Störenfried, den eine nach neuzeitlichen Grundsätzen errichtete, sich oberirdischer Leitungen bedienende elektrische Kraftübertragungsanlage zu fürchten hat, ist der Blitz. Hier ist es nicht so sehr der die Regel bildende, nur in der Nähe der Leitungen niedergehende sog. indirekte Blitzschlag, dem gegenüber wir uns wehrlos fühlen, ihm hat man durch passende Wahl des Sicherheitsgrades, zweckmäßige Leitungslegung, geeignete Anordnung von Erdseilen, Führung der Leiter in einer Ebene möglichst nahe dem Erdboden und Einbau von Überspannungsableitern an Reflektionspunkten zu begegnen gelernt. Der Hauptstörenfried der Freileitungsnetze ist vielmehr der direkte Blitzschlag, gegen dessen verheerende Wirkungen man sich bisher nur indirekt zu schützen weiß, wie durch Wahl durchschlag- und lichtbogensicherer Isolatoren, den Einbau von Petersenspulen und eines sicheren und schnell wirkenden Selektivschutzes.

Es ist verständlich, daß die Blitzschutzfrage zur Zeit die Hochspannungstechniker in besonderem Maße beschäftigt und daß große Mittel für die Erforschung des Wesens der großartigen Naturerscheinung, die der Blitz darstellt, aufgewendet werden. Erfreulicherweise scheint diesen Bemühungen der Erfolg nicht versagt zu bleiben, so daß man hoffentlich in absehbarer Zeit diesem Feinde mit wesentlich besserem Rüstzeug als bisher wird entgegentreten können. Die vorliegende Arbeit, die sich mit der Prüfung zweier Vorschläge zur Erzielung der Blitzsicherheit von Freileitungen befaßt, sucht den bisherigen Ergebnissen der Blitzforschung möglichst Rechnung zu tragen.

1. Aufgabenstellung.

In den letzten Jahren sind zwei bemerkenswerte Vorschläge zur Erzielung vollkommener Blitzsicherheit von Freileitungen gemacht worden. Der eine Vorschlag[1], der gerade in der allerletzten Zeit in Amerika erneut aufgegriffen wurde, sucht Überschläge der Freileitungsisolatoren dadurch unter allen Umständen zu verhindern, daß jeder Freileitungsisolator mit einem Überspannungsableiter ausgerüstet wird, der imstande ist, jede von einem direkten Blitzschlag mitgeführte Stromstärke abzuleiten, ohne daß ein die Stoßüberschlagspannung des Isolators übersteigender Spannungsabfall am Ableiter auftritt. Der zweite Vorschlag, der hauptsächlich in Deutschland[2] erörtert wird, wählt den umgekehrten Weg. Durch passende Formgebung der Maste und Anordnung von Erdseilen soll die Einschlagstelle des Blitzes auf diese geerdeten Teile verlegt werden und durch Wahl einer vorzüglichen Mast-

---
[1] DRP. angemeldet.
[2] Matthias, Der gegenwärtige Stand der Blitzschutz-Frage. ETZ 1929, S. 1469.

erdung soll die Ableitung des Blitzes nach Erde ermöglicht werden, ohne daß die Spannung der betroffenen Maste so weit ansteigen kann, daß rückwärts ein Überschlag vom Mast über den Isolator nach der Leitung eintreten kann. Beide Vorschläge erscheinen interessant genug, um sie im nachfolgenden einer genaueren Untersuchung bezüglich ihrer Verwirklichungsmöglichkeit mit den heute zur Verfügung stehenden technischen Mitteln zu unterziehen.

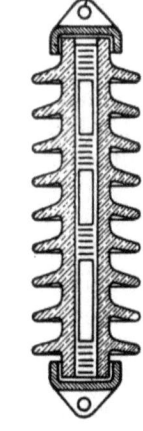

Bild 1. Freileitungsisolator mit Überspannungsableiter.

Bei dem erstgenannten Vorschlage wäre jeder Isolator der Freileitung mit einem Überspannungsableiter auszurüsten, der etwa nach dem Vorschlage in Bild 1 im Innern des als hohler Porzellankörper ausgebildeten Isolators gegen alle Witterungseinflüsse geschützt untergebracht ist. Der eigentliche Überspannungsableiter besteht aus einer Anzahl von Löschfunkenstrecken, die zur Begrenzung des dem Überschlagfunken nachfolgenden Maschinenstromes mit Widerstandstäben in Reihe geschaltet sind. Um zu erreichen, daß die abzuführende Überspannung ohne einen am Widerstand auftretenden, unzulässig hohen Spannungsabfall abgeleitet wird, daß aber anderseits der folgende Maschinenstrom auf einen so niedrigen Wert begrenzt wird, daß die Löschfunkenstrecke ihn unter den ungünstigsten Betriebsbedingungen noch sicher unterbrechen kann, verwendet man neuerdings für derartige Ableiter Widerstände aus einem spannungsabhängigen Material. Diese Widerstände haben die Eigenschaft, daß ihre Leitfähigkeit mit zunehmender Spannung wächst. Das Wachstumsgesetz läßt Bild 2 erkennen, das eine an einem AEG-Ableiter mittels des Kathodenstrahl-Oszillographen aufgenommene Stromspannungscharakteristik zeigt. Die Kurve läßt erkennen, daß die aufgenommene Stromstärke mit der dritten Potenz der angelegten Spannung, d. h. also, daß die Leitfähigkeit mit dem Quadrat der Spannung wächst. Diese Zunahme der Leitfähigkeit stellt sich, wie das Oszillogramm zeigt, und wie dies ja auch unbedingt gefordert werden muß, ohne jede Trägheitserscheinung ein.

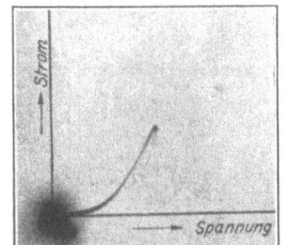

Bild 2. Stromspannungscharakteristik des spannungsabhängigen Widerstandsmaterials.

Um einen zahlenmäßigen Begriff zu bekommen, sei ein 100-kV-Ableiter betrachtet. Bei normaler Spannung und Erdschluß in der Anlage soll der vom Ableiter aufgenommene Strom wegen der Sicherstellung der Löschung an der Funkenstrecke 10 A nicht überschreiten, was einen bei der normalen Spannung von 100 kV einzuhaltenden Widerstand des Ableiters von 10 000 Ω ergibt. Bei den durch Blitzeinschläge bedingten Überspannungsverhältnissen beträgt die Stoßüberschlagspannung eines 100-kV-Freileitungsisolators etwa das $10/\sqrt{2} = 7$fache seiner effektiven Nennspannung. Bei dieser hohen Überspannung sinkt der Widerstand des sich nach Bild 2 verhaltenden Ableiters auf $10000/7^2 = 200\ \Omega$. Mit diesem niedrigen Widerstand kann man also bei der Untersuchung der Schutzwirkung der besprochenen Anordnung rechnen.

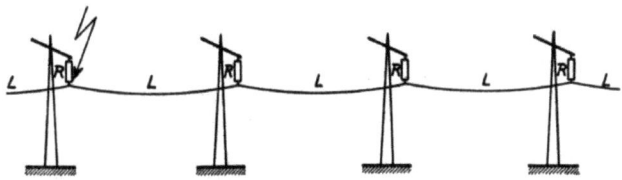

Bild 3. Schema der durch Ableiter geschützten Freileitung.

Der folgenden Untersuchung ist sonach eine nach Bild 3 angeordnete, an jedem Aufhängepunkt mit einem Überspannungsableiter ausgerüstete Freileitung zugrunde zu legen, die gerade an einem Aufhängepunkt ein Blitzstrahl treffen möge. An die verwendeten Überspannungsableiter ist nach dem Vorhergehenden die Forderung zu stellen, daß die vom Blitzstrahl mitgeführte Stromstärke von ihnen nach Erde abgeleitet wird, ohne daß am Isolator eine höhere Spannung als — um bei dem Beispiel der 100-kV-Leitung zu bleiben —

1 Million Volt auftritt. Über die Stromstärke des Blitzes kann man Annahmen machen, die, wie noch gezeigt werden wird, sich bis zu einem gewissen Grade begründen lassen. Trotzdem kann die Frage nach dem erforderlichen Ableiterwiderstand nicht so ohne weiteres beantwortet werden, weil ja der einschlagende Blitz nicht nur von dem der Einschlagstelle unmittelbar benachbarten Ableiter allein abgeführt zu werden braucht, sondern weil der Blitz sich auf dem betroffenen Leitungsdraht nach beiden Seiten ausbreitet und eine größere oder kleinere Anzahl benachbarter Ableiter zum Ansprechen bringt. Wieviel Ableiter sich an der Abführung des Blitzstromes beteiligen, hängt einerseits von der Geschwindigkeit des zeitlichen Anstieges der Blitzstromstärke, auf der anderen Seite vom gegenseitigen Abstand der Masten und von der Induktivität des Leiterseiles ab.

Es wurde eben nur die Induktivität des Leiterseiles erwähnt; das hat seinen guten Grund. Die Erdkapazität des Leiterseiles ist bei den hier in Betracht kommenden Frequenzen — die Blitzschwingungszahl mag sich in der Größenordnung von 15 000 Hz bewegen — nur wenig imstande, den ganzen Ausgleichsvorgang zu beeinflussen. Beträgt doch bei einem Mastabstand von 250 m und der angegebenen Schwingungszahl die kapazitive Reaktanz eines Leiterstückes dieser Länge etwa 6000 Ω, während, wie gezeigt wurde, der Widerstand des Ableiters bis auf 200 Ω zurückgeht. Das wahre Bild des Ausgleichvorganges wird also nur wenig verzerrt, wenn die Kapazität des zu betrachtenden Leiters vernachlässigt wird; man gewinnt dafür aber eine ganz außerordentliche Vereinfachung des Ganges der Untersuchung. Nebenbei bemerkt, kann die getroffene Vereinfachung sich nur in dem Sinne bemerkbar machen, daß die auf der vom Blitzschlag getroffenen Leitung sich einstellende Überspannung zu hoch berechnet wird, daß die Berechnung sich also auf der sicheren Seite bewegt. Die Vernachlässigung der Kapazität kommt übrigens darauf hinaus, daß man die Frontlänge des Blitzes als groß betrachtet gegenüber dem Abstand zweier Masten, was, wie noch gezeigt wird, in der Tat zutrifft.

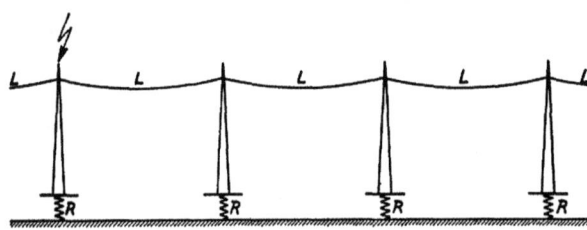

Bild 4. Schema der durch Masterdung und Erdseil geschützten Freileitung.

Die Aufgabe soll aber noch weiter vereinfacht werden. Die Einführung eines spannungsabhängigen Widerstandes in die Rechnung würde diese außerordentlich verwickeln, deshalb soll im nachfolgenden mit konstanten Ableiterwiderständen R gerechnet werden, wobei R der Widerstandswert ist, der sich bei der höchsten auf der Leitung gerade noch zulässigen Spannung einstellt. Dadurch wird kein Fehler begangen, soweit die maximale Höhe der berechneten Überspannung in Frage kommt, jedoch wird bis zu einem gewissen Grade der sonstige zeitliche Ablauf der Erscheinungen gefälscht. Dies soll bewußt in Kauf genommen werden, da einmal in erster Linie nur die maximale Höhe der sich ergebenden Überspannung interessiert, und da ferner durch die Vernachlässigung der Leitungskapazität ein nach der entgegengesetzten Seite hin sich bemerkbar machender Fehler begangen wird, der bis zu einem gewissen Grade die eben erörterte Vernachlässigung der Spannungsabhängigkeit der Ableiterwiderstände auszugleichen imstande ist. Die Betrachtungen können also von dem vereinfachten, in Bild 3 dargestellten Schema ausgehen, in dem R der gleichbleibende Widerstand des an jedem Aufhängepunkt der Leitung befindlichen Ableiters und L der Koeffizient der Selbstinduktion des zwischen je zwei Aufhängepunkten befindlichen Leiterstückes ist.

Zu einem analogen Schema gelangt man übrigens bei der Untersuchung des zweiterwähnten Vorschlages zur Erzielung absoluter Blitzsicherheit einer Freileitung. Sämtliche Masten mögen, wie in Bild 4 angedeutet, einen als gleichbleibend angenommenen Erdungswiderstand R haben und durch ein Erdseil miteinander verbunden sein, das je Abschnitt einen Koeffizienten der Selbstinduktion L hat. Wenn man hier nach der bei einem in einen Mast erfolgenden Blitzschlag sich an diesem einstellenden Überspannung gegen Erde fragt, so ergibt sich, wie ein Vergleich mit Bild 3 zeigt, genau der gleiche Gang der anzustellenden Untersuchung.

2. Differenzengleichung der Aufgabe und ihre Lösung.

Aus dem Schema der Bilder 3 bzw. 4 läßt sich ein Kettenleiter entwickeln, wie er in Bild 5 dargestellt ist. Irgendwo werde der nach beiden Seiten unbegrenzt verlaufende Leiter von einem Blitzschlag getroffen; an der gerade mit einem Knotenpunkt zusammenfallenden Einschlagstelle wird dem Leiter sonach eine Stromstärke J_0 zugeführt, die an der gleichen Stelle eine gegen Erde auftretende Spannung E_0 bedingt. Jedes Kettenglied besteht aus einer Drosselspule mit dem Selbstinduktionskoeffizienten L und einem Querwiderstand R, der Symmetrie halber wurde an der Einschlagstelle der Querwiderstand in zwei parallele Zweige von je dem doppelten Ohmwert aufgeteilt. Der Blitzstrom wird zum Teil direkt durch die beiden Widerstandszweige nach Erde abgeleitet, zum Teil in Form zweier gleicher Wellen nach beiden Seiten längs der Leitung abfließen. Der Symmetrie wegen kann die Betrachtung auf die eine in dem Beispiel rechts der Einschlagsstelle liegende Leiterhälfte beschränkt werden. Mit den in Bild 5 eingetragenen Bezeichnungen für die Ströme

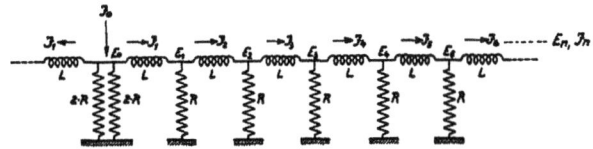

Bild 5. Schema des Ersatzkettenleiters.

in den einzelnen Gliedern des Kettenleiters und den Spannungen an den verschiedenen Knotenpunkten lassen sich zunächst die beiden folgenden Gleichungen anschreiben, welche die elektrischen Größen des n-ten und des $n+1$-ten Gliedes miteinander verknüpfen:

$$J_n - J_{n+1} = \frac{E_n}{R}, \tag{1}$$

$$E_n - E_{n+1} = -L \cdot \frac{dJ_{n+1}}{dt}. \tag{2}$$

Die Stromstärke J_0 an der Einschlagstelle ist ihrem zeitlichen Verlauf und ihrer Höhe nach gegeben, es ist also in den eben aufgestellten Gleichungen irgendeine Annahme über den zeitlichen Verlauf der Stromstärke zu machen. Und zwar kann, wie später erläutert wird, das folgende Gesetz zugrunde gelegt werden:

$$J_{n+1} = A_{n+1} \cdot e^{-\alpha \cdot t}, \tag{3}$$

wo A und α Konstanten sind. Diese Beziehung ergibt sofort

$$\frac{dJ_{n+1}}{dt} = -\alpha \cdot J_{n+1},$$

und damit geht die Gleichung (2) über in

$$E_n - E_{n+1} = \alpha \cdot L \cdot J_{n+1}. \tag{2a}$$

Die Anwendung der Gleichung (1) auf das in der Ordnungszahl folgende Glied ergibt weiterhin

$$J_{n+1} - J_{n+2} = \frac{E_{n+1}}{R} \tag{1a}$$

und, indem die eben erhaltene Gleichung von Gleichung (1) subtrahiert wird,

$$J_n - 2 \cdot J_{n+1} + J_{n+2} = \frac{1}{R} \cdot (E_n - E_{n+1}).$$

Diese Gleichung geht nach Beachtung der Gleichung (2a) endlich über in

$$J_{n+2} - \left(2 + \frac{\alpha \cdot L}{R}\right) \cdot J_{n+1} + J_n = 0. \tag{4}$$

Man löst diese lineare Differenzengleichung durch folgenden Ansatz

$$J_n = J_0 \cdot \beta^n \tag{5}$$

und erhält, indem die Beziehung (5) in die Differenzengleichung (4) eingefügt wird, folgende charakteristische Gleichung zur Bestimmung des Koeffizienten β

$$\beta^2 - \left(2 + \frac{\alpha \cdot L}{R}\right) \cdot \beta + 1 = 0, \tag{6}$$

welche die Lösung hat:

$$\beta = 1 + \frac{\alpha \cdot L}{2 \cdot R} \underset{(+)}{-} \sqrt{\left(\frac{\alpha \cdot L}{2 \cdot R}\right)^2 + \frac{\alpha \cdot L}{R}}. \tag{7}$$

Der Ansatz (5) gab eine Beziehung für die Berechnung der räumlichen Ausbreitung der von der Einschlagstelle ausgehenden Stromwellen; das Minuszeichen vor der Wurzel der Gleichung (7) bezieht sich auf die in die Leitung hineinlaufenden, das Pluszeichen auf reflektierte Wellen. Da, wie eingangs betont, die Leitung als unendlich lang vorauszusetzen ist, gibt es keine reflektierten Wellen, man kann somit das bereits in Klammern gesetzte Pluszeichen für die weiteren Berechnungen fortlassen.

Es interessiert weiterhin nur wenig, wie sich im einzelnen die von der Einschlagstelle ausgehenden Strom- und Spannungswellen auf der Leitung ausbreiten. Das Interesse richtet sich vielmehr in der Hauptsache auf die Einschlagstelle selbst und auf die Frage nach der maximalen Höhe der an der Einschlagstelle auftretenden Überspannung. Daß diese Überspannung an der Einschlagstelle selbst den höchsten Wert haben wird, kann aus dem bisherigen Gang der Rechnung bereits ohne jede weitere Begründung entnommen werden. Somit beschränken sich die weiteren Betrachtungen auf die Vorgänge an der Einschlagstelle, an der im besonderen gilt:

$$\frac{J_0}{2} - \frac{E_0}{2 \cdot R} = J_1,$$

$$E_0 - E_1 = \alpha \cdot L \cdot J_1.$$

Durch Vereinigung beider Gleichungen folgt

$$J_0 - \frac{E_0}{R} = \frac{2}{\alpha \cdot L} \cdot (E_0 - E_1).$$

Eine der Gleichung (4) genau entsprechende lineare Differenzengleichung könnte auch für die Spannung E_n abgeleitet werden, die naturgemäß auch eine der Gleichung (5) genau entsprechende Lösung ergeben hätte. Man gewinnt somit, indem man in die zuletzt angeschriebene Gleichung die Beziehung

$$E_0 - E_1 = E_0 \cdot (1 - \beta)$$

einführt, folgende, Strom und Spannung an der Einschlagstelle verknüpfende Gleichung

$$J_0 = E_0 \cdot \left[\frac{1}{R} + \frac{2}{\alpha \cdot L} \cdot (1 - \beta)\right]. \tag{8}$$

Nun definiert das Verhältnis E_0/J_0 den Eingangswiderstand der betrachteten Leitung an der Einschlagstelle:

$$Z_0 = \frac{R}{1 + \frac{2 \cdot R}{\alpha \cdot L} \cdot (1 - \beta)}.$$

Es ist aber nach Gleichung (7)

$$\frac{2 \cdot R}{\alpha \cdot L} \cdot (1 - \beta) = -1 + \sqrt{1 + \frac{4 \cdot R}{\alpha \cdot L}},$$

so daß sich nunmehr endgültig folgender Ausdruck für den Eingangswiderstand der Leitung ergibt:

$$Z_0 = \frac{R}{\sqrt{1 + \frac{4 \cdot R}{\alpha \cdot L}}}. \tag{9}$$

Ist somit der Stromverlauf J_0 des einschlagenden Blitzes bekannt, so kann man den zeitlichen Verlauf der sich an der Einschlagstelle ergebenden Überspannung E_0 mittels der einfachen Beziehung
$$E_0 = J_0 \cdot Z_0 \qquad (10)$$
berechnen.

Wie Gleichung (9) erkennen läßt, fällt die an der Einschlagstelle auftretende Überspannung um so niedriger aus, je niedriger auf der einen Seite der Widerstand R des Ableiters ist und je kleiner der Koeffizient der Selbstinduktion L des Leitungsdrahtes und die zeitliche Änderungsgeschwindigkeit der Blitzstromstärke sind. Der zweite unter der Wurzel stehende Summand läßt auf der anderen Seite aber erkennen, daß der Einfluß der in der weiteren Umgebung der Einschlagstelle befindlichen Ableiter bzw. Maste um so mehr zurücktritt, je niedriger der Widerstand R ist.

3. Höhe und zeitlicher Verlauf der Stromstärke des Blitzes.

Die derzeitigen Kenntnisse von Höhe und zeitlichem Verlauf der Stromstärke von Blitzentladungen sind noch ziemlich dürftig. Um dennoch die für die weiteren Untersuchungen benötigten, die Blitzstromstärke betreffenden zahlenmäßigen Festlegungen mit einiger Sicherheit treffen zu können, erscheint dem Verfasser als der beste Weg der einer Anpassung der Ergebnisse der Blitztheorie an das vorhandene Beobachtungsmaterial durch eine naheliegende und vernünftig erscheinende Abänderung ihrer Voraussetzungen. Unter Zugrundelegung optimaler Verhältnisse gelangt man so zu einer die Blitzstromstärke darstellenden Funktion, dem sog. Normalblitz, welche die maximal zu erwartende Blitzstromstärke und den dieser zugeordneten zeitlichen Verlauf der Blitzentladung angibt. Es bedarf kaum der Erwähnung, daß der Beurteilung der zu untersuchenden Schutzeinrichtungen die höchstmögliche Blitzstromstärke und der höchstmögliche zeitliche Stromanstieg $\left(\frac{di}{dt}\right)$ zugrunde zu legen sind.

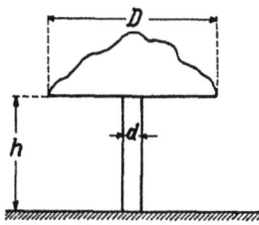

Bild 6. Schema der Blitzentladung.

Bereits vor 20 Jahren hat Emde eine Theorie der Blitzentladung[1] gegeben, die auf gewissen vereinfachenden Annahmen aufgebaut war. Er betrachtete eine ebene, kreisrunde Wolke vom Durchmesser D mit einem Abstand h von der gleichfalls ebenen Erdoberfläche, die, wie in Bild 6 angedeutet, genau in ihrer Mitte durch einen senkrecht zur Erde niedergehenden Blitzstrahl vom Durchmesser d entladen wird. Bei Vernachlässigung aller Ohmschen Widerstände und Annahme unendlich hoher Leitfähigkeit sowohl der Wolke als auch der Erde, gelangt Emde zu dem Ergebnis, daß die Stromstärke im Blitz im großen ganzen nach einer Sinusschwingung verläuft, deren Winkelgeschwindigkeit sich zu

$$\omega_0 = \frac{1}{\sqrt{\lambda \cdot C}} = \frac{24 \cdot 10^{10}}{D} \cdot \frac{1}{\sqrt{\ln \frac{D}{2,117 \cdot d}}} \text{ s}^{-1} \qquad (11)$$

ergibt. Neben der durch den eben gegebenen Ausdruck definierten Grundschwingung verschwinden die Oberschwingungen der Entladung fast vollständig, die Amplitude der ersten Oberschwingung beträgt nur mehr 4 vH der Amplitude der Grundwelle.

Mit den in Gleichung (11) verwendeten Begriffen der Selbstinduktion λ des an sich ungeschlossenen Entladekreises und seiner Kapazität C läßt sich natürlich kein physikalischer Sinn verbinden, es soll jedoch der Einfachheit halber mit diesen hier nur rechnerische Bedeutung besitzenden Begriffen weiter gerechnet werden.

Unter den oben angegebenen Voraussetzungen errechnet sich weiterhin ein Schwingungswiderstand des Entladekreises von

$$\sqrt{\frac{\lambda}{C}} = \frac{60 \cdot h}{D} \cdot \sqrt{\ln \frac{D}{2,117 \cdot d}} \, \Omega. \qquad (12)$$

---
[1] Die Schwingungszahl des Blitzes. ETZ 1910, S. 675.

An Hand der beiden für Schwingungszahl und Schwingungswiderstand gegebenen Ausdrücke lassen sich übrigens Selbstinduktion und Kapazität des Entladekreises sofort zu

und
$$\left. \begin{array}{l} \lambda = 2 \cdot h \cdot \ln \dfrac{D}{2{,}117 \cdot d} \cdot 10^{-9}\,\text{H} \\ C = \dfrac{D^2}{1{,}44 \cdot h} \cdot 10^{-13}\,\text{F} \end{array} \right\} \quad (13)$$

angeben, wobei bemerkt sei, daß in allen angeschriebenen Gleichungen sämtliche Maße in cm einzusetzen sind. Die Gleichungen lassen erkennen, daß die Schwingungszahl des Blitzes ziemlich genau umgekehrt proportional dem Wolkendurchmesser D ist und daß seine Stromstärke sowohl proportional dem Wolkendurchmesser als auch proportional der vor der Entladung zwischen Wolke und Erde herrschenden mittleren elektrischen Feldstärke ist. Nimmt man beispielsweise an, daß die mittlere Feldstärke zwischen Wolke und Erde vor der Blitzentladung $V/h = 100$ kV/m betragen habe und daß die Wolke bei einem Durchmesser von 3 km sich in 1 km Höhe über der Erdoberfläche befindet, so errechnet sich bei einem angenommenen Durchmesser des Blitzstrahles von 15 cm aus den angeschriebenen Gleichungen eine Schwingungszahl des Blitzes

$$\nu_0 = \frac{\omega_0}{2 \cdot \pi} = 14\,000\,\text{Hz};$$

ein Schwingungswiderstand von $170\,\Omega$ und damit bei einer Wolkenspannung von $V = 10^8$ Volt gegen Erde eine Amplitude des Blitzstromes von rund 600 000 A.

Die Blitzentladung erfolgt also nach der Emdeschen Theorie in Form einer periodischen Schwingung, ihre Frequenz ist verhältnismäßig niedrig, ihre Stromstärke dagegen ungeheuer hoch. Diese Ergebnisse der Theorie scheinen nun aber — zunächst was ihren ersten Teil angeht — den ganzen praktischen Erfahrungen zu widersprechen. Es ist schon lange bekannt — und neuerdings aufgenommene Kathodenstrahl-Oszillogramme bestätigen dies —, daß die Blitzentladung aperiodischen Charakter hat. Auch die Stromstärke des doch immerhin praktischen Verhältnissen entsprechenden Beispieles scheint nach den bisher bekanntgewordenen Beobachtungsergebnissen nicht erreicht zu werden. Wenn allerdings an Hand von beobachteten Wärmewirkungen des Blitzes auf eine höchste Stromstärke von 100 000 A geschlossen wird, so ist dagegen einzuwenden, daß diesen Schätzungen zu lange Entladungszeiten des Blitzes (0,001 s) zugrunde liegen.

Der scheinbare Widerspruch zwischen Theorie und Erfahrung erklärt sich zwanglos durch die bei Aufstellung der erstgenannten begangene völlige Vernachlässigung des Ohmschen Widerstandes. Wenn auch der Widerstand der Blitzbahn selbst nur sehr niedrig ist und nach den neueren Anschauungen über die Blitzbildung und das Vordringen des Blitzkopfes auf der Entladungsbahn auch von Anfang an niedrig sein muß, so ist doch zu bedenken, daß die Leitfähigkeit der Wolke selbst nur sehr niedrig ist und daß die Büschel, welche die Entladung der Wolke besorgen und deren Stiele sich allmählich zum eigentlichen Blitz vereinigen, einen verhältnismäßig hohen Ohmschen Widerstand von positiver Charakteristik besitzen. Es handelt sich hier also um einen echten Ohmschen Widerstand, und es hängt nur von der Höhe dieses Widerstandes ab, ob die Blitzentladung periodisch oder aperiodisch verlaufen wird.

Nach allem, was wir von den mit bewegter Kamera aufgenommenen Blitzphotographien — ich erinnere an die schönen Walterschen Aufnahmen — oder von den neuerlich aufgenommenen Kathodenstrahloszillogrammen der Blitzentladung wissen, können wir annehmen, daß Blitze mit einer Gesamtentladungsdauer bis zu 50 μs herunter vorkommen. Als typische Vertreter derartiger Blitzentladungen kann das in Bild 7 wiedergegebene Oszillogramm[1] gelten, welches wohl das schönste bisher erhaltene Oszillogramm einer Blitzentladung darstellt und welches den aperiodischen Charakter der Blitzentladung mit aller Deutlichkeit erkennen läßt.

---

[1] Gen. El. Rev. 1929, S. 372.

Aus dem Verhältnis der Steilheit der Wellenstirn zu der des Rückens können wir ohne Schwierigkeit auf die relative Höhe des Widerstandes P des Entladekreises des Blitzes schließen. Dieses Verhältnis beträgt im Oszillogramm Bild 7 etwa 3; dazu muß jedoch bemerkt werden, daß der aufgenommene Blitz, wie auch die Unregelmäßigkeiten im Oszillogramm erkennen lassen, zu einem Überschlag einer nicht an den Oszillographen angeschlossenen Phase der Freileitung führte, wodurch wegen des beschleunigten Abfließens der Ladung die Steilheit des Rückens der Welle vergrößert worden sein mag. Es kann angenommen werden, daß ein Verhältnis der Steilheit der Front zu der des Rückens = 5 den tatsächlichen optimalen Verhältnissen am besten entsprechen wird, so daß wir gut tun werden, unseren ferneren Betrachtungen das letztgenannte Verhältnis zugrunde zu legen.

An Stelle des Sinusgesetzes der Blitzentladung tritt somit ein aperiodisches Gesetz folgender Form
$$J_0 = A_0 \cdot (e^{-\alpha_2 \cdot t} - e^{-\alpha_1 \cdot t}), \qquad (14)$$
wobei die Exponenten α, wie aus der Theorie des Thomsonschen Schwingungskreises bekannt ist, folgendermaßen mit den Konstanten des Entladekreises zusammenhängen:
$$\alpha_{1,2} = \frac{P}{2 \cdot \lambda} \pm \sqrt{\left(\frac{P}{2 \cdot \lambda}\right)^2 - \frac{1}{\lambda \cdot C}}. \qquad (15)$$

Der noch unbekannte Ohmsche Widerstand P berechnet sich hieraus und aus der oben formulierten Bedingung

zu
$$\left.\begin{array}{l} \alpha_1 = x \cdot \alpha_2 \\ P = \dfrac{x+1}{\sqrt{x}} \cdot \sqrt{\dfrac{\lambda}{C}}. \end{array}\right\} \qquad (16)$$

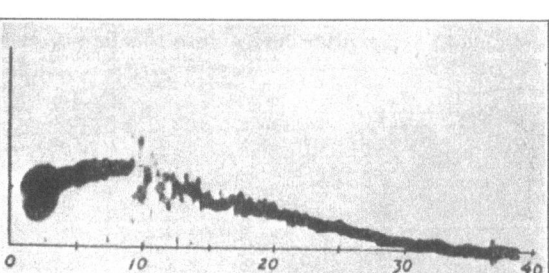

Bild 7. Oszillogramm eines natürlichen Blitzes.

Für das obengenannte Beispiel mit $x = 5$ ergibt Gleichung (16) einen Ohmschen Widerstand des Entladekreises von $P = 460\,\Omega$ und damit weiterhin folgende Werte der Exponenten α des Blitzstromes
$$\alpha_1 = 200\,000,$$
$$\alpha_2 = 40\,000,$$
während die Kreisfrequenz der ohne Berücksichtigung des Ohmschen Widerstandes sich ergebenden periodischen Entladung $\omega_0 = 90\,000$ wäre.

Um die Amplitude des nunmehr aperiodisch verlaufenden Blitzstromes zu berechnen, muß man von den für die Entladung geltenden Anfangsbedingungen ausgehen, die folgendermaßen lauten:
$$\left.\begin{array}{l} J_0 = 0, \\ \lambda \cdot \dfrac{dJ_0}{dt} = V \end{array}\right\} \text{ für } t = 0. \qquad (17)$$

Die erste dieser Bedingungen ist in Gleichung (14) bereits verwertet, sie bedingt Gleichheit der Amplituden der beiden aperiodischen Glieder, die zweite Bedingung ergibt durch Einsetzen der Werte aus den Gleichungen (13) und (14)
$$2 \cdot h \cdot \ln \frac{D}{2{,}117 \cdot d} \cdot 10^{-9} \cdot A_0 \cdot (\alpha_1 - \alpha_2) = V,$$

woraus
$$A_0 = \frac{V \cdot 10^9}{2 \cdot h \cdot \ln \dfrac{D}{2{,}117 \cdot d} \cdot (\alpha_1 - \alpha_2)}. \qquad (18)$$

Mit den Werten des Beispiels folgt hieraus
$$A_0 = 3{,}4 \cdot 10^5 \text{A},$$

und man erhält somit das folgende Gesetz für den Verlauf der Stromstärke der Blitzentladung:

$$J_0 = 3,4 \cdot 10^5 \cdot [e^{-0,04 \cdot 10^6 \cdot t} - e^{-0,2 \cdot 10^6 \cdot t}].$$

Bild 8 zeigt die Auswertung dieser den zeitlichen Verlauf der Blitzstromstärke darstellenden Funktion; die gleichfalls eingetragene gestrichelte Kurve stellt das auf gleichen Maßstab umgezeichnete, bereits in Bild 7 gezeigte Kathodenstrahl-Oszillogramm einer wirklichen Blitzentladung dar. Die beiden Kurven stimmen bezüglich der Steilheit der Front fast vollkommen überein, der natürliche Blitz klingt aus Gründen, die oben besprochen wurden, lediglich etwas schneller ab. Bild 8 ergibt eine maximale Höhe der Blitzstromstärke von 175000 A, ein Wert, der mit den bisher bekannt gewordenen Beobachtungen in Einklang steht. Es ist schließlich auch zu berücksichtigen, daß gerade starke Blitze sich häufig in mehrere Teilstrahlen zu spalten pflegen, wobei natürlich an der Einschlagstelle gemachte Beobachtungen sich nur auf den betreffenden Teilstrahl beziehen können. Bild 8 gibt demgegenüber die Stromstärke der Summe aller Teilentladungen wieder.

Eine Kontrolle der Richtigkeit der Voraussetzungen, die bei der Festlegung des in Bild 8 dargestellten Normalblitzes gemacht wurden, ermöglicht die Nachrechnung der Schmelzwirkung, die der Blitz beim Durchfließen von Drähten auszuüben imstande ist und der Vergleich des Rechnungsergebnisses mit den verschiedenen diesbezüglich gemachten Beobachtungen.

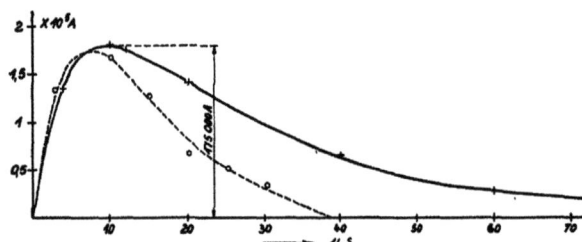

Bild 8. Berechneter Verlauf der Stromstärke einer Blitzentladung.

Der in Bild 8 dargestellte Blitz durchfließe also einen massiven runden Kupferdraht vom Durchmesser $2r$. Bei der schnellen zeitlichen Änderung der Stromstärke muß mit einer gewissen Stromverdrängung gerechnet werden, die ebenso groß angenommen werden soll, wie wenn den Draht ein stationärer Wechselstrom der Frequenz ω_0 durchfließen würde. Es ist somit ein spezifischer Wechselstromwiderstand ϱ_ω in die Rechnung einzuführen, der folgenden einfachen, empirisch gefundenen Zusammenhang[1] mit dem spezifischen Gleichstromwiderstand ϱ hat,

$$\varrho_\omega = \varrho \cdot \left[0,3525 \cdot \sqrt{\frac{4 \cdot \pi \cdot \omega_0 \cdot \mu \cdot r^2}{s}} + 0,277\right]. \tag{19}$$

Diese Gleichung gilt nur so lange, als der Wert der in der eckigen Klammer stehenden Wurzel größer als 4 ist. In dieser Gleichung bedeuten noch

$\varrho = s \cdot 10^{-5}$ den spezifischen Gleichstromwiderstand des Leitermaterials in Ω/m und mm²,

s den spezifischen Widerstand des Leitermaterials in cgs-Einheiten und

μ die Permeabilität des Leitermaterials.

Für die hier in Frage kommenden hohen Frequenzen kann das zweite Klammerglied vernachlässigt werden, und man erhält dann einfacher

$$\varrho_\omega = 1,25 \cdot 10^{-5} \cdot r \cdot \sqrt{\omega_0 \cdot \mu \cdot s}. \tag{19a}$$

Wegen der Abhängigkeit des spezifischen Widerstandes von der Temperatur ϑ wird noch

$$s = s_0 \cdot (1 + \beta \cdot \vartheta) \tag{19b}$$

gesetzt, wo ϑ die Temperatur des Leiters in °,

β der Temperaturkoeffizient (für Kupfer $= 1/235$) und

s_0 der spezifische Widerstand des Leitermaterials bei 15° (für Kupfer $= 1700$) ist.

---

[1] Zenneck, Ann. Physik Bd. 11, S. 1135.

Man kann nun folgende Gleichung für die Temperaturerhöhung eines vom Blitzstrom durchflossenen Leiters aufstellen:

$$\vartheta = \frac{10^{-4}}{4 \cdot 19 \cdot g \cdot c} \cdot \int_0^\infty \left(\frac{J_0}{r^2 \cdot \pi}\right)^2 \cdot \varrho_\omega \cdot dt, \qquad (20)$$

in der g das spezifische Gewicht des Leitermaterials in g/cm³ (für Kupfer = 8,9) und c die spezifische Wärmekapazität des Leitermaterials in cal/g und 1° (für Kupfer = 0,093) bedeuten.

Für J_0 ist der Wert aus Gleichung (14) einzusetzen, und man erhält dann weiterhin, wenn außerdem noch für den spezifischen Wechselstromwiderstand der Wert aus den Gleichungen (19a) und (19b) eingeführt wird,

$$\vartheta = k \cdot A_0^2 \cdot \int_0^\infty [e^{-\alpha_2 \cdot t} - e^{-\alpha_1 \cdot t}]^2 \cdot \sqrt{1 + \beta \cdot \vartheta} \cdot dt$$

mit

$$k = \frac{3 \cdot 10^{-11} \cdot \sqrt{\omega_0 \cdot \mu \cdot s_0}}{g \cdot c \cdot r^3}. \qquad (21\,a)$$

Setzt man in erster Annäherung

$$\sqrt{1 + \beta \cdot \vartheta} = 1 + \tfrac{1}{2} \cdot \beta \cdot \vartheta$$

und kürzt man weiterhin ab

$$\xi = \int_0^\infty [e^{-\alpha_2 \cdot t} - e^{-\alpha_1 \cdot t}]^2 \cdot dt$$

oder

$$\xi = \left[\frac{1}{2 \cdot \alpha_2} + \frac{1}{2 \cdot \alpha_1} - \frac{2}{\alpha_1 + \alpha_2}\right], \qquad (21\,b)$$

so ergibt Gleichung (20) folgende Lösung für den Temperaturanstieg des Leiters

$$\vartheta = \frac{2}{\beta} \cdot \left[e^{\frac{k \cdot A_0^2 \beta}{2} \cdot \xi} - 1\right]. \qquad (21)$$

Eine Auswertung der Gleichung (21) unter Zugrundelegung der Daten des in Bild 8 dargestellten Normalblitzes führt zu dem Ergebnis, daß gerade noch ein von diesem Blitz durchflossener Kupferdraht durchschmolzen wird, dessen Durchmesser kleiner ist als 2 mm.

Das scheint nun recht wenig zu sein, da nach den Aufzeichnungen verschiedener Beobachter schon wesentlich dickere Drähte vom Blitz durchgeschmolzen wurden. Derartige Beobachtungen sind nun allerdings mit großer Vorsicht aufzunehmen, denn in vielen Fällen werden die festgestellten Abschmelzstellen durch einen an dieser Stelle einschlagenden oder abspringenden Blitz hervorgebracht sein, oder aber es ist möglich, daß der Draht an der Durchschmelzstelle schon vorher mechanisch beschädigt war. Ein homogener, auf seiner ganzen Länge vom Blitz durchflossener Draht müßte jedenfalls in seiner ganzen Länge schmelzen, was nun allerdings schon bei Kupferdrähten bis etwa 5 mm Durchmesser vorgekommen zu sein scheint[1].

Wenn man sonach die Annahmen, die zu der Festlegung des Normalblitzes (Bild 8) führten, einer Revision unterzieht, so sieht man zunächst, daß eine Änderung des Widerstandes P zu keiner nennenswert stärkeren Schmelzwirkung des Blitzes führen kann, da eine Vergrößerung von P zwar die Zeitdauer der Entladung vergrößert, dafür aber die Stromstärke verkleinert, und da diese quadratisch in die Gleichung (21) eingeht, letzten Endes eine Verringerung der Schmelzwirkung bedingt. Eine Verkleinerung von P könnte zwar die Schmelzwirkung, wenn auch unbedeutend, erhöhen, würde aber zu Formen der Blitzentladung führen, die mit den gesamten Beobachtungsunterlagen nicht in Einklang zu bringen sind. Die Annahme eines größeren, durch den Blitz entladenen Wolkendurch-

---

[1] W. Kohlrausch, Die Berechnung von Blitzableitern. ETZ 1888, S. 123.

messers als 3 km ist auf Grund der bekannten Beobachtungen über indirekte Blitzwirkungen unzulässig, und es verbleibt somit von den verschiedenen Voraussetzungen nur noch die einer gleichbleibenden elektrischen Feldstärke zwischen Erde und Wolke von 100 kV/m, die einer näheren Untersuchung zu unterziehen wäre.

Die Annahme einer Feldstärke von 100 kV/m über dem Erdboden gründet sich auf eine große Zahl von Messungen, die insbesondere Norinder im Laufe der letzten Jahre in Schweden vorgenommen hat[1]. Nun ist es aber nach Untersuchungen von O. Mayr[2] unzulässig, die in der Nähe der Erdoberfläche gemessene Feldstärke als für den ganzen Raum zwischen Erde und Wolke gleichbleibend anzunehmen. Infolge einer von der Erde zur Wolke gerichteten stillen Entladung wächst vielmehr die elektrische Feldstärke nach der Wolke zu auf mindestens den fünffachen Wert an, so daß sich zwischen Erde und Wolke eine mittlere Feldstärke ergibt, die mindestens 3,5 mal so groß ist wie die Feldstärke in der Nähe der Erdoberfläche. Damit wächst aber die Höhe des Blitzstromes bei dem Normalblitz auf das ebenfalls 3,5fache, also auf $3,5 \times 175\,000 =$ ungefähr 600 000 A.

Wie nun die Gleichung (21a) erkennen läßt, wächst der Durchmesser des noch von einer gewissen Blitzstromstärke durchgeschmolzenen Drahtes mit der $^2/_3$-Potenz der Größe der Amplitude A_0. Ein Blitz mit einer maximalen Stromstärke von 600 000 A und einem zeitlichen Verlauf nach Bild 8 würde also noch einen Kupferdraht durchschmelzen können, dessen Durchmesser kleiner ist als $2 \times 3,5^{\frac{2}{3}} = 4,5$ mm.

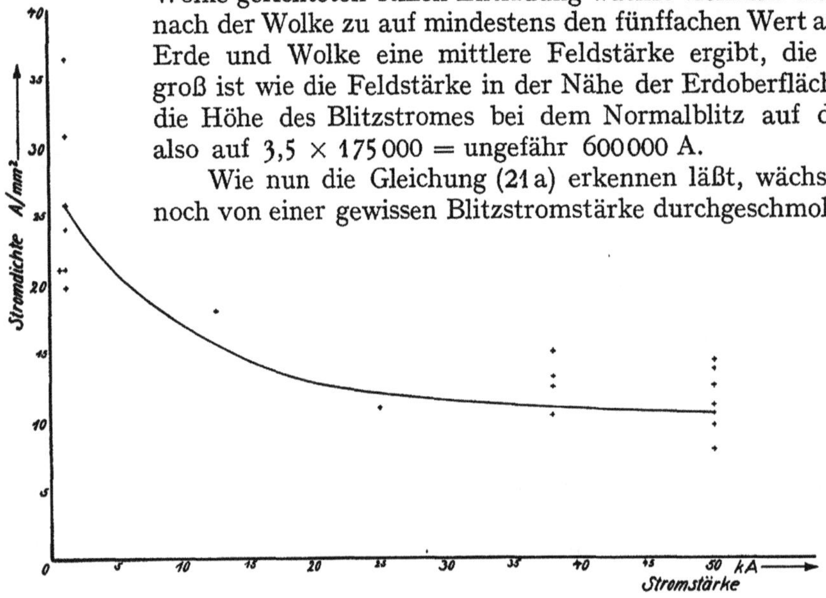

Bild 9. Stromdichte in der Blitzbahn als Funktion der Blitzstromstärke (Zeitkonstante der Blitzentladung = 26 µs).

Um auf einem weiteren Wege die Möglichkeit des Auftretens der hohen eben genannten Blitzstromstärke prüfen zu können, wurde im Hochspannungslaboratorium der AEG eine vergleichende Versuchsreihe durchgeführt, bei welcher der Durchmesser des Funkenkanals in Abhängigkeit von der diesen durchfließenden maximalen Stromstärke bestimmt wurde. Die Verhältnisse des Entladekreises wurden so gewählt, daß die Stromstärke möglichst den zeitlichen Verlauf der in Bild 8 dargestellten Blitzentladung hatte, was durch entsprechende Anpassung von Ohmschem Widerstand und Selbstinduktion des Entladekreises an die Kapazität leicht möglich war. Durch Messung des am Widerstand auftretenden Ohmschen Spannungsabfalles mittels einer bestrahlten Kugelfunkenstrecke wurde die maximale Stromstärke bestimmt. Der zu entladende Kondensator wurde stets auf eine Gleichspannung von 100 kV aufgeladen, es wurde stets mit der gleichen Funkenstrecke und dem gleichen Abstand ihrer als Kugeln von 250 mm Dmr. ausgebildeten Elektroden gearbeitet. Die Stromstärke wurde durch passende Abstufung der Kapazität des zu entladenden Kondensators in den Grenzen von 0,45 und 18 µF zwischen 1500 und 60 000 A verändert. Der Durchmesser des Funkenkanals wurde auf photographischem Wege bestimmt, wobei alle Vorsichtsmaßregeln angewendet wurden, um eine Überstrahlung der Platte zu vermeiden. Das Ergebnis der Messungen zeigt Bild 9, das den Zusammenhang zwischen Durchmesser

---
[1] Norinder, Tekn. Meddelunden f. Kungl. Vatterfallstryrelsen, Upsala 1921, Ser. E. Nr. 1.
[2] Raumladungsprobleme der Hochspannungstechnik. Arch. Elektrot. Bd. 18, S. 281.

des Funkenkanals und maximaler Stromstärke zeigt, wobei in das Bild gleich die aus Stromstärke und Durchmesser des Funkenkanals errechnete Stromdichte eingetragen wurde. Das Bild zeigt, daß für hohe Entladestromstärken die Stromdichte im Funkenkanal sich einem konstanten Wert von 10 A/mm² nähert. Eine Blitzstromstärke von 175000 A würde somit einen Durchmesser des Blitzkanals von 15 cm bedingen, ein Wert, der mit den tatsächlichen Beobachtungen gut übereinstimmen dürfte. Die aufgenommenen Photographien zeigten ausnahmslos, daß der Funkenkanal sich an den Fußstellen stark zusammenschnürt und daß dort sein Durchmesser im Mittel auf den dritten Teil zurückgeht. Mit ähnlichen Einschnürungen des Durchmessers der Blitzbahn ist in Wirklichkeit an der Einschlagstelle ebenfalls zu rechnen, und wenn tatsächlich in der Erde Blitzröhren von 5 cm Dmr. beobachtet wurden, so führt dies auf den gleichen Wert der Blitzstromstärke, nämlich wiederum auf 175000 A.

Es sei übrigens bemerkt, daß die Stromdichte im Funkenkanal sich ziemlich stark mit der Zeitdauer der Entladung ändert, wie Bild 10 zeigt, das den Zusammenhang zwischen Stromdichte und der Zeitkonstante des Entladekreises darstellt. Die Stromdichte geht, wenn die Zeitkonstante sich von 26 μs, die unserem Normalblitz entspricht, auf 100 μs vergrößert, auf etwa die Hälfte zurück, während sie bei einer Verkleinerung der Zeitkonstante auf die Hälfte, also auf 13 μs auf den doppelten Wert ansteigt.

Die Versuchsergebnisse führen somit, sofern man den zeitlichen Verlauf des Normalblitzes annimmt, zu einer Blitzstromstärke von etwa 175000 A; sie lassen höhere Blitzstromstärken nur dann als möglich erscheinen, wenn man mit einer wesentlich kürzeren Entladedauer, als bisher angenommen, rechnet, was jedoch außerordentlich unwahrscheinlich ist.

Der noch bestehende Widerspruch zwischen den die Schmelzwirkungen des Blitzes und den Durchmesser der Blitzbahn betreffenden Beobachtungen läßt sich zwanglos beseitigen, wenn man bedenkt, daß viele Blitzentladungen aus einer großen Zahl in kurzen Zeitabständen aufeinanderfolgenden, in der gleichen

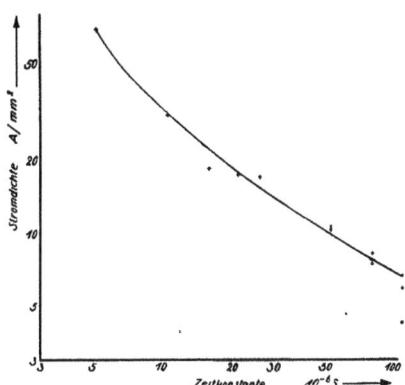

Bild 10. Abhängigkeit der Stromdichte von der Zeitkonstante der Blitzentladung (Blitzstromstärke = 12500 A).

Bahn verlaufenden Teilblitzen bestehen, deren Wärmewirkungen sich natürlich addieren.

Es besteht jedenfalls kein zwingender Grund, bei den folgenden Rechnungen die Möglichkeit des Auftretens noch höherer Blitzstromstärken als 175000 A zu berücksichtigen.

4. Schutzwirkung des Überspannungsableiters.

Auf Grund der bisherigen Betrachtungen ist nunmehr ein Urteil darüber möglich, ob durch Anordnung neuzeitlicher Überspannungsableiter an jedem Aufhängepunkt der Freileitung diese absolut blitzsicher gemacht werden kann. Es wurde gezeigt, daß es etwa 10 μs dauert, bis die Stromstärke eines einschlagenden Blitzes ihren vollen Wert erreicht hat. Dies ergibt eine Frontlänge der durch den Blitzschlag auf der Freileitung ausgelösten Wanderwelle von etwa 3 km, und diese Frontlänge ist groß gegenüber dem Mastabstand von 250 bis 300 m üblicher Höchstspannungsleitungen. Die Voraussetzung, die den rechnerischen Entwicklungen (S. 237 ff.) vorausgestellt wurde, ist somit erfüllt.

Es wurde ferner ausgeführt, daß der Blitz einen aperiodischen Verlauf hat und daß sich der zeitliche Verlauf seiner Stromstärke durch das folgende Gesetz darstellen läßt:

$$J_0 = A_0 \cdot [e^{-\alpha_2 \cdot t} - e^{-\alpha_1 \cdot t}]. \tag{14}$$

Der Blitz setzt sich somit aus der Summe zweier e-Funktionen mit voneinander abweichenden Exponenten zusammen, und man kann sich somit den Blitz als aus zwei unterschiedlich gedämpften Wellen bestehend denken. Da die Differenzengleichung der Leitung linear war, überlagern sich auf ihr beide Wellen, ohne sich gegenseitig zu stören, so daß beide getrennt betrachtet und nachträglich superponiert werden können. Man gewinnt somit mit Hilfe der Gleichungen (10) und (14) den folgenden Ausdruck für die an der Einschlagstelle des Blitzes auftretende Überspannung der Leitung:

$$E_0 = A_0 \cdot [Z_{02} \cdot e^{-\alpha_2 \cdot t} - Z_{01} \cdot e^{-\alpha_1 \cdot t} + Y_0 \cdot e^{-\alpha_0 \cdot t}] \tag{22}$$

mit

und

$$\left.\begin{array}{l} Z_{02} = \dfrac{R}{\sqrt{1 + \dfrac{4 \cdot R}{\alpha_2 \cdot L}}} \\[2ex] Z_{01} = \dfrac{R}{\sqrt{1 + \dfrac{4 \cdot R}{\alpha_1 \cdot L}}} \end{array}\right\} \tag{22a}$$

Der stillschweigend in die Klammer gesetzte dritte Summand stellt die durch den einschlagenden Blitz angeregte freie Schwingung der Leitung dar, deren Amplitude Y_0 aus den Anfangsbedingungen und deren Schwingungskonstante α_0 aus den Grenzbedingungen des Problems zu ermitteln sind.

Da die Stromstärke J_0 im Augenblick des Blitzeinschlages noch Null ist, muß wegen der Anwesenheit des Ableiterwiderstandes R auch die Spannung E_0 in diesem Augenblick noch Null sein. Indem diese Anfangsbedingung in die Gleichung (22) eingeführt wird, ergibt diese

$$Y_0 = Z_{01} - Z_{02}, \tag{22b}$$

womit die Amplitude der freien Ausgleichschwingung bestimmt ist.

Die Größe der noch fehlenden Schwingungskonstante α_0 bestimmt man aus folgender Überlegung heraus, die an die Rechnungen anknüpft, mit deren Hilfe aus den an der Einschlagstelle des Blitzes gegebenen Grenzbedingungen der Leitung die Gleichung (8) abgeleitet worden ist. Nach einer kleinen Umformung läßt sich Gleichung (8) nämlich auch schreiben

$$\frac{J_0}{2} - \frac{E_0}{2 \cdot R} = E_0 \cdot \frac{1 - \beta}{\alpha \cdot L}.$$

Diese Gleichung gilt naturgemäß nicht nur für die erzwungene Schwingung, sondern auch für die freie Ausgleichschwingung. Nun verschwindet zur Zeit Null, wie gezeigt wurde, die Stromstärke des Blitzes J_0, während die freie Ausgleichschwingung der Spannung zu jener Zeit, wie die Gleichungen (22) und (22b) erkennen lassen, einen bestimmten endlichen Wert besitzen muß. Damit dies nun überhaupt möglich ist, muß aber, wie die eben aufgestellte Gleichung zeigt, für die freie Ausgleichschwingung die folgende Beziehung bestehen

$$\frac{1}{R} + \frac{2 \cdot (1 - \beta_0)}{\alpha_0 \cdot L} = 0,$$

aus der sich durch Einsetzen des Wertes für β_0 aus Gleichung (7) der gesuchte Wert der Schwingungskonstante zu

$$\alpha_0 = \frac{4 \cdot R}{L} \tag{22c}$$

ergibt.

Außer der Stromstärke des Blitzes ist nach Gleichung (22) für die Höhe der sich einstellenden Überspannung somit noch die Größe des Eingangswiderstandes der Leitung maßgebend, der seinerseits wiederum mit der Höhe des Ableiterwiderstandes, mit der Größe der Dämpfungsexponenten α_1 bzw. α_2 und mit der Größe der Selbstinduktivität des zwischen zwei Masten befindlichen Leitungsabschnittes wächst.

Die noch unbekannte Induktivität der aus dem Leitungsdraht und der Erde gebildeten Schleife für schnelle Stromänderungen wird berechnet, indem man von der bekannten

Formel für die Kapazität je Längeneinheit eines Drahtes vom Radius r, der im Abstand h von der Erde verläuft,

$$C' = \frac{1}{9 \cdot 10^{20}} \cdot \frac{1}{2 \cdot \ln\frac{2 \cdot h}{r}}$$

ausgeht und indem man bedenkt, daß das reziproke Produkt aus Induktivität und Kapazität je Längeneinheit gleich dem Quadrat der Lichtgeschwindigkeit ist. Dann erhält man folgenden Ausdruck für die Induktivität des Leitungsdrahtes je Längeneinheit

$$L' = 2 \cdot \ln\frac{2 \cdot h}{r} \cdot 10^{-4} \text{ H/km},$$

der für mittlere Verhältnisse $\left[\frac{2 \cdot h}{r} = 2000 \div 4000\right]$ in

$$L' = 1{,}6 \cdot 10^{-3} \text{ H/km}$$

übergeht.

Nimmt man z. B. den Ableiterwiderstand zu $R = 500\,\Omega$ an, ferner entsprechend einem Mastabstand von 250 m

$$L = 0{,}4 \cdot 10^{-3} \text{ H}.$$

Wird weiterhin für den Normalblitz nach Bild 8 $\alpha_1 = 200000$ und $\alpha_2 = 40000$ gesetzt, so gelangt man zu folgenden Zahlenwerten für die korrespondierenden Eingangswiderstände der Leitung:

$$Z_{01} = 100\,\Omega,$$
$$Z_{02} = 45\,\Omega,$$

woraus man erkennt, daß sich im vorliegenden Falle die Ableiter von mindestens 10 Masten an der Abführung des Blitzstromes beteiligen. Setzt man weiterhin den für die Amplitude des Normalblitzes gefundenen Zahlenwert $A_0 = 3{,}4 \cdot 10^5$ in die Gleichung (22)

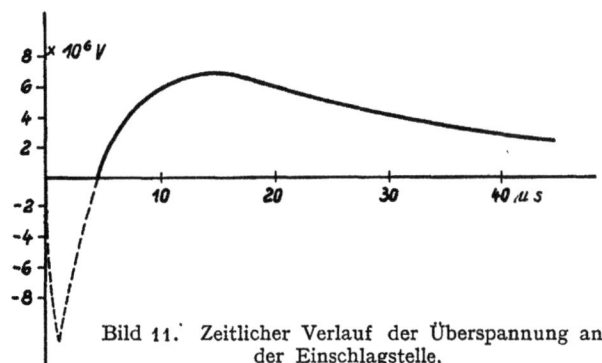

Bild 11. Zeitlicher Verlauf der Überspannung an der Einschlagstelle.

ein, so erhält man für das Beispiel folgenden zeitlichen Verlauf der Überspannung an der Einschlagstelle:

$$E = 16 \cdot 10^6 \cdot [e^{-0{,}04 \cdot 10^6 \cdot t} - 2{,}16 \cdot e^{-0{,}2 \cdot 10^6 \cdot t} + 1{,}16 \cdot e^{-5 \cdot 10^6 \cdot t}] \text{ V},$$

der in Bild 11 dargestellt ist.

Bild 11 zeigt zunächst eine sehr schnell verschwindende negative Spannungsspitze, der jedoch keine physikalische Realität zukommt. Ihr Auftreten ist dadurch bedingt, daß bei den Rechnungen die Kapazität des Leitungsdrahtes vollkommen vernachlässigt wurde, die in Wirklichkeit diese Spannungsspitze fast vollkommen verschluckt. Ganz abgesehen davon, hätte sie einerseits wegen ihrer verschwindend kurzen Zeitdauer, anderseits wegen der Überschlagsverzögerung der Freileitungsisolatoren keine allzu große praktische Bedeutung. Im übrigen verschwindet mit abnehmendem Ableiterwiderstand die erwähnte Spannungsspitze sehr bald. Die Spannung erhebt sich dann weiterhin im Tempo des Stromanstieges über die Nullinie, um nach Erreichung ihres Höchstwertes wieder langsam mit dem Strom abzufallen. Dieser Höchstwert beträgt bei dem Beispiel $6{,}9 \cdot 10^6$ V, ein Ableiterwiderstand von 500 Ω ist also viel zu hoch, um selbst eine 200-kV-Freileitung, deren Stoßüberschlagspannung bei $2 \cdot 10^6$ V liegen dürfte, schützen zu können.

Bild 12 zeigt in logarithmischem Maßstabe für die Zahlenwerte des Beispieles den Zusammenhang zwischen Ableiterwiderstand R und der maximalen Höhe der Überspannung an der Einschlagstelle E_0 max. Sie zeigt, daß beispielsweise zum Schutze einer 200-kV-

Freileitung mit einer Stoßüberschlagspannung ihrer Isolatoren von $2 \cdot 10^6$ V ein Ableiterwiderstand erforderlich ist, der bei dieser Spannung höchstens 50 Ω betragen darf. Anderseits darf, um eine sichere Löschung des nachfolgenden Maschinenstromes an der Löschfunkenstrecke zu erzielen, der Widerstand des Ableiters bei der normalen Betriebsspannung von 200 kV nicht niedriger als etwa 20000 Ω sein. Das Widerstandsmaterial des Ableiters müßte somit derart spannungsabhängig sein, daß bei einer Änderung der Spannung im Verhältnis $\frac{2\,000\,000}{\sqrt{2} \cdot 200\,000} = 7$ seine Leitfähigkeit sich im Verhältnis $\frac{20\,000}{50} = 400$ ändert. Dies würde bedingen, daß die Stromaufnahme des Widerstandsmaterials etwa mit der vierten Potenz der Spannung wachsen müßte. Derartige Widerstandsstoffe sind heute noch nicht bekannt, wenn allerdings auch schon die 3,5. Potenz erreicht worden ist.

Es ist noch interessant, die thermische Beanspruchung, die ein solcher Ableiter beim Abführen eines Blitzschlages erleidet, näher zu betrachten. Man kann sich dabei auf den

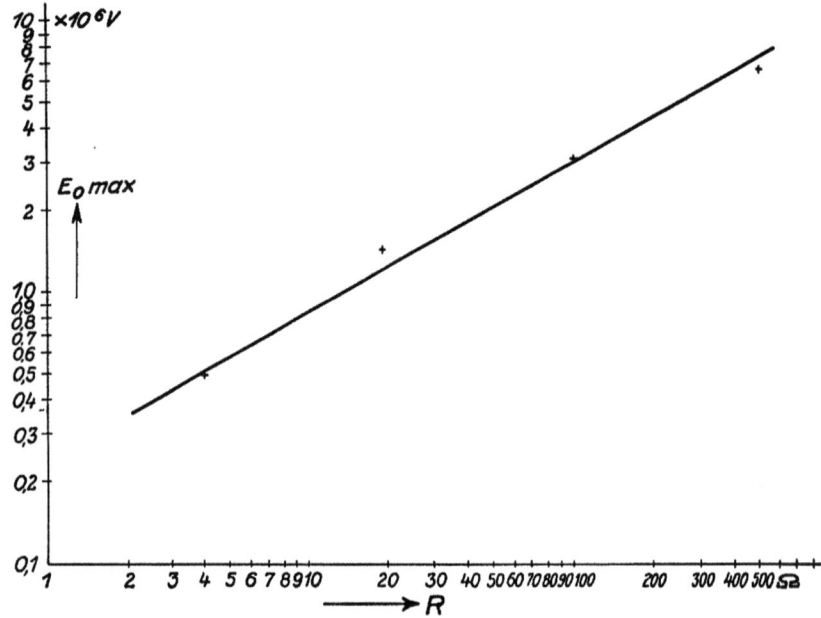

Bild 12. Zusammenhang zwischen Blitzüberspannung und Ableiterwiderstand.

an der Einschlagstelle befindlichen Ableiter beschränken, da dieser selbstverständlich der höchsten Beanspruchung ausgesetzt ist. Die in diesem Ableiter in Wärme umgesetzte Energie in W × s ist je Blitzschlag

$$W = \int_0^\infty \frac{E_0^2}{R} \cdot dt. \tag{24}$$

Indem man in diesem Ausdruck für E_0 den Wert aus Gleichung (22) einführt, erhält man nach einigen Umformungen endgültig, wenn ihres schnellen Verschwindens wegen die freie Ausgleichsschwingung der Spannung vernachlässigt wird,

$$W = \frac{A_0^2 \cdot R}{\gamma_2} \cdot \left[\frac{1}{2 \cdot \alpha_2} + \frac{\gamma_2}{\gamma_1} \cdot \frac{1}{2 \cdot \alpha_1} - \sqrt{\frac{\gamma_2}{\gamma_1}} \cdot \frac{2}{\alpha_1 + \alpha_2}\right] \tag{25}$$

mit

und

$$\left.\begin{array}{l}\gamma_1 = 1 + \dfrac{4 \cdot R}{\alpha_1 \cdot L} \\[2mm] \gamma_2 = 1 + \dfrac{4 \cdot R}{\alpha_2 \cdot L}.\end{array}\right\} \tag{25a}$$

Bild 13, das die Auswertung dieses Ausdrucks für verschiedene Werte von R unter den sonstigen Annahmen des vorausgegangenen Beispiels darstellt, läßt erkennen, daß die im Ableiter in Wärme umgesetzte Energie in weiten Grenzen unabhängig von der Höhe des Widerstandes R des Ableiters ist. Die in Wärme umgesetzte Energie beträgt bei einer Blitzstromstärke von 175 000 A für einen Ableiter im Mittel 250 kW × s, ein Betrag, dessen Aufspeicherung in Form von Wärme einem Ableiter der betreffenden Ausführungsart keinerlei Schwierigkeiten bereiten würde.

5. Schutzwirkung von Masterdung und Erdseil.

Der nunmehr zu betrachtende Vorschlag zur Erzielung vollkommener Blitzsicherheit einer Freileitung, der die Anbringung von Auffangstangen an den Masten, die Verbindung der Masten durch ein gut leitendes Erdseil und die vorzügliche Erdung eines jeden Mastes

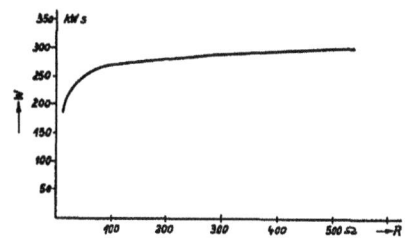

Bild 13. Abhängigkeit der absorbierten elektrischen Energie vom Ableiterwiderstand.

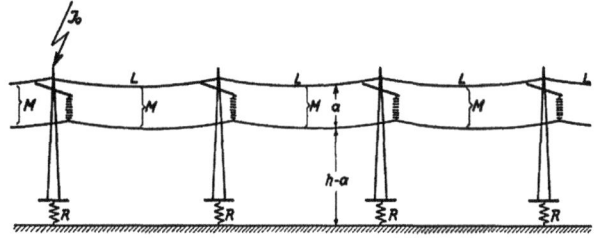

Bild 14. Vollständiges Schema der durch Masterdung und Erdseil geschützten Freileitung.

zum Gegenstand hat, erscheint von vornherein mit wirtschaftlich und technisch zu rechtfertigenden Mitteln ausführbar zu sein. Es verbleibt somit nur zu untersuchen, ob die zu fordernde Niedrighaltung der an der Einschlagstelle des Blitzes auftretenden Überspannung Erdwiderstände der Maste bedingt, die mit nicht allzu großen Kosten auch bei ungünstigen Bodenverhältnissen zu erreichen sind. Man kann diesen Untersuchungen das Leitungsschema des Bildes 14 zugrunde legen, das eine Anzahl von Masten erkennen läßt, deren Erdübergangswiderstand jeweils $R\Omega$ beträgt und die an ihrer Spitze durch ein Erdseil miteinander verbunden sind, das je Spannfeld einen Selbstinduktionskoeffizienten L hat. Unter dem Erdseil möge sich, wie der Einfachheit halber angenommen sei, ein einzelner Leitungsdraht befinden, der den Abstand a vom Erdseil hat, während dieses selbst in einem Abstand h von der Erdoberfläche, oder richtiger gesagt, vom Grundwasserspiegel, gezogen sein möge. Es interessiert nun die Höhe des Spannungsunterschiedes, der an der Einschlagstelle des Blitzes zwischen Erdseil und dem unter ihm liegenden Leitungsdraht auftreten kann und der auf keinen Fall die Höhe der Stoßüberschlagspannung der Freileitungsisolatoren übersteigen soll.

Der Zusammenhang zwischen Strom und Spannung an der Einschlagstelle ist auch für das vorliegende Beispiel durch die Entwicklungen von S. 237 ff. festgelegt worden, und man könnte eigentlich sofort dem Bild 12 den Zusammenhang zwischen der Höhe des Erdungswiderstandes R und der Höhe derjenigen Spannung E_0 max entnehmen, die der an der Einschlagstelle befindliche Mast gegen Erde annimmt. Diese Spannung entspricht jedoch nicht ganz dem zwischen Erdseil und damit zwischen Mast und Leiter auftretenden Spannungsunterschied, denn ein erheblicher Teil der Stromstärke des Blitzes wird über das Erdseil nach den benachbarten Masten hin abströmen, und da der im Erdseil fließende Strom vermöge der gegenseitigen Induktion zwischen Erdseil und Leiter in diesem eine gewisse Spannung induziert, wird sich naturgemäß der Spannungsunterschied zwischen Erdseil und Leitung um diesen Betrag vermindern.

Es war bereits früher folgender, für schnelle Schwingungen geltender Ausdruck für die Selbstinduktivität eines Leiters je Längeneinheit gefunden, dessen Rückstrom, flächenhaft verteilt, in der Erde liegt:

$$L' = 2 \cdot \int_{r}^{2 \cdot h} \frac{1}{x} \cdot dx = 2 \cdot \ln \frac{2 \cdot h}{r}. \qquad (26)$$

Der angegebene Ausdruck, in dem r den Radius des Drahtes und h seinen Abstand von der leitenden Erdschicht bedeuten, vernachlässigt das magnetische Feld des flächenhaft auf der gut leitenden Erdschicht verteilt gedachten Rückstromes. Unter gleichen Voraussetzungen ist die Gegeninduktivität je Längeneinheit des Erdseiles gegen den im Abstand a unter ihm liegenden Leiter

$$M' = 2 \cdot \int_{r+a}^{2 \cdot h - a} \frac{1}{x} \cdot dx = 2 \cdot \ln \frac{2 \cdot h - a}{r + a}, \qquad (27)$$

und damit erhält man folgenden Ausdruck für den an der Einschlagstelle auftretenden Spannungsunterschied zwischen Erdseil und Leiter, wenn E_0 die Spannung des Erdseiles gegen Erde an dieser Stelle ist:

$$e_0 = E_0 \cdot \left(1 - \frac{M'}{L'}\right),$$

oder

$$e_0 = E_0 \cdot \left(1 - \frac{\ln \frac{2 \cdot h - a}{r + a}}{\ln \frac{2 \cdot h}{r}}\right). \qquad (28)$$

Für mittlere Verhältnisse ($h = 10000$ cm, $a = 300$ cm, $r = 0{,}5$ cm) ergibt die zuletzt angeschriebene Gleichung ein Verhältnis von

$$\frac{e_0}{E_0} = 0{,}79,$$

und man kann somit den beim Einschlag des Normalblitzes in den Mast an dessen Isolatoren auftretenden maximalen Spannungsunterschied dem Bild 12 bzw. der Gleichung (22) entnehmen, wenn man nur die mit deren Hilfe gefundenen Werte mit 0,79 multipliziert.

Um beispielsweise Blitzsicherheit einer 200-kV-Leitung zu gewährleisten, darf der Erdwiderstand eines Mastes, wie dem Bild 12 zu entnehmen ist, höchstens 40 Ω betragen. Bei einer 100-kV-Leitung darf er unter den gleichen Voraussetzungen nicht größer als 10 Ω sein. Das sind aber Werte, die sich ohne Schwierigkeit erreichen und auch dauernd erhalten lassen.

Selbst wenn man annimmt, daß in ungünstigen Fällen die Stromstärke unseres Normalblitzes noch 3,5fach überschritten werden möge, so bedingt die Blitzsicherheit der Leitung unter diesen außerordentlich erschwerten Umständen bei einer 200-kV-Leitung einen Erdwiderstand jedes Mastes von 5 Ω, bei einer 100-kV-Leitung einen von 2 Ω. Auch derartige Erdwiderstände dürften bei nicht allzu ungünstigen Bodenverhältnissen noch mit wirtschaftlichen Mitteln erreichbar sein.

Es ergibt sich somit, daß mit den oben besprochenen Maßnahmen sich eine absolute Sicherung von Freileitungen gegen die Folgen direkter Blitzschläge erzielen läßt. Voraussetzung ist allerdings eine derartige Anordnung des Erdseiles und der an den Masten anzubringenden Auffangstangen, daß der Blitz auf jeden Fall von der Spannung führenden Leitung selbst ferngehalten wird.

Synchrone oder asynchrone Phasenschieber.
Von A. Mandl.

Es werden die Vor- und Nachteile des synchronen und asynchronen Phasenschiebers untersucht. Bei Spannungs- und Laständerungen verhält sich die Synchronmaschine wegen der größeren magnetischen Trägheit des Induktorkreises günstiger, die durch Kompoundierung der Haupterregermaschine weitgehend beeinflußt werden kann. Das Kippmoment der Asynchronmaschine liegt höher Die Kippgrenze der Synchronmaschine mit großer Ladeleistungsfähigkeit reicht jedoch aus für sehr große Frequenzänderungen. Der Stoßkurzschlußstrom der Asynchronmaschine klingt rascher ab. In elektrischer und konstruktiver Hinsicht ist die Synchronmaschine wegen des größeren Luftspaltes und wegen der einfacheren Bauart des Rotors der Asynchronmaschine überlegen.

Die Frage, die in dieser Arbeit zur Erörterung gestellt wird, lautet: Wann ist der synchrone, wann ist der asynchrone Phasenschieber am Platz? Dabei soll es sich um mittlere und große Phasenschieber handeln — der Leistungsbereich liege zwischen 6000 und 60000 kVA — und dementsprechend große Netze, deren Spannung mit dem Phasenschieber geregelt werden soll.

Für die Beantwortung der Frage kommen als Kriterium in Betracht:

I. Anlaufverhältnisse.

II. Ladeleistung.

III. Betriebsmäßiges Verhalten:

1. Spannungsänderungen,
2. Frequenzänderungen,
3. plötzliche Laständerungen im Netz,
4. Verhalten im Kurzschluß.

IV. Elektrische Eigenschaften: Spannungskurve, Größe des Luftspaltes, Verluste.

V. Mechanischer Aufbau, Reparaturmöglichkeit.

Vor der Besprechung der einzelnen Punkte sei festgestellt, daß es heute in gleicher Weise möglich ist, in dem angegebenen Leistungsbereich Synchronmaschinen (SM) und Asynchronmaschinen (ASM) als Phasenschieber betriebssicher zu bauen und die Betriebsführung mit beiden Arten von Maschinen einfach und sicher zu gestalten. Bezüglich des Preises besteht kein besonderer Unterschied, wenn es sich um Ladeleistungen handelt, die 100 vH der Nennleistung übersteigen. Im großen und ganzen kommen für beide Maschinengattungen die gleichen Drehzahlen in Frage. Man wird zweckmäßig luftgekühlte Maschinen für 50 Per/s von etwa 6000 bis 12000 kVA mit 1000 U/min und von etwa 12000 bis 25000 kVA mit 750 U/min und von da an aufwärts mit 600 U/min bauen. Der Raumbedarf, also die Maschinenhauskosten, sind ebenfalls ungefähr gleich. Für die Wahl der einen oder anderen Maschinengattung werden demnach die folgenden elektrischen Gesichtspunkte maßgebend sein.

I. Anlaufverhältnisse.

Manchmal wird der Phasenschieber zum Anlauf gebracht, wenn sein wattloser Strom zur Hebung der Netzspannung dringend gebraucht wird. Es ist dann zu verlangen, daß der Anlaufstrom nicht übermäßig groß ist. Man wird ihn auf 50 bis 25 vH des Phasenschiebervollaststromes beschränken, je nach dem Verhältnis der Phasenschieberleistung zur Größe des Netzes. In besonders ungünstigen Fällen wird man noch schärfere Vorschriften machen.

Als günstigste Anlaufverfahren kommen für beide Maschinenarten in gleicher Weise in Betracht:

1. Anlauf mit Anlauftransformator.

Die SM erhält eine Dämpferwicklung entsprechenden Widerstandes und wird mit etwa 20 vH der Netzspannung angelassen. Hierbei ist es möglich, den Anlaufstrom auf etwa 20 vH des Vollaststromes zu beschränken. Nach Erreichen der vollen Drehzahl wird die Leerlauferregung eingestellt und hierauf mit Überschaltwiderstand auf die volle Spannung umgeschaltet. Der Phasenschieber bleibt so lange auf dem Überschaltwiderstand, bis der vom Netz bezogene Strom auf den Wattstrom zur Deckung der Verluste zurückgegangen ist. Dann kann der Überschaltwiderstand ohne Stromstoß kurzgeschlossen werden.

Die ASM kann bei kleiner Stillstandspannung ohne Anlaßtransformator direkt ans Netz geschaltet werden. Sie nimmt dabei den Leerlaufstrom auf, der etwa 20 bis 25 vH des Vollaststromes beträgt. Wenn man eine maximale Stillstandspannung von 2000 Volt und einen maximalen Schleifringstrom von 2000 A zuläßt, so kommt man mit drei Schleifringen unter Berücksichtigung des vom Rotor zu liefernden Magnetisierungsstromes von 25 vH auf Leistungen von etwa 5600 kVA und mit sechs Schleifringen und Anwendung der Dreieckssternschaltung im Rotor auf 9600 kVA. Man wird zweckmäßigerweise jedoch nicht bis an diese Grenze herangehen und bei den für direktes Einschalten in Betracht kommenden kleinen Leistungen mit dem Schleifringstrom unter 1500 A bleiben, da sonst die Erregermaschine unverhältnismäßig teuer wird. Bei größeren Leistungen wird man die Stillstandspannung höher wählen, um den Schleifringstrom zu begrenzen und den Anlaßtransformator verwenden. Durch den Anlaßtransformator wird der Anlaufstrom im quadratischen Verhältnis der Spannungen herabgesetzt. Man kommt damit auf Werte des Anlaufstromes, dessen Blindkomponente dann nur mehr 3 bis 4 vH des Vollaststromes beträgt. Der Anlauf vollzieht sich genau in der gleichen Weise wie bei der SM. Die Leerlauferregung des Rotors wird nach Erreichen der vollen Drehzahl von der Erregermaschine aus bewirkt.

Der nun zu beschreibende Anlauf mit Anwurfmotor hat für die SM den Vorteil, daß die Dämpferwicklung ohne Rücksicht auf den Anlauf sehr kräftig, also mit sehr kleinem Widerstand gebaut werden kann. Bei der ASM kann die ideelle Stillstandspannung so hoch gewählt werden, wie dies die Ausführbarkeit der Rotorwicklung zuläßt. Immerhin wird man bei den hier in Betracht kommenden Leistungen von über 20000 kVA auf Rotorströme von über 1000 A kommen. Außerdem hat der dreiphasige Kollektor der Haupterregermaschine 1,5 mal so viel Bürsten wie der Gleichstromkollektor des Erregers der SM, dessen Strom durch Wahl geeigneter Spannung (220 oder 440 Volt) stets entsprechend klein gehalten werden kann. Man wird deshalb bei der ASM mit einem größeren Verschleiß der Bürsten zu rechnen haben.

2. Anlauf mit gleichpoligem Anwurfmotor und Überschaltdrossel.

Der Phasenschieber wird mit dem gleichpoligen Anwurfmotor bis in die Nähe der synchronen Drehzahl hochgefahren. Hierauf wird der Phasenschieber mit kurzgeschlossenem Rotor (bei der SM durch den Dämpferkäfig) über die Drossel an das Netz gelegt. Die Drosselspule kann so groß sein, daß der Einschaltstromstoß nur ein Bruchteil des Vollaststromes wird. Dann wird der Phasenschieber von seiner Erregermaschine aus erregt (der Rotor der ASM wird zu diesem Zwecke unterbrechungsfrei auf die Erregermaschine geschaltet), so daß der Strom auf den Leerlaufwattstrom zurückgeht. Dann kann die Drosselspule praktisch stoßfrei kurzgeschlossen werden.

3. Anlauf mit in Serie geschaltetem gleichpoligen Anwurfmotor.

Die Ständerwicklungen von Anwurfmotor und Phasenschieber sind in Serie geschaltet. Der Rotor des Phasenschiebers ist zunächst kurzgeschlossen. Der Anwurfmotor wird bis in die Nähe der synchronen Drehzahl hochgefahren. Hierauf wird der Rotor des Anwurfmotors der Phase und Größe nach so erregt, daß der dann einzuregelnde Wattstrom, der vom Netz bezogen werden muß, keine Spannung an den Anwurfmotorklemmen verbraucht. Bei der SM erfolgt diese Erregung mit Gleichstrom, bei der ASM mit Strom von Schlupffrequenz von einer der vorhandenen Erregermaschinen. Dann wird an dem Phasenschieber Leerlauferregung vom Rotor aus eingestellt, wodurch der Netzstrom auf den Wattstrom zur Deckung aller Verluste und die Spannung am Anwurfmotor bis auf Null zurückgehen, der demnach vollständig stoßfrei kurzgeschlossen werden kann. Bei kleinen Phasenschiebern wird man auf die Erregung des Anwurfmotors verzichten und sich darauf beschränken, den Anwurfmotor so auszubilden, daß er bei dem Wattstrom keine zu große Spannung verbraucht.

Es ergibt sich also:

Bei beiden Maschinenarten kann der Stromverbrauch während des Anlaufes entsprechend klein gehalten werden. Bei Leistungen bis zu etwa 8000 kVA kann man die ASM direkt vom Netz anlassen, wodurch man Anlaßtransformator oder Anwurfmotor spart.

II. Ladeleistung.

In bezug auf die Größe der erreichbaren Ladeleistung ist die ASM der SM überlegen. Eine große, raschlaufende ASM kann mit ausreichender Stabilität bis zum zweifachen Nennstrom gegenerregt werden. Die natürliche Ladeleistung einer raschlaufenden SM unterhalb der Selbsterregungsgrenze beträgt etwa 70 vH der Nennleistung. Sie wird auch ohne besondere Vorschrift mit so großem Luftspalt zur Kleinhaltung der Verluste ausgeführt, daß sich diese Ladeleistung ergibt. Es ist meistens ohne besondere Verteuerung der Maschine möglich, die Ladeleistung auf 100 vH und etwas darüber zu steigern. In der Regel ist eine SM für 120 bis 150 vH Ladeleistungsfähigkeit sowohl im Preis wie in den Verlusten durchaus wettbewerbsfähig mit einer ASM. Auf den Einfluß der Ladeleistungsfähigkeit auf die Stabilität und auf den Vergleich der Kippmomente im untererregten Betrieb bei beiden Maschinenarten wird noch eingegangen werden.

Das Aufladen eines spannungslosen Netzes ist mit der SM ohne weiteres mit Anwurfmotor möglich und in gleicher Weise bei der ASM, wobei die Fremderregung für die Erregermaschine dem Netz entnommen wird, von dem aus hochgefahren wird. Wenn das aufzuladende Netz mit dem Anwurfnetz synchronisiert werden soll, so kann dies bei der SM erreicht werden, indem man den Anwurfmotor synchronisiert, d. h. mit Gleichstrom erregt. Die Phasenlage der erzeugten Spannung wird mit Drehtransformator oder durch ein drehbares Gehäuse des Anwurfmotors eingeregelt. Bei der ASM ist die richtige Frequenz von vornherein vorhanden. Die richtige Phasenlage kann durch Verdrehen der Erregerbürsten oder durch Verdrehen der zugeführten Spannung mit Drehtransformator eingestellt werden.

III. Betriebsmäßiges Verhalten.

1. Spannungsänderungen.

Bei dem betriebsmäßigen Verhalten des Phasenschiebers läßt sich die Aufgabe insofern vereinfachen, daß man an seinen Klemmen oder an einem Punkt in seiner Nähe eine bestimmte vorgegebene Spannungsänderung eintreten läßt. Dadurch wird das charakteristische Verhalten der beiden Maschinengattungen scharf hervortreten. In Wirklichkeit spielt sich der Ausgleichvorgang so ab, daß alle angeschlossenen Generatoren und Phasenschieber und alle im Leitungszuge befindlichen sonstigen Induktivitäten daran beteiligt sind. Durch die Annahme eines derartigen Punktes, in dem ein bestimmter Spannungszusammenbruch erfolgt, kann man seine Aufmerksamkeit auf den Phasenschieber allein konzentrieren und beurteilen, ob er sich im erwünschten Sinne verhält. In gleicher Weise sollen Frequenzänderungen nur bei konstanter Netzspannung betrachtet werden.

In Bild 1 ist das Erregerstromdiagramm der vollbelasteten SM dargestellt, wobei der Einfluß der Sättigung der Einfachheit halber vernachlässigt ist. Als Abszisse ist der Erregerstrom im Maßstab der Statorströme aufgetragen, das ist der Statorstrom, der im Luftspalt die gleiche Feldgrundwelle erzeugt wie der zugehörige Rotorgleichstrom, als Ordinate die Klemmenspannung. Mit den dort angeschriebenen Bezeichnungen errechnet sich der Erregerstrom für übererregte Vollast

$$J_e = (J_{do} + J_n)(1 + \tau_1). \tag{1}$$

Bei einer geänderten Spannung E' wird $J'_e = \left(J_{do}\frac{E'}{E} + J'\right)(1 + \tau_1)$.

Wenn die Erregung nicht nachgeregelt wird, ist $J'_e = J_e$ und somit

$$\frac{J'}{J_n} = \frac{J_{do}}{J_n}\left(1 - \frac{E'}{E}\right) + 1.$$

Wenn man beachtet, daß die prozentuale synchrone Reaktanz

$$P = \frac{J_n \omega L_1}{E} = \frac{J_n}{E/\omega L_1} = \frac{J_n}{J_{do}} \tag{2}$$

und ihr reziproker Wert die prozentuale Ladeleistungsfähigkeit

$$\frac{1}{P} = \frac{J_{do}}{J_n} \tag{3}$$

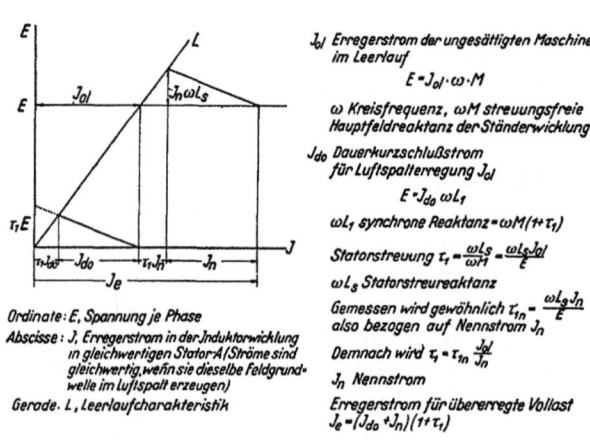

Bild 1. Erregerstromdiagramm der Synchronmaschine bei Vollast $\cos\varphi = 0$.

— das ist die Leistungsaufnahme der unerregt am Netz hängenden, synchron laufenden Maschine bei Nennspannung im Verhältnis zur Nennleistung —, so geht die Gleichung über in

$$\frac{J'}{J_n} = \frac{1}{P}\left(1 - \frac{E'}{E}\right) + 1. \tag{4}$$

In Bild 2 ist der Verlauf der Stromänderung abhängig von der Spannungsänderung bei konstantem Erregerstrom dargestellt. Als Abszisse ist das Verhältnis J'/J_n, als Ordinate das Verhältnis E'/E aufgetragen. Der von der SM gelieferte Strom nimmt mit abnehmender Spannung zu und umgekehrt, und zwar beträgt für 10 vH Spannungsänderung die Stromänderung $\left(10\frac{1}{P}\right)$vH. Je größer also die prozentuale Ladeleistungsfähigkeit $1/P$, desto energischer reagiert die SM auf Spannungsänderungen. Und zwar reagiert sie im erwünschten Sinn, indem sie ihre Blindstromabgabe so verändert, daß sie der Netzspannungsänderung entgegenwirkt. Im allpoligen Kurzschluß steigt ihr Strom auf das $1 + 1/P$-fache, also um so mehr an, je größer die prozentuale Ladeleistungsfähigkeit $1/P$ ist. Das oft verwendete Kurzschlußverhältnis (Short kircuit Ratio): Verhältnis der Leerlauferregung zur Erregung im Dauer-Kurzschluß für Normalstrom J_n stimmt, abgesehen von dem geringen Einfluß der Eisensättigung mit der prozentualen Ladeleistungsfähigkeit $1/P$ überein. Es ist einzusehen, daß dieses Verhältnis als ein Maß für die Stabilität der Maschine betrachtet wird, bestimmt es doch die zu einer Spannungsänderung von x vH gehörige Stromänderung von $\left(x\frac{1}{P}\right)$vH. Je größer also Kurzschlußverhältnis und Ladeleistungsfähigkeit, desto energischer reagiert der Phasenschieber auf Spannungsänderungen. Man muß es von diesem Standpunkt aus als zweckmäßig betrachten, auch für den Fall, in welchem die Ladeleistungsfähigkeit des Netzes dies nicht erfordert, aus Stabilitätsgründen eine große Ladeleistungsfähigkeit $1/P$ — oder ein großes Kurzschlußverhältnis — vorzusehen.

Wenn die Erregung nachgeregelt wird, verschiebt sich die in Bild 2 gezeichnete Charakteristik parallel zu sich selbst. Bild 2 ist für $1/P = 1$, also für 100 vH Ladeleistungsfähigkeit aufgezeichnet. Es sind dort die Charakteristiken für eine Erregung 0, ferner 0,5 und 1,5 gestrichelt eingetragen, bezogen auf Vollasterregung bei Nennstrom mit 1.

Das Stromdiagramm der ASM zeigt Bild 3. Kreis *1* ist der normale Heylandkreis der unerregten ASM, *2* ist das veränderte Kreisdiagramm für Übererregung bis zum Nennstrom J_n und *3* für Untererregung bis zum Nennstrom J_n. J_μ ist der Magnetisierungsstrom und J_{kd} der Dauerkurzschlußstrom. Die Erregermaschine sei in üblicher Weise vom Netz erregt, entweder direkt mit ihren Schleifringen oder über Hilfserregermaschine. Wenn sich die Netzspannung ändert, so ändern sich alle Größen in Bild 3 in gleichem Maßstab. Als Stromänderungscharakteristik bei Spannungsänderungen erhält man demnach, sofern nicht nachgeregelt wird, die Charakteristik nach Bild 3 links, also ein von dem der SM ganz abweichendes und entgegengesetztes Verhalten. Die netzerregte ASM hilft demnach nicht, die Netzspannung aufrechterhalten, indem sie bei Netzspannungsrückgang in gleichem Maße ihre Stromabgabe verringert und umgekehrt.

Im allpoligen Kurzschluß geht ihr Dauerkurzschlußstrom auf den Wert 0 zurück.

Es soll nun gleich, nachdem das normale Verhalten der beiden Maschinengattungen klargelegt ist, überlegt werden, ob durch eine andere Schaltung nicht ein anderes Verhalten erreicht werden kann. Bei der SM macht es keine Schwierigkeiten, die Erregung über Gleichrichter oder Einankerumformer dem Netz zu entnehmen.

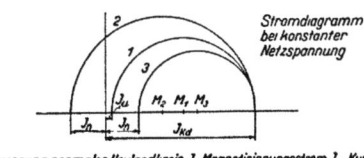

Bild 2. Stationäre Stromänderungscharakteristik der Synchronmaschine.

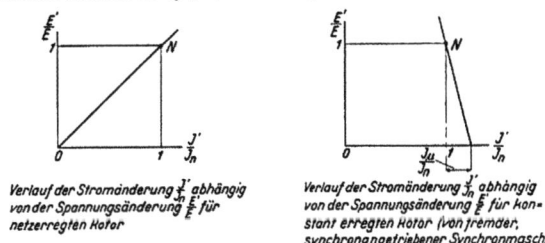

Bild 3. Stromdiagramm und stationäre Stromänderungscharakteristik der Asynchronmaschine.

Man erhält damit genau die Stromänderungscharakteristik von Bild 3 links der netzerregten ASM, also verkehrtes Verhalten in bezug auf Netzspannungsänderungen, hingegen den Dauerkurzschlußstrom Null. Bei der ASM kann man die Netzerregung der Erreger- oder Hilfserregermaschine durch eine Fremderregung ersetzen, die man einer mit dem Netz synchron angetriebenen Synchronmaschine entnimmt. Man benötigt dazu einen Umformer, der aus zwei Synchronmaschinen besteht. Dadurch erreicht man, daß der Rotorstrom der ASM von der Netzspannung unabhängig und gleichbleibend ist. Man erhält damit eine Stromänderungscharakteristik nach Bild 3 rechts. Die ASM verhält sich jetzt wie eine SM mit gleichbleibender Erregung und einer prozentualen Ladeleistungsfähigkeit von $1/P = J_\mu/J_n$ (ihre wirkliche Ladeleistungsfähigkeit hat damit nichts zu tun). Sie verhält sich also wie eine SM mit sehr kleinem Luftspalt oder sehr geringer Ladeleistungsfähigkeit. Es ist auf solche Art nicht möglich, die ASM in eine vollwertige SM zu verwandeln. Nimmt man als Mittelwert für große Phasenschieber das Verhältnis $J_\mu/J_n = 1/4$ an, so ist diese Maschine noch viermal so schlecht als eine mit 100 vH Ladeleistungsfähigkeit entworfene SM. Eine wesentliche Vergrößerung des Verhältnisses J_μ/J_n ist aber bei der ASM schwierig und nur unter Aufwand von viel mehr Rotorkupfer möglich.

Man kann durch zusätzliche Apparate die Stromänderungscharakteristik der beiden Maschinenarten beeinflussen. Bei der SM kann man der Haupterregung des Induktors eine Spannung gegenschalten, die über Gleichrichter dem Netz entnommen wird und erreicht damit ein Verhalten, wie es einer Maschine mit großem Luftspalt und großer Ladeleistungsfähigkeit entspricht. Führt man von einer gewissen Mindestspannung an noch eine zweite Gegenspannung ein, die dem Unterschied einer konstanten, dieser Mindestspannung an Größe und Phase gleichen Spannung und der jeweiligen Netzspannung proportional ist, so kann man von dieser Mindestspannung an die Gleichstromerregung verkleinern und damit den sich sonst ergebenden sehr großen Dauerkurzschlußstrom verringern, gegebenenfalls sogar bis auf Null. In gleicher Weise kann man in den Erregerkreis der fremderregten

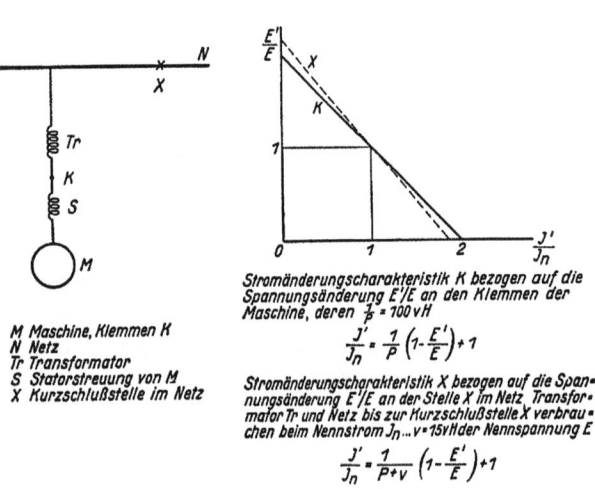

Bild 4. Stationäre Stromänderungscharakteristik der Synchronmaschine.

ASM eine dem Netz proportionale Gegenspannung schalten oder in den Erregerkreis der netzerregten Hilfserregermaschine eine der Netzspannung proportionale Gegenspannung in Serie mit einer stark gesättigten Drosselspule einführen. Allen diesen Anordnungen fehlen jedoch die namentlich bei großen Maschinen anzustrebende Einfachheit und Durchsichtigkeit der Schaltung, und sie erschweren die Voraussicht in bezug auf Kurzschlußverhalten und selbsterregte Schwingungen.

Es wurde bisher angenommen, daß sich die Spannung an den Klemmen der Maschine ändert. Die Untersuchungen seien nun erweitert auf den Fall, daß der Punkt X, dessen Spannung sich ändert, irgendwo im Netz liegt, wie dies Bild 4 andeutet. Die Streuung des vorgeschalteten Transformators und des Netzes bis zur Kurzschlußstelle X ist jetzt mit einzurechnen. Die Gleichung für die Stromänderungscharakteristik der SM

$$\frac{J'}{J_n} = \frac{1}{P}\left(1 - \frac{E'}{E}\right) + 1 \qquad (4)$$

bleibt bestehen, wenn P durch den neuen, geänderten Wert ersetzt wird. Es verbrauche z. B. der Stromkreis-Transformator Tr und das Netz bis zur Kurzschlußstelle X beim Nennstrom $J_n \ldots v$ vH der Nennspannung E. Dann vergrößert sich die prozentuale synchrone

Reaktanz P auf den Wert $P+v$ (v als Dezimalbruch), und die Stromänderungscharakteristik lautet:

$$\frac{J'}{J_n} = \frac{1}{P+v}\left(1-\frac{E'}{E}\right)+1. \tag{5}$$

Sie verläuft gegen die Ordinatenachse steiler; die Stromänderung für eine Spannungsänderung des Punktes X wird kleiner, was ja begreiflich ist, weil die dazwischengeschalteten Induktivitäten dämpfend wirken.

Bei der ASM ist die Lage des Punktes X für die Stromänderungscharakteristik belanglos. Die netzerregte ASM sowie alle vorgeschalteten Induktivitäten verhalten sich wie induktive Widerstände gleichbleibender Größe.

Es ist ferner zu überlegen, in welcher Weise der Übergang vom Anfangs- in den Endzustand erfolgt, wenn sich die Spannung im Netzpunkte X von E nach E' ändert. Bisher wurde nur der stationäre Endzustand betrachtet. Nun soll im Gegenteil angenommen werden, daß alle Wicklungen der Maschine den Ohmschen Widerstand Null haben und sich jeder Änderung ihrer Verkettungszahl widersetzen. Für die Stromänderung gilt die Gleichung:

$$E - E' = (J'' - J_n)\left(\omega L_1 \tau + v \cdot \frac{E}{J_n}\right),$$

hierbei ist

$\omega L_1 =$ synchrone Reaktanz,

$\tau = 1 - \dfrac{1}{(1+\tau_1)(1+\tau_2)} =$ resultierende Streuung der Maschine,

$\tau_1 =$ Statorstreuung,

$\tau_2 =$ Streuung der Induktorwicklung,

$v =$ verhältnismäßiger Spannungsabfall des Nennstromes im vorgeschalteten Transformator und Netz bis zur Kurzschlußstelle X.

Die Dämpferwicklung ist bei der Berechnung von τ nicht mit einzubeziehen, da ihre Abwehrströme wegen des im Verhältnis zur Induktorwicklung kleinen Kupfergewichtes sehr rasch abklingen.

Aus der oben angesetzten Gleichung ergibt sich als vorübergehende Stromänderungscharakteristik

$$\frac{J''}{J_n} = \frac{1}{P\tau+v}\left(1-\frac{E'}{E}\right)+1. \tag{6}$$

Es ist die gleiche Beziehung, die für den stationären Zustand gilt, nur ist an die Stelle der prozentualen synchronen Reaktanz $P = \dfrac{J_n \omega L_1}{E}$ die prozentuale resultierende Streuung $P\tau = \dfrac{J_n \omega L_1 \tau}{E}$ getreten.

Wie später noch gezeigt wird, ist diese für die SM und ASM ungefähr gleich groß. Wenn sie im Mittel mit etwa 25 vH angenommen wird, so entspricht dies einem Wechselstromglied im Stoßkurzschluß gleich dem vierfachen Nennstrom. Wenn nun Transformator und Netz bis zur Kurzschlußstelle bezogen auf den Nennstrom $J_n \ldots v = 15$ vH Spannungsabfall haben, so vergrößert sich der Wert $P\tau$ auf $P\tau + v = 0{,}25 + 0{,}15 = 0{,}4$ oder $1/P\tau + v = 2{,}5$. Bei einem plötzlichen Spannungsrückgang im Punkte X um 20 vH erhöht sich demnach der Strom im ersten Moment auf das 1,5fache von J_n. In Bild 5 ist die vorübergehende und dauernde Stromänderungscharakteristik für die SM und ASM eingetragen.

Der Übergang zwischen Anfangs- und Endzustand wird mit der Kurzschlußzeitkonstante der Rotorwicklung erfolgen. In den Statorkreis sind Maschine, Transformator und Netz bis zur Kurzschlußstelle X einzubeziehen. Aus noch zu besprechenden Gründen ist die Kurzschlußzeitkonstante bei der SM etwa 4- bis 9mal so groß wie bei der ASM. Bild 6 zeigt den zeitlichen Stromverlauf nach einer plötzlichen Spannungsabsenkung an der Stelle X um 20 vH. Die Kurzschlußzeitkonstante der SM bis zur Kurzschlußstelle ist mit 2 s, die der ASM mit 0,3 s angenommen. Für beide Maschinen sei die prozentuale resultierende Streuung $P\tau + v = 0,4$ einschließlich Transformator und Netz bis zur Kurzschlußstelle; die SM allein habe 100 vH Ladeleistungsfähigkeit.

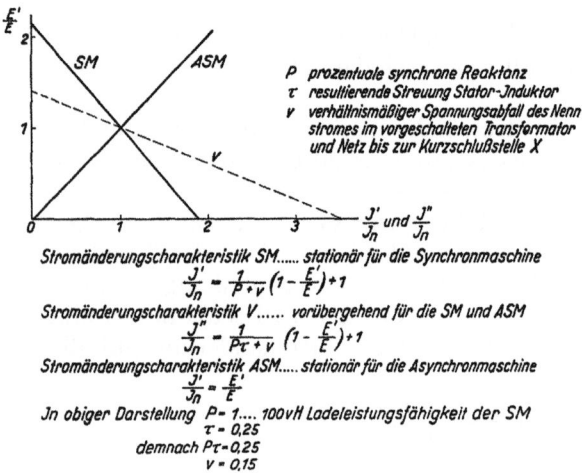

Bild 5. Vorübergehende und dauernde Stromänderungscharakteristik der Synchron- und Asynchronmaschine.

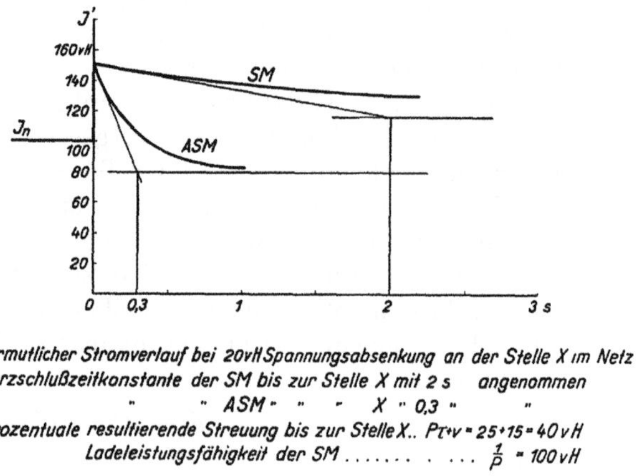

Bild 6. Übergang der Stromänderung vom vorübergehenden in den stationären Wert.

Man sieht aus Bild 6, daß der Überstrom bei der SM wesentlich langsamer und auf einen um 47 vH höheren Endwert abklingt.

2. Frequenzänderungen.

Wenn sich die Frequenz des Netzes rasch ändert, so muß der Phasenschieber sich beschleunigen oder verzögern. Die dazu erforderliche Leistung darf die Kippgrenze nicht überschreiten.

Bei der ASM ist das Kippmoment auch im untererregten Betrieb, wie Bild 3 zeigt, außerordentlich groß. Nimmt man z. B. einen Dauerkurzschlußstrom gleich dem 4,5 fachen des Nennstromes an, so ist das Kippmoment für untererregte Vollast noch immer das 1,75-fache des normalen, der Phasenschieberleistung entsprechenden Vollastmomentes N.

Bei der SM liegen die Verhältnisse ungünstiger. Es sei gleich der Extremfall der im Rotor vollständig unerregten Maschine betrachtet. Das Reaktionskippmoment K berechnet sich im Verhältnis zum normalen, der Phasenschieberleistung entsprechenden Drehmoment N nach Bild 7, in diesem ist[1]

ON = Netzspannung E oder zu ihrer Magnetisierung erforderlicher Strom J_{ol},
OY = Stromaufnahme der unerregten Maschine im Leerlauf,
OM = Stromaufnahme der unerregten Maschine im Kippunkt,
$NS = \tau_1' \cdot OM$ = Streuabfall im Ständer der SM und des vorgeschalteten Transformators,
OS = vom Luftspaltfeld induzierte Spannung,
$OT = \lambda \cdot OS$
$OP = \lambda \cdot ON$ } λ = Verhältnis der magnetischen Längsfeld- zur Querfeldleitfähigkeit.

Für die Lage des Punktes Y ergibt sich

$$OY = \frac{ON}{1 + \tau_1'} = \frac{J_{ol}}{1 + \tau_1'};$$

---

[1] Siehe ETZ 1925, S. 486, Beitrag zur Theorie der Synchronmaschinen mit ausgeprägten Polen, und El. u. Maschinenb. 1927, S. 181, Kippgrenze und Stoßgrenze bei der Synchronmaschine mit ausgeprägten Polen.

für die Lage des Punktes X ergibt sich
$$OX = ON \cdot \frac{\lambda}{1 + \lambda \tau_1'} = J_{ol} \frac{\lambda}{1 + \lambda \tau_1'}.$$

Damit wird der Durchmesser des Kreisdiagrammes
$$OX - OY = J_{ol} \frac{\lambda - 1}{(1 + \tau_1' \lambda)(1 + \tau_1')}$$

und das Verhältnis des Kippmomentes K zum Normalmoment N
$$\frac{K}{N} = \frac{1}{2} \frac{J_{ol}}{J_n} \frac{\lambda - 1}{(1 + \tau_1' \lambda)(1 + \tau_1')} = \frac{1}{2} \frac{1}{P} \frac{(\lambda - 1)(1 + \tau_1)}{(1 + \tau_1' \lambda)(1 + \tau_1')}. \tag{7}$$

Hier ist
$J_{ol} = J_{do}(1 + \tau_1)$; J_{do} = Dauerkurzschlußstrom für Luftspalterregung J_{ol} bei Nennspannung E,

$1/P$ = prozentuale Ladeleistungsfähigkeit oder nahezu das Kurzschlußverhältnis,

τ_1 = Statorstreuung der SM.

Setzt man im Mittel

$\tau_1 = 0{,}125$,

$\tau_1' = 0{,}2$ (Stator der SM + Transformator),

$\lambda = 1{,}7$,

so wird
$$\frac{K}{N} = 0{,}25 \frac{1}{P}. \quad (7a)$$

Wenn die SM so ausgelegt ist, daß sie bei größter Ladeleistung noch x vH ihrer Leerlauferregung behält, so wird das Kippmoment
$$\frac{K}{N} \gtreqless \frac{1}{P}(0{,}25 + 0{,}71 x)^1. \quad (7b)$$

Hierbei ist x als Dezimalbruch einzusetzen.

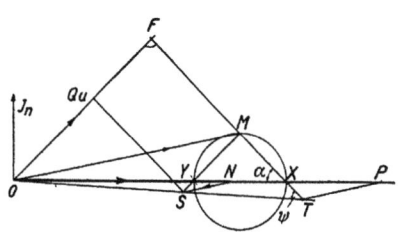

$ON = J_{ol}$ Rotor-Erregung d. ungesättigten Masch f. Nennspannung im Leerlauf

$OY = \frac{J_{ol}}{1 + \tau_1'}$ Stromaufnahme d. unerregten Maschine im Leerlauf

OM Stromaufnahme der unerregten Maschine im Kipp-Punkt

$NS = \tau_1' \cdot OM$ Streuabfall im Ständer der SM und des vorgeschalteten Transformators

OS die vom Luftspaltfeld induzierte Spannung

$OT = \lambda \, OS$ und $OP = \lambda \, ON$

τ_1, Statorstreuung der SM

τ_1', Streuung des Ständers der SM und des vorgeschalteten Transformators

λ Verhältnis der magnetischen Längs- zur Querfeldleitfähigkeit

Bild 7. Stromdiagramm der unerregten Reaktionsmaschine.

Bis zu welcher Frequenzänderung ist die unerregte Maschine noch stabil? Als Beispiel sei ein Synchronphasenschieber für 30000 kVA, 60 Per/s und 600 U/min gewählt. Sein Schwungmoment beträgt 160 tm², die Ladeleistungsfähigkeit $1/P = 115$ vH. Die Bedingung: Massenkräfte, kleiner als Kippmoment, ergibt für die Frequenzänderung
$$\frac{df}{dt} < 11{,}45 \, \ddot{U} \text{ Per/s}^2.$$

$\ddot{U}$ ist die Überlastbarkeit, bezogen auf 30000 kW und 600 U/min. In dem betrachteten Beispiel ist für die vollkommen unerregte Maschine
$$\ddot{U} = \frac{K}{N} = 0{,}25 \cdot 1{,}15 = 0{,}288.$$

Damit wird
$$\frac{df}{dt} < 11{,}45 \cdot 0{,}288 = 3{,}3 \text{ Per/s}^2.$$

Das sind schon sehr rasche Frequenzänderungen. Außerdem ist zu bedenken, daß der unerregte Betriebszustand des Phasenschiebers bei zu hoher Netzspannung vorhanden ist.

---

[1] $0{,}71 = 1/\sqrt{2}$; $1 + \tau_1/1 + \tau_1'$ wurde als Faktor von x unterdrückt, da das Kippmoment der erregten Maschine bei einer größeren inneren Phasenverschiebung als 45° auftritt.

Das Kippmoment der unerregten Maschine steigt mit der Spannung jedoch quadratisch, so daß die Verhältnisse in der Regel günstiger liegen werden als hier ausgerechnet.

Wenn die Regelung des Phasenschiebers so eingerichtet wird, daß er betriebsmäßig nur bis 100 vH Stromaufnahme untererregt werden kann, so bleibt eine Resterregung von

$$J_{ol} - \frac{J_{ol}}{1,15} = 0,13 \, J_{ol}.$$

Ihr entspricht eine Überlastbarkeit von

$$\frac{K}{N} \geq 1,15 \, (0,25 + 0,71 \cdot 0,13) = 0,394.$$

Die noch zulässige Frequenzänderung steigt auf

$$\frac{df}{dt} < 11,45 \cdot 0,394 = 4,5 \text{ Per/s}^2.$$

Einen Maßstab für die Größe der Frequenzänderungen erhält man, wenn man bedenkt, daß die Anlaufzeitkonstante schnellaufender großer Phasenschieber etwa 5 s beträgt, die von gleich großen Wasserkraftgeneratoren, die wegen der Reguliergarantien stets mit großem Schwungmoment ausgeführt werden, etwa 10 s. Ein Abfall des Netzes mit vollem Drehmoment der Generatoren als Bremsmoment bedeutet für den Phasenschieber nur ein Bremsmoment von 50 vH seines normalen Vollastmomentes. Der Frequenzabfall würde dann 5 Per/s² betragen.

Die Beantwortung der Frage, ob mit der statischen oder dynamischen Kippgrenze zu rechnen ist, hängt davon ab, ob die Frequenzänderung plötzlich oder allmählich auftritt. Wenn man annimmt, daß sie plötzlich auftritt, so kommt dies einem Laststoß auf den Phasenschieber gleich, welcher der Verzögerung oder Beschleunigung entspricht. Das dynamische Kippmoment ist für $\cos \varphi = 0$ mit Berücksichtigung der Dämpferwicklung etwa 80 vH des statischen. Es scheint also, daß sich die obengenannten Werte der noch zulässigen Frequenzänderungen auf das 0,8fache verringern.

Dabei wurde jedoch außer acht gelassen, daß während des nun zu betrachtenden Ausgleichvorgangs im Rotor Wirbelströme entstehen, durch die ein zusätzliches Wirbelstromdrehmoment geweckt wird, welches das normale der Nennleistung entsprechende Drehmoment N weit übersteigen kann. Eine experimentelle Bestätigung für das Auftreten solcher Übermomente ist beim schlechten Parallelschalten vorhanden. Es ist bekannt, daß die dabei auftretenden Stoßmomente das stationäre Moment um ein Vielfaches übersteigen können. Um über die Größe der während des Ausgleichvorganges zu erwartenden Wirbelstrommomente ein Bild zu erhalten, nimmt man zunächst an, daß alle Wicklungen in der Maschine widerstandsfrei sind und sich demnach jeder Änderung der Verkettungszahl widersetzen. Der Rotor der unerregten Maschine befinde sich vor Beginn der Frequenzänderung in seiner Leerlaufstellung OY in Bild 7 und hängt wie eine Drosselspule am Netz. Unter dem Einfluß der Frequenzänderung bewege sich der Rotor aus seiner Gleichgewichtslage z. B. in die Richtung FT, der eine Verdrehung um den elektrischen Winkel α entspricht. Die Induktorwicklung war mit dem Kraftfluß $OY = \frac{J_{ol}}{1+\tau_1'} \cdot M$ verkettet. M ist der Koeffizient der gegenseitigen Induktion in der Längsfeldstellung zwischen Stator und Induktor. Durch die Verdrehung des Rotors um den Winkel α würde diese Verkettungszahl auf den der Strecke FM entsprechenden Wert $\frac{J_{ol}}{1+\tau_1'} \cdot M \cos \alpha$ sinken. Die widerstandsfreie Rotorwicklung widersetzt sich dieser Änderung durch den Ausgleichstrom A:

$$\frac{J_{ol}}{1+\tau_1'}(1-\cos\alpha)M = A \cdot L_2 \tau,$$

$$A = J_{ol}(1-\cos\alpha)\frac{1-\tau}{\tau}.$$

L_2 ist die Selbstinduktion der Rotorwicklung, τ die resultierende Streuung zwischen Statortransformator und Induktor.

$$\tau = 1 - \frac{1}{(1+\tau_1')(1+\tau_2)},$$

wobei

τ_1' = Streuung im Ständer der SM und des vorgeschalteten Transformators,

τ_2 = Streuung der Induktorwicklung.

Die Dämpferwicklung sowohl in der Längsachse wie in der Querachse wurde außer acht gelassen, da ihre Zeitkonstante wegen des viel kleineren Kupfergewichts nur ein Bruchteil von der der Induktorwicklung ist.

Dieser Ausgleichstrom A wird im Ständer durch einen Strom von der Größe

$$J_{d0} \frac{1+\tau_1}{1+\tau_1'}(1-\cos\alpha)\cdot\frac{1-\tau}{\tau}$$

kompensiert (τ_1 ist die Statorstreuung der SM). Die dem synchronen Drehmoment entsprechende Wattkomponente beträgt

$$J_{d0} \frac{1+\tau_1}{1+\tau_1'}(1-\cos\alpha)\frac{1-\tau}{\tau}\cdot\sin\alpha$$

und demnach das Verhältnis des Wirbelstrommomentes W zum Normalmoment N

$$\frac{W}{N} = \frac{1}{P}\cdot\frac{1+\tau_1}{1+\tau_1'}\cdot\frac{1-\tau}{\tau}(1-\cos\alpha)\sin\alpha. \qquad (8)$$

In Bild 8 ist der Verlauf von W für die dem früheren Beispiel zugrunde liegenden Verhältnisse abhängig vom elektrischen Verdrehungswinkel α aufgetragen.

Prozentuale Ladeleistungsfähigkeit der SM: $1/P = 115$ vH $= 1{,}15$

$\tau_1 = 0{,}125$ für die SM allein,

$\tau_1' = 0{,}2$ für die SM + Transformator,

$\tau = 0{,}315$ resultierende Streuung für Maschine ohne Dämpferwicklung einschl. Transformator.

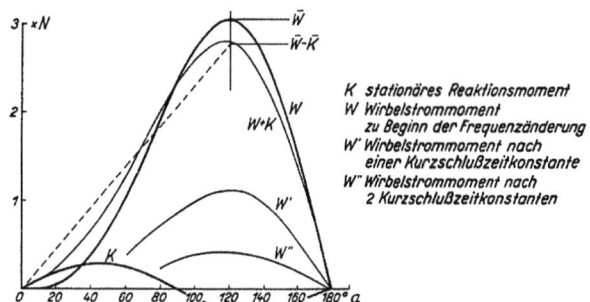

Bild 8. Reaktions- und Wirbelstromdrehmoment der Synchronmaschine.

Der Höchstwert des Wirbelstrommomentes wird bei $\alpha = 120°$ mit dem 3,03fachen des Nenndrehmomentes N erreicht. Zum Vergleich ist das stationäre Drehmoment K der Reaktionsmaschine eingezeichnet. Sein Höchstwert bei $\alpha = 45°$ ist 28,8 vH des Nenndrehmomentes N.

Der Höchstwert des Wirbelstrommomentes bei $\alpha = 120°$ beträgt

$$\frac{\overline{W}}{N} = \frac{1{,}3}{P}\cdot\frac{1+\tau_1}{1+\tau_1'}\cdot\frac{1-\tau}{\tau}.$$

Mit Hinzuzählung des Reaktionsmomentes K (Kurve $W+K$ in Bild 8) findet der Anstieg des Momentes mit dem Winkel α fast geradlinig bis zum Höchstwert $\overline{W}-\overline{K}$ bei $\alpha = 120°$ statt, was in erster Näherung angenommen sei. Wenn die Netzfrequenz sich z. B. gleichmäßig beschleunigt, kann die Polradbewegung berechnet werden. Das Polrad bleibt hinter dem gleichförmig beschleunigten Netzvektor um den elektrischen Winkel $2\pi\cdot\frac{df/dt}{\nu^2}(1-\cos\nu t)$ zurück.

Hierbei ist
t = Zeit in s,
df/dt = Frequenzänderung in Per/s²,
v = Kreisfrequenz der Schwingung,

$$v = \sqrt{\frac{F \cdot p}{J}} \text{ in s}^{-1},$$

$F = \dfrac{\overline{W} - \overline{K}}{2\pi/3} = 0{,}48\,(\overline{W} - \overline{K})$ = Federkraft, die bei dem Ausschlag des Polrades um die elektrische Winkeleinheit geweckt wird, in mkg je Winkeleinheit,
J = polares Trägheitsmoment in kgm²,
p = Polpaarzahl.

Das Polrad schwingt also, wie zu erwarten, mit der durch seine Masse und durch den Anstieg der Drehmomentkurve gegebenen Eigenschwingungszahl. Es macht die Bewegung des gleichförmig beschleunigten Netzvektors mit und bleibt hinter dem Polrad um einen elektrischen Winkel zurück, der zwischen 0 und $4\pi \dfrac{df/dt}{v^2}$ schwankt, ohne jemals dem Polrad vorzueilen.

Solange dieser Winkel kleiner als 120° bleibt, befindet sich das Polrad im stabilen Teil der Drehmomentkurve[1]:

$$\frac{4\pi \cdot df/dt}{v^2} < \frac{2\pi}{3}$$

oder

$$\frac{df}{dt} < \frac{(\overline{W} - \overline{K}) \cdot p}{4\pi J}. \tag{9}$$

Wenn man beachtet, daß das Wirbelstrommoment in der Induktorwicklung mit deren Zeitkonstante T abklingt, so ergibt sich für den Verlauf der zulässigen Frequenzänderung mit der Zeit

$$\frac{df}{dt} < \frac{(\overline{W} - \overline{K})\, e^{-t/T} \cdot p}{4\pi J}. \tag{10}$$

Mit den dem Bild 8 zugrunde liegenden Annahmen für das früher betrachtete Beispiel des 30000-kVA-Phasenschiebers ist

$$\overline{W} - \overline{K} = (3{,}03 - 0{,}29) \cdot \frac{975 \cdot 30000}{600} \text{ mkg},$$

$p = 6$,
$T = 2$ s,
$J = \dfrac{160000}{4 \cdot 9{,}81}$ kgm².

Damit wird $df/dt < 15{,}6 \cdot e^{-t/2}$ Per/s².
Also nach
                0 s   15,6 Per/s²,
                1 s   9,5 Per/s²,
                2 s   5,75 Per/s²,
                3 s   3,5 Per/s².

Die Eigenschwingungsdauer des Polrades beträgt am Anfang 0,65 s, d. h. nach 0,32 s ist es am weitesten hinter dem Netzvektor zurückgeblieben und beginnt jetzt, ihn wieder einzuholen. Durch den Abfall von W — Verringerung der Federkraft — wird die Schwingungsdauer kontinuierlich vergrößert. Nach Abklingen des Wirbelstrommomentes bleibt

---

[1] Der größte Ausschlag ist von der Federcharakteristik nur insoweit abhängig, als die geleistete Arbeit der Federarbeit, der Fläche unterhalb der Federcharakteristik gleich sein muß. Für Ausschläge, die in die Nähe von $a = 120°$ kommen und die hier allein interessieren, ist diese Flächengleichheit für die wirkliche Federcharakteristik und die als Ersatzbild gewählte Gerade ersichtlich vorhanden.

Der maximale noch stabile Ausschlag kann aus bekannten Gründen etwas größer als 120° sein (Gleichheit der Über- und Unterschußflächen).

das Reaktionsmoment übrig, das eine höchstzulässige Frequenzänderung in dem Beispiel von 3 bis 5 Per/s² ergab.

Der höchstzulässige Frequenzverlust Δf errechnet sich mit

$$\Delta f = T \cdot \frac{\overline{(W-K)} \cdot p}{4 \pi J} \cdot (1 - e^{-t/T}). \tag{11}$$

Mit den bereits gemachten Annahmen ergibt sich für das Beispiel

für die erste s   12,2 Per/s,
für die ersten 2 s   19,7 Per/s.

Zusammenfassend läßt sich sagen, daß die SM bei plötzlich einsetzenden Frequenzänderungen in einem Zeitintervall gleich der Kurzschlußzeitkonstante der Induktorwicklung (einschl. des vorgeschalteten Transformators) — etwa 2 s — ganz gewaltigen Frequenzänderungen standhält. Nach dem Abklingen des Wirbelstrommomentes sind durch das stationäre Kippmoment der Reaktionsmaschine noch immer Frequenzänderungen von etwa 3 bis 5 Per/s² zulässig bei ganz oder fast unerregter Maschine mit 100 bis 120 vH Ladeleistungsfähigkeit. Die Stabilität der SM bei Frequenzänderungen ist demnach auch im unerregten oder schwach erregten Zustand als ausreichend zu bezeichnen.

3. Plötzliche Laständerungen im Netz.

Hier interessieren zwei Fälle. Das Netz wird plötzlich durch eine sehr große Überlast, im äußersten Falle durch einen Kurzschluß in Anspruch genommen. Es entsteht die Aufgabe, die Blindstromabgabe des Phasenschiebers stark zu steigern, um die Netzspannung aufrechtzuerhalten. Wenn die eingebauten Ölschalter die Kurzschlußleistung bewältigen, kann man Stoßerregung anwenden. Es wird dabei die Spannung an den Schleifringen des Phasenschiebers sehr rasch auf das Zwei- bis Vierfache ihres normalen Wertes gesteigert. Dadurch ist es möglich, die Blindstromabgabe des Phasenschiebers in wenigen Sekunden zu verdoppeln.

Was geschieht, wenn die Stoßerregung die zusammenbrechende Spannung doch nicht aufzuhalten vermag? Man wird die ASM bis zu einer Spannung von 20 vH am Netz lassen und dann nach einigen Sekunden, also mit entsprechender Zeitverzögerung, abschalten. Ebenso kann man sich verhalten, wenn die Spannung ganz wegbleibt. In dem durch die Zeitverzögerung begrenzten Intervall läuft die Maschine aus. Nach Wiederkehr der Spannung nimmt sie einen durch ihren Schlupf gegebenen, vergrößerten Strom auf und kommt damit sehr rasch wieder auf ihre Leerlaufdrehzahl. Auch die SM mit starker Dämpferwicklung wird man, wenn die Netzspannung unter 20 vH sinkt oder ganz wegbleibt, noch einige Sekunden am Netz lassen, muß sie jedoch vollständig entregen. Bei wiederkehrender Spannung beschleunigt sie sich durch ihren Dämpferkäfig und wird schließlich mit Gleichstromerregung in Tritt geworfen, was sehr leicht möglich ist, da sie mechanisch fast unbelastet ist. Durch eine schwache Resterregung kann man verhindern, daß das Polrad verkehrt hängen bleibt. Der vorzunehmende Eingriff in den Erregerkreis muß automatisch bewirkt werden und spielt deshalb für den Betrieb keine Rolle.

Der zweite Fall: Das Abschalten eines großen Teiles der Netzbelastung ruft eine Spannungserhöhung hervor, gegen die man sich durch ein Spannungsüberwachungsrelais wird schützen müssen, das den Phasenschieber vom Netz abschaltet, sofern ihm die Aufrechterhaltung der normalen Spannung nicht gelingt. Im Extremfalle werde die Netzlast gänzlich abgeschaltet. Das nun leerlaufende Netz stellt einen großen Kondensator dar, auf den der übererregte Phasenschieber arbeitet. Die stationäre, diesem Erregungszustand entsprechende Endspannung ist sowohl bei der SM mit ihrer gleichbleibenden Erregung wie bei der ASM mit ihrer mit der Netzspannung ansteigenden Erregung unzulässig hoch. Die Vorgänge im Phasenschieber spielen sich in großen Zügen vielleicht so ab: Unmittelbar nach dem Abschalten der Last übernimmt die Rotorwicklung (im Falle der SM Dämpfer- + Erregerwicklung) die Aufrechterhaltung des Feldes durch Ausbildung von Gegenströmen, die ein Ansteigen verhindern.

Bei der SM wird man durch Schnellentregung im Induktorkreis, bei der ASM durch rasche Gegenerregung den Anstieg der Netzspannung aufzuhalten versuchen. Beide Schaltvorgänge können vom Spannungsüberwachungsrelais eingeleitet werden, das in einer zweiten Stufe, falls die Spannung trotzdem unzulässig ansteigt, den Phasenschieber vom Netz abschaltet. Die Wahrscheinlichkeit, diese Vorgänge ohne Abschalten zu beherrschen, ist bei der SM größer wegen der größeren Zeitkonstante der Rotorwicklung, wodurch für die vorzunehmende Schaltung — bei der SM Schnellentregung des Rotorkreises — mehr Zeit geschaffen wird.

4. Verhalten im Kurzschluß, Kurzschlußzeitkonstante.

Im dreiphasigen plötzlichen Kurzschluß sind als Höchstwerte für beide Maschinenarten ungefähr die gleichen Werte zu erwarten. Die prozentuale resultierende Streuung ist $P \cdot \tau$.

Prozentuale synchrone Reaktanz

$$P = \frac{J_n \omega L_1}{E} = \frac{J_n}{J_{do}}, \tag{12}$$

resultierende Streuung

$$\tau = 1 - \frac{1}{(1 + \tau_1)(1 + \tau_2)}\text{*}. \tag{13}$$

Es bedeuten:

ωL_1 = synchrone Reaktanz in Ω je Phase,
J_n = Nennstrom im Ständer,
E = Nennspannung im Ständer je Phase,
J_{do} = Dauerkurzschlußstrom für Luftspalterregung bei Nennspannung,
τ_1 = Statorstreuung,
τ_2 = Rotorstreuung.

Somit ist die prozentuale resultierende Streuung

$$P\tau = \frac{J_n \omega L_1 \cdot \tau}{E} = \frac{J_n}{J_w}, \tag{14}$$

wobei J_w das Wechselstromglied des Stoßkurzschlußstromes ist.

Nun ist die resultierende Streuung τ bei der SM etwa 20 bis 30 vH gegenüber 5 bis 7 vH bei der ASM. Das erklärt sich dadurch, daß bei der SM die Rotorwicklung auf den Polen viel weiter von der Ständerwicklung entfernt und konzentriert angeordnet ist und im Zwischenraum der Polkerne und Polschuhe starke Streufelder ausbildet. Hingegen ist die prozentuale synchrone Reaktanz P der SM infolge ihres großen Luftspaltes wesentlich kleiner als die der ASM. Der Luftspalt großer, raschlaufender synchroner Phasenschieber für 100 vH Ladeleistungsfähigkeit beträgt etwa 20 bis 30 mm, der Luftspalt gleich großer ASM 5 bis 7 mm. Beide Umstände: viermal so große resultierende Streuung τ und viermal so großer Luftspalt (also viermal so kleine prozentuale synchrone Reaktanz P) heben sich in ihrer Wirkung auf die prozentuale resultierende Streuung $P \cdot \tau$ gerade auf.

Es trifft keineswegs zu, daß der Stoßkurzschlußstrom der SM im Gegensatz zur ASM das 15fache des Nennstromhöchstwertes erreicht. Dieser Wert

---

* Bei Maschinen mit Dämpferwicklung muß auch deren Streuung berücksichtigt werden. Siehe VDE Fachberichte 1929, Aachen. S. 92: Dauer- und Stoßkurzschluß des Drehstromgenerators mit ausgesprochenen Polen.

ist in den REM als oberste Grenze angegeben. Bei normal gebauten Drehstromgeneratoren ergibt die Messung wesentlich kleinere Werte. In nachstehender Zahlentafel ist für 12 Generatoren verschiedener Leistung und Drehzahl das Verhältnis K des höchsten gemessenen Stoßstromes J_{kpl} zum Nennstromhöchstwert $J_n\sqrt{2}$ angegeben. Das Wechselstromglied des Kurzschlußstromes im Schaltmoment wurde den Oszillogrammen entnommen und mit der Stoßziffer 1,8 multipliziert. Das sehr rasch abklingende Gleichstromglied ist also mitenthalten.

Maschine	kVA	U/min	Per/s	E	J_n	$\frac{1}{P}$	$K = \frac{J_{kpl}}{J_n\sqrt{2}}$
1	5000	164	60	2400	1200	0,91	6,8
2	3500	94	50	5375	376	1,01	9,7
3	2250	500	50	10000	130	0,83	8,3
4	2700	500	50	5100	306	1,1	11,2
5	1000	1000	50	500	1155	0,99	8,35
6	14500	375	50	6600	1269	1,1	6,34
7	4050	333	50	9700	240	1,21	9
8	2480	600	50	10250	140	0,77	9,35
9	29000	300	50	12000	1395	0,75	6,84
10	40000	300	50	11250	2050	0,655	7,15
11	30000	600	60	12000	1578	1,21	9,05
12	21500	375	50	10000	1240	1,11	9,25

Das Abklingen des Wechselstromgliedes in den Dauerkurzschlußstrom findet mit der Zeitkonstanten T statt:

$$T = \frac{L_2 \tau}{r_2} \text{ s};\tag{15}$$

Hierin ist:

L_2 = Selbstinduktion der Rotorwicklung in H,
r_2 = Widerstand der Rotorwicklung in Ω,
τ = resultierende Streuung.

Die Rechnung ergibt für beide Maschinenarten

$$T = \frac{1}{\omega} \frac{1 + \tau_2}{1 + \tau_1} \frac{\text{prozentuale resultierende Streuung}}{\text{prozentualen Spannungsabfall im Rotor bei Nennstrom}},\tag{16}$$

wobei ω die Kreisfrequenz ist.

Der prozentuale Spannungsabfall im Rotor bei Nennstrom J_n ist $\frac{J_n \cdot R_2}{E}$; hier ist R_2 der auf die Statorwicklung reduzierte Rotorwiderstand in Ω je Phase.

Die Rechnung ergibt bei der normal gebauten Schenkelpol-SM

$$R_2 = 1,5\, r_2 \left(\frac{Z_1}{Z_2}\right)^2,\tag{17}$$

wobei

r_2 = Widerstand der Induktorwicklung in Ω,
Z_1 = Windungszahl in Serie je Phase im Ständer,
Z_2 = totale Rotorwindungszahl.

Bei der ASM wird

$$R_2 = r_2 \left(\frac{Z_1}{Z_2}\right)^2\tag{18}$$

mit

r_2 = Widerstand der Rotorwicklung in Ω je Phase,
Z_1, Z_2 = Windungszahl in Serie je Phase im Stator und Rotor.

Nun muß man bei der SM, wie ein Vergleich von Bild 1 mit Bild 3 zeigt, einen Erregerstrom bei übererregter Vollast aufbringen, der bei 100 vH Ladeleistungsfähigkeit etwa 2- bis 3mal so groß ist wie bei der ASM. Wenn man gleiche Rotorverluste zuläßt, kann man den Rotorwiderstand bei der ASM 4- bis 9mal so groß wählen und kommt demnach auf 4- bis 9mal so kleine Werte von T, d. h., das Wechselstromglied des Stoßkurzschlußstromes klingt 4- bis 9mal so rasch ab.

Wichtiger ist der zweiphasige Kurzschluß. Bei der SM, die immer mit starker Dämpferwicklung ausgeführt wird, wobei besonders auf eine wirksame Querfelddämpfung Gewicht gelegt wird, ergibt die Rechnung für den zweiphasigen Kurzschlußstrom den Wert[1]

$$J_{IIo} = \frac{J_{do}\sqrt{3}}{1+\tau} \qquad (19)$$

für die Luftspalterregung J_{ol} bei Nennspannung E. Dabei ist J_{do} der dreiphasige Dauerkurzschlußstrom für die Luftspalterregung J_{ol} bei Nennspannung E. Bei anderen Erregungen steigt J_{II} ungefähr proportional mit dem Erregerstrom.

Nun ist nach Bild 1 die Vollasterregung des übererregten Phasenschiebers

$$J_e = J_{ol}(1 + P).$$

Damit wird der zweiphasige Dauerkurzschlußstrom für Vollasterregung

$$J_{IIV} = \frac{J_{do}(1+P)}{1+\tau}\sqrt{3} = J_n \cdot \frac{1+P}{P} \cdot \frac{\sqrt{3}}{1+\tau} = J_n\left(1 + \frac{1}{P}\right)\frac{\sqrt{3}}{1+\tau}. \qquad (20)$$

Setzt man $\frac{1}{P} = 1 \ldots 100$ vH Ladeleistungsfähigkeit und im Mittel $\tau = 0{,}2$, so wird

$$J_{IIV} = J_n \cdot 2\frac{\sqrt{3}}{1{,}2} = 2{,}88\, J_n.$$

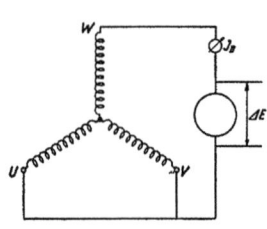

Bild 9. Zweiphasiger Dauerkurzschluß der Asynchronmaschine.

Bei der ASM ohne Drehstromerregermaschine ergibt die Rechnung, daß man im zweiphasigen Dauerkurzschluß — wobei die Restspannung ΔE mit einem Pol an den zwei miteinander kurzgeschlossenen Klemmen und mit dem anderen Pol nach Bild 9 an der dritten Klemme liegt — einen Dauerkurzschlußstrom erhält, der ungefähr gleich ist $\frac{J_w}{\sqrt{3}}$. Dabei bedeutet J_w den dreiphasigen Dauerkurzschlußstrom im Stillstand für die verkettete Spannung ΔE.

Bei der netzerregten ASM liegt im zweiphasigen Kurzschluß der in Bild 10-I gezeichnete Fall vor. S ist die Statorwicklung der ASM, R ist ihr Rotor, E die Erregermaschine, die über den Transformator Tr den Strom vom Netz bezieht. Die Maschine laufe synchron. Man vernachlässigt also den kleinen Schlupf. Man betrachtet zunächst die dem Rotor R von der Erregermaschine E aus zugeführte Spannung, für die man den Stator S nach Bild 10-II in allen drei Phasen kurzgeschlossen denkt und dann die dem Stator zugeführte Spannung vom Netz nach Bild 10-III, für die man den Transformator Tr an den sonst am Netz liegenden Klemmen kurzgeschlossen denkt, und superponiert die sich so ergebenden Ströme. Eine einfache Überlegung zeigt, daß die Kurzschlußströme im Ständer von S bei der Speisung nach Bild 10-II über den Erregeranker E sehr klein sind im Verhältnis zu dem Kurzschlußstrom nach Bild 10-III. Man zeichnet zu diesem Zwecke die Schaltung 10-II zweiphasig um nach Bild 11. Der Erregeranker habe jetzt vier Schleifringe a, b, c, d, von denen a und b vom Netz erregt und c und d kurzgeschlossen sind. Der Stator ist in beiden Achsen S_1 und S_2 kurzgeschlossen. Die Erregung der Erregermaschine in der Achse $a - b$ erzeugt ein Wechselfeld von Grundfrequenz, das mit dem Anker von E mit umläuft. Dieses Wechselfeld zerlegt man in zwei Drehfelder mit halber Stärke, relativ zum Anker mit Synchron-

---

[1] Vgl. VDE Fachberichte 1929, Aachen. S. 92: Dauer- und Stoßkurzschluß des Drehstromgenerators mit ausgesprochenen Polen.

geschwindigkeit mit- und gegenlaufend. Das gegenlaufende Drehfeld von halber Stärke steht im Raum still und erzeugt an den Kollektorbürsten Gleichspannung und im Anker R Gleichstrom. Und zwar entsteht der halbe Gleichstrom, der bei zweiphasiger Speisung entstehen würde, also auf die Statorwicklung bezogen $J_\mu + J_n/2$, wenn J_μ der Magnetisierungsstrom und J_n der Nennstrom der ASM ist. Diese Gleichstromerregung kompensiert sich durch einen Kurzschlußstrom in S_1 und S_2 von ungefähr gleicher Größe, und zwar ist dieser Kurzschlußstrom im Ständer bezogen auf die bei zweiphasiger Speisung an S_1 und S_2 liegende Spannung um 90° voreilend, wenn die Rotorerregung auf Übererregung eingestellt war. Das mitlaufende Drehfeld von halber Stärke erzeugt an den Kollektorbürsten Spannungen von doppelter Frequenz. Diese Spannung will in der Hauptmaschine ein Feld erzeugen, das mit Grundfrequenz gegen die Drehrichtung läuft und treibt Kurzschlußströme S_1 und S_2, die noch viel kleiner sein werden als die von dem im Raum stillstehenden Feld erzeugten $J\mu + J_n/2$ und die ihnen in der Hauptsache entgegengerichtet sind.

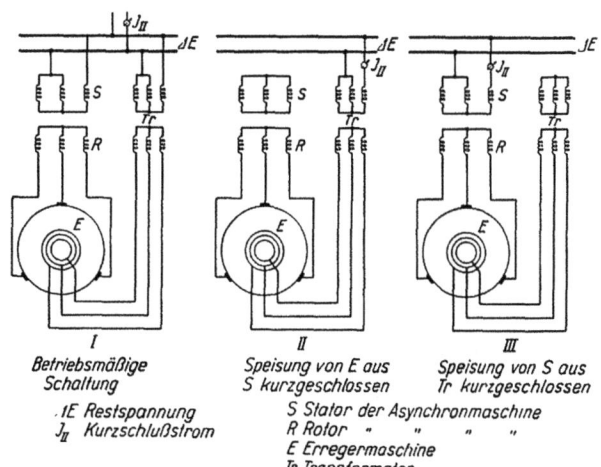

Bild 10. Zweiphasiger Kurzschluß der Asynchronmaschine mit netzerregter Erregermaschine.

Der Kurzschlußstrom ist kleiner, weil die Spannung von doppelter Frequenz an den Kollektorbürsten — also bei einer Maschine von 50 Per/s die Frequenz 100 — auch im Erregeranker R Ströme solcher Frequenz erzeugt, für die der Widerstand der Streuinduktivität in E und R sehr in Betracht kommt. Außerdem ist der von der Spannung doppelter Frequenz nach R geschickte Strom gegen diese Spannung stark phasenverschoben. Insgesamt ergeben sich bei der Schaltung 10-I etwas kleinere Kurzschlußströme als bei dem Kurzschluß direkt an den Schleifringen des Phasenschiebers.

Bild 12 zeigt die Kurzschlußcharakteristik an einem Drehstrommotor VD 750/1602, 5250 Volt, 1600 kW, 188 A, 50 Per/s im Synchronlauf. Die Drehstromerregermaschine war so eingestellt, daß sich bei Vollast ein übererregter $\cos\varphi$ von 0,98 ergab. Es bedeuten:

Gerade A = Kurzschlußströme im zweiphasigen Kurzschluß direkt an den Schleifringen des Drehstrommotors,

Gerade B = Kurzschlußströme im zweiphasigen Kurzschluß bei Schaltung

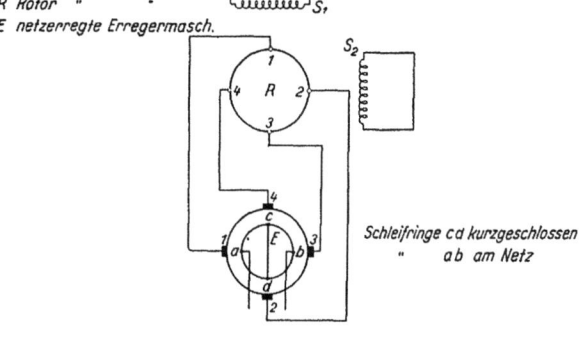

Bild 11. Zweiphasiger Kurzschluß der Asynchronmaschine mit netzerregter Erregermaschine.

nach Bild 10-III, also Speisung vom Stator S und Erregertransformator an den Netzklemmen dreiphasig kurzgeschlossen,

Gerade C = Kurzschlußströme im zweiphasigen Kurzschluß nach der betriebsmäßigen Schaltung des Bildes 10-I.

Gerade D = dreiphasiger Kurzschlußstrom im Stillstand, Rotor R an seinen Schleifringen kurzgeschlossen,

Gerade E = aus D durch Division der Ströme mit $\sqrt{3}$ abgeleitete zweiphasige Charakteristik (strichpunktiert).

Gerade E weicht von den gemessenen Werten wenig ab. Es gilt also für die netzerregte Maschine ebenso wie für die im Rotor kurzgeschlossene, daß ihr zweiphasiger Dauerkurzschlußstrom etwa 58 vH des dreiphasigen Stillstandswertes beträgt. Bei großen Phasenschiebern erreicht der dreiphasige Dauerkurzschlußstrom im Stillstand das 4- bis 5fache des Nennstromes. Ferner ist zu beachten, daß die verbleibende Restspannung ΔE maximal das 1,5fache der Phasenspannung ist, so daß der zweiphasige Dauerkurzschlußstrom etwa das 2,0 bis 2,5fache beträgt. Im zweiphasigen Dauerkurzschluß ist somit die ASM der SM nicht überlegen; es sind etwa die gleichen Ströme zu erwarten.

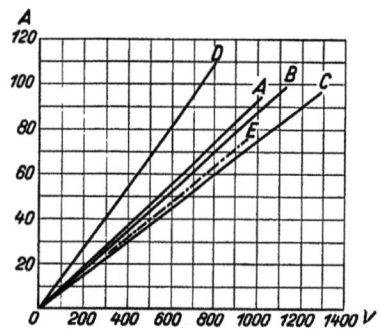

Gerade A zweiphasiger Kurzschluß im Synchronlauf direkt an den Schleifringen des Drehstrommotors
Gerade B zweiphasiger Kurzschluß im Synchronlauf an den Netzklemmen des Erregertransformators
Gerade C zweiphasiger Kurzschluß im Synchronlauf in der betriebsmäßigen Schaltung
Gerade D dreiphasiger Kurzschluß im Stillstand direkt an den Schleifringen des Drehstrommotors
Gerade E theoretischer zweiphasiger Kurzschlußstrom

Bild 12. Kurzschlußversuche an einem Asynchronmotor 5250 Volt — 1600 kW — 50 Per/s — 750 U/min mit netzerregter Erregermaschine.

Zusammenfassend läßt sich sagen:

Der dreiphasige Dauerkurzschlußstrom der ASM ist Null. Der wichtigere zweiphasige Dauerkurzschlußstrom und ebenso der Stoßkurzschlußstrom sind bei beiden Maschinengattungen gleich groß. Der Übergang vom plötzlichen in den Dauerkurzschlußstrom vollzieht sich bei der ASM 4- bis 9mal so rasch. Rechnet man mit dem 8fachen Stoßkurzschlußstromhöchstwert, also dem 4,5fachen Wechselstromglied, und bestand vor dem Kurzschluß übererregte Vollast, so findet dieser Abfall vom 5,5fachen Nennstrom auf den zweiphasigen Dauerkurzschlußstrom, den 2,5fachen Nennstrom bei der SM mit einer Zeitkonstanten von etwa 1 bis 2 s, bei der ASM von etwa 0,15 bis 0,3 s statt. Dieser Vorteil spielt eine Rolle, wenn es sich darum handelt, die Abschaltleistung der Ölschalter klein zu halten. Man muß dann allerdings auch von einer besonderen Erregungssteigerung im Falle eines starken Netzspannungsrückganges absehen.

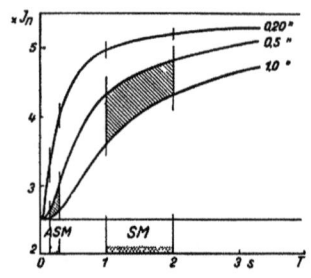

Unterbrechung des zweipoligen Kurzschlusses nach 0,2, 0,5 und 1,0 s Strom fällt von 5,5 J_n auf 2,5 J_n
Abszisse: T Kurzschlußzeitkonstante in s
Ordinate: Der zur Unterbrechung gelangende Strom
J_n Nennstrom
SM Gebiet der Synchronmaschine
ASM " " Asynchronmaschine

Bild 13. Unterbrechung des zweipoligen Kurzschlußstromes.

In dem Diagramm des Bildes 13 ist dargestellt, auf welche Werte der zweipolige Kurzschlußstrom vom Betrage 5,5 J_n abklingt, und zwar nach 0,2 bis 0,5 und 1 s, abhängig von der Kurzschlußzeitkonstanten T, die als Abszisse aufgetragen ist. Der Bereich für die SM und ASM ist besonders kenntlich gemacht. Die gleiche Darstellung für den dreipoligen Kurzschluß zeigt Bild 14.

Es ist noch zu überlegen, ob es zweckmäßig ist, die Synchronmaschine mit kleiner oder großer Kurzschlußzeitkonstante zu bauen. Eine Beeinflussung der

Kurzschlußzeitkonstanten ist in weitgehendem Maße auf einfache Weise möglich, indem man die Erregung der Haupterregermaschine zum Teil von einer Hauptstromwicklung aufbringen läßt. Es ist hierbei an eine Kompoundierung gedacht, die $1/3$ bis $2/3$ der gesamten Erregung leistet. Wenn die Hauptstromwicklung feldverstärkend wirkt, so verringert sie den wirksamen Widerstand der Induktorwicklung und vergrößert damit die Zeitkonstante.

Was durch eine derartige Kompoundierung der Haupterregermaschine erreicht werden kann, sei an Hand von Bild 15 erklärt. Die Abszisse stelle den Strom J im Induktorkreis, die Ordinate die Spannung am Anker der Haupterregermaschine $J \cdot R$ dar. Die Gerade R ist die Widerstandscharakteristik des Induktorkreises, L sei die Leerlaufcharakteristik der Haupterregermaschine, wobei in einem anderen Maßstab die Abszisse des Punktes P die gesamten Erreger-AW vorstellen soll. Im Betriebspunkte P teilen sich nun die gesamten Erreger-AW in die Kompound-AW ... K und in die fremden AW ... N. Das Verhältnis der Kompound-AW zu den Gesamterreger-AW im Punkte $P \ldots K/K + N$

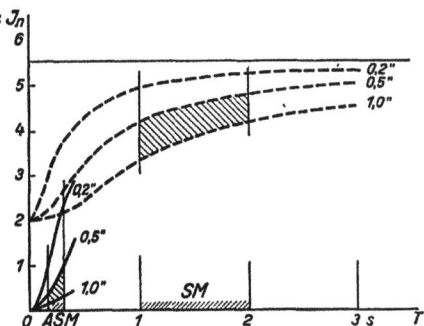

Unterbrechung des dreipoligen Kurzschlußes nach 0,2, 0,5 und 1,0 s
Strom fällt bei der Synchronmaschine von 5,5 J_n auf 2 J_n
" " " " Asynchronmaschine " 5,5 J_n " 0

Abszisse: T Kurzschlußzeitkonstante in Sekunden
Ordinate: Der zur Unterbrechung gelangende Strom
J_n Nennstrom
--- SM Synchronmaschine
— ASM Asynchronmaschine

Bild 14. Unterbrechung des dreipoligen Kurzschlußstromes.

werde als Kompoundierungsgrad bezeichnet. Nun wachse durch eine Feldänderung der Synchronmaschine der Induktorstrom J auf den Wert $J + \Delta J$. Der Ohmsche Spannungsverbrauch in der Induktorwicklung steigt um den Betrag $\Delta J \cdot R$ an. Durch das Anwachsen des Stromes um ΔJ wachsen die Kompound-AW um den Betrag $\frac{\Delta J}{J} \cdot K$ und damit die Spannung der Haupterregermaschine um den Betrag $\frac{\Delta J}{J} \cdot K \cdot \operatorname{tg}\mu$. Der Spannungsfehlbetrag, der für das Tempo des Abklingens von ΔJ maßgebend ist, wird demnach

$$\Delta J \cdot R' = \Delta J \cdot R - \frac{\Delta J}{J} \cdot K \cdot \operatorname{tg}\mu \quad (21)$$

und der zur Wirkung kommende scheinbare Widerstand

$$R' = R\left(1 - \frac{K}{K+N} \cdot \frac{\operatorname{tg}\mu}{\operatorname{tg}\varrho}\right). \quad (22)$$

$\frac{K}{K+N} \cdot \frac{\operatorname{tg}\mu}{\operatorname{tg}\varrho} = \frac{K}{RJ} \cdot \operatorname{tg}\mu$ ist konstant, wenn μ konstant ist, d. h. die Leerlaufcharakte-

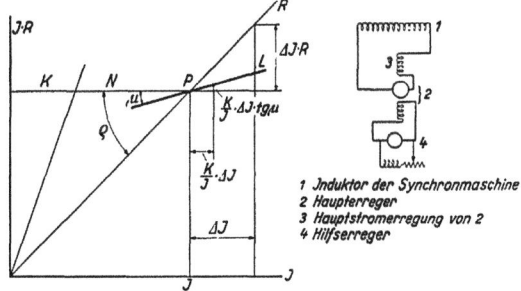

Abszisse: Strom J im Induktorkreis
Ordinate: Spannung am Anker der Haupterregermaschine JR
R Widerstand des Induktorkreises
L Leerlaufcharakteristik der Haupterregermaschine
ΔJ Änderung des Induktorstromes
R' der zur Wirkung kommende, scheinbare Widerstand
$\frac{K}{K+N}$ Kompoundierungsgrad

Bild 15. Änderung der Zeitkonstanten des Induktorkreises durch Kompoundierung der Haupterregermaschine.

ristik wie in Bild 15 gezeichnet geradlinig verläuft. Wenn z. B. als Extremfall für die Haupterregermaschine $\mu = \varrho$ gemacht wird, also eine vollständig ungesättigte Maschine ohne Remanenz angenommen wird, die sich mit dem Widerstand R des Induktorkreises gerade selbst erregt und außerdem $K/K + N = 1$ ist — also reine Hauptstrommaschine —, so wird $R' = 0$ und die Zeitkonstante der Synchronmaschine unendlich. Der Induktor würde dann jeden irgendwie induzierten Strom dauernd aufrechterhalten.

Man kann die fremderregten und die vom Ankerstrom erregten magnetischen Kreise vollständig trennen durch eine ähnliche Anordnung wie bei einer Spaltpolmaschine, so daß sie sich induktiv nicht beeinflussen. Wenn man die Wicklungen auf den gleichen Polen anordnet, so daß sie induktiv miteinander gut verkettet sind, so fließt im ersten Augenblick in der fremderregten Feldwicklung der Haupterregermaschine ein die zusätzlichen Kompound-AW abwehrender Gegenstrom, der mit der Zeitkonstanten der Haupterregermaschine abklingt. Diese Zeitkonstante — bei Erregermaschinen von großen, raschlaufenden Generatoren in der Größenordnung von 0,5 bis 1 s — ist zu vergleichen mit der durch die Kompoundierung vergrößerten Kurzschlußzeitkonstanten der Induktorwicklung von 3 bis 6 s.

Es ist nun die Frage, ob bei plötzlichen Spannungs- und Frequenzänderungen eine große oder kleine Kurzschlußzeitkonstante des Induktorkreises erwünscht ist. Bei jeder derartigen plötzlichen Änderung im Netz treten stoßartige Ausgleichströme in den Wicklungen auf, die mit der Kurzschlußzeitkonstante der Induktorwicklung abklingen. Sie beträgt bei kleinen raschlaufenden und großen langsamlaufenden Maschinen etwa 1 s und bei großen raschlaufenden Maschinen etwa 2 s[1]. Als resultierende Streuung ist die Streuung zwischen Ständer- und Induktorwicklung einzusetzen. Die Dämpferwicklung spielt keine Rolle, da die in ihr induzierten Abwehrströme wegen des viel kleineren Kupfergewichtes sehr rasch abklingen.

a) Bei einer plötzlichen großen Spannungsänderung im Netz wird eine große Kurzschlußzeitkonstante der Maschine günstig sein, da dann das Abklingen des im ersten Augenblick sich einstellenden vorübergehenden Stromes in den stationären Endwert sehr langsam erfolgt. Wenn z. B. die Netzspannung plötzlich abfällt, so tritt im ersten Augenblick ein stark vergrößerter Blindstrom auf, der gegen einen kleineren stationären Wert mit der Kurzschlußzeitkonstante der Induktorwicklung abklingt. Kurze Zeit nach dem Abfall der Netzspannung spricht der Regler an und versucht den stationären Endwert des Blindstromes durch Übererregung zu heben. In der Regel ist dieser Endwert bei großem Netzspannungsrückgang kleiner als der im ersten Augenblick stark vergrößerte Strom, so daß insgesamt — trotz des Reglereingriffes — der übererregte Blindstrom von seinem Anfangshöchstwert an eine fallende Tendenz zeigt. Im Interesse der Wiederherstellung der abgesunkenen Netzspannung liegt es, diesen Abklingvorgang durch eine große Kurzschlußzeitkonstante zu verzögern. Man sieht aus dieser Betrachtung auch, daß es zweckmäßig ist, den Erregerkreis der Haupterregermaschine so wenig träge als möglich zu gestalten und die magnetische Trägheit nur in den Induktorkreis selbst zu verlegen, damit sie für das Abklingen der Überströme tatsächlich zur Wirkung kommt.

Als Beispiel, das auch größenordnungsmäßigen Einblick geben soll, sei ein übererregter Phasenschieber gewählt, der bei normaler Netzspannung E seinen normalen Strom J_n liefert. Wenn die Netzspannung plötzlich auf E' abfällt, so liefert der Phasenschieber im ersten Augenblick einen stark vergrößerten Strom J'' ins Netz, der sich berechnet

$$\frac{J''}{J_n} = \frac{1}{P \cdot \tau + v}\left(1 - \frac{E'}{E}\right) + 1 = \text{vorübergehende Stromänderungscharakteristik}, \quad (6)$$

Darin ist

$$P\tau = \frac{J_n \omega L_1 \tau}{E} = \text{prozentuale resultierende Streuung}, \tag{14}$$

$\omega L_1 =$ synchrone Reaktanz,

$\tau =$ resultierende Streuung zwischen Ständer- und Induktorwicklung,

$v =$ verhältnismäßiger Spannungsabfall des Nennstromes J_n im vorgeschalteten Transformator.

---

[1] Ihr natürlicher Wert ohne Kompoundierung der Haupterregermaschine. Die vorgeschaltete Induktivität bis zur Kurzschlußstelle ist mit zu berücksichtigen; d. h. es ist an Stelle der resultierenden Streuung τ der Wert $\frac{\tau + v/P}{1 + v/P}$ zu setzen.

Im Mittel werde mit dem vierfachen Wechselstromglied gerechnet (also bei einer Stoßziffer von 1,8 mit dem 7,2fachen Stoßkurzschlußstromhöchstwert[1] und mit $v = 0{,}1$, so wird

$$\frac{J''}{J_n} = 2{,}86\left(1 - \frac{E'}{E}\right) + 1.$$

Der sich stationär einstellende Endwert des Stromes folgt bei unveränderter Erregung der Gleichung

$$\frac{J'}{J_n} = \frac{1}{P+v}\left(1 - \frac{E'}{E}\right) + 1 = \text{stationäre Stromänderungscharakteristik.} \qquad (5)$$

Wenn die prozentuale synchrone Reaktanz $P = \frac{J_n \omega L_1}{E} = 1$ angenommen wird (100 vH Ladeleistunsgfähigkeit) und wieder $v = 0{,}1$, wird

$$\frac{J'}{J_n} = \frac{1}{1{,}1}\left(1 - \frac{E'}{E}\right) + 1.$$

Wenn die Vollasterregung J_e durch das Ansprechen des Reglers auf den Wert $J_{e\,max}$ gehoben wird, so entsteht ein neuer stationärer Stromendwert J'_{max} nach der Gleichung

$$\frac{J'_{max}}{J_n} = \frac{1}{P+v}\left(\frac{J_{e\,max}}{J_e} - \frac{E'}{E}\right) + \frac{J_{e\,max}}{J_e}. \qquad (23)$$

Für einen normalen Regler werde $\frac{J_{e\,max}}{J_e} = 1{,}2$ gewählt, d. h., der Regler kann den Vollasterregerstrom noch um 20 vH steigern, dann wird mit den früheren Annahmen:

$$\frac{J'_{max}}{J_n} = \frac{1}{1{,}1}\left(1{,}2 - \frac{E'}{E}\right) + 1{,}2.$$

Es ergibt sich für einen Spannungsrückgang um

	10 vH	20 vH	30 vH	40 vH
$\frac{J''}{J_n}$	1,286	1,572	1,858	2,144
$\frac{J'}{J_n}$	1,091	1,182	1,273	1,364
$\frac{J'_{max}}{J_n}$	1,473	1,564	1,655	1,746

In diesem Beispiel ist bei größeren Spannungsabfällen als 20 vH der Strom J'' größer als der durch die verstärkte Erregung bedingte stationäre Endwert J'_{max}, so daß für solche Spannungsänderungen eine große Kurzschlußzeitkonstante der Induktorwicklung von Vorteil ist. Tatsächlich liegen die Verhältnisse für die Wahl einer großen Kurzschlußzeitkonstanten noch günstiger, da die Ansprechzeit des Reglers und die Zeitverzögerung der Erregeranordnung selbst außer Betracht gelassen wurden.

b) Bei einer **Frequenzänderung** ist eine große Kurzschlußzeitkonstante erwünscht, damit die das große Wirbelstromdrehmoment erzeugenden Überströme in der Induktorwicklung langsam abklingen.

c) Ein **Belastungsstoß** im Netz ist in seiner Wirkung gleichbedeutend mit einem Netzspannungsrückgang.

d) Im Falle einer **vollständigen Entlastung** ist eine große Kurzschlußzeitkonstante günstig, damit die den Spannungsanstieg verhindernden Gegenströme in der Induktorwicklung langsam abklingen.

e) Bei einem **Kurzschluß** ist eine kleine Kurzschlußzeitkonstante von Vorteil für die Größe des abzuschaltenden Stromes; doch spielt dieser Vorteil nur eine Rolle, wenn die Schalter in bezug auf die Abschaltleistung sehr stark beansprucht sind.

---

[1] Der wirkliche Höchstwert wird wegen der Dämpferwicklung größer sein, diese bleibt jedoch aus den angegebenen Gründen außer Betracht.

Man wird sich im allgemeinen, wenn Stoßerregung vorgesehen ist, mit der natürlichen Zeitkonstante der Maschine begnügen. Ohne Stoßerregung ist eine Vergrößerung der Zeitkonstante durch starke Kompoundierung der Erregermaschine günstig. Es ist möglich, daß durch diese Ausführung ein guter und einfacher Ersatz für die Stoßerregung gegeben ist.

IV. Elektrische Eigenschaften.

Die elektrischen Eigenschaften werden bei der ASM dadurch verschlechtert, daß der Luftspalt drei- bis viermal so klein ist wie bei der SM. Dadurch ist es schwieriger, eine sinusförmige Spannungskurve oder bei gegebener Netzspannung sinusförmigen Strom zu erhalten. Dazu kommt noch, daß das vom Rotor gelieferte AW-Diagramm Treppen enthält, da die Wicklung doch in diskreten Nuten liegt. Von den höheren Harmonischen werden einzelne von der Statorwicklung resonanzartig hervorgehoben, die ihrer Nutenfrequenz oder einem ganzzahligen Vielfachen davon benachbart sind. Besonders groß ist diese Gefahr bekanntlich bei offenen Nuten, deren Anwendung bei Spannungen von etwa 7000 Volt an wegen der Verwendung von Ganzformspulen besonders vorteilhaft ist. Als Mittel zur Glättung der Spannungskurve steht die Wahl einer geeigneten Schrittverkürzung im Stator und Rotor zur Verfügung. Bei Maschinen mit offenen Nuten wird auch das nicht ausreichen. Man wird eine Bruchlochwicklung im Stator wählen und der Gefahr des Brummens durch vergrößerten Luftspalt begegnen.

Der kleine Luftspalt vergrößert auch die Erwärmung der ASM. Man wird bei breiten, großen Maschinen die Wärmebeanspruchungen verringern müssen, d. h. die Ausnutzung der Maschine herabsetzen.

Die Verluste werden durch den kleinen Luftspalt der ASM ebenfalls ungünstig beeinflußt, namentlich die Leerlaufzusatzverluste bei offenen Ständernuten. Es entstehen im Leerlauf und Kurzschluß in der Rotoroberfläche große Zahnpulsationsverluste. Die Leerlaufzusatzverluste werden mit den Eisenverlusten mitgemessen und gehen unmittelbar in den gemessenen Wirkungsgrad ein. Die Kurzschlußzusatzverluste heizen wohl die Maschine; sie werden bei der ASM jedoch nicht gemessen. Es wird vielmehr nach den REM 0,5 vH der Typenleistung hierfür eingesetzt. Das ist außerordentlich viel. Bei richtig gebauten Synchronphasenschiebern betragen die Kurzschlußzusatzverluste etwa 0,3 bis 0,1 vH der Nennleistung bei Leistungen von 10000 bis 30000 kVA. Aus beiden Gründen ergeben sich die Gesamtverluste der ASM in der Regel um etwa 20 bis 25 vH größer als die der SM.

V. Mechanischer Aufbau, Reparaturmöglichkeit.

Der Aufbau des Ständers ist bei beiden Maschinengattungen grundsätzlich der gleiche. Wickeltechnisch schwieriger werden die Verhältnisse bei der ASM, wenn man geschlossene Nuten auch bei Spannungen über 10 kV vorsieht. Für die Reparatur des Stators sind geschlossene Nuten besonders bei großen Eisenbreiten von über 1000 mm ein Nachteil, da die Stäbe schwer auszubauen sind.

Der Aufbau des Rotors ist bei der SM so einfach, daß der Rotor zu Schäden keine Veranlassung gibt. Die in der Regel einlagige, blanke Wicklung von großen Generatoren ist sehr leicht mit entsprechender Vorspannung gegen die Fliehkraft zu halten. Die Befestigung der in der Polschuhoberfläche liegenden Dämpferstäbe bietet ebenfalls keine Schwierigkeiten.

Der Rotor der ASM besteht aus Blechsegmenten, die bei großen Maschinen in Schwalbenschwänzen der Rotorringe gehalten werden. Die Abstützung der Stabenden und Wickelköpfe gegen die Fliehkraft erfordert starke Bandagen, die bei Auswechselung von Rotorstäben erneuert werden müssen.

Zusammenfassung.

In bezug auf den **Anlauf** verhalten sich SM und ASM gleich günstig. Es sind in beiden Fällen Anlaufschaltungen möglich, durch die der Anlaufstrom so klein gehalten werden kann, daß er für das Netz keine Rolle mehr spielt.

Die **erreichbare Ladeleistung** ist bei der ASM größer, da sie mit ausreichender Stabilität bis zum zweifachen Nennstrom gegenerregt werden kann. Bei der SM kann ohne besondere Verteuerung ihre natürliche Ladeleistung von 70 auf 100 vH gesteigert werden. Eine SM für 120 bis 150 vH Ladeleistungsfähigkeit ist sowohl im Preis wie in den Verlusten durchaus wettbewerbsfähig mit einer ASM.

Das **betriebsmäßige Verhalten** ist bei Spannungsänderungen grundverschieden. Die SM hilft im Gegensatz zur ASM die normale Spannung wieder herstellen. Durch besondere Schaltungen ist es möglich, der SM die Stromänderungscharakteristik der ASM zu geben. Hingegen wird aus der ASM durch vom Netz unabhängige Erregung nur eine Maschine, deren Stromänderungscharakteristik so verläuft wie die einer SM mit geringer Ladeleistungsfähigkeit. Bei plötzlichen Spannungsänderungen entsteht bei beiden Maschinengattungen im ersten Augenblick eine vorübergehende Stromänderung im erwünschten Sinne von ungefähr gleichem Betrage, die bei der SM jedoch langsamer und zu einem höheren Endwert abklingt.

Da das Kippmoment der ASM auch im gegenerregten Betrieb sehr hoch liegt, ist sie in bezug auf stabiles Verhalten bei **Frequenzänderungen** der SM sehr überlegen. Die Kippgrenze der vollständig unerregten SM mit großer Ladeleistungsfähigkeit ist jedoch so groß, daß sie erst bei Frequenzänderungen von 3 bis 4 Per/s^2 in die Nähe der Kippgrenze kommt. Diese Stabilität ist als genügend zu betrachten. Sie läßt sich noch vergrößern, indem man mit der größten Untererregung nicht bis an die Selbsterregungsgrenze herangeht. Die SM kann kurzzeitige Frequenzstöße (sehr rasche Frequenzänderungen innerhalb der Kurzschlußzeitkonstante des Phasenschiebers) von bedeutender Größe vertragen.

Bei plötzlichen, sehr starken **Netzbelastungsstößen** ist in beiden Fällen Stoßerregung anwendbar. Bei plötzlicher **Entlastung** gelingt es bei der SM eher, die Netzspannung aufrechtzuerhalten, weil die größere Kurzschlußzeitkonstante mehr Zeit läßt zur Vornahme notwendiger Schaltoperationen (Schnellentregung bei der SM, Gegenerregung bei der ASM).

Wenn die **Netzspannung ganz wegbleibt**, müssen SM und ASM nach wenigen Sekunden — also mit Zeitverzögerung — vom Netz abgeschaltet werden. Die SM muß bei ausbleibender Spannung bis auf eine schwache Resterregung entregt, und wenn die Spannung innerhalb des von der Zeitverzögerung begrenzten Intervalles wiederkommt, erregt werden. Dadurch wird die Automatik verwickelter.

Die **Kurzschlußzeitkonstante** der SM kann durch Kompoundierung der Haupterregermaschine weitgehend beeinflußt werden. Die Vergrößerung der Kurzschlußzeitkonstante bietet bei Spannungs-, Frequenz- und Laständerungen Vorteile. Hingegen vergrößert sie den zur Abschaltung gelangenden Kurzschlußstrom.

Der **Stoßkurzschlußstrom** hat bei beiden Maschinen ungefähr den gleichen Höchstwert. Er geht bei der ASM 4- bis 9mal so rasch in den Dauerkurzschlußstrom über. Der dreiphasige Dauerkurzschlußstrom ist bei der ASM Null, der zweiphasige Dauerkurzschlußstrom ist bei beiden Maschinenarten ungefähr gleich groß. Die Abschaltleistung im Kurzschlußfalle ist also für sehr rasch unterbrechende Schalter (nach 0,5 s) bei der ASM wesentlich geringer.

In **elektrischer Hinsicht** ist die ASM der SM in bezug auf Spannungskurve, Wärmeabgabe und Verluste wegen ihres kleineren Luftspaltes unterlegen. Die Verluste sind etwa 20 bis 25 vH größer.

In **konstruktiver Hinsicht** ist die SM einfacher. Im Ständer sind immer offene Nuten und einlegbare Ganzformspulen ausführbar. Die einlagige blanke Polwicklung ist viel einfacher als die Spulen- oder Stabwicklung des Rotors der ASM, deren aus dem Eisen herausragende Teile durch starke Bandagen gehalten werden müssen.

Asynchronmaschinen im Gleichlauf.

Von H. Lund.

Das Primärstromdiagramm von zwei gleichlaufenden Asynchronmaschinen mit in Serie geschalteten Läufern wird entwickelt und das Verhalten der Maschinen daraus abgeleitet.

In vielen Fällen, in denen der Gleichlauf von Arbeitsmaschinen, deren Drehzahlcharakteristik nicht starr ist, erzwungen werden soll, verwendet man Asynchronmaschinen als Hilfsmaschinen, welche die Hauptmotoren, mit denen sie gekuppelt sind, durch Abgabe eines zusätzlichen Moments im Gleichlauf halten. Dabei liegen die Hilfsmaschinen statorseitig am Netz; ihre Rotoren sind allphasig miteinander verbunden (Bild 1). Das synchrone Zusammenarbeiten von Drehstrommotoren in einer derartigen Schaltung ist an die Bedingung gebunden, daß die Rotorstillstands-Spannungen einander gleich sind. Im übrigen aber ist es möglich, beliebig viele Maschinen verschiedener Größe und verschiedener Polzahl miteinander arbeiten zu lassen. Von besonderer praktischer Bedeutung ist der Fall, in dem sich zwei einander gleiche Maschinen synchronisieren. Da dies zugleich der einfachste Fall ist, soll an ihm das Wesentliche in dem synchronen Zusammenarbeiten von Asynchronmaschinen abgeleitet werden.

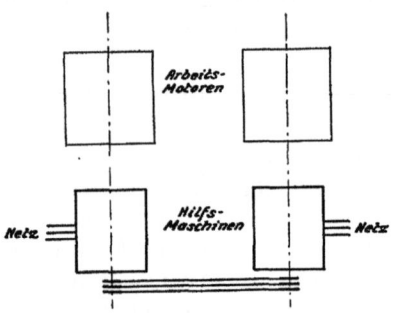

Bild 1. Asynchronmaschinen in Gleichläufschaltung.

Unter der Voraussetzung, daß die beiden Rotoren um den Winkel φ gegeneinander verschoben sind, erhält man mit den üblichen Vernachlässigungen die folgenden Gleichungen, in denen der Index ′ für den — bezogen auf den Umlaufsinn des Feldes — voreilenden, der Index ″ für den nacheilenden Motor gilt:

$$\mathfrak{E}_k - \mathfrak{J}_1'(r_1 + jK_1) - jK_{21}\mathfrak{J}_2 = 0, \tag{1}$$

$$\mathfrak{E}_k - \mathfrak{J}_1''(r_1 + jK_1) - jK_{21}\mathfrak{J}_2 e^{-j\varphi} = 0, \tag{2}$$

$$2\mathfrak{J}_2(r_2 + jK_2 s) + jK_{12} s\mathfrak{J}_1' - jK_{12} s\mathfrak{J}_1'' e^{j\varphi} = 0. \tag{3}$$

Hierbei ist r_2 der Widerstand einer Rotorphase, einschließlich des Widerstandes der Verbindungsleitungen.

$\varphi = 0$ bezeichnet die Stellung, in welcher der Stator jeder der beiden Asynchronmaschinen unabhängig von der Drehzahl den Leerlaufstrom aufnimmt. Mit $\varphi = 180°$ gehen die Gleichungen in die des normalen Asynchronmotors über.

Die Auflösung der Gleichungen nach $\mathfrak{J}_1'$ und $\mathfrak{J}_1''$ ergibt:

$$\mathfrak{J}_1' = \frac{\mathfrak{E}_k}{K_1} \cdot \frac{\alpha\beta + j\beta - \left(\frac{1+\sigma}{2} - \frac{1-\sigma}{2}\cos\varphi\right)s + j\left(\alpha + \frac{1-\sigma}{2}\sin\varphi\right)s}{(\alpha^2-1)\beta + j2\alpha\beta - \alpha(1+\sigma)s + j(\alpha^2-\sigma)s}, \tag{4}$$

$$\mathfrak{J}_1'' = \frac{\mathfrak{E}_k}{K_1} \cdot \frac{\alpha\beta + j\beta - \left(\frac{1+\sigma}{2} - \frac{1-\sigma}{2}\cos\varphi\right)s + j\left(\alpha - \frac{1-\sigma}{2}\sin\varphi\right)s}{(\alpha^2-1)\beta + j2\alpha\beta - \alpha(1+\sigma)s + j(\alpha^2-\sigma)s}; \tag{5}$$

hierin ist
$$\alpha = \frac{r_1}{K_1}, \qquad \beta = \frac{r_2}{K_2}.$$

Sieht man in diesen Gleichungen den Schlupf s als Parameter an, so beschreiben die verschiedenen Kreise, die man für beliebige Werte von φ erhält, das Verhalten der Maschinen bei gleichbleibendem Rotorverdrehungswinkel und veränderlicher Drehzahl. In der Praxis aber liegt der Fall im allgemeinen so, daß nicht der Winkel, sondern die Drehzahl der Maschinen gegeben ist; der Winkel stellt sich den verlangten Drehmomenten entsprechend ein. Mit φ als Parameter schreibt man die Gleichung (4) unter Vernachlässigung des Widerstandes r_1 zweckmäßig in der Form:

$$\mathfrak{J}_1' = -j\frac{\mathfrak{E}_k}{K_1} + \frac{\mathfrak{E}_k}{K_1} \cdot \frac{\frac{1-\sigma}{2} \cdot s}{\sqrt{\frac{r_2^2}{K_2^2} + \sigma^2 s^2}} \cdot e^{-j\arctan\frac{K_2 \sigma s}{r_2}} \cdot (1 - \cos\varphi - j\sin\varphi). \qquad (6)$$

$\mathfrak{J}_1''$ folgt aus $\mathfrak{J}_1'$, in dem man φ durch $-\varphi$ ersetzt.

Das Diagramm für $\mathfrak{J}_1'$ nach Gleichung (6) ist in Bild 2 dargestellt. Es ist ein Kreisdiagramm, dessen Mittelpunkt im Endpunkt des Fahrstrahls

$$\mathfrak{M} = -j\frac{\mathfrak{E}_k}{K_1} + \frac{\mathfrak{E}_k}{K_1} \cdot \frac{\frac{1-\sigma}{2} \cdot s}{\sqrt{\frac{r_2^2}{K_2^2} + \sigma^2 s^2}} \cdot e^{-j\arctan\frac{K_2 \sigma s}{r_2}}$$

liegt. Der Umfangspunkt $\varphi = 0$ liegt im Endpunkt des Vektors $-j\frac{\mathfrak{E}_k}{K_1}$. Der gleiche Kreis gilt auch für $\mathfrak{J}_1''$, wobei nur der Unterschied besteht, daß die Winkelskala für $\mathfrak{J}_1'$ links herum, für $\mathfrak{J}_1''$ rechts herum läuft. Die Lage des Endpunktes von $\mathfrak{M}$ für veränderlichen Schlupf s findet man aus der Gleichung (4), indem man die Glieder mit $\sin\varphi$ und $\cos\varphi$ fortläßt:

$$\mathfrak{M} = -j\frac{\mathfrak{E}_k}{K_1} \cdot \frac{\frac{r_2}{K_2} + j\frac{1+\sigma}{2} \cdot s}{\frac{r_2}{K_2} + j\sigma s}. \qquad (7)$$

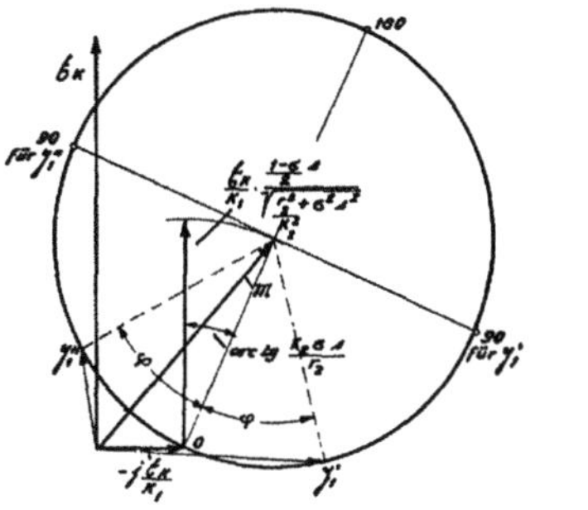

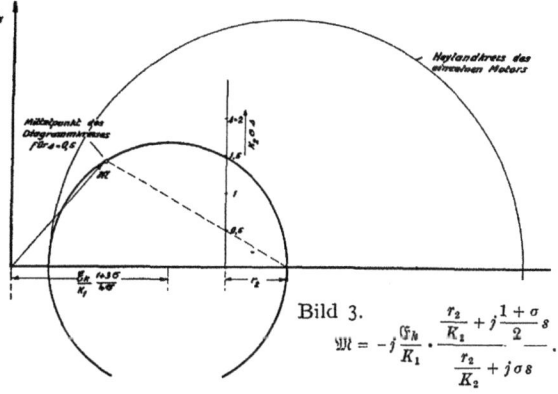

Bild 2.
$$\mathfrak{J}_1'^{(\prime\prime)} = -j\frac{\mathfrak{E}_k}{K_1} + \frac{\mathfrak{E}_k}{K_1} \cdot \frac{\frac{1-\sigma}{2} s}{\sqrt{\frac{r_2^2}{K_2^2} + \sigma^2 s^2}} \cdot e^{-j\arctan\frac{K_2 \sigma s}{r_2}} (1-\cos\varphi - j\sin\varphi).$$
(+)

Bild 3.
$$\mathfrak{M} = -j\frac{\mathfrak{E}_k}{K_1} \cdot \frac{\frac{r_2}{K_2} + j\frac{1+\sigma}{2}s}{\frac{r_2}{K_2} + j\sigma s}.$$

Auch diese Gleichung beschreibt einen Kreis. Der geometrische Ort für die Mittelpunkte aller Kreise, die jeder für ein bestimmtes s und beliebigen Winkel φ die Endpunkte der Vektoren $\mathfrak{J}_1'$ und $\mathfrak{J}_1''$ angeben, ist also wiederum ein Kreis. Seine Mittelpunktskoordinaten sind

$$0 \quad \text{und} \quad -j\frac{\mathfrak{E}_k}{K_1} \cdot \frac{1+3\sigma}{4\sigma}. \qquad (8)$$

Der Punkt $s = 0$ liegt im Endpunkt des Vektors, der den Leerlaufstrom jedes der beiden Motoren darstellt. Dem Punkt $s = 0$ diametral gegenüber liegt der Punkt $s = \infty$ (Bild 3). Er fällt mit dem Mittelpunkt des Heylandkreises zusammen, der für den einzelnen Motor gilt. Der Durchmesser des $\mathfrak{M}$-Kreises ist also gleich dem Halbmesser des Heylandkreises. Trägt man an die Verbindungslinie der beiden Punkte $s = \infty$ und $s = 0$ den Winkel $\arctan\frac{K_2 \sigma s}{r_2}$ vom Punkte $s = \infty$ aus in Richtung der positiven $\mathfrak{E}_k$-Achse an, so ist

18*

der Schnittpunkt des freien Schenkels mit dem Kreise für $\mathfrak{M}$ der Mittelpunkt des Diagrammkreises für $\mathfrak{J}_1'$ und $\mathfrak{J}_1''$.

In Bild 4 sind der Diagrammkreis für $s = 0{,}5$ und die Primärströme für $\varphi = \alpha$ eingezeichnet. Der Kreis für $s = \infty$ fällt mit dem Heylandkreis des einzelnen Motors zusammen.

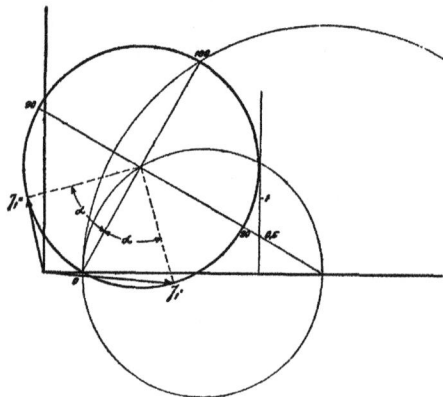

Bild 4. Primärstromdiagramm für $s = 0{,}5$.

Für $s = 0$ erhält man einen Kreis vom Durchmesser 0. Das ist die Ausdrucksweise des Diagramms für die Tatsache, daß die mit ihrer synchronen Drehzahl im Sinne der Drehfelder umlaufenden Maschinen in keiner Winkelstellung Drehmomente übertragen können. Der Punkt $\varphi = 180°$ liegt auf dem Heylandkreis; die Motoren arbeiten in dieser Winkelstellung wie normale Asynchronmaschinen.

Der Kreis für $r_2 = 0$ ist mit dem Kreise für $s = \infty$ identisch (Bild 5). Für jeden beliebigen Winkel φ liegen die Ströme $\mathfrak{J}_1'$ und $\mathfrak{J}_1''$ spiegelbildlich zur $-j\mathfrak{E}_k$-Achse. Das Netz liefert also in dem Fall widerstandsfreier Maschinen nur den Blindstrom. Den Wirkstrom, den die voreilende Maschine als Generator erzeugt, nimmt die nacheilende, die als Motor arbeitet, auf. Bei endlichem Sekundärwiderstand ist die Summe der vom Netz aufgenommenen Wirkleistungen gleich den doppelten Rotorverlusten dividiert durch den Schlupf. Aus der im praktischen Fall immer zur $-j\mathfrak{E}_k$-Achse unsymmetrischen Lage des Diagramms ergibt sich, daß die Drehmomente der beiden Motoren, die den Wirkströmen proportional sind, abgesehen von dem Fall $\varphi = 180°$, stets verschieden sind. Würde man z. B. im Stillstand einen Motor im Umlaufsinn des Feldes verdrehen, so könnte dies bei entsprechendem Sekundärwiderstand mit beliebig geringem Arbeitsaufwand geschehen, während der zurückbleibende Motor mit starkem Drehmoment zu folgen versuchen würde. Auch ist es nach diesem Prinzip möglich, beliebige Leistungen mit geringem Aufwand an mechanischer Arbeit verlustlos und unendlich feinstufig zu steuern, indem man die Rotoren auf eine gemeinsame Welle setzt und den drehbar angeordneten Stator des einen Motors gegen den Umlaufsinn des Feldes verstellt.

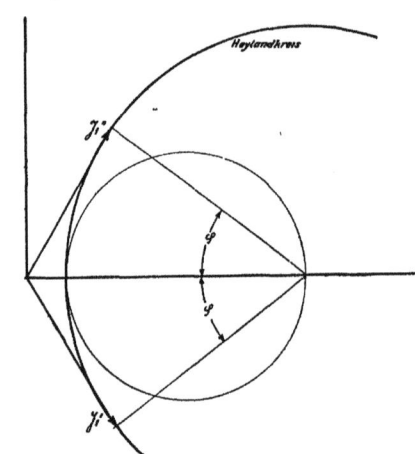

Bild 5. Primärstromdiagramm für $r_2 = 0$.

Die Rotoren laufen dann mit einem dem Verstellwinkel entsprechenden Drehmoment an. Da mit zunehmender Drehzahl der Durchmesser des Diagrammkreises kleiner wird und damit das Drehmoment sinkt, arbeitet die Anordnung stabil.

Im allgemeinen aber sind die sich aus dem verschiedenen Drehmomentverhalten der beiden Maschinen ergebenden Verhältnisse unerwünscht. Verfolgt man z. B. am Diagramm des Bildes 6, das für den Stillstand gilt, die Bewegung der Läufer beim Einschalten, so findet man, daß sie sich nicht immer — wie es erwünscht wäre — auf kürzestem Wege in die stabile Stellung $\varphi = 0$ bewegen. Befindet sich der vorgeschobene Motor noch in seinem Generatorbereich, der im allgemeinen wesentlich über 90° nicht hinausreicht, so erhält er nach dem Einschalten der Statoren ein rückdrehendes Moment, während die nacheilende Maschine, die sich im Motorbereich befindet, vorwärts gedreht wird. Die Motoren drehen sich einander entgegen in die Nullage, in der sie nach kurzer Pendelung unter Aufnahme des Magnetisierungsstromes stehenbleiben. Befinden sich aber beide Motoren im Augenblick des Einschaltens im Motorbereich, so laufen sie beide, falls sie nicht durch ein Lastmoment daran gehindert sind, dem Motordrehmoment folgend an. Auch der weitere Vorgang läßt sich aus dem Diagramm erkennen. Während des Hochfahrens ändern die Rotoren infolge des ungleichen Triebmoments ihre Winkellage zueinander. Da im Motorbereich das Drehmoment des voreilenden Motors immer kleiner ist als das des nacheilenden, in dem Generatorbereich der voreilende Motor sogar gebremst wird, was auch für die Kreise $s < 1$ gilt, haben die Maschinen das Bestreben, sich auf den Winkel 0 einzustellen. Wenn das geschehen ist, fließen in den Rotoren keine Ströme mehr; sie entwickeln infolgedessen kein Drehmoment und fallen in der Drehzahl bis zum Stillstand ab. Das Hochlaufen der Motoren beim Einschalten in beliebiger Winkellage könnte man dadurch vermeiden, daß man einen der beiden Läufer festbremst. Aber auch dann ist auf ein Gleichstellen nicht mit Sicherheit zu rechnen. Beträgt z. B. der Verstellwinkel der beiden Motoren gegeneinander etwa 180°, so wirkt nach dem Einschalten auf beide Maschinen ein Motordrehmoment, dem aber nur der freie Rotor folgen kann. Er dreht sich vorwärts, im Sinne des Drehfeldes, der Nullstellung zu. Dabei bewegt sich sein Stromvektor über den oberen Teil des Kreises. Der Motor wird beschleunigt. Seine Geschwindigkeit wächst ständig, bis sie beim Durchgang durch $\varphi = 0$ ihren Höchstwert erreicht. Der Motor schwingt infolge der in ihm aufgespeicherten lebendigen Energie über die Nullage hinaus und gelangt in den Generatorbereich. Die Energie, die er dort abgeben kann, ist auf jeden Fall kleiner als das in ihm aufgespeicherte Arbeitsvermögen. Wenn man dem Motor nicht die Möglichkeit gibt, den Überschuß an Arbeit durch Reibung oder Dämpfung abzugeben, schwingt er über den Generatorbereich hinaus wieder in den Motorbereich. Der Vorgang wiederholt sich, wobei der Motor

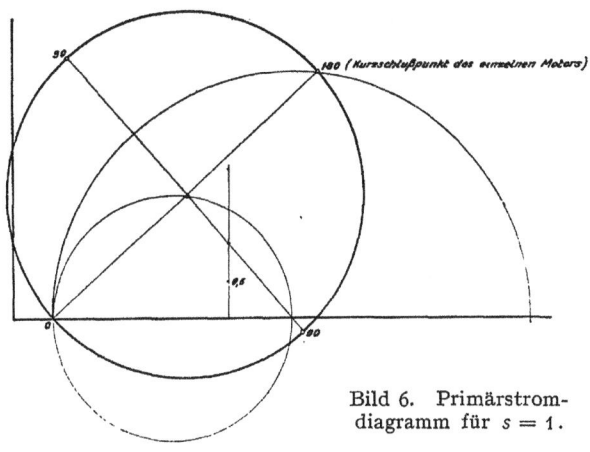

Bild 6. Primärstromdiagramm für $s = 1$.

immer größere Geschwindigkeit annimmt, bis er schließlich als unabhängiger Motor arbeitet, dessen Rotor wie über eine Drossel kurzgeschlossen ist.

Für die Beurteilung des praktischen Betriebes ist der Zusammenhang zwischen Schlupf und Kippmoment von Bedeutung.

Nimmt man an, daß eine Maschine starr angetrieben wird und die synchronisierte Maschine als Motor belastet ist, so ergibt sich das größte Moment, das bei dem Schlupf s übertragen werden kann, aus Bild 7 zu $c(h + H)$, wobei c die entsprechende Proportionalitätskonstante bedeutet. Drückt man h und H durch r, den Halbmesser des Heylandkreises, und $\alpha = \operatorname{arc\,tg} \frac{K_2 \sigma s}{r_2}$ aus, so findet man für das Kippmoment des nacheilenden Motors $Md_k'' = cr \sin\alpha(1 + \cos\alpha)$, oder, verglichen mit dem Kippmoment $Md_{kn} = cr$ des einzelnen Motors in normaler Schaltung

$$\frac{Md_k''}{Md_{kn}} = \sin\alpha(1 + \cos\alpha). \tag{9}$$

Den Verlauf dieser Funktion zeigt Bild 8. Das maximale Kippmoment liegt um etwa 30 vH höher als das Kippmoment des einzelnen Motors. Dabei beträgt der Rotorverdrehungswinkel 120° ($= 180 - \alpha$). Der zugehörige Schlupf ergibt sich aus der Beziehung tg $\alpha = \sqrt{3}$ $= \frac{K_2 \sigma s}{r_2}$. Man bleibt aber bis hinunter zu den Winkeln 25 bis 30° (tg $\alpha \approx 0{,}5$) immer noch in der Größenordnung des normalen Kippmoments, so daß man die Bedingung für ein gutes synchrones Zusammenarbeiten in die Form kleiden kann:

$$\frac{K_2 \sigma s}{r_2} \geqq 0,5. \qquad (10)$$

Man wird unter Berücksichtigung des Bürstenübergangswiderstandes und des Widerstandes der Verbindungsleitungen damit rechnen können, daß r_2 annähernd gleich $K_2 \sigma$ ist. Damit ergibt sich aus Gleichung (10) die Forderung, daß der Schlupf den Wert 0,5 nicht unterschreiten soll, wenn das maximale Drehmoment des nacheilenden Motors annähernd dem Kippmoment des einzelnen Motors entsprechen soll. Beim Lauf gegen das Drehfeld ist das Kippmoment des nacheilenden Motors immer größer als das des einzelnen. Dabei bezieht sich die Bezeichnung „nacheilend" auf den Drehsinn der Felder, nicht den der Rotoren. Im Stillstand ist der Motor der nacheilende, der um $\varphi < 180°$ gegen das Feld verschoben wurde. Er bleibt es naturgemäß auch bei unveränderter Winkellage, wenn die Läufer im Drehfeldsinn angetrieben werden. Er soll es aber nach der hier angenommenen Bezeichnungsweise auch dann bleiben, wenn sich die Maschinen gegen das Feld drehen, wenn also der elektrisch nacheilende Motor der mechanisch voreilende ist.

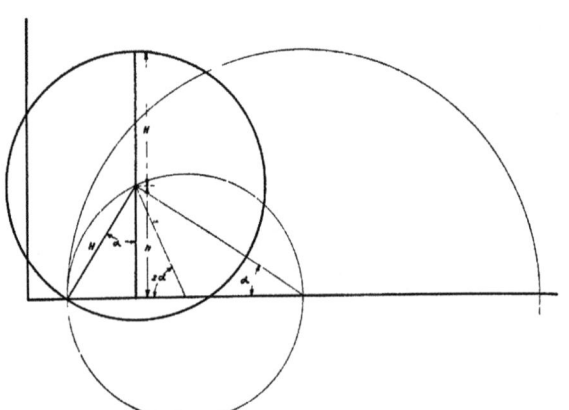
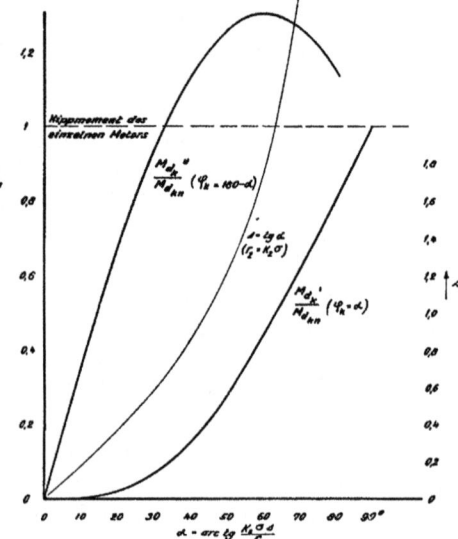

Bild 7. Kippmoment des nacheilenden Motors. Bild 8. Kippmoment, Kippschlupf und Verdrehungswinkel.

Wenn die synchronisierte Maschine die voreilende ist, so liegen die Verhältnisse wesentlich ungünstiger als im anderen Fall. Für das Drehmoment ergibt sich die Gleichung

$$\frac{Md_k}{Md_{k n}} = \sin \alpha \, (1 - \cos \alpha). \qquad (11)$$

In dieser Gleichung entspricht α dem elektrischen Verdrehungswinkel der Maschinen. Man entnimmt dieser in Bild 8 ebenfalls eingetragenen Funktion, daß z. B. im Stillstand einer Verdrehung mit dem Feld kein größerer Widerstand entgegengesetzt wird als der, der dem 0,2fachen Kippmoment entspricht. Die praktischen Verhältnisse allerdings liegen insofern günstiger, als das Drehmoment der vom Rotor auf den Stator übertragenen Stator-Kupferverluste diesen Wert erhöht. Immerhin ist bei der Planung das verschiedene Drehmomentverhalten der beiden Maschinen zu beachten.

Um ein Beispiel für das Zusammenarbeiten der Hilfsmaschinen mit den Hauptmotoren zu geben, soll eine von der AEG angewandte Gleichlaufanordnung beschrieben werden, die aus vier Asynchronmaschinen besteht, den beiden Arbeitsmaschinen *1* und *2* und den synchronisierenden Maschinen *3* und *4* (Bild 9). Die Statoren aller vier Maschinen liegen am Netz. Die Rotoren *1* und *2* sind miteinander verbunden, ebenso die Rotoren *3* und *4*. Die Hauptmaschinen werden mit einem gemeinsamen Anlasser hochgefahren, der während des Betriebes kurzgeschlossen ist. Sie arbeiten im Betrieb als normale Asynchronmotoren. Die Hilfsmaschinen laufen gegen ihre Drehfelder. Diese Maßnahme bewirkt, daß ihr synchronisierendes Moment nahezu unabhängig von der Drehzahl ist. Es entspricht etwa dem dreifachen Nennmoment. Bei gleicher Belastung der Hauptmaschinen nehmen die Hilfsmaschinen nur den Leerlaufstrom auf. Ihre Rotoren sind stromlos. Bei verschiedener Belastung dagegen übernehmen die synchronisierenden Maschinen die Differenzlast und halten die Arbeitsmaschinen synchron. Sind die Betriebsverhältnisse derart, daß die Maschine *1* die Leistung N_1 aufnimmt, so muß auch die Maschine *2* die gleiche Leistung N_1 aus dem Netz aufnehmen, weil beide mit gleicher Drehzahl laufen. Nimmt man im Grenzfall an, daß die Welle 1,3 stark belastet ist, während die Welle 2,4 völlig leer läuft, so wird die gesamte, von der Maschine *2* aufgenommene Leistung, wenn man von den Verlusten absieht, durch die Welle der Maschine *4* zugeführt.

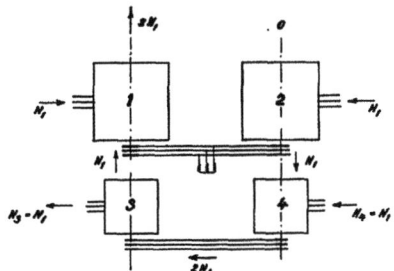

Bild 9. Asynchronmotoren als Arbeitsmaschinen. Lastverteilung unter Vernachlässigung aller Verluste.

Diese muß im Lauf gegen das Drehfeld ein Drehmoment aufbringen, das dem mechanisch zugeführten entgegengesetzt gleich ist. Sie nimmt infolgedessen aus dem Netz die Leistung $N_4 = N_1$ auf, gleiche Polzahl bei beiden Motoren vorausgesetzt. Die Summe beider Leistungen, $2N_1$, wird elektrisch auf die Maschine *3* übertragen. Diese gibt bei Vernachlässigung aller Verluste die von *4* elektrisch aufgenommene Leistung $N_4 = N_1$ wieder an das Netz ab. Der Rest N_1 wird mechanisch auf die Maschine *1* übertragen. Diese Leistung addiert sich zu der elektrisch aufgenommenen Leistung N_1, so daß der Last die Leistung $2N_1$ zugeführt wird. In jedem Fall gibt die mechanisch unterbelastete Hauptmaschine die halbe Differenzleistung über die Hilfsmaschinen an die Welle mit dem größeren Kraftbedarf ab.

Ein besonderer Vorzug der beschriebenen Schaltung liegt darin, daß sowohl beim Anfahren wie beim Stillsetzen die synchronisierende Kraft der Hilfsmaschinen durch die Hauptmotoren verstärkt wird.

Ersatzschaltbild des Mehrwicklungstransformators.

Von R. Willheim.

Die für den Zweiwicklungstransformator übliche Symbolisierung durch ein gleichwertiges Netzgebilde, bestehend aus je einer zur Last parallel bzw. in Serie geschalteten Impedanz (Leerlaufimpedanz bzw. Kurzschlußimpedanz), vermittelt ein anschauliches Bild vom Verhalten des Transformators im normalen und gestörten Netzbetrieb. Es ist ohne weiteres möglich, diese Darstellung derart zu erweitern, daß auch der Mehrwicklungstransformator durch ein gleichwertiges Netzgebilde genau wiedergegeben wird. Durch Aufbau eines Modelles, das nur aus einer Zusammenstellung von Impedanzen besteht, lassen sich alle das Verhalten eines solchen Transformators betreffenden Fragen und Aufgaben experimentell lösen, wodurch sehr umständliche und zum Teil nur näherungsweise durchführbare Rechnungen erspart werden.

1. Der Zweiwicklungstransformator.

Sieht man vom Übersetzungsverhältnis des Transformators ab, so spielt er für die durch ihn verbundenen Netzteile die Rolle einer zwischengeschalteten Impedanz, die bei Stromdurchgang zu einem Spannungsunterschied Anlaß gibt. Daneben stellt er unabhängig von der jeweiligen Belastung auch einen zu den übrigen Einrichtungen des Netzes

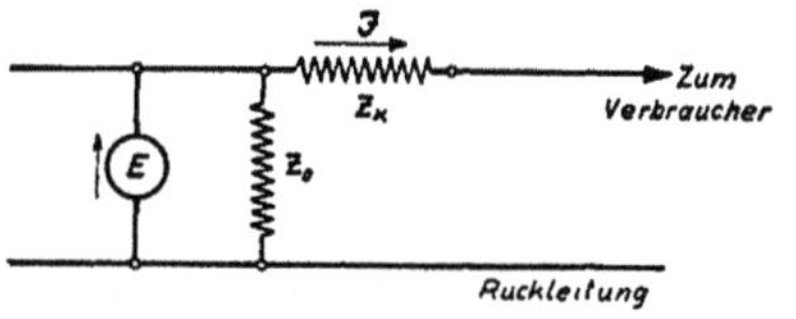

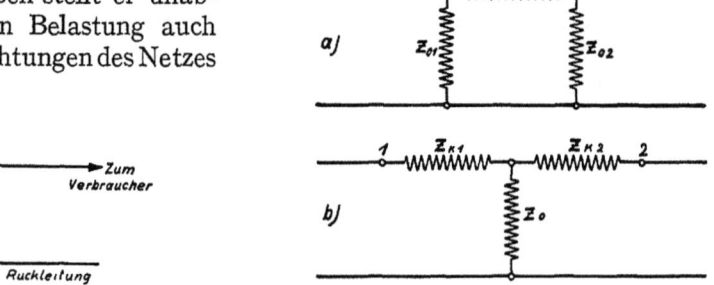

Bild 1. Das Ersatzschaltbild des Zweiwicklungstransformators in Näherungsdarstellung.

Bild 2. Exakte Ersatzschaltbilder des Zweiwicklungstransformators.

parallel geschalteten Verbraucher dar, der dem Netz ständig den von ihm benötigten Magnetisierungsstrom entnimmt. Bild 1 gibt dieses Verhalten durch das gebräuchliche, ohne weiteres verständliche Ersatzschaltbild wieder, in dem eine Nebenschlußimpedanz Z_0 und eine Serienimpedanz Z_k zur Darstellung gebracht sind, die sich auf eine Phase des Transformators beziehen mögen. Die Ableitung dieses Zusammenhanges kann einerseits im Hinblick auf die Anschaulichkeit, anderseits auch deshalb übergangen werden, weil sie nur ein Sonderfall der im folgenden angestellten allgemeineren Betrachtungen ist. Es sei jedoch noch darauf hingewiesen, daß eine strengere Überlegung auf die in Bild 2 gesetzten Ersatzschaltbilder führt, die dem Umstand Rechnung tragen, daß der Transformator von beiden Seiten her magnetisiert werden kann und daß dieser Strom nicht nur das gemeinsame Feld, sondern auch das Streufeld einer der beiden Wicklungen erregt. Beiderseits der Serienimpedanz ist je eine Leerlaufimpedanz anzuordnen (π-Schaltung), die näherungsweise gleich $2 Z_0$ gesetzt werden kann. Die genauen Formeln lauten, wenn L_1, L_2, M die Koeffizienten der Selbst-

und gegenseitigen Induktion, τ_1, τ_2, τ die Koeffizienten der Einzel- bzw. gesamten Streuung in der üblichen Bedeutung sind:

$$\left.\begin{aligned} Z_k &= \frac{\omega L_1 L_2}{M} \cdot \tau \backsim \omega L \tau, \\ Z_{o1} &= \frac{Z_k}{\tau_2} \backsim 2\omega L, \\ Z_{o2} &= \frac{Z_k}{\tau_1} \backsim 2\omega L. \end{aligned}\right\} \qquad (1)$$

Man kann die drei Impedanzen im Sinne der zweiten Figur des Bildes 2 auch im Stern anordnen und erhält dann für die beiden Serienimpedanzen die Werte $\omega M \tau_1$ bzw. $\omega M \tau_2$, für die am Knotenpunkt liegende Leerlaufimpedanz folgerichtig den Wert ωM (T-Schaltung).

Speist man in Bild 2 beispielsweise die π-Schaltung von der Klemme 1 aus, ohne durch den Transformator Belastungsstrom zu schicken, so erkennt man leicht, daß Z_{o1} einerseits, $Z_k + Z_{o2}$ anderseits parallel geschaltet sind. Als resultierende Impedanz ergibt sich aus den Formeln (1) mit kurzer Zwischenrechnung genau ωL_1, ebenso bei Speisung von Klemme 2 her genau ωL_2, wie dies für ein richtiges Ersatzschaltbild gefordert werden muß.

2. Der Mehrwicklungstransformator.

Gibt es für den Mehrwicklungstransformator ein Ersatzschaltbild von gleicher Leistungsfähigkeit? Zur Beantwortung dieser Frage seien Betrachtungen über einen Vierwicklungstransformator angestellt, der die hierfür maßgebenden Gesetzmäßigkeiten bereits in ganz allgemeiner Form erkennen läßt. Vorausgeschickt sei, daß die Aufgabe eines aktuellen Interesses nicht entbehrt, da beispielsweise in einem großen in Errichtung begriffenen Wasserkraftwerk die Maschinenleistung drei Netzen zugeführt wird, denen ebenso wie der Maschine je eine Wicklung eines Vierwicklungstransformators zugeordnet ist.

Ferner wird man auf dieses Weise mühelos Einsicht in die Verhältnisse beim Dreiwicklungstransformator gewinnen und die Verallgemeinerung auf den vorläufig nur theoretisches Interesse bietenden Transformator mit beliebig vielen Wicklungen vornehmen können.

Die Betrachtungen gehen von der gesicherten physikalischen Einsicht aus, daß jeder Wicklung ein Selbstinduktionskoeffizient L_n, der mit L_{nn} bezeichnet sei, und je zwei Wicklungen ein Koeffizient der gegenseitigen Induktion $L_{mn} = L_{nm}$ zukommt[1]. Für sinusförmige Spannungen und Ströme läßt sich ein System von Gleichungen aufstellen:

$$\left.\begin{aligned} E_1 &= L_{11}J_1 + L_{12}J_2 + L_{13}J_3 + L_{14}J_4, \\ E_2 &= L_{12}J_1 + L_{22}J_2 + L_{23}J_3 + L_{24}J_4, \\ E_3 &= L_{13}J_1 + L_{23}J_2 + L_{33}J_3 + L_{34}J_4, \\ E_4 &= L_{14}J_1 + L_{24}J_2 + L_{34}J_3 + L_{44}J_4. \end{aligned}\right\} \qquad (2)$$

Zwecks einfacherer Schreibweise ist der Frequenzfaktor ω als in den Koeffizienten L_{mn} enthalten angenommen. Ferner sind gleiche Windungszahlen aller Wicklungen vorausgesetzt, damit die eigentlich den Induktionsflüssen zukommenden Koeffizienten L und deren Beziehungen unmittelbar auf die Spannungen übertragen werden können. Hierdurch geschieht der Allgemeinheit der Betrachtungen keinerlei Abbruch, da an Stelle der tatsächlichen Strom- und Spannungswerte die auf eine bestimmte Windungszahl „bezogenen" treten.

In der Form (2) gestattet das Gleichungssystem die an jeder Wicklung auftretende Klemmenspannung E als Funktion der vier Ströme J zu berechnen. Aber auch die umgekehrte Aufgabe ist lösbar. Es sei also E_1 bis E_4 gegeben, J_1 bis J_4 zu berechnen. Dann

---

[1] Vgl. etwa: Abraham-Föppl, Theorie der Elektrizität, 5. Aufl., S. 63, Gleichung (183c). Berlin 1918.

wird sich jeder Strom J als lineare Funktion der von Spannungen E_1 bis E_4 darstellen lassen. Das System (2) geht über in:

$$\left.\begin{aligned}J_1 &= a_{11}E_1 + a_{12}E_2 + a_{13}E_3 + a_{14}E_4,\\ J_2 &= a_{12}E_1 + a_{22}E_2 + a_{23}E_3 + a_{24}E_4,\\ J_3 &= a_{13}E_1 + a_{23}E_2 + a_{33}E_3 + a_{34}E_4,\\ J_4 &= a_{14}E_1 + a_{24}E_2 + a_{34}E_3 + a_{44}E_4.\end{aligned}\right\} \quad (3)$$

Es ist also das System (2) nach den als unbekannt angenommenen Größen J_1 bis J_4 aufgelöst. Nach bekannten Sätzen ist die Determinante der Koeffizienten des Systems (3) bis auf einen Proportionalitätsfaktor gleich der reziproken Determinante des Systems (2). Für jeden Koeffizienten a_{mn} gilt die Beziehung

$$a_{mn} = \frac{\alpha_{mn}}{D}, \qquad (4)$$

wobei α_{mn} das algebraische Komplement des Gliedes L_{mn} der Determinante des Systems (2) und D der Wert dieser Determinante ist.

Von Bedeutung ist im folgenden nur die Feststellung, daß auch die Koeffizienten des Systems (3) symmetrisch zur Hauptdiagonale sind, da die reziproke Determinante einer symmetrischen ja ebenfalls symmetrisch ist. Es gilt daher

$$a_{mn} = a_{nm}, \qquad (5)$$

was in (3) bereits berücksichtigt wurde.

Es erfolgt nunmehr eine einfache Umformung des Gleichungssystems (3):

$$\left.\begin{aligned}J_1 &= (a_{11} + a_{12} + a_{13} + a_{14})E_1 - a_{12}(E_1 - E_2) - a_{13}(E_1 - E_3) - a_{14}(E_1 - E_4),\\ J_2 &= -a_{12}(E_2 - E_1) + (a_{22} + a_{12} + a_{23} + a_{24})E_2 - a_{23}(E_2 - E_3) - a_{24}(E_2 - E_4),\\ J_3 &= -a_{13}(E_3 - E_1) - a_{23}(E_3 - E_2) + (a_{33} + a_{13} + a_{23} + a_{34})E_3 - a_{34}(E_3 - E_4),\\ J_4 &= -a_{14}(E_4 - E_1) - a_{24}(E_4 - E_2) - a_{34}(E_4 - E_3) + (a_{44} + a_{14} + a_{24} + a_{34})E_4.\end{aligned}\right\} \quad (6)$$

Diese Beziehung ist folgendermaßen zu deuten: An jeder Klemme tritt ein Strom ein, der sich aus vier Anteilen zusammensetzt. Von diesen ist einer nur von der Klemmenspannung der betreffenden Wicklung abhängig und daher gewissermaßen ein reiner Magnetisierungsstrom, der auch dann auftritt, wenn die übrigen Wicklungen der Klemmenspannung das Gleichgewicht halten, somit keinerlei Spannungsabfall eintritt. Drei weitere Anteile sind ausschließlich von dem zwischen den Klemmenspannungen bestehenden Unterschied, d. h. von den gegen die anderen Wicklungen jeweils herrschenden Spannungsabfällen abhängig. Beispielsweise kommt im Ausdruck für J_1 das erste Glied dadurch zustande, daß die volle Klemmenspannung auf den Widerstand $\frac{1}{a_{11} + a_{12} + a_{13} + a_{14}}$ einwirkt. Das zweite Glied bedeutet einen durch den Spannungsunterschied $E_1 - E_2$ bedingten Strom, den Wicklung 1 aufbringen muß, weil er an Wicklung 2 abgenommen wird. Er wird durch $E_1 - E_2$ und eine Ersatzimpedanz $-\frac{1}{a_{12}}$ bedingt. Genau das gleiche Glied erscheint mit entgegengesetztem Vorzeichen in dem Ausdruck für J_2, d. h. eben dieser Stromanteil, der an Klemme 1 zugeführt werden mußte, wird an Klemme 2 abgenommen. Man sieht, das System (6) ist durch Impedanzen zu verwirklichen, die zwischen je zwei Klemmen sowie zwischen Klemme und Rückleitung angeordnet zu denken sind. Es kommen insgesamt zehn Impedanzen in Betracht, was durch das nachfolgende Gleichungsschema nochmals veranschaulicht sei:

$$\left.\begin{aligned}J_1 &= \frac{E_1}{Z_{11}} + \frac{E_1 - E_2}{Z_{12}} + \frac{E_1 - E_3}{Z_{13}} + \frac{E_1 - E_4}{Z_{14}},\\ J_2 &= \frac{E_2 - E_1}{Z_{12}} + \frac{E_2}{Z_{22}} + \frac{E_2 - E_3}{Z_{23}} + \frac{E_2 - E_4}{Z_{24}},\\ J_3 &= \frac{E_3 - E_1}{Z_{13}} + \frac{E_3 - E_2}{Z_{23}} + \frac{E_3}{Z_{33}} + \frac{E_3 - E_4}{Z_{34}},\\ J_4 &= \cdots.\end{aligned}\right\} \quad (7)$$

In Bild 3 ist dargestellt, welches Ersatzschaltbild aus diesen Beziehungen folgt. An die Stelle des Transformators ist ein vermaschtes Netzgebilde getreten. Die Erweiterung des Ergebnisses auf beliebig viele Wicklungen ist selbstverständlich. Der Übergang auf das Ersatzschaltbild des Zweiwicklungstransformators (Bild 2) ergibt sich ebenfalls von selbst, desgleichen die Nutzanwendung auf den Dreiwicklungstransformator. Zunächst sei noch auf eine zulässige Vernachlässigung hingewiesen. Die Impedanzen Z_{11} bis Z_{44} sind zweifellos gegenüber den durch zwei verschiedene Indizes gekennzeichneten Impedanzen Z_{mn} sehr hochohmig. Denkt man sich E_1 bis E_4 gleich groß, so wird an allen Klemmen des Transformators zusammen ein Strom entsprechend der Parallelschaltung von Z_{11} bis Z_{44} aufgenommen. Es handelt sich also um Leerlaufimpedanzen. Diese seien, da sie bei der Berechnung von Spannungsabfällen im Rahmen einer Energieübertragung und bei der Bestimmung von Kurzschlußströmen keine Rolle spielen, vergleichsweise unendlich hoch angenommen, d. h. fortgelassen. Man kommt dann zu dem für alle praktischen Erfordernisse ausreichenden Ersatzschaltbild nach Bild 4 und gleichzeitig zu dem allgemeinen Satz:

Das Ersatzschaltbild des n-Wicklungstransformators ist ein „vollständiges" Polygon aus $n(n-1)/2$ Impedanzen. Von jedem der n Eckpunkte gehen $n-1$ Impedanzverbindungen zu den übrigen Eckpunkten aus. Jede Verbindung zählt nur einmal.

Das Ergebnis sieht vielleicht nicht einfach aus. Aber die Beziehungen im wirklichen Transformator sind noch weit unübersichtlicher. In der Tat können mit diesem Ersatz-

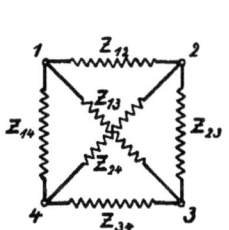

Bild 4. Ersatzschaltbild des Mehrwicklungstransformators. (Leerlaufimpedanzen vernachlässigt.)

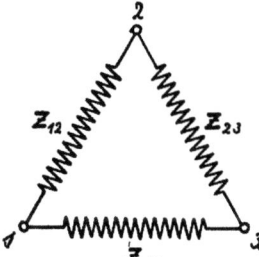

Bild 5a. Ersatzschaltbild des Dreiwicklungstransformators.

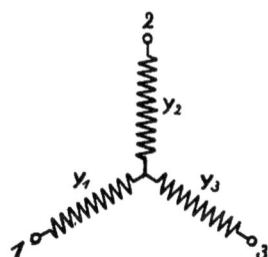

Bild 5b. Zweites Ersatzschaltbild des Dreiwicklungstransformators.

schaltbild, wenn es einmal aufgebaut ist, zahlreiche Fragen beantwortet werden, die beim Entwerfen von Transformatoren oder bei der Kurzschlußberechnung auftreten. Man denke sich ein Modell aus Impedanzen zusammengestellt. Einfache Messungen von Strom und Spannung geben für bestimmte Belastungsannahmen Auskunft über die Rolle, die der Transformator in der Gesamtübertragung spielt. Bevor hierauf näher eingegangen wird, soll noch einiges Grundsätzliche über das Ersatzschaltbild des Drei- und Vierwicklungstransformators dargelegt werden.

3. Der Dreiwicklungstransformator.

Sieht man von den der Leerlaufimpedanz entsprechenden hochohmigen Elementen des Schaltbildes ihrer geringeren Bedeutung wegen ab, so hat man es beim Dreiwicklungstransformator offenbar mit drei Impedanzen zu tun, die zu einem Dreieck verknüpft sind. Bild 5a zeigt dieses Dreieck, das nach bekannten Sätzen durch einen vollkommen gleichwertigen Stern gemäß Bild 5b ersetzbar ist. Die Bestimmungsgrößen dieses Sterns, die Impedanzen y_1, y_2, y_3, stehen in unmittelbarem Zusammenhang mit den Kurzschlußimpedanzen je zweier zu einem Zweiwicklungstransformator zusammenfaßbarer Wicklungen. Ein Kurzschluß, der in Wicklung 2 angebracht und von 1 gespeist sei, wobei Wicklung 3 unangeschlossen bleibe, findet die Impedanz x_{12} vor, die ebenso wie für den normalen Zweiwicklungstransformator zu ermitteln ist. Anderseits liest man aus Bild 5b nachstehende Beziehungen ab:

$$\left.\begin{array}{l} x_{12} = y_1 + y_2, \\ x_{13} = y_1 + y_3, \\ x_{23} = y_2 + y_3, \end{array}\right\} \quad (8)$$

oder
$$2 y_1 = x_{12} + x_{13} - x_{23} \quad (9)$$
usw.

Aus den bekannten Kurzschlußimpedanzen x_{12} bis x_{13} ergibt sich also der Stern nach Bild 5b; aus diesem folgt wieder das Dreieck nach Bild 5a mittels der bekannten Transfigurationsformeln von Kennely. Wären alle drei Kurzschlußimpedanzen gleich, so wäre der Stern symmetrisch aus den halben Impedanzen, das Dreieck gleichseitig aus den anderthalbfachen Impedanzen aufzubauen.

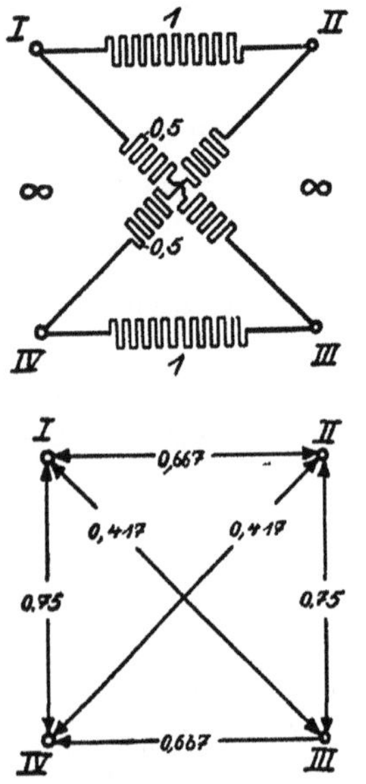

Speisen zwei Netze und bildet das dritte den Verbraucher, so sind zwei Arme des Sternes nach Bild 5b parallel geschaltet, während der dritte mit ihnen in Serie liegt. Speist dagegen Netz 1, während Netz 2 einen bestimmten Strom abnimmt und Netz 3 leer läuft, so nimmt Netz 3 das Potential des Sternpunktes an. Es hängt vom Verhältnis der Widerstände y_1 und y_2 ab, in welchem Maße Netz 3 von Spannungsabfällen durch Belastung des Netzes 2 mitbetroffen wird. Ähnliche einfache Überlegungen lassen sich an das Impedanzdreieck nach Bild 5a knüpfen.

Die für den Dreiwicklungstransformator anzuwendenden Rechenregeln sind so einfach und das Ersatzschaltbild so durchsichtig, daß alle auftauchenden Fragen ohne verwickelte Rechnungen behandelt werden können. Anders steht es mit dem Vierwicklungstransformator, der im folgenden untersucht wird.

Bild 6. Beispiel für das Ersatzschaltbild eines Vierwicklungstransformators.

4. Der Vierwicklungstransformator.

Um mit dem Ersatzschaltbild 4 etwas besser vertraut zu werden, sei der Sonderfall betrachtet, daß die Kurzschlußspannungen je zweier zu einem Zweiwicklungstransformator zusammenzufassender Wicklungen unter sich gleich seien. Man sieht ohne weiteres ein, daß in diesem idealisierten Falle auch alle Impedanzen des Ersatzschaltbildes unter sich gleich sein müßten; schreibt man ihnen den Wert a zu, so ergibt eine einfache Überlegung, daß der Widerstand des Gebildes für Speisung an Klemme 1 und Abnahme an Klemme 2 den Wert $a/2$ hat. Die Einzelimpedanzen sind also gleich der doppelten, allgemein $n/2$ fachen Kurzschlußimpedanz. Wenn man, wie dies im folgenden vorgeschlagen wird, das Ersatzschaltbild durch allmähliche Näherungen ermitteln will, so wird man zweckmäßig als erste Näherung die Seiten und Diagonalen des Polygones gleich der doppelten Kurzschlußimpedanz des durch die zugehörigen Ecken dargestellten Wicklungspaares wählen. Ein anderes Beispiel sei an Hand des Bildes 6 erörtert. In die untere Figur sind zwischen den Pfeilen Ziffern eingesetzt, welche die Kurzschlußimpedanzen des betreffenden Wicklungspaares in Ω bedeuten sollen. Das zugehörige Ersatzschaltbild wird durch die obere Figur dargestellt, aus der man ohne weiteres zur unteren zurückfindet. Beispielsweise besteht zwischen I und II außer der direkten Verbindung über 1Ω noch ein Parallelweg *I III IV II* mit 2Ω. Die Parallelschaltung ergibt den resultierenden, zwischen *I* und *II* meßbaren Widerstand von $0{,}667\,\Omega$. Nun sind die diesem Transformator zugemuteten Symmetriebedingungen wohl nur auf dem Papier möglich. Das Beispiel zeigt jedoch, daß in den Ersatzschaltbildern von Mehrwicklungstransformatoren ohne weiteres auch unendlich große Impedanzen auftauchen können. Darüber hinaus können auch negative Impedanzen als Elemente des Ersatzschaltbildes in Erscheinung treten. Da aber die Impedanzverbindungen für unbelastete Wicklungen die Rolle eines Spannungsteilers spielen, an dem eine sonst am Übertragungsvorgang unbeteiligte Wicklung gewissermaßen ihre Spannung abgreift, so ist damit auch die Möglichkeit negativer Spannungseinflüsse gegeben. Denkt man sich in Bild 4 die Wicklungen *1* und *2*, vom Übersetzungsverhältnis immer abgesehen, mit der gleichen Spannung gespeist, Wicklung *3* als Verbraucher, Wicklung *4* leerlaufend, so sind die Punkte *1* und *2* zusammenzulegen, so daß z_{14} und z_{24} parallel geschaltet sind. Ist eine der beiden Impedanzen negativ und kleiner als die andere, so wirken sie zusammen wieder als negative Impedanz, hinter der die als positiv angenommene Impedanz z_{34} liegt. Dem Spannungsabfall zwischen den Wicklungen *1* und *3* entspricht unter diesen Annahmen eine Spannungserhöhung in der Richtung von *1* nach *4*. Ist die Parallelschaltung von z_{14} und z_{34} positiv, hingegen die Impedanz z_{34} negativ, so tritt an der unbelasteten Wicklung *4* eine niedrigere Spannung auf als an der belasteten Wicklung *3*.

Allen diesen Erscheinungen steht man ziemlich ratlos gegenüber, wenn man vom Vierwicklungstransformator nur die sechs Kurzschlußspannungen kennt, die durch paarweises Zusammenfassen je zweier Wicklungen zu einem Zweiwicklungstransformator gewonnen werden. Schon die Aufgabe, den Spannungsabfall an Wicklung *4* zu bestimmen, wenn diese als Verbraucher auftritt, während Wicklung *1*, *2* und *3* mit gleichbleibender Spannung gespeist werden, birgt eine Fülle gegenseitiger Beeinflussungen in sich, da eine Überlagerung der drei Einzelfälle nicht zulässig ist. Das Ersatzschaltbild zeigt uns hingegen sofort, daß die Beziehung zwischen Strom und Spannung durch die Parallelschaltung der drei Impedanzen z_{14}, z_{24} und z_{34} geregelt ist. Die Zahl der Kombinationen, in denen der Transformator an der Übertragungsaufgabe als Kuppelglied mehrerer Netze teilnehmen kann, ist außerordentlich groß. Eine einfache Messung am Ersatzschaltbild beseitigt hier jedoch alle rechnerischen Verwicklungen. Wie aber gelangt man zur Kenntnis der Elemente dieses Modelles?

5. Ein elektrostatisches Gegenstück.

Zunächst sei versucht, den Impedanzen des Polygons eine physikalische Bedeutung beizulegen. Der Weg, auf dem sie ermittelt wurden, ist identisch mit jenem, auf dem die Kapazitäten eines Mehrleitersystemes gefunden werden. Bekanntlich kommen den einzelnen Leitern zunächst an und für sich gewisse Koeffizienten zu, die nur von geometrischen Beziehungen abhängen und die, um der Phantasie eine Stütze zu bieten, elektrische Induktionskoeffizienten genannt wurden. Sie regeln die Verknüpfung zwischen den elektrischen Potentialen der Leiter und ihren Ladungen, stehen also in völliger Analogie zu den magnetischen Induktionskoeffizienten, die Induktionsflüsse und Ströme miteinander in lineare Beziehungen setzen. Beide Arten von Größen sind unabhängig vom Vorhandensein weiterer elektrischer oder magnetischer Energieträger. Sie führen für n Leiter bzw. n Wicklungen auf ein System von n Gleichungen. Wenn man beim Mehrleitersystem bleibt, so geht man von den unanschaulichen „elektrischen Induktionskoeffizienten" durch Auflösung der Gleichungen zu einer zweiten Darstellung über, in der die Ladungen nun als Funktionen der Leiterpotentiale statt umgekehrt auftreten. Die neuen Koeffizienten nennt man Teilkapazitäten und billigt ihnen physikalische Bedeutung zu. Bei genauerer Überlegung stellt sich allerdings heraus, daß das Hereinbringen eines einzigen neuen Leiters sämtliche Teilkapazitäten beeinflußt und zu einer ganz anderen Aufteilung der elektrischen Kraftlinien führt. Bringt man neben einen Leiter einen zweiten, so gibt der erste sofort einen Teil seiner unmittelbaren Kraftlinienverkettung gegen Erde auf und bildet dafür als Ersatz neue Verkettungen auf dem Wege über den anderen Leiter zur Erde aus. Genau das gleiche Bild bieten die Koeffizienten a_{mn} des Gleichungssystemes (3). Man wäre versucht, sie „magnetische Teilkapazitäten" zu nennen, doch wird sich dieser Ausdruck hoffentlich nicht einbürgern. Es besteht nun eine Art dualer Korrespondenz zwischen den elektrischen und magnetischen Gleichungssystemen und ihren Koeffizienten. Hierüber sei ein kleines Schema aufgestellt:

Mehrleitersystem	Mehrwicklungstransformator
A. Elektrische Induktionskoeffizienten	Magnetische Induktionskoeffizienten
$\varphi = f(q) = \Sigma A q$	$\Phi = f(J) = \Sigma L J$
unanschaulich	anschaulich
Keine gegenseitige Beeinflussung der Koeffizienten	Keine gegenseitige Beeinflussung der Koeffizienten
B. Elektrische Teilkapazitäten	Koeffizienten a_{mn}
$q = f(\varphi) = \Sigma C \varphi$	$J = f(\Phi) = \Sigma a \cdot \dfrac{E}{\omega}$
anschaulich	unanschaulich
Gegenseitige Beeinflussung aller Teilkapazitäten	Gegenseitige Beeinflussung aller Koeffizienten

Die reziproken Werte der Koeffizienten a_{mn} sind die Impedanzen z_{mn} des Ersatzschaltbildes.

6. Die Ermittlung des Ersatzschaltbildes.

Wir wollen es bei dieser Analogie bewenden lassen und zusehen, inwieweit man aus ihr Lehren über die Gewinnung von Ersatzschaltbildern ziehen kann. Hier liegen jedoch die Verhältnisse etwas anders. Während der Leitungsberechner tatsächlich zuerst seine elektrischen Induktionskoeffizienten aufstellt und dann das mit ihrer Hilfe gebildete Gleichungssystem nach den Ladungen auflöst, wofür ihm auch bei beliebiger Gleichungsanzahl die Näherungsverfahren von Gauß und Seidel[1] zur Verfügung stehen, geht der Transformatorenberechner wohl niemals von den magnetischen Induktionskoeffizienten, sondern von den Kurzschlußspannungen aus. Die Leerlaufinduktivität wird er wohl noch bestimmen, aber die ihr entsprechenden Elemente des Ersatzschaltbildes haben für ihn kein Interesse mehr. Das, was der Leitungsberechner unter Erdkapazität versteht und sorgfältig ermittelt, ist für den Transformatorenbauer im Rahmen seiner Analogie von untergeordneter Bedeutung. Er wird sich daher auch nicht die Mühe nehmen, aus den Kurzschlußspannungen die Induktionskoeffizienten rückwärts zu ermitteln. Der Ballast an unwesentlichen Größen wäre zu hemmend, das Ergebnis bei den geringen Unterschieden schwerlich genau genug, die Rechnung wegen der nicht linearen Beziehungen unbequem. Viel zweckdienlicher wäre eine unmittelbare Überleitung von den Kurzschlußspannungen auf das Ersatzschaltbild. Grundsätzlich wäre ein derartiger Zusammenhang wohl möglich. Denn es sind genau so viel Kurzschlußimpedanzen durch paarweises Zusammenfassen der Wicklungen bestimmbar, wie das Ersatzschaltbild Seiten und Diagonalen bzw. Impedanzen zählt, die ja ihrerseits auch je zwei Wicklungen bzw. Eckpunkten zugeordnet sind. Die Zahl der Gleichungen würde also ausreichen. Die Durchführung der Rechnung wäre jedoch, wie ein Blick auf das Ersatzschaltbild 4 zeigt, ein Wagnis.

Diese Lücke kann durch ein elektrisches Näherungsverfahren ausgefüllt werden. Zuerst wird das Ersatzschaltbild versuchsweise aus solchen Impedanzen aufgebaut, von denen man vermuten darf, daß sie von den tatsächlichen Werten nicht allzusehr abweichen. Nach einer früheren Bemerkung empfiehlt es sich, für jede Verbindung als erste Näherung

---

[1] Vgl. etwa: Starkstromtechnik, Taschenbuch für Elektrotechniker, 6. Aufl., S. 689. Berlin 1922.

die $n/2$ fache Kurzschlußimpedanz des zugehörigen Zweiwicklungstransformators zu wählen, da bei durchgehend gleichen Kurzschlußimpedanzen diese die exakten Werte für die Elemente des Ersatzschaltbildes wären. Man kennt nun den Sollwert der Stromaufnahme, die beim Anlegen einer bestimmten Spannung an zwei Klemmen des Polygons zustande kommen muß, d. h. den Quotienten dieser Spannung und der Kurzschlußimpedanz des Wicklungspaares. Man schreibt die $n(n-1)/2$ Sollwerte in einer Reihe an und stellt darunter die durch Messung erhaltenen Stromaufnahmen. Die größte Abweichung wird herausgegriffen und durch Verstellen der betreffenden Impedanz unter ständiger Beobachtung des Strommessers auf Null gebracht (Bild 7). Nun werden wieder alle Kurzschlußimpedanzen der Reihe nach durchgemessen, die größte Abweichung festgestellt und durch Reglung der zugehörigen Impedanzverbindung beseitigt usw. Die Grundlage dieses fortgesetzten Näherungsverfahrens ist in dem Umstand zu erblicken, daß jede Korrektur sich am stärksten zwischen den beiden Punkten auswirkt, deren Impedanzverbindung eine Verstellung erfahren hat. Die resultierende Impedanz der übrigen Klemmenpaare kann davon nur in weniger ausgeprägtem Maße berührt werden, da in den parallel zu ihrer unmittelbaren Verbindung liegenden

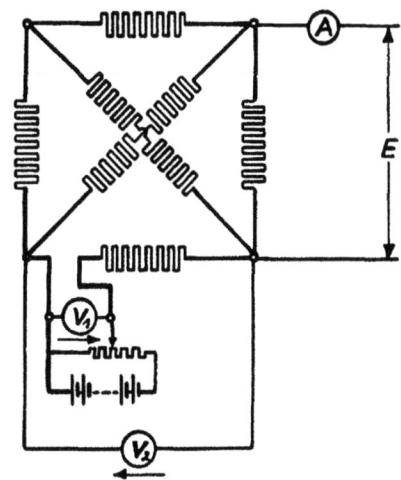

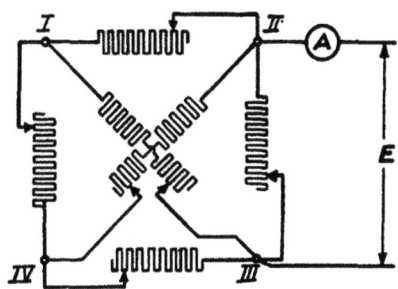

Bild 7. Verfahren zur experimentellen Ermittlung des Ersatzschaltbildes.

Bild 8. Ein Wirkwiderstand in der Rolle einer negativen Impedanz.

Maschen nur ein Element geändert wurde. Immerhin wird man auch diese geringen gegenseitigen Beeinflussungen bald erkennen und ihnen durch Über- oder Unterreglung Rechnung tragen. Es ist nicht schwer, die Widerstandswerte schließlich so genau zu ermitteln, daß die aus den Kurzschlußimpedanzen der Zweiwicklungstransformatoren abgeleiteten Sollwerte der Stromaufnahme auf etwa 2 vH genau eingehalten werden.

Sehr häufig wird man nach wenigen Einstellungen erkennen müssen, daß auch die völlige Ausschaltung einer Impedanzverbindung eine über dem Sollwert liegende Stromaufnahme des betreffenden Klemmenpaares ergibt. Man hat es dann offenbar mit einer negativen Impedanz zu tun. Es liegt nahe, diese dadurch zu realisieren, daß alle verstellbaren Impedanzen als regelbare Induktivitäten ausgebildet werden, die im Bedarfsfalle durch Parallelschalten einer entsprechenden Kapazität zu einer negativen Impedanz ergänzt werden. Man wird zu diesem Hilfsmittel insbesondere dann greifen müssen, wenn mehrere negativ wirkende Stromzweige vorliegen. Solange nur eine Impedanz diesen Charakter hat, kann man auch bei Ohmschen Widerstandsverbindungen und Gleichstrommessung durch einen Kunstgriff das Verhalten eines negativen Widerstandes durch einen positiven nachbilden. Man schaltet gemäß Bild 8 in den betreffenden Stromzweig eine regelbare fremde Stromquelle, etwa eine Akkumulatorenbatterie, am besten unter Vermittlung eines Spannungsteilers derart ein, daß diese eingeprägte EMK der Teilspannung des Stromzweiges entgegenwirkt und sie im Verhältnis 1 zu 2 übertrifft. Durch Ablesung an den beiden Spannungsmessern des Bildes 8 wird man diese Einstellung ganz genau erreichen können.

Dabei kehrt sich der Strom der betreffenden Verbindung um und fließt der Klemmenspannung entgegen. Die Beziehung $V_1 = 2 V_2$ sichert die Einhaltung der Bedingung, daß der Teilstrom dieser Verbindung mit gleichem Absolutwert, aber entgegengesetzter Richtung auftritt, als dies unter der Einwirkung von V_2 allein der Fall wäre.

Nach dieser Beschreibung des Näherungsverfahrens sei das Ergebnis einer auf dem angegebenen Wege durchgeführten Ermittlung des Ersatzschaltbildes eines Vierwicklungstransformators mitgeteilt. Es handelte sich um eine Anlage, die umfangreiche Kurzschlußberechnungen erforderte und die Berücksichtigung der Kupplungstransformatoren unter den verschiedensten Betriebsumständen verlangte. Als Kurzschlußspannungen der für eine Leistung von 30000 kVA ausgelegten Einheiten waren für die Wicklungen A, B, C, D angegeben worden:

E_{AB}	E_{AC}	E_{AD}	E_{BC}	E_{BD}	E_{CD}	
8,5	8	9	7,5	9	16	vH
0,288	0,271	0,305	0,254	0,305	0,542	Ω

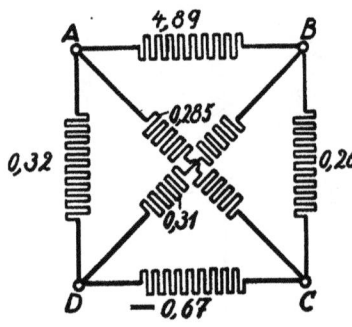

Bild 9. Ein Beispiel aus der Praxis. Netzkupplungstransformator mit vier Wicklungen in Netzbilddarstellung.

In der zweiten Reihe sind die hieraus berechneten, auf eine Betriebsspannung von 10,5 kV (Wicklung A) bezogenen Kurzschlußimpedanzen angegeben. Das diesem Transformator entsprechende Ersatzschaltbild ist in Bild 9 wiedergegeben.

Die nachstehende Zahlentafel zeigt, wie die in Bild 9 angeführten Widerstände auf experimentellem Wege erhalten wurden. Den Ausgangspunkt bildeten die für Zweiwicklungskurzschluß bei einer Spannung von 80 Volt errechneten Sollwerte der Kurzschlußströme, die in der ersten Reihe wiedergegeben sind. Das Verfahren begann damit, daß probeweise die doppelten Kurzschlußimpedanzen, multipliziert mit einem konstanten Faktor von 1000, am Modell eingestellt wurden. Nach einigen Versuchen ergaben sich die in der fünften Reihe angeführten Stromwerte. Die weiteren Reihen zeigen, daß dann durch Korrektur des jeweils stark gedruckten Stromzweiges schnell die Sollwerte erreicht werden konnten.

	AB	AC	AD	BC	BD	CD	Faktor
Sollwerte der Ströme in A bei 80 Volt Versuchsspannung und Kurzschluß des Wicklungspaares	0,278	0,295	0,262	0,315	0,262	0,148	10^3
Probeweise eingestellte Widerstände in Ω	576	542	610	508	610	1084	10^{-3}
Zunächst erhaltene Ströme in A	0,274	0,24	0,224	**0,233**	0,226	0,157	10^3
Korrektur auf A	0,292	**0,209**	0,224	0,310	0,229	0,173	10^3
	0,285	0,294	0,260	0,304	0,257	**0,172**	10^3
	0,288	0,272	0,253	**0,282**	0,252	0,131	10^3
	0,297	0,287	0,251	0,310	**0,233**	0,137	10^3
	0,296	0,284	0,263	0,313	0,263	0,144	10^3
	0,278	0,273	0,267	**0,280**	0,263	0,143	10^3
	0,281	**0,283**	0,252	0,308	0,257	0,145	10^3
	0,283	0,295	**0,258**	0,311	0,261	0,142	10^3
Endwert	0,278	0,293	0,260	0,313	0,261	0,145	10^3

Die Übereinstimmung der letzten Reihe mit den Sollwerten war so gut, daß das Verfahren hier abgebrochen werden durfte. Die an den einzelnen Stromzweigen des Ersatzschaltbildes vorgenommenen Einstellungen beeinflussen, wie man sieht, im wesentlichen nur die Stromaufnahme bei Kurzschluß am zugehörigen Wicklungspaar. Dieses Verhalten begünstigt die Konvergenz des Verfahrens.

Auf einer bestimmten Zwischenstufe der Entwicklung stellt man fest, daß trotz guter Annäherung aller übrigen Stromaufnahmen an die Sollwerte der Kurzschlußstrom des Falles CD selbst dann zu hoch bleibt, wenn der Widerstand CD unendlich groß gemacht wird. Man muß also über den Wert unendlich hinausgehen und einen negativen Widerstand einführen.

Durch Ausmessung der im Endzustand eingestellten Widerstände ergibt sich die Ersatzschaltung nach Bild 9.

Aus dieser Darstellung sollen einige Folgerungen abgeleitet werden. Zunächst sei ein von den Wicklungen A und B gespeister Kurzschluß an Wicklung D angenommen. Welche Spannung entsteht an Wicklung C? Da A und B auf gleichem Potential liegen, sind AC und BC unmittelbar parallel geschaltet und ergeben zusammen 0,136 Ω. C teilt also die Spannung $BD = 100$ vH im Verhältnis $(-0,67) : (-0,67 + 0,136) = 126 : 100$. Im betrachteten Kurzschlußfall entsteht also an der leerlaufenden Wicklung C eine Einflußspannung von 126 vH. Speist man auch C mit der Netzspannung von 100 vH, so liefert der Stromzweig CD sogleich einen kleineren negativen Stromanteil nach D, der Kurzschlußstrom wird größer. Es sind aber ohne weiteres Fälle denkbar, in denen der Kurzschlußstrom bei Speisung einer weiteren Wicklung praktisch unverändert bleibt. Als Beispiel hierfür sei ein Kurzschluß in A betrachtet, der zunächst von C und D gespeist sei. Die Parallelschaltung von DA und CA ergibt 0,151 Ω. Die parallel geschalteten Verbindungen DB und CB haben zusammen 0,142 Ω, so daß Punkt B die Spannung im Verhältnis $4,89 : (0,142 + 4,89) = 97 : 100$ teilt. An B wird also durch die Einflußspannung einer von außen angelegten Klemmenspannung von 97 vH gerade das Gleichgewicht gehalten. Legt man auch an B die volle Netzspannung von 100 vH an, so kann der Kurzschlußstrom in A praktisch nicht mehr zunehmen.

Das Ersatzschaltbild beantwortet also alle Fragen, die im Zusammenhang mit Übertragungsaufgaben auftauchen können, in der gewohnten Sprache des Netzbildes.

7. Vergleich mit anderen Methoden.

Beschränkt man sich auf die Untersuchung einiger Sonderfälle, so kann auch die unmittelbare Berechnung gute Dienste leisten. Besteht z. B. ein Kurzschluß an den Klemmen einer Wicklung, der von nur einer weiteren Wicklung gespeist wird, so lassen sich die Einflußspannungen an den anderen Wicklungen natürlich wie bei einem Dreiwicklungstransformator bestimmen. Bedient man sich des Bildes 5b, so erkennt man, daß bei Kurzschluß an 2, gespeist von 1, die Wicklung 3 das Potential des Sternpunktes annimmt, somit die im Kurzschlußweg 12 verbrauchte Spannung im Verhältnis $\dfrac{y_1}{y_1+y_2}$ unterteilt wird. Dabei gilt

$$\frac{y_1}{y_1+y_2} = \frac{\frac{1}{2}(x_{12}+x_{13}-x_{23})}{x_{12}}.$$

Auch beim Dreiwicklungstransformator sind durch die radiale Ausdehnung der Spulen ($x_{23} > x_{13} + x_{12}$) negative Einflußspannungen möglich.

Ebenso läßt sich der Fall einer kurzgeschlossenen und zweier speisender Wicklungen rechnerisch bewältigen. Die Aufteilung der Kurzschlußströme ist nach Bild 5b leicht zu bestimmen. An dem nun bekannten Vierwicklungstransformator soll ein Kurzschluß an B von C und D gespeist werden. Aus den Zweiwicklungsimpedanzen des Dreieckes BCD (0,254, 0,542, 0,305) ergeben sich die Arme des Ersatzsternes sofort zu 0,0085, 0,246, 0,297 Ω. Die von C und D ausgehenden Arme ergeben parallel geschaltet 0,134 Ω und liegen in Serie mit Arm B. Die Kurzschlußimpedanz dieses Falles ist also 0,143 Ω, der Strom teilt sich auf C und D im Verhältnis $0,297:0,246 = 55,5:44,5$ vH auf. Fragt man weiter nach der Einflußspannung in A, so ist das Dreiwicklungssystem ABC ersetzbar durch einen Stern $0,153$, $0,136$, $0,119$, so daß A das Potential von C mal $\frac{0,119}{0,119+0,136} = 0,467$ annimmt. Der von C nach B fließende Strom $\frac{100}{0,255}$ würde also A auf $46,7$ vH heben. Tatsächlich fließt von C nach B nur $\frac{55,5}{0,143}$, so daß A nur auf $46,3$ vH kommt. Die gleiche Rechnung ist am Stern ABD durchzuführen, dessen Arme $0,144$, $0,144$, $0,161$ betragen. Ein Strom von $\frac{100}{0,305}$ A hebt A auf $\frac{0,161}{0,305} = 52,9$ vH, ein Strom von $\frac{44,5}{0,143}$ A also auf $50,1$ vH. Dementsprechend kommt A auf insgesamt $46,3 + 50,1 = 96,4$ vH. Was sagt die Ersatzschaltung gemäß Bild 9 hierüber aus? C und D sind dort zusammenzufassen, es liegen die Verbindungen CA und DA mit $0,285$ und $0,32\,\Omega$ parallel. Ihr resultierender Widerstand von $0,151\,\Omega$ ist mit $AB = 4,89\,\Omega$ in Serie geschaltet. Es liegen daher an A $\frac{4,89}{0,151+4,89} \cdot 100 = 97$ vH der Spannung CB bzw. DB. Die beiden Ergebnisse decken sich also mit der wünschenswerten Genauigkeit.

8. Verallgemeinerungen und Zusätze.

In der bisherigen Untersuchung wurde stillschweigend die Annahme eingeführt, daß man es bei den Kurzschlußimpedanzen eines Mehrwicklungstransformators mit Richtgrößen gleichen Charakters zu tun hat. Im wesentlichen ist dies wohl auch der Fall, da der Wirkwiderstand gegenüber dem Blindwiderstand stets zurücktritt. Keinesfalls liegt hierin eine Schwierigkeit grundsätzlicher Art. Der Existenzbeweis für das Ersatzschaltbild gilt genau so, wenn die Induktionskoeffizienten komplexe Natur aufweisen. Ebenso reichen die komplexen Zweiwicklungs-Kurzschlußimpedanzen zur experimentellen Ermittlung des aus Blind- und Wirkstromverbrauchern aufzubauenden Ersatzgebildes hin. Die Einreglung der Blind- und Wirkkomponente jedes Elementes würde man nach dem früher beschriebenen Verfahren so vornehmen, daß neben einer Sollstromaufnahme auch ein Solleistungsfaktor angestrebt wird.

Das Ersatzschaltbild des Mehrwicklungstransformators gewährt einen Einblick in die magnetischen Feldbindungen, der am besten mit den Kapazitätsbeziehungen des Mehrleitersystemes zu vergleichen ist. Diese Analogie läßt Schlüsse zu, die für das Übertragungsproblem unter Umständen nicht ohne technische Bedeutung sind.

Bei Mehrleitersystemen lassen sich unerwünschte Kapazitätsbeziehungen beeinflussen, indem man Kompensations- und Entkopplungseinrichtungen hinzufügt, durch die gewisse Strompfade überbrückt oder gesperrt werden. Ganz analoge Wege lassen sich natürlich beschreiten, wenn man zur Abänderung oder Kompensation magnetischer Feldbindungen zu schreiten wünscht. Das Ersatzschaltbild vermittelt die erforderliche Einsicht und bildet die Grundlage für die Lösung der Aufgabe, die magnetische Kopplung zweier Systeme enger oder loser zu gestalten, wie dies beispielsweise durch Kondensatoren erfolgen kann, die zu den Wicklungen in Reihe oder parallel geschaltet sind.

Die zwölfphasige Großgleichrichter-Schaltung nach Krämer.

Von W. Krey.

Strom- und Spannungskurven, deren Effektiv- bzw. Mittelwerte, die Transformatoren-Scheinleistungen und der Leistungsfaktor der von Krämer für Großgleichrichter angegebenen Zwölfphasen-Schaltung werden unter der Annahme einer verlustlosen Anlage berechnet. Ferner wird die Gleichung der Charakteristik für den Fall entwickelt, daß wechselstromseitig induktive und Ohmsche Verluste vorhanden sind.

Der Großgleichrichter hat seine bisherige Entwicklung im Zeichen der Sechsphasen-Schaltung zurückgelegt. Sie ist in Entwurf und Ausführung bequem und gestattet, in Gestalt der sekundären Gabelschaltung oder durch Verwendung der Saugdrossel oder eines Transformators mit magnetischem Rückschluß, einen kleinen Gleichspannungsabfall bei verhältnismäßig großer Kurzschlußspannung zu erzielen. Ungünstig ist der Umstand, daß die Sechsphasen-Schaltung in allen ihren Formen nur einen Gleichstrom gewinnen läßt, dessen Störwelle ziemlich beträchtlich ist. Wohl sind die Abhilfemittel hiergegen in Gleichstromdrosseln und Schwingungskreisen gefunden, doch verteuern diese die Anlagen nicht unerheblich.

Das Störwellenproblem verliert im wesentlichen seine Bedeutung, wenn man zum Zwölfphasen-System übergeht. Denn die hauptsächlichste Störfrequenz des Sechsphasen-Gleichrichters von 300 Hz fehlt hier ganz. Da aber der Gleichspannungsabfall mit der Phasenzahl wächst und auch die Ausnutzung des Transformators sehr ungünstig ist, scheidet die einfache Zwölfphasen-Schaltung, d. h. die Schaltung, bei der im allgemeinen nur eine Anode brennt, von vornherein aus, und in Betracht kommen nur Schaltungen, bei denen dauernd mehrere Anoden gleichzeitig brennen.

Mit Hilfe der Küblerschen Saugdrossel ist es möglich, das Zwölfphasen-System in zwei Sechsphasen-, drei Vierphasen- oder vier Dreiphasen-Systeme zu unterteilen (eine weitere Unterteilung ist nicht zweckmäßig), wobei in jedem Augenblick zwei, bzw. drei. bzw. vier Phasen Strom führen. Leider haben alle diese Lösungen eine kleine, aber beachtenswerte Schwäche. Beim Zwölfphasen-System haben nämlich die benachbarten Spannungswellen einen so geringen Abstand voneinander, daß bei kleinen Unsymmetrien, z. B. in den Kurzschlußspannungen der einzelnen Phasen, das Zwölfphasen-System unter Last leicht in ein Sechsphasen-System ausartet. Auch kann der Fall eintreten, daß bei einem aus irgendeinem Grunde im Innern des Gleichrichters verursachten kleinen Zündverzug einer Anode diese Anode überhaupt ausfällt und so eine unerwünschte Verzerrung der Gleichstromkurve hervorruft.

Verzichtet man auf die Mannigfaltigkeit, welche die Saugdrossel in der Unterteilung des Zwölfphasen-Systems leistet, so ist das gleiche Ziel auch durch andere Mittel zu erreichen. So hat Krämer[1] bereits an anderer Stelle eine Zwölfphasen-Schaltung behandelt und in ihrer Bedeutung hervorgehoben, welche die Nachteile der Saugdrossel-Schaltung vermeidet. Im folgenden soll auf diese Schaltung näher eingegangen werden.

---

[1] ETZ 1929, S. 303.

I. Das verlustlose Zwölfphasen-System.

Der Aufbau der Schaltung ist in Bild 1 dargestellt. Auf der Primärseite ist der offene Stern des einen Transformators mit dem Dreieck des anderen in Serie geschaltet. Die Folge hiervon ist, daß die beiden sekundären Sechsphasen-Systeme gegeneinander um 30° verschoben sind und bei verbundenen Nullpunkten zusammen ein regelrechtes Zwölfphasen-System ergeben.

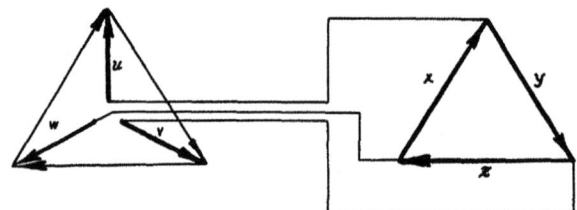

Die schematische Darstellung in Bild 2 soll die Verfolgung der Vorgänge in den Transformatoren erleichtern. Wir nehmen folgende Vereinfachungen vor. Auf der Gleichstromseite soll eine unendlich große Drosselspule vorhanden sein, so daß dort reiner Gleichstrom fließt. Der Gleichrichter arbeite auf Ohmsche Widerstände. Die Transformatoren sollen ohne Wirkwiderstand und Streuung sein. Auch im Generator und Primärnetz sollen keine Ohmschen oder induktiven Verluste auftreten. Ferner wird der Magnetisierungsstrom der Transformatoren vernachlässigt. Der Lichtbogenabfall sei als gleichbleibend angenommen und in die Gleichspannung einbezogen. Unter Gleichspannung ist also in jedem Augenblick die Spannung zwischen den gerade arbeitenden Anoden und dem Transformatoren-Nullpunkt zu verstehen.

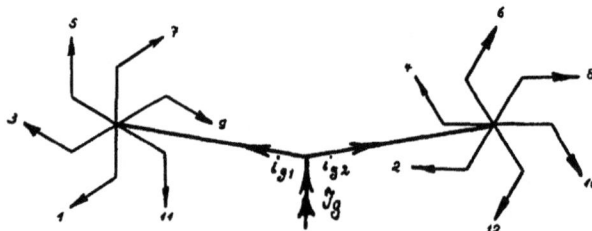

Bild 1. Schaltung der Transformatoren. Die Vektoren der aufgedrückten Primärspannungen r, s und t sind von w nach u, bzw. u nach v, bzw. v nach w gerichtet.

Die Sekundärphasen sind beziffert mit den Zahlen 1 bis 12, die Schenkelwicklungen primär mit u, v, w, bzw. x, y, z, sekundär mit u_1, v_1, w_1, bzw. x_2, y_2, z_2. Die ungeraden Sekundärphasen liegen sämtlich auf dem einen Transformator, die geraden auf dem anderen.

Es sei

J_g = arithmetischer Mittelwert des Gleichstromes,
i = Momentanwert des Anodenstromes,
J_{an} = Effektivwert des Anodenstromes,
j = Momentanwert des Primärstromes,
J = Effektivwert des Primärstromes,
E_{g_0} = arithmetischer Mittelwert der Gleichspannung im Leerlauf,
E = Effektivwert der sekundären Phasenspannung im Leerlauf,
e = Momentanwert der aufgedrückten Primärspannung,
E_{pr} = Effektivwert der aufgedrückten Primärspannung,
E_1 bzw. E_2 = Effektivwert der primären Schenkelspannung von Transformator I bzw. II im Leerlauf,
g_ϑ = Momentanwert der Gleichspannung beim gleichzeitigen Brennen von drei Anoden,
$E_{g\vartheta}$ = arithmetischer Mittelwert der Gleichspannung beim gleichzeitigen Brennen von drei Anoden,
f = Momentanwert der Schenkelspannung bzw. Phasenspannung beim gleichzeitigen Brennen von drei Anoden,
F = Effektivwert der sekundären Phasenspannung beim gleichzeitigen Brennen von drei Anoden,

n_1 bzw. n_2 = Verhältnis der Primärwindungszahl eines Schenkels zur Windungszahl eines auf dem gleichen Schenkel liegenden Unterteiles einer Sekundärphase von Transformator I bzw. II,
n = Gesamt-Übersetzungs-Verhältnis.

1. Leerlauf-Gleichspannung.

Im Leerlauf arbeitet immer nur eine Anode, und zwar während einer Periode jede Anode einmal in dem Intervall zwischen den Schnittpunkten ihrer positiven Spannungshalbwelle mit den positiven Spannungshalbwellen der vorhergehenden und folgenden Anode. Die Leerlauf-Gleichspannung entspricht demnach dem reinen Zwölfphasen-Betrieb:

$$E_{g_0} = \frac{6}{\pi} \cdot E\sqrt{2} \int_{-\pi/12}^{+\pi/12} \cos\alpha \, d\alpha = 1{,}398 E. \quad (1)$$

2. Ströme.

Wegen der sekundären Zickzack-Schaltung ist die Summe der primären und sekundären AW auf jedem Transformatorschenkel in jedem Augenblick gleich Null.

Führt nun z. B. die Anode 1 Strom, so gelten (Bild 2) folgende Gleichungen:

$$\left.\begin{array}{l} j_u = -j_w = \dfrac{1}{n_1} \cdot i_1, \\ j_v = 0. \end{array}\right\} \quad (2)$$

$$\left.\begin{array}{l} j_u = j_x - j_y, \\ j_v = j_y - j_z, \\ j_w = j_z - j_x, \end{array}\right\} \quad (3)$$

aus denen sich für die Primärströme des Transformators II ergibt

$$\left.\begin{array}{l} j_x = \dfrac{2}{3n_1} \cdot i_1, \\ j_y = j_z = -\dfrac{1}{3n_1} \cdot i_1. \end{array}\right\} \quad (4)$$

Der primäre Laststrom tritt also in die Primärwicklung w des Transformators I ein, fließt in Verzweigungen durch das Dreieck des Transformators II, durchströmt die

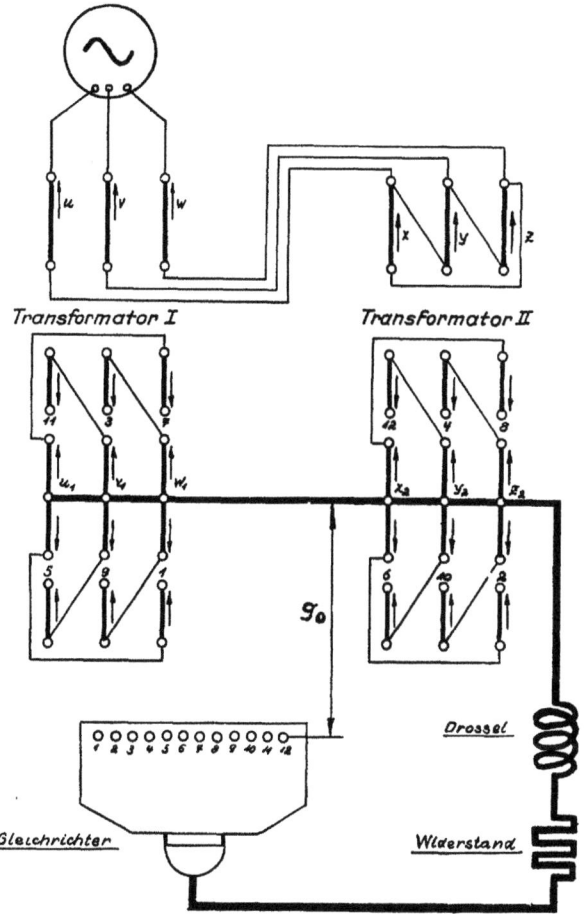

Bild 2. Schaltbild des verlustlosen Betriebes.

Primärwicklung u des Transformators I und schließt sich über den Generator. Fließt nun auf der Sekundärseite des Transformators II kein Strom, so sind die auf die Primärwicklungen x, y, z entfallenden AW ungedeckt, und der Transformator hat lediglich die Funktion einer Primärdrossel. Da sich die Flüsse im Eisen schließen können, ist die abgedrosselte Spannung sehr groß. Dadurch ist aber die Verteilung der aufgedrückten Spannung auf beide Transformatoren gestört. Dem Transformator I wird die Primärspannung abgedrosselt, und die Sekundärspannungen sinken. In den Sekundärphasen des Transformators II hingegen werden zusätzliche Spannungen induziert. Ist der Strom groß genug, so erreichen die im Vektordiagramm benachbarten Phasen 12 und 2 das Potential der arbeitenden Phase 1 und zünden. Jetzt ist das magnetische Gleichgewicht auch im zweiten Transformator hergestellt, und die Spannungsverhältnisse bleiben fernerhin unverändert. Dieser Vorgang ist von irgendwelchen Systemunebenheiten oder Zündverzögerungen im Gleichrichter gänzlich unabhängig, so daß jede Anode notwendigerweise den vorgeschriebenen Takt genau einhalten muß.

Es brennen nunmehr die Anoden 12, 1 und 2 gleichzeitig, und der Gleichstrom verteilt sich im Gleichrichter auf die drei Anoden. Das Zusammenarbeiten der Anoden 12, 1 und 2 reicht bis zum Schnittpunkt der positiven Halbwellen der Phasenspannungen 12 und 3. Dort erlischt die Anode 12 und zündet die Anode 3. Jetzt arbeitet vom Transformator II nur eine Phase, nämlich die zweite, vom Transformator I aber zwei, die erste und dritte. Der Antrieb zum Ausgleich der Phasenspannungen hat sich umgekehrt. Dies wiederholt sich von 30° zu 30°.

Von dem aufkommenden primären Laststrom ist demnach in dem einen Transformator ein gewisser Betrag magnetischer Energie aufgespeichert, der zwischen beiden Transformatoren rhythmisch hin- und herwogt. Getragen wird er von einem Strome der fünffachen Netzfrequenz, der wegen seiner Geringfügigkeit ebenso, wie der Leerlaufstrom der Transformatoren, unberücksichtigt bleiben soll.

Unter diesen Bedingungen brennt jede Anode stets genau zwischen den Schnittpunkten ihrer positiven Phasenhalbwelle mit den positiven Phasenhalbwellen der drittvorhergehenden und der drittfolgenden Anode, also über einen Bereich von 90°.

Brennen nun die Anoden 12, 1 und 2 gleichzeitig, so erhalten wir außer den Gleichungen (2) bis (4)

$$\left.\begin{aligned} j_x &= \frac{1}{n_2}(i_{12} + i_2), \\ j_y &= -\frac{1}{n_2} i_{12}, \\ j_z &= -\frac{1}{n_2} \cdot i_2. \end{aligned}\right\} \quad (5)$$

Da aber
$$i_{12} + i_1 + i_2 = J_g,$$
so folgt aus den Gleichungen (4) und (5)

$$\left.\begin{aligned} i_{12} = i_2 &= \frac{n_2}{2n_2 + 3n_1} \cdot J_g, \\ i_1 &= \frac{3n_1}{2n_2 + 3n_1} \cdot J_g, \\ j_u = -j_w &= \frac{3}{2n_2 + 3n_1} \cdot J_g, \\ j_v &= 0, \\ j_x &= \frac{2}{2n_2 + 3n_1} \cdot J_g, \\ j_y = j_z &= -\frac{1}{2n_2 + 3n_1} \cdot J_g. \end{aligned}\right\} \quad (6)$$

Wenn die Anoden 11, 12 und 1 brennen, ergibt sich analog

$$\left.\begin{aligned} i_{11} = i_1 &= \frac{n_1}{2n_1 + n_2} \cdot J_g, \\ i_{12} &= \frac{n_2}{2n_1 + n_2} \cdot J_g, \\ j_u &= \frac{2}{2n_1 + n_2} \cdot J_g, \\ j_v = j_w &= -\frac{1}{2n_1 + n_2} \cdot J_g, \\ j_x = -j_y &= \frac{1}{2n_1 + n_2} \cdot J_g, \\ j_z &= 0. \end{aligned}\right\} \quad (7)$$

Soll die Last auf die beiden Transformatoren symmetrisch verteilt sein, so müssen die Oszillogramme der Anodenströme bis auf die Phasenwinkel einander gleich sein. Das erfordert, daß der Strom i_{12} im Triplum 11, 12, 1 gleich ist dem Strom i_1 im Triplum 12, 1, 2; hieraus leitet sich ab

$$\frac{n_2}{n_1} = \sqrt{3} \tag{8}$$

und weiter

$$E_2 = \sqrt{3} \cdot E_1, \tag{9}$$

d. h. die primäre Schenkelspannung des Transformators II ist das $\sqrt{3}$ fache von der des Transformators I.

Aus dem Vektordiagramm des Bildes 1 ist ferner zu entnehmen

$$E_{pr} = 2E_2 = 2\sqrt{3} \cdot E_1, \tag{10}$$

so daß sich als Gesamt-Übersetzungs-Verhältnis schreiben läßt

$$n = \frac{E_{pr}}{E} = \frac{2\sqrt{3} \cdot E_1}{E} = \frac{2E_2}{E} \tag{11}$$

oder auch

$$n = 2n_1 = \frac{2n_2}{\sqrt{3}}. \tag{12}$$

Wird das Gesamt-Übersetzungs-Verhältnis in die Gleichungen (6) und (7) eingeführt, so wird:

Triplum 12, 1, 2

$$\left.\begin{aligned}
i_{12} = i_2 &= \frac{1}{2+\sqrt{3}} \cdot J_g = 0{,}268 \cdot J_g, \\
i_1 &= \frac{\sqrt{3}}{2+\sqrt{3}} \cdot J_g = 0{,}464 \cdot J_g, \\
j_u = -j_w &= \frac{2\sqrt{3}}{(2+\sqrt{3})n} \cdot J_g = \frac{0{,}93}{n} \cdot J_g, \\
j_v &= 0, \\
j_x &= \frac{4}{\sqrt{3}(2+\sqrt{3})n} \cdot J_g = \frac{0{,}62}{n} \cdot J_g, \\
j_y = j_z &= -\frac{2}{\sqrt{3}(2+\sqrt{3})n} \cdot J_g = -\frac{0{,}31}{n} \cdot J_g,
\end{aligned}\right\} \tag{13}$$

Triplum 11, 12, 1

$$\left.\begin{aligned}
i_{11} = i_1 &= \frac{1}{2+\sqrt{3}} \cdot J_g = 0{,}268 \cdot J_g, \\
i_{12} &= \frac{\sqrt{3}}{2+\sqrt{3}} \cdot J_g = 0{,}464 \cdot J_g, \\
j_u &= \frac{4}{(2+\sqrt{3})n} \cdot J_g = \frac{1{,}07}{n} \cdot J_g, \\
j_v = j_w &= -\frac{2}{(2+\sqrt{3})n} \cdot J_g = -\frac{0{,}535}{n} \cdot J_g, \\
j_x = -j_y &= \frac{2}{(2+\sqrt{3})n} \cdot J_g = \frac{0{,}535}{n} \cdot J_g, \\
j_z &= 0.
\end{aligned}\right\} \tag{14}$$

Damit sind die Oszillogramme der sekundären und primären Ströme bekannt; sie sind in Bild 3 eingezeichnet. Alle Ströme auf der Wechselstromseite setzen sich aus konstanten Anteilen zusammen.

Als Effektivwert des Anodenstromes wird erhalten

$$J_{an} = \frac{1}{2(2+\sqrt{3})} \cdot \left(\frac{5}{3}\right)^{\frac{1}{2}} \cdot J_g = 0{,}173 J_g. \tag{15}$$

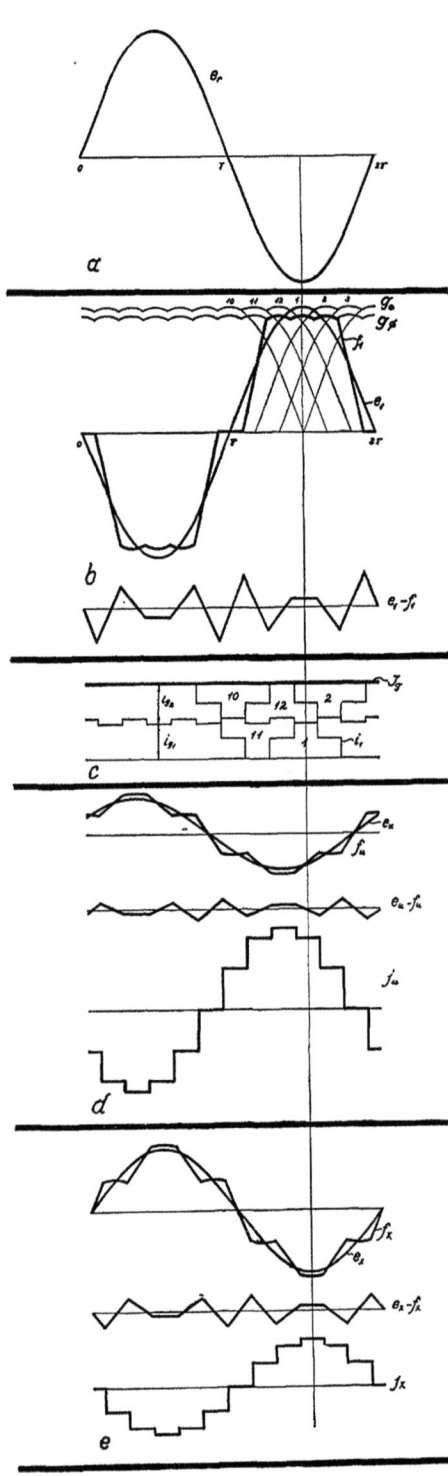

Bild 3.

a = Aufgedrückte Primär-Spannung, b = Sekundär-Spannungen, c = Sekundär-Ströme, d = Primär-Spanuungen und -Ströme von Transformator I, e = Primär-Spannungen und -Ströme von Transformator II.

Die Effektivwerte der primären Transformatorenströme bestimmen sich zu

$$\left.\begin{array}{l}J_1 = \dfrac{2\sqrt{2}}{(2+\sqrt{3})n} \cdot J_g = \dfrac{0{,}76}{n} J_g\,,\\[4pt] J_2 = \dfrac{2\sqrt{2}}{\sqrt{3}\,(2+\sqrt{3})n} \cdot J_g = \dfrac{0{,}438}{n} J_g\,.\end{array}\right\} \quad (16)$$

3. Spannungen.

Infolge der den Leerlaufspannungen übergelagerten Wellen fünfter Ordnung sind die Transformatoren-Spannungen beim gleichzeitigen Brennen von drei Anoden nicht mehr sinusförmig. Es bezeichnet f den Momentanwert der vom gemeinsamen Felde in jeder Schenkelwicklung induzierten Spannung, g_θ den Momentanwert der Gleichspannung, e den der aufgedrückten Spannung. Die Zeit wird vom Nullpunkt der aufgedrückten Primärspannung e_r an gezählt. Es sollen momentan die Anoden 12, 1, 2 brennen, dann liefert (Bild 2) die Primärseite folgende Gleichungen:

$$e_r - f_u + f_w - f_x = 0\,, \quad (17)$$

$$e_s - f_v + f_u - f_y = 0\,. \quad (18)$$

Da wechselstromseitig jegliche Ohmschen und induktiven Widerstände fehlen, ist der Momentanwert der Gleichspannung g_θ gleich dem Momentanwert der Phasenspannungen der arbeitenden Anoden.

Es ist also

$$g_\theta \begin{cases} = f_1 = f_{w_1} - f_{u_1},\\ = f_{12} = f_{y_2} - f_{x_2},\\ = f_2 = f_{z_2} - f_{x_2}.\end{cases} \quad (19)$$

Aus Gleichung (19) folgt

$$f_{z_2} = f_{y_2}\,. \quad (20)$$

Da ferner die Beziehung besteht

$$f_{x_2} + f_{y_2} + f_{z_2} = 0\,,$$

ergibt sich aus den Gleichungen (19) und (20)

$$\left.\begin{array}{l}f_{y_2} = f_{z_2} = \tfrac{1}{3} g_\theta\,,\\[2pt] f_{x_2} = -\tfrac{2}{3} g_\theta\,.\end{array}\right\} \quad (21)$$

Die Primärspannungen des Transformators II sind dann

$$\left.\begin{array}{l}f_x = \dfrac{n\cdot\sqrt{3}}{2} \cdot f_{x_2} = -\dfrac{n}{\sqrt{3}} g_\theta\,,\\[4pt] f_y = f_z = \dfrac{n\sqrt{3}}{2} \cdot f_{z_2} = \dfrac{n}{2\sqrt{3}} g_\theta\,.\end{array}\right\} \quad (22)$$

Da ferner
$$f_u = \frac{n}{2} \cdot f_{u_1},$$
$$f_w = \frac{n}{2} \cdot f_{w_1},$$
so ist nach Gleichung (19)
$$f_w - f_u = \frac{n}{2} g_\vartheta. \tag{23}$$

Gleichung (17) läßt sich nunmehr in folgende Form bringen
$$e_r + \frac{n}{2} g_\vartheta + \frac{n}{\sqrt{3}} g_\vartheta = 0,$$
woraus
$$g_\vartheta = f_{12} = f_1 = f_2 = -\frac{2\sqrt{3}}{n(2+\sqrt{3})} \cdot E_{pr} \cdot \sqrt{2} \cdot \sin\alpha. \tag{24}$$

Für die Feldspannungen des Transformators II folgt dementsprechend
$$\left.\begin{array}{l} f_{x_2} = \dfrac{4\sqrt{3}}{3(2+\sqrt{3})n} \cdot E_{pr} \cdot \sqrt{2} \cdot \sin\alpha, \\[4pt] f_{y_2} = f_{z_2} = -\dfrac{2\sqrt{3}}{3(2+\sqrt{3})n} \cdot E_{pr} \cdot \sqrt{2} \cdot \sin\alpha, \\[4pt] f_x = \dfrac{2}{2+\sqrt{3}} \cdot E_{pr} \cdot \sqrt{2} \cdot \sin\alpha, \\[4pt] f_y = f_z = -\dfrac{1}{2+\sqrt{3}} \cdot E_{pr} \cdot \sqrt{2} \cdot \sin\alpha. \end{array}\right\} \tag{25}$$

Subtrahiert man weiter Gleichung (18) von Gleichung (17) und berücksichtigt die Gleichungen (19) bis (21), so erhält man
$$f_u = \frac{E_{pr} \cdot \sqrt{2}}{2\sqrt{3}} \left[\frac{3}{2+\sqrt{3}} \cdot \sin\alpha + \cos\alpha\right]. \tag{26}$$

Die Gleichungen (23), (24) und (26) liefern
$$f_w = \frac{E_{pr} \cdot \sqrt{2}}{2\sqrt{3}} \left[\cos\alpha - \frac{3}{2+\sqrt{3}} \cdot \sin\alpha\right] \tag{27}$$

und, da
$$f_u + f_v + f_w = 0,$$
$$f_v = -\frac{E_{pr} \cdot \sqrt{2}}{\sqrt{3}} \cdot \cos\alpha. \tag{28}$$

Die Sekundärspannungen des Transformators I ergeben sich jetzt unmittelbar
$$\left.\begin{array}{l} f_{u_1} = \dfrac{E_{pr} \cdot \sqrt{2}}{n\sqrt{3}} \left[\dfrac{3}{2+\sqrt{3}} \cdot \sin\alpha + \cos\alpha\right], \\[4pt] f_{v_1} = -\dfrac{2 E_{pr} \cdot \sqrt{2}}{n\sqrt{3}} \cdot \cos\alpha, \\[4pt] f_{w_1} = \dfrac{E_{pr} \cdot \sqrt{2}}{n\sqrt{3}} \left[\cos\alpha - \dfrac{3}{2+\sqrt{3}} \cdot \sin\alpha\right]. \end{array}\right\} \tag{29}$$

Für die 12 sekundären Phasenspannungen hat man schließlich
$$\left.\begin{array}{l} g_\vartheta = f_1 = f_2 = f_{12} = -f_6 = -f_7 = -f_8 = -\dfrac{2\sqrt{3}}{2+\sqrt{3}} \cdot \dfrac{E_{pr} \cdot \sqrt{2}}{n} \cdot \sin\alpha, \\[4pt] f_{11} = -f_5 = -\dfrac{\sqrt{3} \cdot E_{pr} \cdot \sqrt{2}}{n} \left[\dfrac{1}{2+\sqrt{3}} \cdot \sin\alpha + \cos\alpha\right], \\[4pt] f_{10} = -f_4 = 0, \\[4pt] f_9 = -f_3 = -\dfrac{\sqrt{3} \cdot E_{pr} \cdot \sqrt{2}}{n} \left[\cos\alpha - \dfrac{1}{2+\sqrt{3}} \cdot \sin\alpha\right]. \end{array}\right\} \tag{30}$$

Bei den auf Grund dieser Gleichungen gezeichneten Oszillogrammen des Bildes 3 ist n gleich Eins gesetzt. Die von den beiden Transformatoren sich gegenseitig aufgezwungenen Wellen fünfter Ordnung treten deutlich hervor und sind in Bild 3 für jede Spannung auch gesondert dargestellt.

Der Effektivwert der sekundären Phasenspannung ist nicht mehr gleich E. Die Integration der Kurve von f_1 erbringt einen etwas größeren Wert

$$F = \frac{E_{pr}}{n} \cdot \frac{2}{2+\sqrt{3}} \left[\frac{7+2\sqrt{3}}{2} - \frac{3\sqrt{3}}{\pi} \right]^{\frac{1}{2}} = 1{,}0137 \cdot E. \tag{31}$$

Im gleichen Sinne ändern sich die Effektivwerte der anderen Transformatoren-Spannungen.

Der arithmetische Mittelwert der Gleichspannung ist jetzt

$$E_{g_g} = \frac{24\sqrt{3}\cdot\sqrt{2}}{\pi(2+\sqrt{3})} \cdot \sin 15° \cdot \frac{E_{pr}}{n} = 1{,}2978 \cdot E. \tag{32}$$

Die Gleichspannung ist demnach beim gleichzeitigen Brennen von drei Anoden um etwa 7,17 vH niedriger als beim Brennen nur einer Anode im Leerlauf. Bei der Aufspaltung des Zwölfphasen-Systems in drei Vierphasen-Systeme mittels der Saugdrossel würde der Abfall etwa 8,9 vH ausmachen.

Die auf der Gleichstromseite abgegebene Leistung ist

$$L_g = E_{g_g} \cdot J_g. \tag{33}$$

Die Transformatoren-Scheinleistung errechnet sich

$$\text{primär zu } 1{,}03 L_g, \tag{34}$$

$$\text{sekundär zu } 1{,}87 L_g. \tag{35}$$

Dies ergibt eine mittlere Scheinleistung von

$$L_M = 1{,}45 L_g; \tag{36}$$

sie entspricht etwa der der sechsphasigen Stern-Gabelschaltung.

Verwendet man bei der hier behandelten Zwölfphasen-Schaltung auf der Sekundärseite statt der Zickzack- die Gabelschaltung, so verbessert sich die sekundäre Scheinleistung auf

$$L_{sec} = 1{,}66 L_g \tag{37}$$

und die mittlere Scheinleistung auf

$$L_M = 1{,}34 L_g. \tag{38}$$

In bezug auf die Ausnutzung des Transformators steht diese Schaltung demnach in der Mitte zwischen der einfachen sechsphasigen Stern-Gabelschaltung und der Sechsphasen-Schaltung mit zweiphasiger Saugdrossel.

Der Leistungsfaktor der Anordnung ist, da die primären Spannungen und Ströme der Sinusform sehr nahe kommen und in Phase sind, sehr hoch und beträgt

$$\lambda = 0{,}98. \tag{39}$$

Demgegenüber weisen die Sechsphasen-Schaltungen nur einen Leistungsfaktor von 0,955 auf.

II. Zwölfphasen-System mit primären und sekundären Verlustspannungen.

Der Abfall der Gleichspannung von E_{g_0} auf E_{g_β} geht innerhalb eines sehr kleinen Strombereiches vor sich und ist etwa bei 2 bis 3 vH des Vollaststromes vollendet. Da in Teil I auf der Wechselstromseite weitere Verluste als die in den Eigenreaktanzen der Schenkelwicklungen ausgeschlossen sind und das magnetische Gleichgewicht in den Transformatoren mit Eintritt von E_{g_β} erreicht ist, bleibt die Gleichspannung bei weiterem Ansteigen der Last konstant. Das ist nicht mehr der Fall, wenn jetzt wechselstromseitig Streu- oder sonstige Verlustspannungen zugelassen werden.

Wie aus der schematischen Darstellung in Bild 4 ersichtlich ist, soll auf der Sekundärseite jede Schenkelwicklung die Streureaktanz X haben. Die Gegenreaktanzen zweier auf dem gleichen Schenkel befindlichen Wicklungen sei gleich σX, wo σ den Kupplungsfaktor bedeute. Primär sind die Reaktanzen Y und Z. Die wechselstromseitigen Ohmschen Widerstände seien in den Sekundärphasen konzentriert, von denen jede den Widerstand w habe. Von Anodendrosseln ist abgesehen, da sie bei der hier behandelten Schaltung wohl kaum jemals verwendet werden. Der Momentanwert der Gleichspannung wird mit g, ihr arithmetischer Mittelwert mit E_g bezeichnet. Dann ist die Gleichspannung an irgendeinem Punkte der Charakteristik in weitgehender Näherung gegeben durch die Gleichung

$$E_g = E_{g_0} - [E_{g_0} - E_{g_\beta}] - \Delta E_{gs} - \Delta E_{gw}, \quad (40)$$

worin ΔE_{gs} und ΔE_{gw} dem Gleichstrom proportionale Größen sind. Es sind die durch die wechselstromseitigen Reaktanzen und Ohmschen Widerstände bewirkten Gleichspannungsabfälle.

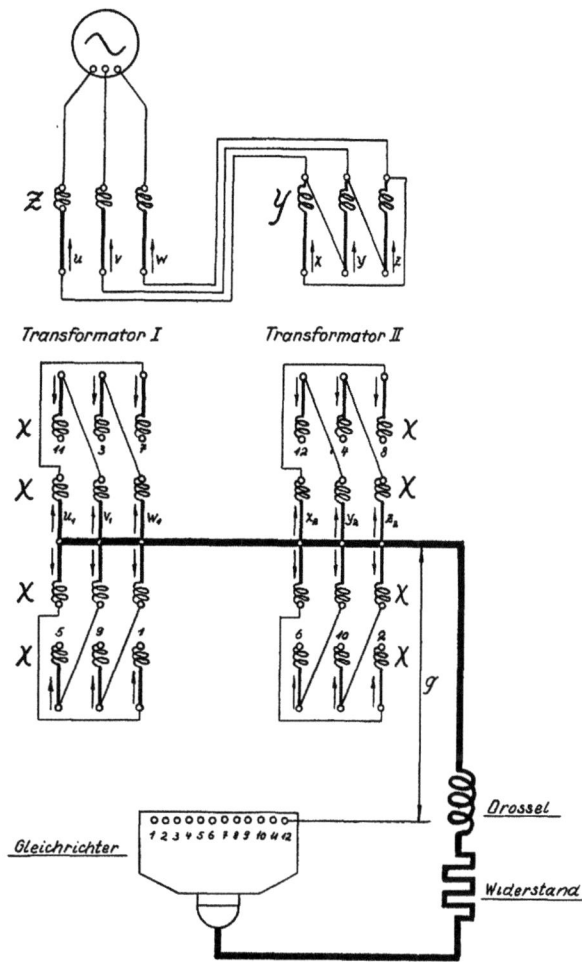

Bild 4. Schaltbild mit wechselstromseitigen Induktivitäten.

1. Induktiver Gleichspannungsabfall.

Solange nur drei Anoden gleichzeitig brennen, fließen entsprechend der früheren Rechnung primär und sekundär überall Gleichströme, und induktive Abfälle können nirgends auftreten. In dem Augenblick jedoch, in dem die erste der drei brennenden Anoden das Ende ihrer durchlässigen Zone erreicht und die ihr an dritter Stelle folgende Anode zündet, kann der Strom nicht in voller Stärke von der ersten zur letztgenannten Anode überspringen. Vielmehr nimmt er in der erlöschenden Anode allmählich auf Null ab, während er in der zündenden Anode allmählich von Null auf den Wert ansteigt, den die erste verlassen hat.

Brennen z. B. die Anoden *10, 11* und *12*, dann beginnt — die Zeit sei auch hier durch e_r bestimmt — bei $\alpha = \tfrac{15}{12}\pi$ die Anode *10* zu erlöschen und die Anode *1* zu zünden. Während der Übergangszeit $ü$ (Bild 5) arbeiten die Anoden *10, 11, 12* und *1* gleichzeitig, und es bestehen folgende Gleichungen:

$$\left.\begin{aligned} f_{10} - 2X \frac{di_{10}}{d\alpha} - \sigma X \frac{di_{12}}{d\alpha} \\ f_{11} - 2X \frac{di_{11}}{d\alpha} - \sigma X \frac{di_1}{d\alpha} \\ f_{12} - 2X \frac{di_{12}}{d\alpha} - \sigma X \frac{di_{10}}{d\alpha} \\ f_1 - 2X \frac{di_1}{d\alpha} - \sigma X \frac{di_{11}}{d\alpha} \end{aligned}\right\} = g, \tag{41}$$

$$\left.\begin{aligned} e_r - f_u + f_w - f_x + Z \frac{d(j_u - j_w)}{d\alpha} + Y \frac{dj_z}{d\alpha} = 0, \\ e_s - f_v + f_u - f_y + Z \frac{d(j_v - j_u)}{d\alpha} + Y \frac{dj_y}{d\alpha} = 0. \end{aligned}\right\} \tag{42}$$

Für die Momentanwerte der Transformatorenströme ist

$$\left.\begin{aligned} j_u &= \frac{2}{n}(i_{11} + i_1), \\ j_v &= -\frac{2}{n} \cdot i_{11}, \\ j_w &= -\frac{2}{n} \cdot i_1, \\ j_x &= \frac{2}{n\sqrt{3}} \cdot i_{12}, \\ j_y &= -\frac{2}{n\sqrt{3}}(i_{10} + i_{12}), \\ j_z &= \frac{2}{n\sqrt{3}} \cdot i_{10}. \end{aligned}\right\} \tag{43}$$

Aus Bild 5 ergibt sich unmittelbar

$$i_{10} = \frac{1}{2+\sqrt{3}} J_g - i_1 \tag{44}$$

und sodann mit Hilfe der Gleichungen (43)

$$\left.\begin{aligned} i_{11} &= \frac{\sqrt{3}}{2+\sqrt{3}} \cdot J_g - (\sqrt{3}-1) \cdot i_1, \\ i_{12} &= \frac{1}{2+\sqrt{3}} \cdot J_g + (\sqrt{3}-1) \cdot i_1, \\ j_u &= \frac{2}{n}\left[\frac{\sqrt{3}}{2+\sqrt{3}} \cdot J_g + (2-\sqrt{3}) \cdot i_1\right], \\ j_v &= -\frac{2}{n}\left[\frac{\sqrt{3}}{2+\sqrt{3}} \cdot J_g - (\sqrt{3}-1) \cdot i_1\right], \\ j_w &= -\frac{2}{n} \cdot i_1, \\ j_x &= \frac{2}{n\sqrt{3}}\left[\frac{1}{2+\sqrt{3}} \cdot J_g + (\sqrt{3}-1) \cdot i_1\right], \\ j_y &= -\frac{2}{n\sqrt{3}}\left[\frac{2}{2+\sqrt{3}} \cdot J_g - (2-\sqrt{3}) \cdot i_1\right], \\ j_z &= \frac{2}{n\sqrt{3}}\left[\frac{1}{2+\sqrt{3}} \cdot J_g - i_1\right]. \end{aligned}\right\} \tag{45}$$

Setzt man diese Werte in die Gleichungen (41) und (42) ein und schreibt

$$\left.\begin{array}{r}(2-\sigma(\sqrt{3}-1))\cdot X=a_1, \\ (2(\sqrt{3}-1)-\sigma)\cdot X=a_2, \\ \frac{2}{n}(\sqrt{3}+1)\left(\sqrt{3}Z+\frac{1}{\sqrt{3}}Y\right)=b_1, \\ \frac{2}{n}(2-\sqrt{3})\left(\sqrt{3}Z+\frac{1}{\sqrt{3}}Y\right)=b_2,\end{array}\right\} \quad (46)$$

so erhält man, unter Berücksichtigung der Beziehung:

$$\left.\begin{array}{r}\frac{1}{\sqrt{3}}(f_y-f_z)-f_x=\frac{\sqrt{3}+1}{\sqrt{3}}\cdot f_y+\frac{\sqrt{3}-1}{\sqrt{3}}\cdot f_z, \\ -\frac{1}{\sqrt{3}}(f_y-f_x)-f_y=-\frac{\sqrt{3}+2}{\sqrt{3}}\cdot f_y-\frac{1}{\sqrt{3}}\cdot f_z,\end{array}\right\} \quad (47)$$

nach einigen Umformungen

$$e_r+(\sqrt{3}-1)\cdot e_s+[n(a_1+(\sqrt{3}-1)\cdot a_2)+b_1+(\sqrt{3}-1)b_2]\cdot\frac{di_1}{d\alpha}=0. \quad (48)$$

Wird der Ausdruck in der eckigen Klammer mit A bezeichnet, so ist die Lösung der Gleichung (48)

$$i_1=\sqrt{3}(\sqrt{3}-1)\cdot\frac{E_{pr}}{A}\cdot\sin(\alpha+45°)+C. \quad (49)$$

Zur Zeit $\alpha=\tfrac{15}{12}\pi$ ist $i_1=0$ und demnach

$$C=\sqrt{3}(\sqrt{3}-1)\cdot\frac{E_{pr}}{A}. \quad (50)$$

Hiermit wird

$$i_1=\sqrt{3}(\sqrt{3}-1)\cdot\frac{E_{pr}}{A}(1+\sin(\alpha+45°)). \quad (51)$$

Bezeichnet $\ddot{u}$ die Dauer des gleichzeitigen Brennens der vier Anoden, so ist zur Zeit $\alpha=\tfrac{15}{12}\pi+\ddot{u}$

$$i_1=\frac{1}{2+\sqrt{3}}\cdot J_g,$$

woraus sich in Verbindung mit Gleichung (51) ergibt

$$\cos\ddot{u}=1-\frac{1}{\sqrt{3}(\sqrt{3}-1)(2+\sqrt{3})}\cdot\frac{A\cdot J_g}{E_{pr}}. \quad (52)$$

Damit ist die Größe des Überlappungswinkels bestimmt.

Aus den Gleichungen (41) und (42) folgt ferner

$$g=\frac{2}{(2+\sqrt{3})n}(e_s-e_r)-\frac{1}{2+\sqrt{3}}\left[\frac{2}{n}(b_1-b_2)+(\sqrt{3}-1)a_2+a_1\right]\cdot\frac{di_1}{d\alpha}. \quad (53)$$

Mit

$$\frac{1}{2+\sqrt{3}}\left[\frac{2}{n}(b_1-b_2)+(\sqrt{3}-1)a_2+a_1\right]=B$$

entspringt aus den Gleichungen (48) und (53)

$$g=\frac{2}{(2+\sqrt{3})n}(e_s-e_r)+\frac{B}{A}\left(e_r+(\sqrt{3}-1)\cdot e_s\right). \quad (54)$$

Nach Teil I ist für das Triplum *11, 12, 1*

$$g_0=\frac{2}{(2+\sqrt{3})n}(e_s-e_r)$$

und folglich

$$g=g_0+\frac{B}{A}\left(e_r+(\sqrt{3}-1)\cdot e_s\right). \quad (55)$$

Der momentane Gleichspannungsabfall aber ist
$$\Delta g_s = g_\vartheta - g$$
oder nach Gleichung (55)
$$\Delta g_s = \sqrt{3}\,(\sqrt{3}-1)\frac{B}{A}\cdot E_{pr}\cdot\cos(\alpha+45°). \tag{56}$$

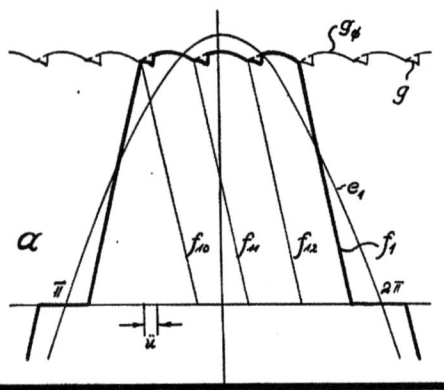

Der arithmetische Mittelwert des induktiven Gleichspannungsabfalles ist dann
$$\Delta E_{gs} = \frac{6\sqrt{3}\,(\sqrt{3}-1)}{\pi}\cdot\frac{B}{A}\cdot E_{pr}\int_{225°}^{225°+\ddot{u}}\cos(\alpha+45°)\,d\alpha;$$

das ergibt
$$\Delta E_{gs} = \frac{6\sqrt{3}\,(\sqrt{3}-1)}{\pi}\cdot\frac{B}{A}\cdot E_{pr}(1-\cos\ddot{u}). \tag{57}$$

Der Wert für $\cos\ddot{u}$ wird aus Gleichung (52) entnommen, so daß schließlich ist
$$\Delta E_{gs} = \frac{6B}{\pi(2+\sqrt{3})}\cdot J_g. \tag{58}$$

Der Kupplungsfaktor σ wird im allgemeinen wenig von Eins abweichen; wird er hier gleich Eins gesetzt, so wird
$$B = \frac{6(2-\sqrt{3})}{2+\sqrt{3}}\left[X+\frac{2}{n^2}\left(Z+\frac{Y}{3}\right)\right]. \tag{59}$$

Hiermit ist schließlich
$$\left.\begin{aligned}\Delta E_{gs} &= \frac{36(2-\sqrt{3})}{\pi(2+\sqrt{3})^2}\cdot\left[X+\frac{2}{n^2}\left(Z+\frac{Y}{3}\right)\right]\cdot J_g \\ &= 0{,}22\left[X+\frac{2}{n^2}\left(Z+\frac{Y}{3}\right)\right]\cdot J_g.\end{aligned}\right\} \tag{60}$$

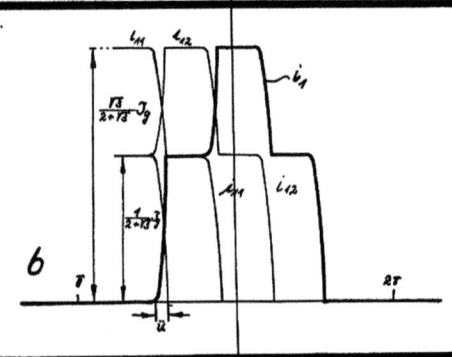

In Bild 5 sind die Oszillogramme der errechneten sekundären Phasenspannung, der Gleichspannung, der Anodenströme und des Gleichstromes eingetragen. Die Gleichungen für die sonstigen Ströme und Spannungen sind mit Hilfe der entwickelten Ausdrücke leicht aufzustellen.

2. Ohmscher Gleichspannungsabfall.

In den Zeitintervallen, in denen nur drei Anoden gleichzeitig brennen, fließen auf der Primär- und Sekundärseite überall Gleichströme, und es treten dann nur Ohmsche Verluste auf. Brennen z. B. die Anoden *11*, *12* und *1*, so gelten, falls w den Ohmschen Widerstand einer Phase bedeutet, folgende Gleichungen

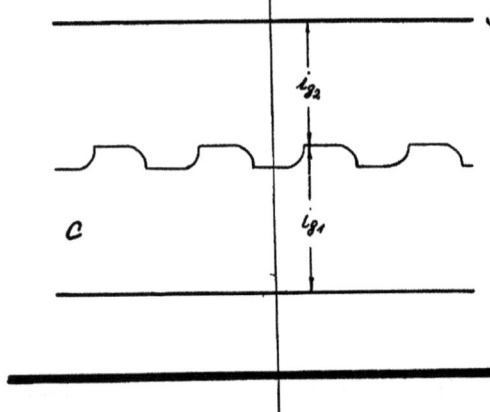

Bild 5.
a = Sekundär-Spannungen, b = Anodenströme, c = Gleichstrom.

$$\left.\begin{aligned}f_{11}-wi_{11} &= g,\\ f_{12}-wi_{12} &= g,\\ f_1-wi_1 &= g\end{aligned}\right\} \tag{61}$$

und
$$e_r - f_u + f_w - f_x = 0, \\ e_s - f_v + f_u - f_y = 0.$$ (62)

Werden die sekundären Feldspannungen durch die primären ausgedrückt und wird außerdem beachtet, daß

$$i_1 = i_{11} = \frac{1}{2+\sqrt{3}} \cdot J_g$$

und
$$i_{12} = \frac{\sqrt{3}}{2+\sqrt{3}} \cdot J_g,$$

dann ergeben die Gleichungen (61) und (62)

$$g = \frac{2}{n(2+\sqrt{3})}(e_s - e_r) - \frac{5}{(2+\sqrt{3})^2} \cdot J_g w.$$ (63)

Der erste Ausdruck rechts vom Gleichheitszeichen ist wiederum gleich g_β; damit wird der Ohmsche Abfall, den die Gleichspannung in jedem Augenblick erfährt,

$$\Delta g_w = \frac{5}{(2+\sqrt{3})^2} \cdot w \cdot J_g = 0{,}359 \cdot w \cdot J_g.$$ (64)

Da während der Überlappungszeit über die Anoden keine reinen Gleichströme fließen, sondern den Gleichstromelementen Wechselströme übergelagert sind (Bild 5), würde die Fortsetzung der vorstehenden Rechenverfahren zu Ergebnissen führen, die wegen ihrer Ungenauigkeit die aufgewandte Mühe nicht lohnen würden. Es seien deshalb lediglich allgemeine Überlegungen angestellt.

Während der Zeit $ü$ fließt der Gleichstrom über vier parallele Phasenwiderstände, und es ist zu vermuten, daß der Gleichspannungsabfall etwas geringer ausfällt als in der stabilen Periode. Da aber diese im Verhältnis zu $ü$ groß ist, so begeht man keinen erheblichen Fehler, wenn man Gleichung (64) auch für die Zeit $ü$ gelten läßt.

Es wird also allgemein

$$\Delta E_{gw} = 0{,}359 \cdot w \cdot J_g$$ (65)

und damit die Gleichung der Charakteristik

$$E_g = E_{g_0} - [E_{g_0} - E_{g_\beta}] - 0{,}22\left[X + \frac{2}{n^2}\left(Z + \frac{Y}{3}\right)\right] \cdot J_g - 0{,}36 w \cdot J_g,$$ (66)

worin nach Teil I ist

$$[E_{g_0} - E_{g_\beta}] = 0{,}0717 \cdot E_{g_0}.$$

Zum Vergleich mit der sechsphasigen Stern-Gabelschaltung wird $Y = Z = 0$ gesetzt. Dann ergibt sich für die

Zwölfphasen-Schaltung: $E_g = 0{,}928 \cdot E_{g_0} - 0{,}22\, X \cdot J_g - 0{,}36\, w J_g$,
Sechsphasen-Schaltung: $E_g = \phantom{0{,}928 \cdot{}} E_{g_0} - 0{,}956\, X \cdot J_g - \phantom{0{,}36\,} w J_g$.

Der Gleichspannungsabfall ist demnach bei der Zwölfphasen-Schaltung, gleiche Streureaktanzen und Phasenwiderstände vorausgesetzt, weniger als ein Viertel von dem der Sechsphasen-Schaltung.

Die vorstehenden Ausführungen geben nur eine Übersicht über die Vorgänge. Als notwendige Ergänzung und Kontrolle ist der tatsächliche Versuch hier nicht zu entbehren. Die Arbeit beschränkte sich deshalb im letzten Abschnitt auf die Ermittlung einiger wichtiger Daten.

Gewinnung von Meßspannungen bei sehr hohen Betriebsspannungen.

Von B. Kalkner.

Es wird ein Überblick über die in letzter Zeit für die Betriebsmessung sehr hoher Spannungen entwickelten Spannungswandler gegeben und über Neuerungen auf dem Gebiet der kapazitiven Meßmethoden berichtet.

Die Messung der Betriebsspannung in Hochvoltnetzen ist erst mit der Erhöhung der Übertragungsspannungen auf 100 und 200 kV wieder zu einer aktuellen Frage geworden. Nachdem schon in den Anfangszeiten der Hochspannungstechnik das Hochspannungsvoltmeter durch den Spannungswandler verdrängt worden war, hat die transformatorische Gewinnung einer Meßspannung beim Übergang zu immer höheren Spannungen das Feld behauptet. Die Entwicklung des Spannungswandlers verlief hierbei, abgesehen von der Bevorzugung der Bauarten mit freiem magnetischem Rückschluß, parallel mit der der Leistungstransformatoren. Die Beibehaltung des gleichen Aufbaues führte aber bei den neuen Höchstspannungen zu einer äußerst ungünstigen Preisgestaltung; denn im Gegensatz zum Großtransformator bestimmt beim Spannungswandler nicht die Leistung, sondern die Spannung in erster Linie Abmessungen und Kosten; der Preis des Wandlers steigt etwa quadratisch mit der Spannung an. Hatte schon der 100 kV-Wandler das Mißverhältnis zwischen Aufwand und Zweck erkennen lassen, so zeigte sich beim Übergang zu 150 und 200 kV mit aller Klarheit, daß die bisher eingehaltene Entwicklungslinie zu verlassen war und daß neue Wege eingeschlagen werden mußten.

Bei dem gleichzeitig vorliegenden Bedarf an Höchstspannungswandlern für Netzschutz und für Messung sind daher in der letzten Zeit eine ganze Reihe neuer Bauarten von Wandlern geschaffen und Verfahren durchgebildet worden, welche die Aufgabe der Gewinnung von Meßspannungen bei hohen Betriebsspannungen in wirtschaftlich gut tragbarer Weise lösen. In der Hauptsache kann man hierbei drei neue Wege unterscheiden und hiernach etwa eine Einteilung treffen:

1. Neuartiger Aufbau des einteiligen Wandlers,
2. Unterteilung der Hochspannung: Kaskadentransformation,
3. Meßverfahren mit Vorwiderstand, insbesondere Vorschaltkondensator.

Einen für die Beherrschung hoher Spannungen mit geringem Aufwand wichtigen Vorteil benutzen alle diese neuen Lösungen: Sie messen stets die Spannung zwischen Leiter und Erde. Dieses einzige gemeinsame Merkmal soll der Behandlung der einzelnen Bauarten vorangestellt werden.

1. Drosselspannungswandler.

Die schon erwähnte Unwirtschaftlichkeit des bisherigen Spannungswandlers ist bedingt durch seinen für Höchstspannungen ungünstigen Aufbau und hier wieder vor allem durch die großen, teueren Durchführungen, durch die notwendigen Abstände der Hochvoltwicklung von Kern und Kessel und durch die deshalb erforderlichen Ausmaße. Auf der Erkenntnis, daß der wirtschaftliche Höchstspannungswandler die eben genannten Nachteile nicht aufweisen darf, fußt der von Biermanns entwickelte Drosselspannungswandler. Bei diesem sind die Durchführungen beseitigt und durch das bekannte Prinzip des Isoliermantels ersetzt. Auch der in sich geschlossene Eisenkern ist verlassen, und trotzdem wird eine für Meßzwecke und Relaisanschluß völlig ausreichende Leistung in den Genauigkeitsklassen E und F erreicht. Raumbedarf, Gewicht und Kosten sind gering. Über diesen Wandler wird an anderer Stelle des Buches ausführlich berichtet[1].

2. Isoliermantel-Spannungstransformator.

Ähnlich wie bei dem im vorhergehenden Abschnitt genannten Höchstspannungswandler sind auch bei dem Isoliermantel-Spannungstransformator[2] die Durchführungen vermieden. Die obere Abschlußkappe ist mit der Hochspannungsleitung, die untere mit Erde verbunden. Der Mantel umschließt hier jedoch einen eisengeschlossenen Transformator besonderer Form. Der zweischenklige Eisenkern ist langgezogen und gegen die obere und untere Abschlußkappe für die halbe Hochspannung isoliert. Auf dem einen Schenkel ist die Hochvoltwicklung angeordnet, deren Mitte mit dem Eisenkern leitend verbunden ist. Die Sekundärwicklung schließt sich der Hochvoltwicklung am geerdeten Ende an; sie ist gegenüber dem Eisenkern ebenfalls für den halben Wert der Hochspannung isoliert. Die Bewicklung nur eines Schenkels bringt es mit sich, daß die Hochspannungswicklung nur einem Teil des Isolierzylinders naheliegt. Im Gegensatz zu der Bauart nach Biermanns muß daher hier noch durch besondere Maßnahmen für eine gleichmäßige Spannungsverteilung längs des Mantels gesorgt werden. Entsprechend seinem Aufbau ist dieser Wandler für Transformation verhältnismäßig großer Leistungen geeignet. Die ziemlich enge Anlehnung an den Aufbau des bisherigen Spannungswandlers führt dagegen z. B. bei 220 kV mit Rücksicht auf die erforderlichen Abstände zu Abmessungen, welche die Unterbringung des einteiligen Wandlers in dem Isoliermantel in Frage stellen. Selbst wenn es gelingt, keramische Isoliermäntel von dem erforderlichen Durchmesser herzustellen, so wird doch der einteilige Wandler dieser Ausführung wieder unwirtschaftlicher werden und deshalb dem Vergleich mit anderen Neuschöpfungen, beispielsweise mit den Kaskadenwandlern, nicht standhalten.

3. Trockenspannungswandler.

Das Anwendungsgebiet des Isoliermantels wird in erster Linie bei Spannungswandlern für höchste Spannungen liegen. Für den mittleren Hochspannungsbereich ist von F. J. Fischer ein neuer Wandleraufbau angegeben, der in mancher Hinsicht gerade das Gegenteil des Isoliermanteltyps ist. Ist dort die Vermeidung der Durchführung der leitende Gedanke und ist im wesentlichen der Spulenaufbau und die Ölfüllung beibehalten, so ist hier durch besonderen Aufbau der Spule und durch neuartige Verwendung der Durchführung das Isolierproblem in neuer Weise gelöst.

Den Aufbau des Wandlers zeigt schematisch Bild 1. Das besondere Merkmal ist die Art der Spulenanordnung in einem Spulenkörper aus keramischem Isolierstoff. Die Oberspannungswicklung des Transformators ist über die ganze axiale Länge des Spulenkastens lagenweise gewickelt, und zwar derart, daß ihr Potential von dem außenliegenden Anfangs-(Erd-) Potential nach dem umfaßten Kern hin zunimmt. Das Hochspannungsende der Wicklung ist dann durch den Flansch des Spulenkörpers und einen hiermit zusammenhängenden Isolator herausgeführt. Durch diese Wicklungsanordnung ist erreicht, daß die äußeren Lagen der Spule so gut wie keine Spannung gegen Erde führen. Die Wicklung kann daher zum Schutze von einem anliegenden geerdeten Mantel umschlossen werden. Gegen das Innere der Spule steigt die Spannung stetig lagenweise zum vollen Potential an.

---

[1] Vgl. Aufsatz Goldstein, S. 313 ff.   [2] A. Meyerhans, ETZ 1930, H. 1, S. 17.

Hier muß der Spulenkörper die volle Isolation gegen das Eisen oder die Niedervoltwicklung übernehmen. Glimm-Erscheinungen und somit die gefürchteten Folgen des unvollkommenen Durchbruchs werden in einwandfreiester Weise dadurch vermieden, daß der zylindrische Teil des Spulenkörpers auf beiden Seiten mit leitenden Belägen versehen ist. Der äußere Belag ist mit der Hochvoltwicklung, der innere mit Erde verbunden; Eisenkern und Niedervoltwicklung sind ebenfalls geerdet.

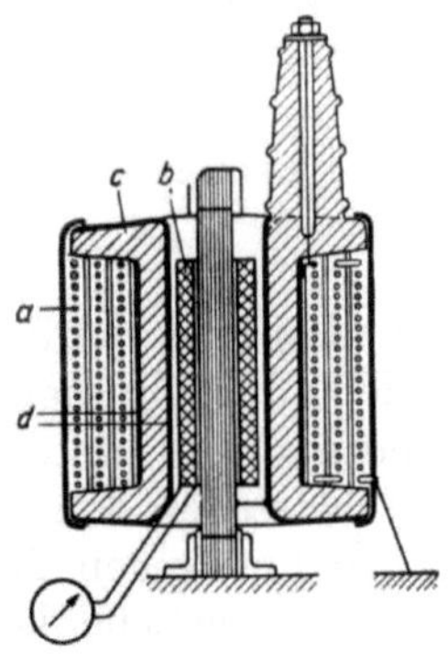

Bild 1. Schema des Trockenspannungswandlers System Fischer.

a = Hochvoltwicklung, b = Niedervoltwicklung, c = Spulenkörper aus keramischem Material, d = leitende Belegungen.

Das besondere Konstruktionsziel dieses Wandlers scheint mit Vollkommenheit erreicht zu sein. Überall ist die Spannungsverteilung zwangläufig gesteuert, an keiner Stelle sind zusätzliche Abstände zur Isolation notwendig, alle Zwischenräume sind von elektrischer Beanspruchung entlastet. Hierin liegt die grundlegende Bedeutung: der Wandler kann die Ölfüllung entbehren, er ist ein Trockenwandler. Noch ein anderes Problem wird von dieser neuen Bauart in vorteilhafter Weise gelöst. Der mit dem Anfang der Hochvoltwicklung verbundene Belag auf dem zylindrischen Teil des Spulenkörpers bildet mit dem Belag auf der Innenseite dieses Zylinders und den übrigen geerdeten Teilen des Wandlers einen Kondensator von beträchtlicher Kapazität. Diese kapazitive Überbrückung der ganzen Hochvoltwicklung, und außerdem die durch den Spulenaufbau selbst gegebene gute kapazitive Durchkopplung der einzelnen Wicklungslagen gewährt hohe Sicherheit gegenüber Sprungwellen.

Von weiteren Vorteilen des Wandlers sind zu nennen die günstige Raumausnützung, die sich dadurch ergebende Baustoffersparnis und Gewichtsverringerung. Ferner ist durch die koaxiale Anordnung mit geringem Abstand zwischen Hoch- und Niedervoltwicklung eine verhältnismäßig sehr geringe Streuung erreicht. Der Eisenkern kann wie in Bild 2 die beim Manteltransformator übliche Form haben, ganz allgemein ist aber durch die neue Bauart eine Reihe neuer Ausführungsformen von Spannungswandlern ermöglicht. Der Wandler kann mit Ölfüllung oder als Trockenwandler gebaut werden, er kann einphasig ausgebildet sein oder es können z. B. drei Hochvoltteile durch einen fünfschenkligen Eisenkern zum dreiphasigen Wandler zusammengefaßt werden. Schließlich ermöglicht die öllose Ausführung die Ausbildung eines hängenden Typs, und nicht zuletzt läßt sich durch wiederholte Anwendung des gleichen Isolierprinzips eine günstige Kaskadentransformation erzielen. In einteiliger Ausführung wird der Wandler bis etwa 60 kV zu bauen sein; bei höheren Spannungen kann die Kaskadenanordnung Anwendung finden.

Bild 2. Trockenspannungswandler für 30 kV.

4. Kaskadenspannungswandler.

Die Serienschaltung von Transformatoren zur Erzielung einer hohen Spannung ist in der Hochspannungstechnik seit langem bekannt. Praktisch hat man dieses Prinzip der Aufteilung der Gesamtspannung auf mehrere Einzeltransformatoren vor allem bei Prüftransformatoren verwendet. Die Entwicklung ging hier von der Reihenschaltung mit Zwischentransformatoren aus, die in der von Dessauer[1] angegebenen Ausführung mit Potentialsteuerung in Bild 3 dargestellt ist. Der nächste große Fortschritt war dann die Verlegung der Zwischentransformatoren in die eigentlichen Spannungstransformatoren.

---

[1] Dessauer, DRP. 336779 u. Zusatzpatente.

Während bei der Ausbildung nach Bild 3 jedem Wandler seine Teilleistung direkt oder über Isolierwandler aus dem Niederspannungsnetz zugeführt wird, wird bei der Anordnung nach Bild 4 nur der an Erde liegende Transformator direkt gespeist, während die Leistung für die übrigen Transformatoren der Stufenanordnung jeweils durch eine besondere Überkopplungswicklung vom vorhergehenden Gliedtransformator dem nächsthöheren übermittelt wird. Mit dieser Kaskadenschaltung hat man mit geringem Baustoffaufwand Prüfanordnungen für sehr hohe Spannungen und verhältnismäßig große Leistungen ausgeführt. Als beim Übergang der Hochvoltnetze zu Spannungen von 100 und 200 kV sich die Unwirtschaftlichkeit der Spannungswandler bisheriger Ausführung offenbarte, lag es nahe, auf die Kaskadentransformatoren zurückzugreifen. Es bestand nur noch die Aufgabe, beim

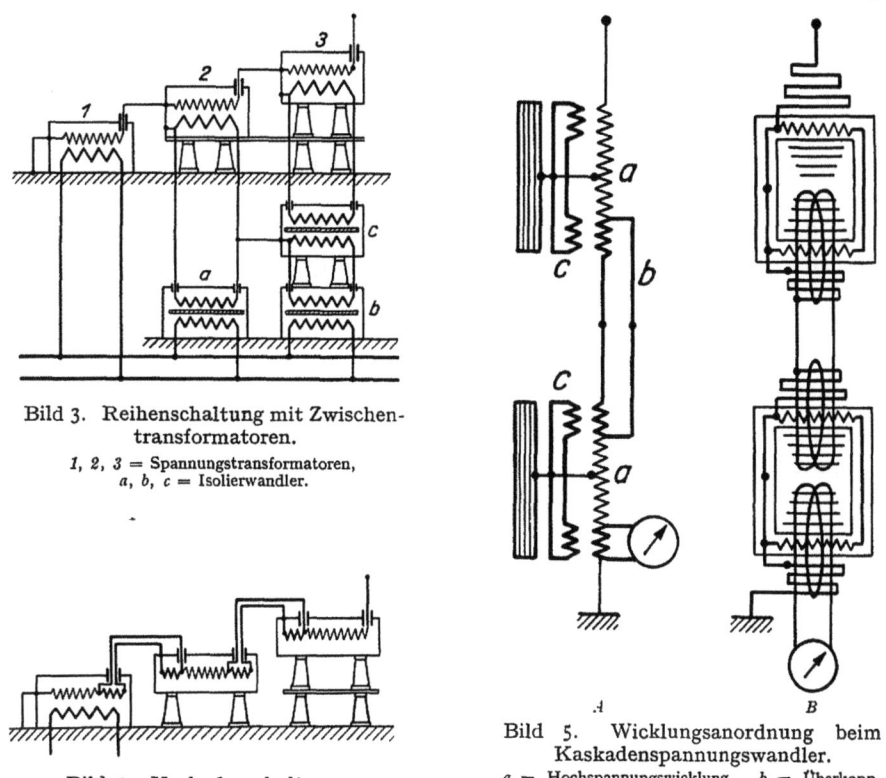

Bild 3. Reihenschaltung mit Zwischentransformatoren.
1, 2, 3 = Spannungstransformatoren, a, b, c = Isolierwandler.

Bild 4. Kaskadenschaltung.

Bild 5. Wicklungsanordnung beim Kaskadenspannungswandler.
a = Hochspannungswicklung, b = Überkopplungswicklung, c = Schubwicklung.

Kaskadentransformator die für Meßzwecke erforderliche höhere Genauigkeit zu erreichen, eine Anforderung, die durch sorgfältige Ausnützung bekannter Mittel zur Steigerung der Leistungsfähigkeit zu erfüllen war. Außerdem mußte der Wandler einen günstigeren Aufbau erhalten. Die Bilder 5 A und 5 B zeigen die zur Verbesserung der Wandlereigenschaften durchgeführten Maßnahmen[1]. Da sich aus baulichen Gründen nicht gut alle Wicklungen eines Gliedes konzentrisch anordnen lassen, sind sie auf zwei Schenkel verteilt. Zur Verminderung der Streuung dient hier eine besondere Ausgleich- oder Schubwicklung. Die Mitte der Hochspannungswicklung jedes Gliedtransformators wird vorteilhaft mit dem Eisenkern leitend verbunden, ebenso die Schubwicklung.

Bei der Wirkungsweise des Wandlers kommt der Hochvoltwicklung die Aufgabe zu, die Gesamtspannung auf die einzelnen Glieder zu verteilen. Wird die Sekundärwicklung des untersten Gliedes belastet, so wird der Unterschied zwischen der diesem Gliederwandler

---
[1] Nach Fischer, Kaskadentransformatoren. Mitt. a. d. Arbeitsgebiet der Koch & Sterzel AG, Juni 1929.

von seiner Hochvoltwicklung zugeführten Leistung und der abgenommenen Leistung durch die Überkopplungswicklung transformatorisch auf die nächste Stufe übertragen. Der an diesem Glied noch verbleibende Leistungsunterschied wird weiter durch die nächste Überkopplungswicklung an das folgende weitergegeben. So wird erreicht, daß die am untersten Glied abgenommene Leistung als Belastung der gesamten Hochspannungswicklung in Erscheinung tritt. Auf diesem Grundsatz der Überkopplung beruht die Leistungsfähigkeit der Kaskadentransformatoren. Daß trotz dieses idealen Prinzips Genauigkeit und Leistung zumal bei höheren Gliedzahlen absinken, hat seinen Grund in der unvermeidlichen Streuung der Vielzahl von Wicklungen. Dieser Mangel kann auch durch die Schubwicklung, die jeweils nur die Durchflutung in den Schenkeln eines Gliedes gleichhält, nicht beseitigt werden. Die Beherrschung der hohen Gesamtspannung durch die Staffelschaltung von Transformatoren, die nur für eine Teilspannung ausgelegt sind, mag den Eindruck erwecken, als ob dadurch notwendigerweise eine geringe Sicherheit gegen Sprungwellenbeanspruchung bedingt wäre. Durch geeignete Ausführung läßt sich jedoch der nötige Sicherheitsgrad erreichen. Er wird nach der Ausführung gemäß Bild 5 B durch die gute Durchkopplung der lagenweise gewickelten Hochvoltspulen erzielt und insbesondere dadurch erhöht, daß man der Überkopplungswicklung von einem Glied zum nächsten eine große Kapazität verleiht.

Die Frage des äußeren Aufbaus des Kaskadenwandlers schließlich ist durch die Anordnung der Einzelglieder zur Standsäule oder zur Hängekette in günstiger Weise gelöst. Der eine Nachteil, die Verwendung von Öl- oder Massefüllung, kann endlich durch die Verwendung der oben behandelten Trockenwandler in Kaskadenschaltung beseitigt werden.

5. Hochspannungsmessung unter Verwendung von Vorwiderständen.

Neben neuen Wandlerbauarten hat man auch die Anwendung des Vorwiderstandes zur Höchstspannungsmessung wiederholt aufgegriffen. Eine von Imhoff[1] durchgebildete Ausführung des „Widerstandsspannungswandlers" löst die Aufgabe durch Verwendung eines **hochohmigen Drahtwiderstandes**. Läßt sich hiermit auch zweifellos eine fehlerfreie Messung erzielen, so ist doch die Leistungsfähigkeit und die Sicherheit der Anordnung vielen Anforderungen des Betriebes nicht gewachsen. Will man die Belastbarkeit erhöhen, so ist wegen der Spannungsteilereigenschaft der Schaltung auch eine Steigerung der gesamten Widerstandsleistung erforderlich. Die entwickelte Wärmemenge wird dann aber unverhältnismäßig groß, wodurch der Verwendbarkeit des Wandlers praktisch gewisse Grenzen gesetzt werden.

Weit günstiger als die Vorschaltung Ohmscher Widerstände ist in dieser Hinsicht die Anwendung von Blindwiderständen. Bei der von Pfiffner[2] angegebenen Konstruktion eines Spannungswandlers ist eine besonders unterteilte Drossel vorgeschaltet. Auch die eingangs erwähnte Bauart nach Biermanns, die Wandler und Drossel zugleich ist, kann als Beispiel für den **induktiven Vorwiderstand** gelten. Ein näheres Eingehen hierauf ist daher an dieser Stelle überflüssig. Es sollen dagegen die **kapazitiven Meßverfahren** eingehend behandelt werden. Sie haben seit Jahren in der Hochspannungsmeßtechnik Eingang gefunden und sind auch in der Literatur vielfach beschrieben[3]. Wenn sie trotzdem nicht die erwartete Verbreitung fanden, so lag das zum Teil an Mängeln technischer Art und Besonderheiten, die aber durchaus nicht etwa durch das Prinzip bedingt sind.

Die grundlegenden Schaltungen, auf denen die weitere Entwicklung aufbaute, sind in Bild 6 dargestellt. Bei der Anordnung *a* wird die an einer Teilkapazität auftretende Spannung statisch gemessen und von der Teilspannung auf die gesamte Hochspannung geschlossen. Bei *b* ist der durch den Strommesser fließende Kondensatorstrom ein Maß für die Hochspannung. Der Nachteil, daß bei der Anordnung *b* die Oberwellenströme über den Kondensator

---

[1] Bull. d. SEV 1928, H. 23, S. 1—10.   [2] Pfiffner, DRP. 364336.
[3] Zipp, Handbuch d. e. Hochspannungstechnik 1917, S. 423.

in einem gemäß ihrer Ordnungszahl verstärkten Maße zur Erde fließen und dadurch das Meßergebnis fälschen, wurde durch die von Keinath[1] angegebene Schaltung c vermieden. Durch geeignete Bemessung der Verhältnisse von Vorschaltkapazität, Parallelkapazität und Bürde ist erreicht, daß ohne Verlust an Leistungsfähigkeit gegenüber Schaltung b die Spannung am stromverbrauchenden Meßinstrument in der Form der Hochspannungswelle gleicht. Sie ist jedoch in der Phasenlage um einen Winkel in der Größenordnung von 40° verschoben. Die Vorteile dieser Lösung kamen aber in der Praxis wenig zur Geltung. Die Verwendung von Durchführungsklemmen zum Anschluß machte vielmehr die Genauigkeit der Messung zum großen Teil wieder hinfällig, denn die Kapazität dieser Hartpapierkondensatoren ist nicht konstant, sie ändert sich vor allem in starkem Maße mit der Temperatur. Die geringe Kapazität der Durchführungen brachte es außerdem mit sich, daß störende Einflüsse in unerwünschter Weise die Messung beeinträchtigen konnten.

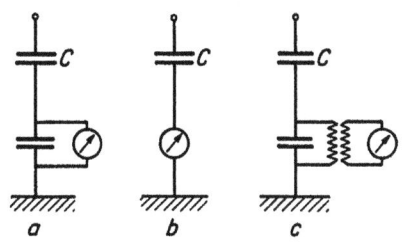

Bild 6. Prinzipschaltbilder kapazitiver Meßmethoden.

Die genannten Fehlerquellen werden durch eine neuerdings entwickelte kapazitive Meßeinrichtung praktisch ausgeschaltet. Als Hochspannungs-Kopplungskondensatoren werden hier Porzellan-Kopplungskondensatoren verwendet. Sie sichern durch ihre größere Kapazität einerseits eine höhere Belastbarkeit, anderseits gewährleistet das Porzellan als Dielektrikum infolge der äußerst geringen Temperaturabhängigkeit seiner Dielektrizitätskonstanten ($\pm 1{,}5$ vH Kapazitätsänderung bei $\pm 30°$ Temperaturänderung) in ausreichendem Maße die Unveränderlichkeit der Kapazität.

Die Meßanordnung selbst geht von dem Schema b aus. Zur Vermeidung des Fehlers durch die Oberwellenströme wird aber das Prinzip der genauen Scheitelspannungsmessung angewendet. Die Grundlage dieser Messung[2] bildet die bekannte Tatsache, daß bei 90° Phasenverschiebung zwischen Strom und Spannung der Mittelwert einer Halbwelle des Kondensatorstromes proportional ist dem Spannungsunterschied von einem Scheitelwert der Spannung bis zum nächsten entgegengesetzten und somit auch der Scheitelspannung selbst. Der Mittelwert des Kondensatorstromes wird unter Zwischenschaltung eines Gleichrichterventils mit einem Gleichstromgerät gemessen.

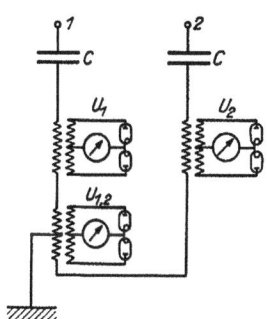

Bild 7. Kapazitive Spannungsmessung mittels Gleichrichtung.

Messung der Phasenspannung U_1 und U_2 und der verketteten Spannung $U_{1,2}$.

Zur technischen Anwendung dieses Verfahrens auf die Messung der Phasenspannungen und der verketteten Spannungen wurde von Piloty die in Bild 7 dargestellte Schaltung angegeben. Durch den Einbau eines kleinen Zwischenwandlers ist hier erreicht, daß die beiden Stromhalbwellen in gleicher Richtung über das Gleichstromgerät fließen. Gleichzeitig ist damit die Verwendung einer gemeinsamen Heizung für die Ventile, d. h. die Benutzung von Doppelventilröhren ermöglicht. Die Messung der verketteten Spannungen bietet ebenfalls keine Schwierigkeiten mehr. Ein zweiter kleiner Zwischenwandler ist primär mit zwei Wicklungen versehen, die von den Kapazitätsströmen zweier Phasen durchflossen werden. Die Differenz dieser Ströme wirkt daher auf die Sekundärwicklung ein, so daß das Gleichstromgerät die verkettete Spannung mißt. Als Instrumente können anzeigende oder registrierende Gleichstromgeräte dienen. Ihr Ausschlag entspricht der Scheitelspannung, die Skala eicht man jedoch zweckmäßig in effektiven kV, da der Effektivwert meist mehr interessiert. Es kann dies unbedenklich ge-

---

[1] Keinath, Die Technik elektrischer Meßgeräte. Bd. II, S. 15, 33.
[2] Roth, Hochspannungstechnik. 1927, S. 356.

schehen, da der Scheitelfaktor der in Hochvoltnetzen praktisch vorkommenden Spannungen mit dem der Sinuswelle gut übereinstimmt.

Soll im Anschluß an Kopplungskondensatoren auch die Leistung oder Blindleistung gemessen werden, so werden die Spannungsspulen von Leistungsmessern und Blindleistungsmessern direkt durch kleine Zwischenwandler gespeist, die primär vom Kondensatorstrom durchflossen werden. Wegen der vorhandenen Phasenverschiebung wird die Messung der Wirkleistung vorteilhaft mit Induktionsleistungsmessern ausgeführt, während die Blindleistungsmessung durch ferrodynamische Geräte erfolgt.

Ein schwerwiegender Nachteil der kapazitiven Meßeinrichtungen war bisher der Umstand, daß sie nicht zum Anschluß der Wechselstromgeräte und Apparate gewöhnlicher Ausführung geeignet waren. Besonders auch bei der von Keinath angegebenen Bauart ist die Wirkungsweise von einer bestimmten Bemessung der Teile abhängig. Eine Veränderung der Belastungsimpedanz hat notwendig eine Veränderung von Größe und Lage der sekundären Meßspannung zur Folge. Wegen dieser Eigentümlichkeit konnten die kapazitiven Meßeinrichtungen eine Reihe wichtiger Aufgaben nicht übernehmen, die sonst den Spannungswandlern zugeordnet sind. Der Betrieb forderte vor allem die Anschlußmöglichkeit für Relais zum selektiven Schutz der Hochspannungsleitungen.

Diese Forderung stellt eine Aufgabe besonderer Art: Relais und Apparate sind für den Anschluß an eine gleichbleibende Spannung bestimmt. Die Spannungsspule beispielsweise eines Distanzrelais hat aber je nach der Betriebsstellung des Relais einen stark verschiedenen Stromverbrauch. Der im Hochspannungskreis kapazitiver Meßeinrichtungen zur Verfügung stehende Strom ist dagegen festgelegt durch die Hochspannung und die Kapazität des Kopplungskondensators. Es besteht somit die Aufgabe, aus dem gegebenen Stromkreis mit eingeprägtem Strom eine stark verschiedene Leistung mit veränderlichem Strom aber gleichbleibender Spannung zu gewinnen.

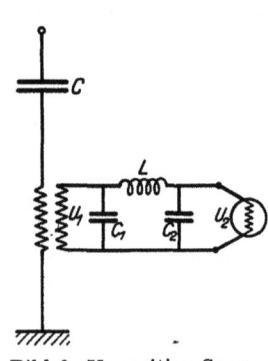

Bild 8. Kapazitive Spannungsgewinnung für Relaisanschluß.

C_1, C_2 = Niederspannungskondensatoren, L = Induktivität, U_2 = Sekundärspannung.

Diese Forderung wird bei der kapazitiven Meßeinrichtung nach der von Piloty angegebenen Schaltung (Bild 8) erfüllt. Die Anordnung enthält eine Induktivität L und zwei gleich große Kapazitäten C_1 und C_2, wobei L mit jedem der beiden Kondensatoren auf Resonanz für die Grundfrequenz abgestimmt ist. Unter Zwischenschaltung eines kleinen Stromwandlers wird der eingeprägte, der Hochspannung proportionale Strom der Spannungsresonanzschaltung aus L und C_2 zugeführt, die für ihn einen Kurzschluß darstellt. Er ruft an C_2 und somit an den Klemmen die Sekundärspannung U_2 hervor, die der Hochspannung proportional und mit ihr in Phase ist. Bei Belastung der Sekundärklemmen findet der Belastungsstrom im Innern der Kunstschaltung ebenfalls einen Kurzschlußweg vor, über die Resonanzschaltung aus C_1 und L. Der Belastungsstrom schafft auf diesem Weg an C_1 eine Spannung U_1, die nach Größe und Lage den zusätzlichen Spannungsabfall an L wieder wettmacht. Die sekundäre Klemmenspannung wird daher von Art und Größe der Belastung nicht beeinflußt. Abweichungen von dem idealen Verhalten dieser Schaltung, die durch Verluste in der Drossel bedingt sind, sind äußerst gering. Der bei Frequenzabweichung vom Sollwert auftretende Fehler ist durch die Bemessung des Zwischenwandlers auf einen Mindestwert gebracht, so daß auch bei den praktisch vorkommenden Frequenzschwankungen eine für den Relaisanschluß ausreichende Genauigkeit erzielt wird.

Die Bedeutung der eben beschriebenen Neuerung liegt darin, daß grundsätzlich die Möglichkeit geschaffen ist, gewöhnliche, zum Anschluß an Spannungswandler bestimmte Geräte in Verbindung mit der kapazitiven Meßeinrichtung zu verwenden. Beispielsweise bietet jetzt auch die Frage der Synchronisierung keine Schwierigkeiten mehr. Sie kann selbst für den Fall, daß nur auf einer Seite eine kapazitive Einrichtung und auf der andern ein Spannungswandler zur Verfügung steht, ohne weiteres mit dem gewöhnlichen Synchronoskop oder Synchronisator vorgenommen werden.

Die oben genannten Verfahren der „C-Messung" machten von der Kapazität der vorhandenen Durchführungen Gebrauch. Demgegenüber mag es als wirtschaftlicher Nachteil erscheinen, daß bei der zuletzt genannten kapazitiven Meßeinrichtung besondere Porzellan-Kopplungskondensatoren verwendet werden. Ein Vergleich mit den neuen billigen Wandlerausführungen zeigt dagegen, daß sich trotz des Aufwandes für die Kopplungskondensatoren eine günstige Preisgestaltung ergibt. Kopplungskondensatoren aus Porzellan sind ferner gerade in den Höchstspannungsanlagen in großer Zahl für die Ankopplung der leitungsgerichteten Hochfrequenztelefonie eingebaut und finden für die Fernmessung und Fernsteuerung in immer weiterem Umfange Eingang. Sind aber solche Kondensatoren in der Schaltanlage vorhanden, so können sie gleichzeitig für Hochfrequenzzwecke und für die kapazitive Spannungsmessung ausgenützt werden. Besonders bei 220 kV empfiehlt sich diese Doppelausnutzung. Mit Rücksicht auf die Hochfrequenzapparatur wird hierzu eine Parallelschaltung nach Bild 9 vorgenommen. Für die notwendige gegenseitige Absperrung sorgt einerseits ein Sperrkreis, der den kapazitiven Strom von 50 Per/s in äußerst vollkommener Weise von der Hochfrequenzapparatur abhält, und anderseits eine kleine Hochfrequenzdrossel, die dem Hochfrequenzstrom den Weg über die Meßapparatur verriegelt. Da die Sperrmaßnahmen nicht teuer sind,

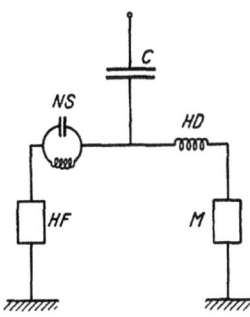

Bild 9. Doppelausnutzung der Kopplungskondensatoren,

NS = Niederfrequenz-Sperrkreis,
HD = Hochfrequenzdrossel,
HF = Hochfrequenz-Ankopplung,
M = Meßeinrichtung.

stellt die Doppelausnutzung der Kondensatoren eine wirtschaftlich sehr günstige Lösung dar.

Über die neue Entwicklung der kapazitiven Meßeinrichtung kann zusammenfassend gesagt werden, daß größere Leistungsfähigkeit und weit geringere Abhängigkeit von störenden Einflüssen erzielt wurde, daß sich die Einrichtung durch die Lösung der Frage des Relaisanschlusses ein neues Anwendungsgebiet erobert hat und daß durch die Doppelausnutzung der Kopplungskondensatoren eine vorteilhafte Preisgestaltung erreicht ist, die der Meßeinrichtung ihr Anwendungsgebiet sichert.

6. Anwendungsgebiete.

Wie aus den vorhergehenden Abschnitten zu ersehen ist, sind auf dem Gebiet der Betriebsmessung hoher Spannungen in der letzten Zeit so umfassende Fortschritte gemacht worden, daß heute von einem Problem nicht mehr die Rede sein kann. Steht doch für die Gewinnung von Meßspannungen eine ganze Auswahl von neuen wirtschaftlich günstigen Ausführungen und Verfahren zur Verfügung, so daß eher die Frage aufzuwerfen ist, zu welcher Einrichtung man nun greifen soll. Der wirtschaftliche Vergleich kann naturgemäß nur mit Berücksichtigung der Leistungsfähigkeit und der in Frage kommenden Anwendungsgebiete durchgeführt werden. Der Umstand, daß in Schaltanlagen die Anforderungen an die Meßeinrichtungen hinsichtlich Leistung und Genauigkeit außerordentlich verschieden sind, ist hierbei besonders zu beachten. Soll beispielsweise nur eine genaue Messung oder der Anschluß eines Zählers erfolgen, so ist eine Leistung von 10 bis 50 VA bei höchster Genauigkeit erforderlich; der Anschluß eines Relais verlangt etwa 100 VA, und schließlich setzt der Anschluß mehrerer Relais eine Leistung von vielleicht 1000 VA voraus. Für die beiden ersten Fälle stellt der Drosselwandler von Biermanns vermöge seines geringen Preises und der hohen Genauigkeit wohl die wirtschaftlich günstigste Lösung dar. Daneben kommen Kaskadenwandler hierfür in Betracht. Die große Leistung für den Anschluß vieler Relais kann endlich von Kaskadenwandlern und dem Isoliermantel-Spannungstransformator erreicht werden, dessen Verwendung für geringe Leistungen nicht wirtschaftlich sein dürfte. Legt man größtes Gewicht auf eine billige Ausführung, so ist für Messung und Relaisanschluß die neue kapazitive Meßeinrichtung die gegebene Lösung, vor allem wenn die Möglichkeit der Doppelausnützung der Kopplungskondensatoren vorhanden ist. Naturgemäß kann man von der billigen Einrichtung nicht die höchste Genauigkeit des Meßwandlers erwarten.

Gilt dies für die höchsten Spannungen, so wird sich voraussichtlich in den Anlagen bis 60 kV der neue Trockenwandler das Feld erobern. Dieser Wandler stellt den dritten Schritt dar in der für die Schaltanlage so bedeutungsvollen Entwicklungsreihe: brandsichere Stromwandler, öllose Schalter, öllose Spannungswandler.

Es bedarf zum Schluß kaum eines besonderen Hinweises, daß so grundlegende Änderungen, wie sie sich hier auf dem Gebiet der Hochspannungs-Meßtechnik vollzogen haben, auch von Einfluß auf die Disposition der Schaltanlage sind. Nicht allein, daß der alte Ölkessel-Spannungswandler in unseren neuen Höchstspannungsanlagen verschwindet und durch Verwendung der neuen Ausführungen in ihrer günstigen Form als Standsäule oder Hängekette Raum gespart wird und neue Möglichkeiten der Anwendung gegeben sind, auch die Betriebspraxis wird beeinflußt werden. Dem Bestreben, in der Schaltanlage nicht nur die Hochspannungs-Sammelschienen, sondern jede wichtige Leitung selbst mit Wandlern auszurüsten, steht nicht mehr wie früher der unverhältnismäßig hohe Preis der Wandler im Wege. Ferner hat heute schon die durch den gleichen Grund früher behinderte Anwendung des selektiven Leitungsschutzes auch in den Netzen höchster Spannung Verbreitung finden können, zum Vorteil für die Betriebssicherheit der gesamten Energieversorgung.

Meßdrosselspule für Höchstspannungen.

Von J. Goldstein.

Ein von Biermanns vorgeschlagener Aufbau für einen 220 kV-Spannungswandler wird untersucht. Die Übersetzungsfehler und Fehlwinkel werden unter Verwendung eines Normal-Spannungswandlers in der Brückenschaltung nach Schering bestimmt. Es werden Verfahren zur Kompensation des Fehlwinkels angegeben und die Leistungsfähigkeit des Wandlers wird unter verschiedenen Gesichtspunkten festgestellt.

1. Allgemeines.

Der Übergang zu immer höheren Spannungen ließ deutlich die Unwirtschaftlichkeit der Spannungswandler der bisherigen Bauart erkennen. Bei 220 kV ist ein Ersatz zur dringenden Notwendigkeit geworden. Es sind auch bereits einige Bauarten bekannt geworden, durch welche die Aufgabe mit Erfolg gelöst wurde. Die Entwicklung auf diesem Gebiet wird noch zu neuen Formen und Ausführungsarten führen.

Um prüfen zu können, wie man den Spannungswandler wirtschaftlicher herstellt, muß man sich von den zur Geflogenheit gewordenen Anschauungen trennen.

Die Erkenntnis, daß das Vorhandensein eines geschlossenen Eisenkernes beim Spannungswandler keine Notwendigkeit ist, ebnet die Bahn für neue Möglichkeiten.

Der von Biermanns angegebene Spannungswandler ist eine Meßdrosselspule, über deren Aufbau hier berichtet werden soll.

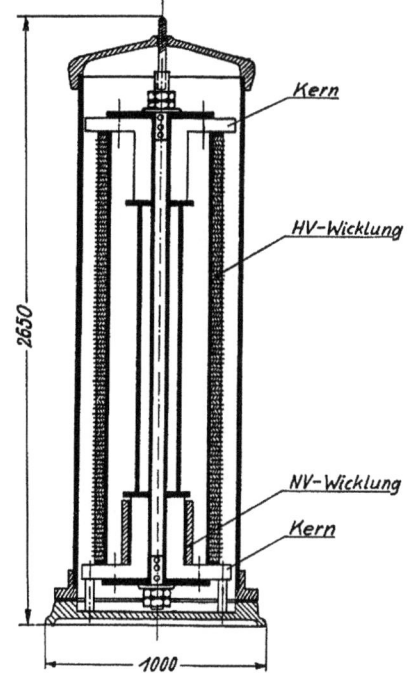

Bild 1 Spannungswandler für 220 kV, Schnitt.

2. Aufbau.

Den wesentlichsten Teil des Spannungswandlers bildet die Hochvoltwicklungssäule; diese besteht aus einzelnen Scheibendoppelspulen, die einen ganz gleichmäßigen Aufstieg der Spannung vom Potential der Erde bis zur Meßspannung zwangsläufig ergeben. Das untere Ende der Wicklung wird leitend mit der geerdeten unteren Tragkonstruktion verbunden. Wie aus Bild 1 ersichtlich, ragen in die Wicklungssäule oben und unten je ein Kernstumpf hinein. Der Eisenquerschnitt ist möglichst groß zu wählen, wobei auf die Einhaltung der Isolationsabstände zur Hochvoltwicklung zu achten ist. Der untere Kernstumpf liegt an Erde, der obere am Hochspannungspol. Der untere Kernstumpf trägt die Niedervoltwicklung, eine Spule, welche die gleiche Höhe hat wie der Kernschenkel und die mit einer Anzahl von Anzapfungen versehen ist. Der ganze Aufbau wird durch ein starkes Isolierrohr zusammengehalten, an dessen Enden Bolzen befestigt sind. Der obere Kernstumpf lastet nicht auf der Wicklungssäule, sondern wird von einem besonderen Isolierzylinder getragen. Die Hauptbahnen des magnetischen Kraftflusses, die in Luft verlaufen, müssen von Metallteilen frei gehalten werden, da die Versuche gezeigt haben, daß die dadurch entstehenden Wirbelströme auf die Wandlerfehler ungünstig wirken. Der Isoliermantel des Spannungswandlers besteht aus Hartpapier oder aus einem keramischen Isolierstoff, je nachdem, ob es sich um Aufstellung im geschlossenen Raum oder um Freiluftanlagen handelt. Er wird mit Öl gefüllt. Bild 2 zeigt die äußere Form des neuen 220 kV-Spannungswandlers.

3. Magnetisches Verhalten.

Das magnetische Verhalten des Spannungswandlers weicht von dem des normalen Spannungswandlers mit geschlossenem Eisenkern ab.

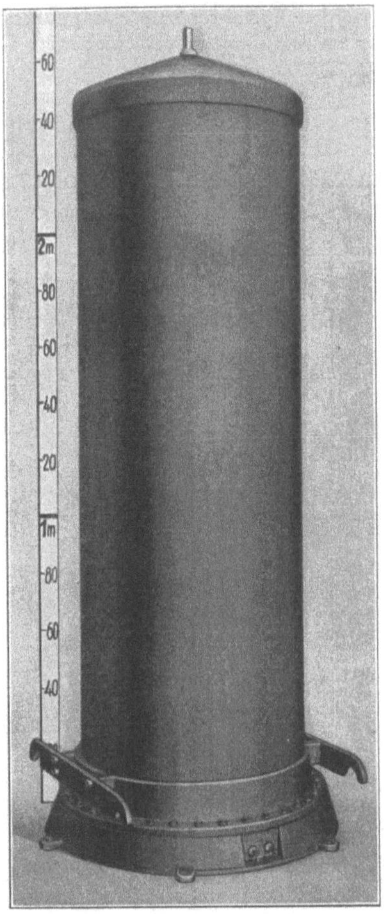

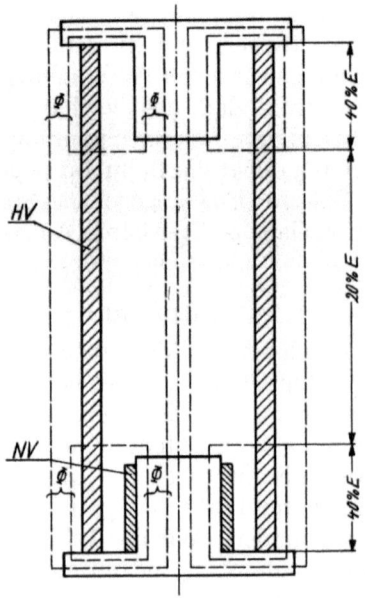

Bild 2. Spannungswandler für 220 kV, Ansicht.

Bild 3. Schematische Darstellung des Flußverlaufs.

Der Kraftlinienverlauf ist schematisch in Bild 3 dargestellt. Diesem Kraftlinienverlauf entspricht die im Bild dargestellte Spannungsverteilung. Die höhere Spannung liegt an den Wicklungsteilen, welche die Eisenkerne umgeben. Die Anordnung stellt eine Drosselspule dar, deren Kraftlinienverlauf durch die Kernstümpfe oben und unten eine Verdichtung erfährt. Die aufgenommene Blindleistung steht offenbar im Zusammenhang mit der Sättigung in den Eisenkernen. Die Scheinleistung ist durch entsprechende Bemessung der Hochvoltwicklung ein Vielfaches der Verlust- und der Sekundärleistung des Wandlers, und zwar ist dies in höherem Maße der Fall als bei gewöhnlichen Spannungswandlern. Diesem Umstand verdankt, wie wir sehen werden, dieser Spannungswandler sein Dasein. Wenn man bei einer Scheinleistung von etwa 12 kVA dem Wandler eine Leistung von 100 VA entnehmen will, so ist klar, daß die Streuungsverhältnisse dabei eine ganz unwesentliche Rolle spielen müssen. Die Rückwirkung des Sekundärstromes auf den primären Kreis ist derart gering, daß man für den primären Kreis den Belastungszustand mit dem Leerlaufzustand gleichsetzen darf.

Um das Verhalten des Wandlers bei Belastung untersuchen zu können, müssen wir unser Augenmerk auf den unteren Kern richten, der die Sekundärwicklung trägt; denn hier wird die Sekundärwicklung vom vorhandenen magnetischen Fluß induziert. Die Frage nach dem Verhalten des Wandlers bei Belastung ist, wenn wir die primären elektrischen Größen als gleichbleibend ansehen, eine Frage nach der Rückwirkung der sekundären Amperewindungen auf das ursprüngliche Feld.

Man verlangt vom Wandler die Unveränderlichkeit der sekundären Spannung nach Größe und Phase bei einer bestimmten Bürde. Darüber hinaus verlangt man, daß die sekundäre Spannung im Leerlauf winkeltreu und im bestimmten Verhältnis zur primären Spannung steht. Es muß daher zunächst das Leerlaufdiagramm des Wandlers ermittelt werden.

4. Diagramm.

Naturgemäß stimmt bei diesen Wandlern die Windungsübersetzung mit der Spannungsübersetzung nicht überein. Mit einer bestimmten Spannung je Windung, wie dies im Transformatorenbau üblich, kann hier nicht gerechnet werden.

Legt man eine bestimmte Sättigung zugrunde, so kann man unter Annahme des Eisenquerschnittes die sekundäre Windungszahl Z_2 bestimmen. Die primäre Windungszahl Z_1 errechnet sich nach der Beziehung

$$Z_1 = \frac{E_1}{E_2} Z_2 \cdot K,$$

wo E_1, E_2 die primäre bzw. die sekundäre Klemmenspannung und K eine Berichtigungsgröße bedeutet. Bei gegebener Anordnung ist K abhängig vom Eisenquerschnitt. Solange man im geradlinigen Gebiet der Eisensättigung arbeitet, ist der Wert K von der Sättigung unabhängig. Bei ausgeführten Wandlern liegt K zwischen 1,3 bis 1,7.

Da eine genaue Rechnung bei dieser Anordnung sehr umständlich ist, ist man auf Umrechnungen von Versuchsausführungen angewiesen. Um den zunächst beim Entwurf noch etwas unsicheren Wert der Sekundärspannung wirklich zu erreichen, ist die Sekundärwicklung mit einer Anzahl Anzapfungen zu versehen.

Auf diese Weise kann die sekundäre Leerlaufspannung ihrer Größe nach genau eingestellt werden und es bleibt noch die Phasenlage zu untersuchen.

Das Verhalten ist dem einer Drosselspule ähnlich. In Bild 4 sind die Vektoren graphisch dargestellt. Es bedeuten:

$OA = E_1 =$ primäre Klemmenspannung,
$J_0 =$ Leerlaufstrom,
$J_v =$ Wattstrom,
$J_\mu =$ Magnetisierungsstrom.

Die Kupfer- und Eisenverluste bedingen einen Verluststrom J_v. Daher ist auch die Nacheilung des Stromes J_0 hinter der Klemmenspannung geringer als 90°. Der magnetisierende Strom J_μ ist der geometrische Unterschied zwischen Leerlaufstrom J_0 und Wirkstrom J_v. Der magnetische Fluß Φ_μ ist mit dem magnetisierenden Strom J_μ in Phase. Um 90° nacheilend zum Fluß Φ_μ ist die EMK, deren sekundärer Betrag in dem Bild mit E_{2_0} bezeichnet ist. Der zur Deckung der primären EMK von der Klemmenspannung aufzubringende Spannungsbetrag ist durch den Vektor OB dargestellt, der zusammen mit dem Ohmschen Spannungsabfall BA die primäre Klemmenspannung $OA = E_1$ ergibt. Um den Fehlwinkel δ zu erhalten, wird bekanntlich die sekundäre Spannung um 180° umgeklappt. Eilt der umgeklappte Vektor dem primären Vektor vor, so ist der Fehlwinkel positiv. Man kommt damit zu dem Ergebnis, daß die Meßdrosselspule im Leerlauf einen positiven Fehlwinkel hat. Die Größenordnung dieses Anfangsfehlwinkels war bei ausgeführten Wandlern 50 bis 70'. Ein derartiger Fehlwinkel ist für einen Präzisionsspannungswandler zu groß. Es gelingt jedoch, wie später gezeigt wird, mit ganz einfachen Mitteln, diesen „Anfangsfehlwinkel" aufzuheben bzw. auf einen zulässigen und erwünschten Betrag zu verkleinern. Zunächst seien jedoch die Veränderungen betrachtet, die bei Belastung der sekundären Wicklung eintreten. Wie aus dem magnetischen Verhalten hervorging, ist bei Belastung die Rückwirkung der sekundären Amperewindungen zu beachten. Die Bilder 5 und 6 stellen die Diagramme bei Belastung dar und zwar entspricht Bild 5 dem Fall der Ohmschen und Bild 6 dem der induktiven Belastung. Aus den Diagrammen geht der Einfluß der sekundären Amperewindungen auf die EMK deutlich hervor. Die eigentlichen Spannungsabfälle durch die Belastung sind nicht eingetragen worden, da dabei die Eigenart der Rückwirkung nicht so klar hervortritt. Es ist aber einfach, diese Spannungsabfälle an die resultierende EMK anzureihen. Im Falle der Ohmschen Belastung wird die resultierende EMK $-E_2'$ durch die resultierenden Amperewindungen J_μ' gegen die ursprüngliche Lage verdreht und der ursprüngliche positive Fehlwinkel wird in einen negativen verwandelt. In bezug auf die Größe der EMK ist bei Ohmscher Belastung ein sehr

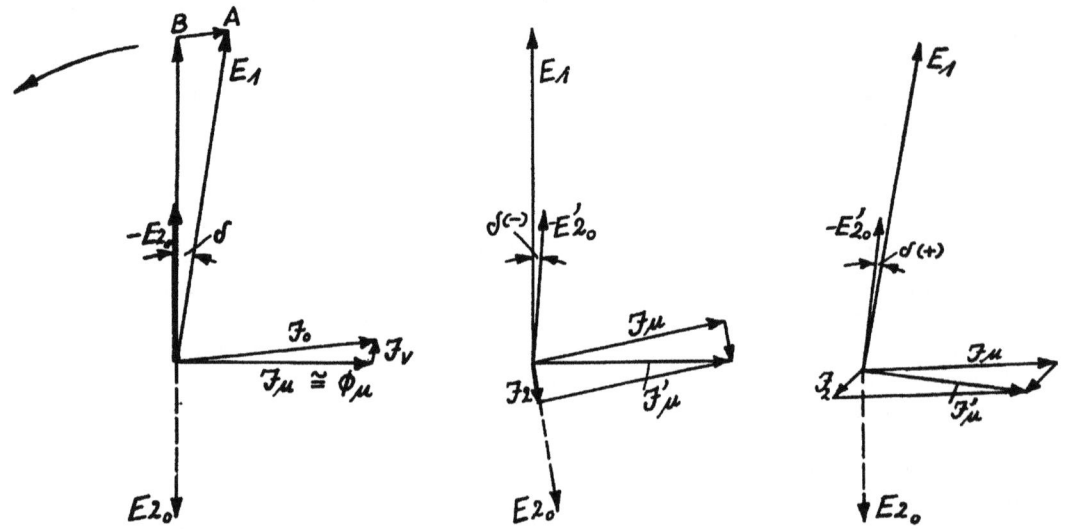

Bild 4. Leerlaufdiagramm.   Bild 5. Diagramm bei Ohmscher Belastung.   Bild 6. Diagramm bei induktiver Belastung.

günstiges Verhalten festzustellen. Die rückwirkenden Amperewindungen des Stromes J_2 vergrößern die EMK, und ein Abfall kann nur bei dementsprechender höherer Belastung eintreten. Die Übersetzungsfehler bei Ohmscher Bürde sind daher sehr gering. Anders verhält sich der Wandler bei induktiver Bürde. Der nacheilende Strom J_2 schwächt die EMK und verschlechtert die Übersetzungsfehler, dagegen kann der ursprüngliche positive Fehlwinkel unter Umständen noch positiv bleiben. Der Fehlwinkel wird dabei, im Gegensatz zum Verhalten bei gewöhnlichen Wandlern, kleiner. Aus diesem Verhalten ergeben sich für die Belastbarkeit der Meßdrosselspulenwandler wichtige Folgerungen, auf die später eingegangen wird. Es soll zunächst untersucht werden, wie der positive Fehlwinkel im Leerlauf ausgeglichen werden kann.

5. „Steuerung" des Flusses.

Die Phase der sekundären Spannung kann verschoben werden, wenn der Fluß, der diese Spannung induziert, in seiner Phase verschoben werden kann. Dies kann durch die Parallelschaltung eines Ohmschen Widerstandes zum unteren Teil der Hochvoltwicklung erzielt werden. Ein ganz geringer Teil des magnetisierenden Stromes J wird der magnetischen Wirkung auf den unteren Eisenkern entzogen.

Die Verhältnisse sind in Bild 7 graphisch dargestellt. Der primäre Strom J_0 erhält den in einem Parallelwiderstand W fließenden Strom J_w als Ohmsche Komponente. Dadurch wird der magnetisierende Strom J_μ in seiner Phase gedreht und gleichzeitig auch die induzierte Spannung E_{2_0}. Ein Vergleich mit Bild 7 zeigt die erzielte Verminderung des Fehlwinkels. Eine ähnliche Wirkung auf den Fehlwinkel, wie die hier geschilderte, hat auch die Parallelschaltung eines Ohmschen Widerstandes zur Sekundärwicklung. Durch den Strom im Parallelwiderstand W, der wie oben mit J_w bezeichnet sei, wird, wie aus Bild 8 ersichtlich, gleichfalls eine Verdrehung der AW bzw. des magnetisierenden Stromes, der aus der Lage J_μ in die Lage J'_μ verschoben wird, erzielt. In diesem Falle erhält also der Wandler eine Vorbelastung durch einen Ohmschen Widerstand, der so bemessen wird, daß der Fehlwinkel die gewünschte Größe erreicht.

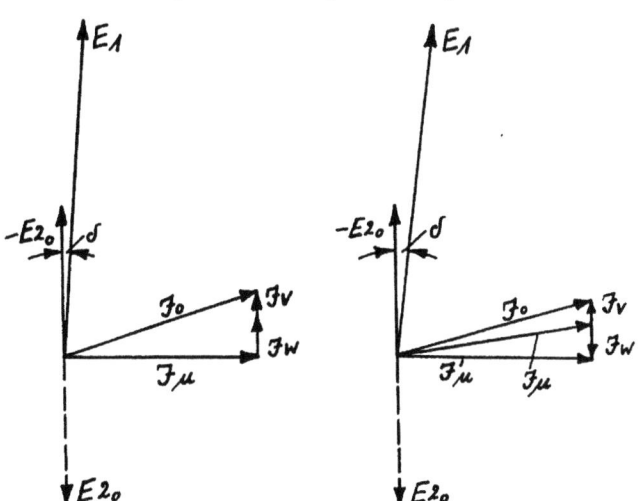

Bild 7. Phasenverschiebung durch einen Parallelwiderstand.

Bild 8. Diagramm bei Vorbelastung durch einen Ohmschen Widerstand.

An den Fehlerkurven des Wandlers wird gezeigt werden, daß man durch kapazitive Vorbelastung in der Lage ist, die Belastbarkeit des Wandlers bei induktiver Bürde zu erhöhen.

6. Fehlerkurven.

Die im Laboratorium der AEG-Transformatorenfabrik mit der Scheringbrücke unter Verwendung eines geeichten Normalwandlers aufgenommenen Fehlerkurven ergaben folgendes Verhalten:

Bei Ohmscher Belastung (100 VA) sind die Übersetzungsfehler gering ($\pm 0{,}1$ vH), die Fehlwinkel liegen bei einer Bürde von 100 VA innerhalb des Bereiches von ± 30 min.

Bei induktiver Bürde ($\cos \varphi = 0{,}5$) sind die Fehlwinkel bei einer Belastung von 100 VA innerhalb des Bereiches von ± 10 min. Die Übersetzungsfehler liegen bei dieser Bürde im Bereich ± 1 vH.

Die Anfangswerte des Übersetzungsfehlers und des Fehlwinkels sind — der erstgenannte durch eine Abgleichung der Windungen, der letztgenannte durch den Parallelwiderstand zur Sekundärwicklung — im Leerlauf derart einzustellen, daß bei Belastung die Absolutbeträge der Fehler gering bleiben.

Sekundäre Leistung		$0{,}8 E_N$	$1{,}0 E_N$
Leerlauf	f vH	—	$+ 0{,}7$
	δ'	—	$+ 11$
50 VA, $\cos \varphi = 1{,}0$	f vH	$+ 0{,}6$	$+ 0{,}5$
	δ'	$- 19$	$- 18$
50 VA, $\cos \varphi = 0{,}5$	f vH	$- 0{,}3$	$- 0{,}3$
	δ'	$+ 1$	$+ 2$
100 VA, $\cos \varphi = 1{,}0$	f vH	$+ 0{,}5$	$+ 0{,}5$
	δ'	$- 49$	$- 48$
100 VA, $\cos \varphi = 0{,}5$	f vH	$- 1{,}2$	$- 1{,}3$
	δ'	$- 4$	$- 3$

An einen Spannungswandler für 220 kV spez., 125 000/100 Volt wurden in der Physikalisch-Technischen Reichsanstalt die in der Tabelle aufgeführten Werte für Übersetzungsfehler (f vH) und Fehlwinkel (δ) gemessen.

In Bild 9 sind die Fehlerkurven dargestellt, die, wie sonst bei Spannungswandlern, geradlinigen Verlauf aufweisen. In Unterschied zum gewöhnlichen Spannungswandler hat die Fehlwinkelgerade δ bei $\cos \varphi = 0{,}5$ geringere Neigung zur Nullinie als die Fehlwinkelgerade δ bei $\cos \varphi = 1$. Dieses Verhalten ist in den Bildern 5 und 6 erläutert worden. Aus den Kurven geht hervor, daß der Spannungswandler nach richtiger Abgleichung der Anfangswerte bei einer Bürde von 50 VA bei cos $\varphi = 1$ und cos $\varphi = 0,5$ den Fehlerbedingungen der Klasse E (fvH $= \pm 0,5$, $\delta = \pm 20'$) entspricht. Ferner geht daraus hervor, daß bei Ohmscher Bürde die Schwankung des Übersetzungsfehlers sehr gering ist. Man kann im Falle der induktiven Bürde durch kapazitive Vorbelastung den Übersetzungsfehler bei induktiver Bürde ausgleichen.

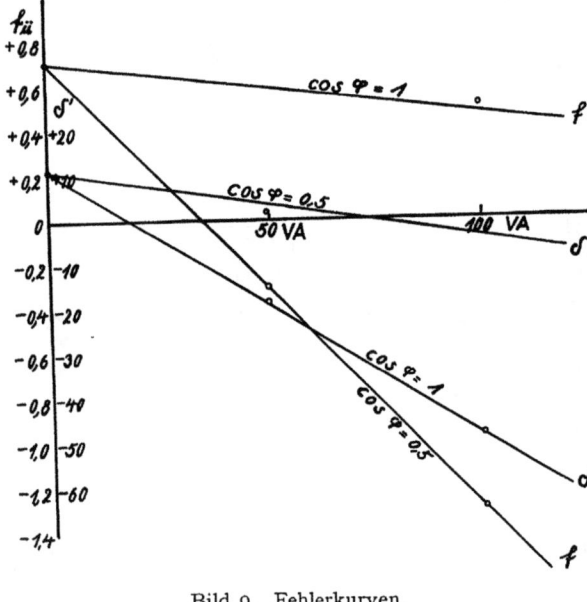

Bild 9. Fehlerkurven.
f = Übersetzungsfehler, δ = Fehlwinkel.

7. Schlußfolgerungen.

Der geschilderte Aufbau stellt zweifellos eine wertvolle Erweiterung der bisher bekannten Ausführungsformen auf dem Gebiete der Höchstspannungswandler dar. In bezug auf Leistungsfähigkeit ist der Wandler noch verbesserungsfähig, insbesondere wenn in Betracht gezogen wird, daß bei der untersuchten Bauart mit einer Sättigung von 2000 Gauß gearbeitet wurde. Die Leistungsfähigkeit in VA wächst aber entsprechend dem Grad der Sättigung; diese ist nach oben nur durch den Erdschlußfall begrenzt. Der Wandler hält die verkettete Spannung auch thermisch im Dauerbetrieb aus. Die Wärme aus den sich dabei ergebenden Kupfer- und Eisenverlusten wird durch die Oberfläche und den oberen Metalldeckel abgeführt Die Isolationsfestigkeit ist wegen der Gleichmäßigkeit und Zwangsläufigkeit der Feldverteilung, der Schirmwirkung der Hochvoltwicklung und der Anordnung des Isoliermantels sehr beträchtlich. Die Isolationsprüfung wird durch Eigenerregung mit 440 kV ausgeführt. Wegen der niedrigen Sättigung in den Eisenkernen kann die Prüfung mit 50 Hz ausgeführt werden.

Naturgemäß läßt sich mit einem Wicklungsaufbau nach der geschilderten Art eine hohe Sprungwellensicherheit erzielen. Durch die hier zur Verwendung kommenden Spulen ist die Windungskapazität an und für sich größer, anderseits ist durch die räumliche Anordnung der Wicklung die Möglichkeit gegeben, im oberen am meisten gefährdeten Teil Schutzbleche zur kapazitiven Kopplung der Windungen und Spulen anzubringen. Beides erhöht die Sprungwellensicherheit.

Über die Dynamik des Wechselstrom-Hochspannungslichtbogens.

Von O. Mayr.

Die nachstehende Veröffentlichung befaßt sich mit der Dynamik von Kurzschlußlichtbogen in Hochspannungsnetzen und Unterbrechungslichtbogen in Hochleistungsschaltern. An Hand vielseitiger, in den Versuchsberichten des Hochleistungsprüffeldes der AEG zur Verfügung stehender Unterlagen wird ein Versuch gemacht, die inneren Vorgänge in Lichtbogen dieser Art physikalisch so weit als möglich zu zergliedern und zu erklären.

1. Allgemeines über den Lichtbogen.

Die folgenden Betrachtungen sollen vom Gleichstromlichtbogen ausgehen, der in mancher Beziehung ein viel stabileres Gebilde darstellt als der Wechselstromlichtbogen und deshalb auch schon etwas genauer untersucht ist. Die statische Strom-Spannungscharakteristik eines stabil eingebrannten Gleichstromlichtbogens zwischen Kupferelektroden kann durch die empirisch aufgestellte Beziehung

$$U = 21{,}38 + \frac{10{,}7}{J} + l\left(30{,}3 + \frac{152}{J}\right)$$

dargestellt werden. Dabei bedeutet U die Lichtbogenspannung in V, J den Strom in A und l die Lichtbogenlänge in cm. Diese Formel gilt, den ihr zugrunde liegenden Versuchsbedingungen entsprechend, nur für verhältnismäßig kleine Lichtbogen bis zu einigen cm Länge und höchstens 100 A Stromstärke. Aber schon innerhalb dieser Grenze zeigt es sich, daß die Lichtbogenspannung von der Stromstärke nahezu unabhängig wird, wenn diese größer ist als 50 A, und daß außerdem die Lichtbogenspannung nahezu proportional der Lichtbogenlänge anwächst, wenn diese größer ist als 10 cm. Man kann dann im Lichtbogen mit einer konstanten elektrischen Feldstärke von etwa 30 V/cm rechnen.

Die Hochleistungslichtbogen der Starkstromtechnik sind meist sehr bewegliche und veränderliche Gebilde, so daß es dabei schwer ist, genaue Beziehungen zwischen den drei Größen: Lichtbogenspannung, Strom und Lichtbogenlänge nachzuweisen. Lichtbogenversuche an Stützisolatoren und Durchführungen, bei denen der Lichtbogen keine Gelegenheit zum Ausweichen hatte, ergaben jedoch, daß auch bei Hochleistungslichtbogen bis zu 1 m Länge und Stromstärken bis zu 6000 A die Lichtbogenspannung von der Stromstärke praktisch unabhängig ist und daß die Feldstärke im Lichtbogen auch hier ungefähr die gleiche ist wie beim Gleichstromlichtbogen. Im Oszillogramm des Bildes 1 eines solchen Lichtbogens kommt dies dadurch zum Ausdruck, daß die Spannungskurve trotz des sinusförmig veränderlichen Stromes nahezu rechteckig ist.

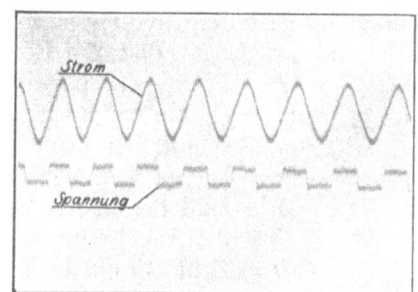

Bild 1. Lichtbogen an einem Isolator.

Neben dem der Lichtbogenlänge proportionalen Glied stehen in der oben angeführten Lichtbogencharakteristik noch zwei davon unabhängige Glieder. Bei Strömen über 10 A ergibt sich hieraus eine gleichbleibende Spannung von etwa 22 V, die in der Hauptsache den Anteil des Anoden- und Kathodenfalles an der Gesamtlichtbogenspannung darstellt. Dieser Anteil kann bei den hier in Frage kommenden Lichtbogenspannungen zwischen 1000 und 100000 V überhaupt vernachlässigt werden.

Zusammenfassend kann also zunächst gesagt werden: Die Spannung und der Widerstand eines Hochleistungs-Wechselstromlichtbogens werden praktisch ausschließlich durch das Spannungsgefälle im eigentlichen Lichtbogen bestimmt. Der Anoden- und Kathodenfall und die zugehörigen, einige mm langen Teile des Lichtbogens können in erster Annäherung vernachlässigt werden.

Während die Dynamik des Niederspannungslichtbogens in erster Linie auf eine Untersuchung der thermischen Vorgänge an den Elektroden hinausläuft[1], muß also hier der zwischen Anoden- und Kathodenfall liegende eigentliche Lichtbogen etwas näher betrachtet werden. Wenn die gesamte Lichtbogenspannung vorwiegend durch die Vorgänge im eigentlichen Lichtbogen, nicht aber durch die Vorgänge an den Elektroden bestimmt wird, so muß auch die primäre Ursache für die Stabilität des Lichtbogens in diesem selbst liegen. Die Vorgänge an den Elektroden sind dann sekundärer Art. Der Übergang des Lichtbogenstromes auf die Elektroden erfolgt hier zwangläufig und ohne nennenswerte Rückwirkung auf die Spannung des Lichtbogens.

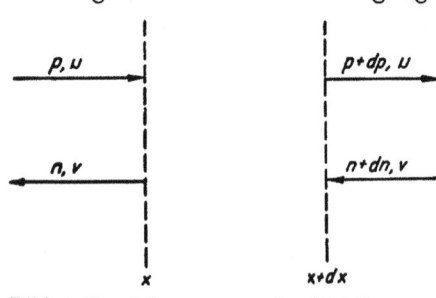

Bild 2. Bezeichnungen an den Lichtbogenquerschnitten x und $x + dx$.

Die Stabilität des Lichtbogens ist wiederum bedingt durch das Gleichgewicht der in der Zeiteinheit zukommenden und abgehenden Ionen. Zunächst werde also eine Ionenbilanz aufgestellt. Zu diesem Zweck werden durch den Lichtbogen zwei Querschnitte im Abstand dx gelegt (Bild 2). Es sei dann:

p = Dichte der positiven Ionen im Querschnitt x (Ionen/cm);

$p + dp$ = Dichte der positiven Ionen im Querschnitt $x + dx$;

n = Dichte der negativen Ionen im Querschnitt x;

$n + dn$ = Dichte der negativen Ionen im Querschnitt $x + dx$;

A = Zahl der in der Sekunde je cm Lichtbogenlänge aufgespaltenen Moleküle, d. i. auch die Zahl der neu entstehenden positiven und negativen Ionen;

B = Zahl der in der Sekunde je cm Lichtbogenlänge durch Wiedervereinigung verschwindenden positiven und negativen Ionen;

u = Geschwindigkeit der positiven Ionen;

v = Geschwindigkeit der negativen Ionen;

e = Elementarladung.

Die Geschwindigkeit u bzw. v ist abhängig von der elektrischen Feldstärke. Da Anoden- und Kathodenfall ausgeschieden werden und da die Lichtbogenspannung der Lichtbogenlänge proportional ist, kann man die Feldstärke längs des Lichtbogens als gleichbleibend ansehen. Damit sind aber auch u und v unabhängig von x.

Für den Gleichstromlichtbogen, bei dem die Zahl der in dem Lichtbogenausschnitt von der Länge dx vorhandenen Ionen zeitlich unveränderlich sein muß, gilt dann:

zugewanderte + neugebildete Ionen = abgewanderte + wieder vereinigte Ionen:

$$\left.\begin{array}{l} up + A\,dx = u\,(p + dp) + B\,dx, \\ -vn + A\,dx = -v\,(n + dn) + B\,dx; \end{array}\right\} \quad (1)$$

hieraus folgt durch Umstellung:

$$u\,dp = -v\,dn = (A - B)\,dx. \quad (2)$$

---

[1] Vgl. Simon: Über die Dynamik der Lichtbogenvorgänge. Phys. Z. 1905, S. 297.

Für die Stromstärke ergibt sich

$$\left.\begin{array}{ll} \text{im Querschnitt } x: & J_x = e\,[up + vn], \\ x + dx: & J_{x+dx} = e\,[u\,(p + dp) + v\,(n + dn)]. \end{array}\right\} \quad (3)$$

Die Stromstärke muß längs des Lichtbogens gleich bleiben. Durch Subtraktion der beiden Gleichungen (3) folgt dann ebenfalls:

$$u \cdot dp + v \cdot dn = 0 \qquad (4)$$

An dieser Stelle sind noch einige Worte über die Raumladung und über den Anteil der positiven und negativen Ionen am Strom einzuschalten. Da die Feldstärke längs des Lichtbogens konstant ist, können, an allen Stellen gleiche Lichtbogenquerschnitte vorausgesetzt, Raumladungen im Lichtbogen selbst nicht vorhanden sein. Aus der Theorie der Elektronenröhren ist anderseits bekannt, daß schon geringe Raumladungen genügen, um einen Elektronenstrom auf einige mA zu begrenzen; hieraus folgt, daß in einem Starkstromlichtbogen von einigen tausend A freie Ladungen nicht vorhanden sind. Die Zahl der positiven und negativen Ionen muß also gleich sein.

Es folgt daraus $p = n$ und $dp = dn$, was sich wiederum mit Gleichung (2) und (4) nur vereinbaren läßt, wenn $dp = dn = 0$ und

$$A = B.$$

Das besagt, daß in jedem Längenelement des Gleichstromlichtbogens die Zahl A der durch Ionisierung neu gebildeten und die Zahl B der durch Wiedervereinigung verschwindenden Ionen gleich groß sein muß. Dabei ist die Zahl A vor allem abhängig von der elektrischen Feldstärke, während man B, wie später noch dargelegt wird, beim frei brennenden Lichtbogen in erster Näherung als gleichbleibend betrachten kann. Soll der Gleichstromlichtbogen stabil brennen, so muß sich also in erster Linie die Feldstärke im Lichtbogen so einstellen, daß dabei die Bedingung $A = B$ erfüllt ist.

Bei der hohen Temperatur im Lichtbogen bestehen die negativen Ionen aus freien Elektronen, die vermöge ihrer geringen Masse eine wesentlich höhere Geschwindigkeit haben, als die mit Gas- oder Metallatomen belasteten positiven Ionen. Die Folge ist, daß die positiven Ionen zum gesamten Lichtbogenstrom [Gleichung (3)] nur einige Tausendteile beitragen. Die Träger des Stromes sind also die negativen Elektronen. Die positiven Ionen haben die nicht weniger wichtige Aufgabe, das Raumladungsfeld der Elektronen zu kompensieren. Beim Stromdurchgang durch Null lagern sich die negativen Elektronen ebenfalls an schwere Moleküle an. Von den dadurch bedingten Erscheinungen wird noch besonders die Rede sein.

2. Der frei brennende Wechselstrom-Hochspannungslichtbogen.

Mit der Spannung ist beim Wechselstromlichtbogen auch die elektrische Feldstärke einer dauernden zeitlichen Änderung unterworfen. Die nächste Frage lautet also: Wie beeinflußt eine plötzliche Änderung der Lichtbogenspannung den Strom bzw. den Lichtbogenwiderstand?

Beim Gleichstromlichtbogen ergab sich aus der Bedingung $A = B$, daß der Lichtbogen bei einer ganz bestimmten Feldstärke, zu der wiederum eine durch die Länge des Lichtbogens gegebene Spannung gehört, stabil ist und kein Bestreben zeigt, sich zu ändern. Ebenso gibt es beim Wechselstromlichtbogen eine seiner Länge l entsprechende Spannung U_0, bei der die Bedingung $A = B$ erfüllt ist und demzufolge eine Änderung der Zahl der vorhandenen Ionen nicht eintritt. Die zugehörige Feldstärke im Lichtbogen sei $\mathfrak{E}_0$. Ausgehend von dieser Spannung $U_0 = \mathfrak{E}_0 \cdot l$ hat man nun zwei Fälle zu unterscheiden, je nachdem, ob die Feldstärke $\mathfrak{E}_0$ überschritten oder unterschritten wird. Im ersten Fall wird die Ionisierung die Wiedervereinigung der vorhandenen Ionen überwiegen, die Zahl der im Lichtbogen vorhandenen Ionen nimmt zu. Im zweiten Fall werden umgekehrt dem Lichtbogen mehr Ionen entzogen als neue gebildet werden. Mit der Zahl der Ionen ändert sich auch die Stromstärke und der Lichtbogenwiderstand. Beim Wechselstromlichtbogen geht diese Änderung, wie Bild 3 schematisch zeigt, periodisch vor sich. Man sieht vor allem, daß die Maxima und Minima der Ionenkurve und der Widerstandskurve jeweils den Zeitpunkt angeben, wo die Lichtbogenspannung U durch den Wert U_0 hindurchgeht. Dieser Umstand wird später noch benutzt werden, um die Linie für $U = U_0$ in ein beliebiges Lichtbogenoszillogramm einzutragen. Bild 4 zeigt die zu Bild 3 gehörige Hystereseschleife, eine Darstellung von Strom und Spannung, die auch beim Lichtbogen üblich ist und die Änderung von Strom, Spannung und Widerstand ebenfalls sehr gut zu übersehen gestattet.

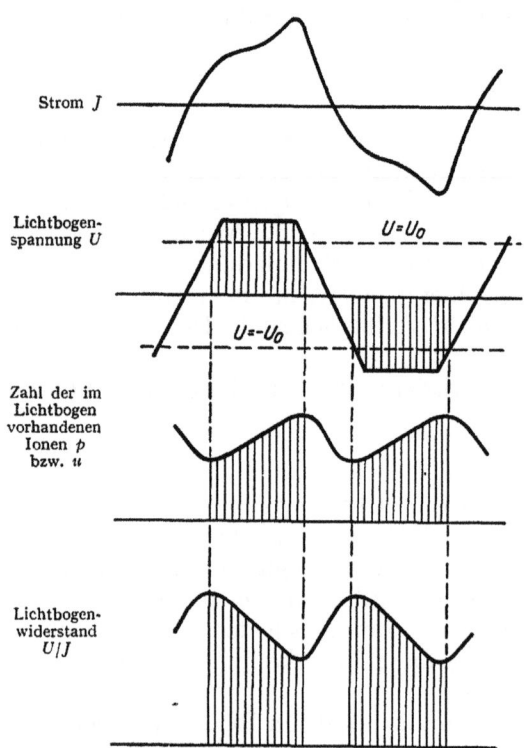

Bild 3. Schematische Darstellung der Kurven eines Wechselstromlichtbogens.

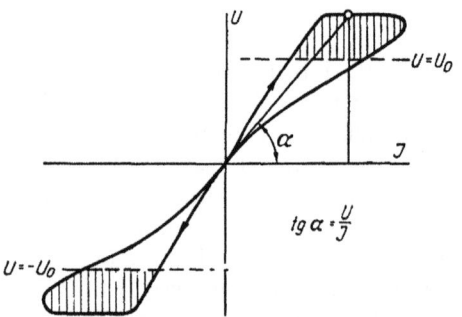

Bild 4. Lichtbogen-Hystereseschleife zu Bild 3.

Die Bilder 5 bis 9 zeigen zwei charakteristische Lichtbogenoszillogramme mit den aus Strom und Spannung berechneten Widerstandsdiagrammen und die dazugehörigen Schleifendiagramme. Bei Bild 5 handelt es sich um einen verhältnismäßig kurzen Lichtbogen, bei dem die EMK des Generators weit über der mittleren Lichtbogenspannung U_0 lag. Die Lichtbogenspannung nähert sich der bekannten Rechteckform, ihre Höhe weicht von dem Wert U_0 nur wenig ab; der Lichtbogen ist während des größten Teils der Halbperiode überaus stabil.

Weniger einfach, aber um so lehrreicher ist das Oszillogramm (Bild 8) eines Lichtbogens, bei dem die Lichtbogenspannung von der Größenordnung der im Stromkreis wirksamen EMK war. Es handelt sich hier um einen Kurzschlußlichtbogen (Bild 7) von einigen m Länge, der in einem 100-kV-Netz mit kleiner Maschinenleistung aufgenommen wurde. Infolge seiner verhältnismäßig geringen Stromstärke von etwa 100 A erlosch dieser Lichtbogen, nachdem er sich durch seine eigene Luftbewegung genügend weit auseinandergezogen hatte nach einigen s von selbst. Bild 8 zeigt die letzten Halbperioden vor dem Erlöschen. Man findet hier die obigen Überlegungen bestätigt. Die Zeiträume, wo $U > U_0$ ist, sind durch Schraffur hervorgehoben. Sämtliche schraffierten Spannungsspitzen fallen mit einem negativen Gradienten der Widerstandskurve zusammen. Eine Ausnahme machen allein die mit S bezeichneten Spitzen der Widerstandskurve. Die dabei jeweils auftretende plötzliche Widerstandsabnahme läßt sich aus der Spannungskurve zunächst nicht erklären. Sie hängt mit dem gleichzeitig vor sich gehenden Durchgang der Spannung durch Null zusammen und wird in einem besonderen Abschnitt dieser Arbeit (S. 326) noch genauer untersucht werden. Die punktiert eingezeichnete Linie für $U = U_0$ rückt infolge der langsam

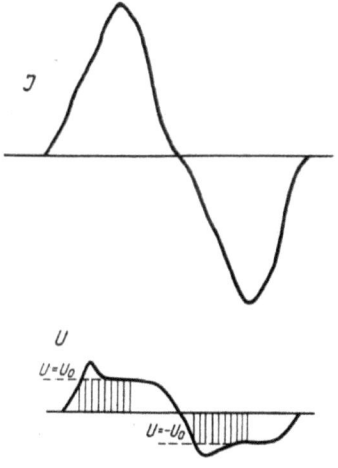
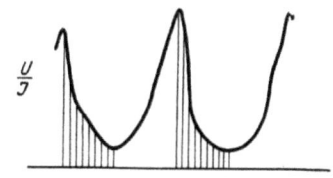
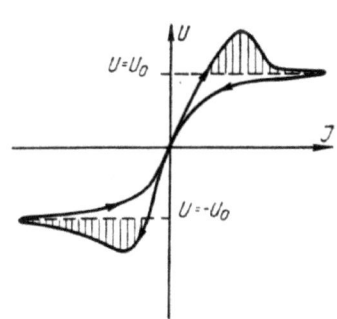

Bild 5. Stom J, Spannung U und Widerstand U/J eines Lichtbogens, dessen Spannung gegenüber der EMK des Generators klein ist.

Bild 6. Hystereseschleife zu Bild 5.

Bild 7. Lichtbogen in einem Hochspannungsnetz mit 100 kV Betriebspannung.

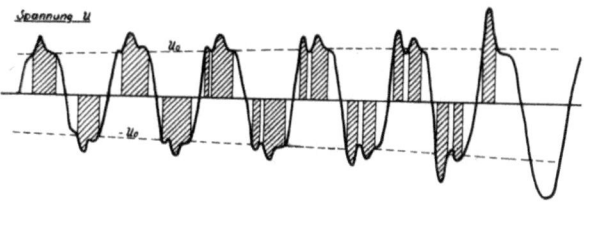
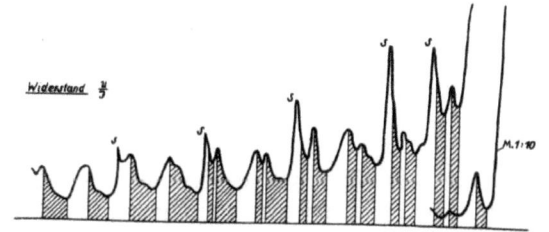

Bild 8. Strom J, Spannung U und Widerstand U/J eines Lichtbogens, dessen Spannung nahezu ebenso groß war, wie die EMK des Generators.

zunehmenden Lichtbogenlänge langsam nach außen. Dadurch wird der schraffierte Teil der Halbperiode, in dem ein Überschuß an neuen Ionen gebildet wird, immer kürzer und der unschraffierte Teil, in dem die Ionenbilanz passiv ist, immer größer. Es ergibt sich, daß während jeder Halbperiode mehr Ionen verlorengehen als neue entstehen. Die Folge ist, daß der Lichtbogen schließlich von selbst erlischt. Dieser Vorgang kommt auch in den Schleifendiagrammen (Bild 9) der drei Halbperioden 2, 8 und 11 deutlich zum Ausdruck.

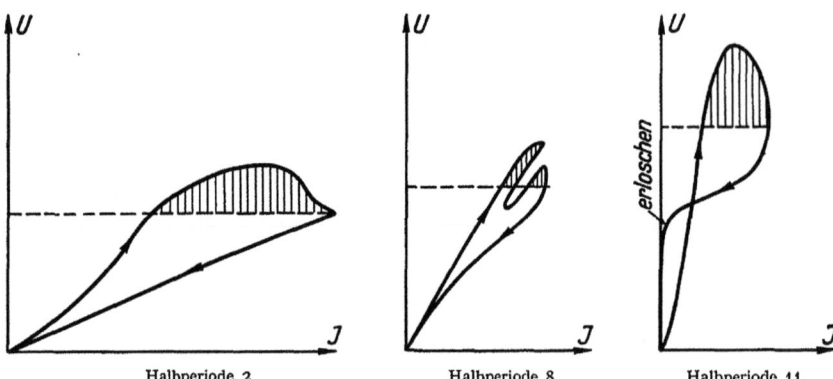

Bild 9. Hystereseschleifen zu den Halbperioden 2, 8 und 11 von Bild 8. (Gestrichelte Linie: $U = U_0$.)

3. Differentialgleichung für den Wechselstromlichtbogen.

Nachdem sich die bisherigen, vorwiegend qualitativen Anschauungen als brauchbar erwiesen haben, soll ein Versuch gemacht werden, die Vorgänge im Wechselstromlichtbogen auch rechnerisch zu erfassen. Dabei wird von der ersten der Gleichungen (3) ausgegangen. Berücksichtigt man, daß der Anteil der positiven Träger p am Strom wegen des kleinen Wertes von u zu vernachlässigen ist, und setzt man ferner

$$v = v_0 \cdot \sqrt{\mathfrak{E}}, \tag{5}$$

wobei v_0 die Elektronengeschwindigkeit bei der Feldstärke $\mathfrak{E} = 1$ bedeutet, so erhält man für den Strom

$$J = e \cdot n \cdot v_0 \cdot \sqrt{\mathfrak{E}}. \tag{6}$$

Beim Wechselstrom sind nun sowohl n als auch $\mathfrak{E}$ zeitlich veränderlich und man erhält deshalb durch Differentation

$$\frac{dJ}{dt} = e \cdot v_0 \left(\frac{dn}{dt} \cdot \sqrt{\mathfrak{E}} + \frac{n}{2\sqrt{\mathfrak{E}}} \cdot \frac{d\mathfrak{E}}{dt} \right). \tag{7}$$

Dabei stellt das erste Glied den Stromzuwachs durch den Überschuß der Ionenbilanz, das zweite Glied den Stromzuwachs infolge der erhöhten Elektronengeschwindigkeit dar. Der Überschuß aus der Ionenbilanz ist in erster Linie abhängig von der Feldstärke. Da jedes bereits vorhandene Elektron an der Bildung neuer Ionen bzw. an der Wiedervereinigung beteiligt ist, so ist der Ionenüberschuß außerdem proportional der Zahl der vorhandenen Elektronen. Es gelte deshalb

$$\frac{dn}{dt} = u \cdot (\alpha - \beta). \tag{8}$$

Dabei bedeute α die Zahl der je vorhandenes Elektron und je s durch Ionisation neu gebildeten Elektronen, β die je vorhandenes Elektron und je s durch Wiedervereinigung verschwindenden Elektronen. α ist auf jeden Fall eine Funktion der Feldstärke $\mathfrak{E}$. Dagegen ist β von $\mathfrak{E}$ unabhängig. Nimmt man an, daß die Stromdichte im Lichtbogen angenähert gleichbleibend ist, eine höhere Stromstärke bedingt bekanntlich einen größeren Lichtbogendurchmesser, so kann man β in erster Annäherung als eine Konstante betrachten. Den bisherigen Anschauungen entsprechend muß $\alpha - \beta \gtreqless 0$ sein, je nachdem ob $\mathfrak{E} \gtreqless \mathfrak{E}_0$ ist. Setzt man Gleichung (8) in Gleichung (7) ein und löst die so erhaltene Gleichung unter Beachtung von Gleichung (6) nach $(\alpha - \beta)$ auf, so erhält man

Über die Dynamik des Wechselstrom-Hochspannungslichtbogens.

$$(\alpha - \beta) = \frac{1}{J} \cdot \frac{dJ}{dt} - \frac{1}{2\mathfrak{E}} \frac{d\mathfrak{E}}{dt} \qquad (9)$$

oder, da $\mathfrak{E} = U/l$,

$$(\alpha - \beta) = \frac{1}{J} \frac{dJ}{dt} - \frac{1}{2U} \cdot \frac{dU}{dt}. \qquad (10)$$

Die auf der rechten Seite stehenden Glieder lassen sich, wenn Strom und Spannung oszillographiert sind, aus dem Oszillogramm nach Bild 10 graphisch ermitteln. Da sowohl J als auch U im Zähler und Nenner stehen, ist nicht einmal ein Strom- bzw. Spannungsmaßstab erforderlich.

Nach diesem Verfahren wurden einige Lichtbogenoszillogramme graphisch ausgewertet und $(\alpha - \beta)$ bestimmt. Die Oszillogramme waren zu diesem Zweck photographisch stark vergrößert worden, so daß jede Halbperiode in 37 Zeitintervalle eingeteilt werden konnte. Das Ergebnis aus zwei auf diese Weise ausgewerteten Oszillogrammen zeigt

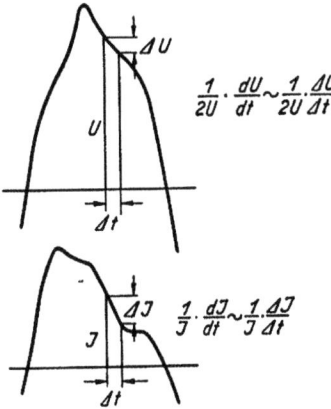

Bild 10. Verfahren zur graphischen Ermittlung von $\alpha - \beta$ nach Gleichung 10.

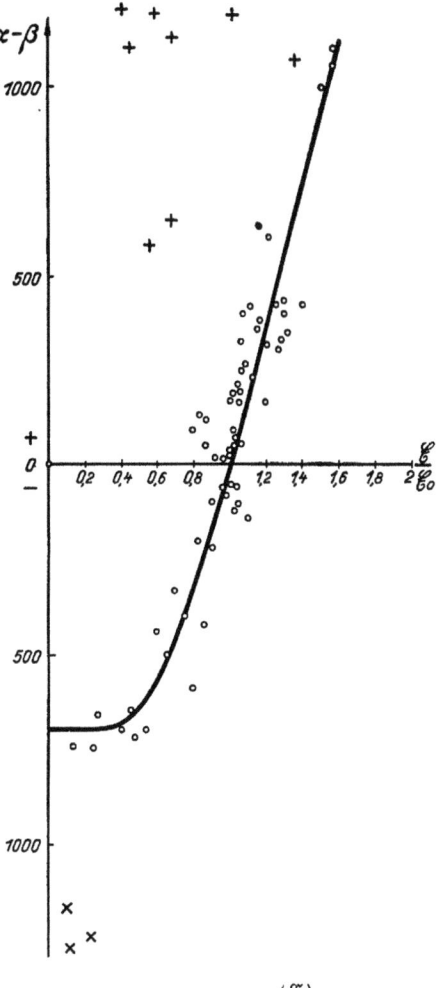

Bild 11. $\alpha - \beta = f\left(\dfrac{\mathfrak{E}}{\mathfrak{E}_0}\right)$.

× Werte kurz vor dem Nulldurchgang von Spannung und Strom,
| Werte kurz nach dem Nulldurchgang von Spannung und Strom.

Bild 11. Es handelt sich dabei um einen ähnlichen Lichtbogen wie bei den Bildern 7 bis 9; die Amplitudenwerte von Strom und Spannung betrugen etwa 200 A und 100 kV.

Die Werte, die kurz vor bzw. nach dem Stromnulldurchgang gefunden wurden, fallen aus der Schar der übrigen Punkte heraus. Sie wurden deshalb in Bild 11 besonders kenntlich gemacht. Sie entsprechen den Abweichungen an den Spitzen S in Bild 8 und werden im nächsten Abschnitt besonders besprochen.

Läßt man diese Punkte außer acht, so ergibt sich aus den übrigen als Kreise eingetragenen Werten für $(\alpha - \beta)$ die in Bild 11 eingezeichnete Kurve. Bezüglich der immer noch erheblichen Streuung der gefundenen Werte von $(\alpha - \beta)$ ist zu beachten, daß einerseits der Lichtbogen ein sehr rohes Gebilde ist und anderseits die graphische Ermittlung von dJ/dt und dU/dt auf sehr große Genauigkeit keinen Anspruch machen darf.

Mit der oben aufgestellten Annahme, wonach α eine Funktion von $\mathfrak{E}$, β dagegen unabhängig von $\mathfrak{E}$ sein soll, läßt sich die Kurve von Bild 11 weiter zergliedern. Da für $\mathfrak{E} = 0$

eine Ionisierung nicht zu erwarten ist, dort also $\alpha = 0$ zu setzen ist, so muß der Ordinatenschnittpunkt der Kurve bei $\mathfrak{E} = 0$ den Wert β ergeben. Durch eine entsprechende Parallelverschiebung der Abszissenachse erhält man schließlich eine Kurve für α (Bild 12a), deren Verlauf zu einem Vergleich mit der Townsendschen Ionisierungszahl, die hier mit α' bezeichnet sei, Anlaß gibt. Da α auf die Zeiteinheit bezogen wurde, α' dagegen auf die Einheit der Weglänge bezogen ist, müßte zu diesem Vergleich α durch $v = v_0 \cdot \sqrt{\mathfrak{E}}$ dividiert

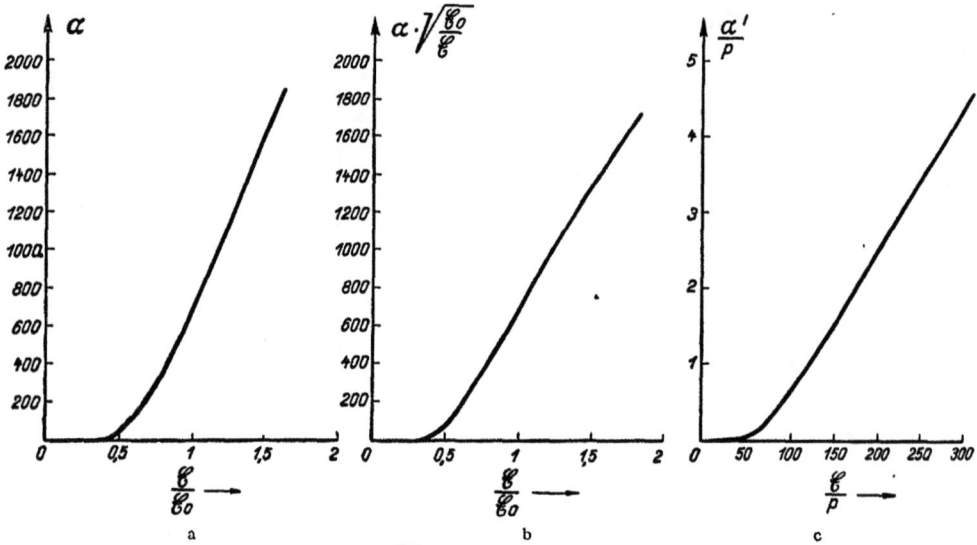

Bild 12. Kurve für α und Vergleich von $\alpha \sqrt{\dfrac{\mathfrak{E}}{\mathfrak{E}_0}}$ mit der Townsendschen Ionisierungszahl α'. (p = Luftdruck.)

werden. Da jedoch, vor allem wegen der Lichtbogentemperatur, v_0 schwer zu ermitteln ist, soll in den Bildern 12b und c nur der Wert $\alpha \cdot \sqrt{\mathfrak{E}_0/\mathfrak{E}}$ mit einer von Townsend[1] gemessenen Kurve für α' verglichen und damit gezeigt werden, daß letzten Endes ein mit der Theorie der Stoßionisierung in Einklang zu bringendes Ergebnis vorliegt.

4. Durchgang des Stromes durch Null.

Es wurden bereits zweimal (Bilder 8 und 11) beim Durchgang des Stromes und der Spannung durch Null gewisse Anormalien festgestellt. Man bemerkt z. B. beim Nulldurchgang zwischen Halbperiode 2 und 3 in Bild 8 eine plötzliche Widerstandszunahme vor dem Nulldurchgang, die aber nach dem Nulldurchgang beinahe ebenso rasch wieder ausgeglichen ist. Ebenso liegen die entsprechenden, in Bild 11 eingetragenen Punkte so, daß auf einen erhöhten Ionenabgang vor dem Nulldurchgang und eine ungewöhnlich hohe Neubildung von Ionen nach dem Nulldurchgang geschlossen werden muß.

Auf Grund dieser Erscheinungen liegt die Vermutung nahe, daß nicht Ionen verschwinden und dafür wieder neue auftauchen, sondern lediglich ein Teil der Ionen vorübergehend zum Strom nichts bzw. nur wenig beiträgt. Es ist bekannt, daß man bei den negativen Ionen zwischen freien Elektronen und Elektronen, die an Moleküle angelagert sind, unterscheiden muß. Es ist ferner bekannt, daß diese Anlagerung besonders bei kleinen Feldstärken eintritt. Durch eine derartige Anlagerung, z. B. an ein Stickstoffmolekül, wird das Elektron aber derartig mit Masse beladen, daß seine Geschwindigkeit auf etwa $1/1000$ der eines freien Elektrons zurückgeht. Entsprechend verringert sich auch sein Anteil am Lichtbogenstrom. Wird die Feldstärke wieder gesteigert, so ist eine neue Trennung zwischen Elektron

---

[1] Vgl. Schumann, Elektr. Durchbruchfeldstücke von Gasen, S. 125. Berlin 1923.

und Molekül beim ersten Zusammenstoß mit einem anderen Molekül wohl denkbar. Die bei der Anlagerung frei werdende bzw. zur Wiederabtrennung erforderliche Energiemenge beträgt lediglich einen geringen Bruchteil der zu einer Stoßionisierung erforderlichen Energiemenge.

Nimmt man an, daß im Lichtbogen die gleichen Elektronen, die sich beim Spannungsdurchgang durch Null an Moleküle anlagern, wieder frei werden, sobald die Spannung wiederkommt, so müßte man bezüglich des Lichtbogenwiderstandes auch zum richtigen Ergebnis kommen, wenn man von einem Zeitpunkt kurz vor dem Nulldurchgang bis zu einem Zeitpunkt kurz nach dem Nulldurchgang mit der in Bild 11 eingezeichneten Kurve rechnet, welche diese Anormalien nicht berücksichtigt und zudem bei kleinem $\mathfrak{E}/\mathfrak{E}_0$ ziemlich unabhängig von der Spannung ist. Da man dann $\alpha - \beta = -\beta = -700$ setzen kann, wird während dieses Zeitraumes

$$\frac{dn}{dt} = n \cdot (\alpha - \beta) = -\beta \cdot n, \quad (11)$$

woraus sich für die Zeitpunkte t und $t + \varDelta t$ durch Integration ergibt:

$$n_{t+\varDelta t} = n_t \cdot e^{-\beta \cdot \varDelta t}. \quad (12)$$

Einem Lichtbogenoszillogramm sei das in Bild 13 wiedergegebene Beispiel entnommen. Der Zeitabschnitt $\varDelta t$ ist so gewählt, daß die Spannung zur Zeit t und $t + \varDelta t$ gleich groß ist. Da dann auch die Elektronengeschwindigkeit v in beiden Fällen gleich groß sein muß, gilt nach Gleichung (6) und (12) weiter:

$$\frac{J_{t+\varDelta t}}{J_t} = \frac{n_{t+\varDelta t}}{n_t} = e^{-\beta \cdot \varDelta t}. \quad (13)$$

Mit $\varDelta t = 0{,}0015$ s und $\beta = 700$ ergibt sich $e^{-\beta \cdot \varDelta t} = 0{,}35$, während sich in guter Übereinstimmung damit aus Bild 13

$$\frac{J_{t+\varDelta t}}{J_t} = \frac{18}{50} = 0{,}36$$

ergibt.

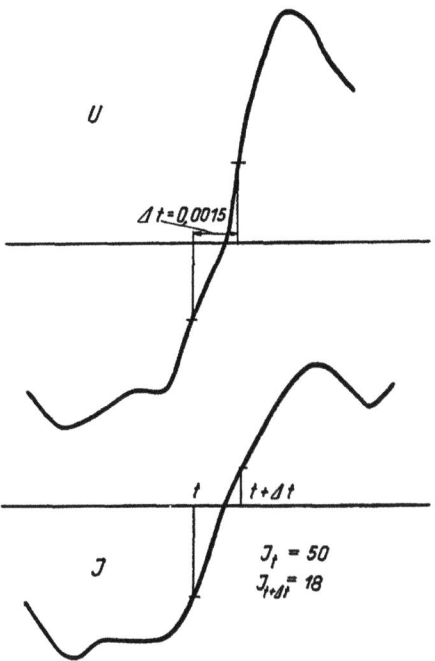

Bild 13. Auswertung eines Nulldurchgangs nach Gleichung (13).

Man kann natürlich dieses Verfahren auch umgekehrt dazu benützen, den Wert β zu bestimmen. Aus zwölf auf diese Weise ausgewerteten Nulldurchgängen ergab sich als wahrscheinlichster Mittelwert $\beta = 600$.

5. Künstlich beeinflußte Lichtbogen.
(Blasmagnet, Druckgasschalter, Ölschalter.)

Wenn auch die letzte Entscheidung für die Unterbrechung eines Schalterlichtbogens erst beim Wiederkehren der vollen Betriebsspannung fällt, so ist die Unterbrechung doch letzten Endes eine Folge der während der letzten Halbperioden des Stromes eingeleiteten künstlichen Beeinflussung des Lichtbogens. Deshalb soll an dieser Stelle an Hand einiger charakteristischer Oszillogramme untersucht werden, wie sich in den letzten Halbperioden des Lichtbogens die Vorbedingungen für die Unterbrechung einstellen und wieweit sich schon in diesem Stadium die Eigenart der verschiedenen Schalterprinzipien bemerkbar macht.

Beim Unterbrechen eines Wechselstromes mit einem gewöhnlichen Trennschalter in Luft wird der Lichtbogen durch mehr oder weniger schnelles Entfernen der Kontakte in die Länge gezogen. Das Ergebnis ist deshalb das gleiche wie in den Bildern 8 und 9. Die Länge des Lichtbogens wird schließlich so groß, daß die EMK des Stromkreises nicht mehr ausreicht, um die zwischen den Spannungsamplituden verlorengehenden Ionen neu zu ersetzen.

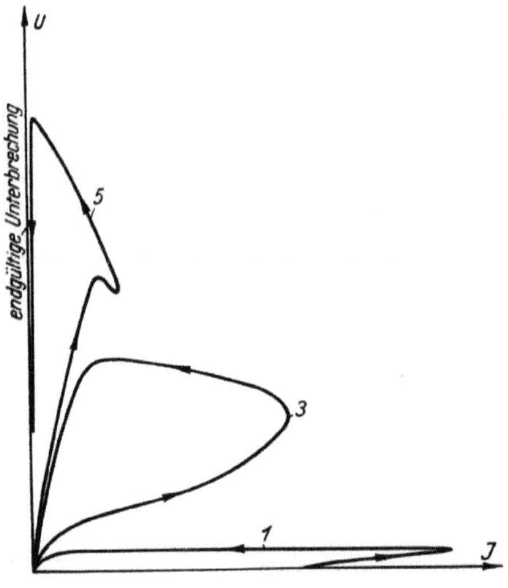

Die Anwendung eines Blasmagneten beim Luftschalter bringt einen doppelten Vorteil. Er beschleunigt das Auseinanderziehen des Lichtbogens. Gleichzeitig lenkt er die Elektronen so ab, daß sie dauernd aus der Achse des Lichtbogens heraus nach der Randschicht gedrängt werden, wo kleinere Temperaturen herrschen und deshalb eine größere Abbremsung und größere Neigung zur Wiedervereinigung ungleichnamiger Ionen besteht. In der Differentialgleichung (11) würde das also, neben der durch die Verlängerung bedingten Verminderung von α auf eine Vergrößerung von β hinauslaufen. Betrachtet man die Schleifendiagramme einer Magnetschalter-Unterbrechung (Bild 14), so sieht man aus dem Umlaufsinn, daß der Lichtbogenwiderstand besonders während der beiden letzten Halbperioden, in welchen der Magnet den Lichtbogen richtig erfaßt hat, dauernd zunimmt. Das ist aber nur möglich, wenn während der ganzen Halbperiode $\beta - \alpha$ negativ bleibt.

Bild 14. Hystereseschleifen eines Schalters mit Blasmagnet. (Erste, dritte und fünfte Halbperiode nach Beginn der Kontakttrennung.)

Beim Druckgasschalter[1] wird der Lichtbogen in erster Linie überaus rasch in die Länge gezogen. Dabei ist es nebensächlich, daß während des Strommaximums, bei dem die Unterbrechung doch nicht erfolgen kann, außerhalb der Düse ein Teil des Lichtbogens durch Zusammenflackern in sich kurzgeschlossen wird. Die Blasgeschwindigkeit beträgt etwa 1000 m/s, sie ist also so groß, daß z. B. die $1/1000$ s vor dem Nulldurchgang erzeugten Ionen zur Zeit des Nulldurchganges schon wieder 1 m weit aus der Schaltkammer herausgeblasen sind. Eine Zeitlupenaufnahme des Lichtbogens mit $1/1000$ s Bildabstand (Bild 15) läßt deshalb den Zusammenhang zwischen den einzelnen Bildern nur noch in groben Zügen erkennen. Sie zeigt aber deutlich, wie der Lichtbogen kurz vor dem Nulldurchgang auf einen dünnen Faden zusammengeschrumpft ist, der gerade der jeweils kurz vor dem Nulldurchgang fließenden Stromstärke entspricht. Dazu kommt noch, daß dieser Lichtbogen mit seinem dünnsten, der Blasrichtung entgegengerichteten Ende in einem Raum brennt, wo der Gasdruck ein Mehrfaches des Atmosphärendruckes beträgt. Die Folge ist eine gleichmäßige und besonders vor dem Nulldurchgang überaus rasche Widerstands-

Bild 15. Zeitlupenaufnahme des Unterbrechungslichtbogens beim Druckgasschalter. (Durch einen Schlitz in der Düse ist der Lichtbogen bis zu der Spitze des beweglichen Kontaktes hin sichtbar gemacht.)

---

[1] Vgl. J. Biermanns, Hochleistungsschalter ohne Öl. ETZ 1929, S. 1073.

zunahme des Lichtbogens, wie sie auch die Bilder 16 und 17 erkennen lassen. Eine einfache Rechnung mit Hilfe der oben abgeleiteten Beziehungen würde ergeben, daß im Augenblick des Nulldurchganges theoretisch schon ein unendlich hoher Lichtbogenwiderstand vorhanden ist. Praktisch verdichtet sich dieser auf ein kurzes Stück des innerhalb der Düse liegenden Lichtbogenendes und die Unterbrechung des Lichtbogens ist beendet, sobald die im Lauf einiger μs wiederkehrende volle Betriebsspannung dieses kurze Stück nicht mehr durchschlagen kann.

Der Widerstand einer Längeneinheit des Lichtbogens in der Düse ist in erster Linie durch die Zahl der dort vorhandenen Ionen bestimmt. Diese sind angenähert proportional dem Strom, der in dem Augenblick floß, in dem sich das betrachtete Lichtbogenelement eben an der spitzenförmigen Elektrode innerhalb der Düse befand. Bei gleicher Blasgeschwindigkeit folgt deshalb, daß der spezifische Lichtbogenwiderstand um so größer bzw. die beim Nulldurchgang auftretende Einschnürung um so länger wird, je kleiner die Stromstärke ist. Das bedeutet aber, daß bei kleinerer Stromstärke eine um so höhere Spannung zur Wiederzündung des Lichtbogens nötig ist oder, besser ausgedrückt, daß die Abschaltleistung des Druckgasschalters von der Betriebsspannung in sehr weiten Grenzen unabhängig ist.

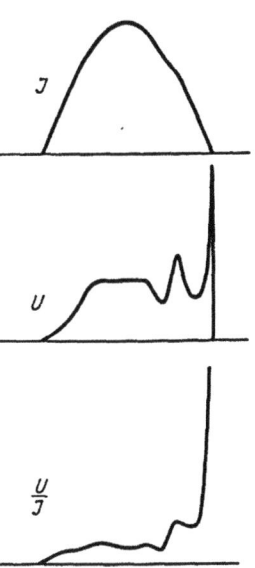

Bild 16. Unterbrechungs-Lichtbogen eines Druckgasschalters. (12000 A, 10000 Volt.)

Die Unterbrechungsstelle ist also eine ganz kurze, in der Preßgaskammer liegende Lichtbogenstrecke, die durch die Preßgasgeschwindigkeit und die Stromstärke, nicht aber durch den in diesem Augenblick schon wesentlich größeren Abstand der Kontakte bedingt ist. Infolgedessen ist also auch, im Gegensatz zum Ölschalter, die Spannungsgrenze, bei welcher der Schalter versagt, nicht durch den Kontaktabstand gegeben, sondern lediglich durch die Außenüberschlagspannung der verwendeten Isolatoren. So ist es z. B. möglich, mit einem für 10 kV Betriebspannung entworfenen Pol eines Druckgasschalters bei 50 kV Betriebspannung, d. h. kurz unterhalb der Überschlagspannung der Isolatoren, genau die gleiche Abschaltleistung zu erreichen wie mit 10 kV Betriebspannung. Sowohl die Blasgeschwindigkeit als auch der Kurzschlußstrom, die zusammen mit der Betriebspannung die maximale Abschaltleistung bestimmen, sind wohl definierte Größen. Die theoretischen Überlegungen bestätigen also auch die praktische Erfahrung, daß, gleiche Versuchsbedingungen vorausgesetzt, auch bei zahlreichen Versuchen mit dem Druckgasschalter übereinstimmende, nicht mehr als nur 10 vH streuende Ergebnisse gefunden werden.

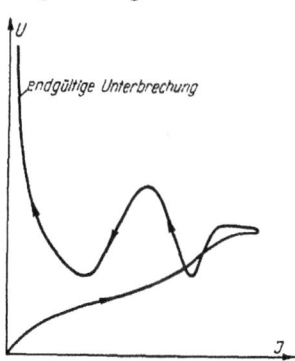

Bild 17. Hystereseschleife zu Bild 16. (Unterbrechungslichtbogen eines Druckgasschalters.)

Der Ölschalter zeigt schon durch sein Spannungsoszillogramm (Bild 18), daß hier andere Vorgänge am Werk sind, um den Lichtbogen zu unterdrücken. Man bemerkt, daß die Lichtbogenspannung, besonders die der letzten Halbperioden, vor der Abschaltung unregelmäßige Oberschwingungen zeigt. Die Amplitude dieser Oberschwingungen beträgt bis zu 50 vH der mittleren Lichtbogenspannung; soweit man von einer Frequenz reden kann, beträgt diese etwa 500 bis 1000 Hz. Im gleichen Rhythmus schwankt natürlich auch der Lichtbogenwiderstand und die im Lichtbogen freiwerdende Leistung (Bild 19).

Wie aus Filmaufnahmen an Ölschaltermodellen aus Glas bekannt ist, brennt der Lichtbogen in einer Gasblase, die sich bei der Abschaltung unter dem Ölspiegel bildet und welche zunächst eine nahezu kugelförmige Gestalt hat. Bei der hohen Frequenz der eben erwähnten Lichtbogenschwingungen und der großen Trägheit des die Gasblase umgebenden Öles muß angenommen werden, daß die Wandungen der Gasblase diese Schwingungen nicht mitmachen. Als Ursache dieser Lichtbogenschwingungen können also nur noch Vorgänge innerhalb der Gasblase in Frage kommen.

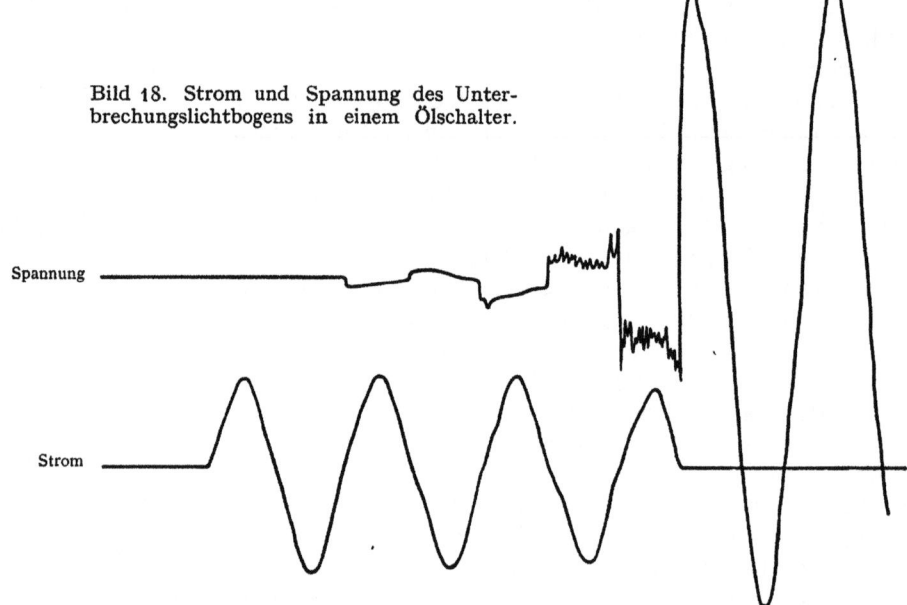

Bild 18. Strom und Spannung des Unterbrechungslichtbogens in einem Ölschalter.

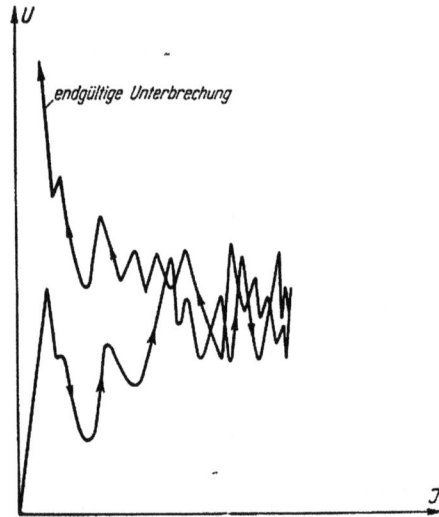

Bild 19. Hystereseschleife der letzten Lichtbogen-Halbperiode von Bild 18. (Unterbrechungslichtbogen eines Ölschalters.)

Die Gasblase besteht aus Verdampfungs- und Zersetzungsprodukten des Öles und ist, bis auf die Kontakte, allseitig mit frischem Öl umgeben. Man hat es also mit Öldämpfen zu tun, die vom Sättigungszustand jeweils nicht weit entfernt sein können. Bei plötzlicher Steigerung der Lichtbogenleistung wird vorübergehend im Kern der Gasblase auch überhitzter Dampf entstehen. Wenn dann aber die Lichtbogenleistung nachläßt und die Wärmezufuhr geringer wird als die an Wandungen — vor allem durch die Verdampfung frischen Öles — bedingte Abkühlung, so wird auch dieser überhitzte Dampf wieder bis zum Sättigungspunkt abkühlen. Wird die Sättigungstemperatur unterschritten, so tritt Kondensation ein. Es bildet sich ein Ölnebel, der in bekannter Weise einen großen Teil der im Lichtbogen vorhandenen Elektronen so mit Masse belastet, daß sie zum Strom keinen Beitrag mehr liefern. Befinden wir uns trotzdem noch im Maximum des betriebsmäßigen Stromes, so wird sich an Stelle einer Stromminderung eine Spannungserhöhung und damit eine neue Leistung- und Temperatursteigerung einstellen, womit das Spiel von neuem beginnt. Bei der geringen Wärmekapazität der Gasblase und den hohen dort vorhandenen Temperaturunterschieden ist eine Wiederholung dieser Vorgänge mit der im Spannungsoszillogramm gefundenen Frequenz wohl möglich. Eine rechnerische Überprüfung ist leider zur Zeit noch nicht möglich.

Die mit hoher Frequenz vor sich gehenden Lichtbogenschwingungen dauern unvermindert an, bis schließlich Spannung und Strom betriebsmäßig durch Null gehen. Bei den einschneidenden Änderungen, die Lichtbogenspannung, Leistung und Widerstand dauernd erfahren, wird man sich fragen müssen, ob die gleichen Vorgänge nicht auch bei der im Nulldurchgang erfolgenden endgültigen Unterbrechung des Kurzschlusses den Ausschlag geben. Für diese Ansicht spricht ja allein schon die Tatsache, daß es kaum ein Oszillogramm einer Ölschalter-Abschaltung gibt, das diese Schwingungen während der letzten Halbperioden nicht zeigt. Es sei angenommen, daß auch dann eine heftige Kondensation einsetzt, wenn die Spannung zurückgeht, um betriebsmäßig durch Null zu gehen. Ein neues Anwachsen des Stromes nach dem Nulldurchgang wird nur möglich sein, wenn die Spannung rascher wiederkommt als die Kondensation fortschreitet. Das Anwachsen der wiederkehrenden Spannung ist begrenzt durch die Eigenfrequenz des geöffneten Stromkreises, die aus der Netzkapazität und der Induktivität des Kurzschlußkreises errechnet werden kann. Man müßte demnach erwarten, daß die Abschaltung mit dem Ölschalter leichter vor sich geht, wenn die Eigenfrequenz des Stromkreises kleiner ist als die Frequenz der sich in der Gasblase abspielenden thermisch-elektrischen Schwingungen. Tatsächlich ist dies der Fall. Wird die Eigenfrequenz des Kurzschlußkreises stetig verringert[1], so tritt bis herab zu 1000 Hz kaum eine Veränderung im Verhalten des Schalters ein. Zwischen 1000 und 500 Hz geht jedoch die Lichtbogendauer bis auf ein Drittel der ursprünglichen zurück. Eine weitere Herabsetzung der Eigenschwingung scheint dann eine nennenswerte Verbesserung nicht mehr zu bringen. Es gibt demnach für den Ölschalter eine kritische Eigenfrequenz des Netzes, welche mit der in der Lichtbogenspannung beobachteten Oberschwingung übereinstimmt.

Die im Ölschalter auftretenden Kondensationsvorgänge können beschleunigt werden, indem man die in der Gasblase unter hohem Druck stehenden Öldämpfe expandieren läßt. Man kommt auf diesem Wege zum Löschkammerschalter. Oszillogramme solcher Schalter zeigen zwar immer noch die Oberschwingungen in der Lichtbogenspannung. Bei der Abschaltung im Nulldurchgang tritt jedoch die durch die Expansion des Gases in der Kammer auftretende Kondensation gegenüber den zufälligen Lichtbogenschwingungen so weit in den Vordergrund, daß damit eine viel gleichmäßigere, von Zufällen weniger abhängige und vor allem auch eine wesentlich raschere Abschaltung eintritt wie beim Ölschalter ohne Löschkammern.

6. Zusammenfassung.

Beim frei brennenden Wechselstrom-Hochspannungslichtbogen kann die Spannung des Anoden- und Kathodenfalles gegenüber der Spannung im übrigen Lichtbogen vernachlässigt werden. Für diese Spannung gibt es einen kritischen Wert, der angenähert gleich ist der Spannung eines Gleichstromlichtbogens von gleicher Länge.

Ist der Momentanwert der Wechselspannung größer als diese kritische Spannung, so nimmt die Zahl der im Lichtbogen vorhandenen Ionen zu. Ist der Momentanwert der Wechselspannung kleiner als die kritische Spannung, so nimmt die Zahl der im Lichtbogen vorhandenen Ionen ab.

Die kritische Spannung teilt jede Halbperiode in zwei Teile. In dem einen Teil ist die kritische Spannung größer als der Momentanwert der Wechselspannung und die Ionenbilanz infolgedessen aktiv. Im übrigen Teil ist der Momentanwert der Wechselspannung kleiner als die kritische Spannung und die Ionenbilanz passiv. Wenn der Ionenüberschuß im ersten Fall kleiner ist als das im zweiten Fall auftretende Ionendefizit, so muß der Lichtbogen von selbst erlöschen.

Die Zu- und Abnahme der gesamten im Lichtbogen vorhandenen Ionen läßt sich aufteilen in:

---

[1] Vgl. Fußnote S. 328.

Neubildung von Ionen durch Stoßionisation, und

Abgang von Ionen durch Wiedervereinigung.

Die Neubildung der Ionen durch Stoßionisation ist proportional der Zahl der vorhandenen Ionen und abhängig von der elektrischen Feldstärke im Lichtbogen. Diese Abhängigkeit entspricht der Beziehung zwischen der Townsendschen Ionisierungszahl und der Feldstärke.

Die Wiedervereinigung von Ionen ist ebenfalls der Zahl der vorhandenen Ionen proportional, sie ist jedoch von der Feldstärke unabhängig.

Wenn die elektrische Feldstärke im Lichtbogen beim Durchgang von Strom und Spannung durch Null sehr klein wird, so lagert sich ein großer Teil der bis dahin freien Elektronen an Moleküle an, was eine plötzliche Widerstandssteigerung des Lichtbogens zur Folge hat. Diese angelagerten Elektronen werden wieder losgerissen, sobald die Feldstärke nach dem Nulldurchgang aufs neue anwächst. Sie tragen dann als freie Elektronen wieder zur Stromübertragung bei.

Beim Luftschalter kann mittels eines Blasmagneten erreicht werden, daß die Ionenbilanz während der ganzen Halbperiode passiv ist und der Lichtbogen infolgedessen in verhältnismäßig kurzer Zeit mangels genügender Neubildung von Ionen erlischt.

Beim Druckgasschalter entsteht durch die hohe Blasgeschwindigkeit beim Nulldurchgang eine Einschnürung des Lichtbogens, die unendlich hohen Widerstand hat. Die Abschaltung erfolgt, wenn die wiederkehrende Spannung diese Einschnürung nicht mehr zu durchschlagen vermag. Die Einschnürung ist um so länger, je geringer die Kurzschlußstromstärke ist. Die höchst zulässige wiederkehrende Spannung ist deshalb umgekehrt proportional der Stromstärke, die Grenzabschaltleistung also unabhängig von der Höhe der Betriebsspannung.

Beim Ölschalter zeigen sich in der Lichtbogenspannung Oberwellen von 500 bis 1000 Hz, die vermutlich von thermisch-elektrischen Schwingungen in der Gasblase herrühren, deren Temperatur dauernd um die Sättigungstemperatur schwankt. Sobald die Eigenfrequenz des Netzes, d. h. auch die Frequenz, mit der die Betriebsspannung nach Unterbrechung des Kurzschlusses wieder erscheint, kleiner ist als die Frequenz der Lichtbogenoberschwingungen, tritt eine bedeutende Erleichterung der Abschaltung ein.

Vielfachfunkenkammern für Luftschalter nach Dolivo-Dobrowolski.

Von A. Cohn und V. Ulbrich.

Versuche an einem Funkenkammer-Modell, das im Jahre 1914 auf Grund der Angaben von Dobrowolski gebaut worden ist, zeigen die löschende Wirkung von leitenden Querwänden im Lichtbogenraum von Luftschaltern. Die Löschwirkung ist besonders günstig beim Abschalten induktiver Wechselströme, aber auch bei Gleichstrom vorhanden. An einem dreipoligen Überstromschalter mit Vielfachfunkenkammern läßt sich die Schaltleistung gegenüber offenen Funkenkammern erheblich steigern. Die Funkenkammer des Deionschützes der Westinghouse Co. verwendet das von Dobrowolski angegebene Prinzip.

Im Jahre 1912 wurden von Dolivo-Dobrowolski Einrichtungen „zur Beschränkung des bei Unterbrechung eines elektrischen Stromkreises entstehenden Lichtbogens" in mehreren Ausführungsformen angegeben, die durch DRP. 266745 und 272742 geschützt worden sind. Das gemeinsame Merkmal dieser Einrichtungen besteht darin, daß die erste Unterbrechung an einer beschränkten Anzahl von Elektroden a und b (Bild 1)[1] stattfindet und der dabei entstehende Lichtbogen in eine größere Anzahl feststehender leitender Querwände c hineingeleitet wird. Nach der erstgenannten Patentschrift wird die Zahl der leitenden Querwände so bemessen, daß der Lichtbogen in so viel Teile zerlegt wird, daß das Gefälle für den einzelnen Teil derjenigen Minimalspannung entspricht, bei der ein Lichtbogen nicht mehr bestehen kann. Für die Ausbildung der Querwände wird die an der Unterkante eingekerbte Form des Bildes 2 empfohlen.

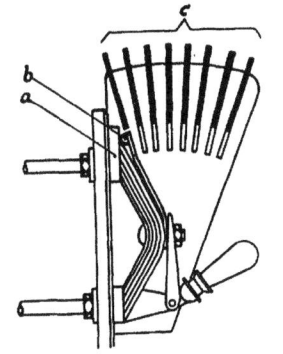
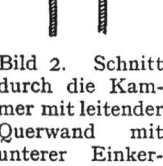

Bild 1. Vielfachfunkenkammer nach DRP. 266745 (Dobrowolski).
a = feste Elektrode, b = bewegliche Elektrode (Abbrennstück), c = feststehende leitende Querwände.

Bild 2. Schnitt durch die Kammer mit leitender Querwand mit unterer Einkerbung.

Nach der Patentschrift ist nicht nur auf die Unterteilung gemäß der Lichtbogen-Minimalspannung Wert zu legen, sondern auch auf gute Wärmeableitung und daher große Wärmekapazität der Zwischenwände zwecks intensiver Kühlung des Lichtbogens. Es wird also — und das bestätigen die Versuchsmodelle und die an diesen schon damals vorgenommenen Untersuchungen — gegebenenfalls zweckmäßig sein, zur Verstärkung der Kühlung sowie zur Erreichung einer zusätzlichen Sicherheit die Zahl der Zwischenwände über das durch die Minimalspannung gegebene Maß hinaus zu erhöhen. Das kommt u. a. auch in dem Zusatzpatent 272742 zum Ausdruck. Es stellt eine weitere Vervollkommnung des Hauptpatentes dar, die darin besteht, daß „die in größerer Anzahl nebeneinander angeordneten feststehenden leitenden Wände 5 großer Wärmekapazität so ausgebildet sind, daß sie den zwischen den Elektroden 3, 4 auftretenden Funken allseitig umgeben, so daß ein Ausweichen des durch

---

[1] Die Bilder 1, 2, 3 und 4 sind den betreffenden Patentschriften entnommen.

ein magnetisches Feld, Druckluft od. dgl. mehr gegen die Wände 5 getriebenen Lichtbogens nicht möglich ist" (Bilder 3 und 4). Hier und an anderen Stellen wird die größere Zahl und die große Wärmekapazität der Querwände betont.

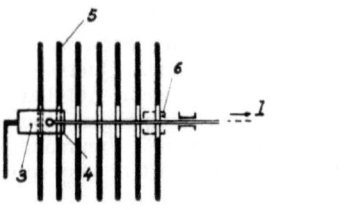 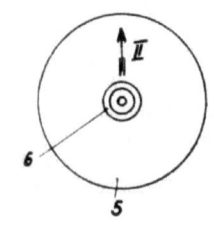

Bild 3. Vielfachfunkenkammer nach DRP. 272 742 (Dobrowolski).
3 = feste Elektrode, 4 = bewegliche Elektrode (in Richtung *I* herausziehbar), 5 = Metallplatten, 6 = kreisförmige Öffnung in den Metallplatten, *II* = Bewegungsrichtung des Lichtbogens im Blasfeld.

Bild 4. Metallplatte aus der Funkenkammer Bild 3.

Mit Anordnungen dieser Art sind damals eine große Reihe von Laboratoriumsversuchen gemacht worden, und zwar einmal mit Funkenkammern nach dem Hauptpatent, die in einem Drehstrom-Schaltkasten eingebaut waren, der in der Hauptsache für Spannungen bis 550 V bestimmt ist. Diese Funkenkammern waren im Aufbau ganz ähnlich wie die von Bild 1 und enthielten sieben bis zehn metallische Querwände mit Ausschnitten gemäß Bild 2. Die Untersuchungen sind mit Spannungen bis zu etwa 750 V bei 50 Per/s vorgenommen worden.

Bild 5. Modell einer Vielfachfunkenkammer nach Dobrowolski aus dem Jahr 1914, von zwei Seiten aufgenommen.

a u. *b* = Haltewinkel (Messing), *c* = Kupferplatten von 2 mm Stärke und 1 mm gegenseitigem Abstand, *d* = feste, zylinderförmige Elektrode, *e* = kreisförmige Öffnungen für die bewegliche Elektrode, *f* = Schiefer-Grundplatte, *g* = Blasspule, *h* = Abdeckwände aus Zement-Asbest, *i* = Eisenkern der Blasvorrichtung, *k* = Kopf des isolierten Haltebolzens.

Außerdem sind noch Versuchsmodelle, u. a. ein Modell der Anordnung nach dem Zusatzpatent vorhanden (Bild 5), mit dem Versuche gemacht worden sind: Auf einer Schieferplatte *f* sind zwei Messingwinkel *a* und *b* befestigt, zwischen denen mittels eines isolierten Bolzens mit dem Kopf *k* ein Satz *c* von 30 Kupferplatten von 2 mm Stärke und einem jeweiligen Abstand von 1 mm Stärke gehalten wird. Das ganze Plattensystem ist kreisförmig durchbohrt (Bild 16), und zwar sind die Kreislöcher (*e*) in den Kupferplatten größer als in den Messingplatten. In die Öffnung *e* ragt die feste, zylinderförmige Elektrode *d*, während die bewegliche herausgezogen ist. Die Plattenanordnung ist nach beiden Seiten durch feuerfeste Wände *h* abgeschlossen. Blasspulen *g* liefern die Erregung für die Blasbacken *i*.

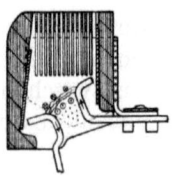 

Bild 6. Deionfunkenkammer für Drehstromschütze bis 600 V.
Die Pfeile stellen die Stromrichtung in den Kontakten, die Kreuze und Punkte die Richtung des Blasflusses, die eingekreisten Kreuze und Punkte die Richtung des den Lichtbogen umgebenden Magnetfeldes dar. Die Funkenkammer enthält 13 feststehende leitende Querwände der in Bild 7 dargestellten Form.

Bild 7. Leitende Querwand der Deionfunkenkammer mit unterer Einkerbung.

Diese Funkenlöscheinrichtungen sind trotz der günstigen Versuchsergebnisse nicht in nennenswertem Maße in die Praxis übergegangen, weil die einfachen Funkenkammern, gegebenenfalls unter Verwendung von Isolierzwischenwänden, den zu dieser Zeit üblichen Anforderungen an die Schaltleistung genügten.

Seit einiger Zeit werden in den Vereinigten Staaten Funkenkammern für Drehstrom-Niederspannungsschütze hergestellt[1], die als das Ergebnis einer auf neuer Erkenntnis fußenden Entwicklung bezeichnet werden, sich jedoch von den Dobrowolskischen Anordnungen praktisch nicht unterscheiden. Ein Unterschied besteht lediglich in der Erklärung der Wirkungsweise: Während Dobrowolski die Unterteilung und die Kühlung des Lichtbogens als die wirksamen Faktoren ansah, ziehen die Amerikaner auch noch die Ionentheorie zu Hilfe. Die Bilder 6 und 7 stellen die „Deion"-Funkenkammer für Drehstrom bis 600 V und eine der metallenen Querwände dar[2].

Dies gab Veranlassung, das abgebildete Dobrowolski-Modell erneut zu untersuchen und anschließend Versuche an einem mehrpoligen Überstromschalter mit Vielfachfunkenkammern vorzunehmen.

1. Modell nach Dobrowolski.

Das Modell wurde mit Hauptstromblasung, und zwar zunächst bei Gleichstrom, untersucht. Hier, wie bei den folgenden Wechselstrom- und Drehstromuntersuchungen, betrug die Spannung 550 V. Bis etwa 800 A Gleichstrom spielt sich der Schaltvorgang ohne außen sichtbare Lichterscheinungen ab; die Löschung des Lichtbogens dauert rund 5 ms. Aus einer gewöhnlichen Funkenkammer würde bei dieser Leistung schon ein

 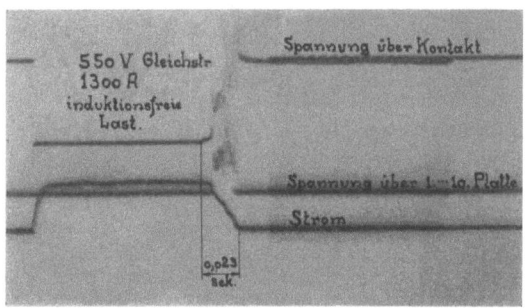

Bilder 8 und 9. Einpolige Abschaltung von Gleichstrom 1300 A 550 V mit dem Modell.

umfangreicher Lichtbogen herausschlagen. Bei 1300 A (Bild 8) treten Flammen aus der Funkenkammer heraus, und der Abschaltvorgang dauert bereits 23 ms (Bild 9). In dieser Gegend liegt also die Grenze der Abschaltleistung bei Gleichstrom.

Bei Abschaltung von Wechselstrom spielt naturgemäß der Augenblick der Kontakttrennung eine Rolle. Es muß daher mit einer gewissen Streuung in den Abschalterscheinungen gerechnet werden. Induktionsfreie Wechselstrombelastung in Höhe von 1300 A wird ohne nennenswerte Flammenerscheinungen abgeschaltet. Der Löschvorgang dauert eine Halbperiode. Die Bilder 10 und 11 zeigen eine Abschaltung von 1800 A, wobei schon kräftige Flammen aus der Kammer heraustreten; dennoch erfolgt die Löschung einwandfrei in etwa einer Halbperiode. Beim Abschalten induktiver Leistung mit einem Leistungs-

---

[1] Baker und Ellis, The Deïonbreaker for industrial control. The El. Journ. 1929, S. 337 ff.; ferner ETZ 1929, S. 1416.

[2] Dem unter [1] genannten Aufsatz (ETZ) entnommen.

faktor kleiner als 0,1 treten bei etwa 1500 A (Bilder 12 und 13) keine Flammen aus der Funkenkammer heraus; die Löschzeit beträgt weniger als eine Halbperiode[1]. Bei Steigerung

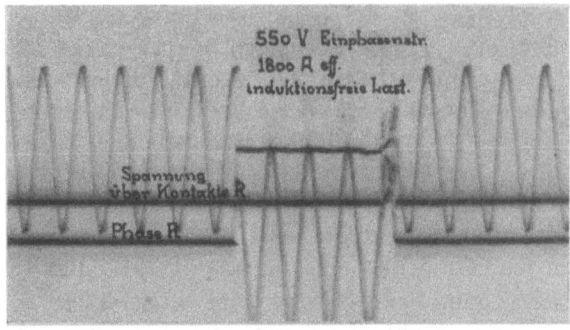

Bilder 10 und 11. Abschaltung von Wechselstrom 1800 A 550 V 50 Per/s induktionsfrei.

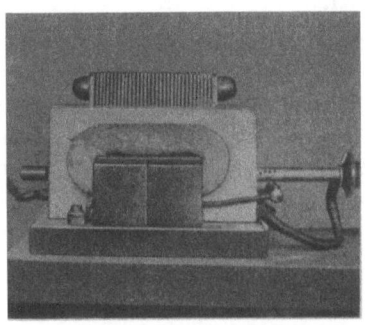
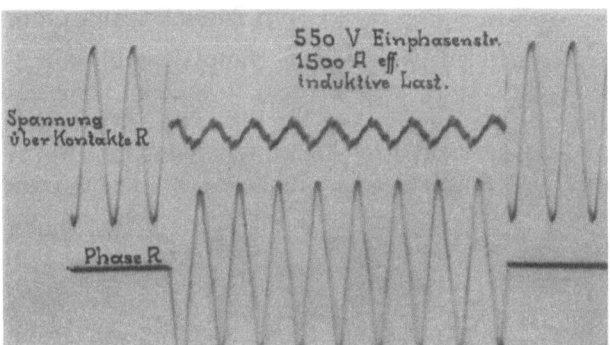

Bilder 12 und 13. Abschaltung von Wechselstrom 1500 A 550 V 50 Per/s induktiv.

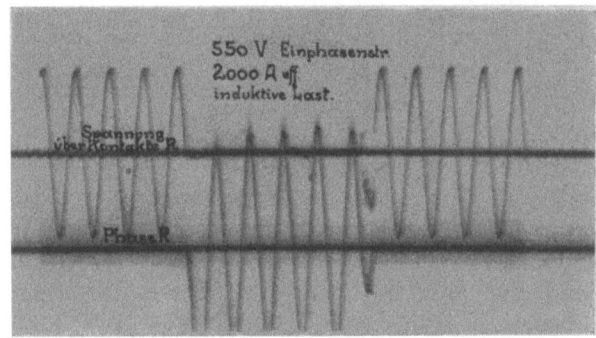

Bilder 14 und 15. Abschaltung von Wechselstrom 2000 A 550 V 50 Per/s induktiv.

auf 2000 A löscht der Lichtbogen zwar noch in einer Halbperiode (Bilder 14 und 15), aber es schlagen schon Flammen nach außen.

Nach Entfernung einer der Blasspulen treten die gleichen Erscheinungen schon bei etwa der halben Stromstärke auf; ohne Blasspulen liegt die Schaltleistungsgrenze unter 100 A.

---

[1] Der Ausschlag der Spannungsschleife in Bild 13 vor Eintritt der Kontaktunterbrechung rührt daher, daß die Schleife auch den Spannungsabfall über den Blasspulen mitgemessen hat.

Nach mehreren hundert Schaltungen zeigt die auseinandergenommene Funkenkammer nur unbeträchtliche Abnutzung (Bild 16).

Das bemerkenswerteste Ergebnis dieser Versuchsreihe ist, daß die Flammenerscheinungen und die Beanspruchung der Funkenkammer bei induktiver Abschaltung nicht größer sind als bei induktionsfreier. Im Gegensatz hierzu sind bekanntlich an Luftschaltern mit einfachen Funkenkammern die Lichtbogenerscheinungen bei induktiver Abschaltung außerordentlich viel schwerer als bei induktionsfreier, und die Schaltleistung bei induktiver Belastung beträgt im allgemeinen nur etwa 10 bis 20 vH der Schaltleistung bei induktionsfreier Belastung.

Bild 16. Modell nach Dobrowolski, auseinandergenommen, nach mehreren hundert Abschaltungen.

2. Überstromschalter.

Die Unterdrückung der nach außen tretenden Flammen ist besonders wichtig für mehrpolige und gekapselte Schaltgeräte, um die Grenze für das Zusammenschlagen der Lichtbögen und für Überschläge nach geerdeten Teilen möglichst zu erhöhen. Daher wurde ein dreipoliger Überstromschalter für 60 A Nennstrom mit ähnlich gebauten Vielfachfunkenkammern untersucht.

Zunächst wurde der mit Hauptstromblasung versehene Schalter zur Gegenüberstellung mit Funkenkammern einer im Schaltgerätebau häufig gebrauchten Form ausgerüstet, die aus einem oben und unten offenen Schacht bestehen. Bereits bei einem Strom von 230 A induktiv (dreipolig, Leistungsfaktor < 0,1) schlugen die Lichtbögen über dem Kamin zusammen und führten zu Polfeuer an den oben liegenden Netzanschlußklemmen (Bild 17)[1].

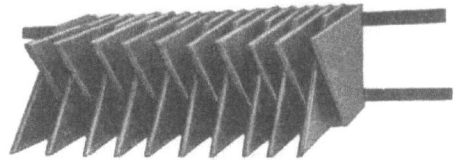

Bild 17. Dreipoliger Überstromschalter für 60 A Nennstrom mit oben und unten offenen Funkenkammern bei Abschaltung von Drehstrom 230 A 550 V 50 Per/s induktiv (Zusammenschlagende Lichtbögen).

Bild 18. Satz von Messingplatten zum Einsetzen in die Funkenkammern des Schalters nach Bild 17 (von unten gesehen).

Es wurde nunmehr in die obere Öffnung der Kamine je ein Satz von 20 Messingplatten nach Bild 18 eingesetzt. Induktive Abschaltungen von 1200 A ließen nach oben fast keine, nach unten nur schwache Flammen aus der Kammer herausschlagen (Bild 19). Zweifellos hätten sich wesentlich höhere Stromstärken ohne bedenkliche Vergrößerung der Flammen abschalten lassen. Selbst nach Wegnahme der Blasspulen, jedoch unter Beibehaltung des Blaskernes und der zu beiden Seiten der Kammern liegenden Blasbacken, konnten 2200 A induktiv, also etwa das Zehnfache des Stromes von Bild 17, mit sehr geringer Flammenbildung abgeschaltet werden (Bild 20).

In der gleichen Anordnung, jedoch mit Blasspulen, wurden induktionsfrei 5400 A abgeschaltet (Bilder 21 und 22). Der Lichtbogen wurde bei dieser Stromstärke zwar noch gelöscht, aber die Flammen schlugen so weit über die Kammern nach oben hinaus, daß bei gekapselten Schaltgeräten bereits Überschläge zu befürchten sind.

---
[1] In den Bildern des Schalters ist außer den drei Schalterpolen links das Spiegelbild des linken Schalterpoles zu sehen. Durch Einsetzen einer durchsichtigen Seitenwand ist auch die Lichtbogenerscheinung im Innern der linken Vielfachfunkenkammer sichtbar gemacht.

Auch diese Versuche mit dem dreipoligen Schalter lassen darauf schließen, daß der Abschaltvorgang mittels Vielfachfunkenkammern bei induktiver Belastung nicht schwieriger ist als bei induktionsfreier. —

Bild 19. Abschaltung von Drehstrom 1200 A 550 V 50 Per/s induktiv mit Vielfachfunkenkammern (Messingplatten).

Bild 20. Abschaltung von Drehstrom 2200 A 550 V 50 Per/s induktiv nach Wegnahme der Blasspule mit Vielfachfunkenkammern (Messingplatten).

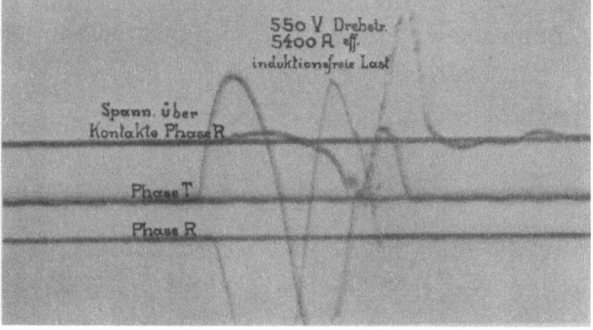

Bilder 21 und 22. Abschaltung von 5400 A 550 V 50 Per/s induktionsfrei mit Vielfachfunkenkammern (Messingplatten).

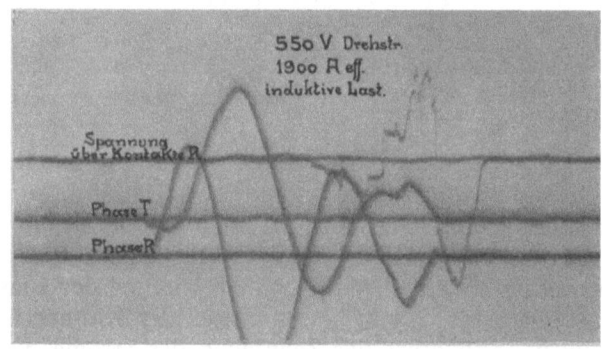

Bilder 23 und 24. Abschaltung von 1900 A 550 V 50 Per/s induktiv mit Vielfachfunkenkammern (Eisenplatten).

In einem späteren DRP. 293332 vom Jahre 1914 wurde weiterhin auf Grund der Angaben von Dobrowolski unter Schutz gestellt:

„1. Verfahren zur Unterbrechung von elektrischen Lichtbögen, dadurch gekennzeichnet, daß der zu löschende Lichtbogen in einen Magnetspalt hineingesaugt wird, wobei er in ein immer stärkeres magnetisches Feld gelangt und so eine Verringerung seines Querschnittes erleidet.

2. Einrichtung zur Ausführung des Verfahrens nach Anspruch 1, dadurch gekennzeichnet, daß der Magnetspalt als keilförmiger Raum ausgebildet ist, in dessen verengten Teil der Lichtbogen hineingesaugt wird."

Entsprechend Anspruch 2 wurden die Messingplatten durch Eisenplatten gleicher Anzahl und Anordnung ersetzt, und die gesamte Blaseinrichtung, bestehend aus Blasspulen, Blaskern und Blasbacken, abgenommen. Eine Schaltung von 1900 A induktiv (Bilder 23 und 24) läßt erkennen, daß die Abschaltung sich nicht schwieriger vollzieht als mit voller Blaseinrichtung und Messingplatten.

3. Ergebnis.

Die Versuche lassen folgendes erkennen:

1. Vielfachfunkenkammern erhöhen die Schaltleistung bei Gleichstrom.
2. Das Abschalten induktiver Wechselströme mit Vielfachfunkenkammern bereitet bei Anwendung kräftiger Blasung keine größeren Schwierigkeiten als das Abschalten induktionsfreier. Der Grund liegt darin, daß die zum Neuzünden erforderliche Spannung unmittelbar nach dem Erlöschen des Lichtbogens sehr hoch liegt und diese hohe Durchschlagfestigkeit der Funkenstrecke sich, wie Slepian[1] gezeigt hat, bereits nach weniger als 1 μs einstellt. Im Gegensatz dazu ist beim Deion-Schalter mit seiner schwachen Blasung das Schalten induktiver Leistung unter sonst gleichen Bedingungen schwerer als das Schalten induktionsfreier[2].

4. Zur Theorie.

Die Wirkungsweise des Deion-Schalters wird in der Hauptsache durch Entionisierung an festen Wänden, in zweiter Linie durch Kühlung erklärt. Dobrowolski führt die Löschwirkung auf Kühlung und Unterteilung des Lichtbogens in so viel Teillichtbögen zurück, daß auf jeden Teillichtbogen höchstens die für das Bestehen eines Lichtbogens erforderliche Minimalspannung entfällt. Als Minimalspannung für Wechselstrom werden etwa 300 V angegeben. Von der gleichen Überlegung der Unterteilung ausgehend, gibt Slepian die Spannung, die sofort nach dem Erlöschen des Lichtbogens beim Nulldurchgang des Stromes von jeder Teillichtbogenstrecke ohne Neuzündung getragen werden kann, zu 250 V_{max} oder 178 V_{eff} an. Diese Spannung ist aber nichts anderes als die Lichtbogen-Minimalspannung, denn bei geringerer Spannung kann ein dauernder Lichtbogen nicht aufrechterhalten werden. Der Unterschied in der Höhe der angegebenen Minimalspannungen ist für das Prinzip unerheblich, zumal sie mit dem Elektrodenmaterial, der Lichtbogenlänge und anderen Faktoren veränderlich ist[3]. Slepian teilt genau wie Dobrowolski die Netzspannung durch die Lichtbogen-Minimalspannung und errechnet daraus die Zahl der erforderlichen Querwände. Um die Wirkung sicherzustellen, da die Spannungsverteilung nicht gleichmäßig zu sein braucht, und zur Verbesserung der Kühlung wird die Zahl der Wände bei der praktischen Ausführung beider Anordnungen über dieses Maß hinaus erhöht.

Die Deion-Funkenkammer ist also identisch mit einer der von Dobrowolski angegebenen Ausbildungsformen.

Der einzige Unterschied besteht darin, daß die Erklärung der Wirkungsweise der Deion-Funkenkammer das Ergebnis neuerer Forschungen zu Hilfe nimmt, während Dobrowolski eine derartige Erklärung der von ihm erkannten Wirkungsweise in der damaligen Zeit begreiflicherweise nicht geben konnte.

---

[1] Slepian, Abridgment of Theory of the Deion Circuit Breaker. J. Am. Electr. Engs., February 1929, S. 93ff.

[2] Baker u. Ellis, a. a. O.

[3] Höpp (ETZ 1920, S. 748 ff.) gibt auf Grund seiner eingehenden Untersuchungen auf diesem Gebiet an, daß „bei Kupferelektroden und 50 periodigem Wechselstrom diese Minimalspannung ebenso wie bei Eisenelektroden etwa 150 V beträgt".

Temperaturausbiegung von Bimetallstreifen beliebiger Kurvenform.

Von K. Becker.

Die Lage des freien Endes eines einseitig eingespannten Bimetallstreifens beliebiger Kurvenform in Abhängigkeit von der Form und Erwärmung wird ermittelt; die Funktion wird abgeleitet und vereinfacht für den Fall geringer Erwärmung τ (Initialausbiegung). Für den geraden Streifen, Halbkreis und Vollkreis werden die Funktionen ausgewertet und die Temperaturempfindlichkeit angegeben. Von der U-Form werden für den einen im Scheitel des U festgehaltenen freien Schenkel die Initialausbiegung und die Temperaturempfindlichkeit berechnet.

In Temperaturrelais, z. B. zur Überwachung der Temperatur von Leitungen und Motoren, werden mit Vorteil als temperaturempfindliche Elemente Bimetallstreifen verwendet, die bei Temperaturänderungen durch ihre Formänderungen wirksam sind. Die Streifen sind im allgemeinen an einem Ende festgespannt, während das andere Ende sich bewegen kann.

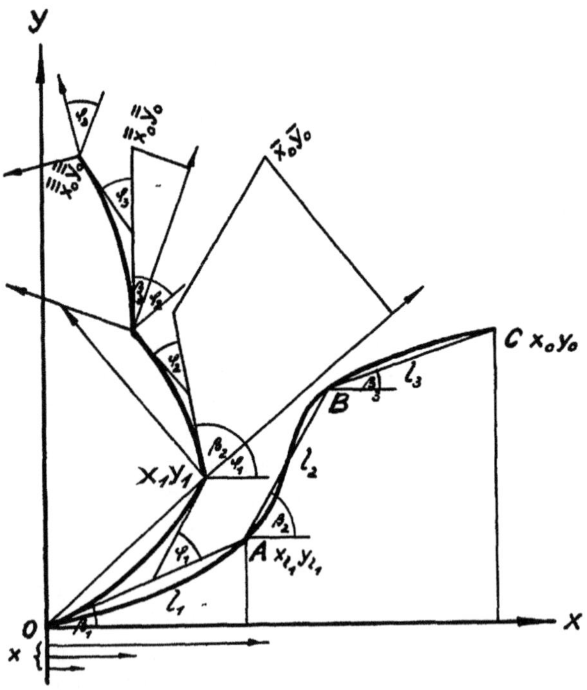

1. Allgemeine Funktion für die Temperaturausbiegung.

Gegeben ist ein Bimetallstreifen beliebiger Form bei Raumtemperatur, wie ihn Bild 1 zeigt ($OABC$; $y = f(x)$). Man denke sich den Bimetallstreifen mit einem Ende im Nullpunkt des rechtwinkligen Koordinatensystems in seiner Lage befestigt. Gefragt wird, wie sich die Lage des freien Endes x_0, y_0 in Abhängigkeit von der Erwärmung ändert. Zur Ermittlung dieser Funktion betrachtet man die Ausbiegung genügend kleiner geradliniger Teile der Kurve in Reihenfolge vom festgehaltenen Nullpunkt bis zum freien Ende. Die Anzahl der Teile betrage n, ihre Länge sei l_1, l_2 bis l_n. Der Übersichtlichkeit wegen ist die Linie $OABC$ nur durch drei geradlinige Teile ersetzt. Das freie Ende von l_1 habe vor der Ausbiegung die Koordinaten x_{l_1}, y_{l_1}, nach der Ausbiegung seien die Koordinaten x_1, y_1.

Bild 1. Lagenänderung der Punkte A, B, C eines aus drei geradlinigen Teilen l_1, l_2, l_3 zusammengesetzten Bimetallstreifens $OABC$ bei Erwärmung.

Zur Berechnung der Lage von C, wenn zunächst nur l_1 sich ausbiegt, wird ein zweites Koordinatensystem eingeführt, dessen Nullpunkt die Koordinaten x_1, y_1 im ersten System hat und das um den Winkel φ_1 gegenüber dem ersten System gedreht ist. Der Winkel φ_1 ist so gewählt, daß die Neigung des noch nicht als ausgebogen angenommenen geschwenkten

Kurventeiles $l_2 + l_3$ zur x-Achse des zweiten Systems gleich der Neigung des Kurventeiles $l_2 + l_3$ (ABC) zur x-Achse des ersten Systems ist.

Für die neue Lage x, y von C im ersten System bestehen dann die Beziehungen

$$\left. \begin{array}{l} x - x_1 = \bar{x}_0 \cos \varphi_1 - \bar{y}_0 \sin \varphi_1, \\ y - y_1 = \bar{x}_0 \sin \varphi_1 + \bar{y}_0 \cos \varphi_1. \end{array} \right\} \quad (1)$$

Darin sind $\bar{x}_0, \bar{y}_0$ die Koordinaten für das freie Ende der Kurve im zweiten Koordinatensystem. Sie werden aus dem ersten System ermittelt:

$$\bar{x}_0 = x_0 - l_1 \cos \beta_1,$$
$$\bar{y}_0 = y_0 - l_1 \sin \beta_1.$$

Der Winkel β_1 gibt die Lage des Teiles l_1 vor seiner Ausbiegung an. x, y sind also in den Beziehungen (1) die Koordinaten im ersten Koordinatensystem, die das freie Ende erhält, wenn nur der erste Teil l_1 sich ausbiegt und der übrige Kurventeil $l_2 + l_3$ unverändert bleibt.

Es wird nun so vorgegangen, daß das zweite Koordinatensystem als Ausgangssystem für den Rest der Kurve, $l_2 + l_3$, betrachtet wird. In gleicher Weise wie zuvor wird mit Bezug auf das zweite System die Verschiebung und Drehung eines dritten ermittelt, das seinen Nullpunkt im Endpunkt des nunmehr ausgebogenen Teiles l_2 hat. Die Koordinaten x_2, y_2 von l_2 im zweiten System ergeben die Verschiebung, der Winkel φ_2 die Drehung. Es bestehen zwischen dem zweiten und dritten System die Beziehungen entsprechend (1):

$$\left. \begin{array}{l} \bar{x} - x_2 = \bar{\bar{x}}_0 \cos \varphi_2 - \bar{\bar{y}}_0 \sin \varphi_2, \\ \bar{y} - y_2 = \bar{\bar{x}}_0 \sin \varphi_2 + \bar{\bar{y}}_0 \cos \varphi_2. \end{array} \right\} \quad (2)$$

$\bar{x}, \bar{y}$ aus (2) sind an Stelle von $\bar{x}_0, \bar{y}_0$ in (1) einzusetzen. Man erhält für x, y nach Ausbiegung von l_1 und l_2 die Gleichungen (3)

$$\left. \begin{array}{l} x - x_1 \cos 0 + y_1 \sin 0 - x_2 \cos \varphi_1 + y_2 \sin \varphi_1 = \bar{\bar{x}}_0 \cos (\varphi_1 + \varphi_2) - \bar{\bar{y}}_0 \sin (\varphi_1 + \varphi_2), \\ y - (y_1 \cos 0 + x_1 \sin 0) - (y_2 \cos \varphi_1 + x_2 \sin \varphi_1) = \bar{\bar{x}}_0 \sin (\varphi_1 + \varphi_2) + \bar{\bar{y}}_0 \cos (\varphi_1 + \varphi_2). \end{array} \right\} \quad (3)$$

Darin ist zu setzen:

$$\bar{\bar{x}}_0 = x_0 - l_1 \cos \beta_1 - l_2 \cos \beta_2,$$
$$\bar{\bar{y}}_0 = y_0 - l_1 \sin \beta_1 - l_2 \sin \beta_2.$$

Durch n-malige Wiederholung erhält man schließlich aus der ursprünglichen Lage x_0, y_0 des freien Endes der Kurve die Lage x, y des freien Endes nach Ausbiegung aller Teile l_n. Hierfür ergeben sich die Gleichungen:

$$x - \sum_1^n \left(x_n \cos \sum_0^{n-1} \varphi_n - y_n \sin \sum_0^{n-1} \varphi_n \right) = \overset{n}{\bar{\bar{x}}}_0 \cos \sum_1^n \varphi_n - \overset{n}{\bar{\bar{y}}}_0 \sin \sum_1^n \varphi_n,$$

$$y - \sum_1^n \left(y_n \cos \sum_0^{n-1} \varphi_n + x_n \sin \sum_0^{n-1} \varphi_n \right) = \overset{n}{\bar{\bar{x}}}_0 \sin \sum_1^n \varphi_n + \overset{n}{\bar{\bar{y}}}_0 \cos \sum_1^n \varphi_n.$$

Hierin ist $\varphi_0 = 0$, und es bedeuten $\overset{n}{x}_0, \overset{n}{y}_0$ die Koordinaten des freien Endes im letzten Koordinatensystem. Da aber $\overset{n}{\bar{x}}_0 = x_0 - \sum_1^n l_n \cos \beta_n = 0$; $\overset{n}{\bar{y}}_0 = y_0 - \sum_1^n l_n \sin \beta_n = 0$, so ergibt sich

$$\left. \begin{array}{l} x = \sum_1^n \left(x_n \cos \sum_0^{n-1} \varphi_n - y_n \sin \sum_0^{n-1} \varphi_n \right), \\ y = \sum_1^n \left(y_n \cos \sum_0^{n-1} \varphi_n + x_n \sin \sum_0^{n-1} \varphi_n \right). \end{array} \right\} \quad (4)$$

x_n, y_n, φ_n sind Funktionen der Lage und der Temperaturausbiegung von l_n im n-ten System. Sie können angegeben werden, wenn die Kurvenform von l_n bei Erwärmung bekannt ist.

Bei genügend großer Unterteilung der Kurve kann der Krümmungsradius von l_n konstant gesetzt werden. Es besteht dann folgende Abhängigkeit zwischen der Erwärmung τ und dem Krümmungsradius von l_n [1]

$$R - r = R \frac{R(\alpha_1 - \alpha_2) - (\alpha_1 h_2 + \alpha_2 h_1)}{h_1 + h_2} \cdot \tau. \tag{5}$$

Hierin sind:

R, r = Krümmungsradien vor und nach der Erwärmung τ,

$\alpha_1 > \alpha_2$ = Ausdehnungskoeffizienten der Bimetallkomponenten,

h_1, h_2 = Abstände der spannungsfreien Zonen von der Diskontinuitätsfläche des Bimetalls.

In den Ausdrücken

$$h_1 = \frac{4 + 3\eta + K\eta^3}{6(1+\eta)} \cdot d_1$$

und

$$h_2 = \frac{4\eta + 3 + \frac{1}{K \cdot \eta^2}}{6(1+\eta)} \cdot d_2$$

wird gesetzt:

$\eta = \dfrac{d_2}{d_1} = 1$ (d_1, d_2 Schichtdicken der Bimetallkomponenten; $d_1 + d_2 = d$),

$K = \dfrac{E_2}{E_1}[1 + (\alpha_1 - \alpha_2)\tau] = 1$ ($E_1 \approx E_2$ die Elastizitätsmoduln),

daraus ergibt sich:

$$R - r = R \frac{R(\alpha_1 - \alpha_2) - \dfrac{d}{3}(\alpha_1 - \alpha_2)}{\dfrac{2}{3}d} \cdot \tau.$$

Wird d als klein gegenüber R angenommen, so ergibt sich

$$r = R(1 - R\varkappa\tau), \text{ worin } \varkappa = \frac{3}{2} \cdot \frac{\alpha_1 - \alpha_2}{d}.$$

Man setzt für R: $\dfrac{l_n}{\varphi_a}$ und für r: $\dfrac{l_n}{\varphi}$ und erhält

$$\frac{1}{\varphi} = \frac{1}{\varphi_a}\left(1 - \frac{l_n}{\varphi_a}\varkappa\tau\right).$$

Wenn

$$\frac{l_n}{\varphi_a}\varkappa \cdot \tau \ll 1, \quad \varphi_a > 0,$$

ergibt sich:

$$\varphi = \varphi_a\left(1 + \frac{l_n}{\varphi_a}\varkappa\tau\right)$$

und daraus

$$\varphi - \varphi_a = l_n\varkappa\tau. \tag{6}$$

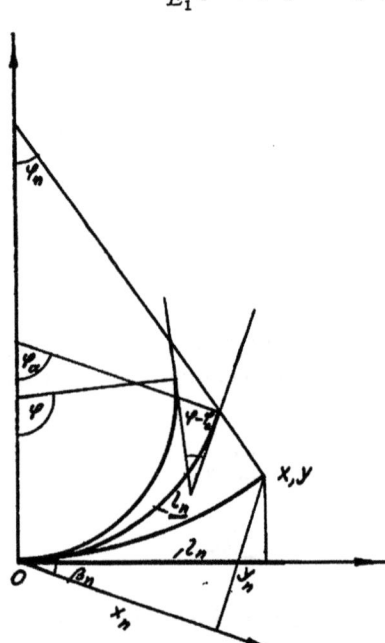

Bild 2. Geometrische Darstellung von $\varphi - \varphi_a$, l_n und φ_n, l_n, β_n.

Wie aus Bild 2 hervorgeht, ist $\varphi - \varphi_a$ der Winkel, um den sich die Tangente des freien Endes von l_n bei der Ausbiegung dreht, um den mithin das Koordinatensystem zu drehen ist.

Für große Werte von R tritt an Stelle der Beziehung (5) die Beziehung [1]:

$$\varepsilon\varphi \approx R \cdot \varphi \frac{\alpha_1 - \alpha_2}{h_1 + h_2} \cdot \tau.$$

---

[1] Bock, Über die Deformation doppelmetallischer Reifen. Z. Instrumentenk., Dez. 1926.

Wenn $R \to \infty$, wird $\varepsilon \varphi$ gleich φ_n, und $R \cdot \varphi_n$ bleibt l_n, so daß man erhält:

$$\varphi_n = l_n \varkappa \tau \tag{6a}$$

in Übereinstimmung mit (6).

Die Annahmen, die zur Beziehung (6) bzw. (6a) geführt haben, waren:

1. $\eta = \dfrac{d_2}{d_1} = 1$, 2. $\dfrac{E_2}{E_1}[1 + (\alpha_1 - \alpha_2)\tau] = 1$, 3. d klein gegenüber R.

Inwieweit die Annahmen 1 und 2 zutreffen, hängt von der Materialzusammensetzung des Bimetalls ab. Annahme 3 ist eine Frage der Kurvenform. Die Ausbiegung in der Breite, durch die eine Versteifung des Streifens eintritt, ist in den Gleichungen (6) und (6a) nicht berücksichtigt.

Je kleiner l_n ist, um so kleiner ist der Fehler, den man macht, wenn man das eigentliche Kurvenstück durch ein gerades Stück ersetzt, für das Gleichung (6a) zur Anwendung kommt. In Bild 2 hat l_n die Richtung der x-Achse. Aus der Gleichung (6a) folgt, daß der Krümmungsradius zu φ_n nach der Ausbiegung konstant ist. Die Koordinaten x, y des ausgebogenen freien Endes von l_n sind dann:

$$x = \frac{l_n}{\varphi_n} \sin \varphi_n,$$

$$y = \frac{l_n}{\varphi_n} (1 - \cos \varphi_n).$$

Hat der als geradlinig betrachtete Teil l_n vor der Ausbiegung den Neigungswinkel β_n zur x-Achse, so erhält das freie Ende nach der Ausbiegung die Koordinaten x_n, y_n. Es ist dann in den Gleichungen (4):

$$x_n = l_n \frac{\sin \varphi_n}{\varphi_n} \cos \beta_n - l_n \frac{1 - \cos \varphi_n}{\varphi_n} \sin \beta_n,$$

$$y_n = l_n \frac{\sin \varphi_n}{\varphi_n} \sin \beta_n + l_n \frac{1 - \cos \varphi_n}{\varphi_n} \cos \beta_n.$$

Mit zunehmendem n, also feinerer Unterteilung der Kurve in geradlinige Teile, werden die Koordinaten von l_n im n-ten Koordinatensystem $\varDelta x$, $\varDelta y$, also

$$x_n = \varDelta x \frac{\sin \varphi_n}{\varphi_n} - \varDelta y \frac{1 - \cos \varphi_n}{\varphi_n},$$

$$y_n = \varDelta y \frac{\sin \varphi_n}{\varphi_n} + \varDelta x \frac{1 - \cos \varphi_n}{\varphi_n}.$$

Die Gleichungen (4) erhalten die Form:

$$x = \sum_1^n \left[\left(\varDelta x \frac{\sin \varphi_n}{\varphi_n} - \varDelta x \frac{1 - \cos \varphi_n}{\varphi_n} \frac{\varDelta y}{\varDelta x}\right) \cos \sum_0^{n-1} \varphi_n - \left(\varDelta x \frac{\sin \varphi_n}{\varphi_n} \cdot \frac{\varDelta y}{\varDelta x} + \varDelta x \frac{1 - \cos \varphi_n}{\varphi_n}\right) \sin \sum_0^{n-1} \varphi_n\right],$$

$$y = \sum_1^n \left[\left(\varDelta x \frac{\sin \varphi_n}{\varphi_n} \cdot \frac{\varDelta y}{\varDelta x} + \varDelta x \frac{1 - \cos \varphi_n}{\varphi_n}\right) \cos \sum_0^{n-1} \varphi_n + \left(\varDelta x \frac{\sin \varphi_n}{\varphi_n} - \varDelta x \frac{1 - \cos \varphi_n}{\varphi_n} \cdot \frac{\varDelta y}{\varDelta x}\right) \sin \sum_0^{n-1} \varphi_n\right].$$

Beim Übergang $n \to \infty$ werden

$$\varphi_n = \varkappa \tau l_n \to 0 \quad \text{und} \quad \sum_0^{n-1} \varphi_n = \varkappa \tau \sum_1^n l_n \to \int_0^{x_n} dx \varkappa \tau \sqrt{1 + y'^2}.$$

Man erhält:

$$\left.\begin{aligned} x &= \int_0^{x_0} dx \cos \int_0^x dx \varkappa \tau \sqrt{1 + y'^2} - \int_0^{x_0} dx y' \sin \int_0^x dx \varkappa \tau \sqrt{1 + y'^2}, \\ y &= \int_0^{x_0} dx y' \cos \int_0^x dx \varkappa \tau \sqrt{1 + y'^2} + \int_0^{x_0} dx \sin \int_0^x dx \varkappa \tau \sqrt{1 + y'^2}, \end{aligned}\right\} \tag{7}$$

die allgemeingültige Beziehung für die Koordinaten x, y des freien Endes in Abhängigkeit vom Kurvenverlauf $y = f(x)$ und der Erwärmung τ.

Für genügend geringe Erwärmungen τ lassen sich die Gleichungen (7) noch in folgender Weise vereinfachen:

$$\left. \begin{array}{l} x = x \Big|_0^{x_0} - \varkappa\tau \int_0^{x_0} y' S(x)\, dx, \\ y = y \Big|_0^{x_0} + \varkappa\tau \int_0^{x_0} S(x)\, dx, \end{array} \right\} \quad (8)$$

worin $S(x) = \text{Bogenlänge} = \int_0^x \sqrt{1 + y'^2}\, dx$.

Zum Unterschiede von x, y aus den Gleichungen (7) seien x, y aus den Gleichungen (8) die Koordinaten der Initialausbiegung genannt.

2. Bimetallstreifen in Form eines geraden Streifens, eines Halbkreises und eines Vollkreises.

Die Funktion. Als einfachstes Beispiel wird ein gerader Streifen 0 bis x_0 aus den Gleichungen (7) berechnet. Man erhält

$$\left. \begin{array}{l} x = \dfrac{\sin(\varkappa\tau x_0)}{\varkappa\tau}, \\ y = \dfrac{1 - \cos(\varkappa\tau x_0)}{\varkappa\tau}. \end{array} \right\} \quad (9)$$

In Bild 3 ist der Weg w angegeben, den das freie Ende mit zunehmender Erwärmung nimmt. Die eingezeichneten Kreise kennzeichnen die Lage für gleiche Temperatursteigerungen um je $\dfrac{\pi}{4} \cdot \dfrac{1}{\varkappa x_0}°$. Von Interesse ist die Temperaturempfindlichkeit $dw/d\tau$. Bild 4 zeigt die Kurve,

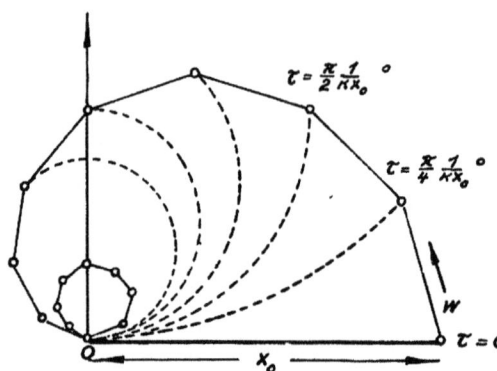

Bild 3. Kurve des freien Endes eines bei 0 eingespannten Streifens mit zunehmender Erwärmung τ.

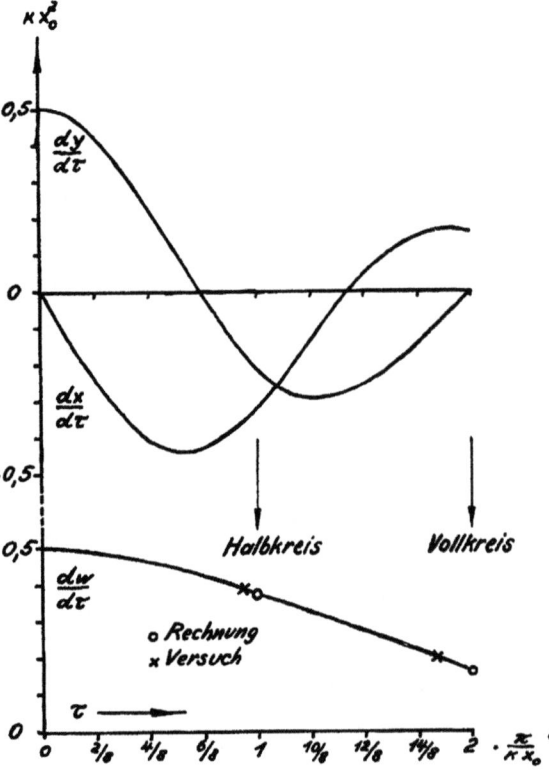

Bild 4. Temperaturempfindlichkeit $\dfrac{dx}{d\tau}$, $\dfrac{dy}{d\tau}$, $\dfrac{dw}{d\tau}$ eines bei $\tau = 0$ geraden Streifens in Abhängigkeit von der Erwärmung τ.

nach der die Empfindlichkeit abnimmt; zugleich sind die Kurven für $dx/d\tau$ und $dy/d\tau$ angegeben. Der gerade Streifen wird bei der Erwärmung $\pi \dfrac{1}{\varkappa x_0}°$ zu einem Halbkreis, bei $2\pi\frac{1}{\varkappa x_0}°$ zu einem Vollkreis. Die Temperaturempfindlichkeit beträgt 71 vH von der des geraden Streifens, wenn der Streifen die Form eines Halbkreises angenommen hat, und nur noch 32 vH, wenn er zu einem Vollkreis geworden ist.

Aus den Gleichungen (9) erhält man die Temperaturfunktionen für den Streifen in Form eines Halbkreises bei $\tau = 0$, indem man an Stelle von τ den Wert $\pi\frac{1}{\varkappa x_0}+\tau$ und für den Vollkreis bei $\tau = 0$ die Temperaturfunktionen, indem man an Stelle von τ den Wert $2\pi\frac{1}{\varkappa x_0}+\tau$ setzt.

Halbkreis: \qquad\qquad\qquad Vollkreis:

$$x = x_0 \frac{\sin(\pi+\varkappa\tau x_0)}{\pi+\varkappa\tau x_0}, \qquad x = x_0 \frac{\sin(\varkappa\tau x_0)}{2\pi+\varkappa\tau x_0},$$

$$y = x_0 \frac{1-\cos(\pi+\varkappa\tau x_0)}{\pi+\varkappa\tau x_0}, \qquad y = x_0 \frac{1-\cos(\varkappa\tau x_0)}{2\pi+\varkappa\tau x_0}.$$

Die Berechnung der Koordinaten der Initialausbiegung aus den Gleichungen (8) ergibt für den geraden Streifen die Koordinaten

$$x = x_0,$$
$$y = \varkappa\tau\frac{x_0^2}{2}.$$

Für den Halbkreis mit dem Radius x_0/π und dem Mittelpunkt $x_0/\pi, 0$, offen in Richtung der positiven y-Achse, erhält man:

$$x = \frac{2x_0}{\pi} - \varkappa\tau\frac{x_0}{\pi}\cdot\frac{2x_0}{\pi},$$
$$y = \frac{\varkappa\tau x_0^2}{\pi}.$$

Durch Drehen des Koordinatensystems um den Winkel $-\pi/2$ gewinnt man den Zusammenhang mit Bild 4. Es ergibt sich

$$x = -\frac{\varkappa\tau x_0^2}{\pi}; \qquad \frac{dx}{d\tau} = -\varkappa x_0^2\cdot 0{,}318\,;$$
$$y = \frac{2x_0}{\pi} - \varkappa\tau\frac{x_0}{\pi}\cdot\frac{2x_0}{\pi}\,; \qquad \frac{dy}{d\tau} = -\varkappa x_0^2\cdot 0{,}20\,.$$

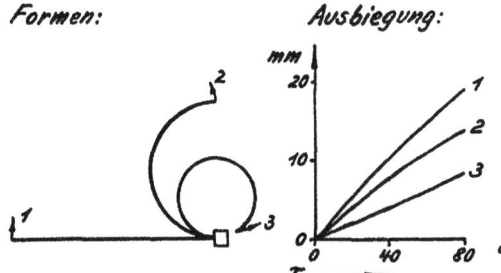

Bild 5. Abmessungen, Formen und Temperaturausbiegungen eines Versuchsstreifens.

Die Werte $dx/d\tau$ und $dy/d\tau$ für die Koordinaten der Initialausbiegung stimmen mit den Werten der exakten Gleichung überein. Entsprechende Werte ergeben sich für den Vollkreis.

Versuchsergebnisse. Ein Bimetallstreifen von 8 mm Breite und 1 mm Dicke wurde mit einem Längsschlitz von 2 mm Breite versehen (Bild 5). An den Haltestücken wurde das eine Ende des Streifens in seiner Lage befestigt und zugleich der elektrische Heizstrom zur Erwärmung des Streifens zugeführt. Die freie Länge betrug 135 mm. Zur Bestimmung der Erwärmung war ein Thermoelement in der Mitte des Streifens angelötet. Parallel zur Ausbiegungsebene befand sich eine Netzebene zur Bestimmung der Lage des freien Endes. Als Ausgangsformen für die Streifen selbst wurden gewählt: die Gerade, der Halbkreis und der Vollkreis. Aus den Versuchen wurde $dw/d\tau$ ermittelt und das Ergebnis in Bild 4 eingetragen. Übereinstimmung zwischen Rechnung und Versuch ist zufriedenstellend. Zu berücksichtigen ist, daß der Vollkreis nicht ganz geschlossen sein konnte und der Radius mit τ größer wurde.

An dünnem Bimetallblech $d = 0{,}1$ mm wurden Versuche im Ölbad vorgenommen. Der Bimetallstreifen hatte eine Länge von 150 mm und eine Breite von 2 mm. Der Streifen war so angeordnet, daß die Ausbiegung in waagerechter Ebene erfolgte. Unterhalb dieser

Ebene befand sich die Netzebene zwischen zwei Glasplatten öldicht abgeschlossen. Die Versuche hatten den Zweck, die Koordinaten x und y und ihre Abhängigkeit von τ zu bestimmen. Bild 6 gibt die Ergebnisse wieder. Die gestrichelte Kurve ist die errechnete.

Mit Material von 0,15 mm Dicke läßt sich bei verhältnismäßig kleinen Erwärmungen und kurzen Streifenlängen aus dem geraden Streifen der Vollkreis erreichen. Bild 7 gibt die photographische Aufnahme eines bei Raumtemperatur geraden Streifens von 340 mm Länge und 5 mm Breite wieder, der bei $\tau = 133°$ fast zu einem Vollkreise geworden ist. Als Bildrand ist ein eng anliegender Kreis gewählt, um die Abweichung von der Kreisform zu zeigen. Der Bimetallstreifen wurde im Ofen, hochkant frei auf einer Glasplatte liegend, erwärmt. Durch Rütteln wurden Reibungshemmungen beseitigt.

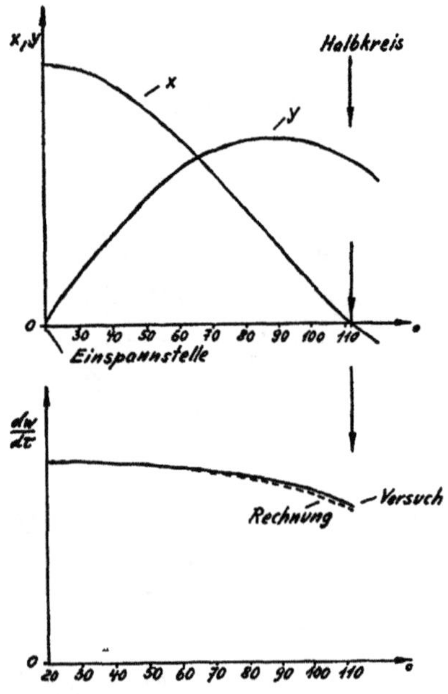

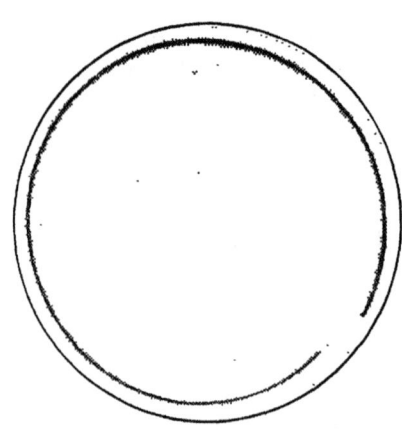

Bild 6. Ergebnisse des Versuchs mit einem geraden Bimetallstreifen von der Dicke 0,1 mm, Länge 150 mm, Breite 2 mm.

Bild 7. Bimetallstreifen bei Erwärmung $\tau = 133°$.

Die Abweichungen von der Kreisform sind wohl darauf zurückzuführen, daß bei der Herstellung derartig dünner Bimetalls das Dickenverhältnis der Komponenten schwer einzuhalten ist und geringe Toleranzen der Dicke die Ausbiegungskonstante stark verändern.

3. Bimetallstreifen, deren Form aus Kurvenstücken mit verschiedener Funktion zusammengesetzt ist.

Wenn die Kurve des Bimetallstreifens nicht einheitlich durch eine einzige Funktion darstellbar ist, wird sie in Stücke unterteilt, von denen jedes für sich durch eine bestimmte Funktion gegeben ist. Der Bimetallstreifen in Bild 1 z. B. ist aus drei Teilen zusammengesetzt. In gleicher Weise wie unter 1. denke man sich die Ausbiegung der nicht geradlinigen Teile nacheinander erfolgend. Man erhält dann die Gleichungen:

$$x = \sum_{1}^{n}(X_n \cos \sum_{0}^{n-1} \Phi_n - Y_n \sin \sum_{0}^{n-1} \Phi_n),$$

$$y = \sum_{1}^{n}(Y_n \cos \sum_{0}^{n-1} \Phi_n + X_n \sin \sum_{0}^{n-1} \Phi_n)$$

mit $\Phi_0 = 0$, die den Gleichungen (4) entsprechen. Hierin sind:

$$X_n,\ Y_n$$

die Koordinaten für die Endausbiegungen der Kurventeile, bezogen auf die entsprechenden Koordinatensysteme, und Φ_n der Winkel, um den sich die Tangente des freien Endes des n-ten Kurvenstückes n bei der Ausbiegung gegenüber dem n-ten dreht und um den mithin das $(n+1)$-te Koordinatensystem zu drehen ist. In dem Beispiel von Bild 1 ist

$$X_1 = x_1,$$
$$Y_1 = y_1,$$
$$\Phi_1 = \varphi_1 \text{ usw.}$$

Für die Koordinaten der Ausbiegungen der Teile sind die Werte von (7) einzusetzen oder, wenn nur die Initialausbiegung berechnet werden soll, an Stelle der Formeln (7) die Formeln (8). Für die Koordinaten der Initialausbiegung der gesamten Kurve erhält man dann den einfacheren Ausdruck bei n Kurvenstücken:

$$\left. \begin{aligned} x &= \sum_1^n \left[\left(x \Big|_{x_{n-1}}^{x_n} - \varkappa\tau \int_{x_{n-1}}^{x_n} y' S(x)\,dx \right) \cos \sum_0^{n-1} \varkappa\tau \int_{x_{n-1}}^{x_n} dx \sqrt{1+y'^2} \right] \\ &\quad - \sum_1^n \left[\left(y \Big|_{x_{n-1}}^{x_n} + \varkappa\tau \int_{x_{n-1}}^{x_n} S(x)\,dx \right) \sin \sum_0^{n-1} \varkappa\tau \int_{x_{n-1}}^{x_n} dx \sqrt{1+y'^2} \right], \\ y &= \sum_1^n \left[\left(y \Big|_{x_{n-1}}^{x_n} + \varkappa\tau \int_{x_{n-1}}^{x_n} S(x)\,dx \right) \cos \sum_0^{n-1} \varkappa\tau \int_{x_{n-1}}^{x_n} dx \sqrt{1+y'^2} \right] \\ &\quad + \sum_1^n \left[\left(x \Big|_{x_{n-1}}^{x_n} - \varkappa\tau \int_{x_{n-1}}^{x_n} y' S(x)\,dx \right) \sin \sum_0^{n-1} \varkappa\tau \int_{x_{n-1}}^{x_n} dx \sqrt{1+y'^2} \right]. \end{aligned} \right\} \quad (10)$$

4. Bimetallstreifen in U-Form.

In Bild 8 ist ein Bimetallstreifen schematisch dargestellt, wie ihn die AEG für die Wärmeauslöser in Motorschutzschaltern verwendet. Zur Berechnung der Ausbiegung denke man sich den Streifen im Punkte 0 in seiner Lage befestigt. Man betrachtet die Ausbiegung des freien Endes x, y für den schraffierten Teil der Kurve, der sich zusammensetzt aus einem Viertelkreis

$$y = +\sqrt{R^2 - (R-x)^2} \text{ von } x = 0 \text{ bis } x = R$$

und einer Geraden

$$y = \frac{y_0 - R}{x_0 - R}(x - R) + R \text{ von } x = R \text{ bis } x = x_0.$$

Man berechnet die Initialausbiegung nach (10) und erhält das Ergebnis:

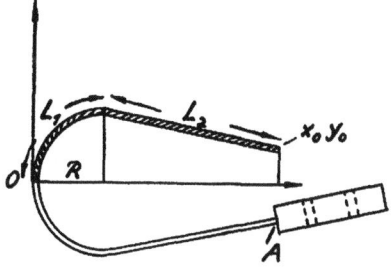

Bild 8. Wärmeauslöser für Motorschutzschalter Form MSB.

$$x = \left[R - \varkappa\tau\left(R^2 \frac{\pi}{2} - R^2\right)\right] + \left[(x_0 - R) - \varkappa\tau \frac{y_0 - R}{2}\sqrt{(x_0-R)^2 + (y_0-R)^2}\right]\cos\left(\varkappa\tau \frac{\pi}{2}R\right)$$
$$- \left[(y_0 - R) + \varkappa\tau \frac{x_0 - R}{2}\sqrt{(x_0-R)^2 + (y_0-R)^2}\right]\sin\left(\varkappa\tau \frac{\pi}{2}R\right),$$

$$y = [R + \varkappa\tau(R^2\pi - R^2)] + \left[(y_0 - R) + \varkappa\tau \frac{x_0 - R}{2}\sqrt{(x_0-R)^2 + (y_0-R)^2}\right]\cos\left(\varkappa\tau \frac{\pi}{2}R\right)$$
$$+ \left[(x_0 - R) - \varkappa\tau \frac{y_0 - R}{2}\sqrt{(x_0-R)^2 + (y_0-R)^2}\right]\sin\left(\varkappa\tau \frac{\pi}{2}R\right).$$

Für die Temperaturempfindlichkeit der Initialausbiegung unter Vernachlässigung der Glieder mit $\varkappa^2$ als Faktor und unter der Voraussetzung $\varkappa \tau \frac{\pi}{2} R \ll 1$ ergibt sich

$$\left.\begin{aligned} \frac{dx}{d\tau} &= -\varkappa\left(R^2\frac{\pi}{2} - R^2\right) - \varkappa\frac{y_0 - R}{2}\sqrt{(x_0 - R)^2 + (y_0 - R)^2} - \varkappa\frac{\pi}{2}R(y_0 - R), \\ \frac{dy}{d\tau} &= \varkappa(R^2\pi - R^2) + \varkappa\frac{x_0 - R}{2}\sqrt{(x_0 - R)^2 + (y_0 - R)^2} + \varkappa\frac{\pi}{2}R(x_0 - R). \end{aligned}\right\} \quad (11)$$

Setzt man $y_0 = 0$ und $R = 0$, so erhält man die Temperaturempfindlichkeit für einen geraden Streifen in der x-Achse, der an seiner Einspannstelle um 90° geknickt ist.

Es wird:

$$\frac{dx}{d\tau} = 0, \quad \frac{dy}{d\tau} = \varkappa\frac{x_0^2}{2}.$$

Weiter ergibt sich für $L_1 + L_2 =$ konst. (Bild 8) und für $L_1 \cdot \frac{2}{\pi}$ an Stelle von R aus Gleichung (11):

$$\frac{dx}{d\tau} = -\varkappa L_1^2 \cdot \frac{2}{\pi}\left(1 - \frac{2}{\pi}\right) - \varkappa\frac{y_0 - L_1 \cdot \frac{2}{\pi}}{2}(\text{konst.} - L_1) - \varkappa L_1\left(y_0 - L_1 \cdot \frac{2}{\pi}\right),$$

$$\frac{dy}{d\tau} = \varkappa L_1^2 \frac{2}{\pi}\left(2 - \frac{2}{\pi}\right) + \varkappa\frac{x_0 - L_1 \cdot \frac{2}{\pi}}{2}(\text{konst.} - L_1) + \varkappa L_1\left(x_0 - L_1 \cdot \frac{2}{\pi}\right).$$

Für den Wärmeauslöser ist $dy/d\tau$ wichtig. Man findet, wenn man L_2 in Richtung der x-Achse annimmt, also $x_0 = L_2 + L_1 \cdot \frac{\pi}{2}$ setzt:

$$\frac{dy}{d\tau} = \varkappa \cdot L_1^2 \frac{2}{\pi}\left(2 - \frac{2}{\pi}\right) + \varkappa \cdot \frac{1}{2}(\text{konst.} - L_1)^2 + \varkappa \cdot L_1(\text{konst.} - L_1). \quad (12)$$

Für den Fall, daß die U-Form im Nullpunkt des Koordinatensystems festgehalten ist, ergibt sich die Ausbiegung durch symmetrische Ergänzung (Bild 8). Wird an Stelle des Nullpunktes der Punkt A festgehalten, wie es beim Wärmeauslöser im Motorschutzschalter der Fall ist, so ist eine Verschiebung und Drehung des Koordinatensystems erforderlich. Durch die Verschiebung wird der bei Festhalten des Nullpunktes mit der Erwärmung sich fortbewegende Punkt A in seine Ausgangslage gebracht, und durch die Drehung behält die Tangente der Kurve im Punkte A ihre Anfangslage. Durch die reine Verschiebung erhält man zunächst die doppelte Ausbiegung in Richtung y, während die Ausbiegung in Richtung x verschwindet. Die Drehung ist aus den Ausbiegungen x und y, für geringe Erwärmungen aus den Initialausbiegungen, zu ermitteln. Der Drehwinkel ist gleich der Summe der Drehwinkel der Einzelteile.

Temperaturempfindlichkeit und Form bedingen das Arbeitsvermögen des freien Endes. Sie stehen in Beziehung zueinander durch die Gleichung der elastischen Linie.

Akustische Strahlung von punktförmigen Systemen und von Membranen.

Von H. Stenzel.

Nach der Ableitung der allgemeinen Formeln von punktförmigen Strahlern im Raum, die auch zur angenäherten Berechnung von ebenen Strahlern dienen, werden Systeme untersucht, die aus einer Gruppe von gleichen Strahlern gebildet werden. Für ihre Berechnung ist der Satz von Bridge maßgebend, der besagt, daß die Richtcharakteristik durch das Produkt der Charakteristik des Einzelstrahlers und des ursprünglich punktförmigen Systems gefunden wird. Daher ist die Berechnung punktförmiger Systeme von Wichtigkeit. Besonders werden die auf dem Kreise angeordneten Strahler untersucht.

Die allgemeinen Resultate werden auf Lautsprechermembranen angewendet. Es wird gezeigt, wie infolge der Richtwirkung eine starke Frequenzabhängigkeit eintritt, wenn sich der Zuhörer nicht auf der Mittelachse der Lautsprechermembran befindet. Neben der ebenen Kolbenmembran wird die räumliche Kolbenmembran eingeführt und gezeigt, wann ihre Berechnung möglich ist. Die Theorie wird auf die Berechnung des Konuslautsprechers (Rice-Kellogg) angewandt und mit praktischen Messungen in guter Übereinstimmung gefunden. Zum Schluß wird die Richtcharakteristik der eingespannten, rechteckigen und kreisförmigen Membran berechnet.

Bei den akustischen Strahlern müssen die Erscheinung der Interferenz und Beugung eine ungleich wichtigere Rolle spielen als bei optischen und funkentelegraphischen Strahlern. Interferenz und Beugung werden in den Fällen praktisch ohne Bedeutung sein, wenn der Strahler und die ihn umgebenden Körper groß oder klein zur Wellenlänge sind. Im erstgenannten Fall, wie er der Optik entspricht, sind die Gesetze durch die gradlinige Ausbreitung und scharfe Schattenbildung charakterisiert, im zweiten Fall, der in den langen Wellen der drahtlosen Telegraphie verwirklicht ist, können die Strahler als punktförmig angesehen werden, und der Ausbreitungsvorgang verläuft im wesentlichen ungestört, da die Hindernisse klein zur Wellenlänge sind. In der Akustik werden dagegen die Strahler und die Gegenstände der Umgebung durchaus von der Größenordnung der Wellenlänge sein. Rechnen

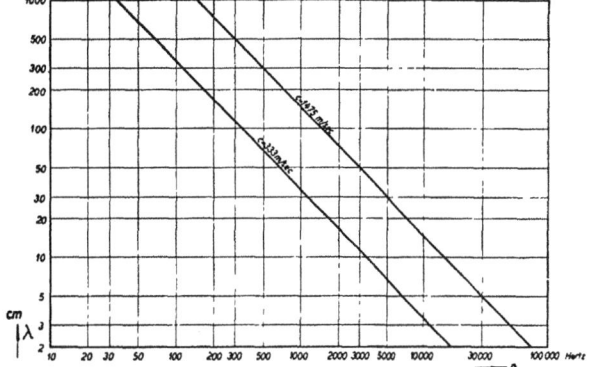

Bild 1. Zusammenhang zwischen Wellenlänge und Frequenz für Luft und Wasser.

wir den akustisch wichtigen Frequenzbereich von 16 bis 16000 Hz, so entspricht dem für Luft ein Wellenbereich von etwa 20 m bis 2 cm und für Wasser ein Wellenbereich von 90 m bis 9 cm. Im einzelnen ist der Zusammenhang zwischen Wellenlänge und Frequenz für die beiden Medien Luft und Wasser — nur diese beiden Medien sollen wegen ihrer überragenden Bedeutung im folgenden betrachtet werden — aus Bild 1 zu ersehen. Wenn uns auch die Schallvorgänge in Luft näher liegen, so mag doch betont werden, daß das Wasser ein wesentlich günstigeres Medium darstellt, insbesondere wegen der größeren Reichweite von akustischen Signalen. Ist es doch durchaus keine Seltenheit, hier Reichweiten von

350 H. Stenzel: Akustische Strahlung von punktförmigen Systemen und von Membranen.

50 bis 100 km zu erzielen. Daher ist es auch kein Wunder, daß die Schalltechnik, insbesondere durch die Forderungen des Krieges, zuerst in einer Unterwasserschalltechnik sich ausbildete. Für tiefe Frequenzen wird es in Luft und erst recht in Wasser das Normale sein, daß der Schallstrahler klein zur Wellenlänge ist. Es ist daher verständlich, wenn wir zunächst die Wirkungsweise punktförmiger Strahler besprechen, um so mehr, da sich zeigen wird, daß die hier sich ergebenden Formeln durch einen entsprechenden Grenzübergang auch für Strahler, die nicht mehr klein zur Wellenlänge sind, bedeutungsvoll sind. Außerdem lehrt der dabei bewiesene Satz von Bridge, daß für die Untersuchung einer Kombination von Strahlern die Berechnung des entsprechenden punktförmigen Systems von maßgebender Bedeutung ist.

I. Charakteristik von willkürlich im Raum angeordneten Strahlern.

Für die Bestimmung des Schallfeldes sind drei Größen: die Amplitude der Druckschwankung, die Bewegungsamplitude und die Geschwindigkeitsamplitude des Mediumteilchens, maßgebend. Welche dieser drei Größen man benutzt, ist an sich gleichgültig. Am meisten wird die Amplitude der Druckschwankung verwandt, die wegen ihres skalaren Charakters gewisse Vorteile bietet. Wir denken uns also die von einem periodischen Strahler im Aufpunkt A herrührende Druckschwankung in der Form gegeben:

$$p = m \cos 2\pi \left(\nu t - \frac{r}{\lambda}\right).$$

Dabei bedeutet m die Amplitude, ν die Frequenz und r den Abstand des Strahlers vom Aufpunkt. Der Aufpunkt ist stets so weit entfernt gedacht, daß alle Geraden von ihm zu den einzelnen Strahlern als parallel angesehen werden können. Sind dann n solcher Strahler durch die Beziehungen charakterisiert

$$p_k = m_k \cos 2\pi \left(\nu t - \frac{r_k}{\lambda}\right), \quad (1)$$

mit $k = 1, 2, \ldots, n$, wobei also die r_k die Entfernungen der einzelnen Strahler vom Aufpunkt A angeben, so ist der in A resultierende Vorgang gegeben durch

$$P = \sum_{k=1}^{n} m_k \cos 2\pi \left(\nu t - \frac{r_k}{\lambda}\right),$$

oder in anderer Form durch

$$P = \sqrt{\left[\sum_{k=1}^{n} m_k \cos \frac{2\pi r_k}{\lambda}\right]^2 + \left[\sum_{k=1}^{n} m_k \sin \frac{2\pi r_k}{\lambda}\right]^2} \cos 2\pi (\nu t - \varphi).$$

Die das Schallfeld im Aufpunkt A charakterisierende Amplitude der Druckschwankung ist also:

$$R = \sqrt{\left[\sum_{k=1}^{n} m_k \cos \frac{2\pi r_k}{\lambda}\right]^2 + \left[\sum_{k=1}^{n} m_k \sin \frac{2\pi r_k}{\lambda}\right]^2}. \quad (2)$$

Es erleichtert die folgenden Rechnungen, wenn dieser Ausdruck durch den absoluten Betrag einer komplexen Größe dargestellt wird:

$$R = \left|\sum_{k=1}^{n} m_k e^{-\frac{2i\pi r_k}{\lambda}}\right|. \quad (3)$$

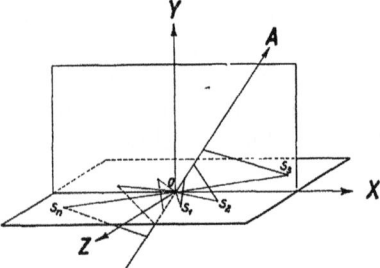

Bild 2. Willkürlich verteilte Strahler.

Bildet die Aufpunktsgerade OA, d. h. die Verbindungsgerade des Koordinatenanfangspunktes O mit dem Aufpunkt A (Bild 2) mit den Koordinatenachsen die Winkel α, β, γ und haben die einzelnen Strahler in $S_1, S_2, \ldots, S_n$ die Koordinaten $(x_1, y_1, z_1), (x_2, y_2, z_2), \ldots, (x_n, y_n, z_n)$, so projizieren wir die Strecken $OS_1, OS_2, \ldots, OS_n$

auf die Aufpunktsgerade und nennen die entsprechenden Projektionen $\xi_1, \xi_2, \ldots, \xi_n$; dann folgt, wenn $OA = r$ und $\frac{2\pi}{\lambda} = \varkappa$ gesetzt wird, wegen $r_m = r - \xi_m$

$$R = \left| \sum_{p=1}^{n} m_p e^{i\varkappa \xi_p} \right|. \tag{4}$$

Entwickelt man die Summe in (4) nach Potenzen von ξ, so folgt

$$R = \left| \sum_{p=1}^{n} m_p + i\varkappa \sum_{p=1}^{n} m_p \xi_p - \frac{\varkappa^2}{2} \sum_{p=1}^{n} m_p \xi_p^2 + \cdots \right|. \tag{5}$$

Denken wir uns jeden Strahler entsprechend durch einen Punkt mit der Masse m_p ersetzt und legen den Koordinatenanfangspunkt in den Schwerpunkt des Systems, so ist

$$\sum_{p=1}^{n} m_p \xi_p = 0,$$

und aus (5) folgt bei Vernachlässigung der Glieder höherer Ordnung, wenn wir zur Abkürzung $M = \sum_{p=1}^{n} m_p$ setzen und durch M dividieren,

$$\frac{R}{M} = \left| 1 - \frac{\varkappa^2}{2} \cdot \frac{1}{M} \sum_{p=1}^{n} m_p \xi_p^2 \right|.$$

In der Mechanik nennt man den Ausdruck $\sum_{p=1}^{n} m_p \xi_p^2$ das Binetsche Trägheitsmoment. Bezeichnet man dieses mit Θ_s, so ist es mit dem eigentlichen Trägheitsmoment T_s durch die Beziehung verknüpft

$$\Theta_s = K - T_s,$$

wobei $K = \sum_{p=1}^{n} m_p (x_p^2 + y_p^2 + z_p^2)$ eine vom Koordinatensystem unabhängige Konstante bedeutet. Die Mechanik lehrt nun, daß es drei ausgezeichnete Richtungen der Aufpunktsgeraden gibt, die durch die drei aufeinander senkrecht stehenden Hauptträgheitsmomente gegeben sind. Das gleiche muß dann auch für R gelten. Denken wir uns das Koordinatensystem so gedreht, daß seine Achsen mit den Hauptträgheitsachsen zusammenfallen, so folgt

$$\sum_{p=1}^{n} m_p \xi_p^2 = \Theta_x \cos^2\alpha + \Theta_y \cos^2\beta + \Theta_z \cos^2\gamma.$$

Für unsere Strahleranordnung ergibt sich dann der folgende Satz: Betrachtet man jeden Strahler als einen Punkt, dessen Masse durch die Druckamplitude des Strahlers gegeben ist, und legt den Koordinatenanfangspunkt in den Schwerpunkt und läßt die Achsen mit den Hauptträgheitsachsen des Systems zusammenfallen, so ist die Charakteristik des Strahlersystems gegeben durch

$$R = \left| 1 - \frac{\varkappa^2}{2M} (\Theta_x \cos^2\alpha + \Theta_y \cos^2\beta + \Theta_z \cos^2\gamma) \right|, \tag{6}$$

wobei

$$\Theta_x = \sum_{p=1}^{n} m_p x_p^2, \qquad \Theta_y = \sum_{p=1}^{n} m_p y_p^2, \qquad \Theta_z = \sum_{p=1}^{n} m_p z_p^2$$

gesetzt ist.

Dabei ist die Voraussetzung gemacht, daß in Gleichung (5) die Glieder dritter und höherer Ordnung vernachlässigt werden können. Diese Forderung ist insbesondere dann erfüllt, wenn die Strahler alle ganz in der Nachbarschaft einer Ebene liegen und die Aufpunktsgerade sich nicht zu weit von der auf dieser Ebene senkrecht stehenden Geraden entfernt.

An einigen einfachen Beispielen, in denen die Strahler ganz in einer Ebene oder einer Geraden liegen, sei gezeigt, daß die allgemeine Formel den Hauptbereich der Charakteristik im wesentlichen richtig darstellt. Dazu vergleichen wir die durch die Formel (6) gegebene Charakteristik von einer strahlenden Geraden, strahlenden Kreislinie und strahlenden Kreisfläche. Die strenge Rechnung[1] ergibt als Charakteristik von Gerade, Kreislinie und Kreisfläche die drei Funktionen

$$\left.\begin{aligned} \eta &= \left|\frac{\sin\zeta}{\zeta}\right|, \\ \eta &= |J_0(\zeta)|, \\ \eta &= \left|\frac{2J_1(\zeta)}{\zeta}\right|; \end{aligned}\right\} \quad (7)$$

dabei ist $\zeta = \frac{\pi d}{\lambda}\sin\gamma$ gesetzt und d die Länge der Geraden bzw. der Durchmesser des Kreises. (J_0 und J_1 bedeuten die Besselschen Funktionen nullter und erster Ordnung.)

Die Berechnung der Trägheitsmomente ergibt

für die Gerade $\quad \Theta_x = \frac{d^2}{12}, \quad \Theta_y = 0, \quad \Theta_z = 0,$

für die Kreislinie $\quad \Theta_x = \Theta_y = \frac{d^2}{8}, \quad \Theta_z = 0,$

für die Kreisfläche $\quad \Theta_x = \Theta_y = \frac{d^2}{16}, \quad \Theta_z = 0.$

Mit Hilfe von (6) ergeben sich jetzt an Stelle von (7) die Funktionen

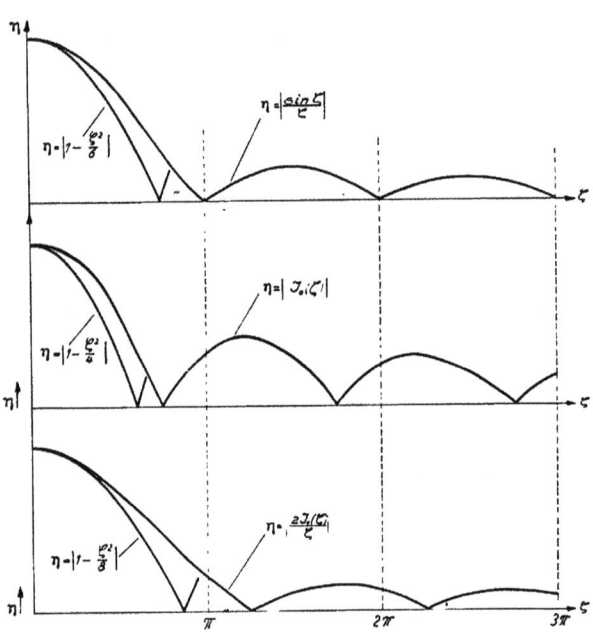

$$\left.\begin{aligned} \eta &= \left|1 - \frac{\zeta^2}{6}\right|, \\ \eta &= \left|1 - \frac{\zeta^2}{4}\right|, \\ \eta &= \left|1 - \frac{\zeta^2}{8}\right|. \end{aligned}\right\} \quad (8)$$

Ein Vergleich der durch (7) gegebenen Funktionen mit den Formeln (8) zeigt Bild 3. Man sieht, daß es für den Hauptstrahlungskegel, der für viele Fragen der Praxis von ausschlaggebender Bedeutung ist, genügt, die einfachen Formeln (8) anzuwenden. Bei Empfängeranordnungen handelt es sich oft darum, eine möglichst große Peilschärfe zu erzielen oder bei Sendeanordnungen einen möglichst engen Strahlungskegel auszusenden. Wollen wir etwa zwei Anordnungen von akustischen Strahlern vergleichen, die eine von p-Strahlern, die mit beliebigen Amplituden m_ν und in beliebigen Abständen auf einer Geraden angeordnet sind, und eine andere von q Strahlern mit Amplituden

Bild 3. Richtcharakteristik der geraden Linie, der Kreislinie und der Kreisfläche.

m'_ν, die ebenfalls willkürlich verteilt sind, so folgt aus (6), daß man für die erste Anordnung den Ausdruck

$$\frac{\sum_{\nu=1}^{p} m_\nu x_\nu^2}{\sum_{\nu=1}^{p} m_\nu}$$

---

[1] ENT. 1929, H. 6, S. 165.

für die zweite Anordnung den Ausdruck

$$\frac{\sum_{\nu=1}^{q} m'_\nu x'^{2}_\nu}{\sum_{\nu=1}^{q} m'_\nu}$$

zu berechnen hat, und daß dem größeren Wert die größere Peilschärfe bzw. der engere Strahlungskegel entsprechen muß. Wenn wir z. B. eine kreisförmige, in einer starren Wand schwingende Membran betrachten, die einmal als Kolbenmembran strahlen soll, das andere Mal am Rande fest eingespannt so strahlen soll, daß die Amplitude in der Mitte den größten Wert hat und nach dem Rande zu allmählich nach Null abfällt, so ist bei gleichen Deformationsvolumen von vornherein klar, daß der Strahlungskegel der ersten Membran enger sein muß als bei der zweiten Membran, weil das Trägheitsmoment in bezug auf die Symmetrieachse im ersten Fall größer ist. Hierfür werden später (S. 369) die genauen Formeln angegeben.

II. Charakteristik von gitterförmig angeordneten Systemen von Strahlern.

Unter gitterförmig angeordneten Systemen von Strahlern soll eine Anordnung verstanden werden, die aus einem gegebenen System durch wiederholte Parallelverschiebung hervorgeht. Da wir uns jede beliebige punktförmige Anordnung durch Verschiebung eines Punktes entstanden denken können, können wir auch sagen, wir wollen uns aus einem punktförmigen System ein neues System entstanden denken, in dem jeder punktförmige Strahler durch das gleiche und in gleicher Weise orientierte System ersetzt wird. Gehen wir aus von einem System von vier Strahlern, die auf der X-Achse gegeben sind, so können wir, etwa durch zweimalige Verschiebung parallel zur Y-Achse, ein neues System von dreimal vier Strahlern herstellen, oder in der anderen Auffassung können wir sagen, daß zunächst drei punktförmige Strahler in den Punkten A, B, C der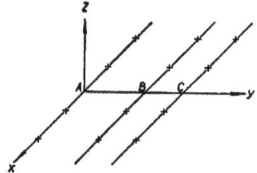

Bild 4. Gitterförmige Anordnung von Strahlern.

Y-Achse gegeben waren und wir ein neues System daraus machen, in dem an Stelle jedes der drei punktförmigen Strahler das gleiche und gleich orientierte System von vier Strahlern gesetzt wird (Bild 4). Die Berechnung solcher Systeme von Strahlern wird außerordentlich erleichtert durch den Satz von Bridge[1]. Dieser besagt: Wenn uns ein punktförmiges System mit der Charakteristik $R_1(\alpha, \beta, \gamma)$ gegeben ist, und man macht daraus ein neues System, in dem jeder Punkt durch das gleiche und gleich orientierte System mit der Charakteristik $R_2(\alpha, \beta, \gamma)$ ersetzt wird, so ist die Charakteristik des gesamten Systems durch

$$R(\alpha, \beta, \gamma) = R_1(\alpha, \beta, \gamma) \cdot R_2(\alpha, \beta, \gamma)$$

gegeben. Der Beweis folgt unmittelbar aus der allgemeinen Formel (4). Benutzt man nämlich die allgemeine Beziehung
$$\xi_p = x_p \cos\alpha + y_p \cos\beta + z_p \cos\gamma,$$

so ist die Charakteristik eines punktförmigen Systems, dessen Punkte die Koordinaten (x_p, y_p, z_p), $(p = 1, 2, \ldots, n)$ besitzt, gegeben durch

$$R_1(\alpha, \beta, \gamma) = \left| \sum_{p=1}^{n} m_p e^{i \varkappa (x_p \cos\alpha + y_p \cos\beta + z_p \cos\gamma)} \right|.$$

Jetzt soll in jeden Punkt x_p, y_p, z_p ein System in gleicher Orientierung gesetzt werden, dessen Charakteristik gegeben ist durch:

$$R_2(\alpha, \beta, \gamma) = \left| \sum_{q=1}^{m} e^{i \varkappa (x'_q \cos\alpha + y'_q \cos\beta + z'_q \cos\gamma)} \right|.$$

---
[1] Vgl. H. Poincaré, Théorie mathématique de la lumière. S. 158.

Dann ist die Charakteristik des gesamten Systems

$$R(\alpha, \beta, \gamma) = \left| \sum_{q=1}^{m} \sum_{p=1}^{n} m_p e^{i\varkappa[(x_p+x'_q)\cos\alpha + (y_p+y'_q)\cos\beta + (z_p+z'_q)\cos\gamma]} \right|.$$

Die rechte Seite ist aber offenbar gleich $R_1(\alpha, \beta, \gamma) \cdot R_2(\alpha, \beta, \gamma)$. Offenbar gilt der Satz auch, wenn die Charakteristik R_2 von einem ebenen Strahler herrührt und das punktförmige System R_1 in dieser Ebene liegt.

Dieser Satz soll an einigen Beispielen für Strahler, die auf einer Geraden angeordnet sind, erläutert werden. Es sei von der einfachsten Kombination zweier Strahler von gleicher Amplitude, die einen Abstand $2d$ haben sollen, ausgegangen. Ihre Charakteristik ist bekanntlich

$$R_1 = \left| \frac{\sin\left(\frac{4\pi d}{\lambda}\sin\gamma\right)}{2\sin\left(\frac{2\pi d}{\lambda}\sin\gamma\right)} \right|.$$

Setzt man an Stelle jedes der beiden Strahler ein System zweier Strahler mit einem Abstand gleich d, dessen Charakteristik durch

$$R_2 = \left| \frac{\sin\left(\frac{2\pi d}{\lambda}\sin\gamma\right)}{2\sin\left(\frac{\pi d}{\lambda}\sin\gamma\right)} \right|$$

gegeben ist, so besteht das gesamte System aus vier im Abstand d befindlichen Strahlern, und seine Charakteristik ist nach dem bewiesenen Satz

$$R = R_1 \cdot R_2 = \left| \frac{\sin\left(\frac{4\pi d}{\lambda}\sin\gamma\right)}{4\sin\left(\frac{\pi d}{\lambda}\sin\gamma\right)} \right|.$$

Als zweites Beispiel werden zunächst wieder zwei Strahler gewählt, die einen Abstand d haben, und jeder der beiden Strahler wird durch das ursprüngliche System ersetzt. In dem so erhaltenen System von vier Strahlern, bei dem die beiden mittleren zusammenfallen, ersetzen wir wieder jeden Strahler durch das ursprüngliche System und bekommen ein System von acht Strahlern, von denen zweimal drei zusammenfallen. Dieses Verfahren setzen wir fort. Dann sind die entsprechenden Charakteristiken der Reihe nach gegeben durch

$$\cos\left(\frac{\pi d}{\lambda}\sin\gamma\right), \quad \left[\cos\left(\frac{\pi d}{\lambda}\sin\gamma\right)\right]^2, \quad \left[\cos\left(\frac{\pi d}{\lambda}\sin\gamma\right)\right]^3 \quad \text{usw.}$$

An Stelle von n auf einen Punkt zusammenfallenden Strahlern können wir uns einen Strahler mit der Amplitude n denken und erhalten das Resultat, daß die Charakteristik $\left[\cos\left(\frac{\pi d}{\lambda}\sin\gamma\right)\right]^n$ durch $n+1$ in gleichem Abstand d auf einer Geraden angeordnete Strahler entsteht, wenn deren Amplituden durch die aufeinanderfolgenden Binominalkoeffizienten $(1+1) = 1 + n + \frac{n(n-1)}{1\cdot 2} + \ldots$ gegeben sind.

In der Praxis spielen auch Anordnungen eine Rolle, die durch Kombinationen von zwei um 180° phasenverschobenen Strahlern entstehen. Bei zwei solcher Strahler im Abstand d ist die Charakteristik gegeben durch:

$$R = \left| \sin\left(\frac{d\pi}{\lambda}\sin\gamma\right) \right|.$$

Setzt man etwa vier solcher Systeme zusammen, wie es Bild 5 zeigt, so bekommen wir durch unseren Satz unmittelbar die resultierende Charakteristik

$$R = \left| \sin\left(\frac{\pi d}{\lambda}\sin\gamma\right) \cdot \frac{\sin\left(\frac{8\pi d}{\lambda}\sin\gamma\right)}{4\sin\left(\frac{2\pi d}{\lambda}\sin\gamma\right)} \right| = \left| \frac{\sin\left(\frac{8\pi d}{\lambda}\sin\gamma\right)}{8\cos\left(\frac{\pi d}{\lambda}\sin\gamma\right)} \right|.$$

Die bei der gleichen Kombination von gleichphasigen Strahlern sich ergebende Charakteristik ist
$$R = \left|\frac{\sin\left(\frac{8\pi d}{\lambda}\sin\gamma\right)}{8\sin\left(\frac{\pi d}{\lambda}\sin\gamma\right)}\right|.$$

Die entsprechenden Kurven für $d = \frac{\lambda}{2}$ zeigt Bild 5. Aus den linearen Anordnungen von Strahlern, die etwa auf der X-Achse angeordnet sein mögen, kann man durch Parallelverschiebung eine gitterförmige Anordnung in der Ebene und daraus eine gitterförmige Verteilung im Raum gewinnen. Die entsprechenden Charakteristiken bekommen dann für die ebene Anordnung nach dem Satz von Bridge die Form

$$R = \left|\frac{\sin\left(\frac{n_1\pi d_1}{\lambda}\cos\alpha\right)}{n_1\sin\left(\frac{\pi d_1}{\lambda}\cos\alpha\right)} \cdot \frac{\sin\left(\frac{n_2\pi d_2}{\lambda}\cos\beta\right)}{n_2\sin\left(\frac{\pi d_2}{\lambda}\cos\beta\right)}\right|$$

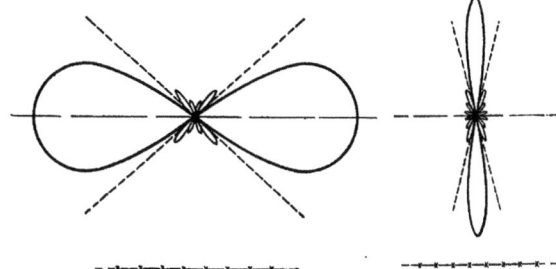

Bild 5. 8 Strahler in entgegengesetzter und gleicher Phase.

und für die Anordnung im Raum

$$R = \left|\frac{\sin\left(\frac{n_1\pi d_1}{\lambda}\cos\alpha\right)}{n_1\sin\left(\frac{\pi d_1}{\lambda}\cos\alpha\right)} \cdot \frac{\sin\left(\frac{n_2\pi d_2}{\lambda}\cos\beta\right)}{n_2\sin\left(\frac{\pi d_2}{\lambda}\cos\beta\right)} \cdot \frac{\sin\left(\frac{n_3\pi d_3}{\lambda}\cos\gamma\right)}{n_3\sin\left(\frac{\pi d_3}{\lambda}\cos\gamma\right)}\right|.$$

Im allgemeinen wird man sich mit Anordnungen in der Ebene begnügen können. Es ist aber leicht zu sehen, daß die bisher erörterten geradlinigen Anordnungen in der Praxis nicht ausreichen werden. Wollen wir nämlich mit einer festen Gruppenanordnung von Empfängern, die in einer Geraden angeordnet sind, gerichteten Empfang bewirken, so geschieht dies, indem man mit einem Phasenverschieber feststellt, wo das Maximum eintritt. Es ist nicht schwer einzusehen, daß die Genauigkeit der Peilung von der Lage des Objektes zu der Geraden abhängt, in der die Empfänger liegen. Offenbar wird die Peilung am schärfsten werden, wenn das zu peilende Objekt auf der Mittelsenkrechten liegt, und am ungenauesten, wenn es in der Verlängerung der Empfängergeraden liegt. Will man dies vermeiden, so muß man für Peilungen in der Ebene notwendig eine kreisförmige Anordnung von Empfängern, für den Raum eine Anordnung von Empfängern auf einer Kugeloberfläche verwenden. Hier soll der Fall der Kreisgruppen erörtert werden.

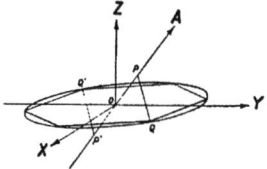

Bild 6. Die Kreisgruppe.

Wir gehen aus von n Strahlern, die in den Eckpunkten eines regulären n-Ecks von gerader Seitenanzahl ($n = 2m$) angebracht sind (Bild 6). Sind die Koordinaten der Strahler durch

$$x_k = r\cos\frac{2\pi k}{n}, \qquad y_k = r\cos\frac{2\pi k}{n} \qquad (k = 1, 2, \ldots, n)$$

gegeben, so wählen wir zwei diametrale Strahler Q und Q' und denken sie uns auf die Aufpunktsgerade OA projiziert. Die Projektionen sind OP und OP'. Wir setzen $OP = OP' = z_k$, dann ist
$$z_k = x_k\cos\alpha + y_k\cos\beta,$$
und die Charakteristik ergibt sich in der Form

$$R = \frac{1}{m}\left|\sum_{k=0}^{m-1}\cos\left\{\frac{\pi d}{\lambda}\left[\cos\frac{\pi k}{m}\cos\alpha + \sin\frac{\pi k}{m}\cos\beta\right]\right\}\right|. \qquad (9)$$

23*

356 H. Stenzel: Akustische Strahlung von punktförmigen Systemen und von Membranen.

Führen wir den Winkel φ ein durch die Gleichungen

$$\sin\varphi = \frac{\cos\alpha}{\sqrt{\cos^2\alpha + \cos^2\beta}} = \frac{\cos\alpha}{\sin\gamma},$$

$$\cos\varphi = \frac{\cos\beta}{\sqrt{\cos^2\alpha + \cos^2\beta}} = \frac{\cos\beta}{\sin\gamma},$$

so ergibt sich $\cos\frac{\pi k}{m}\cos\alpha + \sin\frac{\pi k}{m}\cos\beta = \sin\gamma \cdot \sin\left(\varphi + \frac{\pi k}{m}\right)$, und aus 9) folgt

$$R = \frac{1}{m}\left|\sum_{k=0}^{m-1}\cos\left\{\frac{d\pi}{\lambda}\sin\gamma\left[\sin\left(\varphi + \frac{\pi k}{m}\right)\right]\right\}\right|.$$

Läßt man die Anzahl der Strahler immer größer und größer werden, während der Durchmesser des Kreises gleichbleibt, so ist sofort einzusehen, was aus der Formel wird. Es folgt nämlich wegen der bekannten Integraldarstellung der Besselschen Funktion

$$J_0(x) = \frac{1}{\pi}\int_0^\pi \cos(x\sin\varphi)\,d\varphi;$$

$$\lim_{n=\infty} R = \left|J_0\left(\frac{\pi d}{\lambda}\sin\gamma\right)\right|;$$

d. h. wenn die Strahler auf dem Kreise genügend dicht beieinander liegen, so kann die Charakteristik ohne weiteres angegeben werden. Um zu erkennen, welche Bedingungen erfüllt sein müssen, damit die Charakteristik diese einfache Form bekommt, entwickeln wir die Summe in (9) nach Besselschen Funktionen. Dazu gehen wir aus von der bekannten Beziehung

$$\cos(x\sin\omega) = J_0(x) + 2\sum_{p=1}^{\infty} J_{2p}(x)\cos 2p\omega,$$

und setzen diesen Wert in 9) ein. Dann folgt

$$R = \left|J_0(x) + 2\sum_{p=1}^{\infty} J_{2p}(x)\sum_{k=0}^{m-1}\cos\left(2p\varphi + \frac{2\pi p k}{m}\right)\right|.$$

Die letzte Summe formen wir um mit Hilfe der bekannten Beziehung

$$\sum_{k=0}^{m-1}\cos(\psi + kx) = \frac{\sin\frac{m}{2}x}{\sin\frac{x}{2}}\cos\left(\psi + \frac{m-1}{2}x\right),$$

und erhalten

$$R = \left|J_0(x) + 2\sum_{p=1}^{\infty} J_{2p}(x)\frac{\sin p\pi}{\sin\frac{p\pi}{m}}\cos\left(2p\varphi + p\pi - \frac{p\pi}{m}\right)\right|.$$

Nun ist aber

$$\frac{\sin p\pi}{\sin\frac{p\pi}{m}}\cos\left(2p\varphi + p\pi - \frac{p\pi}{m}\right) = \begin{cases} 0, & \text{wenn } p \not\equiv 0 \pmod{m} \\ m\cos 2p\varphi, & \text{wenn } p \equiv 0 \pmod{m}, \end{cases}$$

und wir bekommen das Resultat

$$R = |J_0(x) + 2J_{2m}(x)\cos 2m\varphi + 2J_{4m}(x)\cos 4m\varphi + \cdots| \qquad (10)$$

Dabei bedeutet $n = 2m$ die Anzahl der Strahler. In Bild 7 sind die Besselschen Funktionen höherer Ordnung dargestellt, und man kann daraus sehr gut ersehen, in welcher Weise die Charakteristik mit wachsender Strahleranzahl nach $J_0\left(\frac{\pi d}{\lambda}\sin\gamma\right)$ geht. In der Praxis wird man zunächst eine bestimmte Peilschärfe einer Anordnung vorschreiben. Das wird erreicht, wenn $\frac{d}{\lambda}$ eine entsprechende Größe nicht unterschreitet. Damit ist dann der

Durchmesser der Kreisgruppe festgelegt. Die weitere Frage bezieht sich auf die Anzahl der Strahler. Da zeigt eine Betrachtung der Formel, daß die Nebenmaxima, die ja für eine Peilung sehr störend werden können, sich optimalen Verhältnissen um so mehr nähern, je größer die Anzahl der Strahler ist. Insbesondere zeigt sich das, wenn

$$n \geqq \frac{\pi d}{\lambda} + 2 \qquad (11)$$

ist, die Charakteristik mit praktisch ausreichender Genauigkeit durch die Formel

$$R = \left| J_0\!\left(\frac{\pi d}{\lambda} \sin \gamma\right) \right|$$

dargestellt wird. Eine weitere Vergrö-

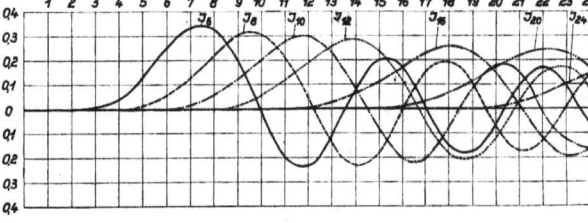

Bild 7. Die Besselschen Funktionen höherer Ordnung.

ßerung der Strahleranzahl ändert an der Charakteristik nichts und ist daher zwecklos. Die entsprechenden Kurven sind in Bild 8 für die verschiedenen $\frac{d}{\lambda}$ dargestellt. Haben wir also in der Ebene eine Kreisgruppe angebracht, die so gedreht werden kann, daß die Z-Achse den Peilraum überstreicht, so gibt die Richtung der Z-Achse die entsprechende Laut-

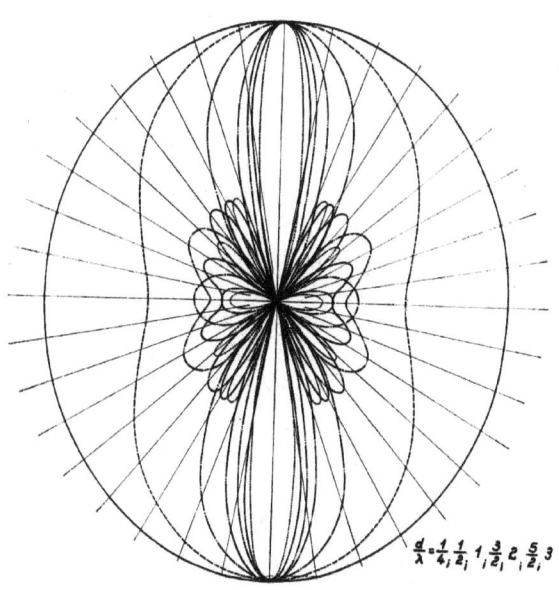

Bild 8. Richtcharakteristik der drehbaren Kreisgruppe im Raum.

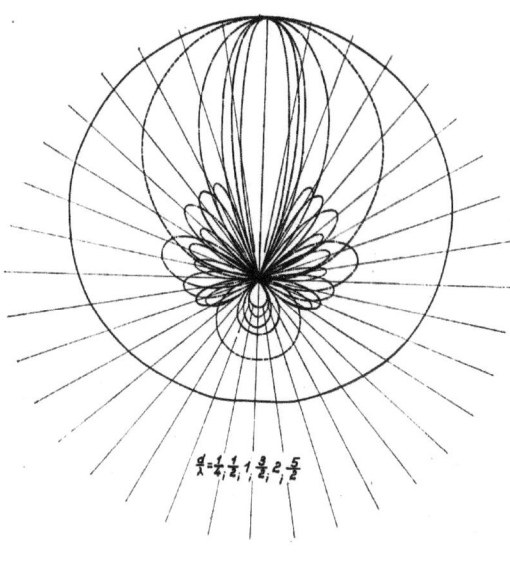

Bild 9. Richtcharakteristik der festen Kreisgruppe in der Ebene.

stärke. Wollen wir also eine Geräuschquelle suchen, so haben wir die Apparatur so zu drehen, daß wir ein Maximum an Lautstärke haben. Dann gibt die Z-Achse die Richtung an.

Der Nachteil dieser Anordnung besteht hauptsächlich darin, daß man die ganze Apparatur bewegen muß, um eine Peilung auszuführen. Das würde bei akustischen Anlagen ebensowenig wie bei elektrischen ohne Schwierigkeit möglich sein. Bekanntlich kann man auch mit festen Anlagen peilen, wenn man einen Phasenverschieber verwendet, so daß durch die einzelnen Strahler entsprechende künstliche Phasenverschiebungen gegeben werden können, bzw. beim Empfangssystem bei einer bestimmten Stellung des Phasenschiebers das Maximum festgestellt werden kann. Wir wollen die Peilungen mit der Kreisgruppe auf die Ebene des Kreises beschränken und werden dann erwarten können, daß wir wegen der Symmetrie in allen Richtungen dieser Ebene gleich gut peilen werden, wenn die

358 H. Stenzel: Akustische Strahlung von punktförmigen Systemen und von Membranen.

Anzahl der Empfänger genügend groß ist. Die Betrachtungen verlaufen ganz ähnlich wie für die drehbare Kreisgruppe. Wir wollen daher nur das Resultat angeben. Es zeigt sich, daß wir jetzt die Anzahl n der Empfänger so bestimmen müssen, daß

$$n \geqq \frac{2\pi d}{\lambda} + 2 \tag{12}$$

ist. Die unter dieser Voraussetzung erhaltenen Kurven sind für die verschiedenen $\frac{d}{\lambda}$ in Bild 9 dargestellt, und der Hauptwert dieser Anordnung beruht dann darauf, daß für alle Richtungen der Kreisebene die Peilschärfe dieselbe ist.

III. Strahlung der Lautsprechermembran.

Bei der außerordentlichen Verbreitung, die der Lautsprecher in den letzten Jahren erfahren hat, erscheint es angebracht, die akustische Strahlung an Lautsprechermembranen besonders zu untersuchen. Von einem Ideal-Lautsprecher können wir sprechen, wenn er die vom Mikrophon aufgenommenen Druckschwankungen unverzerrt wiedergibt. Dabei soll vorausgesetzt sein, daß das Mikrophon und der elektrische Teil der Anlage keine Fehler verursachen. Im folgenden soll nun gezeigt werden, daß die Form der schwingenden Membran — wir wollen uns nur mit trichterlosen Lautsprechern beschäftigen — von maßgebendem Einfluß auf eine frequenzgetreue Wiedergabe sein muß. Wir werden erkennen, daß es durchaus nicht genügt, wenn die Membran als Kolbenmembran arbeitet, d. h. so, daß alle Teile immer in gleicher Amplitude und Phase schwingen. Man braucht sich nur die schwingende Fläche in Einzelstrahler zerlegt zu denken, um zu erkennen, daß, selbst wenn es — wie bei der ebenen Kolbenmembran — eine Richtung gibt, für die alle Einzelteile in gleicher Phase zur Strahlung beitragen, sofort infolge des Gangunterschiedes für die anderen Richtungen Interferenzen eintreten müssen, die notwendigerweise einen Frequenzgang zur Folge haben. Diese Interferenzeinflüsse könnten nur vermieden werden, wenn die Abmessungen der schwingenden Membran gegenüber den in Frage kommenden Wellenlängen klein sind, oder wenn die schwingende Membran die Gestalt einer atmenden Kugel besitzt. Im erstgenannten Falle würden wir einen ganz ungenügenden Wirkungsgrad bekommen; der zweite Fall läßt sich praktisch kaum verwirklichen, abgesehen davon, daß auch hier durch einen frequenzabhängigen Strahlungswiderstand eine Unvollkommenheit hinzukäme. Die vollkommenste Lösung wäre theoretisch eine ebene Kolbenmembran, deren Abmessungen gegen die in Frage kommenden Wellenlängen groß sind. Doch belehrt uns ein Blick auf Bild 10, daß wir dann zu technisch unmöglichen Größen kommen würden. Wir sehen, daß es sich um einen Bereich von 10 bis 10000 Hz handelt. Für die Praxis werden wir sehr zufrieden sein, wenn ein Lautsprecher zwischen 50 und 5000 Hz verzerrungsfrei arbeitet. Es ist nicht unwichtig, sich auch von den anderen beim Schall auftretenden Größen eine anschauliche Vorstellung zu machen. Danach kann man die mittlere Sprachleistung zu etwa 10 Mikrowatt annehmen, die Geschwindigkeitsamplitude rechnet nach cm/s und die Druckschwankungsamplitude besitzt eine Größenordnung von 10 dyn/cm². Ein stark angeblasenes Piston vermag etwa 50 mW akustische Strahlungsleistung abzugeben, so daß etwa 15000 Bläser notwendig sein werden, um akustisch 1 PS zu erzeugen. Bei den Bewegungen der Membran handelt es sich um sehr kleine Amplituden ($\frac{1}{1000}$ bis 1 mm) und die Geschwindigkeit bleibt auch für die höchsten Frequenzen sehr gering, da die Amplitude um so kleiner wird, je höher die Frequenz steigt.

1. Ebene Kolbenmembran.

Wir wollen zunächst wieder von einem punktförmigen Schallstrahler ausgehen. Analytisch läßt sich das von diesem einfachsten Schallsender herrührende Feld charakterisieren durch

$$p = \frac{p_0}{r} \cos 2\pi \left(\nu t - \frac{r}{\lambda}\right). \tag{13}$$

Dabei bedeutet p die Druckschwankung, ν die Frequenz, r den Abstand des Aufpunktes vom Sender und λ die Wellenlänge. Denken wir uns das Medium plötzlich erstarrt, so würden die Maxima und die Minima der Druckschwankungen in konzentrischen Kugeln im Raume aufeinanderfolgen. Es genügt, wenn wir uns den Vorgang auf einer Geraden, die vom Schallsender aus ins Unendliche führt, deutlich machen. Dazu haben wir nur

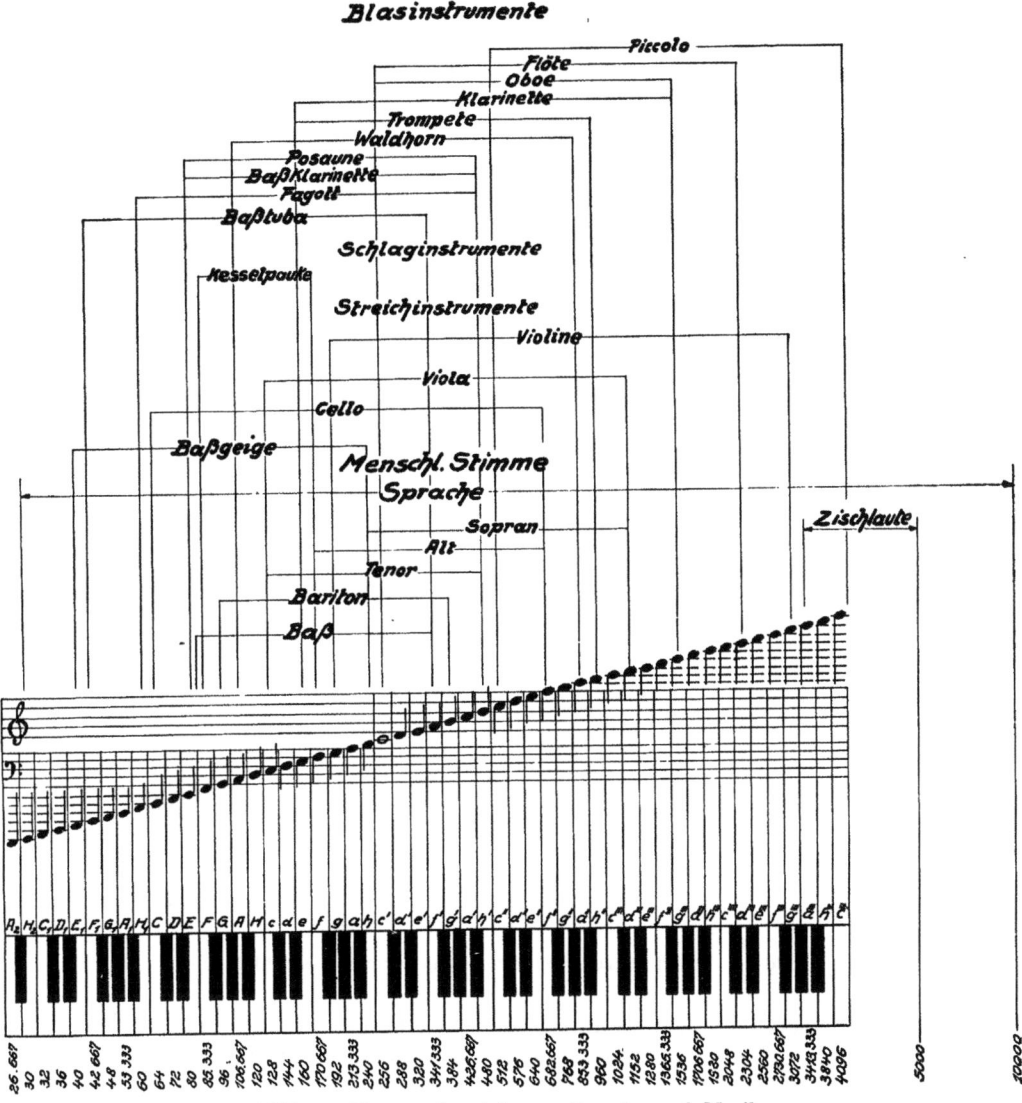

Bild 10. Frequenzbereich von Sprache und Musik.

nötig, entsprechend der obigen Formel die cos-Funktion in Abhängigkeit von r aufzutragen (Bild 11). Denken wir uns das erstarrte Medium wieder freigegeben und einen Moment später wieder angehalten, so haben alle Mediumteilchen ihre Lage etwas verändert und es hat den Anschein, als ob die ganze Wellenbewegung ein Stück nach rechts gewandert ist. Interessanter wird die Sachlage, wenn wir das von zwei Schallsendern hervorgerufene Schallfeld untersuchen. Wir können, wenn wir beide Sender mit gleicher Amplitude, Phase und Frequenz arbeiten lassen, sofort das resultierende Feld durch die Beziehung charakterisieren

$$p = \frac{p_0}{r_1}\cos 2\pi\left(\nu t - \frac{r_1}{\lambda}\right) + \frac{p_0}{r_2}\cos 2\pi\left(\nu t - \frac{r_2}{\lambda}\right).$$

360 H. Stenzel: Akustische Strahlung von punktförmigen Systemen und von Membranen.

Um zum Ausdruck zu bringen, daß r_1 und r_2 groß gegen den Abstand $2d$ der beiden Strahler ist, setzen wir

$$r_1 = r + d\sin\gamma, \qquad r_2 = r - d\sin\gamma;$$

dann ergibt sich nach einfacher Umformung

$$p = \frac{2p_0}{r}\cos\left(\frac{2\pi d}{\lambda}\sin\gamma\right)\cos 2\pi\left(\nu t - \frac{r}{\lambda}\right). \tag{14}$$

Man sieht, daß die Wellenausbreitung genau wie bei einem Sender kugelförmig geht, nur hängt die Amplitude von der Richtung ab. Wir können uns daher die zwei Sender durch

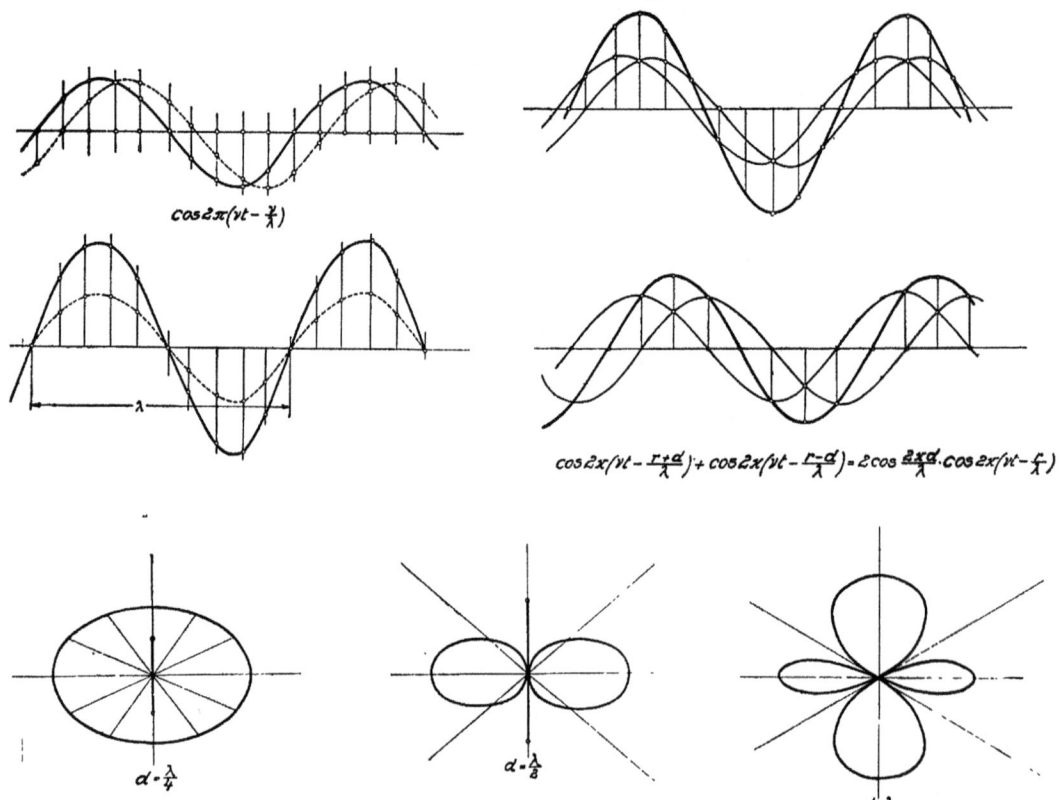

Bild 11. Interferenzen von zwei punktförmigen Strahlen.

einen in der Mitte ersetzt denken, wenn wir diesem eine entsprechende, von der Richtung abhängige Amplitude geben. Man kann dies auch ohne weiteres an Hand des Bildes erkennen. Trägt man die Amplitude in Polarkoordinaten auf, so ergibt sich die Richtcharakteristik. Diese hängt ganz wesentlich von dem Verhältnis $\frac{d}{\lambda}$ ab. Solange dieses kleiner als $\frac{1}{2}$ bleibt, bekommt die Richtcharakteristik eine elliptische Form. Wird $\frac{d}{\lambda} = \frac{1}{2}$, so gibt es zwei Richtungen, für welche die Amplitude gleich Null wird (Bild 11). Nimmt der Wert weiter zu, so können wir eine beliebige Anzahl von Null- und Eins-Richtungen bekommen. Haben wir an Stelle der zwei Strahler eine beliebige Anzahl n, so wird die Sache prinzipiell nicht anders. Bei hinreichend kleinem $\frac{d}{\lambda}$, solange nämlich $\frac{d}{\lambda} < \frac{n-1}{n}$, haben wir keine Nullrichtung und nur die eine Einsrichtung. Bei immer mehr wachsendem $\frac{d}{\lambda}$ können wir wieder beliebig viele Einsrichtungen bekommen. Nur tritt als Neues jetzt zwischen zwei

Einsrichtungen jedesmal eine Anzahl kleinerer Nebenmaxima, und zwar $n-2$ auf. Wir können die Gruppenanordnung wieder durch einen Strahler ersetzen, dessen Amplitude durch

$$p = \left| \frac{\sin\left(\frac{n\pi d}{\lambda}\sin\gamma\right)}{n\sin\left(\frac{\pi d}{\lambda}\sin\gamma\right)} \right| \tag{15}$$

gegeben ist. Jetzt können wir leicht die Charakteristik für eine rechteckige Membran ableiten. Ist die eine Seite der Membran parallel zur X-Achse, die andere Seite parallel zur Y-Achse, so denken wir uns die Membran in einzelne Streifen parallel zur Y-Achse zerlegt und jeden Streifen durch unendliche viele Einzelsender ersetzt. Dann bekommen wir die Richtcharakteristik jedes einzelnen Streifens, indem wir in der Formel (15) n nach Unendlich gehen lassen, während d nach Null geht. Ist die der Y-Achse parallele Rechteckkante $= a$, und die zur X-Achse parallele gleich b, so ist stets: $(n-1)d = a$. Führt man den Grenzübergang aus, so kommt in den Zähler $\sin\left(\frac{a\pi}{\lambda}\sin\gamma\right)$, während im Nenner wegen der Kleinheit von d der sinus durch den Winkel ersetzt werden kann. So folgt:

$$p = \left| \frac{\sin\left(\frac{a\pi}{\lambda}\sin\gamma\right)}{\frac{a\pi}{\lambda}\sin\gamma} \right|.$$

Wenn wir den Winkel, den die Aufpunktsgerade mit der X-Achse bildet, durch α und den Winkel mit der Y-Achse durch β bezeichnen, so folgt für die Aufpunktsgerade in der XZ-Ebene

$$p = \left| \frac{\sin\left(\frac{a\pi}{\lambda}\cos\alpha\right)}{\frac{a\pi}{\lambda}\cos\alpha} \right|$$

und ebenso für die YZ-Ebene

$$p = \left| \frac{\sin\left(\frac{b\pi}{\lambda}\cos\beta\right)}{\frac{b\pi}{\lambda}\cos\beta} \right|.$$

Nach dem allgemeinen Satz von Bridge ergibt sich dann für eine beliebige Aufpunktsgerade

$$p = \left| \frac{\sin\left(\frac{a\pi}{\lambda}\cos\alpha\right)}{\frac{a\pi}{\lambda}\cos\alpha} \cdot \frac{\sin\left(\frac{b\pi}{\lambda}\cos\beta\right)}{\frac{b\pi}{\lambda}\cos\beta} \right|. \tag{16}$$

Genau genommen ist allerdings der Grenzübergang anders vorgenommen, als es einer hin- und herschwingenden Kolbenmembran entspricht. Wir haben uns die schwingende Fläche durch Einzelstrahler ersetzt gedacht, die konphas nach beiden Seiten strahlen. Als Resultat muß sich dann eine etwa aus zwei Platten bestehende Membran ergeben, bei der die eine Platte sich nach oben bewegt, während die andere nach unten geht. Für ein solches Strahlersystem gilt also die Formel (16). Die Einführung starrer Wände vereinfacht die Verhältnisse wesentlich. Aus Symmetriegründen folgt, daß das Schallfeld der Doppelmembran nicht gestört wird, wenn wir eine unendliche starre Ebene einführen, die symmetrisch zur Doppelmembran liegt. Ist dies geschehen, so ändern wir den Schallvorgang für den oberen Halbraum offenbar nicht mehr, wenn wir den unteren Membranschall fortlassen, d. h. die Formel gilt auch für den Halbraum bei einer in einer unendlich starren Wand schwingenden Membran. Die praktischen Messungen bestätigen durchaus die Rechnung (Bild 12)[1]. Für die rechteckige Membran kann die Funktion $y = \frac{\sin x}{x}$ als charakteristisch angesehen werden. Der Charakter dieser Funktion, die das Maximum für $x =$ Null hat und mit wachsendem x der Null mit unendlich vielen Extremwerten immer näher kommt, ist typisch für die ebene Membran. Für die kreisförmige Membran ergibt sich als charak-

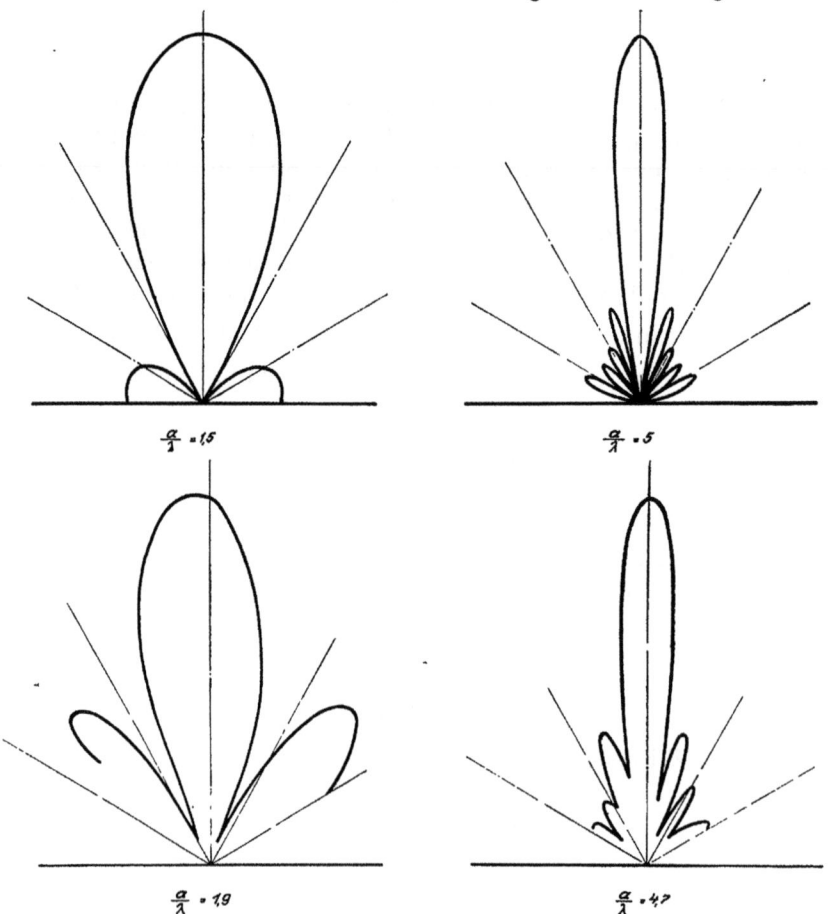

Bild 12. Gemessene und berechnete Richtcharakteristik der rechteckigen Membran.

teristische Funktion $y = 2\frac{J_1(x)}{x}$ (wobei $J_1(x)$ die Besselsche Funktion erster Ordnung ist), die einen ganz ähnlichen Charakter hat.

Nun ist die Richtcharakteristik einer Lautsprechermembran eigentlich nicht das, woran der Hörer Interesse hat, sondern er will wissen, wie weit eine Frequenzabhängigkeit eintritt, also wie die hohen und tiefen Frequenzen wiedergegeben werden. Gehen wir von der Annahme aus, daß die Geschwindigkeitsamplituden für alle Frequenzen konstant sind, so bedeutet dies bei einer ebenen Kolbenmembran, daß für die Mittelachse alle Frequenzen gleich gut wiedergegeben werden. Das besagt aber noch wenig für die Güte eines Lautsprechers. Denn wenn dieser seiner Aufgabe, Sprache und Musik einem größeren Hörerkreis zu übermitteln, gerecht werden soll, so werden die Zuhörer durchaus nicht nur auf der Mittelachse des Lautsprechers sitzen. Die Frage ist, in welcher Weise für den seitlich sitzenden Zuhörer eine Verzerrung eintritt. Das läßt sich ohne weiteres aus den Formeln für die Richtcharakteristik folgern. Wir hatten den Druck für ein festes λ und ein ver-

---

[1] Die unteren Kurven sind nach Messungen von F. Trendelenburg und H. Backhaus gezeichnet. Siehe: Wissenschaftliche Veröffentlichungen aus dem Siemens-Konzern Bd. 5, S. 133. 1926.

änderliches γ aufgezeichnet, jetzt soll eine bestimmte Richtung $\gamma = \gamma_0$ festgehalten werden und die Frequenz, d. h. λ, veränderlich sein. Bild 13 zeigt die entsprechenden Frequenzkurven für die kreisförmige Kolbenmembran bei einem Membrandurchmesser von $d = 20$ cm. Man sieht, daß schon bei geringer Seitlichkeit eine Verzerrung eintritt. Es ist auch praktisch sehr eindrucksvoll zu beobachten, daß je mehr man nach der Seite geht, um so mehr die tiefen Töne gehört werden, so daß die normale Sprache einen völlig dumpfen Charakter bekommt. Allerdings muß dazu der Lautsprecher in einer starren Wand eingebaut sein und frei nach außen strahlen können. Im Zimmer wird diese Erscheinung infolge der Reflexion nicht so zur Geltung kommen.

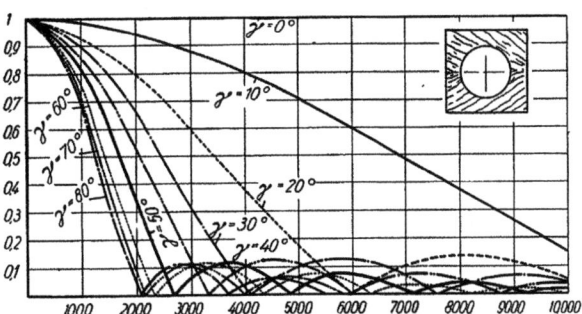

Bild 13. Frequenzcharakteristik der kreisförmigen Kolbenmembran.

In Lichtspieltheatern findet man häufig Verbindungen einer Anzahl von Lautsprechern. Die Berechnung solcher Kombinationen von ebenen Kolbenmembranen läßt sich sehr einfach nach dem Satz von Bridge herleiten. Nehmen wir den Fall von vier kreisförmigen Membranen, die im Abstand $d = 2$ m angebracht sind, so ergibt sich die Frequenzcharakteristik durch

$$p = \left| \frac{\sin\left(\frac{4\pi d}{\lambda} \sin \gamma\right)}{4 \sin\left(\frac{\pi d}{\lambda} \sin \gamma\right)} \cdot \frac{2 J_1\left(\frac{2\pi r}{\lambda} \sin \gamma\right)}{\frac{2\pi r}{\lambda} \sin \gamma} \right|. \tag{17}$$

Bild 14 zeigt, daß jetzt die Verzerrung durch höhere Frequenzen sehr viel schlimmer geworden ist. Ganz allgemein folgt, daß jedes Auseinanderziehen von ebenen Kolbenmembranen den Frequenzgang verschlechtern muß.

Zusammenfassend ergibt sich also, daß die akustische Strahlung einer in einer starren Wand schwingenden ebenen Kolbenmembran oder einer Kombination von solchen sich ohne Schwierigkeit berechnen läßt. Sobald die Ausdehnung der Membran bzw. der Kombination von solchen nicht mehr klein ist zur Wellenlänge,

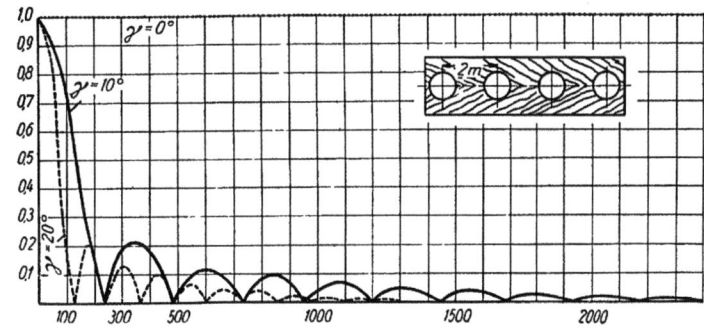

Bild 14. Frequenzcharakteristik von vier nebeneinanderstehenden Membranen.

tritt eine ausgesprochene Richtwirkung ein, und aus dieser resultiert eine erhebliche Benachteiligung der höheren Frequenzen, sobald der Zuhörer nicht auf der Mittelachse der Membran bzw. des Systems sich befindet. Dabei sind für den Verlauf der Richtcharakteristik und der Frequenzkurven Funktionen vom Typus $\frac{\sin x}{x}$ maßgebend, d. h. Funktionen, die im Anfangspunkt das Hauptmaximum und dann eine unendliche Reihe von immer mehr abklingenden Nebenmaximas haben, die durch Stellen, an denen die Funktion Null wird, voneinander getrennt sind.

2. Räumliche Kolbenmembran.

Mit dem Ausdruck räumliche Kolbenmembran soll die Membranform bezeichnet werden, deren als Ganzes schwingende Fläche nicht in einer Ebene liegt. Die am meisten

364 H. Stenzel: Akustische Strahlung von punktförmigen Systemen und von Membranen.

verbreitete Form ist die Konusmembran. Doch gibt es außerdem noch eine Fülle von anderen solchen Membranen. Zunächst besteht ein wesentlicher Unterschied gegenüber der ebenen Kolbenmembran. Während es hier eine ausgezeichnete Richtung gab, für die alle Strahlerelemente in gleicher Phase zur Wirkung kommen, so daß für diese Richtung Frequenzunabhängigkeit bestand, wenn die Geschwindigkeitsamplitude konstant blieb, ist dies für die räumliche Kolbenmembran nicht mehr der Fall. Wir werden beispielsweise beim Konuslautsprecher nicht erwarten können, daß für die Mittelachse die Frequenzkurve durch eine gerade Linie dargestellt wird, sondern die Verhältnisse liegen hier von vornherein ungünstiger, da auch für diese Richtung sich ein ausgesprochener Frequenzgang infolge des Gangunterschiedes der einzelnen Strahlerelemente ergeben muß. Dagegen besteht der Vorteil solcher räumlichen Membran darin, daß hier die Bedingung, als Kolbenmembran zu schwingen, viel leichter verwirklicht werden kann.

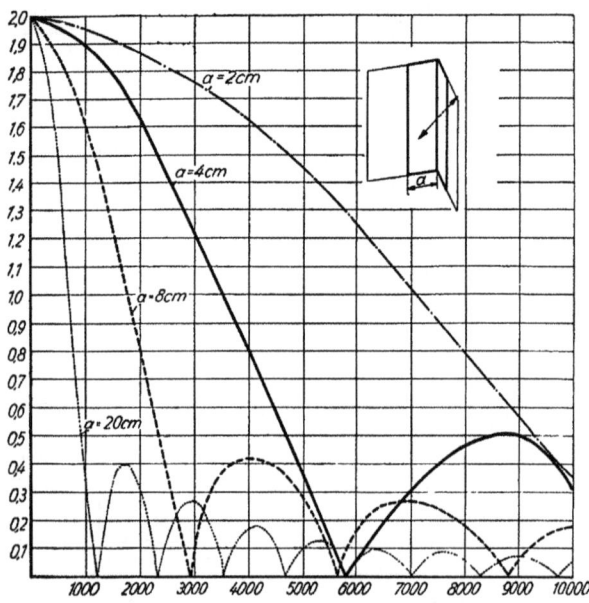

Bild 15. Frequenzkurve der einfach geknickten Membran.

Für die Berechnung wollen wir uns eine möglichst einfache Kolbenmembran vorstellen, wie sie Bild 15 zeigt. Da ergibt sich sofort eine Schwierigkeit. Wenn wir wieder die Membran in Einzelstrahler zerlegt denken und die resultierende Wirkung durch Integration gefunden haben, so kann damit die Aufgabe noch nicht gelöst sein, denn wir haben nicht berücksichtigt, daß jeder Einzelstrahler auch noch durch Reflexion zur Strahlung beiträgt. Physikalisch gesprochen haben wir zwar eine Funktion, die der fundamentalen Differentialgleichung $\Delta u + \varkappa^2 u = 0$ genügt, aber die Randbedingungen sind nicht erfüllt. Genauer betrachtet trat diese Schwierigkeit bereits bei der ebenen Membran auf. Deshalb wurde es dort nötig, die unendliche starre Wand einzuführen. Auf dieser waren dann die Randbedingungen aus Symmetriegründen von selbst erfüllt.

Wir wollen nun zeigen, daß auf ähnliche Weise auch jetzt die Aufgabe zu lösen ist. Wir denken uns eine Kolbenmembran, wie sie Bild 15 zeigt, und wollen auch hier die Membran durch starre Wände ergänzt denken. Die Randbedingung verlangt nun, daß die Geschwindigkeitskomponente senkrecht zur starren Wand = Null ist. Dies kann auch hier wieder erreicht werden, wenn man die Membranfläche durch Spiegelung an den starren Wänden ergänzt. Betrachten wir für einen Moment das so entstandene Gebilde allein, so ist leicht zu sehen, daß für jede Ebene, die symmetrisch zu dem strahlenden Gebilde liegt, die Randbedingung erfüllt ist, d. h. aber, wir können jede dieser Symmetrieebenen durch eine starre Wand ersetzt denken, ohne an dem Schallfeld das geringste zu ändern. Führen wir die Integration über die durch Spiegelungen ergänzte Membran aus, so bekommen wir als Resultat die Strahlung der ursprünglichen Membran, die durch die starren Wände auf den vierten Teil des Raumes begrenzt ist. Die Rechnung selbst macht dann gar keine Schwierigkeiten mehr. Wir haben nur die durch

$$R = \left| \int e^{i\varkappa\xi} d\sigma \right|$$

verlangte Integration über die ergänzte Membran zu erstrecken; dabei bedeutet ξ die Projektion des Lotes vom Strahlerelement $d\sigma$ auf die Aufpunktsgerade. Die Integration

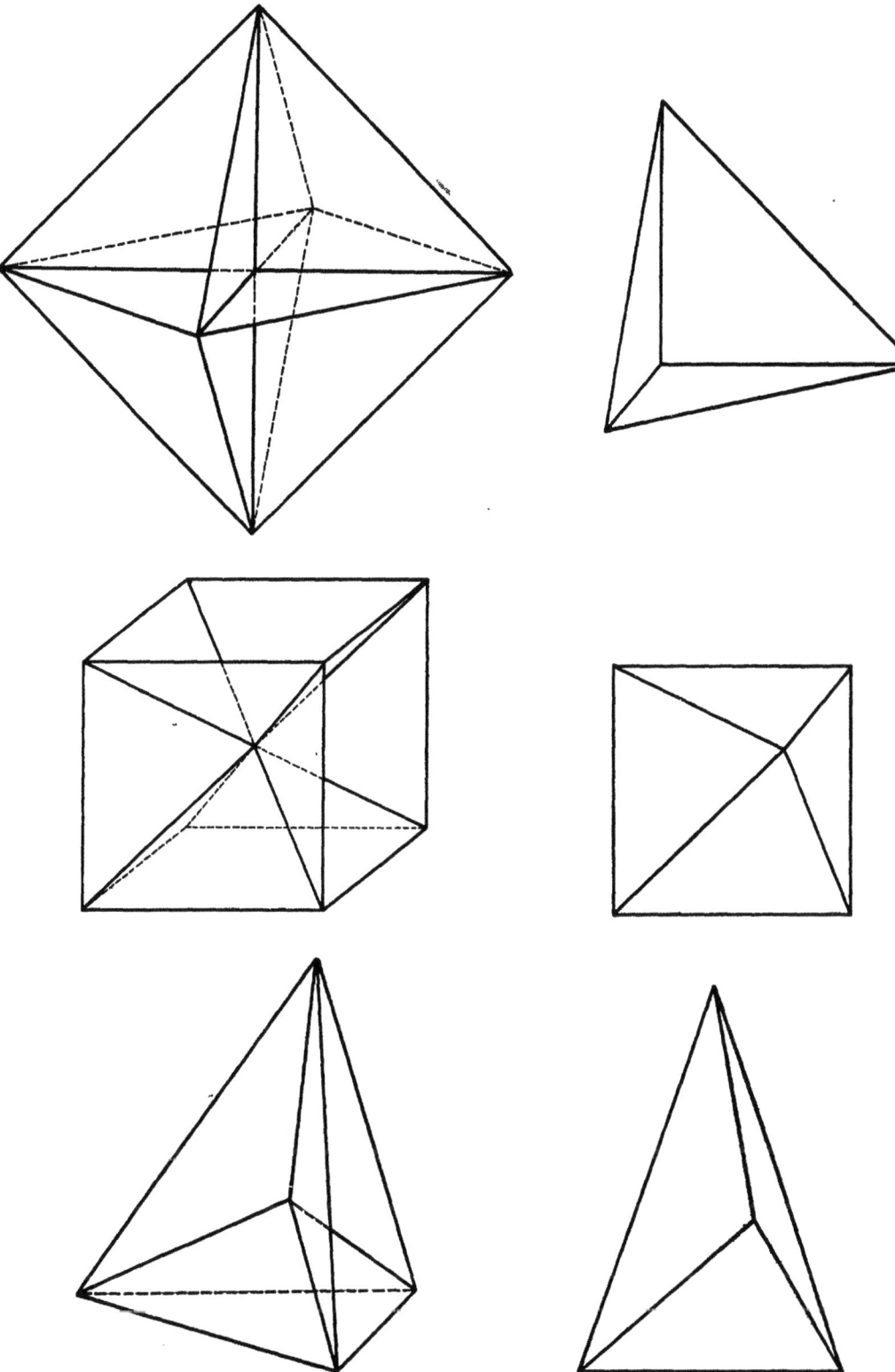

Bild 16. Räumliche Kolbenmembranen und regelmäßige Körper.

über die in Bild 15 dargestellte räumliche Kolbenmembran ergibt dann

$$R = \left| \frac{\sin \frac{2\pi a}{\lambda} \sin(\gamma + 45°)}{\frac{2\pi a}{\lambda} \sin(\gamma + 45°)} + \frac{\sin \frac{2\pi a}{\lambda} \sin(\gamma - 45°)}{\frac{2\pi a}{\lambda} \sin(\gamma - 45°)} \right|.$$

Die entsprechenden Kurven sind in Bild 15 für die verschiedenen Werte von a in Abhängigkeit von der Frequenz gezeichnet. Im Gegensatz zu der ebenen Kolbenmembran ist also jetzt keine Richtung vorhanden, in welcher der Druck unabhängig von der Frequenz bleibt.

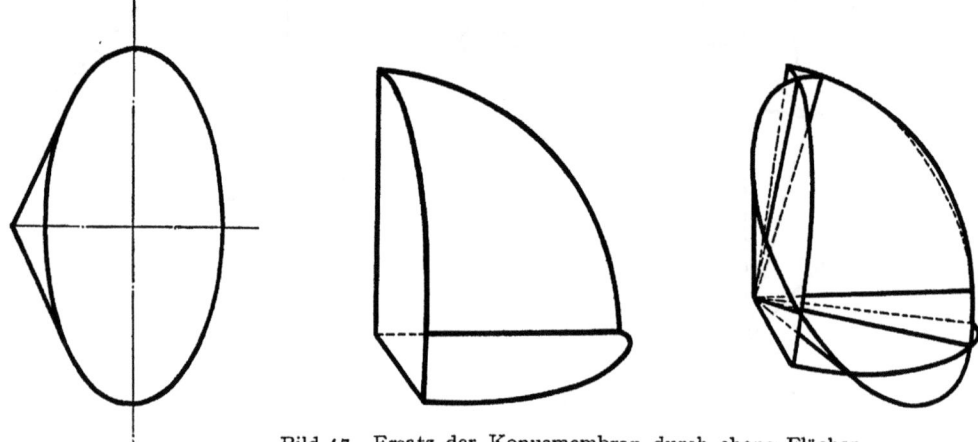

Bild 17. Ersatz der Konusmembran durch ebene Flächen.

Das gleiche Verfahren erlaubt uns auch, die Strahlung von Membranen zu berechnen, die aus drei ebenen Flächen besteht. Als einfachsten Fall wählen wir drei Quadrate, deren

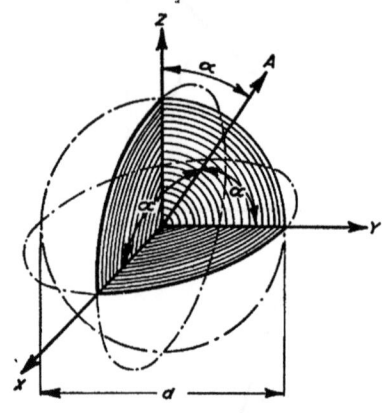

Bild 18. Berechnung der Ersatzmembran.

Ebenen senkrecht aufeinanderstehen. Die Spiegelung an den einzelnen Flächen gibt jetzt ein Strahlergebilde, das aus drei Quadraten besteht, deren Seiten doppelt so groß sind. Die Berechnung macht dann keine Schwierigkeiten mehr. Es liegt nahe, das Strahlergebilde in Beziehung zu den regelmäßigen Körpern zu setzen. Dann würde das zuletzt erwähnte Beispiel eng mit dem Oktaeder verbunden sein. Wir können die ursprüngliche strahlende Fläche entstanden denken, indem wir den Mittelpunkt des regelmäßigen Körpers mit den Eckpunkten eines der regelmäßigen Vielecke verbinden, welche die Oberfläche bilden. So liegt es nahe, in entsprechender Weise den Würfel und das Tetraeder zu wählen. Wir bekommen dann als strahlende Fläche eine Membran, die einmal aus vier Dreiecken, das andere Mal aus drei Dreiecken gebildet ist (Bild 16). Die durch Spiegelung ergänzte Membran läßt sich dann an Hand des regelmäßigen Körpers leicht übersehen.

Zusammenfassend ist zu sagen: Die für die ebene, in einer starren Wand schwingende Membran gültige Formel

$$R = \Re \cdot \left| \int \frac{\partial \varphi}{\partial n} e^{i \varkappa \xi} d\sigma \right|, \tag{18}$$

in der $\frac{\partial \varphi}{\partial n}$ die Geschwindigkeitsamplitude der Membran, ξ die Projektion des Lotes vom Strahlerelement $d\sigma$ auf die Aufpunktsgerade ist, kann auch bei räumlichen Kolbenmembranen angewandt werden, falls man die strahlende Membranfläche durch Spiegelung so ergänzen kann, daß jede Ebene des strahlenden Gebildes Symmetrieebene wird.

Als praktische Anwendung wollen wir jetzt zeigen, daß die Strahlung der so häufig benutzten Konusmembran auf diese Weise berechnet werden kann. Wir können nämlich die Konusmembran sehr angenähert durch drei Viertelkreise, die aufeinander senkrecht stehen, darstellen (Bild 17). Wenden wir dann das Spiegelungsprinzip an, so ergeben sich sehr leicht drei aufeinander senkrecht stehende Vollkreise (Bild 18). Die Integration ist dann über jeden dieser Kreise zu erstrecken und es ergibt sich ohne weiteres

$$R = \left| \frac{2 J_1\left(\frac{\pi d}{\lambda} \sin \alpha\right)}{\frac{\pi d}{\lambda} \sin \alpha} + \frac{2 J_1\left(\frac{\pi d}{\lambda} \sin \beta\right)}{\frac{\pi d}{\lambda} \sin \beta} + \frac{2 J_1\left(\frac{\pi d}{\lambda} \sin \gamma\right)}{\frac{\pi d}{\lambda} \sin \gamma} \right|. \qquad (19)$$

Wir wollen uns darauf beschränken, die Frequenzkurve für die Aufpunktsgerade zu berechnen, die der Achse des Konus entspricht, das ist in unserem Ersatzgebilde die Gerade, die mit allen drei Achsen gleiche Winkel bildet. Dieser Winkel wird leicht gefunden und ergibt sich $\varphi = 54° 44' 10''$. Für diesen Winkel ist die gesuchte Frequenzkurve einfach

$$R = \left| \frac{2 J_1\left(\frac{\pi d}{\lambda} \sin \varphi\right)}{\frac{\pi d}{\lambda} \sin \varphi} \right|. \qquad (20)$$

Sehen wir uns die Frequenzkurven des normalen Konuslautsprechers an (Bild 19), so fallen dabei wohl am meisten die extremen Stellen bei 2400, 3500 Hz usw. auf. Die bisherige Erklärung dafür war, daß die Membran für höhere Frequenzen nicht mehr als Kolbenmembran schwingt, sondern sich unterteilt. An sich wäre dies natürlich möglich. Tatsächlich kann man sich aber durch praktische Messungen überzeugen, daß diese Möglichkeit nicht eintritt. So wurden vom Verfasser für drei auf einer Seitenlinie des Konus angebrachte Spiegel die Membranamplituden für die verschiedenen Frequenzen direkt gemessen. Die gute Übereinstimmung der drei Kurven (Bild 20) zeigt, daß eine Unterteilung nicht eintritt.

Ein Vergleich von gemessenen und berechneten Kurven für drei verschiedene Konuslautsprecher zeigt Bild 21. Wir sehen, daß die in der Messung auffallenden Extremwerte durch die be-

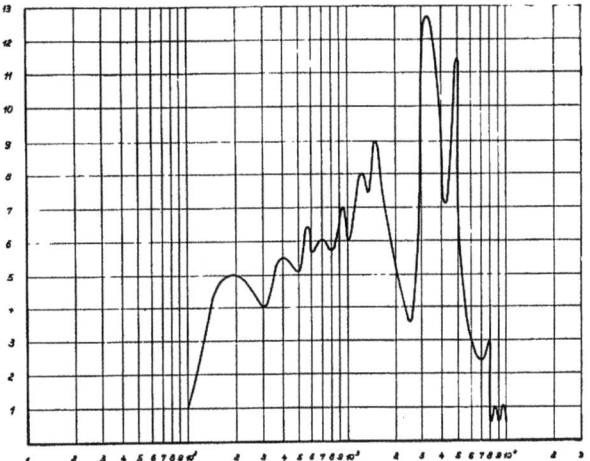
Bild 19. Frequenzkurve beim Konuslautsprecher.

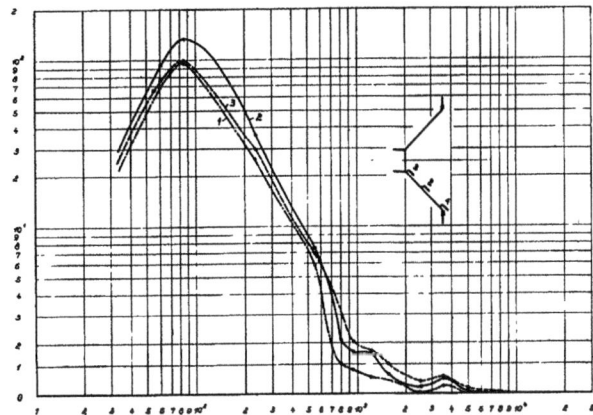
Bild 20. Membranamplitude beim Konuslautsprecher.

rechneten Kurven im wesentlichen richtig dargestellt werden. Wir können deshalb mit Sicherheit behaupten, daß diese lediglich eine Folge der Konusform sind, aber nichts mit der Unterteilung der Membran zu tun haben.

Es mag darauf hingewiesen werden, daß es nicht möglich ist, den Satz von Bridge anzuwenden, um die Charakteristik für eine Anordnung zu berechnen, die aus mehreren

368 H. Stenzel: Akustische Strahlung von punktförmigen Systemen und von Membranen.

räumlichen Konusmembranen besteht, da die Voraussetzung, daß jede Ebene des strahlenden Gebildes Symmetrieebene zu dem gesamten Strahlergebilde ist, nicht mehr erfüllt bleibt. Dagegen ist dies der Fall, wenn es sich um eine Anordnung von ebenen, in einer starren Wand schwingenden Kolbenmembranen handelt.

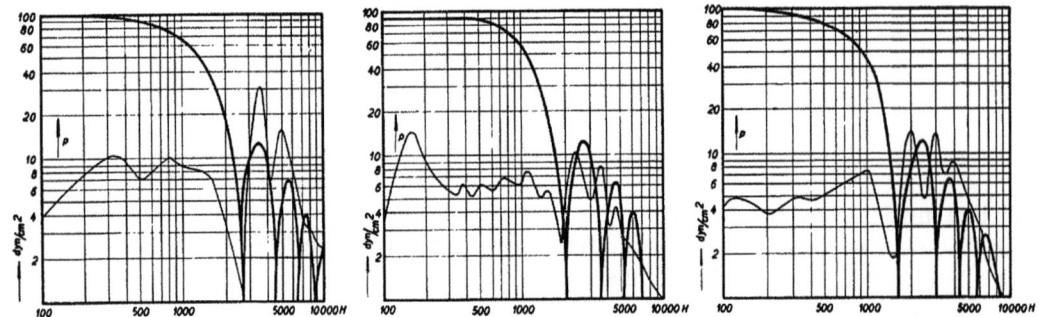

Bild 21. Berechnete und gemessene Kurven bei drei verschiedenen Konuslautsprechern.

3. Am Rande eingespannte Membran.

Die Berechnung der Strahlung ist auch für Membranen möglich, die nicht mehr als Kolbenmembranen arbeiten. Derartige Membranen werden in Wirklichkeit stets auftreten, wenn ihr Rand mehr oder weniger starr eingespannt ist. Als erstes Beispiel betrachten wir eine rechteckige Membran, die an zwei parallelen Seiten starr eingespannt ist, während der Kraftantrieb längs der zu diesen parallelen Mittellinie erfolgt. Die allgemeine Formel für die Charakteristik kann auch hier angewandt werden. Wir denken uns die Mittellinie, in der die Kraft angreift, in der X-Achse (Bild 22) und wollen annehmen, daß die Amplitude hier den größten Wert a besitzt und nach beiden Seiten linear nach Null abfällt. Die Länge der zur Y-Achse parallelen Seite sei b. Bei der Berechnung der Charakteristik für die in der YZ-Ebene liegende Aufpunktsgerade OA ist zu beachten, daß

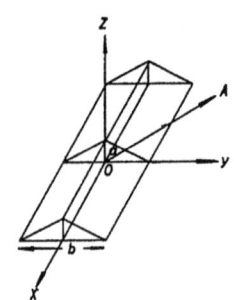

Bild 22. Rechteckige eingespannte Membran.

$$\frac{d\varphi}{dn} = a + \frac{2a}{b} x \quad \text{für} \quad -\frac{b}{2} \leq x \leq 0$$

und

$$\frac{d\varphi}{dn} = a - \frac{2a}{b} x \quad \text{für} \quad 0 \leq x \leq \frac{b}{2}.$$

Dann folgt:

$$R = \frac{1}{b} \left\{ \left| \int_{-\frac{b}{2}}^{0} \left(a + \frac{2a}{b} x\right) e^{i\varkappa x \sin\gamma} dx + \int_{0}^{\frac{b}{2}} \left(a - \frac{2a}{b} x\right) e^{i\varkappa x \sin\gamma} dx \right| \right\},$$

$$R = \left| \frac{2a}{b} \int_{0}^{\frac{b}{2}} \cos(\varkappa x \sin\gamma) \, dx - \frac{2}{b} \int_{0}^{\frac{b}{2}} x \cos(\varkappa x \sin\gamma) \, dx \right|,$$

$$R = \frac{2a}{b} \left| \left\{ \left[\frac{\sin(\varkappa x \sin\gamma)}{\varkappa \sin\gamma} \right]_{0}^{\frac{b}{2}} - \frac{2}{b} \left[\frac{\cos(\varkappa x \sin\gamma)}{(\varkappa \sin\gamma)^2} + \frac{x \sin(\varkappa x \sin\gamma)}{\varkappa \sin\gamma} \right]_{0}^{\frac{b}{2}} \right\} \right|,$$

$$R = \frac{a}{2} \left| \frac{2\left[1 - \cos\left(\frac{b\pi}{\lambda}\sin\gamma\right)\right]}{\left[\frac{b\pi}{\lambda}\sin\gamma\right]^2} \right|. \tag{21}$$

Setzen wir wieder zur Abkürzung $\frac{b\pi}{\lambda}\sin\gamma = \zeta$, so ist die charakteristische Funktion gegeben durch

$$\eta = \left|\frac{2(1-\cos\zeta)}{\zeta^2}\right|. \tag{22}$$

Die entsprechende Kurve des Bildes 23 gestattet dann wieder ohne weiteres, die Frequenzcharakteristik für besondere Werte von b zu berechnen.

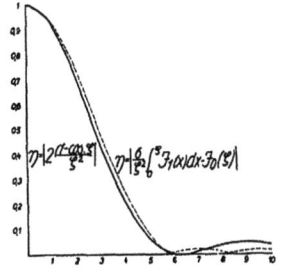

Bild 23. Charakteristik von rechteckiger und kreisförmiger eingespannter Membran.

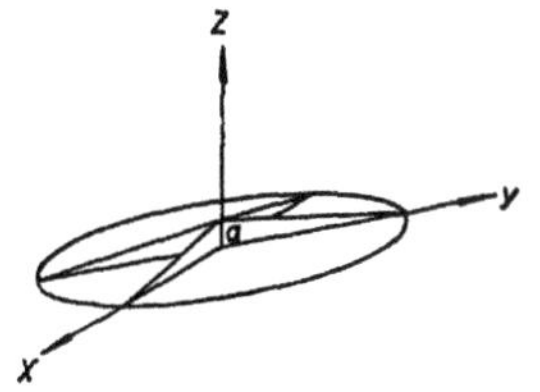

Bild 24. Kreisförmig eingespannte Membran.

Schließlich berechnen wir noch die Strahlung der am Rande eingespannten, in einer starren Wand schwingenden, kreisförmigen Membran, bei der die Kraft im Mittelpunkt angreift und die Amplitude wieder vom Mittelpunkt nach dem Rande zu linear bis auf Null abfällt (Bild 24).

In der allgemeinen Formel (18) ist jetzt zu setzen

$$\frac{d\varphi}{dn} = a - \frac{a\varrho}{r}, \quad \xi = \varrho\sin\gamma\cos\varphi, \quad d\sigma = \varrho\,d\varrho\,d\varphi.$$

Dann folgt:

$$R = \frac{1}{r^2\pi}\left|\int_0^r \frac{d\varphi}{dn}\,d\varrho\int_0^{2\pi} e^{i\varkappa\varrho\sin\gamma\cos\varphi}\,d\varphi\right|,$$

$$R = \frac{2}{r^2}\left|\int_0^r \frac{d\varphi}{dn}\varrho\,d\varrho\,J_0(\varkappa\varrho\sin\gamma)\right|,$$

$$R = \frac{2a}{r^2}\left\{\left|\int_0^r \varrho J_0(\varrho\varkappa\sin\gamma)\,d\varrho - \frac{1}{r}\int_0^r \varrho^2 J_0(\varrho\varkappa\sin\gamma)\,d\varrho\right|\right\}. \tag{23}$$

Nun ist:

$$\int_0^r \varrho J_0(\varrho\varkappa\sin\gamma)\,d\varrho = \frac{rJ_1(r\varkappa\sin\gamma)}{\varkappa\sin\gamma},$$

und durch partielle Integration folgt

$$\int_0^r \varrho^2 J_0(\varrho\varkappa\sin\gamma)\,d\varrho = \left[\frac{\varrho J_1(\varkappa\varrho\sin\gamma)}{\varkappa\sin\gamma}\right]_0^r - \int_0^r \frac{\varrho J_1(\varrho\varkappa\sin\gamma)}{\varkappa\sin\gamma}\,d\varrho,$$

$$\int_0^r \varrho J_1(\varrho\varkappa\sin\gamma)\,d\varrho = -\frac{rJ_0(r\varkappa\sin\gamma)}{[\varkappa\sin\gamma]^2} + \frac{1}{[\varkappa\sin\gamma]^3}\int_0^{r\varkappa\sin\gamma} J_0(x)\,dx.$$

Setzt man dies in 23) ein, so folgt

$$R = \frac{2a}{(r\varkappa\sin\gamma)^2}\left|\left[-J_0(r\varkappa\sin\gamma) + \frac{1}{r\varkappa\sin\gamma}\int_0^{r\varkappa\sin\gamma} J_0(x)\,dx\right]\right|. \tag{24}$$

Setzen wir wieder $\zeta = \frac{d\pi}{\lambda}\sin\gamma$, so ist

$$R = \frac{a}{3}\left|\left\{\frac{6}{\zeta^2}\left[\frac{1}{\zeta}\int_0^\zeta J_0(x)\,dx - J_0(\zeta)\right]\right\}\right|. \tag{25}$$

Die charakteristische Funktion

$$\eta = \frac{6}{\zeta^2}\left[\frac{1}{\zeta}\int_0^\zeta J_0(x)\,dx - J_0(\zeta)\right] \tag{26}$$

kann in die Reihe entwickelt werden

$$\eta = 1 - \frac{3}{40}\zeta^2 + \frac{1}{448}\zeta^4 - \cdots$$

Für größere ζ ist es günstiger, Formel (25) umzuformen. Dazu benutzen wir die Beziehungen über Besselsche Funktionen[1]

$$\tfrac{1}{2}\int_0^x J_0(t)\,dt = J_1(x) + J_3(x) + J_5(x) + \cdots \tag{27}$$

und

$$\frac{2J_1(x)}{x} = J_0(x) + J_2(x). \tag{28}$$

Dann folgt aus (26):

$$\eta = \frac{6}{\zeta^2}\left[J_2(\zeta) + \frac{2J_3(\zeta)}{\zeta} + \frac{2J_5(\zeta)}{\zeta} + \cdots\right]. \tag{29}$$

Mit Hilfe dieser Formel ist die in Bild 23 gezeigte Kurve berechnet. Sie weicht in ihrem Hauptteil nur unwesentlich von der charakteristischen Funktion der entsprechenden Kolbenmembran ab. Der Faktor $\frac{a}{3}$ der Formel (25) zeigt, daß man der Kolbenmembran den dritten Teil der Amplitude zu geben hat wie der Amplitude im Mittelpunkt der eben berechneten Membran, wenn die Strahlung für die Mittelachse dieselbe sein soll. Aus der Reihenentwicklung der charakteristischen Funktion erkennt man, daß die Richtwirkung der zuletzt berechneten Membran geringer ist als die der Kolbenmembran. Das ergibt sich auch ohne weiteres aus dem im ersten Teil abgeleiteten Satz über die Darstellung der Charakteristik durch Trägheitsmomente.

---

[1] Vgl. Watson, Theorie of Bessel Functions, Cambridge 1922.

Aufnahme und Wiedergabe von Musik und Sprache bei Tonfilmen.

Von F. Hehlgans und H. Lichte.

Grundsätzlich sind bei den Tonfilmverfahren die Graviermethoden, d. h. Nadeltonfilm und Relieffilm, von den photographischen Aufzeichnungsverfahren nach dem Intensitäts- oder Amplitudenverfahren zu unterscheiden. Eine Sonderstellung nimmt das Magnettonfilmverfahren ein. Allen Aufnahmeverfahren gemeinsam sind die Schallempfänger und die Verstärker, welche die Schallereignisse den Aufzeichnungsvorrichtungen zuführen. Beim Nadeltonverfahren wird ein Tonschreiber (Cutter), bei den photographischen Verfahren werden direkt gesteuerte Lichtquellen oder Lichtventile, wie z. B. Oszillographenschleifen und die Kerrzelle, als Registrierorgane verwandt. Bei sämtlichen praktisch brauchbaren Verfahren muß die erstmalig fixierte Aufnahme zum Zwecke der Vervielfältigung weiterverarbeitet werden. Bei der Wiedergabe benutzt das Nadeltonfilmverfahren vorzugsweise einen elektromagnetischen Tonabnehmer, die photographischen Verfahren verwenden lichtelektrische Organe, wie Selen- und Photozelle. Allen Wiedergabeverfahren gemeinsam sind die Verstärker und die Schallsender (Lautsprecher).

Grundbedingung einer guten Tonfilmaufnahme und -wiedergabe ist frequenz- und amplitudengetreue Sprach- und Musikübertragung. Die gebräuchlichen Verfahren werden nach dem Stande um die Jahreswende 1929/30 unter besonderer Berücksichtigung des von der AEG entwickelten Verfahrens auf die Erfüllung dieser Bedingung hin untersucht.

I. Stellung der Aufgabe.

Die Versuche, Schallvorgänge aufzuzeichnen, begannen bereits in der ersten Hälfte des vorigen Jahrhunderts und erfuhren ihre beste Förderung durch die Erforschung der Elektrizität, die ihre reichen Mittel in den Dienst der Akustik stellte, wodurch ein neuer Zweig der Wissenschaft, die Elektroakustik, entstand.

Von praktischer Bedeutung war die Aufzeichnung von Schallvorgängen zunächst in der Seismographie und in der Physiologie, deren Schallregistrierapparate sich durch besonders hohe Empfindlichkeit auszeichnen[1].

Die wichtigsten praktischen Anwendungen von Verfahren zur Aufnahme und Wiedergabe von Schallvorgängen sind aber ohne Zweifel die, welche sich auf Musik und Sprache beziehen. Telephonie mit und ohne Draht, Rundfunk und Schallplatte sind echte Kinder der Elektroakustik und durch täglichen Gebrauch jedem bekannt.

Der jüngste Erfolg der fortschreitenden Entwicklung der Verfahren zur Aufzeichnung und Wiedergabe von Musik und Sprache ist der Tonfilm, d. h. die Vereinigung des optischen Bildes mit dem zugehörigen Ton in der Kinematographie.

Der Tonfilm beansprucht heute das Interesse weiter Kreise. Die folgenden Ausführungen werden in kurzer Zusammenfassung über die gebräuchlichen Methoden der Tonaufnahme und -wiedergabe berichten unter besonderer Berücksichtigung des Anteiles der AEG an ihrer Entwicklung.

II. Grundsätzliches über Aufnahme und Wiedergabe von Tonfilmen.

Der Gedanke, einen Tonfilm herzustellen, d. h. die beweglichen Bilder eines Vorganges zusammen mit der dazugehörigen Sprache und Musik sowie den begleitenden natürlichen

---

[1] H. Steuding, Messung mechanischer Schwingungen. S. 30 u. 123. Berlin: V. D. I.-Verlag 1928.

Geräuschen aufzunehmen, die Aufnahmen zu vervielfältigen und dann wiederzugeben, taucht schon zu Beginn der Entwicklung von Kinematograph und Phonograph im Jahre 1899 bei T. A. Edison auf.

Als hauptsächlichste Schwierigkeiten erwiesen sich damals, daß einmal der genaue Gleichlauf zwischen Bild- und Tonaufnahme bzw. -wiedergabe sehr schwer zu erreichen war und daß bei der kurzen Spieldauer der Schallplatten bzw. -rollen eine große Anzahl davon für einen einzigen Film notwendig war.

In die Zeit dieser ersten Versuche mit dem sprechenden Film fällt die bedeutsame Erfindung der Lichttelephonie von Graham Bell[1], an die sich die Versuche von Duddel[2] mit der singenden und von H. Th. Simon[3] mit der sprechenden Bogenlampe anschlossen.

Während die eingangs erwähnten Versuche von Edison den Grund legten zu der späteren Entwicklung der nach der Graviermethode arbeitenden Tonfilmverfahren, bei denen, wie das Wort sagt, die Tonaufzeichnung auf einem Tonträger mechanisch fixiert wird, begründeten die soeben genannten Lichttelephonieversuche die photographischen Aufzeichnungsverfahren, denn es lag nahe, den Versuch zu unternehmen, die den akustischen Ereignissen folgenden Lichtänderungen auf einem laufenden Filmband festzuhalten.

Ihre gegenwärtige große Bedeutung erlangten die photographischen Verfahren, als es gelang, mit Hilfe von lichtempfindlichen Zellen die Tonaufzeichnungen auf dem Film in elektrische Stromschwankungen und diese wieder in akustische Schwingungen mit Hilfe eines Schallsenders (Lautsprechers) umzusetzen.

Während die technische Entwicklung der nach den Graviermethoden arbeitenden Verfahren bereits vor 1914 auf eine gewisse Höhe geführt worden war, setzt die technische Ausgestaltung der photographischen Verfahren erst nach 1918 in großem Stile ein, dann aber gleich in einem durch die reichen physikalischen Ergebnisse der Zwischenzeit so geförderten Tempo, daß der zeitliche Vorsprung der Graviermethoden bald eingeholt wurde und daß sogar wegen der besseren, genaueren Aufzeichnungsmöglichkeiten auf dem Film — besonders hinsichtlich des Umfanges des aufgezeichneten Frequenzbandes — die Ergebnisse der Graviermethoden bald übertroffen werden.

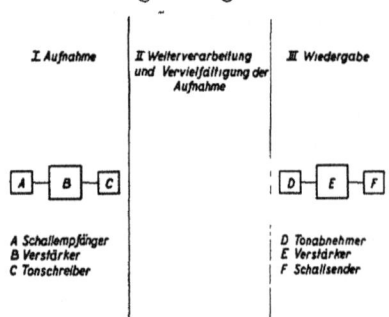

Bild 1. Schema der Aufnahme und Wiedergabe von Tonfilmen.

Die AEG entwickelte, gestützt auf ihre reichen Erfahrungen auf dem Gebiete der Elektrotechnik und unter Verwendung der Kerrzelle nach Karolus[4] als Lichtrelais, ein eigenes photographisches Tonfilmaufnahmeverfahren, das bereits in verschiedenen Ländern Europas praktisch angewandt wird.

Das allen Tonfilmverfahren gemeinsame Schema des Ganges von der Aufnahme bis zur Wiedergabe sei kurz an Hand des Bildes 1 erläutert.

Bei der Aufnahme werden die von einem Schallempfänger A aufgenommenen Schallereignisse zunächst einem Verstärker B und dann dem Tonschreiber C des angewandten Verfahrens zugeführt, der den Schall auf dem Aufzeichnungsträger erstmalig aufzeichnet. Darauf erfolgt bei den meisten Verfahren noch eine Weiterverarbeitung der Tonaufnahme, woran sich deren Vervielfältigung zum Zwecke der Wiedergabe anschließt.

Bei der Wiedergabe nimmt ein besonderes Organ, der Tonabnehmer D, die registrierten Schallvorgänge von dem Aufzeichnungsträger ab und führt sie über einen Verstärker E dem Schallsender F zum Abhören zu.

---

[1] Die Experimente von Graham Bell wurden 1893 auf der Ausstellung in Chikago vorgeführt.
[2] D. v. Mihály, Der sprechende Film. S. 24. Berlin 1928.
[3] Ebenda S. 24f.
[4] A. Karolus, DRP. 471720.

Bei den gebräuchlichen Tonfilmverfahren unterscheidet man, wie bereits gesagt, im wesentlichen zwischen den sog. Graviermethoden und den photographischen Methoden.

Die praktisch wichtigste Graviermethode ist das unter dem Namen „Nadeltonfilm" bekannt gewordene Verfahren, bei dem als Aufzeichnungsträger eine Schallplatte gewählt wird. Das Verfahren stützt sich letzten Endes auf den Phonographen von Edison, und sein kennzeichnendes Merkmal ist die Verwendung eines Plattenschneiders als Aufzeichnungsvorrichtung bei der Aufnahme, während bei der Wiedergabe der Ton von der Schallplatte mittels einer Elektro-Schalldose (Pick up) abgenommen wird.

Die Schallaufzeichnung kann entweder in der Weise erfolgen, daß der Plattenschneider bei der Aufzeichnung senkrechte oder wagerechte Bewegungen ausführt. Im ersten Falle erhält man mehr oder weniger tiefe Einschnitte in der Platte (Tiefen- oder Edisonschrift), im anderen Falle erscheint die Aufzeichnung als Wellenlinie konstanter Tiefe auf der Platte (Breiten- oder Berliner Schrift).

Von den Originalaufnahmen, die beim Nadeltonfilm auf Wachsplatten verschiedener Zusammensetzung und Struktur erfolgen, werden auf elektrolytischem Wege Matrizen hergestellt, mit deren Hilfe fast beliebig viele Schallplatten gepreßt werden können.

Wie schon eingangs erwähnt wurde, besteht eine Hauptschwierigkeit des Nadeltonfilms darin, einen vollkommenen Gleichlauf zwischen der Ton- und der Bildwiedergabe zu erzielen. Einen interessanten Versuch, diese Schwierigkeit zu umgehen, machte de Pineaud mit seinem Relieffilmverfahren[1], bei dem der Ton auf den geeignet vorbehandelten Bildfilm direkt eingraviert werden sollte. Diese Versuche haben jedoch zu keinem praktisch brauchbaren Ergebnis geführt, vor allem deshalb nicht, weil dieses Gravierverfahren bei weitem nicht den für Musik- und Sprachübertragung notwendigen Frequenzbereich (von etwa 30 Hz bis etwa 10000 Hz) aufzuzeichnen gestattet. Auf ein weiteres Eingehen kann deshalb verzichtet werden.

Eine Sonderstellung nimmt das unter dem Namen „Magnettonfilm" bekannt gewordene Verfahren ein, das auf Versuche von Poulsen[2] zurückgeht, die von Stille[3] fortgesetzt wurden.

Bei diesem Verfahren werden die in elektrische Schwingungen umgesetzten und verstärkten akustischen Schwingungen in die Spulen kleiner Elektromagnete geleitet, an deren Kernen ein Stahldraht mit konstanter Geschwindigkeit vorbeigeführt wird. Die Stromänderungen in den Spulen bewirken wechselnde Quermagnetisierungen in dem ferromagnetischen Aufzeichnungsträger.

Bei der Wiedergabe wird der so formierte Stahldraht wiederum an Magnetspulen vorbeigeführt, in denen Induktionsspannungen wechselnder Größe gemäß den Schallaufzeichnungen erzeugt werden, die über einen Verstärker einem Lautsprecher zum Abhören zugeleitet werden.

Zur Erzielung der Aufzeichnung einer genügend hohen Frequenz ist eine Geschwindigkeit des Stahldrahtes notwendig, die ein Vielfaches der Geschwindigkeit des Bildfilmes beträgt. Die Synchronisierungsschwierigkeiten sind so groß, daß das Verfahren als Tonfilmverfahren zur Zeit wenigstens nicht in Frage kommt, weshalb auch nicht näher auf das Verfahren eingegangen werden soll.

Allen photographischen Aufzeichnungsverfahren von Tonfilmen gemeinsam ist das rollende Filmband als Aufzeichnungsträger.

Bei diesen Verfahren werden die aufzuzeichnenden akustischen Schwingungen zunächst in elektrische Schwingungen und diese wieder in ihnen gleichwertige Lichtänderungen umgesetzt, die auf dem Film aufgezeichnet werden.

Diese Aufzeichnung kann nun in zweierlei Art und Weise erfolgen, nämlich entweder nach dem Intensitäts- oder nach dem Amplitudenprinzip.

---

[1] D. v. Mihály, a. a. O. S. 3.
[2] Diese Versuche liegen bereits 30 Jahre zurück.
[3] C. Stille, Die Kinotechnik H. 12, S. 322. 1929.

Beim Intensitätsfilm erfolgt die Änderung des Lichtes durch Änderung der Beleuchtungsstärke eines in konstanter Breite auf dem Film ausgeleuchteten Streifens von einigen Millimetern Breite und einer Höhe von etwa 10μ, während beim Amplitudenfilm die Stärke des den Film beleuchtenden Lichtes konstant bleibt, aber ein den aufgenommenen akustischen Schwingungen entsprechender, mehr oder weniger breiter Streifen auf dem Film ausgeleuchtet wird. Die Höhe des Streifens ist die gleiche wie beim Intensitätsverfahren.

Die Amplitudenunterschiede des Schallvorganges sind also beim Intensitätsverfahren durch Schwärzungsunterschiede auf dem Tonfilm gekennzeichnet, hervorgerufen durch Intensitätsschwankungen des zur Aufzeichnung verwandten Lichtstromes; beim Amplitudenverfahren dagegen wird ein in seiner Intensität konstantes Lichtbündel entsprechend den Schallamplituden abgelenkt, und die Amplituden der Ablenkungen werden aufgezeichnet. Im ersten Falle hat der Tonstreifen konstante Breite aber veränderliche Schwärzung, im zweiten Falle dagegen konstante Schwärzung aber veränderliche Breite. Es besteht auch die Möglichkeit, beide Aufzeichnungsverfahren zu vereinen.

Bild 2. Beispiele von Tonaufzeichnungen nach dem Intensitäts- (lks.) und nach dem Amplitudenverfahren (r.).

Bild 2 gibt zur Erläuterung links ein Beispiel einer Intensitätsaufzeichnung und rechts ein Beispiel einer Amplitudenaufzeichnung. Der Tonstreifen ist neben die Lochung gerückt und läßt so Platz für die Bildaufnahme. Bei Vorführung mit getrennten Bild-Tonfilmen wird mit Vorteil eine Tonaufzeichnung quer über die ganze Filmbreite verwandt.

Bei der Wiedergabe von Tonfilmen nach den photographischen Verfahren wird der auf dem Film aufgezeichnete Tonstreifen an einem mit gleichbleibender Lichtstärke beleuchteten Spalt mit der gleichen Filmgeschwindigkeit wie bei der Aufnahme vorbeigeführt. Gleichgültig, ob der Film nach dem Intensitäts- oder Amplitudenverfahren hergestellt wurde, wirkt in jedem Falle die Tonaufzeichnung als eine wechselnde Blende (nach Größe bzw. Lichtdurchlässigkeit) für das vom beleuchteten Spalt durch den Film hindurchtretende Licht, d. h. also, der Lichtstrom hinter dem Film ändert sich genau mit der Tonaufzeichnung. Dieser Lichtstrom wechselnder Größe wird einem lichtelektrischen Organ zur Umsetzung der Helligkeitsschwankungen in elektrische Schwingungen zugeführt.

Das von der AEG entwickelte Aufnahmeverfahren für Tonfilme ist ein Intensitätsverfahren in dem eben dargelegten Sinne.

Damit jeder Klang richtig wiedergegeben wird, ist es notwendig, daß erstens der gesamte hörbare Frequenzbereich gleichmäßig vom Schallsender der Wiedergabeeinrichtung wiedergegeben wird, daß zweitens die Amplituden in ihrem ursprünglichen Verhältnis wiedergegeben werden und daß drittens die Lautstärke die gleiche ist wie die des ursprünglichen Schalles. Die Güte eines Verfahrens wird gekennzeichnet durch den Grad, bis zu dem diese Forderungen erfüllt worden sind.

Die folgenden Ausführungen bringen in den drei Hauptabschnitten das Wesentliche der gebräuchlichen Tonaufnahme- und -wiedergabeverfahren; ein besonderer Abschnitt behandelt die verschiedenen Verfahren zur Fixierung und Vervielfältigung von Tonfilmaufnahmen.

Bei der Besprechung der Aufnahmeverfahren werden die allen Verfahren gemeinsamen Schallempfänger und Verstärker gemeinsam behandelt. Ein besonderer Abschnitt ist den Aufzeichnungsvorrichtungen der gebräuchlichsten Aufnahmeverfahren gewidmet, worauf noch kurz auf die Anordnung zur gleichzeitigen Aufnahme von Bild und Ton eingegangen wird.

In ähnlicher Weise bringt der Hauptabschnitt „Wiedergabe" zusammenfassend die bei allen Verfahren notwendigen Verstärker und Schallsender. Besondere Abschnitte sind den verschiedenen Einrichtungen zur Abnahme der Tonaufzeichnung und der Besprechung einer gleichzeitigen Wiedergabe von Bild und Ton gewidmet.

Der Abschnitt über die Verarbeitung der Tonfilmaufnahmen zum Zwecke der Vervielfältigung behandelt kurz die bei den photographischen und Graviermethoden angewandten Verfahren.

III. Verfahren zur Aufnahme von Tonfilmen.
1. Gemeinsames bei allen Verfahren.
a) Schallempfänger.

Alle Tonaufnahmeverfahren verlangen als erstes Organ einen Schallempfänger, der die akustische Energie in andere zur Aufzeichnung geeignete Energieformen und zwar vorzugsweise in elektrische Energie umsetzt. Schallempfänger, bei denen die mechanische Energie eines durch Schallschwingungen angeregten mechanischen Schwingungssystems unmittelbar zur Aufzeichnung verwandt wird, sollen wegen ihrer praktischen Bedeutungslosigkeit übergangen werden, und mit dieser Einschränkung kann man sagen, daß bei allen Empfängern ein mechanisches Schwingungssystem die akustische Energie aufnimmt, während ein weiteres Organ die Energieumwandlung vornimmt. Zunächst sollen einige Gesichtspunkte für das schwingende System angegeben werden, woran sich eine kurze Beschreibung der gebräuchlichsten Empfängertypen anschließt.

Schwingungssystem. Als mechanisches Schwingungssystem wird in den meisten Fällen eine irgendwie gestaltete und gespannte Membran verwandt, die in Luft als Schallmedium schwingt. Die Differentialgleichung der Bewegung der schwingenden Membran von der Schwingungsamplitude x lautet

$$m\ddot{x} + r\dot{x} + \frac{x}{c} = P, \tag{1}$$

wobei $\dot{x}$ und $\ddot{x}$ die ersten bzw. zweiten Differentialquotienten von x nach der Zeit, m die gesamte schwingende Masse (Membranmasse und mitbewegte Luft), r die Bremsung und c die Nachgiebigkeit des Systems ist. P ist die erregende Kraft.

Liegt die Eigenschwingung der Membran sehr tief, so herrscht Trägheitshemmung vor und die Beziehung zwischen Bewegungsamplitude und erregender Kraft lautet

$$x = \frac{P}{m\omega^2}, \tag{2a}$$

wobei $\omega = 2\pi n$ ist; n ist die Frequenz eines sinusförmigen erregenden Tones in Hz.

Liegt die Eigenschwingung des Systems sehr hoch, so herrscht die elastische Hemmung vor, und in Analogie zu (2a) ergibt sich für die Frequenzabhängigkeit der Amplitude x

$$x = cP. \tag{2b}$$

Bei überwiegender Bremshemmung gilt endlich die Formel

$$x = \frac{P}{\omega r}. \tag{2c}$$

Bei Schallempfängern für Tonfilmaufnahmen soll die Membran innerhalb eines Frequenzbandes von $\omega = 300$ bis $\omega = 60000$ keine Eigenresonanz haben, deshalb werden zur Musik- und Sprachübertragung entweder sehr hoch oder sehr tief abgestimmte Membranen verwandt.

Verwendet man eine sehr tief abgestimmte Membran, so liegt der gesamte zu übertragende Frequenzbereich oberhalb der Resonanzfrequenz, und in genügend großem Abstand von der Resonanzstelle nehmen die Amplituden mit ω^2 ab, wie aus Formel (2a) hervorgeht, während bei hochabgestimmter Membran in genügend großem Abstand unterhalb der Resonanzlage die Amplitude nach Formel (2b) frequenzunabhängig ist.

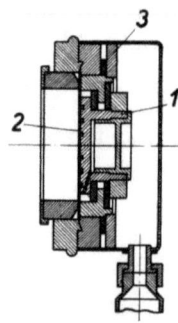

Bild 3. Kondensatormikrophon nach Wente.
1 = feste Elektrode,
2 = bewegliche Elektrode,
3 = Dichtung.

Es ist also für Tonfilmzwecke günstig, eine möglichst hochabgestimmte Membran zu wählen; hinzu kommt, daß bei hochabgestimmten Membranen von geringer Masse zur Erzielung der notwendigen Nutzdämpfung meist schon eine einfache Luftreibungsdämpfung genügt.

Aus der Frequenzabhängigkeit der Amplitude der Membran gemäß den Formeln (2a) bis (2c) folgt aber naturgemäß noch nicht, daß die Spannungsschwankungen im elektrischen Teile des Mikrophons die gleiche Frequenzabhängigkeit haben.

Empfängertypen. Aus praktischen Gründen soll nicht unterschieden werden zwischen Empfängern, bei denen die Schallenergie unmittelbar in elektrische Energie umgewandelt wird, und solchen, bei denen die Energieumwandlung mittelbar durch Relais erfolgt, sondern die Mikrophone werden nach ihrer elektrischen Wirkungsweise unterschieden in elektrostatische, elektrodynamische und Widerstandsempfänger. Kurz erwähnt sind dann noch einige andere Typen von Empfängern, wie z. B. thermische Empfänger, während die elektromagnetischen Empfänger wegen ihrer bei Musik und Sprache wenig befriedigenden Ergebnisse übergangen werden.

Die Wirkungsweise der Kondensatormikrophone beruht darauf, daß sich durch Schallerregung einer membranförmigen Elektrode eines Kondensators dessen Kapazität ändert.

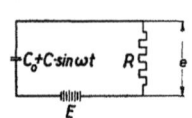

Bild 4. Kondensatormikrophon in Niederfrequenzschaltung.
C_0 = Ruhekapazität des Kondensatormikrophons, C = Amplitude der Kapazitätsänderung, R = Schließungswiderstand, E = Vorspannung, e = Wechselspannung.

Von der AEG wird bei Tonfilmaufnahmen vorzugsweise das von Wente[1] angegebene Kondensatormikrophon angewandt (Bild 3), bei dem eine dünne Membran als bewegliche Elektrode in geringem Abstande von einer festen Platte — der zweiten Elektrode — so stark gespannt ist, daß der Eigenton der Membran (bis etwa 17000 Hz) praktisch außerhalb des für Musik und Sprache in Frage kommenden Frequenzgebietes liegt.

In Bild 4 ist das Kondensatormikrophon in Niederfrequenzschaltung angegeben. Das Kondensatormikrophon von der Ruhekapazität C_0 liegt in Reihe mit einer Batterie, welche die Vorspannung E für das Mikrophon liefert, und dem hochohmigen Widerstand R. Wird das Mikrophon von einem sinusförmigen Ton der Kreisfrequenz ω erregt, so ändert sich die Kapazität C_0 um den Betrag $C \sin \omega t$. Die an den Enden des Widerstandes R abgegriffene Wechselspannung e ergibt sich dann zu

$$e = \frac{ERC}{C_0 \sqrt{\left(\frac{1}{C_0 \omega}\right)^2 + R^2}}.$$

Aus der angegebenen Formel[2] geht hervor, daß die durch den Schall erregte Wechselspannung e am Kondensatormikrophon proportional der angelegten Hilfsspannung E verläuft, so daß es also günstig ist, diese Vorspannung möglichst groß zu machen. Den ge-

---
[1] E. C. Wente, Phys. Rev. (2) Bd. 21, S. 450. 1918.
[2] H. Sell, Hdb. d. Phys. Bd. 8, S. 560. 1927.

ringen Abstand zwischen den Elektroden (etwa 0,05 mm) wählt man, weil die Kapazitätsänderungen infolge der Membranschwingungen um so größer sind, je kleiner dieser Abstand ist.

Durch zusätzliche Elastizität und Dämpfung wird der Frequenzgang in günstiger Weise beeinflußt. Die zusätzliche Elastizität des Luftpolsters insbesondere ist sehr wertvoll, weil dadurch der Eigenton des Systems (Membran+Luftpolster) sehr weit nach der Seite höherer Frequenzen verlegt werden kann, ohne daß die Eigenschwingung der Membran ebenso hoch zu liegen braucht. Man kann dann eine dünnere Membran nehmen und hat bei der geringen Masse des Systems den Vorteil, daß das System stärker gedämpft ist.

Eine von dem Kondensatormikrophon nach Wente vollkommen abweichende Bauart eines Kondensatormikrophons ist von Riegger[1] angegeben worden.

Das elektrostatische Mikrophon von Meißner[2] beruht auf ganz anderen physikalischen Grundlagen als die erwähnten Kondensatormikrophone. Dabei werden piëzoelektrische Stoffe (Kristallpulver in Wachs gebettet) zwischen die Belegungen eines Kondensators gebracht, und als Mikrophoneffekt wird deren dielektrische Polarisation bei der elastischen Formänderung infolge des Schalldruckes benutzt.

Bei den elektrodynamischen Mikrophonen bewegt sich ein Leiter infolge der Schallerregung in einem zeitlich konstanten Magnetfeld, wobei in dem Leiter Wechselspannungen im Takte der Bewegung induziert werden.

Der einfachste Vertreter dieses Mikrophonprinzips ist das Bändchenmikrophon von Gerlach und Schottky[3], bei dem ein etwa 3μ starkes Aluminiumband in einem langen, spaltförmigen Magnetfeld schwingt.

Von den elektrodynamischen Geräten seien hier noch erwähnt: das Mikrophon nach Hewlett[4], bei dem eine dünne Kreismembran zwischen zwei Flachspulen mit radialem Magnetfeld schwingt, und das Mikrophon nach Sykes[5], bei dem der als Flachspule ausgebildete Leiter sich in dem radialen Felde eines Topfmagneten bewegt.

Die wichtigsten Vertreter der Widerstandsempfänger sind die Kohlemikrophone, die zugleich die älteste Form der Relaisempfänger darstellen und deren Bedeutung in ihrer hohen Empfindlichkeit und der Einfachheit der Anordnung begründet ist. Bei den Kohlemikrophonen wird bekanntlich davon Gebrauch gemacht, daß der elektrische Widerstand zwischen unter Druck aneinanderliegenden Kohleteilchen sich mit diesem Druck ändert. Die physikalischen Vorgänge sind noch ungeklärt.

Von der AEG wird bei Tonfilmaufnahmen neben dem oben erwähnten Kondensatormikrophon auch ein Kohlemikrophon, das AEG-Reiss-Mikrophon[6], verwandt.

Von den Empfängern, die nach anderen Grundsätzen als den bisher angegebenen arbeiten, sei zunächst das von Voigt, Engl und Massolle angegebene Kathodophon[7] kurz besprochen, weil es in der Tonfilmpraxis entwickelt worden ist.

Das Kathodophon besitzt eine keilförmige Oxydkathode, die einer als Düse ausgebildeten Anode gegenübersteht. Von der Glühkathode geht bei geeigneter Anodenspannung in freier Luft ein Ionenstrom aus, der durch Schallwellen von der Düse her direkt beeinflußt wird. Interessant ist das Kathodophon deshalb, weil bei ihm ein mechanisches Schwingungssystem überhaupt fehlt.

Zum Schluß seien noch erwähnt die Thermomikrophone[8], bei denen die Umsetzung akustischer Energie in elektrische auf dem Umwege über die Wärme erfolgt, und das Kapillarelektrometer, dessen Verwendung als Mikrophon von Breguet[9] begründet wurde.

---

[1] H. Riegger, Wiss. Veröffentl. a. d. Siemens-Konzern Bd. 3, H. 2, S. 67. 1924.
[2] A. Meißner u. R. Bechmann, ZS. f. techn. Phys. Bd. 9, S. 430. 1928.
[3] E. Gerlach, Phys. ZS. Bd. 25, S. 675. 1924. — W. Schottky, ebenda S. 622.
[4] C. W. Hewlett, Phys. Rev. Bd. 17, Nr. 2, S. 257. 1921.
[5] A. F. Sykes, DRP. 435847, 74d, Gr. 6. [6] Hdb. d. Phys. Bd. 8, S. 557. 1927.
[7] Jo Engl, Der tönende Film. Sammlg. Vieweg H. 89, S. 9. Braunschweig 1927.
[8] A. v. Hippel, Ann. d. Phys. 4. F. Bd. 76, S. 590. 1925.
[9] A. Breguet, C. R. Bd. 86, S. 711. 1878.

b) Aufnahmeverstärker.

Die aus einem Schallempfänger austretende Energie ist zu gering, als daß man sie unmittelbar der Aufzeichnungsvorrichtung eines Tonfilmaufnahmeverfahrens zuführen könnte; sie muß deshalb verstärkt werden.

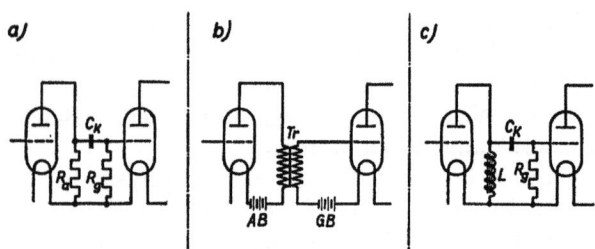

Bild 5. Verstärkerstufen mit den hauptsächlichsten Kopplungsgliedern.

a) Widerstands-Kapazitätskopplung.
C_k = Kopplungskapazität,
$\left.\begin{array}{l}R_a \\ R_g\end{array}\right\}$ = Hochohmwiderstände.

b) Transformatorenkopplung.
Tr = Übertrager,
AB = Anodenbatterie.
GB = Gittervorsp. Batterie.

c) Drosselspulenkopplung.
L = Drosselspule,
C_k = Kopplungskapazität,
R_g = Hochohmwiderstand.

Man hat zuerst versucht, die Verstärkerfrage mit mechanischen Mitteln zu lösen, doch haben diese Versuche heute nur noch geschichtliches Interesse, da sie praktisch bedeutungslos geworden sind durch Anwendung von Anordnungen mit Elektronenröhren. Der Anodenstrom folgt infolge der Trägheitslosigkeit der Elektronen ohne zeitliche Verzögerung allen Veränderungen des Gitterpotentials, wodurch die Elektronenröhre bekanntlich als masseloses Relais wirkt und deshalb zur formgetreuen Verstärkung schwacher Wechselströme von praktisch beliebiger Frequenz geeignet ist.

Je nach der Beschaffenheit der Kopplungsglieder zwischen den einzelnen Röhren der Verstärkeranordnung unterscheidet man Widerstands-Kapazitätsverstärker oder kurz CW-Verstärker, bei denen die Kopplung wie in Bild 5a vermittels einer Kopplungskapazität C_k in Verbindung mit Hochohmwiderständen R_a und R_g erfolgt, Transformatorenverstärker, bei denen ein Übertrager Tr (Bild 5b) die Wechselspannung auf das Gitter der folgenden Röhre überträgt, und endlich Drosselspulenverstärker, die man sich, wie aus Bild 5c ersichtlich, in einfacher Weise aus der CW-Schaltung so entstanden denken kann, daß der Hochohmwiderstand R_a von Bild 5a in Bild 5c durch die hochinduktive Spule L ersetzt wurde.

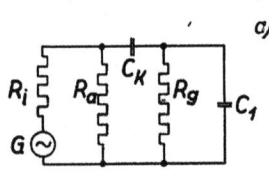

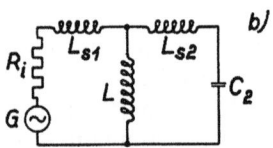

Bild 6. Ersatzschemata für CW- und Transformatorenkopplung.

a) CW-Kopplung.
G = Generator,
R_i = innerer Widerstand,
C_1 = schädliche Kapazität,
C_k = Kopplungskapazität,
$\left.\begin{array}{l}R_a \\ R_g\end{array}\right\}$ = Hochohmwiderstände,

b) Transformatorenkopplung.
G = Generator,
R_i = innerer Widerstand,
C_2 = schädliche Kapazität,
L = Induktivität,
$\left.\begin{array}{l}L_{s_1} \\ L_{s_2}\end{array}\right\}$ = Streuinduktivitäten.

In Bild 6 sind die Ersatzschemata der CW- und der Transformatorenkopplung angegeben. Die erste Röhre der Verstärkerstufe wurde dabei ersetzt durch den Generator G in Serie mit dem inneren Widerstand R_i. Bei der CW-Kopplung setzt sich die schädliche Kapazität C_1 zusammen aus der dynamischen Gitterkapazität C_g des zweiten, der Anodenkapazität C_a der ersten Röhre und Leitungskapazitäten. Diese Kapazitäten sind verstärkertechnisch alle parallel geschaltet, weil sie erst für so hohe Frequenzen wirksam werden, für die C_k einen Kurzschluß bedeutet. R_a und R_g und C_k haben in Bild 6a die gleiche Bedeutung wie in Bild 5a. In Bild 6b wurde der Übertrager unter Vernachlässigung seines rein Ohmschen und Eisenwiderstandes in bekannter Weise ersetzt durch die Induktivität L und die primär- und sekundärseitigen Streuinduktivitäten L_{s_1} und L_{s_2}. Die Eigenkapazität des Übertragers sowie die dynamischen Anoden- und Gitterkapazitäten der ersten bzw. zweiten Röhre der Stufe sind in der Kapazität C_2 von Bild 6b zusammengefaßt.

Bei der Widerstandskapazitätskopplung müssen die Beziehungen bestehen

$$\frac{1}{\omega C_k} \ll R_g, \qquad \frac{1}{\omega C_1} \gg R_g,$$

und der Gesamtwiderstand der parallel geschalteten Widerstände R_a und R_g muß groß sein gegenüber R_i. Dann ist die Verstärkung frequenzunabhängig und der Verstärkungsfaktor hat seinen praktisch günstigsten Wert erreicht. Infolge der Zunahme des Widerstandes von $\frac{1}{\omega C_k}$ für tiefe Frequenzen sowie der Abnahme von $\frac{1}{\omega C_1}$ für hohe Frequenzen fällt die Frequenzcharakteristik der Verstärkerstufe nach beiden Seiten hin ab; und zwar erhält man für die obere Grenzfrequenz ω_1 den Wert $\omega_1 = \frac{1}{RC_1}$, wobei R sich ergibt aus der Formel $\frac{1}{R} = \frac{1}{R_a} + \frac{1}{R_g} + \frac{1}{R_i}$. Ebenso erhält man für die untere Grenzfrequenz $\omega_2 = \frac{1}{R_g C_g}$. Als Grenzfrequenzen werden dabei die bezeichnet, bei denen der Verstärkungsfaktor auf den $\frac{1}{\sqrt{2}}$-ten Teil des normalen Wertes gesunken ist.

Eine derartige Widerstandskapazitätskopplung erfolgt bei dem von der AEG entwickelten Aufnahmeverstärker nicht nur zwischen den einzelnen Verstärkerstufen, sondern auch zur Ankopplung des Kondensatormikrophons, das als ein Generator G mit einer Serienkapazität C_m aufzufassen ist. Wünscht man bei veränderlicher Frequenz eine gleichbleibende Spannung am Gitterwiderstand der Eingangsröhre, so muß C_m für alle vorkommenden Frequenzen klein sein gegenüber den Widerständen, mit denen das Mikrophon in der CW-Schaltung belastet wird. Um zu vermeiden, daß die Spannung bei hohen Frequenzen durch die schädliche Kapazität C_1 verringert wird, dürfen anderseits die Ohmschen Widerstände der Anordnung nicht zu groß sein. Ferner muß der kapazitive Widerstand des Kopplungskondensators C_k klein sein gegenüber R_g parallel $\frac{1}{\omega C_1}$, wie sich aus dem in der angedeuteten Weise abgeänderten Ersatzschema von Bild 6a ergibt.

Betrachtet man bei der Transformatorenkopplung den gitterseitig unbelasteten Transformator, wie er in vorliegendem Falle praktisch allein in Frage kommt, so ist an Hand von Bild 6b folgendes zu sagen:

Die Anordnung von Bild 6b muß zwei Resonanzstellen haben, die den Frequenzgang der Anordnung wirksam beeinflussen; denn einmal muß der Schwingungskreis, der in der Hauptsache aus der Selbstinduktion L und der Kapazität C gebildet ist, eine Resonanzstelle, die Grundresonanz, haben, und weiter muß der Schwingungskreis, der aus der Kapazität C und den Streuinduktivitäten L_{s_1} und L_{s_2} besteht und über den Generator G geschlossen ist, eine weitere Resonanz, die Streuresonanz, aufweisen.

Diese Resonanzstellen beeinflussen den Frequenzgang wesentlich. Bei Vorhandensein mehrerer Übertrager legt man die Eigenfrequenzen so, daß sie sich möglichst gleichmäßig auf den zu übertragenden Frequenzbereich verteilen.

Die Anwendung des Übertragers im Eingang des Verstärkers ist u. a. dann zweckmäßig, wenn es sich darum handelt, Gleich- und Wechselstrom voneinander zu trennen. Bei dem von der AEG entwickelten Verstärker für Tonfilmaufnahmen werden deshalb Übertrager zur Ankopplung des AEG-Reiss-Mikrophones verwandt.

Die Übertragerkopplung wird weiter dann verwandt, wenn es sich darum handelt, den Verstärker an eine Leitung zwecks Abgabe größter Leistung entsprechend ihrem Scheinwiderstand anzupassen. Da sich bei dem Aufnahmeverstärker der AEG dessen Unterteilung in Vor- und Hauptverstärker mit großem räumlichen Abstand als notwendig erwies, wurden zur Kopplung von Vor- und Hauptverstärker Transformatoren verwandt.

Eines besonderen Hinweises bedarf hier noch die Frage der Entzerrung von Verstärkern. Ein Verstärker verzerrt, wenn die Ausgangsleistung nicht genau ein Bild der Eingangsleistung ist. Bei den sog. linearen Verzerrungen werden die Teilamplituden eines Frequenzgemisches verschieden verstärkt, ohne daß Frequenzen vernichtet werden oder neue hinzutreten. Die sog. nichtlinearen Verzerrungen entstehen durch Hinzutreten von Ober- und Kombinationstönen im Verstärker zu dem ursprünglichen Frequenzgemisch. Die Ursachen der linearen Verzerrungen liegen in frequenzabhängigen Widerständen des Verstärkers, wie

Übertragern, Drosseln und Kapazitäten, während nichtlineare Verzerrungen durch nichtlineare Röhrencharakteristik und spannungabhängige Widerstände sowie durch Übersteuern der Röhren hervorgerufen werden.

Die Entzerrer haben die Aufgabe, lineare Verzerrungen zu beseitigen. Sie sind im einfachsten Falle, z. B. bei Transformatorenkopplungen, Ohmsche Widerstände in der Sekundärleitung, außerdem Serienschaltungen von Ohmschen Widerständen und Kapazitäten und endlich sog. Zweipole, bei denen eines der vorgenannten Schaltelemente in Reihe liegt mit einem mit Kapazität und Selbstinduktion ausgestatteten Schwingungskreis.

Durch diese Entzerrer, die einen mit der Frequenz veränderlichen Widerstand haben, können die großen Frequenzbereiche von Musik- und Sprachübertragungen weitgehend verbessert werden, z. B. bei Übertragungen über lange Kabel.

In Bild 7 ist das Schaltbild des von der AEG entwickelten Verstärkers für Tonfilmaufnahmen wiedergegeben, in dem mit KM das Kondensatormikrophon in Niederfrequenzschaltung, mit L der Kontrollautsprecher und mit KZ die Kerrzelle, das Lichtsteuerorgan

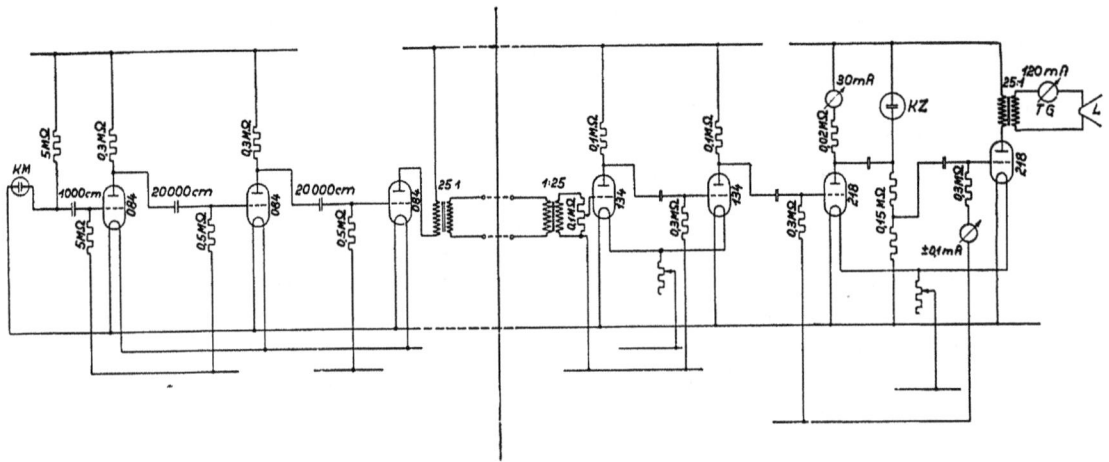

Bild 7. Schaltbild des Verstärkers der AEG für Tonfilmaufnahmen.
KM = Kondensatormikrophon, KZ = Kerrzelle, TG = Thermogalvanometer, L = Kontrollautsprecher.

des photographischen Aufzeichnungsverfahrens der AEG, bezeichnet ist; im übrigen ist die Schaltung unmittelbar aus Bild 7 ersichtlich.

Da eine Frequenzunabhängigkeit der Anordnung besser gewährleistet ist, wenn die Mikrophonleitungen kurz bemessen werden, so erfolgte eine Unterteilung des Verstärkers in den Vorverstärker, der sich dicht bei dem Mikrophon befindet, und in den Hauptverstärker, der sich in unmittelbarer Nähe des Aufzeichnungsträgers befindet. Da die Entfernungen zwischen Vor- und Hauptverstärker erfahrungsgemäß sehr verschieden sind, so erfolgte die Kopplung zur Vermeidung der störenden Einflüsse der Leitungskapazität durch Übertrager vom Übersetzungsverhältnis 25:1 bzw. 1:25. Der innere Widerstand der Endstufe des Vorverstärkers ist klein gegenüber dem wirksamen kapazitiven Widerstand der Leitungen, wenn diese nicht länger als 300 m sind. Die Sekundärseite des Eingangsübertragers vom Hauptverstärker ist mit einem Widerstande belastet, an dem die Gitterspannungen abgegriffen werden.

Diese Unterteilung des Verstärkers setzt voraus, daß man den Vorverstärker dicht an das Mikrophon heranbringen kann. Das ist bei der Technik der Filmaufnahme oft nicht möglich. Da nun aber die Mikrophone selbst in den meisten Fällen so gut zu verstecken sind, daß sie nicht vom Objektiv der Bildkamera erfaßt werden können, so wird in solchen Fällen entweder das AEG-Reiss-Mikrophon verwandt, das sehr gut vom Verstärker räumlich zu trennen ist, oder es wird das Kondensatormikrophon mit der Eingangsröhre in einem besonderen Kästchen (Bild 8) vereinigt und durch Übertrager mit den nachfolgenden Verstärkerstufen gekoppelt.

Zur Aussteuerung der Kerrzelle (s. weiter unten) ist eine Wechselspannung von 90 Volt effektiv notwendig, während an dem Widerstand, der in Reihe mit dem Kondensatormikrophon liegt, eine Spannung von maximal 1 mV effektiv auftritt. Das bedeutet eine notwendige Verstärkungsziffer des Aufnahmeverstärkers von etwa 10^5.

Diese Verstärkung wurde mit dem sechsstufigen Verstärker in der Weise erreicht, daß für die drei ersten Stufen Röhren von etwa 6 vH Durchgriff, für die beiden folgenden solche von 10 vH und für die Endstufe, die Kerrzellenstufe, eine Röhre von 12 vH Durchgriff gewählt wurde.

Zur Überwachung des Aufzeichnungsvorganges möglichst dicht an der Aufzeichnungsvorrichtung wird an dem Vorschaltwiderstand der Kerrzelle ein Teil der Spannung abgegriffen und dem Gitter der nachfolgenden Kontrollröhre zugeführt. Dieses ist durch einen Übertrager abgeschlossen, auf dessen Sekundärseite der Lautsprecher L liegt.

Die Überwachung der Aussteuerung erfolgt durch die Messung des Anodenstromes der Endstufe und durch Feststellung des Gitterstromes der Kontrollröhre bei Übersteuerung. Dabei wird deren Gittervorspannung so eingestellt, daß sie als erste Röhre der gesamten Anordnung übersteuert wird, was sich durch einen Ausschlag des Gitterstrominstrumentes bemerkbar macht. Das Thermogalvanometer TG (Bild 7), das in Reihe mit dem Kontrollautsprecher L liegt, gestattet dem Aufnahmeleiter, sich ein ungefähres Bild über den Aufzeichnungsvorgang zu verschaffen.

Bild 8. Kondensatormikrophon der AEG vereinigt mit der Eingangsröhre.

2. Schallaufzeichnungs-Vorrichtungen.

Bei der Besprechung der Organe zur Aufzeichnung der vom Schallempfänger aufgenommenen und dann verstärkten Energie sollen wieder grundsätzlich die Gravier- von den photographischen Methoden unterschieden werden.

a) Nadeltonfilm.

Die Aufzeichnungsvorrichtung beim Nadeltonfilmverfahren besteht aus dem Plattenschneider (Cutter) und dem Aufzeichnungsträger, der Wachsplatte. Hinzu kommt die Antriebsvorrichtung der Platte unter besonderer Berücksichtigung der Mittel zur Erzielung des Gleichlaufes zwischen Bild- und Tonaufnahmen.

Der Plattenschneider ist ein elektromagnetisches Gerät, das die in elektrische Schwingungen umgewandelten und verstärkten Schallschwingungen vom Verstärker abnimmt und in mechanische Schwingungen eines Stichels umsetzt, wobei ein Frequenzgemisch von etwa 30 bis 5500 Hz zur Aufzeichnung gelangt. Die Frequenzcharakteristik der gebräuchlichen Plattenschneider zeigt eine annähernd gleichmäßige Empfindlichkeit im Gebiete von etwa 250 bis 5000 Hz, oberhalb 5000 Hz erfolgt ein schneller Abfall der Charakteristik. Im Gebiete von 250 Hz bis herunter auf etwa 30 Hz fällt die Charakteristik annähernd linear ab. Dieser Abfall ist herbeigeführt worden, um ein Überschneiden der Tonaufzeichnungen in diesem Frequenzgebiet von einer Aufzeichnungsrille zur anderen zu vermeiden und wird bei der Wiedergabe durch die Frequenzcharakteristik des Tonabnehmers (Pick up) annähernd kompensiert[1].

---

[1] H. A. Frederick, Recent advances in wax recording. The Bell System H. 1. Januar 1929.

Gleichgültig, ob Breiten- oder Tiefenschrift verwandt wird, in jedem Falle erfolgt die Aufzeichnung auf der Wachsplatte in Form einer Spirale. Bei der Breitenschrift bleibt dabei ein Zwischenraum von etwa 0,1 mm zwischen zwei Aufzeichnungsrillen, die selbst ungefähr 0,15 mm breit und ungefähr 0,06 mm tief sind. Sehr wichtig ist, daß die Aufzeichnungsrillen sehr glatte Wände haben, da Unebenheiten der Wände störende Nebengeräusche verursachen. Deshalb muß die Wachsplatte hochpoliert werden, und die Struktur der Platte muß feinkörnig und homogen sein. Außerdem muß die Platte bei einer bestimmten Temperatur geschnitten werden.

Die handelsüblichen Schallplatten werden vom äußeren Plattenrande nach innen geschnitten und abgespielt, für Tonfilmzwecke jedoch von innen nach außen. Das hat folgenden Grund: Für die Aufzeichnung einer bestimmten Frequenz wird der zur Verfügung stehende Raum nach der Plattenmitte zu immer kleiner. Bei Benutzung einer neuen Nadel zur Wiedergabe wird diese den feinen Aufzeichnungen auf den innersten Aufzeichnungsrillen besser folgen, wenn beim Abspielen von hier nach dem Außenrande fortgeschritten wird, als wenn die Nadel auf dem Wege vom Plattenrande nach innen bereits abgenützt worden ist. Außerdem wählt man für Tonfilmzwecke Platten größeren Durchmessers, um bei den inneren Aufzeichnungsrillen an Raum für die Tonaufzeichnung zu gewinnen.

Beim Nadeltonfilmverfahren erfolgt der Antrieb von Bild- und Tonaufnahmegerät durch Synchronmotoren. Mit Hilfe von genauer Drehzahlregelung wird ein genauer Gleichlauf erzielt.

b) Photographische Verfahren.

Die Aufzeichnungseinrichtung enthält bei allen photographischen Aufzeichnungsverfahren das Lichtsteuerorgan mit zugehöriger Optik, den Film als Aufzeichnungsträger, die Filmführung und Vorrichtungen für den Gleichlauf zwischen Bild- und Tonaufnahme.

Lichtsteuerorgane. Das Kennzeichnende aller Lichtsteuerorgane ist, daß sie erstens genügende Leuchtdichte haben, um den Lichtbedarf des Filmes zu decken, und daß sie zweitens frequenz- und amplitudengetreu den von den Verstärkern an sie abgegebenen Schwingungen folgen.

Aus praktischen Gründen soll hier die Einteilung der Lichtsteuerorgane in der Weise durchgeführt werden, daß unterschieden wird zwischen Organen, bei denen die Lichtquelle selbst von den Sprechströmen gesteuert wird und denen, die das Licht einer konstanten Lichtquelle mehr oder weniger durchlassen (Lichtventile).

1. Direkt gesteuerte Lichtquellen. Eine in der Tonfilmpraxis häufig verwandte direkt gesteuerte Lichtquelle ist die Glimmlampe, deren Verwendung in der Akustik bereits Gehrcke[1] im Jahre 1905 angeregt hatte.

Eine Sonderausführung einer derartigen Glimmlampe stellt die von Engl, Voigt und Massolle entwickelte „Ultrafrequenzlampe"[2] dar, die beim Triergonverfahren zur Aufzeichnung von Schallschwingungen nach dem Intensitätsverfahren verwandt wird. Die Ultrafrequenzlampe hat Wolframelektroden, von denen die Anode spitzenförmig und die leuchtende Kathode als ein kleiner Hohlspiegel ausgebildet ist. Mittels einer Kondensorlinse leuchtet die Glimmlampe einen Spalt (0,1 × 45 mm) aus, der durch ein photographisches Objektiv verkleinert auf dem Film abgebildet wird. Obgleich das Licht der Glimmlampe kurzwellig, also photographisch recht wirksam ist, ist doch ihre Leuchtdicke sehr gering, so daß die Schwärzung des Filmes in der Nachbarschaft des Schleiergebietes erfolgt.

Den Vorteil großer Leuchtdichte haben von direkt gesteuerten Lichtquellen gegenüber der Glimmlampe die Wolframgleichstrombogenlampe und die Quecksilberdampflampe. Bei beiden schwankt die Lichtintensität im Takte der angelegten Spannung, wodurch also Aufzeichnungen nach dem Intensitätsverfahren möglich sind. Gleichzeitig führt bei der Wolframbogenlampe, deren Elektroden konstanten Abstand haben, der Lichtbogen Pul-

---

[1] E. Gehrcke, ZS. f. Instrkde, Bd. 25, S. 278. 1905. [2] Jo Engl, a. a. O. S. 26.

sationen aus, d. h. er wird breiter und schmäler im Rhythmus der dem Gleichstrom überlagerten Wechselspannungen. Führt man den Lichtbogen der Quecksilberdampflampe durch eine Kapillare, so kann man Bewegungen des Kapillarlichtbogens durch ein außen angelegtes Magnetfeld steuern. In der beschriebenen Art und Weise können mit Wolframbogenlampe und Quecksilberdampflampe auch nach dem Amplitudenverfahren Tonfilme hergestellt werden.

Der Vorteil der direkt gesteuerten Lichtquelle ist die handliche Form. Alle vorgenannten Lichtsteuerorgane haben aber den Nachteil, nach der Seite hoher Frequenzen hin nicht genügende Aufzeichnungsmöglichkeiten zu bieten.

2. Lichtventile. Die jetzt zu besprechenden Lichtsteuerorgane wirken als Lichtventile, indem sie, vom Verstärker gesteuert, das Licht einer konstanten Lichtquelle mehr oder weniger durchlassen.

Wie bei vielen anderen Schwingungsuntersuchungen sind auch bei Tonfilmaufnahmen oft und mit Vorteil elektrodynamische Oszillographen verwandt worden, und zwar besonders bifilare Oszillographenschleifen.

In Bild 9 ist eine grundsätzliche Anordnung zur Aufnahme von Amplitudenfilmen mittels der Oszillographenschleife gezeichnet. Von einer gleichmäßig brennenden Lichtquelle Q gelangt das Licht über eine Linse L auf einen von der Oszillographenschleife gesteuerten Spiegel Sp, wird dort reflektiert und fällt auf den Spalt S einer Blende, die sich vor dem laufenden Film F befindet. Durch die Bewegung des Spiegels Sp wird ein mehr oder weniger großes Stück des Spaltes S und des dahinterliegenden Filmes ausgeleuchtet. Praktisch wird nun nicht eine Spaltblende unmittelbar vor dem Film angeordnet, sondern ein verkleinertes Bild wird von einem entsprechend größeren Spalt auf dem Film entworfen. Die Abbildung des Spaltes auf dem Film darf bei allen photographischen Verfahren nur eine Ausdehnung von 10μ in Richtung des Filmlaufes haben, damit Frequenzen bis zu 10000 Hz noch aufgezeichnet werden.

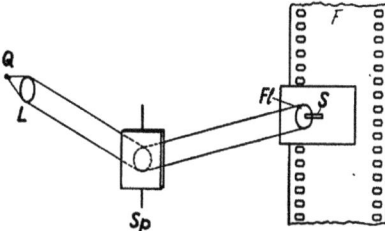

Bild 9. Prinzipanordnung zur Aufnahme von Tonfilmen nach dem Amplitudenverfahren mittels Oszillographenspiegel.
Q = Lichtquelle, L = Linse, Sp = Oszillographenspiegel, S = Spalt, Fl = Lichtfleck, F = Film.

Die bifilaren Oszillographen arbeiten bekanntlich nach dem Drehspulprinzip[1]. Die bewegliche Spule, die den Oszillographenspiegel steuert, besteht hierbei aus zwei gespannten Bändern, die sich zwischen den Polen eines starken Elektromagneten befinden und von den Sprechströmen durchflossen werden. Derartige Oszillographen wurden zuerst von Blondel angegeben und vor allem von Duddel vervollkommnet. Mit einer verbesserten Form eines derartigen Oszillographen hat Blondel Schwingungen bis zu 15000 Hz aufzeichnen können, doch mußten dabei sehr kleine Oszillographenspiegel verwandt werden, so daß zur Aufzeichnung nur noch sehr wenig Licht zur Verfügung stand.

In der beschriebenen Weise werden mit Hilfe des Oszillographenspiegels Tonfilme nach dem Amplitudenprinzip aufgenommen, es können aber auch Amplitudenfilme ohne Benutzung des Spiegels aufgenommen werden, indem man die bifilare Schleife so ausbildet, daß zwischen den beiden Bändern ein schmaler Zwischenraum bleibt, dessen Ränder auf dem Film abgebildet werden. Kontraktionen der Bänder im Rhythmus der hindurchgehenden Sprechströme ergeben dann gleichfalls Tonaufzeichnungen nach dem Amplitudenprinzip.

Endlich können die elektrodynamischen Oszillographen auch zur Aufnahme von Tonfilmen nach dem Intensitätsprinzip verwandt werden, indem man nicht einen Streifen von wechselnder Breite wie beim Amplitudenverfahren auf dem Film aufzeichnet, sondern das Licht mittels einer Zylinderoptik punktförmig auf dem Film konzentriert, so daß Wechsel

---

[1] W. Jaeger, Elektr. Meßtechnik. S. 260. Leipzig 1928.

in der Ausleuchtung der Breite des abgebildeten Spaltes als Intensitätsschwankungen aufgezeichnet werden.

3. Kerrzelle. Von der AEG wird bei dem von ihr entwickelten Tonfilmaufnahmeverfahren nach dem Vorschlage von Karolus[1] die Kerrzelle als Lichtventil benutzt, deren Vorteil gegenüber allen vorgenannten Aufzeichnungseinrichtungen darin besteht, daß sie praktisch vollkommen trägheitsfrei arbeitet (eine Trägheit kommt nur in dem Gebiet von 10^{-9} s in Betracht[2]). Außerdem kann durch Wahl einer geeigneten Lichtquelle stets das notwendige Licht erzielt werden.

Benutzt wird bei diesem Lichtventil der elektrooptische Kerreffekt, der im Jahre 1875 von J. Kerr[3] entdeckt und dessen praktische Verwendbarkeit für die Zwecke des Tonfilms und der Fernbildübertragung von Karolus[4] im Jahre 1924 begründet wurde.

Als elektrooptischen Kerreffekt bezeichnet man die Erscheinung, daß gewisse optisch isotrope Medien, und zwar sowohl homogene Gase, Flüssigkeiten und feste Körper als auch disperse Systeme (z. B. kolloidale Lösungen) unter der Einwirkung starker elektrischer Felder doppelbrechend werden und sich verhalten wie optisch einachsige Kristalle, deren Achse in der Feldrichtung liegt. Außer durch elektrische Felder kann eine solche künstliche Doppelbrechung auch durch starke magnetische Felder sowie auf rein mechanischem Wege herbeigeführt werden.

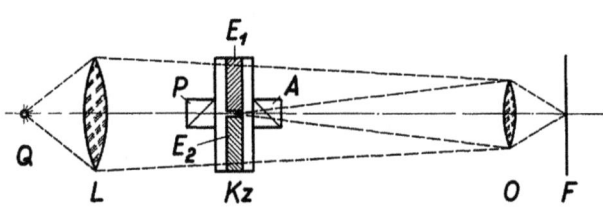

Bild 10. Lichtsteuerung mit Kerrzelle.

Q = Lichtquelle $\quad$ P = Polarisator $\quad$ $\left.\begin{array}{l}E_1\\E_2\end{array}\right\}$ = Elektroden $\quad$ O = Objektiv
L = Kondensor $\quad$ A = Analysator $\qquad\qquad\qquad\qquad$ F = Film
Kz = Kerrzelle

Von allen bekannten Stoffen zeigt das Nitrobenzol den größten elektrooptischen Kerreffekt; ihm nahe kommen nur noch Meta- und Orthonitrotoluol. Die Erscheinung der elektrischen Doppelbrechung äußert sich z. B. darin, daß geradlinig polarisiertes Licht beim Durchgang durch einen derartigen Körper in elliptisch polarisiertes Licht verwandelt wird, da die beiden Komponenten des linear polarisierten Lichtes in der Feldrichtung und senkrecht dazu verschiedene Fortpflanzungsgeschwindigkeit haben. Diese Erscheinung wird in folgender Weise zur Lichtsteuerung für Tonfilmzwecke benutzt (Bild 10). Von einer Lichtquelle Q gelangt das Licht über die Kondensorlinse L, welche die Lichtquelle Q in die Eintrittspupille des Objektivs O abbildet, zu dem Nicolschen Prisma P, das geradlinig polarisiertes Licht erzeugt, dessen Polarisationsebene unter 45° zur Ebene der planparallelen Elektroden E_1 und E_2 der Kerrzelle Kz liegt. Nach dem Durchgang durch die Kerrzelle Kz muß das Licht durch ein weiteres Nicolsches Prisma A hindurchtreten, dessen Polarisationsebene senkrecht zur Polarisationsebene des Polarisators P liegt. Da also die beiden Nicolschen Prismen gekreuzt sind, so kann kein Licht durch die Anordnung hindurchtreten, solange sich das Nitrobenzol in der Kerrzelle optisch isotrop verhält, d. h. also solange keine Spannung an den Elektroden E_1 und E_2 liegt. Wird nun Spannung (V in Volt) an die Elektroden E_1 und E_2 gelegt, deren Abstand a cm betragen möge, und haben die Elektroden die Ausdehnung von l cm in Richtung des Lichtweges, so ergibt sich der Phasenunterschied φ der beiden Komponenten des geradlinig polarisierten Lichtes (in Lichtwellenlänge λ gemessen) zu

$$\varphi = B \cdot l \cdot F^2 \quad \text{(Kerrsche Formel)}, \qquad (3)$$

wobei B die elektrooptische Kerrkonstante und F die Feldstärke in elektrostatischen CGS-Einheiten bedeutet, also

$$F = \frac{V}{300\,a}. \qquad (4)$$

---

[1] A. Karolus, a. a. O. $\qquad$ [2] C. Gutton, C. R. Bd. 156, S. 387. 1913.
[3] J. Kerr, Phil. Mag. (4) Bd. 50, S. 337. 1875. $\qquad$ [4] A. Karolus, a. a. O.

Ist J_0 die Intensität des in den Polarisator P eintretenden Lichtes, so tritt aus dem Analysator unter Vernachlässigung der Absorption Licht von der Intensität J aus, die gegeben ist durch die Formel[1]

$$J = \frac{J_0}{2} \sin^2(\pi \varphi).\tag{5}$$

Der Kerrzellenspalt, der im praktischen Falle etwa 40 bis 50 mm breit und wenige Zehntel mm hoch ist, wird mittels des Objektivs O als ein etwa $10\,\mu$ breiter Streifen auf dem Film F abgebildet.

Für die Änderung der Lichtintensität J in Abhängigkeit von der Feldstärke ergibt der Versuch in Übereinstimmung mit den Formeln (3) und (5) den in Bild 11 gezeichneten Verlauf. Als Abszisse ist in Bild 11 die Feldstärke im Kerrkondensator, als Ordinate die Lichtintensität aufgetragen.

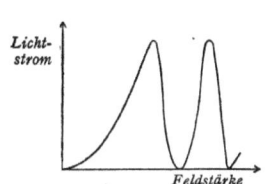

Bild 11. Kerrzellencharakteristik mit monochromatischem Licht.

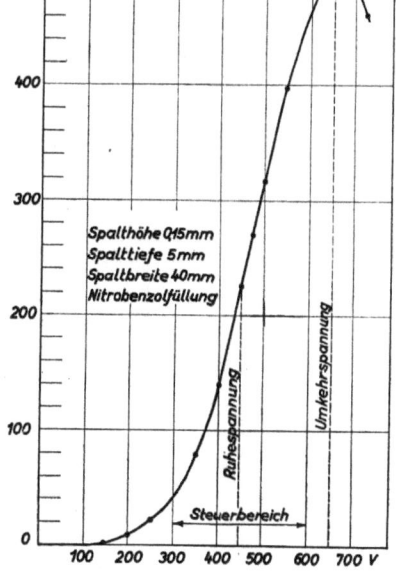

Bild 12. Lichtspannungscharakteristik einer Nitrobenzolkerrzelle (mit weißem Licht aufgenommen).

Bisher wurde vorausgesetzt, daß einfarbiges Licht verwandt wurde; denn die Kerrkonstante B ist stark wellenlängenabhängig und der Kerreffekt zeigt deshalb Dispersion.

In der Praxis wird nun weißes Licht verwandt, und von der Kurve in Bild 11 wird nur der erste aufsteigende Ast zur Lichtsteuerung von dem Werte Null bis zu einem Höchstwert ausgenutzt. Mißt man nämlich z. B. mit Hilfe einer photoelektrischen Zelle (s. unten)

Bild 13. Kerrzelle der AEG.

die Intensität des aus der Kerrzelle austretenden weißen Lichtes in Abhängigkeit von der Kerrzellenspannung, so erhält man eine Lichtspannungscharakteristik, von der Bild 12 ein Beispiel zeigt.

Um möglichst linearen Zusammenhang zwischen der Spannung an der Kerrzelle und dem hindurchgehenden Licht zu erhalten, gibt man nach dem Vorschlag von Karolus der Kerrzelle eine geeignete Gleichspannung als Vorspannung, der eine Wechselspannung geeigneter Amplitude überlagert wird (Bild 12).

Bei der Kerrzelle, welche die AEG in Verbindung mit dem oben beschriebenen Aufnahmeverstärker benutzt, wird eine Gleichspannung von 450 Volt angelegt. Die Maximalamplitude der Spannung der überlagerten Sprechströme beträgt ± 150 Volt. Diese Werte sind dem Bilde 12 direkt zu entnehmen.

Bild 13 zeigt eine technische Ausführung der AEG-Kerrzelle. In einem Gehäuse aus hochisolierendem Stoff sind die Nicolschen Prismen fest eingebaut. Die genaue Ausrichtung der Prismen erfolgt auf optischem Wege. In das Gehäuse wird eine kleine Küvette eingesetzt, die das Spaltsystem, rings von Nitrobenzol umgeben, enthält. Die Küvette ist

---

[1] W. Ilberg, Phys. ZS. Bd. 29, S. 671. 1928.

luftdicht abgeschlossen. Mittels eines Reinigungsverfahrens, das sich aus Filtrationen, Behandlung mit basischen Oxyden, vor allem mit Aluminiumoxyd, Destillation[1] bei vermindertem Druck[2] (Vakuum einer Wasserstrahlpumpe bis etwa 10 mm Hg) und elektrochemischer Reinigung durch die Einwirkung eines elektrostatischen Feldes[3] zusammensetzt, wird das handelsübliche Nitrobenzol vor der Einfüllung gereinigt. Dadurch wird der spezifische Widerstand des Nitrobenzols von etwa $5 \cdot 10^7$ Ω/cm^3 auf etwa $1 \cdot 10^{10}$ Ω/cm^3 und die Durchschlagfestigkeit auf etwa $1,5 \cdot 10^5$ Volt/cm erhöht. Seine Dielektrizitätskonstante zeigt eine Erhöhung von etwa 5,5 vH, und endlich zeigt die elektrooptische Kerrkonstante eine weitgehende Verbesserung[4]. Die Füllung der Kerrzelle mit dem gereinigten Nitrobenzol kann im Vakuum erfolgen, so daß in der fertigen Kerrzelle das Nitrobenzol nur unter seinem eigenen Dampfdruck steht. Als Elektrodenmaterial wird vorzugsweise Nickel verwandt.

Zum Schluß dieses Abschnittes sei noch erwähnt, daß es möglich ist, die stetig veränderliche natürliche Doppelbrechung eines elektrodynamisch gesteuerten Quarzkeiles zur Lichtsteuerung zu verwenden, wobei die optische Einrichtung ähnlich ist wie bei der Aufnahme mit der Kerrzelle.

4. Film und Filmführung. Aufzeichnungsträger ist bei allen photographischen Tonfilmverfahren der Film. Bei der Beschreibung der Weiterverarbeitung der Aufnahme (s. unten) wird näher auf die photochemischen Fragen des Filmes eingegangen, hier sollen nur die allgemeinen Bedingungen der Aufnahme angeführt werden.

Ein für Tonaufzeichnungen geeignetes Filmmaterial muß ein hohes Auflösungsvermögen, d. h. kleines Korn und kleinen Lichthof haben. Beim normalen Negativfilm ist die Überstrahlung zu groß, der normale Positivfilm hat zu geringe Empfindlichkeit, deshalb wird zu Tonfilmaufnahmen ein Sonderfilm verwandt, dessen Empfindlichkeit zwar zwischen dem normalen Positiv- und Negativmaterial liegt, dessen Korn aber genügend klein ist und deshalb nur geringe Überstrahlung zeigt. Zur Vermeidung der Lichthofbildung durch Reflexionen der Rückseite des Filmes, wird die Schicht mit einem lichtabsorbierenden Material angefärbt.

Zur gleichmäßigen Filmbewegung bei der Aufnahme dient die Tonkamera, die den grundsätzlichen Aufbau einer Projektionsmaschine für Bildfilme zeigt, jedoch werden an die Genauigkeit der Ausführung, insbesondere an die Gleichmäßigkeit der Filmbewegung, wesentlich höhere Anforderungen gestellt als bei Bildmaschinen.

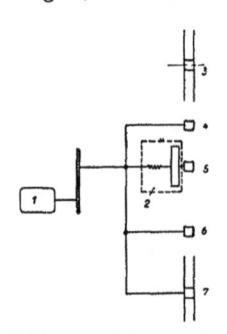

Bild 14. Schema des Filmtransportes bei der Tonkamera der AEG.
1 = Motor
2 = mechanisches Filter
3 = Vortransportrolle
4 = Belichtungsrolle
5 = Nachtransport
6 = Aufwickelrolle
7 = Abwickelrolle

In Bild 14 ist die Filmbewegung bei der AEG-Tonaufnahmekamera schematisch gezeichnet. Die Bewegung des Filmes erfolgt durch Zackenrollen, die von einem Motor über ein Zahnradvorgelege angetrieben werden. Damit der Vorschub an der Belichtungsstelle ohne Stöße vor sich geht, wird zwischen Vorgelege und Belichtungsrolle ein mechanisches Filter, bestehend aus Feder und Schwungmasse, eingeschaltet.

Die Schwungmasse ist starr mit der Belichtungszackenrolle verbunden. Der Antrieb vom Vorgelege aus erfolgt über eine Feder. Das Filter ist durch eine Ölfilzdämpfung aperiodisch gedämpft. Die Eigenfrequenz des mechanischen Filters liegt so tief, daß sie klein ist gegenüber der tiefsten Störfrequenz.

5. Gleichzeitige Aufnahme von Bild und Ton. Bild 15 zeigt eine Tonfilm-Aufnahmekamera der AEG. Bei gleichzeitiger Aufnahme von Bild und Ton werden Bild- bzw. Tonkamera von Synchronmotoren angetrieben. Es ist notwendig, die Bildkamera mit ihrem Antriebsmotor schallsicher zu kapseln, damit die von der Bildkamera ausgehenden Ge-

---

[1] A. Karolus, a. a. O. [2] R. Möller, DRP. Patentanmeldung A 55829.
[3] A. Karolus, a. a. O. [4] Fr. Hehlgans, ZS. f. techn. Phys. H. 12, S. 634. 1929.

räusche nicht vom Mikrophon aufgenommen werden. Diese Aufgabe wurde durch Umhüllung der Bildkamera und ihres Motors mit schallsicheren Kästen gelöst.

6. Mischeinrichtung. Es entsteht häufig die Aufgabe, eine Aufzeichnung mit mehreren Mikrophonen vorzunehmen. Bei der AEG wurde die Einrichtung so getroffen, daß mit drei Mikrophonen gearbeitet werden kann, von denen jedes mit einem besonderen Vorverstärker ausgerüstet ist. Die Spannungen der drei Vorverstärker werden einer Mischeinrichtung zugeführt und gelangen von da aus in den Eingangsübertrager des Endverstärkers. Die Ausgangsübertrager der Vorverstärker sind mit Widerständen abgeschlossen, an denen die Spannungen abgegriffen werden. Um den Anpassungswiderstand der Übertrager nicht zu verändern, wird in dem gleichen Maße ein Widerstand abgeschaltet, wie er am Spannungsteiler zugeschaltet wird. Die drei Spannungsteiler sind logarithmisch unterteilt. Bild 16 zeigt eine Ausführung der Mischeinrichtung.

Bild 15. Tonkamera der AEG.

IV. Weiterbehandlung und Vervielfältigung der Aufnahmen.

1. Nadeltonfilmverfahren.

Bei dem Nadeltonfilmverfahren werden die Aufzeichnungen auf der Wachsplatte in folgender Weise weiterverarbeitet: Zunächst wird auf die beschriebene Seite der Wachsplatte vorsichtig eine dünne leitende Schicht aufgebürstet oder galvanisch aufgetragen und dann ein Kupfernegativ hergestellt. Von diesem ersten Negativ werden zwei Elektroabzüge (also Positive, die in der Zeichnung mit dem Original übereinstimmen) zur Prüfung gewonnen. Von diesen Positiven werden Duplikatpositive sowie weitere Negative hergestellt; die letztgenannten dienen als „Stempel" zur Herstellung von Schallplatten.

Dieser umständliche Herstellungsgang ist erforderlich, um das Original

Bild 16. Mischeinrichtung.

nicht zu gefährden. Natürlich geht bei dem mehrfachen Wechsel von Positiv zu Negativ etwas von der Güte der Tonaufzeichnung verloren, doch ist der Verlust nicht sehr groß bei dem überhaupt begrenzten Frequenzumfang der Tonaufnahme nach dem Gravierverfahren. Das ganze Verfahren von der fertig vorliegenden Aufnahme bis zur Herstellung der „Stempel" kann innerhalb von 12 Stunden im Bedarfsfalle beendet werden.

An den Stoff, aus dem die Schallplatten hergestellt werden, werden hohe Ansprüche gestellt, besonders hinsichtlich der Widerstandsfähigkeit gegenüber dem großen Druck, den die Nadel bei der Wiedergabe ausübt, weil durch das Abschleifen der Platte die als Nadelgeräusche bekannten Störgeräusche entstehen.

2. Photographische Verfahren.

Um zum Verständnis des bei den photographischen Tonfilmverfahren notwendigen Entwicklungs- und Kopierverfahrens zu gelangen, sollen hier zunächst einige allgemeine photochemische Bemerkungen eingefügt werden.

Die Eigenschaften einer photographischen Emulsion lassen sich aus der Gradationskurve (Bild 17) erkennen. Als Ordinate wird bei der Gradationskurve die Schwärzung S aufgetragen, d. h. der Logarithmus des Verhältnisses der Intensität J_0 des auffallenden Lichtes zur Intensität J des durchgelassenen Lichtes, also $S = \log \frac{J_0}{J}$. Abszisse ist bei der Gradationskurve der Logarithmus des Produktes $J \cdot t$ (t=Zeit), also die Belichtung in logarithmischem Maße. Die Belichtungszeit t ist in der Tonfilmpraxis konstant, da der Film mit gleichmäßiger Geschwindigkeit bei der Aufnahme bewegt wird. Die Gradationskurven zeigen, daß die Schwärzung bei geringen Belichtungen zunächst gleichbleibend ist, darauf nach einer Krümmung geradlinig ansteigt, um endlich in eine neue Krümmung überzugehen. Man unterscheidet dabei das Gebiet der Unterexposition (bis zur unteren Krümmung), der normalen Exposition (geradliniger Teil) und endlich das Gebiet der Überexposition (von der oberen Krümmung); und es besteht für den geradlinigen Teil der Gradationskurve die Beziehung:

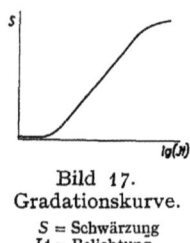

Bild 17.
Gradationskurve.
S = Schwärzung
Jt = Belichtung

$$S = \gamma \cdot \log(J \cdot t).$$

Die Steilheit γ ist abhängig von der Emulsion, der Schichtdicke, Zusammensetzung und Temperatur des Entwicklers sowie von der Entwicklungszeit.

Nachdem Bild- und Tonfilm belichtet und entwickelt worden sind, werden im allgemeinen Falle, d. h. wenn von der Vorführung mit getrenntem Ton- und Bildfilm abgesehen wird, Ton und Bild auf ein gemeinsames Positiv kopiert. Gleichgültig, ob es sich um die Aufzeichnung nach dem Amplituden- oder Intensitätsprinzip handelt, muß für eine verzerrungsfreie Wiedergabe der akustischen Schwingungen bei beiden Verfahren die Bedingung erfüllt werden, daß die Intensität des auf das Negativ auffallenden Lichtes proportional ist der Intensität des durch die Kopie hindurchgelassenen Lichtes. Diese Bedingung ist erfüllt, wenn das Produkt $\gamma_{nT} \cdot \gamma_{pT} = 1$ ist, wobei γ_{nT} die Steilheit des Tonnegativs, γ_{pT} die des Tonpositivs bedeutet. Diese Bedingung wurde von Goldberg aufgestellt und nach ihm benannt.

Für die Bildphotographie muß die Bedingung erfüllt sein $\gamma_{nB} \cdot \gamma_{pB} = 1,4$, wobei γ_{nB} die Steilheit des Bildnegativs, γ_{pB} die Steilheit des Bildpositivs bedeutet. Der Grund für diese Abweichung von der Goldbergschen Bedingung bei der Bildphotographie ist darin zu suchen, daß es sich nicht allein um die Erfüllung einer rein physikalischen, sondern auch einer physiologischen Bedingung handelt, da das Auge eine größere Abstufung der Schwärzung verlangt, als einer rein physikalisch richtigen Aufzeichnung entsprechen würde.

Wenn Tonnegativ und Bildnegativ getrennt kopiert werden, so sind die beiden oben genannten Bedingungen für den Bildfilm und den Tonfilm einzeln leicht zu erfüllen.

Werden Tonnegativ und Bildnegativ jedoch auf einen gemeinsamen Film kopiert, so ist die Erfüllung beider Bedingungen dadurch sehr erschwert, daß für Bild und Ton natürlich die Positivemulsion und der Positiventwickler und damit auch die Steilheiten γ_{pB} und γ_{pT} die gleichen sein müssen.

Es gilt für das Bild $\gamma_{nB} \cdot \gamma_{pB} = 1{,}4$ und $\gamma_{nB} = 0{,}8$, $\gamma_{pB} = 1{,}8$. Soll für den Ton $\gamma_{nT} \cdot \gamma_{pT} = 1$ sein, so ergibt sich, da $\gamma_{pB} = \gamma_{pT} = 1{,}8$ ist, für γ_{nT} der Wert 0,55. Eine derartige Steilheit des Negativs ist aber wegen praktischer Schwierigkeiten im allgemeinen nicht anwendbar. Ein Ausweg aus diesen Schwierigkeiten ergibt sich, wenn es gelingt, die Steilheit der Tonkopie kleiner zu machen als die Steilheit des auf dem gleichen Film kopierten Bildes, und in der Tat gelingt das durch Anwendung von Licht verschiedener Wellenlänge für die Ton- und Bildkopie, weil die Steilheit aller Filmemulsionen wellenlängenabhängig ist; diese Dispersion wird dabei noch durch Anfärben der Emulsion verstärkt, und zur Erfüllung der Goldbergschen Bedingung werden γ_{nT} und γ_{pT} beide gleich Eins gewählt.

Die letzten Bemerkungen enthalten die notwendigen Bedingungen, nach denen in bekannter Weise auf photographischem Wege beliebig viele Abzüge der nach dem photographischen Verfahren gewonnenen Tonaufzeichnungen hergestellt werden können. Was insbesondere die Aufnahme von Intensitätsfilmen nach dem AEG-Verfahren mit der Kerrzelle anbetrifft, so stehen hierbei gemäß der Lichtspannungscharakteristik Unterschiede der Lichtintensitäten zur Verfügung, die sich etwa wie 1:10 verhalten. Diese Unterschiede können leicht

Bild 18. Tonkopiermaschine.

auf dem geradlinigen Teil der Gradationskurve untergebracht werden. Der Vorspannung der Kerrzelle entspricht hierbei eine gewisse mittlere Schwärzung, um die Änderungen auftreten, die der Kerrzellenwechselspannung entsprechen. Der Kopiervorgang von Bild und Ton auf einem gemeinsamen Film erfolgt so, daß in einer Maschine das Bild in der bisher üblichen Weise und in einer anderen der zugehörige Tonstreifen belichtet wird. Bild 18 zeigt die Ansicht einer Tonkopiermaschine. Der Film läuft über Zackenrollen durch ein Belichtungsfenster. An das Fenster ist ein Gehäuse angeschlossen, das die Lampe enthält. Eine Blende sorgt dafür, daß nur der tatsächlich zum Ton gehörende Streifen belichtet wird. Neuerdings können auch in der gleichen Maschine Bild- und Tonabzug hergestellt werden.

V. Wiedergabe von Tonfilmen.

Im folgenden Abschnitt soll über die gebräuchlichsten Wiedergabeverfahren berichtet werden. Eingangs werden dabei die verschiedenen Tonabnahmeorgane behandelt, es folgen darauf Zusammenstellungen der bei allen Wiedergabeverfahren notwendigen Verstärker und Schallsender.

1. Tonabnahmeorgane.

Die Tonabnahme erfolgt beim Nadeltonverfahren mittels einer Elektroschalldose, bei den photographischen Verfahren mittels lichtelektrischer Organe.

a) Nadeltonfilm.

Die Tonabnehmer beim Nadeltonfilmverfahren beruhen auf den verschiedensten physikalischen Grundlagen. Die wichtigsten sind jene, deren Wirkungsweise elektrostatischer, piëzoelektrischer und elektromagnetischer Art ist und solche mit veränderlichem Widerstand. Der AEG-Abnehmer beruht auf dem elektromagnetischen Prinzip und wurde von Kellogg bei der General-Electric Company entwickelt[1].

Besondere Aufmerksamkeit ist bei der Wiedergabe von Nadeltonfilmen auf den unbedingten Gleichlauf von Bild- und Tonwiedergabe zu richten. Ähnlich wie beim Aufnahmeverfahren erfolgt deshalb der Antrieb des Plattentellers und der Bildmaschine mittels Synchronmotoren und mit der gleichen Drehzahl wie bei der Aufnahme. Besondere Einrichtungen gestatten dabei den Übergang von einem Plattenspieler auf den nächsten und von einer Bildmaschine auf eine zweite, was bei der großen Länge der Spielfilme notwendig ist.

b) Photographisches Verfahren.

Bei der Wiedergabe von Tonfilmen, die nach einem photographischen Verfahren aufgenommen sind, erfolgt die Tonabnahme mittels lichtelektrischer Organe. Es kommen im wesentlichen die Selenzelle[2] und die Photozelle nach Elster und Geitel[3] in Betracht.

Die Selenzelle ist eine geeignet gefaßte Schicht der grauen, kristallinischen Modifikation des Selens, die im Gegensatz zu den anderen Modifikationen die Elektrizität leitet und deren elektrischer Widerstand sich mit der Belichtung ändert, wie May im Jahre 1873 zeigte. Selenzellen folgen nur mit einer gewissen Verspätung den auf sie treffenden Lichtänderungen. Diese Trägheitserscheinungen machen Selenzellen zur Wiedergabe der hohen Frequenzen des Frequenzgemisches von Musik und Sprache ungeeignet.

Ein Umsetzungsvorgang von Licht in elektrische Energie, der frei ist von den Trägheitserscheinungen des Selens, ist die photoelektrische Elektronenemission von Alkalimetallflächen im gasverdünnten Raume, die von Elster und Geitel entdeckt und zur Entwicklung von sog. Photozellen benutzt wurde. Derartige Zellen ergeben eine einwandfreie Proportionalität zwischen auffallender Lichtintensität und Entladungsstrom. Wird eine Spannung von geeigneter Größe an eine derartige Zelle gelegt, wobei die Alkalischicht Kathode ist, der eine metallische Anode gegenübersteht, so treten bei wechselnder Belichtung der Zelle im Takte der Belichtung Spannungsschwankungen an der Zelle infolge ihres wechselnden Eigenwiderstandes auf. Die Widerstandsänderungen der Zellen werden hervorgerufen durch den Photoelektronenstrom und durch Ionen, welche die Elektronen aus dem Füllgas durch Stoß erzeugen.

Bild 19. Photozelle der AEG.

Bild 19 zeigt eine von der AEG gebaute Photozelle, bei der die Alkalimetallfläche die ganze innere Glaswand des Gefäßes mit Ausnahme einer kleinen Öffnung für den Lichteintritt bedeckt. Dadurch wird die Wirkung sehr gesteigert; denn die Lichtstrahlen werden im Innern der Zelle mehrmals reflektiert und ihre Energie wird weitgehendst zur Elektronenemission benutzt. Die Vorspannung wird so gewählt, daß sie etwa 20 vH unter der Glimmspannung liegt.

---

[1] E. W. Kellog, Journ. Amer. Inst. Electr. Eng. Okt.-H., S. 1041. 1927.
[2] D. v. Mihály, a. a. O. S. 58ff., dort weitere Literaturangaben.
[3] Elster u. Geitel, Wied. Ann. Bd. 41, S. 161. 1890.

Bei der Besprechung der zur Wiedergabe von Tonfilmen im eigentlichen Sinne notwendigen Optik kann man sich aus den oben angegebenen Gründen auf eine Besprechung der für die Photozelle in Betracht kommenden Verhältnisse beschränken.

Gleichgültig, ob ein Intensitäts- oder ein Amplitudenfilm vorliegt, der Film wirkt als fortwährend wechselnde Blende für das von einer gleichbleibenden Lichtquelle auf die Photozelle geworfene Licht. Beim Hindurchtritt des Lichtes durch den Film ist darauf zu achten, daß das Lichtbündel nicht höher ist als der beleuchtete Streifen bei der Aufzeichnung auf dem Film, also etwa $10\,\mu$. Die Erzeugung eines derartigen Lichtbündels von etwa $10\,\mu$ Höhe und der Breite der Tonaufzeichnung geschieht durch Erzeugung einer scharfen, verkleinerten Abbildung eines Blendenschlitzes mit Hilfe eines Objektivs von großer Lichtstärke und hoher Auflösungsfähigkeit. Der Blendenschlitz wird von einer gleichmäßig brennenden Lichtquelle großer Leuchtdichte mittels einer Kondensorlinse ausgeleuchtet. Um die Baulänge der Optik in erträglichen Grenzen zu halten, werden Objektive kurzer Brennweite verwandt wie bei der Aufnahme.

Die Anforderungen an den mechanischen Teil des Tonwiedergabeapparates sind die gleichen wie bei der Tonaufnahmekamera. Auch hier muß die für die Filmbewegung maßgebende Zackenrolle eine gleichförmige Winkelgeschwindigkeit aufweisen. Bei den gebräuchlichen Kinomaschinen, die aus praktischen Gründen für die Tonbildwiedergabe beibehalten werden müssen, ist diese Aufgabe besonders schwierig, da die Stöße, die durch die ruckhafte Bewegung des Malteserkreuzes im Bildwerfer hervorgerufen werden, sich auch auf die Tonzackenrolle übertragen. Die Zackenrolle wird daher über ein mechanisches Filter mit dem Getriebe gekoppelt.

Bild 20. Bild-Ton-Wiedergabegerät der AEG.
T = Tonoplik V = Vorverstärker.

Die Geschwindigkeit des Filmes muß bei der Wiedergabe naturgemäß die gleiche sein wie bei der Aufnahme. Da bei den Kreuzmaschinen das Bild ruckweise geführt wird, der Ton dagegen gleichförmig an der Belichtungsstelle vorbeibewegt werden muß, wird zwischen Bild und Ton eine Versetzung vorgenommen, die nach internationalem Übereinkommen 38 cm ist, in dem Sinne, daß der Film das Bildfenster früher durchläuft als das zugehörige Tonfenster.

Die Anordnung eines vereinigten Bild-Tonwiedergabegerätes der AEG ist aus Bild 20 ersichtlich. Das Tonwiedergabegerät T ist unmittelbar unter dem Bildwerfer angeordnet. Bei der Tonwiedergabe wird der Projektor von einem Drehstrommotor angetrieben, dessen Drehzahl nicht verändert werden kann. Um die Möglichkeit zu haben, stumme Filme mit anderer Geschwindigkeit als mit 24 Bildern in der Sekunde laufen zu lassen, ist ein zweiter Antrieb durch einen Universalmotor vorgesehen.

Die gleichzeitige Wiedergabe von Bild und Ton mit der gleichen Maschine bedeutet naturgemäß einen großen praktischen Vorteil der photographischen Verfahren gegenüber dem Nadeltonverfahren.

2. Verstärker.

Die von den Tonabnehmern der verschiedenen Wiedergabeverfahren erhaltene Energie ist zu gering, um unmittelbar einem Schallsender zugeleitet werden zu können und muß deshalb verstärkt werden. Es wurde oben bei der Besprechung der Aufnahmeverfahren über Verstärkerprinzipien eingehend berichtet. Hier seien noch einige besonders für die photographischen Verfahren, die mit der Photozelle arbeiten, gültige Bemerkungen angefügt.

Die Ankopplung der Photozelle an den Verstärker erfolgt zweckmäßig über Widerstände. (Bei großen Entfernungen zwischen Photozelle und Verstärker kann auch mit Übertragern gekoppelt werden.) Man kann die Photozelle als einen Generator G mit dem inneren Widerstand R_i betrachten, der über einen äußeren Widerstand geschlossen ist (Bild 21). Der äußere Widerstand setzt sich zusammen aus dem Abschlußwiderstand R_a der Photozelle, zu dem parallel die Zuleitungskapazität, die geringe Eigenkapazität der Zelle und die dynamische Kapazität des Gitters der ersten Verstärkerröhre liegen, die als schädliche Kapazität C in Bild 21 zusammengefaßt sind.

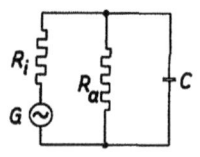

Bild 21.
Kopplung der Photozelle (Ersatzschema).
G = Generator
R_i = innerer Widerstand
R_a = äußerer Widerstand
C = schädliche Kapazität

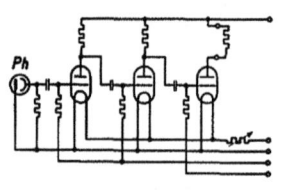

Bild 22.
Prinzipschaltbild des Photozellenverstärkers der AEG.
Ph = Photozelle

Der innere Widerstand der Photozelle gegenüber Wechselstrom liegt in der Größenordnung $10\,M\Omega$. Man muß den Abschlußwiderstand in die gleiche Größenordnung legen, wenn man eine große Ausbeute der Photozelle wünscht. Dies macht jedoch Schwierigkeiten, da die parallel geschalteten Kapazitäten bei hohen Frequenzen bereits einen beträchtlichen Abfall der Spannung bewirken. Daher wählt man den Abschlußwiderstand etwas kleiner und sorgt für eine möglichste Verkleinerung der schädlichen Kapazität C. Um die dynamische Kapazität des Gitters der Eingangsröhre möglichst gering zu halten, benutzt man Röhren mit großem Durchgriff.

Da für den Betrieb von Lautsprechern Kraftverstärker verschiedener Größe zur Verfügung standen, wurde lediglich ein Photozellenverstärker entwickelt, der den vorhandenen Verstärkern angepaßt ist. Sein Aufbau ist grundsätzlich der gleiche wie der des Aufnahmevorverstärkers. Bild 22 zeigt die Prinzipschaltung des Photozellenverstärkers, der durch Übertrager mit den Hauptverstärkern gekoppelt wird. Die Photozelle ist vom Verstärker getrennt und mit diesem durch Spezialkabel verbunden.

3. Schallsender.

Bei der Wiedergabe von Musik und Sprache durch Schallsender, die im folgenden dem Sprachgebrauch folgend kurz als Lautsprecher bezeichnet werden, sind als Bedingungen zu stellen: gleichmäßige Verstärkung im gesamten hörbaren Frequenzbereich, amplitudentreue und originalgleiche Lautstärke.

Bei einem Lautsprecher unterscheidet man allgemein das mechanische Schwingungsgebilde (Membran) von dem Antriebsmechanismus der Membran.

Rice und Kellogg[1] haben gezeigt, wie man weitgehende Frequenzunabhängigkeit der Membran erzielen kann. Nach ihren mechanischen Eigenschaften kann man die

---

[1] C. W. Rice u. E. W. Kellog, Journ. Amer. Inst. Electr. Eng. Bd. 44, S. 982. 1925.

Membranen einteilen in solche mit überwiegender Trägheits-, Brems- oder elastischer Hemmung.

Bei Besprechung der Schallempfänger (S. 375) wurde bereits auf die Schwingungsgleichung der Membran hingewiesen. Danach liegt bei den Membranen mit überwiegender Trägheitshemmung die Eigenschwingung sehr tief. Die Beziehung zwischen Amplitude x und erregender Kraft P ist $x = \frac{P}{m\omega^2}$. Legt man die Eigenschwingung der Membran sehr hoch (Membran mit überwiegend elastischer Hemmung), so lautet die Beziehung $x = c \cdot P$. Der Fall überwiegender Bremshemmung kommt praktisch nicht in Frage.

Die von einer Membran der Fläche F in den Halbraum abgestrahlte Leistung L ist, wenn ϱ die Dichte des Mediums und u die Schallgeschwindigkeit bezeichnet,

$$L = \frac{1}{2}\varrho u F \omega^2 x^2,$$

falls die Abmessungen der Membran groß sind gegen die Wellenlängen; sie beträgt

$$L = \frac{1}{2}\varrho \frac{F^2 \omega^4 x^2}{2\pi u},$$

wenn die Abmessungen der Membran klein gegen die Wellenlänge sind. Zwischen diesen beiden Grenzfällen findet ein allmählicher Übergang statt.

Bei großen Membranen liefert nur eine Membran mit überwiegender Bremshemmung eine Frequenzunabhängigkeit der Lautstärke. Dieser Fall kommt praktisch nicht in Frage, da eine derartige Hemmung schwer zu verwirklichen ist.

Bei großen Membranen mit überwiegend elastischer Hemmung nimmt die abgestrahlte Leistung mit dem Quadrat der Frequenz zu, bei solchen mit überwiegender Trägheitshemmung mit dem Quadrat der Frequenz ab.

Bei kleinen Membranen liefert die Membran mit überwiegender Trägheitshemmung eine von der Frequenz unabhängige Lautstärke.

Bei dem elektrodynamischen Lautsprecher der AEG, der von Rice und Kellog bei der General Electric Company entwickelt wurde, wurde in Befolgung der vorstehenden Grundsätze eine Membran sehr tiefer Eigenschwingung verwandt, so daß der Sender für mittlere Frequenzen eine von der Frequenz unabhängige Energie abstrahlt. Für hohe Frequenzen nimmt die Energie umgekehrt proportional der Frequenz ab. Diese Abnahme wird teilweise durch Richtwirkung der Membran ersetzt[1]. Die gleichen Gesichtspunkte wie Rice und Kellog hat auch Riegger[2] bei der Entwicklung der Blatthaltermembran zugrunde gelegt.

Membranen großer Fläche mit überwiegender Trägheitshemmung, die trotz ihrer Größe eine genügende Steifigkeit besitzen, um Oberschwingungen zu vermeiden, sind die von Gerlach[3] angegebenen Faltenmembranen.

Für die Herstellung des Antriebes der Membranen bestehen praktisch drei Möglichkeiten, nämlich nach dem elektromagnetischen, dem elektrostatischen und dem elektrodynamischen Prinzip.

Die Grundlagen der elektrostatischen Lautsprecher wurden bereits bei Besprechung der elektrostatischen Mikrophone dargelegt. Die Membran eines solchen Lautsprechers dient als bewegliche Elektrode eines Kondensators, der in geringem Abstand eine zweite feste Elektrode gegenübersteht. Liegt an diesen Elektroden z. B. eine einer Gleichspannung überlagerte Wechselspannung, so erleidet die bewegliche Elektrode periodisch veränderliche Durchbiegungen, die sich auf die Luft übertragen. Praktische Verwendung

---

[1] F. A. Fischer u. H. Lichte, AEG-Mitteilungen H. 1, S. 3. 1929.
[2] H. Riegger, Wiss. Veröffentl. d. Siemens-Konzerns Bd. 3, S. 67. 1924.
[3] Fachberichte der 31. Jahresverslg. des V. D. E. S. 86. Wiesbaden 1926.

hat dieses Prinzip in der Tonfilmpraxis z. B. bei dem Lautsprecher von Vogt, Engl und Massolle gefunden[1].

Der elektrodynamische Lautsprecher beruht auf der Bewegung einer von Sprechwechselströmen durchflossenen Spule in einem konstanten Magnetfeld. Auf die Spule wirkt nur bei Stromdurchgang eine Kraft, die auch bei großen Amplituden linear vom Strom abhängig ist. Der elektrodynamische Lautsprecher ist der einzige, mit dem sich auch bei großen Lautstärken ohne besondere Kompensationsmaßnahmen amplitudentreue, frequenzunabhängige Schallwiedergabe erreichen läßt.

In Bild 23 ist schematisch die Anordnung des elektrodynamischen Lautsprechers der AEG aufgezeichnet[2]. In einem Elektromagneten (Kern a, Gehäuse g, Wicklung b) bewegt sich die von den Sprechwechselströmen durchflossene Schwingspule f. Die Schwingspule sitzt auf einem leichten Spulenkörper aus Papier, der mit der Konusmembran e fest verbunden ist. Die Membran ist so bemessen, daß sie sich nur als Ganzes hin- und herbewegt (Kolbenmembran). Die Eigenschwingung der Membran liegt sehr tief. Die experimentellen Ergebnisse bestätigten, daß die Forderung der Frequenztreue weitgehend erfüllt ist.

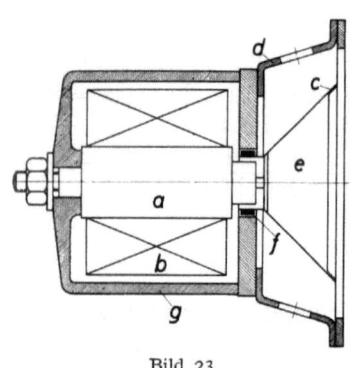

Bild 23.
Lautsprechersystem der AEG im Schnitt.
a = Kern $\quad$ c = Ring $\quad$ e = Konusmembran
b = Wicklung $\quad$ d = Halterung $\quad$ f = Schwingspule
g = Gehäuse.

VI. Schlußbemerkung.

Die vorliegende Arbeit gibt den Stand der Tonfilmtechnik etwa um die Jahreswende 1929/30 wieder unter besonderer Berücksichtigung des Anteiles der AEG an ihrer Entwicklung.

Ein Stab von Wissenschaftlern und Technikern sucht die vorhandenen Geräte fortlaufend zu verbessern, und neue Wege zur Lösung des Tonfilmproblems werden beschritten. Gleichzeitig wird für die junge Tonfilmtechnik eine große Zahl gut geschulter Kräfte für die Aufnahme und Wiedergabe von Tonfilmen herangebildet. Die Übertragung des Tonfilmverfahrens aus dem physikalischen Laboratorium in die Filmtechnik ist schon innerhalb eines halben Jahres nach der ersten Inbetriebnahme der Apparaturen in der Filmtechnik so weit gelungen, daß Wiedergaben von Musik und Sprache erzielt werden, die einer guten Rundfunkdarbietung gleichkommen.

---

[1] Jo Engl, a. a. O. S. 67. $\qquad$ [2] F. A. Fischer u. H. Lichte, a. a. O. S. 4.

Hochleistungs-Gleichrichterröhren mit Glühkathode.

Von H. Simon.

Es wird eine neue Art von Hochleistungsgleichrichtern beschrieben, die mit Oxydkathode und Quecksilberdampffüllung arbeiten. Der Vorteil gegenüber den bis jetzt bekannten Glühkathodengleichrichtern besteht in dem geringen Spannungsabfall von etwa 10 Volt und der hohen Stromabgabe der Kathode durch Verwendung von großflächigen Oxydkathoden. Gegenüber Quecksilbergleichrichtern besteht der Vorteil in der größeren Transportsicherheit, in dem kleineren Spannungsabfall und der besseren Verwendbarkeit bei der Erzeugung sehr hoher Gleichspannung.

In den letzten Jahren hat die Erkenntnis auf dem Gebiete der Glühkathoden und deren technische Herstellung recht große Fortschritte gemacht, die im wesentlichen der Entwicklung des Rundfunkes zu verdanken sind. Die immer höher gestellten Anforderungen an die Glühkathodenröhren für Sende- und Empfangszwecke haben umfangreiche theoretische und experimentelle Untersuchungen des Mechanismus der Glühelektronenemission und der Gasentladung zur Folge gehabt und Ergebnisse gezeigt, welche die Anwendung der gemachten Erfahrungen auch auf anderen Gebieten der Elektrotechnik ermöglichten. So haben sich insbesondere in den letzten Jahren neben den Quecksilberdampf-Gleichrichtern Glühkathoden-Gleichrichter mit Gasentladung eingebürgert und ihre Gleichwertigkeit, für verschiedene Zwecke sogar ihre Überlegenheit bewiesen.

Bild 1. Wehnelt-Gleichrichter mit Oxydkathode und Argonfüllung.

Schon vor mehr als zwei Jahrzehnten wurden die ersten Glühkathoden-Gleichrichter mit Gasfüllung hergestellt, deren Grundlage die Untersuchungen über die Glühemission der Erdalkalioxyde von Wehnelt[1] und seinen Schülern bildete. Diese ersten Oxydkathoden-Gleichrichter fanden besonders für Ladezwecke Verwendung. Ihre Lebensdauer betrug rund 1000 h. Die Bauart eines derartigen Gleichrichters ist aus Bild 1 zu ersehen. In einem Glasgefäß sind die einzelnen Elektroden, Kathode und zwei Anoden vakuumdicht eingeschmolzen. Die Glühkathode besteht aus einem Platiniridiumband, das mit Erdalkalioxyden dick bestrichen ist, die Anoden sind aus Kohle hergestellt. Die abgebildete Gleichrichterröhre ist eine Vollwegröhre für Einphasenstrom. Zum Schutze gegen Rückzündungen sind die beiden Anoden in zwei getrennten Ansätzen des Glasgefäßes angebracht. Als Gasfüllung wurden in diesen Röhren Edelgase oder Gemische von Edelgasen benutzt. In Bild 2 ist eine besondere Ausbildung einer Oxydkathode dargestellt. Das Erdalkalioxyd ist zu einem Stäbchen gepreßt, das mit Iridiumband oder Platinband umwickelt ist. Das Band und damit auch das Stäbchen wird durch elektrischen Strom erhitzt. Da bei hohen Tem-

---

[1] Wehnelt, Ann. d. Phys. Bd. 14, S. 425. 1904.

peraturen das Oxydstäbchen einen relativ kleinen Widerstand besitzt, fließt der Elektronenstrom gleichzeitig über die Heizzuleitungen. Die einfachste Schaltung eines Vollweg-Gleichrichters zeigt Bild 3.

Diese Gleichrichter waren für verhältnismäßig kleine Leistungen bemessen, wurden jedoch schon für Gleichspannungen bis zu 3000 Volt gebaut und dienten zur Erzeugung der Gleichspannung für Röhrensender in der drahtlosen Telegrafie.

Die ungleichmäßige Lebensdauer dieser Oxydkathodenröhren, die auf der Zerstäubung des Oxyds, der Anordnung der Anoden in zu engen Armen, der unvollkommenen Entgasung des Glases und der Elektroden und anderem beruhte, führte dazu, daß sie durch Hochvakuumventile mit Wolframkathoden ersetzt wurden. Man war zwar dadurch gezwungen, auf die niedrige Heizleistung der Oxydkathoden zu verzichten, tauschte aber dafür die konstante Emission der Wolframkathode ein, deren Bemessung man vollständig beherrschte, so daß die einzelnen Röhren in jeder Hinsicht gleichmäßig ausfielen. Infolge der hohen Heizleistung blieb für die Hochvakuum-Gleichrichter die Anwendung ausschließlich

Bild 2. Besondere Ausführungsform einer älteren Oxydkathode.

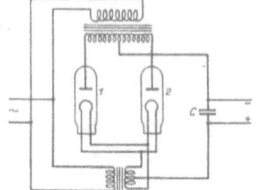

Bild 3. Einfachste Vollweg-Gleichrichtung.

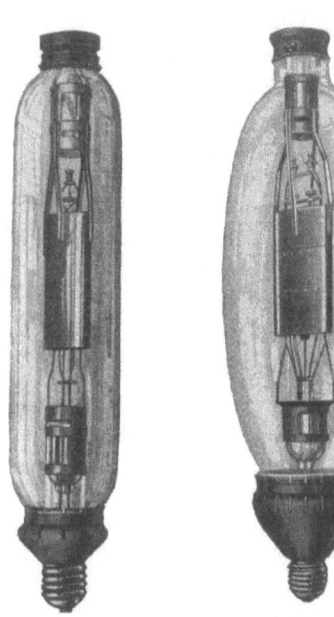

Bild 4. Hochvakuum-Gleichrichter Telefunken Type RG 44 und RG 61.

Bild 5. Wassergekühlter Hochvakuum-Gleichrichter G 29 d.

auf das Gebiet der drahtlosen Telegrafie und Telefonie beschränkt. In den Bildern 4 und 5 sind derartige von der AEG und der Osram GmbH., K.G., für die Telefunken-Gesellschaft für drahtlose Telegrafie hergestellte Gleichrichterröhren wiedergegeben. Eine Verwendung für niedrige Spannungen und hohe Ströme war infolge des schlechten Wirkungsgrades nicht lohnend, da der Spannungsabfall in der Röhre schon bei Emissionsströmen von einigen A außerordentlich hoch (800 bis 1000 V) ist. Zunächst versuchte man durch die Einführung von Thoriumkathoden, dann durch eine Edelgasfüllung, z. B. Argon, den Wirkungsgrad zu verbessern. Schließlich kehrte man zu den Oxydkathoden zurück, nachdem man durch die Massenherstellung der Verstärkerröhren Verfahren gefunden hatte, die einwandfreie Oxydkathoden lieferten.

1. Gesetze der Glühemission.

Da die Glühelektronenemission der Kathode bei dem Entladungsvorgang eine ausschlaggebende Rolle spielt, sollen die Gesetzmäßigkeiten der Elektronenemission kurz behandelt und zunächst die Verhältnisse im Hochvakuum betrachtet werden. Die wichtigste Beziehung ist die Abhängigkeit der spezifischen Emission, d. h. der Elektronenemission je cm² Oberfläche, von der Kathodentemperatur:

$$J = A \cdot T^2 \cdot e^{-b/T}.$$

Hierbei bedeutet J den Elektronenstrom je cm² Oberfläche, wenn durch Anlegen entsprechender Anodenspannungen sämtliche aus der Oberfläche austretende Elektronen zur Anode geführt werden, T die absolute Temperatur, A eine bei reinen Metallen universelle Konstante und b eine Materialkonstante. Erstmalig wurde diese Gleichung von O. W. Richardson[1] 1901 aufgestellt, wobei an Stelle von T^2 zunächst $\sqrt{T}$ angenommen wurde. Spätere experimentelle Untersuchungen von S. Dushman vom Research Laboratory der General Electric Company entschieden zugunsten der obigen Gleichung. In Bild 6 ist die Temperaturabhängigkeit der Emission der drei hauptsächlichsten Vertreter der Glühkathoden dargestellt. Daraus erkennt man, wieviel günstiger die Emission der Oxydkathoden ist. Für 500 mA/cm² z. B. benötigt man für eine Oxydkathode eine Temperatur von 900° K, während eine Wolframkathode zur Erzielung derselben spezifischen Emission auf 2600° K geheizt werden muß. Schon die kleinere Heizleistung bringt also eine Verbesserung des Wirkungsgrades. Der Unterschied ist durch die verschieden große Arbeit bedingt, die ein Elektron beim Austritt aus der Oberfläche der verschiedenen Kathodenmaterialien zu leisten hat. Diese Austrittsarbeit bestimmt die Größe der Konstanten b und hängt mit dem Aufbau der Atome zusammen. Für einige Metalle ist die Austrittsarbeit nachstehend in Voltgeschwindigkeit angegeben:

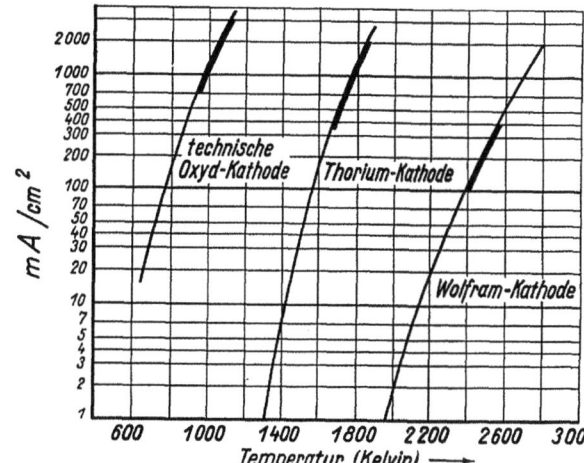

Bild 6. Spezifische Elektronenemission von Wolfram-, Thorium- und Oxydkathode (Ba).

Wolfram	4,5	Volt
Tantal	4,2	,,
Thorium	3,2	,,
Calcium	1,7	,,
Cäsium	1,3	,,

Die in Bild 6 stark gezeichneten Teile der Kurven sind die Temperaturbereiche, in denen die Kathoden normalerweise benutzt werden.

Die Elektronen treten mit bestimmten Anfangsgeschwindigkeiten aus der Metalloberfläche aus, einer Maxwellschen Geschwindigkeitsverteilung entsprechend. Dennoch können alle austretenden Elektronen nur bei ganz kleinen Strömen, d. h. also niedrigen Kathodentemperaturen, die Anode erreichen, während bei höheren Emissionsströmen nur ein sehr kleiner Bruchteil des Gesamtstromes oder Sättigungsstromes dies vermag, sofern nicht der Anode ein genügend hohes positives Potential gegeben wird. Dies hat folgende Ursache. Die im Raum Kathode—Anode sich bewegenden Elektronen erzeugen eine negative Raumladung und damit ein Gegenfeld, das den Austritt weiterer Elektronen

---
[1] O. W. Richardson, Proc. Cambridge Phil. Soc. Bd. 11, S. 286. 1901.

aus der Kathode verhindert. Die Potentialverteilung zwischen Kathode und Anode hat für verschiedene Anodenspannungen etwa den in Bild 7 angegebenen Verlauf. Legt man an die Anode ein positives Potential an und steigert dieses immer mehr und mehr, so werden immer mehr Elektronen zur Anode gelangen, bis schließlich bei genügend hohem Potential keine weitere Steigerung des Anodenstromes eintritt. Dann werden alle bei der betreffenden Temperatur aus der Kathode austretenden Elektronen die Anode erreichen. Wie die Ver-

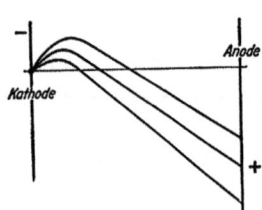

Bild 7. Schematische Potentialverteilung zwischen Anode und Kathode.

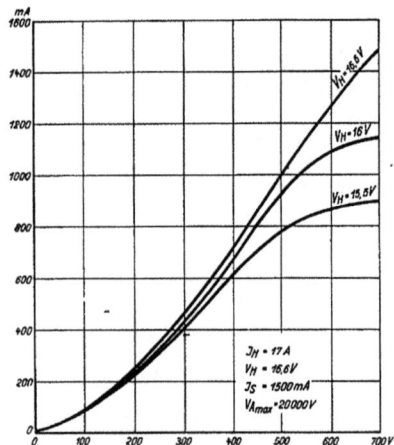

Bild 8. Raumladungskurven der Hochvakuum-Gleichrichterröhre RG 44.

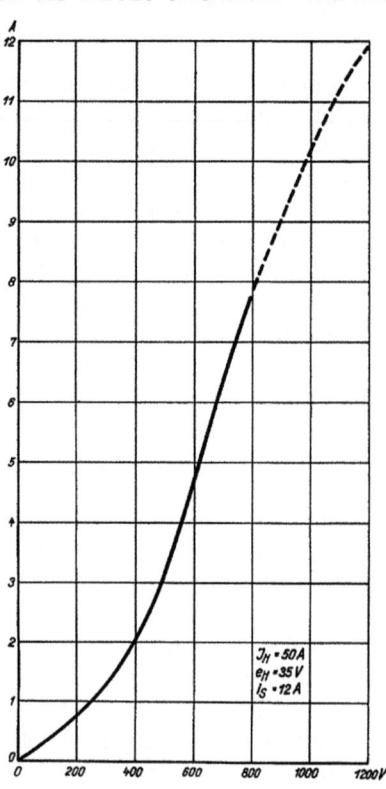

Bild 9. Raumladungskurve der Wasserkühl-Hochvakuum-Gleichrichterröhre G 29 d.

hältnisse im Telefunken-Gleichrichter RG 44 und G 29d, zwei Vertretern des Hochvakuumtyps, liegen, zeigten die Bilder 8 und 9. Analytisch wird der Verlauf dieser Raumladungskurven durch die folgende Gleichung dargestellt:

$$J = c \cdot V^{3/2},$$

in der J den Elektronenstrom, V die Anodenspannung und c eine Konstante bedeutet, die lediglich von den Abmessungen der Kathode, der Anode und ihren Abständen voneinander abhängt.

Der Nachteil der Hochvakuum-Gleichrichterröhren ist aus den Kurven der Bilder 8 und 9 deutlich erkennbar. Die Raumladungserscheinungen bedingen große Anodenverluste. Um z. B. bei der Röhre G 29 d 3 A Gleichstrom zu erhalten, müssen nahezu 500 V an die Anode gelegt werden. Das bedeutet, daß die Elektronen mit 500 V-Geschwindigkeit auf die Anode auftreffen und bei ihrer Abbremsung ihre kinetische Energie in Wärme umsetzen, die die Anode auf Rotglut bringt. Hierdurch entsteht die Gefahr, daß aus der Anode Gase frei werden, die eine Vakuumverschlechterung oder unter Umständen durch Rückzündung die Zerstörung der Röhre herbeiführen können. Die notwendige Anodenspannung könnte herabgesetzt werden, wenn es möglich wäre, den Abstand Anode—Kathode sehr klein zu machen, was jedoch aus konstruktiven Gründen nicht durchführbar ist.

Die hohen Anodenverluste verschlechtern ferner den Wirkungsgrad einer mit derartigen Röhren ausgestatteten Anlage, so daß man nur bei höheren Spannungen günstig arbeitet. Die durch die stark beschleunigten Elektronen erzeugten Wärmemengen müssen von der Anode fortgeführt werden. Bei kleineren Typen hilft man sich durch Verwendung hochschmelzender Metalle als Anodenmaterial, besonders des Tantals, bei größeren Typen müssen wassergekühlte Anoden verwendet werden. Der Vorteil der Hochvakuum-Gleichrichterröhren liegt in der geringen Rückzündungsgefahr, so daß man Gleichrichterröhren bis zu Sperrspannungen von mehreren 100 kV bauen kann, die in der Röntgentechnik Verwendung finden.

2. Beseitigung der Raumladung durch Gasfüllung.

Das Auftreten der Raumladung kann man durch Einbringen von positiven Ionen verhindern. Der sich einstellende Potentialverlauf weicht dann von dem auf S. 398 angegebenen ab. Die gebildeten Ionen haben eine wesentlich längere Verweilzeit im Entladungsraum als die Elektronen. Ihre Beweglichkeit ist im Verhältnis der Massen kleiner als die der Elektronen. So ist es möglich, daß ein Ion die Raumladung von mehreren hundert Elektronen kompensieren kann. Die theoretische Klärung dieses Vorganges ist noch nicht restlos erfolgt. Man muß annehmen, daß in die oben angegebene Raumladungsgleichung die Masse und freie Weglänge der Gasionen eingeht.

Bild 10. Ramar Gleichrichter (Wolframkathode, Argonfüllung).

Die notwendigen positiven Ionen erzeugt man entweder aus einer Hilfsglühkathode, die Ionen liefert, z. B. durch Verdampfen einer Substanz, oder indem man den Gleichrichter mit einer Gas- oder Dampffüllung von einigen mm Hg-Druck versieht. Den letztgenannten einfacheren Weg ist man im allgemeinen gegangen. Allerdings treten auch dabei Schwierigkeiten auf. Solange man die Heizleistung der Wolframkathode in Kauf nimmt, also bei kleinen gleichzurichtenden Wechselströmen bleibt, läßt sich eine Gasfüllung ohne weiteres anwenden. Es tritt dann unter Umständen eine Erhöhung der Lebensdauer ein, die der geringeren Verdampfung des Wolframs zuzuschreiben ist, was ja seit Einführung der gasgefüllten Glühlampe allgemein bekannt ist. Derartige Gleichrichter wurden von der General Electric Company entwickelt und werden von ihr unter dem Namen „Tungar Rectifier" (Bild 10), von der AEG als „Ramar-Gleichrichter" in den Handel gebracht. Ihre Kathode besteht aus einer kurzen Wolframwendel, der in einigen cm Abstand die Anode aus Kohle, Nickel, Wolfram od. dgl. gegenübersteht. Verwendet wird eine Argonfüllung. Der Druck beträgt 10 bis 20 mm Hg. Für einen 3 A-Gleichrichter z. B. geht die Raumladungskurve schon bei 30 V Anodenspannung in den Sättigungsbereich über. In einer Hochvakuum-Gleichrichterröhre gleicher Leistung würde die Sättigungsspannung bei günstigster Bemessung um mehr als eine Zehnerpotenz höher liegen. Die Gasfüllung bringt nun von selbst den Vorteil mit sich, daß die Sättigungsspannung jetzt nahezu unabhängig vom Sättigungsstrom ist. Man muß nur dafür sorgen, daß der gesamte Elektronenstrom von der Glühkathode geliefert wird. Die Anodenverluste sinken dadurch so weit, daß auch für kleine Spannungen der Wirkungsgrad gut ist.

Die Verstärkerröhren-Technik ist seit dem Jahre 1924 durch Einführung der Thoriumkathoden in ein neues Stadium getreten, die Heizleistung sank gegenüber der der Wolframkathode für die gleiche Emission bei einer Lebensdauer von 2000 h auf den zehnten Teil. Die Gleichrichterentwicklung wollte von dieser Kathode sofort Gebrauch machen, mußte jedoch bald einsehen, daß für höhere Spannungen die Aufgabe nahezu unlösbar war. Dies hat seine Ursache in folgenden Eigenschaften der Thoriumkathode, die bekanntlich aus einem thoroxydhaltigen Wolframdraht hergestellt wird: Man erhitzt den Wolframdraht auf sehr hohe Temperatur. Hierbei zersetzt sich das Thoriumoxyd und gelangt durch Diffusion aus dem Inneren auf die Oberfläche, wo sich eine nur 1 Atom dicke Thoriumschicht bildet. Diese dünne Schicht ist gegen Gasspuren äußerst empfindlich. Wird daher eine solche Kathode in einer Gasentladung benutzt, so werden die Gasionen auf die Kathodenoberfläche aufprallen und die Thoriumschicht in kurzer Zeit zerstören, wenn die Spannung zwischen Kathode und Anode hoch genug ist. Die kritischen Spannungen liegen für die Edelgase bei etwa 25 V, für Wasserstoff etwas höher.

Es ist unbedingt dafür zu sorgen, daß der Kathodenfall unter dem kritischen Wert bleibt, was erreicht wird, wenn die Thoriumkathode immer den gesamten Elektronenstrom liefert. Wächst der Kathodenfall über die kritische Spannung, so tritt die sofortige Zerstörung der Thoriumschicht ein.

Die Wahl des Gasdrucks ist für die Lebensdauer äußerst wichtig. Der günstigste Gasdruck liegt bei einigen mm Hg und muß für jedes Edelgas genau bestimmt werden. Thoriumgleichrichter mit Edelgasfüllung wurden von der General Electric Company, der AEG und der Siemens & Halske AG. in den Handel gebracht. Die Röhren sind innen meist verspiegelt. Der den Spiegel bildende Metallniederschlag besteht aus Magnesium oder Barium und dient als Getter. Getter haben die Eigenschaft, gasförmige Verunreinigungen zu binden, also z. B. freiwerdenden Wasserdampf oder Sauerstoff, die beide auf die Emissionsfähigkeit der Kathode durch Oxydationsvorgänge sehr schädlich einwirken. Man spricht dann von Vergiftung oder Taubwerden der Kathode. Es zeigte sich bald, daß die Oxydkathoden sich wesentlich günstiger verhielten, ganz abgesehen von der im Vergleich zur Thoriumkathode noch kleineren Heizleistung, die zum Betrieb nötig ist.

3. Verschiedene Arten von Oxydkathoden.

Die Elektronenemission der Oxydkathoden ist keinesfalls dem Sauerstoff, sondern vielmehr dem Metallatom zuzuschreiben. Dies zeigt sich experimentell am besten dadurch, daß jedes noch nicht vorbelastete Metalloxyd bei der Betriebstemperatur zunächst keine oder zum mindesten eine kaum meßbare Emission hat. Erst im Verlaufe der Formierung oder Aktivierung bei höheren Temperaturen beginnt die Kathode zu emittieren und erreicht schließlich im Verlaufe des Pumpvorganges ihre volle Emission. Es bildet sich, nachdem die Oxydmasse entgast ist, durch Zersetzen des Metalloxyds eine gewisse Menge freien Metalls, das zur Kathodenoberfläche diffundiert, wo sich, wie bei der Thoriumkathode, eine atomare Metallschicht ausbildet, die für die Austrittsarbeit maßgebend ist. Das darunterliegende Oxyd stellt einen ständigen Vorrat dar, aus dem sich durch Temperaturformierung oder durch Elektrolyse — bedingt durch den die Oxydschicht durchfließenden Elektronenstrom — immer genügend freies Metall bildet, das die von der Oberfläche durch Zerstäubung oder Verdampfung entfernten Metallatome durch Nachdiffusion ersetzt.

Zur Herstellung der Oxydkathoden kommen hauptsächlich die Oxyde der Erdalkalimetalle in Betracht, von diesen insbesondere Bariumoxyd. Daneben werden Gemische mit Oxyden der seltenen Erden und der Lanthangruppe benutzt. Die Herstellungsverfahren sind schon des öfteren beschrieben[1], so daß hier nicht näher darauf eingegangen werden soll. Dagegen sollen über den Aufbau der Kathoden einige Angaben gemacht werden. Man muß verschiedene Formen unterscheiden, die je nach Verwendungszweck ihre Vorteile haben.

In Klein-Gleichrichterröhren, wie sie zur Erzeugung der Anodenspannung für Rundfunkgeräte benutzt werden, bevorzugt man gerade ausgespannte oder V-förmig gebogene Drähte oder Bänder, die mit dem hoch emittierenden Bariumoxyd bedeckt sind. Der Kern-

---

[1] Z. B. Herstellung der Glühelektroden, H. Simon, Handb. d. Experimental-Physik, Bd. 13, Teil II. 1928. — W. Statz, ZS. f. techn. Phys. Bd. 8, S. 451. 1927.

draht oder Trägerdraht besteht aus Platin, Platiniridium, Nickel oder neuerdings auch Wolfram. Wolfram konnte man infolge seiner leichten Oxydierbarkeit erst nach vielen Versuchen mit einer Erdalkalioxydschicht überziehen. Die Hauptschwierigkeit lag darin, daß die Oxydschicht auf dem Wolframdraht nicht haften wollte. Erst nachdem man gelernt hatte, die Schicht im Vakuum aufzubringen, gelang die Herstellung lebensfähiger Kathoden. Man erhitzt einen schwach oxydierten Wolframdraht in einer Bariumdampfatmosphäre. Der freiwerdende ionisierte Sauerstoff verbindet sich mit den Bariumatomen und schlägt sich auf dem Wolframdraht nieder als Bariumoxyd, untermischt mit freiem Bariummetall, das jedoch infolge der Temperatur des Drahtes nur als atomare Schicht auf dem Bariumoxyd haften bleibt, aber ausreicht, sofort die spezifische Bariumemission der Kathode zu verleihen. In Bild 11 ist eine Klein-Gleichrichterröhre der AEG dargestellt. Der schwarze Niederschlag auf der Kolbenwand besteht aus Magnesium und soll Fremdgase binden. Als Ionisator dient Quecksilberdampf. Das Quecksilber ist in Form eines kleinen Tröpfchens eingebracht.

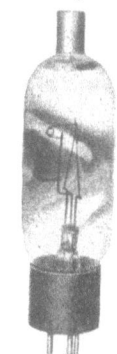

Bild 11. Klein-Gleichrichterröhre der AEG Type G 133 für 0,7 A und 2500 Volt max. Gleichspannung.

Sollen Ströme von mehreren A gleichgerichtet werden, so wird man zweckmäßig Metallbänder als Träger verwenden, weil es bei großer Oberfläche leichter ist, Heizstrom und Heizspannung im günstigsten Verhältnis zu wählen. In Bild 2 war schon eine derartige Kathode gezeigt worden. Die neueren Oxydkathoden unterscheiden sich jedoch von den älteren durch eine wesentliche Verringerung der Oxydmenge, die man auf den Heizbändern aufbringt. Man hat erkannt, daß dicke Oxydschichten die Lebensdauer einer Oxydkathode nicht verbessern. Es kann eher das Gegenteil eintreten, sobald man solche Kathoden etwas unterheizt. Wie schon gesagt, genügt eine 1 Atom dicke Metallschicht zur Festlegung der charakteristischen Eigenschaften einer Kathode. Daher kann auch die Oxydschicht, aus der diese atomare Metallhaut gebildet ist, selbst verhältnismäßig dünn sein. Die Bilder 12 a, b, c zeigen einige neuere Kathodenformen. Das Metallband ist zu einer Wendel oder Spirale geformt.

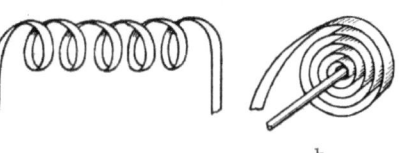

Bild 12. Verschiedene Formen der Kathode.

Die Spirale stellt gegenüber der Wendel die günstigere Form dar, da sie bei gleicher Bandlänge und Breite weniger Heizenergie benötigt. Für die Wärmestrahlung ist nämlich lediglich die Projektion eines Körpers maßgebend, wenn man von der Erhöhung der Strahlungskonstanten nach bestimmten Richtungen zunächst einmal absieht. Für den Elektronenstrom ist dagegen die gesamte Oberfläche ausschlaggebend. Sorgt man also, wie im Falle der Flachspirale, dafür, daß möglichst viele Flächenelemente an der Abstrahlung verhindert werden, so kann die für die gleiche Temperatur nötige Heizleistung gegenüber einer allseitig abstrahlenden Bandkathode auf einen Bruchteil vermindert werden. Die äußerste Windung ist dann gleichzeitig Strahlungsschutz für die inneren Windungen. Der Vorteil des Strahlungsschutzes soll noch an einem weiteren Beispiel erläutert werden. Die in Bild 13 dargestellten Körper benötigen nahezu die gleiche Heizenergie, um auf gleiche Temperatur zu kommen. Der Körper nach Bild 13b vermag jedoch den 4,5 fachen Elektronenstrom zu geben, wenn durch positive Ionen die Raumladung zwischen den einzelnen Blechen beseitigt wird. Durch Schutzschilde kann die aufzuwendende Heizenergie noch weiter herabgesetzt werden, besonders wenn man Schutzschilde mit spiegelnden Oberflächen verwendet, deren Abstrahlung bedeutend kleiner ist als die rauher Oxydoberflächen. In Bild 12c ist eine derartig gebaute Kathode mit Strahlungsschirm dargestellt.

Es sei noch kurz darauf hingewiesen, welche Nachteile zu dicke Oxydschichten haben. Der Elektronenstrom muß die Oxydschicht durchfließen und findet in ihr einen stark temperaturabhängigen Widerstand vor, der mit steigender Temperatur abnimmt. Unterheizt man nun eine solche Oxydkathode, so wird der Elektronenstrom vorwiegend von den Stellen ausgehen, deren Schichtwiderstand am kleinsten ist. Diese Stellen werden von dem durchfließenden Strom weiter erhitzt und ihr Widerstand weiter herabgesetzt u. s. f. Die Steigerung der Temperatur geht so weit, bis ein Verdampfen der Oxydschicht einsetzt. Es bilden sich dann auf der Oberfläche kleine, hell glühende Stellen mit Fackeln (Ansatzpunkt eines Lichtbogens), die ein sicheres Zeichen der baldigen Zerstörung der Kathode sind.

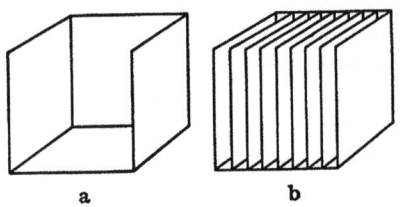

Bild 13. Schematische Darstellung von Großflächenkathoden.

Bei den bis jetzt beschriebenen Oxydkathoden geht der Elektronenstrom direkt von der Oberfläche des Heizkörpers aus, da die Oxydschicht auf ihm aufgebracht ist. Dies hat verschiedene Nachteile. Erstens summiert sich der Elektronenstrom mit dem Heizstrom und bewirkt besonders bei Gleichstromheizung zusätzliche Erwärmungen der Kathode, die so stark sein können, daß die Kathode durchbrennt. Dies bedeutet das Ende der Gleichrichterröhre. Zweitens kann von einer Stelle der Kathode das Oxyd abdampfen. Dann ändert sich die Abstrahlung und diese Stelle wird besonders heiß. Dies führt zu einer weiteren Verdampfung des Oxyds und zu einer Verkürzung der Lebensdauer. Endlich wird bei Rückzündungen oder starken Überlastungen die Gleichrichterröhre, sobald sich ein Lichtbogen an der Kathode festsetzt, fast regelmäßig zerstört, da auch hierbei die Kathode durchbrennt.

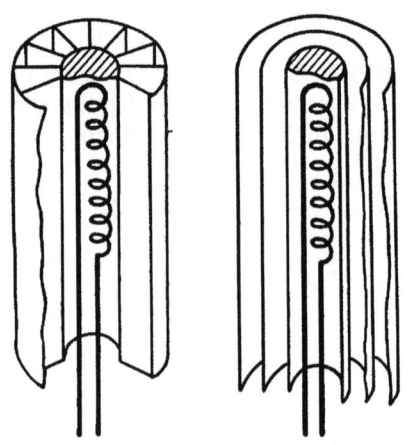

Bild 14. Indirekt geheizte Großflächenkathoden.

Diese Mängel werden durch indirekte Beheizung beseitigt. Man trennt also das Heizelement von der eigentlichen Emissionskathode und erhitzt diese durch Wärmestrahlung, Wärmeleitung, Ionen- oder Elektronenbombardement. Bild 14 veranschaulicht einige Beispiele indirekt beheizter Kathoden. Wenn bei diesen auch Teile der Oberfläche zerstört werden, so bleibt bei richtigem Aufbau das Heizelement unversehrt und der Gleichrichter betriebsfähig. Im Bild 14 stellt die dick ausgezogene Wendel das Heizelement dar und befindet sich innerhalb eines Hohlzylinders, auf dessen Außenfläche das Oxyd oder Metall niedergeschlagen ist, dessen Emission ausgenutzt wird. Die radialen und zylindrischen Bleche sind ebenfalls mit der Emissionsschicht versehen und werden durch Wärmestrahlung bzw. Wärmeleitung vom innersten Zylinder geheizt.

Schließlich kann noch die Verdampfung und Zerstäubung der Oxydschicht ein vorzeitiges Ende bedeuten. Durch einen Kunstgriff läßt sich auch dies weitgehend verzögern. Man bildet die Oxydkathode als Hohlkathode aus. Damit erreicht man, daß das abgedampfte Oxyd oder Metall sich auf anderen Stellen der emittierenden Oberfläche wieder kondensiert. Eine solche Kathode ist z. B. ein Hohlzylinder, auf dessen Innenseite das Oxyd angebracht ist. Die Beheizung erfolgt zweckmäßig auf indirektem Wege. Man hat zwar schon früher bei physikalischen Untersuchungen derartige Kathoden für besondere Zwecke benutzt, jedoch haben A. W. Hull und seine Mitarbeiter das große Verdienst, diese Kathodenformen im Research Laboratory der General Electric Company praktisch so weit durchgebildet zu haben, daß jetzt dort Glühkathoden-Gleichrichter großer Leistungen technisch hergestellt werden können. Ebenso hat die AEG in ihrem Forschungs-Institut die Entwicklung derartiger Gleichrichter aufgenommen.

4. Bemessung des Gasdruckes in einer Gleichrichterröhre.

Für die Wirkungsweise und Lebensdauer einer gasgefüllten Gleichrichterröhre ist die Bemessung des Gasdrucks äußerst wichtig. Von den Edelgasen werden hauptsächlich Argon und Helium oder ein Helium-Neongemisch verwendet. Die Tungar- oder Ramar-Gleichrichterröhren waren mit Argon gefüllt. Eingehende Versuche haben jedoch gezeigt, daß sich Quecksilberdampf am besten eignet, da ein Hartwerden der Gleichrichterröhre nicht eintreten kann. Unter Hartwerden versteht man das im Laufe der Brennzeit bei Gasentladungsgefäßen eintretende Verschwinden der Edelgase durch Absorption an den Gefäßwänden und in den Metallteilen. Ebenso ist das Füllen mit Quecksilber sehr einfach. Man bringt davon einen Tropfen in das Entladungsgefäß. Der Druck in der Röhre ist eine Funktion der Temperatur, und zwar bestimmt durch die kälteste Stelle des Gleichrichterkolbens. Es ist also notwendig, die Temperatur des Glaskolbens einigermaßen gleichbleibend zu halten. Ist der Dampfdruck zu niedrig, so wird der Spannungsabfall sehr hoch und die positiven Ionen fallen mit großer Geschwindigkeit auf die Oxydschicht, die durch das Ionenbombardement entweder zu hoch erhitzt, so daß sie in kurzer Zeit abgedampft wird, oder abgestäubt werden kann. Wählt man den Gasdruck zu hoch, so treten leicht Rückzündungen auf. Bild 15, das einer Veröffentlichung von A. W. Hull[1] entnommen ist, gibt die Abhängigkeit des Einsetzens der Rückzündung vom Quecksilberdampfdruck wieder. Auf der Ordinate ist die Spannung, bei der die Rückzündungen einsetzen, auf der Abszisse der Dampfdruck in mm Hg und die Temperatur des Quecksilbers in Celsiusgraden aufgetragen. In der Durchlaßphase floß ein Strom von 1 A.

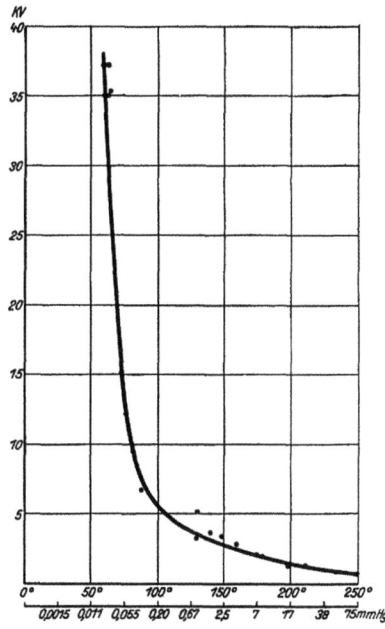

Bild 15. Rückzündungsspannung bei einer Glühkathoden-Quecksilberdampf-Gleichrichterröhre der General Electric Company nach Hull.

Aus Bild 15 ist noch zu ersehen, daß man bei kleiner Anodenspannung (etwa unter 500 Volt) mit 1 bis 3 mm Quecksilberdampfdruck arbeiten kann. Dies hat den Vorteil, daß die Verdampfung des Oxyds und des Kathodenträger-Metalles fast gänzlich verhindert wird. Sollen die Gleichrichter bei höheren Spannungen betrieben werden, so ist der Dampfdruck wegen der Rückzündungsgefahr etwa 0,01 mm Hg zu wählen. Die Verdampfung des Oxyds ist dann durch niedrigere Kathodentemperatur und besondere Ausbildung der Kathode (Hohlkathode) herabzusetzen.

In jedem Fall ist darauf zu achten, daß die Kathode den gesamten Elektronenstrom liefert, da sonst, wie schon gesagt, der Kathodenfall wächst und durch Ionenbombardement die Kathode zerstört wird. Einige Kurven, die den Spannungsabfall in einer Gleichrichterröhre mit Quecksilberdampf in Abhängigkeit von Gleichstrom zeigen, sind in den Bildern 16 und 17 wiedergegeben. Bild 16 zeigt, daß bei genügender Heizung der Oxydkathode der Spannungsabfall nahezu konstant ist. Bei den verschiedenen Röhrenbauarten schwankt er zwischen 9 und 16 Volt. Er ist ferner sehr stark von der Form der Kathode und der Art des Erdalkalioxyds abhängig. Bild 17 zeigt den Fall der unterheizten Kathode. Die Kurve *a* gehört zur niedrigsten, die Kurve *c* zur höchsten Temperatur, bei der die Kathode während der Messung gebrannt wurde. Der Gleichrichterröhre dürfte also im Falle der Kurve 17*b* höchstens eine Emission von 2 A entnommen werden. Bei höherer Stromentnahme müssen die fehlenden Elektronen dem Gase entnommen werden, was zu einer schnellen Erhöhung des Spannungsabfalles in der Röhre führt.

[1] A. W. Hull, Trans. A. J. E. E. Bd. 47. 1928.

5. Verschiedene Gleichrichtertypen.

Argongefüllte Oxydgleichrichter sind neuerdings von verschiedenen Firmen auf den Markt gebracht worden. Es handelt sich fast durchweg um Ladegleichrichter für Spannungen bis zu 220 Volt. Sie sind meistens als Vollweg-Gleichrichter gebaut; sie ent-

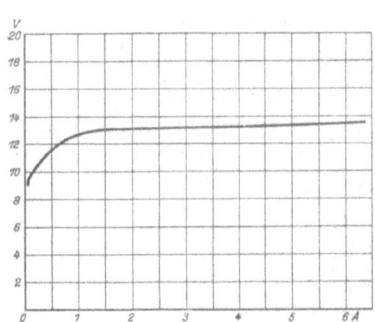 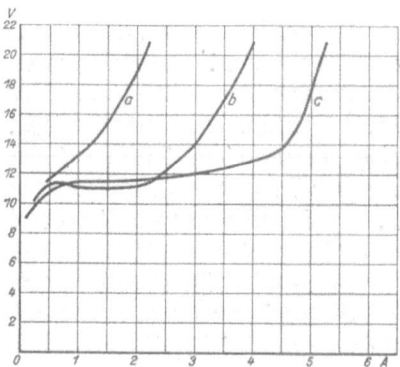

Bild 16. Spannungsabfall in Abhängigkeit vom Anodenstrom bei normaler Heizung der Kathode.

Bild 17. Spannungsabfall in Abhängigkeit vom Anodenstrom bei Unterheizung der Kathode.

halten also in einem Glaskörper eine Kathode und zwei Anoden, die voneinander durch Schutzschilde getrennt sind oder sich in getrennten Glasansätzen befinden. Dadurch soll

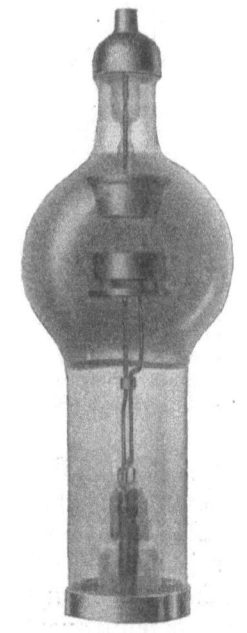  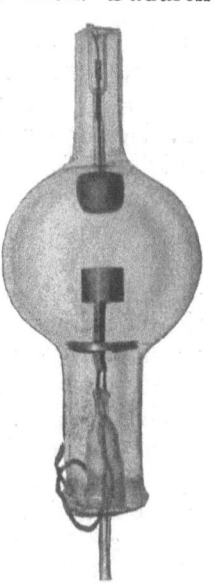

Type G 134.

Type G 135.

Bild 18. Hochleistungs-Gleichrichterröhre der GEC für 25 A 10000 Volt.

Bild 19. AEG Hochleistungs-Gleichrichterröhren.

verhindert werden, daß sich eine Bogenentladung zwischen den Anoden ausbildet, die zur Zerstörung der Röhren führen würde.

Die Schirme umfassen meistens die Anoden[1] auf den einander zugekehrten Seiten und verlängern, wenn die Kathode sich zwischen den Anoden befindet, den Entladungsweg. Dies führt zu einer Erhöhung des Spannungsabfalles und der Zündspannung. Für Spannun-

---

[1] W. Germershausen, Helios 1930, Nr. 1 u. 2.

gen von 1000 Volt und mehr ist es jedoch zweckmäßig, für jede Phase ein getrenntes Entladungsgefäß zu benutzen.

Die AEG verwendete im Ramar-Gleichrichter ebenfalls Argon. Sie ist jedoch bei den neuen Hochleistungsgleichrichterröhren zum Quecksilber übergegangen. In zweierlei Hinsicht ist dies ein Vorteil. Die Lebensdauer und die Leistung konnten um ein Vielfaches gesteigert werden.

Bild 18 zeigt eine Hochleistungs-Gleichrichterröhre der General Electric Company, die in Sendeanlagen für drahtlose Telefonie und Telegrafie weitgehende Verwendung findet und eine Gleichspannung von 10 kV bei 20 A Gleichstrom liefert.

Zwei etwas kleinere Gleichrichterröhren sind im Bild 19 dargestellt und wurden im Forschungsinstitut der AEG entwickelt[1]. Die Type G 134 liefert 3 A, 12 kV, die Type G 135 7 A, 12 kV. Diese Röhren sollen in Rundfunkanlagen Verwendung finden. Die Kathode besteht aus einer mit Bariumoxyd überzogenen Nickelband-Wendel bzw. Flachspirale, die bei der Type G 135 noch von einem Strahlungsschutz umgeben ist. Die Anoden sind aus Graphit hergestellt und werden einer gründlichen Entgasung unterzogen. Die größte bis jetzt von der AEG hergestellte Hochleistungs-Gleichrichterröhre dieser Bauart liefert maximal 50 A. Es bestehen jedoch keine Schwierigkeiten, die Typenleistung noch wesentlich zu erhöhen.

Die besonderen Vorteile dieser Röhren liegen in der hohen Spannungssicherheit und in der kleinen Verlustleistung, so daß sich ein äußerst guter Wirkungsgrad erzielen läßt.

---

[1] Die Versuche und Entwicklungsarbeiten wurden von Herrn Dr. Harries und Herrn Dr. Glaser ausgeführt.

Zur Physik des elektrischen Kochens.
Von F. Lauster.

Die ernährungsphysiologischen Grundlagen der Speisenbereitung zeichnen das Streben nach dem „Kochen im geschlossenen Raum" vor. Gleichzeitig weisen auch wärmetechnische Erwägungen insofern den gleichen Weg, als man den Kochraum geeignet isolieren, die Fortkochenergie in vollautomatisch gesteuerter Form zuführen und den Wärmestrom vom Heizelement zum Kochgut unter Wahrung größter Wirtschaftlichkeit führen kann. Sämtliche Einflüsse werden untersucht. Durch praktische Kochversuche wird an einem Sparherd, der alle diese Gesichtspunkte weitgehend berücksichtigt, eine Verbesserung der bisherigen Wirtschaftlichkeit des elektrischen Kochens um rd. 40 vH nachgewiesen.

Einleitung.

Es unterliegt keinem Zweifel, daß für die elektrotechnische Industrie auf dem Gebiet der Elektrowärmetechnik eine aussichtsreiche Entwicklung bevorsteht, die von den Elektrizitätswerken durchaus begünstigt wird. Gerade die Erzeuger haben erkannt, daß eine wesentliche Steigerung des Stromverbrauchs vornehmlich durch die Erschließung von Haushalt und Landwirtschaft für den Verbrauch elektrischer Energie möglich ist. Dabei geht man von der zweifellos richtigen Annahme aus, daß der Stromabsatz bei Haushaltungen nahezu unabhängig von jeglichen Konjunkturschwankungen ist. Man hat bereits an Hand von Erfahrungen in vollelektrisch ausgestatteten Siedlungen ermittelt, daß je Haushalt mit einem jährlichen Stromverbrauch von rund 1500 kWh zum Kochen gerechnet werden kann, der etwa das 25- bis 30fache des bisherigen Lichtverbrauches darstellt. Bedenkt man anderseits, daß zum Beispiel auf Grund statistischer Erhebungen der BEWAG gelegentlich der Personenstandsaufnahme vom 10. Oktober 1928 sich größenordnungsmäßig ergeben hat, daß nur 54,8 vH aller Haushaltungen von Groß-Berlin mit Elektrizität beliefert werden, von denen wiederum nur etwa $^2/_3$ außer der elektrischen Beleuchtung auch elektrische Haushaltgeräte verwenden, so ist leicht zu verstehen, daß die Elektrizitätswerke größten Wert auf die Verbreitung der Elektrowärme legen müssen. Vor allem werden die Energieerzeuger die Anwendung des elektrischen Kochens auf dem flachen Lande und anderseits die Verwendung von Speichergeräten zum Kochen und Warmwasserbereiten anstreben, da hierdurch die bisher gerügten Täler der jährlichen bzw. täglichen Belastungskurven der Werke einen willkommenen Ausgleich finden.

Die elektrotechnische Industrie hat sich angesichts dieser Aussichten mit Erfolg bemüht, durch verbesserte Durchbildung der vorhandenen und auch durch Neuentwicklung weiterer Geräte für Landwirtschaft und Haushalt die Elektrowärmeverwertung zu fördern. Sie hat auch erkannt, daß bei einem derartigen Beginnen nicht nur eine dauerhafte Bauart anzustreben, sondern auch das Eingehen auf die bei der Verwendung der Geräte maßgeblichen physikalischen Verhältnisse unumgänglich notwendig ist. Es hat sich herausgestellt, daß bei derartiger Behandlung der physikalischen Fragen Ergebnisse zutage treten, die nicht allein die Gerätebauart, sondern auch die Geräteverwendung durch die Hausfrau beeinflussen. Es ist zu hoffen, daß anderseits durch tatkräftige Mitarbeit von Chemikern, Biologen, Ernährungsphysiologen, Ärzten, Baufachleuten usw. der Hausfrau noch weitere Fingerzeige gegeben werden, die zwar gegebenenfalls ein Abweichen von überlieferten Verfahren fordern, aber dafür auch eine wirtschaftlichere Betriebsführung des Haushaltes sicherstellen werden. Mancher Fehlschlag bei der anfänglichen Einführung der Elektrobeheizung im Haushalt dürfte dadurch zu erklären sein, daß die Verwendung der elektrobeheizten Haushaltgeräte durch den Käufer in Unkenntnis geeigneter Verfahren in nur unzweckmäßiger Weise erfolgte.

Die vorliegende Veröffentlichung, die durch gemeinschaftliche Arbeit des AEG-Forschungs-Institutes und der AEG-Fabrik für Elektrobeheizung entstanden ist, bringt einesteils Erklärungen für Tatsachen, die vielleicht erfahrungsgemäß mehr oder weniger bekannt waren, anderseits teilt sie auch neue Erkenntnisse mit, die für den Konstrukteur oder die Hausfrau oder auch für beide von Interesse sein können.

1. Ernährungsphysiologische Gesichtspunkte.

Die Ansichten über Wert und Art der Speisebereitung waren bis in die letzte Zeit hinein noch sehr geteilt. Die neuere und neueste Forschung hat erst einige Klarheit in dieses umstrittene Gebiet gebracht. Es sei nur verwiesen auf die Aufsehen erregenden Arbeiten von Friedberger (Hygiene-Forschungsinstitut in Berlin-Dahlem)[1], die darin ausklangen, daß das Kochen den Nährwert der Nahrung herabsetzt und daß vor allem das vielfach übliche Warmhalten der Speisen zu verwerfen sei. Die bakterienfreie Rohkost oder nur wenig gekochte Kost wurde von ihm als beste Ernährung hingestellt. Mittlerweile wurde diese Ansicht — vor allem im Anschluß an Arbeiten von Scheunert[2] — wesentlich revidiert. Die neuesten Anschauungen lassen sich dahin zusammenfassen, daß die überlieferten, empirisch entwickelten Verfahren der Ernährung, mit deren Hilfe sich die Menschheit durch Jahrtausende hindurch ohne Nachteil entwickelt hat, im großen und ganzen als richtig bezeichnet werden können. Durch genaue Versuche an Mensch und Tier hat die neueste Forschung lediglich noch die wichtige Aufgabe gelöst, welche Faktoren bei der vernünftigen Ernährung eine Rolle spielen. Es kann als erwiesen gelten, daß der Mensch zum vollen Gedeihen die Hauptnährstoffe Eiweiß, Fett, Kohlehydrate und Mineralsalze und auch noch andere lebenswichtige Bestandteile braucht, die man Vitamine nennt. Man kann sie zwar noch nicht erklären, kennt jedoch ihr Vorkommen und ihre Wirkungen. Es ist bisher bekannt, daß

    das fettlösliche, antirachitische   Vitamin A,
    das wasserlösliche, antineuritische   Vitamin B,
    das antirachitische   Vitamin D,
    das für die Fortpflanzung wichtige   Vitamin E

durch das normale Kochen nicht geschädigt werden. Dagegen leidet das antiskorbutische Vitamin C durch das Kochen. Hier ist die Höhe der Temperatur, der auf dem Kochgut lastende Druck, die Anwesenheit von Sauerstoff usw. nach neuesten Ergebnissen von nicht zu unterschätzender, jedoch noch zu klärender Bedeutung. Das Kochen von Rot- und Weißkohl führt z. B. zu einer Minderung des Gehalts an Vitamin C auf etwa $1/10$ bis $1/20$ des Ausgangswertes. Trotzdem sollte man diesen Verlust aus Sorge um die Volksgesundheit nicht allzu hoch einschätzen, da er bei Innehaltung der normalen „gemischten" Kost, z. B. durch Obstgenuß usw., leicht wieder eingeholt werden kann.

Besonders einleuchtend erscheint noch dieser teilweise Verzicht auf Vitamin C in der gekochten Nahrung, wenn man abwägt, welche Vorteile die Speisezubereitung durch Kochen usw. in bezug auf die übrigen Nährstoffe (Fett, Eiweiß, Kohlehydrate und Mineralsalze) mit sich bringt. Es sei nur daran erinnert, daß die pflanzlichen Zellmembranen erst durch das Kochen derart vorbereitet werden, daß sie von den Verdauungssäften des Darmes erfolgreich resorbiert werden können und daß anderseits auch erst die durch Vorerwärmung koagulierten Eiweißpartikel durch die menschlichen Fermente aufgespalten werden können.

---

[1] Friedberger, Münch. med. Wochenschr. Bd. 73, S. 1017 u. 1069. 1926.
[2] Scheunert, Münch. med. Wochenschr. Bd. 74, S. 1134. 1927.

Eine Temperatur von 90 bis 95° ist für diesen Vorgang völlig ausreichend. Das Abtöten etwaiger Bakterien ist dabei noch eine angenehme Begleiterscheinung. Die Verdauung wird somit wesentlich erleichtert, ohne daß der Nährwert sinkt, selbst wenn die Kost einige Zeit warmgehalten wird. Lediglich das empfindliche Vitamin C wird in nicht zu umgehender Weise beeinträchtigt und muß durch eingeschalteten Rohkostgenuß ergänzt werden.

Eine weitere Frage ist natürlich die, ob beim Garen der Speisen in der Praxis immer der zweckmäßigste und richtige Weg, der zu dem obengenannten Ziel führt, auch beschritten wird. So bestehen z. B. berechtigte Bedenken, die Speisen in möglichst kurzer Rekordzeit unter Druck, d. h. also bei einer über 100° liegenden Temperatur, zu garen. Weiterhin muß man es als abwegig bezeichnen, wenn man etwa Gemüse, Kartoffeln und auch Fleisch durch langanhaltendes Kochen im Wasserüberschuß behandeln wollte. Es sei nur an der Kartoffel erläutert, welche verhängnisvollen Verluste dann beim Kochen statt des Dämpfens auftreten. Zahlentafel 1 gibt einen Überblick über die beim Kochen und beim Dämpfen von Kartoffeln sich ergebenden Verluste an Mineralsalzen in vH des ursprünglichen Gehaltes.

Zahlentafel 1.

Kartoffeln	Verlust an		
	Gesamtmineralstoffen vH	Kali vH	P_2O_5 vH
Ungeschält und gekocht .	3,64	2,32	1,12
Ungeschält und gedämpft	1,17	1,69	0,03
Geschält und gekocht . .	28,86	33,33	22,87
Geschält und gedämpft .	7,38	6,93	4,57

Es wird also als wesentliche Regel gelten können, daß vor allem der Wasserzusatz auf einen Mindestbetrag zu beschränken ist und daß die Wärmeübertragung von Heizquelle zum Kochgut durch Wasserdampf oder Luft vorzuziehen ist. Schon aus rein ernährungsphysiologischen Rücksichten heraus wird also das Streben nach einem „Kochen im geschlossenen Raum" vorgezeichnet. Doch auch rein wärmetechnische Erwägungen weisen den gleichen Weg.

2. Wärmetechnische Gesichtspunkte.

Die Wirtschaftlichkeit des elektrischen Kochvorganges wird sich nur in ganz bestimmten Bahnen verbessern lassen. Einerseits bleibt zu überlegen, ob die Umsetzung der elektrischen Energie in Wärmeenergie nicht etwa günstiger gestaltet werden kann. Der übliche Weg der irreversiblen Wärmeerzeugung stützt sich auf das Joulesche Gesetz, das zu der bekannten Beziehung des Wärmeäquivalentes führt: 1 kWh = 860 kcal. Wie Altenkirch[1] und Gunolt[2] bereits erläutert haben, stehen zur Energieumformung noch weitere Wege auf thermodynamischer Grundlage offen, die theoretisch zu wesentlich besserer Wirtschaftlichkeit führen. Sie beruhen darauf, daß die benötigten Wärmemengen durch elektrische Energie nicht erst erzeugt werden, sondern daß ein schon vorhandener Wärmevorrat der Natur auf thermodynamischem Wege mittels elektrischer Energie auf ein erwünschtes Temperaturniveau gehoben wird. Zu diesem Zweck kommen die nachstehenden bekannten Verfahren in Frage:

    a) Verdampfungsvorgänge mit Kompressionsverflüssigung durch elektrischen Antrieb;
    b) Expansions- und Kompressionsvorgänge von Gasen durch elektrischen Antrieb;
    c) Verdampfungsvorgänge mit Absorptionsverdichtung und nachfolgender Austreibung durch elektrische Energie;
    d) thermoelektrische Erscheinungen in metallischen Leitern;
    e) thermoelektrische Erscheinungen elektrochemischer Vorgänge.

---

[1] Altenkirch, ZS. techn. Phys. Bd. 1, S. 77—85, 93—101. 1920.
[2] Gunolt, ETZ Bd. 49, S. 1437—1441. 1928.

Entsprechend dem jetzigen Stand der Technik ist zur thermodynamischen Beheizung lediglich das Verfahren der Kompressionsverflüssigung praktisch ausführbar, wobei in einer derartigen Anlage Beträge erzielt wurden, die das 21 fache des Wärmeäquivalentes darstellen[1]. Trotz dieser verlockend guten Wirtschaftlichkeit dürfte die Elektrowärmetechnik des Haushaltes im allgemeinen von diesen Verfahren keinen Gebrauch machen können, da die Gestehungskosten eines derartig ausgerüsteten Gerätes verhältnismäßig hoch wären. Der Gedanke wäre höchstens für die Warmwasserbereitung vor allem auch in Anbetracht des zu überwindenden niedrigen Temperaturunterschiedes zu erwägen.

Einstweilen muß somit die Wirtschaftlichkeit der Umformung von elektrischer Energie in Wärmeenergie als fest vorgegeben angenommen werden. Man wird lediglich anstreben müssen, das Maß der Verluste auf einen Mindestbetrag zu bringen und auf diese Weise die Wirtschaftlichkeit der elektrischen Speisenbereitung beträchtlich zu heben. Hierauf soll nachstehend ausführlicher eingegangen werden.

Für den Erwärmungsvorgang an einem zu garenden Kochgut ist die Kenntnis seiner spezifischen Wärme von besonderer Bedeutung. Zahlentafel 2 zeigt eine Gegenüberstellung der spezifischen Wärme unserer wesentlichen Nahrungsmittel und derjenigen einiger Metalle und Flüssigkeiten.

Zahlentafel 2. Spezifische Wärme.

Austern	0,84	Rindfleisch (frisch)	0,70
Blut	0,93	„ (gedörrt)	0,50
Eier	0,76	Schweinefleisch	0,55
Fisch (frisch)	0,80	Schweineschmalz	0,50
Geflügel	0,80	Wild	0,80
Gemüse	0,93		
Hammelfleisch	0,60	Aluminium	0,21
Hummer	0,80	Blei	0,03
Kalbfleisch	0,70	Eisen	0,11
Kartoffeln	0,80	Kohle	0,20
Leber	0,70	Kupfer	0,09
Milch	0,90	Nickel	0,11
Mohrrüben	0,87	Olivenöl	0,47
Obst	0,81	Wasser	0,99
Pökelfleisch	0,75		

Der auffallend hohe Betrag der spezifischen Wärme der Lebensmittel von durchschnittlich 0,75 mag hauptsächlich auf ihren Wassergehalt zurückzuführen sein, wie z. B. aus den Werten für frisches und gedörrtes Rindfleisch deutlich hervorgeht. Von der rein physikalischen Seite aus betrachtet, erscheint es somit als durchaus berechtigt, daß man versucht, bei unseren Lebensmitteln das Kochen im eigenen Wasser möglichst einzuführen. Weiterhin ist jedoch auch zu bedenken, daß die Erwärmung der Lebensmittel eine innere Umwandlung mit sich bringt, die ihrerseits auch Energie verzehrt und somit versteckt in einer erhöhten spezifischen Wärme zum Ausdruck kommt. Es ist sicher damit zu rechnen, daß der Kolloidzustand der Nahrungsmittel vornehmlich in bezug auf Dispersitätsgrad, Oberflächenspannung, Diffusionseigenschaften usw. beim Erwärmen beeinflußt wird, so daß mit einem nicht vernachlässigbaren Energiebetrag gerechnet werden muß. Weiterhin kann als fest vorgegeben gelten, daß beim Kochen kein Anlaß besteht, die Temperatur des Gutes über 90 bis 95° zu treiben. Das Gut wird dabei durch Wärmeübertragung von außen her — sei es durch Leitung, Konvektion oder Strahlung — diese Temperatur allmählich annehmen. Die hierzu benötigte Wärmemenge kann durch künstliche Zufuhr oder durch Entnahme aus einem Wärmespeicher gedeckt werden. Der Wärmedurchgang von dem beispielsweise umgebenden Wasser zum Innern des Kochgutes ist dabei

---
[1] Th. Hougthon, Evaporation by the Vapour-Compression Method. Inst. Civ. Engs., Select. Engg. Pap. Nr. 7. 1923.

im wesentlichen bedingt durch den herrschenden Temperaturunterschied, den Wärmeübergang Wasser-Kochgut und die Wärmeleitzahl des Kochgutes selbst. Aus ernährungsphysiologischen Gründen scheidet die Möglichkeit aus, den Temperaturunterschied so hoch zu steigern, daß der Anheizvorgang wesentlich beschleunigt wird. Auch die anderen Größen liegen als charakteristische Eigenschaften fest; und zwar sind alle Lebensmittel in bezug auf die entsprechenden Eigenschaften dem Wasser unterlegen. Als Nachteil kommt noch hinzu, daß die Lebensmittel nach Zahlentafel 2 eine hohe spezifische Wärme haben. Infolgedessen verläuft der Erwärmungsvorgang der inneren Teile des Kochgutes wesentlich langsamer als der Anheizvorgang des umgebenden Wasserinhaltes, geschweige denn des umgebenden Luftraumes mit seiner geringen spezifischen Wärme. An diesem Tatbestand verschiebt sich auch nichts, wenn man die Beheizungsart wechselt.

Somit ist zu verstehen, daß beim Aufteilen des Dämpf- oder Kochvorganges in seine einzelnen Stufen der Hauptbetrag der Kochdauer nicht etwa auf das „Ankochen", d. h. das Erwärmen des Wasser- oder Fettzusatzes und der unumgänglichen Speichermassen, sondern auf das „Fortkochen" des eigentlichen Kochgutes, d. h. auf dessen allmähliche und restlose Erwärmung bis auf 95° entfällt. Infolgedessen wird zur Erhöhung der Wirtschaftlichkeit des Kochvorganges das besondere Streben darin bestehen müssen, während der überwiegenden Fortkochzeit die Wärmezufuhr möglichst verlustlos an das Kochgut heranzuführen. Hierbei können allerdings — vor allem bei elektrischer Beheizung — weitgehende Ersparnisse gemacht werden.

Der erste Schritt besteht darin, daß man z. B. den Herd mit einer wärmeisolierenden Haube abdeckt, so daß die zu beheizenden Gefäße sich in einer mit nur geringen Wärmedurchgangsverlusten behafteten Umgebung befinden. Die zweite Ersparnis ergibt sich in der Art der Energiezufuhr während der Fortkochperiode, und der dritte Gewinn entsteht durch zweckmäßige Gestaltung des Wärmeflusses von der Kochplatte zum Kochgut.

a) **Wärmeisolierung des Kochraumes.** Betrachtet man die historische Entwicklung, so zeigt sich, daß man bei dem Bau von elektrischen Dämpfapparaten — vor allen Dingen von Viehfutterdämpfern — bemerkenswerterweise von Anfang an den richtigen Weg beschritt. Es mag sein, daß hier die Ausnutzung des Wasserdampfes einen wärmeisolierenden, abgeschlossenen Raum ohne weiteres vorschrieb. Man kann bei neuzeitlichen Elektrofutterdämpfern z. B. mit etwa 0,14 kWh/kg Kartoffeln zur Erreichung des Garzustandes rechnen. Dieser Betrag enthält aber neben der eigentlichen Dämpfarbeit auch noch die Energiebeträge, die zum Anheizen des Dämpfwassers und Speicherkörpers und zum Decken der Verluste durch ausströmenden Dampf und Wärmedurchgang nötig sind. Praktisch vorgenommene Dämpfversuche, bei denen der Dämpfvorgang in seine Stufen organisch aufgeteilt und die dabei auftretenden Verluste teils durch Versuch, teils durch Rechnung getrennt wurden, haben ergeben, daß die eigentliche Dämpfarbeit nur 0,089 kWh/kg Kartoffel ausmacht. Für eine Erwärmung um 90° errechnet sich hieraus eine spezifische Wärme der Kartoffel von 0,85, die sich gut dem in der Zahlentafel 2 angegebenen Wert anpaßt, wenn man bedenkt, daß Unterschiede zwischen den einzelnen Kartoffelarten in geringem Umfange ohne weiteres möglich sind.

Die erläuterten Versuche haben bei der Verlusttrennung außerdem noch ergeben, daß die in einem gewöhnlichen Kessel aufgespeicherte Energie zu einem ausreichenden, energielosen Nachdämpfen der Kartoffel ausgenutzt werden kann, wenn man die Heizung gegebenenfalls durch einen halb selbsttätigen Regler bei etwa 87° abschaltet. Weiterhin zeigte sich noch bei den Versuchen, daß im allgemeinen mit einer Wasseraufnahme der Kartoffel von rund 0,031 l je kg gerechnet werden kann, die bei der Bemessung der Dämpfwassermenge berücksichtigt werden muß. Diese Beobachtung steht im Einklang mit der üblichen Erklärung der Kartoffelgarung. Man weiß nämlich, daß die Kartoffelknolle aus großlumigen Zellen besteht, die mit einer wäßrigen Flüssigkeit angefüllt sind, in der die Stärkekörner liegen. Beim Kochen zerplatzen diese Stärkekörnchen. Ihre innere Substanz saugt den flüssigen Zellinhalt auf und bildet damit eine feste Masse. Gleichzeitig gerinnt das Eiweiß des Zellinhalts und bindet dabei Wasser. Die garen Kartoffeln bestehen somit aus zerstörten Zellen mit zerplatzten, aufgequollenen Stärkekörnchen und geronnenem Eiweiß.

Aus den mitgeteilten Werten ist ersichtlich, daß beim Elektrofutterdämpfer der Dämpfvorgang rechnerisch vollauf erfaßt werden kann und daß bereits ein verhältnismäßig wirtschaftlicher Betrieb erreicht ist.

Wesentlich umständlicher verlief die Entwicklung der elektrischen Kochherde. Man scheint an den hergebrachten Bauarten mit Brennstoffheizung allzu sehr gehaftet zu haben, so daß der wichtige Schritt zum Kochen im geschlossenen, wärmeisolierten Raum lange Zeit hindurch unbeachtet blieb. Es mag auch sein, daß die wiederholte Kontrolle der Speisen, das Rühren usw. bei den gebräuchlichen Beheizungsverfahren eine wärmeisolierende Abdeckung unerwünscht erscheinen ließ. Das elektrische Kochen bietet jedoch durch seine Eigenart gerade bezüglich der Speisenüberwachung derartige Vorteile[1], daß dieser Gesichtspunkt der Einführung des „elektrischen Kochens im geschlossenen Raum" am wenigsten im Wege stehen konnte.

b) Steuerung der Fortkochenergie. Bezüglich der zweiten Ersparnis erscheint es bedenklich, die Fortkochenergie etwa aus einem Wärmespeicher zu beziehen, den man während des Anheizens auflädt. Keinesfalls kann es als ausreichend angesehen werden, wenn man etwa einen Topf mit normalem Wasserinhalt, der bis auf 100° erhitzt ist, als Speicher zum Garen ohne weitere Energiezufuhr ansehen wollte, denn es würden z. B. 1,5 kg Fleisch, die sich während der Ankochzeit etwa bis auf 30° erwärmt haben und noch um weitere 60° zu erhitzen sind, einen Wasserinhalt von rund 9 l benötigen, der sich dabei von 98° auf 90° abkühlen würde. Dieser Weg müßte bereits an praktischen Bedenken scheitern. Allerdings könnte man noch daran denken, das Gefäß oder die Kochplatte statt des Wasserinhalts als ausreichenden Speicher auszubilden, der wegen des notwendigen Temperaturgefälles jedesmal bis auf mindestens 95° aufzuheizen wäre. Hierbei tritt jedoch die Schwierigkeit auf, bei schwankendem Kochgut auch die Kapazität des Speichers ändern zu müssen, da sonst ein Übergaren des Kochgutes oder zum mindesten eine übermäßige Energiespeicherung auftritt. Zur leichten Anpassung an den schwankenden Energiebedarf scheint demgegenüber die elektrische Abgleichung der Energiezufuhr eher geeignet. Sie kann entweder darin bestehen, daß man dauernd den mindestens notwendigen Betrag zuführt oder daß man einen größeren Betrag zeitweilig liefert. In beiden Fällen ist größte Wirtschaftlichkeit nur dann zu erwarten, wenn man für den an Häufigkeit überwiegenden Fall des Kochens, der Temperaturen bis höchstens 95° benötigt, dafür sorgt, daß der normale Siedepunkt nicht erreicht wird. Gerade der Verdampfungsvorgang ist imstande, große Energiemengen zu binden, ohne daß sie dem Kochgut zugute kommen würden. Während zum Erhitzen von 1 kg Wasser von 0° bis auf 100° nur 100 kcal benötigt werden, sind für die Verdampfung dieses 1 kg Wassers 536 kcal erforderlich. Wählt man also im Spargerät eine Temperaturhöhe knapp unterhalb des Siedepunktes, so sind nur so viel kcal nachzuliefern, als in der Zwischenzeit an das Kochgut und an die Umgebung abgegeben wurden. Dagegen ändert sich die Bilanz sofort sprunghaft, sobald der Siedepunkt erreicht ist.

Die Aufgabe besteht also darin, die Temperatur während der Fortkochdauer auf etwa 95° gleichmäßig zu halten. Hierzu kann die Energiezufuhr einerseits so geregelt werden, daß eine konstante Mindestleistung dauernd zugeführt wird, deren Betrag jedoch je nach der Art des Kochgutes schwankt. Z. B. errechnet sich für das oben behandelte Kochen von 1,5 kg Rindfleisch bei 2½stündigem Fortkochen eine Leistungsaufnahme von rund 32 W. Jede Erhöhung der Leistungszufuhr würde nicht etwa den Kochvorgang wesentlich

---

[1] Mörtzsch, Elektrizitätswirtschaft Bd. 28, S. 569, 602. 1929.

beschleunigen, da die Konstanten des Kochgutes dies verhindern, sondern lediglich zur Verdampfung des Wassers aufgebraucht. Bei jedem neuen Kochgut oder bei gleichem Kochgut von abweichendem Gewicht wäre eine neue Mindestleistung einzustellen. Es leuchtet ein, daß einem derartigen Verfahren keine praktische Bedeutung zukommen kann, da es eine verwickelte Bauart und recht umständliche Bedienung erfordern würde.

Somit verbleibt nur noch der Weg, die Fortkochleistung in selbsttätig gesteuerter Form mit Unterbrechungen zuzuführen. Hierzu kann eine Reglung nach der Zeit oder nach der Temperatur dienen. Das letztgenannte Verfahren hat den Vorteil, daß die Hausfrau ihre bisherigen Erfahrungen bezüglich der Kochdauer ohne weiteres verwerten kann, während sie bei der Zeitsteuerung erst empirisch für jedes Gericht die Dauer der Fortkochperiode ermitteln müßte.

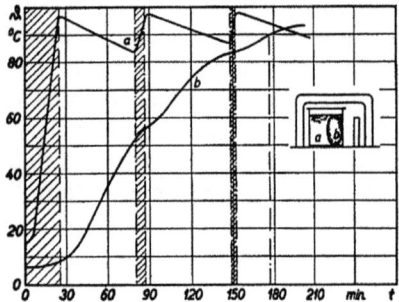

Bild 1. Kochversuch mit 1200 W im geschlossenen, temperaturgeregelten Raum.

Bild 1[1] zeigt den Temperaturverlauf in dem derartig geregelten Sparherd der AEG, und zwar stellt Kurve a den Temperaturverlauf im Wasserinhalt des Kochtopfes und Kurve b den Temperaturverlauf im Schwerpunkt des Fleischstückes dar. Die schraffierten Flächen geben an, in welchen Zeiträumen die gleichbleibende Leistung von 1200 W zugeführt wurde. Der Regler schaltet erstmalig ab, sobald die Wassertemperatur 95° beträgt. Das Fleisch hat bis dahin noch keine merkliche Temperatursteigerung erfahren. Es erwärmt sich erst nachher trotz unterbrochener elektrischer Energiezufuhr und erreicht seinen Garzustand im vorliegenden Falle nach 2,8 h.

Die Richtigkeit der obigen Überlegungen erhellt aus nachstehenden praktischen Kochversuchen. Kocht man nämlich 1,5 kg Rindfleisch in einem Topf mit 2,5 l Wasser, welches das Fleisch völlig bedeckt, so ergeben sich nach Zahlentafel 3 bei verschiedenen Kochbedingungen recht aufschlußreiche Werte.

Zahlentafel 3.

Versuch	Kochdauer h	Stromverbrauch für Wasserinhalt, Kochgut und Verluste kWh	Stromverbrauch für Kochgut und Verluste kWh
Auf Kochplatte: 1200 W Ankochen 225 W Fortkochen	2,25	0,89	0,64
Auf Kochplatte: 1200 W geregelt im geschlossenen Raum	2,8	0,69	0,44
Auf Kochplatte: 650 W geregelt im geschlossenen Raum	2,9	0,65	0,40

Aus der oben angegebenen spezifischen Wärme des Rindfleischs folgt für das Erwärmen von 1,5 kg um 85° ein theoretischer Verbrauch von nur 0,13 kWh. Somit ergibt sich, daß der Übergang vom Kochen auf offener Platte zum Kochen im geschlossenen, temperaturgeregelten Raum eine Verminderung vom fünffachen auf den dreifachen Betrag des theoretisch erforderlichen Energieverbrauchs mit sich bringt, so daß damit eine Verbesserung der Wirtschaftlichkeit um 40 vH gegenüber dem gewöhnlichen elektrischen Haushaltherd erreicht ist.

Grundbedingung für eine aussichtsreiche Entwicklung des neuartigen, vollautomatisch gesteuerten Kochverfahrens ist natürlich ein betriebsicheres Arbeiten des verwendeten Temperaturreglers. Er muß bei Schaltleistungen von etwa 2 kW sowohl bei Gleich- als auch bei Wechselstrom ohne teuren konstruktiven Aufwand völlig einwandfrei arbeiten. Dies

---

[1] Ottenstein, Elektrizitätswirtschaft Bd. 29, S. 118—120. 1930.

läßt sich beispielsweise dadurch erreichen, daß der bei dem Schaltvorgang auftretende Lichtbogen durch einen permanenten Hufeisen-Magneten ausgeblasen wird, dessen Feld den Lichtbogenweg durchsetzt. Das Bild 2 läßt die Einzelheiten der Anordnung näher erkennen.

Läßt man diesen Magneten weg, so besteht auch die Möglichkeit, das Löschen des Lichtbogens vor allem bei Gleichstrombetrieb dadurch sicherzustellen, daß man die elektrischen Eigentümlichkeiten des Gleichstromlichtbogens ausreichend berücksichtigt. Bekanntlich hat jeder Lichtbogen eine fallende Charakteristik, wie sie etwa in Bild 3 schematisch dargestellt ist. Läßt man bei gleichbleibender Netzspannung U und vorgegebenem Belastungswiderstand R einen Lichtbogen im Stromkreis ziehen, so ergibt sich zu dem jeweils durchfließenden Strom J die sich einstellende Lichtbogenspannung U_B. Nach den aus der Starkstromtechnik bekannten Erkenntnissen lassen sich leicht die Bedingungen für ein einwandfreies Erlöschen des Lichtbogens angeben. Bei einem, wenn auch nur schwach induktiven Stromkreis kann man die Differentialgleichung aufstellen:

Bild 2. Kontakt- und Magnetanordnung am Temperaturregler.

$$U = JR + L\frac{dJ}{dt} + U_B$$
$$L\frac{dJ}{dt} = (U - JR) - U_B = \Delta U.$$

Die Bedingung für das Erlöschen des Lichtbogens ist dadurch gegeben, daß

$$\frac{dJ}{dt}, \quad \text{d. h.} \quad L\frac{dJ}{dt} = \Delta U < 0$$

sein muß. Trägt man in Bild 3 die ausgezogene Gerade ein, welche den Unterschied $U - JR$ angibt, so kann man den jeweiligen Wert von ΔU direkt ablesen. Es zeigt sich, daß ΔU positive und negative Werte annehmen kann. Links von Punkt 2 hat der Strom das Bestreben zu wachsen, da $\Delta U > 0$, und nähert sich damit dem Punkt 2. Rechts von Punkt 2 ist dagegen $\Delta U < 0$, so daß der Strom abzunehmen sucht und sich ebenfalls dem Punkt 2 nähert, so daß dieser als ein stabiler Punkt im Betrieb des Lichtbogens angesehen werden kann. Anders liegen die Verhältnisse bei Punkt 1. Dort neigt der Strom dazu, sich zu verringern, sobald er sich seinem Betrage nach links von Punkt 1 befindet. Ein Erlöschen des Lichtbogens ist also nur in diesem beschränkten Teil der Charakteristik begünstigt, sobald die Gerade $U - JR$ die Lichtbogenkennlinie schneidet. Eine unbegrenzt sichere Löschwirkung ist anderseits nur dann vorhanden, wenn die Kennlinie restlos oberhalb der Widerstandsgeraden verläuft.

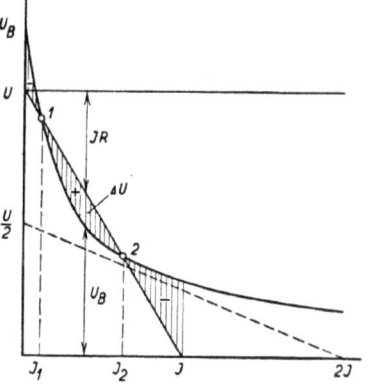

Bild 3. Gleichstrom-Lichtbogenkennlinie.

Zu diesem Zweck stehen mehrere Wege offen:

1. Man wählt eine kleine Spannung U bei gleichbleibendem R und vorgegebener Kennlinie des Lichtbogens; damit verschiebt sich die Widerstandsgerade parallel nach niedrigen Werten.

2. Man vergrößert den Ohmschen Widerstand R des Stromkreises bei gleichbleibender Spannung U und vorgegebener Kennlinie; damit schwenkt man die Widerstandsgerade um den Ausgangspunkt U derart, daß sich ihr Schnitt mit der Abszisse nach kleineren Stromwerten verschiebt.

3. Man vergrößert die Lichtbogenlänge bei gleichbleibendem R und U; damit verschiebt sich die Lichtbogenkennlinie nach oben.

Der Gleichstromlichtbogen-Vorgang am Regler eines Gerätes läßt von diesen beschriebenen Möglichkeiten nur eine begrenzte Auswahl zu. Es sind nämlich nachstehende Bedingungen zu beachten:

1. die von einem Gerät aufzunehmende Leistung liegt fest;
2. der im Stromkreis liegende Ohmsche Widerstand und die angelegte Netzspannung sind ebenfalls fest vorgegeben;
3. bauliche Rücksichten lassen nur eine begrenzte Änderung der Lichtbogenlänge zu.

Es ist leicht einzusehen, daß somit nur zwei mögliche Wege zum Erreichen einer einwandfreien Abschaltung von Gleichstrom bestehen:

a) Man wählt eine geringere Spannung (z. B. 110 Volt statt 220 Volt) und doppelten Strom, damit die zugeführte Leistung erhalten bleibt. Die zugehörige Widerstandsgerade ist in Bild 3 gestrichelt eingetragen. Sie trennt ein Dreieck ab, dessen Fläche für gleichbleibende Leistung gleich der von der ausgezogenen Geraden begrenzten Dreiecksfläche sein muß.

b) Man vergrößert die Lichtbogenlänge.

Die Lösung a) hat nur begrenzte Bedeutung, da man unbedingt auch Geräte für 220 Volt benötigt. Dagegen führt die Lösung b) ebenfalls zum Erfolg, wie sich experimentell verfolgen läßt. Bauliche Rücksichten ermöglichen es jedoch einerseits nicht, die Bogenlänge so weit zu vergrößern, daß die Lichtbogencharakteristik jenseits der Wider-

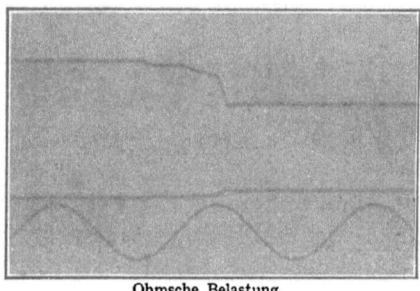
Ohmsche Belastung.
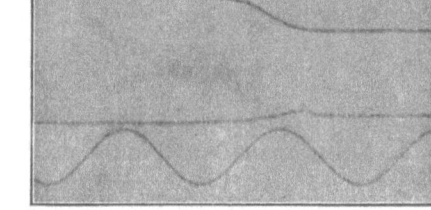
Induktive Belastung.

Bild 4. Oszillogramm des Ausschaltvorganges.

standsgeraden liegt. Anderseits verbietet sich auch dieser Weg, da der Regler zur Verwendung bei den verschiedensten Elektrowärmegeräten gedacht ist, wobei Schaltleistungen zu bewältigen sind, die in weiten Grenzen schwanken. Zu diesem Zwecke hat sich vielmehr das Verfahren des magnetischen Ausblasens sehr gut bewährt.

Das Löschen eines Gleichstromlichtbogens wird durch den Wärmeauftrieb der benachbarten Luftmengen und durch die elektrodynamische Wirkung eines die Kontaktbahn durchsetzenden magnetischen Flusses begünstigt. Bei ausreichender Feldstärke des Magneten ist jedoch der elektrodynamische Effekt weitaus überwiegend. Sogar für den Fall, daß bei entsprechender Polung des elektrischen Gleichstromkreises die elektrodynamische Kraft dem Wärmeauftrieb entgegenwirkt, wird dennoch ein einwandfreies Ausblasen des Lichtbogens beobachtet. Eine zuverlässige Prüfung dieses Löschvorganges läßt sich auf oszillographischem Wege und auch auf optischem Wege durchführen. Beide Verfahren sind bei dem beschriebenen Hochleistungsregler eingeschlagen worden; und zwar wurde nur der Gleichstromlichtbogen untersucht, da seine Unterbrechung die größeren Schwierigkeiten bereitet. Die Oszillogramme von Bild 4 zeigen einwandfrei den Verlauf des Abschaltvorganges bei rein Ohmscher und bei stark induktiver Belastung und einer Schaltleistung von 1,5 kW. Der zeitliche Verlauf des Lichtbogenstromes hängt von der Lichtbogenlänge ab, die im vorliegenden Falle nicht allein durch die Bewegung der Kontakte, sondern auch durch die elektrodynamische Beeinflussung bedingt ist. Einen näheren Einblick in diese Erscheinungen gestattet die optische Untersuchung. Die kinematographische Aufnahme des Ausschaltvorganges mit

Hilfe einer Zeitdehner-Apparatur[1] ermöglicht nämlich die schrittweise Auswertung des mit einer Bildzahl von durchschnittlich 800 Bildern je Sekunde aufgenommenen Vorganges. Auf diese

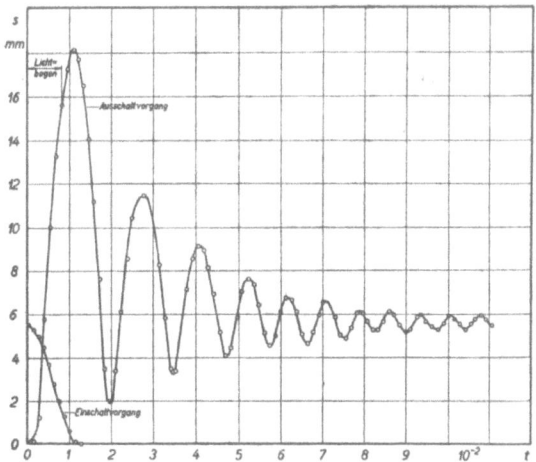

Bild 6. Zeitlicher Verlauf des Kontaktweges.

Weise läßt sich die Änderung der Lichtbogenlänge sowie das Abwandern des Lichtbogens von den Kontakten in Zeitabständen von $0{,}125 \cdot 10^{-2}$ s verfolgen. Unter Innehaltung gleicher Versuchsbedingungen ergibt sich dabei übereinstimmend mit der oszillographischen Untersuchung eine Löschzeit des Lichtbogens von $0{,}75 \cdot 10^{-2}$ s. Trotz Änderung der Schaltleistung um 300 vH ist innerhalb der Meßgenauigkeit keine Erhöhung der Löschzeit zu erkennen. Bild 5 gibt die Zeitdehneraufnahme eines Schaltvorganges bei einer Belastung mit 1,5 kW wieder. Bild 6 stellt dagegen die Auswertung einer derartigen Aufnahme in der Form dar, daß die Wege des beweglichen Kontaktes beim Ein- und Ausschalten in Abhängigkeit von der Zeit aufgetragen sind. Wie zu erkennen ist, wird der Kontakthebel durch die betriebsmäßig schnappartige Auslösung des Schaltvorganges in mechanische Schwingungen versetzt, die verhältnismäßig stark gedämpft sind. Die Schnappbewegung kommt dadurch zustande, daß eine vorgespannte Membran, die einen mit Flüssigkeit gefüllten zylindrischen Behälter abschließt, durch die Wärmeausdehnung des

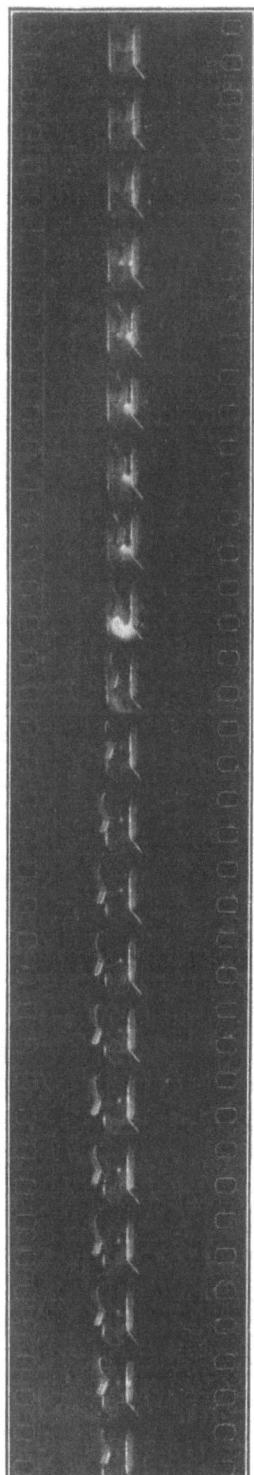

Bild 5. Zeitdehneraufnahme des Ausschaltvorganges.

Bild 7. Temperaturregler.

---

[1] s. W. Ende, „Der Film als Forschungsmittel der Technik", in diesem Werke S. 450.

Inhaltes unter Druckbelastung versetzt wird (Bild 7). Die Anordnung des Reglers im Gerät erfolgt derart, daß dieser zylindrische Behälter als temperaturempfindliches Organ in den zu regelnden Raum hineinragt. Er ist in dieser Weise in Futterdämpfern, Badeöfen, Heißwasserspeichern, elektrischen Herden usw. ohne weiteres verwendbar. Der Einbau des Reglers in den Sparherd der AEG geht aus Bild 8 hervor. Er sitzt auf der Herdplatte auf und erfährt seine Wärmezufuhr teils durch metallische Leitung, teils durch niedergeschlagenes Kondensat. Bild 9 zeigt den Herd geschlossen[1].

c) **Führung des Wärmeflusses.** Wie schon oben erwähnt, ist neben der erläuterten Verbesserung der Wirtschaftlichkeit des elektrischen Kochens durch geeignete selbstgesteuerte Energiezufuhr beim Fortkochen noch eine weitere Ersparnis möglich, sobald der Wärmefluß von der Platte zum Kochgut sorgfältig geführt wird. Ausgehend von der Wärmequelle, dem Heizdraht, verläuft der Wärmestrom zunächst zur Plattenoberfläche. Er passiert hierbei die unumgänglich notwendige, hoch hitzebeständige elektrische Isolation. Die beste Platte wird die sein, die bei einwandfreier elektrischer Isolation den geringsten Wärmewiderstand aufweist. In dieser Beziehung haben sich Kochplatten mit Einbettmasse am besten bewährt. Ein-

Bild 8. Sparherd (abgenommene Haube).

Bild 9. Sparherd (aufgesetzte Haube).

geschlossene oder zwischenliegende Luftschichten sind bei ihnen so gut wie ausgeschlossen. Sobald der Wärmestrom nun die Plattenoberfläche erreicht hat, steht ihm nochmals ein neues Hindernis in Form von Luftschichten zwischen Platte und Kochtopfboden entgegen. Derartige Schichten können durch Unebenheiten der Platten- und Bodenfläche im kalten Zustand oder aber auch durch Verziehen dieser Flächen beim Erhitzen zustande kommen. Sie sind vor allem maßgebend für die Wirtschaftlichkeit, denn der übrige Verlauf des Wärmestromes über Topfwand, Wasser, Fett oder Luftraum zum Kochgut kann kaum zu wesentlichen Störungen der Wirtschaftlichkeit Anlaß geben. Dabei ist allerdings angenommen, daß die geeignete Topfgröße — bezüglich Durchmesser und Inhalt — der Platte und dem Kochgut angepaßt ist. Wesentliche Gewinne sind auch nicht zu erwarten, wenn man peinlichst den Wärmeübergang von der Topfinnenwand zu Wasser, Fett oder Luft durch geeignete Wahl der Stoffe und Oberflächen fördert.

Der vorherrschende Einfluß der Passung von Topf und Platte erscheint wichtig genug, um der quantitativen Untersuchung seines Betrages erneut Aufmerksamkeit zu schenken.

Die nachstehend behandelten Untersuchungen klären:

1. welcher Einfluß auf die Wirtschaftlichkeit durch vorhandene Luftschichten zwischen Kochplatte und Kochtopf zu erwarten ist;

2. welche Luftschichten üblicherweise im kalten und warmen Zustande an Kochplatten und Kochtöpfen auftreten.

---

[1] Bezüglich näherer Einzelheiten über den Sparherd sei auf Arbeiten von Ottenstein verwiesen: ETZ Bd. 50, S. 1054. 1929. — AEG-Mitteilungen 1929, S. 547—549. — Elektrizitätswirtschaft Bd. 29, S. 118—120. 1930.

Bild 10 gibt über die erste Frage Auskunft. Es läßt erkennen, in welchem Maße die Unebenheiten der in Wärmekontakt gebrachten Flächen den Anheizwirkungsgrad einer anfänglich kalten Kochplatte beeinflussen. Ein konkaver Boden wird dabei durch einen ebenen Boden mit untergelegten Ringen von veränderlicher Stärke ersetzt, die praktisch vollkommenen Kontakt aufweisen. Dagegen wird der konvexe Boden durch Unterlegen von zentralen Scheiben unter den gleichen ebenen Topfboden nachgeahmt, die den gleichen Flächeninhalt wie die Ringe haben. Da sich erfahrungsgemäß bei der Wärmeübertragung von einer Kochplatte zu einem Kochtopf der metallisch leitende Querschnitt zu dem Querschnitt des wärmeübertragenden Luftraumes i. M. verhält wie 1:3,45, wird der Flächeninhalt der Zwischenlagen gleich 29% der zu untersuchenden Fläche gewählt. Dieses Verfahren hat den Vorteil, daß der Topfboden bei allen Versuchen in seiner Stärke unverändert bleibt, daß sich Versuche ohne den Aufwand vieler Töpfe leicht durchführen lassen und daß die Abmessungen der eingeschlossenen Luftschichten völlig definiert sind.

Das bemerkenswerte Ergebnis des Bildes 10 läßt zunächst erkennen, daß konkave Töpfe günstiger als konvexe Töpfe gleicher Luftschichten sind. Dies erklärt sich dadurch, daß die Luftpuffer eines konvexen Topfbodens nicht restlos eingeschlossen sind und somit eine Konvektionsströmung nach außen zulassen. Weiterhin ist zu bedenken, daß die Wärmeübertragung in Luftschichten sich aus den drei Beträgen: Strahlung, Leitung und Konvektion zusammensetzt. Die Strahlung macht bei den erhöhten Temperaturen an der Kochplatte einen wesentlichen Anteil aus, dagegen übernimmt die Leitung nur einen Teilbetrag bei ganz dünnen Schichten, während die Konvektion erst bei dickeren Schichten wirksam wird. Durch diese eigenartige Übereinanderlagerung ist die Tatsache zu erklären, daß der Wirkungsgrad bei konkavem Topf für Luftschichtdicken oberhalb 0,7 mm sich kaum noch verschlechtert. Dagegen werden die Konvektionsverhältnisse gestört, wenn der Luftraum bei einem konvexen Topfboden nach außen kommunizieren kann. Auf diese Weise fällt die Wirkungsgradkurve bei konvexem Topfboden steiler ab. Bei einem Kochen im geschlossenen Raum werden diese Erscheinungen nur unwesentlich geändert.

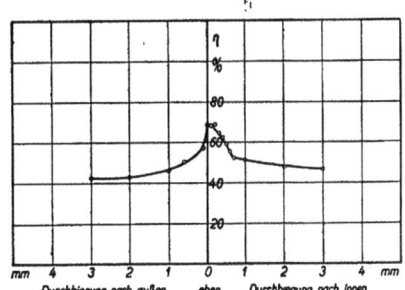

Bild 10. Abhängigkeit des Anheizwirkungsgrades bei kalter Kochplatte von der Luftschichtdicke zwischen Platte und Topf.

Fragen wir uns nun, welche Luftschichten zwischen Kochplatte und Kochtopf praktisch auftreten. Zu diesem Zweck sind die Profile der Kochplatten und Kochtöpfe von verschiedenem Durchmesser und abweichendem Fabrikat untersucht worden. Zur Durchführung dieser Messungen wurden die in den Bildern 11 und 12 dargestellten Anordnungen benutzt. Sie bestehen aus einer Richtplatte und einem justierbaren Dreifuß als Unterbau. Auf ihm wird entweder die Kochplatte oder der Topf mit vorgesehener Innenbeheizung angebracht. Bezogen auf drei Fixpunkte, die als Eckpunkte eines dem Umfang einbeschriebenen regelmäßigen Dreiecks aufzufassen sind, wird das Oberflächenprofil mit einer Zeiss-Meßuhr ermittelt. Sie wird an allen Meßstellen mit gleicher Vorspannung aufgesetzt. Die Profilausmessung erfolgt im kalten und warmen Zustand in gleicher Weise. Im warmen Zustande wird lediglich die warme Dreieckfläche durch die Justierschrauben erneut parallel zur Richtplatte gebracht und so weit gesenkt, daß der Fühlhebel der Meßuhr mit gleichem Drucke wie vorher aufliegt. Dieses Nachjustieren ist infolge der Wärmeausdehnung der Metallteile erforderlich. Als Temperaturen am Flächenmittelpunkt werden die Beträge von 20, 100 und 200° gewählt. Bei der Kochplatte wird außerdem noch der Endzustand beim Trockengehen untersucht. Die Bilder 13 und 14 zeigen charakteristische Profile einer Platte und eines Topfes im kalten und warmen Zustand. Sie sind beide an Geräten von 220 mm ⌀ aufgenommen und stimmen überein mit gleichzeitig ermittelten Werten an weiteren 7 Platten und 2 Töpfen. Die untersuchten Flächen sind in Planquadrate eingeteilt, an deren Eckpunkten die jeweiligen Meßuhrangaben in zehnfacher Vergrößerung aufgetragen werden. Der in den Bildern angegebene Maßstab ermöglicht es, die Beträge der Schwankungen abzugreifen. Die Abmessungen der Platte und des Topfes sind allerdings auf die Hälfte verkleinert und entsprechen nicht diesem Maßstab.

Allgemein kann ausgesagt werden, daß sich das Profil einer guten elektrischen Kochplatte erst beim Trockengehen (450°) wesentlich verändert. Beim Wiedererkalten stellt sich jedoch wieder das Ausgangsprofil ein. Auch nach einem Dauerversuch bei normaler Kochtemperatur stellt sich wieder das Ausgangsprofil ein. Die Profiländerungen von Kochtöpfen verschiedenen Fabrikates sind bei den in Frage kommenden Temperaturen ebenfalls als reversibel anzusehen. Aluminiumtöpfe mit verstärktem Boden behalten ihr ursprüngliches Profil (bei 20°) auch im warmen Zustand (bei 200°) praktisch bei. Dagegen verhalten sich Aluminiumtöpfe mit normalem Boden sehr unzuverlässig. Stahltöpfe mit normaler Bodenstärke und nach innen gewölbtem Bodenprofil beulen sich zwar etwas, aber nicht restlos, bei einer Erwärmung auf 200° aus (Bild 14).

Bild 11. Apparatur zur Profilaufnahme an Kochplattenflächen.

Abgesehen von diesen mehr qualitativen Aussagen, die das bisher Bekannte lediglich bestätigen, seien noch einige quantitative Überlegungen angestellt. Sie sollen darüber Klarheit verschaffen, wieweit die Technik der Platten- und Topfherstellung bereits gediehen ist und welche Verbesserungen noch anzustreben sind.

Die Profildarstellung der Bilder 13 und 14 ist zwar ausreichend für den erläuterten qualitativen Vergleich; jedoch wäre es verfehlt, aus dem obigen Profil etwa die maximal auftretenden Abweichungen von einer gedachten horizontalen Mittelebene als Kriterium der Güte einer Platte oder eines Topfes heranzuziehen. Denn es ist ohne weiteres der Fall denkbar, daß z. B. eine Platte ein Profil zeigt, das einer zu dieser Horizontalebene geneigten Ebene entspricht. Dann würde die obige Schlußweise zu einer schlechten Beurteilung des Gerätes

Bild 12. Apparatur zur Profilaufnahme an Topfbodenflächen.

führen. Trotzdem wäre aber das Gerät für den praktischen Gebrauch als sehr gut zu bezeichnen, da sich ein ebener Topf ohne Luftzwischenschicht aufsetzen würde und lediglich gegen die Horizontale geneigt wäre. Wärmetechnisch wäre die Anordnung völlig einwandfrei.

Um diesem Tatbestand Rechnung zu tragen, kann man jedoch die oben erläuterten Profile folgendermaßen auswerten: Man ermittelt das Volumen des zwischen einer normalen Platte und einem normalen Topf sich einstellenden unregelmäßigen Luftraumes und ersetzt es durch das Volumen eines zylindrischen Luftraumes von der oben erläuterten vorgegebenen

Grundfläche. Hieraus ergibt sich dann eine mittlere Luftschichtdicke, die es gestattet, aus Bild 10 die zugehörige Wirtschaftlichkeit abzulesen. Das Ausmessen des auftretenden Luftraumes erfolgt entweder durch Berechnung, sobald er regelmäßig ist, oder experimentell bei unregelmäßiger Form. In letzterem Fall werden die Profile nach den Bildern 13 und 14 auf Karton aufgezeichnet, ausgeschnitten und der Wirklichkeit entsprechend nebeneinander aufgebaut. Die Zwischenräume werden mit einer Masse ausgegossen, so daß schließlich ein Modell in Form eines Gebirges entsteht, das in 10 facher Vergrößerung die Unebenheiten der untersuchten Fläche zeigt. Das Modell wird mit einer ebenen Platte überdeckt, die sich zwanglos an einigen Stellen auflegen wird, und dann so nivelliert, daß die ebene Deckplatte horizontal liegt. Daraufhin wird die Platte abgenommen und der Hohlraum des justierten Modells so weit mit Wasser gefüllt, daß die vorherigen Berührungsstellen der Platte überdeckt sind. Die benötigte Wassermenge gibt dann den gesuchten Inhalt des Luftraumes an.

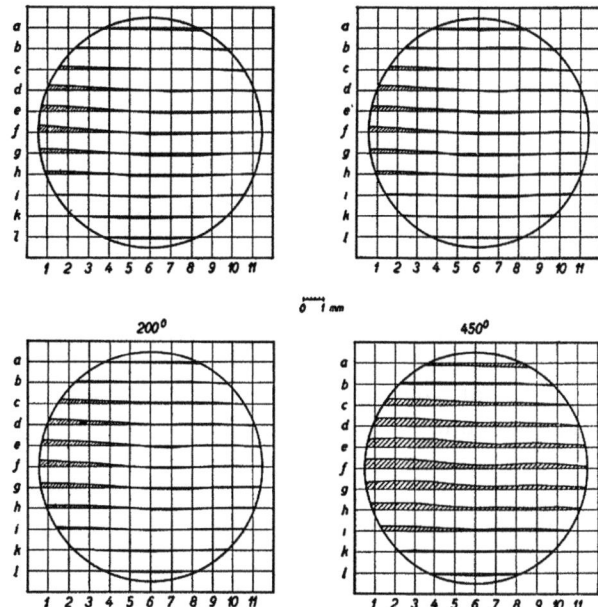

Bild 13. Profil einer Kochplattenoberfläche von 220 mm ∅.

Die Prüfung mehrerer derartiger Modelle hat folgendes ergeben:

Betrachtet man den gesamten Luftraum, der durch die Unebenheiten der Platte und auch des Topfes entsteht, so stellt sich heraus, daß vorwiegend der Fall konkaver Luftzwischenräume auftritt. Weiterhin ist festzustellen, daß im ungünstigsten Falle eine mittlere Luftschichtdicke von 0,58 mm auftritt. Dieser Betrag setzt sich zusammen aus einer mittleren Schichtdicke von

0,46 mm durch Unebenheiten der Platte,
0,12 mm durch Unebenheiten des Topfbodens.

Bild 10 entnehmen wir, daß einer derartigen zylindrischen Luftschicht ein Wirkungsgrad von 55% entspricht. Eine experimentelle Prüfung des Wirkungsgrades derselben untersuchten Kombination von

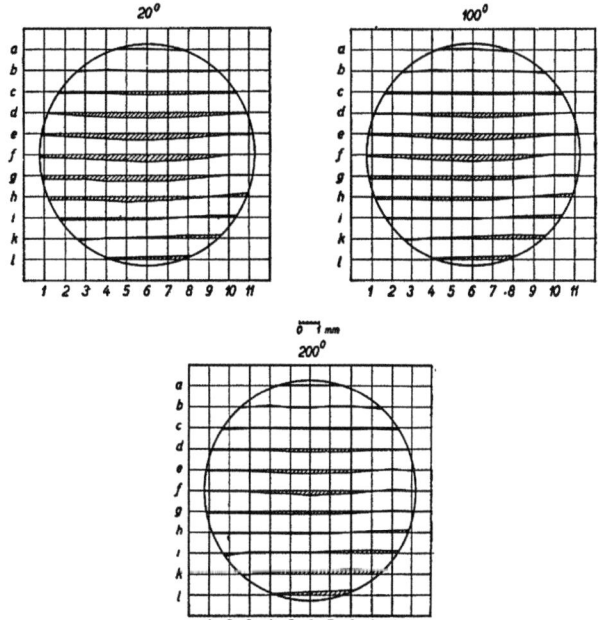

Bild 14. Profil eines Silitstahltopfbodens von 220 mm ∅.

Platte und Topf liefert den Wert von 54,7%. Die gute Übereinstimmung beweist somit die Brauchbarkeit des oben erläuterten Prüfverfahrens.

Zusammenfassend ergibt sich,

1. daß die Wirtschaftlichkeit des elektrischen Kochens durch Luftschichten zwischen Kochplatte und Kochtopf im ungünstigsten Falle sich um etwa 20% verringert;

2. daß die Unebenheiten der Kochplatten diejenigen von guten Kochtöpfen überwiegen.

Es wird infolgedessen künftighin das besondere Augenmerk auf eine Verbesserung der Kochplattenoberflächen zu richten sein. Auf keinen Fall darf eine Verschlechterung bezüglich der Kochplattenprofile zugelassen werden, da sonst die Lufzschichtdicken Werte von mehr als etwa 1 mm annehmen. In diesem Fall wäre die Verwendung von Kochtöpfen mit besonders ebener Bodenfläche hinfällig, da Luftschichtdicken über 1 mm nach Bild 10 die Wirtschaftlichkeit kaum noch verschlechtern.

Der physikalische Wirkungsgrad, der neben wichtigen praktischen Gesichtspunkten, die hier nicht erläutert seien, die Wirtschaftlichkeit einer elektrischen Kochvorrichtung kennzeichnet, beträgt in dem erläuterten ungünstigen Falle etwa 55%, wenn der Kochvorgang mit kalter Kochplatte beginnt. Wird dagegen der Kochvorgang entsprechend der in der Praxis üblichen fortlaufenden Benutzung mit warmer Kochplatte begonnen, so erhöht sich der Wirkungsgrad auf etwa 72%. Eine weitere Verbesserung bis auf etwa 74% tritt ein, sobald man das Kochen im geschlossenen Raume vornimmt. In diesem Fall treten die Verluste durch abgestrahlte Energie seitens der Platte und seitens des Topfes nicht vollauf in Erscheinung, da die erwärmte Luft der Nachbarschaft nicht entweichen kann.

Zusammenfassung.

Dem „elektrischen Kochen im geschlossenen Raum" kommt erhöhte Bedeutung zu, weil es ernährungsphysiologischen Gesichtspunkten Rechnung trägt und weil es auch wärmetechnische Energieersparnisse erreichen läßt, die beim gewöhnlichen Kochverfahren grundsätzlich ausgeschlossen sind.

Zur Theorie des Spinntopfmotors.
Von H. Stein.

Ausgehend von einem umlaufenden System mit Unbalancen im Drehkörper wird dessen dynamisches Verhalten beim Lauf mit unter- bzw. überkritischer Geschwindigkeit sowie die Vorgänge bei seinem Durchgang durch das Resonanzgebiet betrachtet und die hierfür geltenden Gesetze und Gleichungen abgeleitet. Die Vorteile des überkritischen Betriebes finden eingehende Darstellung. Auf die beim Durchgang durch die kritische Drehzahl auftretenden Gefahren wird eingegangen und auf die Einflüsse zusätzlicher Schwingungs- bzw. Präzessionsbewegungen kurz hingewiesen. Es ergeben sich aus diesen Betrachtungen für den Bau von Spinnzentrifugen Bedingungen, denen eine Reihe bekannter Spinntopfmotor-Bauarten entspricht. Diese werden kritisch betrachtet und eine neue, den Betriebsbedingungen in besonders weitem Maße entsprechende Ausführung beschrieben. Endlich wird an Hand oszillographischer Aufnahmen die experimentelle Bestätigung der angestellten Überlegungen erbracht.

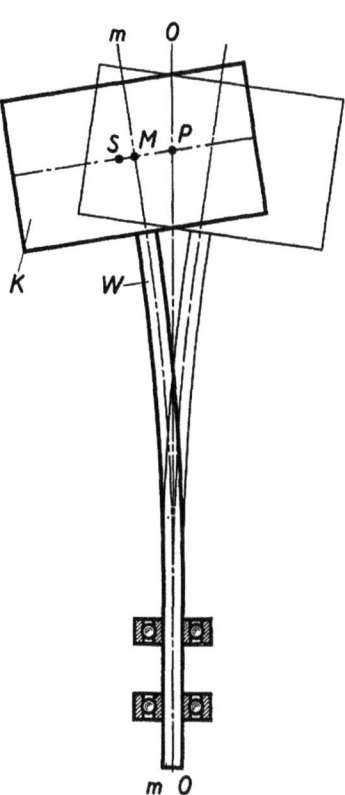

Bild 1. Prinzipbild eines umlaufenden Systems mit Unbalance.

Die für das Spinnen und Zwirnen von Kunstseide verwendeten Elektro-Zentrifugen haben für den Techniker insofern besonderes Interesse, als ihre Arbeitsweise Aufgaben stellt, die nicht ohne weiteres mit bisher bekannten Mitteln zu lösen sind. In ihrem Aufbau ähneln die Kunstseide-Zentrifugen vielfach den für die verschiedensten Zwecke verwendeten. Die Forderungen: hohe Drehzahlen, einfachste Ausführung und niedriger Preis führten jedoch zwangläufig zur Entwicklung von Sonderbauarten, die teilweise erheblich von den früher bekannten Zentrifugen-Anordnungen abweichen. Eine besondere, eng anschließende Umhüllung des Umlaufkörpers, in diesem Falle des Spinntopfes, wird allgemein nicht vorgesehen, die einzelnen Spinnstellen sind vielmehr in Kammern eingeschlossen, aus denen mittels besonderer Vorrichtungen die abgeschleuderte Säure abgesaugt wird. Die ganze Zentrifuge besteht deshalb nur aus Motor und Topf, wobei der Motor so gebaut sein muß, daß er einen ruhigen Lauf gewährleistet, auch dann, wenn in dem aufgesetzten Spinntopf Unbalancen vorhanden sind.

Die gestellte Aufgabe soll zunächst an Hand des Prinzipbildes 1 näher gekennzeichnet werden. Es handelt sich darum, einen freifliegend auf die Welle W aufgesetzten Umlaufkörper K (Spinntopf) in rasch drehende Bewegung zu setzen. Der Einfachheit halber wird dabei angenommen, daß die gesamte Masse des Körpers K in seinem Schwerpunkt S vereinigt sei, während die Welle selbst masselos ist, eine Voraussetzung, die bei dem zur Betrachtung stehenden System „Spinntopf—Spinntopfspindel" praktisch gemacht werden kann, weil die Masse des Spinntopfes gegenüber der der Welle sehr groß ist. Solange nun die Verlängerung der Symmetrieachse m—m der Welle durch den Schwerpunkt S geht und dieser mit dem in gleicher Höhe auf der Symmetrieachse liegenden Punkte M also zusammenfällt, liegt kein Grund zur Befürchtung vor, daß bei höheren Drehzahlen eine schädliche Beanspruchung der Welle entstehen könnte. Es ist aber verhältnismäßig schwer, dieser Bedingung einigermaßen genau zu entsprechen, da sich Unbalancen im Spinntopf kaum ganz vermeiden lassen. Es kann dagegen angenommen werden, daß bei dem symmetrischen Aufbau des Topfes die Hauptträgheitsachse annähernd genau in Richtung der Wellenmittellinie fällt. Kleine Richtungsunterschiede sind bei genügender Biegsamkeit der Welle in bezug auf Festigkeitsfragen ohne Bedeutung.

Während es bei geringen Drehzahlen möglich ist, durch Auswuchtung des Umlaufkörpers und entsprechend starke Bemessung der Welle die durch Zentrifugalkräfte entstehenden Biegungsbeanspruchungen klein zu halten und zuzulassen, ist ein solches Verfahren bei Anwendung sehr hoher Drehzahlen unzweckmäßig und bedenklich. Bekanntlich wachsen die Zentrifugalkräfte mit dem Quadrat der Geschwindigkeit, und es ist einzusehen, daß selbst kleine Unbalancen bei sehr hohen Drehzahlen Biegungsmomente hervorrufen können, denen die Welle bzw. die Lagerung nicht widerstehen kann. Hinzu kommt, daß schon ein Stoß oder eine Erschütterung genügt, um den Schwerpunkt kurzzeitig aus der bei genauer Zentrierung mit der Drehachse zusammenfallenden Mittellinie o—o zu entfernen. Die auftretende Zentrifugalkraft wird die entstandene Verbiegung der Welle weiter zu vergrößern suchen und bei genügend hohen Drehzahlen trotz vorheriger sorgfältiger Auswuchtung eine dauernde Verformung oder vollkommene Zerstörung der Welle bewirken

Als erster ging deshalb Laval dazu über, die Wellen rasch umlaufender Dampfturbinen schwach auszuführen. Im Betriebszustand erzwingt die Welle dann bei vorhandenen Unbalancen nicht mehr Drehungen um die durch die Lagerung festgelegte Mittellinie, sondern hat vielmehr die Möglichkeit, sich radial zu verschieben, ohne daß dauernde Formänderungen zu befürchten sind. Auch geringe Unterschiede der Richtungen zwischen Symmetrieachse und Hauptträgheitsachse werden sich durch die elastische Nachgiebigkeit der Welle so weit ausgleichen, daß dadurch keine den Lauf störenden Momente entstehen können. Im nachstehenden soll nun untersucht werden, wie sich das vorbeschriebene System „Welle—Spinntopf" bei Lauf mit verschiedenen Drehzahlen verhält. Der Einfachheit halber sei zunächst angenommen, daß der Wellenstumpf lang und dünn ausgebildet ist und der Halt in der Lagerung so erfolgt, daß eine Durchbiegung nur oberhalb der Lagerstellen eintreten kann. Wie später gezeigt wird, läßt sich eine ähnliche Wirkungsweise auch mit starrer Welle und elastischer Abstützung erzielen. Vorausgesetzt sei weiterhin, daß der Schwerpunkt S des Umlaufkörpers nicht in die Verlängerung der Wellenmittellinie fällt. Das umlaufende System sei ganz symmetrisch aufgebaut; die Verlagerung des Schwerpunktes möge dadurch erfolgt sein, daß an einer Stelle der Topfwandung ein Gewicht angebracht ist. Die Strecke MS bezeichnet die Exzentrizität, d. h. den Abstand des Schwerpunktes von der Symmetrieachse. Bei Drehung des Systems wird unter der Einwirkung der im Schwerpunkt angreifenden Zentrifugalkraft die Welle zunächst in Richtung der Schwerpunktlage durchgebogen, und zwar um so mehr, je schneller die Welle umläuft, je größer also die Zentrifugalkraft wird. In der für die gewählten Abmessungen festliegenden kritischen Drehzahl erreicht die Zentrifugalkraft Werte, die auch bei gleichbleibender Geschwindigkeit infolge des mit vergrößerter Durchbiegung sich immer mehr verschiebenden Angriffspunktes der Kräfte (Schwerpunkt) zur Zerstörung der Welle führen müssen. Wird die Welle beim Durchgang durch die kritische Drehzahl mittels besonderer Anordnungen vor einer Formänderung geschützt, dann zeigt sich bei weiter zunehmender Geschwindigkeit, daß sich das umlaufende System zusehends beruhigt. Bei genügend hohen Drehzahlen wandert der Schwerpunkt praktisch genau in die Drehachse, die mit der durch die Lagerung gegebenen Mittellinie o—o zusammenfällt, während der mit dem Schwerpunkt auf gleicher Höhe liegende Punkt M der Symmetrieachse, der zu Anfang der Bewegung mit der Mittellinie zusammenfiel, dann immer weiter ausgelenkt wurde, jetzt einen Kreis mit dem Halbmesser MS um Schwerpunkt und Drehachse beschreibt.

Da zur Erzielung eines ruhigen Laufes und zwecks Vereinfachung des Aufbaues die Spinntopfmotoren allgemein so ausgeführt werden, daß sie betriebsmäßig im überkritischen Bereich arbeiten, ist es wichtig, die Vorgänge beim Durchgang durch die kritische Drehzahl etwas eingehender zu betrachten.

Ein Anlauf mit nur geringen Auspendelungen der Symmetrieachse läßt sich erfahrungsgemäß ohne Verwendung besonderer Hilfsmittel erreichen, wenn die Geschwindigkeitszunahme außerordentlich rasch erfolgt[1]. Da dieser Vorgang zum Verständnis der später folgenden Betrachtungen wichtig ist, soll an dieser Stelle kurz darauf eingegangen werden. Den Betrachtungen zugrunde gelegt ist wieder eine Anordnung, wie sie Bild 1 zeigt. Bei einer der Welle an ihrem unteren Ende mit großer Kraft erteilten plötzlichen Drehung wird, vorausgesetzt, daß eine starre Verbindung zwischen Welle und Körper diese Drehung überträgt, nicht eine Bewegung um die Symmetrieachse, sondern ein Umlaufen um den Schwerpunkt bewirkt. Eine genügende Biegsamkeit

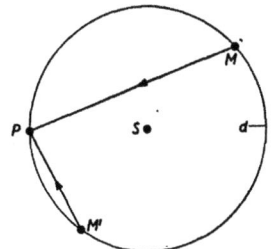

Bild 2. Weg eines Punktes der Symmetrieachse um die Rotationsachse bei einem dem System erteilten Drehstoß.

wird dabei diese Bewegung der Welle ermöglichen. Der Punkt M der Symmetrieachse m—m müßte dann einen Kreis um den Schwerpunkt S beschreiben. In Bild 2 ist in der Draufsicht angegeben, welchen Weg der Punkt M der Symmetrieachse dabei zurücklegt. Es ist einzusehen, daß auf dieser Kreisbahn d die zur Durchbiegung der Welle erforderlichen Kräfte verschieden große Werte annehmen, die zwischen Null und einem Höchstbetrag schwanken. Da sie während eines Umlaufes aber alle auf den Punkt P der Mittellinie gerichtet sind, ergibt sich eine Resultierende, die den Schwerpunkt nach P hin zu verschieben sucht. Diese Überlegung hat allerdings nur beschränkt Gültigkeit, da die Kreisbahn nicht mit gleichbleibender, sondern mit zunehmender Geschwindigkeit durchlaufen wird. Immerhin ist deutlich zu erkennen, daß durch eine starke Beschleunigung beim Anfahren Kräfte erzeugt werden, die den Schwerpunkt in die Drehachse zu verlagern suchen. Ist nach einigen Umläufen S in die Nähe von P gerückt, dann wird, wie bei Lauf mit überkritischer Drehzahl, Punkt M der Symmetrieachse einen Kreis um S bzw. P mit einem Halbmesser beschreiben, der gleich ist der Exzentrizität MS.

Der letztbeschriebene Vorgang, wonach der erteilte Drehstoß so groß ist, daß von Beginn der Bewegung an eine zur Mittellinie gerichtete Wanderung des Schwerpunktes einsetzt, wird praktisch jedoch nur selten vorkommen. Vielmehr erfolgt in den meisten Fällen, in denen mit überkritischen Geschwindigkeiten betriebsmäßig gearbeitet wird, der Anlauf so langsam, daß zunächst die Auspendelungen unter Einwirkung der auf den umlaufenden Schwerpunkt wirkenden Zentrifugalkraft anwachsen. Um festzustellen, in welcher Weise sich die Wanderung des Schwerpunktes bei den verschiedenen Phasen des Anlaufvorganges vollzieht, soll die Theorie kurz abgeleitet und später an Hand von aufgenommenen Oszillogrammen die Richtigkeit der gefundenen Ergebnisse nachgewiesen werden.

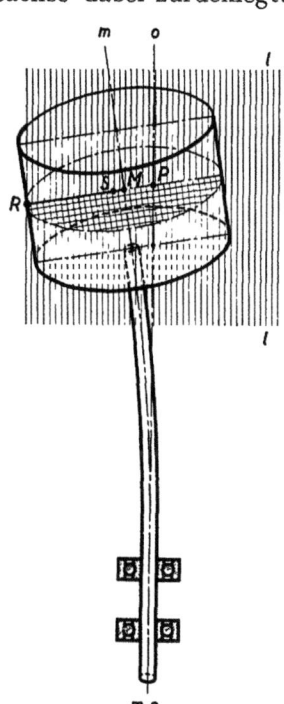

Bild 3. Nichtausbalanciertes System beim Lauf mit unterkritischer Drehzahl.

Bild 3 zeigt ein umlaufendes System, das ähnlich dem in Bild 1 dargestellten aufgebaut sein möge, im Lauf mit unterkritischer Drehzahl. Es bedeutet wieder o—o die Lage der Mittellinie, die in diesem Fall mit der Drehachse zusammenfällt, M einen Punkt der Sym-

---

[1] Föppl, Vorlesungen über technische Mechanik. Bd. 4.

metrieachse, die durch die auf den Schwerpunkt S wirkende Zentrifugalkraft um die Strecke PM aus der Mittellinie ausgelenkt ist. Die gleichen Verhältnisse sind in Bild 4 in einem Koordinatensystem aufgetragen, in dem mit a und b die Horizontal- und die Vertikalprojektionen der Exzentrizität e bezeichnet sind, während z den Abstand des Schwerpunktes S von dem in die Drehachse gelegten Koordinatenmittelpunkte P angibt. α ist der Winkel, den eine Gerade SP mit der y-Achse bildet. Der von den Geraden SP und SA eingeschlossene Winkel ist ebenfalls gleich α.

Daraus folgt:

$$a = e \sin \alpha \quad \text{und} \quad b = e \cos \alpha.$$

Aus der Annahme, daß α zur Zeit $t = 0$ ebenfalls Null war, ergibt sich:

$$\alpha = \omega t,$$

danach $a = e \sin \omega t$ und $b = e \cos \omega t$. Wenn die im Schwerpunkt S vereinigt gedachte Masse mit m bezeichnet wird, dann gelten für die beiden Achsenrichtungen die dynamischen Grundgleichungen:

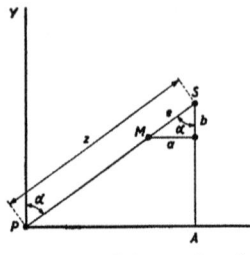

Bild 4. Schema für eine Augenblickslage von Schwerpunkt und Symmetrieachse.

$$m \frac{d^2 x}{dt^2} = -c(x - a) \quad \text{und} \quad m \frac{d^2 y}{dt^2} = -c(y - b), \tag{1}$$

wobei c ein von der Elastizität der Welle abhängiger Faktor ist. x und y sind die Ordinaten des Punktes S. Durch das Minuszeichen kommt zum Ausdruck, daß die Horizontal- und Vertikalkomponente der Biegungskraft den positiven Richtungen der Koordinatenachsen entgegen wirken. Durch Einsetzen der für a und b gefundenen Werte erhält die Gleichung folgende Form:

$$\left. \begin{array}{l} \dfrac{m}{c} \dfrac{d^2 x}{dt^2} = -x + e \sin \omega t, \\[4pt] \dfrac{m}{c} \dfrac{d^2 y}{dt^2} = -y + e \cos \omega t, \end{array} \right\} \tag{2}$$

daraus

$$\left. \begin{array}{l} \dfrac{d^2 x}{dt^2} + \dfrac{c}{m} x = \dfrac{c}{m} e \sin \omega t, \\[4pt] \dfrac{d^2 y}{dt^2} + \dfrac{c}{m} y = \dfrac{c}{m} e \cos \omega t. \end{array} \right\} \tag{3}$$

Wird $\sqrt{\dfrac{c}{m}} = k$ gesetzt, dann können die Differentialgleichungen geschrieben werden:

$$\left. \begin{array}{l} \dfrac{d^2 x}{dt^2} + k^2 x = k^2 e \sin \omega t, \\[4pt] \dfrac{d^2 y}{dt^2} + k^2 y = k^2 e \cos \omega t, \end{array} \right\} \tag{4}$$

und daraus:

$$\left. \begin{array}{l} x = A \cos kt + B \sin kt + \dfrac{k^2 e}{k^2 - \omega^2} \sin \omega t, \\[4pt] y = C \cos kt + D \sin kt + \dfrac{k^2 e}{k^2 - \omega^2} \cos \omega t. \end{array} \right\} \tag{5}$$

Durch die folgende, für x durchgeführte Zwischenrechnung wird bewiesen, daß die gefundenen Lösungen die Gleichungen befriedigen.

Durch zweimalige Differentiation nach x ergibt sich aus dem für x gefundenen Wert

$$\frac{dx}{dt} = -A k \sin kt + B k \cos kt + \frac{k^2 e \omega}{k^2 - \omega^2} \cos \omega t,$$

$$\frac{d^2 x}{dt^2} = -A k^2 \cos kt - B k^2 \sin kt - \frac{k^2 e \omega^2}{k^2 - \omega^2} \sin \omega t.$$

Wenn in die vorher aufgestellte, entsprechend umgeschriebene Differentialgleichung

$$\frac{d^2x}{dt^2} + k^2 x - k^2 e \sin \omega t = 0$$

die gefundenen Werte für x und $\frac{d^2x}{dt^2}$ eingesetzt werden, ergibt sich

$$-Ak^2 \cos kt - Bk^2 \sin kt - \frac{k^2 e \omega^2}{k^2 - \omega^2} \sin \omega t + Ak^2 \cos kt + Bk^2 \sin kt + \frac{k^4 e}{k^2 - \omega^2} \sin \omega t - k^2 \cdot e \cdot \sin \omega t = 0;$$

es zeigt sich also, daß die gefundenen Lösungen die Gleichungen erfüllen. Es heben sich nämlich das erste und das vierte, das zweite und das fünfte Glied, wie ohne weiteres zu ersehen ist, gegenseitig auf, während auch das dritte, sechste und siebente nach entsprechender Umformung zusammen Null ergeben. Die gleiche Rechnung ergibt sich naturgemäß für y.

Während die beiden ersten Glieder der gefundenen Gleichungen für x und y unabhängig sind von der Winkelgeschwindigkeit bzw. von der Drehzahl, mit welcher der Körper umläuft, gibt der Wert

$$\frac{k^2 e}{k^2 - \omega^2} \sin \omega t \quad \text{bzw.} \quad \frac{k^2 e}{k^2 - \omega^2} \cos \omega t$$

die Möglichkeit, die Auslenkung des Schwerpunktes aus der Mittellinie bzw. der Drehachse für verschiedene Drehgeschwindigkeiten zu ermitteln.

$$A \cos kt \quad \text{und} \quad B \sin kt \quad \text{bzw.} \quad C \cos kt \quad \text{und} \quad D \sin kt$$

sind dagegen abhängig von der Lage und der Geschwindigkeit des Schwerpunktes zur Zeit $t = 0$. Normalerweise kann vorausgesetzt werden, daß der Einfluß dieser Glieder auf die Bewegung nahezu Null ist und nur der sich aus den beiden Endgliedern ergebende Bewegungsanteil praktische Bedeutung hat. Die aus beiden Werten für x und y resultierende kreisförmige Bewegung des Schwerpunktes erfolgt dann für eine jeweilige Winkelgeschwindigkeit mit einem Abstand

$$z = e \frac{k^2}{k^2 - \omega^2} \qquad (6)$$

von der Drehachse.

In Bild 5 sind die sich für z ergebenden Werte graphisch in Abhängigkeit von der Winkelgeschwindigkeit ω, bzw. also der Drehzahl n des umlaufenden Systems, dargestellt. Es zeigt sich, daß für

$$\omega = k = \sqrt{\frac{c}{m}} \qquad z = \infty$$

wird, d. h. also bei der „kritischen" Drehzahl kann die Verbiegung der Welle so große Beträge annehmen, daß unbedingt Verformung oder Bruch eintritt. Je weiter dagegen die Drehzahl nach Überwindung der kritischen gesteigert wird, nähert sich der Schwerpunkt der mit der Mittellinie zusammenfallenden Drehachse, um bei

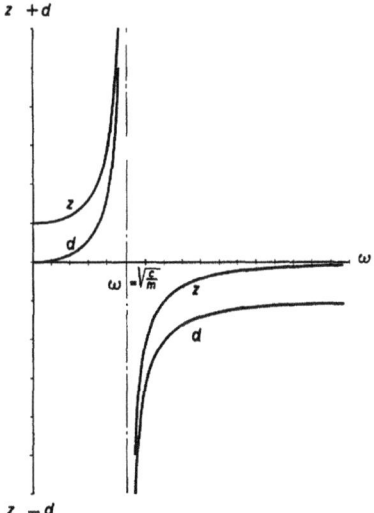

Bild 5. Größe der Ausschläge des Schwerpunktes und eines Punktes der Symmetrieachse in Abhängigkeit von der Winkelgeschwindigkeit.

genügend großen Geschwindigkeiten praktisch genau mit ihr zusammenzufallen. Für die Beurteilung der auf die Welle wirkenden Beanspruchungen ist jedoch nicht die Größe von z, sondern die Auslenkung der Symmetrieachse aus der Mittellinie, in diesem Falle also $z-e$, für den überkritischen Zustand maßgebend, die in Bild 5 durch den Kurvenzug d dargestellt ist.

Da bei elektrisch betriebenen Spinntopfmotoren das vom Läufer während des Anfahrens übertragene Drehmoment bei weitem nicht groß genug ist, um den Spinntopf so rasch zu beschleunigen, daß sich die Symmetrieachse von Anfang an um den Schwerpunkt dreht, müssen besondere Vorrichtungen vorgesehen werden, welche die Ausschläge beim Durchgang durch die kritische Drehzahl begrenzen. Während durch den vorher angenommenen Drehstoß das Umlaufsystem so rasch in Bewegung gesetzt wurde, daß der Schwerpunkt von Anfang an auf die Mittellinie zu wanderte, wird, wie in Bild 5 gezeigt, beim Anlauf von Spinnzentrifugen zuerst eine zunehmende Vergrößerung des Abstandes Drehachse (Mittellinie) — Schwerpunkt eintreten und das umlaufende System sich erst nach Durchlaufen einer deutlich erkennbaren kritischen Geschwindigkeit beruhigen. In der kritischen Drehzahl besteht Resonanz zwischen der sich aus Drehzahl und Wirkung der Zentrifugalkraft auf den Schwerpunkt ergebenden Impulszahl und der Eigenschwingungsdauer des Systems. Die Eigenschwingungsdauer ist dabei bestimmt durch Elastizität der Welle bzw. der Abstützung und durch die Masse des Umlaufkörpers. Es ist danach verhältnismäßig einfach, die kritische Drehzahl vorher zu berechnen und durch geeignete Bauart des Spinntopfmotors so zu legen, daß sie außerhalb des für den normalen Betrieb in Frage kommenden Drehzahlbereiches liegt. Es muß nämlich sein:

$$n_{kr} = f\left(\frac{c}{m}\right). \tag{9}$$

Da
$$n_{kr} = \frac{60\,\omega_{kr}}{2\pi} \quad \text{und} \quad \omega_{kr} = k = \sqrt{\frac{c}{m}} \quad \text{für} \quad z = \infty$$

und schließlich $m = G/981$, worin mit G das Gewicht in g bezeichnet ist, so ergibt sich die kritische Drehzahl zu:

$$n_{kr} = \frac{30}{\pi}\sqrt{\frac{c \cdot 981}{G}}; \tag{10}$$

c ist hierbei ein Wert für die Biegungssteifigkeit der Welle bzw. für die Größe der Elastizität der abstützenden Mittel und gleich einer Kraft, die aufgewendet werden muß, um, in dem Schwerpunkt angreifend, eine Verschiebung von der Größe 1 cm hervorzurufen.

Wichtig sind die Vorgänge beim Durchgang durch die kritische Drehzahl, auf die im nachstehenden näher eingegangen werden soll. Es wurde angenommen, daß, wie auch aus der Formel für z hervorgeht, im kritischen Bereich unter der Einwirkung der Zentrifugalkraft die Auslenkung der Symmetrieachse aus der Mittellinie rasch zunehmende Werte erreicht. Es zeigt sich nun aber, daß mit Hilfe geeigneter Mittel diese Gefahrenzone durchlaufen werden kann, ohne daß eine Beschädigung der Bauteile eintritt. Für solche Mittel sind vom Turbinenbau her Begrenzungsanschläge bekannt, die auch beim Spinnzentrifugenbau verschiedentlich Anwendung finden und in einfacher Weise die Möglichkeit geben, ein gefahrbringendes Auspendeln der Symmetrieachse zu verhindern. Eine ähnliche Wirkung wird erzielt, wenn der kritische Geschwindigkeitsbereich rasch durchlaufen wird, wodurch sich Resonanzschwingungen wegen fehlender gleichbleibender Anstoßimpulse nicht in voller Größe ausbilden können. Da aber mit der Vergrößerung der Ausschläge meist eine Erhöhung des Kraftmomentes verbunden ist, eine Tatsache, die sich besonders bei Anordnungen zeigt, bei denen das Gehäuse pendelnd abgestützt, die Welle dagegen starr gelagert wird, kann das durch die elektrische Auslegung gegebene Motordrehmoment gerade während der großen Auspendelungen nur eine geringe Beschleunigung erzeugen. Bei großen Unbalancen im umlaufenden Spinntopf läßt sich unter bestimmten Voraussetzungen sogar eine derart große Zunahme des Lastmomentes beobachten, daß der Motor nicht in der Lage ist durchzuziehen und in der kritischen Drehzahl hängen bleibt. Wird ein rascher, störungsfreier Durchlauf angenommen, dann zeigt eine nähere Betrachtung, daß die relative Lage von Schwerpunkt und Symmetrieachse in bezug auf die Mittellinie im überkritischen Bereich eine Verschiebung um 180° erfahren hat. Näher erläutert ist dieser Vorgang durch die Bilder 6 und 7, in denen im Gegensatz zu Bild 3, welches das System bei geringen Drehzahlen zeigt, der Lauf in der kritischen und mit sehr hoher Drehzahl dargestellt wird. Ausgehend von einer im Ruhezustand durch PS und einen in dieser Richtung am Umfang des Körpers befindlichen Punkt R gelegten, im Raum feststehenden Ebene ll, die mit der Mittellinie o—o zusammenfällt, ist eine Umdrehung dann beendet, wenn die Verbindungslinie $PMSR$ um die Achse o—o einen Winkel von 360° beschrieben hat und in ihre alte Lage zurückgekehrt ist. Wenn nun, wie nach Änderung des Vorzeichens in der Formel für z bei $\omega > k$ anzunehmen ist, sich die Lage des Schwerpunktes beim Durchlaufen der kritischen Drehzahl um 180° verschiebt, muß folgendes eintreten:

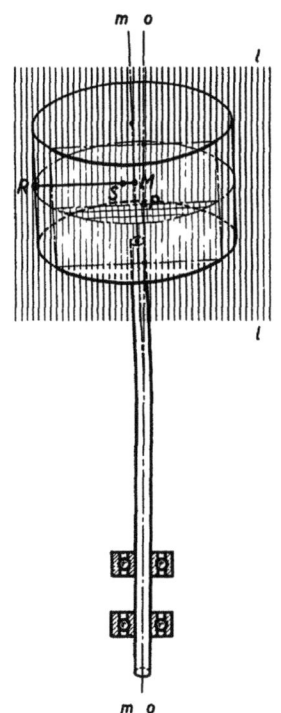

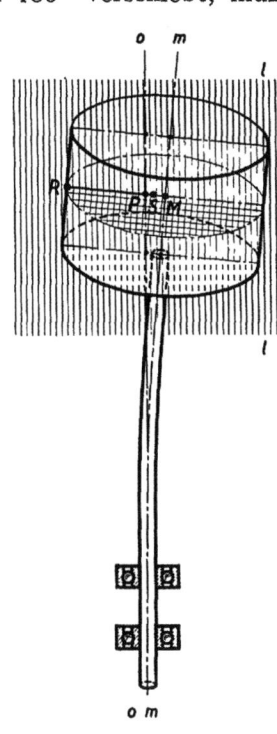

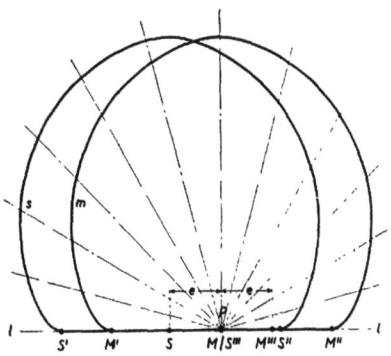

Zunächst werden beim langsamen Hochlaufen die Punkte R, S und M immer nach einem erfolgten Umlauf wieder genau in der angenommenen Ebene liegen. Im überkritischen Bereich muß das gleiche eintreten, nur haben jetzt, wie Bild 7 zeigt, M und S und beide gemeinsam zu Punkt P ihre Lage vertauscht. Die Wanderung um 180° während des Durchlaufens

Bild 6. Nichtausbalanciertes System beim Durchgang durch die kritische Drehzahl.

Bild 7. Nichtausbalanciertes System beim Lauf mit überkritischer Drehzahl.

Bild 8. Wanderung des Schwerpunktes und eines Punktes der Symmetrieachse beim Durchlaufen der kritischen Drehzahl.

der kritischen Drehzahl kann daher nur so erfolgen, daß, das System wieder immer genau nach einem Umlauf betrachtet, die Verbindungslinie RSM nicht mehr in die Ebene ll fällt. Während der Schwerpunkt S mit dem durch Anschläge, elastische Gegenmittel oder durch große Beschleunigung, die das Ausbilden von Resonanzschwingungen zu unterdrücken sucht, begrenzten Ausschlag z um P umläuft, wandert seine Lage nach jeder erfolgten Umdrehung außerdem langsam um P. Da die Punkte M, S und R auf einer Geraden liegen, die immer nach einem Umlauf in die Ebene ll oder eine dieser parallele fällt, muß sich ihre zeitliche Lage wie in dem in Bild 8 gezeigten Schaubild verändern, aus dem auch gleichzeitig die jeweilige Lage von M und S für einen beliebigen Bewegungszustand zu erkennen ist. Im Stillstand fällt P mit M zusammen, S befindet sich bei der vorausgesetzten Anfangslage auf der als Gerade erscheinenden Projektion der Ebene ll, um den Abstand e von M entfernt. Mit zunehmender Geschwindigkeit wird unter dem Einfluß der Zentrifugalkraft S und damit, im Abstand e folgend, auch M nach jeder Umdrehung weiter nach links rücken, bis beide zum Beginn der kritischen Drehzahl bei S', M' angekommen sind. Jetzt setzt die Wanderung um P ein, die nach erfolgtem Durchlauf bei S'', M'' beendet ist. Mit weiter wachsender Geschwindigkeit bewegt sich dann der Schwerpunkt auf der Projektion der Ebene ll nach Punkt P, mit dem er bei unendlich hohen Drehzahlen genau zusammenfällt (S'''). Die Lage von M, S und P hat sich jetzt also in der schon vorher angedeuteten Art verändert. Da der Punkt M der Symmetrieachse dem auf dem Umfang des Körpers angenommenen Punkt R, dem er zuerst zugewendet war, jetzt, bezogen auf die Mittellinie, gegenüberliegt, folgt, daß die Durchbiegungsrichtung der Welle sich um 180° verschoben hat. Mit Hilfe des Oszillographen wurde dieser Vorgang experimentell aufgenommen. Das Ergebnis zeigt das Oszillogramm nach Bild 9. Mit *1* ist dabei durch Unterbrechung einer Spannungskurve punktförmig der Augenblick gekennzeichnet, in dem ein Punkt des Umlaufkörpers, beispielsweise R, eine Umdrehung beendet hat. *2* gibt dagegen einen Wert für die Auspendelungen der Symmetrieachse aus der Mittellinie, während bei *3* der aufgenommene Strom des Spinntopfmotors aufgezeichnet ist. Mit Hilfe der eingetragenen Linien ist leicht zu erkennen, wie sich die durch die Schwingungsbäuche gekennzeichnete Lage der Symmetrieachse gegenüber der Markierung des Umlaufpunktes verschiebt. Ausgehend von der vorigen Überlegung ist jetzt allerdings insofern eine kleine Veränderung eingetreten, als die Markierung der Umdrehungen nicht in dem Augenblick erfolgt, in dem, bezogen auf Bild 6, MSR parallel liegt zu ll, sondern etwas früher, nämlich wenn ein in R vorgesehener Unterbrecher an einer festangebrachten Kontaktfeder vorübergeht. Da

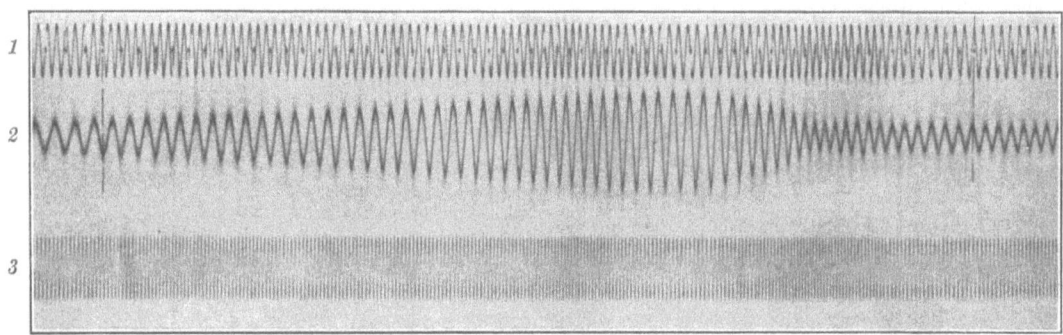

Bild 9. Oszillographische Aufnahme der Schwingungen einer elastisch gelagerten Spinntopfspindel.
1 = Bezugskurve. *2* = Auspendelung der Symmetrieachse aus der Rotationsachse. *3* = Aufgenommener Strom des Spinntopfmotors.

jedoch der Abstand MR zu MS (e) und PS (z) für den praktisch vorliegenden Fall unverhältnismäßig groß ist, der von der vorausgesetzten und der wirklichen Lage von R mit P gebildete Winkel also klein bleibt, kann diese Ungenauigkeit vernachlässigt werden.

Unter Berücksichtigung der beiden ersten Glieder der gefundenen Gleichungen für z ergibt sich für die Bewegung des Punktes M der Symmetrieachse eine epizykloidische Bahn. Dieses Verhalten läßt sich deutlich beobachten, wenn ein scheibenförmiger Drehkörper auf einer langen, dünnen, biegsamen Welle exzentrisch befestigt ist und neben der Drehung um den Schwerpunkt noch eine pendelnde Bewegung ausführt. Wie aus den Werten für die x- und y-Achse

$$A \cos kt + B \sin kt \quad \text{und} \quad C \cos kt + D \sin kt$$

hervorgeht, handelt es sich hierbei um eine normale harmonische Schwingung, die auf einer Ellipse erfolgt und zu der Kreisbewegung des Schwerpunktes bzw. des Punktes M der Symmetrieachse hinzukommt. Die sich für den Schwerpunkt und unter Berücksichtigung der Exzentrizität e für den Punkt M ergebenden Bahnen zeigen die Kurven s und d in Bild 10. Hierbei ist angenommen, daß die beispielsweise durch einen Stoß erzeugte harmonische Schwingung, deren Frequenz naturgemäß der kritischen Drehzahl gleich sein muß, bei einer Drehzahl auftritt, die viermal so groß ist wie die kritische. Bei den Betrachtungen ist die

Wirkung der Schwerkraft außer acht gelassen, die bei sehr dünnen Wellen oder sehr weichen, elastischen Abstützungen auf die Bewegungen Einfluß gewinnt. Wie bei einem freien Kreisel entstehen durch die Schwerkraft Präzessionsbewegungen, die allerdings durch die Biegungssteifigkeit mehr oder weniger stark gedämpft werden.

Da weder durch einen Stoß noch durch die Schwerkraft bei einer geringen Neigung der Mittellinie gegen die Senkrechte bei Spinnzentrifugen Störbewegungen auftreten dürfen, muß durch geeignete Mittel erreicht werden, daß sich das System wohl um seine durch den Schwerpunkt verlaufende freie Achse dreht, im übrigen aber keine lang anhaltenden Schwingungserscheinungen entstehen können. Würde beispielsweise bei dem Spinnvorgang der in Bild 10 dargestellte Weg von einem Punkt der Symmetrieachse des Spinntopfes durchlaufen, dann wäre eine ganz ungleichmäßige Fadenaufspulung die Folge. Verständlich wird dies, wenn dabei die Bewegungen eines Punktes R der Topffinnenwandung, bezogen auf den feststehenden Fadenführer, betrachtet werden (Bild 11). Bei Lauf ohne störenden Einfluß einer Fremdbewegung wird der Faden bei feststehendem Fadenführer während einer Umdrehung unabhängig von der Auslenkung der Symmetrieachse aus der Drehachse durch eine Unbalance immer auf den gleichen Stellen der Topfwandungen auftreffen. Bei einer epizykloidischen oder einer Präzessionsbewegung der Symmetrieachse wird dagegen nach verschiedenen Umläufen die Lage eines Punktes R in radialer und um geringe Beträge auch in axialer Richtung verändert sein. Während nun Verschiebungen in radialer Richtung für eine gleichmäßige Aufwindung des Fadens ohne Bedeutung sind, bedingen die axialen Bewegungen unerwünschte Verlagerungen und Überkreuzungen.

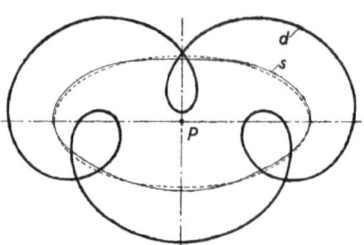

Bild 10. Bahn des Schwerpunktes und eines Punktes M der Symmetrieachse unter Einwirkung einer aufgezwungenen Schwingung.
Kurve s = Bahn des Schwerpunktes.
Kurve d = Bahn des Punktes M.

Im folgenden sollen noch kurz die Mittel gezeigt werden, mit denen es möglich ist, den gestellten Anforderungen: betriebsmäßiger Lauf mit überkritischer Geschwindigkeit, wobei der Schwerpunkt praktisch mit der Rotationsachse zusammenfällt, und größtmögliche Dämpfung durch fremde Einflüsse hervorgerufener Störbewegungen, zu entsprechen. Im letzten Fall ist gedacht an durch Stoß oder Erschütterungen hervorgerufene Wanderung der Symmetrieachse auf einer epizykloidischen Bahn und an Präzessionserscheinungen.

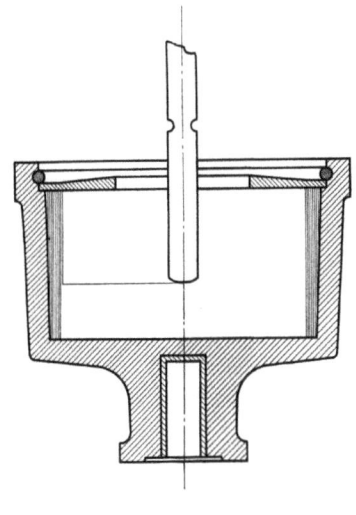

Bild 11. Spinntopf mit Fadenführer.

Die einfachste Lösung scheint durch die Verwendung langer, dünner Wellenstümpfe oder besonderer elastischer Spinntopfspindeln gegeben zu sein. Anordnungen nach Bild 12 vermindern dabei die Gefahr, daß die empfindliche Welle durch erhebliche Biegungsbeanspruchungen verformt wird, die im Stillstand beim unsachgemäßen Abnehmen und Aufsetzen der Töpfe entstehen. Immerhin sind Ausführungsarten vorzuziehen, bei denen elastische Bauteile die Biegsamkeit der Welle ersetzen und diese dann so kräftig ausgebildet werden kann, daß sie allen im rauhen Betrieb auftretenden Beanspruchungen gewachsen ist. Aus früherer Zeit stammen Bauarten, bei denen, ähnlich wie bei den bekannten Pendelzentrifugen, nicht die Welle gegen das Motorgehäuse, sondern der ganze Motor elastisch gegen die Unterlage abgestützt ist (Bild 13). Die vielen tausende, im Betrieb nach kurzer

Zeit unbrauchbar gewordenen Spinntopfmotoren dieser Bauart bestätigen die Überlegung, daß bei vorhandenen Unbalancen im Topf zum Umsteuern der Motormassen beim Lauf der Symmetrieachse um die Drehachse durch die Lager Kräfte übertragen werden müssen, denen sie auf die Dauer nicht standhalten können. Anderseits war es nötig, hierbei die Elastizität der Abstützungsmittel gering zu halten, damit die für die Massenbewegung erforderlichen, von der Lagerung zu übernehmenden Kräfte nicht noch durch die zu leistende Verformungsarbeit der Abstützung wesentlich vergrößert werden. Es ist einzusehen, daß diese Bewegung der Motormassen einen dämpfenden Einfluß auf rasch erfolgende Auspendelungen der Symmetrieachse ausübt und dadurch hohe Lagerbeanspruchungen verursacht. Für langsamer erfolgende Störbewegungen ist dagegen der Dämpfungswiderstand wesentlich geringer

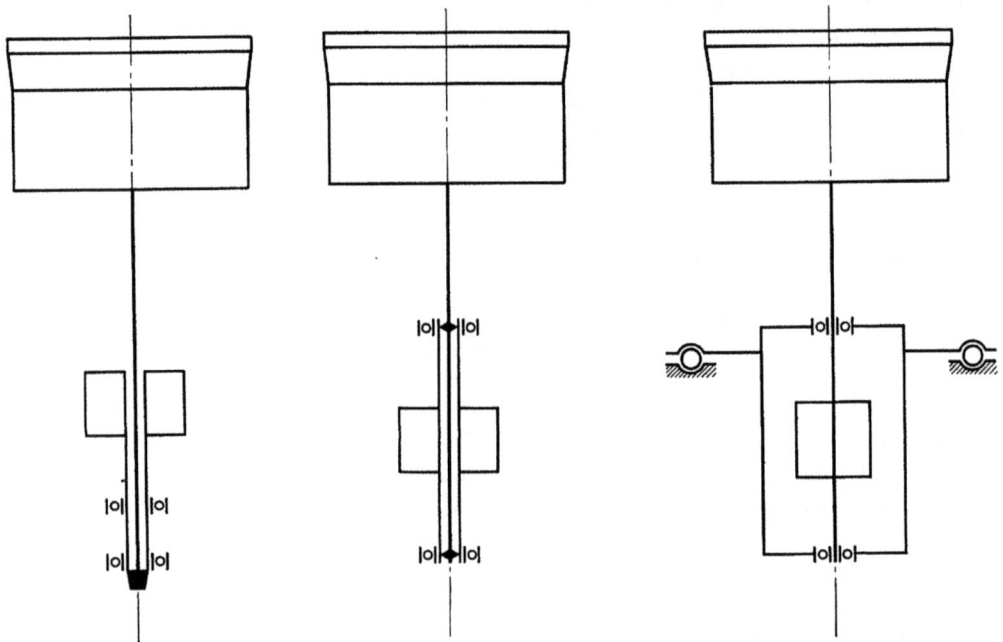

Bild 12. Schematische Darstellung von Spinntopfmotoren mit elastisch biegsamer Welle.

Bild 13. Schematische Darstellung eines Spinntopfmotors mit starr gelagerter Welle und elastisch angeordnetem Gehäuse.

und in Verbindung mit den weich federnden Abstützungsmitteln werden derartige Motoranordnungen auf Erschütterungen und Stöße mit unerwünschten Nebenschwingungen reagieren.

Von gleicher Wirksamkeit wie eine dünne, biegsame Welle sind zwischen Spinntopfspindel und feststehendes Gehäuse eingeschaltete elastische Zwischenglieder. Bild 14 zeigt einige Ausführungsmöglichkeiten. Wie bei der elastischen Welle erfolgt, eine Unbalance im Spinntopf vorausgesetzt, die Durchfederung in einer der Lage des Schwerpunktes entsprechenden Richtung, um beim Durchgang durch die kritische Drehzahl diese Richtung um 180° zu verändern. Während zuerst die dem Schwerpunkt im Ruhezustand zugelegenen Federn durchgedrückt waren, wird bei hohen Drehzahlen die Verformung nach der gegenüberliegenden Seite gewandert sein. Ein scheinbarer Nachteil von Spindelabstützungen nach Bild 15 ist, daß bei jedem Umlauf der Symmetrieachse die Verformung umwandert und demzufolge dauernd eine Arbeit geleistet wird. Darauf ist zu erwidern, daß normalerweise die Exzentrizität im Topf nur Bruchteile von mm ausmacht und demzufolge die zu leistende Arbeit außerordentlich gering bleibt, zumal da sich Auspendelungen am Abstützungspunkt infolge des entsprechend kürzeren Hebelarmes weiter verkleinern.

Die Verwendung von Gummiringen, die sich im praktischen Betrieb von Zehntausenden von Spinntopfmotoren bestens bewährt haben, bringt dabei den Vorteil, daß mit zunehmender Zusammendrückung die hierzu erforderliche Kraft stärker als proportional anwachsen muß. Es wird dadurch der Lauf um die durch den Schwerpunkt verlaufende Drehachse möglich, ohne daß von der Lagerung wesentliche Drücke aufzunehmen sind, anderseits wird aber in erhöhtem Maße eine dämpfende Wirkung auf Störbewegungen mit größeren Ausschlagsamplituden erzeugt. Diese Wirkung läßt sich noch dadurch erhöhen, daß Abstützungsmittel verschiedener Elastizität angewendet werden, die bei größeren Auspendelungen

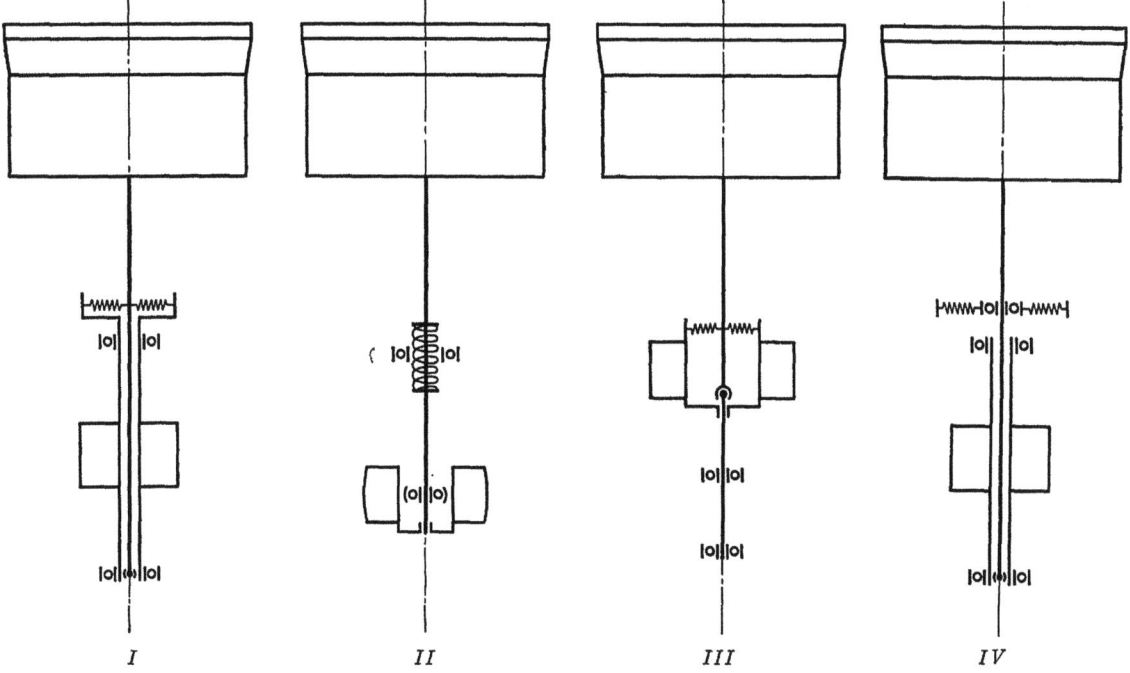

Bild 14. Schematische Darstellung von Spinntopfmotoren mit elastisch gelagerter Spinntopfspindel (Abstützungsmittel mit umlaufend).

nacheinander zur Wirkung kommen. Bild 16 zeigt eine derartige Anordnung, bei der ein härterer Gummiring G_1 mit größerem Innendurchmesser ausgeführt ist als die beiden den Lagerring L haltenden Gummiringe G_2 und G_3. G_1 wird erst dann zur Wirkung kommen, wenn die Ausschläge der Symmetrieachse m—m größere Werte annehmen, während im normalen Lauf nur die weichen Gummiringe G_2 und G_3 die elastische Abstützung übernehmen. In gleicher Weise werden durch solche Anordnungen natürlich auch die Ausschwingungen beim Durchgang durch die kritische Drehzahl begrenzt.

Eine Motorbauart, bei der den dargelegten Verhältnissen in weitestgehender Weise Rechnung getragen ist, zeigt Bild 17. Die Konstruktion entspricht dem in Bild 15 (I) gezeigten Schema. Durch die Verwendung eines gegenüber dem Gehäuse starr angeordneten Pendellagers, das im Mittelpunkt des Läuferblechpaketes angeordnet ist, kann eine Beweglichkeit der Motorwelle selbst erreicht werden, so daß eine besondere, mit der Motorwelle gekuppelte Spinntopfspindel entbehrlich ist. Die Abstützung des Halslagers erfolgt dabei durch einen Gummiring, der naturgemäß auch von einer Federanordnung ersetzt werden könnte, wie sie Bild 14 (II) zeigt. Für die Befestigung des Motors auf der Unterlage sind drei Gummipuffer vorgesehen, die in entsprechende Vorrichtungen eines in der Spinnmaschine angebrachten Rahmens eingreifen. Bei der Wahl der Bauteile muß darauf

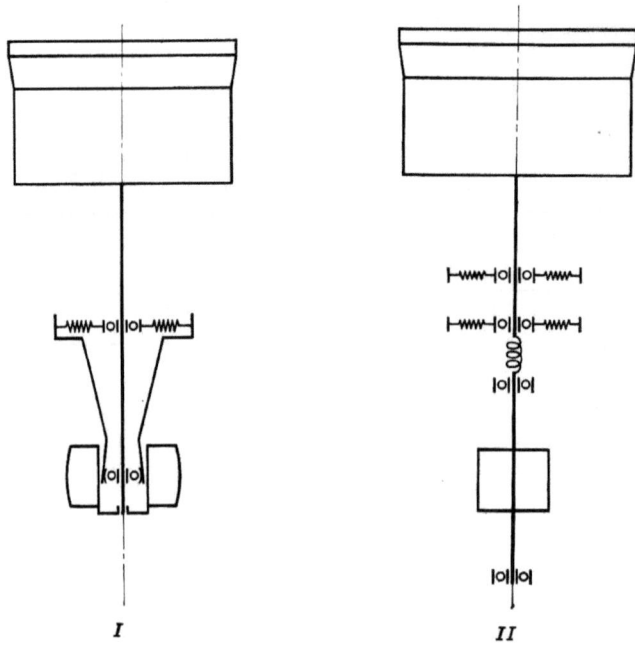

Bild 15. Schematische Darstellung von Spinntopfmotoren mit elastisch gelagerter Spinntopfspindel bzw. Motorwelle (Abstützungsmittel stillstehend).

geachtet werden, daß sich durch die Anwendung weiterer elastischer Abstützungsmittel nicht ein zweites schwingungsfähiges System (Motor) ergibt. Es würde dann nämlich unterhalb der Eigenschwingungszahl des Systems „Motor", für dessen Auspendelungen Phasengleichheit mit denen des Systems „Spinntopf—Spinntopfspindel" bestehen, im Betriebszustand ein gegenläufiges Schwingen eintreten. Das in Bild 18 wiedergegebene Oszillogramm zeigt den Anlaufvorgang bei einem solchen Motor mit zwei schwingungsfähigen Systemen. Mit 2a sind dabei die Schwingungen der Spinntopfspindel bzw., da für die Aufnahme ein dem Bild 15 I ähnlicher Motor verwendet wurde, die der Motorwelle bezeichnet, während bei 2b die Schwingungen des Gehäuses gegenüber der feststehenden Unterlage aufgezeichnet sind. Es ist deutlich zu erkennen, wie sich für die Auspendelungen zuerst Phasengleichheit und später Phasenopposition einstellt. Da ein derartiges Verhalten im Betrieb eine erhöhte Beanspruchung der Bauteile, vor allen Dingen der Lagerung zur Folge haben muß, ist bei dem neuartigen Spinntopfmotor nach Bild 17 durch entsprechenden Aufbau ein vollständig aperiodisches Mit-

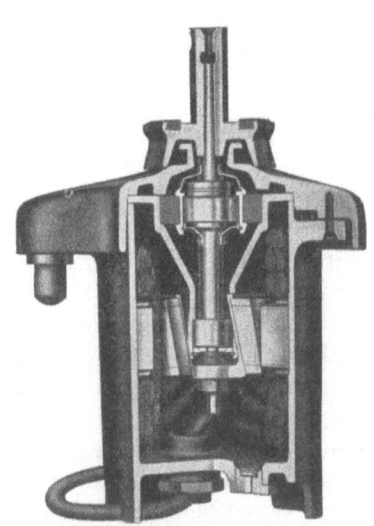

Bild 17. Schnittbild eines Spinntopfmotors mit elastisch gelagerter Motorwelle.

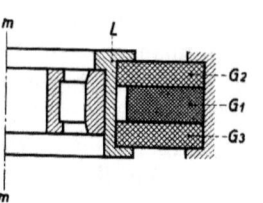

Bild 16. Elastische Lagerabstützung für die Motorwelle eines Spinntopfmotors.

Zur Theorie des Spinntopfmotors. 433

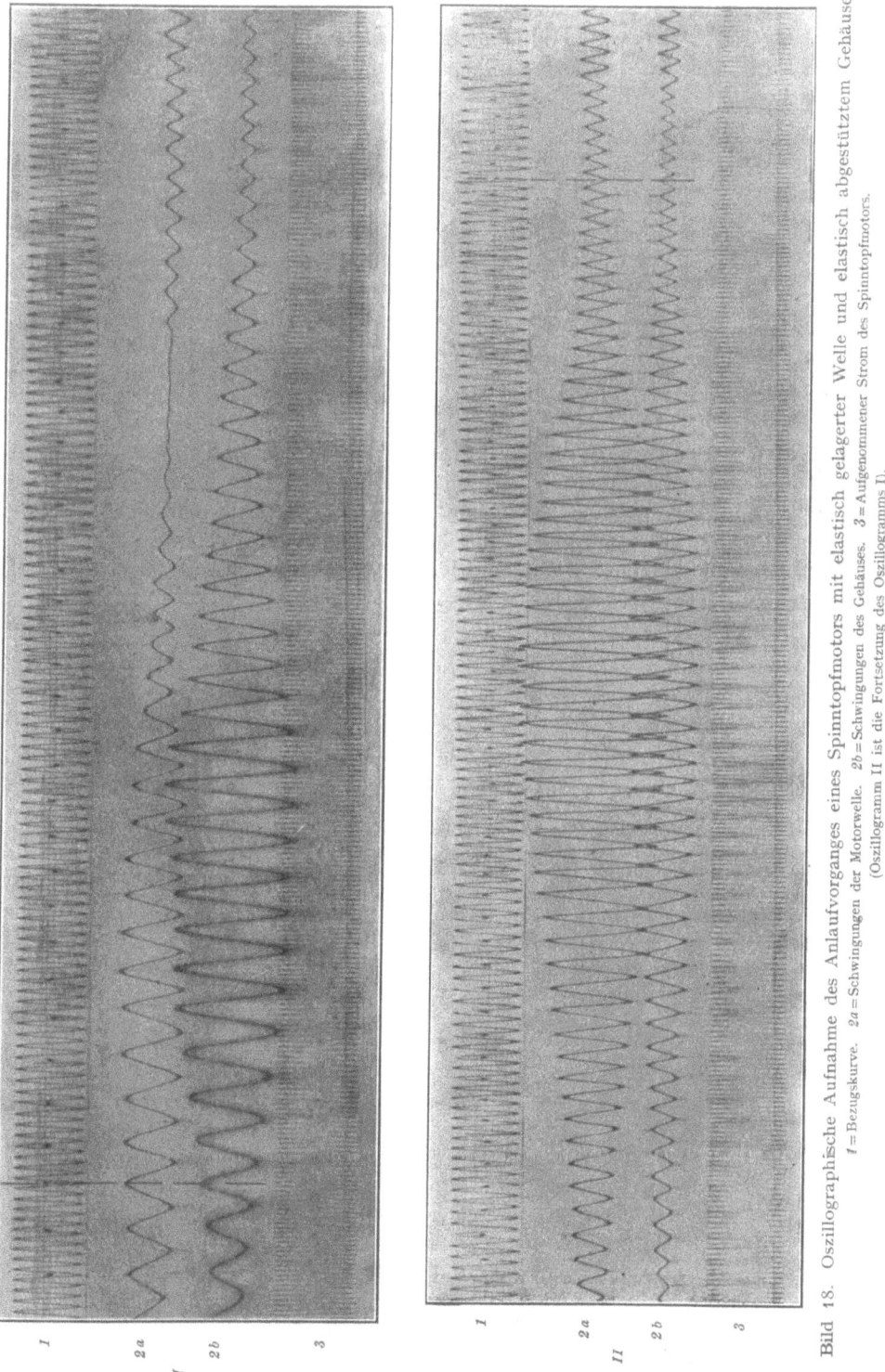

Bild 18. Oszillographische Aufnahme des Anlaufvorganges eines Spinntopfmotors mit elastisch gelagerter Welle und elastisch abgestütztem Gehäuse. 1 = Bezugskurve. $2a$ = Schwingungen der Motorwelle. $2b$ = Schwingungen des Gehäuses. 3 = Aufgenommener Strom des Spinntopfmotors. (Oszillogramm II ist die Fortsetzung des Oszillogramms I).

Petersen, Forschung und Technik.

schwingen des Gehäuses erreicht worden. Bild 19 zeigt das für diese Bauart erhaltene Oszillogramm, aus dem deutlich hervorgeht, daß das Motorgehäuse immer genau in Richtung der Spinntopfspindel bzw. der Motorwelle auspendelt.

Es würde zu weit führen, an dieser Stelle auch auf etwaige Kreiselwirkungen näher einzugehen, zumal bei richtiger Durchbildung der elastischen Abstützungen im

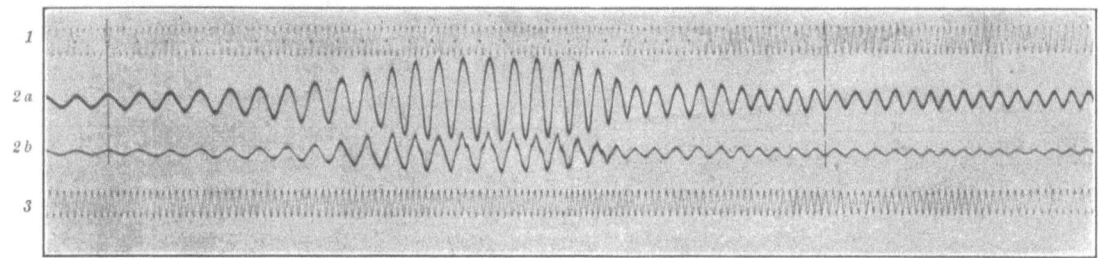

Bild 19. Oszillographische Aufnahme des Anlaufvorganges eines Spinntopfmotors nach Bild 17.
1 = Bezugskurve. *2a* = Schwingungen der Motorwelle. *2b* = Schwingungen des Gehäuses. *3* = Aufgenommener Strom des Spinntopfmotors.

normalen Spinnbetrieb keinerlei Richtungsänderungen der rasch umlaufenden Spinntopfspindel eintreten. Die verschiedenen bekannten Ausführungsarten der Spindelabstützung erfüllen die gestellten Anforderungen in mehr oder weniger vollkommener Weise. Besonders einfach erscheinen Anordnungen, bei denen die gleichzeitig den Spinntopf tragende Motorwelle in einem Pendellager und einem Halslager, über das eine elastische Abstützung gegen das Gehäuse erreicht ist, gelagert wird.

Der Film als Forschungsmittel der Technik.
Von W. Ende.

Nach einer Darstellung der kinematographischen Verfahren zur Erforschung menschlicher Arbeitsbewegungen werden einige Aufnahmebeispiele (Einschlagen eines Nagels, Maschinenschreiben) behandelt. Ferner werden die kinematographischen Verfahren und Apparate zur Erforschung der Arbeitsbewegungen von Maschinen und zur Analyse schnell verlaufender physikalischer Vorgänge dargestellt. Im Anschluß daran werden mehrere Aufnahmebeispiele (Bewegung der Schreibmaschinenteile, Zusammenstoß von zwei schweren Massen, elektrische Lichtbögen) besprochen.

Jedes Instrument, das geeignet ist, das Wahrnehmungsvermögen der menschlichen Sinne zu unterstützen und zu vergrößern, erhält durch diese Eigenschaft eine Bedeutung für Wissenschaft und Technik. Dies gilt auch für den Film, und es soll deshalb untersucht werden, welche Arbeitsgebiete in der technischen Forschung sich für ihn auf Grund seiner Eigenschaften ergeben.

Das Wesen der Kinematographie besteht darin, daß sie alle Bewegungsvorgänge in ihrem räumlichen und zeitlichen Ablauf scharf zu erfassen und festzuhalten vermag. Dies geschieht durch photographische Aufnahmen, die in gleichen Abständen aufeinanderfolgen (im normalen Falle 16 bis 24 Bilder je Sekunde) und in ihrer Gesamtheit den Bildstreifen ergeben. Werden diese Bilder mit den gleichen Zeitabständen wie bei der Aufnahme aufeinanderfolgend projiziert, so geben sie den aufgenommenen Vorgang in normaler Geschwindigkeit wieder.

Handelt es sich aber darum, einen ganz langsam oder ganz schnell verlaufenden Bewegungsvorgang in allen seinen Phasen eindeutig zu erfassen, so muß die Aufeinanderfolge der Aufnahmen im bestimmten Verhältnis zur Geschwindigkeit der aufzunehmenden Bewegung stehen. Dies führt für langsame Vorgänge zum Zeitraffer (weniger als 16 Aufnahmen in der Sekunde) und für schnelle Bewegungen zum Zeitdehner (mehr als 25 Aufnahmen in der Sekunde). Im ersten Fall scheinen bei der Wiedergabe der Filme mit etwa 16 Bildern die wirklichen Vorgänge schneller, im zweiten Falle langsamer vor sich zu gehen.

Diese allgemeinen Eigenschaften des Filmes stehen mit den Aufgaben der technischen Forschung in engem Zusammenhang. Wo das menschliche Auge irgendwelchen Bewegungsvorgängen in ihrem räumlichen und zeitlichen Verlauf nicht mehr zu folgen vermag und wo eine genaue Untersuchung der Bewegungsbahnen durch Weg-Zeit-Kurven notwendig ist, beginnt das Tätigkeitsfeld des Kinematographen. Man hat ihn häufig in eine gewisse Parallele zum Mikroskop gesetzt. Ebenso wie dieses Gerät über das Wahrnehmungsvermögen des menschlichen Auges hinaus den räumlich kleinsten Bewegungsverlauf erkennbar macht, so kann der Film die in kleinen und kleinsten Zeitabschnitten erfolgenden Vorgänge aufdecken. Eine Wiedergabe der Filmstreifen als lebendes Bild ist dabei in vielen Fällen gar nicht beabsichtigt. Da jedes Einzelbild eine Bewegungsphase darstellt, würden bei der Wiedergabe mit 16 Bildern je Sekunde schon zuviel Einzelheiten der Bewegungen verlorengehen. Deshalb ist es häufig notwendig, Bild für Bild einzeln zu betrachten und die Bewegungsänderungen durch Messung festzustellen.

Um Geschwindigkeiten und Geschwindigkeitsänderungen genau ermitteln zu können, muß zugleich mit der Aufnahme die Zeit durch besondere Vorrichtungen aufgezeichnet werden, mit dem Ziel, die Belichtungszeit t_B des Einzelbildes und den Zeitabstand t_Z zwischen zwei Bildern zu bestimmen. Durch den Mechanismus der Aufnahmeapparaturen läßt sich das Verhältnis $t_B : t_Z$ im allgemeinen leicht errechnen. Die Anzahl b der in der Sekunde aufgenommenen Bilder wird durch Registrierung bei der Aufnahme ermittelt. Die auf einen Bildwechsel fallende Zeit $t_W = \frac{1}{b}$ setzt sich aus t_B und t_Z zusammen:

$$t_W = t_B + t_Z = \frac{1}{b}.$$

Daraus ergeben sich die Werte für t_B und t_Z.

Wir sehen also, daß durch die Möglichkeit einer genauen räumlichen und zeitlichen Analyse aller, besonders auch der schnellsten Bewegungen die Arbeitsverfahren der Kinematographie zu einem wichtigen Forschungsmittel der Technik werden. In dieser Eigenschaft kommen dem Film drei Anwendungsbereiche zu:

1. Erforschung der menschlichen Arbeitsbewegungen mit dem Ziel, jede von Menschen ausgeführte Arbeit so zu gestalten, daß in kürzester Zeit und mit geringster Anstrengung das Beste geleistet wird.

2. Erforschung der Arbeitsbewegungen von Maschinen und Apparaten zur Aufdeckung von Fehlern und Unvollkommenheiten.

3. Erforschung schnell verlaufender physikalischer Vorgänge, deren Kenntnis der Wissenschaft und Technik neue Wege eröffnet.

Im folgenden sollen unter besonderer Berücksichtigung der Spezialapparaturen des Forschungs-Institutes der AEG die Arbeitsverfahren auf diesen Gebieten dargestellt und die Bedeutung des Films als Hilfsmittel der technischen Forschung an Hand einiger Untersuchungsergebnisse des Forschungs-Institutes gezeigt werden.

I. Erforschung der menschlichen Arbeitsbewegungen.

1. Allgemeine Grundlagen.

Die Erforschung der menschlichen Arbeitsbewegungen durch den Film, die zuerst besprochen werden soll, ist ein notwendiger Bestandteil der „wissenschaftlichen Betriebsführung". Diese hat das Ziel, Mehrleistungen zu erzielen unter Berücksichtigung der psychischen und physischen Eigenschaften des Menschen. Sie sucht jede Verschwendung auszuschalten und die bestmöglichen Ergebnisse in kürzester Zeit und mit geringster Anstrengung zu erreichen.

Was muß alles untersucht werden, wenn man einen Arbeitsvorgang diesem Ziel näherbringen will? Stellen wir uns einen einfachen Fall, z. B. das Einschlagen eines Nagels mit dem Hammer, vor Augen. Um diese Arbeit auszuführen, müssen

1. in bestimmten Zeiten bestimmte Bewegungen der Werkzeuge ausgeführt werden (z. B. Ergreifen von Hammer und Nagel, Einschlagen des Nagels usw.) und

2. zu diesen Bewegungen bestimmte Kräfte aufgewandt werden, die man nach den Gesetzen der Mechanik berechnen kann.

Diese beiden Punkte stellen das stoffliche Element dar. Diesem muß nun der Mensch mit seinen bestimmten psychischen und physischen Eigenschaften gerecht werden. Dabei spielen:

3. angeborene Fähigkeiten, Charakterveranlagung, Gewohnheit, Bewußtseinsentlastung u. ä. eine große Rolle; dies Gebiet kommt der Psychologie zu. Schließlich entsteht

4. die Frage nach dem Wirkungsgrad des Arbeitsvorganges: Wie groß ist der Energieverbrauch des menschlichen Körpers (in Kalorien) in Abhängigkeit von der Größe der geleisteten Arbeit (in kgm) bei verschiedenen Arbeitsbedingungen (z. B. Höhe des Tisches,

auf dem der Arbeitsvorgang ausgeführt wird, sitzende oder stehende Haltung des Ausführenden usw.)? Die vom Körper verbrauchte Energie wird durch Dynamometer, Ergographen, Feder- und Drehwaagen, Respirations- und Blutdruckapparate bestimmt. Dadurch gelingt es, diejenige Arbeitsbedingung festzustellen, die den besten Wirkungsgrad hat, also die geringste Ermüdung hervorruft. Derartige Untersuchungen sind vor allem von E. Atzler[1] durchgeführt worden.

Auf diesem ziemlich umfangreichen Gebiet findet der Film in der Erforschung der Arbeitsbewegungen eine Aufgabe, der für die Praxis eine große Bedeutung zukommt. Bewegungsuntersuchungen bilden eine notwendige Ergänzung zu den Zeitstudien von Taylor, die nur in bestimmten Fällen einen vollständigen Einblick in das Wesen der einzelnen Arbeit geben. Die Bedeutung der Bewegungsstudien wurde zuerst von Gilbreth[2], einem Schüler Taylors, erkannt. Von ihm stammen auch die Grundlagen der angewandten Verfahren, unter denen die Kinematographie die Hauptrolle spielt.

Planmäßige Untersuchungen auf diesem Gebiet sind in Deutschland bisher noch verhältnismäßig wenig vorgenommen worden. Dies liegt daran, daß die Anschaffung der kinematographischen Hilfsmittel größere Kosten verursacht und die Technik des Films und der kinematographischen Zeit- und Bewegungsstudien eine Sonderausbildung und längere Erfahrung benötigt, zumal da die Aufnahmeverhältnisse fast ohne Ausnahme ungewöhnlich sind. Doch der große Nutzen, der aus den Untersuchungen gezogen werden kann, wiegt Kosten und Arbeit in kürzester Zeit wieder auf, so daß es sich lohnt, diesem Gebiet stärkere Geltung zu verschaffen.

2. Aufnahme von Bewegungsvorgängen.

Bei der kinematographischen Aufnahme menschlicher Arbeitsbewegungen muß folgendes beachtet werden. Damit der zu untersuchende Arbeitsvorgang an sich schon auf Grund von Erfahrung und Eignung gut durchgeführt wird, ist es zweckmäßig, zu der Aufnahme einen besonders geübten und begabten Arbeiter heranzuziehen. Um eine Beeinflussung des Arbeitsganges durch ungewöhnliche Umstände zu vermeiden, wird die Aufnahme am Arbeitsplatz des Betreffenden ohne Veränderung der äußeren Umstände nach Möglichkeit unter Vermeidung von Filmatelierbeleuchtung vorgenommen. Da im allgemeinen der Anblick einer Kamera und das Bewußtsein, gefilmt zu werden, sehr stark stört, ist es angebracht, den Betreffenden an den Anblick und das Arbeiten der Kamera vorher zu gewöhnen.

Die Zahl der in der Sekunde aufzunehmenden Bilder richtet sich nach der Geschwindigkeit der Arbeitsbewegung. Denken wir z. B. an den Zusammenbau einer Maschine. Hierbei müssen mit verschiedenen Werkzeugen die verschiedenen Einzelteile nacheinander zusammengebaut werden. Der Gang der Arbeit dauert ohne Wiederholung gleicher Vorgänge längere Zeit, so daß es zunächst genügt, in Abständen von mehreren Sekunden je ein Bild aufzunehmen. Der Filmstreifen gibt dann einen Überblick über die verschiedenen Einzelvorgänge, aus denen sich die Gesamtarbeit zusammensetzt.

Zur Untersuchung dieser Einzelvorgänge, deren Dauer im allgemeinen einige Minuten nicht übersteigt, kommt eine Aufnahme mit etwa 16 bis 24 Bildern in der Sekunde in Frage. Bei sehr schnellen Bewegungen, z. B. der Finger beim Maschinenschreiben, muß man die Geschwindigkeit steigern, jedoch kommt man in allen derartigen Fällen mit höchstens 50 Bildern in der Sekunde aus.

---

[1] Körper und Arbeit, Handbuch der Arbeitsphysiologie, herausgegeben von E. Atzler. Verlag: E. Thieme 1927.
[2] F. B. Gilbreth u. L. M. Gilbreth, Angewandte Bewegungsstudien. V.D.I.- Verlag Berlin 1920.

Alle Aufnahmen von menschlichen Arbeitsbewegungen können mit einer gewöhnlichen Filmkamera vorgenommen werden (Bild 1). Um den Arbeitsvorgang zeitlich auswerten zu können, wird eine Uhr mit aufgenommen, deren Zeiger so schnell läuft, daß man die gewünschte Meßgenauigkeit erhält. Im allgemeinen genügen für diesen Zweck zwei Uhren mit möglichst großem Zifferblatt, deren Zeiger 1 bzw. 10 U/min vollführt. Damit können bis zu hundertstel Sekunden abgelesen werden, eine Genauigkeit, die erfahrungsgemäß in allen Fällen ausreicht.

3. Auswertung der Aufnahmen.

Man verschafft sich nach der Aufnahme zunächst eine genaue Kenntnis über den Arbeitsplatz und die benutzten Werkzeuge, ferner eine Beschreibung des beobachteten besten Arbeitsverfahrens und Diagramme, auf denen die Stellung des Arbeiters und die Lage der zur Arbeit benutzten Ausrüstung zu sehen sind.

Darauf erfolgt durch mehrmaliges Betrachten des ablaufenden Films und durch aufmerksame Beobachtung des Bewegungsverlaufs von Bild zu Bild die Aufteilung des gesamten Vorganges in Einzelbewegungen, die so beschaffen sein sollen, daß sie von möglichst wenig Veränderlichen abhängen und keine überflüssigen Bewegungen enthalten. Bei dem Beispiel des Einschlagens eines Nagels sind das Ergreifen des Hammers und Nagels, das Einsetzen des Nagels in die vorbezeichnete Stelle und das Zuschlagen mit dem Hammer als derartige Einzelbewegungen aufzufassen[1].

Schließlich wird die Untersuchung der Teilarbeiten vorgenommen. Zu diesem Zweck wird jedes Filmbild auf ein Reißbrett mehrfach vergrößert projiziert und die Lage der zu beobachtenden Teile (Finger, Gelenke, Werkzeuge) Bild für Bild durch Punkte gekennzeichnet. So erhält man durch die Punktreihe unmittelbar die Bewegungsbahnen. Man weiß ferner, welche der den verschiedenen Bewegungsbahnen zugehörenden Punkte zeitlich zusammengehören und kennt dadurch den Parallelablauf mehrerer gleichzeitig verlaufender Bewegungen. Aus dem Abstand je zweier Punkte und

Bild 1. Askania-Kamera.

---

[1] Eine ausführliche Aufstellung und Beschreibung der für jede Teilarbeit in Frage kommenden Bewegung ist von R. Thun (Der Film in der Technik, V.D.I.-Verlag Berlin 1925, S. 184/202) angegeben worden. Er unterscheidet 44 Elementarbewegungen, die in folgende Gruppen aufgeteilt sind: Beobachtung, Greifen, Leerbewegung, Ortsveränderung, Ruhe, Stellungswechsel, Werkzeugführung.

der an der mitaufgenommenen Uhr abgelesenen Zeitangabe läßt sich die Geschwindigkeit an jeder Stelle bestimmen. Die wirklichen Größenverhältnisse der Bewegungsbahnen können leicht rechnerisch und zeichnerisch ermittelt werden. So liegt dann als Gesamtergebnis die Kenntnis von Bewegungsbahn, Richtung, Geschwindigkeit und Geschwindigkeitsänderung über den ganzen Arbeitsgang vor.

Die Bedeutung dieser Ergebnisse liegt darin, daß man aus dem Verlauf der Bewegungsbahnen überflüssige Bewegungen erkennen, bessere Arbeitsverfahren erfinden und die Arbeitsbedingungen durch Normung der Werkzeuge und durch Änderungen an den Maschinen verbessern kann. Es ist die Möglichkeit gegeben, die Änderung der Arbeitszeit zu ermitteln, die sich aus einer derartigen Änderung des Arbeitsganges ergibt. Die zur Verrichtung fast jeder neuen Arbeit notwendige Zeit kann vorausberechnet werden. Schließlich läßt sich die Wirkung von Übung und Erfahrung bei einem bestimmten Arbeitsgang und der Einfluß von angeborenen Fähigkeiten zahlenmäßig festlegen.

Die kinematographischen Zeit- und Bewegungsstudien geben somit dem Betriebsleiter wertvolles Material zur wirtschaftlichen Gestaltung des Betriebes an die Hand.

4. Aufnahmebeispiele.

1. Beispiel. Selbst bei einem so einfachen Arbeitsvorgang, wie es das schon oben erwähnte Einschlagen eines Nagels mit dem Hammer ist, kommen unzweckmäßige Bewegungen vor. Dies zeigt ein Film, der an einem Werkstattisch bei Tageslichtbeleuchtung mit 16 Bildern je Sekunde aufgenommen wurde.

Auf den 85 cm hohen Tisch war ein 5 cm dicker Holzklotz gelegt, in den an einer markierten Stelle ein Nagel eingeschlagen werden sollte. Hammer und Nagel lagen griffbereit auf dem Klotz.

Der ganze Vorgang läßt sich in vier Teilbewegungen zerlegen:

1. Ergreifen des Werkzeuges;
2. Bewegung des Werkzeuges in die Arbeitslage;
3. Einschlagen des Nagels;
4. Ablegen des Werkzeuges.

Die erste Teilbewegung geht in 0,68 s vor sich. Die rechte Hand bewegt sich auf dem kürzesten Weg zum Hammergriff und umfaßt ihn. Mit Daumen

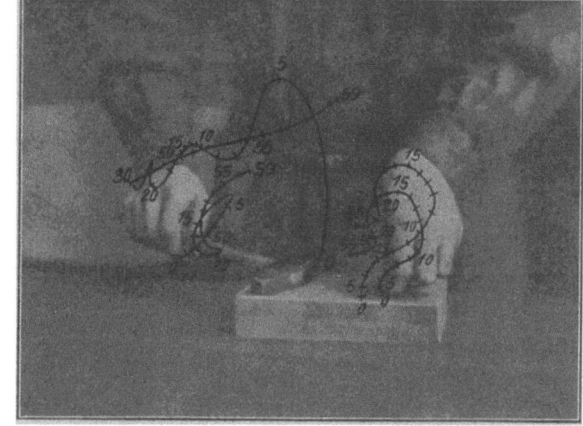

Bild 2. Bewegungsstudie: Ergreifen von Hammer und Nagel.

und Zeigefinger der linken Hand wird gleichzeitig der Nagel ergriffen.

In dieser Haltung beginnt die zweite Teilbewegung (Bild 2). Sie endet damit, daß der Nagel in die vorgezeichnete Stelle eingesetzt ist und in senkrechter Lage gehalten wird, während sich der Hammer schlagbereit etwa 4 cm über dem Nagel befindet. Folgende Bewegungsbahnen, die zu dieser Haltung führen, sind in Bild 2 eingezeichnet: Spitze des linken und des rechten Zeigefingers, Kopf des Nagels und die schmale Schlagfläche des Hammers. In den Kurven sind die von jedem einzelnen Bild herrührenden Meßpunkte vermerkt. Die Zahlen sind die laufenden Nummern der ausgewerteten Filmbilder, beginnend mit 0. Die zwischen je zwei Bildern abgelaufene Zeit beträgt 0,06 s.

Etwa 0,3 s lang ist die linke Hand damit beschäftigt, den Nagel zu erfassen. In weiteren 0,3 s wird er, ohne seine Richtung zu ändern, etwa 6 cm hoch gehoben und dann im Laufe von etwa 0,2 s in die senkrechte Lage mit dem Kopf nach oben gebracht. Dann wird er wieder abwärts bewegt, bis er nach etwa 0,6 s mit einer Spitze fast den Klotz berührt. Das Einsetzen der Nagelspitze in den markierten Punkt dauert etwa 1,5 s. Damit ist die Endlage der zweiten Teilbewegung erreicht.

Inzwischen wurde der Hammer mit der rechten Hand emporgeschnellt. Nach etwa 0,3 s befindet er sich schon 15 cm oberhalb des Klotzes in schlagbereiter Lage. Von diesem Augenblick an scheint sich die volle Aufmerksamkeit des Ausführenden auf den Nagel gerichtet zu haben, denn der Hammer senkt sich lässig unter pendelnden Bewegungen nach rechts vorn abwärts. Erst in den letzten 0,5 s, also ungefähr von dem Augenblick an, in dem der Nagel in den vorgezeichneten Punkt eingesetzt ist, wird der Hammer schnellstens in die Endlage gebracht, in der er sich auf Bild 3 befindet. Wie sich die Schlagfläche des Hammers räumlich bewegt hat, kann man beim Vergleich seiner Bewegungsbahn mit der des rechten Zeigefingers erkennen. Während der pendelnden Abwärtsbewegung des Hammers hat sich dieser Finger, also die den Hammer führende Hand, fast wieder in die Ausgangsstellung zurückbewegt. Der Hammerstiel hat dabei eine Drehung ungefähr um das Handgelenk als Drehpunkt erfahren.

Die dritte Teilbewegung besteht nur in der Auf- und Abwärtsbewegung des Hammers. In Bild 3 sind die Bewegungsbahnen der rechten Zeigefingerspitze und der breiten Schlagfläche des Hammers aufgezeichnet.

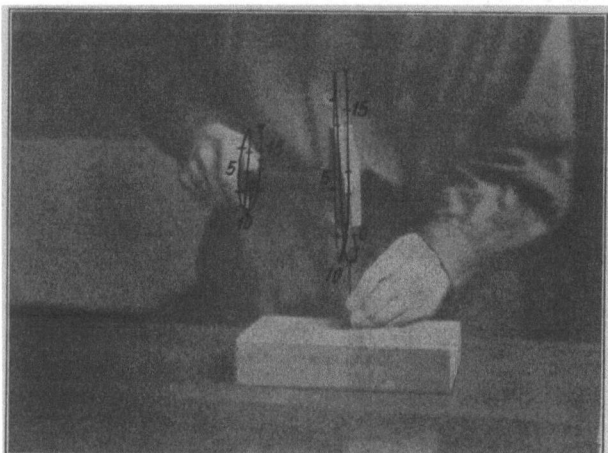

Bild 3. Bewegungsstudie: Einschlagen des Nagels.

Zuerst erfolgt ein loses Aufsetzen der Schlagfläche auf den Nagelkopf, wodurch der Hammerstiel für den Schlagvorgang gewissermaßen justiert wird. Darauf wird der erste Schlag aus etwa 23 cm Höhe ausgeführt. Die Abwärtsbewegung dauert etwa 0,15 s, das Anheben des Hammers etwa 0,4 s. Die übrigen Schläge sind nicht mit eingezeichnet, da sie genau die gleiche Bahn nehmen und aus der gleichen Höhe geführt werden.

Die vierte Teilbewegung, bestehend aus Niederlegen des Hammers und Entfernen der linken Hand vom eingeschlagenen Nagel, beendet den Vorgang.

Wie könnte bei diesem Beispiel Arbeitskraft gespart werden? Bei der zweiten Teilbewegung wird der Hammer viel zu früh ergriffen. Er wird etwa 3 s lang von dem Arm untätig gehalten. Seine pendelnde Abwärtsbewegung kommt dadurch zustande, daß sich die betreffenden Armmuskeln, durch keinen Willensakt beeinflußt, langsam entspannen. Zweckmäßigerweise wird also der Hammer erst dann aufgenommen, wenn das Einsetzen des Nagels beendet ist.

Wie könnte die Zeitdauer dieses Arbeitsvorganges verkürzt werden? Das Ergreifen des Nagels dauert zu lange, da sich der direkt der Holzfläche anliegende Nagel nicht sehr leicht mit den Fingern ergreifen läßt. Ferner ist der Weg, den der Nagel durchlaufen muß, zu weitläufig. Eine Aufrichtung des Nagels um seine Spitze als Drehpunkt mit anschließender Parallelverschiebung bis zur Einsetzstelle würde wesentlich kürzere Zeit benötigen.

Die Ersparnis an Arbeitskraft und Zeit ist natürlich für einen Einzelfall, wie er an diesem Beispiel geschildert ist, ohne Belang. Sie macht sich aber, wie Erfahrungsbeispiele aus verschiedenen Gebieten zeigen, wesentlich bemerkbar, wenn es sich um Massenfertigung handelt, bei welcher der gleiche Arbeitsvorgang immer wiederkehrt.

2. Beispiel. Zu den schnellsten Arbeitsbewegungen gehört das Maschinenschreiben. Beim Zehnfinger-Schreiben werden dem Lernenden bestimmte Regeln in der Führung der

Finger und Hände gegeben. Diese Schreibart vermeidet allzulange Wege und vermag daher unzweckmäßige und überflüssige Bewegungen auszuschalten. Doch die Regeln enthalten nichts über die zeitliche Folge der Tastenanschläge. Hierbei handelt es sich im wesentlichen um zwei Fragen: Wie kann die Schreibgeschwindigkeit gesteigert und wie können Fehler im Schriftbild (ungleicher Buchstabenabstand und Zeilenungradheit) vermieden werden?

Eine kinematographische Untersuchung der Fingerbewegungen beim Schreiben gestattet die Beantwortung der Fragen. Um einen mustergültig durchgeführten Schreibvorgang zu erhalten, wurde zu einer derartigen Aufnahme Fräulein O. Fischer (Europa-Schreibmaschinen AG, früher AEG-Deutsche Werke AG), die zweimalige Siegerin im internationalen Wettschreiben, herangezogen. Eine mitaufgenommene schnell laufende Uhr ermöglichte eine genaue zeitliche Auswertung des Films (Bild 4), der, um Bewegungsunschärfen zu vermeiden, mit 40 Bildern je Sekunde gedreht werden mußte. Da der Umschaltvorgang an mehreren Fällen beobachtet werden sollte, wurden von der Schreiberin alle Worte mit großen Anfangsbuchstaben geschrieben.

Der zur Auswertung herangezogene Textteil lautet: „Für Den Uns Freundlicherweise Erteilten Auftrag." In Bild 5 sind auf einer Zeitskala alle die Zeitintervalle schraffiert aufgetragen, in denen ein Finger der Schreiberin eine Taste berührt. Die oberste Zeile gilt für die Finger der rechten, die mittlere für die der linken Hand, während in der unteren Zeile die Bewegung der Umschalttaste gesondert dargestellt ist. Die Benutzung der Zwischenraumtaste ist durch ein Zw gekennzeichnet. Der in den schraffierten Flächen eingetragene Pfeil gibt den Zeitpunkt an, in welchem die Type an das Papier schlägt. In der dem Pfeil vorangehenden Zeit wird die Taste heruntergedrückt, in der darauffolgenden verweilt die Type an dem Papier, bis die Taste losgelassen wird.

Die oben erwähnten Fehler im Schriftbild kommen dadurch zustande, daß die Bewegungen der Schreibmaschinenteile noch nicht beendet sind, wenn die nächste Type an das Papier schlägt. Es handelt sich hierbei um die Seitwärtsbewegung und das Fallen des Wagens, Vorgänge, die, wie aus anderen Untersuchungen (Bild 10) hervorgeht, 0,05 bis 0,06 s nach Loslassen der Typentaste, bzw. 0,06 bis 0,07 s nach Loslassen der Umschalttaste beendet sind.

Aus den im folgenden angegebenen Werten läßt sich eine Anzahl Richtlinien entnehmen, die besonders für Lernende von Bedeutung sein können:

1. Verweilzeit des Typenhebels am Papier: zwischen 0,01 und 0,06 s, Mittelwert 0,04 s.

Da das Drucken eines Buchstabens nur durch den ersten Anprall der Type an das Papier erfolgt, ist eine lange Verweilzeit an der Walze überflüssig. Deshalb ist es zweckmäßig, den Anschlag so zu gestalten, daß der Typenhebel möglichst sofort nach dem Anprall zurückfällt.

2. Zeit vom Loslassen der kleinen Typentaste bis zum Auftreffen der nächsten Type an das Papier: zwischen 0,02 und 0,16 s Mittelwert 0,07 s.

Dieses Auftreten wesentlich kleinerer und größerer Zeiten, als dem Mittelwert entspricht, erklärt sich dadurch, daß je nach der Lage der

Bild 4. Bewegungsstudie: Maschinenschreiben (40 Bilder in der Sekunde).

Typen zwei Tasten nacheinander von Fingern einer Hand oder Fingern beider Hände angeschlagen werden. Der Mittelwert dagegen liegt so, daß der Typenhebel kurz nach Beendigung der 0,05 bis 0,06 s dauernden Seitwärtsbewegung des Wagens an das Papier schlägt. An dieser Stelle muß also zur Vermeidung von Fehlern im Schriftbild darauf geachtet werden, daß keine wesentlich kleineren Zeiten vorkommen, als diesem Mittelwert entspricht.

3. Zeit zwischen Loslassen der Umschalttaste und Anschlag der nächsten kleinen Type an das Papier: zwischen 0,08 und 0,17 s, Mittelwert 0,13 s.

Da der Wagen nach 0,06 bis 0,07 s wieder in Ruhe ist, kann an dieser Stelle wesentlich Zeit gespart werden. Dem Mittelwert nach erfolgt der Anschlag der nächsten kleinen Type um etwa 0,06 s später als nötig wäre.

4. Zeit zwischen Beginn der Umschaltung und Anschlag des großen Buchstabens an das Papier: zwischen 0,08 und 0,15 s, Mittelwert 0,13 s.

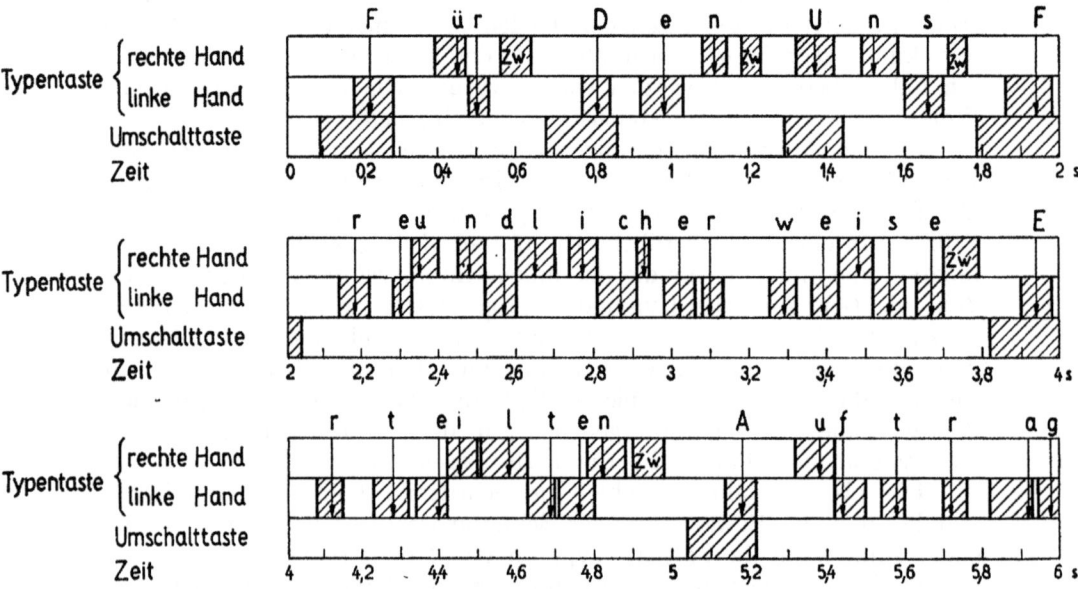

Bild 5. Zeitskala zur Analyse des Maschinenschreibens.

Da das Anheben des Wagens zur Umschaltung nach anderen Messungen (Bild 10) 0,04 bis 0,06 s, das Anheben der Type von der Ruhelage bis zum Anschlag an das Papier 0,02 bis 0,03 s dauert, ist es zweckmäßig, den Anschlag des großen Buchstabens schneller auf den Anschlag der Umschalttaste folgen zu lassen.

5. Zeit zwischen Loslassen der Typentaste und Umschalttaste: zwischen 0 und 0,06 s, Mittelwert 0,02 s.

Dieses Zeitintervall kann gänzlich in Wegfall kommen.

6. Zeit zwischen Anschlag der Zwischenraumtaste und der Umschalttaste: zwischen 0,08 und 0,15 s, Mittelwert 0,12 s.

Wenn man berücksichtigt, daß der durch die Zwischenraumtaste in Bewegung gesetzte Wagen nach 0,05 bis 0,06 s wieder zur Ruhe gekommen ist, und daß der Wagen durch die Umschalttaste in 0,04 bis 0,06 s angehoben wird, erscheint es zweckmäßig, dieses Intervall sehr klein zu halten.

Wie man sieht, liefert eine derartige an sich verhältnismäßig einfache Filmaufnahme zahlreiche neue Gesichtspunkte. Wieweit diese als Lehrunterlagen Bedeutung haben, müssen die Ergebnisse zeigen, die bei Einführung in die Praxis erzielt werden können.

Die Aufnahme liefert außerdem eine genaue Angabe der Leistung der Schreiberin. Hierbei ergab die Auswertung des ganzen Films folgende Werte:

61 Anschläge in 7,28 s, darunter 54 kleine Buchstaben und Zwischenräume, 7 große Buchstaben.

Der Mittelwert der zum Schreiben eines kleinen Buchstabens bzw. Zwischenraumes notwendigen Zeit beträgt 0,098 s. Für die 54 kleinen Buchstaben und Zwischenräume sind also insgesamt 5,30 s gebraucht worden. Für die sieben großen Buchstaben bleiben 1,98 s. Die auf einen großen Buchstaben entfallende Zeit beträgt demnach 0,28 s.

Die Werte 0,098 s für kleine und 0,28 s für große Buchstaben zeigen, daß der große Buchstabe das 2,9fache der zum Schreiben eines kleinen Buchstabens nötigen Zeit gebraucht. Da in der deutschen Schrift sehr viele Worte mit großen Anfangsbuchstaben vorkommen, ist dieser eben berechnete Wert von maßgeblichem Einfluß auf die Schreibgeschwindigkeit. Bei Ausschaltung der großen Buchstaben würde sich nach den eben angegebenen Daten eine Schreibgeschwindigkeit von 10,2 Anschlägen/s ergeben, während in Wirklichkeit 8,4 Anschläge/s ausgeführt wurden.

II. Erforschung der Arbeitsbewegungen von Maschinen und schnell verlaufender physikalischer Vorgänge.

1. Allgemeine Grundlagen.

Nachdem wir uns bisher nur mit den Arbeitsbewegungen der Menschen befaßt haben, fragen wir uns jetzt, durch welche Verfahren und mit welchen Geräten es möglich ist, Bewegungen von Maschinen und technischen Apparaten, sowie reine physikalische Vorgänge kinematographisch aufzunehmen und dadurch zu untersuchen.

Hier macht sich vor allem die Erforschung sehr kleiner Zeiten notwendig. Beispielsweise gehen die Schwingungen von Federn, der Spanabhub beim Drehen und Fräsen, die Bewegungen der Teile von Schreibmaschinen, die Strömungsvorgänge in Turbinen und ähnliches in Zeiten von der Größenordnung einer tausendstel und hundertstel Sekunde vor sich. Elektrische Erscheinungen, wie Überschläge, Lichtbögen, ferner Explosionen u. a., erfolgen in noch wesentlich kürzeren Zeiten. Zur Untersuchung derartiger Vorgänge müssen größtenteils andere Apparate als die normale Aufnahmekamera herangezogen werden. Die zu erfüllenden Aufgaben machen es notwendig, an derartige Aufnahmeapparate eine Reihe von besonderen Anforderungen zu stellen.

Aufnahmegeschwindigkeit. Je höher die Objektgeschwindigkeit ist, und je genauer die einzelnen Phasen einer Bewegung untersucht werden sollen, um so größer muß die in der Zeiteinheit aufgenommene Bildzahl sein. Dies bedingt hohe und höchste mechanische Geschwindigkeiten der Apparateteile, also auch große mechanische Festigkeit. Ein Mißlingen der Aufnahmen, etwa durch Reißen des Filmbandes, muß dabei unbedingt ausgeschlossen sein, da es sich häufig um Versuche handelt, deren Wiederholung schwierig, mit Zeitverlust und großen Kosten verknüpft ist. Ferner ist die Gleichmäßigkeit der Aufnahmegeschwindigkeit notwendig, damit die Auswertung des Filmes keine zu großen Schwierigkeiten bereitet. Schließlich muß man die Aufnahmegeschwindigkeit und damit den zeitlichen Verlauf der Bewegungen an jeder Stelle des Filmes kennen.

Unschärfe und Verzerrungen. Die Filmbilder dürfen weder Unschärfe noch Verzerrungen aufweisen. Der Meßgenauigkeit soll nach Möglichkeit erst durch die Art der Schwärzung und die Korngröße der Schicht eine Grenze gesetzt werden. Deshalb müssen kleinste Belichtungszeiten t_B anwendbar sein, während in dem Zeitraum t_z zwischen zwei Belichtungen eine merkliche Objektbewegung stattfinden soll. Die Apparaturen müssen also gestatten, das Verhältnis $t_B : t_z$ zu verändern und insbesondere auch Werte von der Größenordnung 1 : 100 anzuwenden.

Lichtverluste. Infolge der eben erwähnten Notwendigkeit, kleinste Belichtungszeiten anzuwenden, ist es wichtig, daß die durch den Gang der Strahlen in der Aufnahmeapparatur bedingten Lichtverluste gering sind.

Bildgröße. Am zweckmäßigsten ist die Verwendung der normalen Bildgröße 18 · 24 mm, die eine entsprechende Meßgenauigkeit gestattet und ohne weiteres zur Wiedergabe mit einem gewöhnlichen Bildwerfer geeignet ist. Diese Forderung muß aber zurücktreten, wenn es möglich ist, durch Verwendung geringerer Bildgröße höhere Aufnahmegeschwindigkeit zu erreichen. Spezialkopiermaschinen gestatten, einen derartigen Film auf die normale Bildgröße umzukopieren.

2. Beschreibung der Aufnahmegeräte.

Im folgenden wird zunächst die Frage erörtert, wieweit die bestehenden Aufnahmegeräte diesen vier Anforderungen gerecht werden.

Die bisher entwickelten Verfahren arbeiten nach vier verschiedenen Prinzipien:
1. Ruckweise Filmbewegung (normale Kamera);
2. kontinuierliche Filmbewegung und optischer Ausgleich (Zeitdehner);
3. kontinuierliche Filmbewegung und Schlitzscheibe (Zeitdehner);
4. Belichtung durch elektrische Funken (Funkenkinematograph).

1. Ruckweise Filmbewegung. Der Film wird ruckweise um eine Bildhöhe weiterbewegt. Im Augenblick des Stillstandes erfolgt die Belichtung, während der Bildwechsel durch die Verschlußscheibe verdeckt bleibt. Auf dieser Grundlage beruhen die Apparate, wie sie zur Aufnahme der Spielfilme dienen (Bild 1).

Die erreichbaren Aufnahmegeschwindigkeiten betragen etwa 50 Bilder je Sekunde. Bei noch schnellerer Bewegung kommt das Filmband nach jeder Weiterbewegung nicht mehr ganz zum Stillstand. Wird es aber durch besonders eingebaute Arretierstifte nach jedem Ruck festgehalten, so sind bei genügender Stabilität des Apparates noch Aufnahmen mit 150 Bildern je Sekunde möglich.

Die Geschwindigkeitsaufzeichnung muß durch Mitaufnahme einer schnell laufenden Uhr erfolgen, die entweder im Apparat fest eingebaut oder neben dem Aufnahmeobjekt aufgestellt wird. Da die Belichtung des Einzelbildes bei stillstehendem Film erfolgt, kann bei guter Optik keine Unschärfe oder Verzerrung auftreten. Die Belichtungszeit und das Verhältnis $t_B : t_Z$ ist durch Ändern der Sektoröffnung der Verschlußscheibe in weiten Grenzen verstellbar.

2. Kontinuierliche Filmbewegung und optischer Ausgleich. Bei allen Zeitdehnern wird der Film kontinuierlich bewegt. Bei Verwendung des optischen Ausgleiches[1] wird das Bild durch optische Vorkehrungen dem Film in gleicher Richtung und mit gleicher Geschwindigkeit nachgeführt, so daß es sich relativ zum Film in Ruhe befindet. Bei der „Zeitlupe" der Firma Ernemann erfolgt dies durch eine Spiegeltrommel, bei dem Apparat von Heape und Grylls durch umlaufende Objektive, bei dem Zeitdehner von Thun durch umlaufende Linsen, die als Zusatz zum Objektiv zu gelten haben. Der von R. Thun[2] entwickelte Zeitdehner hat gegenüber den anderen wesentliche Vorteile, unter denen besonders die erreichbare Aufnahmegeschwindigkeit (über 5000 Bilder in der Sekunde), die Verwendung beliebiger Objektive, die Möglichkeit, mit kleinsten Belichtungszeiten zu arbeiten, und der verhältnismäßig einfache Aufbau hervorzuheben sind. Diese Eigenschaften machen den Apparat besonders für Untersuchungen in der Technik geeignet. Vom AEG-Forschungs-Institut wird außer der normalen Askania-Kamera auch der Thunsche Zeitdehner verwandt, der den meßtechnischen Anforderungen entsprechend im Laufe der Zeit einige

---
[1] Die bis 1920 nach dem Prinzip des optischen Ausgleiches gebauten Kinematographen sind von F. P. Liesegang, Wissenschaftliche Kinematographie, Leipzig 1920, S. 103—129 beschrieben.
[2] R. Thun, Kinotechnik Bd. 11, S. 145. 1929.

Änderungen im Aufbau und in den Aufnahmemethoden erfahren hat. Die Apparatur ist in Bild 6 in geöffnetem Zustand, in Bild 9 im Gesamtaufbau zu einer Aufnahme der Bewegungen von Schreibmaschinen abgebildet.

Der aufgerollte Film befindet sich (Bild 6) in der 120 m fassenden Kassette K, deren Deckel abgenommen ist. Die Filmführung aus der Kassette heraus über die Zahnwalze Z_1 zum Bildfenster B ist aus dem Bild ersichtlich. Der Film geht dann noch über die Zahnwalzen Z_2 und Z_1. Die ursprünglich vorhandene, durch einen besonderen Motor angetriebene Aufwickelkassette wurde durch einen abnehmbaren, lichtdicht verschließbaren Sack S ersetzt, in den der Film durch die Führung F gelangt. Diese Einrichtung verhindert, wie die Erfahrung zeigt, ein Mißlingen der Aufnahme durch Reißen des Filmbandes.

Der das Objektiv O tragende Deckel D ist abgenommen, um die vor dem Bildfenster B befindliche, als optischer Ausgleich dienende Linsenscheibe L sichtbar zu machen. Die Linsenscheibe ist mit den Zahnwalzen Z_1 und Z_2 so gekuppelt, daß sie eine Viertelumdrehung vollführt, während der Film um die normale Bildhöhe, d. h. 19 mm, weiter bewegt wird. Eine Linsenscheibe mit 8 Linsen, wie sie das Bild zeigt, ermöglicht im Laufe einer Umdrehung acht Belichtungen bei halber Bildgröße. Dadurch erhält man doppelte Bildwechselzahl.

Mit der Linsenscheibe können 500 Bilder je Sekunde von der Größe $18 \cdot 24$ mm², 1000 der Größe $9 \cdot 24$ mm² und 2000 von der Größe $4,5 \cdot 24$ mm² aufgenommen werden. Der Apparat wird durch einen 1,1 kW-Motor angetrieben.

Bild 6. Zeitdehner.

K = Filmkassette, Z_1 = Zahnwalze, B = Bildfenster, Z_2 = Zahnwalze, S = Filmsack, F = Filmbandführung, O = Objektiv, D = Verschlußdeckel für die Linsenscheibe, L = Linsenscheibe, R = Vorrichtung zur Zeitregistrierung.

Am Thunschen Zeitdehner war ursprünglich ein mit der Hauptantriebsachse gekuppeltes Tachometer vorgesehen, dessen Ablesung aber nicht die genügende Genauigkeit für Meßzwecke ergab. Deshalb wurde in den Zeitdehner eine einfache Anzeigevorrichtung eingebaut. Ein lichtdicht abgeschlossenes Rohr R enthält eine 4 V-Glühlampe, deren Faden durch ein Objektiv stark verkleinert auf den Rand des durch die Führung laufenden Filmbandes abgebildet ist. Die Lampe liegt über einem größeren Schiebewiderstand an einer Spannung, die sich aus 110 V Gleichstrom und 110 V Wechselstrom von 50 Per/s zusammensetzt. Diese Überlagerung bewirkt, daß die Lampe in jeder Periode nur einmal erglüht[1]. Sie ergibt ein mit der Periode 50 schwankendes Lichtzeichen, das sich auf dem Filmrand als ein schmaler Streifen wechselnder Schwärzung zeigt. Der Abstand zweier Schwärzungsmaxima entspricht der Zeit $1/50$ s. Die Art dieser Aufzeichnung ermöglicht eine fast ebenso genaue Zeitmessung, wie sie durch die von P. Schott[2] angewandte Unterbrechung eines Lichtstrahles durch eine schwingende Feder bewirkt wird.

---

[1] Ein 50-Per/s-Strom allein, d. h. 100 Unterbrechungen/s, bewirkt zu geringe Helligkeitsschwankungen.
[2] P. Schott, Kinotechnik Bd. 10, S. 461. 1928.

Bei den ersten Aufnahmen mit dem Thunschen Zeitdehner wurde die Erfahrung gewonnen, daß die durch die überaus hohen Geschwindigkeiten des Antriebsmotors (über 4000 U/s) bedingte Anlaufzeit einen Verlust von etwa 40 m Filmband bei jeder Aufnahme hervorruft. Um diese Filmvergeudung zu vermeiden, wird das zur Aufnahme bestimmte unbelichtete Filmband in gewünschter Länge an das Ende eines etwa 40 m langen schichtfreien Filmstreifens geklebt, der bei jeder Aufnahme wieder benutzt werden kann. Dieser Kunstgriff macht es notwendig, das Zeitintervall zu kennen, in dessen Ablauf der unbelichtete Film das Bildfenster passiert und die Aufnahme stattfinden muß. Zu dem Zweck wurde mit der Hauptantriebswelle des Apparates eine Zahnradübertragung mit Kontakteinrichtung gekuppelt, die jedesmal nach dem Durchlauf von 5 m Filmband eine Glühlampe aufleuchten läßt. Bei der Verwendung von 40 m Blindfilm und etwa 10 m Aufnahmefilm wird also der Aufnahmevorgang zwischen dem 8. und 10. Lichtsignal erfolgen. Es besteht ferner die Möglichkeit, die Auslösung irgendeines aufzunehmenden Vorganges zwangsläufig mit dieser Anzeigevorrichtung zu kuppeln.

3. Kontinuierliche Filmbewegung und Schlitzscheibe. Macht die Geschwindigkeit des Aufnahmeobjektes sehr kurze Belichtungszeiten notwendig, so muß schließlich auf den optischen Ausgleich verzichtet werden. Dann wird die Linsenscheibe herausgenommen und durch eine dem Bildfenster nahe anliegende Scheibe mit schmalen Schlitzen ersetzt. Die Belichtungszeiten sind dann so kurz, daß die Vorwärtsbewegung des Films während der Belichtung durch die umlaufende Schlitzscheibe keine merkliche Unschärfe hervorruft. Das Verhältnis Schlitzbreite zu Zwischenraum, das dem Verhältnis $t_B : t_Z$ entspricht, muß in diesem Falle von der Größenordnung $1/100$ sein. Während bei der Linsenscheibe eine Anwendung von mehr als 16 Linsen räumlich unmöglich ist, kann man bei Verwendung der Schlitzscheibe die sekundliche Bildzahl auf Kosten der Bildhöhe noch steigern. Man erhält mit 32 Schlitzen bei einer Bildgröße von 2,25 · 24 mm bis über 5000 Bilder in der Sekunde.

Zur Erreichung großer Meßgenauigkeit ist die Kenntnis der auftretenden Unschärfen und Verzerrungen der Filmbilder von Bedeutung. Durch die verschiedenen Bewegungen von Objekt und Schlitzscheibe relativ zum Film sind zwei Quellen von Unschärfen gegeben, die durch geeignete Wahl der Belichtungszeiten vermieden werden können. Ferner entstehen Verzerrungen dadurch, daß die einzelnen Teile des Bildes nacheinander belichtet werden. Eine Berechnung[1] der Unschärfen und Verzerrungen, wie sie zum Teil von v. Ohnesorge[2] durchgeführt worden ist, gestattet, die Aufnahmeverhältnisse so zu gestalten, daß die Fehler innerhalb der Meßgenauigkeit bleiben.

4. Belichtung durch elektrische Funken. Bei der Aufnahme erfolgt die Belichtung auf eine sehr schnell bewegte Filmschleife durch das Licht elektrischer Funken, die in regelmäßiger Folge das Aufnahmeobjekt entweder in durchfallendem oder auffallendem Licht beleuchten. Die Dauer des Einzelfunkens und das Zeitintervall zwischen zwei Funken läßt sich durch geeignete Maßnahmen beliebig regeln, so daß eine Grenze erst durch die Verkleinerung der Bildhöhe und die Filmgeschwindigkeit gesetzt wird. Ein derartiger, von der Firma Boas gebauter Apparat liefert etwa 100000 Bilder in der Sekunde bei 1,5 mm Bildhöhe. Die Anwendung dieser Apparatur ist dadurch für die Praxis so gut wie unmöglich gemacht, daß die Funkenerzeugung eine Hochfrequenzanlage von etwa 50 kW[3] benötigt.

Eine sehr elegante Lösung des Funkenkinematographen bieten die Verfahren von Cranz[4], die vor allem für ballistische Untersuchungen entwickelt worden sind. Bild 7 zeigt

---

[1] Eine Arbeit des Verfassers: „Theorie des Thunschen Zeitdehners und ihre Anwendung in der Aufnahmepraxis" erscheint demnächst in der ZS. f. techn. Phys.
[2] v. Ohnesorge, Kinotechnik Bd. 11, S. 619. 1929.
[3] Nach R. Thun, Kinotechnik, Bd. 10, S. 123, 1928.
[4] C. Cranz u. H. Schardin, ZS. f. Phys. Bd. 56, S. 147. 1929.

die verhältnismäßig einfache Anordnung, mit der eine Reihe von 8 Bildern aufgenommen wurde, deren zeitliche Folge 3 000 000 Bildern in der Sekunde entspricht. Die 8 Funkenstrecken $f_{1\text{ bis }8}$ werden nacheinander ausgelöst und belichten das sich schnell bewegende Objekt G. Dies wird durch acht verschiedene Objektive $P_{1\text{ bis }8}$ auf ein Filmband oder eine photographische Platte $F_{1\text{ bis }8}$ abgebildet. Die einzelnen Funken werden durch eine Linse O auf die Objektive abgebildet. Die Aufnahmegeschwindigkeit ist bei dieser Anordnung nur durch die zeitliche Folge der Funken gegeben. Die Cranzsche Anordnung kommt nur für Aufnahmen in Frage, bei denen es genügt, das bewegte Objekt als Schatten abgebildet zu erhalten.

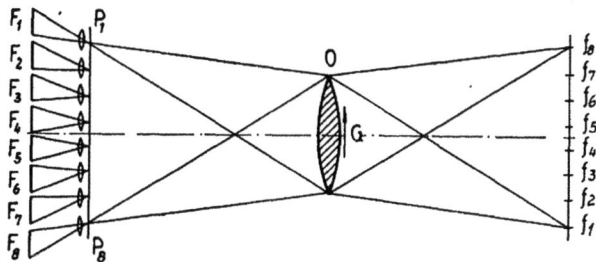

Bild 7. Funkenkinematographisches Verfahren nach Cranz.

3. Aufnahmeverfahren.

Die meisten in der Technik mit Hilfe der Kinematographie zu erforschenden Vorgänge gehen mit Geschwindigkeiten vor sich, die mit weniger als 5000 Bildern je Sekunde untersucht werden können. Für diese kommt also vor allem ein Thunscher Zeitdehner in Frage. Da sich das AEG-Forschungs-Institut dieses Apparates bedient, und da im weiteren Verlauf der Darlegungen einige Untersuchungsbeispiele besprochen werden sollen, seien kurz die Aufnahmeverfahren erwähnt, die im besonderen bei der Benutzung des Thunschen Zeitdehners angewandt werden.

Die überaus kurze Belichtungszeit (bis zu 10^{-5} s) erfordert eine große Helligkeit des Aufnahmeobjektes. Diese ist mit den normalen Mitteln der Filmatelier-Beleuchtung nicht zu erreichen. Da es nicht darauf ankommt, wirkungsvolle Bilder herzustellen, sondern vielmehr die maßgebliche Bewegung scharf aufgezeichnet zu erhalten, kann man sich der verschiedensten Beleuchtungsarten bedienen.

1. **Auffallendes Licht.** Der Lichtkegel zweier 50-A-Spiegelbogenlampen reicht aus, um ein nicht zu großes Aufnahmeobjekt genügend zu erhellen.

2. **Durchfallendes Licht.** In diesem Fall bilden ein gleichmäßig hell beleuchteter Lichtschirm oder ein ins Objektiv gerichtetes Parallelstrahlenbüschel den Hintergrund, von dem sich die Bewegungen des Objekts mit scharf begrenzten Rändern als Schattenriß abheben. Dieses Verfahren hat sich für Meßzwecke sehr gut bewährt.

Auch die bei Strömungsvorgängen[1] auftretenden Dichteänderungen können im durchfallenden Licht aufgenommen werden, da an Stellen größerer Dichte stärkere Lichtbrechung stattfindet, so daß derartige Stellen auf dem Film geringere Schwärzung hervorrufen.

Durchfallendes polarisiertes Licht ist von Thun[2] zur Aufnahme der Spannungsänderungen in solchen Stoffen benutzt worden, die im Spannungszustand doppelbrechend sind.

3. **Selbstleuchtende Vorgänge** (Funken, Lichtbögen, glühende Körper, explosionsartige Verbrennungen usw.). Hier sei vor allem auf die von R. Thun[3] durchgeführten Untersuchungen am elektrischen Schweißlichtbogen hingewiesen, bei dem das Verfahren der Überstrahlung des selbstleuchtenden Körpers angewandt wurde.

Allgemeine Richtlinien für die Aufnahmen kann man nicht aufstellen, da jedes Objekt besondere Verhältnisse bringt, denen man von Fall zu Fall gerecht werden muß.

---

[1] H. Mueller, Kinotechnik Bd. 10, S. 462. 1928. — O. Tietjens, Kinotechnik Bd. 10, S. 135. 1928.
[2] R. Thun, Kinotechnik Bd. 10, S. 483. 1928.
[3] R. Thun, Kinotechnik Bd. 11, S. 383. 1928.

4. Aufnahmebeispiele.

1. Beispiel. Die Bewegungsuntersuchungen zur Beobachtung der Fingerbewegungen beim Maschinenschreiben zeigten, daß der Schreibgeschwindigkeit durch die Bedingungen der Maschine gewisse Grenzen gezogen sind. Es ist nun für etwaige Umänderungen der Maschine von Wichtigkeit, festzustellen, ob die durch die Tastenanschläge ausgelösten Bewegungen der Schreibmaschinenteile so schnell und so einwandfrei erfolgen, daß keine Fehler im Schriftbild oder Stockungen im Betriebe der Maschine vorkommen können.

Entsprechende Zeitdehneraufnahmen wurden mit der Bildgröße 9 · 24 mm bei 600 Bildern je Sekunde unter Benutzung des optischen Ausgleichs durchgeführt. Die jedem Bild zukommende Belichtungszeit betrug 0,00016 s, die zwischen zwei Belichtungen liegende Zeit 0,0015 s. Bei einem Teil der Aufnahmen wurde das Aufnahmeobjekt durch zwei mit 50 A brennende Spiegelbogenlampen erhellt. Indessen zeigte sich, daß die Auswertung nicht allzu genau wird, da sich die Ränder der einzelnen Teile nicht sehr scharf abheben. Deshalb wurden in den meisten Fällen die aufzunehmenden Teile der Schreibmaschine in den Weg eines direkt in das Objektiv des Zeitdehners fallenden parallelen Lichtbündels gesetzt, so daß sich die Aufnahmeobjekte als Schatten mit scharf begrenzten Rändern auf dem Filmbild aufzeichneten.

Um gleichzeitig senkrecht zueinander verlaufende Bewegungen (z. B. Typenhebelbewegung und Seitwärtsbewegung des Wagens) aufzunehmen, wurde die eine der beiden Bewegungen durch einen geeignet aufgestellten Spiegel als Spiegelbild auf den Film gebracht. Ein Schema dieses Gesamtaufbaus zu Aufnahmen mit auffallendem und durchfallendem Licht ist in Bild 8 dargestellt. Eine photographische Aufnahme der Anordnung zeigt Bild 9.

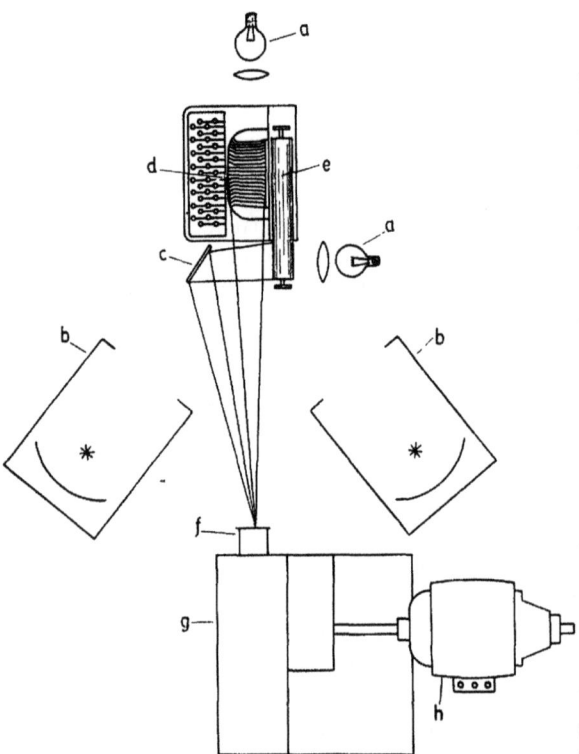

Bild 8. Schema einer Zeitdehner-Versuchsanordnung.
$a=$ 500 W-Glühlampe mit Kondensor für Aufnahme mit direktem Licht.
$b=$ Spiegelbogenlampen (50 A) für Aufnahmen mit indirektem Licht.
$c=$ Spiegel zur Spiegelung der Zahnstange des Wagens.
$d=$ Typenhebel der Schreibmaschine. $e=$ Wagen der Schreibmaschine.
$f=$ Objektiv des Zeitdehners. $g=$ Zeitdehner.
$h=$ Antriebsmotor des Zeitdehners.

Die Ausmessung der Bewegungsvorgänge auf dem fertigen Negativfilm wurde Bild für Bild durch Wiedergabe des Films auf ein Zeichenbrett vorgenommen. Gemessen wurde der Abstand des in Bewegung befindlichen Teiles von einem als Festpunkt dienenden ruhenden Teil der Schreibmaschine. Trägt man als Abszisse die Zeit in s, als Ordinate den in dieser Zeit zurückgelegten Weg der untersuchten Maschinenteile auf, so kommen bei einer Aufnahmegeschwindigkeit von 600 Bildern je Sekunde auf $1/10$ s 60 Meßpunkte. So erhält man die Weg-Zeit-Kurven für die zu untersuchenden Teile und damit eine völlige Klärung der Bewegungsvorgänge.

Aus den zahlreichen Auswertungen sei eine Weg-Zeit-Kurve (Bild 10) herausgegriffen. In Abhängigkeit von der Zeit sind aufgetragen:

1. Abstand des Typenhebels von seiner Ruhelage;
2. Seitwärtsbewegung des Wagens;
3. Abstand des Wagens von seiner Ruhelage (Umschaltvorgang).

Der Film als Forschungsmittel der Technik.

Bild 9. Zeitdehneraufbau zu Schreibmaschinenaufnahmen.

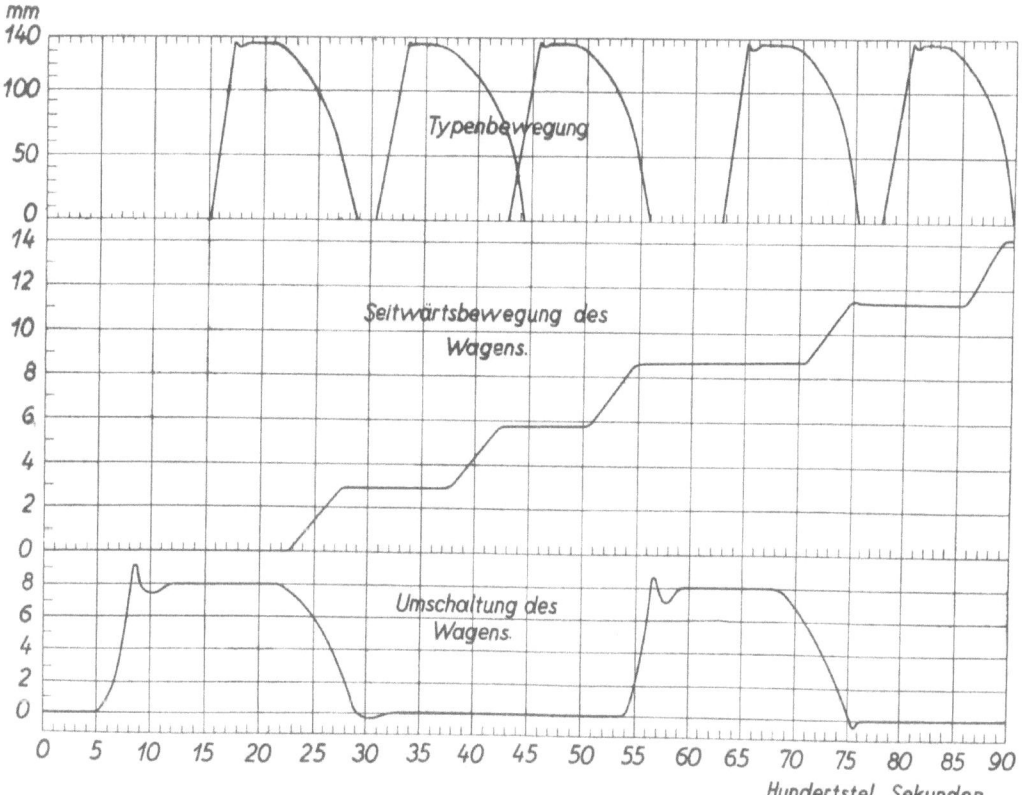

Bild 10. Weg-Zeit-Kurven der Schreibmaschinenteile.

Wie sind die aufgezeichneten Bewegungen zustande gekommen?

Durch den Anschlag einer Taste wird der Typenhebel bewegt. Dieser löst auf dem Rückwege von der Walze in seine Ruhelage die Seitwärtsbewegung des Wagens aus. Durch Bedienung der Umschalttaste wird der Wagen um etwa 8 mm gehoben. Das sind die wichtigsten Bewegungen, die durch die Aufnahme analysiert wurden.

Das Bild beginnt bei 0,05 s mit dem Anschlag der Umschalttaste. Der Wagen wird zuerst angehoben und stößt mit voller Wucht gegen seinen oberen Anschlag. Er federt durch und dann noch etwas zurück, bevor er im angehobenen Zustand zur Ruhe kommt. Dann folgt der Anschlag einer Typentaste, des großen Buchstabens. Die Type schnellt gleichmäßig hoch. Durch den Anprall an das Papier erfolgt der Abdruck des Buchstabens. Nach leichtem Zurückfedern legt sich die Type wieder lose an das Papier an. Dann werden Typen- und Umschalttaste fast gleichzeitig losgelassen. Die Type fällt erst langsamer, dann immer schneller in ihre Ruhelage zurück. In gleicher Weise kommt der Wagen, der nach dem Anprall auf seiner Unterlage noch etwas durchfedert, zur Ruhe.

Bekanntlich ruft der Typenhebel auf dem Rückweg von der Walze an einer bestimmten Stelle die Seitwärtsbewegung des Wagens um einen Buchstabenabstand hervor. In der Tat setzt diese nach unserem Bild in einem Zeitpunkt ein, in dem der Typenhebel 9 mm von der Walze entfernt ist. Eine Nachprüfung dieses Abstandes an der Maschine hatte das gleiche Ergebnis. Die Seitwärtsbewegung erfolgt mit gleichförmiger Geschwindigkeit.

Wie Bild 10 zeigt, erfolgt bei etwa 0,31 s der Anschlag des nächsten Buchstabens mit anschließender Seitwärtsbewegung. Es folgt dann noch ein kleiner Buchstabe, dann wieder eine Umschaltung für den großen Buchstaben und so fort.

Quantitativ liefern die Kurven folgende, allein durch die Funktionen der Maschine bedingte Werte:

Falldauer der Type in ihre Ruhelage: 0,07 bis 0,08 s;
Falldauer des Wagens in seine Ruhelage: 0,06 bis 0,07 s;
Dauer der Seitwärtsbewegung des Wagens: 0,05 bis 0,06 s.

Diese Ergebnisse geben Anhaltspunkte für die Schreibgeschwindigkeit. Da eine genaue Behandlung dieser Frage sehr umständlich ist, sei an dieser Stelle nur eine einfache Überlegung angestellt. Für die Schreibgeschwindigkeit hat die Schnelligkeit der Seitwärtsbewegung als maßgeblich zu gelten. Von dem Loslassen der Typentaste bis zur Beendigung der kurz darauf ausgelösten Seitwärtsbewegung vergeht eine Zeit von etwa 0,06 s. Rechnet man damit, daß die Type im Mittel 0,03 s an der Walze verweilt, so ergibt sich für die mindestens notwendige Zeit zwischen zwei Anschlägen 0,09 s. Dieser Wert entspricht einer höchsten Schreibgeschwindigkeit von 11 Anschlägen in der Sekunde. Bei einer Aufeinanderfolge von Anschlägen in Zeiten kleiner als 0,09 s werden also die Buchstabenabstände im Schriftbild zu klein, da der Wagen im Moment des Aufpralles der nächsten Type seine Seitwärtsbewegung noch nicht beendet hat.

Abschließend möge noch erwähnt werden, daß die Untersuchungen an Maschinen verschiedenster Herkunft vorgenommen wurden und fast ohne Ausnahme übereinstimmende Zeitdauer und Art der Bewegungen ergaben.

Auf andere Zeitdehneruntersuchungen, die mit Werkzeugmaschinen und elektrischen Maschinen ausgeführt wurden, kann hier nicht eingegangen werden. Einige Aufnahmen der mechanischen Bewegungen an Schaltgeräten und Schnellschaltern hat A. Cohn[1] kürzlich besprochen[2].

2. Beispiel. Als Beispiel eines rein physikalischen Vorganges soll ein Zusammenstoß von zwei schweren Massen erwähnt werden, der gelegentlich einer bestimmten technischen Zwecken dienenden Untersuchung mitaufgenommen wurde. Eine Eisenmasse von

---

[1] A. Cohn, AEG-Mitteilungen, H. 2, S. 130. 1930.

[2] Siehe auch F. Lauster, Zur Physik des elektrischen Kochens, in diesem Werk S. 415 (Aufnahmen der Kontaktbewegung von Thermoreglern).

insgesamt 92 kg wurde in einem Fahrstuhlschacht an einem Führungsseil aus einer Höhe von 12,5 m auf zwei Eisenblöcke von insgesamt 350 kg Gewicht fallen gelassen. Der Fallkörper bestand aus vier je 20 kg schweren Eisengewichten, die nebeneinanderstehend zwischen zwei Eisenplatten von 38 cm Durchmesser durch 10 mm starke Schrauben zu einem Stück zusammengeschraubt waren (Bild 11). Das Führungsseil geht durch die Mitte des Gewichts hindurch und ist unten in einer Sandkiste befestigt. Das Gewicht wurde kurz vor dem Versuch an einem Bindfaden aufgehängt, der dann durchschnitten wurde. Den Zustand nach dem Aufprallen des Gewichtes nach 12,5 m Fallweg zeigt Bild 12. In der Mitte stehen die beiden etwas aus ihrer Lage gebrachten Eisenblöcke. Der Fallkörper ist gänzlich zersprengt worden, die obere Platte hat sich losgelöst und einige abgerissene Schraubenköpfe liegen am Boden umher. Eines der 20-kg-Gewichte ist links seitlich heruntergefallen, das andere im Vordergrund aufgestellte war nach rechts hinten geflogen und an der durch ein Kreuz bezeichneten Stelle liegen geblieben. Die beiden übrigen Gewichte blieben an der unteren Platte hängen, die sich infolge ihres Übergewichtes nach hinten umgelegt und dabei das Führungsseil stark geknickt hat. Im Hintergrund ist ein Papierschirm zu sehen, der durch das eine nach rechts hinten geflogene Gewicht mit heruntergerissen und beschädigt wurde.

Bild 11. Fallgewicht, im Fahrstuhlschacht aufgehängt.

Der Augenblick des Aufpralls ist durch eine Zeitdehneraufnahme mit 740 Bildern je Sekunde festgehalten. Hinter dem Papierschirm befinden sich zwei je 3000-W-Jupiterlampen, deren direkt ins Objektiv des Zeitdehners gerichtetes Licht durch den Schirm diffus gemacht wurde. Der ganze Vorgang ist also im Film als Schattenprojektion zu sehen (Bild 13). Der Bildausschnitt enthält noch die letzten 30 cm Fallweg, aus dem die Fallgeschwindigkeit gemessen wurde. Das Gewicht legt in der Zeit zwischen zwei Bildern ($^{1}/_{740}$ s) im Mittel 18,5 mm zurück. Es prallt

Bild 12. Fallgewicht, nach dem Aufprall auf zwei Eisenblöcke.

also mit einer Geschwindigkeit von 13,7 m/s auf, während sich theoretisch aus der Fallhöhe der Wert 15,7 m/s ergibt. Die beim Aufprall zur Verfügung stehende Energie betrug 960 mkg.

Bild 13 zeigt das letzte Stück Fallweg vom ersten bis sechsten Bildchen. Dann folgt der Zusammenstoß, bei dem der Fallkörper etwas rechts verkantet auftraf. Im achten Bildchen ist die Impulswelle schon wieder nach oben reflektiert worden und hat ihre zerstörende Wirkung auf das Gefüge des aus mehreren Teilen ammengeschraubten Fallkörpers ausgeübt. Die Schraun, durch welche die obere Platte mit den Gewichten verıraubt war, sind ohne Ausnahme glatt durchgerissen ›rden. Die Schraubenköpfe heben sich gleichzeitig mit r oberen Platte nach oben ab. Einige Bewegungsbahnen r wegfliegenden Teile sind, soweit sie meßbar waren, in ld 14 aufgetragen. Zwei Schraubenköpfe fliegen mit einer ıfangsgeschwindigkeit von 12 bzw. 9 m/s davon, die obere atte folgt mit 6 m/s hinterdrein, verdreht sich schließlich

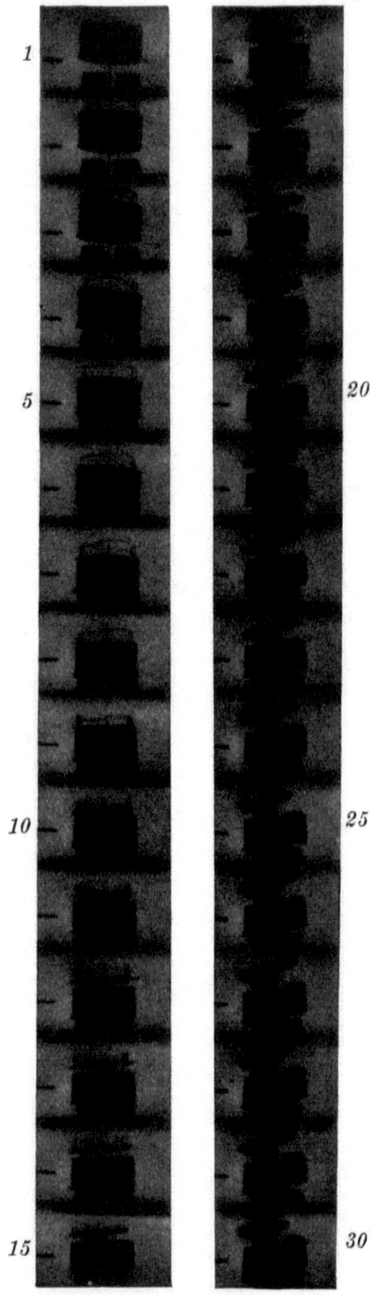

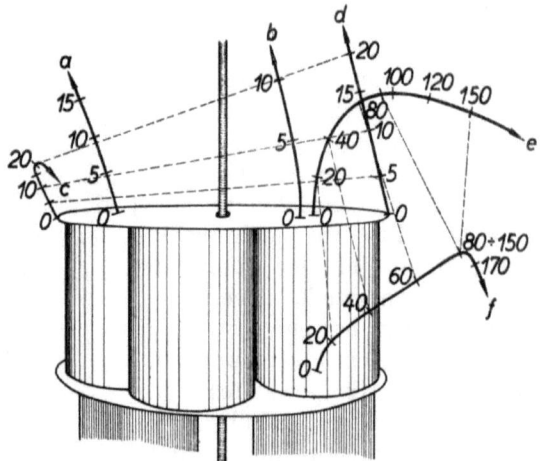

Bild 14. Bewegungsbahnen der Teile des Fallgewichtes nach dem Aufprall.

a und *b* = Schraubenköpfe. *c* und *d* = linke und rechte Randbegrenzung der oberen Platte. *e* und *f* = obere und untere Randbegrenzung des einen 20-kg-Gewichtes.

Die Zahlen sind die laufenden Nummern der ausgewerteten Filmbilder vom Moment des Aufpralls an gerechnet.

vas und legt sich langsam in der aus Bild 12 hervorhenden Weise auf die übrigen Teile. Im elften Bildchen ild 13) wird erkennbar, daß das rechts befindliche 20-kg:wicht sich loslöst. Seine Bewegungsbahnen — Randgrenzung der oberen und unteren Fläche — sind in Bild 14 ıgetragen, die Verbindungslinie zugeordneter Punkte stellt gefähr die jeweilige Richtung der Achse des Gewichts dar. 16. Bildchen sieht man aus der Mitte das zweite Gewicht rausfliegen, das schließlich links in der Sandkiste liegenblieb.

Die Untersuchung zeigt, daß die Zeitdehneraufnahme ıe wichtige Ergänzung der einfachen Photographien des ıfangs- und Endzustandes darstellt.

Bild 13. Moment des Aufpralls im Film (740 Bilder in der Sekunde).

3. Beispiel. Zum Schluß sollen zwei Aufnahmen selbstleuchtender Vorgänge besprochen werden. Es handelt sich um elektrische Lichtbögen, wie sie z. B. beim Durchbrennen einer Sicherung entstehen können. Die Versuchsanordnung bestand aus zwei vertikal aufgestellten Leitungsdrähten von je 2 mm Durchmesser und 30 mm Abstand, zwischen deren oberen Enden ein Kupferdraht von 0,5 mm Durchmesser gespannt war. Beim Anlegen von 600 Volt Gleichspannung entsteht momentan mit dem Durchbrennen des Drahtes der Lichtbogen.

Bild 15 zeigt die Entstehung des Bogens bei Befestigung des Kupferdrahtes durch Umwickeln, Bild 16 bei Verlötung. Die Filme wurden mit 2500 bzw. 5100 Bildern je Sekunde aufgenommen. Durch ein vor dem Objektiv des Zeitdehners geeignet aufgestelltes rechtwinkliges Prisma wurde der sich in senkrechter Richtung abspielende Vorgang um 90°

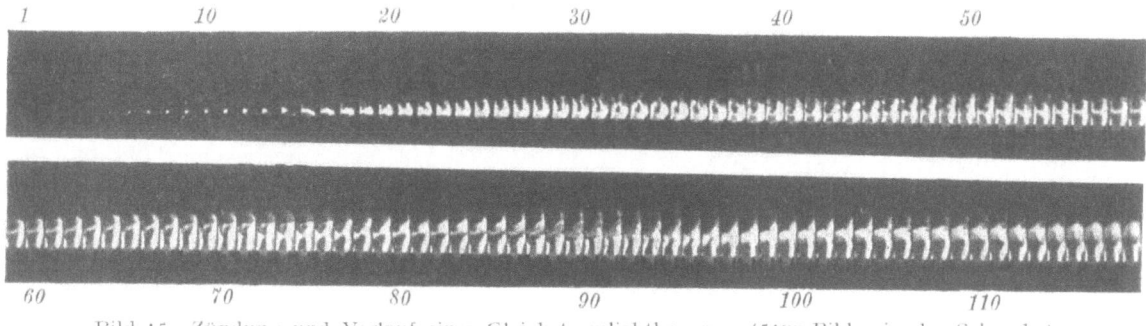

Bild 15. Zündung und Verlauf eines Gleichstromlichtbogens. (5100 Bilder in der Sekunde.)

gedreht auf das schmale Bildfeld abgebildet, so daß die volle Breite des Filmes ausgenutzt wurde. Die Lage der Leitungsdrähte ist nachträglich auf den einzelnen Bildchen nachgezogen worden.

Man erkennt (Bild 15), daß zuerst an dem linken Draht eine Lichterscheinung entsteht, die immer stärker wird. Am rechten wird dann die gleiche Erscheinung bemerkbar. Schließlich durchbricht der Lichtbogen von links kommend die ganze Strecke. In Bild 17 entsteht der Lichtbogen ungefähr in der Mitte des Kupferdrahtes und pflanzt sich, nach beiden Seiten vorwärts dringend, bis zu den Leitungsdrähten fort.

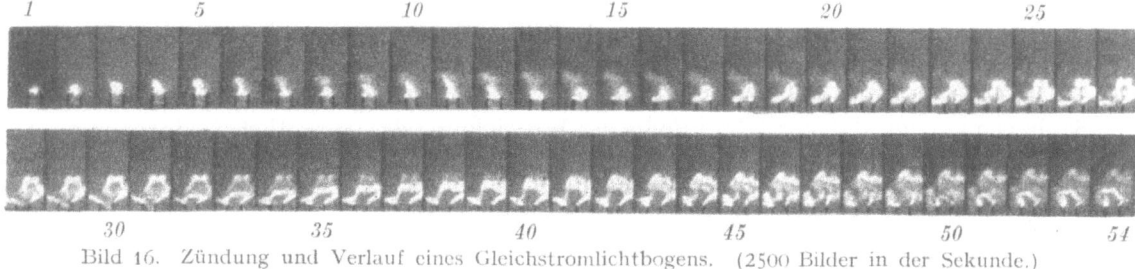

Bild 16. Zündung und Verlauf eines Gleichstromlichtbogens. (2500 Bilder in der Sekunde.)

Zur Deutung der Aufnahmen müssen folgende Überlegungen angestellt werden: Zunächst ist die Frage zu beantworten, warum auf dem Film nichts von dem erglühenden und dann zersprühenden Kupferdraht zu sehen ist. Da Kupfer schon bei 1084° schmilzt, ist die von ihm ausgehende Lichtemission viel zu gering, um bei den kurzen Belichtungszeiten von etwa 0,00007 s eine Wirkung auf dem Film hervorzubringen. Die Art der Zündung des Bogens ist durch den Übergangswiderstand zwischen Kupferdraht und den Leitungsdrähten bedingt. Da der Bogen (Bild 15) an diesen Stellen entsteht, scheint infolge der Art der Befestigung hier der Kupferdraht zuerst durchgebrannt zu sein, während der Bogen bei verlötetem Draht ungefähr in der Mitte zwischen den Anschlußdrähten zündete.

Wie ist nun der weitere Verlauf des Lichtbogens? Bild 17 zeigt einen Teil von Bild 16 in starker Vergrößerung. Man erkennt, daß der Bogen nur in der Nähe der Anschlußdrähte einen verhältnismäßig geringen Querschnitt hat. Er verbreitet sich auf seinem Wege bald sehr stark und füllt den Raum mit ionisierten glühenden Gasen an. Im Zeitraum

454 W. Ende: Der Film als Forschungsmittel der Technik.

von der Größenordnung einer hundertstel Sekunde steigt der Bogen immer länger werdend empor, bis sich sein Widerstand infolge der immer wachsenden Lichtbogenlänge so vergrößert, daß die Stromleitung von dem Gebiet zwischen den Polen übernommen wird, das einen geringeren Gesamtwiderstand besitzt. Der Lichtbogen zündet gewissermaßen von neuem, während die vom ersten Bogen herrührende Gaswolke langsam nach oben steigend sich abkühlt. Jeder neue Bogen behält während seines Aufsteigens bis zum Verlöschen fast unverändert die Gestalt bei, die ihm bei der Entstehung eigen war.

Bemerkenswerte Erscheinungen bieten auch Aufnahmen von Wechselstrom-Lichtbögen, auf die hier nicht näher eingegangen werden kann. Einige wichtige Ergebnisse der Zeitdehner-Untersuchungen an Abschaltlichtbögen von Schnellschaltern, über die Wanderung

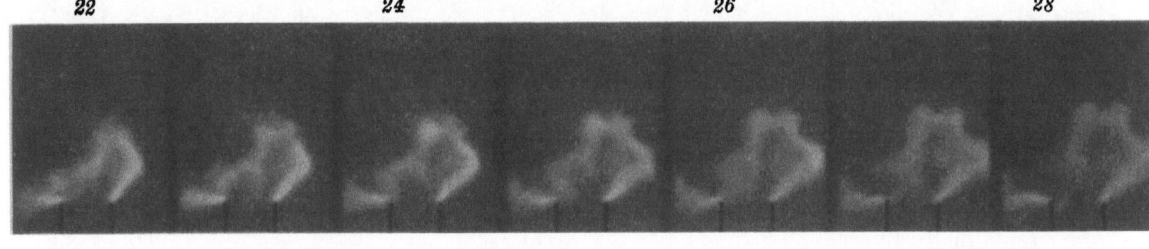

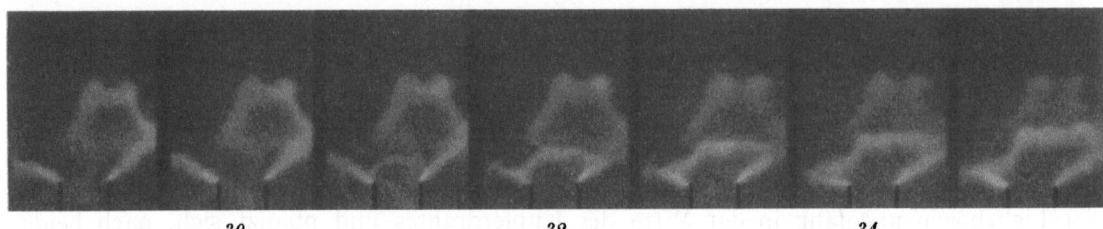

Bild 17. Verlöschen und Neuzündung eines Gleichstromlichtbogens.

der Lichtbogenfußpunkte und über das Kollektor-Rundfeuer hat A. Cohn in der schon oben erwähnten Arbeit mitgeteilt.

Mit der Besprechung dieser Aufnahmen sollen die Darlegungen abgeschlossen werden. Sie haben gezeigt, daß der Film infolge der Entwicklung der neuzeitlichen kinematographischen Hilfsmittel Aufnahme in das Arbeitsgebiet der wissenschaftlichen und technischen Forschung gefunden hat. Eine Weiterentwicklung ist insbesondere auf dem Gebiet der Kleinzeitforschung zu wünschen. Vor allem blieb die Elektrizitätsbewegung, wie sie sich z. B. bei der Entwicklung eines Funkens abspielt, der Untersuchung mit kinematographischen Verfahren bisher noch völlig verschlossen. Um ganze Größenordnungen sind wir davon entfernt, den zeitlichen Ablauf dieser Vorgänge ergründen zu können.

Als A. G. Elderedge 1920 äußerte, es müsse mit den heutigen Apparaten geradezu möglich sein, die Bewegungen der Schallwellen photographisch festzuhalten, wußte er nicht, daß dies durch die Verfahren von Cranz schon ermöglicht war. Wieweit sich seine Hoffnung: „Eines Tages wird einer kommen, der die Bewegung der Elektronen in einem Vakuumrohr aufzeichnet", in absehbarer Zeit erfüllen kann, muß die weitere Entwicklung zeigen.

Elektromagnetisches Verfahren zur Prüfung großer Induktorkörper auf verborgene Herstellungsfehler.

Von R. Pohl.

Es wird ein Verfahren zur Feststellung verborgener Herstellungsfehler in großen, zylindrischen, mit einer Axialbohrung versehenen Schmiedestücken beschrieben, das auf dem Nachweis unsymmetrischer Verteilung eines quer durch den Körper fließenden Stromes und der so verursachten Bildung magnetischer Felder in der Bohrung beruht. Die Empfindlichkeit und die möglichen Fehlerquellen wurden durch Versuchsreihen untersucht.

Die Fortbildung der Turbogeneratoren für immer größere Leistungen, bei denen Umfangsgeschwindigkeiten des Induktors von mehr als 150 m/s erreicht werden, setzt die Verwendung von mechanisch völlig einwandfreien Schmiedestücken voraus, wenn Schäden der schwersten Art vermieden werden sollen. Dies gilt insbesondere bei Maschinen der zweipoligen Bauart für 3000 U/min, weil das Schmiedestück des Induktors hier keine verhältnismäßig dünnwandige Trommel ist, die auf einem Dorn gut durchgeschmiedet werden kann, sondern ein massiver Körper, der lediglich mit einer durchgehenden Axialbohrung von 60 bis 100 mm ⌀ versehen wird zum Zwecke der Beseitigung des Seigerungskernes und der Vergütung auch von innen her, sowie der Besichtigung. Je größer ein solches Schmiedestück ausfällt, um so schwieriger wird seine Herstellung und Durchschmiedung im Stahlwerk und um so ernster die Gefahr, daß ein Herstellungsfehler, sei es ein Lunker, eine Seigerung oder ein Riß, im Ballen entsteht und der Entdeckung bei der Untersuchung und Bearbeitung entgeht. Fehler solcher Art können ein Zerplatzen des fertigen Induktors bei der vorschriftsmäßigen Schleuderprobe in der Grube zur Folge haben; erfahrungsgemäß können sie sich aber auch erst allmählich mit noch verhängnisvolleren Folgen auswirken. Um diese Gefahren zu verringern, werden die Induktoren der AEG-Bauart bekanntlich mit lamellierten Zähnen versehen, die in einen massiven Kern eingesetzt werden. Hierdurch verringert sich der Durchmesser des Schmiedestückes auf etwa 70 vH des Läuferdurchmessers, das Ballengewicht also etwa auf die Hälfte des für Massivläufer erforderlichen Körpers. Auch so verbleibt aber der Wunsch nach Ausbildung eines Untersuchungsverfahrens für das Schmiedestück, das etwa im Innern des Ballens vorhandene Fehlerstellen erkennen läßt. Über ein für diese Zwecke entwickeltes, unter sinngemäßer Abänderung auch für die Untersuchung anderer Körper verwendbares elektromagnetisches Prüfverfahren soll nachstehend berichtet werden.

I. Verfahren und Meßeinrichtung.

In die Bohrung der Welle wird eine Prüfspule hoher Windungszahl eingeschoben, deren Enden zu einem empfindlichen Spiegelgalvanometer von großer Schwingungsdauer führen (Bild 1). Durch die Welle wird von oben nach unten ein bestimmter Gleichstrom zwischen 1000 und 2000 A geschickt, bei dessen Unterbrechung oder Kommutierung ein ballistischer Ausschlag des Galvanometers entsteht, sofern sich der Strom auf die beiden Seiten der Welle nicht gleichmäßig verteilt oder das Material der Welle ungleiche magnetische Eigenschaften hat. Die Größe des entstehenden Ausschlages ist demnach ein Maß für die Verschiedenheit des Werkstoffes rechts und links der Bohrung. Starke, örtlich begrenzte Ausschläge deuten auf den Einschluß von Lunkern oder sonstige Fehlerstellen hin. Einerseits durch Drehung der Welle, anderseits durch Verschiebung der Stromanschluß-stellen entlang der Welle läßt sich so eine Untersuchung des ganzen Schmiedekörpers durchführen.

Die Prüfeinrichtung umfaßt im wesentlichen folgende Apparate:

Ein ballistisches Spiegelgalvanometer mit folgenden Verhältnissen:

Widerstand der Drehspule einschließlich Zuleitungen 350 Ω,
Vorwiderstand im Instrument 150 Ω,
Äußerer Grenzwiderstand 1200 Ω und darüber, je nach Einstellung des vorhandenen regelbaren magnetischen Nebenschlusses,
Schwingungsdauer bei ungedämpftem System 30 s,
Ausschlagzeit im aperiodischen Grenzfall etwa 10 s,
Rückkehrzeit im aperiodischen Grenzfall etwa 70 s,
Empfindlichkeit für 1 mm Ausschlag und 1 m Skalenabstand $0,8 \cdot 10^{-9}$ A bzw. $30 \cdot 10^{-9}$ C.
(Bei den Versuchen betrug der Abstand der Skala vom Instrument 9,82 m.)

Ein Ablesefernrohr für 40fache Vergrößerung mit Skala, dazu Galvanometer-Umschalter mit Blockierungsstöpsel.

Eine Prüfspule sehr hoher Windungszahl mit eingesetztem 2 m langen Maßstab aus Holz und zwei gleich langen Maßstäben zur Verlängerung. Die Spule hat die folgenden Daten:

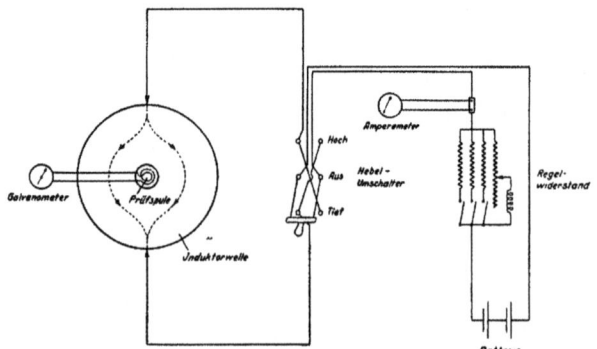

Bild 1. Schaltung der Prüfeinrichtung.

Art des Spulenkörpers . . . . . Holz
Art der Wicklung . . . . Lackdraht
Drahtdurchmesser blank . . . . . 0,35 mm
Anzahl der Windungen 37580
Lichter Durchmesser der Wicklung 22 mm
Äußerer Durchmesser der Wicklung 60 mm
Breite der Wicklung . . . . . . 250 mm
Widerstand der Wicklung . . . . 594 Ω
Vorwiderstand . . . . 110 Ω

Eine Akkumulatorenbatterie für 4 Volt und 2000 A Entladestrom bei einstündiger Entladung nebst Regelwiderstand, Strommesser und Ladeeinrichtung.

Ein zweipoliger Hebelumschalter für 2000 A.

Ein Prüfraum (Bild 2) mit unmagnetischer Fahrbahn, oberer und unterer Stromschiene sowie Stromzuführung zur Welle; die Kontaktstücke der Stromzuführungen haben je eine Schneide mit 2×100 mm² Druckfläche.

Zwei Wagen in fast unmagnetischer Ausführung mit je einem Satz Lagerböcken aus Holz mit Messingeinlage.

Eine Vorrichtung zum Drehen der Welle.

II. Allgemeine Untersuchung des Verfahrens.

Bei den unter Mitarbeit von G. Wernicke durchgeführten Untersuchungen wurde der Batteriestrom auf 1200 A eingestellt und innerhalb $\pm$ 1 vH dieses Wertes konstant gehalten. Falls nichts anderes vermerkt, ist zur Erzielung der ballistischen Ausschläge von der „Tief"-Stellung des Hebelumschalters ausgegangen worden. Der magnetische Nebenschluß am Galvanometer wurde so eingestellt, daß nahezu aperiodische Dämpfung erreicht war. Die im folgenden verwendeten Abkürzungen haben folgende Bedeutung:

D_w (Wellendrehung) bzw. D_s (Spulendrehung) = Drehwinkel zwischen einem bestimmten mit 0° bezeichneten Wellenlängsschnitt bzw. Spulenlängsschnitt und der nach oben gerichteten Vertikalen, gemessen im Sinne der Uhrzeigerbewegung und gesehen von der Südseite des Prüfraumes aus;

a_k bzw. a_s = Mittenabstand in mm der Stromzuführungskontaktstücke bzw. Prüfspule von dem Mittelquerschnitt des Ballens der Welle; negatives Vorzeichen bedeutet Turbinenseite (T.S.), positives Vorzeichen bedeutet Erregerseite (E.S.);

B = Ballistischer Ausschlag in cm;

B_u = Ballistischer Umschaltausschlag, d. h. der durch eine Kommutierung des Batteriestromes erzeugte Ausschlag;

B_a = Ballistischer Ausschaltausschlag, d. h. der durch einfaches Ausschalten des Batteriestromes erhaltene Ausschlag;

B_m = Mittelwert aus den ballistischen Ausschlägen für $D_s = 0°$, 90°, 180° und 270°.

Auf Grund einer Eichung der Meßeinrichtung mittels eines Normalspulenpaares von 0,01 H gegenseitiger Induktivität bedeutet 1 cm Ausschlag eine Elektrizitätsmenge von 38×10^{-9} C. Dabei wird vorausgesetzt, daß ein großer Teil der Elektrizitätsmenge das Galvanometer in einem kleinen Bruchteil seiner Ausschlagszeit durchfließt.

1. Prüfung der Empfindlichkeit.

Um zunächst durch einen der Wirklichkeit angepaßten Versuch klarzustellen, ob das Verfahren geeignet ist, einen Fehler mäßiger Ausdehnung innerhalb des Ballens eines größeren Induktorkörpers aufzudecken, wurde in folgender Weise verfahren:

Eine Induktorwelle der Abmessungen:
Gesamtlänge . . . . 5280 mm
Länge des Ballens . . . . . . 2765 ,,
Durchmesser des Ballens . . . 495 ,,
Durchmesser der Bohrung . . . 69,5 ,,

Bild 2. Prüfraum für Induktorwellen.

wurde zunächst im Anlieferungszustande untersucht. Nach Anbringung einer genauen Umfangs- und Längenteilung wurden bei den Winkelstellungen 0°, 90°, 180° und 270° für den oberen Kontakt sowohl in der Mitte des Ballens wie im Abstand 950 und 1300 mm rechts und links von der Ballenmitte die Stromzuführungen angebracht, die Spule in ihre Ebene eingestellt und die Umschaltausschläge am ballistischen Galvanometer ermittelt. Die Ergebnisse zeigt Bild 3 durch die gestrichelten Kurven. Wie man sieht, wurden Ausschläge bis zu 10 cm festgestellt. Es wurde nun zunächst vermutet, daß die Bohrung der Welle mit ihrem Umfang nicht konzentrisch sei. Um diesem Einwande zu begegnen, wurde die Welle möglichst genau zentrisch zur Bohrung abgedreht. Hierbei ist aber zu beachten, daß auf Zuverlässigkeit der Konzentrizität dem Ausrichten auf der Drehbank gemäß nur für die beiden Enden der Welle gerechnet werden kann, da die Frage eines gewissen Verlaufens der Bohrung im Ballen zunächst nicht kontrolliert werden konnte. Nach erfolgtem Abdrehen wurde die Welle in der gleichen Weise, wie oben beschrieben, nochmals durchgeprüft, wobei sich die in Bild 3 durch die ausgezogenen Kurven dargestellten Ausschläge ergaben. Man erkennt, daß sie jetzt kleiner geworden sind, wenn auch die Verbesserung nicht sehr erheblich ist. Trägt man die Ausschläge als Funktion der Ballenlänge auf, und zwar für den Drehwinkel $D_w = 0°$ und $D_w = 180°$, ferner für $D_w = 270°$ und $D_w = 90°$, so ergeben sich die Kurvenpaare des Bildes 4, und zwar die durch Kreuze gekennzeichneten. Man ersieht, daß die für zwei diametral gegenüberliegende Winkelstellungen durchgeführten Messungen Kurven ergeben, von denen die eine praktisch das Spiegelbild der anderen ist, wie zu erwarten war. Die Größe der Ausschläge bleibt innerhalb 10 cm. Stark aus-

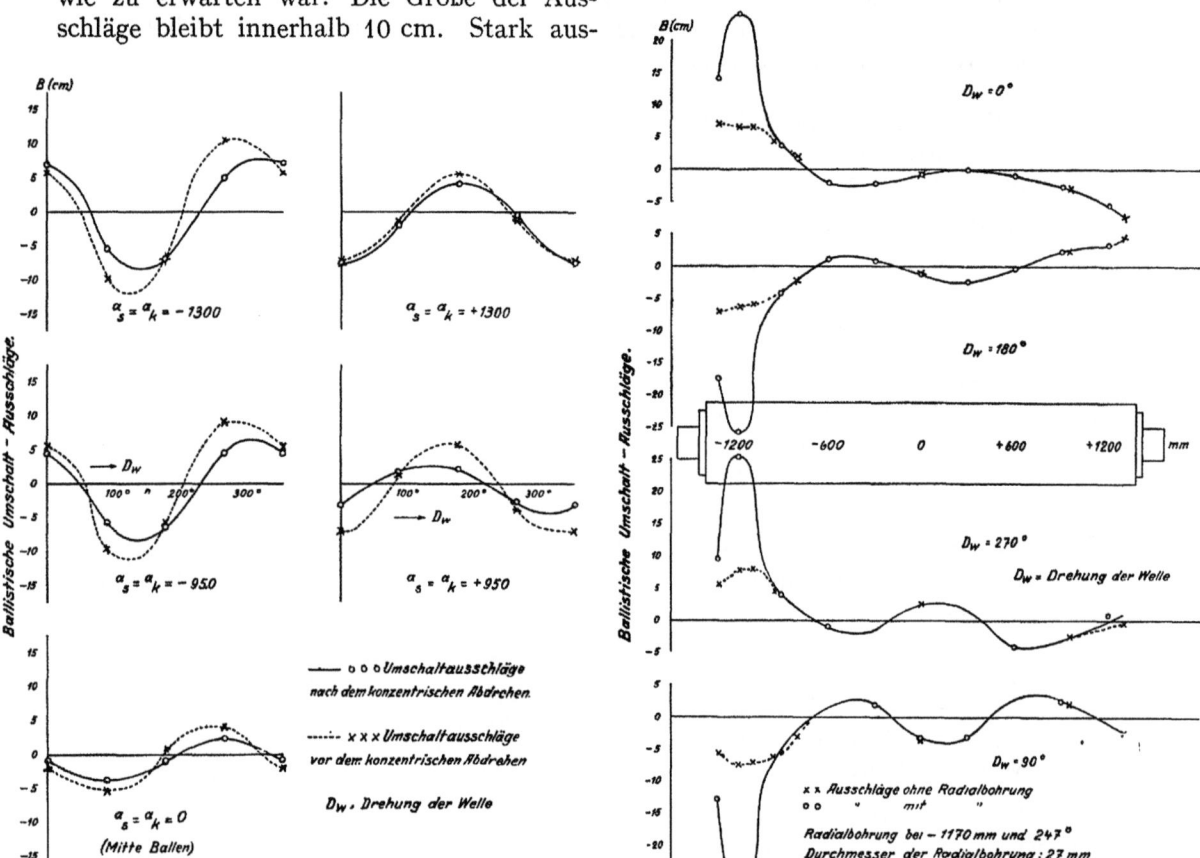

Bild 3. Umschaltausschläge für verschiedene Wellenquerschnitte als Funktion des Drehwinkels.

Bild 4. Umschaltausschläge für verschiedene Drehwinkel als Funktion der Ballenlänge.

geprägte, örtlich begrenzte Abweichungen, die auf einen Fehler schließen lassen, wurden nicht gefunden. Es ist anzunehmen, daß die festgestellten Ausschläge entweder durch geringe Verschiedenheiten der Ballendicke, die noch nicht kontrollierbar war, hervorgerufen wurden oder durch geringfügige Materialverschiedenheiten rechts und links der Bohrung, die zu ernsthaften Bedenken keinen Anlaß geben.

Um nun den Einfluß eines örtlich begrenzten, nach Art und Umfang bekannten Fehlers festzustellen, wurde in die Welle auf der Turbinenseite in 1170 mm Abstand von Ballenmitte ein 27 mm weites bis zur axialen Bohrung durchgehendes Loch radial eingebohrt, und zwar eine der Radialbohrungen, wie sie zur Entnahme von Werkstoffproben ausgeführt zu werden pflegen. Gleichzeitig wurde ein Bolzen von der gleichen Eisensorte zur nachträglichen Ausfüllung des Loches hergestellt, um so gewissermaßen den Einfluß eines größeren Risses ermitteln zu können. Der von der Werkstatt eingepaßte, 27 mm dicke und 210 mm lange Bolzen fügte sich der Lochwandung streckenweise nicht gut an, so daß an einzelnen Stellen ein Spielraum von der Größenordnung 0,1 bis 0,2 mm verblieb. Um den Bolzen aus der Welle bequem herausziehen zu können, war ein Ende gebohrt und mit Gewinde versehen, so daß eine Öse eingeschraubt werden konnte. Während der Messungen war dieses Ösenloch durch eine Wurmschraube ausgefüllt, um über die Welle hinausragende Teile zu vermeiden. Die Meßergebnisse nach Anbringung des zunächst noch nicht wieder ausgefüllten Loches sind gleichfalls in Bild 4 durch die mit kleinen Kreisen versehenen Meßpunkte und die hindurchgelegte Kurve kenntlich gemacht. Man sieht, daß die Radialbohrung im Abstande von 1170 mm eine außerordentlich stark ausgeprägte örtliche Vergrößerung der Ausschläge, nämlich von etwa 7 auf 26 cm bewirkt hat. Eine Lunkerstelle ähnlicher Abmessungen würde also unzweifelhaft durch das Meßverfahren entdeckt worden sein. Trägt man für den Abstand 1170 mm von Ballenmitte die Ausschläge als Funktion des Drehwinkels auf, so ergeben sich die Kurven des Bildes 5, das den starken örtlichen Ausschlag

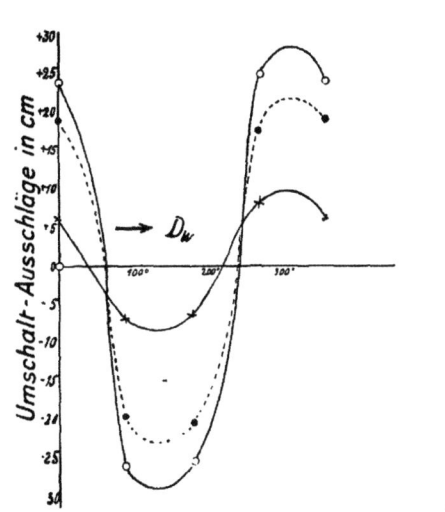

Bild 5. Umschaltausschläge für den angebohrten Wellenquerschnitt als Funktion des Drehwinkels.
D_W = Drehung der Welle.
× × Welle ohne Radialbohrung, oo Welle mit Radialbohrung,
• • Welle mit Radialbohrung und eingesetztem Bolzen.

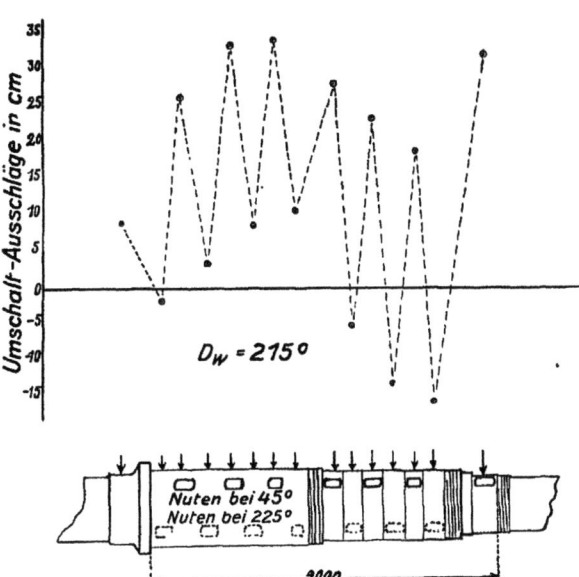

Bild 6. Umschaltausschläge längs einer mit Keilnuten versehenen Turbinenwelle.

an der angebohrten Stelle gut erkennen läßt. In dieses Bild sind nun auch die Ergebnisse der Messung nach Wiederausfüllung des Bohrloches mittels des Bolzens eingetragen, und zwar durch die punktierte Kurve. Wie man sieht, sind die Ausschläge zwar durch das Einpassen des Bolzens wieder kleiner geworden, aber nicht in sehr starkem Maße. Demnach wäre also auch ein Riß der vorliegenden Größe und Länge durch das Meßverfahren zweifellos entdeckt worden. Offenbar bewirkt schon das Vorhandensein einer Unterbrechung im massiven Eisen oder das Auftreten einer außerordentlich dünnen Luftschicht eine starke Vergrößerung des elektrischen und magnetischen Widerstandes der betroffenen Stelle und entsprechende Änderungen des ballistischen Ausschlages.

Als ein weiteres Beispiel für die Entdeckung von Unregelmäßigkeiten ist im Bild 6 das Ergebnis einer Messung an einer Turbinenwelle zu ersehen, die auf einem großen Teil ihrer Länge bereits mit Keilnuten zur Aufnahme der Turbinenscheiben versehen war. Die Prüfung sollte zeigen, ob sich diese Keilnuten in den ballistischen Ausschlägen entsprechend bemerkbar machen. Die Kurve zeigt, daß dies in der Tat der Fall ist, da sich die Ausschläge genau entsprechend der Anordnung der Nuten beim Durchprüfen der Welle in axialer Richtung stark vergrößern und verkleinern.

Eine unliebsame Feststellung bleibt jedoch das Vorhandensein nicht unbeträchtlicher Ausschläge mehr oder weniger über die ganze Ballenlänge hin. Die Treffsicherheit der Untersuchung auf Fehler würde noch erheblich zu steigern sein, wenn es gelänge, die normal auftretenden Ausschläge beträchtlich kleiner zu halten, als sie durch die Kurven des Bildes 3 gekennzeichnet sind. Auf diesen Punkt soll später zurückgekommen werden.

2. Prüfung störender Einflüsse.

a) Spulenverlagerung in der Bohrung.

1. Axial. Bei den bisher erwähnten Messungen fiel der Mittelquerschnitt der Prüfspule jeweils in den durch die Mitte der Stromkontakte gekennzeichneten Wellenquerschnitt. In welchem Maße die Ausschläge sich ändern, wenn die Spule aus dieser normalen Stellung in axialer Richtung verlagert ist, zeigt Bild 7, das sich auf die oben erwähnte Induktorwelle mit einer radialen Bohrung bezieht. Darin sind die in der normalen Spulenstellung erhaltenen Ausschläge durch kleine Kreise und die Ausschläge bei verschobener Spule durch fette Punkte bezeichnet. Die zwischen zwei Punkten der letztgenannten Art gezogenen gestrichelten Verbindungslinien deuten an, daß die Stromkontakte in beiden Fällen den gleichen Sitz hatten wie bei dem mit ihnen verbundenen Meßpunkt der Haupt-

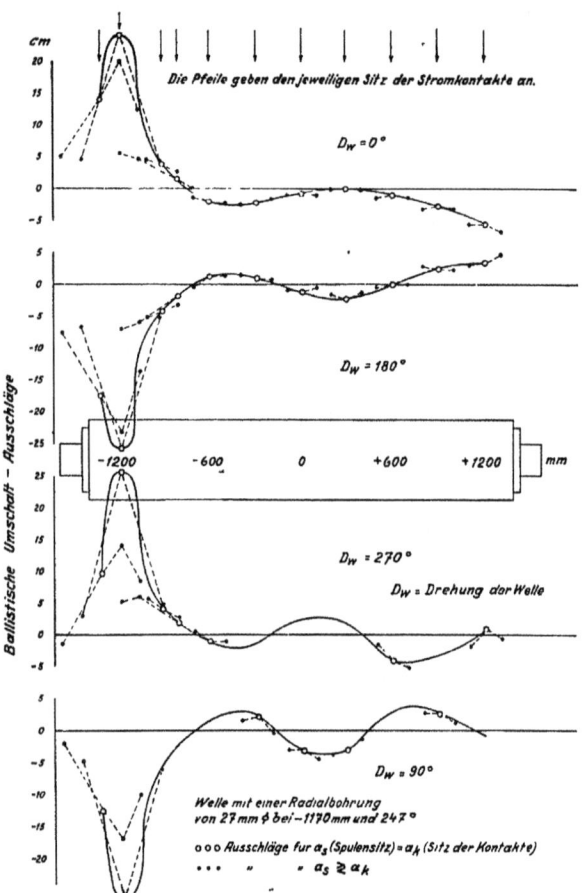
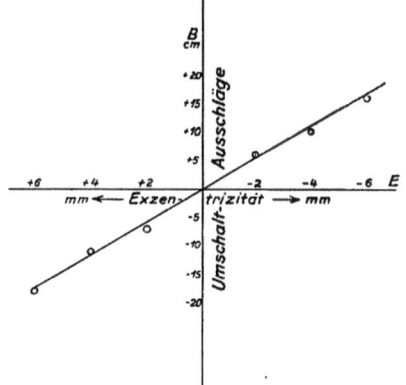

Bild 7. Einfluß einer Verschiebung der Prüfspule relativ zu den Stromkontakten.

Bild 8. Einfluß einer horizontalen Verlagerung der Prüfspule.

kurve. Man erkennt, daß die Ausschläge bei mäßiger Spulenverlagerung sich im allgemeinen nur unerheblich ändern. Das ist dort der Fall, wo kein Werkstoffehler vorliegt. Gelangt die Spule jedoch in das Gebiet eines Fehlers von geringer axialer Ausdehnung, wie ihn die Radialbohrung von 27 mm ⌀ im Vergleich mit der 250 mm langen Spule darstellt, so ist mit der Verschiebung aus der Kontaktebene eine erhebliche Änderung der Ausschläge verbunden. Für $D_w = 0°$, $a_k = -1300$ und $a_s = -1300$ betrug z. B. der Ausschlag 14 cm, bei Verschiebung der Spule auf $a_s = -1170$ dagegen 20 cm, während er bei noch weiterer Spulenverschiebung bis $a_s = -1050$ auf 12,5 cm zurückging. Der Sitz des Fehlers

(Radialbohrung) war also schon mit einfacher Spulenverschiebung bei unveränderter Kontaktstellung nachweisbar. Man kann daher den mit einer allzuhäufigen Versetzung der Stromkontakte verbundenen Mehraufwand an Zeit sparen, wenn man sich mit einer geringeren Anzahl von Kontaktstellungen begnügt und die Zwischengebiete mit verschobener Spule untersucht. Sollten jedoch an irgendeiner Stelle verdächtige Ausschläge erscheinen, so ist es vorteilhaft, diese durch Versetzung der Stromkontakte und Prüfung mit normaler Spulenlage weiter zu verfolgen.

2. **Radial.** Während also eine ungenaue Einstellung der Spule in axialer Richtung im allgemeinen von geringer Bedeutung ist, kann eine exzentrische Verlagerung der Spule in der Bohrung erhebliche Meßfehler zur Folge haben. Entsprechende Messungen an einer Welle mit einer Axialbohrung von 90 mm ø gibt Bild 8 wieder. Hier sind die Ausschläge in Abhängigkeit von dem Abstand der Spulenachse zur Bohrungsachse bei einer Spulenverlagerung in waagerechter Richtung dargestellt. Die Ausschläge sind diesem Abstande praktisch verhältnisgleich und betragen bei einer Exzentrizität von nur 2 mm schon etwa 6 cm.

In senkrechter Richtung vorgenommene Spulenverlagerungen ergaben dagegen keine oder nur geringe Ausschlagänderungen. Das ist auch ohne weiteres verständlich, denn zu beiden Seiten einer durch die Bohrungsachse gehenden vertikalen Ebene sind die magnetischen Felder in der gleichen Höhe innerhalb der Bohrung entweder einander entgegengesetzt gleich oder sie stehen bei Vorhandensein einer Ungleichheit in einem bestimmten Verhältnis zueinander, das in senkrechter Richtung praktisch unverändert bleibt.

Demnach ist es für die genaue Durchführung der Messung außerordentlich wichtig, daß die Spule in waagerechter Richtung genau zentrisch in der Bohrung liegt. Man muß also die Spule mit genau passenden Flanschen versehen, welche die zentrale Lage sicherstellen. In diesem Zusammenhange zeigt sich, daß Absätze in der Bohrung, wie sie von Stahlwerken bisweilen angebracht werden, vermieden werden müssen, d. h. die größte Bohrung, die an irgendeiner Stelle zwecks Beseitigung sichtbarer Einschlüsse ausgeführt werden muß, hat durch die ganze Länge des Schmiedestückes unverändert hindurchzugehen.

b) **Magnetische Körper in der Nähe des Prüfkörpers.**

1. **Einfluß einer neben der Welle aufgestellten Eisentafel.** Eine 3 mm starke Eisenblechtafel von 1000 × 2000 mm Größe wurde nacheinander zu beiden Seiten der zuerst untersuchten Welle (vor dem konzentrischen Abdrehen) senkrecht und mit der schmalen Seite nach unten aufgestellt und die mittleren Umschaltausschläge in cm ermittelt ($a_k = a_s = +1300$ E.S.). Die Ergebnisse sind nachstehend zusammengestellt:

$D_w =$ Versuch	0° B_1	180° B_2	$B_1 - B_2$
Ohne Eisentafel	+5,9	− 8,0	13,9
Tafel von Ballenmitte in 60 mm Abstand auf der Westseite	+7,6	− 7,6	15,2
Tafel wie vor, jedoch auf der Ostseite	+5,0	− 8,4	13,4
Tafel vor den Kontakten in 215 mm Abstand von der Welle, auf der Westseite	+9,8	− 5,2	15,0
Tafel wie vor, jedoch auf der Ostseite	+3,0	−11,2	14,2

Man erkennt, daß durch die Eisentafel der ursprünglich beobachtete Ausschlag vergrößert oder verkleinert wird, je nachdem, an welcher Seite der Welle sie sich befindet und welche Drehstellung der Welle in Betracht kommt. Man kann daraus weiter als sehr wahrscheinlich folgern, daß durch das Vorhandensein von Eisen und damit auch äußerer magnetischer Einflüsse der Charakter einer Wellenaufnahme vorwiegend in der Weise verändert wird, daß eine positive oder negative Verschiebung der Kurve in Richtung der Ordinatenachse eintritt. Eine Veränderung des Kurvenverlaufes wird also durch äußere Einflüsse weniger bewirkt, solange diese während der Messung gleiche Größe haben und auf die gesamte Ballenlänge einigermaßen gleichmäßig wirken. Das vorgeschlagene Prüfverfahren ist daher auch in weniger günstigen Fällen bezüglich äußerer Einflüsse verwendbar, zumal der quantitative Einfluß einer so großen einseitigen Eisenmasse, wie sie die Blechtafel in den verhältnismäßig geringen Abständen darstellt, mäßig blieb.

2. Einfluß eines angelegten Eisenbleches. Der Ballen der Welle wurde auf einer Seite, der Ostseite, mit 0,5 mm starkem Eisenblech von 750 × 2020 mm Größe belegt. Dadurch vergrößerte sich der Ausschaltausschlag von 2,8 auf 8,6 cm und der Umschaltausschlag von 2,2 auf 11,1 cm ($a_s = a_k = 0$; $D_w = 270°$).

Wäre die andere Seite der Welle mit dem Blech belegt worden, so hätte sich der Ausschlag entsprechend verkleinert, wie aus den vorhergehenden Messungen hervorgeht. Man sieht also, daß der Einfluß eines unmittelbar die Welle berührenden Bleches sehr beträchtlich ist. Es ist dabei noch darauf zu achten, daß dieses Blech lediglich als Leiter für den magnetischen Kraftfluß, dagegen wegen des verhältnismäßig hohen Kontaktwiderstandes nicht als Stromleiter angesehen werden kann. Läge eine Verlagerung der Bohrung vor, die eine ähnliche Verschiedenheit der magnetischen Querschnitte, wie sie durch das angelegte Blech erzeugt wurde, ergibt, so müßte der Einfluß auf den ballistischen Ausschlag noch stärker ausfallen, weil der einseitig vergrößerte Querschnitt auch eine entsprechende Stromverlagerung bewirkt. Man erkennt hieraus, daß bereits eine sehr geringe Verlagerung der Bohrung einen bedeutenden ballistischen Ausschlag zur Folge hat, denn die Hinzufügung von nur 0,5 mm magnetischen Querschnittes bewirkte einen zusätzlichen ballistischen Ausschlag von 5,8 bzw. 8,9 cm.

c) Nichtmagnetische Metalle in der Nähe des Prüfkörpers.

Eine Seite der Welle (Ostseite) wurde mit 1 mm starkem Preßspan und darüber 0,5 mm starkem Messingblech von 612 × 1917 mm Größe belegt. Dadurch verringerte sich der Ausschaltausschlag um etwa 2 vH; der Umschaltausschlag vergrößerte sich um etwa 4 vH ($a_s = a_k = 0$; $D_w = 270°$). Der Einfluß eines solchen nichtmagnetischen Bleches ist also unerheblich.

d) Verschiebung eines Stromkontaktes.

Der Einfluß einer Verlegung des unteren Kontaktes um 9,8 mm aus der diametralen Anordnung der Kontaktstücke in der Umfangsrichtung der Welle wurde durch die folgende Messung festgestellt:

$a_k = a_s$	Wellenseite	D_w	Kontaktverschiebung	Änderung des Umschaltausschlags
+950	E.S.	180°	9,8 mm = 2,3°	6,6 cm

Bei der Beurteilung des hier festgestellten Einflusses einer Versetzung eines Stromkontaktes um 2,3 geometrische Grade, derart, daß der Weg von einem Kontakt zum anderen linksherum 177,7°, rechtsherum 182,3° betrug, ist noch folgendes zu beachten:

Die Stromverteilung links- und rechtsherum steht im umgekehrten Verhältnis zu den betreffenden elektrischen Widerständen. Diese sind durch die Zusammendrängung der Stromlinien in der unmittelbaren Nähe der Kontakte wesentlich vergrößert. Eine Veränderung der mittleren Meßlänge der Strombahn im ungefähren Verhältnis von 2 zu 180 wird daher eine wesentlich kleinere Veränderung des Widerstandes der gesamten Strombahn zur Folge haben. Es ist also nicht angängig, etwa einen festgestellten Ausschlag durch entsprechende Verschiebung eines Kontaktes beseitigen und die Größe der Verschiebung als Maß der Materialverschiedenheit ansehen zu wollen.

Die Größe der Ausschlagänderung, nämlich 6,6 cm bei 9,8 mm Kontaktverschiebung, zeigt weiter, daß die Genauigkeit, mit der die Kontakte diametral eingestellt werden können

— 0,5 bis 1 mm — ausreichend ist, denn die größtmögliche Ungenauigkeit der Kontakteinstellung bewirkt einen Ausschlag von etwa 0,5 cm.

e) Änderung der Höhenlage und der Richtung des Prüfkörpers.

Um Einflüsse seitens der Stromzuführungsleitungen möglichst auszuschalten, ist die Anlage von vornherein so gebaut worden, daß die Hinleitung möglichst unmittelbar neben der Rückleitung verläuft. Andererseits mußten alle anderen Leitungsteile dem Bereiche der Welle entzogen und so angeordnet werden, daß ihr Einfluß auf ein Geringstmaß herabsank. Obere und untere Stromschiene sind demgemäß etwa 3 m voneinander entfernt. Die zu prüfende Welle wird so in den Prüfraum eingefahren, daß ein durch sie gelegt gedachter senkrechter Längsschnitt mit der durch die Stromschienen gehenden vertikalen Ebene zusammenfällt und die Welle sich in der Mitte zwischen den Stromschienen befindet. Es war nun auch von Interesse zu wissen, welchen Einfluß abweichende Höhenlagen des Prüfkörpers haben können. Dazu wurden nebenstehende Versuchsreihen aufgenommen:

	Wellenseite	Erregerseite	Erregerseite	Turbinenseite
$a_k = a_s$		$+950$	$+950$	-1300
D_w		$0°$	$180°$	$180°$
Welle in Mittelhöhe	$B_u = -3,28$		$+2,00$	$-7,06$
Welle 50 mm tiefer	$B_u = -3,19$		$+1,49$	$-7,07$

Man erkennt daraus, daß eine sehr genaue Einhaltung der Höhenlage nicht erforderlich ist, Abweichungen von z. B. 10 mm erscheinen noch als zulässig.

Ferner wurde untersucht, ob die Richtung, welche die Welle im Prüfraum einnimmt, von Einfluß ist, d. h. ob die Meßergebnisse sich ändern, wenn die Welle gewendet wird, so daß die Turbinenseite der Welle nach der Nordseite des Prüfraumes gerichtet ist anstatt nach der Südseite. Anlaß dazu gaben die Unterschiede in den Ausschlägen für die beiden Wellenenden (Bild 3). Nun war diese Erscheinung ohne Schwierigkeit auch dadurch zu erklären, daß die beiden Wellenenden nicht die gleiche Massenverteilung haben. Immerhin war zu beachten, daß in der Anlage eine Unsymmetrie vorhanden ist insofern, als der Strom nur von einer Seite her, der Südseite, an die Welle herankommt. Ein nachteiliger Einfluß dieser Unsymmetrie erwies sich jedoch als praktisch nicht vorhanden. Die Prüfergebnisse waren nahezu die gleichen. Insbesondere blieben die erwähnten Unterschiede zwischen beiden Wellenenden bestehen.

f) Beeinflussung des Galvanometers durch Streufelder und Thermoströme.

Zum Zwecke der Prüfung des Galvanometers auf direkte Beeinflussung durch Streufelder wurden Umschaltungen des Batteriestromes bei abgeklemmten Galvanometerzuleitungen vorgenommen. Es zeigten sich Ausschläge bis zu 0,5 cm, als deren Ursache die Induktion schwacher Ströme im Metallrahmen der Drehspule durch von der Induktorwelle ausgehende Streufelder anzunehmen ist. Zu ihrer Beseitigung wurde das Galvanometer mit einem Blechmantel versehen, der nur zur Betrachtung des Spiegels vorn ein kleines rundes Loch hat.

Als störend erwiesen sich ferner Änderungen der Ruhelage des schwingenden Galvanometersystems, die vermutlich durch Thermoströme hervorgerufen werden. Unmittelbar vor der Aufnahme eines ballistischen Ausschlages ist eine konstante Ruhelage abzuwarten.

Nach den Ergebnissen der vorstehenden Versuche kann die Einrichtung des Prüfraumes als durchaus zweckentsprechend gelten.

3. Abarten des Verfahrens und Mittel zu seiner Verfeinerung.

a) Umschalt-, Ausschalt- und Einschaltausschlag.

Bisher wurden nur solche Versuche aufgeführt, bei denen Umschaltausschläge beobachtet worden waren. Es liegen aber auch verschiedene Versuchsreihen mit Ausschalt-

464   R. Pohl: Elektromagnetisches Verfahren zur Prüfung großer Induktorkörper.

ausschlägen vor. Diese wurden in der Absicht aufgenommen, das Verfahren, wenn möglich, zu vereinfachen. Denn das Ausschalten statt des Umschaltens bietet manche Vorteile. Es wird weniger Strom gebraucht und die Batterie steht daher bis zu ihrer Wiederaufladung längere Zeit zur Verfügung. Das Abklingen des Feldes beim Ausschalten geht erheblich schneller vor sich als die Veränderung des Feldes beim Umschalten. Die Ausschaltausschläge sind daher weniger abhängig von der Zeitdauer des Galvanometerstromes. Bild 9 gibt einige Ausschaltmessungen wieder, die mit den Umschaltmessungen des Bildes 3 zu vergleichen sind. Auffällig ist sogleich, daß das Größenverhältnis der beiden Ausschlagarten sehr verschieden ausfällt und von dem Verhalten bei einem einfachen magnetischen Kreise (Drosselspule) völlig abweicht. Bei einem solchen ist der Umschaltausschlag gleich dem Doppelten des Ausschaltausschlages, wenn die Hysterese (Remanenz) des Eisens keinen Einfluß ausübt und die Zeitdauer der durch das Galvanometer fließenden Elektrizitätsmenge klein ist gegenüber dessen Ausschlagzeit. Bei vorhandener Hysterese ist der Umschaltausschlag sogar größer als das Doppelte des Ausschaltausschlages. Im vorliegenden Falle aber zeigt sich der Umschalt-

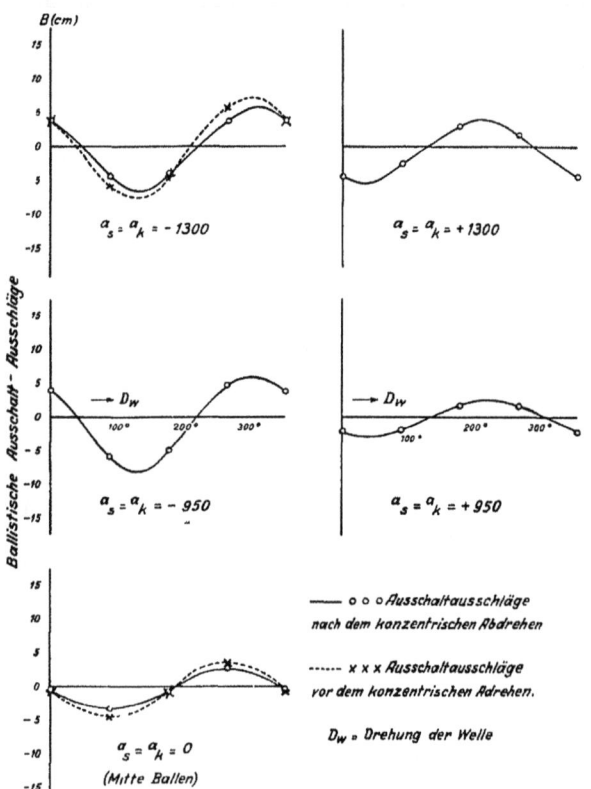

Bild 9. Ausschaltausschläge zum Vergleich mit den Umschaltausschägen des Bildes 3.

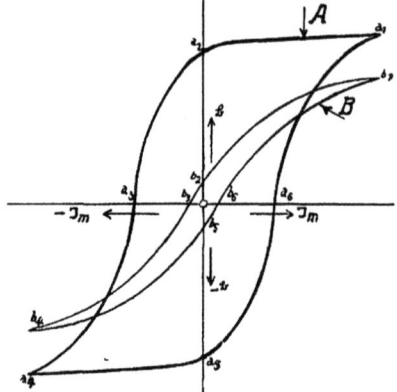

Bild 10. Einfluß magnetischer Materialverschiedenheiten auf die Ausschläge.

ausschlag in der Regel bedeutend kleiner als hiernach zu erwarten ist. Bisweilen erwiesen sich die Umschaltausschläge kleiner als die Ausschaltausschläge, ja sogar von umgekehrter Richtung.

Auch die Einschaltausschläge nehmen im Vergleich mit den Umschalt- und Ausschaltausschlägen bisweilen Werte an, die zunächst unverständlich erscheinen. Dieses eigenartige Verhalten ist wohl in erster Linie auf Unterschiede im Verlauf der Hysterese für die beiden Wellenteile rechts und links der Bohrung zurückzuführen. Zu seiner Erklärung sind in Bild 10 zwei sehr stark verschiedene Hysteresekurven aufgezeichnet, und zwar betreffen der Linienzug A mit den Induktionspunkten a_1 bis a_6 die linke Wellenhälfte, der Linienzug B mit den Induktionspunkten b_1 bis b_6 die rechte. Ein Umschaltausschlag wird nun offenbar hervorgerufen durch das Doppelte des Unterschiedes der beiden höchsten Induktionen, also durch eine Strecke $2(a_1 - b_1)$, und seine Richtung ist bestimmt durch das Überwiegen der Kurve A. Demgegenüber ist ein Ausschaltausschlag hervorgerufen durch den Höhenunterschied $a_1 - a_2$, von dem sich der Höhenunterschied $b_1 - b_2$ subtrahiert. Da der letztgenannte größer ist, so überwiegt nunmehr der Einfluß der Kurve B, d. h. der Ausschaltausschlag bekommt die entgegengesetzte Richtung wie der Umschaltausschlag. Etwas Ähnliches trifft auf den Einschaltausschlag zu. In Wirklichkeit sind die Unterschiede der Hystereseschleifen nicht so groß, als sie im Bild 10 angedeutet sind. Immerhin erkennt man, daß Verschiedenheiten der Remanenzverhältnisse den Ausschalt- und Einschaltausschlag in starkem Maße beeinflussen können, zumal wenn die Induktionen auf beiden Seiten der Welle voneinander nur wenig verschieden sind, und daß auf diese Weise sogar eine Umkehr der zu erwartenden Ausschlagrichtung beim Vergleich mit dem Umschaltausschlag erfolgen kann. Für die vorliegenden Untersuchungen ist daher allgemein der Umschaltausschlag verwendet worden, weil bei diesem nur die Induktionsverhältnisse, nicht aber die Remanenz entscheiden.

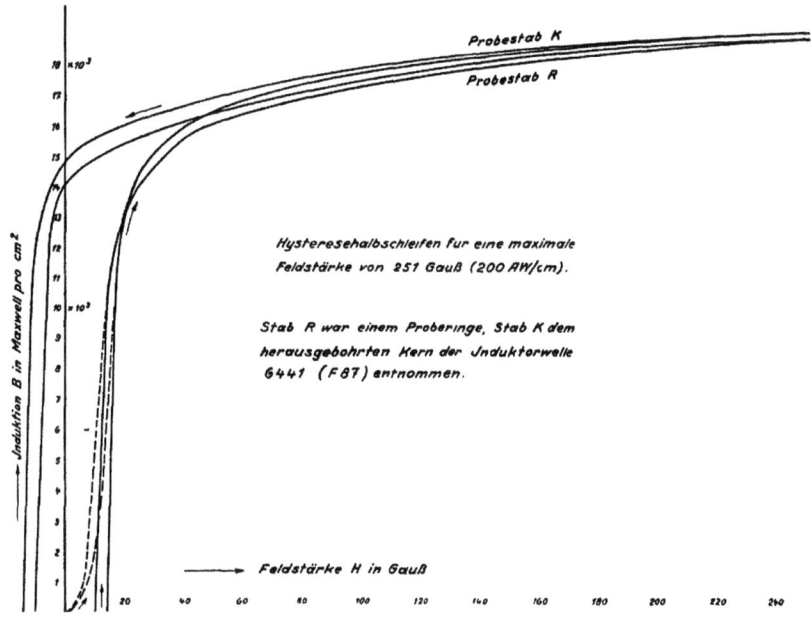

Bild 11. Hystereseschleifen für verschiedene Teile der gleichen Welle.

Um festzustellen, von welcher Größenordnung die Unterschiede im Verlauf der Hysteresekurve verschiedener Teile der gleichen Welle sein können, wurden von einer Welle zwei Probestäbe entnommen, und zwar ein Stab aus dem ausgebohrten Kern axial, der andere aus einem Proberinge der Erregerseite tangential. Dabei ist zu beachten, daß die Welle nach dem Herausbohren des Kernes zusammen mit ihrem angegossenen Proberinge im Ölbad vergütet wird. Die dem Kern entnommenen Stäbe sind also zunächst nicht vergütet. Aus diesem Grunde wurde der dem Kern entnommene Stab im mechanischen Laboratorium der AEG-Turbinenfabrik nachträglich in gleicher Weise vergütet, wie es im Stahlwerk für die Welle geschehen war. Bild 11 zeigt für die beiden Prüfstäbe, vom unmagnetischen Zustande ausgehend, die Induktion als Funktion der Feldstärke bis 250 Gauß und dann die positiven Zweige der zu dieser maximalen Magnetisierung gehörenden Hystereseschleifen. Man erkennt aus diesen Kurven, daß die Induktionsunterschiede für hohe Feldstärken kleiner sind als die Unterschiede der Remanenz. Damit ist erwiesen, daß die Verschiedenheiten der Remanenz in der Tat bei dem Untersuchungsverfahren außerordentlich störend wirken können und nur die Umschaltausschläge brauchbar sind.

Hinzu kommt ferner, daß das Verschwinden bzw. Ansteigen des magnetischen Feldes rechts und links der Bohrung nicht notwendigerweise genau mit der gleichen Geschwindigkeit vor sich geht und eine, wenn auch sehr geringe, Verschiedenheit in dieser Beziehung den ballistischen Ausschlag beeinflußt.

Noch ein anderer Umstand ist zu erwähnen. Die ballistischen Ausschläge sind bekanntlich bei konstanter Elektrizitätsmenge auch abhängig von der Zeitdauer des durch das Galvanometer fließenden Stromes. Nur wenn diese klein ist im Vergleich zur Ausschlagzeit des Galvanometers, ist eine ins Gewicht fallende Abhängigkeit der Ausschläge von diesem Faktor der Zeitdauer nicht vorhanden. Die Ausschlagzeit des verwendeten Galvanometers beträgt im aperiodischen Grenzfall etwa 10 s. Um einen Anhalt darüber zu haben, welchen Verlauf in dieser Zeit der durch das Galvanometer fließende Strom bei den verschiedenen Schaltarten nimmt, wurden auch Versuche ausgeführt, bei denen das Galvanometer erst nach erfolgter Um- bzw. Aus- oder Einschaltung des Magnetisierungsstromes, also um mehrere Sekunden später, mit der Prüfspule verbunden wurde. Einige solcher Beobachtungen sind im folgenden zusammengestellt, wobei unter t die Zeit in s angegeben ist, die vom Moment der Betätigung des Batterieschalters bis zum Einschalten des Galvanometers verlief.

Umschaltung		Ausschaltung		Einschaltung	
Tief t in s	Hoch B_u	Tief t in s	Aus B_a	Aus t in s	Hoch B_e
0	+1,4	0	+2,65	0	−2,3
3	−1,35	3	+0,8	3	−1,7
6	−1,05	6	+0,15	6	−1,05
9	−0,55	9	+0,3	9	−0,35

Man sieht, daß beim Ausschalten der Strom viel schneller abfällt als beim Umschalten oder Einschalten nach der Gegenseite. Ferner erkennt man deutlich, daß der normale, bei $t = 0$ gemessene Umschaltausschlag deshalb kleiner ist als der Ausschaltausschlag, weil der Galvanometerstrom seine Richtung wechselt. Dies ist vermutlich darauf zurückzuführen, daß die Hystereseschleife der einen Wellenseite eine kleinere Höchstinduktion, aber eine höhere Remanenz aufweist als die andere. Bei einem Vergleich der Restausschläge mit den bei $t = 0$ gemessenen Ausschlägen ist zu beachten, daß die erstgenannten nicht in ihrer vollen Größe in den letztgenannten enthalten sind, weil die den Restausschlägen entsprechenden Ströme zu einer Zeit das Galvanometer durchfließen, wenn das System von seiner Ruhelage bereits weiter entfernt ist. Der Zusammenstellung ist ferner zu entnehmen, daß am Ende der Ausschlagzeit von 10 s noch gewisse, wenn auch nicht erhebliche ballistische Ausschläge vorhanden sind. Die Untersuchung zeigt also, daß es sehr erwünscht wäre, ein Galvanometer mit noch wesentlich größerer Schwingungsdauer bei gleicher Empfindlichkeit zu verwenden. Ein solches Instrument müßte für diesen Zweck besonders angefertigt werden.

Im Anschluß an diese Versuche wurde durch oszillographische Aufnahmen ermittelt, wie lange der Magnetisierungsstrom während des Umschaltens unterbrochen ist. Die Dauer der Unterbrechung wurde zu etwa 0,3 s bestimmt.

b) Verschiebung oder Drehung der Meßspule bei konstantem Strom.

Die beschriebenen Schwierigkeiten, die auch bei Verwendung des Umschaltverfahrens angesichts der sehr großen Dauer der Fluxänderung und der möglichen Verschiedenheit der Impulsrichtung während dieser nicht vollständig beseitigt sind, lassen es wünschenswert erscheinen, bei der Feldbestimmung in der Bohrung das ballistische Verfahren oder zumindest die Stromumschaltung zu verlassen und andere Mittel zu benutzen. So wurde vorgeschlagen, den Magnetisierungsstrom konstant zu halten und durch axiale Verschiebung der Spule in der Bohrung die Feldmessung vorzunehmen. Am günstigsten wäre es, wenn man die Spule mit großer Geschwindigkeit ganz aus der Bohrung herausziehen und gleichzeitig den Galvanometerausschlag ablesen könnte. Dieser wäre dann dem Felde am ursprünglichen Sitz der Spule verhältnisgleich. Der praktischen Ausführung dieses Verfahrens steht aber die Schwierigkeit entgegen, daß die Spule dabei sehr verschieden lange Wege durch die Welle zurückzulegen hat und wegen des erforderlichen guten Einpassens verschieden lange Zeiten vergehen würden, je nachdem, ob die Spule an einem Ende oder in der Mitte des Ballens ihre Anfangslage hat. Die durchgeführten Versuche zeigten denn auch, daß eine zuverlässige Messung auf diesem Wege nicht möglich ist. Auch der Ausweg, die Spule nur um eine bestimmte konstante Strecke innerhalb der Bohrung zu verschieben, erwies sich als unsicher. Eine solche Verschiebung am Ende des Ballens hat nämlich eine andere Wirkung als in seiner Mitte, was durch den verschiedenen Verlauf der Stromlinien in den beiden betrachteten Fällen erklärt ist. Daher wurde auf eine weitere Verfolgung dieses Meßverfahrens verzichtet.

Aussichtsreicher erscheint die Verwendung einer Drehspule, die mit Hilfe eines kleinen Motors angetrieben wird. Die Spule hat einen Kommutator, um die Beibehaltung der Messung mittels empfindlichen Spiegelgalvanometers zu ermöglichen. Eine geeignete Drehspulenapparatur ist zur Zeit in der Ausbildung begriffen und wird, sofern sie sich bewährt, an Stelle des ballistischen Verfahrens zur Anwendung kommen.

4. Vergleich mit rein elektrischen Messungen.

Versuche, verborgene Herstellungsfehler in großen Schmiedestücken aufzudecken, sind nicht neu. Insbesondere ist schon häufig versucht worden, durch rein elektrische Messungen, nämlich des Spannungsabfalles beim Durchgang eines konstanten Gleichstromes, Ungleichheiten aufzufinden und so auf verborgene Fehler schließen zu können. Um das beschriebene elektro-magnetische Verfahren mit diesem zu vergleichen, wurde eine Induktorwelle an beiden Flanschen mit Kupferblechschellen versehen, so daß ein Gleichstrom von 1200 A der Länge nach hindurchgeschickt werden konnte. Um einen mit genügender Sicherheit ablesbaren Spannungsabfall von etwa 1 mV zu erhalten, mußte dabei ein Abstand von 750 mm zwischen den Anschlußpunkten des Millivoltmeters eingehalten werden. Alle so ausgeführten Messungen ergaben aber Verschiedenheiten von nur $1/100$ mV, die innerhalb der Meßgenauigkeit liegen. Der gleiche Versuch wurde an der durch die Bilder 3 bis 9 gekennzeichneten Welle mit 600 mm Abstand zwischen den Anschlußpunkten des Millivoltmeters wiederholt, wobei wiederum nur Unterschiede von $1/100$ mV gefunden wurden. Es ist einleuchtend, daß solche Messungen vorwiegend eine Kontrolle der Oberflächenbeschaffenheit bilden, aber wenig in die Tiefe dringen. Auch ist die Messung, was Empfindlichkeit anbelangt, dem beschriebenen elektro-magnetischen Verfahren, das eine hoch empfindliche Null-Methode darstellt, weit unterlegen. Daher ist nur bei größeren Fehlern, die nahe der Oberfläche liegen, die Möglichkeit der Aufdeckung auf dem rein elektrischen Wege gegeben. Fehler dieser Art würden aber wahrscheinlich, zum mindesten beim Einstechen der Nuten, ohnedies gefunden werden.

5. Fortbildung des Verfahrens und Erfaßbarkeit möglicher Fehlerarten.

Die bisher gefundene Hauptschwierigkeit bei der Anwendung des elektro-magnetischen Prüfverfahrens besteht in der Unsicherheit bezüglich der zentrischen Lage der Bohrung und damit der Gleichheit der Wandstärke zu ihren beiden Seiten. Wenn nicht ganz besondere Sorgfalt bei der Ausführung der Bohrung und dem Abdrehen des Induktorkörpers angewandt wird, sind bei der Empfindlichkeit des Verfahrens stark ins Gewicht fallende Wandstärkenunterschiede möglich. Dies zeigte sich insbesondere bei der durch Bild 6 gekennzeichneten Turbinenwelle. Die Mittelwerte der Ausschläge, die in diesem Bilde dargestellt sind, zeigten stellenweise Werte von über 20 cm. Die hier untersuchte Welle war verworfen worden, weil sie sich bei dem für Turbinenwellen üblichen Erhitzungsversuch stark verzog, anscheinend also mit unzulässigen inneren Spannungen behaftet war. Daher wurde beschlossen, zur Aufklärung der ungewöhnlich großen ballistischen Ausschläge die Welle durchzuschneiden. Hierbei fand sich aber kein innerer Fehler, sondern nur eine Verlagerung der Bohrung um etwa 1 mm, so daß die Wandstärke auf der einen Seite rund 2 mm größer war als auf der anderen. Will man daher Fehlerstellen dieser Art ausschalten, so muß nicht nur für große Sorgfalt bei der Herstellung der Bohrung gesorgt, sondern auch eine Einrichtung zur Messung der Wandstärke geschaffen werden. Eine solche, bestehend aus einem Kathetometer mit zwei Fernrohren, kommt nunmehr bei der Prüfung der Induktorwellen zur Anwendung. Sie gestattet, die Wandstärke an jeder Stelle mit einer Genauigkeit von $1/10$ mm zu prüfen.

Die zweite Schwierigkeit, die in den Eigenschaften des ballistischen Verfahrens besteht, wurde bereits eingehend besprochen und soll durch die Verwendung einer Drehspule unter Konstanthaltung des Magnetisierungsstromes ausgeschaltet werden. Hierbei wird noch eine weitere Verfeinerung erreicht, nämlich eine Verkürzung der Meßspule in axialer Richtung. Wie zu Anfang angegeben, betrug die Länge der in den beschriebenen Versuchen benutzten Spule 250 mm. Sie bewirkt eine gewisse Verschleifung der Wirkung eines örtlich eng begrenzten Fehlers auf den Verlauf der Ausschlagkurve. Die Drehspule, deren größter Durchmesser etwa 50 mm beträgt, erfaßt das Bohrungsfeld auch nur auf diese axiale Länge und wird demnach örtliche Fehler durch stärker ausgeprägte Ausbuchtungen der Ausschlagkurve zu erkennen geben.

Legt man sich zum Schluß die Frage vor, mit welcher Sicherheit das beschriebene Verfahren verborgene Herstellungsfehler aufzudecken imstande ist, so hat man grundsätzlich zwischen vier verschiedenen Fehlerarten zu unterscheiden. Die gröbsten sind Lunker, d. h. Löcher, bisweilen von mehr als Faustgröße, die aber im allgemeinen durch den Vorgang des Schmiedens flachgedrückt sind. Fehler dieser Art können bei der Empfindlichkeit des Verfahrens der Entdeckung nicht entgehen. Die zweite Gruppe von Fehlern bilden Einschlüsse und Seigerungen, die bisweilen in größerer Anzahl beieinander vorkommen und gewissermaßen Nester bilden. Je nach dem Grade ihrer Größe und Zahl und der Einseitigkeit ihrer Lage relativ zur Bohrung werden sie gefunden oder auch übersehen werden können. Die dritte Fehlerart sind Risse, die als Folge innerer Spannungen im Moment des Abschreckens während der Vergütung oder auch auf andere nichtgeklärte Weise entstehen. Ihre Aufdeckung bei der Untersuchung hängt von ihrer Größe und Richtung ab. Sie werden sich dann am deutlichsten bemerkbar machen, wenn sie durch ihre Lage den Stromfluß beeinflussen, also angenähert senkrecht zu ihm verlaufen, während bei einem Verlauf parallel zu den Stromlinien, also konzentrisch zur Bohrung, eine Aufdeckung nicht wahrscheinlich ist. Die letzte Fehlerart sind die Spannungen, die vom Vergütungsverfahren trotz des Anlassens bei etwa 650° und nachträglichen sehr langsamen Abkühlens noch verbleiben. Für diese ist das Prüfverfahren natürlich nicht bestimmt, sie bilden vielmehr den Gegenstand anderer Untersuchungen grundsätzlicher Art und werden im Einzelfalle durch andere Meßverfahren kontrolliert. Zusammenfassend darf demnach gesagt werden, daß die beschriebene elektro-magnetische Untersuchung zwar nicht alle Fehler der drei ersten Arten, für die sie vorgesehen ist, mit Sicherheit aufdecken wird, daß aber größere und daher besonders gefährliche Schäden gefunden werden. Sie bildet daher ein wertvolles Mittel zur Erhöhung der Herstellungssicherheit hoch beanspruchter Induktoren und ähnlicher Maschinenteile.

Über den Windungsschluß in Synchronmaschinen.
Seine Auswirkung auf den Erregerkreis und die Möglichkeiten einer Schutzschaltung.
Von E. Rosenberg.

Bei einem Windungsschluß in der Ankerwicklung einer elektrischen Maschine werden in den einzelnen Spulen der Erregerwicklung Spannungen erzeugt, die durch ihre Frequenz und gegenseitige Phasenlage für den Fall des Windungsschlußes charakteristisch sind. Die Spannungen werden näher untersucht und daraus die Möglichkeiten abgeleitet, die sich für eine Schutzeinrichtung ergeben.

Um bei einem Windungsschluß in der Ankerwicklung von Synchronmaschinen eine Beschädigung der ganzen Maschine durch die Wirkung des Kurzschlußstromes zu verhindern, wurden in letzter Zeit Einrichtungen geschaffen, die ein selbsttätiges Abschalten der Maschine bei einem eintretenden Windungsschluß bewirken. Im folgenden soll eine Schutzmöglichkeit beschrieben werden, die darin besteht, die durch das Feld des Stromes der kurzgeschlossenen Windungen in der Erregerwicklung erzeugten Spannungen zum Anzeigen des Windungsschlusses auszunutzen.

Um die Aufgabe leicht übersehen zu können, sei eine vollkommen symmetrisch gebaute Maschine ohne ausgeprägte Pole und ohne Dämpferwicklung vorausgesetzt. Die Spulenweite im Läufer (Induktor) und im Ständer (Anker) sei gleich einer Polteilung $\tau = \pi/p$. Ein Punkt des Ankerumfanges habe die Koordinaten x, ein Punkt des Läuferumfanges die Koordinaten ξ, beide im Winkelmaß gemessen. Läuft der Läufer mit der mechanischen Winkelgeschwindigkeit ω/p um, wobei $\omega = 2\pi f$ und f die Netzfrequenz bedeutet, so besteht zwischen beiden Koordinatensystemen die Beziehung

$$x = \xi + \frac{\omega}{p} t. \tag{1}$$

Die Maschine befinde sich im Leerlauf und habe keine parallelen Stromzweige.

Im Anker sei eine Windung in sich kurzgeschlossen. Es fließe darin ein Strom $i_k = J_k \sin \omega t$. Dadurch wird dem normalen magnetischen Feld ein Störungsfeld $b_x = B_x \sin \omega t$ nach Bild 1 überlagert. B_x läßt sich in die Fouriersche Reihe

$$B_x = B_1 \cos x + B_2 \cos 2x + \cdots + B_k \cos kx \tag{2}$$

zerlegen, wobei

$$B_k = \frac{2 B_0}{k\pi} \sin k \frac{\pi}{2p} \quad \text{und} \quad k = 1, 2, 3 \ldots \tag{3}$$

bedeutet. Gleichung (2) besagt, daß das Störungsfeld B_k aus lauter Einzelfeldern von der Polzahl $2k$ zusammengesetzt ist. Dies ist ein erstes Kennzeichen für den Windungsschluß. Denn während bei einer unbeschädigten Maschine sich nur Felder von der Maschinenpolzahl oder deren ganzzahligen Vielfachen ausbilden können, tritt hier eine Feldverteilung auf, die unabhängig von der Maschinenpolzahl sämtliche überhaupt möglichen Polzahlen annimmt. Bei einer zweipoligen Maschine stimmt das Störungsfeld mit der normalen Feldverteilung überein. Dieser Fall soll hier nicht weiter untersucht werden.

Jedes der $2k$-poligen Wechselfelder $b_k = B_k \cos kx \sin \omega t$ (4) läßt sich in 2 gegenläufige Drehfelder

$$b_k = \frac{B_k}{2} [\sin(\omega t + kx) + \sin(\omega t - kx)] \tag{5}$$

zerlegen. Bei der mechanischen Winkelgeschwindigkeit des Läufers von ω/p ergibt sich nach Gleichung (1) die Gleichung des Feldes für den Induktor zu

$$b_k = \frac{B_k}{2}\left\{\sin\left[\omega t\left(1 + \frac{k}{p}\right) + k\xi\right] + \sin\left[\omega t\left(1 - \frac{k}{p}\right) - k\xi\right]\right\}. \tag{6}$$

In einer sich im Läufer von ξ_1 bis ξ_2 erstreckenden Wicklung wird dadurch eine Spannung induziert

$$e_k = -w\frac{\partial}{\partial t}\Phi_k,$$
$$= -wRL \cdot \int_{\xi_1}^{\xi_2} b_k \, d\xi. \tag{7}$$

Dabei bedeutet $2R$ den Durchmesser, L die Eisenbreite des Läufers. Die Auswertung der Gleichung (7) ergibt

$$e_k = \frac{1}{2} \cdot wRL \cdot B_k \left\{ \frac{1}{k}\frac{\omega}{p}(p+k)\sin\left[(p+k)\frac{\omega}{p}t + k\xi\right]\Big|_{\xi_1}^{\xi_2} \right.$$
$$\left. - \frac{1}{k}\frac{\omega}{p}(p-k)\sin\left[(p-k)\frac{\omega}{p}t - k\xi\right]\Big|_{\xi_1}^{\xi_2}\right\}. \tag{8}$$

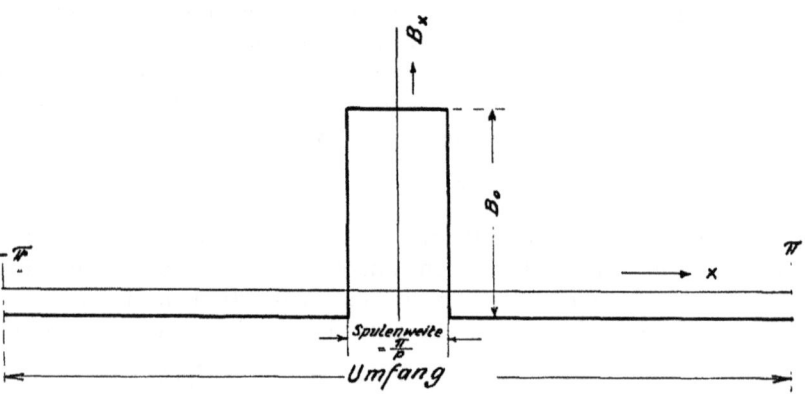

Bild 1. Störungsfeld bei Windungsschluß.

Jedes Feld b_k erzeugt also zwei Spannungskomponenten von den beiden Frequenzen

und
$$\left.\begin{array}{l}\nu' = (p+k)\dfrac{f}{p}\\[4pt] \nu'' = (p-k)\dfrac{f}{p}.\end{array}\right\} \tag{8a}$$

Der Ausdruck $p \pm k$ kann, ebenso wie k, sämtliche ganze Zahlen annehmen. Im Falle eines Windungsschlusses wird also in einer auf dem Läufer befindlichen Wicklung eine Spannung induziert mit f/p als Grundfrequenz und deren sämtlichen höheren Harmonischen. f/p werde mit Drehzahlfrequenz bezeichnet. Bei einer unbeschädigten Maschine, bei der nur Felder von der Maschinenpolzahl oder einem Vielfachen davon vorkommen können, können vom Ankerfeld aus bekanntlich nur die geradzahligen Harmonischen der Netzfrequenz im Läufer erzeugt werden, und zwar nur im Falle einer unsymmetrischen Belastung. Es ist somit dadurch ein weiteres Kennzeichen für den Fall des Windungsschlusses gegeben.

Wie aus Gleichung (8) ferner hervorgeht, unterscheiden sich die beiden von b_k induzierten Spannungskomponenten nur durch das Vorzeichen von k. Es ergibt sich daraus eine vereinfachte Darstellung, wenn man nur die erste der beiden Komponenten berücksichtigt, dafür jedoch auch negative Werte von k zuläßt. k soll also in der künftigen Rechnung sämtliche ganzen positiven und negativen Zahlen annehmen.

Unter dieser Voraussetzung ergibt sich dann aus Gleichung (8)

$$\begin{aligned}
e_k &= \frac{1}{2} \cdot wRL \cdot B_k \cdot \frac{1}{k} \frac{\omega}{p}(p+k) \left\{ \sin\left[(p+k)\frac{\omega}{p}t\right] \cdot (\cos k\xi_2 - \cos k\xi_1) \right. \\
&\quad \left. + \cos\left[(p+k)\frac{\omega}{p}t\right] \cdot (\sin k\xi_2 - \sin k\xi_1) \right\} \\
&= \frac{1}{2} wRL \cdot B_k \cdot \frac{1}{k} \frac{\omega}{p}(p+k) \sqrt{(\sin k\xi_2 - \sin k\xi_1)^2 + (\cos k\xi_2 - \cos k\xi_1)^2} \\
&\quad \cdot \cos\left[(p+k)\frac{\omega}{p}t - \arctan\frac{\cos k\xi_2 - \cos k\xi_1}{\sin k\xi_2 - \sin k\xi_1}\right] \\
&= wRL \cdot B_k \cdot \frac{1}{k} \frac{\omega}{p}(p+k) \sin\frac{k(\xi_2 - \xi_1)}{2} \cdot \cos\left[(p+k)\frac{\omega}{p}t + k\frac{\xi_1 + \xi_2}{2}\right].
\end{aligned} \quad (9)$$

Die Amplitude E_k der erzeugten Spannung ist abhängig von der Spulenweite $\xi_2 - \xi_1$, der Phasenwinkel von der Lage der Spulenachse $\frac{\xi_1 + \xi_2}{2}$. Für eine Polspule mit der Spulenweite $\xi_2 - \xi_1 = \tau = \frac{\pi}{p}$ wird

$$E_k = wRL \cdot B_k \cdot \frac{1}{k} \frac{\omega}{p}(p+k) \sin\frac{k\pi}{2p}. \quad (10)$$

Für $k = 2p$ oder ein (positives oder negatives) Vielfaches davon wird $E_k = 0$. Diesen k-Werten entsprechen die Frequenzen f, $3f$, $5f$ ... Die Netzfrequenz und deren ungeradzahligen Vielfachen können daher in der Polwicklung nicht auftreten.

Bezeichnet man die einzelnen Pole vom Anfang der Induktorwicklung aus fortlaufend mit 1 bis $2p$ und wählt den Anfang des Läuferkoordinatensystems so, daß der Mitte von Pol 1 die Koordinaten $\frac{\xi_1 + \xi_2}{2} = \frac{\pi}{p}$ zukommen, so ergibt sich für

Pol 1: $e_{k1} = E_k \cos\left[(p+k)\frac{\omega}{p}t + \left(k\frac{\pi}{p} + \pi\right)\right]$,

Pol 2: $e_{k2} = E_k \cos\left[(p+k)\frac{\omega}{p}t + 2\left(k\frac{\pi}{p} + \pi\right)\right]$, $\quad (11)$

. . . .

Pol z: $e_{kz} = E_k \cos\left[(p+k)\frac{\omega}{p}t + z\left(k\frac{\pi}{p} + \pi\right)\right]$.

Der umgekehrte Windungssinn von zwei nebeneinanderliegenden Wicklungen gemäß der Aufeinanderfolge von Nord- und Südpol wurde in den Gleichungen (11) durch Einfügen einer weiteren Phasenverschiebung von $180°\,(\pi)$ zwischen den Spannungen zweier benachbarter Spulen berücksichtigt. Die Summe e_{ks} der in den Polen 1 bis z induzierten Spannungen ergibt sich daher unmittelbar durch Summation der Gleichungen (11). Dieser Summenwert läßt sich am einfachsten nach Bild 2 geometrisch ermitteln, in dem die Spannungsvektoren der einzelnen Pole unter dem Winkel $\left(\frac{k\pi}{p} + \pi\right)$ aneinandergereiht sind. Die Amplitude des neuen Spannungsvektors ergibt sich aus dem Diagramm zu

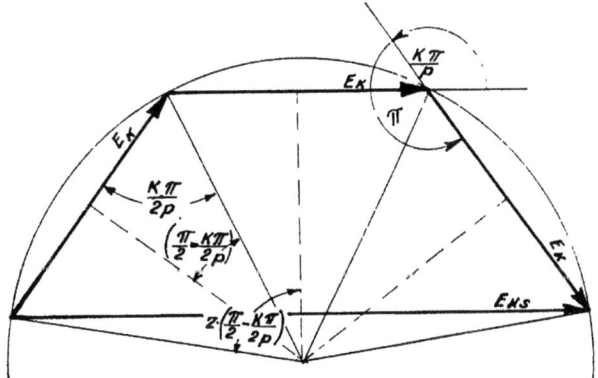

Bild 2. Bestimmung der Summenspannung.

$$E_{ks} = zE_k \cdot \frac{\sin z\left(\frac{\pi}{2} - \frac{k\pi}{2p}\right)}{z \sin\left(\frac{\pi}{2} - \frac{k\pi}{2p}\right)} = \Gamma_{kz} \cdot E_k, \quad (12)$$

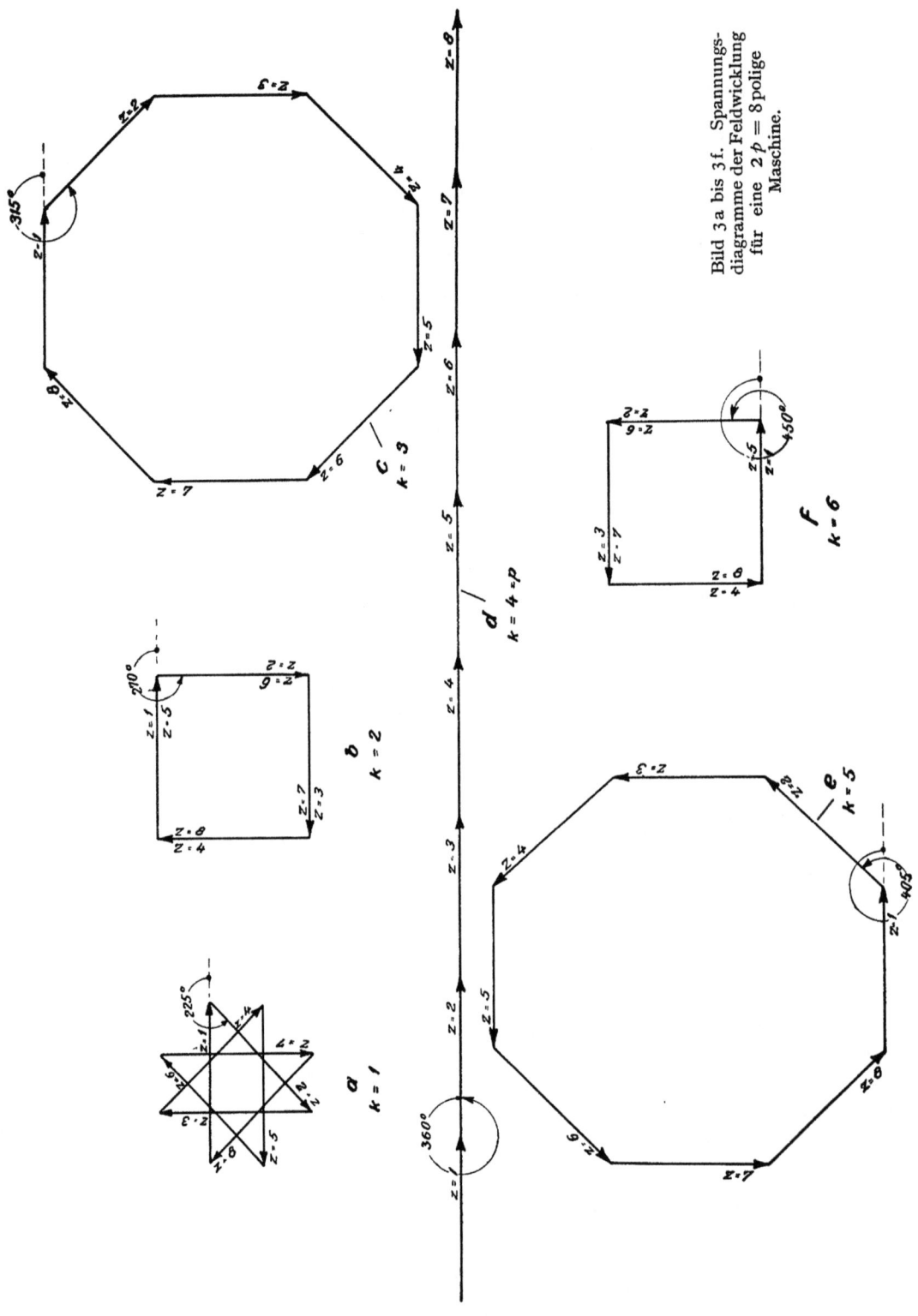

Bild 3a bis 3f. Spannungsdiagramme der Feldwicklung für eine $2p = 8$ polige Maschine.

mit
$$\Gamma_{kz} = \frac{\sin z \frac{\pi}{2p}(p-k)}{\cos \frac{k\pi}{2p}}. \tag{13}$$

Der Phasenwinkel $\alpha_{ks} = \frac{z+1}{2}\left(\frac{k\pi}{p} + \pi\right)$ von e_{ks} stimmt mit der Phasenlage der Spannung der mittleren Polspule überein. Es wird somit

$$e_{ks} = \Gamma_{kz} \cdot E_k \cos\left[(p+k)\frac{\omega}{p}t + \frac{z+1}{2}\left(\frac{k\pi}{p} + \pi\right)\right]. \tag{14}$$

Der Ausdruck Γ_{kz} wird für $z = 2p$ nach Gleichung (13) für alle k-Werte gleich 0 ($\sin \pi(p-k) = 0$), mit Ausnahme für $k = p, 3p, 5p \ldots$ Hierfür nimmt Gleichung (13) den Ausdruck 0/0 an, der sich zu $\Gamma_{kz} = 2p$ ermittelt. Das bedeutet, daß von all den bei Windungsschluß in der Erregerwicklung erzeugten Spannungskomponenten nur die geradzahligen Harmonischen der Netzfrequenz an den Klemmen meßbar sind. Es sind das die Harmonischen, die auch bei unsymmetrischer Belastung der Maschine auftreten können. Dagegen sind die für den Windungsschluß charakteristischen Komponenten von einem gebrochenen Vielfachen der Netzfrequenz in den einzelnen Polen so gegeneinander in der Phase verschoben, daß sie sich in der gesamten Induktorwicklung zu 0 ergänzen. In Bild 3 sind für den Fall einer achtpoligen Maschine die Spannungsdiagramme für die Werte von $k = 1$ bis $k = 6$ dargestellt. Die Spannungsvektoren bilden für alle k-Werte einen geschlossenen Linienzug mit Ausnahme der Feldkomponente $k = 4 = p$ (Bild 3d), die der Maschinenpolzahl entspricht. Hierfür sind in allen Polen die Spannungskomponenten gleichgerichtet.

Die Spannungspolygone in den Bildern 3b und 3f schließen sich bereits nach der halben Polzahl. Nach Gleichung (13) wird für alle Wellen, für die $p - k = 2, 4, 6 \ldots$ ist, Γ_{kz} nach $z = p$ Polen zu 0. Ist $p - k$ geradzahlig, so ist es auch $p + k$. Es entsprechen also diesen k-Werten alle geradzahligen Oberwellen der Drehzahlfrequenz. Zwischen Anfang und Mitte der Erregerwicklung wird man daher keine Spannung dieser Harmonischen messen. Dagegen ergibt sich hierbei für die ungeradzahligen Oberwellen der Drehzahlfrequenz das Maximum $\left(\sin \frac{\pi}{2}(p-k) = 1, \text{ für } p-k = \text{ungerade}\right)$ mit dem Werte

$$\Gamma_{k\max} \cdot E_k = \frac{E_k}{\cos \frac{k\pi}{2p}}.$$

Die Augenblickswerte der für jede Wicklungshälfte resultierenden Spannungen dieser Harmonischen sind, wie auch aus Bild 3 hervorgeht, einander stets entgegengerichtet, da sich für diese Frequenzen an den Klemmen die Spannung 0 ergeben muß. Zapft man nach Bild 4 die Induktorwicklung in der Mitte c an und überbrückt die beiden Erregerklemmen a und b durch die beiden gleichen Widerstände ad und db, so wird, nach der bisherigen Überlegung, zwischen den Punkten c und d nur im Falle eines Windungsschlusses eine Spannung e_{sp} auftreten, von der Form

$$\left. \begin{aligned} e_{sp} &= \sum_{k=p\pm 1, 3, 5\ldots} \Gamma_{k\max} E_k \cos\left[(p+k)\frac{\omega}{p}t + \alpha_k\right] \\ &= \frac{2}{\pi}\omega \cdot wRL \cdot B_0 \sum_{k=p\pm 1, 3, 5\ldots} \frac{p+k}{pk^2} \cdot \frac{\sin^2 k\frac{\pi}{2p}}{\cos k\frac{\pi}{2p}} \cdot \cos\left[(p+k)\frac{\omega}{p}t + \alpha_k\right]. \end{aligned} \right\} \tag{15}$$

Bild 4 stellt eine Brückenschaltung dar, die für die Erregergleichspannung und für die bei unsymmetrischer Last auftretende Spannung von der doppelten Netzfrequenz im Gleichgewicht steht.

474 E. Rosenberg: Über den Windungsschluß in Synchronmaschinen.

Die Absolutwerte der einzelnen Komponenten der Gleichung (15) sind in Bild 5 für Maschinen mit verschiedener Polzahl über der Frequenz ν als Abszisse aufgetragen. Es wurde

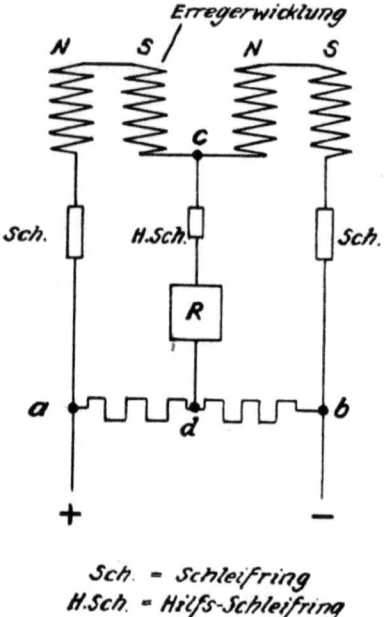

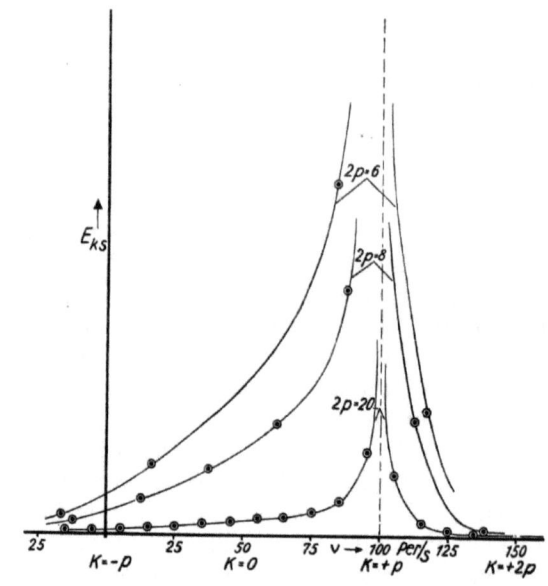

Bild 4. Prinzip der Schutzschaltung. Bild 5. Komponenten der Spannung e_{sp} bei Windungsschluß.

dabei die Netzfrequenz zu 50 Per/s angenommen. Die Punkte sind durch einen stetigen Linienzug verbunden. Es können jedoch nur die eingezeichneten Werte bei der betreffenden Polzahl vorkommen. Die Größe der einzelnen Harmonischen nimmt mit steigender Frequenz bis zur Grenze von 100 Per/s zu. Die Werte höherer Frequenz fallen dann sehr rasch ab. Das konstante Glied $\frac{2}{\pi} \omega \cdot w R L \cdot B_0$ ist für alle Kurven zu 1 angenommen.

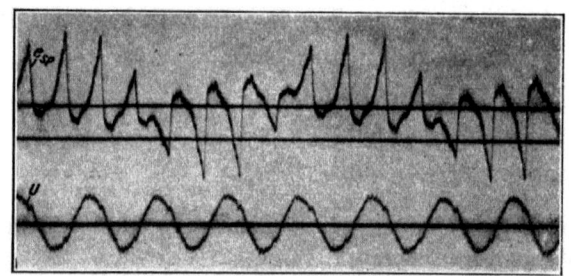

Bild 6. Spannung e_{sp} bei Windungsschluß einer 8 poligen Synchronmaschine.

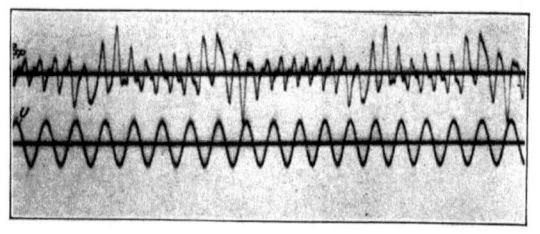

Bild 7. Spannung e_{sp} bei Windungsschluß einer 20 poligen Synchronmaschine.

In den Bildern 6 und 7 sind die an einem achtpoligen 50-kVA- und einem 20 poligen 40000-kVA-Generator aufgenommenen Oszillogramme von e_{sp} wiedergegeben. Der Verlauf der Kurve stimmt im wesentlichen mit dem theoretisch gefundenen Ergebnis überein. Zur Durchführung der Versuche wurden die beiden Enden einer Ankerspule ausgeführt und über Widerstand kurzgeschlossen. Als Zeitmaßstab ist in den Oszillogrammen die Klemmenspannung U der Maschine mit aufgenommen.

In Bild 4 ist das Prinzip der Schutzschaltung angegeben, wenn man zwischen die Punkte c und d ein Relais R einschaltet. Nun tritt aber, im Gegensatz zur bisherigen Annahme, bei einer unbeschädigten Maschine ebenfalls eine Spannung zwischen c und d auf.

So ergab sich bei allen untersuchten Maschinen bei Einphasenlast eine Spannung von der doppelten Netzfrequenz, mit dem gleichen Effektivwert wie bei einem Windungsschluß von zwei- bis fünffachem Normalstrom in einer Windung. Dieser Wert bedeutet zwar nur einen Bruchteil des bei Windungsschluß möglichen Kurzschlußstromes. Zum Schutze der Maschine ist es aber erforderlich, daß bereits hier ein Ansprechen der Einrichtung erfolgt. Das Auftreten der Spannung ist auf mechanische Unsymmetrien innerhalb der betreffenden Maschine (z. B. auf eine leichte Exzentrizität des Polrades) zurückzuführen. Diese Unsymmetrien haben weiterhin auch bei leerlaufender und symmetrisch belasteter Maschine eine geringe Spannung e_{sp} von der Drehzahlfrequenz zur Folge (Bild 8).

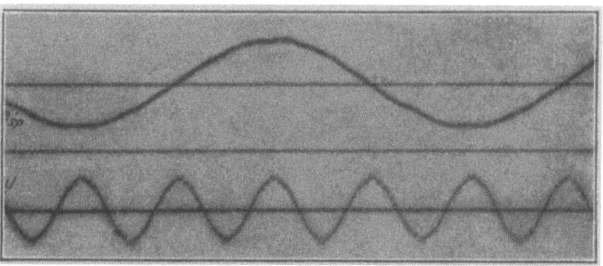

Es besteht somit die Aufgabe darin, von Spannungen verschiedener Frequenz nur eine zur Wirkung kommen zu lassen. Mittels eines Resonanzkreises läßt sich dieses Ziel erreichen. Doch ist dazu eine sehr stark ausgeprägte Resonanzspitze der Anordnung erforderlich, da die zu trennenden Frequenzen (die Spannung von 100 Per/s bei Einphasenlast und die bei Windungsschluß auftretende Spannung mit ihrem wirksamen Bereich bei etwa 80 Per/s) sehr nahe beieinander liegen. Ein elektrischer Resonanzkreis genügt nicht dieser Bedingung. Dagegen hat eine zu mechanischen Schwingungen angeregte Feder die notwendige Selektivität. Bild 9 gibt den Schwingungsverlauf einer polarisierten Stahlfeder

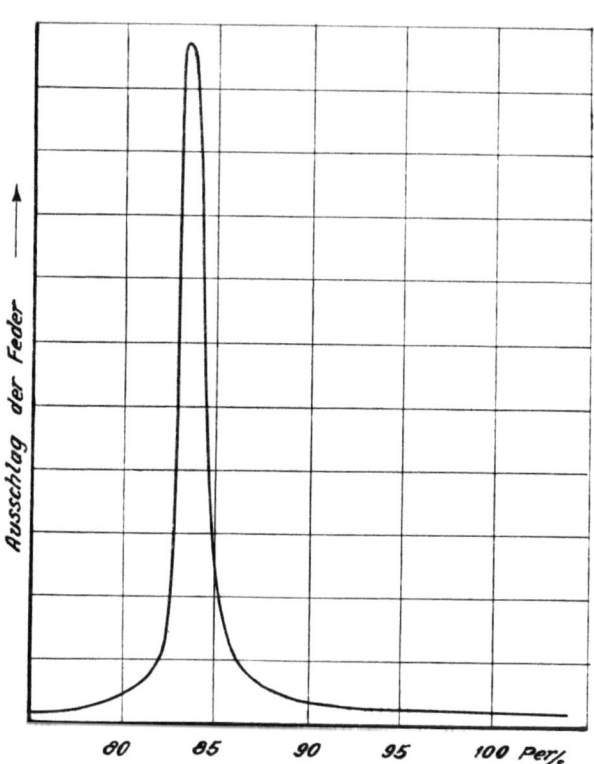

Bild 9. Resonanzkurve der Stahlfeder.

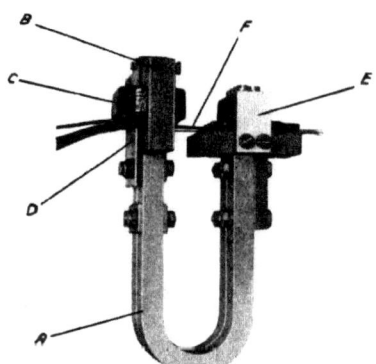

Bild 10. Frequenzrelais (Versuchsausführung).

in einem magnetischen Wechselfelde von gleichbleibender Größe und veränderlicher Frequenz. Die Feder ist für eine sechspolige Maschine mit einer Störungsfrequenz bei Windungsschluß von $83^1/_3$ Per/s abgestimmt. Bei 100 Per/s beträgt der Ausschlag der Feder nur 3 vH gegenüber dem Resonanzfall. Die Versuchsausführung eines mechanischen Frequenzrelais zeigt Bild 10. Der magnetische Kreis B der Betätigungsspule C ist so geformt, daß der von der Spule C

erzeugte Fluß sich über einen Luftspalt schließen muß, in den die Enden der Federn F hineinragen. Der lamellierte Eisenkörper B ist auf dem einen Pol des permanenten Magneten A befestigt. Die Stahlfedern F sind mittels des Haltejoches E mit dem anderen Pol magnetisch verbunden. Dadurch nehmen die Enden der Federn die Eigenschaften dieses Poles

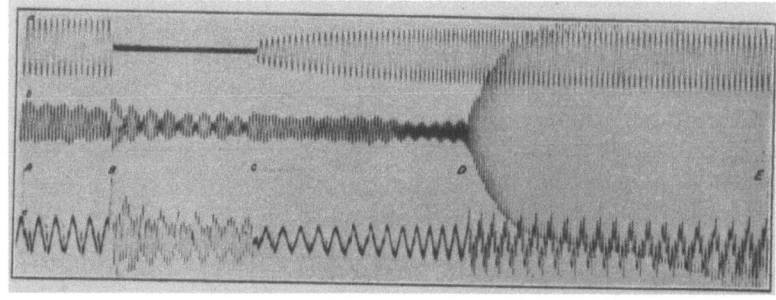

Bild 11. Verhalten des Frequenzrelais.
Bei Leerlauf (A—B, C—D), bei zweiphasigem Kurzschluß (B—C), bei Windungsschluß (D—E).
a=Klemmenspannung der Maschine, b=Ausschlag der Feder, c=Strom des Frequenzrelais.

an. Es sind mehrere Federn nebeneinander angeordnet, die in ihrer Abstimmung etwas voneinander abweichen, damit auch bei Drehzahlschwankungen der Maschine noch ein sicheres Ansprechen gewährleistet wird.

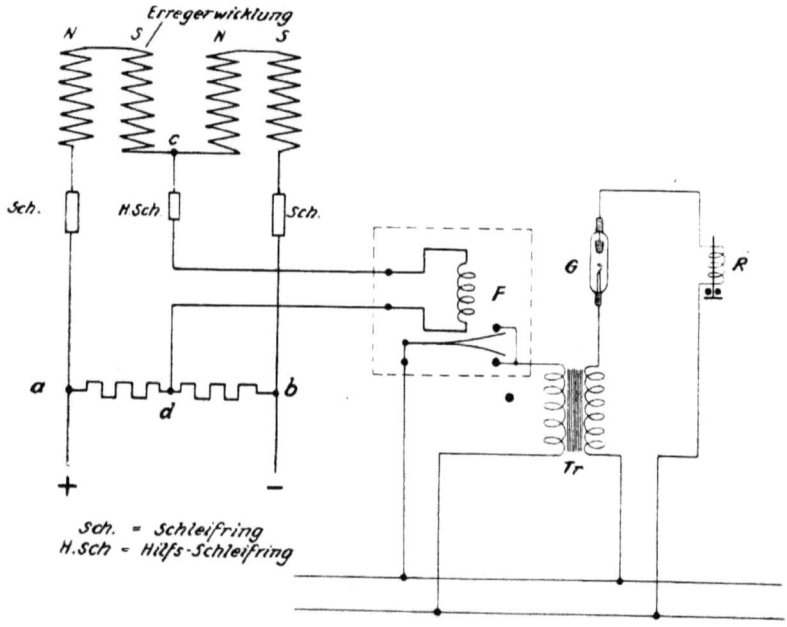

Bild 12. Schaltbild der Schutzeinrichtung.

Die Arbeitsweise des Relais wird durch Bild 11 veranschaulicht. Auf eine der Relaisfedern wurde ein kleiner Spiegel aufgebracht und eine Anordnung so getroffen, daß ein von dem Spiegel reflektierter Lichtstrahl gleichzeitig mit dem Lichte der Meßschleifen auf die Registriertrommel eines Oszillographen fiel. Kurve a bedeutet die Klemmenspannung einer sechspoligen Synchronmaschine, b die Schwingungen der Feder und c den die

Relaisspule durchfließenden Strom. In der Zeit AB läuft die Maschine leer. Im Punkte B wird die auf 300 Volt erregte Maschine (Normalspannung 380 Volt) zweiphasig kurzgeschlossen. Der Dauerkurzschlußstrom ist ungefähr gleich dem Normalstrom. Bei C wird der zweiphasige Kurzschluß gelöst und bei D ein Windungsschluß mit dem doppelten Normalstrom über Widerstand eingeleitet. Dabei wachsen die Relaisausschläge, die vorher nur gering waren, bis zum Anschlag. Durch die Kontaktgabe der Federn mit dem Anschlage D (Bild 10) wird eine Glimmlampe als Zwischenrelais zum Ansprechen gebracht. Eine Glimmlampe arbeitet vollkommen trägheitsfrei; es genügt ein Stromstoß von praktisch unendlich kurzer Dauer, sie zum Zünden zu bringen. Bekanntlich muß zunächst eine bestimmte Spannungsgrenze (Zündgrenze) überschritten werden, ehe ein Stromdurchgang durch die Lampe erfolgt. Der Stromkreis wird jedoch dann erst bei einer tiefer liegenden Spannung (Abreißgrenze) wieder unterbrochen. Die Glimmlampe G liegt nach Bild 12 an einer Spannung, die sich zwischen Zünd- und Abreißgrenze befindet. Durch den Hilfstransformator Tr wird bei der Kontaktgabe des Frequenzrelais F der zum Zünden nötige Spannungsstoß verursacht und durch den nun über die Lampe fließenden Strom das endgültige Relais R betätigt. Als Glimmlampen werden für diese Zwecke entwickelte Speziallampen mit weit auseinder liegender Zünd- und Abreißgrenze verwendet.

Die Schutzschaltung mittels Frequenzrelais läßt sich bei allen Maschinen gebrauchen, deren Drehzahlschwankungen auf etwa ± 5 vH beschränkt bleiben. Um die Anwendung des Schutzes auch auf Maschinen mit größerem Drehzahlbereich, insbesondere auf Gleichstrom- und Asynchronmaschinen ausdehnen zu können, geht das Ziel der gegenwärtigen Entwicklung darauf hinaus, das mechanische Frequenzrelais durch ein wattmetrisches Relais zu ersetzen, dessen eine Spule in der gleichen Weise an der zu schützenden Maschine angeschlossen ist, und dessen andere Spule von einer Spannung fremder Frequenz gespeist wird, die zur Maschinenfrequenz in einem starren Verhältnis steht.

Schwingungsversuche an Dampfturbinenschaufeln zur zahlenmäßigen Bestimmung des Gütegrades der Nietverbindung zwischen Schaufeln und Deckbändern.

Von **G. Kirchberg**.

Mit einer besonderen Versuchseinrichtung wurden die Eigenschwingungszahlen von Dampfturbinenschaufeln und Schaufelpaketen bestimmt und mit den rechnerisch gewonnenen Werten verglichen. Aus den Versuchen ergibt sich ein fester Wert für den Gütegrad der Verbindung zwischen Schaufeln und Deckbändern bei den verschiedensten Schaufelabmessungen.

1. Ziel der Untersuchungen.

Die Lage der Eigenschwingungszahlen von Dampfturbinenschaufeln, die durch Vernieten mit Deckbändern zu Paketen zusammengefaßt werden, wird außer von den Schaufelabmessungen in starkem Maße von der Güte der Verbindung zwischen Deckbändern und Schaufeln beeinflußt. Da diese Nietverbindung weder als vollkommen starr noch als vollkommen gelenkig vorausgesetzt werden kann, ist man bei der Berechnung der Eigenschwingungszahlen gezwungen, über ihre Güte Annahmen zu machen, die auf willkürlicher Schätzung beruhen. Das Ziel der folgenden Untersuchungen ist nun, durch Bestimmen der Eigenschwingungszahlen von Dampfturbinenschaufeln und Schaufelpaketen den Gütegrad der Nietverbindung zwischen Deckbändern und Schaufeln zahlenmäßig festzulegen.

2. Definition des Gütegrades der Nietverbindung zwischen Dampfturbinenschaufeln und Deckbändern.

Der Gütegrad der Nietverbindung werde so definiert, daß er 100 vH betragen soll, wenn die Eigenschwingungszahl des Schaufelpaketes mit dem Wert übereinstimmt, der sich rechnerisch unter Annahme vollkommen starrer Verbindung zwischen Schaufeln und Deckbändern ergibt, und daß er 0 vH betrage, wenn der unter der Voraussetzung vollkommen gelenkiger Verbindung zwischen Schaufeln und Deckbändern errechnete Wert mit der Eigenschwingungszahl des Schaufelpaketes zusammenfällt. Liegt die Eigenschwingungszahl zwischen diesen beiden durch Rechnung gewonnenen Werten, so sei der Gütegrad bestimmt durch den Ausdruck:

$$G = \frac{n - n_0}{n_1 - n_0} \cdot 100 \text{ vH}.$$

Hierin bedeuten:

n = gemessene Eigenschwingungszahl des Schaufelpaketes;

n_0 = Eigenschwingungszahl des Schaufelpaketes, errechnet unter der Annahme vollkommen gelenkiger Verbindung zwischen Schaufeln und Deckband,

n_1 = Eigenschwingungszahl des Schaufelpaketes, errechnet unter der Annahme vollkommen starrer Verbindung zwischen Schaufeln und Deckband.

3. Versuchseinrichtung.

Die zur Bestimmung der Eigenschwingungszahlen von Dampfturbinenschaufeln und Schaufelpaketen benutzte Versuchseinrichtung ist in den Bildern 1 und 2 dargestellt. Das Schaufelpaket A wird in der stabilen Spannvorrichtung B fest eingespannt. Durch Anziehen der Mutter C wird das Paket mittels Hakens D und Stahldrahtschleife E aus seiner Ruhelage ausgelenkt. Dann wird die Drahtschleife plötzlich durchschnitten, wobei der Draht wegspringt und das Schaufelpaket Eigenschwingungen um seine Ruhelage ausführt. Die Schwingungen werden photographisch mittels Lampe F, Linse G und Spiegel H auf der Oszillographentrommel J aufgezeichnet. Gleichzeitig wird die Zeit durch einen Zeitschreiber auf der Trommel vermerkt. Der Zeitschreiber besteht aus einem Stab L, der Lampe M, der Linse N und Spiegel O. Der Stab L ist auf eine Eigenschwingungszahl von 100 Hz abgestimmt und wird zu Schwingungen dieser Frequenz erregt durch den Magneten P, der von Wechselstrom mit 50 Per/s durchflossen wird. Beispiele der mit der Versuchseinrichtung erhaltenen Diagramme sind in den Bildern 5, 7 und 8 wiedergegeben. Die Auswertung der Diagramme erfolgt in einfacher Weise durch Auszählen der in einem bestimmten, durch den Zeitschreiber angegebenen Zeitabschnitt erfolgten Schwingungen.

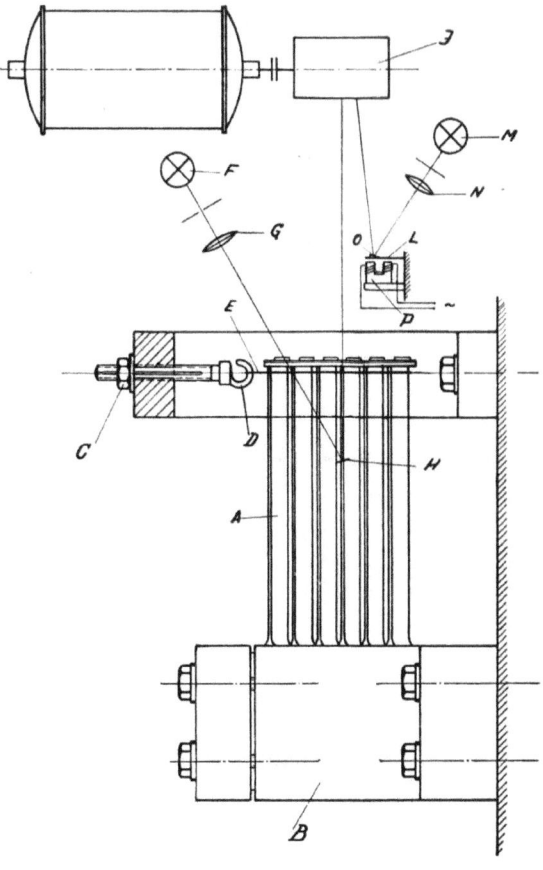

Bild 1. Versuchseinrichtung.

Bei den Versuchen wurden nur die Grundschwingungszahlen bestimmt, da wohl anzunehmen ist, daß, wenn die gemessene Grundschwingungszahl mit dem errechneten Werte übereinstimmt, auch die Oberschwingungszahlen mit den durch Rechnung gewonnenen übereinstimmen werden. Ebenso wird auch die Güte der Verbindung zwischen Schaufeln und Deckbändern für die Grundschwingung und Oberschwingungen gleich sein.

4. Rechnerische Grundlagen der Untersuchungen.

Die Ergebnisse der vorliegenden Untersuchungen stützen sich auf den Vergleich von rechnerisch gewonnenen

Bild 2. Versuchseinrichtung.

Werten für die Eigenschwingungszahlen von Schaufeln und Schaufelpaketen mit denen, die sich aus den Versuchen ergeben. An Berechnungen kommen in Frage:

Die Berechnung der Eigenschwingungszahl

1. eines Stabes gleichbleibenden Querschnitts, dessen eines Ende fest eingespannt und dessen anderes Ende frei ist;

2. eines Stabes gleichbleibenden Querschnitts, dessen eines Ende fest eingespannt ist und der am freien Ende eine Einzelmasse (Deckbandstück) trägt;

3. eines Paketes aus Stäben gleichbleibenden Querschnitts, die an einem Ende fest eingespannt sind und am anderen Ende durch ein Deckband zusammengehalten werden, unter der Annahme, daß

a) die Verbindung zwischen Stäben und Deckband vollkommen starr ist,

b) die Verbindung zwischen Stäben und Deckband vollkommen gelenkig ist.

Die Eigenschwingungszahlen von Stäben gleichbleibenden Querschnitts bestimmen sich aus der Beziehung

$$n = \frac{k}{2\pi} \text{ Hz},$$

wobei

$$k = m^2 \sqrt{\frac{E \cdot J}{\varrho q}}.$$

Hierin bedeuten: E = Elastizitätsmodul des Stabwerkstoffes,
J = Trägheitsmoment des Stabquerschnitts,
q = Querschnitt des Stabes,
ϱ = spez. Masse des Stabwerkstoffes.

Der Wert m bestimmt sich aus

$$m = \frac{\sigma}{l}.$$

Den Wert σ gewinnt man aus den Periodengleichungen, und l bedeutet die freie Länge des Stabes.

Für Fall 1 ergibt sich $\sigma = 0{,}597\,\pi$. (1)

Für Fall 2 hat man σ als den Schnittpunkt der beiden Kurven

$$\left.\begin{aligned} y_1 &= \frac{1}{\mathfrak{Cof}\,\sigma} - \alpha\,\sigma \cdot \sin\sigma, \\ y_2 &= -(1 + \alpha\,\sigma\,\mathfrak{Tg}\,\sigma) \cdot \cos\sigma; \end{aligned}\right\} \quad (2)$$

α bedeutet hier das Verhältnis der Masse M_D am freien Ende des Stabes zu der gesamten schwingenden Masse M_S des Stabes

$$\alpha = \frac{M_D}{M_S}.$$

Für Fall 3b erhält man σ ebenfalls aus den Gleichungen (2).

Für Fall 3a ergibt sich σ als Schnittpunkt der beiden Kurven

$$\left.\begin{aligned} y_1 &= \frac{1}{\sigma} \cdot (\mathfrak{Tg}\,\sigma + \text{tg}\,\sigma) + \frac{\nu\,\alpha\,\sigma}{12} \cdot (\mathfrak{Tg}\,\sigma - \text{tg}\,\sigma), \\ y_2 &= \frac{\alpha - \dfrac{\nu}{12}}{\cos\sigma\,\mathfrak{Cof}\,\sigma} - \left(\alpha + \frac{\nu}{12}\right), \end{aligned}\right\} \quad (3)$$

worin α den gleichen Wert hat wie bei den Gleichungen (2). Die Konstante ν ist geschrieben für den Ausdruck

$$\nu = \frac{E_S \cdot J_S}{E_D \cdot J_D} \cdot \frac{t}{l},$$

worin bedeutet: E_S = E-Modul des Stabwerkstoffes,
E_D = E-Modul des Deckbandwerkstoffes,
J_S = Trägheitsmoment des Stabquerschnitts,
J_D = Trägheitsmoment des Deckbandquerschnitts,
l = freie Länge der Stäbe,
t = Abstand der Stäbe voneinander.

Die Ableitung der Gleichungen (3) macht keine Schwierigkeiten. Man hat für die Schwingungsform des an einem Ende fest eingespannten Stabes den Ausdruck

$$y = \Xi \cdot e^{ikt}, \qquad (4)$$

worin

$$\Xi = A \cdot (\cos mx - \mathfrak{Cos}\, mx) + B(\sin mx - \mathfrak{Sin}\, mx).$$

Als Randbedingungen hat man für den vorliegenden Fall:

1. In dem Endquerschnitt des Stabes muß die Massenkraft des auf den Stab entfallenden Teiles der Deckbandmasse als Schubkraft S übertragen werden. Bezeichnet man mit M_D den Anteil der Deckbandmasse je Stab, so muß gelten

$$E \cdot J \cdot \left(\frac{\partial^3 y}{\partial x^3}\right)_{x=l} = M_D \cdot \left(\frac{\partial^2 y}{\partial t^2}\right)_{x=l}. \qquad (5)$$

Durch Einsetzen des Wertes y aus Gleichung (4) ergibt sich nach einigen Zwischenrechnungen hieraus

$$\frac{A}{B} = \frac{\cos\sigma + \mathfrak{Cos}\,\sigma - \alpha\sigma \cdot \sin\sigma + \alpha\sigma\,\mathfrak{Sin}\,\sigma}{\sin\sigma - \mathfrak{Sin}\,\sigma + \alpha\sigma \cdot \cos\sigma - \alpha\sigma\,\mathfrak{Cos}\,\sigma}. \qquad (6)$$

2. Der Neigungswinkel des Endquerschnittes des Stabes muß gleich sein dem Neigungswinkel des Deckbandes an der Einspannstelle.

In Bild 3 ist schematisch ein Teil des Stabpaketes in durchgebogenem Zustande gezeichnet. Unter der Annahme, daß die Anzahl der in dem Paket zusammengefaßten Stäbe unendlich sei[1], ergibt sich der Neigungswinkel des Deckbandes an den Knotenpunkten zu

$$\operatorname{tg}\alpha = \frac{M'}{6 \cdot E_D \cdot J_D} \cdot t.$$

Aus den Gleichgewichtsbedingungen an den Knotenpunkten erhält man

$$M = 2M',$$

so daß also wird

$$\operatorname{tg}\alpha = \frac{M}{12 \cdot E_D \cdot J_D} \cdot t.$$

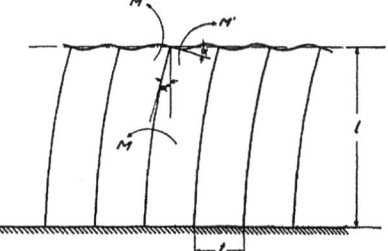

Bild 3. Stabpaket in durchgebogenem Zustande.

Das Moment M ergibt sich aus der Schwingungsform des Stabes zu

$$M = -E_S \cdot J_S \cdot \left(\frac{\partial^2 y}{\partial x^2}\right)_{x=l},$$

$$M = -E_S \cdot J_S \cdot m^2 \cdot [A(-\cos\sigma - \mathfrak{Cos}\,\sigma) + B(-\sin\sigma - \mathfrak{Sin}\,\sigma)] \cdot e^{ikt}.$$

Mit diesem Werte M erhält man für $\operatorname{tg}\alpha$

$$\operatorname{tg}\alpha = \frac{\nu}{12} \cdot l \cdot m^2 [A(\cos\sigma + \mathfrak{Cos}\,\sigma) + B(\sin\sigma + \mathfrak{Sin}\,\sigma)] e^{ikt}. \qquad (7)$$

Der Neigungswinkel des Stabes im Endquerschnitt bestimmt sich aus

$$\left.\begin{array}{l}\operatorname{tg}\alpha' = \left(\dfrac{\partial y}{\partial x}\right)_{x=l}, \\[4pt] \operatorname{tg}\alpha' = m[A(-\sin\sigma - \mathfrak{Sin}\,\sigma) + B(\cos\sigma - \mathfrak{Cos}\,\sigma)] e^{ikt}.\end{array}\right\} \qquad (8)$$

Da die Winkel α und α' gleich sein müssen, erhält man

$$\operatorname{tg}\alpha = \operatorname{tg}\alpha'. \qquad (9)$$

---

[1] Die Berechtigung dieser Annahme für den vorliegenden Schwingungsfall auch für eine geringere Anzahl von Stäben ergibt sich aus der Abhandlung über die genaue Theorie der Berechnung der Eigenschwingungszahlen von Schaufelpaketen nach Prof. Schwerin, ZS. techn. Phys. 1927, S. 317, und Verhandlg. d. II. intern. Kongr. für techn. Mechanik, Zürich 1926.

482 G. Kirchberg: Schwingungsversuche an Dampfturbinenschaufeln.

Nach einigen Zwischenrechnungen erhält man aus dieser Bedingung

$$\frac{A}{B} = \frac{\cos\sigma - \mathfrak{Cof}\,\sigma - \frac{\nu\sigma}{12}\sin\sigma - \frac{\nu\sigma}{12}\mathfrak{Sin}\,\sigma}{\sin\sigma + \mathfrak{Sin}\,\sigma + \frac{\nu\sigma}{12}\cos\sigma + \frac{\nu\sigma}{12}\mathfrak{Cof}\,\sigma} \,. \tag{10}$$

Durch Gleichsetzen der Werte A/B aus den Gleichungen (6) und (10) erhält man die Periodengleichung unter Unterdrückung der Zwischenrechnung zu

$$\frac{1}{\sigma}(\mathfrak{Tg}\,\sigma + \mathrm{tg}\,\sigma) + \frac{\nu\alpha\sigma}{12}(\mathfrak{Tg}\,\sigma - \mathrm{tg}\,\sigma) + \frac{\frac{\nu}{12} - \alpha}{\cos\sigma\,\mathfrak{Cof}\,\sigma} + \frac{\nu}{12} + \alpha = 0 \,. \tag{11}$$

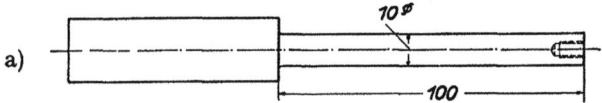

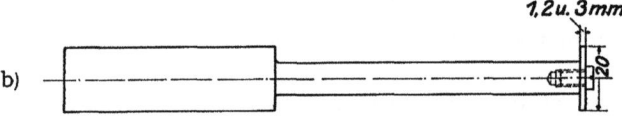

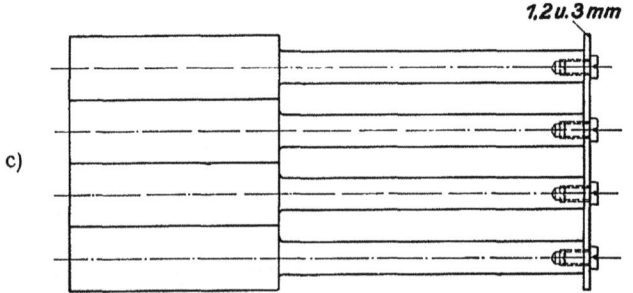

Bild 4a bis c). In den Vorversuchen untersuchte Stäbe.

Trennt man die Periodengleichung (11) in zwei Teile, y_1 und y_2, so erhält man σ als Schnittpunkt der oben angegebenen Gleichungen (3).

5. Vorversuche.

Vor Inangriffnahme der Hauptversuche wurde die Versuchseinrichtung in Vorversuchen geprüft durch Bestimmen der Eigenschwingungszahlen von einfachen Körpern und Körpersystemen, die sich ohne Einschränkung nach den in Frage kommenden Theorien berechnen lassen. Als zweckmäßige Körper wurden Rundstäbe gewählt, und zwar wurden durch Versuch und Rechnung bestimmt:

1. Eigenschwingungszahlen einzelner Stäbe (Bild 4a);
2. Eigenschwingungszahlen von Stäben mit aufgeschraubten Deckbandstücken von 1, 2 und 3 mm Stärke (Bild 4b);

3. Eigenschwingungszahlen der durch Deckbänder von abwechselnd 1, 2 und 3 mm Stärke zusammengefaßten Stabpakete, bestehend aus 4 Stäben (Bild 4c).

(Durch Verschrauben und Verlöten der Deckbänder mit den Stäben war dafür gesorgt, daß die Verbindungen zwischen den Stäben und den Deckbändern vollkommen starr waren.)

Die Abmessungen und Anordnungen der Stäbe sind aus Bild 4 zu ersehen.

Die Ergebnisse der Vorversuche sind in Zahlentafel 1 zusammengefaßt. Beispiele der bei den Vorversuchen aufgenommenen Diagramme zeigt Bild 5.

Zahlentafel 1. Ergebnisse der Vorversuche.

Schwingungssystem	Eigenschwingungszahl		Abweichung zwischen Versuch und Rechnung
	durch Versuch bestimmt Hz	errechnet Hz	vH
Stab einzeln (Bild 4a)	673	679	— 0,89
Stab mit Deckbandstück 1 mm (Bild 4b) .	606	620	— 2,26
Stab mit Deckbandstück 2 mm (Bild 4b) .	566	584	— 3,08
Stab mit Deckbandstück 3 mm (Bild 4b) .	529	541	— 2,22
Stabpaket mit Deckband 1 mm (Bild 4c) .	672	690	— 2,68
Stabpaket mit Deckband 2 mm (Bild 4c) .	781	781	0
Stabpaket mit Deckband 3 mm (Bild 4c) .	826	839	— 1,55

Die Vorversuche zeigen, daß die errechneten Werte der Eigenschwingungszahlen praktisch vollkommen mit den Versuchswerten übereinstimmen. Die angegebene Versuchseinrichtung gestattet somit, die Eigenschwingungszahlen von Schaufeln und Schaufelpaketen mit großer Genauigkeit zu bestimmen.

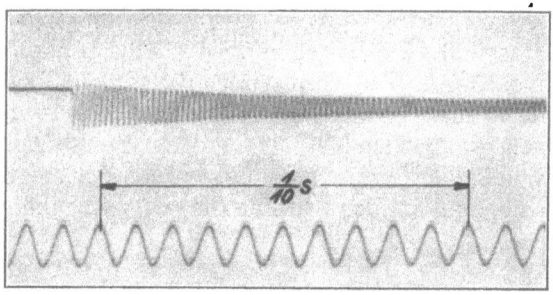

Stab fest, frei (Bild 4a) $n = 673$ Hz.

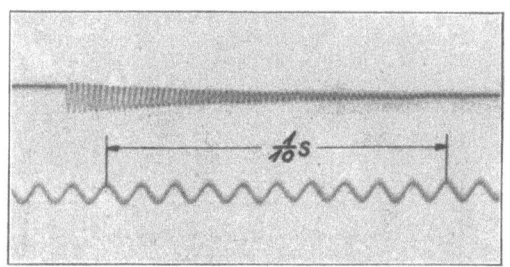

Stab fest, Deckbandstück 1 mm (Bild 4b) $n = 606$ Hz.

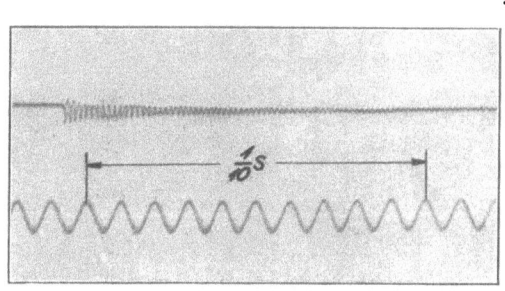

Stabpaket, Deckband 1 mm (Bild 4c) $n = 672$ Hz.

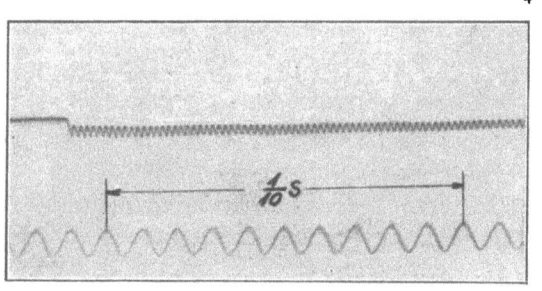

Stab fest, Deckbandstück 2 mm (Bild 4b) $n = 566$ Hz.

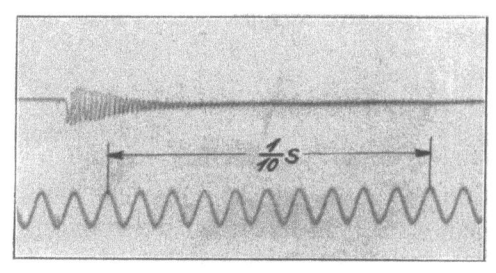

Stabpaket, Deckband 2 mm (Bild 4c) $n = 781$ Hz.

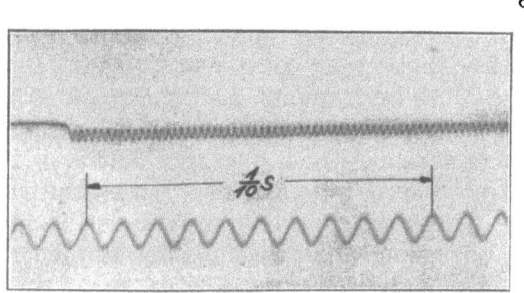

Stab fest, Deckbandstück 3 mm (Bild 4b) $n = 529$ Hz.

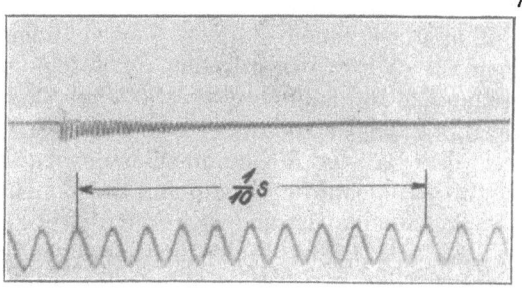

Stabpaket, Deckband 3 mm (Bild 4c) $n = 826$ Hz.

Bild 5. Diagramme aus den Vorversuchen.

6. Hauptversuche.

Die Hauptversuche wurden vorläufig nur mit Schaufeln durchgeführt, deren Querschnitte über die ganze Länge gleichbleiben. Um ein umfassendes Versuchsergebnis zu erhalten, wurden auf der angegebenen Versuchseinrichtung die Eigenschwingungszahlen von Schaufelpaketen verschiedenster Abmessungen bestimmt. Die untersuchten Schaufelpakete sind in Bild 6 dargestellt. Sie bestehen aus je sechs Schaufeln, die durch ein Deckband miteinander verbunden sind. Die Vernietungen zwischen Deckbändern und Schaufeln wurden in den Werkstätten unter genau den gleichen Verhältnissen vorgenommen, wie sie auch bei den gewöhnlichen praktischen Vernietungen der Deckbänder vorliegen. Da es von Wert ist zu wissen, inwieweit die Eigenschwingungszahlen der einzelnen Schaufeln gleicher Ausführung miteinander übereinstimmen, wurden die Eigenschwingungszahlen der einzelnen

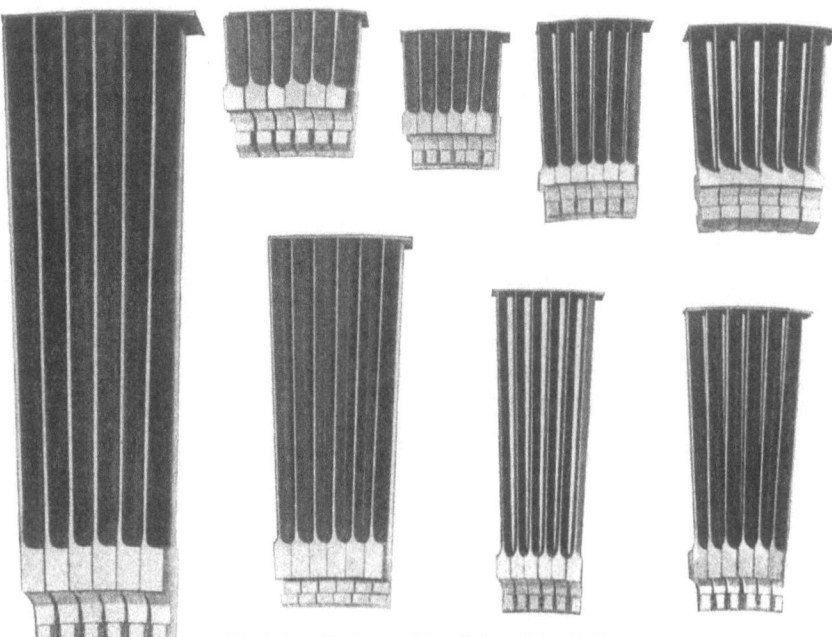

Bild 6. Untersuchte Schaufelpakete.

Schaufeln vor ihrem Zusammenbau mit den Deckbändern bestimmt. In der Zahlentafel 2 sind die Ergebnisse zusammengestellt. Bild 7 zeigt die aufgenommenen Diagramme für je eine Schaufel aus jedem Paket. Die Abweichungen der gemessenen Schwingungszahlen von ihren Mittelwerten in vH lassen eine gute Übereinstimmung erkennen. Größere Abweichungen ergeben sich nur bei den Schaufeln des Paketes 7. Der Grund hierfür liegt bei den Schaufeln 1 und 5, deren Versuchswerte so verschieden von den anderen sind, daß man bei ihnen stärkere Abweichungen von den Baumaßen annehmen muß. Läßt man die Werte dieser beiden Schaufeln unberücksichtigt, so ist auch hier, wie die eingeklammerten Zahlenwerte erkennen lassen, die Übereinstimmung gut. Auch die Abweichung der Versuchsmittelwerte von den gerechneten Werten nimmt nur für die Schaufeln des Paketes 8 eine unzulässige Größe an. Es handelt sich hier um kurze, verhältnismäßig starke Schaufeln, bei denen der Unterschied zwischen den Querschnitten des Schaufelblattes und des Schaufelfußes gering ist, so daß angenommen werden kann, daß die Abweichung in der nicht genügend festen Einspannung der Schaufelfüße begründet liegt.

Nach diesen vorbereitenden Versuchen wurden die Eigenschwingungszahlen der Schaufelpakete gemessen. Die Ergebnisse sind in die Zahlentafel 3 eingetragen und die gewonnenen

Zahlentafel 2. Schwingungszahlen der einzelnen Schaufeln der Pakete 1 bis 8.

Schaufel	Eigenschwingungszahl		Abweichung vom Mittelwert vH	Eigen-schwingungszahl errechnet Hz	Abweichung zwischen Versuchs-mittelwert und errechnetem Wert vH
	gemessen Hz	Mittelwert Hz			
Schaufelpaket 1: $J_{min} = 0{,}393$ cm⁴, $q = 2{,}56$ cm², $l = 38{,}5$ cm.					
1	76,6		− 1,54		
2	77,5		− 0,385		
3	79,0	77,8	+ 1,54	75,6	+ 2,91
4	80,2		+ 3,08		
5	76,5		− 1,67		
6	77,4		− 0,514		
Schaufelpaket 2: $J_{min} = 0{,}1422$ cm⁴; $q = 1{,}5$ cm²; $l = 22{,}93$ cm.					
1	171,5		+ 0,292		
2	169,4		− 0,935		
3	172,3	171,0	+ 0,761	165,8	+ 3,14
4	168,8		− 1,286		
5	169,4		− 0,935		
6	172,0		+ 0,585		
Schaufelpaket 3: $J_{min} = 0{,}01644$ cm⁴; $q = 0{,}561$ cm²; $l = 19{,}2$ cm.					
1	125,5		− 2,03		
2	130,0		+ 1,48		
3	129,0	128,1	+ 0,698	128,8	− 0,544
4	128,6		+ 0,39		
5	128,5		+ 0,311		
6	127,5		− 0,468		
Schaufelpaket 4: $J_{min} = 0{,}0417$ cm⁴; $q = 0{,}797$ cm²; $l = 17{,}0$ cm.					
1	228,5		+ 1,598		
2	226,0		+ 0,487		
3	223,5	224,9	− 0,622	217,5	+ 3,4
4	223,0		− 0,845		
5	223,5		− 0,622		
6	225,0		+ 0,045		
Schaufelpaket 5: $J_{min} = 0{,}0329$ cm⁴; $q = 0{,}703$ cm²; $l = 10{,}8$ cm.					
1	538,6		+ 0,26		
2	537,6		+ 0,074		
3	537,8	537,2	+ 0,112	513,0	+ 4,72
4	534,3		− 0,543		
5	540,3		+ 0,574		
6	534,3		− 0,543		
Schaufelpaket 6: $J_{min} = 0{,}0605$ cm⁴; $q = 1{,}038$ cm²; $l = 10{,}0$ cm.					
1	666,7		+ 0,513		
2	678,3		+ 2,26		
3	655,0	663,3	− 1,25	651,6	+ 1,8
4	648,3		− 2,26		
5	656,6		− 1,01		
6	676,0		+ 1,92		
Schaufelpaket 7: $J_{min} = 0{,}0609$ cm⁴; $q = 0{,}892$ cm²; $l = 6{,}48$ cm.					
1	1543,3		− 7,68		
2	1730		+ 3,49 (+0,0492)		
3	1730	1671,6	+ 3,49 (+0,0192)	1775	− 5,83
4	1736,6	(1729,15)	+ 3,88 (+0,431)		(− 2,65)
5	1570		− 6,08		
6	1720		+ 2,89 (−0,528)		
Schaufelpaket 8: $J_{min} = 0{,}259$ cm⁴; $q = 1{,}98$ cm²; $l = 5{,}2$ cm.					
1	3116,6		− 0,508		
2	3133,3		+ 0,026		
3	3071,6	3132,5	− 1,94	3466,6	− 9,6
4	3108,3		− 0,773		
5	3216,6		+ 2,68		
6	3150,0		+ 0,559		

486   G. Kirchberg: Schwingungsversuche an Dampfturbinenschaufeln.

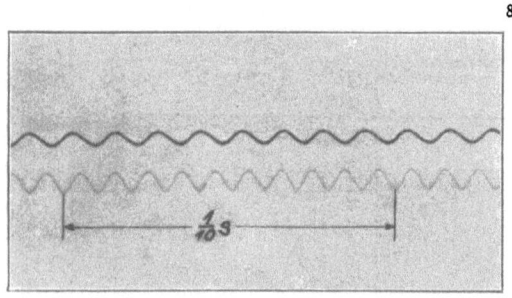

Profil $^{41701}/_{4613}$, $n = 79{,}0$ Hz.

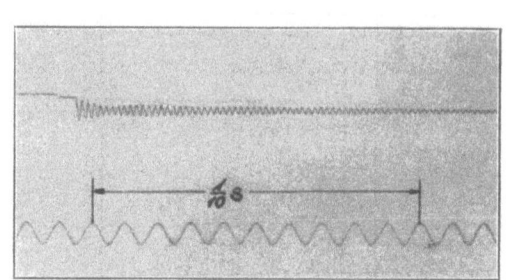

Profil $^{12014}/_{2655}$, $n = 537$ Hz.

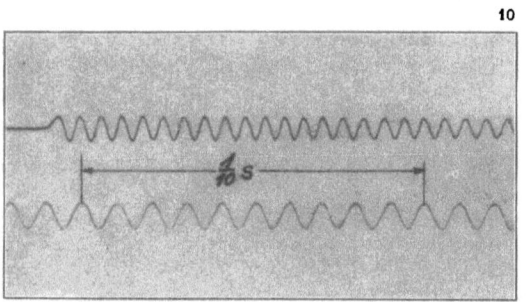

Profil $^{25505}/_{3687}$, $n = 169{,}4$ Hz.

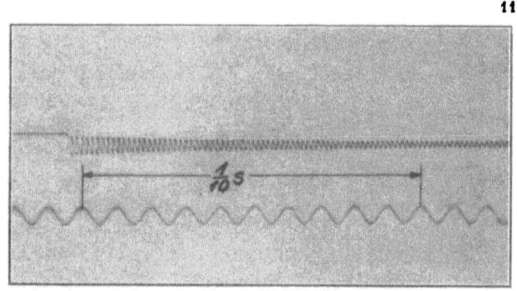

Profil $^{11504}/_{3288}$, $n = 667$ Hz.

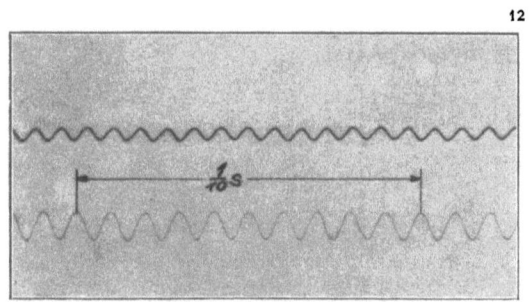

Profil $^{20701}/_{2614}$, $n = 129$ Hz.

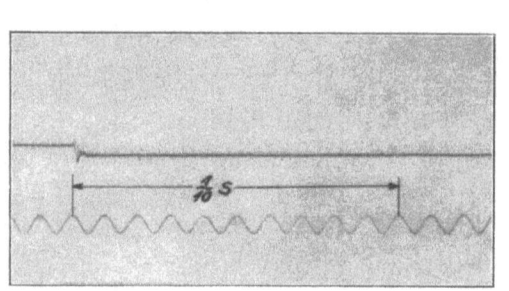

Profil $^{8009}/_{2671}$, $n = 1720$ Hz.

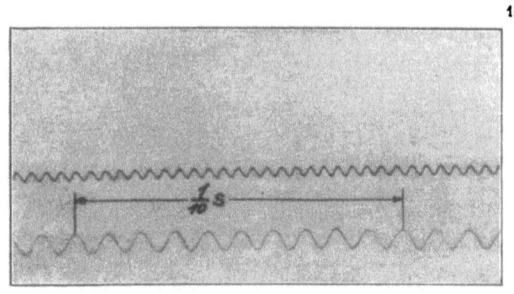

Profil $^{19504}/_{2657}$, $n = 226$ Hz.

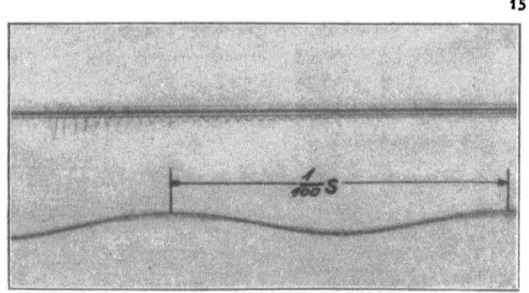

Profil $^{6701}/_{3685}$, $n = 3108$ Hz.

Bild 7. Diagramme der einzelnen Schaufeln.

Schwingungsversuche an Dampfturbinenschaufeln. 487

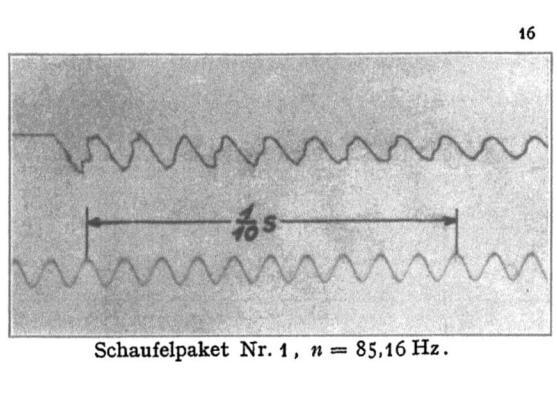

Schaufelpaket Nr. 1, $n = 85{,}16$ Hz.

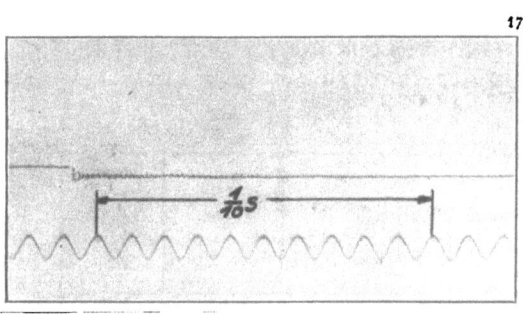

Schaufelpaket Nr. 5, $n = 656$ Hz.

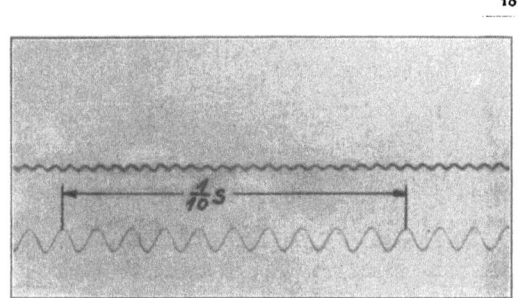

Schaufelpaket Nr. 2, $n = 191{,}6$ Hz.

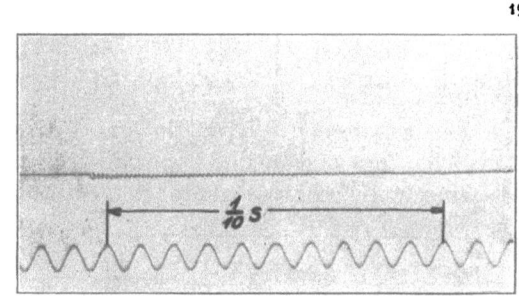

Schaufelpaket Nr. 6, $n = 730$ Hz.

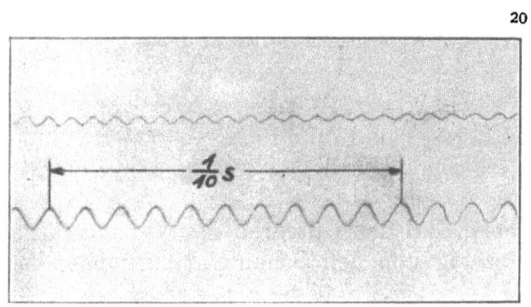

Schaufelpaket Nr. 3, $n = 156{,}8$ Hz.

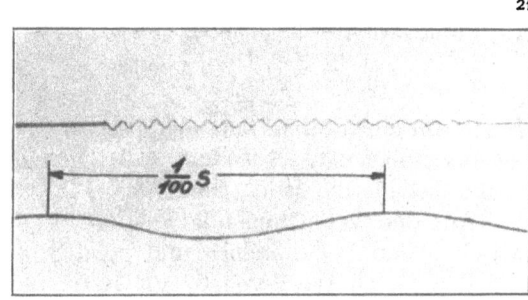

Schaufelpaket Nr. 7, $n = 1890$ Hz.

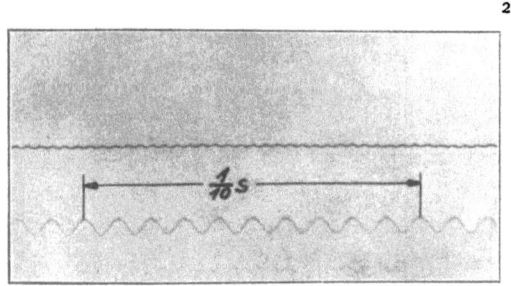

Schaufelpaket Nr. 4, $n = 284{,}6$ Hz.

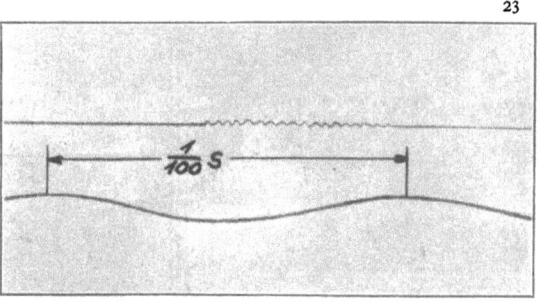

Schaufelpaket Nr. 8, $n = 3216$ Hz.

Bild 8. Diagramme der Schaufelpakete.

Diagramme in Bild 8 wiedergegeben. Die Eigenschwingungszahl des Schaufelpaketes 8 ist in der Zahlentafel 3 gegenüber dem gemessenen Wert um 9,6 vH erhöht angegeben worden, entsprechend dem Abweichungswert aus Zahlentafel 2.

Zahlentafel 3. Ergebnisse der Hauptversuche.

Schaufelpaket	Profil	v	Deckbandstärke mm	Eigenschwingungszahl			Gütegrad der Vernietung vH	Mittelwert des Gütegrades der Vernietung vH
				gemessen Hz	errechnet unter der Annahme			
					starrer Verbindung mit Deckband Hz	gelenkiger Verbindung mit Deckband Hz		
1	41 701/4613	8,62	2,0	85,2	91,8	74,3	61,8	
2	25 505/3687	5,62	2,0	195,0	209,6	158,8	71,2	
3	20 701/2614	0,868	2,0	156,8	189,0	121,0	52,7	
4	19 504/2657	0,824	3,0	284,6	318,0	201,6	71,2	67
5	12 014/2655	0,873	3,0	656,0	719,0	449,0	76,5	
6	11 504/3288	1,634	3,0	730,0	855,0	541,6	60,2	
7	8009/2671	3,27	3,0	1890,0	2030,0	1401,0	78,0	
8	6701/3685	13,0	3,0	3506,0	3755,0	3008,0	66,2	

Die erhaltenen Werte für die Gütegrade der Vernietungen zwischen Deckbändern und Schaufeln sind in Bild 9 graphisch über der Konstanten v aufgetragen, die den Aufbau der einzelnen Schaufelpakete charakteristisch kennzeichnet. Man erkennt, daß sich die

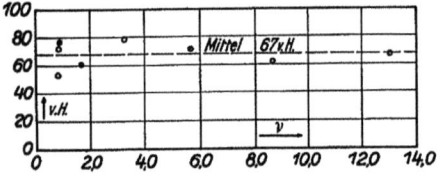

Bild 9. Gütegrad der Nietverbindung in Abhängigkeit von der Konstanten
$$v = \frac{E_s \cdot J_s}{E_D \cdot J_D} \cdot \frac{t}{l}.$$

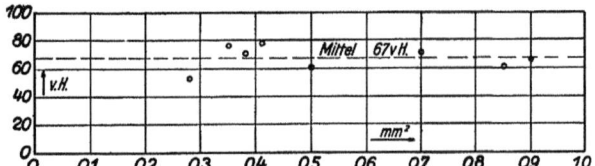

Bild 10. Gütegrad der Nietverbindung in Abhängigkeit von dem Querschnitt des Nietzapfens.

Werte um einen Mittelwert gruppieren, der 67 vH beträgt und durch die gestrichelte Linie hervorgehoben ist. Auch ein Auftragen der Gütegrade über dem Nietzapfenquerschnitt ergibt das gleiche Bild (Bild 10).

Aus den Versuchen folgt das wichtige Ergebnis, daß der Gütegrad der Vernietungen zwischen den Deckbändern und Schaufeln unabhängig von den Schaufelabmessungen ist und den festen Wert von 67 vH hat.

Zahlentafel 4. Vergleich zwischen Versuchswerten und errechneten Werten für die Eigenschwingungszahlen der Schaufelpakete.

Schaufelpaket	Eigenschwingungszahl		Abweichung zwischen Versuchswert und errechnetem Wert vH
	gemessen Hz	errechnet unter Annahme eines Gütegrades der Vernietung zwischen Schaufeln und Deckband von 67 vH Hz	
1	85,2	86,1	− 1,05
2	195,0	192,9	+ 1,09
3	156,8	166,6	− 5,88
4	284,6	279,8	+ 1,72
5	656,0	630,2	+ 4,08
6	730,0	752,0	− 2,93
7	1890,0	1823,0	+ 3,67
8	3506,0	3510,0	− 0,11

Um einen Überblick darüber zu gewinnen, um wieviel vH die — unter der Annahme eines Gütegrades der Vernietung von 67 vH — errechneten Werte für die Eigenschwingungszahlen von den Versuchswerten abweichen, wurden die entsprechenden Werte in der Zahlentafel 4 gegenübergestellt. Man erkennt, daß die Abweichungen innerhalb praktisch zulässiger Grenzen bleiben.

Die Berechnung der Eigenschwingungszahlen von Schaufelpaketen hat auf Grund dieses Versuchsergebnisses so zu erfolgen, daß man die Eigenschwingungszahl des Paketes zunächst unter Annahme vollkommen gelenkiger Verbindung zwischen Deckband und Schaufeln berechnet und dann unter der Annahme, daß diese Verbindung vollkommen starr ist. Von dem Unterschied dieser beiden Schwingungszahlen zählt man 67 vH, also ungefähr $^2/_3$, zu der Schwingungszahl, die unter der Annahme vollkommen gelenkiger Verbindung zwischen Schaufel und Deckband errechnet wurde, und hat dann die wirkliche Eigenschwingungszahl.

Ein Nachteil dieser Berechnungsart ist es, daß zwei Eigenschwingungszahlen berechnet werden müssen. Das läßt sich aber nicht vermeiden. Der Versuch, die gemessenen Werte für die Eigenschwingungszahl in Abhängigkeit zu bringen von den Werten, die unter der Annahme entweder vollkommen gelenkiger oder vollkommen starrer Verbindung zwischen Schaufeln und Deckbändern errechnet wurden, läßt keinerlei Gesetzmäßigkeit erkennen.

Alterung der Isolieröle.

Von G. Stern.

Es werden einige der verschiedenen nationalen abgekürzten Verfahren der Ölalterung beschrieben. Die Bewertung der Öle fällt je nach dem angewendeten Verfahren verschieden aus. — Es wird ein kleiner Transformator im Glasgehäuse beschrieben, in dem das Öl unter den Bedingungen des wirklichen Transformator-Betriebes gealtert wird. Aus dem Vergleich der Resultate im Ölalterungs-Transformator mit denen der abgekürzten Verfahren ergibt sich die Kritik dieser Verfahren.

Trotz aller Bestrebungen, das Isolieröl aus der Elektrotechnik zu verbannen, ist sein Anwendungsgebiet in diesem Zweige der Technik noch sehr groß. Man hat zwar neuerdings sehr bemerkenswerte Fortschritte darin gemacht, öllose Hochspannungsschalter zu bauen, die Ausschaltleistungen beherrschen, wie sie in unseren großen Kraftwerken und Netzen vorkommen[1]. So kann man mit einiger Sicherheit voraussagen, daß der Gebrauch von Öl bei Hochspannungs-Leistungsschaltern künftig stark eingeschränkt werden wird. Das ist besonders zu begrüßen, da das Öl in Schaltern großes Unheil anrichten konnte, in denen es nicht nur als Isoliermittel, sondern auch als Löschflüssigkeit für den betriebsmäßig auftretenden Ausschaltlichtbogen benutzt wird.

Bild 1. Verschlammter Transformator.

Die Rolle, die das Öl in Transformatoren spielt, ist bescheidener; dort ist es lediglich Isolier- und Wärmetransport-Flüssigkeit. Im Transformator tritt betriebsmäßig kein Funke auf. Nur im Falle einer Störung im Transformator bildet das Öl eine Gefahrenquelle, die unter ganz besonders ungünstigen Umständen sich zu einer Katastrophe auswirken kann. Auch hier hat man versucht, das Öl durch Preßluft zu ersetzen. Preßluft-Lokomotivtransformatoren, die mit 15 bis 16 kV arbeiten, sind bei der Deutschen Reichsbahn-Gesellschaft in größerer Zahl erfolgreich in Betrieb. Bei Transformatoren höherer Spannung und großer Leistung dagegen erscheint es vorläufig noch ungangbar, auf das Öl zu verzichten.

Nun zeigt das Öl in Transformatoren ein anderes unangenehmes Verhalten, daß es nämlich altert und unter Umständen gerade die Eigenschaften verliert, die es für den Transformator wertvoll machen, nämlich die Isolier- und Wärmetransport-Fähigkeit. Besonders Transformatoren älterer Bauart haben nach einigen Betriebsjahren nicht mehr flüssiges Öl in ihrem Kessel, sondern eine vaselineartige Schmiere, die allerlei Metallsalze und Feuchtigkeit enthält und weder als Isoliermittel noch als Wärmetransportmittel anzusprechen ist (Bild 1). Derartige Transformatoren werden dann unbrauchbar.

---

[1] Biermanns, ETZ 1929, S. 1073; 1930, S. 299. — Kesselring, ETZ 1929, S. 1011.

Die Mengen von Öl, die heutzutage auf der ganzen Welt in Transformatoren und Schaltapparaten arbeiten, sind sehr erheblich. Sie stellen schätzungsweise einen Wert von $^1/_4$ Milliarde RM. dar. Es ist also ein sehr großes Kapital in Transformatoren- und Schalterölen festgelegt, das naturgemäß möglichst langsam amortisiert werden muß. Daher stellt die Wirtschaft der Technik die Aufgabe, dafür zu sorgen, daß die guten Eigenschaften des frischen Öles möglichst lange erhalten bleiben.

Man hat hierzu zwei verschiedene Wege beschritten. Sobald man erkannt hatte, daß die Verschlammung im wesentlichen eine Wirkung des Luft-Sauerstoffes ist, der mit dem warmen Öl in Berührung kommt, hat man die Form des Ölbehälters von Transformatoren so abgeändert, daß der Luftraum aus dem Kessel verschwand und nur eine verhältnismäßig kleine Oberfläche des kühleren Öles in einem Ausdehnungsgefäß von Luft bespült wurde. Dann aber schritt man zur Behandlung des Öles selbst und lernte, die Raffination des Öles so vorzunehmen, daß seine Empfindlichkeit gegenüber dem Sauerstoff erheblich verringert wurde.

Nun kann man ohne weiteres nicht erkennen, wie die Raffination des Öles vorgenommen ist; rein chemische Analysen des Öles führen, abgesehen von ihrer ungeheuren Umständlichkeit, auch nicht zum Ziel. Man hat daher sehr viel Scharfsinn aufgewendet, um verhältnismäßig schnell an einem Öl festzustellen, welche Alterseigenschaft es hat. Man hat an dieser Aufgabe in allen Ländern gearbeitet, in denen Transformatoren hergestellt werden und überall bestimmte Untersuchungsverfahren festgelegt, die leider alle voneinander verschieden sind.

Die IEC, deren wesentliche Aufgabe es ist, die Bewertung und die Prüfverfahren von elektrotechnischen Erzeugnissen und Werkstoffen in eine gewisse internationale Übereinstimmung zu bringen, hat sich der Ölfrage angenommen und zunächst einmal eine Reihe von Ölen verschiedener Herkunft und verschiedener Raffinationsart ihren Mitgliedern zur Untersuchung geschickt; diese Untersuchungen sind noch nicht veröffentlicht. Sie sollen nach einer Reihe verschiedener nationaler Verfahren vorgenommen werden, deren kennzeichnende Merkmale zunächst kurz angegeben werden sollen.

Bei dem amerikanischen sog. Life-test werden gleichzeitig mehrere Ölsorten vergleichsweise untersucht. Die Öle werden in Glasgefäße gefüllt, die in einem geschlossenen Prüfapparat bei 120° aufbewahrt werden; trockene Luft wird in genau bestimmter Menge dem Prüfapparat zugeführt. Von Zeit zu Zeit werden Proben entnommen, die durch Schleudern auf Schlammbildung untersucht werden. Es wird die Zeit vermerkt, nach der die erste Schlammbildung auftritt. Diese Zeit gilt als die für die Alterung der Öle charakteristische Konstante. Je länger sie ist, desto besser ist das Öl. Eine Angabe darüber, welche Zeiten bis zur ersten Schlammbildung zulässig sind, fehlt, so daß man eigentlich nur relativ bestimmen kann, welches Öl nach diesem Verfahren schlechter oder besser ist als ein anderes. Der wesentliche Einwand gegen dieses Verfahren ist, daß der Anfang des Ölzerfalls nicht für die Güte eines Öles maßgebend ist; ein Öl, das nach längerer Zeit Schlamm bildet, kann dann viel gründlicher zerfallen als ein Öl, das bereits nach kurzer Zeit Spuren von Schlamm bildet, dann aber sich lange in diesem Zustand hält.

Der recht kostspielige Apparat für den Life-test ist, soweit dem Verfasser bekannt, in Deutschland nicht vorhanden. Die amerikanischen Versuche konnten daher hier nicht nachgeprüft werden.

Die Schweizer Prüfung schreibt vor, daß das Öl in einem Kupfertopf unter Luftzutritt 118 bzw. 336 h lang auf 115° erhitzt wird. Die Säurezahl und die Schlammbildung sowie die Festigkeitsabnahme eingehängter Baumwollfäden werden nach dieser Behandlung bestimmt.

Zugelassen sind Öle, die bei dieser Prüfung nach 168 h Säurezahlen unter 0,3 und keinen Schlamm aufweisen; die Baumwollfäden dürfen nur um 20 vH an ihrer Festigkeit eingebüßt haben; nach 336 h soll die Säurezahl unter 0,4, der Schlamm unter 0,3 vH und die Festigkeitsabnahme unter 30 vH bleiben.

Nach dem schwedischen Verfahren (Anderson-Asea) wird das Öl in einem Glasgefäß 100 h auf 100° erhitzt, in dem sich je ein Kupfer- und ein Eisenzylinder befindet. Zwischen Kupfer und Eisen wird eine Wechselspannung von 10 kV angelegt. Während des Versuchs wird Sauerstoff in das Öl eingeleitet. Schlamm und Säurezahl werden bestimmt.

Nach dem deutschen (VDE-)Verfahren wird das Öl in einem Glasgefäß 70 h lang unter Einleiten von Sauerstoff auf 120° erhitzt. Bildet sich bei dieser Probe benzinunlöslicher Schlamm, so ist das Öl unbrauchbar. Hat sich kein Schlamm gezeigt, so wird das Öl mit einer alkoholisch-wäßrigen Lauge erwärmt, wobei sich wieder keine Ausscheidungen bilden dürfen. Die in die Lauge gegangenen Ölbestandteile werden nach Ausfällen mit Säure und Aufnehmen in Benzol gravimetrisch bestimmt. Die hierbei erhaltene Zahl — die Verteerungszahl — darf höchstens 0,1 vH betragen.

Eine Zusammenstellung der erwähnten und anderer nationaler Prüfverfahren für die Alterung des Öles mit genauer Quellenangabe wurde von Typke[1] und Stäger[2] gegeben.

Die AEG hat die Verteerungszahl-Prüfverfahren des VDE dahin erweitert, daß sie die Verteerungszahl außerdem in Gegenwart von Kupfer bestimmt. Die Kupferverteerungszahl darf 0,3 vH, die gebildete Schlammenge 0,1 vH nicht überschreiten.

Zur Vereinfachung der weiteren Betrachtungen sei die Voraussetzung gemacht, daß die Ergebnisse der nach dem gleichen Verfahren in den verschiedenen Ländern angestellten Untersuchung die gleichen wären, eine Voraussetzung, die bei der Schwierigkeit der Untersuchungen nicht ohne weiteres selbstverständlich ist und nach den dem Verfasser bisher bekannt gewordenen Ergebnissen keineswegs zutrifft. Keinesfalls aber werden die mit verschiedenen Verfahren erzielten Ergebnisse die gleiche Beurteilung der verschiedenen Öle ergeben. Nehmen wir einmal an, daß 5 verschiedene Öle zu untersuchen wären. Das amerikanische Verfahren hätte ergeben, daß die Öle in der Reihenfolge

a b c d e

nach fallender Güte eingeordnet werden müßten. Nach dem deutschen Verfahren käme die Reihe

b c a e d

zustande und nach dem schwedischen und Schweizer Verfahren die Reihen

e d a b c

d a e c b.

Hierbei sollen die fetten Buchstaben Öle kennzeichnen, die nach den jeweiligen Verfahren als verwendungsfähig zu bezeichnen sind.

Nicht nur die Güte-Reihenfolge ist verschieden, sondern Öle, die nach dem einen Verfahren als brauchbar bezeichnet werden, werden nach der anderen als unbrauchbar ausgeschieden.

Wo findet man nun ein diesen Verfahren übergeordnetes Verfahren, das klar beweist, welches Öl sich im Betriebe am besten bewährt und welches am schlechtesten? Denn schließlich ist das ja das einzig maßgebende Kriterium. Man müßte also eigentlich die fraglichen Öle in Betriebstransformatoren einfüllen und dort ihr Verhalten beobachten. Mit Betriebstransformatoren lassen sich aber derartige Versuche schwer anstellen, weil man im allgemeinen den Betrieb nicht so regeln kann, daß alle Transformatoren dauernd gleichmäßig und möglichst so belastet sind, daß die Öle ständig in der Nähe der zulässigen Höchsttemperatur arbeiten. Es liegt daher nahe, kleine Öltransformatoren zu bauen, die allein durch ihre Leerlaufverluste in die Nähe der Grenztemperaturen kommen und alle Baustoffe enthalten, wie sie in den Betriebstransformatoren vorkommen. Das Verhalten der Öle in diesen, im Laboratorium aufzustellenden Transformatoren kann dann leicht beobachtet werden.

---

[1] Typke, El. u. Maschinenb. 1929, S. 357.
[2] Stäger, Deutscher Verband für die Materialprüfungen der Technik, H. 77.

Naturgemäß ist dieses Verfahren, das Öl in kleinen Transformatoren zu untersuchen, nicht dafür brauchbar zu entscheiden, ob die in Kesselwagen angelieferten Öle gut oder nicht gut sind. Denn eine solche Untersuchung erfordert mehrere Monate. Für die Betriebskontrolle der laufend gelieferten Öle kann ein abgekürztes Verfahren, wie die vorher beschriebenen, nicht entbehrt werden. Die Beobachtung der Ölalterungstransformatoren ergibt gewissermaßen eine übergeordnete Methode, die entscheidet, welches der abgekürzten Verfahren das Verhalten der Öle im Betrieb am besten charakterisiert. Es ist lediglich ein praktisches und kein wissenschaftliches Verfahren, sofern es nicht die einzelnen Einflüsse untersucht, die auf die Alterung des Öles einwirken, sondern lediglich die Gesamtwirkung aller Einflüsse.

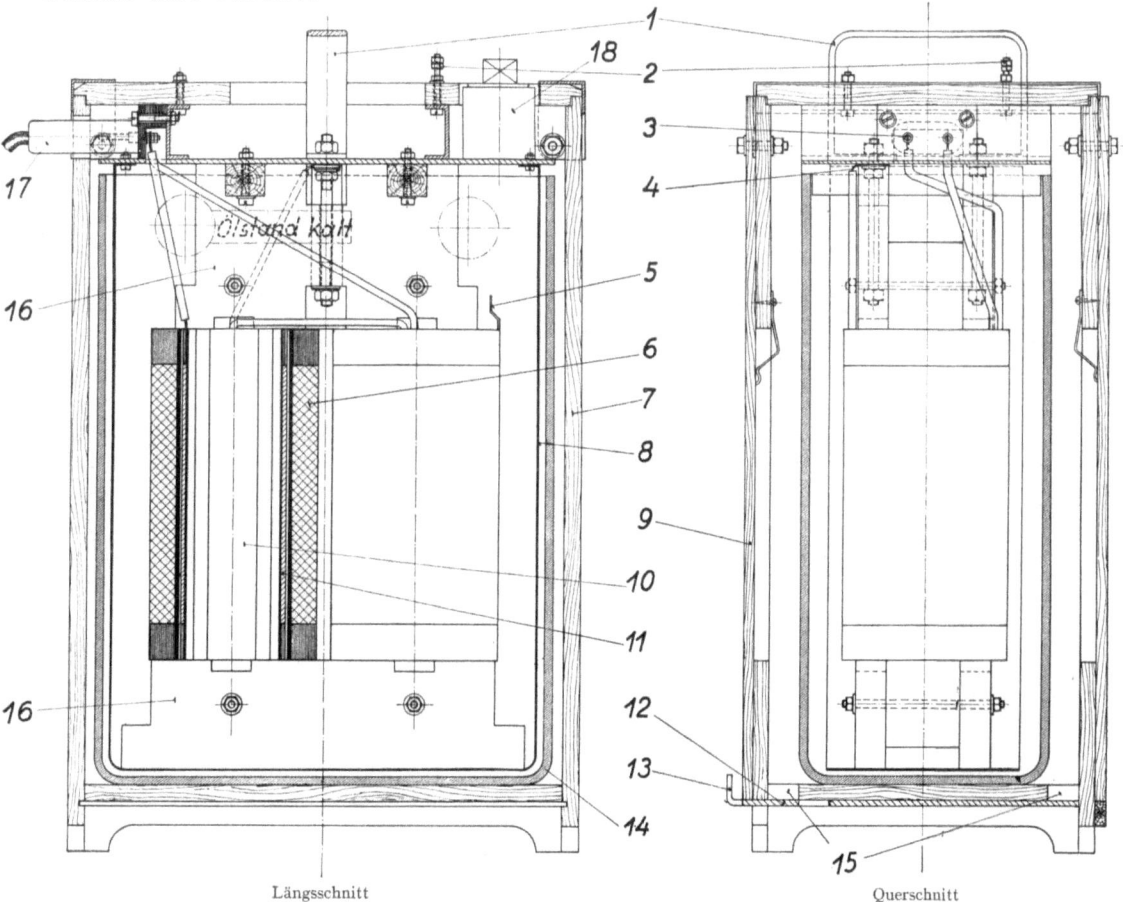

Bild 2. Ölalterungstransformator.

Im folgenden soll ein kleiner Transformator (Bild 2) beschrieben werden, der in der AEG-Transformatorenfabrik dazu benutzt wird, die Frage nach dem zweckentsprechendsten abgekürzten Untersuchungsverfahren zu entscheiden. Es ist ein einphasiger Kerntransformator, der rund 5 kg schwach legiertes Eisenblech enthält. Der Schenkelquerschnitt beträgt 10,6, der Jochquerschnitt 13,6 cm². Auf jedem der beiden Schenkel sitzt eine Primärwicklung *11* und eine Sekundärwicklung *8*. Die in Serie geschalteten Primärwicklungen werden mit 220 Volt bei 50 Per/s erregt; die Wicklung kann auch für 60 Per/s ausgelegt werden. An der 220-Voltwicklung sind zwei Anzapfungen angebracht, die gewählt werden können, wenn die Spannung im Laboratorium im allgemeinen etwas unter 220 Volt liegt. Die sekundäre Wicklung ergibt etwa 6000 Volt. Der äußere Durchmesser der 220-Voltwicklung beträgt 52 mm, der innere Durchmesser der 6000-Voltwicklung 60 mm, ihr äußerer Durchmesser 84 mm. Die Hochvoltwicklung besteht auf jedem Schenkel aus 17 konzentrischen Spulen, die aufeinander gewickelt sind. Spulen gleicher Nummer sind von einem Schenkel zum anderen in Serie geschaltet, so daß der Gradient für beide Schenkel annähernd gleich ist. Eine 6000-Voltklemme 4 ist an die Eisenkonstruktion angeschlossen, die andere 5 endet frei im Öl. Die Erdschraube 2 ist mit der Wasserleitung im Laboratorium zu verbinden.

Der Eisenkern 10 mit den Wicklungen sitzt in einem Gefäß 14 aus Silineutralglas, das das Versuchsöl enthält. An den Schmalseiten und dem Boden des Glasgefäßes ist ein U-förmiges Eisenblech 8 angeordnet, das den Eisenblechkessel eines normalen Öltransformators ersetzen soll. Das Glasgefäß steht in einem Holzkasten 7, der den Einfluß des Lichts auf das Öl ausschaltet. Auf den beiden Breitseiten des Holzkastens befindet sich je ein Schieber 9, der kurzzeitig geöffnet werden kann, um das Öl während des Versuchs beobachten zu können. Der Abstand zwischen Holzkasten und den Wänden des Glasgefäßes beträgt 15 mm. An den Breitseiten des Holzkastens sind unten zwei Lüftungsschieber 12 angeordnet, die man mehr oder weniger herausziehen kann, um den Luftstrom zwischen den Wänden des Glas- und Holzgefäßes regeln zu können.

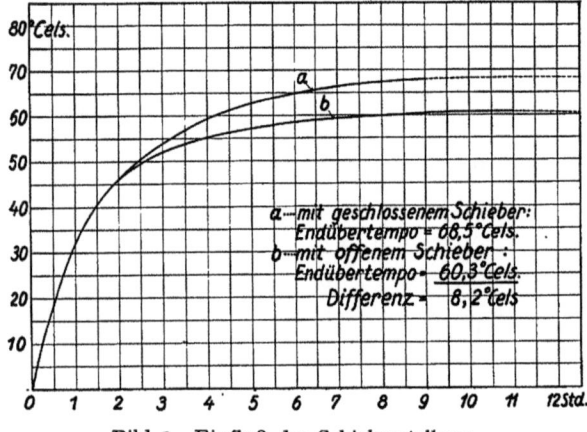

Bild 3. Einfluß der Schieberstellung.

Der Handgriff 1 oben am Transformator gestattet, den Deckel mit dem daran hängenden Kern aus dem Öl herauszuheben (Bild 2). Das ist aber erst möglich, wenn der 220-Volt-Anschlußstöpsel 17 entfernt wird, der durch eine Öffnung im Holzkasten eingeführt ist. Die Bedienung des kleinen Transformators ist also völlig gefahrlos; ist er in Betrieb, so sind die 6000-Voltwicklung und ihre Klemmen im Öl und damit jeder zufälligen Berührung entzogen. Wird der Kern aus dem Öl herausgehoben, so muß vorher die Buchse des 220-Volt-Stöpsels herausgezogen sein, so daß die Wicklung spannungslos ist.

Das trockene und reine Versuchsöl wird bei Zimmertemperatur in den Transformator bis zur Ölmarke eingefüllt, die sichtbar wird, wenn einer der Holzschieber hochgezogen ist. Dann wird der Transformator durch den Anschlußstöpsel 17 unter Spannung gesetzt. Er kommt nach einiger Zeit auf eine Temperatur von etwa 95°; steigt die Temperatur höher, so wird der Schieber 12 an den Schiebergriffen 13 hervorgezogen. Durch diesen Schieber kann, wie Bild 3 zeigt, die Temperatur um etwa 8° geregelt werden.

Es empfiehlt sich, im Dauerbetrieb mehrerer Ölalterungs-Transformatoren (Bild 4) ein Kontaktthermometer in einem Transformator anzubringen, das mit einem Relais so zusammenarbeitet, daß bei zu hoher Temperatur der Hauptschalter aus- und bei zu niedriger Temperatur wieder eingeschaltet wird. Dann braucht die Gleichmäßigkeit der Temperatur in den verschiedenen Transformatoren nur durch die Lüftungsschieber eingestellt zu werden. Die durchschnittliche Öltemperatur von 95° wurde 5 cm unter dem Öloberflächenstrich, d. h. 12,5 cm unter der Oberkarte des Transformatordeckels gemessen.

In etwa einmonatigen Abständen wird der Transformator abgeschaltet und der Kern so herausgehoben, daß er über dem Ölgefäß hängt (Bild 5). Dann wird der vollständige Kern mit einer Glasspritze abgespült, und zwar dient das Öl im Glasgefäß als Spülflüssigkeit, so daß bei dieser Behandlung der etwa angesetzte Schlamm restlos in das Versuchsöl gelangt. Das Öl im Glasgefäß wird mit einem Glasstab umgerührt, mit einer Pipette werden etwa

10 cm³ Öl entnommen, die in einem kalibrierten Schleuder-Reagenzglas bei 3000 U/min eine Stunde lang geschleudert werden. Die Schlammenge wird in Vol.-vH bestimmt (naturgemäß sind Spritze, Stab und Pipette vor Benutzung sorgfältig zu reinigen).

Nach dieser Messung wird die geschleuderte Ölprobe zusammen mit dem Schlamm wieder in das Glasgefäß zurückgegossen. Auf diese Weise wird durch die Entnahme der Probe weder Öl- noch Schlammenge vermindert. Gleichzeitig wird die Säurezahl des Öles bestimmt.

Bei den im Laboratorium der AEG-Transformatorenfabrik durchgeführten Versuchen sind in jeden Ölalterungs-Transformator noch Glasstäbe mit Baumwollfäden hineingestellt, deren Festigkeitsabnahme bei jeder Probeentnahme bestimmt wird.

Bild 4. Aufstellung mehrerer Ölalterungs-Transformatoren.   Bild 5. Ölalterungs-Transformator mit herausgehobenem Kern.

Der Ölalterungs-Transformator unterscheidet sich von gewöhnlichen Leistungstransformatoren dadurch, daß er keinerlei Nutzlast hat. Er arbeitet also mit dem Wirkungsgrad Null. Seine Verluste sind so bemessen, daß er in seinem Leerlauf auf die Temperatur kommt, die als Höchsttemperatur für die Vollast gewöhnlicher Transformatoren zugelassen wird. Der Erregerstrom des kleinen Transformators beträgt bei 220 Volt und 50 Per/s 3,5 A. Die Kupferverluste betragen 67,5 W, die Eisenverluste 31 W und die dielektrischen Verluste 10 W. Der Gesamtverlust ist im warmen Zustande 108,5 W.

Der wesentliche Unterschied zwischen neuzeitlichen Leistungstransformatoren und dem Ölalterungs-Transformator ist der, daß der letztgenannte kein Ölausdehnungsgefäß hat. Würde man den kleinen Transformator noch mit diesem Zusatzapparat ausrüsten, so würde die Versuchsdauer außerordentlich lang werden. Der Verfasser hat deshalb zur Abkürzung der Versuche auf diese letzte Annäherung an den Leistungstransformator verzichtet. Aber alle diejenigen Stoffe, die in normalen Leistungstransformatoren vorhanden sind, wie Eisen, Kupfer, Holz, Baumwolle, Papier, Lack usw., deren verschiedenartige katalytische Einflüsse auf das Öl bekannt sind, werden auch im Ölalterungs-Transformator benutzt. Das Oberflächenverhältnis von Eisen und Kupfer, der beiden wichtigsten katalytischen Faktoren beträgt 2,06 : 1; es ist ungefähr das gleiche Oberflächenverhältnis, das in den größten, bisher gebauten Transformatoren für 60000 kVA, 220 kV, welche die AEG für das RWE geliefert hat, vorhanden ist, wenn man die Oberfläche der Kühlschlange mitrechnet. Dort ist das Verhältnis 2,1:1.

Bei größeren selbstkühlenden Transformatoren ist freilich das Verhältnis ganz anders. Ein 1000-kVA-Transformator für 20 kV mit Wellblechkessel hat das Oberflächenverhältnis Eisen zu Kupfer wie 7,7 zu 1. Bei einem 10-kVA-Transformator für 10 kV mit Glattblechkessel ist das Verhältnis 2,7 : 1.

Nachstehend sind die Ergebnisse der Versuche mit einer Reihe verschiedener Öle zusammengestellt. Die Meßreihen sind mit zwei Ausnahmen, die angegeben sind, im chemischen Laboratorium der AEG-Transformatorenfabrik von den Herren Dr. v. d. Heyden und Dr. Typke ausgeführt worden.

Es wurden vier Gruppen von Ölen benutzt:

Gruppe R	russische Öle,
,, A	Pennsylvaniaöle,
,, B	Midcontinentöle,
,, C	Texasöle.

Die Bezeichnungen a, b, c bezeichnen innerhalb der einzelnen Gruppen den Grad der Raffination. Bei den mit R, A und B bezeichneten Ölen sind die Öle a schwach, b etwas stärker und c sehr intensiv (Weißöle) raffiniert. Bei den C-Ölen ist b und c nur etwas stärker raffiniert als a. Die Jodzahlen der Zahlentafel 1 können als ein ungefähres Maß des Raffinationszustandes angesehen werden.

Zahlentafel 1. Physikalische Daten.

Öl	Ra	Rb	Rc	Aa	Ab	Ac
Spezifisches Gewicht	0,885	0,883	0,861	0,853	0,842	0,833
Viskosität bei 20°	5,54	4,7	4,26	4,25	3,76	3,40
Flammpunkt	153°	154°	154°	188°	180°	180°
Stockpunkt	−46°	−47°	−46°	−9,5°	−5°	−1°
Säurezahl	0,02	0,01	0,0	0,06	0,04	0,03
Jodzahl (Hübl)	2,6	1,0	0	12,5	6,8	0
	Ba	Bb	Bc	Ca	Cb	Cc
Spezifisches Gewicht	0,869	0,868	0,846	0,897	0,890	0,893
Viskosität bei 20°	2,75	2,68	4,22	2,40	2,45	2,50
Flammpunkt	145°	144°	180°	135°	133°	135°
Stockpunkt	−8,5°	−10,5°	−7,5°	−46°	−46°	−44°
Säurezahl	0	0,02	0	0	0	0,11
Jodzahl (Hübl)	10,0	9,0	0,0	5,4	3,1	2,3

Die Ergebnisse der Alterungsversuche nach dem deutschen Verfahren, dem AEG-Kupferverteerungszahl-Verfahren, dem schwedischen und dem Schweizer Verfahren sind in den Zahlentafeln 2 bis 5 wiedergegeben.

In den Ölalterungs-Transformatoren wurden die 12 Öle während 2250 h bei etwa 95° gealtert. Nach 750, 1500 und 2250 h wurden Säurezahlen (Zahlentafel 6) und Schlamm, dieser durch Schleudern (Zahlentafel 7) bestimmt.

Die Säurezahl ist also bei den Weißölen bei weitem am stärksten gestiegen. Die geringste Zunahme der Säurezahl hatte das russische Öl Rb.

Die Öle Ca, Ac und Ba hatten also die stärkste Schlammbildung; schlammfrei waren das russische Öl Rb und die weitausraffinierten Öle Ac und Bc geblieben.

Die Festigkeitsabnahme der in die Ölalterungs-Transformatoren eingehängten Baumwollbänder nach 2250 Betriebsstunden, in vH der ursprünglichen Festigkeit sowie die Verdampfungsverluste in Vol.-vH sind in der Zahlentafel 8 und 9 zusammengestellt.

Alterung der Isolieröle.

Zahlentafel 2. Deutsches Verfahren.

Öl	Ra	Rb	Rc	Aa	Ab	Ac	Ba	Bb	Bc	Ca	Cb	Cc
Verteerungszahl...	0,23	0,07	4,0	0,25	0,12	4,1	0,25	0,14	4,7	0,09	0,10	0,24
Schlamm...	vorh.	0	0	vorh.	vorh.	0	vorh.	0	0	0	0	vorh.

Zahlentafel 3. Kupferverteerungszahl-Verfahren.

	Ra	Rb	Rc	Aa	Ab	Ac	Ba	Bb	Bc	Ca	Cb	Cc
Cu-Verteerungszahl	0,50	0,27	7,1	0,50	0,27	9,1	0,43	0,34	8,6	0,90	0,31	0,38
Schlamm Gew.-vH	0,13	0,02	0	0,20	0,12	0	0,20	0,08	0	0,25	0,07	0,12

Zahlentafel 4[1]. Schwedisches Verfahren.

	Ra	Rb	Rc	Aa	Ab	Ac	Ba	Bb	Bc	Ca	Cb	Cc
Schlamm Gew.-vH	0,57	0,06	3,04	0,40	0,32	0,55	0,21	0,14	1,03	1,20	0,12	0,59
Säurezahl (vH Ölsäure) im filtr. Öl...	1,10	0,25	12,8	1,10	0,78	10,30	18	0,29	11,5	0,78	0,30	0,46

Zahlentafel 5[2]. Schweizer Verfahren.

	Ra	Rb	Rc	Aa	Ab	Ac	Ba	Bb	Bc	Ca	Cb	Cc
Nach 168 Std.:												
Säurezahl	1,34	0,27	1,32	0,88	0,66	1,98	0,47	0,55	1,19	1,36	0,30	1,57
Schlamm Vol.-vH	4,20	0,30	0	2,7	2,2	Spur	3,5	2,3	Spur	5,0	1,8	6,0
Festigkeitsabnahme Baumwollfaden vH	3,9	19,0	21,2	20,5	21,6	48,4	33,1	32,8	+7,0	8,7	11,1	0,3
Nach 336 Std.:												
Säurezahl	2,21	0,43	3,29	1,40	1,34	4,02	0,77	0,74	2,83	2,40	0,81	2,55
Schlamm Vol.-vH	6,0	0,80	Spur	3,4	2,2	Spur	4,7	3,5	0,3	12,5	3,0	12,5
Festigkeitsabnahme vH	20,0	22,7	28,0	36,5	47,2	60,9	32,6	41,2	9,5	27,7	24,7	17,4

Zahlentafel 6. Säurezahlen im Ölalterungs-Transformator.

Öl	750	1500	2250	Öl	750	1500	2250
	Betriebsstunden				Betriebsstunden		
Ra	0,56	0,98	1,3	Ba	0,56	0,72	0,84
Rb	0,14	0,14	0,21	Bb	0,42	0,56	0,64
Rc	1,7	3,9	5,7	Bc	2,8	5,6	7,6
Aa	0,28	0,70	0,75	Ca	0,84	1,0	1,2
Ab	0,42	0,49	0,52	Cb	0,28	0,35	0,40
Ac	2,2	5,6	7,7	Cc	0,70	0,78	0,84

Zahlentafel 7. Schlamm in Vol.-vH im Ölalterungs-Transformator.

Öl	750	1500	2250	Öl	750	1500	2250
	Betriebsstunden				Betriebsstunden		
Ra	0	0,2	0,75	Ba	1,8	3,0	4,5
Rb	0	0	0	Bb	0,8	2,0	2,0
Rc	0	0	0[3]	Bc	0	0	0
Aa	2,4	3,8	4,5	Ca	2,0	4,0	6,5
Ab	1,1	1,2	2,0	Cb	0,5	1,5	2,0
Ac	0	0	0	Cc	1,1	2,0	2,5

Zahlentafel 8.
Festigkeitsabnahme der Baumwollbänder in den Ölalterungs-Transformatoren.

Ra	41	Aa	40	Ba	52	Ca	60
Rb	35	Ab	48	Bb	33	Cb	42
Rc	55	Ac	63	Bc	50	Cc	44

---

[1] Die Messungen sind entnommen aus Asea-Journal 1929, S. 139, 141.
[2] Die Messungen sind im Laboratorium von Prof. Fritz Frank ausgeführt.
[3] Bei Rc saßen am Glas, Eisen, Spulen usw. festhaftende, scheinbar kristallinische Ablagerungen, deren Volumen aber nur gering sein kann.

Die größten Abnahmen der Zerreißfestigkeit hatten also die Öle Ac und Ca.

Zahlentafel 9. Verdampfungsverluste nach 2250 h in Vol.-vH.

Öl	Verdampfungsverlust Vol.-vH	Flammpunkt des neuen Öles °C	Öl	Verdampfungsverlust Vol.-vH	Flammpunkt des neuen Öles °C
Ra	13,5	153	Ba	16,0	145
Rb	11,2	154	Bb	19,6	144
Rc	10,7	154	Bc	5,0	180
Aa	6,2	188	Ca[1]	44,0	133
Ab	2,3	180	Cb	22,5	133
Ac	6,4	180	Cc	27,2	135

Durch den Verdampfungsverlust wird die Zeitdauer des Versuchs mit den Ölalterungs-Transformatoren begrenzt. Nach 2250 h mußte bei den meisten Ölen nachgefüllt werden. Die Versuche sind dann bis zu 4500 h ausgedehnt worden; sie haben gegenüber den Resultaten nach 2250 h nichts Neues ergeben.

Will man die einmal benutzten Ölalterungs-Transformatoren mit neuem Öl füllen, so müssen sie zur Reinigung ganz auseinandergenommen werden. Läßt sich die Wicklung nicht vollständig reinigen, was vorkommt, wenn das Öl beim ersten Versuch einen besonders harten Schlamm abgesetzt hat, so muß die Wicklung erneuert werden.

Zahlentafel 10 gibt eine Zusammenstellung der Messungen an Ölen, die 2250 h in den Ölalterungs-Transformatoren erhitzt wurden.

Zahlentafel 10. Vergleich der Öle, die 2250 h in Ölalterungs-Transformatoren untersucht wurden.

Öl	Säurezahl	Schlamm Vol.-vH	Festigkeitsabnahme	Öl	Säurezahl	Schlamm Vol.-vH	Festigkeitsabnahme
Ra	1,3	0,75	41	Ba	0,84	4,5	52
Rb	0,21	0	35	Bb	0,64	2,0	33
Rc	5,7	0	55	Bc	7,6	0	50
Aa	0,75	4,5	40	Ca	1,2	6,5	60
Ab	0,52	2,0	48	Cb	0,40	2,0	42
Ac	7,7	0	63	Cc	0,84	2,5	44

Um die Ergebnisse dieser nach den verschiedenen Verfahren angestellten Versuche miteinander vergleichen zu können, hat der Verfasser versucht, eine Punktwertung einzuführen, wie sie im Sport üblich ist. Auf diese Weise sollen die Wettbewerber auf einen gemeinsamen Nenner gebracht werden. Natürlich haftet dieser Punktwertung eine gewisse Willkür an, da man die verschiedenartigen Güteziffern, die innerhalb der einzelnen Verfahren zusammenwirken und die wieder bei den verschiedenen Verfahren verschieden sind, in ein bestimmtes Verhältnis zueinander setzen muß.

Bei dem deutschen (VDE-) Verfahren wird für die Punktwertung die Verteerungszahl mit 100 vervielfacht; ist Schlamm vorhanden, wird die Punktzahl um 50 vH erhöht. Zulässigkeitsgrenze für Öle nach den deutschen Vorschriften ist eine Verteerungszahl von 0,1; sie entspricht 10 Punkten. Bei Ölen mit einer Verteerungszahl unter 0,07 scheint keine Schlammbildung vorzukommen.

Beim AEG-Verfahren der Kupferverteerungszahl wird die Verteerungszahl und die Schlammenge in Gewicht-vH zusammengezählt und mit 25 vervielfacht. Die Grenze der

---

[1] Bei den C-Ölen mußte schon während der 2250 Betriebsstunden mit Nachfüllen begonnen werden, nach 900 Betriebsstunden waren bei Ca 15,5, bei Cb 7,4 und bei Cc 9,2 Vol.-vH nachgefüllt worden.

Zulässigkeit (Verteerungszahl 0,3 + Schlamm Gewicht-vH 0,1) wird wiederum durch zehn Punkte gegeben.

Beim schwedischen Verfahren werden drei Klassen von Ölen zugelassen. Das Öl der Klasse 3 darf nicht mehr als 0,2 Gewicht-vH Schlamm und 1 vH Ölsäure [7,05 vH Ölsäure = 14 S.Z. (mg KOH/g Öl)] haben. Wir setzen für 1 Gewicht-vH Schlamm 25 Punkte und für 1 vH Ölsäure 5 Punkte. Dann bezeichnen wiederum 10 Punkte die Zulässigkeitsgrenze der Öle.

Beim Schweizer Verfahren gibt es 6 Güteziffern, die mit folgender Punktzahl angesetzt werden: Die Abnahme der Zerreißfestigkeit wird mit $\triangle Z$ bezeichnet.

Nach 168 Stunden: 0,1 Vol.-vH Schlamm: 1 Punkt
0,1 S.Z. .... 1 ,,
10 vH $\triangle Z$ .... 1 ,,
nach 336 Stunden: 0,2 Vol.-vH Schlamm: 1 ,,
0,2 S.Z. .... 1 ,,
20 vH $\triangle Z$ .... 1 ,,

Wenn die 6 Güteziffern die früher mitgeteilten, nach den Schweizer Vorschriften zulässigen Werte erreichen, so ergibt die Summierung der Punkte die Punktzahl 10.

Beim Verfahren der Ölalterungs-Transformatoren werden Schlamm und Säurezahl zusammengezählt und mit 8 vervielfacht; dazu wird $1/_{10}$ der Festigkeitsabnahme in vH hinzugezählt.

In den Zahlentafeln 11 und 12 bedeuten
D = Deutsches (VDE-) Verfahren,
Cu = AEG-Kupferverteerungszahl-Verfahren,
Sd = Schwedisches Verfahren,
Sz = Schweizer Verfahren,
Oa-T = Ölalterungs-Transformator.

Die fett gedruckten Zahlen bezeichnen Öle, die nach den jeweiligen Verfahren als brauchbar angesehen werden.

Aus Zahlentafel 11 folgt, daß bei allen Verfahren, mit Ausnahme des schweizerischen, das Öl Rb sich als brauchbar erweist. Es ist zwar auch nach dem Schweizer Verfahren das beste, insofern es die niedrigste Punktzahl (18) in der Schweizer Reihe besitzt, aber es überschreitet dort die zulässigen 10 Punkte. Das schwedische Verfahren erscheint als das freizügigste, da nach ihm 5 Öle brauchbar sind (Rb, Cb, Bb, Cc, Aa). Das liegt daran, daß das schwedische Verfahren drei Klassen von Ölen unterscheidet und in dieser Zusammenstellung nur die Bedingungen der Klasse 3 berücksichtigt sind. Am schärfsten ist das Schweizer Verfahren, nach dem

Zahlentafel 11. Zusammenstellung der Punktzahlen.

Öl	D	Cu	Sd	Sz	Oa-T
Ra	35	16	29	68	20
Rb	**7**	**7**	**0,4**	18	**4**
Rc	400	177	94	33	51
Aa	38	17	**8,1**	69	46
Ab	18	**10**	11	51	25
Ac	410	230	119	48	68
Ba	38	16	**4,7**	72	48
Bb	14	**11**	**1,6**	55	25
Bc	470	213	92	28	66
Ca	**9**	29	23	42	68
Cb	**10**	**10**	**1,4**	140	23
Cc	36	13	**3,4**	152	31

keines der Öle zulässig ist. Es muß aber erwähnt werden, daß das Schweizer Verfahren die Oberflächenbeschaffenheit des Kupfergefäßes nicht hinreichend berücksichtigt, so daß man bei gleichen Ölen und verschieden beschaffener Kupferoberfläche stark voneinander abweichende Werte erhält.

Das deutsche (VDE-)Verfahren zeigt einen deutlichen Fehler darin, daß bei ihm das offenbar schlechte Öl Ca als gut erscheint. Die C-Öle sind kupferempfindlich und die

Kupferempfindlichkeit wird beim deutschen Verteerungszahl-Verfahren leider nicht berücksichtigt.

In Zahlentafel 12 sind die Öle nach der Rangordnung zusammengestellt, die sich aus der Punktwertung ergibt, und zwar sind sie nach der Reihenfolge geordnet, die sich aus dem Verfahren des Ölalterungs-Transformators ergibt.

Zahlentafel 12. Zusammenstellung der Rangordnung der Öle, die sich aus der Punktwertung ergibt.

Öl	Oa-T	D	Cu	Sd	Sz
Rb	I	I	I	I	I
Ra	II	VI	VI	IX	VIII
Cb	III	III	II/III	II	IV
Bb	IV/V	IV	IV	III	VII
Ab	IV/V	V	II/III	VII	VI
Cc	VI	VII	V	IV	XII
Aa	VII	VIII/IX	VIII	VI	IX
Ba	VIII	VIII/IX	VII	V	X
Rc	IX	X	X	XI	III
Bc	X	XII	XI	X	II
Ac	XI	XI	XII	XII	V
Ca	XII	II	IX	VIII	XI

Die Reihenfolge beim Kupferverteerungszahl-Verfahren ist, abgesehen vom Ra-Öl, ungefähr die gleiche wie im Ölalterungs-Transformator. Das gleiche gilt vom schwedischen Verfahren. Die Weißöle (Rc, Bc, Ac) werden beim Schweizer Verfahren offenbar viel zu gut beurteilt. Der Ölalterungs-Transformator zeigt, daß sie für den praktischen Betrieb zu den schlechtesten Ölen gehören.

Zum Schluß soll noch über einige Versuche berichtet werden, welche die Frage des Einflusses des elektrischen Feldes auf das Öl betreffen. Die schwedische Versuchsanordnung legt im Gegensatz zu allen anderen bisher gebräuchlichen Verfahren Wert darauf, daß das Öl während des Alterungsversuchs von einem elektrischen Feld beeinflußt wird.

Ohne daß die Frage hier entschieden werden soll, möchte der Verfasser einen Beitrag zu ihrer Lösung geben. Der Verfasser hat bei einer Reihe von Ölen die Säurezahl, die Leitfähigkeit in Siemens/cm und den dielektrischen Verlustwinkel bestimmen lassen (Zahlentafel 13). Die elektrischen Messungen sind im Hochspannungslaboratorium der AEG-Transformatorenfabrik von Herrn Kujath ausgeführt.

Öl I war ein gebrauchtes Öl;
Öl II war ein durch 14tägiges Erhitzen auf 95° künstlich gealtertes Weißöl;
Öl III war neues Öl.

Zahlentafel 13. Säurezahl, Leitfähigkeit und dielektrischer Verlustwinkel verschiedener Öle.

Öl	S Z.	Leitfähigkeit	$1000 \cdot \mathrm{tg}\,\delta$
I	1,8	$1,04 \cdot 10^{-11}$	53
II	26	$4,4 \cdot 10^{-9}$	> 1500
III	0,03	$4,23 \cdot 10^{-13}$	4,4

Zahlentafel 14. Temperaturerhöhung der Öle nach Zahlentafel 13.

Öl	Zeit h	Δt	Volt
I	30	13,5	8000
II	20	39,4	2700
III	24	0,85	8000

Die Öle wurden in kleinen Kondensatoren unter Spannung gesetzt und ihre Temperaturerhöhung bestimmt (Zahlentafel 14).

Die verwendeten Kondensatoren waren bei allen Ölen gleich. Bei Öl II trat bei höherer Spannung als 2700 Volt Durchschlag ein.

Aus diesen Messungen geht hervor, daß bei Ölen unzulässig hoher Säurezahl und zugleich hoher Leitfähigkeit Stromverluste auftreten, die eine Erwärmung des Öles zur Folge haben. Öle mit guter Säurezahl (0,03 bei Öl III) zeigen keine in Betracht kommende Temperaturerhöhung. Man kann daher wohl nicht im allgemeinen vom Einfluß des elektrischen Feldes auf das Öl sprechen, sondern muß annehmen, daß in gealterten Ölen unter dem Einfluß der angelegten Spannung Stromverluste auftreten. Diese Erscheinung muß jedoch noch weiter untersucht werden.

Der gleiche Zusammenhang zwischen Säurezahl, Verlustwinkel und Leitfähigkeit wurde auch an den 12 Ölen gefunden, die im Ölalterungs-Transformator im Betrieb waren. Die Zahlen der Tafel 15 sind nach 4500 Betriebsstunden gemessen worden. Der Schlamm wurde vor der Messung durch einen Faltenfilter abfiltriert. Die Durchschlagfestigkeit des unfiltrierten Öles unterschied sich nur unwesentlich von der des filtrierten. Manche Öle waren nach dem Filtrieren etwas besser, andere etwas schlechter geworden.

Zahlentafel 15.
Säurezahl, Leitfähigkeit, Verlustwinkel und Durchschlagfestigkeit nach 4500 Betriebsstunden.

Öl	S.Z.	Leitfähigkeit	$1000 \cdot \tg \delta$	Durchschlagsfestigkeit kV/cm
Ra	1,54	$8,55 \cdot 10^{-13}$	20	157
Rb	0,42	$4,12 \cdot 10^{-14}$	2	192
Rc	8,0	$1,53 \cdot 10^{-11}$	278	131
Aa	0,9	$1,09 \cdot 10^{-12}$	25	127
Ab	0,7	$1,57 \cdot 10^{-13}$	5	185
Ac	11,9	$1,97 \cdot 10^{-11}$	340	163
Ba	0,84	$2,87 \cdot 10^{-12}$	61	162
Bb	0,84	$1,25 \cdot 10^{-12}$	27	165
Bc	9,7	$2,36 \cdot 10^{-11}$	370	199
Ca	1,56	$2,22 \cdot 10^{-12}$	53	163
Cb	0,60	$7,25 \cdot 10^{-13}$	18	157
Cc	1,12	$1,18 \cdot 10^{-12}$	27	182

Bei einem neuen, trockenen Öl mit der Säurezahl 0 wurde der Verlustwinkel $1000 \cdot \tg \delta = 1$ und die Leitfähigkeit $3,4 \cdot 10^{-14}$ Siemens/cm gefunden.

Das Dielektrikum papierisolierter Höchstspannungskabel.

Von E. Kirch.

Es wird zu einigen aktuellen Fragen Stellung genommen, die die Natur der Vorgänge in den Komponenten (also dem Papier einerseits und dem Tränkgut anderseits) sowie in dem aus Papier und Tränkgut kombinierten Dielektrikum betreffen.

Das aus Papier und einem Tränkgut bestehende Kabel-Isoliermaterial stellt ein Kompromiß dar, über dessen günstigste Zusammensetzung man vermutlich streiten wird, solange Hochspannungskabel mit diesem kombinierten Dielektrikum isoliert werden. Die Ursache hierfür liegt in der verschieden hohen Wertung, welche die eine oder andere Eigenschaft bzw. der eine oder andere Komplex von Eigenschaften zu Recht oder Unrecht erfährt. Wegen der Mannigfaltigkeit des Problems infolge der verwickelten Abhängigkeit der elektrischen von den physikalischen Eigenschaften sowohl bei den Komponenten selbst als insbesondere bei der Kombination Tränkgut-Papier läßt sich naturgemäß eine für alle Fälle gleich günstige Zusammensetzung der Tränkmasse bzw. ein günstigstes Verhältnis von Papiervolumen zu Tränkgutvolumen nicht angeben. Was beispielsweise für Höchstspannungskabel von grundlegender Bedeutung sein kann, verdient bei Kabeln geringerer Beanspruchung kaum Beachtung, während anderseits Maßnahmen, die bei Niederspannungskabeln ohne Bedenken zugelassen werden können, bei hohen Spannungen zu einem Mißerfolg führen müssen. Um ein den jeweiligen Hauptforderungen entsprechendes Isoliermaterial erfolgreich zusammenzustellen, ist es also Grundbedingung, das Wesen der Vorgänge, wie den Durchschlag eines trockenen Papieres, die dielektrischen Verluste von Tränkstoffen, die Hohlraumbildung und die hiervon herrührenden Glimmverluste bei dem kombinierten Dielektrikum usw. genau zu klären. Beiträge zu den erwähnten aktuellen Fragen sollen die nachfolgenden Abhandlungen geben.

1. Der Durchschlag von trockenem Papier.

Das spezifische Gewicht der in der Kabeltechnik verwendeten Papiere liegt innerhalb der Grenzen von ungefähr 0,6 bis höchstens 1,2, wobei das letztgenannte Gewicht heute noch als äußerster Grenzwert anzusehen ist. Berücksichtigt man, daß das spezifische Gewicht der Zellulosefasern bei etwa 1,5 liegt, so ergibt sich hieraus, daß Volumenanteile von etwa:

$$V_1 = \frac{1,5 - 1,2}{1,5} \cdot 100 = 20 \text{ vH}$$

bzw.

$$V_2 = \frac{1,5 - 0,6}{1,5} \cdot 100 = 60 \text{ vH}$$

der erwähnten Papiere nicht mit Fasermaterial angefüllt sind. Bei guter Trocknung kann der verbleibende Gewichtsanteil von Wasser gegenüber dem Zellulosegewicht vernachlässigt werden, so daß also für diesen Fall die ganzen Hohlräume als mit Luft bzw. einem anderen Gas gefüllt anzusehen sind. Die Erfahrung hat gelehrt, daß die relative Durchschlagfestigkeit, wie man sie unter gleichen Bedingungen, beispielsweise bei rasch gesteigerter

Spannung, ermittelt, von dem spezifischen Gewicht abhängig ist. Eingehende Versuche haben bewiesen, daß die Durchschlagfestigkeit unter der Voraussetzung des gleichen Gefüges in engen Grenzen entweder etwas stärker oder etwas schwächer als proportional der Dichte ansteigt. Geht man beispielsweise so vor, daß man ein Papier von einem spezifischen Gewicht 0,75 durch Walzen verdichtet, so beobachtet man entsprechend der oben gemachten Angabe, daß die Durchschlagspannung bis zu einer Verdichtung von $\sim s = 1 \div 1{,}1$ praktisch konstant, d. h. also die Durchschlagfeldstärke etwa proportional der Dichte wächst. Die obere Grenze der Verdichtung eines Papieres, bis zu welcher die angegebene rohe Beziehung Gültigkeit hat, ist dadurch gegeben, daß bei einer gewissen Verdichtung, deren Höhe wiederum abhängig ist von dem Gefüge des Papieres, insbesondere von den Mengenverhältnissen der „röschen" und „schmierigen" Fasern, eine Zertrümmerung der einzelnen Zellulosefasern und damit des ganzen Gefüges eintritt.

Durchweg eine Proportionalität in der Beziehung zwischen der Durchschlagspannung und der Dichte anzunehmen, wäre jedoch unrichtig. Dies mag eine Grenzbetrachtung bestätigen:

Für den Anfangswert, also den Zellulosegehalt 0, ist $\mathfrak{E}_D \neq 0$, sondern $\mathfrak{E}_D = \mathfrak{E}_{D\,\text{Luft}}$. Für die Werte nahe dem Anfangswert, bei dem man es noch nicht mit Papier im eigentlichen Sinne zu tun hat, muß zunächst die Tatsache, daß die Gegenwart eines Stoffes von so hoher Dielektrizitätskonstante ($\varepsilon_\text{Zellulose} \sim 6$) eine Beanspruchungserhöhung in der Luft zur Folge hat, eine Verminderung der Durchschlagspannung bewirken (vgl. die Durchschlagspannung von losen Geweben, Juteschichten u. dgl.). Erst bei einer Verfilzung der Fasern ist mit einem Wiederanstieg auf Grund der durch die Verfilzung gegebenen, ausgesprochenen Barrierenwirkung zu rechnen. Außerdem würde sich unter Annahme einer Proportionalität für das ideale Papier, das also zu 100 vH aus Zellulose bestehen müßte, eine Festigkeit von nur etwa 15 kV/mm ergeben, wenn man eine Festigkeit von 8 kV/mm für ein Papier vom spezifischen Gewicht 0,8 zugrunde legt. Ein so niedriger Endwert ist jedoch weder mit dem hohen Absolutwert der Durchschlagfestigkeit eines getränkten Papieres, der bei einem spezifischen Gewicht von 1,1 rd. 70 kV/mm und mehr betragen kann, noch der Tatsache vereinbar, daß die Festigkeit eines getränkten Papieres mit dem spezifischen Gewicht des Papieres, also dem Papieranteil, steigt. Die Unmöglichkeit eines derartigen Grenzwertes ist außerdem durch die experimentell gefundenen Durchschlagswerte von relativ sehr dichten Spezialpapieren mit sehr geringer Luftdurchlässigkeit, die weit höher liegen, bewiesen. Es muß also eine andere Beziehung gelten. Obwohl bereits viele Versuche in der angegebenen Richtung im AEG-Kabelwerk Oberspree ausgeführt worden sind, reichen die Ergebnisse noch nicht aus, Bestimmtes hinsichtlich der Abhängigkeit auszusagen. Die bisherigen Untersuchungen legen es jedoch nahe, eine Beziehung zwischen dem Hohlraumvolumen des Papieres V und seiner Durchschlagfestigkeit $\mathfrak{E}_D$ anzunehmen, die etwa folgende Form hat:

$$\frac{\mathfrak{E}_{D_1}}{\mathfrak{E}_{D_2}} = \sqrt[n]{\frac{V_2}{V_1}},$$

in der, wie bemerkt, der Wert für n noch nicht feststeht. Eine Beziehung der angegebenen Art ist naturgemäß auch nur sehr primitiv insofern, als sie über die Mechanik des Vorganges im einzelnen naturgemäß nichts aussagen kann. Sie weist jedoch den Vorzug auf, daß sie Ursache und Wirkung zueinander in Beziehung bringt, während die Darstellung der Festigkeit durch das spezifische Gewicht zunächst nur beschreibend ist.

Setzt man für n den Wert 2 ein, so würde man hierdurch die Auffassung zum Ausdruck bringen, daß unter der weiteren Annahme, daß eine Proportionalität zwischen dem Volumen und dem inversen Wert des fiktiven elektrischen Widerstandes besteht, den die Kanäle dem Durchtritt der Ionen bieten, eine konstante Energiemenge für den Durchschlag eines Kanals erforderlich ist, die proportional dem Wert

$$\mathfrak{E}_{D_1}^2 \cdot V_1 = \mathfrak{E}_{D_2}^2 \cdot V_2 = \cdots$$

ist.

An der Stelle des Grenzwertes $\mathfrak{E}_D = \infty$ für $V_1 = 0$ müßte der Natur der Sache nach der Durchschlagwert des idealen Papieres stehen, der unbekannt, aber aller Voraussicht nach sehr hoch ist. Daß die der angegebenen einfachen Funktion entsprechenden Werte auch in der Nähe des Grenzwertes $V = 100$ v H keine Übereinstimmung mit den wahren, physikalisch begründbaren Werten zeigen können, geht aus dem oben Gesagten hervor. Für den einstweilen praktisch vorkommenden Bereich der spezifischen Gewichte von Isolierpapieren und darüber hinaus dürfte eine derartige Formulierung jedoch bessere Werte liefern als irgend eine andere.

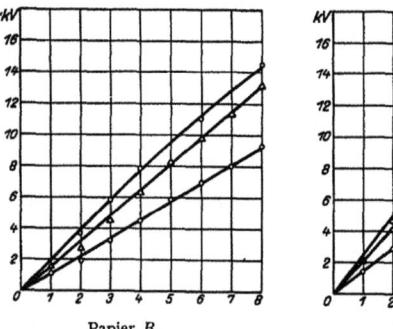

Bild 1. Durchschlagspannung von trockenen Papieren als Funktion der Papierlagenzahl.

Kurve oben: Gleichspannung, Kurve mitte: Scheitelwert der Wechselspannung, Kurve unten: Effektivwert der Wechselspannung von 50 Per/s.

Voraussetzung für die Richtigkeit der oben angegebenen Beziehung zwischen Durchschlagfestigkeit und Hohlraumvolumen ist natürlich, daß es sich bei dem Durchschlag des trockenen Papieres tatsächlich im wesentlichen um einen Durchschlag der darin befindlichen Hohlräume handelt.

Hierfür sprechen verschiedene Umstände, beispielsweise der, daß die Durchschlagspannung eines Papieres bestimmter Stärke höher liegt als die einer gleich starken Luftschicht, da dieses Verhalten im Einklang steht mit der bekannten Tatsache, daß die Durchbruchfeldstärke von vielen übereinanderliegenden dünnen Luftschichten gegebener Gesamtstärke höher liegt als die einer einzelnen Schicht gleicher Dicke. Eine solche Betrachtung ist jodoch unzulänglich, weil man es bei Kabelpapieren

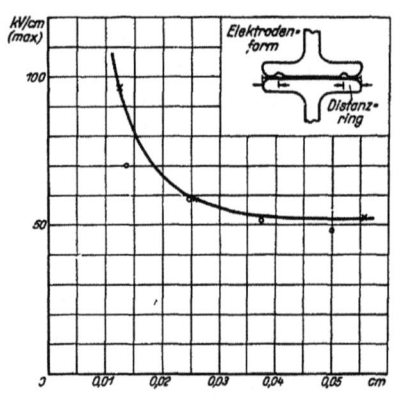

Die Durchbruchfeldstärke als Funktion der Schichtdicke.
× Messungen von Dubski. ○ Messungen des Verfassers mit den dargestellten Elektroden.

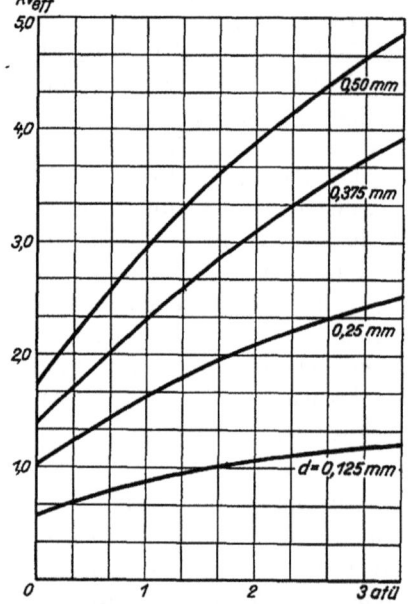

Die Durchschlagspannungen von Luftschichten bestimmter Stärke als Funktion des Überdruckes.

Bild 2. Durchschlaguntersuchungen an Luftschichten.

nicht mit einer Übereinanderlagerung von Luftschichten zu tun hat, die durch feste, planparallele Wände voneinander getrennt sind, sondern gewissermaßen mit Schichten, die gleichzeitig in Richtung des Feldes miteinander Verbindung haben. In diesem Sinne war die Ermittlung von Wichtigkeit, daß die Durchschlagfestigkeit einer Luftschicht außer von ihrer Dicke von dem Durchmesser des Luftkanals abhängig ist und um so höher wird, je kleiner dieser ist[1].

Ferner spricht für die Tatsache, daß man es beim Durchschlag trockener Kabelpapiere im wesentlichen mit einem Luftdurchschlag zu tun hat, der bekannte Umstand, daß nur verhältnismäßig geringe Unterschiede in der Durchschlagspannung bei Gleich- und Wechselstrom bestehen, wobei naturgemäß der Scheitelwert der Wechselspannung mit dem Gleichspannungswert zu vergleichen ist (Bild 1).

Eine weitere Möglichkeit, die Richtigkeit der oben gemachten Annahme zu belegen, bestand in der Ermittelung der Durchschlagspannung von Kabelpapieren in Abhängigkeit von dem Druck, unter dem sich die Luft (das Gas) in den Hohlräumen dieser Papiere befindet. Die Ergebnisse derartiger Untersuchungen sind auf den Bildern 2, 3 und 4 wiedergegeben. Sie zeigen zunächst, daß die Gegenwart von Feuchtigkeit nicht von überragendem Einfluß auf den Durchschlagswert ist und bestätigen mit aller Deutlichkeit, daß der Trockenpapierdurchschlag seinem Charakter nach ein Luftdurchschlag ist.

Den besten Weg zur Erkenntnis und damit zur quantitativen Beherrschung der Mechanik des Vorganges bildet wohl die Verlustmessung an trockenen Papieren. Daß ein

Papiere im Anlieferungszustand (luftfeucht). Papiere vorgetrocknet.

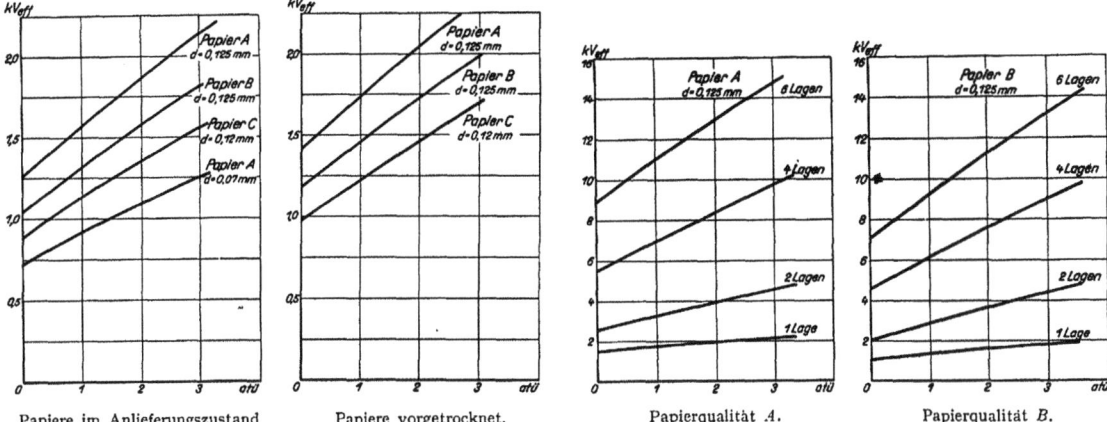

Bild 3. Durchschlagspannung verschiedener Papiere als Funktion des Überdruckes.

Papierqualität A. Papierqualität B.

Bild 4. Durchschlagspannung mehrerer übereinander geschichteter Papierlagen. (Vgl. Bild 2 rechts.)

Glimmen bei einer weit niedrigeren Spannung als der Durchschlagspannung eintritt, läßt sich bereits mit dem Gehör feststellen. Diese Beobachtung wird durch die Verlustmessung bestätigt, wobei wiederum, wie zu erwarten, die Papiere einen um so größeren Fehlwinkel aufweisen, je leichter sie sind. Die im Kabelwerk Oberspree durchgeführten Messungen an einzelnen Papieren haben neben der Bestätigung dieser Tatsache unzweideutig bewiesen, daß schon bald nach Beginn der Ionisation Glimmfäden vorhanden sein müssen, die, ohne auf ihrem Weg durch eine dielektrische Barriere unterbrochen zu sein, die beiden Elektroden praktisch miteinander verbinden. Daß diese keinen Kurzschluß im eigentlichen Sinne darstellen, dürfte wohl nur mit dem extrem kleinen Querschnitt der Kanäle und ihrer im Vergleich zur Papierstärke verhältnismäßig großen Länge zu erklären sein.

Es sei in diesem Zusammenhang bemerkt, daß es eine gewisse Gefahr in sich birgt, sich bei der Wahl von Kabelpapieren ohne weiteres auf deren „Dichtigkeit" bzw. den Reziprokwert hiervon, also die „Porosität", zu berufen[2]. Die Porosität hängt nämlich außer von der Dichte (dem spezifischen Gewicht) von vielen anderen Umständen, insbesondere beispielsweise von der Menge der „schmierigen" Fasern ab. Unter der Voraussetzung, daß

[1] Siehe Gyemant, Z. techn. Phys. 1929, H. 8, S. 328

[2] Emanueli, ETZ 1925, S. 1701.

das Gefüge der zu vergleichenden Papiere praktisch gleich ist, kann naturgemäß auch die Porosität als Maß für deren relative Güte herangezogen werden.

2. Die dielektrischen Verluste von Kabeltränkmassen.

Anhaltspunkte für die untere Grenze der Qualität eines Dielektrikums bietet die Größe des Fehlwinkels, bei der unter der höchsten zu erwartenden Erwärmung (Kurzschlüsse!) das elektrisch-thermische Gleichgewicht gestört wird. Betrachtet man die Angelegenheit von dieser Seite, so sieht man, daß man bei niedriger Beanspruchung sehr tolerant sein kann, während man bei hoher Beanspruchung größere Vorsicht walten lassen muß, zumal man mit einer verhältnismäßig erheblichen Streuung auf Grund großer Inhomogenität in dielektrischer Hinsicht rechnen muß, die wiederum entweder den Materialien (Tränkgut, Papier) eigen sein kann bzw. auf die örtlich verschiedenen Mengenverhältnisse beider Komponenten zurückgeführt werden muß, oder ihre Ursache in Mängeln des Dielektrikums in Gestalt lokaler Hohlräume haben kann. Es ist schwer zu entscheiden, welches von den angeführten Momenten in einem bestimmten Fall den schwerer wiegenden Einfluß

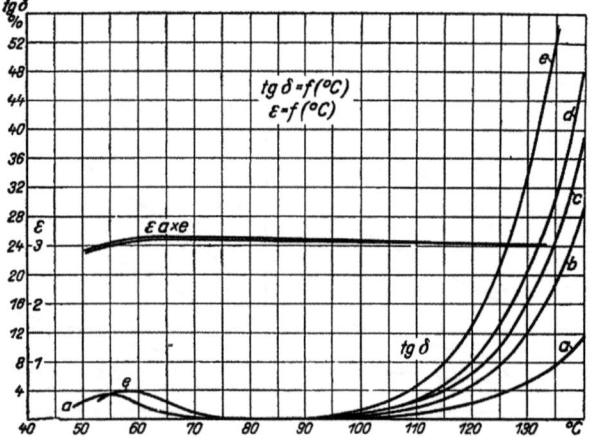
Dielektrizitätskonstante und Fehlwinkel von Gemischen aus einem hochoxysäurehaltigen Harz (e) und einer reinen Abietinsäure (a).

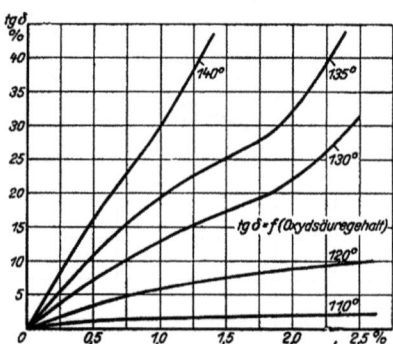
Der Fehlwinkel als Funktion des Oxysäuregehaltes bei verschiedenen Temperaturen.

Bild 5. Der Zusammenhang zwischen dem Fehlwinkel und dem Oxysäuregehalt von Harzen.

hat. Die theoretische Auswertung von Zeitdurchschlagkurven nach dieser Richtung spricht dafür, daß die Mängel in Form von Hohlräumen in dieser Hinsicht eine vorherrschende Rolle spielen. Aus dieser Erkenntnis ergibt es sich wiederum, daß man hinsichtlich der Eigenschaften der Stoffe in elektrischer Beziehung unter Umständen zu Zugeständnissen bereit sein soll, wenn man hiermit erreichen kann, daß die für die Hohlraumbildung bzw. -gestaltung maßgebenden physikalischen Eigenschaften im günstigen Sinne beeinflußt werden. Immerhin beanspruchen jedoch auch die dielektrischen Verluste des Tränkgutes bei der heutigen Praxis ebenfalls eine eingehende Würdigung, da die Tatsache, daß man dem Öl mit Rücksicht auf Erzielung günstiger physikalischer Eigenschaften heute durchweg Harz beimischt, unter Umständen zu einer recht erheblichen Steigerung der Verluste führt. Das Zusetzen von Harz hat zwei grundsätzlich verschiedene Folgen. Die erste ist die erhebliche Steigerung des Leitwertes bei hohen Temperaturen, die, wie eine Reihe von Untersuchungen gezeigt hat, im wesentlichen dadurch verursacht wird, daß dem Öl mit dem Harz gleichzeitig größere Mengen von Oxysäuren des Harzes einverleibt werden (Bild 5). Man hat es heute noch nicht vollständig in der Hand, die Oxysäuren des Harzes so weit zu begrenzen, daß ihr Einfluß verschwindend wird, ohne daß hierbei gleichzeitig der Compound in physikalischer Hinsicht ungünstiger wird. Die Auswahl des Harzes stellt also ein Kompromiß dar, das beiden Momenten gebührend Rechnung tragen muß. Die zweite Folge des Harzzusatzes sind die Dipolreibungsverluste, die nach der Debyeschen Theorie an eine bestimmte Viskosität gebunden sind und dann ihren Höchstwert aufweisen, wenn Resonanz besteht

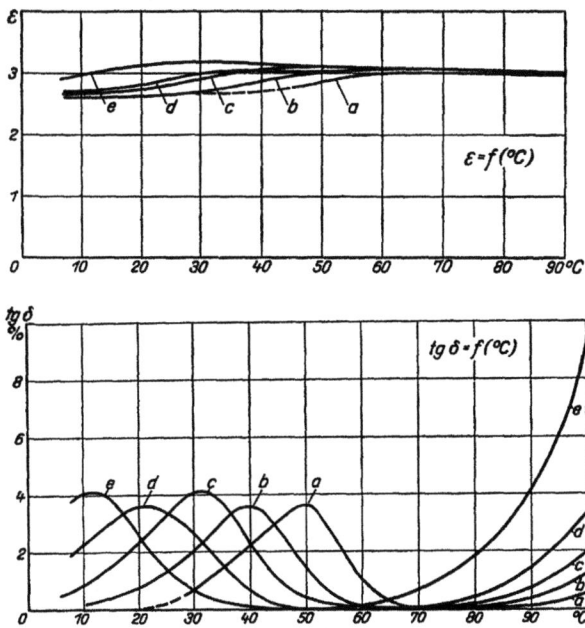

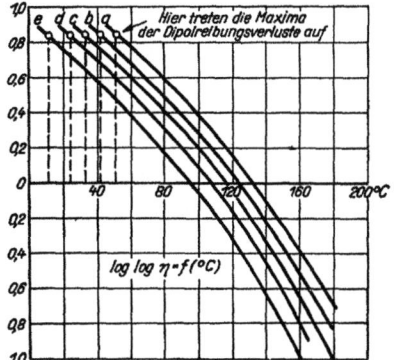

Bild 7. log · log (Viskosität [Engler-Grade]) als Funktion der Temperatur.
Mischungsverhältnis wie bei Bild 6.

Bild 6. Dielektrizitätskonstante und Fehlwinkel von Compounden aus Transformatorenöl und Harz.

Mischungsverhältnis:

	Harz	Öl
a	100	0
b	95	5
c	90	10
d	85	15
e	75	25

zwischen der unter sonst gleichen Verhältnissen lediglich durch die Viskosität gegebenen Eigenfrequenz der Dipolmoleküle des Materials und der aufgedrückten Frequenz. Die Ergebnisse einiger Versuche, die diese Zusammenhänge zwischen den elektrischen und physikalischen Eigenschaften des Materials zeigen, geben die Bilder 6 und 7 wieder[1]. Die durch Bild 6 dargestellten Ergebnisse, die in allen Einzelheiten beste Übereinstimmung mit der Debyeschen Dipolreibungstheorie zeigen, mögen als Anhalt dafür dienen, daß auch die Verluste dieser Art bei hohen Beanspruchungen unbedingt Beachtung finden müssen.

3. Die Bildung von Hohlräumen in dem kombinierten Dielektrikum.

Was die Hohlraumbildung angeht, so ist ohne weiteres zu erwarten, daß sowohl die Eigenschaften des Tränkgutes als auch die des Papieres hierauf von Einfluß sind. In dieser Beziehung sind Dichte und Porosität des Papieres einerseits und Schwund und Viskosität des Tränkgutes anderseits bzw. die Störungen, die die Viskosität durch einen zu hoch liegenden Stockpunkt infolge der Gegenwart bestimmter Komponenten erleidet, von ausschlaggebender Bedeutung. Die letzterwähnte Tatsache wurde von Riley und Scott[2] einer eingehenden Betrachtung unterzogen. Wenn man auch den hier gemachten Schlußfolgerungen grundsätzlich zustimmen muß, sprechen analoge Versuche, die im Kabelwerk Oberspree durchgeführt werden, gegen deren quantitative Richtigkeit. Zur gleichen Auffassung gelangt man, wenn man die Frage theoretisch behandelt, indem man von dem Schwund auf die Größe des gesamten Hohlraumvolumens und von diesem wiederum mit Hilfe einer später angegebenen Beziehung auf die Größe der Glimmverluste schließt. Untersuchungen an zwei Versuchswicklungen (Bild 8), die mit zwei Tränkmassen, deren Stockpunkt bzw. Tropfpunkt verschieden hoch lag, getränkt waren, zeigten unter gleichen Bedingungen für die Tränkung und Abkühlung die in den Kurven dargestellten Fehlwinkel-

---

[1] Näheres siehe in einer späteren Veröffentlichung Kirch-Riebel, Arch. Elektrot.
[2] Riley und Scott, I. E. E. Bd. 66.

charakteristiken. Es ist hierzu ergänzend zu bemerken, daß sich der Ausdehnungskoeffizient des dünnflüssigeren Tränkgutes nicht wesentlich von demjenigen mit dem höheren Tropfpunkt unterschied, wenigstens nicht so ausgesprochen, daß dies bei der an und für sich rohen Betrachtung Berücksichtigung finden müßte. Daß dennoch die Ergebnisse mit dem einen Tränkgut weit ungünstiger liegen als mit dem anderen, liegt in der Hauptsache daran, daß, wie ein nachträgliches Abwickeln der Versuchsobjekte zeigte, bei dem Tränkgut mit **hohem Tropfpunkt einzelne Hohlräume verhältnismäßig großer Abmessungen** auftraten, während bei dem anderen Tränkgut bei nicht sehr viel kleinerem Hohlraum-Gesamtvolumen die einzelnen Hohlräume äußerst geringe Abmessungen besaßen und weit gleichmäßiger auf das ganze Dielektrikum verteilt waren. Der Stockpunkt von etwa 45° in dem ungünstigeren Falle verhinderte von dieser Temperatur ab bereits einen Austausch und Ausgleich des Tränkgutes durch die in breiter Bahn aufgelegten Papiere hindurch. Selbst in dem Zwischenraum zwischen zwei übereinanderliegenden Lagen konnte, wie die

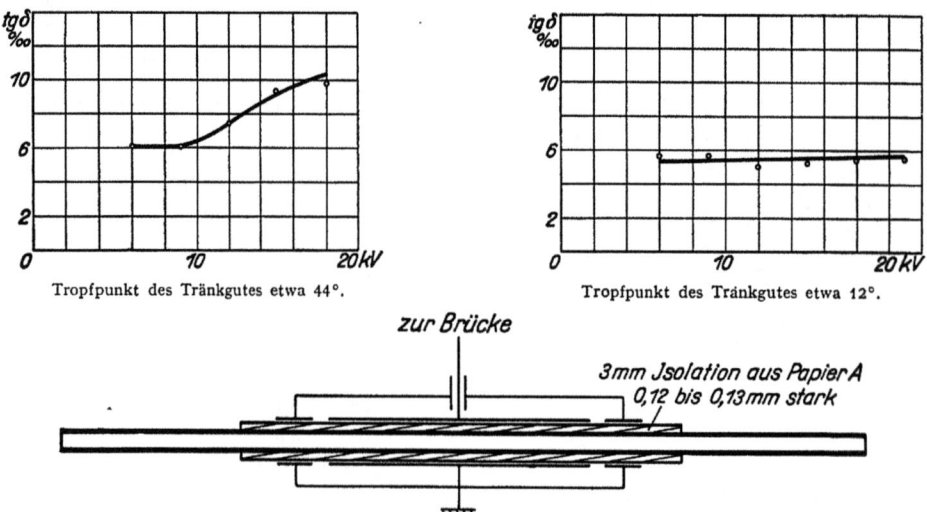

Bild 8. Fehlwinkel-Charakteristiken von Versuchswicklungen (Papier in breiter Bahn aufgewickelt).

Abwicklung deutlich zeigte, von einem beachtenswerten Fließen nicht die Rede sein. Die sich infolgedessen im wesentlichen in der Mitte der breiten Papierbahn bildenden großen Hohlräume hatten naturgemäß eine verhältnismäßig niedrige Ionisationsspannung und damit ein ausgesprochenes Glimmen zur Folge. Im Gegensatz hierzu konnte sich bei Verwendung eines Tränkgutes mit stetiger Viskositätscharakteristik in den fein verteilten Lunkern wegen deren relativ hoher Ansprechspannung (trotz eines wohl auch hier herrschenden relativ niedrigen Druckes) selbst bei verhältnismäßig hohen Beanspruchungen eine Ionisation von nennenswertem Betrage nicht entwickeln. Das Nachströmen der Masse von der Seite aus war bei den Versuchsstäben naturgemäß trotz der großen Erschwerung infolge Anwendung breiter Papiere nicht vollkommen unterbunden. Es wäre jedoch unrichtig, wie ebenfalls die Abwicklung der Papiere zeigte, dieser Tatsache im vorliegenden Falle den größeren Teil an dem Erfolg hinsichtlich der Herabsetzung der Ionisation zuzuschreiben.

Nimmt man für den vorliegenden Fall an, daß das Dielektrikum zu 60 vH aus Papier und zu 40 vH aus Tränkgut bestand, was der Wägung gemäß zutraf, so ergibt sich bei einem Schwund des Tränkgutes von ~ 7 vH für 100° für eine Temperaturspanne von 25° ein Hohlraumvolumen von etwa
$$0{,}9 \cdot 0{,}4 \cdot 7 \text{ vH} \cdot \frac{25}{100} = 0{,}63 \text{ vH}^*.$$

---

* Vgl. Kirch, Sonderheft der VDE-Tagung Aachen 1929.

Bei gleichmäßiger Verteilung dieser Hohlräume ergibt sich hieraus für das vorliegende Dielektrikum eine Kapazität, die um $\sim \varepsilon \cdot 0{,}63 = \sim 3{,}5 \cdot 0{,}63 \sim 2{,}2$ vH kleiner ist als die eines ideal getränkten Dielektrikums. Stellt man sich die im Dielektrikum vorhandenen Hohlräume durch die Glimmentladung vollkommen widerstandslos während der gesamten Dauer der Periode überbrückt vor, so würde hieraus also — im Grenzfalle — eine größtmögliche Kapazitätsänderung von dem angegebenen Betrage, das sind 2,2 vH folgen. Wie nun unten näher dargelegt werden soll, entspricht diesem Betrag ein Fehlwinkel von höchstens 0,007. Der Vergleich mit der Messung zeigt, daß die Übereinstimmung so vollkommen ist, wie man sie im vorliegenden Fall erwarten darf, auf alle Fälle jedoch, daß der Schwund allein keinen Fehlwinkel zur Folge haben kann, der zwischen 0,01 und 0,1 liegt.

Ein Kabel hat gegenüber der untersuchten Anordnung den Vorteil, daß das in schmalen Bändern aufgewickelte Papier den Masseaustausch erleichtert und den Nachteil, daß Hohl-

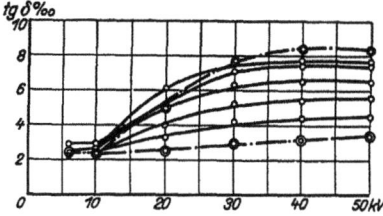
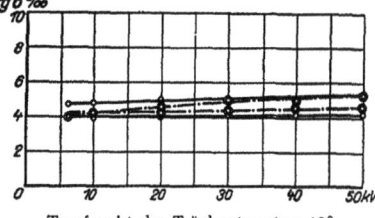

Tropfpunkt des Tränkgutes etwa 44°.   Tropfpunkt des Tränkgutes etwa 12°.

Bild 9. Fehlwinkel-Charakteristiken von zwei Kabeln der gleichen Type (H-Kabel) nach wiederholter Erwärmung bis 60°.

räume von verhältnismäßig großer Höhe (in Richtung des Feldes gemessen) auftreten können. Beide Tatsachen prägen sich in der Charakteristik des Fehlwinkels eines Kabels je nach den Umständen mehr oder minder stark aus. Ionisationskurven, die an zwei Kabeln gleichen Aufbaues nach mehreren aufeinanderfolgenden Erwärmungs- und Abwicklungszyklen aufgenommen wurden, lassen auch diese Einflüsse erkennen (Bild 9). Mit aller Deutlichkeit jedoch kommt hier der **grundlegende Unterschied**, auf den oben hingewiesen wurde, zum Ausdruck: Während das im eigentlichen Sinne viskose Tränkgut auch nach wiederholter erheblicher Erwärmung zu sehr günstigen Ergebnissen führt, nimmt der Fehlwinkel bei dem Tränkgut mit hohem Stockpunkt mindestens bis zu einem dem Schwund zwischen Tropfpunkt und Abkühlungstemperatur entsprechenden Grenzwert zu. Diese Tatsache ist darauf zurückzuführen, daß man es bei einer solchen Tränkmasse nach Unterschreiten des Stockpunktes nicht mehr mit einer wahren, sondern nur mehr mit einer Pseudoviskosität zu tun hat, die im Grenzfalle, also beispielsweise bei Verwendung von Vaseline, zur Plastizität wird.

4. Die Abhängigkeit der Glimmverluste vom Hohlraumvolumen.

In Anbetracht der erwähnten Tatsache, daß Hohlräume bei der Anwendung einer Tränkmasse hoher Viskosität nicht vollkommen vermeidbar sind und der Erkenntnis, daß sie von entscheidendem Einfluß auf die Betriebssicherheit des Kabels bei hohen Beanspruchungen sein können, war es notwendig, die Frage nach dem Zusammenhang zwischen Hohlraumvolumen und Glimmverlust einer eingehenden theoretischen Betrachtung zu unterziehen. Hierbei war gleichzeitig zu klären, warum unter bestimmten Verhältnissen die Ionisationsfunktion je nach den Umständen einen verschiedenen Charakter in Abhängigkeit von der Spannung aufweist.

Ausgang für eine solche Betrachtung muß die bekannte Beziehung für einen Verluststrom bilden von der Form

$$J = U \cdot \frac{dC}{dt},$$

wo J den Strom, U die Spannung und dC/dt die Kapazitätsänderung in der Zeiteinheit bedeuten.

Vom praktischen Standpunkt aus gesehen ist durch diese Darstellung die unmittelbare Verknüpfung zwischen Ursache und Wirkung gegeben, da die Kapazitätsänderung (als Unterschied der Kapazitäten vor und nach Überbrückung der Hohlräume durch das Glimmen) in den Abmessungen des Objektes und der Hohlräume, welch letztere die Ursache für die Erscheinung sind, darstellbar ist.

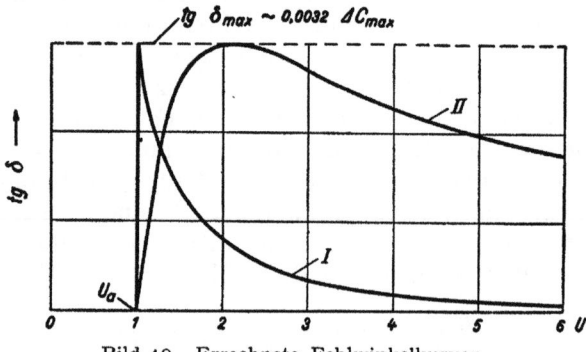

Bild 10. Errechnete Fehlwinkelkurven.
I Annahme: Spannung an der Glimmstrecke=0.
II Annahme: Spannung an der Glimmstrecke=U=konstant=Zündspannung.

Es ist aus verschiedenen Gründen sehr schwierig, aus der angegebenen Formel einen allgemeinen Ausdruck für den Fehlwinkelanteil, der dem Glimmen entspricht, zu entwickeln. Die Schwierigkeiten beruhen darin, daß das Glimmen nicht während der ganzen Periode bzw. Halbperiode andauert, sondern nur während Bruchteilen, und seine Dauer außerdem von der Spannung abhängig ist, insbesondere jedoch darin, daß der Spannungsabfall an der Glimmschicht im Dielektrikum selbst eine Funktion des Stromes J und damit wiederum sowohl von der Spannung U als auch von dC abhängig ist.

Eine große Anzahl von Versuchen zeigte, daß unter bestimmten Verhältnissen ohne große Fehler stark vereinfachende Annahmen für die Charakteristik der Glimmfäden zulässig sind.

Muß beispielsweise von einem einzelnen Glimmfaden bzw. -funken ein verhältnismäßig großer Strom geführt werden, so ist in erster Annäherung die Vereinfachung zulässig, daß der Spannungsabfall an diesem Funken bei dem durch die Wechselspannung von 50 Per/s verursachten Strom, der diese Funkenbahn benützt, gleich Null ist[1].

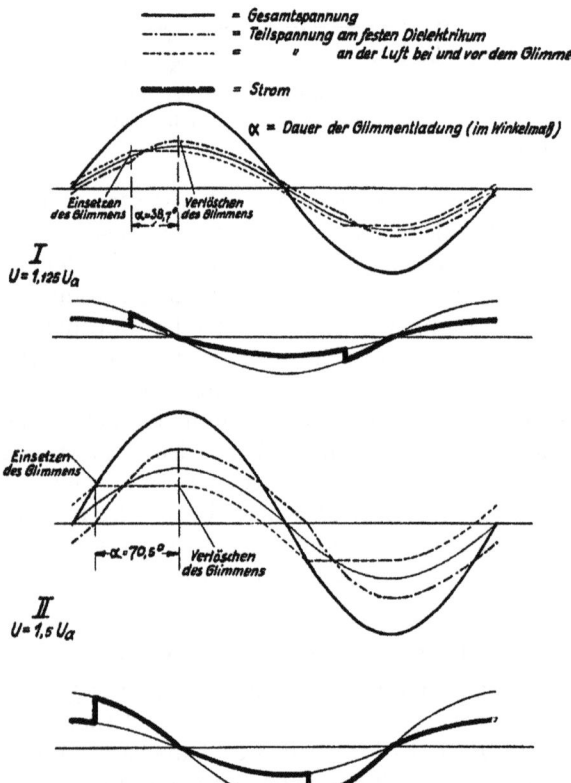

Bild 11. Graphische Bestimmung des Zündmoments, der Dauer des Glimmens und des Stromverlaufs für verschiedene Spannungen.
I Spannung=1,125 × Ansprechspannung. *II* Spannung=1,5 × Ansprechspannung.

Handelt es sich jedoch um eine große Anzahl parallel geschalteter feiner Glimmfäden, von denen jeder einen minimalen Strom führt, so ist die vereinfachende Annahme am Platze, daß an diesen Glimmfäden unabhängig von dem von ihnen zu führenden Strom während der ganzen Dauer ihres Bestehens die Spannung U = konst. = U_z herrscht, wobei U_z die Spannung bedeutet, die zu ihrer Zündung nötig war.

---

[1] Siehe hierzu die zahlreichen Pionierarbeiten von M. Toepler.

Nach diesen vereinfachenden Annahmen muß man dann unter strenger Beachtung des Einflusses der Ladungen im Innern des Dielektrikums die Zeiten ermitteln, während deren die Ionisation besteht. Es sei bemerkt, daß man zu vollkommen unbrauchbaren Ergebnissen kommt, wenn man den Einfluß dieser Ladungen im Innern des Dielektrikums auf den Stromverlauf und damit den Beginn und die Dauer des Glimmens nicht berücksichtigt. Ansätze dieser Art sind vielfach in der Literatur zu finden, haben jedoch keinerlei praktische Bedeutung, da die „dynamische Charakteristik" des Vorganges ganz anders ist als die „statische", wenn diese Bezeichnungen im vorliegenden Fall erlaubt sind.

Da der erste Fall — bei dem also ein Funke einen relativ großen Strom führen muß — die Verhältnisse im Kabeldielektrikum nur bei sehr hohen Beanspruchungen angenähert charakterisiert und deshalb nicht die gleiche Bedeutung hat wie der zweite Fall, seien hier ohne Ableitung nur die Ergebnisse der für den ersten Fall angestellten Berechnungen wiedergegeben. Sie lassen sich kurz folgendermaßen zusammenfassen:

Unabhängig von der Dauer des Funkens tritt ein gleichbleibender Verlust auf. Dies bedeutet also, daß in der Fehlwinkeldarstellung vom Glimmbeginn ab gerechnet, der Fehlwinkel als quadratische Kurve abfällt, derart, daß also bei der doppelten Ansprechspannung $1/4$, bei der dreifachen $1/9$ usw. des Anfangswertes erreicht wird. Der Anfangswert des Fehlwinkels, also der Höchstwert, ist für verhältnismäßig kleines ΔC darstellbar durch die Beziehung

$$\operatorname{tg}\delta_{\max} = 0{,}0032\,\Delta C_{\max}\,\mathrm{vH},$$

wo $\Delta C_{\max}$ vH die größtmögliche Kapazitätsänderung, gemessen an der Objektkapazität, darstellt. Schaltet man also beispielsweise zwei Kapazitäten von 400

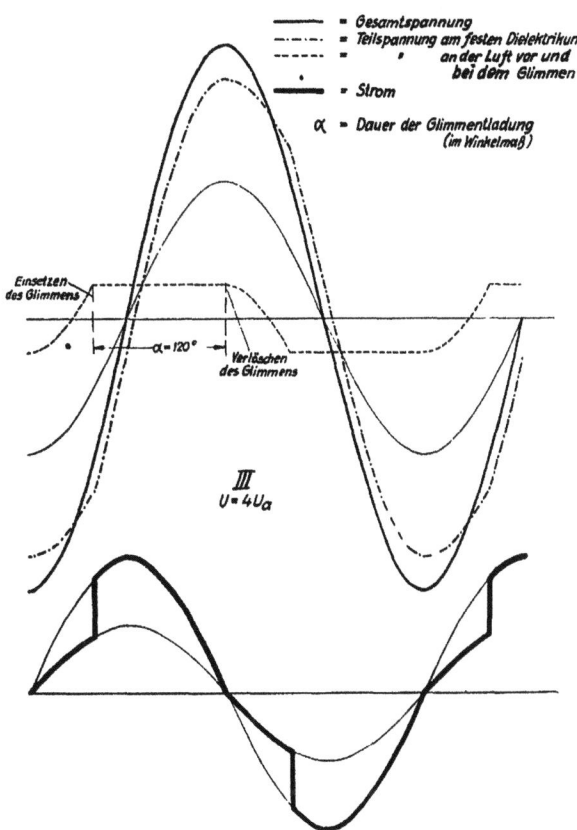

Bild 12. Graphische Bestimmungen des Zündmoments der Dauer des Glimmens und des Stromverlaufs für die Spannung $U = 4 \times$ Ansprechspannung.

und 4000 cm hintereinander, so beträgt ihre resultierende Kapazität 360 cm. Wird die größere der beiden Kapazitäten nach Erreichen einer bestimmten Spannung durch eine ihr parallel geschaltete Funkenstrecke überbrückt, so beträgt unter der Annahme, daß der Überbrückungsfunke nach erfolgtem Überschlag widerstandslos ist, die Kapazität 400 cm. Die größtmögliche Kapazitätsänderung der Anordnung nach Überbrückung der größeren Kapazität beträgt also $400 - 360 = 40$ cm = etwa 10 vH.

Es gilt also für den vorliegenden Fall

$$\operatorname{tg}\delta_{\max} = 0{,}0032 \cdot 10\,\mathrm{vH} = 0{,}032\,.$$

Der Verlauf einer solchen Fehlwinkelkurve ist in Bild 10 durch Kurve 1 gekennzeichnet. Im gleichen Bild zeigt Kurve 2 den Verlauf des Fehlwinkels unter der zweiten vereinfachenden Annahme hinsichtlich der Spannung an der Glimmstrecke (U Glimmstrecke = konst. = U_z).

Die Funktion der Kurve 2 soll nachfolgend entwickelt werden, weil bei dieser Entwicklung all das, was für den Vorgang kennzeichnend ist, berührt werden muß. Die Bilder 11 und 12 mögen als Erläuterung zu der rein graphischen Behandlung der Aufgabe dienen.

Es sei mit Rücksicht auf Übersichtlichkeit der Sonderfall behandelt, daß die später durch die Glimmentladung überbrückte Gasschicht die gleiche Kapazität hat wie das in Reihe mit dieser Gasschicht liegende feste Dielektrikum, und es sei hierbei die Annahme gemacht, daß die Glimmentladung in das feste Dielektrikum nicht eindringen kann. Unter dieser Voraussetzung sei nun untersucht, wie sich die Verhältnisse für eine beliebige Spannung, beispielsweise für das 1,5 fache der Ansprechspannung der Anordnung gestalten. Als Ausgangspunkt für die Betrachtung sei der Augenblick gewählt, in dem die Spannung ihren Höchstwert hat, und hierbei die am Ende der Betrachtung zu beweisende weitere Annahme gemacht, daß in diesem Augenblick die Glimmentladung erlischt. Unter den gemachten Voraussetzungen muß dann von diesem Augenblick ab (vgl. Spannungs- und Stromkurve II von Bild 11) ein kapazitiver Strom fließen, welcher der aufgedrückten Spannung und der Kapazität der Hintereinanderschaltungen der ideal isolierenden Luftschicht und des festen Dielektrikums entspricht. Dieser Strom vermindert die Ladung, d. h. die Spannung an dem festen Dielektrikum und gleichzeitig die an der Luftschicht. Nachdem diese den Wert Null erreicht hat, findet eine Ladung im umgekehrten Sinne statt, bis die Überschlagspannung der Luftschicht wiederum erreicht ist (gestrichelte Kurve). Von diesem Augenblick ab jedoch muß ein größerer Ladestrom fließen, und zwar im vorliegenden Fall von der doppelten Höhe des ursprünglichen entsprechend der Tatsache, daß jetzt die doppelte Kapazität zu laden ist.

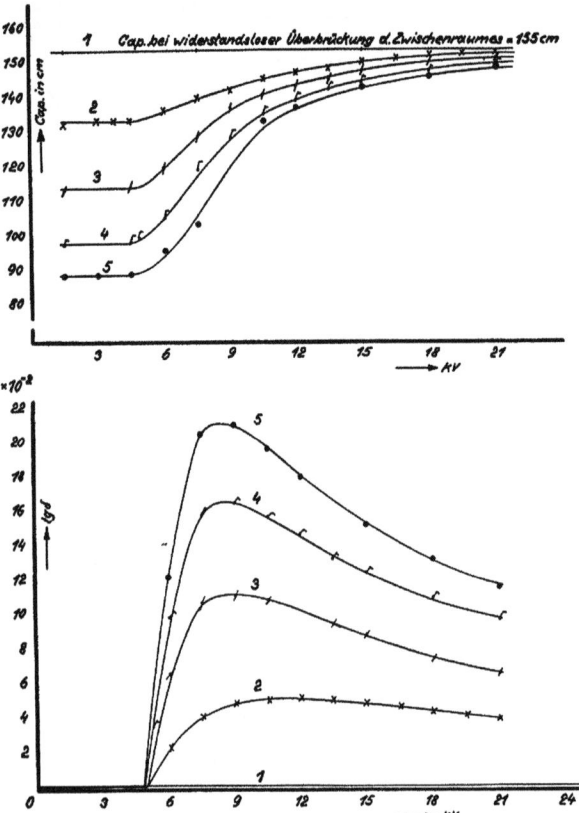

Bild 13. Verlauf der Kapazität und des Fehlwinkels ionisierender Dielektrika (Kombination Isolierstoff und Luftschicht).

Durch den größeren Strom ladet sich die Kapazität des festen Dielektrikums in einer kürzeren Zeit auf, als sie sich entladen hat, um im Scheitelwert der Spannung unter den gemachten Annahmen im vorliegenden Fall einen Wert von $^2/_3$ der Gesamtspannung zu erreichen. (Die Spannung an der Glimmstrecke soll während des Vorganges vereinbarungsgemäß konstant bleiben.) Das Glimmen an der Luftstrecke muß in diesem Augenblick aufhören, da kein Strom mehr fließen kann. Die Notwendigkeit des Erlöschens kann man auch so zeigen, daß man die Annahme macht, daß in diesem Augenblick noch ein schwacher Strom fließen möge. Dieser Strom würde dann die Ladung und damit die Spannung an dem festen Dielektrikum erhöhen und somit die Spannung an der Glimmstrecke, welche den Unterschied zwischen der Gesamtspannung und der Spannung am festen Dielektrikum entspricht, unter den Wert der Ansprechspannung herabsetzen und hiermit das Erlöschen des Glimmens bewirken.

Das Dielektrikum papierisolierter Höchstspannungskabel. 513

Die gleiche Betrachtung, die im vorstehenden Beispiel für eine Spannung vom 1,5 fachen der Ansprechspannung der Anordnung angestellt wurde, liefert für andere Spannungen U die diesen Spannungen entsprechenden Zeiten für das Glimmen.

In den Bildern 11 und 12 sind als weitere Beispiele

$$U = 1{,}125 \cdot U_a;$$
$$U = 4 \cdot U_a$$

gewählt. Für die letzte Kurve ergibt sich dabei das zunächst überraschende Ergebnis, daß das Glimmen, das beispielsweise bis zum Scheitelwert der positiven Halbperiode währt,

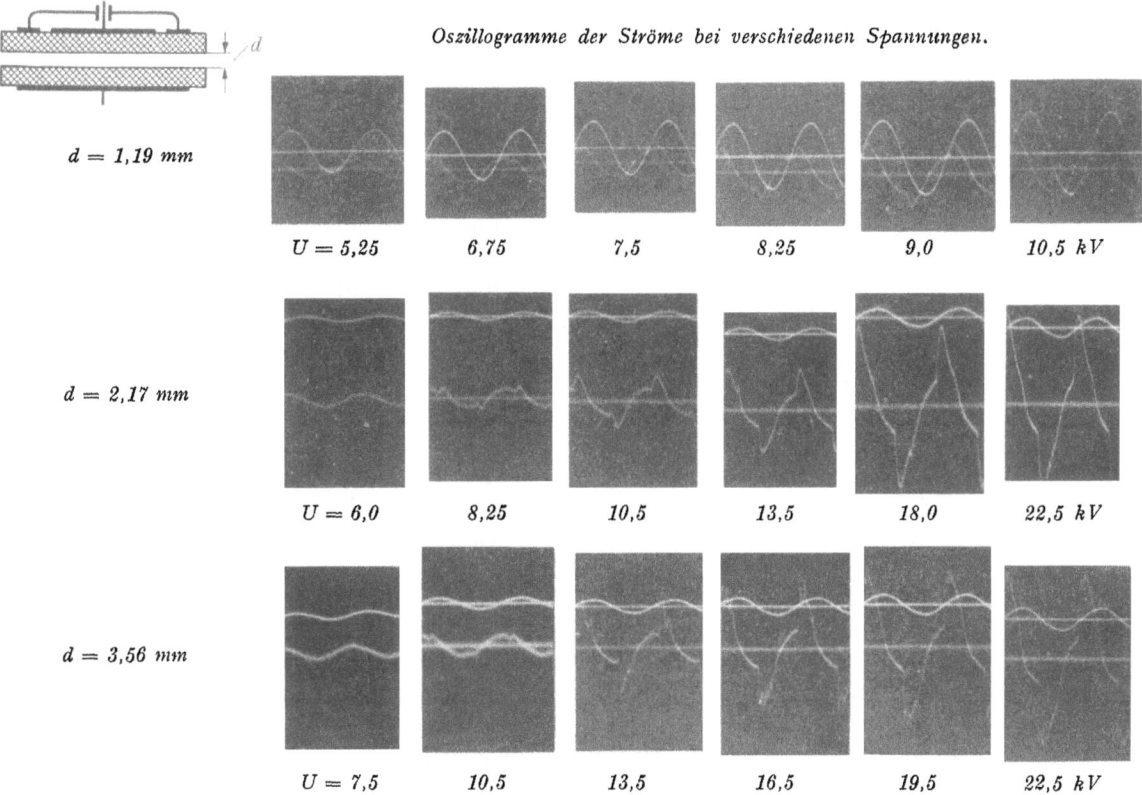

Bild 14. Ionisationsuntersuchungen an einem glimmenden Modell.

nicht in einem bestimmten Augenblickswert dieser Halbperiode einsetzt sondern bereits in der vorhergehenden negativen Halbperiode.

Stellt man nun die Energiebilanz mit Hilfe der wiedergegebenen Bilder auf, indem man aus der Beziehung

$$U_{\text{Glimmstrecke}} \cdot \int_{t_0}^{t_x} i_{\text{momentan}} \cdot dt$$

für die Zeit 0 bis t_x die Verluste ermittelt und diese Verluste ins Verhältnis zur Ladeleistung setzt, so erhält man für den Fehlwinkel eine für kleine Winkel gültige Beziehung, die in Kurve II des Bildes 10 wiedergegeben ist. Sie hat bei gleicher Kapazitätsänderung den gleichen Höchstwert wie die Kurve I. Der Verlauf ist jedoch ganz anders insofern, als nicht bereits bei der Ansprechspannung, sondern erst bei dem Doppelten der Ansprechspannung der Höchstwert erreicht wird und von hier ab dann nach einem verhältnismäßig breiten Maximum ein allmähliches Absinken der Kurven stattfindet.

Wie weitgehend die Übereinstimmung im Verlauf von experimentell aufgenommenen Fehlwinkelkurven mit der errechneten Kurve ist, möge als Beispiel Bild 13 zeigen, in dem gleichzeitig der Verlauf der Kapazität als Funktion der Spannung wiedergegeben ist.

Eine weitere Bestätigung für die Zulässigkeit der angegebenen Vernachlässigung geben die Oszillogramme der Ströme von glimmenden Dielektriken nach Bild 14. Sie zeigen die mit zunehmender Spannung wachsende Dauer des Glimmens und außerdem deutlich die erwähnte Tatsache, daß das Glimmen, das angenähert im Scheitelwert der Halbwelle abreißt, unter Umständen bereits in der vorhergehenden Halbwelle einsetzt. Daß jedoch die gemachte Vernachlässigung nur für verhältnismäßig kleine Ströme in vollem Umfange zulässig ist, beweist die untere Reihe der Oszillogramme, in denen das wiederholte Abreißen und Wiedereinsetzen des Glimmens (zackige Stromkurve) nur so zu erklären ist, daß bei den hier bereits verhältnismäßig großen Strömen (entsprechend der großen Kapazität nach Überbrückung) eine ausgesprochene Abhängigkeit des Spannungsabfalls an der Glimmschicht vom Strom vorliegt.

In einem Kabeldielektrikum, bei dem man es naturgemäß nicht mit einem, sondern mit einer Reihe von Glimmherden zu tun hat, liegen die Verhältnisse etwas verwickelter als für den theoretisch behandelten Fall, zumal bei der verschiedenen radialen Lage der Hohlräume das Glimmen entsprechend der verschiedenen Beanspruchung nicht gleichzeitig, sondern nacheinander beginnt. Unter gewissen Umständen — praktisch in den meisten Fällen — entspricht die resultierende Kurve hier der Superposition einer Reihe von Fehlwinkelkurven der angegebenen Art. Ein Beispiel für eine derartige durch Superposition entstandene Kurve zeigt Bild 15, wobei

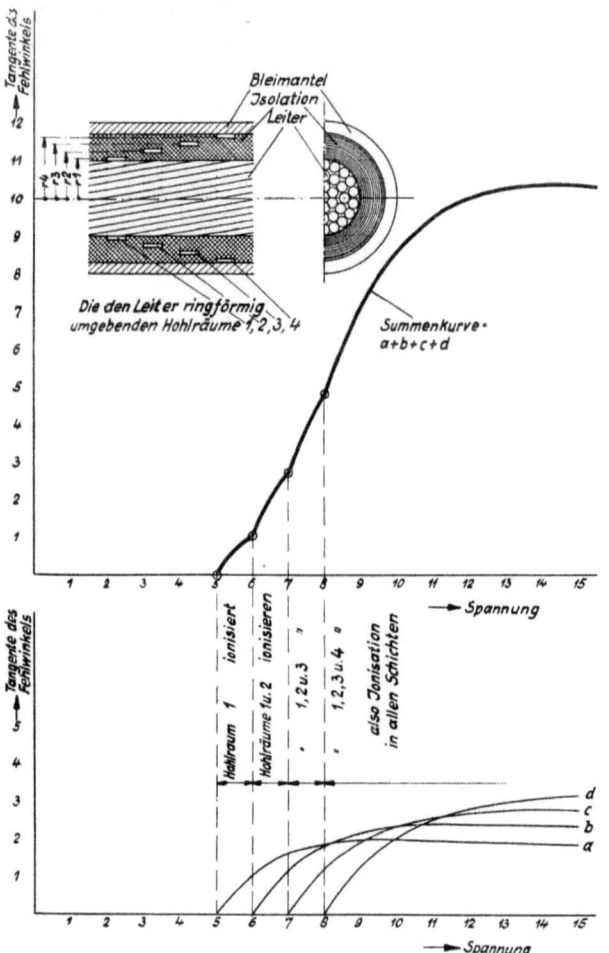

Bild 15. Beispiel für die Fehlwinkelkurve (lediglich Ionisation!) eines Kabels.

die Annahme gemacht ist, daß die Hohlräume nach dem Bleimantel zu — beispielsweise entsprechend dem Steigen der Papierdicke — größer werden. Der hierdurch bedingten größeren Kapazitätsänderung entspricht ein größerer Scheitelwert der jeweiligen Fehlwinkelkurve.

Es ist ohne weiteres ersichtlich, daß je nach der Lage, der Verteilung und der Größe der Hohlräume im Kabeldielektrikum die tgδ-Kurve jeden beliebigen Charakter haben kann. Sie kann also vom Ionisationspunkt ab geradlinig konvex oder auch konkav zur Abszisse verlaufen. Diese Feststellung entspricht vollauf der praktischen Erfahrung, die ja bekanntlich lehrt, daß kaum eine Ionisationskurve der anderen völlig ähnlich ist. Aufgenommene Ionisationskurven an Kabeln zeigen vielmehr alle Varianten begonnen mit der verhältnismäßig einfachen Kurve, die unzweideutig auf Hohlräume in einer bestimmten radialen Lage schließen läßt, bis zu solchen sehr verwickelten Charakters.

Bild 16 zeigt eine Statistik für einen Faktor A, wie er definiert ist, als das Verhältnis:

$$A = \frac{\text{gemessener Verlust in vH der Ladeleistung}}{\text{gemessene Kapazitätsänderung in vH der ursprünglichen Kapazität}}.$$

Für etwa 70 km Kabel gleichen Aufbaues wurde dieser Faktor für die gleiche Spannung aus den Ionisationskurven und Kapazitätskurven dieser Kabel ermittelt. Der Verlauf der Ionisationskurven der verschiedenen Kabel war recht verschieden, ebenso der Absolutwert der Ionisation bei der angesetzten Spannung, die angenähert dem Doppelten der Ionisationsspannung der Kabel entsprach. Eine völlige Gleichheit des Faktors konnte also von vornherein nicht erwartet werden. Immerhin hält sich die Streuung in verhältnismäßig geringen Grenzen. Der Absolutwert für den Faktor A beträgt im Mittel 0,5. Es ist interessant, mit diesem durch Versuch bestimmten Faktor den rechnerisch unter vereinfachenden Voraussetzungen (wie sie für die elektrisch sehr verwickelte Feldform des Drehstromkabels naturgemäß nicht ohne große Einschränkung gelten) ermittelten Wert zu vergleichen: Wie man aus einer früher gezeigten experimentell ermittelten Kurve sieht und außerdem rechnerisch beweisen kann, ist die bei dem Höchstwert des Fehlwinkels unter der Voraussetzung einer einzigen Glimmschicht gemessene Kapazitätsänderung

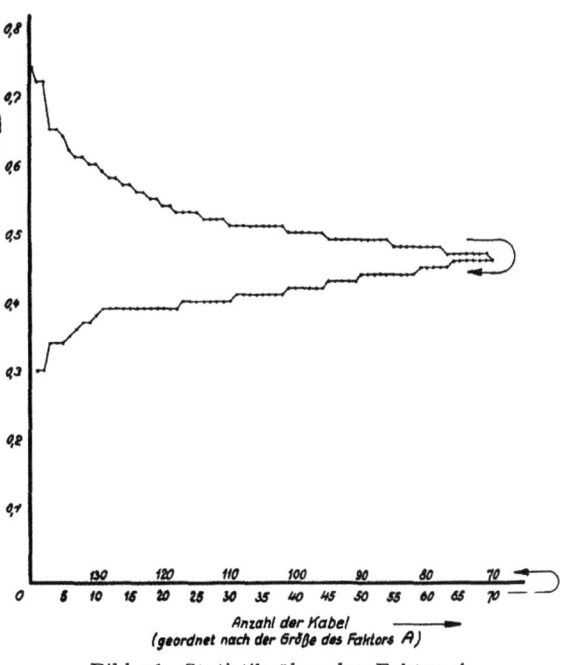

Bild 16. Statistik über den Faktor A.
Untersuchte Kabeltype: Normalkabel 30 kV. Längen insgesamt 70 km.

etwa halb so groß wie die höchstmögliche Kapazitätsänderung, also die Grenzänderung für widerstandslose Überbrückung. Dementsprechend müßte man unter diesen Voraussetzungen für den Faktor A einen Wert von

$$2 \cdot 0{,}0032 \cdot 100 = 0{,}64$$

erwarten. In Anbetracht der großen Vernachlässigungen, die mit Rücksicht auf eine durchsichtige Betrachtung gemacht wurden, kann man die Übereinstimmung mit dem experimentell gefundenen Mittelwert von 0,5 als sehr gut bezeichnen.

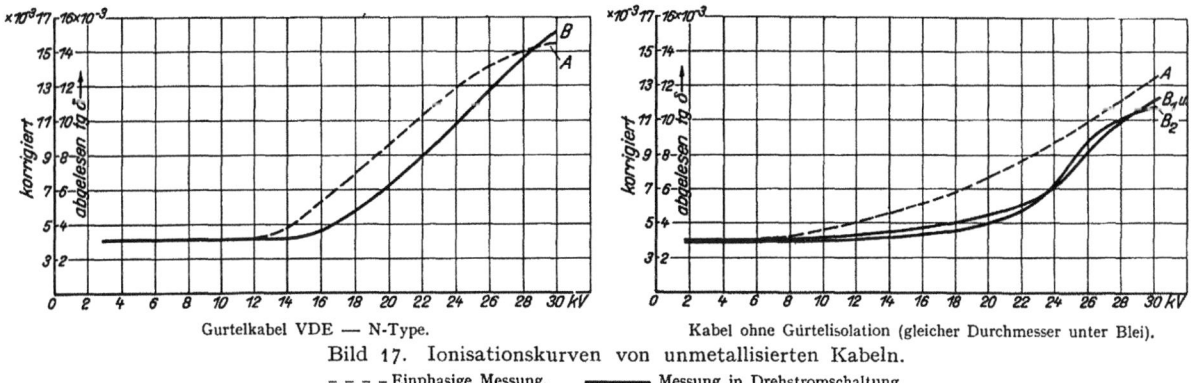

Gurtelkabel VDE — N-Type.   Kabel ohne Gürtelisolation (gleicher Durchmesser unter Blei).

Bild 17. Ionisationskurven von unmetallisierten Kabeln.
- - - - Einphasige Messung.   ——— Messung in Drehstromschaltung.

Schließlich seien als zweites Beispiel Kabel verschiedenen Aufbaues miteinander verglichen, und zwar in beiden Fällen unmetallisierte Kabel.

Beide Kabel besitzen bei gleichem Querschnitt den gleichen Durchmesser unter Blei. Kabel I entspricht im Aufbau der Normaltype mit Ader- und Gürtelisolation, bei Kabel II ist zugunsten einer verstärkten Aderisolation auf den Gürtel verzichtet. Stellt man nun eine Grenzbetrachtung an, derart, daß man annimmt, daß der Beilauf als schwächster Teil der Isolation vollkommen mit Glimmentladungen erfüllt sei und dielektrisch einen Kurzschluß darstelle, so würde die Betriebskapazität der Kabel in beiden Fällen gleich der Aderkapazität sein. Da die Aderisolation bei Kabel I kleiner ist als bei Kabel II, würde also diese Grenzkapazität bei Kabel I größer sein als bei Kabel II. Nun sind aber die Betriebskapazitäten der beiden Ausführungen im glimmfreien Zustand fast gleich groß. Hieraus ergibt sich, daß die **Kapazitätsänderung** bei dem Gürtelkabel weit größer ist als bei dem gürtellosen Kabel. Das **Gürtelkabel** neigt also zu einem weit **größeren Fehlwinkel** und muß diesen größeren Fehlwinkel unter der Voraussetzung der gleichen Güte des Beilaufes, die bei den vorliegenden Beispielen nicht vorbildlich genannt werden kann, wegen der höheren Feldstärke im Beilauf bereits **früher** erreichen als das gürtellose Kabel.

Bild 17 zeigt Ionisationskurven, die an zwei Kabeln der beschriebenen Art aufgenommen wurden. Sie bestätigen vollauf durch den Verlauf und die Höhe des Fehlwinkels das oben Gesagte.

Die beiden Beispiele sind nur als Muster für die vielfache Anwendungsmöglichkeit der gegebenen Formulierung anzusehen. Auch bei der Bemessung der Isolierung von Muffen und Endverschlüssen und ihrer Gestaltung wie bei allen verwandten Aufgaben der Isoliertechnik leistet sie die besten Dienste sowohl für den prinzipiellen Entwurf als auch für die Festlegung konstruktiver Einzelheiten.

Die Ermittelung der Vorspannungen in der Schweißtechnik.

Von S. Sandelowsky.

Die Ermittlung der Vorspannungen in der Schweißtechnik wird an einem Beispiel, und zwar an der Spurkranzschweißung, durchgeführt. Zunächst wird das Wesen des Anwendungsgebietes erläutert, wobei die mutmaßlichen Ursachen für die außerordentlich starken Schweißspannungen angeführt werden, die oft zum Bruche führen. Die während und nach der Schweißung auftretenden Vorspannungen werden in Wärme-, Schweiß- und Schrumpfspannungen zergliedert. Hierfür werden mathematische Beziehungen abgeleitet und die erforderlichen Temperaturmeßergebnisse angegeben. Auf Grund der Zahlenergebnisse werden Mittel zur Verminderung der Bruchgefahr vorgeschlagen. Die auf Grund der durchgeführten Untersuchungen entwickelte AEG-Radsatz-Schweißanlage wird beschrieben.

Jeder Schweißvorgang erfordert die Zufuhr von Wärme. Je nach dem Verfahren und der Gestalt des Schweißquerschnittes erfolgt die Abkühlung nach durchgeführter Schweißung mehr oder weniger ungleichmäßig. Es entstehen Vorspannungen, Formänderungen oder beides. Die Formänderungen erschweren die Anwendung des Schweißens in vielen Fällen, die Vorspannungen schaffen eine gewisse Unsicherheit in der Berechnung von Schweißverbindungen und vermindern die Zuverlässigkeit und damit das Vertrauen zur Schweißtechnik, so daß es gerechtfertigt ist, sich mit der Ermittelung der Vorspannungen in Schweißungen zu befassen, um dann genau so wie in der Festigkeitslehre auf Grund der nach Ursache, Richtung und Größe bestimmten Spannungen Mittel und Wege zu ihrer Verringerung angeben zu können.

In folgendem soll ein Anwendungsgebiet behandelt werden, bei dem die Formänderungen noch innerhalb der Elastizitätsgrenze zu suchen sind, nämlich die Auftragsschweißung von Radsätzen, bei denen die Schweißvorspannungen nicht selten die Bruchspannung erreichen.

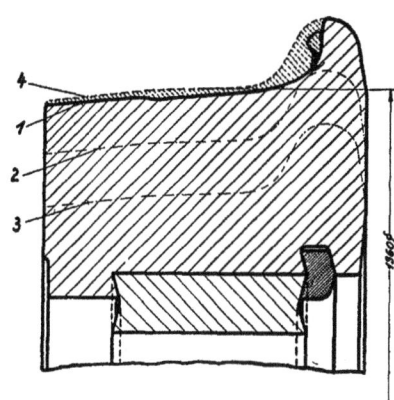

Bild 1. Vergleich zwischen Auftragschweißung und Abdrehen.

Linienzug 1 = Abgenutztes Profil.
" 2 = Durch Abdrehen wieder hergestelltes Vollprofil.
" 3 = Geringste zulässige Reifenstärke.
" 4 = Durch Auftragschweißung wieder hergestelltes Profil.

1. Aufgabe der Untersuchungen.

Es ist bekannt, daß die Laufflächen und Spurkränze von Eisenbahnrädern einer starken Abnutzung unterworfen sind, wie dies Bild 1, Linienzug 1 zeigt. Der Spurkranz ist hier schon so geschwächt, daß ein weiterer Betrieb nicht mehr zu verantworten ist. Der Radsatz und sogar sämtliche Radsätze eines Wagens oder einer Lokomotive müssen, auch wenn die anderen Räder noch brauchbar sind, ausgebaut und nach Linienzug 2 zur Wiederherstellung des alten Profils abgedreht werden. Das gleiche kann sich noch einmal wiederholen. Beim dritten Male ist die Bandage bereits so geschwächt, daß sie gewechselt werden muß. Berücksichtigt man, daß das Ausbauen, Abdrehen und Wiedereinbauen der Radsätze erhebliche Kosten verursacht, daß oft wegen eines Rades sieben weitere Radsätze ausgebaut und abgedreht werden müssen, so erkennt man, daß die heute übliche Ausbesserung, die Auftragsschweißung der abgelaufenen Stellen, wesentliche Einsparungen bringt.

Die Erfahrung zeigte aber, daß aufgeschweißte Räder, vor allem die bandagierten Radsätze von Wagen und Lokomotiven zum Bruche neigen. Meistens reißen die Radreifen nach erfolgter Schweißung und Abkühlung oder beim Ansetzen des Drehstahles auf der Radsatzbank. Dem Bruche nach zu urteilen, liegen Tangentialspannungen vor. In einem Falle wurde Axialbruch festgestellt. Hier führte eine scharfe Bremsung den Bruch herbei, wobei ein Segment von etwa 20° (Bilder 2 und 3) herausplatzte und die Entgleisung der Lokomotive verursachte. Man hat sich in der Literatur schon des öfteren mit den Bruchursachen beschäftigt[1]. Hochkohlenstoffhaltige Reifen sollen besonders stark zum Bruche

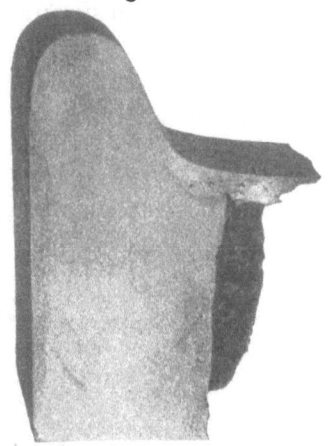 

Bild 2. Ausgeplatztes Bandagenstück (Querschnitt).   Bild 3. Ausgeplatztes Bandagenstück (Bruchgefüge).

neigen, eine starke Schrumpfung soll den Bruch begünstigen. Vor allem werden folgende Bruchursachen angeführt:

1. Ausdehnung der Felge infolge der hohen Felgentemperatur;
2. Ableitung der Lichtbogenwärme in einem steilen Temperaturgefälle innerhalb weniger Sekunden, Abschreckwirkung wie beim Härten von Stahl, Spannungen infolge Temperatur- und Wärmespannungen;
3. radiale Spannungen und Härterisse, hohe Festigkeit des Radreifens.

Weitere, über eine allgemeine Stellungnahme hinausgehende Erklärungen liegen nicht vor. Über die Entstehung der Bruchspannungen kann nach Betrachtung des technologischen Arbeitsvorganges[2] folgendes gesagt werden:

Die Wärmezufuhr während der Schweißung und die Abkühlung nach erfolgter Schweißung rufen wie bei jeder labilen Temperaturänderung Temperaturfelder verschiedener Höhe hervor, die elastische Formänderungen und damit zusätzliche Spannungen verursachen. Wie diese Wärmespannungen rechnerisch erfaßt werden können, wird später gezeigt werden.

Wesentlich anders verhält es sich mit den Schweißspannungen in der Schweißraupe. Auch hier rufen die steilen Temperaturgefälle innerhalb weniger Sekunden infolge der kleinen Masse der flüssigen Schweiße und der großen Radsatzmasse Spannungen hervor, da sich die Raupenoberfläche infolge Strahlung und Konvektion schneller abkühlt als das Raupeninnere, wo die Wärmeabfuhr lediglich auf Wärmeleitung angewiesen ist. Die Formänderung der Raupen ist ferner noch durch die Volumenvergrößerung infolge der Umwandlung von γ- ind α-Eisen und die Verkleinerung durch Übergang der gelösten Härtungskohle

---

[1] Gollwitzer, Organ Fortschr. Eisenbahnwes. 1924, S. 255. — Reiter, Organ Fortschr. Eisenbahnwes. 1929, H. 1, Aufschweißen von Radspurkränzen.

[2] Meller, Elektrische Lichtbogenschweißung. Leipzig 1925.

in Karbide bedingt. Die Verhältnisse liegen hier recht verwickelt und werden durch die Zusammensetzung der Schweißraupen stark beeinflußt. Auch die Schweißspannungen können im Anschluß an die Untersuchungen von Maurer wenigstens grundsätzlich errechnet werden[1].

Zu den beiden genannten Spannungen gesellt sich noch die Schrumpfspannung. Sie hat mit der Auftragschweißung nichts zu tun. Die Bandagen werden bekanntlich um das Schrumpfmaß kleiner gedreht. Zum Aufziehen der Bandagen wird der Durchmesser durch Erwärmung vergrößert. Bei der Abkühlung auf dem Radstern treten infolge verhinderter Zusammenziehung Schrumpfspannungen auf, die den festen Sitz der Bandage auf dem Rade gewährleisten.

Wärme-, Schweiß- und Schrumpfspannungen ergeben, algebraisch summiert, den Gesamtbetrag der Vorspannungen, mit denen ein Radsatz nach erfolgter Schweißung im kritischsten Punkte vorbelastet ist. Dieser Betrag ist für die Beurteilung und Verminderung der Bruchgefahr maßgebend. Die einzelnen Teilbeträge sind daher zu ermitteln.

2. Wärmespannungen.

Wird ein Stab vom Elastizitätsmodul E und von der Wärmeausdehnungszahl n mit einer Kraft gezogen, welche die Spannung σ hervorruft, so erfährt der Stab eine Längenänderung $\varepsilon = \sigma/E$. Die gleiche Längenänderung kann auch durch Erwärmung auf $t°$ hervorgerufen werden. Wird der Stab auf $t°$ erwärmt und an seiner Ausdehnung gehindert, so gilt

$$\sigma/E = n \cdot t \qquad \text{oder} \qquad \sigma = E \cdot n \cdot t, \tag{1}$$

z. B. beträgt die Wärmespannung für einen Stahlstab je °C etwa 0,25 kg/mm².

Bei Radreifen liegen die Verhältnisse wesentlich verwickelter. Wir beschränken uns darauf, die Spannungsverhältnisse in den erfahrungsgemäß gefährlichsten Querschnitten $D-D$ und $G-G$ (Bild 4) festzustellen. Bei der Ermittlung gehen wir wieder von dem Hookeschen Dehnungsgesetz aus, das in seiner allgemeinen Form für Tangential-, Radial- und Axialspannungen wie folgt lautet:

$$\varepsilon_r = \frac{1}{E}\left[\sigma_r - \frac{\sigma_t + \sigma_a}{m}\right] \quad \text{(radial)}, \tag{2}$$

$$\varepsilon_t = \frac{1}{E}\left[\sigma_t - \frac{\sigma_r + \sigma_a}{m}\right] \quad \text{(tangential)}, \tag{3}$$

$$\varepsilon_a = \frac{1}{E}\left[\sigma_a - \frac{\sigma_r + \sigma_t}{m}\right] \quad \text{(axial)}. \tag{4}$$

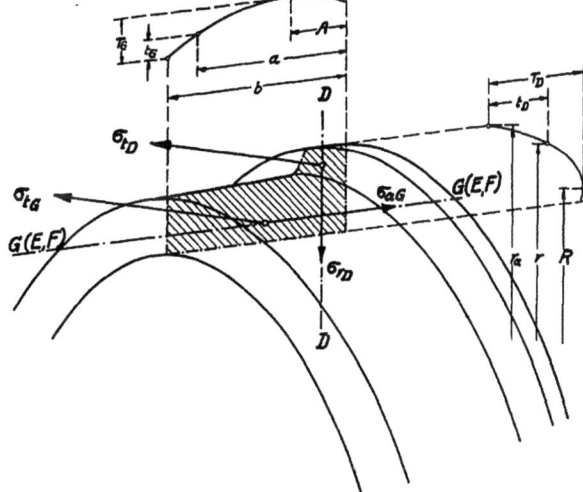

Bild 4. Wärmespannungen in einem Radreifen.

Im vorliegenden Falle sind die Gesamtspannungen ε aus der Summe der Dehnungsspannungen und der sich aus den Temperaturunterschieden ergebenden Temperaturspannungen entstanden. Die Bandage ist ja an der Ausdehnung und Zusammenziehung nur so weit gehindert, als es die dabei entstehenden Dehnungsspannungen zulassen. Allerdings haben die später erwähnten Temperaturmessungen gezeigt, daß die Temperaturunterschiede im Querschnitt $D-D$ axial und im Querschnitt $G-G$ radial unerheblich sind, so daß die entsprechenden Spannungen vernachlässigt werden können.

---

[1] Mitt. Eisenforsch. Bd. 1, S. 39/86.

Für den Radreifen gelten also unter Berücksichtigung der in Bild 4 gewählten Bezeichnungen folgende Beziehungen:

$$\varepsilon_{rD} = \frac{1}{E}\left[\sigma_{rD} - \frac{\sigma_{tD}}{m} - E \cdot n \cdot t_{rD}\right] \quad (5)$$

$$\varepsilon_{tD} = \frac{1}{E}\left[\sigma_{tD} - \frac{\sigma_{rD}}{m} - E \cdot n \cdot t_{rD}\right] \quad (6)$$

$\Biggr\}$ Querschnitt $D \div D$.

$$\varepsilon_{aG} = \frac{1}{E}\left[\sigma_{tD} - \frac{\sigma_{tG}}{m} - E \cdot n \cdot t_{aG}\right] \quad (7)$$

$$\varepsilon_{tG} = \frac{1}{E}\left[\sigma_{tG} - \frac{\sigma_{rG}}{m} - E \cdot n \cdot t_{aG}\right] \quad (8)$$

$\Biggr\}$ Querschnitt $G \div G$.

Bild 5. Meßstand.

Hieraus ergeben sich die Spannungen zu

$$\sigma_{rD} = \frac{E \cdot m}{(m+1)(m-2)}\left[(m-1)\varepsilon_{rD} + \varepsilon_{tD} + (m+1)\cdot n \cdot t_{rD}\right], \quad (9)$$

$$\sigma_{tD} = \frac{E \cdot m}{(m+1)(m-2)}\left[\varepsilon_{rD} + (m-1)\cdot \varepsilon_{tD} + (m+1\cdot n \cdot t_{rD}\right], \quad (10)$$

$$\sigma_{aG} = \frac{E \cdot m}{(m+1)(m-2)}\left[\varepsilon_{aG} + \varepsilon_{tG} + (m+1)\cdot n \cdot t_{aG}\right], \quad (11)$$

$$\sigma_{tG} = \frac{E \cdot m}{(m+1)(m-2)}\left[\varepsilon_{rG} + (m-1)\varepsilon_{tG} + (m+1)\cdot n \cdot t_{aG}\right]. \quad (12)$$

Für ein Zylinderelement sind Radial-, Tangential- und Axialspannungen nach der folgenden Differentialgleichung miteinander verbunden[1]

$$\frac{d(r \cdot \sigma_r)}{r \cdot dr} - \frac{\sigma_t}{r} + \frac{d\sigma_a}{a} = 0. \quad (13)$$

---

[1] Maurer, Stahleisen Bd. 32, S. 1323 ff. 1927.

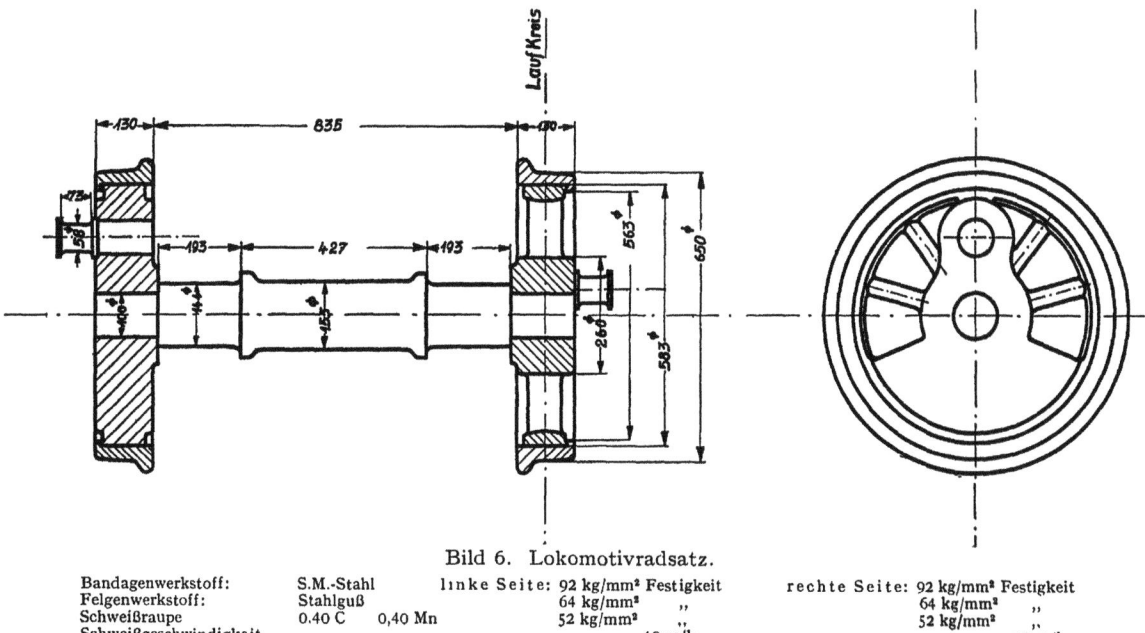

Bild 6. Lokomotivradsatz.

		linke Seite:	rechte Seite:
Bandagenwerkstoff:	S.M.-Stahl	92 kg/mm² Festigkeit	92 kg/mm² Festigkeit
Felgenwerkstoff:	Stahlguß	64 kg/mm² ,,	64 kg/mm² ,,
Schweißraupe	0,40 C 0,40 Mn	52 kg/mm² ,,	52 kg/mm² ,,
Schweißgeschwindigkeit		10 m/h	10 m/h
Schweißstrom		220 A	220 A
Schweißspannung		20 V	22 V
Schweißzeit		5 h 43 min	
Abkühlungszeit		4 h 31,5 min	

Die Dehnungen nach den Gleichungen (5) bis (8) müssen jetzt ebenfalls auf den Radius und die Achse bezogen werden, was durch Bildung der von Hort angegebenen Ausdrücke geschieht[1].

$$\varepsilon_r = \frac{du}{dr}; \quad \varepsilon_t = \frac{v}{r}; \quad \varepsilon_a = \frac{dv}{da}.$$

Hierin ist r der Halbmesser, u die Längenänderung des Halbmessers und dv die Änderung des Zylinderelementes von der Länge da in axialer Richtung. Es bleibt nur noch übrig, den Verlauf der Temperatur zu kennen und diese ebenfalls in analytische Abhängigkeit vom Radius und der Achse zu bringen. Der Temperaturverlauf während der Aufschweißung und Abkühlung ist sehr labil und nur durch Messungen zu ermitteln.

Die Meßanordnung ist aus Bild 5 zu ersehen. Im Bandagenquerschnitt und in der Felge wurden an verschiedenen festgelegten Stellen Thermoelemente isoliert eingebaut, die nacheinander durch eine Umsteckvorrichtung mit einem Millivoltmeter in Reihe geschaltet werden konnten.

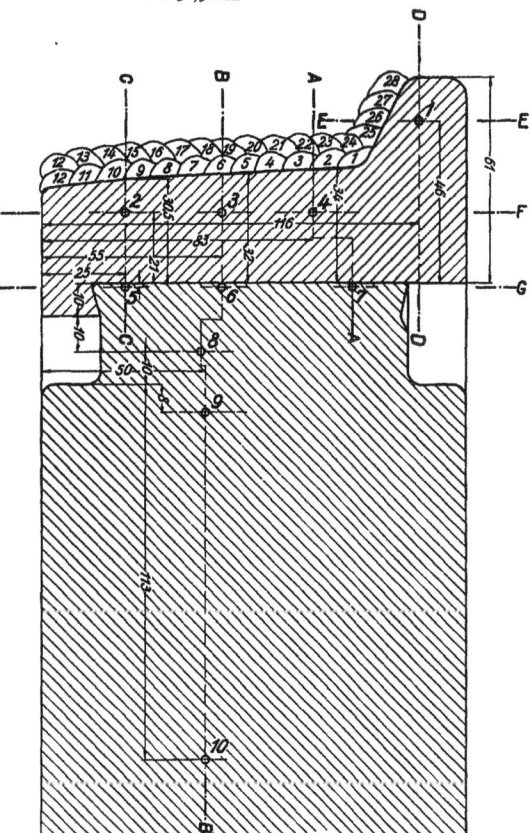

Bild 7. Lokomotivradsatz geschweißte Bandage.

[1] Hort, Die Differentialgleichungen des Ingenieurs. Berlin 1925.

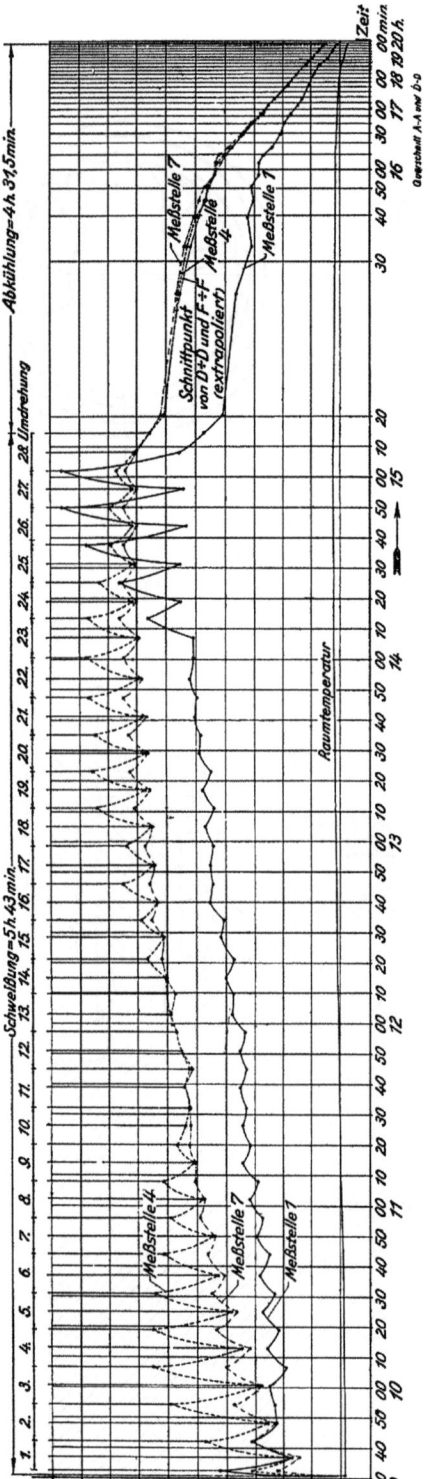

Bild 8. Lokomotivradsatz. Temperaturlauf.

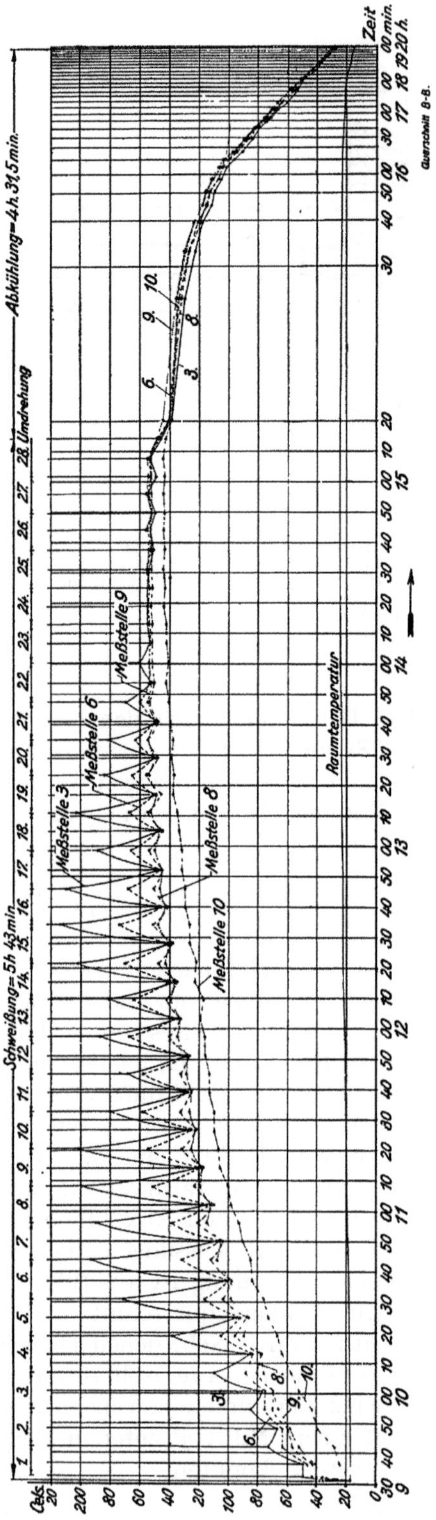

Bild 9. Lokomotivradsatz. Temperaturlauf.

Die Ermittelung der Vorspannungen in der Schweißtechnik. 523

Die Messungen wurden an drei verschiedenen Radsätzen unter verschiedenen Schweißbedingungen durchgeführt, hatten aber fast gleiche Ergebnisse. Hier seien die Versuche an dem Lokomotivradsatz nach Bild 6 kurz beschrieben. Die Verteilung der Meßstellen ist in dem im Maßstab 2:1 dargestellten Radquerschnitt (Bild 7) angegeben. Gleichzeitig ist auch die maßstäbliche Raupenverteilung ersichtlich. Die Raupennummern stimmen mit der Reihenfolge der Umdrehungen überein und sind in den Temperaturläufen (Bilder 8 bis 10) wiederzufinden. Hier sind die Meßergebnisse eines Senkrechtschnittes nach Bild 7 in Abhängigkeit von der Zeit und vom Drehwinkel eingetragen. Die Temperaturen im Querschnitte $D-D$ ließen sich nicht messen und sind daher extrapoliert und errechnet worden.

Die erreichten Höchsttemperaturen betragen für

Meßstelle	1 = 121°	Meßstelle	3 = 140°
,,	4 = 141°	,,	6 = 140°
,,	7 = 142°	,,	8 = 140°
,,	2 = 123°	,,	5 = 135°
,,	9 = 145°	,,	10 = 140°

Aus den Temperaturläufen wird der Querschnittsverlauf herausgegriffen, der die größten Temperaturunterschiede aufweist. Gemäß Gleichung (1) treten hier die größten Wärmespannungen auf. Die Versuche haben, wie aus den Bildern 8 bis 10 hervorgeht, ergeben, daß die größten Unterschiede kurz nach beendeter Schweißung — ungefähr nach 15 h 20 min — auftreten. Der gemessene Temperaturverlauf ist für die Querschnitte $D-D$ und $G-G$ in Bild 11 wiedergegeben. Durch Probieren wurden folgende Annäherungsparabeln gefunden.

$$t_D = T_D\left[1-\left(\frac{r-R}{r_a}\right)B_D\right] \\ = T_D[1-C^2\cdot r^2], \quad (14)$$

$$t_G = T_G\left[1-\left(\frac{a-A}{b}\right)B_G\right] \\ = T_G[1-D^2\cdot a^2]. \quad (15)$$

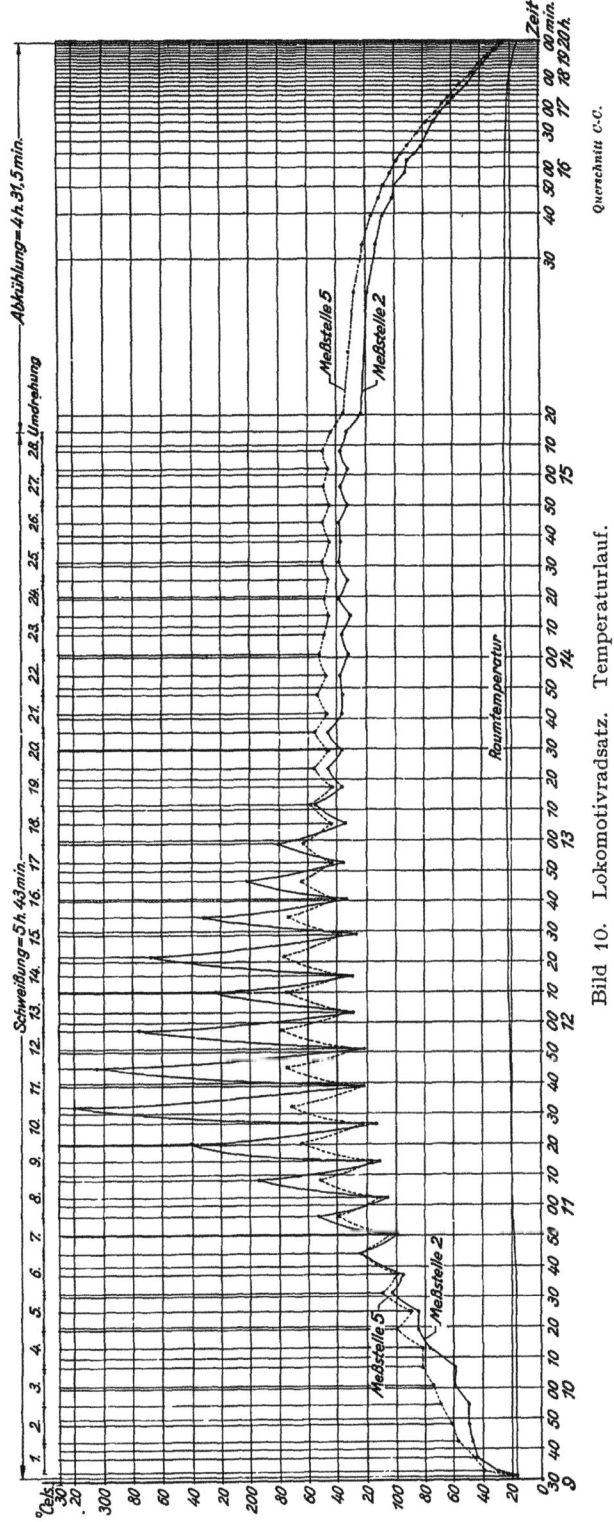

Bild 10. Lokomotivradsatz. Temperaturlauf.

Hierbei ist:

T_D der größte Temperaturunterschied von der Funktion t_D im Abstande R von der Radachse,

T_G der Höchsttemperaturunterschied von der Funktion t_G im Abstand A,

r_a der Außenradius, b die Radbreite,

B_d und B_G sind Beiwerte.

Wie in Bild 11 ersichtlich, schmiegt sich die analytische Kurve der gemessenen eng an.

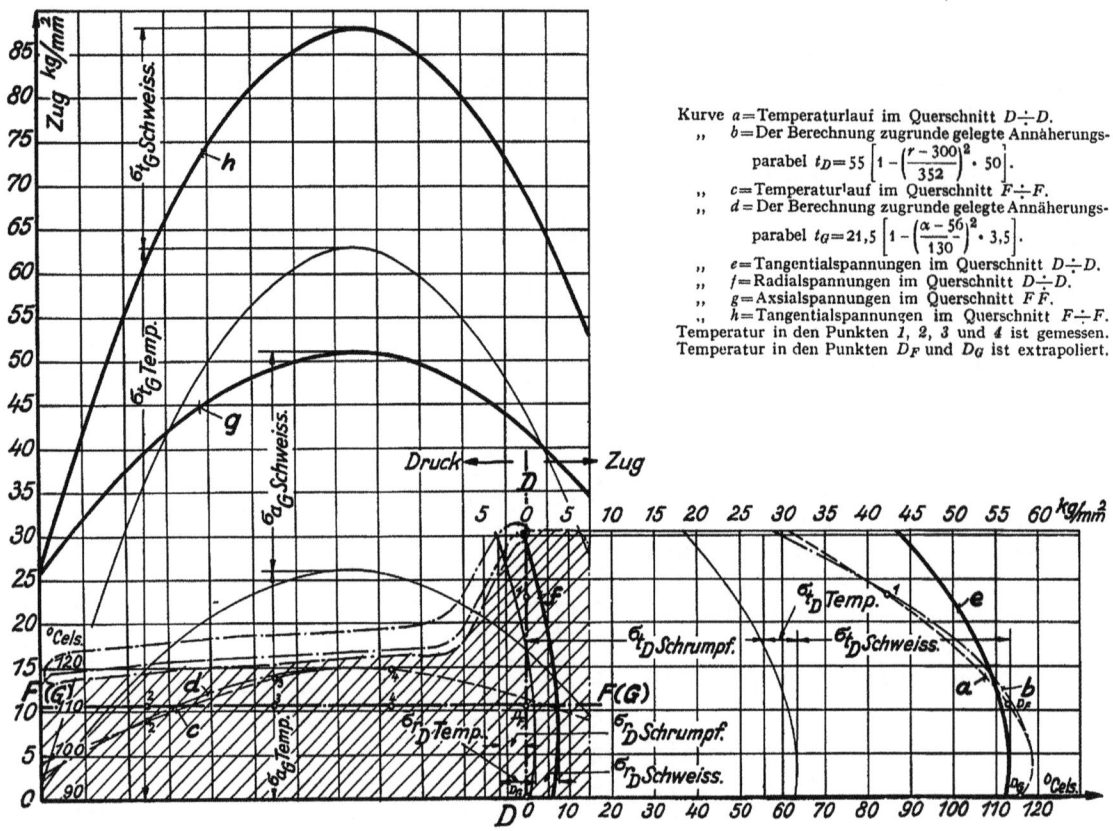

Bild 11. Temperaturläufe und Spannungen im Querschnitt der Bandage des Lokomotivradsatzes.

Die Beziehungen 9 bis 12 ändern sich jetzt wie folgt:

$$\sigma_{rD} = \frac{E \cdot m}{(m+1)(m-2)} \left[(m-1) \frac{du_D}{dr} + \frac{u_D}{r} + (m+1) \cdot n \cdot T_D (1 - C^2 \cdot r^2) \right], \tag{16}$$

$$\sigma_{tD} = \frac{E \cdot m}{(m+1)(m-2)} \left[\frac{du_D}{dr} + (m-1) \frac{u_D}{r} + (m+1) \cdot n \cdot T_D (1 - C^2 \cdot r^2) \right], \tag{17}$$

$$\sigma_{aG} = \frac{E \cdot m}{(m+1)(m-2)} \left[\frac{dr_G}{da} + \frac{u_G}{r} + (m+1) \cdot n \cdot T_G (1 - D^2 \cdot a^2) \right], \tag{18}$$

$$\sigma_{tG} = \frac{E \cdot m}{(m+1)(m-2)} \left[\frac{du_G}{dr} + (m-1) \frac{u_G}{r} + (m+1) \cdot n \cdot T_G (1 - D^2 \cdot a^2) \right]. \tag{19}$$

Unter Berücksichtigung der Differentialgleichung (13) in der Form:

$$\frac{d(r \cdot \sigma_{rD})}{x \cdot dr} - \frac{\sigma_{tD}}{x} = 0, \tag{20}$$

$$-\frac{\sigma_{tG}}{r} + \frac{d\sigma_{aG}}{da} = 0, \tag{21}$$

erhält man unter Einsetzung von σ_{rD} und σ_{tD} [Gleichungen (16) und (17)] in Gleichung (20) durch Differenzieren nach dr und durch je einmalige Integration:

$$\frac{d^2 u_D}{dr^2} + \frac{d\frac{u_D}{r}}{dr} = 2\frac{m+1}{m-1} n \cdot T_D \cdot r \cdot C^2 = 0, \tag{22}$$

und hieraus durch je einmalige Integration:

$$\frac{du_D}{dr} = \frac{3}{4} \cdot \frac{m+1}{m-1} \cdot n \cdot T_D \cdot r^2 \cdot C^2 + \frac{D}{2} + \frac{E}{r^2}, \tag{23}$$

$$\frac{u_D}{r} = \frac{1}{4} \cdot \frac{m+1}{m-1} n \cdot T_D \cdot r^2 \cdot C^2 + \frac{D}{2} + \frac{E}{r^2}. \tag{24}$$

Die Werte (23) und (24) werden in (16) und (17) eingesetzt und ergeben nach Bestimmung der Integrationskonstanten D und E durch die Grenzbedingungen:

$$r = r_a, \quad \sigma_{rD} = 0,$$
$$r = R, \quad u_D = 0,$$

$$\sigma_{rD} = \frac{m}{m-1} \cdot E \cdot n \cdot \frac{T_D}{4}\left[1 - \left(\frac{r-R}{r_a}\right)^2 B_D\right], \tag{25}$$

$$\sigma_{tD} = \frac{m}{m-1} \cdot E \cdot n \cdot \frac{T_D}{4}\left[1 - 3\left(\frac{r-R}{r_a}\right)^2 B_D\right]. \tag{26}$$

Zur Ausrechnung von σ_{aG} und σ_{tG} [Gleichungen (18) und (19)] ist folgende Beziehung zu berücksichtigen:

$$\frac{u_G}{r} = 2 \cdot \pi \cdot n \cdot t_G = \frac{du_G}{dr}. \tag{27}$$

Hiermit geht Gleichung (19) über in:

$$\sigma_{tG} = \frac{E \cdot m}{(m+1)(m-2)} \cdot \{2\pi[n \cdot t_G \cdot m + (m+1) \cdot n \cdot t_G]\}.$$

Ferner ist die Volumenänderung in axialer Richtung $= 0$, so daß $dr/da = 0$ ist. Somit ist

$$\sigma_{aG} = \frac{E \cdot m}{(m+1)(m-2)} 2 \cdot \pi \cdot n \cdot t_G + (m+1) \cdot n \cdot t_G. \tag{28}$$

Unter Berücksichtigung der Gleichungen (14) und (15) ist:

$$\sigma_{aG} = \frac{m \cdot (2\pi + m + 1)}{(m+1)(m-2)} E \cdot n \cdot T_G\left[1 - \left(\frac{a-A}{b}\right)^2 B_G\right], \tag{29}$$

$$\sigma_{tG} = \frac{m \cdot (2\pi m + m + 1)}{(m+1)(m-2)} E \cdot n \cdot T_G\left[1 - \left(\frac{a-A}{b}\right)^2 B_G\right]. \tag{30}$$

Die Ergebnisse sind in den Gleichungen (31) bis (35) zusammengestellt und in Bild 11 als Kurven eingetragen.

$$t_D = T_D\left[1 - \left(\frac{r-R}{r_a}\right)^2 \cdot B_D\right]; \quad t_G = T_G\left[1 - \left(\frac{a-A}{b}\right)^2 \cdot B_G\right], \tag{31}$$

$$\sigma_{rD} = \frac{m}{m-1} E \cdot n \frac{T_D}{4}\left[1 - \left(\frac{r-R}{r_a}\right)^2 \cdot B_D\right], \tag{32}$$

$$\sigma_{tD} = \frac{m}{m-1} E \cdot n \frac{T_D}{4}\left[1 - 3\left(\frac{r-R}{r_a}\right)^2 \cdot B_D\right], \tag{33}$$

$$\sigma_{aG} = \frac{m \cdot (2\pi + m + 1)}{(m+1)(m-2)} E \cdot n \cdot T_G\left[1 - \left(\frac{a-A}{b}\right)^2 \cdot B_G\right], \tag{34}$$

$$\sigma_{tG} = \frac{m(2\pi m + m + 1)}{(m+1)(m-2)} E \cdot n \cdot T_G\left[1 - \left(\frac{a-A}{b}\right)^2 \cdot B_G\right]. \tag{35}$$

Wie man sieht, sind die Tangentialspannungen vor allem für den Querschnitt $G-G$ besonders hoch. Sie sind, wie schon erwähnt, von den Betriebsverhältnissen unabhängig und betragen etwa 63 kg/mm².

3. Schweißspannungen.

Die Entstehung der Schweißspannungen ist bereits vorhin kurz gestreift worden. Den Abfall der Temperatur zeigt Bild 12. Die Temperaturkurve ist den Temperaturläufen des Bildes 10 entnommen. Die Abkühlungszeit ist dagegen normal und entspricht der Abkühlungszeit geglühter Stähle in Luft. Die Abkühlungsgeschwindigkeit beträgt etwa 4°/s. Eine Unterdrückung des Umwandlungspunktes findet also nicht statt. Die metallographischen Untersuchungen im AEG-Forschungsinstitut haben auch kein Martensit oder Sorbit erkennen lassen, wie vielfach angenommen wird. Der Schliff nach Bild 13 stellt in 2,5facher Vergrößerung eine Auftragsschweißung mit kohlenstoffarmem Schweißdraht auf einen Chrom

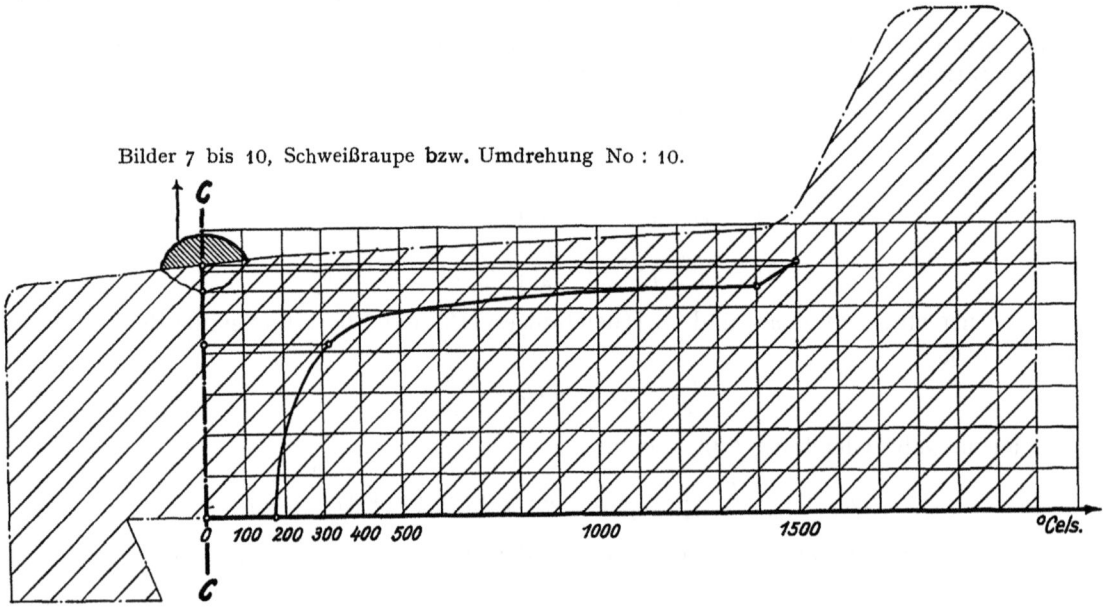

Bild 12. Vertikaler Temperaturlauf im Querschnitt $C \div C$ während des Schweißens.

nickelstahl von 0,4 vH C dar, bei dem die Festigkeiten in den einzelnen Schichten ermittelt sind. Die Ergebnisse sind normal und lassen keine Härtung erkennen. Die Schliffbilder 14 bis 18 zeigen ein perlitisches Gefüge mit untermischtem übereutektoiden Zementit. Es hat eine geringe Kohlenstoffdiffusion in die Schweißraupe stattgefunden, die aber an der Festigkeit wenig geändert hat. Diese Betrachtungen sind deshalb wichtig, weil es darauf ankommt, ob der Umwandlungspunkt des γ-Eisens in α-Eisen über oder unter der Bildsamkeitstemperatur von 600° liegt. Bekanntlich hat das γ-Eisen ungefähr den doppelten Ausdehnungsbeiwert.

Unter Berücksichtigung der Gleichung (1) besteht für die kohlenstoffarme Raupe folgende Beziehung:

$$\sigma = E \cdot n \cdot [600 - (t_R + t_U)]. \tag{36}$$

Hierbei ist:
σ = Zugspannung in kg/mm²,
E = Elastizitätsmodul $2 \cdot 10^4$ kg/mm²,
n = Ausdehnungsbeiwert = $10 \cdot 10^{-6} \div 20 \cdot 10^{-6}$,
t_R = Raupentemperatur in °C,
t_u = Unterlagstemperatur in °C.

Bei kohlenstoffreicher Schweißraupe ist der Betrag nach Maurer um $n \cdot (k \cdot U - L_{TJ})$ zu erhöhen.

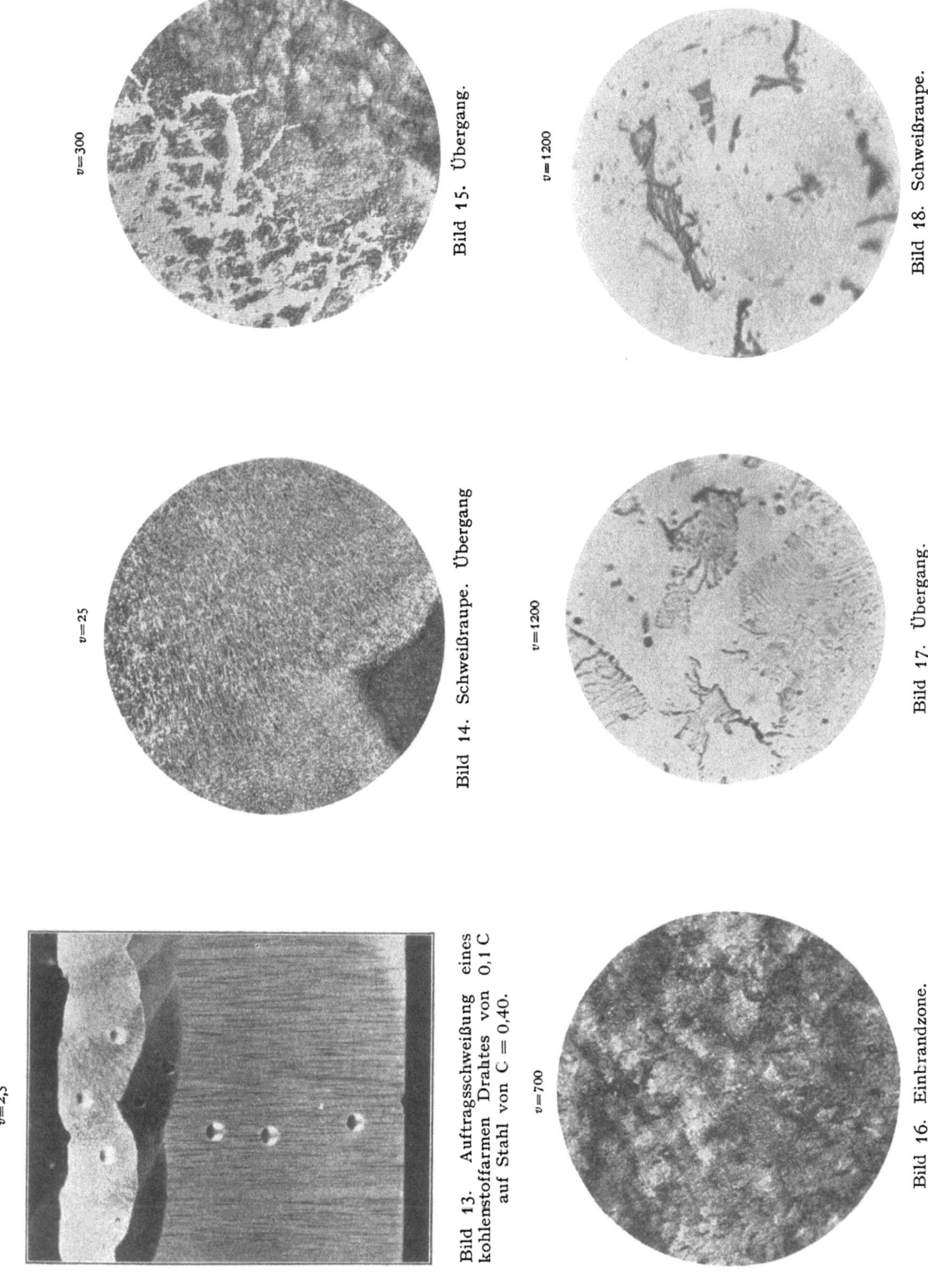

$v=300$ Bild 15. Übergang.

$v=1200$ Bild 18. Schweißraupe.

$v=25$ Bild 14. Schweißraupe. Übergang

$v=1200$ Bild 17. Übergang.

$v=2,5$ Bild 13. Auftragsschweißung eines kohlenstoffarmen Drahtes von 0,1 C auf Stahl von C = 0,40.

$v=700$ Bild 16. Einbrandzone.

Bei austenitischem Werkstoff liegt der Umwandlungspunkt unter 600°, so daß der doppelte Ausdehnungsbeiwert einzusetzen ist. Die Ergebnisse sind in den Gleichungen (37) bis (39) zusammengefaßt und in Bild 19 graphisch dargestellt.

Kohlenstoffarmes Eisen ($C \leqq 0{,}20$ vH)

$$\sigma = E \cdot n_\alpha [600 - (t_R + t_U)]. \tag{37}$$

Kohlenstoffreiches Eisen ($C \geqq 0{,}40$ vH)

$$\sigma = E \{n_\alpha [600 - (t_R + t_U)] + [K \cdot U - L_{TJ}]\}. \tag{38}$$

Austenitisches Eisen

$$\sigma = E \{2 n_\alpha [600 - (t_R + t_U)] + [K \cdot U - L_{TJ}]\}. \tag{39}$$

Hierbei ist

$$n_\alpha = 10 \cdot 10^{-6}; \quad K = 0{,}8; \quad U = 14{,}6 \cdot 10^{-4}; \quad L_{TJ} = 24 \cdot 10^{-4}.$$

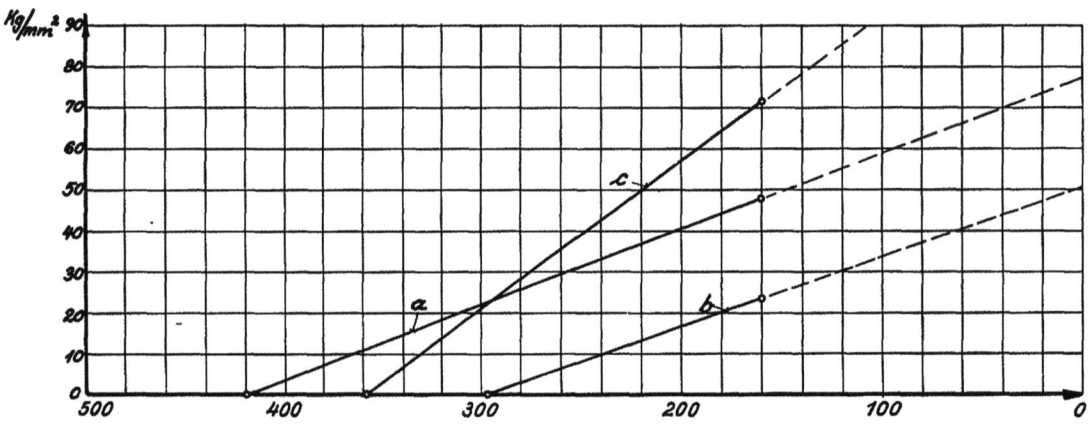

Bild 19. Spannungen in der Schweißraupe.

Kurve a = Kohlenstoffarmes Eisen, $C \leqq 0{,}20$ vH.   Kurve b = Kohlenstoffreiches Eisen, $C \geqq 0{,}50$ vH.   Kurve c: Austenitisches Eisen.

Wie man sieht, ergeben Schweißraupen mit hohem Kohlenstoffgehalt die geringsten Spannungen, während die manganhaltigen Raupen die höchsten Spannungen hervorrufen. Es trifft also nicht zu, daß kohlenstoffarme Schweißraupen die niedrigsten Schweißspannungen erzeugen. Für die Versuche ist ein Schweißdraht von 0,65 vH C gewählt worden. Demgemäß gilt Kurve b, und man erhält bei einer mittleren Unterlagstemperatur von 160° etwa 25 kg je mm² Schweißspannungen.

Im Gegensatz zu den Wärmespannungen sind die Schweißspannungen als gleichbleibend anzusehen, und sie treten nur da auf, wo Schweißraupen vorhanden sind. Radial wirken die Schweißspannungen jedoch nur indirekt, d. h. die tangentialen Schweißspannungen erzeugen radiale Drücke, die genau so wie die radialen Schrumpfspannungen nach der sog. Kesselformel berechnet werden.

4. Schrumpfspannungen.

Die durch das Aufschrumpfen des Reifens entstandenen Spannungen bleiben während der Schweißung und Abkühlung nahezu unverändert bestehen, da die Felge sich ebenfalls erwärmt und große Temperaturunterschiede zwischen Felge und Reifen nicht auftreten. Die Schrumpfspannungen ergeben zusammen mit den Wärme- und Schweißspannungen den

Gesamtbetrag der nach der Schweißung im Reifen verbleibenden Vorspannungen; sie werden aus den Formeln (40) und (41) abgeleitet:

$$\sigma_{ts} \cong \frac{E \cdot n \cdot ts}{(1-m)\frac{F}{r-b} + 1} \quad \text{(tangential)}, \tag{40}$$

$$\sigma_{rs} = \frac{\sigma_{ts} \cdot F}{r \cdot b} \quad \text{(radial)}. \tag{41}$$

Hierbei sind außer den bekannten Bezeichnungen:
t_s = Schrumpftemperatur = 100°,
F = Reifenquerschnitt in mm²,
r = Reifenschwerpunkts-Halbmesser in mm,
b = Reifenbreite in mm.

Die Schrumpftemperatur muß gemäß dem Schrumpfmaß von 1 vT mit 100° eingesetzt werden. Die Schrumpfspannungen verteilen sich ebenfalls gleichmäßig über den gesamten Querschnitt.

5. Verminderung der Bruchgefahr.

Die Gesamtergebnisse sind in Bild 11 für den maßstäblich gezeichneten Reifenquerschnitt eingetragen. Wie man sieht, erreichen die Tangentialspannungen den höchsten Wert, und zwar eine Höhe, die von der Zerreißfestigkeit des Reifens nicht fern liegt. In dem untersuchten Fall betragen die Tangentialhöchstspannungen 95 vH der Zerreißfestigkeit. Hätte man z. B. kohlenstoffarmen Schweißdraht verwendet, so wäre der Reifen schon bei der Abkühlung geplatzt. Ist nun die Aufschweißung an einem heißen Sommertag vorgenommen, so kann mit Sicherheit damit gerechnet werden, daß der Reifen im Winter reißt. Die Frage ist nun, wie die Vorspannungen verringert werden können. Ein Blick auf Bild 11 zeigt, daß es zunächst erforderlich ist, die sehr hohen Wärmespannungen zu verringern. Hierzu ist eine Verflachung der Temperaturkurven a und c vorzunehmen, was durch Herabsetzung der Reifenendtemperatur möglich ist. Zu diesem Zweck wird der Radkörper nach der Aufschweißung durch Wasser gekühlt. Ist die Reifenendtemperatur niedriger, so sind auch die Temperaturunterschiede und damit die Spannungen kleiner. Man könnte natürlich auch umgekehrt zur Erreichung gleicher Querschnittstemperaturen den Reifen während der Abkühlung anwärmen. Das wäre jedoch umständlicher und kostspieliger.

Von gleicher Bedeutung sind die Schweißspannungen. Wenn es zunächst nach Bild 11 anders aussieht, so liegt das zunächst daran, daß ein hochgekohlter Schweißdraht verwendet worden ist. Bei einer Elektrode von etwa 0,1 vH C sind die Schweißspannungen rund doppelt so hoch (Bild 19). Ferner muß ausdrücklich betont werden, daß eine Schweißung der Lauffläche selten durchgeführt wird.

Meistens führt man die Aufschweißung schon aus, wenn der Spurkranz ausgelaufen ist. In diesem Falle wird nur die Kehle im Spurkranz aufgefüllt, wozu meist 4 bis 6 Raupen genügen. Die Erwärmung liegt also bedeutend niedriger, die Wärmespannungen erreichen daher nicht die in Bild 11 aufgeführten Beträge und das Verhältnis von Schweiß- zu Wärmespannungen wird anders.

Es wurde schon darauf hingewiesen, daß die Schweißspannungen mit zunehmendem Kohlenstoffgehalt der Schweißraupe abnehmen. Hier ist allerdings eine Grenze dadurch gegeben, daß die Schweißraupe noch wirtschaftlich bearbeitbar sein muß und nicht rissig werden darf. Haarrisse sind häufig die Ursache zu Dauerbrüchen[1].

Die andere Möglichkeit, die Schweißspannungen zu verringern, besteht darin, die soeben geschweißte Raupe auszuglühen. Das kann durch spiralförmiges Aufschweißen der Raupen

---

[1] Kühnel, Die Gefahren der Schwingungsbeanspruchung für den Werkstoff. Z. V. d. I. Bd. 71, S. 557, Nr. 17 (1927).

unter halber Überlappung der bei der vorhergehenden Umdrehung geschweißten Raupe sogar soweit erreicht werden, daß die Erwärmung bis über den Umwandlungspunkt erfolgt. Die abermalige Abkühlung geht dann so langsam vor sich, daß nur geringe Spannungen entstehen.

An der Höhe der Schrumpfspannungen kann nichts geändert werden, weil die Schrumpfung von 1 vT erforderlich ist, um die notwendige Haftfestigkeit des Reifens auf dem Radstern zu erreichen.

Grundsätzlich muß gefordert werden, daß der Schweißvorgang stetig verläuft. Pausen und große Änderungen in der Wärmezufuhr oder -abfuhr können große Temperaturunterschiede und damit unberechenbare Spannungen erzeugen. Vor allem ist es bei maschinellen Schweißanlagen erforderlich, daß der Lichtbogen stetig mit einer niedrigen Lichtbogenspannung brennt. Die selbsttätige Lichtbogenschweißung hat deshalb gerade bei der Radsatzschweißung weitgehende Anwendung gefunden. Die neuesten Radsatz-Schweißanlagen der AEG haben auf Grund der hier erörterten Untersuchungen folgende besondere Einrichtungen:

1. Einrichtung zur Verschweißung hochgekohlter Elektroden,
2. Einrichtung zum Aufschweißen von Raupenspiralen.

Bild 20. Radsatzschweißanlage R 3.

Hochgekohlte Drähte lassen sich von Hand schwer und mit Schweißautomaten überhaupt nicht verarbeiten. Nur durch eine besondere Schaltung und durch Zusatzregeleinrichtungen ist es gelungen, Schweißdrähte bis 1,1 vH C einwandfrei zu verschweißen. Hierzu mußten die in Frage kommenden Schweißdrähte hinsichtlich ihrer metallurgischen, physikalischen und elektrischen Eigenschaften planmäßig untersucht werden. Die Verschweißung hochgekohlter Drähte ist ein äußerst wichtiger Fortschritt insbesondere bei Automaten.

Die Einrichtung zum Aufschweißen von Raupenspiralen bietet neben wirtschaftlichen Vorteilen — sie arbeitet selbsttätig durch Anschläge gesteuert ohne Bedienung — die Möglichkeit, die jeweils vorhergehende Raupe so zu überlappen, daß eine Ausglühung über den Umwandlungspunkt stattfindet.

Bild 20 zeigt eine von der AEG entwickelte Anlage dieser Art auf dem Prüfstand und Bild 21 deren Schaltung. Der Radsatz *1* wird vom Werkstattflur in die beiden Aufnahmewalzen *2* gerollt, die vom Getriebe *3* gedreht werden und dadurch den Radsatz *1* an den Schweißknöpfen *4* vorbeirollen, die den Schweißdraht *5* von der Rolle *6* mit einer bestimmten vom Lichtbogen geregelten Vorschubgeschwindigkeit zur Schweißstelle führen. Die Schlitten *7* werden von den nicht sichtbaren Getrieben langsam in Querrichtung bewegt, so daß eine fortlaufende Raupenspirale entsteht. Nach Schweißung einer Lage schaltet sich der Quer-

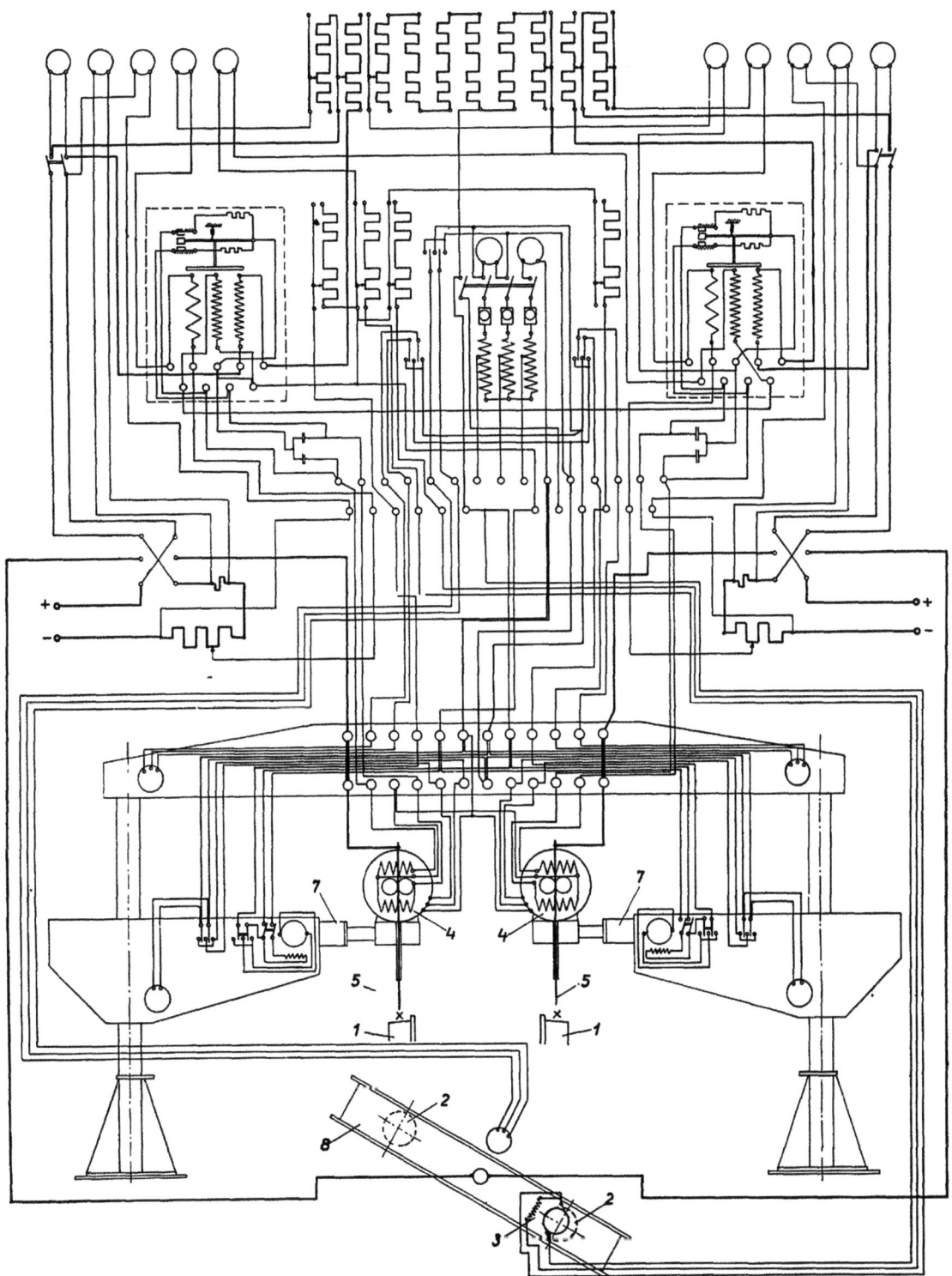

Bild 21. Radsatzschweißanlage, Schaltungsschema.

antrieb selbsttätig zur Schweißung der zweiten Lage um. Für Spurkranzschweißungen kann der Walzenrahmen *8* geschwenkt werden. Die Bedienung beschränkt sich auf das Einrichten der Anlage zu Beginn der Schweißung. Die Arbeitsweise kann vom Bedienungsstand *9* überwacht werden. Alles weitere ist aus den Bildern 20 und 21 ersichtlich. Nach der Schweißung werden die Radkörper durch Wasserberieselung gekühlt.

Die Versuchsergebnisse haben den Erwartungen entsprochen. Brüche sind nicht mehr aufgetreten. Ein aufgeschweißter Lokomotivradsatz wurde unmittelbar nach der ohne Kühlwasser ausgeführten Schweißung durch entsprechende Wassermengen in wenigen Minuten auf Raumtemperatur gebracht, ohne zu bersten oder Risse zu bekommen.

Hierdurch dürfte bewiesen sein, daß die Verwendung hochgekohlter Drähte und die spiralförmige Aufschweißung die Schweißspannungen beseitigt hat; denn die rasche Abkühlung hatte in diesem Falle die Temperaturkurve in Bild 11 derart verändert, daß die Tangentialspannungen die Zerreißspannung erreicht hatten.

Rückwirkung der Untersuchungen auf ähnliche Anwendungsbeispiele der Lichtbogenschweißung.

Die bei der Auftragschweißung auftretenden Vorspannungen sind der Entstehung, Größe und Richtung nach bekannt. Geeignete Gegenmaßnahmen zu ihrer Verminderung ließen sich angeben, so daß die Bruchgefahr als beseitigt gelten konnte. Eingangs ist schon erwähnt, daß bei allen Schweißverbindungen Vorspannungen auftreten. Es liegt sehr nahe, ähnliche Untersuchungen auf die Verbindungsschweißungen auszudehnen und hier ebenfalls die seit langer Zeit gewünschte und gesuchte Klärung herbeizuführen.

Die Zugfestigkeit, eine Labilitätserscheinung.
Von P. Melchior.

Beim Zugversuch wird nicht die Belastung willkürlich aufgebracht, sondern die Reckung ε erzwungen und der Widerstand σ gegen die Reckung beobachtet. Die Zugfestigkeit hat daher keinen Zusammenhang mit dem Bruch; sie ist eine Labilitätserscheinung zylindrischer oder prismatischer Probestäbe. Je höher die Reckgeschwindigkeit u, desto höher der Widerstand σ. Durch die drei Veränderlichen ε, σ und u werden die Ergebnisse der Zugversuche mit den Ergebnissen der Dauerstandversuche verknüpft.

In der Werkstoffprüfung wird der Zugversuch im allgemeinen so beschrieben:

Der Probestab wird durch die Zerreißmaschine belastet, so daß er sich erst elastisch und dann plastisch verformt; die infolge der Belastung eintretende Verlängerung oder Dehnung wird dabei in Abhängigkeit von der durch die Zerreißmaschine ausgeübten Kraft beobachtet.

Die dieser Beschreibung zugrunde liegende Auffassung ist unhaltbar und falsch, da sie zu inneren Widersprüchen führt. Die Fehler der üblichen Auffassung zeigen sich besonders bei der Analyse der „Belastungsgeschwindigkeit" und bei den Vorstellungen, die den Bezeichnungen „Bruchgrenze", „Bruchspannung" zugrunde liegen, die im wesentlichen gleichbedeutend mit „Zugfestigkeit" gebraucht werden. Die „Zerreißspannung" wird beim Zugversuch herkömmlicherweise von der „Bruchspannung" unterschieden, was zunächst sprachlich schwer verständlich bleibt.

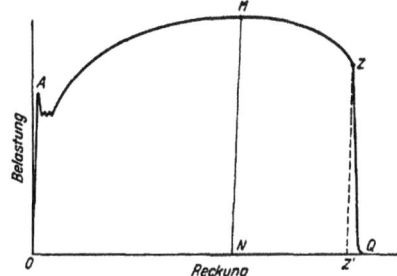

Bild 1. Zugversuch an weichem Stahl.
A = obere Streckgrenze; M = Höchstlastpunkt, Zugfestigkeit; Z = Zerreißlast; ZQ = Verlauf des Bruchs; OZ' = Bruchdehnung; $Z'Q$ = Lücke zwischen den Bruchflächen.

Bei der Prüfung spröder Stoffe, die ohne plastische Verformung zu Bruche gehen, kann die übliche Auffassung angewandt werden, ohne zu logischen Widersprüchen zu führen. In allen anderen Fällen — und diese sind bisher die weitaus wichtigsten und in der praktischen Werkstoffprüfung häufigsten — führt die mechanische Analyse zu einer anderen, mit der herrschenden nicht verträglichen Auffassung.

Bei einem typischen Zugversuch etwa mit weichem Stahl (Bild 1) steigt die Belastung nicht etwa monoton an, sondern sinkt erstens beim Überschreiten der oberen Streckgrenze, zweitens beim Überschreiten der Zugfestigkeit. Wenn also ein Zugversuch angeblich mit zunehmender Belastung durchgeführt wird, die Belastung an der Streckgrenze aber absinkt, so besteht hier offenbar ein logischer Fehler; denn eine zunehmende Belastung kann nicht gleichzeitig abnehmen. Die gleiche begriffliche Unmöglichkeit tritt beim Überschreiten der Höchstlast ein, die für die Zugfestigkeit maßgebend ist.

Mechanisch und logisch einwandfrei läßt sich der Zugversuch auffassen als eine zwangläufige Reckung des Probestabes unter Beobachtung des der Reckung entgegengesetzten Widerstandes in Abhängigkeit von der Reckung bzw. von der Dehnung des Probestabes. Der naheliegende Einwand, daß bei der Reckung die Kraft primär sein müsse und die Dehnung nur sekundär sein könne, beruht auf einer durchaus irrigen Unterscheidung von primär und sekundär. Beide Dinge sind gleichzeitig. Es fragt sich nur, welche von beiden unabhängig variiert werden kann, und das ist die Dehnung, nicht aber die Belastung.

Man kann zwar bei einem Versuch auch die Belastung ständig wachsen lassen, z. B. indem man einen an der Decke aufgehängten Draht durch ein Gefäß belastet, dem Quecksilber in gleichmäßigem Strahl zuströmt (Bild 2). Bei Überschreiten der Streckgrenze besteht aber dann kein Gleichgewicht der Kräfte, und man erhält statt der statischen Belastung eine dynamische mit hohen Reckgeschwindigkeiten. Dabei ist der Zusammenhang zwischen der Belastung, wie sie durch die jeweilige Quecksilbermenge gegeben ist, und der Dehnung anders als beim gewöhnlichen Zugversuch, selbst wenn man von dem Einfluß der Reckgeschwindigkeit auf den Widerstand des Probestabes absieht.

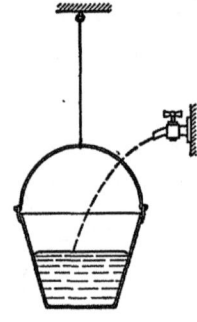

Bild 2. Ständig wachsende Belastung durch Quecksilberstrahl.

Wird nämlich die Streckgrenze beim Punkt A (Bild 3) überschritten, so geht zwar der Widerstand des Drahtes zurück, nicht aber die angehängte Belastung. Es besteht also kein Gleichgewicht der Kräfte mehr, und infolgedessen fällt das Gefäß mit Quecksilber mit zunehmender Geschwindigkeit herab, zunächst bis zum Punkt B, in dem infolge der inzwischen begonnenen Verfestigung der Widerstand wieder der Belastung entspricht. Infolge der im Gefäß aufgespeicherten kinetischen Energie, deren Betrag durch die schraffierte Fläche von A bis B dargestellt wird, schwingt das Belastungsgefäß entgegen dem zunehmenden Widerstande des Drahtes über die Gleichgewichtslage bei B hinaus bis zur Ordinate CD, so daß die schraffierte Fläche BCD der Fläche bei AB gleich ist. Die Geschwindigkeit dieses Sturzes von A bis CD ist so groß, daß die gleichzeitige Zunahme der Belastung infolge des Quecksilberstromes außer Betracht bleiben mag. Im Punkt D ist nun zwar die kinetische Energie aufgezehrt, aber kein Gleichgewicht zwischen Widerstand und Belastung vorhanden. Infolgedessen schließt sich hieran nunmehr eine elastische Schwingung DEF um den Punkt E, die mehr oder weniger bald abklingt. Mit fortschreitender Belastung wird der Punkt G in der Nachbarschaft von D auf der ursprünglichen statischen Belastungslinie erreicht, wonach der Vorgang bis zum Höchstlastpunkt M fortschreitet, und zwar mit zunehmender Reckgeschwindigkeit. Immerhin besteht bis zu diesem Punkt wieder Gleichgewicht zwischen Belastung und Widerstand. Über M hinaus aber geht dieses Gleichgewicht verloren. Die schraffierte Überschußfläche der Belastung über den Widerstand kann durch den Draht nicht mehr aufgefangen werden. Das Belastungsgefäß stürzt mit einem wachsenden Überschuß an kinetischer Energie hinunter. Durch den so geschilderten Vorgang wird zwar der Draht zerstört, aber kein sachgemäßer Zerreißversuch gewonnen.

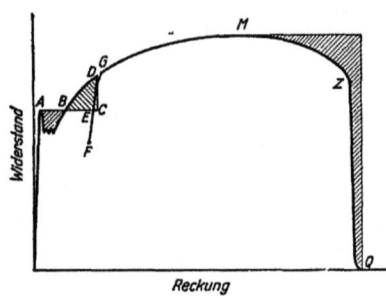

Bild 3. Belastungsversuch an weichem Stahl mit ständig wachsender Last.
▨ Überschuß an Last bei AB und MZQ;
▨ Mangel an Last bei BD.

Hiermit ist die übliche Darstellung vom Zugversuch, nach der die Dehnung in Abhängigkeit von der Belastung beobachtet werde, als unzutreffend gezeigt. Gegen die vom Verfasser vertretene Darstellung, daß beim Zugversuch der Probestab zwangläufig gereckt und der Widerstand des Stabes gegen die Reckung als abhängige Veränderliche beobachtet werde, dürfte dagegen nichts einzuwenden sein.

Eine notwendige logische Folgerung der neuen Auffassung ist der Verzicht auf einen Zusammenhang zwischen dem Höchstlastpunkt M und dem Bruch, denn — entgegen der noch immer anzutreffenden Meinung, daß mit dem Höchstlastpunkt der Bruch beginne — verfestigt sich der Stab in der Einschnürstelle auf dem Wege von M bis zum Punkt Z immer mehr, und erst im Punkt Z beginnt der Bruch, d. h. die Trennung. Mit fortschreitendem

Bruch sinkt die Belastung rasch bis auf Null etwa im Punkt Q. Der nunmehr entlastete Stab aber hat nur eine Länge, die der Verlängerung OZ' entspricht, so daß also durch $Z'Q$ die Lücke zwischen den Bruchflächen dargestellt ist. Da also der Höchstlastpunkt M überhaupt keine Beziehung zum Bruch hat, so sollte man es auch vermeiden, von Bruchlast, Bruchfestigkeit und Bruchgrenze zu sprechen, wenn die Höchstlast und die Zugfestigkeit gemeint sind.

Welche physikalische Bedeutung hat denn der Höchstlastpunkt? Er ist ein Punkt, in dem die Formänderung des Stabes labil wird. Im aufsteigenden Teil der Zerreißkurve ist jedem Stabelement sein Ort innerhalb des Stabes eindeutig zugeordnet, während der Stab gereckt wird (Bild 4). Ähnlich wie etwa eine Schraubenfeder, wenn man sie an den Enden reckt, sich in ihren Teilen gleichmäßig dehnt, so tun dies auch die einzelnen Raumelemente im zylindrischen Stab, wenn seine Enden gereckt werden. Sie tun dies in durchaus stabiler Weise, d. h. wenn eine kleine Störung (überlagerte Schwingung) ein Raumelement etwa in der Mitte des Stabes aus seiner Lage zu bringen sucht, so wird es durch Rückstellkräfte wieder in die gleichmäßige Lage zurückgebracht. Diese Rückstellkräfte

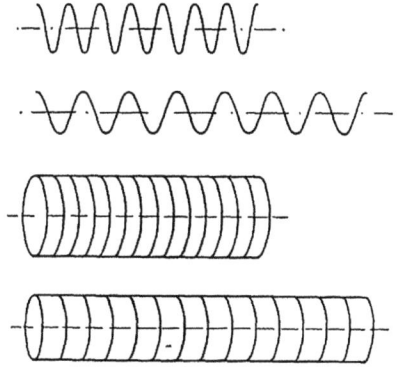

Bild 4. Recken einer Feder und eines zylindrischen Stabes: alle Teile dehnen sich in gleicher Weise.

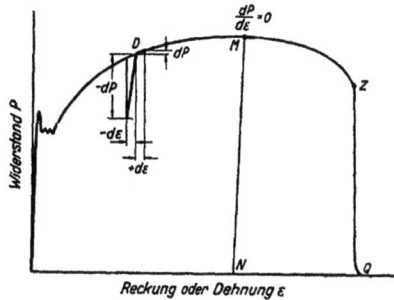

Bild 5. Rückstellkräfte $dP/d\varepsilon$ der Stabelemente beim Recken.

sind dem Differentialquotienten $dP/d\varepsilon$ proportional (Bild 5), d. h. dem Tangens des Neigungswinkels der Belastungs-Dehnungs-Linie. Dieser Tangens verschwindet im Punkt M und somit auch die Rückstellkraft. Im Punkt M kann also irgendeine kleine Störung einen Stabquerschnitt innerhalb des Stabes leicht verschieben, allerdings immer nur im Sinne einer zunehmenden Reckung, denn bei Rückgang der Reckung wird nicht die Spannungs-Dehnungs-Linie wieder rückwärts durchlaufen, sondern von M aus die Linie MN, die der Anfangstangente in O annähernd parallel geht. Da während des Zerreißvorganges ein Rückgang der Dehnung praktisch ausgeschlossen ist, so kommt für das Gleichgewicht der Stabelemente in erster Linie nur die Tangente an das Zerreißdiagramm zur Geltung. Im Punkt M geht die Rückstellkraft verloren, die einzelnen Stabelemente „wissen" also gewissermaßen nicht mehr, wie sie sich bewegen sollen. In diesem Spannungszustand könnte man durch geeignete Maßnahmen, z. B. durch eine übergeschobene, zweiteilige Ziehdüse, ohne Schwierigkeit die Verjüngung gleichmäßig über die ganze Stablänge treiben. Ohne solche künstlichen Eingriffe wird irgendein Stabelement sich stärker als die übrigen zu dehnen beginnen, und da dann die Belastung im ganzen trotz zunehmender Reckung nachläßt, so entspannen sich die von der Einschnürstelle entfernten Stabelemente nach der Linie MN, während die Belastung nach Z und dann nach beginnendem Bruch bis Q abfällt.

Die Labilität bei M gilt nur für zylindrische oder prismatische Stäbe. Bei Stäben mit hyperbolischer Form oder bei zylindrischen Stäben mit Hohlkehle (Bild 6) tritt eine Labilität während des Reckens gar nicht ein. Infolgedessen verläuft auch der Bruchvorgang bei solchen gekehlten Stäben wesentlich anders als beim gewöhnlichen Zerreißversuch.

Nach dem Bisherigen wird der gewöhnliche Zugversuch durch zwangläufiges Recken eines Probestabes durchgeführt, wobei die Belastung — nämlich der Widerstand, den der Stab der Reckung entgegenstellt — als abhängige Veränderliche beobachtet wird. Es gibt aber auch eine Versuchsart, bei der im Gegensatz hierzu eine bestimmte Belastung auf den Probestab gebracht wird und seine Reckung in Abhängigkeit von dieser Belastung und von der Zeit beobachtet wird. Diese Versuche nennt man aber nicht Zugversuche oder Zerreißversuche, sondern Dauerstandversuche. Bei Bauschinger[1] findet man noch Zerreißversuche, die ein Gemisch von beiden Versuchsarten darstellen; heute indes wird durchaus reinlich zwischen beiden Versuchsarten unterschieden. Die Dauerstandversuche werden auch nicht an gewöhnlichen Zerreißmaschinen, sondern an eigens hierzu entworfenen Vorrichtungen durchgeführt. Sie stellen eine ganz andere Versuchsart dar, zu deren Verständnis der bisher absichtlich unerwähnt gebliebene Einfluß der Reckgeschwindigkeit auf den Widerstand des Stabes betrachtet werden muß. Bei Zugversuchen mit Stahl bei Zimmertemperatur ist der Einfluß der Geschwindigkeit, sofern die Versuche nicht absichtlich sehr schnell oder sehr langsam durchgeführt werden, von geringer praktischer Bedeutung. Daß ein Einfluß der Geschwindigkeit besteht, lehren bereits die Versuche von Bauschinger aus den 80er Jahren des vergangenen Jahrhunderts, im besonderen aber auch die Erfahrung, daß die Streckgrenze bei schneller Reckung etwas größer erscheint[2]. Viel größer als bei diesen gewöhnlichen Zerreißversuchen an Stahl macht sich der Einfluß der Reckgeschwindigkeit bei einigen Nichteisenmetallen bemerkbar, aber auch bei Stahl, sofern er bei höheren Temperaturen, etwa bei 400° oder bei 500° geprüft wird. Die bisher veröffentlichten Versuche, bei denen auf die Reckgeschwindigkeit überhaupt geachtet worden ist, leiden vielfach unter der Schwierigkeit, eine bestimmte Geschwindigkeit beim Versuch einzuhalten.

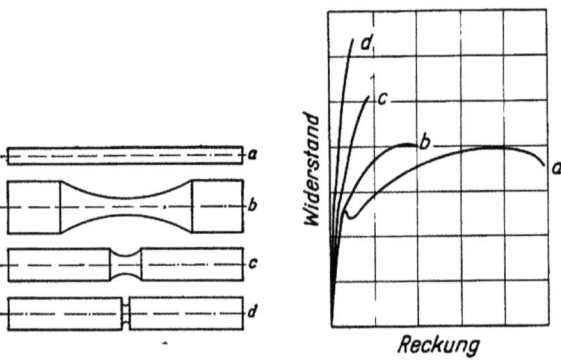

Bild 6. Zugversuch an hohlgekehlten Stäben gleichen Durchmessers in der Kehle (schematisch).

Wie dies einwandfrei geschehen kann, soll im Rahmen dieser Veröffentlichung nicht dargestellt werden. Hier soll nur im allgemeinen und auch nur schematisch der innere Zusammenhang zwischen Zugversuchen und Dauerstandversuchen gezeigt werden. In Bild 7 ist deshalb ein räumliches Schaubild gezeichnet, das man sich durch Aneinanderreihen von verschiedenen Zerreißdiagrammen (Spannung σ als Funktion der Dehnung ε) vorstellen kann, die längs einer dritten Achse, der Reckgeschwindigkeit $u = d\varepsilon/dt$, aufgereiht sind. Die Reckgeschwindigkeit u kann zwischen sehr weiten Grenzen fast von Null an verändert werden. Bei den geringsten noch sicher beobachtbaren Reckgeschwindigkeiten würde die vollständige Durchführung eines Zerreißversuches mehrere Jahre betragen, während die normale Dauer etwa in den Grenzen von 2 bis 20 min liegt. Bei Schlagzugversuchen wiederum wird die Zerreißdauer auf den kleinen Bruchteil von einer Sekunde zusammengedrängt. Die praktische Grenze der Zerreißgeschwindigkeit bilden hier Sprengungen, die Geschwindigkeiten bis zu mehreren tausend m/s zu verwirklichen gestatten.

Da einerseits bei den ganz kleinen Reckgeschwindigkeiten die Änderung der Reckgeschwindigkeit von großer Bedeutung ist, anderseits bei großen Reckgeschwindigkeiten weitere Änderungen kaum noch Bedeutung haben, so muß man in der Darstellung, die alle

---

[1] Mitt. a. d. mech.-techn. Labor. d. K.T.H. München 1886, 13. H., Blatt I und S. 67/68. Vgl. auch Lasche-Kieser, Konstruktion und Material im Bau von Dampfturbinen und Turbodynamos, 3. Aufl. S. 6/7, Berlin 1925.

[2] Schulz u. Buchholtz, Mitt. a. d. Versuchsanstalten d. Ver. Stahlwerke A.G., Bd. 2, S. 1. 1926.

Reckgeschwindigkeiten umfassen soll, von vornherein einen verzerrten Maßstab für die Reckgeschwindigkeit anwenden. Es läge nahe, einen logarithmischen Maßstab zu wählen. Jedoch geht dann die Möglichkeit verloren, auf $u =$ Null zu extrapolieren. Eine solche Möglichkeit bietet der projektiv verzerrte Maßstab, der die gesamte Zahlenreihe von Null bis Unendlich auf einer vorgegebenen Strecke abzubilden gestattet. Hierbei steht es noch frei, eine bestimmte Zahl, z. B. 1, an beliebige Stelle zu rücken, also etwa in die Mitte der Strecke. Im Bild 7 links ist angedeutet, wie dieser verzerrte Maßstab für u mit einem arithmetischen Maßstab zusammenhängt.

Die Gesamtheit der σ—ε-Diagramme stellt einen Körper dar, der in verschiedener Weise betrachtet werden kann. Die senkrechten Ebenen bedeuten ihrer Entstehungsgeschichte

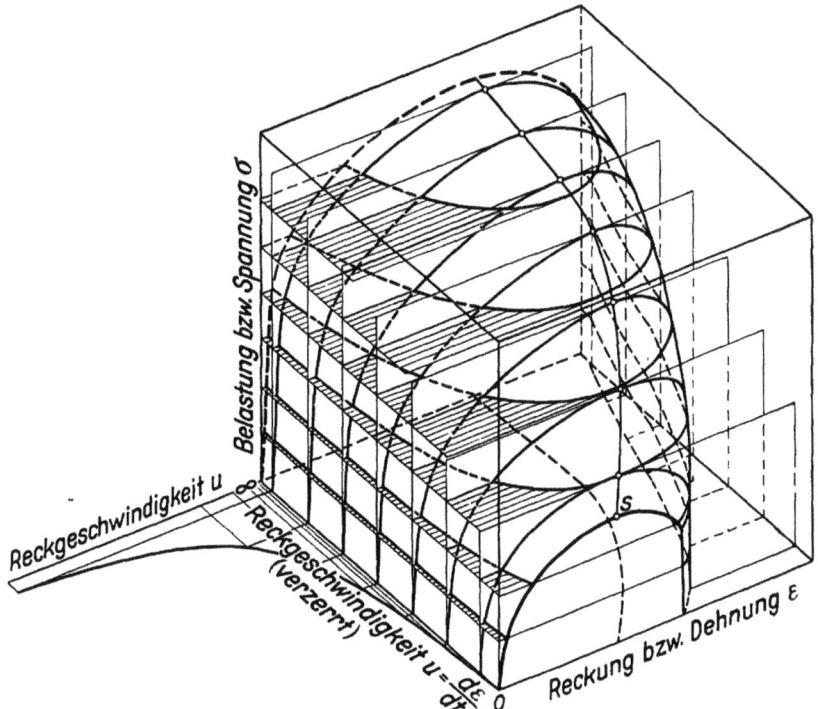

Bild 7. Zusammenhang zwischen Zugversuchen $\sigma = F(\varepsilon)$ bei verschiedenen Reckgeschwindigkeiten u mit Dauerstandversuchen $u = f(\varepsilon)$ bei verschiedenen Dauerlasten σ. $s =$ Dauerstandfestigkeit. (Schematisch.)

nach Zerreißversuche $\sigma = F(\varepsilon)$ mit genau konstanter Reckgeschwindigkeit. Falls beim Zerreißversuch die Reckgeschwindigkeit verändert wird, so entspricht dem Versuch eine Raumkurve an der Oberfläche des Körpers. Die Dauerstandversuche, bei denen die Belastung unveränderlich ist, werden durch waagrechte Schnitte durch den Körper dargestellt. Diese waagrechten Schnitte gestatten, den Körper bis $u =$ Null zu extrapolieren. Es ist hierbei nicht erforderlich, daß die Kurven $u = f(\varepsilon)$ tangential in die Nullachse einmünden. Die Fortsetzung dieser Kurven in negatives u-Gebiet mag hier außer Betracht bleiben. Der Verlauf eines Dauerstandversuches ist durch die Gleichungen gegeben:

$$u = \frac{d\varepsilon}{dt} = f(\varepsilon) . \tag{1}$$

Hieraus folgt durch Integration

$$t - t_0 = \int \frac{1}{f(\varepsilon)} d\varepsilon . \tag{2}$$

Das Integral ist graphisch leicht auszuwerten, indem man die Funktion $1 : u = 1 : f(\varepsilon)$ über ε aufträgt und planimetriert. Die Dauerstandfestigkeit selbst ist gekennzeichnet durch den

Wert $u =$ Null. Solange in einem horizontalen Schnitt u stets einen positiven Wert hat, kommt beim Dauerstandversuch der Stab nicht zur Ruhe, sondern nur dann, wenn u verschwindet. Aus dem zeitlichen Verlauf des Dehnungsvorganges beim Dauerstandversuch, wie er durch Gleichung (2) dargestellt ist, folgt im allgemeinen, daß der Endzustand beim Dauerstandversuch nur asymptotisch erreicht werden kann. Notwendige Voraussetzung für endlich begrenzte Dauer des Dehnungsvorganges würde rechtwinkliges Auftreffen der Linie $u = f(\varepsilon)$ auf die ε-Achse sein, was wahrscheinlich gar nicht vorkommt.

Aus der Darstellung nach Bild 7 geht hervor:

1. Zugversuch und Dauerstandversuch sind durchaus verschiedenartige Versuche, die nicht miteinander verwechselt werden dürfen.

2. Die Ergebnisse von Zugversuchen mit bestimmter Reckgeschwindigkeit oder wenigstens mit gleichzeitiger Beobachtung der tatsächlichen Reckgeschwindigkeit lassen in ihrer Gesamtheit die für die Dauerstandfestigkeit maßgeblichen Gesetze erkennen.

3. Die Ergebnisse von Dauerstandversuchen lassen sich durch Zugversuche mit gleichzeitig beobachteter Reckgeschwindigkeit ergänzen.

Die in Bild 7 schematisch dargestellte Gesetzmäßigkeit gilt für eine bestimmte Temperatur; für jede andere Temperatur ist eine andere Fläche durch Versuche zu ermitteln.

Probleme der neuzeitlichen Ölmaschine.

Von F. Sass.

Trotz der erheblichen Vervollkommnung, die der Dieselmotor in den letzten Jahren erfahren hat, bleibt noch eine Reihe von Problemen zu lösen, die teils den allgemeinen Aufbau des Motors und seine Wirkungsweise betreffen, teils physikalisch-chemischer Natur sind. Die Einführung der Doppelwirkung und die Steigerung der Leistung durch Aufladung oder Erhöhung der Drehzahl vermehrt die Beanspruchung wichtiger Bauteile und wird die neuartige Anwendung hochwertiger Werkstoffe erforderlich machen. Schließlich stellt die Eroberung weiterer Anwendungsgebiete (Kraftwagen, Lokomotiven und Flugzeuge) dem Dieselmotorenbau Aufgaben, deren Lösung angebahnt, wenn auch noch nicht in größerem Umfang verwirklicht ist.

Im letzten halben Jahrzehnt hat der Dieselmotor sowohl an Verbreitung wie an technischer Vervollkommnung Fortschritte wie kaum eine andere Kraftmaschine zu verzeichnen gehabt. Zwar fehlen zahlenmäßige Angaben über seine zunehmende Verwendung als ortfester Motor, doch sprechen die Zusammenstellungen, die von der britischen Aufsichtsbehörde Lloyds Register of Shipping vierteljährlich bekanntgegeben werden, wenigstens bezüglich des Schiffsdieselmotors eine beredte Sprache. Nach der letzten Veröffentlichung von Lloyds Register befanden sich am 31. Dezember 1929 Schiffe mit einem Gesamtraumgehalt von 3 110 880 B.-R.-T. auf allen Werften der Welt im Bau, darunter 1 737 834 B.-R.-T. oder fast 56 vH Motorschiffe, während der Rest auf Dampf- und Segelschiffe entfällt. Dementsprechend überwiegt der Dieselmotor als Schiffsantriebsmaschine der Leistung nach bei den zur Zeit in der Welt gebauten Schiffen alle übrigen Antriebsarten, denn von den zur Zeit insgesamt im Einbau befindlichen 2,5 Millionen PS werden rd. je eine halbe Million als Kolbendampfmaschinen bzw. Dampfturbinen, 1,5 Millionen PS dagegen als Ölmaschinen ausgeführt.

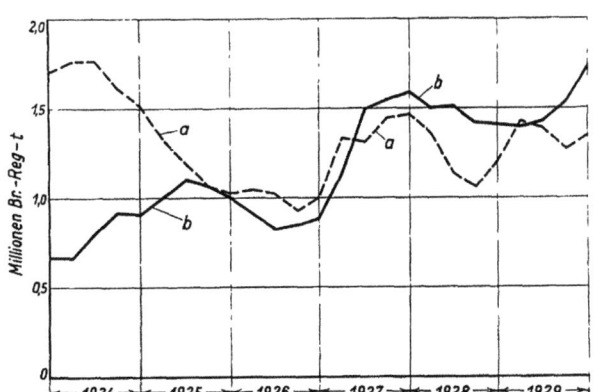

Bild 1. Im Bau befindlicher Schiffsraum der Welt von 1924 bis 1929. (Nach The Motor Ship, Februar 1930, S. 454.)
a = Dampfschiffe, b = Motorschiffe.

Das Verhältnis des in den letzten Jahren in der Welt im Bau befindlichen Dampf- und Motorschiffsraumes zeigt anschaulich Bild 1. Während 1924 die Dampfschiffe noch erheblich überwiegen, sind in der zweiten Hälfte 1925 bereits ebensoviele Motorschiffe wie Dampfschiffe im Bau. 1926 ist das Dampfschiff dem Motorschiff zahlenmäßig noch überlegen, und beide leiden unter der damals im Schiffbau herrschenden starken Depression. Anfang 1927 dagegen beginnt eine Aufwärtsbewegung, an der das Motorschiff lebhafter als das Dampfschiff teilnimmt. Um Mitte 1927 übertrifft es an Schiffsraum das Dampfschiff und bleibt ihm von da an fast ständig an Zahl überlegen.

Aus dieser raschen Entwicklung des Schiffsdieselmotors darf man den Schluß ziehen, daß die Ölmaschine ein zu verhältnismäßig weitgehender Vollkommenheit entwickelter

Motor ist. Er nutzt den Brennstoff thermisch besser als alle anderen Kraftmaschinen mit einem Wirkungsgrad aus, der in der neuzeitlichen kompressorlosen Zweitakt-Bauart 40 vH erreicht, und hat eine Reihe betriebstechnischer Vorzüge, wie Einfachheit der Wartung, rasche Anfahrmöglichkeit usw. Der Dieselmotor ist aber heute noch nicht so weit entwickelt, daß sich der Fachmann mit dem Erreichten zufriedengeben könnte. Fragen allgemeiner Art und Sonderfragen bedürfen noch der Klärung, die sich teils mit der Weiterentwicklung einstellen wird, teils umfangreiche wissenschaftliche Forschung voraussetzt. Nur in knappen Umrissen kann auf diese Fragen, die den Dieselmotorenbau heute beschäftigen, im folgenden eingegangen werden.

I. Probleme allgemeiner Art.

1. Viertakt und Zweitakt; Einfach- und Doppelwirkung.

Über die Frage, welches Arbeitsverfahren für den Dieselmotor zu bevorzugen ist, ob Viertakt oder Zweitakt, und welche Grundsätze dem Entwurf zugrunde zu legen sind, herrscht bei den Herstellern von Dieselmotoren noch keine Übereinstimmung. Zwar ist die Dieselmaschine in ihren Anfängen als Viertaktmotor entwickelt worden, doch haben namhafte Firmen in der Überzeugung, daß die beim Viertakt zwischen je zwei arbeitleistende Umdrehungen eingeschalteten Leerhübe des Kolbens die volle Ausnutzung des Werkstoffes verhindern, frühzeitig den Zweitakt bevorzugt und teilweise ausschließlich gebaut. Die größere Verbreitung aber hat der Dieselmotor bisher als Viertaktmaschine gefunden. Der Umstand, daß der Verbrennungsvorgang durch das Viertaktverfahren leichter als mit dem Zweitaktsystem beherrscht werden kann, war der Anlaß, als das Bedürfnis nach größten Leistungseinheiten entstand, doppeltwirkende Viertaktmaschinen zu bauen, die freilich wegen ihres verwickelten Aufbaues in Deutschland bis jetzt keinen Eingang finden konnten. Deutsche Konstrukteure sind übereinstimmend der Ansicht, daß für größte Leistungen der doppeltwirkende Zweitakt die richtige Lösung ist.

Dagegen trifft man für kleine und mittlere Leistungen den Viertakt und Zweitakt nebeneinander in zahlreichen Ausführungen an, und wenn auch der Viertakt vorherrscht, so ist doch noch nicht zu erkennen, ob dieses Nebeneinander beider Arbeitsverfahren bestehen bleiben oder das eine bzw. andere verdrängt werden wird. Bei Leistungen von etwa 3000 PS_e an aufwärts versagt der einfachwirkende Viertakt, weil die Zylinderabmessungen zu groß werden; kann man sich zum doppeltwirkenden Viertakt nicht entschließen, so muß man für diese Leistungen zum Zweitakt übergehen. Aber auch schon für kleinere Ausmaße als jene Viertakt-Grenzleistung bietet der Zweitakt in der einfachwirkenden Ausführung Vorteile, die man in Deutschland noch zu wenig zu beachten scheint. Besonders der kompressorlose einfachwirkende Zweitaktmotor wird für mittlere Leistungen in Zukunft noch eine Rolle spielen, weil er eine Maschine von idealer Einfachheit ergibt.

2. Druckluft- und Druckzerstäubung; Vorkammerverfahren.

Den Bemühungen, den Brennstoff „kompressorlos", nur durch den Druck der ohnehin für die Einspritzung benötigten Pumpe, in zerstäubtem Zustand in den Brennraum einzuführen, blieb durch Jahrzehnte ein Erfolg versagt, teils weil man die Bedingungen für eine gute Gemischbildung nicht erkannt hatte, teils weil werkstättentechnische Schwierigkeiten entgegenstanden. Erst die planmäßige Durchforschung der Vorgänge bei der Druckzerstäubung[1] und die Fortschritte, die in den letzten Jahren hinsichtlich der Bearbeitungsverfahren und der Herstellung hochwertiger Baustoffe gemacht worden sind, haben in verhältnismäßig kurzer Zeit die Druckzerstäubung dem älteren Verfahren, den Brennstoff durch hochverdichtete Einblaseluft zu zerstäuben, völlig gleichwertig gemacht. Der kom-

---
[1] AEG-Mitteilungen 1930, H. 1, S. 25.

pressorlose Dieselmotor beginnt jetzt den älteren Kompressormotor rasch zu verdrängen, und wenn manche Hersteller oder Benutzer von Dieselmotoren heute noch der mit Druckluftzerstäubung arbeitenden Dieselmaschine den Vorzug geben, so ist dies nur dadurch zu erklären, daß sie die Vorteile der kompressorlosen Betriebsweise noch nicht erkannt haben oder die Schwierigkeiten der Druckeinspritzung überschätzen. Es gibt heute keinen stichhaltigen Grund mehr, den Einblaseluftkompressor, der so oft der Anlaß zu Betriebsstörungen war und ist, für die Brennstoffeinspritzung beizubehalten. Das Problem der kompressorlosen Brennstoffeinspritzung, das so viele Jahre die größten Schwierigkeiten bereitet hat, kann heute als völlig gelöst bezeichnet werden.

Eine Abart des kompressorlosen Motors ist die Vorkammermaschine, welche die Vorverbrennung eines Teiles des eingespritzten Brennstoffes in eine vom Hauptbrennraum abgeschnürte kleinere Kammer zur Zerstäubung des übrigen Brennstoffes benutzt. Das Vorkammerverfahren eignet sich vorwiegend für kleinere Zylinderabmessungen; es hat den Vorteil der Niederdruckeinspritzung, aber ein gleich guter Brennstoffverbrauch wie mit der Hochdruckeinspritzung ist nicht zu erreichen. In den letzten Jahren hat die Vorkammermaschine an Verbreitung erheblich zugenommen und sich bewährt, obwohl die Vorgänge in der Vorkammer noch sehr der Aufklärung bedürfen.

II. Physikalisch-chemische Probleme.

1. Gemischbildung.

Die Brennstoffe der Ölmaschine sind flüssige Kohlenwasserstoffe, also hauptsächlich Verbindungen von Kohlenstoff und Wasserstoff, die zur Verbrennung eine gewisse Luftmenge bedürfen. Untersucht man das Mengenverhältnis von Brennstoff und Luft, wie es erfahrungsgemäß hergestellt werden muß, so findet man, daß beim Dieselmotor die Gemischbildung vorläufig in nur höchst unbefriedigender Weise beherrscht wird. Die Gesetze, nach denen sich die Verbrennung der Kohlenwasserstoffe vollzieht, lehren, daß theoretisch zur vollkommenen Verbrennung von 1 kg Treiböl rd. 14 kg Luft erforderlich sind. Der Dieselmotor braucht aber zur restlosen Verbrennung des Treiböles etwa eine zweimal so große Luftmenge wie die theoretische; er arbeitet mit 100 vH „Luftüberschuß", und mit einem kleineren Luftüberschuß als 80—90 vH ist eine rauchfreie Verbrennung nicht zu erzielen. Die Vergasermaschine und der Leuchtgasmotor dagegen kommen mit etwa 20 vH Luftüberschuß aus, gestatten also bei gegebener Luftmenge die Verbrennung einer verhältnismäßig viel größeren Treibstoffmenge, d. h. die Erreichung einer höheren spezifischen Leistung.

Bild 2 veranschaulicht für den Dieselmotor mit und ohne Luftverdichter diesen der Ausnutzung des Brennstoffes recht nachteiligen Zustand. Die waagerechte Grundlinie stellt den mittleren indizierten Kolbendruck dar, der bei gegebener Drehzahl ein Maß für die

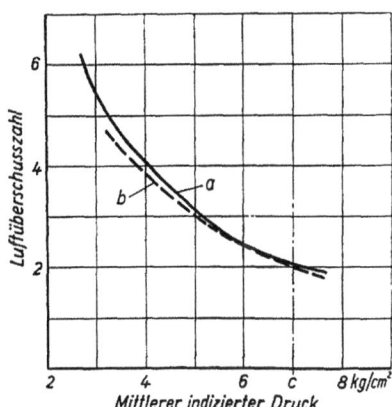

Bild 2. Luftüberschußzahlen eines Dieselmotors in Abhängigkeit von der Leistung bei Druckluftzerstäubung und Druckzerstäubung.

a = Luftüberschußlinie bei Druckzerstäubung,
b = Luftüberschußlinie bei Druckluftzerstäubung, c = Vollastlinie.

Leistung ist; Punkt c entspricht etwa der Vollast. Die senkrechten Linien bedeuten das Verhältnis der wirklich gebrauchten zur theoretisch erforderlichen Luftmenge. Da man bei Dieselmotoren ausnahmslos auf die Reglung der Luftmenge bei Teillasten verzichtet, so steigen die Luftüberschußzahlen mit abnehmender Brennstoffmenge, d. h. abnehmender Belastung nach hyperbelartigen Kurven an; bei Teillasten ist also der Luftüberschuß unvermeidlich besonders groß. Aber auch bei Vollast gelingt es nicht, die Luftüberschußzahl erheblich unter 2 zu senken; man braucht immer noch die doppelte Menge der theoretisch erforderlichen Luft.

Der Grund für diese unbefriedigenden Verhältnisse liegt darin, daß es weder mit der Drucklufteinblasung noch mit der Druckzerstäubung bisher gelungen ist, den Brennstoff ebenso fein zu zerstäuben und im Brennraum zu verteilen, wie es bei der Leuchtgas- oder Vergasermaschine ohne Schwierigkeit möglich ist. Der Leuchtgasmotor erhält sein brennfähiges Gemisch schon in gasförmigem Zustand in guter Durchmischung; die Vergasermaschine benutzt die Eigenschaft des Benzins oder Benzols, im vorbeistreichenden Luftstrom rasch zu verdampfen, was ebenfalls ein gut vorbereitetes Brennstoff-Luftgemisch ergibt. Die Eigenschaften des gasförmigen Zustandes oder der leichten Verdampfbarkeit fehlen aber dem schwereren Treiböl des Dieselmotors; man muß es daher auf mechanischem Wege möglichst fein zu zerteilen suchen. Die hierbei mit technischen Mitteln erreichbaren Tropfengrößen wurden im Prüffeld der AEG-Turbinenfabrik sorgfältig gemessen; sie liegen bei Durchmessern von 4 bis 30 μ ($\mu = 1/1000$ mm), sind also außerordentlich viel größer als die gasförmigen Teile des Leuchtgas-Luftgemisches und auch noch erheblich gröber als der Brennstoffnebel des Vergasermotors. Es liegen hier ähnliche Verhältnisse vor wie beim Übergang von der mit groben Kohlestücken beschickten Feuerung eines Dampfkessels zur Kohlenstaubfeuerung. Bei dieser schwanken nach W. Nusselt[1] die Korngrößen des Kohlenstaubes zwischen 2 und 60 μ, sind also ungefähr ebenso groß wie die Brennstofftropfen bei kompressorloser Zerstäubung. Aber während bei der Kohlenstaubfeuerung diese Korngröße genügt, um den Luftüberschuß erheblich zu vermindern und den Wirkungsgrad der Verbrennung zu verbessern, ist sie beim Dieselmotor, bei dem viel weniger Zeit zur Verbrennung zur Verfügung steht, noch bei weitem nicht fein genug, so daß man den großen Luftüberschuß, der die mangelnde Zeit ersetzt, vorläufig nicht entbehren kann. Man ist sich dieses Nachteiles wohl bewußt, und es gibt zahlreiche Vorschläge, wie ihm abzuhelfen sei, doch sind alle dahin zielenden Versuche, die meist auf eine Verdampfung des Schweröles vor der Zündung hinausliefen, gescheitert, und es ist offenbar auch keine Aussicht auf baldigen Erfolg vorhanden. Das Problem der Gemischbildung im Dieselmotor ist noch keineswegs befriedigend gelöst.

Anderseits zeigt Bild 2, daß hinsichtlich der Güte der Gemischbildung, soweit sie heute erreichbar ist, der kompressorlose Dieselmotor der Einblaseluftmaschine nicht nachsteht. Die Kurven der Luftüberschußzahlen liegen dicht übereinander und berühren sich im Vollastbereich teilweise, d. h. es ist gelungen, durch die viel einfachere Druckzerstäubung das gleiche zu erreichen wie mit dem verwickelten Verfahren der Zerstäubung durch verdichtete Einblaseluft.

2. Verbrennung.

Die in den flüssigen Brennstoffen gebundene chemische Energie wird durch die Verbrennung des Treiböles in eine Form gebracht, die ihre Ausnutzung zur mechanischen Arbeitsleistung ermöglicht. Die Kohlenwasserstoffe (vorwiegend der Reihe C_nH_{2n+2} und C_nH_{2n}) verwandeln sich dabei in CO_2 und H_2O, die wir, mit dem überschießenden Teil der Verbrennungsluft durchmischt, in Form hochgespannter Gase erhalten und zur Bewegung des Kolbens benutzen. Die Umwandlung des Öles in den gasförmigen Zustand vollzieht sich nun aber nicht etwa so, daß die Kohlenwasserstoffe einfach in C und H zerfallen und diese sich mit dem Sauerstoff der Verbrennungsluft zu CO_2 und H_2O verbinden, sondern sie geht zwangläufig über eine größere Zahl von Zwischenreaktionen vor sich, die durchlaufen werden müssen, ehe sich die Enderzeugnisse CO_2 und H_2O bilden können. Durch vergleichendes Zusammentragen dessen, was die chemische Forschung bisher über die Verbrennung einzelner brennbarer Verbindungen ermittelt hat, kann man heute wenigstens den wahrscheinlichen Verbrennungsmechanismus des Hexan C_6H_{14} aufstellen

---

[1] Der Verbrennungsvorgang in der Kohlenstaubfeuerung, Z. V. d. I. 1924, H. 6, S. 124.

(Bild 3), also eines der Hauptbestandteile des Benzins. Es darf als sicher angenommen werden, daß das Hexan bei der Verbrennung zunächst in Methan CH_4, Äthan C_2H_6, Äthylen C_2H_4 und Azetylen C_2H_2 zerfällt und daß jeder dieser vier Stoffe dann weiter über die in Bild 3 angegebenen Zwischenreaktionen verbrennt. Die Endprodukte CO_2 und H_2O, die in Bild 3 durch stärkeren Druck hervorgehoben sind, treten an vielen Stellen gleichzeitig auf. Ähnlich, nur in noch längeren Ketten, müssen die höhermolekularen Verbindungen, aus denen das Dieseltreiböl besteht, verbrennen; aber Genaueres hierüber ist noch nicht bekannt. Dagegen wissen wir, daß der Ablauf dieser Verbrennungsmechanismen durch verschiedene Mittel in dem gewünschten Sinn beeinflußt werden kann, z. B. durch die Temperatur, bei der die Verbrennung eingeleitet wird, durch Wassereinspritzung, Katalysatoren usw. Hier ist der Forschung noch ein weites Feld offen, wobei freilich ein engeres Zusammenarbeiten zwischen Maschinenbau und Chemie Voraussetzung ist, als es bis jetzt hergestellt werden konnte. Namentlich der Einfluß der katalytisch wirkenden Kontaktsubstanzen, z. B. des Zinns, auf die Verbrennung in Dieselmotoren, ist noch wenig durch-

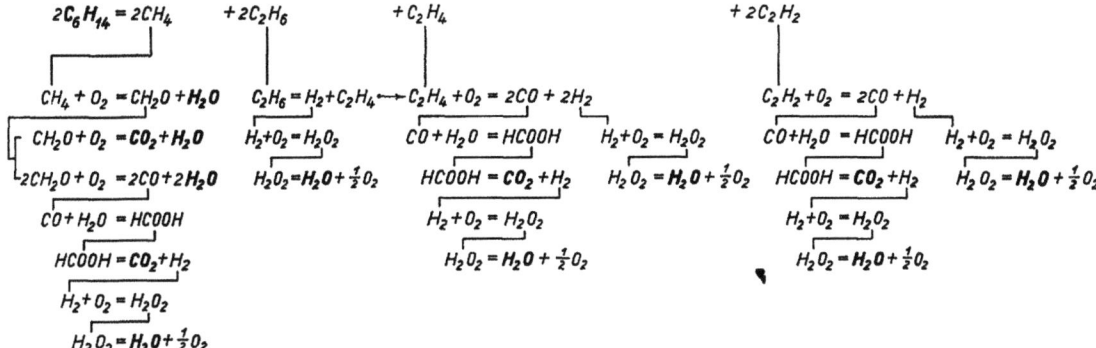

Bild 3. Wahrscheinlicher Verbrennungsmechanismus des Hexan C_6H_{14}.

forscht, obwohl begründete Aussicht vorhanden ist, daß durch Katalyse der Verbrennungsvorgang in der Ölmaschine noch wesentlich verbessert und damit ihr thermischer Wirkungsgrad über die heute erreichbare Grenze hinaus gesteigert werden kann.

3. Eignung der Ölmaschine für verschiedene Treiböle.

Während die Motoren der Kraftfahrzeuge mit den niedrigsiedenden Bestandteilen des Erdöles bzw. Steinkohlenteers, dem Benzin oder Benzol, betrieben werden, ist das Gasöl, die dritte Fraktionsstufe des Erdöls, der gegebene Treibstoff für den Dieselmotor. Leider sind seine physikalischen und chemischen Eigenschaften je nach der geologischen Fundstätte recht verschieden, so daß nicht alle Gasöle gleich brauchbar sind. Namentlich die südamerikanischen und persischen Treiböle und die billigeren Öle aus Kalifornien haben einen verhältnismäßig hohen Gehalt an Hartasphalt oder eine zu große Viskosität; gelegentlich besitzen sie auch beide Eigenschaften, deren jede sie für den Betrieb von Dieselmotoren weniger geeignet macht. Man hat zwar die Forderung erhoben, daß die Ölmaschine imstande sein müsse, alle Brennstoffe gleich gut zu verarbeiten, was eine gewisse Berechtigung hat, weil es für den Eigner eines Dieselmotors lästig ist, wenn beim Wechsel des Brennstoffes, der nicht immer vermeidbar ist, Betriebsschwierigkeiten auftreten. Dies kann besonders dann der Fall sein, wenn das Öl zuviel Hartasphalt enthält, der als hochmolekularer Kohlenwasserstoff der Verbrennung größeren Widerstand als die übrigen Bestandteile des Öles entgegensetzt. Auch eine zu hohe Viskosität erschwert den Betrieb, nicht nur, weil der Widerstand der Brennstoffpumpenventile und Brennstoffleitungen wächst, sondern auch weil bei den höher viskosen Ölen die Zerstäubung weniger fein ist, so daß die Gemischbildung verschlechtert wird.

Zur Zeit ist man noch nicht in der Lage, die Forderung zu erfüllen, daß alle Treiböle für den Dieselmotor gleich gut verwendbar sein müssen. Bezüglich des Hartasphaltes sind Hersteller und Eigner von Dieselmotoren bemüht, sich mit den Lieferern der Gasöle dahin zu einigen, daß ein gewisser Anteil an Hartasphalt, z. B. 0,5 vH, zugelassen wird, den der Motor ohne Schwierigkeit verarbeiten können muß, während Öle mit höherem Asphaltgehalt nicht als Dieseltreiböle verwendet werden sollten. Ein internationales Übereinkommen wäre hier sehr zu begrüßen. Es ist aber zu hoffen, daß die im nächsten Abschnitt zu besprechenden Fortschritte in der Verwendung neuer Werkstoffe eine Heraufsetzung der Grenze des zulässigen Asphaltgehaltes ermöglichen werden. Übrigens ist der angegebene Grenzwert immerhin schon so hoch, daß weitaus die meisten auf dem Markt erhältlichen Treiböle für den Dieselmotor verwendbar sind und kein Mangel an geeigneten Brennstoffen einzutreten braucht.

Die Viskosität der im Handel erhältlichen Gasöle ist außerordentlich verschieden; es gibt neben solchen, die fast so dünnflüssig wie Wasser sind, Öle von salbenartiger Kon-

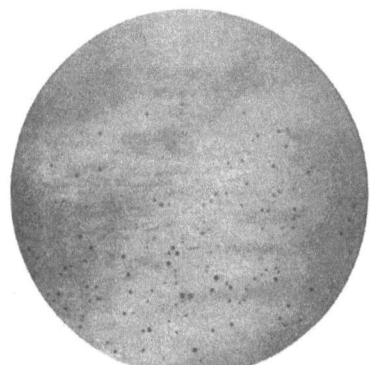   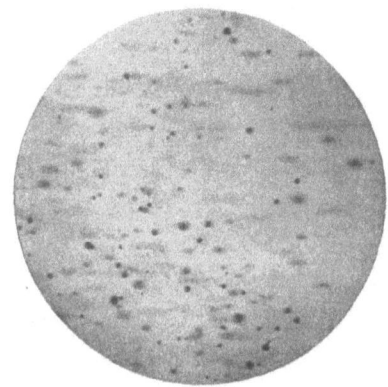

Bild 4. Im Flug in verdichteter Luft aufgenommene Brennstofftropfen.
← Flugrichtung. Viskosität des Brennstoffes 1,78 Englergrade bei 20°; Bildgeschwindigkeit 200 m/s.

Bild 5. Im Flug in verdichteter Luft aufgenommene Brennstofftropfen.
← Flugrichtung. Viskosität des Brennstoffes 13,8 Englergrade bei 20°; Bildgeschwindigkeit 200 m/s.

sistenz, die erst bei Erwärmung auf 100° und mehr die gleiche Viskosität wie das gewöhnliche Treiböl annehmen. Öle dieser Art sind natürlich unbrauchbar, denn es ist bei kalter Maschine unmöglich, sie durch die Brennstoffpumpen und die engen Druckleitungen zu fördern; auch macht die Aufrechterhaltung einer so hohen Vorwärmetemperatur besonders während des Stillstandes der Maschine Schwierigkeiten. Auch die Lagerung und Übernahme des Brennstoffes z. B. an Bord von Schiffen wäre äußerst schwierig. Vor allem aber verschlechtert eine zu hohe Viskosität die Zerstäubung des Brennstoffes im Arbeitszylinder, wie die Bilder 4 und 5 anschaulich zeigen. In der an anderer Stelle[1] beschriebenen Versuchseinrichtung wurden die Tröpfchen eines Brennstoffstrahles während ihres Fluges durch verdichtete Luft photographiert; die Luftdichte entsprach dabei den im Arbeitszylinder des Dieselmotors am Ende des Kompressionshubes während der Einspritzung des Treiböles herrschenden Verhältnissen. Die Aufnahmen erfolgten in einer Entfernung von 225 mm von der Einspritzdüse, wo die Tropfen nach früheren Versuchen noch eine Geschwindigkeit von 20 m/s haben. Es konnte daher nur eine zehnfache Vergrößerung angewandt werden, die immerhin noch der großen Bildgeschwindigkeit von 200 m/s entspricht, so daß besondere Mittel benutzt werden mußten, um die Belichtungszeit des elektrischen Funkens abzukürzen. Durch die Anordnung der Kondensatoren in unmittelbarer Nähe der Hauptfunkenstrecke und durch Vorschalten einer Vorfunkenstrecke in Verbindung mit

---

[1] AEG-Mitteilungen 1930, H. 1, S. 25.

einem Wasserwiderstand gelang es, die Belichtungsdauer auf ein zehnmilliontel Sekunde abzukürzen und scharfe Tropfenbilder auf der Platte zu erhalten[1]. Das sehr lichtstarke Objektiv war so geformt, daß, obwohl durch eine Glasplatte von 60 mm Stärke photographiert werden mußte, von dem in der Aufnahmerichtung mehrere Zentimeter dicken Brennstoffstrahl nur eine Tröpfchenschicht von 0,2 mm Tiefe in der Achse des Strahles scharf erfaßt wurde, während die vor oder hinter dieser Schicht befindlichen Tröpfchen im Bild unscharf erscheinen.

Bild 4 zeigt die Aufnahme des im Fluge befindlichen Brennstoffnebels bei einer Viskosität von 1,78 Englergraden bei 20°; er entspricht der im Brennraum des Dieselmotors unter normalen Verhältnissen herrschenden Feinheit der Zerstäubung. Bild 5 gibt den unter den gleichen Umständen aufgenommenen Nebel eines Öles mit der viel höheren Viskosität von 13,8 Englergraden bei 20° wieder. Man erkennt, daß die Tröpfchen jetzt den zwei- bis dreifachen Durchmesser, also die 8- bis 27fache Masse wie vorhin haben, und es wird verständlich, daß hochviskose Öle der Verbrennung einen größeren Widerstand als dünnflüssige entgegensetzen.

Die obere Grenze der Viskosität, bis zu der ein Treiböl im Dieselmotor ohne weiteres verwendbar ist, liegt bei 4 bis 5 Englergraden, bezogen auf 20°. Höherviskose Öle bedürfen der Vorwärmung auf etwa 40 bis 50°, die übrigens vielfach ohnehin angewandt wird, um die Filtrierung des Öles zu erleichtern. Viskositäten über 12 bis 15 Englergrade (bei 20°) machen das Treiböl für den Betrieb von Dieselmotoren ungeeignet. Die überwiegende Mehrzahl der auf dem Markt erhältlichen Treibölsorten hat aber eine so hohe Viskosität nicht, so daß ernstliche Schwierigkeiten bei der Beschaffung eines geeigneten Brennstoffes für den Dieselmotor nicht bestehen.

III. Probleme der Werkstoffe.

Der Zwang zur wirtschaftlichen Ausnutzung der Kraftmaschinen gab zu dem Bestreben Veranlassung, die spezifische Leistung des Dieselmotors nach Möglichkeit zu steigern. Das kann durch Wahl höherer Drehzahlen oder durch Aufladung der Arbeitszylinder mit vorverdichteter Luft oder durch gleichzeitige Anwendung beider Mittel geschehen, bedeutet aber in jedem Fall eine vermehrte Beanspruchung der Baustoffe. Die thermische Überlegenheit der Verbrennungskraftmaschine gegenüber anderen Wärmekraftmaschinen beruht darauf, daß die Verbrennung sich im Arbeitszylinder selbst abspielt, wodurch die Verluste bei der Umwandlung der Energie über Zwischenträger (Dampf) fortfallen; es ist aber damit der Nachteil verbunden, daß im Zylinder Temperaturen von 1300 bis 1400°, wenn auch nur kurzzeitig, auftreten. Der Dieselmotor arbeitet zudem mit Drücken von 35 bis 40 kg/cm², und beide Umstände — hohe Temperaturen und Drücke — beanspruchen die Werkstoffe, die ihrer Einwirkung unterliegen, schon in genügendem Maß. Versucht man, darüber hinaus noch eine Leistungssteigerung zu erzielen, so gelangt man bei den Baustoffen, insbesondere der Zylinderdeckel, Laufbüchsen und (bei doppeltwirkenden Maschinen) der Kolbenstangen, bald zu Beanspruchungen, welche die Betriebssicherheit und Lebensdauer der Maschine gefährden.

Zu den Problemen des Dieselmaschinenbaues gehören daher auch die Fragen, welche die Eignung der bisher allgemein für jene hochbeanspruchten Bauteile verwendeten Werkstoffe bzw. ihren Ersatz durch neue, bisher hierfür nicht benutzte Materialien betreffen.

1. Zylinderdeckel.

Die Zylinderdeckel sind trotz aller Verbesserungen der Herstellungsverfahren empfindliche Maschinenteile geblieben, weil sie durch thermische und mechanische Einflüsse stark beansprucht sind, und keinem Hersteller von Dieselmotoren dürften Deckelrisse ganz un-

---

[1] Die bei den Aufnahmen benutzte Hochspannungsanlage ist von Dipl.-Ing. Rossmann vom Institut für technische Physik der Technischen Hochschule Berlin ausgearbeitet worden.

bekannt geblieben sein. Man hat sich daher seit Jahren bemüht, statt des Gußeisens den zuverlässigeren geschmiedeten Stahl als Baustoff für die Zylinderdeckel zu verwenden, aber bis vor kurzem ohne rechten Erfolg, weil die Herstellung aus geschmiedetem Stahl in einem Stück bisher nicht möglich war und die Abdichtung der unvermeidlichen Teilfugen wegen der mit der Erwärmung verbundenen Formänderungen erhebliche Schwierigkeiten machte. Es kann daher als ein beachtenswerter Fortschritt bezeichnet werden, daß es K. Bassler gelungen ist, das Wasserstoff-Lötverfahren auf die Herstellung von geschmiedeten Stahldeckeln für Dieselmotoren anzuwenden[1]. Die Deckel werden aus einzelnen, bequem bearbeitbaren Teilen hergestellt, durch Vorspannung miteinander verbunden und darauf unter Verwendung eines Sonderlotes im Elektroofen in reduzierender Wasserstoffatmosphäre zu einem einzigen Stück vereinigt, das sich hinsichtlich seiner Festigkeit genau wie ein aus dem Vollen geschmiedeter Körper verhält und doch Formen hat, die bisher nur durch das Gießverfahren hergestellt werden konnten. Die hohe Temperatur, bei der sich die Vereinigung der Deckelteile vollzieht, und langsame Abkühlung bewirken beim Stahldeckel völlige Spannungsfreiheit, die bei Gußdeckeln nie mit Sicherheit erreichbar ist. Die größere Festigkeit des Stahles erlaubt Verminderung der Wandstärken und Herabsetzung der Temperatur der den Feuergasen ausgesetzten Wände, deren Festigkeit nicht, wie es beim Gußeisen öfters der Fall ist, durch poröse Stellen geschwächt ist. Das Verfahren ist für Zweitakt- und Viertaktdeckel gleich gut anwendbar. Den geschmiedeten Deckel für einen Viertaktmotor zeigt Bild 6. In dieser Ausführung wurde eine größere Zahl von Deckeln an einen Schiffseigner geliefert, der über häufige Deckelrisse bei einem seiner Motoren fremder Herkunft Klage führte. Nach dem gleichen Verfahren hergestellte Zweitaktdeckel befinden sich seit nunmehr fast zwei Jahren in Betrieb und haben die auf sie gesetzten Erwartungen erfüllt.

Bild 6. Zylinderdeckel eines Viertaktdieselmotors aus geschmiedetem Stahl.

2. Zylinderlaufbuchsen.

Ähnlichen Beanspruchungen wie die Deckel sind die Laufbuchsen ausgesetzt, da auch sie unter der Einwirkung der hohen Verbrennungstemperaturen und -drücke stehen. Die mittlere Temperatur ihrer Wandung bleibt aber erfahrungsgemäß niedriger als beim Zylinderdeckel, weil sie in größerer Entfernung vom heißen Kern des Brennraumes liegt, und ihre zylindrische Form eignet sich besser zur Aufnahme mechanischer Beanspruchungen als die flache oder nur schwach gewölbte Wand des Deckelbodens. Die Summe aus der thermischen und mechanischen Anstrengung des Baustoffes der Laufbuchse ist daher im allgemeinen geringer als beim Zylinderdeckel, so daß Risse in der Laufbuchse zu den seltenen Betriebsstörungen gehören. Dagegen unterliegt ihre Innenwandung der Abnutzung durch die Reibung der Kolbenringe, die sich federnd gegen die Buchse legen, um den Brennraum gegen das Kurbelgehäuse bzw. bei doppeltwirkenden Maschinen gegen die untere Kolbenseite abzudichten. Der durch die Reibung verursachte Verschleiß verteilt sich auf die Laufbuchse und die Kolbenringe; er fällt bei diesen wirtschaftlich weniger ins Gewicht, weil die Auswechslung der Ringe keine großen Kosten erfordert. Hat sich dagegen die Laufbuchsenwand um mehrere mm abgenutzt, so muß sie ausgewechselt werden, was Betriebsunterbrechungen und Kosten verursacht. Namentlich bei Treibölen mit hohem Ge-

---

[1] Z. V. d. I. 1929, H. 51, S. 1811.

halt an Hartasphalt kann der Verschleiß der Laufbuchsen in verhältnismäßig kurzer Zeit unzulässig hohe Werte annehmen. Zur Beseitigung dieses der Ölmaschine noch anhaftenden Übelstandes hat K. Bassler vorgeschlagen, statt der bisher für größere Motoren ausschließlich verwendeten Laufbuchsen aus Gußeisen solche **aus geschmiedetem Sonderstahl mit nitriergehärteter Lauffläche** zu verwenden. Die höhere Festigkeit des Stahles erlaubt — wie bei den wasserstoffgelöteten Zylinderdeckeln — eine Verringerung der Wandstärke, und mit der abnehmenden Wandstärke nimmt der Unterschied zwischen der mittleren Temperatur der Innen- und Außenwandung annähernd linear ab. Die Außenwandung behält aber ihre durch die Temperatur des Kühlwassers gegebene Temperatur bei, und die Innenwandung muß daher entsprechend der verringerten Wandstärke **kälter** bleiben als die stärkere gußeiserne Wand. Die niedrigere Wandtemperatur wiederum wird das Verbrennen der an der Wand haftenden Schmierölschicht verhindern, das bei starkwandigen Laufbuchsen nicht vermieden werden kann. Dadurch bleibt die Flüssigkeitsreibung zwischen Laufbuchsenwand und Kolbenringen erhalten, und die Abnutzung der Kolbenringe wird erheblich verringert. Die niedrigeren mittleren Wandtemperaturen werden sich zum Teil auch auf die Kolbenringe übertragen, die in ihren Nuten weniger leicht festbrennen.

Vor allem aber ist die **völlige Vermeidung des Zylinderverschleißes** von dieser neuartigen Bauweise der Laufbuchsen zu erwarten. Die Nitrierhärtung beruht bekanntlich auf dem Eindringen von Stickstoff in die zu härtende Oberfläche, die dadurch die außerordentlich hohe Brinell-Härte von 800 bis 900 (umgerechnet) kg/mm^2 annimmt, während sich auch bei dem besten perlitischen Gußeisen keine größere Brinell-Härte als etwa 230 kg/mm^2 erzielen läßt. Es darf erwartet werden, daß diese außerordentliche Härte die Abnutzung der Lauffläche auf unmerkliche Beträge vermindern wird.

Ein Versuch mit solchen Laufbuchsen wird zur Zeit auf seegehenden Motorschiffen in großem Maßstab durchgeführt. Gelingt er und erweisen sich die angestellten Überlegungen als richtig, so wird dadurch ein erheblicher Schritt vorwärts in bezug auf Erhöhung der Lebensdauer und Wirtschaftlichkeit der Ölmaschine getan sein.

3. Kolbenstangen doppeltwirkender Ölmaschinen.

Während die Kolbenstangen **einfachwirkender** Maschinen nur mechanische Beanspruchungen, und zwar vorwiegend auf Druck erfahren, müssen die Kolbenstangen **doppeltwirkender** Motoren durch den unteren Brennraum hindurchgeführt werden. Sie nehmen dadurch (falls nicht etwa besondere bauliche Mittel vorgesehen sind, die sie vor Erwärmung durch die Verbrennungsgase schützen) an ihrem Außenumfang höhere Temperaturen an als an der für die zur Zu- oder Ableitung des Kolbenkühlwassers benutzten Innenbohrung, wodurch thermische Beanspruchungen entstehen, die sich zu den mechanischen Anstrengungen addieren. Über die Größe dieser zusätzlichen Beanspruchungen war man bisher im unklaren, weil die Temperaturen, welche die Stange im Betrieb annimmt, nur geschätzt werden konnten. Sie sind im Prüffeld der AEG-Turbinenfabrik **erstmalig an der laufenden Maschine gemessen** worden, wodurch man wertvolle Aufschlüsse über die Größe und den Verlauf der Spannungen in Kolbenstangen erhalten hat.

Verfolgt man die Bewegung der Kolbenstange (Bild 7) während einer Umdrehung, so erkennt man, daß die Stellen *I* bis *V* unterhalb des Kolbens verschieden tief in den Brennraum eindringen. Das bei *I* liegende Stück ragt auch bei tiefster Kolbenstellung nicht aus dem Brennraum nach unten hervor und bleibt deshalb am heißesten. Die Stellen *II* und *III* kommen bei der unteren Totlage des Kolbens mit den Dichtungsringen der Kolbenstangen-Stopfbuchse in Berührung, die eine kräftige Wärmeabfuhr bewirken; daher fallen die Temperaturlinien hier steil ab (Bild 8). Stelle *IV* taucht in der oberen Lage zwar noch in den Brennraum ein, jedoch ist die Ausdehnung der Verbrennungsgase (auf der unteren Kolbenseite) dabei schon ziemlich weit vorgeschritten; auch kommt *IV* beim Durchgang der Kurbel durch ihre untere Totlage ausgiebig mit der kalten Luft des Maschinenraumes in Berührung, und die Stange erwärmt sich daher hier nur noch auf etwa 60°. Noch kühler bleibt sie an der untersten Stelle V, die auch bei der oberen Totlage des Kolbens nicht mehr in den Brennraum eindringt.

Der genaue Temperaturverlauf in der Kolbenstange wurde an einer in Betrieb befindlichen doppeltwirkenden Zweitaktmaschine im Prüffeld der AEG-Turbinenfabrik gemessen. Die Stange wurde an den Meßstellen I bis V radial angebohrt, und in die schwach konisch aufgeriebenen Bohrungen wurden genau passende Zapfen gesetzt, in die an drei Stellen — am Außenumfang a, in der Mitte m und nahe der Innenbohrung i — die Lötstelle je eines

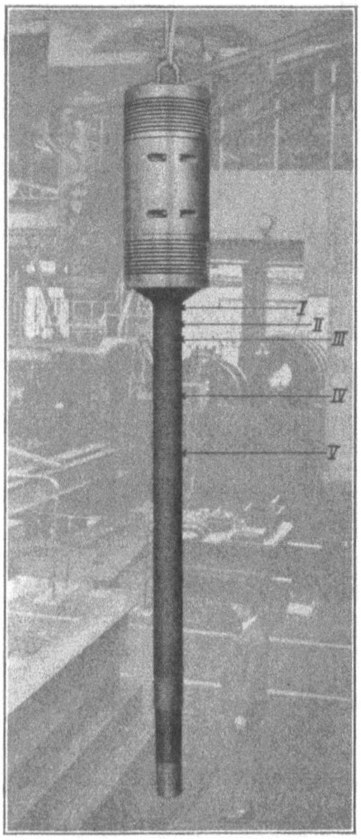

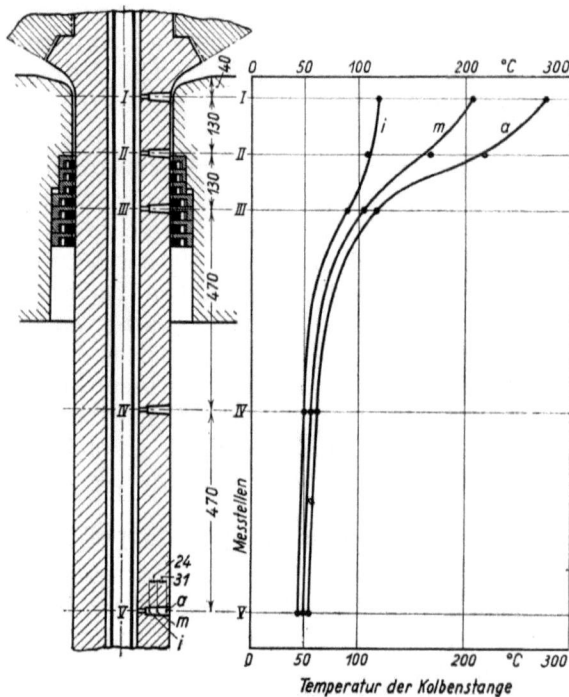

Bild 7. Temperaturverteilung in der Kolbenstange einer doppeltwirkenden Ölmaschine.

I = Stelle hoher Temperatur, II, III = Stellen des größten Temperaturabfalles, IV, V = Stellen niedriger Temperatur.

Bild 8. Bei Vollast gemessene Temperaturen einer Kolbenstange.

a = Temperaturverlauf am Außenumfang, i = Temperaturverlauf nahe der Innenbohrung, m = Temperaturverlauf in einer mittleren Schicht. Die Höhenlagen (Meßstellen) I bis V entsprechen den Stellen I bis V in Bild 7.

Thermoelementes eingeführt war. Die Leitungen wurden durch die Kolbenstangenbohrung aus dem Triebwerk nach außen zu einem umschaltbaren Galvanometer geführt.

Die sich ergebende Temperaturverteilung veranschaulicht Bild 8. In der obersten Meßebene I sind die Temperaturen am höchsten; sie betragen am Außenumfang der Stange 270°, an der Innenbohrung 140°. Bei II macht sich schon der kühlende Einfluß der Stopfbuchse bemerkbar, und zwischen II und III fällt die Temperatur schnell. Bei IV und V liegt sie nur noch wenig über der Maschinenraumtemperatur. Die Temperaturen m der mittleren Schicht verlaufen zwischen denen des Außenumfanges a und der Innenbohrung i.

Diese Temperaturunterschiede sowohl in radialer wie in axialer Richtung sind die Ursache des Auftretens von Spannungen, die durch die ungleichmäßige Dehnung des Werkstoffes verursacht werden. Der radiale Temperaturunterschied zwischen Außenumfang und Innenbohrung hat zur Folge, daß die äußeren Fasern sich in axialer Richtung stärker dehnen als die inneren; daher beanspruchen sie die inneren Fasern auf Zug und diese wechselseitig die äußeren auf Druck. Aber auch der axiale Temperaturabfall in der Stange ruft Spannungen hervor, wie man erkennt, wenn man sich die Kolbenstange z. B. zwischen den Meßebenen II und III (Bild 8) in mehrere Ringscheiben zerlegt denkt. Entsprechend dem gemessenen Temperaturverlauf wird dann die höherliegende Scheibe im Mittel wärmer sein als die darunterliegende; sie wird sich in radialer Richtung stärker auszudehnen suchen als diese, wird aber durch die darunterliegende Ringscheibe, mit der sie an der (gedachten) Teilfuge zusammengewachsen ist, daran gehindert. Die Temperaturunterschiede in Richtung der Stangenachse erzeugen also ebenfalls Spannungen, die sich den durch den radialen Temperaturunterschied verursachten Spannungen überlagern. E. Schwerin hat auf Grund der vorliegenden Temperaturmessungen die Anstrengung des Werkstoffes berechnet, die in dem oberen Teil der Kolbenstange auftritt. Er kommt zu dem Ergebnis, daß in den dem Kolben zunächstliegenden Teilen der Stange die Druckspannungen aus dem axialen Temperaturgefälle mit den Zugspannungen aus dem radialen Temperaturgefälle sich zum Teil ausgleichen; es bleibt — bei den Temperaturen nach Bild 8 — ein Überschuß von etwa 10 kg/mm² Druckspannung. Dies Rechnungsergebnis stimmt mit der Beobachtung überein, daß selbst Anfressungen der Stange durch die Flamme in diesem Teil der Kolbenstange keine weitergehenden Beschädigungen der Stange zur Folge gehabt haben. Dagegen addieren sich in dem Bereich zwischen Meßstelle II und III die von den beiden Temperaturdifferenzen herrührenden Spannungen, so daß hier Zugbeanspruchungen in der Größenordnung von 25 kg/mm² auftreten, die gelegentlich zum Bruch einer Stange geführt haben.

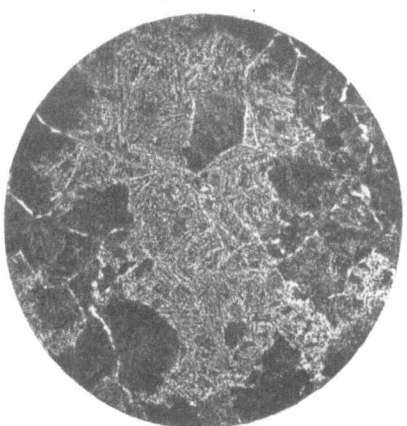

Bild 9. Gefügebild bei ungleichmäßiger Vergütung.

Schon bevor diese Messungen und Rechnungen angestellt wurden, hatte in der Fachwelt eine äußerst lebhafte Erörterung eingesetzt, welcher Werkstoff zur Aufnahme der hohen Spannungen — deren Vorhandensein erwiesen war, während ihre Größe mangels zuverlässiger Temperaturmessungen nicht berechnet werden konnte — der geeignetste sei. Namhafte Fachleute vertraten die Ansicht, daß der unlegierte, nicht vergütete Siemens-Martin-Stahl für Kolbenstangen vorzuziehen sei, da man nur aus diesem Material die Stangen spannungsfrei herstellen könne. Legierter und vergüteter Werkstoff dagegen habe zwar höhere Festigkeitsziffern, könne aber bei den für Kolbenstangen in Frage kommenden Abmessungen nicht mit Sicherheit ohne innere Spannungen geliefert werden. Wenn dies zuträfe, so wäre allerdings legierter und vergüteter Stahl hier zu verwerfen, denn wenn zu den oben angegebenen thermischen Beanspruchungen von 25 kg/mm² noch unkontrollierbare innere Spannungen hinzukommen, so kann die Streckgrenze des Werkstoffes leicht unversehens überschritten werden. Demgegenüber ist darauf hinzuweisen, daß es der neuzeitlichen Stahltechnik inzwischen gelungen ist, Schmiedestücke von erheblich größerem Durchmesser, als für Kolbenstangen erforderlich ist, aus legiertem und vergütetem Material spannungsfrei herzustellen, wozu K. Bassler in dem Bestreben, einwandfreie Schmiedestücke für die Läuferkörper von Turbogeneratoren zu erhalten, den Anlaß gegeben hat. Die Schwierigkeiten, den legierten Stahl an allen Stellen des Querschnittes gleichmäßig zu vergüten, waren anfänglich vorhanden und kennzeichneten sich bildlich durch Ungleichmäßigkeiten im Schliffbild (Bild 9), mechanisch durch ungleichen Ausfall der Festigkeitsproben und verminderte Festigkeitszahlen. Durch geeignete Zusätze bei der Legierung und richtige Wärmebehandlung hat man indessen jene Schwierigkeiten beseitigt, und das über den ganzen Querschnitt völlig gleichmäßige Gefüge (Bild 10) ist ein Beweis, daß auch große Schmiedestücke aus legiertem und vergütetem Werkstoff spannungsfrei hergestellt werden können. Unter diesen Umständen aber ist der vergütete, legierte Stahl wegen seiner höheren Festigkeitszahlen dem SM-Stahl überlegen, was auch durch die im folgenden beschriebenen Versuche bestätigt wird.

Bild 10. Gefügebild bei gleichmäßiger Vergütung.

Unter den neuzeitlichen Prüfverfahren von Werkstoffen nimmt die Untersuchung auf Kerbzähigkeit einen hervorragenden Platz ein. Daß Kerben nicht selten die Veranlassung zur Rißbildung sind, ist bekannt; sie müssen daher bei der Gestaltung von Werkstücken nach Möglichkeit vermieden oder durch Abrundungen gemildert werden. Wenn dies nicht ganz erreicht werden kann, muß wenigstens ein Baustoff von möglichst großer Kerbzähigkeit verwendet werden. Als Maß für diese gelten die Anzahl mkg, die in Form von Schlagarbeit (Einschlagprobe) für 1 cm² Querschnitt aufzuwenden sind, um ein Probestück von bestimmten Abmessungen zu zerbrechen. In Deutschland benutzt man hierbei häufig die von Mesnager vorgeschlagenen Abmessungen (55 × 10 × 10 mm), wobei die Kerbe 2 mm tief und mit einem Halbmesser von 1 mm abgerundet ist. Unterwirft man den legierten und vergüteten Stahl dieser Kerbschlagprobe, so erhält man beim legierten und vergüteten Stahl Werte, die ungefähr doppelt so hoch liegen wie die Werte des gewöhnlichen unlegierten SM-Stahles. Interessant ist, die Zähigkeit der beiden Stähle mit Hilfe der sog. Vielschlagprobe zu vergleichen. Bei dieser Probe erhält man durch Auftragen der Biegewinkel in Abhängigkeit von der Zahl der Schläge Kurven, die für die vorgenannten Werkstoffe in Bild 11 dargestellt sind. Sie zeigen, daß der legierte und vergütete Stahl (Linie a) weit bessere Werte ergibt als der gewöhnliche, nichtlegierte SM-Stahl (Linie b). Es überrascht ferner zu sehen, daß nach Versuchen von Bassler die Kerbzähigkeit sofort auf etwa den dritten Teil sinkt, wenn das Probestück statt mit einer abgerundeten mit einer scharfen Kerbe versehen wird (Linien c und d). Dabei bleibt aber der legierte und vergütete Stahl (c) dem SM-Stahl (d) in dem gleichen Verhältnis wie bei der Rundkerbprobe überlegen (Linien a und b). Bemerkenswert ist, daß selbst bei spitzer Kerbe der legierte und vergütete Stahl (c) noch eine größere Schlagarbeit aushält als der SM-Stahl bei abgerundeter Kerbe (b). Diese Versuche sprechen deutlich für die wiederholt angezweifelte Überlegenheit des legierten Stahles.

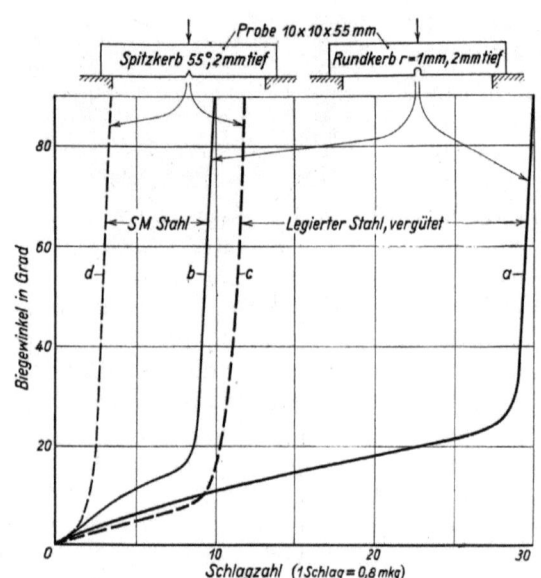

Bild 11. Kerbzähigkeit von legiertem, vergütetem Stahl und von Siemens-Martin-Stahl bei abgerundeter und scharfer Kerbe.

a = Legierter und vergüteter Stahl; Rundkerb. b = Siemens-Martin-Stahl; Rundkerb. c = Legierter und vergüteter Stahl; Spitzkerb. d = Siemens-Martin-Stahl; Spitzkerb.

4. Leistungssteigerung.

Die im vorstehenden gekennzeichneten neuartigen Anwendungen hochwertiger Werkstoffe auf wichtige Bauteile von Ölmaschinen werden dazu beitragen, die Frage der Leistungssteigerung einer befriedigenden Lösung näher zu bringen. Um die Leistung einer Verbrennungskraftmaschine ohne Vergrößerung ihrer Zylinderabmessungen zu steigern, sind, abgesehen vom Übergang zur Doppelwirkung, zur Zeit zwei Wege gangbar: entweder man ladet nach dem Vorgang von Junkers und Büchi die Arbeitszylinder mit Luft von höherer als der atmosphärischen Spannung auf — dann kann man eine der Steigerung der absoluten Anfangsspannung proportionale Mehrleistung erzielen —, oder man läßt die Maschine, sofern es der Verwendungszweck gestattet, schneller laufen; dann ist die Leistungszunahme ungefähr der Drehzahlsteigerung verhältnisgleich. Beide Verfahren stellen Aufgaben, die mehr zu den Problemen der Werkstoffe als der Thermodynamik gehören, denn die Beherrschung der Verbrennung macht in beiden Fällen, abgesehen von dem immer erforderlichen, unbefriedigend hohen Luftüberschuß, keine Schwierigkeiten. Dagegen stellen sowohl die Aufladung mit ihrem vermehrten Wärmedurchgang durch die Wandungen des Brennraumes als auch die Steigerung der Drehzahl und die damit verbundene Triebwerksbeanspruchung größere Anforderungen an die wichtigsten Bauteile. Besonders der Schnellauf vermehrt die Werkstoffanstrengungen, nicht nur weil die Massenwirkungen mit dem Quadrat der Drehzahl wachsen, sondern auch weil die Verbrennungen einander schneller folgen, so daß die in der Zeiteinheit entwickelte Wärmemenge zunimmt und ihre Beherrschung schwieriger wird.

Die Erhöhung der Drehzahl ist natürlich das bequemste Mittel, die Leistung einer Maschine zu steigern und den Preis der Leistungseinheit zu senken. In letzter Zeit hat man jedoch hiervon gelegentlich etwas zu ausgiebigen Gebrauch gemacht und Kolbengeschwindigkeiten ausgeführt, welche die Lebensdauer merklich beeinträchtigen müssen. Das Maß, bis zu dem die uns heute bekannten Werkstoffe beansprucht werden dürfen, ist

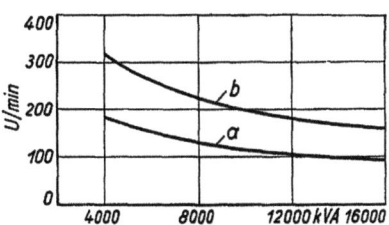

Bild 12. Mittlere Drehzahlen großer Dieselgeneratoren.
a = Drehzahlen bei Dauerbetrieb. b = Zulässige Drehzahlen von Spitzenleistungsmaschinen.

begrenzt, und jede Überschreitung des Zulässigen vermindert die Betriebsicherheit und Lebensdauer der Maschine. Man sollte sich daher vor Übertreibungen hüten und nur Drehzahlen ausführen, die einen sicheren Betrieb gewährleisten. Kurve a in Bild 12 gibt einen Anhalt für die Wahl der minutlichen Umlaufzahl großer Dieselgeneratoren, die den Beanspruchungen des Dauerbetriebes gewachsen sein sollen. Ist dagegen von vornherein beabsichtigt, die Anlage nur als Spitzenkraftmaschine zu benutzen, so darf man die Kolbengeschwindigkeit höher wählen und kann Drehzahlen ausführen, die etwa der Kurve b (Bild 12) entsprechen. Den Angaben von Bild 12 liegt die Annahme zugrunde, daß keine höherwertigen als die heute allgemein verwendeten Baustoffe zur Verfügung stehen. Werden aber Zylinderdeckel, Laufbuchsen usw. nach den oben beschriebenen Verfahren hergestellt, so dürften wesentlich höhere Drehzahlen erreichbar sein, so daß man etwa Kurve b in Bild 12 der Wahl der Drehzahl für Dauerleistungsmaschinen zugrunde legen kann. Eine Steigerung der Wirtschaftlichkeit des Dieselmotors wird die weitere Folge sein.

IV. Probleme der Anwendungsgebiete.

Es war natürlich, daß der Dieselmotor zunächst als ortfeste Maschine entwickelt wurde und daß man ihn erst, nachdem er sich auf dem Lande bewährt hatte, in Schiffe einbaute. Als Schiffsantriebsmaschine hat der Dieselmotor sodann, wie eingangs erwähnt, die weiteste Verbreitung gefunden. Frühzeitig hat man auch versucht, ihn für Landfahrzeuge zu verwenden; so entwarf Diesel schon 1908 eine 1000-PS-Lokomotive, die jedoch nicht ausgeführt wurde. In der Nachkriegszeit hat man dem Problem der Diesellokomotive erhöhte Aufmerksamkeit zugewendet, und eine Reihe von Versuchslokomotiven ist gebaut und in Betrieb genommen worden, bei denen verschiedene Arten der Kraftübertragung vom Dieselmotor auf die Triebachsen angewendet wurden. Da der Dieselmotor aus dem Stillstand nicht ohne äußeren Kraftimpuls anfahren kann und eine ebenso feine Herabreglung der Drehzahl wie bei der Dampfmaschine nicht zu erreichen ist, so ist es notwendig, zwischen Motor und Triebachsen eine Übertragung einzuschalten, die das Anfahren des Dieselmotors im Leerlauf, seine Zuschaltung auf das noch ruhende Fahrgestell und seine Drehzahlregelung in der erforderlichen Feinheit ermöglicht. Als Übertragungsmittel kommen mechanische oder hydraulische Getriebe sowie Druckluft oder Druckgas und der elektrische Strom in Frage. Zur Zeit scheint die Elektrizität am meisten Aussicht auf Erfolg zu haben, da sie den angestrebten Zweck mit zwar nicht billigen, aber erprobten Mitteln zu erreichen gestattet. Trotz der Beschränkung an Raum und Gewicht können bei Anwendung hinreichend hoher Drehzahlen selbst große Leistungen auf dem Fahrgestell untergebracht werden. So wurde kürzlich von der kanadischen National-Eisenbahn eine dieselelektrische Doppellokomotive[1] von 2700 PS in Dienst gestellt, deren Dieselmotoren für 800 U/min gebaut sind. Die Bewährung dieser Lokomotive bleibt allerdings abzuwarten.

Übrigens scheint das Problem der Diesellokomotive leichter technisch als wirtschaftlich lösbar zu sein, da ihr Anschaffungspreis unvermeidlich beträchtlich höher als der einer gleich starken Dampf- oder elektrischen Lokomotive wird. Es wird daher der Diesellokomotive wohl nur in besonderen Fällen möglich sein, sich gegenüber der Dampflokomotive durchzusetzen, auch wenn die technischen Schwierigkeiten überwunden sind.

Günstiger liegen die Verhältnisse in wirtschaftlicher Hinsicht für die Dieselmaschine als Antriebsmotor für Personen- und insbesondere für Lastkraftwagen, weil es sich hier nur um den Motor selbst handelt, aber keine neuen Mittel zur Kraftübertragung angewandt zu werden brauchen. Die erhebliche Ersparnis an Brennstoffkosten, die mit der Einführung des Dieselmotors im Kraftwagenbau erzielbar ist, machen die Lösung dieses Problems in wirtschaftlicher Hinsicht sehr erstrebenswert, wozu die Beseitigung der Feuersgefahr als weiterer wichtiger Vorteil käme. Auf zwei verschiedenen Wegen versucht man die Aufgabe, den Kraftwagenmotor für Schwerölbetrieb einzurichten, heute zu lösen: durch Anwendung des für die Selbstzündung erforderlichen hohen Verdichtungsdruckes, wodurch Magnetapparate und Zündkerzen entbehrlich werden, aber merklich höhere Verbrennungsdrücke als beim Benzinmotor auftreten, oder durch niedrigen Verdichtungsdruck und Kerzenzündung, wodurch die Verbrennungsdrücke in den gleichen Grenzen wie beim Benzinmotor bleiben. Das zuletzt genannte Verfahren, das von Hesselman befürwortet wird, steht zur Zeit vor seiner wirtschaftlichen Verwertung, während die Versuche mit den Hochdruck-Wagenmotoren noch nicht zum Abschluß gelangt sind.

Wie der mit Benzin betriebene Flugzeugmotor aus dem Kraftwagenmotor hervorgegangen ist, so ist auch das Problem des Schwerölflugzeugmotors durch die zur Entwicklung des Schwerölkraftwagenmotors geleisteten Arbeiten wesentlich gefördert worden. Hier sind vor allem die Arbeiten von Junkers zu nennen, dessen Schwerölflugmotor[2] von 650 PS Leistung einen beträchtlichen Erfolg darstellt. Der verringerte Brennstoffverbrauch vergrößert die Tragfähigkeit und Reichweite des Flugzeuges, und die Einführung des Schweröles beseitigt die Feuersgefahr, die in den letzten Jahren nicht selten die Folgen von Betriebsunfällen verschlimmert hat.

Es ist zu erwarten, daß die Lösung der oben umrissenen Werkstoffprobleme auch eine Förderung der Arbeiten bringen wird, die zur Weiterentwicklung des Fahr- und Flugzeugmotors noch geleistet werden müssen.

Im ganzen ist somit die Zahl der Probleme, welche die Ölmaschine heute noch stellt, nicht gering. Ihre Lösung wird den Weg zur Steigerung der Wirtschaftlichkeit der Ölmaschine ebnen helfen.

---

[1] ETZ 1929, H. 49, S. 1785.   [2] V. d. I.-Nachr. vom 22. Januar 1930, S. 2.

Die Bedeutung des elektrischen Betriebes für die deutschen Eisenbahnen.

Von H. Schmitt.

Der elektrische Betrieb deutscher Eisenbahnstrecken hat sich bewährt. Die Erweiterung des Netzes ist erwünscht, wirtschaftlich vorteilhaft und wird in absehbarer Zeit betriebsnotwendig sein aus folgenden Gründen:

1. Auch die Eisenbahnen werden ihre Kraftquellen auf sparsamste Energie- und Rohstoffwirtschaft umstellen und der Entwicklung der allgemeinen Stromerzeugung folgen müssen.

2. Auf Grund bisheriger Erfahrungen in Deutschland und anderen Ländern läßt sich für die kommenden deutschen Strecken mit Sicherheit ein Kapitaldienst von 9 bis 10 vH für das elektrische Mehrkapital gegenüber dem Dampfbetrieb vorausberechnen. Es läßt sich beweisen, daß die wirtschaftlichen Bedingungen für den elektrischen Eisenbahnbetrieb in einem großen Teile Deutschlands nicht schlechter sind als z. B. für die Schweizer Strecken und für die bedeutendste elektrische Linie der Vereinigten Staaten. Auch allgemeine volkswirtschaftliche Erwägungen legen die Fortführung der Elektrisierung deutscher Bahnstrecken nahe.

3. Die allgemeinen Vorzüge der elektrischen Betriebsweise sowie für die Bahn selbst und für ihre Benutzer, der große Leistungsvorsprung der elektrischen Lokomotive vor Lokomotiven mit eigener Kraftquelle lassen es als nicht zweifelhaft erscheinen, daß in Zukunft die Hauptstrecken Deutschlands elektrisch betrieben werden müssen, wenn sie ihre Verkehrsaufgabe bestmöglich erfüllen sollen.

Es sollte deshalb mit der Fortführung der Elektrisierung deutscher Reichsbahnstrecken nicht gezögert werden.

Im Jahre 1879 wurde auf der Berliner Gewerbeausstellung zum ersten Male eine elektrische Bahn vorgeführt. In den folgenden 50 Jahren ermöglichte der elektrische Strom einen riesigen Aufschwung des städtischen Massenverkehrs durch den Bau elektrischer Straßenbahnen, Untergrundbahnen und Überlandbahnen. Auch viele Industriebahnen sind zum elektrischen Betrieb übergegangen.

Bei den Vollbahnen wurden die ersten Strecken noch Ende des 19. Jahrhunderts auf elektrischen Betrieb umgestellt. Bedeutende Erweiterungen in Europa und in Nordamerika wurden nach dem Kriege infolge der Kohlennot ausgeführt. Aus dem Jahre 1929 seien zwei Beispiele genannt: Der Entschluß der Pennsylvania Railroad zur Erweiterung ihres elektrischen Betriebes um 600 km Strecke (Kosten 100 Millionen Dollar) und die Bewilligung des Schweizer Bundesrates für die Bundesbahnen in Höhe von 81 Millionen Schweizer Franken für 500 km Strecke.

In Deutschland hatte Ende 1929 die Deutsche Reichsbahn-Gesellschaft, die 94 vH der deutschen Bahnstrecken besitzt, rund 1560 km oder 2,9 vH ihres Netzes in elektrischem Betrieb. 1928 mußten infolge Geldmangels die Bauarbeiten, deren Ziele ziemlich weit gesteckt waren, eingestellt werden. Immerhin wird die elektrische Zugförderung schon in den jetzt betriebenen Netzen als bedeutender Verkehrsfortschritt und wirtschaftlicher Vorteil betrachtet.

Ist es richtig, vorläufig nicht weiter zu bauen, günstigere Geldverhältnisse und die weitere Entwicklung der Zugförderungstechnik abzuwarten, oder empfiehlt es sich, den begonnenen Weg fortzusetzen? Diese Frage kann von folgenden Gesichtspunkten aus betrachtet werden:

1. Kraftwirtschaft;
2. Geld- und Volkswirtschaft, Verzinsung des Baukapitals und volkswirtschaftlicher Gewinn durch den Bau;
3. wirtschaftliche Vorteile der Verkehrsverbesserung und zukünftige Entwicklung.

I. Kraftwirtschaft.

Wird für die Erzeugung des Bahnstromes ein Wärmekraftwerk mit einem Wärmeverbrauch von 4800 kcal/kWh, werden ferner die Verluste in Fernleitungen, Unterwerken, Fahrleitungen und Lokomotiven bis zum Treibrad mit 5 vH, 3 vH, 10 vH, 20 vH, der Leerlaufwiderstand der Lokomotive mit 6 vH des Zugwiderstandes angenommen, so ergibt sich bei der elektrischen Zugförderung je PSh am Zughaken ein Wärmeverbrauch von $4800 \cdot \frac{0{,}736}{0{,}95 \cdot 0{,}97 \cdot 0{,}90 \cdot 0{,}80 \cdot 0{,}94} = 5630$ kcal und ein Wirkungsgrad von 11,3 vH. Bei Wasserkraft beträgt der Wirkungsgrad der gesamten Übertragung 51 vH[1]. Für Dampflokomotiven neuer Bauart sind zu rechnen 8000 bis 8500 kcal/PSh[2]. Bei einem Zuschlage von 10 vH für Anheizkohle und von 5 vH für Bereitschaftskohle ergeben sich $8200 \cdot 1{,}15 = 9500$ kcal/PSh und ein Wirkungsgrad von 6,7 vH. Einer PSh am Zughaken entsprechen also bei elektrischem Betrieb $\frac{5630}{4800} = 1{,}17$ kWh und bei neuzeitlichen Dampflokomotiven $\frac{9500}{7300} = 1{,}30$ kg Lokomotivkohle von 7300 kcal/kg Heizwert (Ruhrkohle), oder 1 kWh ist gleichbedeutend mit $\frac{1{,}30}{1{,}17} = 1{,}11$ kg Lokomotivkohle. Im großen Betrieb lassen sich die oben angenommenen Werte für den Kohlenverbrauch nie ganz erreichen, da der Unterhaltungszustand der Lokomotiven, das Fahrverständnis der Führer, ferner der hohe Kohlenverbrauch des Verschiebedienstes das Ergebnis beeinflussen. Als den wirklichen Verhältnissen entsprechend kann die Vergleichszahl 1,25 kg Ruhrkohle = 1 kWh angenommen werden. Diese Zahl liegt wesentlich günstiger für den Dampfbetrieb als die entsprechenden Zahlen anderer Verwaltungen (s. Zahlentafel 6).

1928 verbrauchte die Deutsche Reichsbahn 13,1 Millionen t Lokomotivkohle. Von dieser Menge würden bei elektrischem Betrieb auf sämtlichen Strecken $13{,}1 \cdot \frac{9500 - 5630}{9500} \cdot \frac{1{,}25}{1{,}11}$ = 6,0 Millionen t von vornherein wegen des geringeren Wärmeverbrauches der elektrischen Übertragung erspart worden sein. Die dann übrig bleibenden 7,1 Millionen t Lokomotivkohle würden durch Braunkohle, Wasserkraft oder minderwertige Steinkohle ersetzt. Praktisch kann nur mit einem allerdings sehr erheblichen Teile dieser Ersparnisse gerechnet werden, da gewisse Reichsbahnstrecken mit schwachem Verkehr für elektrischen Betrieb nicht in Betracht kommen.

Dem Kohlenverbrauch der Deutschen Reichsbahn von 13,1 Millionen t im Jahre 1928 entsprachen 249 Milliarden tkm Anhängelast, die bei elektrischem Betriebe rund 8 Milliarden kWh erfordert hätten (32 Wh je tkm).

Die Elektrizitätswerke Deutschlands erzeugten im gleichen Jahr 10,54 Milliarden kWh aus Steinkohle, was annähernd einem Verbrauche von 6,3 Millionen t entspricht. Sie verbrauchten also bei einer um 32 vH höheren Krafterzeugung nur 48 vH der Lokomotivkohlen der Deutschen Reichsbahn, noch dazu eine wesentlich billigere Steinkohle. Der Anteil der Steinkohle an der deutschen Krafterzeugung ist seit dem Kriege zugunsten preiswerterer Rohstoffe folgendermaßen zurückgegangen[3]:

        1913 . . . . 63 vH
        1922 . . . . 48 vH
        1925 . . . . 41 vH
        1927 . . . . 36 vH.

---

[1] Dr. Gleichmann, Glasers Ann., Sonderheft 1927, S. 184.
[2] Nordmann, Glasers Ann., Sonderheft 1927, S. 25.
[3] Dr. Fischer, Elektrizitätswirtschaft, Sammlung Göschen 1928, S. 22.

1928 verteilte sich die Krafterzeugung der öffentlichen und privaten Elektrizitätswerke Deutschlands folgendermaßen[1]:

	kWh	vH
Steinkohle	$10{,}54 \cdot 10^9$	38
Braunkohle und Mischungen	$10{,}75 \cdot 10^9$	38
Wasser	$3{,}57 \cdot 10^9$	13
Gas	$2{,}54 \cdot 10^9$	9
Sonstige Quellen	$0{,}47 \cdot 10^9$	2
	$27{,}87 \cdot 10^9$	100

In den Vereinigten Staaten von Nordamerika beherrscht die Steinkohle heute noch mehr als 60 vH der Krafterzeugung, da dort Wasserkräfte und Braunkohlenvorkommen weit ungünstiger zu den Hauptverbrauchsgebieten der elektrischen Kraft liegen und anderseits Steinkohle verhältnismäßig billiger ist als in Deutschland.

Neben den Elektrizitätswerken ist die Seeschiffahrt ein weiteres Gebiet großer Krafterzeugung. Auch diese wendet sich von der Steinkohle mehr und mehr einem geeigneteren Brennstoff, dem Öle, zu, wie aus Zahlentafel 1 hervorgeht[2].

Zahlentafel 1. Schiffsraum Mill. B.-R.-T.

	Kohlenschiffe		Ölfeuerungsschiffe		Dieselmotorschiffe		Summe		Anteil Kohlenschiffe	
	1913	1928	1913	1928	1913	1928	1913	1928	1913	1928
Welthandelsflotte	43,9	40,36	1,6	19,4	0,2	7,2	45,7	66,96	96 vH	60 vH
Deutsche Handelsflotte	5,08	2,9	—	0,5	0,025	0,59	5,08	3,99	100 vH	73 vH

Die Steigerung des Weltschiffsraumes gegenüber der Zeit vor dem Kriege ist also ausschließlich der Verwendung des Öles als Heiz- und Treibmittel zugute gekommen, die Zahl der Kohlenschiffe ist gegenüber 1913 sogar zurückgegangen. Sachverständige nehmen an, daß in 20 Jahren die Hälfte des Weltschiffsraumes aus Motorschiffen bestehen wird.

Die Steinkohle hat also in Deutschland sowohl im ortsfesten Kraftbetrieb als auch in der Schiffahrt ihre früher beherrschende Stellung verloren. In den Kraftwerken ist die Frage der Kraftgewinnung zugunsten zentralisierter Großerzeugung, Übertragung auf weiteste Entfernung und Verteilung durch ein Leitungsnetz entschieden. Auch die Gaswerke beginnen dieser Entwicklung zu folgen. Dagegen verwenden die Eisenbahnen, ein Mittelding zwischen freizügigem Fahrzeug- und ortsfestem Kraftbetrieb, heute noch in der Kolbendampflokomotive ein System, das auf den verwandten Gebieten der Technik bereits verlassen ist. Man bemüht sich gegenwärtig, wirtschaftlichere Lokomotiven mit Hochdruckdampf, Kondensation, Turbinenantrieb oder Dieselmotoren zu entwickeln. Sieht man aber ab von einer kleinen Zahl von Diesellokomotiven, die in Amerika für Sonderzwecke mit gutem Erfolg betrieben werden (rund 100 Stück), ferner von der einen Sonderfall für bestimmte Gegenden darstellenden Kohlenstaublokomotive, so hat bis jetzt noch keines dieser neuen Systeme seine betriebliche oder gar wirtschaftliche Probe voll bestanden.

Größere Fortschritte gegenüber der Kolbendampflokomotive hat jedoch der elektrische Betrieb gemacht. Er vermeidet die unwirtschaftliche Verbrennung hochwertiger Kohle, die wirtschaftlicher in anderen Prozessen verwendet werden kann, und bietet einen bei Wärmekraftwerken um 70 vH, bei Wasserkraftwerken fast achtfach besseren Wirkungsgrad. Trotz der gegenwärtigen Übererzeugung am Kohlenweltmarkt hat diese Kohlenersparnis ihren Wert. Denn die Braunkohlenvorräte und natürlichen Ölvorkommen werden noch vor Ablauf von 100 Jahren erschöpft sein. Da dann das Öl, neben der Kohle der wichtigste

---

[1] „Wirtschaft und Statistik" 1929, Nr. 21, S. 862/863.
[2] Deters, Vortrag in der Brennkrafttechnischen Gesellschaft Berlin, 14. 12. 1929, „Die Seeschiffahrt und ihre Bedeutung für die Brennstoffwirtschaft".

Kraftrohstoff, auf dem Wege über die Steinkohle gewonnen werden muß, wird der Wert der Steinkohle noch steigen. Überdies hängt die Entwicklung der materiellen Kultur von der Befriedigung des heute noch ungenügend gedeckten Kraftbedürfnisses ab. Von einem Sättigungszustand auf diesem Gebiete ist die Welt heute noch weit entfernt. Die Kraftversorgung wird in der Hauptsache immer abhängen von der erzeugten Kohlenmenge. Da außerdem der Kohlenpreis eine Lohnfrage ist, da die Löhne steigen werden, wird die Bedeutung sparsamer Kohlewirtschaft wachsen.

II. Wirtschaftlichkeit.

Die Deutsche Reichsbahn, die Hauptstütze der deutschen Wirtschaft, kann aber bei der heutigen Kapitalnot in Deutschland nur Maßnahmen treffen, die sofort ihre Ausgaben vermindern und ihre Einnahmen erhöhen. Unter Hinweis auf die Kapitalnot Deutschlands wird häufig behauptet, das vom elektrischen Zugbetrieb erforderte Anlagekapital sei zu hoch, um in dem kohlenreichen Deutschland seine Wirtschaftlichkeit gegenüber dem Dampfbetrieb nachweisen zu können. Daß der elektrische Betrieb einheitliche Bauprogramme von mindestens 100 bis 200 Millionen RM erfordert, ist richtig (s. Zahlentafel 3 und 4). Im Verhältnis zu der verbrauchten Strommenge ist das Anlagekapital jedoch nicht höher als bei der ortsfesten Kraftversorgung, wie sich durch einen Vergleich beweisen läßt. Für die allgemeine Landesversorgung sei ein Netz wie das rechtsrheinische Bayern, für die Reichsbahn die Strecken Rhein—Stuttgart—München—Nürnberg—Halle—Berlin, Leipzig—Erfurt—Neudietendorf, Leipzig—Dresden—Görlitz—Liegnitz—Breslau—Oppeln gewählt. Das Anlagekapital von den Kraftwerken bis zu den Verbrauchsapparaten bzw. Lokomotiven ist im folgenden zusammengestellt:

Allgemeine Kraftversorgung[1].
1230 Millionen kWh jährlich
3500 Benutzungsstunden jährlich
350000 kW Ausbauleistung.

Anlagekosten:
Kraftwerke 350000 kW . . . . 242 · 10^6 RM
Landesnetz 100000 V . . . . . 47 · 10^6 ,,
Kreisnetz 25000/3000 V . . . .
25000/ 400 V . . . . 183 · 10^6 ,,
Ortsnetze. . . . . 331 · 10^6 ,,
Abnehmeranschlüsse bei 920 · 10^6 kWh, 700 Benutzungsstunden und 1,31 · 10^6 kW Anschlußwert . . . . 121 · 10^6 ,,
Summe der Anlagekosten . . . 924 · 10^6 RM
Anlagekosten je 1 Million kWh 924 · 10^6/1230 = 750000 RM.

Deutsche Reichsbahn (s. Zahlentafel 3 und 4).
1041 Millionen kWh
4000 Benutzungsstunden jährlich
260000 kW Ausbauleistung.

Anlagekosten:
Kraftwerke. . . . . 180 · 10^6 RM
Ortsfeste Anlagen . . . . . . 261 · 10^6 ,,
Fahrzeuge . . . . 335 · 10^6 ,,
Summe der Anlagekosten . . . 776 · 10^6 RM
Anlagekosten je 1 Million kWh 776 · 10^6/1041 = 745000 RM.

Die Anlagekosten im Verhältnis zur verbrauchten Strommenge sind also in beiden Fällen gleich. Zugförderung und allgemeine Kraftversorgung können demnach sowohl

[1] Nach Schönberg-Glunck, Landeselektrizitätswerke 1926, S. 334/335. Für 1930 ist gegenüber 1926 eine Verteuerung um 18 vH angenommen.

im Energiewirkungsgrad als auch in der Kapitalverzinsung miteinander verglichen werden. Technisch wäre die Kraftversorgung Deutschlands aus vielen Kleinzentralen auch heute noch möglich und eher betriebssicherer als aus Großkraftwerken. Im Laufe der letzten 15 Jahre haben aber in Deutschland die Großkraftwerke mit Fernübertragung die früheren Kleinzentralen fast vollständig verdrängt, weil sie den Strom billiger liefern. Die Deutsche Reichsbahn wird sich dieser wirtschaftlichen Überlegenheit der zentralen Krafterzeugung um so weniger verschließen können, als 26 vH ihrer Betriebsausgaben der Erzeugung der Zugförderungsenergie dienen (Brennstoffe, Lokomotivpersonal, Lokomotivunterhaltung)[1]. Auf den für den elektrischen Betrieb in Betracht kommenden Hauptlinien ist dieser Anteil noch höher.

Die Elektrisierung der Deutschen Reichsbahn ist also nicht „teuer", wie oft behauptet wird. Jedoch muß hier das gesamte Kapital von einem einzigen Unternehmen aufgebracht werden, dem durch die Reparationszahlungen bereits eine schwere Last auferlegt ist und dem andere Verkehrsmittel augenblicklich starken Wettbewerb bereiten. Bei der Entwicklung der allgemeinen Kraftversorgung finanzierten die Großkraftwerke nur die Fernübertragung, die Verteilung konnte man den Überlandwerken und Gemeinden überlassen, die Stromverbraucher beschafften die Abnehmer selbst. Außerdem hat die elektrische Lokomotive die Aufgabe, die um 70 Jahre ältere, bewährte Dampflokomotive zu verdrängen, die allgemeine Großkraftversorgung dagegen hat sich ohne erheblichen Wettbewerb aus sich heraus entwickeln können.

Bei diesen Verhältnissen ist es um so wichtiger zu wissen, wieweit der elektrische Betrieb den wirtschaftlichen Vergleich mit dem Dampfbetrieb bestehen kann. Einwandfreie Vergleichsgrundlagen fehlen heute noch in Deutschland. Die Berliner Stadtbahn ist ein Sonderfall. Die anderen bis jetzt elektrisch betriebenen Netze in Bayern und Schlesien sind zwar ziemlich groß, zeigen jedoch noch keinen besonders dichten Verkehr, während das mitteldeutsche Netz zwar dichten Verkehr hat, jedoch zu klein ist, um die Vorzüge des elektrischen Betriebes voll zu beweisen. Der Bau der für den elektrischen Betrieb weiter vorgesehenen günstigeren Strecken mit dichterem Verkehr mußte 1928, wie bereits erwähnt, wegen Geldmangels zurückgestellt werden. Es sei deshalb für Deutschland die Wirtschaftlichkeit neu zu elektrisierender Strecken gegenüber dem Dampfbetrieb untersucht. Für diesen Zweck eignet sich am besten folgende Berechnungsart: Man berechnet das erforderliche Anlagekapital für den elektrischen Betrieb (ohne Kraftwerke) $= E$, sowie das Kapital für einen gleich starken Dampfbetrieb $= D$, ferner die jährlichen Betriebskosten für elektrischen ($= e$) und für Dampfbetrieb ($= d$). Der Quotient $d-e/E-D$ gibt den Satz an, mit dem wegen der Betriebskostenersparnisse des elektrischen Betriebes sein Mehrkapital gegenüber dem Dampfbetrieb verzinst und getilgt werden kann. Die Erneuerungsrücklagen müssen dabei unter den Betriebskosten berücksichtigt werden. Der Strompreis der Kraftwerke muß angenommen oder in einer besonderen Berechnung der Bau- und Betriebskosten der Kraftwerke ermittelt werden.

Die Erweiterung des elektrischen Betriebes der Deutschen Reichsbahn muß durch Ausbau der vorhandenen Netze und durch ihre allmähliche Verbindung erfolgen. Für einen Vergleich wurden deshalb die Liniengruppen Rhein—Stuttgart—München—Nürnberg—Berlin, Leipzig—Dresden—Görlitz—Breslau—Oppeln gewählt. Aus Bild 1 und Zahlentafel 2 sind Verkehrsdichte, Stromverbrauch, Verteilung der Unterwerke und alle übrigen, den elektrischen und betrieblichen Verkehrswert dieser Strecken bezeichnenden Größen zu ersehen. Maßgebend waren die Streckenbelastungskarten vom 1. bis 7. Mai 1927, der Jahresdurchschnitt des ganzen Reichsnetzes für 1927 liegt 7 vH über dem Durchschnitt dieser Woche, von 1927 bis 1930 ist eine Verkehrszunahme von 15 vH entsprechend den tatsächlichen Verhältnissen angenommen[2]. Der Zuschlag zu den Anhänge-tkm für die Lokomotiven

---
[1] Geschäftsbericht der Deutschen Reichsbahn-Gesellschaft 1928.
[2] Statistische Mitteilungen des Reichsbahnzentralamtes.

wurde gemäß der Statistik des bereits bestehenden elektrischen Verkehrs zu 28 bis 29 vH angenommen.

Für die Bemessung der Unterwerke und Fernleitungen wurden Schwankungen zwischen Jahresdurchschnittsleistung und Jahresspitze von 2,9 bis 3,5 gewählt. Es ist dabei angenommen, daß sämtliche Unterwerke durch Speiseleitungen mit meist 4·120 mm²

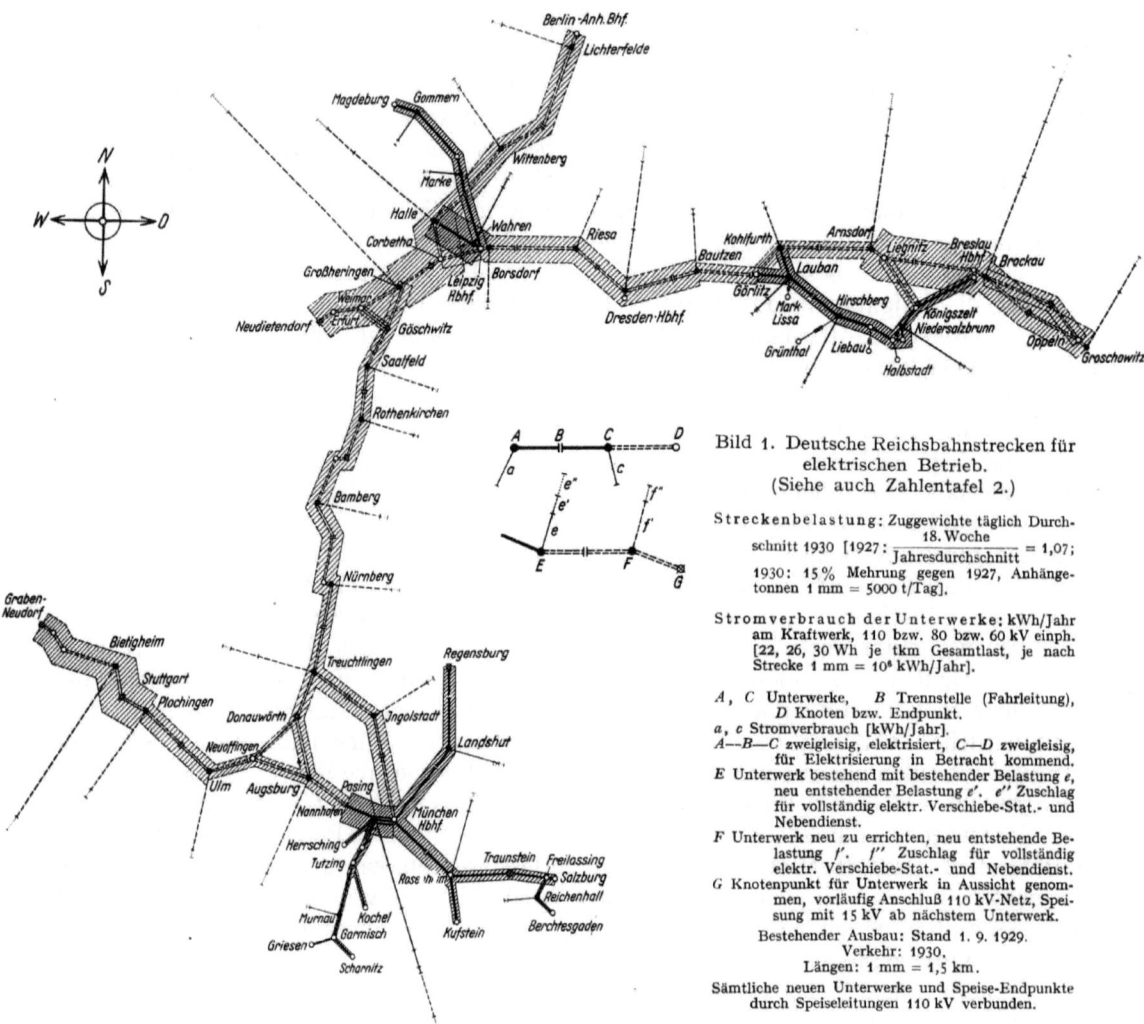

Bild 1. Deutsche Reichsbahnstrecken für elektrischen Betrieb.
(Siehe auch Zahlentafel 2.)

Streckenbelastung: Zuggewichte täglich Durchschnitt 1930 [1927: $\frac{18.\text{Woche}}{\text{Jahresdurchschnitt}} = 1,07$; 1930: 15% Mehrung gegen 1927, Anhängetonnen 1 mm = 5000 t/Tag].

Stromverbrauch der Unterwerke: kWh/Jahr am Kraftwerk, 110 bzw. 80 bzw. 60 kV einph. [22, 26, 30 Wh je tkm Gesamtlast, je nach Strecke 1 mm = 10⁶ kWh/Jahr].

A, C Unterwerke, B Trennstelle (Fahrleitung), D Knoten bzw. Endpunkt.
a, c Stromverbrauch [kWh/Jahr].
A—B—C zweigleisig, elektrisiert, C—D zweigleisig, für Elektrisierung in Betracht kommend.
E Unterwerk bestehend mit bestehender Belastung e, neu entstehender Belastung e', e'' Zuschlag für vollständig elektr. Verschiebe-Stat.- und Nebendienst.
F Unterwerk neu zu errichten, neu entstehende Belastung f', f'' Zuschlag für vollständig elektr. Verschiebe-Stat.- und Nebendienst.
G Knotenpunkt für Unterwerk in Aussicht genommen, vorläufig Anschluß 110 kV-Netz, Speisung mit 15 kV ab nächstem Unterwerk.
Bestehender Ausbau: Stand 1. 9. 1929.
Verkehr: 1930.
Längen: 1 mm = 1,5 km.
Sämtliche neuen Unterwerke und Speise-Endpunkte durch Speiseleitungen 110 kV verbunden.

Kupfer und 1·50 mm² Eisen verbunden sind. Nur Augsburg—Treuchtlingen und Landshut—Ingolstadt—Treuchtlingen sind mit 2·120 mm² Kupfer und 1·50 mm² Eisen, Großheringen—Neudietendorf mit 4·95 mm² Kupfer und 1·50 mm² Eisen vorgesehen. Die Unterwerke sind als Freiluftunterwerke sowohl im 110 kV-Teil als auch im 15 kV-Teil gedacht, durchweg mit Transformatoren von 5000 Dauer-kVA mit Luftkühlung ausgerüstet, wo notwendig, mit einem 5000 kVA-Transformator als Reserve. An den vorläufigen Endpunkten Graben—Neudorf und Neudietendorf ist noch kein Unterwerk, sondern nur ein Schaltpunkt vorgesehen, der über die 110 kV-Leitungen von Plochingen und Großheringen vorläufig mit 15 kV versorgt wird und die Enden dieser Linien verstärken soll. Kosten für Einphasenkraftwerke oder Umformerwerke zur Erzeugung des Einphasenstromes aus Drehstromnetzen wurden nicht berücksichtigt, da für die ganze Wirtschaftlichkeitsberechnung verschiedene Strompreise angenommen sind. Als Erzeugungs- bzw. Bezugsstellen wurden gewählt: Murgwerk, Schwandorf, Saalekraftwerke, Zschornewitz, Böhlen, Hirschfelde, Kosel. Außer den Unterwerksverbindungen 110 kV, deren Linienführung einen Teil dieser Kraftwerke berührt, sind folgende Anschlüsse hinzugenommen:

Zu b. Plochingen—Murgwerk,
zu c. Nürnberg—Schwandorf,
zu k. Groschowitz—Kosel.

Die Kosten für Fahrleitungen entsprechen gegenwärtigen Bauarten und Preisen. Die weiteren Kosten für Schwachstromanteil, Brückenänderungen und Ausbesserungswerke und der Zuschlag für Dienstfracht und Verwaltungskosten der Reichsbahn sind geschätzt, können aber, soweit Ungenauigkeiten vorliegen, das Ergebnis nicht grundsätzlich beeinflussen. Mit den geschilderten Annahmen ist das Anlagekapital für die ortsfesten Anlagen in Zahlentafel 3 berechnet.

Bei den Fahrzeugen wurden die Kosten für Ausrüstung vorhandener Wagen mit elektrischer Heizung nach den je Strecke beförderten tkm geschätzt (Zahlentafel 3). In Zahlentafel 4 sind die Kosten für die Triebfahrzeuge ermittelt. Die auf den einzelnen Strecken zu leistenden Zugkilometer mit einem Zuschlage von 24 vH für elektrische Lokomotivkilometer und dem entsprechenden Zuwachs bis 1930 sind in der gleichen Weise ermittelt wie die tkm und kWh in Bild 1. In Zahlentafel 4 wurde der Anteil, der von dem vorhandenen Lokomotivpark in Bayern, Mitteldeutschland und Schlesien noch übernommen werden kann, abgesetzt, in Zahlentafel 5, welche die Betriebskosten zwischen Dampfbetrieb und elektrischem

Zahlentafel 2. Belastung der Unterwerke (10^6 kWh jährlich).

	Bestehend	Einschl. Zugang	Einschl. Verschiebeverkehr
Pasing	67	86	95
Murnau	14		15
Landshut	23		25
Rosenheim . . .	33		36
Reichenhall . . .	13		14
Gommern	14		16
Marke	14		16
Wahren	31		34
Lauban	20		22
Hirschberg . . .	31		33
Niedersalzbrunnen	31		34
Augsburg . . .		43	48
Ulm		33	36
Plochingen . . .		40	44
Bietigheim . . .		75	82
Treuchtlingen . .		37	41
Ingolstadt		27	30
Nürnberg		27	30
Bamberg		29	32
Rothenkirchen . .		23	25
Saalfeld		30	32
Großheringen . .		106	115
Halle		61	67
Wittenberg . . .		32	36
Berlin-Lichterfelde		32	36
Borsdorf		22	24
Riesa		24	27
Dresden		55	61
Bautzen		24	26
Kohlfurth		18	20
Arnsdorf		59	65
Breslau-Brockau .		89	99
Oppeln-Groschowitz		40	44

Betrieb vergleichen, ist diese Verminderung des neuen Anlagekapitales nicht berücksichtigt, um für beide Betriebsarten von gleichen Voraussetzungen auszugehen. Die erreichbare Ausnutzung der neu zu beschaffenden Triebfahrzeuge wurde folgendermaßen angenommen:

Für den Personenverkehr 120000 bis 125000 km je Jahr (einschl. Werkstättenlokomotiven, 2 Triebwagen = 1 Lokomotive),

für den Güterverkehr 80000 bis 85000 km je Jahr (Höchstgeschwindigkeit 75 km/h).

Der Anteil der Verschiebelokomotiven wurde im Verhältnis zu den kWh nach dem ursprünglichen Beschaffungsprogramm Münchens 1927 für Verschiebelokomotiven des

Zahlentafel 3. Anlagekapital für ortsfeste Anlagen und Fahrzeuge. Verkehr 1930.

		1	2	3	4	5	6	7	8	9	10	11	12	13	14	15	16	17	18	19	20
		Strecken- länge km	\multicolumn{2}{c}{10^6 KWh jährl.}		\multicolumn{7}{c}{Baukosten 10^6 RM}	\multicolumn{2}{c}{KWh 10^3 je km}	\multicolumn{2}{c}{Kosten ortsf. Anl. RM}	\multicolumn{3}{c}{Baukosten 10^6 RM für Fahrzeuge ohne mech. Teil Triebwagen}	10+17 ohne mech. Teil Triebw. 10^6 RM	Triebw. mech. Teil 10^6 RM	Ge- samtes Anl.- Kapi- tal 18+19 10^6 RM
			ohne	mit Verschiebe- dienst	Unter- werke	Fern- ltg. 110 kV	Fahr- ltg. 15 kV	Sonst. ortsf. An- lagen	Schwach- strom	Summe 4 bis 8	9×1,08 (Zu- schlag Fracht und Ver- walt.)	ohne	mit Verschiebe- dienst	je km Strecke RM	je 10^6 KWh mit Ver- schiebe- dienst	el. Zug- heizung	Elloks + Triebw.	15+16			
a	Nannhofen—Stuttgart	208,8	98	108	4,2	4,4	8,3	4,0	5,2	26,1	28,2	470	520	135000	261000	2,0	31,8	33,8	62,0	0,1	62,1
b	Stuttgart—Grabenneudorf	89,0	75	82	2,2	4,1	3,8	2,0	2,2	14,3	15,4	840	920	173000	188000	1,6	20,2	21,8	37,2	0,4	37,6
	a + b	297,8	173	190	6,4	8,5	12,1	6,0	7,4	40,4	43,6	580	640	146000	229000	3,6	52,0	55,6	99,2	0,5	99,7
c	Augsburg—Nürnberg	137,1	47	52	1,7	2,6	5,5	3,7	3,4	19,9	21,5	340	380	119000	371000	1,1	33,0	34,1	55,6	0,5	56,1
	Donauwörth—Neuoffingen	43,9	5	6	1,6	2,0	2,2	2,0	0,8	14,7	15,9	110	140	173000	249000	1,4	16,7	18,1	34,0	0,3	34,3
d	München—Treuchtlingen	136,8	58	64	3,3	4,6	5,4	2,3	3,4	14,7	15,9	420	470	116000	249000	1,4	16,7	18,1	34,0	0,3	34,3
	c + d	317,8	110	122	3,3	4,6	13,1	6,0	7,6	34,6	37,4	350	380	118000	306000	2,5	49,7	52,2	89,6	0,8	90,4
e	Berlin—Nürnberg	481,5	252	277	11,0	12,5	21,1	14,4	13,5	74,7	80,7	520	580	157000	273000	7,4	90,8	98,2	178,9	1,7	180,6
	Leipzig—Korbetha	32,2	16	18			1,4		0,8			500	560								
f	Großheringen—Neudietend.	62,4	57	62	0,6	1,2	2,8	2,6	1,7	10,6	11,4	910	990	127000	168000	1,3	18,3	19,6	31,0	0,3	31,3
	Weimar—Göschwitz	27,5	6	6			1,1		0,6			220	220								
	e + f	603,6	331	363	11,6	13,7	26,4	17,0	16,6	85,3	92,1	550	600	152000	253000	8,7	109,1	117,8	209,9	2,0	211,9
g	Leipzig—Coswig—Dresden CoswigCossebaude-Dresden	116,1 16,0	72 12	80 13	3,6 1,9	3,9 2,3	5,0 4,9	3,2 2,7	3,6 2,6	19,9 13,8	21,5 14,9	550 520	610 510	163000 146000	26900 25700	2,1 1,4	25,4 19,7	27,5 21,1	49,0 36,0	0,6 0,4	49,6 36,4
h	Dresden-Neust.—Görlitz	102,1	53	58	1,9	2,3	4,9	2,7	2,6	13,8	14,9	520	510	146000	25700	1,4	19,7	21,1	36,0	0,4	36,4
	g + h	234,2	125	138	5,5	6,2	9,9	5,9	6,2	33,7	36,4	530	590	156000	26400	3,5	45,1	46,0	85,0	1,0	86,0
i	Görlitz—Liegnitz—Breslau Liegnitz—Königszelt	168,0 46,8	110 12	122 13	4,6	4,5	6,9 2,0	4,1	4,7 0,9	27,7	29,9	650 260	730 280	139000	221000	2,7	32,1	34,8	64,7	0,4	65,1
k	Breslau—Brieg—Oppeln —Groschowitz Breslau—Karlsmarkt —Oppeln	80,0 87,1	52 32	58 35	2,3	3,0	3,3 3,6	3,4	2,2 2,4	20,2	21,8	650 370	730 400	131000	235000	1,9	25,6	27,5	49,3	0,2	49,5
	i + k	381,9	206	228	5,9	7,5	15,8	7,5	10,2	47,9	51,7	540	600	135000	226000	4,6	57,7	62,3	114,0	0,6	114,6
	Summe a bis k	1835,3	945	1041	33,7	40,5	77,3	42,4	48,0	241,9	261,2	510	570	142000	250000	22,9	313,6	336,5	597,7	4,9	602,6
l	Bayern, best. Netz	586,5	148	162								252	276						1,8		1,8
m	Mitteldeutschland, best. Netz	156,9	59	66								376	420						2,5		2,5
n	Schlesien, best. Netz	343,2	82	89								239	260						3,1		3,1
	Summe l bis n	1086,6	289	317								266	291						7,4		7,4

Die Kosten für Lokomotiven und Triebwagen (16) für a, e, i sind mit Berücksichtigung des Überschusses im vorhandenen Lokpark in Bayern, Mitteldeutschland und Schlesien ermittelt (s. Tafel 4).

Die Bedeutung des elektrischen Betriebes für die deutschen Eisenbahnen. 561

Zahlentafel 4. Anlagekapital für Fahrzeuge.
Gesamtsumme (44), Verkehr 1930, Berücksichtigung des Überschusses vorh. Lokpark in Bayern, Mitteldeutschland, Schlesien.

21	22	23	24	25	26	27	28	29	30	31	32	33	34	35	36	37	38	39	40	41	42	43	44	45	46	47=16
Kilometer Linienloks, zu leisten 1930		Gedeckt von vorhandenen Linienloks		Zu leisten von neuen Linienloks		Schnellzugloks $1D_0 1$, 110 km/h, 406 000 RM			Triebwagen 110 km/h, 180 000 RM			Güterzugloks						Leistung jährlich 10^6 kWh	Verschiebeloks				Kosten für Triebfahrzeuge 10^6 RM			Rest 44—45
												leichte $1D_0 1$, 75 km/h, 341 000 RM			schwere $1C_0-C_0 1$, 75 km/h, 462 000 RM				leichte, 1—C 256 000 RM		schwere $A1A+A1A$ 286 000 RM					
10^3 km						Stück	10^3 km/Jahr	10^6 RM	Stück	10^3 km/Jahr	10^6 RM	Stück	10^3 km/Jahr	10^6 RM	Stück	10^3 km/Jahr	10^6 RM		Stück	10^6 RM	Stück	10^6 RM	ohne Verw. und Fracht	mit 2 vH für Verw. und Fracht	hiervon Triebw. mech. Teil	
Pers.-verkehr	Güter-verkehr	Pers.-verkehr	Güter-verkehr	Pers.-verkehr	Güter-verkehr																					
a 4280	3060	3780	—2290	500	5350	3	120	1,2	2 $\frac{120}{2}$	0,4	40	80	13,6	27	80	12,5	10	10	2,6	3	0,9	31,2	31,9	0,1	31,8
b 1680	2510	—	—	1680	2510	10	120	4,1	8 $\frac{120}{2}$	1,4	18	80	6,1	13	80	6,0	7	7	1,8	3	0,8	20,2	20,6	0,4	20,2
a+b 5960	5570	3780	—2290	2180	7860	13		5,3	10	1,8	58		19,7	40		18,5	17	17	4,4	6	1,7	51,4	52,5	0,5	52,0
c 2360	4520	—	—	2360	4520	15	120	6,1	10 $\frac{120}{2}$	1,8	34	80	11,6	23	80	10,6	7	7	1,8	3	0,9	32,8	33,5	0,5	33,0
d 1580	1980	—	—	1580	1980	10	120	4,1	6 $\frac{120}{2}$	1,1	15	80	5,1	10	80	4,6	5	5	1,3	2	0,5	16,7	17,0	0,3	16,7
c+d 3940	6500	—	—	3940	6500	25		10,2	16	2,9	49		16,7	33		15,2	12	12	3,1	5	1,4	49,5	50,5	0,8	49,7
e 11170	16080	—	—	11170	9540	69	130	28,0	34 $\frac{120}{2}$	6,1	72	80	24,5	48	80	22,2	28	28	7,2	9	2,6	90,6	92,5	1,7	90,8
f 1960	2230	—	540	1960	2230	13	120	5,3	6 $\frac{120}{2}$	1,1	16	85	5,5	9	85	4,2	6	6	1,5	2	0,6	18,2	18,6	0,3	18,3
e+f 13130	12310	—	540	13130	11770	82		33,3	40	7,2	88		30,0	57		26,4	34	34	8,7	11	3,2	108,8	111,1	2,0	109,1
g 3620	2160	—	—	3620	2160	24	120	9,7	12 $\frac{120}{2}$	2,2	16	80	5,5	11	80	5,1	8	8	2,1	3	0,9	25,5	26,0	0,6	25,4
h 2690	1820	—	—	2690	1820	18	120	7,3	8 $\frac{120}{2}$	1,4	14	80	4,8	9	80	4,2	6	6	1,5	2	0,5	19,7	20,1	0,4	19,7
g+h 6310	3980	—	—	6310	3980	42		17,0	20	3,6	30		10,3	20		9,3	14	14	3,6	5	1,4	45,2	46,1	1,0	45,1
i 3770	4260	110	920	3660	3340	25	125	10,1	8 $\frac{120}{2}$	1,4	24	85	8,2	16	85	7,4	13	13	3,3	5	1,4	31,8	32,5	0,4	32,1
k 1950	3470	—	—	1950	3470	14	125	5,7	4 $\frac{120}{2}$	0,7	24	85	8,2	16	85	7,4	9	9	2,3	3	0,9	25,3	25,8	0,2	25,6
i+k 5720	7730	110	920	5610	6810	39		15,8	12	2,1	48		16,4	32		14,8	22	22	5,6	8	2,3	57,1	58,3	0,6	57,7
l 7890	5970	11670	3680	—3780	2290	siehe a											14	(7) +7	1,8	(5) —	—	1,8	1,8	—	1,8
m 2550	4580	4040	3640	—1480	940	940 — 1480											7	7	1,8	2	0,6	2,4	2,5	—	2,5
n 3310	2800	3440	3720	110	920	siehe i											8	8	2,1	3	0,9	3,0	3,1	—	3,1
13760	13350	19150	11040																							

Petersen, Forschung und Technik., 36

562 H. Schmitt: Die Bedeutung des elektrischen Betriebes für die deutschen Eisenbahnen.

Zahlentafel 5. Deutsche Reichsbahn. Vergleich des elek-
Elektrisches Mehranlagekapital: Ortsfeste Anlagen, elektr. Zugheizung, Unterschied elektr. Lokomotiven (ohne
1,35 : 1; bei a, i Ziff. 14 andere Kosten als Ziff. 44 bis Ziff. 46 Zahlentafel 4, da dort Überschuß

	1	2	3	4	5	6	7	8	9	10	11	12	13	14	15	16	17	18	19
a bis k Verkehr 1930 a' bis k' 50 vH mehr (1940÷45)	kWh/Jahr mit Verschiebedienst. 10^6	Anl.-Kap. ortsf. Anlagen 10^6 RM			Bed., Unterhalt, Erneuer. ortsf. Anlag. 10^6 RM 2,5 vH von 2	Stomkosten 10^6 RM bei Preis Rpf/kWh				Betriebsstoffe, Dampfbetrieb 10^6 RM			Vergleich Anlagekapital, Fahrzeuge 10^6 RM					Mehrkapital gegen Dampfbetrieb, zu verzinsen und zu tilgen, 4+17, 10^6 RM	Betriebsleistungen Lok. 10^6 km
		Zu bedienten, unterhalten und erneuern mit 2,5 vH	Nur zu verzinsen und tilgen	Summe zu verzinsen und tilgen 2+3		2,0	2,5	3,0	3,5	Kohle 1,25 kg bzw. 1,34 kg = 1 kWh	Wasser	Summe	Elektrische Zugheizung mehr gegen Dampfbetr.	Elektrische Lokomotive ohne Triebwagen mechanischer Teil	Dampflokomotive Neuwert 14:1,35	Unterschied 14−15	Summe Mehrkapital elektr. 13+16		
a	108	17,7	10,5	28,2	0,44	2,16	2,70	3,24	3,78	4,42	0,06	4,48	2,0	31,3	23,2	8,1	10,1	38,3	7,34
b	82	10,5	4,9	15,4	0,26	1,64	2,05	2,46	2,87	3,16	0,05	3,21	1,6	19,8	14,7	5,1	6,7	22,1	4,19
$a+b$	190	28,2	15,4	43,6	0,70	3,80	4,75	5,70	6,65	7,58	0,11	7,69	3,6	51,1	37,9	13,2	16,8	60,4	11,53
$a'+b'$	285	31,7	15,4	47,1	0,79	5,70	7,13	8,55	9,98	11,37	0,17	11,54	3,6	76,7	56,9	19,8	23,4	70,5	17,30
c	58	12,7	8,8	21,5	0,32	1,16	1,45	1,74	2,03	2,36	0,03	2,39	1,1	32,3	23,9	8,4	9,5	31,0	6,88
d	64	9,5	6,4	15,9	0,24	1,28	1,60	1,92	2,24	2,66	0,04	2,70	1,4	16,4	12,1	4,3	5,7	21,6	3,56
$c+d$	122	22,2	15,2	37,4	0,56	2,44	3,05	3,66	4,27	5,02	0,07	5,09	2,5	48,7	36,0	12,7	15,2	52,6	10,44
$c'+d'$	183	25,0	15,2	40,2	0,63	3,66	4,58	5,49	6,40	7,53	0,11	7,64	2,5	73,0	54,0	19,0	21,5	61,7	15,66
e	295	48,0	32,7	80,7	1,20	5,90	7,38	8,86	10,33	11,32	0,16	11,48	7,4	88,9	65,9	23,0	30,4	111,1	21,25
f	68	6,1	5,3	11,4	0,15	1,36	1,70	2,04	2,38	2,59	0,04	2,63	1,3	17,9	13,3	4,6	5,9	17,3	4,19
$e+f$	363	54,1	38,0	92,1	1,35	7,26	9,08	10,90	12,71	13,91	0,20	14,11	8,7	106,8	79,2	27,6	36,3	128,4	25,44
$e'+f'$	545	60,8	38,0	98,8	1,52	10,90	13,62	16,36	19,08	20,87	0,30	21,17	8,7	160,2	118,8	41,4	50,1	148,9	38,16
g	80	13,7	7,8	21,5	0,34	1,60	2,0	2,40	2,80	2,91	0,05	2,96	2,1	24,9	18,4	6,5	8,6	30,1	5,78
h	58	8,9	6,0	14,9	0,22	1,16	1,45	1,74	2,03	2,02	0,03	2,05	1,4	19,3	14,3	5,0	6,4	21,3	4,51
$g+h$	138	22,6	13,8	36,4	0,56	2,76	3,45	4,14	4,83	4,93	0,08	5,01	3,5	44,2	32,7	11,5	15,0	51,4	10,29
$g'+h'$	207	25,5	13,8	39,3	0,64	4,14	5,18	6,21	7,25	7,40	0,12	7,52	3,5	66,3	49,1	17,2	20,7	60,0	15,44
i	135	18,9	11,0	29,9	0,47	2,70	3,37	4,05	4,73	4,39	0,08	4,47	2,7	36,0	26,6	9,4	12,1	42,0	8,03
k	93	12,8	9,0	21,8	0,32	1,86	2,33	2,79	3,25	2,81	0,05	2,86	1,9	25,1	18,6	6,5	8,4	30,2	5,42
$i+k$	228	31,7	20,0	51,7	0,79	4,56	5,70	6,84	7,98	7,20	0,13	7,33	4,6	61,1	45,2	15,9	20,5	72,2	13,45
i'	203	21,3	11,0	32,3	0,53	4,06	5,07	6,09	7,11	6,59	0,12	6,71	2,7	54,0	39,9	14,1	16,8	49,1	12,05
k'	139	14,3	9,0	23,3	0,36	2,78	3,48	4,17	4,87	4,21	0,08	4,29	1,9	37,6	27,9	9,7	11,6	34,9	8,14
$i'+k'$	342	35,6	20,0	55,6	0,89	6,84	8,55	10,26	11,98	10,80	0,20	11,00	4,6	91,6	57,8	23,8	28,4	84,0	20,19

bestehenden bayrischen Netzes ermittelt. Die Endsummen der Zahlentafel 4 sind auf Zahlentafel 3 übertragen.

In Zahlentafel 5 sind die Betriebskosten des Dampfbetriebes und des elektrischen Betriebes verglichen. Für diesen Zweck muß noch das Anlagekapital für Dampflokomotiven bestimmt werden. Für den Vergleich wurde angenommen, daß die Beschaffungskosten für elektrische Triebfahrzeuge (mit Ausnahme des wagenbaulichen Teiles der Triebwagen) 35 vH höher sind als die für einen neuen Dampflokomotivpark, der den gleich starken, aber nicht gleich raschen Verkehr bewältigt. Die Beschaffungskosten für neue Lokomotiven müssen dem Dampfbetrieb voll belastet werden, da mit der Vergleichszahl 1,25 kg Kohle = 1 kWh bereits Dampflokomotiven neuer Bauart berücksichtigt sind. Diese Zahl ergibt bei dem zugrunde gelegten Verkehr von $31,3 \cdot 10^9$ tkm Anhängelast $\frac{(1041) \cdot 1,25 \cdot 10^9}{31,3 \cdot 10^9} = 41,5$ kg Kohle je 1000 tkm (s. Zahlentafel 3). Der Reichsdurchschnitt 1928 ergibt $13,12 \cdot 10^6$ t Kohle, $249 \cdot 10^9$ tkm, $\frac{13,12 \cdot 10^6}{249 \cdot 10^9} = 52,6$ kg Kohle je 1000 tkm. Dies sind 27 vH mehr als oben. Ein Vergleich mit dem bestehenden Dampflokomotivpark würde also zwar ein niedrigeres Anlagekapital für den Dampfbetrieb ergeben; der Dampfverbrauch wäre aber wesentlich höher. Es läßt sich nachweisen, daß das Gesamtergebnis für den elektrischen Betrieb nicht ungünstiger würde.

Der Vergleich der Betriebskosten beruht auf folgenden Annahmen:

Die Bedeutung des elektrischen Betriebes für die deutschen Eisenbahnen. 563

trischen Betriebes neuer Strecken mit dem Dampfbetrieb.
mech. Teil-Triebwagen, ohne 2 vH Fracht und Verwaltung) gegen Dampflokomotiven, Verhältnis der Kapitalien des vorhandenen Lokomotivparkes berücksichtigt. Verkehr 1930, 50 vH mehr (1940 bis 1945)

20	21	22	23	24	25	26	27	28	29	30	31	32	33
Ersparnis im elektrischen Lokomotivbetrieb 10^6 RM					Ersparnis des elektrischen Betriebes gegen Dampfbetrieb, verfügbar für Verzinsung und Tilgung des Mehrkapitales gegenüber Dampflokomotiven									Bezugsgegend der Lokomotivkohle mittlere Transportweite, Kosten für Einkauf, Transport und Behandlung
Mehr Erneuerung 1,5 vH von 17	Fahrpersonal 0,25 RM/km	Unterhalt 0,12 RM/km	Zugbegleitung 0,02 RM/km	Summe 21+22+23-20	absolut 10^6 RM 12+24-5-(6÷9) bei Strompreis Rpf/kWh				vH vom Mehrkapital (25÷28):18 bei Strompreis Rpf/kWh				
					2,0	2,5	3,0	3,5	2,0	2,5	3,0	3,5	
0,15	1,83	0,88	0,15	2,71	4,59	4,05	3,51	2,97	12,0	10,6	9,15	7,75	a Ruhr, 566 km (22,0+8,2+2,5) RM/t
0,10	1,05	0,50	0,08	1,53	2,84	2,43	2,02	1,61	12,85	11,0	9,15	7,3	b „ 421 „ (22,0+6,3+2,5) „
0,25	2,88	1,38	0,23	4,24	7,43	6,48	5,53	4,58	12,3	10,75	9,15	7,6	
0,35	4,33	2,08	0,35	6,41	11,46	10,03	8,61	7,18	16,25	14,2	12,2	10,2	
0,14	1,73	0,83	0,14	2,56	3,47	3,18	2,89	2,60	11,2	10,25	9,35	8,40	c Ruhr, 552 km (22,0+8,2+2,5) RM/t
0,09	0,89	0,43	0,07	1,30	2,48	2,16	1,84	1,52	11,5	10,0	8,5	7,05	d „ 597 „ (22,0+8,7+2,5) „
0,23	2,62	1,26	0,21	3,86	5,95	5,34	4,73	4,12	11,3	10,15	9,0	7,85	
0,32	3,92	1,88	0,31	5,79	9,14	8,22	7,31	6,40	14,8	13,3	11,85	10,35	
0,46	5,31	2,55	0,43	7,83	12,21	10,72	9,25	7,78	11,0	9,65	8,3	7,0	e {Oberschl., 534 km (19,3+8,3+2,5) RM/t
0,09	1,05	0,50	0,08	1,54	2,66	2,32	1,98	1,64	15,35	13,4	11,45	9,45	{Ruhr, 464 „ (22,0+6,5+2,5) „
0,55	6,36	3,05	0,51	9,37	14,87	13,05	11,23	9,42	11,55	10,15	8,75	7,35	f {Oberschl., 577 „ (19,3+8,9+2,5) „
0,75	9,54	4,58	0,77	14,14	22,89	20,17	17,43	14,71	15,3	13,5	11,7	9,85	{Ruhr, 373 „ (22,0+9,3+2,5) „
0,13	1,45	0,69	0,12	2,13	3,15	2,75	2,35	1,95	10,45	9,15	7,8	6,5	g Oberschl., 465 km (19,3+7,3+2,5) RM/t
0,10	1,13	0,54	0,09	1,66	2,33	2,04	1,75	1,46	10,95	9,6	8,2	6,85	h „ 372 „ (19,3+6,0+2,5) „
0,23	2,58	1,23	0,21	3,79	5,48	4,79	4,10	3,41	10,65	9,3	7,95	6,65	
0,31	3,87	1,85	0,31	5,72	8,46	7,42	6,39	5,35	14,1	12,35	10,65	8,9	
0,18	2,01	0,96	0,16	2,95	4,25	3,58	2,90	2,22	10,1	8,5	6,9	5,3	i Oberschl., 243 km (19,3+4,2+2,5) RM/t
0,13	1,35	0,65	0,11	1,98	2,66	2,19	1,73	1,27	8,8	7,25	5,75	4,2	k „ 119 „ (19,3+2,4+2,5) „
0,31	3,36	1,61	0,27	4,93	6,91	5,77	4,63	3,49	9,6	8,0	6,4	4,85	
0,25	3,01	1,45	0,24	4,45	6,57	5,56	4,54	3,52	13,35	11,3	9,25	7,15	
0,17	2,03	0,98	0,16	3,00	4,15	3,45	2,76	2,06	11,9	9,9	7,9	5,9	
0,42	5,04	2,43	0,40	7,45	10,72	9,01	7,30	5,58	12,75	10,7	8,7	6,65	

Ortsfeste Anlagen.

Zu Lasten des elektrischen Betriebes sind Bedienungs-, Unterhaltungs- und Erneuerungskosten in Höhe von 2,5 vH des Kapitals für Unterwerke, Fernleitungen, Fahrleitungen, Nebeneinrichtungen der Betriebswerke und Fahrleitungsmeistereien gerechnet. Zu verzinsen und zu tilgen ist die ganze Summe der ortsfesten Anlagen.

Kohlekosten bei Dampfbetrieb.

Westfälische Lokomotivkohle frei Gelsenkirchen: 7300 cal/kg, 22,0 RM/t.

Oberschlesische Lokomotivkohle frei Gleiwitz: 6800 cal/kg, 18,0 RM/t oder 19,3 RM/t bei 7300 cal/kg.

Kosten für Kohlebehandlung und Verzinsung der Vorratskohle: 2,50 RM/t.

Beförderungskosten:

Die Selbstkosten für 1 t Anhängelast, abhängig von der Entfernung, zeigt Bild 2. Sie sind aus der Betriebsrechnung der Deutschen Reichsbahn ermittelt[1]. Den Eigentransporten der Reichsbahn sind als Selbstkosten alle die Ausgaben anzurechnen, die der Größe des Verkehrs proportional sind, nämlich die Kosten für sämtliche Arbeiter und Angestellte, die sachlichen Unterhaltungskosten, ferner Kohle, Wasser und Schmierstoffe für die Dampf-

---

[1] Geschäftsbericht der Deutschen Reichsbahn-Gesellschaft 1928.

lokomotiven. Von den unkündbaren Beamten sind die im Zuge und auf der Lokomotive verwendeten Beamten zu belasten. Je Lokomotive wurden 3,70 Mann[1] und jährlich 65 000 km (ohne Ausbesserungslokomotiven) gewählt, als Gehalt wurde der Durchschnitt für Lokomotivführer, Heizer und Schaffner angenommen. Für den Gesamtverkehr 1928 ergeben sich dann folgende Zahlen:

Selbstkosten:

Arbeiter und Angestellte. . . .	$466 \cdot 10^6$ RM
Sachl. Unterhaltung Bau . . .	$278 \cdot 10^6$,,
,, ,, Masch. . .	$460 \cdot 10^6$,,
Brennstoffe	$247 \cdot 10^6$,,
Zugförderungsbeamte	$354 \cdot 10^6$,,
	$1805 \cdot 10^6$ RM

Betriebsleistung 1928:

Personenverkehr	$83\,000 \cdot 10^6$ tkm
Güterverkehr	$175\,000 \cdot 10^6$,,
	$258\,000 \cdot 10^6$ tkm

Verkehrsleistungen des Güterverkehrs: $73\,200 \cdot 10^6$ Tarif-tkm.
Selbstkosten je geförderte t im Güterverkehr:

$$\frac{1805 \cdot 175\,000}{258\,000 \cdot 73\,200} = 0{,}0168 \text{ RM je tkm Nutzlast.}$$

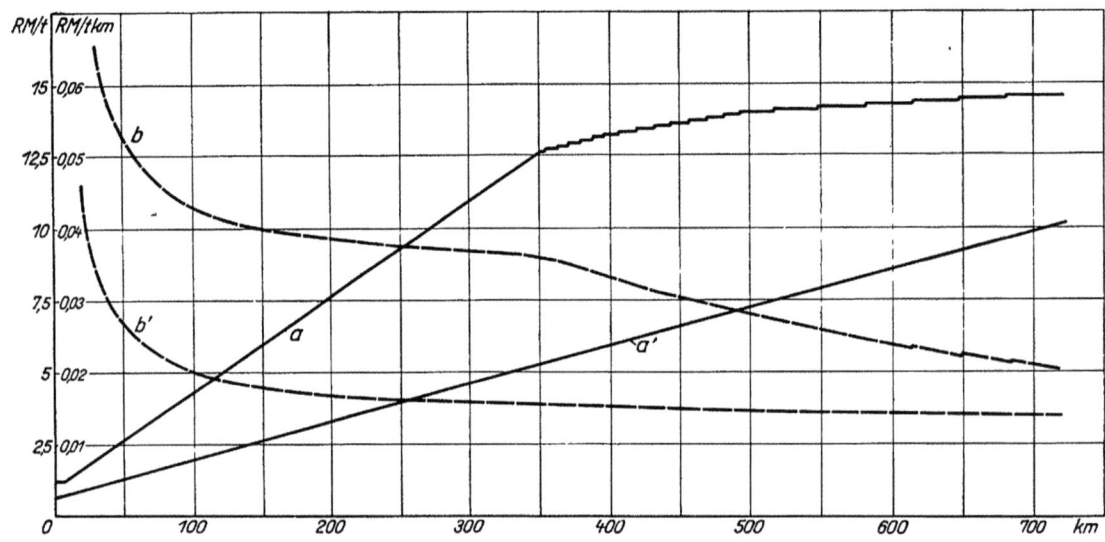

Bild 2. Transportkosten der Lokomotivkohle.
a b gemäß Ausnahmetarif 6a, 1. 10. 1929. *a', b'* Selbstkosten der deutschen Reichsbahn.

In Bild 2 sind 20 vH dieses Betrages als fest und die restlichen 80 vH als proportional der Entfernung angenommen. Auf diese Weise ergeben sich 45 bis 55 vH des Kohlenausnahmetarifes 6a als Selbstkosten, also ein niedriger Betrag; für den durchschnittlichen Weg der Kohle von 148 km ergeben sich 1,78 Rpf/tkm. Die Deutsche Reichsbahn rechnete früher für ihre Eigentransporte mit 70 vH der öffentlichen Tarife, die Schweizer Bundesbahnen rechnen in ihrer obengenannten Denkschrift 2,15 Rpf/tkm für die Lokomotivkohle. Von den beiden Kohlensorten (Ruhr—Oberschlesien) wurde die an Ort und Stelle billigere zugrunde gelegt. Wie schon begründet, wurden für 1 kWh des elektrischen Betriebes beim Dampfbetrieb 1,25 kg Kohle von 7300 kcal/kg bzw. 1,34 kg Kohle von 6800 kcal/kg an-

---

[1] Dr. Huber-Stockar, Die Wirtschaftlichkeit des elektrischen Betriebes der Schweizerischen Bundesbahnen 1929, S. 16.

genommen. Der Wasserverbrauch wurde als das Siebenfache des Kohlenverbrauches und mit 0,10 RM/m³, Schmierstoffkosten für Dampf- und elektrische Lokomotiven wurden als gleich angenommen.

Ersparnisse im Lokomotivbetrieb.

Für das Mehrkapital der elektrischen Fahrzeuge wurde ein Erneuerungssatz von 1,5 vH angenommen. Dies ist durchaus genügend, da die elektrischen Lokomotiven einen höheren Altwert, vielleicht auch eine längere Lebensdauer haben als die Dampflokomotiven. In der Unterhaltung der elektrischen Lokomotiven wurde je Lokomotiv-km eine Ersparnis von 0,12 RM angenommen unter Zugrundelegung folgender Unterhaltungskosten:

Dampfbetrieb 0,30 RM je km,

elektrischer Betrieb 0,18 RM je km.

Die Zahlen der Schweizer Denkschrift sind nahezu die gleichen. Die im Geschäftsbericht der Deutschen Reichsbahn 1928 veröffentlichten Zahlen: 0,324 RM/km bei Dampfbetrieb und 0,367 RM/km bei elektrischem Betrieb können unter keinen Umständen als Maßstab gelten, da hier in der Gesamtsumme der elektrischen Lokomotiven eine große Anzahl von Einzelausführungen und die Reihenlieferungen auch nicht annähernd mit den Stückzahlen der Dampflokomotiven enthalten sind. Bei neueren Fahrzeugen sind heute schon Zahlen erreicht, die an die oben gewählte Ziffer von 0,18 RM/km herankommen, in Bayern z. B. 0,242 RM/km für Lokomotiven und 0,098 RM/km für Triebwagen (2 Triebwagen-km können gleich 1 Lokomotiv-km gesetzt werden)[1]. Mit fortschreitender Zeit und weiterer Ausdehnung des elektrischen Betriebes ist die Zahl von 0,18 RM/km auf jeden Fall erreichbar, wie ja das Beispiel der Schweiz zeigt. Auch bei allen anderen Bahnverwaltungen mit elektrischer Zugförderung wurde festgestellt, daß beim elektrischen Betriebe die Unterhaltungskosten der Lokomotiven bedeutend zurückgehen.

Im Lokomotivfahrdienst wurde ferner zugunsten des elektrischen Betriebes eine Ersparnis von 0,25 RM/km angenommen. Sie besteht in der Ersparnis des zweiten Fachmannes auf der Lokomotive bei Zügen mit einer Höchstgeschwindigkeit unter 75 km/h, in der besseren Ausnutzung des Fahrpersonals infolge höherer Fahrgeschwindigkeit, ferner in der Minderung des Standes an Betriebsarbeitern, da Vor- und Nacharbeit bei den Linienlokomotiven und die Anheizung der Bereitschaftslokomotiven beim elektrischen Betrieb wegfallen. In den Netzen in Bayern und Schlesien sind ähnliche Ersparnisse, bezogen auf die elektrischen Lokomotivkilometer, heute schon erzielt. Sie werden sich bei weiterer Ausdehnung des elektrischen Betriebes und vermehrter Verwendung von Triebwagen noch erhöhen. Die Schweizer Denkschrift rechnet mit folgenden Zahlen für 1929:

Elektrische Lokomotivkilometer: $33{,}5 \cdot 10^6$ km

Fahrbetriebskosten bei Dampfbetrieb:

Personal	$16{,}9 \cdot 10^6$ RM
Schmierung	$0{,}2 \cdot 10^6$,,
Betriebswerke	$3{,}4 \cdot 10^6$,,
	$20{,}5 \cdot 10^6$ RM

Fahrbetriebskosten bei elektrischem Betrieb:

Personal	$9{,}8 \cdot 10^6$ RM
Schmierung	$0{,}1 \cdot 10^6$,,
Dampfheizwagen	$0{,}1 \cdot 10^6$,,
	$10{,}0 \cdot 10^6$ RM

Ersparnis absolut $10{,}5 \cdot 10^1$ RM

,, je km $\dfrac{10{,}5 \cdot 10^6}{33{,}5 \cdot 10^6} = 0{,}31$ RM/km.

---

[1] Mühl, Die Reichsbahn 1929, S. 153.

Sonstige Ersparnisse.

Es treten ferner Ersparnisse im Zugbegleitdienst ein. Aus der Schweizer Denkschrift ergibt sich hierfür ein Betrag von 0,7 Millionen RM, bei 33,5 Millionen Lokomotivkilometer also 0,02 RM/km. Diese Zahl ist auch für die deutschen Strecken angenommen. Die weiterhin von den Schweizer Bundesbahnen berechnete Ersparnis im Unterhalt der Tunnels wurde für die deutschen Strecken nicht berücksichtigt. Auch wurden die Kosten des Bahnunterhaltes bei Dampfbetrieb und bei elektrischem Betrieb als gleich angenommen, da eine Untersuchung dieser Frage überhaupt unsicher und die gesamte Änderung der Betriebskosten sehr klein ist. Wird zum Beispiel angeführt, daß der Fahrdraht des elektrischen Betriebes eine sorgfältigere Gleisregulierung erfordert, so steht dem folgendes entgegen: Ob diese Umstände überhaupt verteuernd wirken, ist an sich zweifelhaft. Eine sorgfältigere Gleisregulierung bietet im übrigen derartige Vorteile und Ersparungsmöglichkeiten, z. B. in der Fahrzeugunterhaltung, daß Mehrkosten im Gesamten kaum entstehen. Außerdem bietet die Rauchlosigkeit des elektrischen Betriebes, die Möglichkeit, für sonstige Zwecke der Reichsbahn billigen Strom zu beziehen, die Unterhaltung der Zugheizungen, ferner der Betrieb der verkabelten Schwachstromleitungen noch so viele kleinere Ersparungsmöglichkeiten, daß das Endergebnis eher zugunsten des elektrischen Betriebes sprechen würde. Es sind ja auch in den Kosten der ortsfesten Anlagen (s. Zahlentafel 3) zu Lasten des elektrischen Betriebes Beträge enthalten, deren Nutznießung nicht dem elektrischen Betrieb, sondern anderen Betriebsabteilungen zugute kommen, z. B. Schwachstromkosten, neue Einrichtungen in Betriebswerken und Änderungen am Oberbau.

Zahlentafel 5 zeigt nun, welche Kapitaldienstsätze sich bei den untersuchten Streckengruppen infolge der Betriebskostenersparnisse gegenüber neu zu beschaffenden Dampflokomotiven und beim Verkehr des Jahres 1930 erzielen lassen. Da mit steigendem Verkehr die ortsfesten Anlagen nicht nennenswert erweitert werden müssen, verbessert sich das Ergebnis, und es ist in Zahlentafel 5 weiterhin berechnet, welche Sätze sich bei einem um die Hälfte stärkeren Verkehr ergeben. Man vergegenwärtige sich, daß dieser Verkehr schon nach 10 bis 15 Jahren erreicht wird, denn in den letzten Jahren ist der Verkehr jährlich um 4 vH gestiegen, trotz des Wettbewerbs der Kraftwagen und Flugzeuge[1], und er wird auch weiterhin steigen, wie das Beispiel der amerikanischen Bahnen zeigt.

In Bild 3 sind nun die erzielbaren Verzinsungs- und Tilgungssätze für den Zuwachs an Anlagekapital gegenüber dem Dampfbetrieb, abhängig vom Strompreis, dargestellt. Zunächst ist der Einfluß der Entfernung von den Gewinnungsstätten der Lokomotivkohle zu ersehen. Für die kohlefernsten Strecken bedeutet er eine „Vorgabe" im Strompreis von 1,0 Rpf/kWh. Ferner bessert sich durch die Steigerung des Verkehrs bei den in Betracht kommenden Strompreisen von 2,5 bis 3,5 Rpf/kWh der Kapitaldienst um 60 bis 80 vH der Verkehrsvermehrung. Läßt sich für das Jahr 1930 bei einer Streckengruppe ein Zins- und Tilgungssatz von 9 vH erwarten, so steigt dieser bei einem anderthalbfachen Verkehr auf $9 + 9 \cdot 0{,}5 \; (0{,}6 \text{ bis } 0{,}8) = 11{,}7 \text{ bis } 12{,}6$ vH. Dabei ist noch nicht berücksichtigt, daß sich bei steigendem Verkehr die Vorzüge des elektrischen Betriebes gegenüber dem Dampfbetrieb noch mehr geltend machen werden, als in den vorliegenden Zahlen angenommen ist, z. B. durch Steigerung der kilometrischen Jahresleistung je Lokomotive, durch vermehrte Verwendung von Triebwagen, durch starke Erhöhung der Zuggewichte. Gerade die sichere Verbesserung der Wirtschaftlichkeit des elektrischen Betriebes in der Zukunft ist einer der wichtigsten Punkte der Wirtschaftlichkeitsberechnung. Denn nicht nur die Elektrisierung, sondern auch die Beschaffung neuer Dampflokomotiven erfolgt nicht für die nächsten 5, sondern für die nächsten 30 Jahre. Der Strompreis wird im Durchschnitt 3,0 Rpf/kWh kaum übersteigen. In Bayern stehen rund 100 Millionen kWh aus bestehenden Verträgen zu einem sehr billigen Preise zur Verfügung. Auch bei Abschluß

---
[1] Geschäftsberichte 1926 bis 1928.

neuer Stromlieferungsverträge hat die Deutsche Reichsbahn bisher vermöge ihres großen und gleichmäßigen Bedarfes günstige Bedingungen erzielen können. Für 1930 beträgt das elektrische Anlagekapital für die untersuchten Strecken 600 Millionen RM, für eine Bauzeit von 10 bis 15 Jahren und 50 vH Verkehrssteigerung also rund 780 Millionen RM, ein Betrag, dem rund 350 Millionen RM für Dampflokomotiven gegenüberstehen. Die Deutsche Reichsbahn wird in den nächsten 10 bis 15 Jahren höhere Beträge für Beschaffung neuer Lokomotiven ausgeben müssen, so daß die Abstellung der Rechnung auf das Mehrkapital für elektrischen Betrieb gegenüber neu zu beschaffenden Dampflokomotiven berechtigt ist. Für dieses kann schon während der Bauzeit ein sicherer Satz von 9 bis 10 vH für Verzinsung und Tilgung erwartet werden, nach Beendigung des Baues steigt dieser weiter. Dabei sind

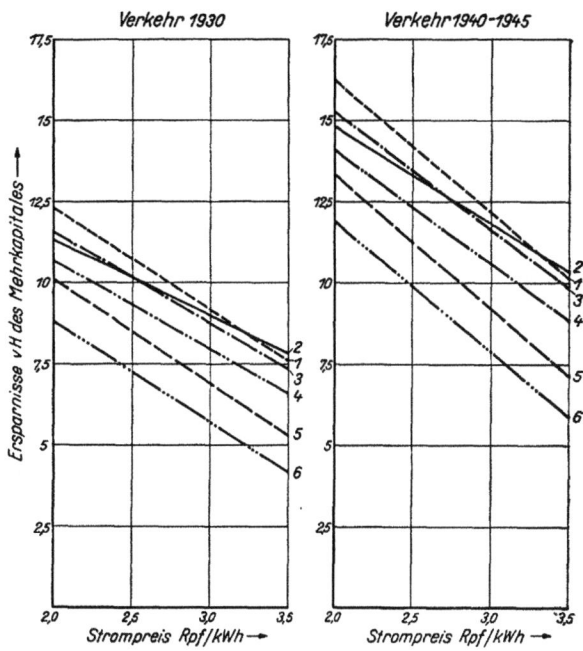

Bild 3. Bildliche Darstellung des erzielbaren Kapitaldienstes gemäß Zahlentafel 5.

	Anlagekapital Mill. RM.							
	Verkehr 1930				50 vH mehr 1940–1945			
	El. Betr.	D. Betr.	Mehrkap.	+ Triebw. m. Teil	El. Betr.	D. Betr.	Mehrkap.	+ Triebw. m. Teil
1. (München)–Nonnhofen–Stuttgart–Grab. Neudorf (Rhein) .	98,3	37,9	60,4	1,5	127,4	56,9	70,5	2,3
2. Augsburg–Nürnberg, Neuoffingen–Donauwörth, München Treuchtlingen	88,6	36,0	52,6	0,8	115,7	54,0	61,7	1,2
3. Nürnberg–Halle–Berlin, Großheringen–Erfurt–Neudietendorf, Weimar–Goschwitz . .	207,6	79,2	128,4	2,0	267,7	118,8	148,9	3,0
4. Leipzig–Dresden–Görlitz . .	84,1	32,7	51,4	1,0	109,1	49,1	60,0	1,5
5. Görlitz–Liegnitz–Breslau, Liegnitz–Königszelt	68,6	26,6	42,0	0,4	89,0	39,9	49,1	0,6
6. Breslau–Brieg–Oppeln–Groschowitz, Breslau–Karlsmarkt–Oppeln	48,8	18,6	30,2	0,2	62,8	27,9	34,9	0,3
Summe	596,0	231,0	365,0	5,9	771,7	346,6	425,1	8,9

die sonstigen werbenden Vorteile des elektrischen Betriebes, Verkürzung der Fahrzeit, Wegfall der Rauchplage, ferner Verdienst an Steinkohlenfracht für Kraftwerkskohle zahlenmäßig nicht in Rechnung gestellt.

Es wurde bereits erwähnt, daß die heute in Deutschland betriebenen Netze nur teilweise einen Schluß auf die Wirtschaftlichkeit neuer Bauten zulassen. Sie enthalten nicht die günstigsten Strecken, anderseits entspricht ihr Anlagekapital nicht dem heutigen Stande von Technik und Preisen, da es teils aus der Vorkriegszeit, teils aus den Inflationsjahren, teils aus der Zeit der Goldwährung stammt. Deshalb wurden für die Wirtschaftlichkeitsberechnung der neuen deutschen Strecken in der Hauptsache Schweizer Erfahrungszahlen verwendet. Zur Nachprüfung der bisher ermittelten Werte für Deutschland ist es wertvoll, die Ergebnisse außerdeutscher Bahnen zu untersuchen.

Die größten elektrischen Bahnnetze der Welt sind die Puget-Sound-Strecke der Chicago-Milwaukee and St. Paul Railroad (1090 km Strecke) und das elektrische Netz der Schweizer Bundesbahnen (1680 km Strecke). Beide Bahnverwaltungen haben auch die eingehendsten Vergleiche ihrer elektrischen Zugförderung mit dem Dampfbetrieb veröffentlicht[1]. Außerdem sind noch andere Vergleichsberechnungen kleinerer Netze aus verschiedenen Teilen der

---

[1] Bearce, Electrification Economies on the Chicago, Milwaukee and St. Paul Railroad, 1925, und Dr. Huber-Stockar, Die Wirtschaftlichkeit des elektrischen Betriebes der Schweizerischen Bundesbahnen, rechnerisch untersucht für 1929.

Welt bekannt, sämtliche mit günstigem Urteil für den elektrischen Betrieb[1]. Von vielen anderen elektrischen Bahnen werden die Vorzüge des elektrischen Betriebes für so bedeutend oder seine Wirtschaftlichkeit für so sicher gehalten, daß man Berechnungen für überflüssig hält.

Die Chicago Milwaukee and St. Paul Railroad berechnet bei einem elektrischen Kapital von 97 Millionen RM ohne Kraftwerke, bei 31 Millionen RM Kapital für Dampfbetrieb, bei rund 7 vH Verzinsung und Tilgung eine Reinersparnis von 52 Millionen RM von 1916 bis 1924, das sind jährlich über den Kapitaldienst hinaus rund 10 vH des Mehrkapitals. Die Schweizer Bundesbahnen berechnen für 1929 bei einem Kapital für den elektrischen Betrieb von 510 Millionen RM mit Kraftwerken gegenüber 86 Millionen RM des Dampfbetriebes über den Kapitaldienst von rund 5,5 vH hinaus 4,1 Millionen RM reine Ersparnis oder 0,9 vH des Mehrkapitals. Beide Berechnungen können nicht ohne weiteres verglichen werden. Anlagekapital und Kapitaldienst der amerikanischen Bahn entsprechen den Baujahren 1914 bis 1919, die für die Jahre 1916 bis 1924 angenommenen Betriebskosten beruhen auf den nach dem Kriege erhöhten Löhnen und Stoffpreisen des Jahres 1923. Bei der Reichhaltigkeit der amerikanischen Wirtschaftsstatistik läßt sich genügend genau berechnen, daß das Anlagekapital 1923 rund 48 vH höher gewesen wäre als während des Krieges. Ferner sind die Kraftwerke in die Berechnung nicht mit einbezogen, da der Strom frei bahnfremder Kraftwerke bezogen wird. Die Nutzbremsung bei 3000 V Gleichstromspannung ermöglicht außerdem besonders hohe Ersparnisse. Bei den Schweizer Bundesbahnen beziehen sich die Baukosten (einschließlich der bahneigenen Kraftwerke) auf die Zeit während und nach dem Kriege, die Betriebskosten auf das Jahr 1929, in dem die elektrischen Baukosten um 86 Millionen RM = 20 vH niedriger gewesen wären[2]. Elektrische Nutzbremsung mit Stromrücklieferung wird nirgends angewendet.

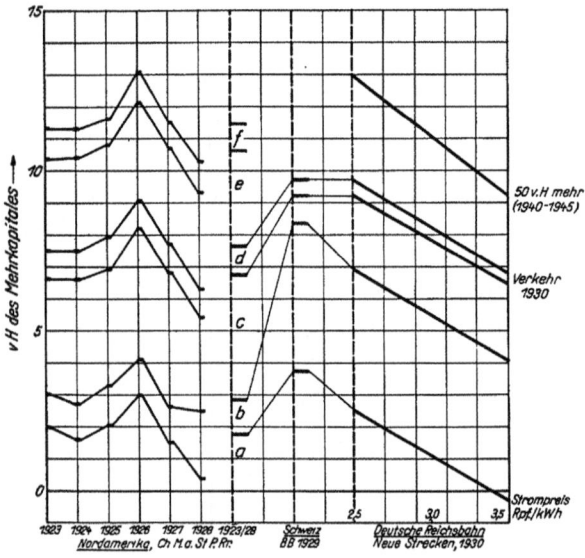

Bild 4. Vergleich der Wirtschaftlichkeit des elektrischen Zugbetriebes in verschiedenen Ländern.

Für Verzinsung und Tilgung verfügbare Ersparnisse gegenüber dem Dampfbetrieb in vH des Mehrkapitales.

a = Elektrischer Strom gegen Brennstoff. b = Lokomotivfahrdienst. c = Lokomotivunterhaltung. d = Sonstiges. e = Elektrische Nutzbremsung. f = Wegfall Kapitaldienst der Kohle- und Wasserstationen.

Beide Wirtschaftlichkeitsberechnungen wurden deshalb auf die gleiche Formel gebracht wie die der deutschen Strecken (Bild 4). Für die amerikanische Bahn ist für die Verkehrsstärke 1923 und für die Jahre 1923 bis 1928 der Kapitaldienst berechnet, der sich unter Annahme der jeweiligen Wirtschaftszahlen für Bau- und Betriebskosten ergeben hätte. Der mittlere Brennstoffpreis für den Wärmewert von 1 t Ruhrkohle schwankte in diesen Jahren sehr unregelmäßig zwischen 31,6 RM/t und 21,6 RM/t. Annähernd in der gleichen Weise ändert sich auch der in Bild 4 berechnete Kapitaldienst zwischen 10,0 und 13,1 vH, da alle anderen Wirtschaftszahlen sich in dieser Zeit nur wenig änderten. Für die Schweizer Bundesbahnen ist die gleiche Rechnung für das Jahr 1929 angestellt. Dabei sind 77 Millionen RM Überteuerung vom Anlagekapital abgesetzt, die Kraftwerkskosten ausgeschieden und statt dessen der sich aus Kapitaldienst und Betriebskosten der Kraftwerke ergebende Strompreis eingesetzt. Auch für die vorher untersuchten deutschen Strecken ist der Durchschnitt sämtlicher Strecken in Bild 4, abhängig vom Strompreis zwischen 2,5 und 3,5 Rpf/kWh,

---

[1] Dr. Wechmann, Elektrische Bahnen 1930, S. 1 ff.
[2] Jobin, Elektrische Bahnen 1929, S. 20.

eingetragen für das Jahr 1930, ferner für einen um 50 vH stärkeren Verkehr. Die für Kapitaldienst verfügbaren Ersparnisse an Betriebskosten sind bei den drei Beispielen in folgende Teile geteilt:

a) Ersparnisse im Strombezug und Betrieb der ortsfesten Anlagen (ohne Kapitaldienst) gegenüber den Brennstoffkosten bei Dampfbetrieb (s. S. 563/564);

b) Ersparnisse im Lokomotivbetrieb (Wegfall der Lokomotivheizer, Verminderung des Personals der Betriebswerke) (s. S. 565);

c) Ersparnisse in der Unterhaltung der elektrischen Triebfahrzeuge (s. S. 565);

d) weitere Ersparnisse im Zugbegleit-, Stations-, Verschiebedienst, in der Unterhaltung ortsfester Anlagen außerhalb des elektrischen Betriebes infolge Rauchlosigkeit usw. (s. S. 566);

e) Ersparnisse durch elektrische Nutzbremsung: Vergütung für zurückgelieferten Strom, Ersparnisse in der Zugbegleitung, in der Unterhaltung der Bremsen;

f) Ersparnisse durch Wegfall des Kapitaldienstes für Kohle- und Wasserstationen. Diese können für andere Zwecke benützt werden.

In Zahlentafel 6 sind nun sämtliche Kennziffern, die bei den drei Bahnen auf die Wirtschaftlichkeit von Einfluß sind, zusammengestellt. Am wichtigsten sind folgende Ziffern: Niedriger Strompreis (Rpf/kWh, Ziffer 22), hoher Brennstoffpreis (RM je $7,3 \cdot 10^6$ kcal = 1 t Ruhrkohle, Ziffer 23), hoher Stromverbrauch (kWh je km Strecke, Ziffer 8), niedriges ortsfestes Anlagekapital (RM je 10^6 kWh, Ziffer 12), hoher Wärmewert der elektrischen Energie in der Brennstoffwirtschaft des Dampfbetriebes (1 kWh = $x \cdot 7300$ kcal, Ziffer 24). In diesen Kennziffern kommt die geographische Lage des Gebietes zu den Kraftrohstoffen, seine Verkehrsdichte und Eignung zur Belastung mit festen Anlagekosten und Ersparnissen im Fahrbetrieb, ferner sein Steigungscharakter und der im Dampfbetrieb erreichte Grad der Wärmewirtschaft zum Ausdruck.

Die Wirtschaftlichkeit des elektrischen Betriebes der deutschen Strecken kann mit den zwei anderen Ländern durchaus in Wettbewerb treten. Die südlichen deutschen Strecken sind den ausländischen Linien sogar überlegen. Die Wirtschaftlichkeit des deutschen elektrischen Betriebes wird manchmal unter Hinweis auf den Kohlenreichtum Deutschlands und auf den Mangel Deutschlands an schweren, für elektrischen Betrieb besonders geeigneten Bergstrecken bestritten. Die Ziffern 22, 23, 24 zeigen, daß zwar der Schweizer Wasserkraftstrom, dessen Preis ohne Gewinn für die bahneigenen Kraftwerke eingesetzt ist, wesentlich unter dem deutschen und insbesondere unter dem hohen amerikanischen Strompreis liegt. Die Brennstoffpreise sind in den drei Ländern nicht sehr verschieden. Auch die verhältnismäßige Kohlenersparnis des elektrischen Betriebes ist in Deutschland geringer als bei den beiden anderen Bahnen, von denen die Schweizer Bundesbahnen zahlreiche, die amerikanische Bahn fast durchweg schwere Bergstrecken hat. Bild 4 zeigt aber, daß der Ersatz der Lokomotivkohle durch den elektrischen Strom nur einen Teil der Betriebskostenersparnisse bildet. Den Hauptteil bilden die anderen, in den Eigenschaften der elektrischen Lokomotive begründeten Ersparnisse. Diese sind von den geographischen Rohstoffbedingungen unabhängig und ermöglichen es den deutschen Strecken, die Wirtschaftlichkeit der Schweiz zu erreichen und die der amerikanischen Bahn zu übertreffen, wenn man von der Nutzbremsung und dem Wegfall der Kohle- und Wasserstationen absieht (e und f). Die Ziffern 8 und 12 zeigen, daß der Verkehr auf den deutschen Linien um ein Mehrfaches dichter und daß die hohen Kosten der ortsfesten Anlagen in Deutschland weit besser ausgenützt sind als bei den zwei anderen Bahnen. Es sei noch bemerkt, daß die außerordentlichen amerikanischen Ersparnisse in der Lokomotivunterhaltung nicht für die deutschen Strecken herangezogen sind, da sie einerseits in den dortigen für Dampfbetrieb besonders ungünstigen Witterungsbedingungen einer Hochgebirgsbahn mit strengem Winter, anderseits in der in Amerika weniger hoch als in Deutschland entwickelten Technik der Dampflokomotivunterhaltung begründet sind.

Zahlentafel 6. **Vergleich der größten elektrischen Zugbetriebe mit neu zu elektrifizierenden Fernstrecken Deutschlands.**

A. Vereinigte Staaten von Nordamerika, Chicago, Milwaukee and St. Paul Railroad, Puget Sound Strecke, Verkehr 1923, Bau und Betriebskosten auf 1923 ÷ 1928 umgerechnet. 3000 V Gleichstrom, 100 kV Drehstrom, elektrische Nutzbremsung, Verschiebeverkehr voll elektrisch.

B. Schweiz, Schweizer Bundesbahnen, elektrische Strecken 1929, Bau- und Betriebskosten auf 1929 umgerechnet, 15000/66000/132000 V Einphasenwechselstrom, ohne elektrische Nutzbremsung, Verschiebeverkehr teilweise elektrisch.

C. Deutschland, Deutsche Reichsbahn-Gesellschaft, neue Strecken Graben—Neudorf (Baden)—Stuttgart—München—Nürnberg—Berlin, Halle—Erfurt—Neudietendorf, Leipzig—Dresden—Görlitz—Liegnitz—Breslau—Oppeln, Verkehr 1930, 15000/110000 V Einphasenwechselstrom, ohne elektrische Nutzbremsung, Verschiebeverkehr voll elektrisch.

Gebiet	A			B	C
Bezugsjahr	1923	1928	Mittel 1923—28	1929	1930
1. Streckenlänge, zweigleisig ... km				953	1792
,, eingleisig ... ,,		1044		713	44
Summe ... ,,		1044		1666	1836
2. Anhängelast jährlich ..... tkm		4,38 · 10⁶		9,40 · 10⁹	31,34 · 10⁶
3. Zugkilometer, jährlich ... km		3,19 · 10⁶		28,0 · 10⁶	57,36 · 10⁶
4. Elektr. Lok.-km .... km		4,13 · 10⁶		33,5 · 10⁶	71,15 · 10⁶
5. Durchschnittszuggewicht .... t		1370		336	546
6. Stromverbrauch jährlich .. kWh		162 · 10⁶		445 · 10⁶	1041 · 10⁶
7. Streckenbelastung täglich .... t		11 500		15 500	46 700
8. Stromverbrauch jährl. je km kWh/km		155 000		267 000	567 000
9. Spez. Stromverb. Wh/tkm Anhängel.		37		47	33
10. Kapital f. ortfeste Anlagen . 10⁶ RM	86,2	87,8	86,8	163	261,2
11. Kapital nach 10 je km Strecke RM/km	83 000	84 000	83 000	98 000	142 000
12. do. je 10⁶ kWh .... RM/10⁶ kWh	532 000	542 000	536 000	366 000	251 000
13. Kapital f. El.-Lok u. Triebw. 10⁶ RM	55,9	55,9	55,6	160	311,9
14. Kapital f. Zugheizung ... 10⁶ RM	—	—	—	12	22,9
15. Summe el. Fahrzeuge .. 10⁶ RM	55,9	55,9	55,6	172	334,8
16. Summe Kap. el. Betr. ... 10⁶ RM	142,1	143,7	142,4	335	596,0
17. Kapital Dampflok........	37,2	37,2	37,1	85,5	231,0
18. Kapital Kohle u. Wasserstation ..	7,9	7,6	7,7	—	—
19. Summe Dampflok.........	45,1	44,8	44,8	85,5	231,0
20. Mehrkap. f. el. Betr........	97,0	98,9	97,6	249,5	365,0
21. Verhältnis Kap. El.-Lok./Dampflok.		1,50		1,91	1,35
22. Strompreis ab Kraftwerk Rpf/kWh		3,67		1,77	2,5 | 3,5
23. Brennstoffpreis je 7300·10³ kcal RM/t	27,3	21,7	26,8	31,0	28,7
24. 1 kWh = ? kg Ruhrkohle (7300 kcal)		2,05		1,58	1,25
25. Zahl elektr. Fahrzeuge		55		402	720
26. Jährl. Lok.-Leistung ... km/Jahr		75 000		83 000	99 000
27. Betr.-Kost. ortsf. Anlag. vH d. Kap.	2,1	2,2	2,2	2,8	2,5
28. Ersparnis Fahrdienst . RM/Lok.-km	0,269	0,293	0,282	0,316	0,20
29. Ersparnis Unterhaltung RM/Lok.-km	0,925	1,004	0,995	0,127	0,12
30. Ersparnisse:					
a) Elektr. Kraft geg. Brennstoff 10⁶ RM	2,02	0,37	1,83	9,41	9,24 | —1,17
b) Fahrdienst (ohne Zugpers.) 10⁶ RM	1,11	1,21	1,20	11,50	16,23
c) Fahrzeugunterhaltung .. 10⁶ RM	3,78	4,15	4,11	2,05	8,53
d) Sonstiges......... 10⁶ RM	0,94	0,94	0,95	1,29	1,43
e) El. Nutzbremsung.... 10⁶ RM	2,96	3,19	3,07	—	—
Summe a—e...... 10⁶ RM	16,81	9,86	11,16	24,25	35,43 | 25,02
31. Das gleiche in vH des Mehrkapitales des elektr. Betriebes gegen Dampf ohne Kohle- u. Wasserstat. a)	1,93	0,35	1,74	3,76	2,53 | —0,32
b)	1,06	1,14	1,11	4,60	4,44 | 4,44
c)	3,61	3,90	3,91	0,82	2,34 | 2,34
d)	0,90	0,90	0,91	0,52	0,39 | 0,39
e)	2,83	3,00	2,92	—	—
Summe a—e.........	10,33	9,29	10,59	9,70	9,70 | 6,85
Zuschl. f. Wegf. d. Verzinsung Kohle- u. Wasserstat...........	0,88	0,83	0,86		

Durch die zuerst durchgeführte direkte Wirtschaftlichkeitsberechnung, durch den Vergleich mit den beiden größten außerdeutschen Bahnnetzen der Welt in zwei verschiedenen Erdteilen ist bewiesen, daß der elektrische Betrieb der hier untersuchten deutschen Strecken, mit denen noch zahlreiche andere auf gleicher Linie stehen, sehr wirtschaftlich ist. Da die untersuchten Strecken sowohl kohleferne als auch kohlenahe Strecken enthalten, kann das Ergebnis der wirtschaftlichen Untersuchung in gewissem Sinne auf das ganze Reichsbahnnetz verallgemeinert werden, abgesehen von den reinen Kohlengebieten, für die noch besondere Berechnungen anzustellen wären. Der elektrische Betrieb ermöglicht der Deutschen Reichsbahn Reinersparnisse, die ihr kaum von einer anderen Kapitalinvestierung größeren Umfanges geboten werden. Es kommen noch andere Umstände hinzu. Jede große Bauvornahme der Reichsbahn bringt ihr selbst wieder Einnahmen aus der Belebung der Wirtschaft. Im Jahre 1928 betrugen die Reichsbahneinnahmen 5,16 Milliarden RM[1]. Nach sachverständiger Schätzung erzeugte Deutschland 1925 für 53 Milliarden RM neue Güter, was nach dem Produktionsindex für 1928 rund 59 Milliarden RM ergibt[2]. 8,75 vH der deutschen Produktion waren also Anteil der Deutschen Reichsbahn. Im vorliegenden Falle muß ein entsprechender Betrag für die in den Baukosten bereits mit einem verbilligten Satze enthaltenen Frachten der fertigen Erzeugnisse eingesetzt werden. Die der Reichsbahn außer der Dienstfracht zufließenden Einnahmen können zu 6,5 vH der gesamten Bausumme geschätzt werden. Nach den für die Lokomotivkohle berechneten Selbstkosten (S. 564) ergibt dies Reineinnahmen in Höhe von $6,5 \cdot \frac{5,16 - 1,805}{5,16} = 4,2$ vH der Bausumme, oder eine Erhöhung des erzielbaren Kapitaldienstes im gleichen Verhältnis. Wo ferner Steinkohlenkraftwerke den Strom liefern, hat die Reichsbahn, nach den obigen Sätzen und für die mittlere Transportentfernung der untersuchten Strecken gerechnet, an jeder erzeugten kWh einen Reinverdienst von 0,39 Rpf. Bei vollständiger Stromerzeugung aus Steinkohle würde dies eine Erhöhung des Kapitaldienstes um 1,1 vH bedeuten. Die Elektrisierung von Reichsbahnstrecken stärkt schließlich die Stellung der einschlägigen Industrien im Auslande. Denn nur mit der Rückendeckung eines guten Inlandabsatzes kann sich unsere Industrie auf ausländischen Märkten erfolgreich durchsetzen. Das Anwachsen des amerikanischen Außenhandels in den letzten Jahren zeigt, welche Stoßkraft eine von einem großen Inlandmarkt getragene Wirtschaft außerhalb der Grenzen ihres Landes hat. Steigerung unserer Ausfuhr ist aber die wichtigste Bedingung für den Aufstieg unserer Wirtschaft und damit für die Hebung des Verkehrs der Reichsbahn.

Wichtiger noch als diese mittelbaren volkswirtschaftlichen Wirkungen ist die unmittelbare Belebung des Verkehrs auf den elektrischen Linien durch die werbende Kraft des elektrischen Betriebes.

III. Verkehrs- und Betriebsvorteile.

Für die elektrisch betriebene Strecke Stockholm—Göteborg (460 km), die wegen ihrer geringen Verkehrsdichte (150000 kWh je km) bei ähnlichen Strom- und Brennstoffpreisen wie in Bayern keine besonders günstigen Vorbedingungen für die Wirtschaftlichkeit des elektrischen Betriebes bietet, haben die „Oberrevisoren", die oberste, von den Staatsbahnen unabhängige Rechnungsbehörde des schwedischen Staates, ein Gutachten über die wirtschaftlichen Ergebnisse des elektrischen Betriebes abgegeben[3]. Nach der Feststellung einer genügenden Verzinsung des Anlagekapitals und eines kleinen Überschusses äußert sich diese, gewiß an nüchterne Betrachtungen gewöhnte Behörde zum Schlusse über den zahlenmäßig nicht erfaßbaren Wert der Rauchlosigkeit, der erhöhten Betriebssicherheit, der verkürzten Fahrzeiten folgendermaßen:

---

[1] Geschäftsbericht der Deutschen Reichsbahn-Gesellschaft 1928.
[2] Wagemann, Konjunkturlehre, S. 32 u. 284.
[3] Elektrifieringen av Staatsbanelinjen Stockholm—Göteborg, 1. Oktober 1929.

„Weit wichtiger sind indessen die Vorteile, die sich aus den früher angedeuteten Möglichkeiten des elektrischen Betriebes in rein verkehrstechnischer Hinsicht ergeben."

Ferner am Ende:

„Obwohl ein erschöpfendes und endgültiges Urteil über die wirtschaftlichen Folgen der Elektrisierung der Staatsbahnstrecke Stockholm—Göteborg, zum mindesten gegenwärtig, nicht gegeben werden kann, sind die Oberrevisoren gleichwohl, gestützt bereits auf die bisherigen Erfahrungen, zu der Überzeugung gekommen, daß die Elektrisierung nicht bloß vollständig die darin angelegten Gelder verzinst, sondern auch darüber hinaus Gewinne und — wenn auch nicht immer in Geld ausdrückbar — Vorteile solcher Größe und Art bringt, daß die Durchführung des Unternehmens sowohl vom Standpunkte der Staatsbahnen als auch dem des ganzen Landes eine in wirtschaftlicher Hinsicht gut begründete Maßnahme darstellt."

Die Chicago Milwaukee and St. Paul Railroad faßt ihr Gesamturteil über den elektrischen Betrieb folgendermaßen zusammen:

„Die Elektrisierung der Milwaukeebahn ist ein so überwältigender Erfolg, daß es schwer ist, über die Ergebnisse ohne scheinbare Übertreibung zu berichten, aber es dürfte genügen festzustellen, daß die Leitung der Milwaukeebahn vergessen hat, daß ihre Hauptlinie die kontinentale Wasserscheide übersetzt[1]."

Die Bahnen stehen heute in scharfem Wettbewerb mit anderen Verkehrsmitteln, besonders mit dem Kraftwagen. Dieser bietet für Personen und Güter in manchen Fällen bessere Verkehrsbedingungen und hat den Eisenbahnen auf kürzere, neuestens auch auf längere Entfernungen erheblich Verkehr entzogen. Die Deutsche Reichsbahn schätzt ihren dadurch verursachten Einnahmeausfall für 1929 auf 410 Millionen RM oder 8 vH ihrer Einnahmen, für die folgenden Jahre mehr[2]. Der verschärfte Wettbewerb, der heute im Verkehrswesen herrscht, steigert die Ansprüche des Publikums und zwingt die Verkehrsunternehmungen, diesem möglichst günstige Bedingungen zu bieten. Der Preis ist nicht immer ausschlaggebend. Es spielt auch die Geschwindigkeit und Annehmlichkeit der Beförderung, ferner die Häufigkeit der Fahrverbindungen eine wichtige Rolle. Gerade in dieser Beziehung ermöglicht der elektrische Betrieb eine wesentlich höherwertige, den Bedürfnissen des Publikums sich besser anpassende Lösung der Verkehrsaufgaben als der Dampfbetrieb.

Er bietet im städtischen Nah- und Vorortverkehr größere Bequemlichkeit, schafft für die anliegenden Grundstücke bessere Wohnbedingungen, ermöglicht stark verdichteten Verkehr mit ständig sauberen Fahrzeugen. Dadurch wird verlorener Verkehr zurückgewonnen und neuer geworben. In Nordamerika beweisen das zahlreiche Beispiele[3]; die Berliner Stadtbahn konnte in ihrem ersten elektrischen Betriebsjahr ihren Verkehr um 10 bis 15 vH steigern, was zum großen Teil der Elektrisierung zuzuschreiben ist. Im Stückgutverkehr hat der Wettbewerb des Kraftwagens die Reichsbahn zur Einführung der „Leigs", leichter Güterzüge mit nur zwei Wagen, veranlaßt. Für beide Zwecke, dichten Personen-Nahverkehr und Stückgüter, bietet der elektrische Betrieb im Triebwagen das geeignetste Fahrzeug. Er fährt rascher und spart bei häufigem Anhalten bis zu 30 vH Fahrzeit, er fährt bequemer, er fährt billiger, er gestattet, die Zuggröße dem wechselnden Bedarf anzupassen, er fährt häufiger, da die Wendezeiten der Lokomotive entfallen und die Anfahrten rascher erfolgen. Besonders die Verkehrsverdichtung ist beim Wettbewerbe mit dem Kraftwagen wichtig. Im Gesamtverkehr der Reichsbahn ist die mittlere Streckenbelegung zwischen 1925 und 1928 im Güterverkehr von 3,91 auf 5,06, im Personenverkehr von 6,37 auf 8,08 Zugkilometer täglich je km Strecke gestiegen[4]. Der Kampf um das Publikum, der in den letzten Jahren im deutschen Verkehrswesen eingesetzt hat, zeigt sich deutlich in diesen Zahlen.

---

[1] Dr. Seefehlner, El. Kraftbetr. u. Bahnen 1918, S. 205.
[2] Reichsbahn und Kraftwagenverkehr, Januar 1930.
[3] El. World 1929, S. 883ff. [4] Geschäftsbericht 1928.

Der Fernverkehr verlangt billige Zugförderung, rasche und bequeme Fahrt. Im elektrischen Betrieb der Fernstrecken werden nun 15 bis 20 vH an Reisezeit gespart. Der Rauch schmälert nicht mehr den Genuß einer Reise durch landschaftlich schöne Gegenden. Die vielen Beschwerden im Winter wegen Störungen in den Heizleitungen werden vermindert. Auf dicht besetzten Bergstrecken wird mehr als 20 vH an Fahrzeit gespart, diese Strecken werden so leistungsfähig, daß bei eingleisigen Strecken der Bau eines zweiten Gleises auf lange Zeit zurückgestellt werden kann. Die Vorzüge derartiger elektrischer Strecken sind so bedeutend, daß z. B. der elektrische Betrieb der Gotthardlinie zur Elektrisierung des Brenner aus Wettbewerbsgründen zwang. Anderseits hat die nur zu einem Viertel elektrisch betriebene Linie Straßburg—München—Salzburg viel Verkehr an die vollelektrische, sogar längere Linie Basel—Arlberg—Salzburg verloren. Außer der rascheren Fahrt bietet der elektrische Betrieb auch die Möglichkeit, schwerere Züge zu fahren. Dies ist für die Wirtschaftlichkeit des Gesamtbetriebes besonders wichtig, da im Verhältnis zur Nutzlast die schweren Züge geringere Beförderungskosten erfordern als leichte (Fahrdienst, Stationsdienst, Sicherungsdienst). Die Einführung der Großgüter-Wagenzüge zeigt die zukünftige Entwicklung. Von 1914 bis 1927 stieg das mittlere Zuggewicht in Deutschland um 25 vH[1]. Augenblicklich wird zwar der Verkehrszuwachs durch Verdichtung des Fahrplanes ausgeglichen, in kurzer Zeit werden die Zuggewichte jedoch wieder steigen. Die von der Eisenbahn geforderten Leistungen nehmen eben zu, trotz allen Wettbewerbes anderer Verkehrsmittel, da das Verkehrsbedürfnis steigt und da ein Verkehrsmittel das andere auch wieder befruchtet. Der deutsche Bahnverkehr wächst z. B. jährlich um 4 bis 5 vH (s. S. 557), in Nordamerika erwartet man für die nächsten 15 bis 20 Jahre eine Verdopplung des Eisenbahnverkehrs[2]. Heute schon sind manche Dampfstrecken, auch in Deutschland, am Ende ihrer Leistungsfähigkeit angelangt. Der Verkehr steigt, er soll beschleunigt, die Legung neuer Gleise soll vermieden werden wegen der hohen Anlagekosten. Immer mehr rückt damit die Frage der Leistungsfähigkeit des Zugförderungssystems, insbesondere der Triebfahrzeuge in den Vordergrund. Welche zukünftigen Aussichten bieten sich hier bei dem heutigen Stande der

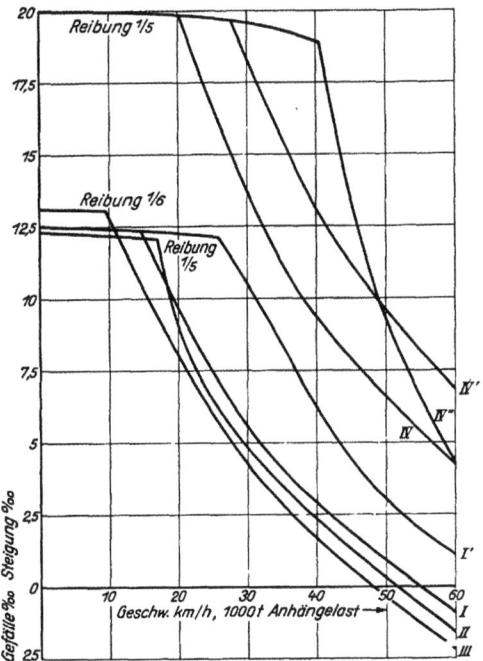

Bild 5. Leistungsvergleich verschiedener Lokomotiven. Gewicht 115,5 t, Höchstgeschwindigkeit 60 km/h, Anhängelast 1000 t.

I, I' = Dampflokomotive mit Tender halbgefüllt, Dauerleistung 55 kg Dampf je m² Heizfläche, Überlastung 80 kg/m². *II* = Dieselelektrolokomotive, halbe Vorräte, Dauerleistung 237 kg Brennstoff je h. *III* = Dieseldruckluftlokomotive, halbe Vorräte, Dauerleistung 270 kg Brennstoff je h. *IV, IV', IV''* = Elektrische Lokomotive, 15 000 V Wechselstrom, Dauerleistung, Stundenleistung, höchstmögliche Leistung (14 000 V Fahrdrahtspannung).

Technik? Betrieblich erprobt sind heute die Kolbendampflokomotive mit 16 atü, die Diesellokomotive und die elektrische Lokomotive. Diese drei Bauarten sollen bezüglich ihrer Leistungsfähigkeit miteinander verglichen werden.

In Bild 5 ist die Güterzugdampflokomotive G 55.15 (10) der Deutschen Reichsbahn als Beispiel gewählt (I). Sie ist einschließlich halb gefülltem Tender verglichen mit einer gleich schweren dieselelektrischen Lokomotive, wie für die russische Regierung ausgeführt (II), ferner mit einer Dieseldruckluftlokomotive, wie sie 1929 für die deutsche Reichsbahn geliefert wurde (III), endlich auch mit einer elektrischen Lokomotive, wie die schwere

---

[1] Dr. Dorpmüller, Verkehrstechn. Woche 1928, S. 6.
[2] Dr. Zehnder Spoerry, Elektrische Bahnen 1929, S. 120.

574 H. Schmitt: Die Bedeutung des elektrischen Betriebes für die deutschen Eisenbahnen.

Güterzuglokomotive C—C der deutschen Reichsbahn (IV). Die Zugkräfte aller vier Lokomotiven am (Tender-) Haken sind auf ein Gesamtgewicht von 115,5 t (halbe Vorräte) und auf eine Übersetzung, entsprechend einer Höchstgeschwindigkeit von 60 km/h, umgerechnet und abhängig von der Geschwindigkeit dargestellt, dabei ist der reine Zugwiderstand eines Zuges von 1000 t auf gerader ebener Strecke abgezogen. Da eine Steigung von 1 vT bei einem Zuge von 1000 t gleichbedeutend ist mit einem zusätzlichen Zugwiderstande von $^1/_{1000}$ des Zuggewichtes = 1 t bzw. 1 vT Gefälle gleichbedeutend mit 1 t zusätzlicher Zugkraft, so geben die Unterschiede zwischen Zugkraft und Widerstand in t gleichzeitig die Steigungen bzw. Gefälle in vT an, die mit der betreffenden Geschwindigkeit im Zustande des Gleichgewichtes zwischen Zugkraft und Zugwiderstand, also im Beharrungszustande, befahren werden können (Bild 5). Der Vergleich ist bei sämtlichen Lokomotiven für die Leistung gemacht, die sie zuverlässig mehrere Stunden lang abgeben können. Diese wird beschränkt bei der Dampflokomotive durch die Beanspruchung des Feuerungsrostes, die nicht ohne Schaden für die Maschine dauernd ein gewisses Maß überschreiten kann, bei großen Lokomotiven außerdem durch die körperliche Leistungsfähigkeit des Heizers. In Übereinstimmung mit dem System, nach dem die Deutsche Reichsbahn ihre kürzesten Fahrzeiten aufstellt, sind 55 kg Dampf je m^2 Heizfläche gewählt[1]. Bei den Diesellokomotiven ist die Leistung durch die höchste im Dieselmotor bei einer Explosion verbrennbare Brennstoffmenge und durch die Füllungen begrenzt, bei denen noch ein genügend niedriger Brennstoffverbrauch besteht[2]. Bei der elektrischen Lokomotive ist die Leistung beschränkt durch die infolge des Stromdurchganges in den Wicklungen und Magneten der Transformatoren und Motoren entstehende Wärme, die vom Gehäuse und saugenden Ventilatoren durch den Maschinenraum ins Freie abgegeben wird.

Der Vergleich der vier Lokomotiven zeigt, daß die drei thermischen Lokomotiven sich in der Dauerleistung nicht sehr unterscheiden. Die elektrische Lokomotive leistet dagegen mehr als das Doppelte. Eine Dauergeschwindigkeit von 30 km/h kann entwickelt werden von den thermischen Lokomotiven auf 4,1 bis 5,5 vT Steigung, von der elektrischen Lokomotive auf 13,5 vT. Auf einer Steigung von 10 vT erreichen die thermischen Lokomotiven 16 bis 19 km/h, die elektrische Lokomotive 38 km/h. Es ist auch zu ersehen, daß der verhältnismäßige Zeitgewinn des elektrischen Betriebes gegenüber dem Dampfbetriebe auf großen Steigungen größer ist als in der Ebene. Unterhalb von 5 vT Steigung wird die elektrische Lokomotive bereits durch ihre für höchstens 60 km/h bemessene Übersetzung gehindert, ihre volle Leistungsfähigkeit zu entwickeln, sollen nicht die Motor- und Radbandagen Schaden leiden. Dieser Umstand rechtfertigt den Vorschlag, elektrische Güterzuglokomotiven für 75 km/h Höchstgeschwindigkeit zu bauen. Für die im Abschnitt II, Wirtschaftlichkeit untersuchten deutschen Strecken sind derartige Lokomotiven angenommen. Da es in Deutschland keine langen reinen Bergstrecken, wie der Gotthard, gibt, dürfte der im Durchschnitt erzielbare Zeitgewinn höher sein als bei einer Höchstgeschwindigkeit von 60 km/h. Außerdem sind derartige Lokomotiven auch für Personenzüge verwendbar, die an jeder Station halten und deshalb auf Geschwindigkeiten über 75 km/h nicht kommen können.

Ebenso wichtig wie die Dauerlast ist bei einem Verkehrsfahrzeug die Überlastungsfähigkeit, da es infolge der verschiedenen Steigungsverhältnisse und Geschwindigkeiten, infolge der zahlreichen Anfahrten sehr ungleichmäßig beansprucht wird. Zum Vergleich der Leistungsfähigkeit bei Überlastung sind für die Dampflokomotive 80 kg Dampf je m^2 Heizfläche angenommen. Wie weit sich die Dampfentnahme wirklich für kürzere Zeit steigern läßt, hängt ab von der Bauart der Lokomotive, der Güte der Kohle, dem Unterhaltungszustand der Maschine, der Leistungsfähigkeit des Heizers und der Umsicht des Führers. Eine große Zahl günstiger Umstände muß also zusammenwirken, um eine Höchst-

---

[1] Nordmann, Glasers Ann., Sonderheft 1927, S. 21.
[2] Strasser, Organ Fortschr. Eisenbahnwes. 1929, S. 124ff.

leistung zu erreichen. Mit einer Personenzuglokomotive P 8 wurden auf der Strecke 81 kg Dampf erzielt[1]. Braunkohlenstaubfeuerung gestattet, die Dampferzeugung voraussichtlich weiter zu treiben. Es wurden bei stationären Versuchen 70 km/m² und 94 kg/m² erzielt[2]. Ferner wurden für die elektrische Lokomotive die Zugkräfte bei der Leistung aufgetragen, bei der die Wärmeentwicklung in der Maschine größer ist als die Abgabe an die Umgebung und vom kalten Zustande ab die zugelassenen Endtemperaturen nach einer Stunde erreicht werden (Stundenleistung). Außerdem wurden die Zugkräfte bestimmt, umgerechnet auf vT Steigung bei 1000 t Anhängelast, die sie überhaupt bei voll ausgelegter Steuerung und einer (mittleren) Fahrdrahtspannung von 14 kV erreichen kann. Die Diesellokomotiven endlich sind weniger überlastungsfähig, da bei ihnen, wie bereits erwähnt, der begrenzte Verbrennungsraum im Zylinder des Dieselmotors und die starke Erhöhung des Brennstoffverbrauches oberhalb der „Dauerlast" frühzeitig eine Grenze setzen. Auch bei gesteigerter zeitlich begrenzter Leistung zeigt sich die große Überlegenheit der elektrischen Lokomotive gerade in dem Bereiche von 10 bis 20 vT Steigung, wo die Überlastungsfähigkeit ihre wichtigste Rolle spielt. Es ist nebensächlich, daß die Stundenleistung der elektrischen Lokomotive nur unterhalb von 50 km/h wegen der Begrenzung der Steuerungsstufen entnommen werden kann und daß zwischen 50 und 60 km/h die lieferbare Höchstleistung durch die Steuerung von der Stundenleistung (50 km/h) bis auf die Dauerleistung (60 km/h) begrenzt wird. Denn diese höheren Geschwindigkeiten werden nur auf flachen Strecken gebraucht und hier liegen die Zugwiderstände unter Stunden- und Dauerleistung.

Auch bei der Anfahrt ist die elektrische Lokomotive leistungsfähiger. Da die Anfahrt nur kurze Zeit dauert, wird die Zugkraft hier nicht durch die Erwärmung der elektrischen Teile, sondern durch die Reibung zwischen Rad und Schiene begrenzt. Diese beträgt einen von der Witterung abhängigen Teil der auf den Triebrädern ruhenden Last. Wird sie überschritten, so beginnen die Triebräder zu schleudern und verlieren ihre Zugkraft fast völlig. Bei der Anfahrt ist also die Lokomotive die leistungsfähigste, bei der ein möglichst großer Teil ihres Gesamtgewichtes als „Reibungsgewicht" ausgenützt wird. Wo nun nicht hohe Endgeschwindigkeit die Anfügung schwächer belastbarer Laufachsen oder Drehgestelle für schmiegsameren Kurvenverlauf empfiehlt, gestattet die elektrische Lokomotive immer, sämtliche Achsen der Lokomotive mit Motoren anzutreiben und ihre Reibung für die Anfahrt auszunützen (Einzelachsantrieb). Bei großen Dampflokomotiven bereitet der Antrieb sämtlicher Achsen erhebliche Schwierigkeiten, die Aufteilung in zwei Drehgestelle mit eigenem Antriebe führt zu verwickelten Bauformen. Die Dampflokomotive für längere Strecken muß ferner ihren Energievorrat auf einem gesonderten Tender mitschleppen und verliert dadurch 34 vH ihres Reibungsgewichtes an tote Last. Der Führer der elektrischen Lokomotive kann außerdem das Reibungsgewicht seiner Maschine immer voll ausnutzen und so rasch bis zur letzten Stufe schalten, wie es die Reibungsverhältnisse der betreffenden Witterung gestatten, denn seine Lokomotive ist von dem letzten Aufenthalt und der letzten Bremsperiode her abgekühlt und gestattet diese Überlastung, selbst wenn er vorher bereits mit Überlastung gefahren ist. Der Dampflokomotivführer, der mit gesunkenem Kesseldruck und heruntergebranntem Feuer in eine Station eingefahren ist, muß langsamer anfahren, um sein schwaches Feuer zu schonen. Die Kohlenstaubfeuerung bringt zwar hier eine wesentlich raschere Anpassung der Feuerung an die Streckenverhältnisse; ihre Verwendung wird aber voraussichtlich örtlich begrenzt bleiben.

Warum ist die elektrische Lokomotive für jeden Betriebsfall, Anfahrt, Steigung, Dauerfahrt, Einholen von Verspätungen, jeder thermischen Lokomotive so überlegen? Sie erzeugt ihre Kraft nicht selbst, sondern formt sie nur um mit dem schmiegsamsten Getriebe, das es gibt, mit dem Elektromotor. Auch die Diesellokomotive hat den Umweg über dieses Getriebe nicht gescheut. Die elektrische Lokomotive braucht ihren Betriebsstoff

---
[1] Nordmann, Glasers Ann., Sonderheft 1927, S. 21.
[2] Dr. Hinz, Glasers Ann. 1928, S. 67; Kleinow, ebenda S. 55.

nicht mitzuschleppen (34 vH des Gewichtes bei der Dampflokomotive, 4 bis 5 vH bei der Diesellokomotive), sondern bezieht ihn während der Fahrt aus der Fahrleitung. Sie hat ferner einen großen Kraftspeicher, nämlich das Kraftwerk, dessen um ein Vielfaches größere Leistung nur begrenzt wird durch den Spannungsabfall des Fahrdrahtes. Dieser kann, wo notwendig, beliebig klein gehalten werden. Die Dampflokomotive dagegen hat als Kraftspeicher nur den kleinen Lokomotivkessel, die Diesellokomotive einen überstarken Dieselmotor. Aus diesem Grunde ist die elektrische Lokomotive gerade auf Steigungen allen anderen Lokomotiven überlegen, da ihrem Kraftbedarfe keine Grenzen von der die Energie erzeugenden Maschine gesetzt werden. Diese grundsätzlichen Unterschiede zwischen der elektrischen Lokomotive und anderen Wettbewerbern berechtigen zu der Behauptung, daß der Leistungsvorsprung der elektrischen Lokomotive durch Lokomotiven mit eigener Kraftquelle in absehbarer Zeit auch nicht annähernd wird eingeholt werden können.

Da also die elektrische Lokomotive der zukünftigen Entwicklung der Eisenbahnen zu größeren Leistungen am besten entspricht, da der elektrische Betrieb sein Kapital ausreichend verzinst und Betriebsvorteile bringt wie kein anderes System, wird er sich früher oder später überall da durchsetzen, wo große Leistung gebraucht wird. Lokomotiven mit eigener Kraftquelle werden sich auf den schwächer besetzten Linien halten, jedoch auch hier nicht, wenn Kohle teuer und die Strecken gebirgig sind. Der Schweizer Bundesrat hat, wie bereits erwähnt, 1929 den Beschluß zur Elektrisierung von weiteren 480 km Strecke mit schwächerem Verkehre gefaßt.

Die Deutsche Reichsbahn mußte 1928 ihr Bauprogramm zur Einführung des elektrischen Betriebes aus laufenden Mitteln wegen Geldmangels aufgeben, gerade als die ertragreichsten Strecken in Angriff genommen werden sollten. Sie betreibt heute drei nur teilweise ausgebaute, miteinander nicht verbundene Netze in Bayern, Mitteldeutschland und Schlesien. Die vorstehenden Ausführungen weisen nach, daß der elektrische Betrieb der deutschen Hauptlinien kommen wird. Wartet man auf allen Strecken bis zu dem Zeitpunkt, wo er betrieblich notwendig sein wird, oder bis zu dem, an welchem auch der letzte Zweifel an der Wirtschaftlichkeit behoben ist, dann werden unersetzliche Zeit, wertvolle Ersparnisse und wichtiger Verkehr zugunsten anderer Verkehrsmittel verloren. Den Schaden hätte die Deutsche Reichsbahn und die deutsche Volkswirtschaft.

If you have any concerns about our products,
you can contact us on
ProductSafety@springernature.com

In case Publisher is established outside the EU,
the EU authorized representative is:
**Springer Nature Customer Service Center GmbH
Europaplatz 3, 69115 Heidelberg, Germany**

Printed by Libri Plureos GmbH
in Hamburg, Germany